합격률 및 시험 일정 안내

2024년 합격률 알아보기

기계

기사

필기	실기
46.3%	24.2%

산업기사

필기	실기
38.8%	42.5%

전기

기사

필기	실기
46.6%	41.3%

산업기사

필기	실기
40.2%	30.2%

2026년 시험일정 예상하기

제 1회

접수: 1월 12일(월) ~ 15일(목)

| | | | 12 | 13 | 14 | 15 | |

시험: 2월 6일(금) ~ 3월 6일(금)

					6	7
8	9	10	11	12	13	14
15	16	17	18	19	20	21
22	23	24	25	26	27	28
1	2	3	4	5	6	

제 2회

접수: 4월 13일(월) ~ 16일(목)

| | | | 13 | 14 | 15 | 16 | |

시험: 5월 8일(금) ~ 29일(금)

					8	9
10	11	12	13	14	15	16
17	18	19	20	21	22	23
24	25	26	27	28	29	

제 3회

접수: 7월 20일(월) ~ 23일(목)

| | | | 20 | 21 | 22 | 23 | |

시험: 8월 8일(토) ~ 9월 1일(화)

						8
9	10	11	12	13	14	15
16	17	18	19	20	21	22
23	24	25	26	27	28	29
30	31	1				

※ 정확한 시험 일정과 관련된 정보는 한국산업인력공단(Q-Net)에서 확인하시길 바랍니다.

합격으로 입증할 오직 초격차만의 가치

다회독으로 마스터하기

다회독에 최적화된 초격차만의 구성으로
편리한 반복학습이 가능합니다.

2025년 모든 회차 수록

2025년 기출문제 전 회차를 수록하여
최신 출제 경향을 정확하게 파악할 수 있습니다.

과목별 목표시간 설정

실전 감각을 기르고 시간 관리 능력과 집중력을
동시에 향상시킬 수 있습니다.

신유형 문제

새로운 유형에 대한 적응력을 높여 실전에서
자신있게 문제를 해결할 수 있습니다.

문제별 난이도

난이도 표시를 통해 전략적으로 문제에 접근하여
학습 효율을 높일 수 있습니다.

풍부한 해설과 꿀팁 암기법

초격차가 제시하는 꿀팁과 풍부한 해설로
해당 내용을 완벽하게 마스터할 수 있습니다.

•• 소방원론

소방원론은 기계분야와 전기분야 공통과목이다. 다른 과목에 비해 난이도는 그리 높지 않기 때문에 이 과목에서 고득점을 획득해야 하는 전략과목이기도 하다. 기본 개념 위주의 학습이 요구되며, 이해와 암기를 필요로 하는 과목이니 만큼 **자주 반복적으로 회독하는 것이 효과적인 학습방법**이다. 학습에 들어가기 전에 세부목차를 통해 소방원론에서 어떠한 내용을 학습하게 될지를 사전에 훑어보기를 바란다.

•• 소방전기일반

전기분야 전공과목인 소방전기일반은 전기 관련 전공자이거나 전기 관련 자격증 취득자들에게는 쉬운 과목일 수는 있으나 비전공자들에게는 많은 학습시간을 투여해야 하는 과목이다. 따라서 비전공자들은 계산문제보다는 빈출되는 개념들을 암기하는 학습전략을 세운다면 효과적일 수 있다. 그러나 그것만으로는 과락을 당할 가능성이 있기 때문에 **주요 공식들을 암기하고 기출문제들을 통해 상대적으로 쉬운 계산문제를 공략한다**면 충분히 과락으로부터 벗어날 수 있다.

•• 소방관계법규

소방관계법규는 상대적으로 학습량이 많은데, 법조문을 이해하고 암기해야 하므로 투여한 시간만큼 점수를 얻을 수 있는 과목이다. 특히 기간이나 벌금과 같이 숫자가 지문으로 나오는 경우가 많아 **나만의 암기법을 활용하면 도움이 될 수 있다.** 이처럼 학습량과 암기량이 많은 과목이라 고득점이 어려울 수 있지만 **자주 출제되는 부분을 중심으로 학습한다**면 원하는 결과를 얻을 수 있을 것이다.

•• 소방전기시설의 구조 및 원리

통상 구조원리라고 부르는 4과목은 전기시설의 설치기준에 관한 내용들을 학습하는 과목이다. 가장 중요한 것은 실기시험에서도 출제되는 부분이므로 필기시험을 준비할 때 실기시험을 대비한다는 마음으로 완성도 있는 학습이 필요하다. 서로 연관되는 내용들도 많기 때문에 유기적이고 체계적인 학습이 필요하지만 현실적으로는 **철저한 암기과목이라고 생각하고 접근하는 것이 나은 과목**이다. 시험이 어려운 경우 당황하기 쉬운 과목이기도 한데, 여느 과목과 마찬가지로 **과년도 기출문제를 풀어보되, 문제유형을 충분히 익히는 것이 필요하다.**

초격차로 압도적인 합격의 격차를 만들다!

- <초격차>로 공부했던 선배 합격생들의 리얼 합격 스토리 -

"시작부터 마지막까지 함께하는 초격차!"

기존에 막연했던 이론 공부의 어려움을 초격차의 깔끔하게 정리된 개념을 보면서 극복할 수 있었습니다. 팁과 암기법 등이 부담감을 많이 줄여주었습니다. 특히 책 속의 책에 핵심요약과 중요빈출지문이 잘 정리되어 있어서 도움이 많이 됐습니다. 책속의 책을 보면서 시험에 나올 핵심 내용을 마지막으로 점검하고 시험장에 들어 갔습니다. 초격차 덕분에 끝까지 잘 정리해서 합격할 수 있었습니다.

2025년 2회 합격자 안○○

2025년 2회 합격자 장○○

"핵심이론-기출-다회독으로 끝내는 초격차!"

이론을 어떻게 어떤 식으로 외워야하는지, 중요한 것은 무엇인지 핵심 정리가 잘 되어 있어서 좋았습니다. 이론 학습 후 챕터별 예상문제를 바로 풀면서 배운 내용 을 다시 복습하고 과년도 기출문제로 넘어갔습니다. 이 순서대로 3회차까지 보았 는데 회독 날짜를 보니 점점 시간이 단축되는게 보여서 자신감이 많이 붙었습니 다. 그 결과가 합격으로 이어진 것 같아 감사드립니다.

"비전공자도 이해할 수 있는 초격차!"

비전공자라 전반적인 이해가 부족해 독학이 어려웠는데 교재를 따라 공부하다보 니 문제나 공식도 점차 이해할 수 있었습니다. 기출문제를 풀 때 상세한 해설 덕분 에 문제 풀이 과정을 명확하게 알 수 있었던 점이 좋았습니다. 단순한 정답 암기가 아니라 왜 틀리고 왜 맞는지 이해할 수 있었습니다. 7개년 기출문제를 반복 학습 하며 자연스럽게 문제 유형에 익숙해진 것도 합격하는데 큰 도움이 되었습니다.

2025년 1회 합격자 김○○

2025년 1회 합격자 오○○

"효율적인 학습이 가능한 초격차!"

방대한 양의 소방설비기사 내용을 모두 공부하기보다 초격차 교재의 구성에 따라 중요한 부분에 집중했습니다. 이론 공부할 땐 특히 암기법이 도움이 많이 되었습니 다. 헷갈리는 부분도 암기법을 통해 외우니 오래 기억할 수 있었습니다. 단원별 로 정리된 문제를 풀면서 문제에 대한 적응도가 많이 좋아졌고 과년도 기출문제를 풀면서 반복적으로 등장하는 문제들을 정복할 수 있었습니다. 초격차 덕분에 단기 간에 합격이라는 목표를 달성할 수 있었습니다.

소방설비기사 필기 전기 과년도 7개년

소방원론 / 소방전기일반 / 소방관계법규
소방전기시설의 구조 및 원리

2026

초超 격格 자差

황모아 · 오민정 · 이지원

모아북스

CONTENTS

2025 출제경향 분석

[소방원론]

CHAPTER 연도 및 회차		연소	연소생성물	폭발	화재	위험물	소화	안전관리 및 건축방재	합계
2025년	1	2	0	2	1	3	8	4	20
	2	5	0	0	2	2	7	4	20
	3	5	2	1	1	4	5	2	20

[소방전기일반]

CHAPTER 연도 및 회차		직류회로	정전계와 정자계	교류회로	전기계측 및 회로망	비정현파 교류와 과도현상 및 라플라스 변환	제어회로	전자회로 및 정류회로	전기기계 및 전기법규	합계
2025년	1	4	1	4	1	1	4	1	4	20
	2	3	2	5	0	2	3	1	4	20
	3	5	4	2	0	1	3	0	5	20

[소방관계법규]

CHAPTER 연도 및 회차		소방기본법	소방시설법	화재예방법	소방공사업법	위험물 안전관리법	합계
2025년	1	5	6	2	2	5	20
	2	3	4	5	2	6	20
	3	6	5	4	1	4	20

[소방전기시설의 구조 및 원리]

CHAPTER 연도 및 회차		자동화재 탐지설비	비상경보 설비 및 단독 경보형감지기	비상방송 설비	자동화재 속보설비	가스누설 경보기 및 누전경보기	유도등	비상조명등	비상콘센트 설비	무선통신 보조설비	비상전원 수전설비	화재알림 설비	기타	합계
2025년	1	3	2	3	1	1	5	1	1	2	0	0	1	20
	2	4	1	3	0	2	4	1	2	1	1	0	1	20
	3	6	2	1	0	2	4	1	2	2	0	0	0	20

2025년 1회
소방원론

| 목표시간 : 20분 | 시작 : _시 _분 | 종료 : _시 _분 | 맞은 개수 : _ /20 |

신유형!

01 (상 중 하)

다음 중 불연성이지만 산소를 많이 함유하고 있는 강산화제가 아닌 것은?

① 과산화나트륨
② 트리니트로톨루엔
③ 질산
④ 과염소산

해설 불연성이면서 산소를 많이 함유하고 있는 강산화제 ──

제1류 위험물과 제6류 위험물은 불연성이면서 산소를 많이 함유하고 있는 강산화제이다.

1) 제1류 위험물

위험물	지정수량	위험물	지정수량
아염소산 염류	50 [kg]	브로민산 염류 (브롬산 염류)	300 [kg]
염소산 염류		질산 염류	
과염소산 염류		아이오딘산 염류 (요오드산염류)	
무기과산화물		과망가니즈산 염류 (과망간산염류)	1000 [kg]
–	–	다이크로뮴산 염류 (중크롬산염류)	

2) 제6류 위험물

위험물	지정수량
과염소산, 과산화수소, 질산	300 [kg]

※ 제5류 위험물은 가연성이면서 산소를 많이 함유하고 있다.

① 과산화나트륨 → 제1류 위험물(무기과산화물)
② 트리니트로톨루엔 → 제5류 위험물
③ 질산 → 제6류 위험물
④ 과염소산 → 제6류 위험물

02 (상 중 하)

부촉매소화에 관한 설명으로 옳은 것은?

① 산소의 농도를 낮추어 소화하는 방법이다.
② 화학반응으로 발생한 탄산가스에 의한 소화방법이다.
③ 활성기(Free Radical)의 생성을 억제하는 소화방법이다.
④ 용융잠열에 의한 냉각효과를 이용하여 소화하는 방법이다.

해설 부촉매소화(억제소화) ──

- <u>화학적 소화</u>
- 연쇄반응을 차단하여 소화
- 활성기의 생성을 억제하는 소화방법
- <u>할론·할로겐화합물소화약제</u>

03 (상 중 하)

이산화탄소의 증기비중은 약 얼마인가?

① 0.81
② 1.52
③ 2.02
④ 2.51

해설 증기비중 ──

- 증기비중 $= \dfrac{\text{분자량}}{29(\text{공기 분자량})} = \dfrac{44(CO_2 \text{ 분자량})}{29} ≒ 1.52$

- 공기에 대한 가스의 무게비

증기비중	공기에 대한 무게
증기비중 > 1	공기보다 무거움
증기비중 < 1	공기보다 가벼움

보충 분자량(H : 1, C : 12, N : 14, O : 16)

정답 01 ② 02 ③ 03 ②

04 (상 중 하)

다음 중 질식소화가 주된 소화효과가 아닌 것은?

① 할론 소화기로 소화

② 이산화탄소 소화기로 소화

③ 마른모래로 소화

④ 포소화약제에 의한 소화

해설 소화효과

① 할론 소화기로 소화 → 부촉매소화

② 이산화탄소 소화기로 소화 → 질식소화

③ 마른모래로 소화 → 질식소화

④ 포소화약제에 의한 소화 → 질식소화

05 (상 중 하)

착화에너지가 충분하지 않아 가연물이 발화되지 못하고 다량의 연기가 발생되는 연소형태는?

① 훈소　　　　② 표면연소

③ 분해연소　　　④ 증발연소

해설 훈소

• 산소 부족으로 불꽃을 내지 않고 연기만 나는 느린 연소

• 착화에너지가 충분하지 않아 가연물이 발화되지 못하고 다량의 연기 발생

06 (상 중 하)

가연성 액화가스의 용기가 과열로 파손되어 가스가 분출된 후 불이 붙어 폭발하는 현상은?

① 블레비(BLEVE)

② 보일오버(Boil Over)

③ 슬롭오버(Slop Over)

④ 플래시오버(Flash Over)

해설 유류탱크 화재 재해현상

현상	설명
보일오버	중질유 탱크의 저부에 에멀전(물)이 증발하면서 부피가 팽창하여 유류를 분출
슬롭오버	고온의 기름 표면에 물을 살수 시 급격한 수분 증발로 기름이 팽창되어 탱크 밖으로 분출
프로스오버	고온의 아스팔트가 물이 존재하는 탱크에 옮겨지면 화재를 수반하지 않고 기름을 분출
블레비	비등액체 증기폭발, 주변 화재로 탱크 내 액체가 비등하고 압력이 상승하여 탱크 파열, 파이어 볼 발생

보충 플래시오버 : 온도가 급격히 상승하여 화재가 순간적으로 실내 전체에 확산되는 현상

07 (상 중 하)

공기 중에서 자연발화 위험성이 높은 물질은?

① 벤젠　　　　② 톨루엔

③ 이황화탄소　　④ 트리에틸알루미늄

해설 제3류 위험물

1) 제3류 위험물 : 황린, 칼륨, 나트륨, 알칼리토금속, 트리에틸알루미늄, 탄화알루미늄

2) 자연발화성 물질 및 금수성 물질

3) 물과 접촉하면 가연성 가스 발생(황린 제외)

4) 팽창진주암, 팽창질석 등에 의한 질식소화

보충 트리에틸알루미늄은 공기 중에서 자연발화한다.

08 상⑧하

불활성기체소화약제인 IG-541의 성분이 아닌 것은?

① 질소   ② 아르곤

③ 헬륨   ④ 이산화탄소

해설 불활성기체소화약제

소화약제	분자식
IG-541	N_2 : 52 [%], Ar : 40 [%], CO_2 : 8 [%]
IG-01	Ar : 100 [%]
IG-55	N_2 : 50 [%], Ar : 50 [%]
IG-100	N_2 : 100 [%]

09 상⑧하

피난층에 대한 정의로 옳은 것은?

① 지상으로 통하는 피난계단이 있논 층

② 비상용 승강기의 승강장이 있는 층

③ 비상용 출입구가 설치되어 있는 층

④ 직접 지상으로 통하는 출입구가 있는 층

해설 피난층

곧바로 지상으로 갈 수 있는 출입구가 있는 층이나 피난안전구역이 있는 층

10 상 중⑧

건축물의 주요구조부에 해당되지 않는 것은?

① 기둥   ② 작은 보

③ 지붕틀   ④ 바닥

해설 건물의 주요구조부

1) 바닥(최하층 바닥 제외)
2) 보(작은 보 제외)
3) 지붕틀(차양 제외)
4) 내력벽(비내력벽 제외)
5) 주계단(옥외계단 제외)
6) 기둥(사잇기둥 제외)

암기 바보지내주기

11 상⑧하

간이소화용구에 해당되지 않는 것은?

① 이산화탄소소화기   ② 마른모래

③ 팽창질석   ④ 팽창진주암

해설 소화약제 외의 것을 이용한 간이소화용구

마른모래, 팽창질석, 팽창진주암

12 상⑧하

가연물이 되기 쉬운 조건이 아닌 것은?

① 발열량이 커야 한다.

② 열전도율이 커야 한다.

③ 산소와 친화력이 좋아야 한다.

④ 활성화에너지가 작아야 한다.

해설 가연물의 구비조건

• 활성화 에너지가 작을 것 (-)
• 열전도율이 작을 것 (-)
• 산소와 접촉하는 표면적이 넓을 것 (+)
• 발열량이 클 것 (+)
• 산소와 친화력이 클 것 (+)
• 연쇄반응을 일으킬 것 (+)

TIP 활성화에너지, 열전도율 (-)

정답 08 ③ 09 ④ 10 ② 11 ① 12 ②

13 (상중하)

화재 시 불티가 바람에 날리거나 상승하는 열기류에 휩쓸려 멀리 있는 가연물에 착화되는 현상은?

① 비화
② 전도
③ 대류
④ 복사

해설 비화 ─────────────

강풍, 복사에 의해 불꽃이 날아가 화염 확대

보충 열전달 : 전도, 대류, 복사

14 (상중하)

할로겐화합물소화약제에 관한 설명으로 틀린 것은?

① 비열, 기화열이 작기 때문에 냉각효과는 물보다 작다.
② 할로겐 원자는 활성기의 생성을 억제하여 연쇄반응을 차단한다.
③ 사용 후에도 화재현장을 오염시키지 않기 때문에 통신기기실 등에 적합하다.
④ 약제의 분자 중에 포함되어 있는 할로겐 원자의 소화효과는 F > Cl > Br > I의 순이다.

해설 할로겐족 원소 ─────────────

• 주기율표 17족 원소 : F, Cl, Br, I
• 전기음성도(결합력) : F > Cl > Br > I
• 부촉매효과(소화능력) : F < Cl < Br < I

암기 FC바르셀로나 아이

15 (상중하)

유류탱크 화재 시 발생하는 슬롭오버(Slop Over)현상에 관한 설명으로 틀린 것은?

① 소화 시 외부에서 방사하는 포에 의해 발생한다.
② 연소유가 비산되어 탱크 외부까지 화재가 확산된다.
③ 탱크의 바닥에 고인 물의 비등 팽창에 의해 발생한다.
④ 연소면의 온도가 100 [℃] 이상일 때 물을 주수하면 발생한다.

해설 유류탱크 화재 재해현상 ─────────────

현상	설명
보일오버	중질유 탱크의 저부에 에멀전(물)이 증발하면서 부피가 팽창하여 유류를 분출
슬롭오버	고온의 기름 표면에 물을 살수 시 급격한 수분 증발로 기름이 팽창되어 탱크 밖으로 분출
프로스오버	고온의 아스팔트가 물이 존재하는 탱크에 옮겨지면 화재를 수반하지 않고 기름을 분출
블레비	비등액체 증기폭발, 주변 화재로 탱크 내 액체가 비등하고 압력이 상승하여 탱크 파열, 파이어 볼 발생

보충 플래시 오버 : 온도가 급격히 상승하여 화재가 순간적으로 실내 전체에 확산되는 현상

16 (상중하)

마그네슘에 관한 설명으로 옳지 않은 것은?

① 마그네슘의 지정수량은 500 [kg]이다.
② 마그네슘 화재 시 주수하면 폭발이 일어날 수도 있다.
③ 마그네슘 화재 시 이산화탄소소화약제를 사용하여 소화한다.
④ 마그네슘의 저장·취급 시 산화제와의 접촉을 피한다.

해설 마그네슘 소화방법 ─────────────

마른모래, 석회분으로 질식소화

17 (상)(중)하

할로겐화합물소화약제의 분자식이 틀린 것은?

① 할론 2402 : $C_2F_4Br_2$
② 할론 1211 : CCl_2FBr
③ 할론 1301 : CF_3Br
④ 할론 104 : CCl_4

해설 할론소화약제

종류	분자식	상온·상압
할론 1211	CF_2ClBr	기체
할론 1301	CF_3Br	
할론 1011	CH_2ClBr	액체
할론 2402	$C_2F_4Br_2$	

보충 할론 104 : CCl_4

19 (상)(중)하

벤젠의 소화에 필요한 CO_2의 이론소화농도가 공기 중에서 37 [vol%]일 때 한계산소농도는 약 몇 [vol%]인가?

① 13.2   ② 14.5
③ 15.5   ④ 16.5

해설 이산화탄소 농도

$$CO_2\ 농도 = \frac{21 - O_2}{21} \times 100$$

$$37 = \frac{21 - O_2}{21} \times 100$$

$$O_2 = 21 - \frac{37 \times 21}{100}$$

$$O_2 ≒ 13.2\ [vol\%]$$

18 (상)(중)(하)

그림에서 내화조 건물의 표준 화재 온도 – 시간 곡선은?

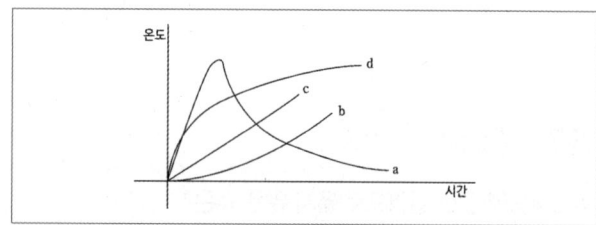

① a   ② b
③ c   ④ d

해설 표준화재 온도 – 시간 곡선

목조건축물	내화건축물
온도(℃) / 시간	온도(℃) / 시간

20 (상)(중)하

연기감지기가 작동할 정도이고 가시거리가 20 ~ 30 [m]에 해당하는 감광계수는 얼마인가?

① 0.1 [m⁻¹]   ② 1.0 [m⁻¹]
③ 2.0 [m⁻¹]   ④ 10 [m⁻¹]

해설 감광계수

감광계수[m⁻¹]	가시거리[m]	내용
0.1	20 ~ 30	연기감지기 작동할 때
0.3	5	건물에 익숙한 사람이 피난에 지장을 느낄 때
0.5	3	어두움을 느낄 때
1	1 ~ 2	거의 앞이 보이지 않음
10	0.2 ~ 0.5	최성기 때 연기농도
30	–	출화실에서 연기 분출

2025년 1회
소방전기일반

목표시간 : 30분 | 시작 : _시 _분 | 종료 : _시 _분 | 맞은 개수 : _ /20

21 (상)(중)(하)

옥내배전반의 2차 전압이 220 [V]이다. 스프링클러설비 수신반의 수전전압이 216 [V]일 때, 배전반으로부터 수신반까지의 전압강하율[%]을 계산하시오.

① 1.12

② 1.85

③ 1.92

④ 1.52

> 해설 전압강하율 ─────

- 전압강하율

$$= \frac{V_s - V_r}{V_r} \times 100 = \frac{전압강하}{수전단 전압} \times 100$$

$$= \frac{220 - 216}{216} \times 100 = 1.85\%$$

- 전압변동율 $= \frac{V_{r0} - V_r}{V_r} \times 100$

> 보충 ▶ V_S : 송전단전압
> V_r : 수전단전압
> V_{r0} : 무부하전압

22 (상)(중)(하)

환상솔레노이드의 평균반지름이 1 [m], 코일의 권선수는 10회, 코일에 흐르는 전류는 10 [π]이다. 이때 환상 솔레노이드 내의 철심 중심에서의 자계의 세기 H[AT/m]를 구하시오.

① 50

② 5

③ 5π

④ 50π

> 해설 자계의 세기 ─────

환상 솔레노이드 내부의 자장의 세기

$$H = \frac{NI}{2\pi r} [AT/m]$$

$$\therefore H = \frac{10 \times 10\pi}{2\pi \times 1} = 50 [AT/m]$$

※ 2021년도 기출문제
길이 1 [cm]마다 감은 권선수가 50회인 무한장 솔레노이드에 500 [mA]의 전류를 흘릴 때 솔레노이드 내부에서의 자계의 세기는 몇 [AT/m]인가?

$H = NI = 50 \times 100 \times 500 \times 10^{-3} = 2,500 [AT/m]$

23 (상 **중** 하)

백열전구의 점등하기 전과 점등한 후의 저항에 대해 옳게 설명한 것을 고르시오.

① 점등하기 전과 점등한 후가 같다.

② 점등하기 전의 저항이 크다.

③ 점등한 후의 저항이 크다.

④ 사용전압에 따라 달라진다.

해설 백열전구 ———————————

전구가 점등하면 열이 발생한다.

열이 발생하면 저항값이 증가하므로 ③번이 정답이다.

24 (상 **중** 하)

3상 유도전동기의 1차 권선의 결선을 △결선에서 Y결선으로 바꾸었을 때의 기동토크는 몇 [%]인가?

① 20 [%] ② 30 [%]

③ 33 [%] ④ 35 [%]

해설 결선에 따른 기동토크 관계 ——————

기동토크는 전류에 비례한다.

$$\frac{T_\Delta}{T_Y} = \frac{I_\Delta}{I_Y} = \frac{\frac{\sqrt{3}\,V}{R}}{\frac{V}{\sqrt{3}\,R}} = 3 \text{배}$$

$$T_\Delta = 3T_Y, \quad I_\Delta = 3I_Y$$

TIP Y결선은 △결선에 비해 1/3배이다.

25 (상 중 **하**)

다음 브리지회로의 평형조건으로 옳은 것은? (단, 전원 주파수는 일정하다)

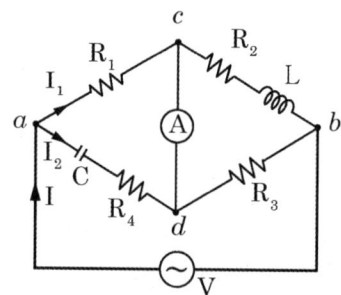

① $R_1 R_3 + R_2 R4 = \dfrac{L}{C}$, $\dfrac{R_4}{R_2} = \dfrac{L}{C}$

② $R_1 R_3 + R_2 R4 = \dfrac{L}{C}$, $\dfrac{R_4}{R_2} = \dfrac{1}{w^2 LC}$

③ $R_1 R_3 - R_2 R4 = \dfrac{L}{C}$, $\dfrac{R_4}{R_2} = \dfrac{L}{C}$

④ $R_1 R_3 - R_2 R4 = \dfrac{L}{C}$, $\dfrac{R_4}{R_2} = \dfrac{1}{w^2 LC}$

해설 휘스톤 브리지 ——————————

$$R_1 \cdot R_3 = (R_2 + jwL)\left(R_4 + \frac{1}{jwc}\right)$$

$$R_1 \cdot R_3 = R_2 \cdot R_4 + \frac{R_2}{jwc} + jwLR_4 + \frac{L}{C}$$

$$R_1 \cdot R_3 - R_2 R_4 - \frac{L}{C} = \frac{R_2}{jwc} + jwLR_4$$

실수부 : $R_1 \cdot R_3 - R_2 R_4 = \dfrac{L}{C}$

허수부 : $\dfrac{R_2}{jwc} = -jwLR_4$

$$R_2 = w^2 LCR_4$$

$$\frac{R_4}{R_2} = \frac{1}{w^2 LC}$$

26 상ⓒ하

다음 중 바리스터의 특성으로 알맞은 것을 고르시오.

① 온도보상용
② 서지전압으로부터의 기기보호
③ 정전압 전원회로에 사용
④ 광전효과

해설 반도체

명칭	특성
SCR	• 사이리스터의 한 종류 • 애노드(A), 캐소드(K), 게이트(G)로 구성된다. • 단방향 3단자 • 래칭전류 : SCR이 OFF상태에서 ON 상태로의 전환이 이뤄지고, 트리거신호가 제거된 직후에 SCR을 ON 상태로 유지하는 데 필요한 최소한의 양극전류를 래칭전류라 한다.
트라이악 (TRIAC)	• npnpn의 5층 구조 • 직·교류에서 모두 사용할 수 있는 3단자 스위칭 소자 • 교류전력 기기 제어용 • 쌍방향 3단자
다이악 (DIAC)	• 소용량 저항부하의 AC전력 제어용 • 쌍방향 2단자
서미스터	• 온도에 의해 저항값이 변하는 반도체 소자 • 부(-) 저항온도계수의 특성 : 온도 증가 시 저항 감소 • 열을 감지하는 감열저항체 소자 • 온도보상용, 온도계측용(온도계), 온도보정용
바리스터	• 인가되는 전압에 따라 저항값이 변하는 비선형 반도체 소자 • 전압에 따라 저항값이 변화하는 저항 소자 • 회로를 병렬로 연결하여 사용 • 서지전압으로부터 기기보호 • 계전기접점의 불꽃소거
사이리스터	• p형 반도체와 n형 반도체의 4층 이상 접합한 것 • 전극 단자수가 2, 3, 4인 것이 있다(위상제어, 타이머회로, 트리거회로).
집적회로	• 하나의 실리콘 칩 내부에 트랜지스터, 다이오드 저항, 콘덴서 등 여러 가지 전자부품을 고밀도로 집적하여 패키지로 만든 것 • 시스템이 소형화, 가볍고 얇다. • 신뢰성이 높고 부품의 교체가 쉽다.

명칭	특성
정류용 다이오드	일반적으로 다이오드라 불리는 것으로 정류작용(전류를 한쪽의 (+)나 (-)로만 흐름)
제너다이오드 (정전압다이오드)	주로 정전압 전원회로에 사용(전원·전압을 일정하게 유지, 안정화)
터널다이오드 (PN접합)	증폭작용·발진작용·개폐작용을 하며, 고속 스위칭회로·논리회로에 사용
포토다이오드	빛을 쬐면 광량에 비례하는 전류가 흐름(빛 검출용, 광센서에 사용)

TIP▶ 서지전압은 과전압이다.

27 상 중ⓗ

그림의 논리회로와 등가인 논리게이트는?

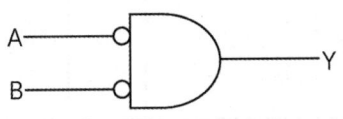

A ─○⟍
B ─○⟋ ─ Y

① NOR
② NAND
③ NOT
④ OR

해설 드모르간의 정리

1) 논리합과 논리곱이 완전한 독립이 아니고 부정을 포함하면 상호교환이 가능하다.
2) NAND회로와 NOR회로의 응용 및 논리회로를 간소화시키는 데 이용된다.

$$\overline{A}_{AND}\overline{B} = \overline{A} \cdot \overline{B} = \overline{A+B}$$

TIP▶ $\overline{A+B} = \overline{A} \cdot \overline{B}$
$\overline{A \cdot B} = \overline{A} + \overline{B}$

28 (상 중 ⑨)

R-C만의 직렬회로에서 시정수τ(Time Constant)로 알맞은 것을 고르시오.

① $\dfrac{L}{R}$

② R + C

③ RC

④ $\dfrac{R}{C}$

해설 시정수

(1) 정의
  ① 정상 상태의 63.2 [%]에 도달하는 시간
  ② 과도현상이 지속되는 시간
(2) 시정수가 클수록 과도현상은 오래 지속되며 천천히 사라진다.

1) R-L 직렬회로

R-L 직렬	스위치를 닫았을 때	스위치를 개방시켰을 때
전류 $i(t)$	$i(t)=\dfrac{E}{R}(1-e^{-\frac{R}{L}t})$[A]	$i(t)=\dfrac{E}{R}e^{-\frac{R}{L}t}$[A]
시정수	$\tau=\dfrac{L}{R}$ [sec]	$\tau=\dfrac{L}{R}$ [sec]

리액턴스 상태	• $t=0$일 때
	  L = 개방 상태
	• $t=\infty$일 때
	  L = 단락 상태
		–

2) R-C 직렬회로

R-C 직렬	스위치를 닫았을 때	스위치를 개방시켰을 때
전류 $i(t)$	$i(t)=\dfrac{E}{R}e^{-\frac{1}{RC}t}$[A]	$i(t)=-\dfrac{E}{R}e^{-\frac{1}{RC}t}$[A]
시정수	$\tau=RC$ [sec]	$\tau=RC$ [sec]

리액턴스 상태	• $t=0$일 때
	  C = 단락 상태
	• $t=\infty$일 때
	  C = 개방 상태
		–

29 (상 ⑤ 하)

어떤 전지에 연결된 외부회로의 저항은 5 [Ω]이고 전류는 8 [A]가 흐른다. 외부회로에 5 [Ω]대신 15 [Ω]의 저항을 접속하면 전류는 4 [A]로 떨어진다. 이 전지의 내부 기전력은 몇 [V]인가?

① 15 ② 20
③ 50 ④ 80

해설 전지 내부 기전력

$E=8(r+5)=4(r+15)$

$\therefore r=5$

$\therefore E=80[V]$

[전지의 접속]
1) 전지와 외부저항을 접속한 후 외부저항값을 구한다.
2) 전지의 내부저항을 계산해야 한다.
3) 외부저항 R구하기

$$R \Rightarrow \left(\frac{E}{R+r}\right) \cdot R$$
$$E \cdot R = (R+r)V$$
$$R(E-V) = V \cdot r \quad V = I$$
$$R = \frac{V}{E-V} \cdot r$$

R : 외부저항 $[\Omega]$
r : 내부저항 $[\Omega]$
E : 기전력 [V]

$$P_a{}^2 = P^2 + P_r{}^2$$
$$\therefore \ P_a = \sqrt{P^2 + P_r{}^2} = \sqrt{3000^2 + 4000^2}$$
$$= 5000 \, [VA]$$

31 상 중 하

다음 중 논리식 Y = (A + B)(A + C)와 등가인 논리식은?

① B(A + C)
② C(A + B)
③ B + AC
④ A + BC

해설 논리식 ─────

$$(A+B)(A+C)$$
$$= AA + AC + BA + BC$$
$$= A + AC + BA + BC$$
$$= A(1 + C + B) + BC$$
$$= A + BC$$

TIP 1과 더해져 있으면 무조건 1이다.

정리	공식
항등법칙	$0 + A = A, \ 1 + A = 1, \ 0 \times A = 0, \ 1 \times A = A$
동일법칙	$A + A = A, \ A \times A = A$
보원법칙	$A + \overline{A} = 1, \ A \times \overline{A} = 0$
복원법칙	$\overline{\overline{A}} = A$
교환법칙	$A + B = B + A, \ A \times B = B \times A$
결합법칙	$A + (B + C) = (A + B) + C, \ A(BC) = (AB)C$
분배법칙	$A(B + C) = AB + AC, \ A + BC = (A + B)(A + C)$
흡수법칙	$A + AB = A, \ A(A + B) = A$ $A + \overline{A}B = (A + \overline{A})(A + B) = A + B$

30 상 중 하

회로의 유효전력이 3000 [W], 무효전력 4000 [Var]일 때 피상전력[VA]을 구하시오.

① 3300
② 4500
③ 5000
④ 7500

 전력 ─────

피상전력 P_a[kVA]
$P_a = I^2 Z = VI$

무효전력 P_r[kVar]
$P_r = I^2 X$
$= VI \sin\theta$

역률 $\cos\theta$

유효전력 P[kW]
$P = I^2 R = VI \cos\theta$

32 (상)(중)하

한 상의 임피던스가 $Z = 12 + j14 \, [\Omega]$인 Y결선 부하에 대칭 3상 선간전압 380 [V]를 가할 때 소비되는 전력은 약 몇 [kW]인가?

① 5.1 ② 7.5

③ 12.4 ④ 18.7

해설 3상 유효전력 계산 ────────

1) $P = \sqrt{3} \, V_l I_l \cos\theta$

2) Y결선 : $V_l = \sqrt{3} \, V_p$, $I_l = I_p$

3) $Z - R + jX = 12 + j14$

- $I_l = \dfrac{V_p}{Z} = \dfrac{\dfrac{V_l}{\sqrt{3}}}{\sqrt{R^2 + X_L^2}}$

$= \dfrac{\dfrac{380}{\sqrt{3}}}{\sqrt{12^2 + 14^2}} = 11.90 \, [\text{A}]$

- $\cos\theta = \dfrac{R}{Z} = \dfrac{12}{\sqrt{12^2 + 14^2}} = 0.65$

4) $P = \sqrt{3} \, V_l I_l \cos\theta$

$= \sqrt{3} \times 380 \times 11.90 \times 0.65$

$= 5091.02 \, [\text{W}] = 5.1 \, [\text{kW}]$

TIP 간략풀이

$P = \dfrac{V^2}{Z} = \dfrac{380^2}{12 + j14} = 5096.47 - j5945.89$

33 (상)(중)하

그림과 같은 논리회로의 출력 Y는?

① $AB + \overline{C}$ ② $A + B + \overline{C}$

③ $(A + B)\overline{C}$ ④ $AB\overline{C}$

해설 논리회로 출력 ────────

A와 B ➜ [AND]회로

C ➜ (A AND B)와 [NOT OR]회로

즉, $Y = AB + \overline{C}$이다.

명칭, 논리기호
AND회로$(A \times B, A \cdot B)$
OR회로$(A + B)$
NAND회로(NOT + AND)
NOR회로(NOT + OR)
XOR회로

34 (상中하)

원자 하나에 최외각 전자가 4개인 4가의 전자로서 가전자대의 4개의 전자가 안정화를 위해 원자끼리 결합한 구조로 일반적인 반도체재료로 쓰이고 있는 것은?

① Si
② P
③ As
④ Ga

해설 반도체 종류

1) 진성 반도체
   (1) 최외각 전자수가 4개인 원자를 의미한다.
   (2) 실리콘(Si), 게르마늄(Ge) 등과 같이 불순물이 전혀 없는 반도체

진성 반도체

N형 반도체

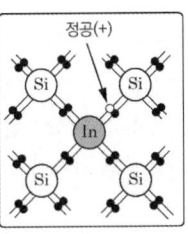
P형 반도체

2) 불순물 반도체

구분	N형 반도체	P형 반도체
개념	진성반도체에 5가 원소를 추가	진성반도체에 3가 원소를 추가
불순물	도너 물질 추가 인(P), 비소(As), 안티몬(Sb)	억셉터 물질 추가 인듐(In), 알루미늄(Al), 갈륨(Ga)
반송자	자유전자(과잉전자)	정공

35 (상中하)

3상 농형 유도전동기의 기동법이 아닌 것은?

① Y-△ 기동법
② 기동보상기법
③ 2차저항기동법
④ 리액터기동법

해설 농형 유도전동기의 기동법 종류

• 전전압기동법
• Y-△ 기동법
• 리액터기동법
• 기동보상기법
• 콘도르파법

암기 전Y리기콘

〈농형 회전자의 단락환과 구리 막대〉

[권선형 유도전동기(3상)]

기동방식	내용
2차 저항 기동법	2차회로에 가변저항기를 접속하고 비례추이 원리에 의하여 큰 기동토크를 얻고 기동전류도 억제함
게르게스법	게르게스현상을 이용하여 기동하는 방법

(a) 권선형 회전자

(b) 권선형의 권선

36 (상 ⑤ 하)

소화펌프에 연결하는 전동기의 용량은 약 몇 [kW]인가? (단, 전동기 효율은 0.9, 토출량은 2.4 [m³/min], 전양정은 90 [m], 전달계수는 1.1이다)

① 43

② 53

③ 63

④ 36

해설 전동기의 용량 계산 ──────

$$P = \frac{9.8\,Q\,H}{\eta} \times K$$

$$= \frac{9.8 \times \dfrac{2.4}{60} \times 90}{0.9} \times 1.1$$

$$= 43\,[kW]$$

P : 펌프동력 [kW]

K : 전달계수

H : 전양정 [m]

η : 효율 [%]

Q_1 : 유량 [m³/sec]

γ : 물의 비중량 9.8 [kN/m³]

37 (상 ⑤ 하)

다음 중 분류기와 배율기 접속에 대한 설명으로 알맞은 것을 고르시오.

① 분류기는 전압의 측정범위를 확대하기 위해 전압계와 병렬로 접속한다.

② 배율기는 전류의 측정범위를 확대하기 위해 전류계와 직렬로 접속한다.

③ 분류기는 전류의 측정범위를 확대하기 위해 전류계와 병렬로 접속한다.

④ 배율기는 전압의 측정범위를 확대하기 위해 전압계와 병렬로 접속한나.

해설 분류기와 배율기 ──────

1) 전류의 측정 : 분류기(Shunt, 전류의 측정범위 확대, 병렬접속)

2) 분류기 저항 : 전류의 측정범위를 확대하기 위해 전류계와 병렬로 접속하는 저항

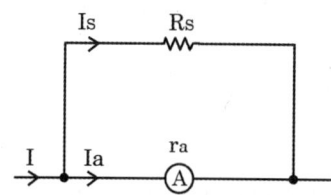

3) 전압의 측정 : 배율기(Multiplier, 전압의 측정범위 확대, 직렬접속)

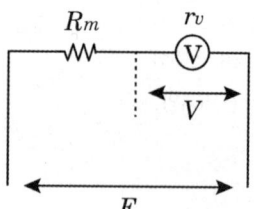

38 (상)중(하)

교류회로에 연결되어 있는 부하의 역률을 측정하는 경우 필요한 계측기의 구성은?

① 전압계, 전력계, 회전계
② 상순계, 전력계, 전류계
③ 전압계, 전류계, 전력계
④ 전류계, 전압계, 주파수계

해설 역률 측정 시 필요 계측기 ─────────

$$\cos\theta = \frac{P}{VI}$$

∴ 전압계(V), 전류계(I), 전력계(P) 필요

TIP $P = VI\cos\theta$

39 (상)중(하)

단상 유도전동기의 Slip은 2.3 [%], 회전자의 속도가 1600 [rpm]인 경우 동기속도 N_S는?

① 1258 [rpm]   ② 1357 [rpm]
③ 1638 [rpm]   ④ 1770 [rpm]

해설 동기속도 계산 ─────────

동기속도 $N_s = \dfrac{120f}{P}$

회전자속도 $N = N_S(1-S)$

$$N_S = \frac{N}{(1-S)} = \frac{1600}{(1-0.023)} = 1638 \; rpm$$

f : 주파수[Hz]
p : 극수
N_s : 동기속도 $[rpm]$
N : 회전 속도 $[rpm]$
$N = (1-s)N_s \, [rpm]$

40 (상 중(하)

다음 그림의 블록선도에서 전달함수 C/R는?

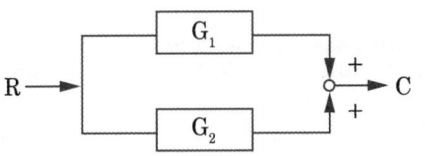

① $\dfrac{G_1}{G_2}$ ② $G_1 + G_2$

③ $G_1 \cdot G_2$ ④ $G_1 - G_2$

해설 블록선도 전달함수 ─────────

병렬로 연결된 블록선도의 전달함수는 더한다.

블록선도	전달함수
$R(s) \to \circ \to [G_1] \to [G_2] \to C(s)$	$\dfrac{C}{R} = \dfrac{G_1 G_2}{1-0} = G_1 G_2$
$R(s) \to \underset{-}{\ominus} \to [G_1] \to C(s)$	$\dfrac{C}{R} = \dfrac{G_1}{1-(-G_1)}$ $= \dfrac{G_1}{1+G_1}$
$R(s) \to [G_1] \to \underset{+}{\oplus} \to C(s),\; [G_2]$	$\dfrac{C}{R} = \dfrac{G_1}{1-G_2}$
$R(s) \to \underset{-}{\ominus} \to [G_1] \to C(s),\; [G_2]$	$\dfrac{C}{R} = \dfrac{G_1}{1+G_1 G_2}$
$R(s) \to \underset{+}{\oplus} \to [G_1] \to [G_2] \to C(s),\; [G_3]$	$\dfrac{C}{R} = \dfrac{G_1 G_2}{1-G_1 G_2 G_3}$
$R(s) \to \underset{-}{\ominus} \to [G_1] \to [G_2] \to C(s),\; [G_3][G_4]$	$\dfrac{C}{R} = \dfrac{G_1 G_2}{1+G_1 G_2 G_3 G_4}$

TIP 직렬은 곱한다.

2025년 1회
소방관계법규

| 목표시간 : 20분 | 시작 : _시 _분 | 종료 : _시 _분 | 맞은 개수 : _ /20 |

41 (상)중 하 신유형!

소방기본법령상 한국소방안전원의 회원으로 등록이 될 수 없는 사람을 고르시오.

① 소방시설 설치 및 관리에 관한 법률에 따라 등록을 하거나 허가를 받은 사람으로서 회원이 되려는 사람
② 소방 분야에 관심이 있거나 학식과 경험이 풍부한 사람으로서 회원이 되려는 사람
③ 소방안전관리자, 소방기술자 또는 위험물안전관리자로 선임되거나 채용된 사람으로서 회원이 되려는 사람
④ 소방공무원으로서 5년 이상 경력이 있는 사람

해설 한국소방안전원 회원 ─────────

소방기본법 제42조(회원의 관리)
안전원은 소방기술과 안전관리 역량의 향상을 위하여 다음 각 호의 사람을 회원으로 관리할 수 있다.

1. 「소방시설 설치 및 관리에 관한 법률」, 「소방시설공사업법」 또는 「위험물안전관리법」에 따라 등록을 하거나 허가를 받은 사람으로서 회원이 되려는 사람
2. 「화재의 예방 및 안전관리에 관한 법률」, 「소방시설공사업법」 또는 「위험물안전관리법」에 따라 소방안전관리자, 소방기술자 또는 위험물안전관리자로 선임되거나 채용된 사람으로서 회원이 되려는 사람
3. 그 밖에 소방 분야에 관심이 있거나 학식과 경험이 풍부한 사람으로서 회원이 되려는 사람
※ 제44조의2(안전원의 임원) : 원장 1명을 포함한 9명 이내의 이사와 1명의 감사(원장과 감사는 소방청장이 임명)

42 상(중)하

소방시설공사업법상 소방시설업자 지위 승계를 신고하려는 자는 그 상속일, 양수일, 합병일 또는 인수일부터 며칠 이내에 서류(전자문서를 포함한다)를 협회에 제출해야 하는지 고르시오.

① 3일
② 5일
③ 15일
④ 30일

해설 소방시설공사업법 제7조(지위승계신고 등) ───

① 법 제7조 제1항 및 제2항에 따라 소방시설업자 지위 승계를 신고하려는 자는 그 상속일, 양수일, 합병일 또는 인수일부터 30일 이내에 다음 각 호의 구분에 따른 서류(전자문서를 포함한다)를 협회에 제출해야 한다.
(중략)
④ 제1항에 따른 지위승계신고 서류를 제출받은 협회는 접수일부터 7일 이내에 지위를 승계한 사실을 확인한 후 그 결과를 시 · 도지사에게 보고하여야 한다.
⑤ 시 · 도지사는 제4항에 따라 소방시설업의 지위승계신고의 확인 사실을 보고받은 날부터 3일 이내에 협회를 경유하여 법 제7조 제1항에 따른 지위승계인에게 등록증 및 등록수첩을 발급하여야 한다.

정답 41 ④ 42 ④

43 (상⑧하)

소방시설 설치 및 관리에 관한 법령상 간이스프링클러설비를 설치하여야 하는 특정소방대상물의 기준으로 틀린 것을 고르시오.

① 근린생활시설로 사용하는 부분의 바닥면적 합계가 1000 [m²] 이상인 경우
② 교육연구시설 내에 있는 합숙소로서 연면적 100 [m²] 이상인 경우
③ 정신의료기관으로서 바닥면적 합계 300 [m²] 이상 600 [m²] 미만인 경우
④ 의료시설로서 바닥면적 합계가 300 [m²] 미만인 경우

해설 간이스프링클러설비 설치대상

설치대상	기준
근린생활시설	• 바닥면적 합계 1000 [m²] 이상인 것은 모든 층 • 의원, 치과의원, 한의원으로서 입원실이 있는 것 • 조산원 및 산후조리원 연면적 600 [m²] 미만 시설
교육연구시설 내 합숙소	연면적 100 [m²] 이상인 경우에는 모든 층
의료시설 (종합병원, 병원, 치과병원, 요양병원)	바닥면적 합계 600 [m²] 미만
• 정신의료기관, 의료재활시설 • 노유자시설	• 바닥면적 합계 300 [m²] 이상 600 [m²] 미만 • 바닥면적 합계 300 [m²] 미만, 창살 설치
복합건축물	연면적 1000 [m²] 이상 전 층
연립주택 및 다세대주택	–
숙박시설	바닥면적 합계 300 [m²] 이상 600 [m²] 미만

44 (상 중⑧)

소방기본법령상 소방안전교육사의 배치대상별 배치기준으로 틀린 것은?

① 소방청 : 2명 이상 배치
② 소방서 : 1명 이상 배치
③ 소방본부 : 2명 이상 배치
④ 한국소방안전원(본회) : 1명 이상 배치

해설 소방안전교육사

보육시설 영유아, 유치원의 유아, 학교 학생들을 대상으로 해서 화재예방 및 화재발생 시에 인명, 재산피해를 줄이기 위해 소방안전 교육과 훈련을 실시하는 인력. 소방안전교육을 기획하고 진행, 분석, 평가, 교육 등의 업무를 담당한다.

배치대상	배치기준(이상)
소방청	2명
소방본부	2명
소방서	1명
한국소방안전원	본회 : 2명, 시·도지부 : 1명
한국소방산업기술원	2명

45 (상)(중)(하)

소방시설관리사시험의 응시자격에 해당하지 않는 것을 고르시오.

① 건축사
② 건축기계설비기술사
③ 소방설비기사
④ 위험물기능장

[해설] 소방시설관리사시험 ───────

1. 소방기술사·위험물기능장·건축사·건축기계설비기술사·건축전기설비기술사 또는 공조냉동기계기술사
2. 소방설비기사 자격을 취득한 후 2년 이상 소방청장이 정하여 고시하는 소방에 관한 실무경력(이하 "소방실무경력"이라 한다)이 있는 사람
3. 소방설비산업기사 자격을 취득한 후 3년 이상 소방실무경력이 있는 사람
4. 「국가과학기술 경쟁력 강화를 위한 이공계지원 특별법」 제2조 제1호에 따른 이공계(이하 "이공계"라 한다) 분야를 전공한 사람으로서 다음 각 목의 어느 하나에 해당하는 사람
   가. 이공계 분야의 박사학위를 취득한 사람
   나. 이공계 분야의 석사학위를 취득한 후 2년 이상 소방실무경력이 있는 사람
   다. 이공계 분야의 학사학위를 취득한 후 3년 이상 소방실무경력이 있는 사람
5. 소방안전공학(소방방재공학, 안전공학을 포함한다) 분야를 전공한 후 다음 각 목의 어느 하나에 해당하는 사람
   가. 해당 분야의 석사학위 이상을 취득한 사람
   나. 2년 이상 소방실무경력이 있는 사람
6. 위험물산업기사 또는 위험물기능사 자격을 취득한 후 3년 이상 소방실무경력이 있는 사람
7. 소방공무원으로 5년 이상 근무한 경력이 있는 사람
8. 소방안전 관련 학과의 학사학위를 취득한 후 3년 이상 소방실무경력이 있는 사람
9. 산업안전기사 자격을 취득한 후 3년 이상 소방실무경력이 있는 사람
10. 다음 각 목의 어느 하나에 해당하는 사람
    가. 특급 소방안전관리대상물의 소방안전관리자로 2년 이상 근무한 실무경력이 있는 사람
    나. 1급 소방안전관리대상물의 소방안전관리자로 3년 이상 근무한 실무경력이 있는 사람
    다. 2급 소방안전관리대상물의 소방안전관리자로 5년 이상 근무한 실무경력이 있는 사람
    라. 3급 소방안전관리대상물의 소방안전관리자로 7년 이상 근무한 실무경력이 있는 사람
    마. 10년 이상 소방실무경력이 있는 사람

> ※ 2027년 1월 1일 시행
> 1. 소방기술사·건축사·건축기계설비기술사·건축전기설비기술사 또는 공조냉동기계기술사
> 2. 위험물기능장
> 3. 소방설비기사
> 4. 「국가과학기술 경쟁력 강화를 위한 이공계지원 특별법」 제2조 제1호에 따른 이공계 분야의 박사학위를 취득한 사람
> 5. 소방청장이 정하여 고시하는 소방안전 관련 분야의 석사 이상의 학위를 취득한 사람
> 6. 소방설비산업기사 또는 소방공무원 등 소방청장이 정하여 고시하는 사람 중 소방에 관한 실무경력(자격 취득 후의 실무경력으로 한정한다)이 3년 이상인 사람

46 (상)(중)(하)

특정소방대상물의 소방시설등에 대한 자체점검이 가능한 소방기술자를 고르시오.

① 소방시설관리사
② 소방설비기사
③ 전기기사
④ 위험물산업기사

해설 소방시설등의 자체점검

〈소방시설 설치 및 관리에 관한 법률〉

제22조(소방시설등의 자체점검)

① 특정소방대상물의 관계인은 그 대상물에 설치되어 있는 소방시설등이 이 법이나 이 법에 따른 명령 등에 적합하게 설치·관리되고 있는지에 대하여 다음 각 호의 구분에 따른 기간 내에 스스로 점검하거나 제34조에 따른 점검능력 평가를 받은 관리업자 또는 행정안전부령으로 정하는 기술자격자(이하 "관리업자등"이라 한다)로 하여금 정기적으로 점검(이하 "자체점검"이라 한다)하게 하여야 한다. 이 경우 관리업자등이 점검한 경우에는 그 점검 결과를 행정안전부령으로 정하는 바에 따라 관계인에게 제출하여야 한다.

〈소방시설 설치 및 관리에 관한 법률 시행규칙〉

제19조(기술자격자의 범위) 법 제22조 제1항 각 호 외의 부분 전단에서 "행정안전부령으로 정하는 기술자격자"란 「화재의 예방 및 안전관리에 관한 법률」 제24조 제1항 전단에 따라 소방안전관리자(이하 "소방안전관리자"라 한다)로 선임된 소방시설관리사 및 소방기술사를 말한다.

47 상 중 ⓗ

소방기본법에서 사용하는 용어의 정의로 알맞은 것을 고르시오.

① 소방대상물이란 건축물, 차량, 선박(항해 중인 선박만 해당한다), 선박 건조 구조물, 산림, 그 밖의 인공 구조물 또는 물건을 말한다.

② 소방본부장이란 화재, 재난·재해, 그 밖의 위급한 상황이 발생한 현장에서 소방대를 지휘하는 사람을 말한다.

③ 관계인이란 소방대상물의 소유자·관리자 또는 점유자를 말한다.

④ 소방대란 화재 진압 및 화재, 재난·재해, 그 밖의 위급한 상황에서 구조·구급 활동을 하는 사람으로서 소방공무원, 의무소방원, 소방안전관리자를 말한다.

해설 소방용어 정의

1) 소방대상물
 (1) 건축물
 (2) 차량
 (3) 선박(항구에 매어 둔 것)
 (4) 산림, 그 밖의 인공구조물 또는 물건

2) 관계지역
 소방대상물이 있는 장소 및 그 이웃 지역으로 화재의 예방·경계·진압, 구조·구급 등의 활동에 필요한 지역

3) 관계인
 소방대상물의 소유자·관리자·점유자

4) 소방대
 화재 진압 및 화재, 재난·재해, 그 밖의 위급한 상황에서 구조·구급 활동
 (1) 소방공무원
 (2) 의무소방원
 (3) 의용소방대원

암기 공무용

5) 소방본부장
 특별시·광역시·특별자치시·도 또는 특별자치도(이하 "시·도"라 한다)에서 화재의 예방·경계·진압·조사 및 구조·구급 등의 업무를 담당하는 부서의 장

6) 소방대장
 소방본부장 또는 소방서장 등 화재, 재난·재해, 그 밖의 위급한 상황이 발생한 현장에서 소방대를 지휘하는 사람

48 상 ⓜ 하

소방시설 설치 및 관리에 관한 법령상 형식승인을 받지 아니한 소방용품을 판매하거나 판매목적으로 진열하거나 소방시설공사에 사용한 자에 대한 벌칙기준은?

① 3년 이하의 징역 또는 3000만 원 이하의 벌금

② 2년 이하의 징역 또는 1500만 원 이하의 벌금

③ 1년 이하의 징역 또는 1000만 원 이하의 벌금

④ 1년 이하의 징역 또는 500만 원 이하의 벌금

해설 3년 이하 징역 또는 3000만 원 이하 벌금 ─────

1. 조치명령 위반사항에 대한 명령을 정당한 사유 없이 위반
2. 관리업 등록을 하지 않고 영업을 한 자
3. 소방용품 형식승인 받지 아니하고 제조·수입 또는 거짓이나 그 밖의 부정한 방법으로 형식승인을 받은 자
4. 제품검사를 받지 아니한 자 또는 거짓이나 그 밖의 부정한 방법으로 제품검사를 받은 자
5. <u>소방용품을 판매·진열하거나 소방시설공사에 사용한 자</u>
6. 거짓이나 그 밖의 부정한 방법으로 성능인증 또는 제품검사를 받은 자
7. 제품검사를 받지 아니하거나 합격표시를 하지 아니한 소방용품을 판매·진열하거나 소방시설공사에 사용한 자
8. 구매자에게 명령을 받은 사실을 알리지 아니하거나 필요한 조치를 하지 아니한 자
9. 거짓이나 그 밖의 부정한 방법으로 전문기관으로 지정을 받은 자

⑤ 암막·무대막(영화상영관 스크린, 가상체험체육시설의 스크린 포함)
⑥ 섬유류, 합성수지류 등을 원료로 하여 제작된 소파·의자(단란주점영업, 유흥주점, 노래연습장업의 영업장에 설치하는 것만 해당)
2) 건축물 내부의 천장이나 벽에 부착하거나 설치하는 것, 다만 가구류(옷장·찬장·식탁·식탁용 의자·사무용 책상·사무용 의자·계산대 등)와 너비 10 [cm] 이하 반자돌림대 등과 내부 마감재료는 제외
   ⑴ 종이류(두께 2 [mm] 이상)·합성수지류·섬유류를 주원료로 한 물품
   ⑵ 합판, 목재
   ⑶ 공간 구획하는 간이 간막이
   ⑷ 흡음·방음을 위하여 설치하는 흡음재, 방음재

49 상⑤하

소방시설 설치 및 관리에 관한 법령상 방염대상물품이 아닌 것은?

① 제조·가공 공정에서 방염처리한 벽지류(두께 2 [mm] 미만인 종이벽지 제외)
② 제조·가공 공정에서 방염처리한 커튼류(블라인드 제외)
③ 제조·가공 공정에서 방염처리한 무대용 합판
④ 제조·가공 공정에서 방염처리한 합성수지류 등을 원료로 하여 제작된 소파

해설 방염대상물품 ─────

1) 제조·가공 공정에서 방염처리한 물품(합판·목재류 설치 현장에서 방염처리한 것 포함)
   ⑴ 창문에 설치하는 커튼류(블라인드 포함)
   ⑵ 카펫
   ⑶ 벽지류(두께 2 [mm] 미만인 종이벽지 제외)
   ⑷ 전시용 합판·목재 또는 섬유판, 무대용 합판·목재 또는 섬유판(합판·목재류의 경우 불가피하게 설치 현장에서 방염처리한 것을 포함한다)

50 상⑤하

소방기본법령상 소방용수시설별 설치기준 중 틀린 것은?

① 급수탑 개폐밸브는 지상에서 1.5 [m] 이상 1.7 [m] 이하의 위치에 설치하도록 할 것
② 소화전은 상수도와 연결하여 지하식 또는 지상식의 구조로 하고, 소방용 호스와 연결하는 소화전의 연결금속구의 구경은 100 [mm]로 할 것
③ 저수조 흡수관의 투입구가 사각형의 경우에는 한 변의 길이가 60 [cm] 이상, 원형의 경우에는 지름이 60 [cm] 이상일 것
④ 저수조는 지면으로부터의 낙차가 4.5 [m] 이하일 것

해설 소방용수시설 설치기준 ─────

1) 소화전
   • 상수도와 연결, 지하식·지상식 구조
   • 연결금속구 구경 : 65 [mm]
2) 급수탑
   • 급수배관 구경 : 100 [mm] 이상
   • <u>개폐밸브 : 지상 1.5 [m] 이상 1.7 [m] 이하</u>

3) 저수조
- 지면으로부터의 낙차 : 4.5 [m] 이하
- 흡수부분 수심 : 0.5 [m] 이상일 것
- 흡수관 투입구 : 사각형 한 변 60 [cm]
  원형 지름 60 [cm] 이상

51 상⑤하

소방시설 설치 및 관리에 관한 법령상 제연설비를 설치하여야 하는 특정소방대상물의 기준으로 틀린 것을 고르시오.

① 영화상영관으로서 수용인원 100명 이상인 경우
② 노유자시설로서 바닥면적 합계가 600 [m²] 이상인 경우
③ 판매시설로서 바닥면적 합계가 1000 [m²] 이상인 경우
④ 지하상가로서 연면적 1000 [m²] 이상인 경우

해설 제연설비 설치대상

설치대상	기준
문화 및 집회시설, 종교시설, 운동시설	• 무대부 바닥면적 200 [m²] 이상인 경우에는 해당 무대부 • 영화상영관 수용인원 100명 이상인 경우에는 해당 영화상영관
지하층·무창층에 설치된 근린생활시설, 판매시설, 숙박시설, 운수시설, 의료시설, 위락시설, 노유자시설, 창고시설(물류터미널로 한정)	바닥면적 합계 1000 [m²] 이상인 경우 해당 부분
지하상가	연면적 1000 [m²] 이상
공항시설 대기실, 항만시설 대기실, 휴게시설, 시외버스정류장, 철도 및 도시철도 시설	지하층·무창층 바닥면적 1000 [m²] 이상인 경우에는 모든 층
특정소방대상물(갓복도형 아파트등 제외)에 부설된 특별피난계단, 비상용 승강기의 승강장, 피난용 승강기의 승강장	

52 상⑤하

위험물안전관리법령상 제조소의 위치·구조 및 설비의 기준 중 위험물을 취급하는 건축물 그 밖의 시설의 주위에는 그 취급하는 위험물의 최대수량이 지정수량의 10배 이하인 경우 보유하여야 할 공지의 너비는 몇 [m] 이상이어야 하는가?

① 3   ② 5
③ 8   ④ 10

해설 제조소 보유공지

취급하는 위험물 최대수량	공지 너비
지정수량 10배 이하	3 [m] 이상
지정수량 10배 초과	5 [m] 이상

53 상⑤하

다음 괄호 안에 들어갈 알맞은 말을 고르시오.

위험물이란, 인화성 또는 (㉠) 등의 성질을 가지는 것으로서 (㉡)이 정하는 물품을 의미한다.

① ㉠ 발화성, ㉡ 행정안전부령
② ㉠ 발화성, ㉡ 대통령령
③ ㉠ 자기반응성, ㉡ 대통령령
④ ㉠ 금수성, ㉡ 행정안전부령

해설 위험물 용어정의

1) 위험물 : 인화성 또는 발화성 등의 성질을 가지는 것으로서 대통령령이 정하는 물품
2) 지정수량 : 위험물의 종류별로 위험성을 고려하여 대통령령이 정하는 수량으로서 제조소등의 설치허가 등에 있어서 최저의 기준이 되는 수량
3) 제조소 : 위험물을 제조할 목적으로 지정수량 이상의 위험물을 취급하기 위하여 허가를 받은 장소를 말한다.
4) 저장소 : 지정수량 이상의 위험물을 저장하기 위한 대통령령이 정하는 장소

5) 취급소 : 지정수량 이상의 위험물을 제조외의 목적으로 취급하기 위한 대통령령이 정하는 장소로서 제6조 제1항의 규정에 따른 허가를 받은 장소를 말한다.

6) 제조소등

구분			내용
제조소			위험물을 제조할 목적으로 지정수량 이상의 위험물을 취급하기 위하여 허가를 받은 장소
저장소	옥외 저장소	옥외에 위험물을 저장하는 장소	• 제2류 위험물 : 황 또는 인화성 고체(인화점 0 [℃] 이상인 것에 한함) • 제4류 위험물 : 제1석유류(인화점 0 [℃] 이상인 것에 한함) · 알코올류 · 제2석유류 · 제3석유류 · 제4석유류 · 동식물유류 • 제6류 위험물
	옥내 저장소	옥내에 위험물을 저장하는 장소	
	옥외탱크 저장소	옥외에 있는 탱크에 위험물을 저장하는 장소	
	옥내탱크 저장소	건축물 내부에 설치된 탱크에 위험물을 저장하는 장소	
	지하탱크 저장소	지하에 설치된 탱크에 위험물을 저장하는 장소	
	간이탱크 저장소	간이탱크에 위험물을 저장하는 장소	
	이동탱크 저장소	차량에 고정된 탱크에 위험물을 저장하는 장소	
	암반탱크 저장소	암반 내의 공간을 이용한 탱크에 액체의 위험물을 저장하는 장소	
취급소	주유 취급소	고정된 주유설비를 통해 자동차, 항공기, 선박에 직접 주유하는 장소	
	판매 취급소	용기에 위험물을 담아 판매하기 위해 지정수량 40배 이하 취급소	
	이송 취급소	배관 및 이에 부속된 설비에 의하여 위험물을 이송하는 장소	
	일반 취급소	주유취급소, 판매취급소 및 이송취급소에 해당하지 않는 취급소	

54 상 중 하

소방시설공사업법령상 소방시설공사의 하자보수 보증기간이 다른 하나를 고르시오.

① 피난기구
② 비상조명등
③ 무선통신보조설비
④ 자동화재탐지설비

해설 소방시설 하자보수 보증기간 ──────

소방시설	기간
• 피난기구 · 유도등 • 비상경보설비 • 비상조명등 • 비상방송설비 • 무선통신보조설비	2년
• 자동소화장치 • 옥내 · 외소화전설비 • 스프링클러 · 간이스프링클러설비 • 물분무등소화설비 • 자동화재탐지설비 • 상수도소화용수설비 • 소화활동설비(무선통신보조설비 제외) • 화재알림설비	3년

암기 ▶ 이년 피비무

정답 ▶ 54 ④

55 상 중 하

소방기본법령상 출동한 소방대의 소방장비를 파손하거나 그 효용을 해하여 화재진압·인명구조·구급활동을 방해하는 행위를 한 사람에 대한 벌칙기준은?

① 500만 원 이하의 과태료
② 1년 이하의 징역 또는 1000만 원 이하의 벌금
③ 3년 이하의 징역 또는 3000만 원 이하의 벌금
④ 5년 이하의 징역 또는 5000만 원 이하의 벌금

해설 5년 이하 징역 또는 5000만 원 이하 벌금 ─────

1) 위력을 사용하여 출동한 소방대의 화재진압·인명구조·구급활동을 방해하는 행위
2) 소방대가 화재진압·인명구조·구급활동을 위하여 현장에 출동하거나 현장에 출입하는 것을 고의로 방해하는 행위
3) 출동한 소방대원에게 폭행·협박을 행사하여 화재진압·인명구조·구급활동 방해(음주 또는 약물로 인한 심신장애 상태에서 위반 시 형법의 감경 미적용)
4) 출동한 소방대의 소방장비를 파손하거나 그 효용을 해하여 화재진압·인명구조·구급활동 방해하는 행위
5) 소방자동차의 출동을 방해한 사람
6) 사람을 구출하는 일 또는 불을 끄거나 불이 번지지 않도록 하는 일을 방해한 사람
7) 정당한 사유 없이 소방용수시설·비상소화장치를 사용하거나 소방용수시설·비상소화장치의 효용을 해치거나 그 정당한 사용을 방해한 사람

56 상 중 하

화재의 예방 및 안전관리에 관한 법령상 화재예방강화지구에 해당하지 않는 것은?

① 위험물의 저장 및 처리 시설이 밀집한 지역
② 소방시설·소방용수시설·소방출동로가 없는 지역
③ 시장지역
④ 공장이 있는 지역

해설 화재예방강화지구 ─────

1) 지정권자 : 시·도지사
2) 화재예방강화지구 지정 요청 : 소방청장
3) 화재예방강화지구
   (1) 시장지역
   (2) 공장·창고가 밀집한 지역
   (3) 목조건물이 밀집한 지역
   (4) 노후·불량건축물이 밀집한 지역
   (5) 위험물의 저장 및 처리 시설이 밀집한 지역
   (6) 석유화학제품을 생산하는 공장이 있는 지역
   (7) 산업입지 및 개발에 관한 법률에 따른 산업단지
   (8) 소방시설·소방용수시설·소방출동로가 없는 지역
   (9) 물류단지
   (10) (1) ~ (9)까지 준하는 지역으로서 소방관서장이 화재예방강화지구로 지정할 필요가 있다고 인정하는 지역

57 상 중 하

위험물안전관리 법령상 옥내주유취급소에 있어서 당해 사무소 등의 출입구 및 피난구와 당해 피난구로 통하는 통로·계단 및 출입구에 설치해야 하는 피난설비는?

① 유도등
② 구조대
③ 피난사다리
④ 완강기

해설 피난설비 ─────

1) 주유취급소 중 건축물 2층 이상의 부분을 점포·휴게음식점·전시장 용도로 사용하는 것에 있어서는 당해 건축물 2층 이상으로부터 주유취급소 부지 밖으로 통하는 출입구와 당해 출입구로 통하는 통로·계단·출입구에 유도등 설치
2) 옥내주유취급소에 있어서 당해 사무소 등의 출입구 및 피난구와 당해 피난구로 통하는 통로·계단·출입구에 유도등 설치

58 (상 ⑧ 하)

화재의 예방 및 안전관리에 관한 법령상 사람을 구출하거나 불이 번지는 것을 막기 위하여 필요할 때에는 화재가 발생하거나 불이 번질 우려가 있는 소방대상물 및 토지를 일시적으로 사용하거나 그 사용의 제한 또는 소방활동에 필요한 처분을 할 수 있는 사람은?

① 소방본부장
② 시·도지사
③ 의용소방대원
④ 소방대상물의 관리자

해설 소방본부장, 소방서장, 소방대장 권한 ────

구분	권한
소방청장	• 소방박물관 설립 (소방체험관 : 시·도지사) • 한국소방안전원 감독 • 소방력 동원 요청
소방청장, 소방본부장, 소방서장	• 소방활동
소방본부장, 소방서장	• 소방업무 응원요청 • 지리조사
소방본부장, 소방서장, 소방대장	• 소방활동 종사명령 • 강제처분 • 피난명령 • 위험시설 긴급조치
소방대장	• 소방활동구역 설정

59 (상 ⑧ 하)

위험물안전관리법령에 따라 위험물안전관리자를 해임하거나 퇴직한 때에는 해임하거나 퇴직한 날부터 며칠 이내에 다시 안전관리자를 선임하여야 하는가?

① 30일
② 15일
③ 7일
④ 3일

해설 위험물안전관리자 ────

• 안전관리자 선임 : 관계인
• 안전관리자 해임, 퇴직 시 : 해임, 퇴직한 날부터 30일 이내 재선임
• 선임신고기간 : 소방본부장·소방서장에게 선임 날부터 14일 이내 신고
• 직무대행기간 : 30일 이내

60 (상 중 ⑥)

지정수량의 최소 몇 배 이상의 위험물을 취급하는 제조소에는 피뢰침을 설치해야 하는가? (단, 제6류 위험물을 취급하는 위험물제조소는 제외하고, 제조소 주위의 상황에 따라 안전상 지장이 없는 경우도 제외한다)

① 5배
② 10배
③ 50배
④ 100배

해설 위험물 제조소 피뢰설비 ────

지정수량 10배 이상인 옥외탱크저장소 피뢰침 설치(제6류 위험물 제조소 제외)

암기 피식(피뢰설비 10)

소방전기시설의 구조 및 원리

| 목표시간 : 30분 | 시작 : _시 _분 | 종료 : _시 _분 | 맞은 개수 : __/20 |

신유형!

61 상 중 하

지하구의 화재안전성능기준(NFPC 605)에 따른 감지기의 설치기준으로 틀린 것을 고르시오.

① 감지기 중 먼지·습기 등의 영향을 받지 않고 발화지점(10미터 단위)과 온도를 확인할 수 있는 것을 설치한다.

② 지하구 천장의 중심부에 설치하되 감지기와 천장 중심부 하단과의 수직거리는 30센티미터 이내로 한다. 다만 형식승인 내용에 설치방법이 규정되어 있거나 중앙기술심의위원회의 심의를 거쳐 제조사 시방서에 따른 설치방법이 지하구 화재에 적합하다고 인정되는 경우에는 형식승인 내용 또는 심의결과에 의한 제조사 시방서에 따라 설치할 수 있다.

③ 발화지점이 지하구의 실제거리와 일치하도록 수신기 등에 표시한다.

④ 공동구 내부에 상수도용 또는 냉·난방용 설비만 존재하는 부분은 감지기를 설치하지 않을 수 있다.

해설 지하구의 화재안전성능기준(NFPC 605)

시민들의 일상생활 및 사회·경제활동을 원활하고 편리하게 할 수 있는 시설물들을 안전하게 수용할 뿐만 아니라 지하공간에 시설물을 수용함으로써 보행자의 쾌적한 통행공간과 안전하고 안락한 도시환경을 유지하며 효율적인 도시운영이 가능하도록 개별 매설 또는 가공 배선된 수도, 가스, 통신, 전기, 상·중수도, 냉난방, 쓰레기 수송관 등의 배관·배선류를 지하의 터널이라는 구체 안에 수용하는 시설

[공동구 설치 전]　　　[공동구 설치 후]

국토의 계획 및 이용에 관한 법률(약칭 : 국토계획법)

"공동구"란 전기·가스·수도 등의 공급설비, 통신시설, 하수도시설 등 지하매설물을 공동 수용함으로써 미관의 개선, 도로구조의 보전 및 교통의 원활한 소통을 위하여 지하에 설치하는 시설물을 말한다.

제6조(자동화재탐지설비)

① 감지기는 다음 각 호에 따라 설치해야 한다.

　1. 「자동화재탐지설비 및 시각경보장치의 화재안전성능기준(NFPC 203)」 제7조 제1항 각 호의 감지기 중 먼지·습기 등의 영향을 받지 않고 발화지점(1미터 단위)과 온도를 확인할 수 있는 것을 설치할 것

　2. 지하구 천장의 중심부에 설치하되 감지기와 천장 중심부 하단과의 수직거리는 30센티미터 이내로 할 것. 다만 형식승인 내용에 설치방법이 규정되어 있거나, 중앙기술심의위원회의 심의를 거쳐 제조사 시방서에 따른 설치방법이 지하구 화재에 적합하다고 인정되는 경우에는 형식승인 내용 또는 심의결과에 의한 제조사 시방서에 따라 설치할 수 있다.

　3. 발화지점이 지하구의 실제거리와 일치하도록 수신기 등에 표시할 것

　4. 공동구 내부에 상수도용 또는 냉·난방용 설비만 존재하는 부분은 감지기를 설치하지 않을 수 있다.

② 발신기, 지구음향장치 및 시각경보기는 설치하지 않을 수 있다.

정답 61 ①

62 (상(중)하)

자동화재탐지설비 및 시각경보장치의 화재안전기술기준에 따라 감지기를 거실에 설치할 때 설치 가능한 감지기를 고르시오. (단, 거실의 감지기 부착 높이는 18 [m]이다)

① 열복합형 감지기
② 광전식 분리형 감지기 1종
③ 보상식 스포트형 감지기
④ 정온식 감지선형 감지기 1종

해설 감지기 부착높이

부착 높이	감지기의 종류
4 [m] 미만	차동식(스포트형, 분포형), 보상식 스포트형, 정온식(스포트형, 감지선형), 이온화식 또는 광전식(스포트형, 분리형, 공기흡입형), 열복합형, 연기복합형, 열연기복합형, 불꽃감지기
4 [m] 이상 ~ 8 [m] 미만	차동식(스포트형, 분포형), 보상식 스포트형, 정온식(스포트형, 감지선형) 특종 또는 1종, 이온화식 1종 또는 2종, 광전식(스포트형, 분리형, 공기흡입형) 1종 또는 2종 열복합형, 연기복합형, 열연기복합형, 불꽃감지기
8 [m] 이상 ~ 15 [m] 미만	차동식 분포형(차동식 분포형 외의 열감지기는 8 [m] 미만), 이온화식 1종 또는 2종, 광전식(스포트형, 분리형, 공기흡입형) 1종 또는 2종, 연기복합형, 불꽃감지기 암기 ▶ 차분한 이광연 12
15 [m] 이상 ~ 20 [m] 미만	이온화식 1종, 광전식(스포트형, 분리형, 공기흡입형) 1종, 연기복합형, 불꽃감지기 암기 ▶ 이광연 1
20 [m] 이상	불꽃감지기, 광전식(분리형, 공기흡입형) 중 아날로그방식

TIP ▶ ※ 부착 높이 20 [m] 이상에 설치하는 광전식 중 아날로그 감지기는 공칭감지농도 하한값이 감광률 5 [%/m] 미만인 것으로 한다.

63 (상(중)하)

유도표지는 주위 조도 몇 룩스에서 60분간 발광 후 직선거리 20 [m] 떨어진 위치에서 보통 시력으로 식별되어야 하고 3 [m] 거리에서 표시면의 문자 또는 화살표 등을 쉽게 식별할 수 있는 것으로 하여야 하는가?

① 0   ② 1
③ 2   ④ 3

해설 축광표지의 성능인증 및 제품검사의 기술기준

제8조(식별도시험)

① 축광유도표지 및 축광위치표지는 200 [lx] 밝기의 광원으로 20분간 조사시킨 상태에서 다시 주위조도를 0 [lx]로 하여 60분간 발광시킨 후 직선거리 20 [m](축광위치표지의 경우 10 [m]) 떨어진 위치에서 유도표지 또는 위치표지가 있다는 것이 식별되어야 하고, 유도표지는 직선거리 3 [m]의 거리에서 표시면의 표시 중 주체가 되는 문자 또는 주체가 되는 화살표 등이 쉽게 식별되어야 한다. 이 경우 측정자는 보통 시력(시력 1.0에서 1.2의 범위를 말한다)을 가진 자로서 시험실시 20분 전까지 암실에 들어가 있어야 한다.

② 축광보조표지는 200 [lx] 밝기의 광원으로 20분간 조사 시킨 상태에서 다시 주위조도를 0 [lx]로 하여 60분간 발광시킨 후 직선거리 10 [m] 떨어진 위치에서 축광보조표지가 있다는 것이 식별되어야 한다. 이 경우 측정자의 조건은 제1항의 조건을 적용한다.

64 (상(중)하)

비상방송설비의 화재안전기술기준(NFTC 202)에 따라 부속회로의 전로와 대지 사이 및 배선 상호 간의 절연저항은 1경계구역마다 직류 250 [V]의 절연저항측정기를 사용하여 측정한 절연저항이 몇 [MΩ] 이상이 되도록 하여야 하는가?

① 0.1   ② 0.2
③ 10   ④ 20

정답 62 ② 63 ① 64 ①

해설 비상방송설비 배선

1) 화재로 인해 하나의 층의 확성기 또는 배선이 단락 또는 단선되어도 다른 층의 화재 통보에 지장이 없을 것
2) 전원회로의 배선은 내화배선
3) 그 밖의 배선은 내화배선 또는 내열배선으로 할 것
4) 절연저항
   (1) 전원회로의 전로와 대지 사이 및 배선 상호 간 : 전기사업법 기술기준 적용
   (2) 부속회로의 전로와 대지 사이 및 배선 상호 간 : 1 경계구역마다 직류 250 [V]의 절연저항측정기를 사용하여 측정한 절연저항 0.1 [MΩ] 이상

65 상중하

무선통신보조설비의 화재안전기술기준에 따라 무선통신보조설비의 누설동축케이블 및 동축케이블은 화재에 따라 해당 케이블의 피복이 소실된 경우에 케이블 본체가 떨어지지 아니하도록 몇 [m] 이내마다 금속제 또는 자기제 등의 지지금구로 벽·천장·기둥 등에 견고하게 고정시켜야 하는가? (단, 불연재료로 구획된 반자 안에 설치하지 않은 경우이다)

① 1   ② 1.5
③ 2.5   ④ 4

해설 누설동축케이블 설치기준

1) 소방전용주파수대에서 전파의 전송 또는 복사에 적합한 것으로서 소방전용의 것으로 할 것(다만 소방대 상호 간의 무선연락에 지장 없는 경우에는 다른 용도와 겸용 가능하다)
2) 누설동축케이블과 이에 접속하는 안테나 또는 동축케이블과 이에 접속하는 안테나에 따른 것으로 할 것
3) 누설동축케이블은 불연 또는 난연성의 것으로서 습기에 따라 전기의 특성이 변질되지 아니하는 것으로 하고, 노출하여 설치한 경우에는 피난 및 통행에 장애가 없도록 할 것

4) 누설동축케이블은 화재에 따라 해당 케이블의 피복이 소실된 경우에 케이블 본체가 떨어지지 아니하도록 4 [m] 이내마다 금속제 또는 자기제 등의 지지금구로 벽·천장·기둥 등에 견고하게 고정시킬 것(다만 불연재료로 구획된 반자 안에 설치하는 경우에는 그러하지 않는다)
5) 누설동축케이블 및 안테나는 금속판 등에 따라 전파의 복사 또는 특성이 현저하게 저하되지 아니하는 위치에 설치할 것
6) 누설동축케이블 및 안테나는 고압의 전로로부터 1.5 [m] 이상 떨어진 위치에 설치할 것(다만 해당 전로에 정전기 차폐장치를 유효하게 설치한 경우에는 그러하지 않는다)
7) 누설동축케이블의 끝부분에는 무반사 종단저항을 견고하게 설치할 것
8) 누설동축케이블 또는 동축케이블의 임피던스는 50 [Ω]으로 하고, 이에 접속하는 안테나·분배기 기타의 장치는 해당 임피던스에 적합한 것으로 하여야 한다.

66 상중하

비상조명등의 비상전원은 지하층 또는 무창층으로서 용도가 도매시장·소매시장·여객자동차터미널·지하역사 또는 지하상가인 경우 그 부분에서 피난층에 이르는 부분의 비상조명등을 몇 분 이상 유효하게 작동시킬 수 있는 용량으로 하여야 하는가?

① 10   ② 20
③ 30   ④ 60

해설 비상조명등 비상전원용량

비상전원은 비상조명등을 20분 이상 유효하게 작동시킬 수 있는 용량으로 할 것. 다만 다음 각 목의 특정소방대상물의 경우에는 그 부분에서 피난층에 이르는 부분의 비상조명등을 60분 이상 유효하게 작동시킬 수 있는 용량으로 해야 한다.
1) 지하층을 제외한 층수가 11층 이상의 층
2) 지하층 또는 무창층으로서 용도가 도매시장·소매시장·여객자동차터미널·지하역사 또는 지하상가

67 (상㊥하)

자동화재탐지설비 및 시각경보장치의 화재안전기술기준(NFTC 203)에 따라 발신기 설치기준으로 틀린 것을 고르시오.

① 조작스위치는 바닥으로부터 0.8 [m] 이상 1.5 [m] 이하의 높이에 설치할 것
② 특정소방대상물의 층마다 설치하되, 해당 층의 각 부분으로부터 하나의 발신기까지의 수평거리가 25 [m] 이하가 되도록 설치할 것
③ 특정소방대상물의 층마다 설치하되, 복도 또는 별도로 구획된 실로서 보행거리가 40 [m] 이상일 경우에는 추가로 설치할 것
④ 발신기의 위치를 표시하는 표시등은 함의 상부에 설치하되, 그 불빛은 부착면으로부터 25° 이상의 범위 안에서 부착지점으로부터 5 [m] 이내의 어느 곳에서도 쉽게 식별할 수 있는 적색등으로 할 것

해설 발신기 설치기준 ────────

1) 조작스위치 : 바닥으로부터 0.8 [m] 이상 1.5 [m] 이하 설치
2) 특정소방대상물의 층마다 설치
   (1) 수평거리 : 25 [m] 이하 설치(각 부분부터 하나의 발신기까지의 거리)
   (2) 보행거리 : 40 [m] 이상 경우 추가설치(복도·별도구획된 실)
3) 위치 표시등 : 함 상부 설치
4) 불빛 : 부착면부터 15° 이상의 범위 안, 부착지점부터 10 [m] 이내 어느 곳에서도 쉽게 식별할 수 있는 적색등

68 (상 중㊦)

비상경보설비의 축전지의 성능인증 및 제품검사의 기술기준에 따른 축전지설비의 외함 두께는 강판인 경우 몇 [mm] 이상이어야 하는가?

① 0.7   ② 1.2
③ 2.3   ④ 3

해설 축전지 외함두께 ────────

1) 강판 : 1.2 [mm] 이상
2) 매립 시 매립되는 외함 부분 : 1.6 [mm] 이상
3) 합성수지 : 3 [mm] 이상

암기 ▶ 강12 합3

69 (상㊥하)

정온식 감지선형 감지기에 관한 설명으로 틀린 것을 고르시오.

① 보조선이나 고정금구를 사용하여 감지선이 늘어지지 않도록 설치할 것
② 단자부와 마감 고정금구와의 설치간격은 10 [cm] 이내로 설치할 것
③ 감지선형 감지기의 굴곡반경은 10 [cm] 이상으로 할 것
④ 케이블트레이에 감지기를 설치하는 경우에는 케이블트레이 받침대에 마감금구를 사용하여 설치할 것

해설 정온식 감지선형 감지기 ────────

• 온도 : 일국소 주위온도 일정 온도 이상
• 외관 : 전선 구성
1) 설치기준
   (1) 보조선이나 고정금구를 사용하여 감지선이 늘어지지 않도록 설치할 것
   (2) 단자부와 마감 고정금구와의 설치간격은 10 [cm] 이내로 설치할 것
   (3) 감지선형 감지기의 굴곡반경은 5 [cm] 이상으로 할 것

정답 67 ④ 68 ② 69 ③

(4) 감지기와 감지구역의 각 부분과의 수평거리
　① 내화구조 : 1종 4.5 [m] 이하, 2종 3 [m] 이하
　② 기타구조 : 1종 3 [m] 이하, 2종 1 [m] 이하
(5) 케이블트레이에 감지기를 설치하는 경우에는 케이블트레이 받침대에 마감금구를 사용하여 설치할 것
(6) 창고의 천장 등에 지지물이 적당하지 않은 장소에는 보조선을 설치하고 그 보조선에 설치할 것
(7) 분전반 내부에 설치하는 경우 접착제를 이용하여 돌기를 바닥에 고정시키고 그곳에 감지기를 설치할 것

2) 감지선형 감지기 온도 표시

80도 미만	80도 이상 120도 미만	120도 이상
백색	청색	적색

제11조(절연내력시험) 제10조에 따른 시험부의 절연내력은 60헤르츠의 정현파에 가까운 실효전압 500볼트(정격전압이 60볼트를 초과하고 150볼트 이하인 것은 1000볼트, 정격전압이 150볼트를 초과하는 것은 그 정격전압에 2를 곱하여 1000을 더한 값)이 교류전압을 가하는 시험에서 1분간 견디는 것이어야 하며, 기능에 이상이 생기지 않아야 한다.

제12조(충격전압시험) 속보기는 전류를 통한 상태에서 다음 각호의 시험을 15초간 실시하는 경우 잘못 작동하거나 기능에 이상이 생기지 않아야 한다.
1. 내부저항 50옴인 전원에서 500볼트의 전압을 펄스폭 1마이크로초, 반복주기 100헤르츠로 가하는 시험
2. 내부저항 50옴인 전원에서 500볼트의 전압을 펄스폭 0.1마이크로초, 반복주기 100헤르츠로 가하는 시험

70 (상 ⟨중⟩ 하)

다음 중 자동화재속보설비의 시험에 속하지 않는 것을 고르시오.

① 주위온도시험
② 충격시험
③ 절연저항시험
④ 절연내력시험

해설 자동화재속보설비 ───────────

〈자동화재속보설비의 속보기의 성능인증 및 제품검사의 기술기준〉

제8조(주위온도시험) 속보기는 섭씨(-10 ± 2)도 및 섭씨(50 ± 2)도에서 각각 12시간 이상 방치한 후 1시간 이상 실온에서 방치한 다음 기능시험을 실시하는 경우 기능에 이상이 없어야 한다.

제9조(반복시험) 속보기는 정격전압에서 1,000회의 화재작동을 반복 실시하는 경우 그 구조 또는 기능에 이상이 생기지 않아야 한다.

제10조(절연저항시험)
① 절연된 충전부와 외함 간의 절연저항은 직류 500볼트의 절연저항계로 측정한 값이 5메가옴(교류입력 측과 외함 간에는 20메가옴) 이상이어야 한다.
② 절연된 선로 간의 절연저항은 직류 500볼트의 절연저항계로 측정한 값이 20메가옴 이상이어야 한다.

71 (상 중 ⟨하⟩)

계단통로유도등은 각 층의 경사로 참 또는 계단참마다 설치하도록 하고 있는데 1개 층에 경사로 참 또는 계단참이 2 이상 있는 경우에는 몇 개의 계단참마다 계단통로유도등을 설치하여야 하는가?

① 2개
② 3개
③ 4개
④ 5개

해설 통로유도등 설치 ───────────

1) 복도통로유도등
(1) 설치기준
　① 복도에 설치할 것
　② 옥내로부터 직접 지상으로 통하는 출입구 및 그 부속실의 출입구 또는 직통계단·직통계단의 계단실 및 그 부속실의 출입구의 경우, 피난구 유도등이 설치된 출입구의 맞은편 복도에는 입체형으로 설치하거나 바닥에 설치할 것
　③ 구부러진 모퉁이 및 위에 따라 설치된 통로유도등 기점으로 보행거리 20 [m]마다 설치할 것
　④ 바닥에 설치하는 통로 유도등은 하중에 따라 파괴되지 않는 강도의 것으로 할 것

  (2) 설치높이

　　바닥으로부터 높이 1 [m] 이하의 위치에 설치할 것(다만 지하층 또는 무창층의 용도가 도매시장·소매시장·여객자동차터미널·지하역사 또는 지하상가인 경우에는 복도·통로 바닥에 설치)

  (3) 형식승인 및 제품 시 식별도기준

　　① 상용전원 점등 시 : 직선거리 20 [m] 위치(표시면 화살표 식별 가능)

　　② 비상전원 점등 시 : 직선거리 15 [m] 위치(표시면 화살표 식별 가능)

2) 거실통로유도등

  (1) 설치기준

　　① 거실이 통로에 설치할 것(다만 거실의 통로기 벽체 등으로 구획 시 복도통로유도등을 설치하여야 한다)

　　② 구부러진 모퉁이 및 보행거리 20 [m]마다 설치할 것

  (2) 설치높이

　　바닥으로부터 높이 1.5 [m] 이상의 위치에 설치(다만 거실 통로에 기둥이 설치 시 기둥부분의 바닥으로부터 1.5 [m] 이하의 위치에 설치 가능)

3) 계단통로유도등

  (1) 설치기준

　　각 층의 경사로 참 또는 계단참마다(1개 층에 경사로참 또는 계단참이 2 이상 있는 경우에는 2개의 계단참마다) 설치할 것

  (2) 설치높이

　　바닥으로부터 높이 1 [m] 이하의 위치에 설치할 것

---

72 (상중하)

3선식 배선에 따라 상시 충전되는 유도등의 전기회로에 점멸기를 설치하는 경우 유도등이 점등되어야 할 경우로 관계없는 것은?

① 상용전원이 정전되거나 전원선이 단선되는 때

② 자동화재탐지설비의 감지기 또는 발신기가 작동되는 때

③ 방재업무를 통제하는 곳 또는 전기실의 배전반에 자동으로 점등하는 때

④ 자동소화설비가 작동되는 때

[해설] 3선식 유도등이 점등되어야 하는 경우

1) 자동화재탐지설비의 감지기 또는 발신기가 작동되는 때

2) 비상경보설비의 발신기가 작동되는 때

3) 상용전원이 정전되거나 전원선이 단선되는 때

4) 방재업무를 통제하는 곳 또는 전기실의 배전반에 수동으로 점등하는 때

5) 자동소화설비가 작동되는 때

---

73 (상중하)

유도등 및 유도표지의 화재안전기술기준(NFTC 303)에 따라 운동시설에 설치하지 아니할 수 있는 유도등은?

① 통로유도등

② 객석유도등

③ 대형피난구유도등

④ 방수형 유도등

[해설] 유도등·유도표지 설치장소

설치장소	유도등 및 유도표지
1. 공연장·집회장(종교집회장 포함)·관람장·운동시설	• 대형피난구유도등 • 통로유도등 • 객석유도등
2. 유흥주점영업시설(유흥주점영업 중 손님이 춤을 출 수 있는 무대가 설치된 카바레, 나이트클럽 등 영업시설만 해당)	
3. 위락시설·판매시설 운수시설·관광숙박업·의료시설·장례식장·방송통신시설·전시장·지하상가·지하철역사	• 대형피난구유도등 • 통로유도등
4. 숙박시설(관광숙박업 외의 것)·오피스텔	• 중형피난구유도등 • 통로유도등
5. 1~3 외 건축물로서 지하층·무창층 또는 층수가 11층 이상 특정소방대상물	
6. 1~5 외 건축물로서 근린생활시설·노유자시설·업무시설·발전시설·종교시설(집회장 용도로 사용하는 부분 제외)·교육연구시설·수련시설·공장·교정 및 군사시설(국방·군사시설 제외)·자동차정비공장·운전학원 및 정비학원·다중이용업소·복합건축물	• 소형피난구유도등 • 통로유도등

[TIP] 공동주택에는 소형피난구유도등을 설치한다.

74 상 중 하 <small>신유형!</small>

비상경보설비의 축전지의 성능인증 및 제품검사의 기술기준에 따른 축전지설비는 전원에 정격전압의 ± 몇 [%]의 전압을 인가하는 경우 정상적인 기능을 발휘하여야 하는가?

① 10　　　　　② 20
③ 25　　　　　④ 50

해설 비상경보설비의 축전지의 성능인증 및 제품검사의 기술기준 ────

제7조(전원전압변동시의 기능) 축전지설비는 전원에 정격전압의 90 [%] 및 110 [%]의 전압을 인가하는 경우 정상적인 기능을 발휘하여야 한다.

75 상 중 하

비상콘센트설비의 정격전압이 220 [V]인 경우 절연내력 실효전압은 몇 [V]를 가하는가?

① 220　　　　② 250
③ 1000　　　　④ 1440

해설 비상콘센트 절연내력시험 ────────

1) 절연저항 : 500 [V] 절연저항계로 측정할 때 20 [MΩ] 이상일 것
2) 절연내력
　(1) 정격전압 150 [V] 이하 : 1000 [V]의 실효전압
　(2) 정격전압이 150 [V] 초과 : (정격전압 × 2) + 1000 [V] = 실효전압
　　∴ (220 × 2) + 1000 = 1440
　(3) 실효전압 시험에서 1분 이상 견디는 것으로 할 것
3) 배선
　전원회로의 배선은 내화배선, 그 밖의 배선은 내화배선 또는 내열배선

76 상 중 하

비상방송설비의 화재안전기술기준(NFTC 202)에 따라 비상방송설비 음향장치의 설치기준 중 다음 ( )에 들어갈 내용으로 옳은 것은?

> 층수가 (㉠)층(공동주택의 경우에는 (㉡)층) 이상의 특정소방대상물의 1층에서 발화한 때에는 발화층·그 직상 4개 층 및 지하층에 경보를 발할 수 있도록 하여야 한다.

① ㉠ 5, ㉡ 7　　　　② ㉠ 7, ㉡ 5
③ ㉠ 11, ㉡ 16　　　④ ㉠ 16, ㉡ 11

해설 비상방송설비 음향향장치 경보(우선경보) ────

층수가 11층(공동주택의 경우에는 16층) 이상의 특정소방대상물은 다음과 같은 경보를 발할 수 있어야 한다.
1) 2층 이상의 층에서 발화한 때에는 발화층 및 그 직상 4개 층에 경보
2) 1층에서 발화한 때에는 발화층·그 직상 4개 층 및 지하층에 경보
3) 지하층에서 발화한 때에는 발화층·그 직상층 및 기타 지하층 경보

77 상 중 하

누전경보기의 화재안전기술기준(NFTC 205)의 용어 정의에 따라 변류기로부터 검출된 신호를 수신하여 누전의 발생을 해당 특정소방대상물의 관계인에게 경보하여주는 것은?

① 축전지
② 수신부
③ 경보기
④ 음향장치

해설 누전경보기 용어 ────────

1) "누전경보기"란 내화구조가 아닌 건축물로서 벽, 바닥 또는 천장의 전부나 일부를 불연재료 또는 준불연재료가 아닌 재료에 철망을 넣어 만든 건물의 전기설비로부터 누설전류를 탐지하여 경보를 발하는 기기로서, 변류기와 수신부로 구성된 것을 말한다.
2) "수신부"란 변류기로부터 검출된 신호를 수신하여 누전의 발생을 해당 특정소방대상물의 관계인에게 경보하여주는 것(차단기구를 갖는 것을 포함한다)을 말한다.
3) "변류기"란 경계전로의 누설전류를 자동적으로 검출하여 이를 누전경보기의 수신부에 송신하는 것을 말한다.
4) "경계전로"란 누전경보기가 누설전류를 검출하는 대상 전선로를 말한다.
5) "과전류차단기"란 「전기설비기술기준의 판단기준」 제38조와 제39조에 따른 것을 말한다.
6) "분전반"이란 배전반으로부터 전력을 공급받아 부하에 전력을 공급해주는 것을 말한다.
7) "인입선"이란 「전기설비기술기준」 제3조 제1항 제9호에 따른 것으로서, 배전선로에서 갈라져서 직접 수용장소의 인입구에 이르는 부분의 전선을 말한다.
8) "정격전류"란 전기기기의 정격출력 상태에서 흐르는 전류를 말한다.

해설 무선통신보조설비 용어 정의 ────────

1) "누설동축케이블"이란 동축케이블의 외부도체에 가느다란 홈을 만들어서 전파가 외부로 새어나갈 수 있도록 한 케이블을 말한다.
2) "분배기"란 신호의 전송로가 분기되는 장소에 설치하는 것으로 임피던스 매칭(Matching)과 신호 균등분배를 위해 사용하는 장치를 말한다.
3) "분파기"란 서로 다른 주파수의 합성된 신호를 분리하기 위해서 사용하는 장치를 말한다.
4) "혼합기"란 2 이상의 입력신호를 원하는 비율로 조합한 출력이 발생하도록 하는 장치를 말한다.
5) "증폭기"란 전압·전류의 진폭을 늘려 감도 등을 개선하는 장치를 말한다.
6) "무선중계기"란 안테나를 통하여 수신된 무전기신호를 증폭한 후 음영지역에 재방사하여 무전기 상호 간 송수신이 가능하도록 하는 장치를 말한다.
7) "옥외안테나"란 감시제어반 등에 설치된 무선중계기의 입력과 출력포트에 연결되어 송수신신호를 원활하게 방사·수신하기 위해 옥외에 설치하는 장치를 말한다.
8) "임피던스"란 교류회로에 전압이 가해졌을 때 전류의 흐름을 방해하는 값으로서 교류회로에서의 전류에 대한 전압의 비를 말한다.

78 상 중 ⓗ

무선통신보조설비에서 서로 다른 주파수의 합성된 신호를 분리하기 위해서 사용하는 장치는?

① 분파기
② 혼합기
③ 증폭기
④ 분배기

79 상 ⓜ 하

복도에 설치하는 복도통로유도등의 설치기준으로 옳은 것은?

① 보행거리 15 [m]마다 설치
② 보행거리 20 [m]마다 설치
③ 수평거리 15 [m]마다 설치
④ 수평거리 20 [m]마다 설치

해설 통로유도등 설치 ────────

1) 복도통로유도등
   (1) 설치기준
      ① 복도에 설치할 것
      ② 옥내로부터 직접 지상으로 통하는 출입구 및 그 부속실의 출입구 또는 직통계단·직통계단의 계단실 및 그 부속실의 출입구의 경우, 피난구 유도등이 설치된 출입구의 맞은편 복도에는 입체형으로 설치하거나 바닥에 설치할 것
      ③ <u>구부러진 모퉁이 및 위에 따라 설치된 통로유도등 기점으로 보행거리 20 [m]마다 설치할 것</u>
      ④ 바닥에 설치하는 통로 유도등은 하중에 따라 파괴되지 않는 강도의 것으로 할 것
   (2) 설치높이
      바닥으로부터 높이 1 [m] 이하의 위치에 설치할 것(다만 지하층 또는 무창층의 용도가 도매시장·소매시장·여객자동차터미널·지하역사 또는 지하상가인 경우에는 복도·통로 바닥에 설치)
   (3) 형식승인 및 제품 시 식별도기준
      ① 상용전원 점등 시 : 직선거리 20 [m] 위치(표시면 화살표 식별 가능)
      ② 비상전원 점등 시 : 직선거리 15 [m] 위치(표시면 화살표 식별 가능)

2) 거실통로유도등
   (1) 설치기준
      ① 거실의 통로에 설치할 것(다만 거실의 통로가 벽체 등으로 구획 시 복도통로유도등을 설치하여야 한다)
      ② 구부러진 모퉁이 및 보행거리 20 [m]마다 설치할 것
   (2) 설치높이
      바닥으로부터 높이 1.5 [m] 이상의 위치에 설치(다만 거실 통로에 기둥 설치 시 기둥부분의 바닥으로부터 1.5 [m] 이하의 위치에 설치 가능)

3) 계단통로유도등
   (1) 설치기준
      각층의 경사로 참 또는 계단참마다(1개 층에 경사로참 또는 계단참이 2 이상 있는 경우에는 2개의 계단참마다) 설치할 것
   (2) 설치높이
      바닥으로부터 높이 1 [m] 이하의 위치에 설치할 것

---

80 상 중 **하**

비상방송설비 전원의 설치기준 중 다음 (   ) 안에 알맞은 것은?

> 비상방송설비에는 그 설비에 대한 감시 상태를 (㉠)분간 지속한 후 유효하게 (㉡)분 이상 경보할 수 있는 축전지설비 또는 전기저장장치를 설치하여야 한다.

① ㉠ 60, ㉡ 10   ② ㉠ 60, ㉡ 5
③ ㉠ 30, ㉡ 10   ④ ㉠ 30, ㉡ 30

해설 비상방송설비 전원 설치기준 ────────

1) 상용전원
   (1) 축전지, 교류전압의 옥내 간선, 전기저장장치
   (2) 전원까지의 배선은 전용
   (3) 개폐기에는 "비상방송설비용"이라고 표시한 표지를 할 것

2) <u>감시 상태를 60분간 지속한 후 유효하게 10분 이상, 층수가 30층 이상은 30분 이상 경보할 수 있는 축전지설비(수신기 내장 포함)를 설치</u>

2025년 2회
소방원론

3회독   월   일
2회독   월   일
1회독   월   일

목표시간 : 20분 | 시작 : _시 _분 | 종료 : _시 _분 | 맞은 개수 : _ /20

---

01 (상 중 하)

Halon 1301의 증기비중은 약 얼마인가? (단, 원자량은 C 12, F 19, Br 80, Cl 35.5이고, 공기의 평균분자량은 29 이다)

① 4.14   ② 5.14

③ 6.14   ④ 7.14

해설 증기비중

$$증기비중 = \frac{분자량}{29(공기 \ 분자량)}$$

1) 할론 1301(CF_3Br)의 분자량
   분자량 $= 12 + 19 \times 3 + 80 = 149$
2) 할론 1301(CF_3Br)의 증기비중
   $$증기비중 = \frac{분자량}{29(공기 \ 분자량)} \ \frac{149}{29} ≒ 5.14$$

보충 원자량(C : 12, F : 19, Cl : 35.5, Br : 80)

신유형! 02 (상 중 하)

건축물의 방화계획에서 공간적 대응에 해당하지 않는 것은?

① 방화구획
② 특별피난계단
③ 경보설비
④ 건축물의 내장재를 불연화

해설 화재안전대책

① 방화구획 → 공간적 대응
   내화구조 등을 이용하여 화재 확산을 억제하기 위한 공간 분할계획이다.
② 특별피난계단 → 공간적 대응
   화재 시 피난을 위한 별도 구획된 구조로 제연·불연 성능을 갖춘 공간적 피난 수단이다.
③ 경보설비 → 설비적 대응
   화재 발생을 알리는 경보장치로 설비적 대응이다.
④ 건축물의 내장재를 불연화 → 공간적 대응
   건축물의 내장재 등을 불연재료로 시공하는 것은 공간적 대응이다.

03 (상)(중)하

비수용성 유류의 화재 시 물로 소화할 수 없는 이유는?

① 인화점이 변하기 때문

② 발화점이 변하기 때문

③ 연소면이 확대되기 때문

④ 수용성으로 변하여 인화점이 상승하기 때문

해설 유류화재 소화방법

- 유지는 물보다 비중이 가벼워 물 위에 뜸
- 주수소화 시 유면이 확대되어 화재 확대
- 포소화약제 등 유면을 덮어 질식소화

04 (상)(중)(하)

위험물의 유별에 따른 대표적인 성질의 연결이 옳지 않은 것은?

① 제1류 : 산화성 고체

② 제2류 : 가연성 고체

③ 제4류 : 인화성 액체

④ 제5류 : 산화성 액체

해설 위험물의 분류

구분	개요
제1류	산화성 고체
제2류	가연성 고체
제3류	자연발화성 · 금수성 물질
제4류	인화성 액체
제5류	자기반응성 물질
제6류	산화성 액체

암기 ▶ 산가자 인자산

05 (상)(중) 하

다음 중 공기에서의 연소범위를 기준으로 했을 때 위험도 (H) 값이 가장 큰 것은?

① 다이에틸에터　　　② 수소

③ 에틸렌　　　　　　④ 뷰테인

해설 위험도 계산

1) 위험도 $H = \dfrac{U-L}{L}$

2) 주요물질 연소범위

가스	하한계 L	상한계 U	위험도 H
이황화탄소	1.2	44	35.67
아세틸렌	2.5	81	31.4
다이에틸에터 (디에틸에테르)	1.9	48	24.26
수소	4	75	17.75
에틸렌	2.7	36	12.33
일산화탄소	12.5	74	4.92
뷰테인(부탄)	1.8	8.4	3.67
프로페인(프로판)	2.1	9.5	3.52
에테인(에탄)	3	12.4	3.13
메테인(메탄)	5	15	2

① 다이에틸에터(디에틸에테르) $H = \dfrac{48-1.9}{1.9} = 24.26$

② 수소 $H = \dfrac{75-4}{4} = 17.75$

③ 에틸렌 $H = \dfrac{36-2.7}{2.7} = 12.33$

④ 뷰테인(부탄) $H = \dfrac{8.4-1.8}{1.8} = 3.67$

06 ⟨상 중 하⟩

할로겐화합물소화약제에서 구성 원소가 아닌 것은?

① 염소   ② 브롬
③ 네온   ④ 탄소

해설 할로겐족 원소

1) 주기율표 17족 원소 : F, Cl, Br, I
2) 전기음성도(결합력) : F > Cl > Br > I
3) 부촉매효과(소화능력) : F < Cl < Br < I

> **TIP** 0족 불활성 기체 : 헬륨(He), 네온(Ne), 아르곤(Ar), 크립톤(Kr), 크세논(Xe), 라돈(Rn)
> **암기** FC바르셀로나 아이

07 ⟨상 중 하⟩

고비점유 화재 시 무상주수하여 가연성 증기의 발생을 억제함으로써 기름의 연소성을 상실시키는 소화효과는?

① 억제효과   ② 제거효과
③ 유화효과   ④ 파괴효과

해설 물의 소화효과

효과	설명
냉각효과	증발(기화) 잠열에 의한 열 흡수
질식효과	기화 시 체적이 약 1650배 증가하여 주변 산소농도 낮춤
유화효과	에멀전 형성, 가연성 혼합기 생성 억제
희석효과	분해가스나 증기의 농도 낮춤

> **보충** 부촉매효과 : 분말, 할로겐화합물

08 ⟨상 중 하⟩

소방시설 설치 및 관리에 관한 법령상 방염대상물품이 아닌 것은?

① 제조·가공 공정에서 방염처리한 두께 2 [mm] 미만인 종이벽지를 제외한 벽지류
② 제조·가공 공정에서 방염처리한 카펫
③ 건축물 내부의 벽에 부착하는 암막
④ 제조·가공 공정에서 방염처리한 무대막

해설 방염대상물품

1) 제조·가공 공정에서 방염처리한 물품(합판·목재류 설치현장에서 방염처리한 것 포함)
   (1) 창문에 설치하는 커튼류(블라인드 포함)
   (2) 카펫
   (3) 벽지류(두께 2 [mm] 미만인 종이벽지 제외)
   (4) 전시용 합판·목재 또는 섬유판, 무대용 합판·목재 또는 섬유판(합판·목재류의 경우 불가피하게 설치 현장에서 방염처리한 것을 포함한다)
   (5) 암막·무대막(영화상영관 스크린, 가상체험체육시설의 스크린 포함)
   (6) 섬유류, 합성수지류 등을 원료로 하여 제작된 소파·의자(단란주점영업, 유흥주점, 노래연습장업의 영업장에 설치하는 것만 해당)
2) 건축물 내부의 천장이나 벽에 부착하거나 설치하는 것. 다만 가구류(옷장·찬장·식탁·식탁용 의자·사무용 책상·사무용 의자·계산대 등)와 너비 10 [cm] 이하 반자돌림대 등과 내부 마감재료는 제외
   (1) 종이류(두께 2 [mm] 이상)·합성수지류·섬유류를 주원료로 한 물품
   (2) 합판, 목재
   (3) 공간 구획하는 간이 칸막이
   (4) 흡음·방음을 위하여 설치하는 흡음재, 방음재

2025

09 상중하

다음 중 인화점이 가장 낮은 물질은?

① 산화프로필렌
② 이황화탄소
③ 메틸알코올
④ 등유

해설 인화점

물질	인화점 [℃]
다이에틸에터(디에틸에테르)	-45
가솔린(휘발유)	-43
산화프로필렌	-37
이황화탄소	-30
아세톤	-18
메틸알코올	11
에틸알코올	13
등유	39
경유	41

암기 인가산이아 / 메에 / 등경

10 상중하

같은 원액으로 만들어진 포의 특성에 관한 설명으로 옳지 않은 것은?

① 발포배율이 커지면 환원시간은 짧아진다.
② 환원시간이 길면 내열성이 떨어진다.
③ 유동성이 좋으면 내열성이 떨어진다.
④ 발포배율이 작으면 유동성이 떨어진다.

해설 포의 특성

- 발포배율이 커지면 환원시간은 짧아진다.
- 환원시간이 길면 내열성이 좋아진다.
- 유동성이 좋으면 내열성이 떨어진다.
- 발포배율이 작으면 유동성이 떨어진다.

11 상중하

공기 중에서 수소의 연소범위로 옳은 것은?

① 0.4 ~ 4 [vol%]
② 1 ~ 12.5 [vol%]
③ 4 ~ 75 [vol%]
④ 67 ~ 92 [vol%]

해설 주요 물질 연소범위

가스	하한계 [vol%]	상한계 [vol%]
이황화탄소	1.2	44
아세틸렌	2.5	81
수소	4	75
일산화탄소	12.5	74
에틸렌	2.7	36
암모니아	15	28
메테인(메탄)	5	15
에테인(에탄)	3	12.4
프로페인(프로판)	2.1	9.5
뷰테인(부탄)	1.8	8.4

암기 (이황)일이사사, (아)이고팔아파, (수)사치료, (일산)이리와 칠사, (에틸)이찌삼육, (메)오싫오, (프)이하나구오, (뷰)십팔팔사

12 (상 중 하)

물리적 소화방법이 아닌 것은?

① 산소공급원 차단

② 연쇄반응 차단

③ 온도 냉각

④ 가연물 제거

해설 소화의 형태 ────────

소화	내용
냉각소화	열 흡수, 발화점 이하로 낮추어 소화
질식소화	산소농도 15 [%] 이하로 닞춤
제거소화	가연물을 차단, 격리
억제소화	연쇄반응을 차단, 부촉매소화

보충 ▶ 물리적 소화 : 냉각, 질식, 제거

화학적 소화 : 억제소화(부촉매소화)

13 (상 중 하)

화재하중 계산 시 목재의 단위발열량은 약 몇 [kcal/kg]인가?

① 3000

② 4500

③ 9000

④ 12000

해설 화재하중 ────────

1) 화재하중이란 화재실의 단위면적당 등가가연물(목재)의 양으로 건물화재 시 발열량 및 화재위험성 척도가 된다.

2) 화재구획실 내에 존재하는 가연물은 각각 단위중량당 발열량[kcal/kg]이 다르기 때문에 목재의 발열량으로 환산하여 화재하중을 산정한다.

　예 종이 : 4000 [kcal/kg], 고무 : 9000 [kcal/kg]

3) 화재 시 주수시간을 결정하는 주요인이다.

4) 화재하중 $q = \dfrac{\sum GH_i}{HA} = \dfrac{\sum Q}{4500A}$ [kg/m²]

G : 가연물의 양 [kg]

H_i : 단위중량당 발열량 [kcal/kg]

H : 목재의 단위중량당 발열량 [4500 kcal/kg]

A : 화재실의 바닥면적 [m²]

$\sum Q$: 화재실 내 가연물의 전발열량 [kcal]

14 (상 중 하)

60분 방화문과 30분 방화문의 연기 및 불꽃 차단 성능은 각각 최소 몇 분 이상이어야 하는가?

① 60분 방화문 : 90분, 30분 방화문 : 40분

② 60분 방화문 : 60분, 30분 방화문 : 30분

③ 60분 방화문 : 45분, 30분 방화문 : 20분

④ 60분 방화문 : 30분, 30분 방화문 : 10분

해설 방화문 ────────

구분	기준
60분+ 방화문	연기 및 불꽃 차단시간 60분 이상, 열 차단 시간 30분 이상
60분 방화문	연기 및 불꽃 차단시간 60분 이상
30분 방화문	연기 및 불꽃 차단시간 30분 이상 60분 미만

15 상 중 (하)

가연물의 종류에 따른 화재에 분류방법 중 유류화재를 나타내는 것은?

① A급 화재
② B급 화재
③ C급 화재
④ D급 화재

해설 화재의 분류 ─────────────────

등급	화재	표시색	가연물
A급	일반화재	백색	나무, 섬유, 종이, 고무, 플라스틱류
B급	유류화재	황색	인화성 액체, 가연성 액체, 석유 그리스, 타르, 오일, 유성도료, 솔벤트, 래커, 알코올 및 인화성 가스 등
C급	전기화재	청색	전류가 흐르고 있는 전기기기, 배선 등
D급	금속화재	무색	마그네슘 합금 등 가연성 금속
K급	주방화재	–	주방에서 동식물유를 취급하는 조리기구

16 상 (중) 하

마그네슘의 화재에 주수하였을 때 물과 마그네슘의 반응으로 인하여 생성되는 가스는?

① 산소
② 수소
③ 일산화탄소
④ 이산화탄소

해설 금수성 물질 ─────────────────

물과 접촉하여 발화, 가연성 가스 발생

구분	현상
무기과산화물	산소(O_2) 발생
금속분 마그네슘(Mg) 나트륨(Na) 칼륨(K) 리튬(Li)	수소(H_2) 발생
탄화칼슘(칼슘카바이드)	아세틸렌(C_2H_2) 발생

17 상 중 (하)

화재의 일반적 특성이 아닌 것은?

① 확대성
② 정형성
③ 우발성
④ 불안정성

해설 화재의 일반적 특성 ─────────────────

우발성, 확대성, 불안정성

암기 ▶ 우확불

18 상 (중) 하

건물 내에서 화재가 발생하여 실내온도가 20 [℃]에서 600 [℃]까지 상승했다면 온도 상승만으로 건물 내의 공기 부피는 처음의 약 몇 배 정도 팽창하는가? (단, 화재로 인한 압력의 변화는 없다고 가정한다)

① 3배
② 9배
③ 15배
④ 30배

해설 보일 – 샤를의 법칙 ─────────────────

$$\text{보일 - 샤를의 법칙} \quad \frac{P_1 V_1}{T_1} = \frac{P_2 V_2}{T_2}$$

기체를 이상기체로 가정하면 보일 – 샤를의 법칙을 만족한다. 여기서 압력의 변화는 없다고 가정하므로

$$\frac{V_1}{T_1} = \frac{V_2}{T_2}$$

$$\therefore \frac{V_2}{V_1} = \frac{T_2}{T_1} = \frac{(600+273)[K]}{(20+273)[K]} = 2.98 = 3$$

V_1, V_2 : 부피 [m^3]
T_1, T_2 : 절대온도 [K]

19 (상 중 하)

화재 발생 시 건축물의 화재를 확대시키는 주요인이 아닌 것은?

① 비화
② 복사열
③ 화염의 접촉(접염)
④ 기화열

해설 화재 확산 요인 ────────────

접염, 비화, 복사열

20 (상 중 하)

제1인산암모늄이 주성분인 분말소화약제는?

① 제1종 분말소화약제
② 제2종 분말소화약제
③ 제3종 분말소화약제
④ 제4종 분말소화약제

해설 분말소화약제 ────────────

종별	소화약제	약제색	적응화재
1종	탄산수소나트륨 ($NaHCO_3$)	백색	BC급
2종	탄산수소칼륨 ($KHCO_3$)	담자색 (담회색)	
3종	제1인산암모늄 ($NH_4H_2PO_4$)	담홍색	ABC급
4종	탄산수소칼륨 + 요소 ($KHCO_3+(NH_2)_2CO$)	회(백)색	BC급

암기 ▶ 백담사 홍어회

정답 19 ④ 20 ③

2025년 2회

소방전기일반

목표시간 : 30분 | 시작 : _시 _분 | 종료 : _시 _분 | 맞은 개수 : _ /20

21 (상 ❸ 하)

소화펌프에 연결하는 전동기의 용량은 약 몇 [kW]인가? (단, 전동기 효율은 0.9, 토출량은 2.4 [m³/min], 전양정은 90 [m], 전달계수는 1.1이다)

① 43
② 53
③ 63
④ 36

해설 전동기 용량

$$P = \frac{9.8\,Q\,H}{\eta} \times K = \frac{9.8 \times \frac{2.4}{60} \times 90}{0.9} \times 1.1 = 43\,[kW]$$

P : 펌프동력 [kW]
K : 전달계수
H : 전양정 [m]
η : 효율 [%]
Q_1 : 유량 [m³/sec]
γ : 물의 비중량 9.8 [kN/m³]

22 (상 ❸ 하)

무인승강기는 어떤 제어인가?

① 비율제어
② 프로그램제어
③ 정치제어
④ 추종제어

해설 목푯값에 의한 분류

구분		내용
정치제어		목푯값이 일정한 자동제어에 적용
추치 제어	추종제어	미지의 임의 시간적 변화를 하는 목푯값에 제어량을 추종시키는 제어
	프로그램제어	미리 정해진 시간변화에 따라 정해진 순서대로 제어
	비율제어	목푯값이 서로 다른 어떤 양과 일정한 비율관계를 가지는 제어
	시퀀스제어	미리 정해진 순서에 따라 각 단계가 순차적으로 진행

TIP ▶ 무인승강기는 미리 정해진 시간변화에 따라 정해진 순서대로 제어되는 프로그램제어이다.

신유형! 23 (상 ❸ 하)

어드미턴스 Y = a + jb 중 a는 무엇인가?

① 컨덕턴스
② 서셉턴스
③ 임피던스
④ 리액턴스

해설 어드미턴스

전류가 얼마나 잘 흐르나를 나타내는 수치로 임피던스의 역수이다.
즉, Y = 1/Z
Y = a + jb
이때 a는 저항의 역수인 컨덕턴스이며 b는 리액턴스의 역수인 서셉턴스이다.

신유형! 24 (상)(중)(하)

무한히 긴 원통도체의 반지름이 a이다. 이 원통에 전류 I를 흘려주는 경우 원통의 최대 자계의 세기[AT/m]를 구하시오.

① $\dfrac{I}{2\pi a}$

② $\dfrac{I}{4\pi a}$

③ $\dfrac{I}{2\pi a^3}$

④ $\dfrac{I}{\pi a^2}$

해설 원통의 자계 세기 ─────

무한히 긴 원통도체는 무한장 직선으로 볼 수 있다.

즉, $\sum Hl = H \cdot 2\pi r = I$

　　($2\pi r$ = 코일 원주 길이)

　　$H = \dfrac{I}{2\pi r}[AT/m]$

따라서 $H = \dfrac{I}{2\pi a}$

• 가운데 베이스(B)와 전자나 정공을 방출하는 이미터(E), 이미터(E)에서 방출된 전자나 정공을 모으는 컬렉터(C)의 3개의 다리로 구성
• 트랜지스터의 목적 : 스위칭작용, 증폭작용

보충 • 애노드(Anode) : 전자를 방출하거나 산화(Oxidation) 반응이 일어나는 전극
• 캐소드(Cathode) : 전자가 들어오거나 환원(Reduction) 반응이 일어나는 전극

신유형! 25 (상)(중)(하)

다음 중 트랜지스터의 전극이 아닌 것을 고르시오.

① 이미터

② 베이스

③ 컬렉터

④ 애노드

해설 트랜지스터 ─────

신유형! 26 (상)(중)(하)

직렬회로에 대한 다음 설명 중 알맞은 것을 고르시오.

① $X_L < X_C$이면 전류 I는 전압 E보다 앞선다.

② $X_L < X_C$이면 전압 E는 전류 I보다 앞선다.

③ $X_L > X_C$이면 전류 I는 전압 E보다 앞선다.

④ $X_L > X_C$이면 전류 I와 전압 E는 위상이 동일하다.

해설 직렬회로 ─────

전압과 전류의 위상차
1) $X_L > X_C$: 유도성
2) $X_L < X_C$: 용량성
3) $X_L = X_C$: 공진회로

27 (상)(중)하

어떤 계를 표시하는 미분방정식이 $5\dfrac{d^2}{dt^2}y(t) + 3\dfrac{d}{dt}y(t)$ $- 2y(t) = x(t)$라 한다. x(t)는 입력신호, y(t)는 출력신호라고 하면 이계의 전달함수는?

① $\dfrac{1}{(s+1)(s-5)}$ ② $\dfrac{1}{(s-1)(s+5)}$

③ $\dfrac{1}{(5s+2)(s-1)}$ ④ $\dfrac{1}{(5s-2)(s+1)}$

해설 전달함수 ───────────

$$x(t) = 5\dfrac{d^2}{dt^2}y(t) + 3\dfrac{d}{dt}y(t) - 2y(t)$$

• 미분방정식을 라플라스 변환

$$X(s) = (5s^2 + 3s - 2)Y(s)$$

$$G(s) = \dfrac{출력}{입력} = \dfrac{Y(s)}{X(s)}$$

$$= \dfrac{1}{5s^2 + 3s - 2} = \dfrac{1}{(5s-2)(s+1)}$$

28 (상)(중)하

그림과 같이 접속된 회로에서 a, b 사이의 합성저항은 몇 [Ω]인가?

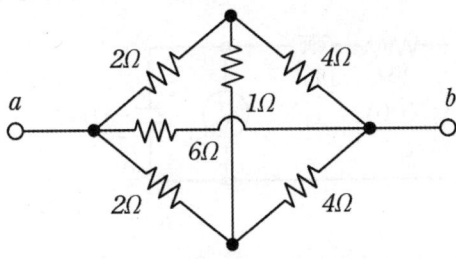

① 1   ② 2
③ 3   ④ 4

해설 브리지회로 합성저항 ───────────

휘스톤 브리지에 의해서 1 [Ω]에는 전류가 흐르지 않으므로 없는 것과 같다.

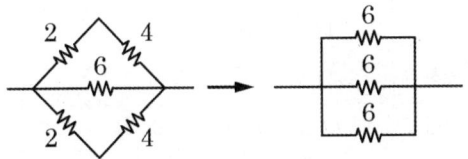

병렬에서 저항값이 같으면 개수로 나눈다.

$$R_0 = \dfrac{1}{m}R = \dfrac{1}{3} \times 6 = 2\Omega$$

보충 병렬접속 $R_0 = \dfrac{R_1 R_2}{R_1 + R_2}$

직렬접속 $R_0 = R_1 + R_2$

29 (상)(중)하

논리식 $Y = \overline{A}\,\overline{B}C + A\overline{B}\,\overline{C} + A\overline{B}C$를 간단히 표현한 것은?

① $\overline{A} \cdot (B + C)$ ② $\overline{B} \cdot (A + C)$
③ $\overline{C} \cdot (A + B)$ ④ $C \cdot (A + \overline{B})$

해설 논리식 ───────────

$$Y = \overline{A}\,\overline{B}C + A\overline{B}\,\overline{C} + A\overline{B}C$$

$$= A\overline{B}(\overline{C} + C) + \overline{A}\,\overline{B}C$$

$$= A\overline{B} + \overline{A}\,\overline{B}C$$

$$= \overline{B}(A + \overline{A}C)$$

$$= \overline{B}((A + \overline{A}) \cdot (A + C))$$

$$= \overline{B}(A + C)$$

정리	공식
항등법칙	$0+A=A,\ 1+A=1,\ 0\times A=0,\ 1\times A=A$
동일법칙	$A+A=A,\ A\times A=A$
보원법칙	$A+\overline{A}=1,\ A\times\overline{A}=0$
복원법칙	$\overline{\overline{A}}=A$
교환법칙	$A+B=B+A,\ A\times B=B\times A$
결합법칙	$A+(B+C)=(A+B)+C,\ A(BC)=(AB)C$
분배법칙	$A(B+C)=AB+AC,\ A+BC=(A+B)(A+C)$
흡수법칙	$A+AB=A,\ A(A+B)=A$ $A+\overline{A}B=(A+\overline{A})(A+B)=A+B$

30 상中하

공기 중에서 20 [cm] 거리에 있는 두 자극의 세기가 $2\times10^{-3}[Wb]$와 $4\times10^{-3}[Wb]$일 때, 두 자극 사이에 작용하는 힘은 약 몇 [N]인가?

① 2×10^{-8}

② 2×10^{-2}

③ 12.66×10^{-4}

④ 12.66

해설 두 자극 사이에 작용하는 힘

$$F=\frac{m_1m_2}{4\pi\mu r^2}=\frac{m_1m_2}{4\pi\mu_0\mu_s r^2}=\frac{(2\times10^{-3})\times(4\times10^{-3})}{4\pi\times(4\pi\times10^{-7})\times0.2^2}=12.66$$

이때

$m_1,\ m_2$: 두 자극의 세기[Wb]

r : 두 자극의 거리[m]

μ : 투자율[H/m]

μ_0 : 진공에서의 투자율 $4\pi\times10^{-7}$

μ_s : 비투자율

보충 투자율 : 자성체가 자기화 하는 정도

31 상中하

어떤 전압계의 측정 범위를 12배로 하려고 할 때 배율기의 저항은 전압계 내부저항의 몇 배로 해야 하는가?

① 9

② 10

③ 11

④ 12

해설 배율기

• 분류기 : 전류의 측정범위를 확대하기 위해 전류계와 병렬로 접속

• 배율기 : 전압계의 측정 범위를 확대하기 위해 전압계와 직렬로 접속

$$V=mV_0=\left(1+\frac{R_m}{R_v}\right)V_0$$

$$m=\left(1+\frac{R_m}{R_v}\right)=12$$

$$\frac{R_m}{R_v}=11,\quad R_m=11R_v$$

R_m : 배율기저항 [Ω]
R_v : 내부저항 [Ω]
V : 최대전압 [V]
V_0 : 최고 눈금 [V]

32 상中하

회로에서 전압계 ⓥ가 지시하는 전압의 크기는 몇 [V]인가?

① 10

② 50

③ 80

④ 100

해설 전압 계산 ──────────

$Z = R + j(X_L - X_c) = 8 - j6 \ [\Omega]$

$|Z| = \sqrt{R^2 + X^2} = \sqrt{8^2 + 6^2} = 10 [\Omega]$

$I = \dfrac{V}{|Z|} = \dfrac{100}{10} = 10 [A]$

$V = IX_C = 10 \times 10 = 100 [V]$

Z : 임피던스 $[\Omega]$

X_L : 유도 리액턴스 $[\Omega]$

X_C : 용량 리액턴스 $[\Omega]$

33 (상)(중)하

어떤 회로에 $v(t) = 150\sin\omega t$의 전압을 가하니 $i(t) = 6\sin(\omega t - 30)$의 전류가 흘렀다. 이 회로의 소비전력(유효전력)은 약 몇 [W]인가?

① 390

② 450

③ 780

④ 900

해설 유효전력 계산 ──────────

$P = VI\cos\theta = \dfrac{V_m}{\sqrt{2}} \times \dfrac{I_m}{\sqrt{2}} \cos\theta$

$= \dfrac{150}{\sqrt{2}} \times \dfrac{6}{\sqrt{2}} \cos 30° = 390 [W]$

v(t) = 150sinωt [V]에서 $V_m = 150$,

i(t) = 6sin(ωt-30°) [A]에서 $I_m = 6$

TIP θ : 전압과 전류의 위상차

순시값 v(t) = Vmsinωt

P : 유효전력 [W]

V : 전압 [V]

I : 전류 [A]

$\cos\theta$: 역률

34 (상)(중)하

다음 무접점회로의 논리식(X)은?

① $A \cdot B + \overline{C}$

② $A + B + \overline{C}$

③ $(A + B) \cdot \overline{C}$

④ $A \cdot B \cdot \overline{C}$

해설 무접점회로 ──────────

$(A \ _{AND} \ B) \ _{AND} \ \overline{C}$ 이므로 $A \cdot B \cdot \overline{C}$

명칭, 논리기호
AND회로($A \times B$, $A \cdot B$)
OR회로($A + B$)
NOT회로(반전)
NAND회로(NOT + AND)
NOR회로(NOT + OR)
XOR회로

35 (상)(중)하

그림의 블록선도와 같이 표현되는 제어시스템의 전달함수 $G(s)$는?

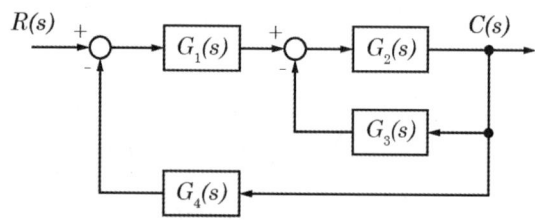

① $\dfrac{G_1(s)G_2(s)}{1+G_2(s)G_3(s)+G_1(s)G_2(s)G_4(s)}$

② $\dfrac{G_3(s)G_4(s)}{1+G_2(s)G_3(s)+G_1(s)G_2(s)G_4(s)}$

③ $\dfrac{G_1(s)G_2(s)}{1+G_1(s)G_2(s)+G_1(s)G_2(s)G_3}$

④ $\dfrac{G_3(s)G_4(s)}{1+G_1(s)G_2(s)+G_1(s)G_2(s)G_3(s)}$

해설 전달함수

$G(s) = \dfrac{C(s)}{R(s)}$

$= \dfrac{전향경로이득}{1-(loop)}$

$= \dfrac{G_1(s)G_2(s)}{1+G_2(s)G_3(s)+G_1(s)G_2(s)G_4(s)}$

36 (상)(중)하

그림과 같은 회로에서 교류전압 30 [V]를 인가할 때 전전류는 몇 [A]인가?

① $9.6 + j4.8$ ② $4.8 + j9.6$
③ $4.8 - j9.6$ ④ $9.6 - j4.8$

해설 전전류 계산

$Z = \dfrac{(3+j4)\times 5}{(3+j4)+5} = \dfrac{15+j20}{8+j4} = 2.5 + j1.25 \, \Omega$

$\therefore I = \dfrac{V}{Z} = \dfrac{30}{2.5+j1.25} = \dfrac{30(2.5-j1.25)}{(2.5+j1.25)(2.5-j1.25)}$

$= 9.6 - j4.8 \, [A]$

37 (상)(중)하

단상전력을 간접적으로 측정하기 위해 3전압계법을 사용하는 경우 단상 교류전력 P [W]는?

① $P = \dfrac{1}{2R}(V_3 - V_2 - V_1)^2$

② $P = \dfrac{1}{R}(V_3^2 - V_2^2 - V_1^2)$

③ $P = \dfrac{1}{2R}(V_3^2 - V_2^2 - V_1^2)$

④ $P = V_3 I \cos\theta$

해설 3전압계법

$$P = \frac{1}{2R}(V_3^2 - V_2^2 - V_1^2)[\text{V}]$$

P : 전력 [W]
R : 저항 [Ω]

TIP 3전류계법 : $P = \frac{R}{2}(I_3^2 - I_2^2 - I_1^2)$

38 상(중)하

그림과 같이 전류계 A₁, A₂를 접속할 경우 A₁은 25 [A], A₂는 5 [A]를 지시하였다. 전류계 A₂의 내부저항은 몇 [Ω]인가?

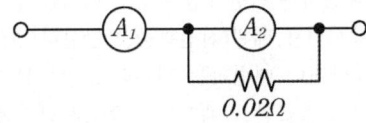

0.02Ω

① 0.05   ② 0.08
③ 0.12   ④ 0.15

해설 병렬회로 전류 분배

$A_1 = A_2 + 0.02$ [Ω]에 흐르는 전류
A_2에 흐르는 전류 = 5 [A]
A_{V2} = 0.02 [Ω]에 걸리는 전압
A_{R2} = 0.02 [Ω]×4 = 0.08 [Ω]

A_1 : A_1에 흐르는 전류
A_2 : A_2에 흐르는 전류
A_{V2} : A_2에 걸리는 전압
A_{R2} : A_2의 내부저항

39 상(중)하

3상 유도전동기의 출력이 25 HP, 전압이 220 [V], 효율이 85 [%], 역률이 85 [%]일 때 이 전동기로 흐르는 전류는 몇 [A]인가? (단, 1 [HP] = 0.746 [kW]이다)

① 40   ② 45
③ 68   ④ 70

해설 3상 유도전동기의 전류 계산

$$P_{출력} = \sqrt{3}\, VI\cos\theta\,\eta[\text{W}]$$

$$25 \times 746 = \sqrt{3} \times 220 \times I \times 0.85 \times 0.85$$

$$\therefore I = 68[A]$$

1 [HP] = 746 [W]
V : 전압 [V]
η : 효율 [%]

40 상(중)하

다이오드를 사용한 정류회로에서 과전압방지를 위한 대책으로 가장 알맞은 것은?

① 다이오드를 직렬로 추가한다.
② 다이오드를 병렬로 추가한다.
③ 다이오드의 양단에 적당한 값의 저항을 추가한다.
④ 다이오드의 양단에 적당한 값의 콘덴서를 추가한다.

해설 다이오드 접속

직렬	과전압으로부터 보호	●─▷�l─▷l─●
병렬	과전류로부터 보호	

2025년 2회
소방관계법규

3회독   월   일
2회독   월   일
1회독   월   일

목표시간 : 20분   시작 : _시 _분   종료 : _시 _분   맞은 개수 : _ /20

41 (상 중 하)

소방기본법상 소방대의 구성원에 속하지 않는 자는?

① 소방공무원법에 따른 소방공무원
② 의용소방대 설치 및 운영에 관한 법률에 따른 의용소방대원
③ 위험물안전관리법에 따른 자체소방대원
④ 의무소방대설치법에 따라 임용된 의무소방원

해설 소방대 구성원 ─────────

• 소방공무원
• 의무소방원
• 의용소방대원

암기 공무용

* 자체소방대원 : 소방훈련을 이수한 일단의 시민 또는 사업체 고용인들로 구성된 민간소방대

42 (상 중 하)

소방시설공사업법상 일반 공사감리원이 감리현장 연면적의 총 합계가 10만 [m²]인 경우 담당할 수 있는 최대 공사현장은 몇 개 이하인가?

① 1개   ② 3개
③ 5개   ④ 10개

해설 소방시설공사업법 시행규칙 제16조 ─────

제16조(감리원의 세부 배치기준 등)
① 법 제18조 제3항에 따른 감리원의 세부적인 배치기준은 다음 각 호의 구분에 따른다.
  1. 상주 공사감리 대상인 경우
    가. 기계분야의 감리원 자격을 취득한 사람과 전기분야의 감리원 자격을 취득한 사람 각 1명 이상을 감리원으로 배치할 것. 다만 기계분야 및 전기분야의 감리원 자격을 함께 취득한 사람이 있는 경우에는 그에 해당하는 사람 1명 이상을 배치할 수 있다.
    나. 소방시설용 배관(전선관을 포함한다. 이하 같다)을 설치하거나 매립하는 때부터 소방시설 완공검사증명서를 발급받을 때까지 소방공사감리현장에 감리원을 배치할 것
  2. 일반 공사감리 대상인 경우
    가. 기계분야의 감리원 자격을 취득한 사람과 전기분야의 감리원 자격을 취득한 사람 각 1명 이상을 감리원으로 배치할 것. 다만 기계분야 및 전기분야의 감리원 자격을 함께 취득한 사람이 있는 경우에는 그에 해당하는 사람 1명 이상을 배치할 수 있다.
    나. 별표 3에 따른 기간 동안 감리원을 배치할 것
    다. 감리원은 주 1회 이상 소방공사감리현장에 배치되어 감리할 것
    라. <u>1명의 감리원이 담당하는 소방공사감리현장은 5개 이하</u>(자동화재탐지설비 또는 옥내소화전설비 중 어느 하나만 설치하는 2개의 소방공사감리현장이 최단 차량주행거리로 30킬로미터 이내에 있는 경우에는 1개의 소방공사감리현장으로 본다)로서 감리현장 연면적의 총 합계가 10만제곱미터 이하일 것. 다만 일반 공사감리 대상인 아파트의 경우에는 연면적의 합계에 관계없이 1명의 감리원이 5개 이내의 공사현장을 감리할 수 있다.

상주 공사감리 대상	일반 공사감리 대상
• 기계분야 감리원 자격 취득자와 전기분야 감리원 자격 취득자 각 1명 이상 감리원으로 배치(쌍기사 1명 이상) • 소방시설용 배관(전선관을 포함)을 설치하거나 매립하는 때부터 소방시설 완공검사증명서 발급받을 때까지 소방공사감리현장에 감리원 배치	• 기계분야 감리원 자격 취득자와 전기분야 감리원 자격 취득자 각 1명 이상 감리원으로 배치(쌍기사 1명 이상) • 일반공사감리기간에 따라 감리원 배치 • 감리원은 주 1회 이상 소방공사 감리현장에 배치되어 감리 • 감리원 1명이 담당하는 소방공사 감리현장은 5개 이하로서 감리현장 연면적 총 합계가 100000 [m^2] 이하(아파트 경우 연면적 합계 관계없이 감리원 1명이 5개 이내 공사현장 감리)

설치대상	기준
• 판매시설, 운수시설 • 창고시설(물류터미널)	• 수용인원 500명 이상 • 바닥면적 합계 5000 [m^2] 이상
6층 이상인 특정소방대상물	전 층
• 의료시설(정신의료기관, 종합병원, 병원, 치과병원, 한방병원, 요양병원) • 노유자시설 • 숙박 가능한 수련시설 • 숙박시설 • 산후조리원, 조산원	바닥면적 합계 600 [m^2] 이상인 것은 모든 층
지하상가	연면적 1000 [m^2] 이상
기숙사(교육연구시설·수련시설 내에 있는 학생 수용을 위한 것), 복합건축물	연면적 5000 [m^2] 이상인 모든 층
특수가연물 저장·취급시설	지정수량 1000배 이상
랙식 창고의 높이가 10 [m]를 초과	바닥면적 또는 랙이 설치된 부분의 합계가 1500 [m^2] 이상인 경우 모든 층
전기저장시설, 교정 및 군사시설 중 보호감호소, 교도소, 구치소 및 그 지소, 보호관찰소, 갱생보호시설, 치료감호시설, 소년원 및 소년분류심사원의 수용거실, 보호시설(외국인보호소의 경우에는 보호대상자의 생활공간으로 한정), 유치장	–

43 상(중)하

소방시설 설치 및 관리에 관한 법령상 스프링클러설비를 설치하여야 하는 특정소방대상물의 기준으로 틀린 것은? (단, 위험물 저장 및 처리 시설 중 가스시설 또는 지하구는 제외한다)

① 복합건축물로서 연면적 5000 [m^2] 이상

② 창고시설로서 바닥면적 합계가 1000 [m^2] 이상

③ 노유자시설로서 바닥면적의 합계가 600 [m^2] 이상

④ 지하상가로서 연면적이 연면적 1000 [m^2] 이상

해설 스프링클러설비 설치대상

설치대상	기준
• 문화 및 집회시설(동·식물원 제외) • 종교시설 • 운동시설(물놀이형 시설 및 바닥이 불연재료이고 관람석이 없는 운동시설은 제외)	• 수용인원 100명 이상 • 영화상영관 바닥면적 : 지하층·무창층 500 [m^2](그 외 1000 [m^2]) 이상 • 무대부 : 지하층·무창층, 4층 이상 300 [m^2](그 외 500 [m^2]) 이상

44 (상)(중)하

화재의 예방 및 안전관리에 관한 법령상 소방안전관리대상물의 소방안전관리자의 업무가 아닌 것은?

① 소방시설공사의 발주
② 소방훈련 및 교육
③ 소방계획서의 작성 및 시행
④ 자위소방대의 구성·운영·교육

해설 특정소방대상물 소방안전관리자와 관계인의 업무 ────

1) 소방안전관리자의 업무
  (1) 피난계획 관련 사항과 대통령령으로 정하는 사항이 포함된 소방계획서 작성 및 시행
  (2) 자위소방대 및 초기대응체계 구성·운영·교육
  (3) 피난시설, 방화구획, 방화시설의 관리
  (4) 소방훈련 및 교육
  (5) 소방시설이나 그 밖의 소방 관련 시설의 관리
  (6) 화기 취급의 감독
  (7) 소방안전관리에 관한 업무수행에 관한 기록·유지((3), (5), (6)항 업무)
  (8) 화재발생 시 초기대응
  (9) 그 밖에 소방안전관리에 필요한 업무

2) 특정소방대상물 관계인의 업무
  (1) 피난시설, 방화구획, 방화시설의 관리
  (2) 소방시설이나 그 밖의 소방 관련 시설의 관리
  (3) 화기 취급의 감독
  (4) 화재발생 시 초기대응
  (5) 그 밖에 소방안전관리에 필요한 업무

45 (상)(중)하

피난시설, 방화구획 또는 방화시설을 폐쇄·훼손·변경 등의 행위를 3차 이상 위반한 경우에 대한 과태료 부과기준으로 옳은 것은?

① 200만 원
② 300만 원
③ 500만 원
④ 1000만 원

해설 과태료 ────

1. 피난시설, 방화구획 또는 방화시설을 폐쇄·훼손·변경하는 등의 행위를 한 경우
  • 1차 : 100만 원
  • 2차 : 200만 원
  • 3차 : 300만 원
2. 점검기록표를 기록하지 아니하거나 특정소방대상물의 출입자가 쉽게 볼 수 있는 장소에 게시하지 아니한 관계인
  • 1차 : 100만 원
  • 2차 : 200만 원
  • <u>3차 : 300만 원</u>

46 (상)(중)하

화재의 예방 및 안전관리에 관한 법령상 특수가연물의 저장 및 취급기준 중 살수설비를 설치하였을 때 석탄·목탄류를 저장하는 경우 쌓는 부분의 바닥면적은 몇 [m²] 이하인가? (단, 석탄·목탄류를 발전용으로 저장하는 경우는 제외한다)

① 200
② 250
③ 300
④ 350

해설 특수가연물 저장기준 ────

1) 품명별로 구분하여 쌓을 것
2) 일반적인 경우
  (1) 쌓는 높이 : 10 [m] 이하
  (2) 쌓는 부분 바닥 : 50 [m²] 이하(석탄·목탄류 : 200 [m²] 이하)
3) 살수설비, 대형 수동식 소화기 설치하는 경우
  (1) 쌓는 높이 : 15 [m] 이하
  (2) <u>쌓는 부분의 바닥면적 : 200 [m²] 이하(석탄·목탄류 : 300 [m²] 이하)</u>

[특수가연물 설치개념]

저수조

47 상 중 하

소방용수시설의 설치기준 중 주거지역·상업지역 및 공업지역에 설치하는 경우 소방대상물과의 수평거리는 최대 몇 [m] 이하인가?

① 50
② 100
③ 150
④ 200

해설 소방용수시설 수평거리

- 주거지역·상업지역·공업지역 : 100 [m] 이하
- 그 외의 지역 : 140 [m] 이하

암기 주상공 100

48 상 중 하

소방시설 설치 및 관리에 관한 법령상 소화설비에 해당하지 않는 것은?

① 주거용 주방자동소화장치
② 자동확산소화기
③ 스프링클러설비
④ 비상경보설비

해설 소방시설

구분	정의
소화설비	물 또는 그 밖의 소화약제를 사용하여 소화하는 기계·기구·설비
경보설비	화재 발생 사실을 통보하는 기계·기구·설비
피난구조설비	화재 시 피난하기 위해 사용하는 기구·설비
소화용수설비	화재를 진압하는 데 필요한 물을 공급·저장하는 설비
소화활동설비	화재를 진압하거나 인명구조 활동을 위해 사용하는 설비

암기 소경피 용활

49 상 **중** 하

소방시설 설치 및 관리에 관한 법령상 시·도지사 실시하는 방염검사 대상을 고르시오.

① 설치 현장에서 방염처리를 하는 합판·목재
② 제조 또는 가공 공정에서 방염처리를 한 카펫
③ 제조 또는 가공 공정에서 방염처리를 한 창문에 설치하는 블라인드
④ 설치 현장에서 방염처리를 하는 암막·무대막

해설 방염성능의 검사 ──────────

1) 특정소방대상물에서 사용하는 방염대상물품은 소방청장(대통령령으로 정하는 방염대상물품의 경우에는 시·도지사)이 실시하는 방염성능검사를 받은 것이어야 함
   (1) 소방청장 실시하는 방염검사 대상 : 방염대상물품
   (2) 시·도지사 실시하는 방염검사 대상 : 설치 현장에서 방염처리하는 합판·목재
2) 방염처리업의 등록을 한 자는 1)에 따른 방염성능검사를 할 때에 거짓 시료를 제출하여서는 아니 됨
3) 방염성능검사의 방법과 검사 결과에 따른 합격 표시 등에 필요한 사항 : 행정안전부령

〈방염대상물품〉
1) 제조·가공 공정에서 방염처리한 물품
   (1) 창문에 설치하는 커튼류(블라인드 포함)
   (2) 카펫
   (3) 벽지류(두께 2 [mm] 미만인 종이벽지 제외)
   (4) 전시용 합판·목재 또는 섬유판, 무대용 합판·목재 또는 섬유판(합판·목재류의 경우 불가피하게 설치 현장에서 방염처리한 것을 포함한다)
   (5) 암막·무대막(영화상영관 스크린, 가상체험체육시설의 스크린 포함)
   (6) 섬유류, 합성수지류 등을 원료로 하여 제작된 소파·의자(단란주점영업, 유흥주점, 노래연습장업의 영업장에 설치하는 것만 해당)
2) 건축물 내부의 천장이나 벽에 부착하거나 설치하는 것
   다만 가구류(옷장·찬장·식탁·식탁용 의자·사무용 책상·사무용 의자·계산대 등)와 너비 10 [cm] 이하 반자돌림대 등과 내부 마감재료는 제외
   (1) 종이류(두께 2 [mm] 이상)·합성수지류·섬유류를 주원료로 한 물품

(2) 합판, 목재
(3) 공간 구획하는 간이 칸막이(접이식 등 이동 가능한 벽체나 천장 또는 반자가 실내에 접하는 부분까지 구획하지 않는 벽체를 말한다)
(4) 흡음(吸音)을 위하여 설치하는 흡음재(흡음용 커튼을 포함한다)
(5) 방음(防音)을 위하여 설치하는 방음재(방음용 커튼을 포함한다)

50 상 **중** 하

화재의 예방 및 안전관리에 관한 법령상 화재예방강화지구로 알맞지 않은 것을 고르시오.

① 위험물의 저장시설이 있는 지역
② 시장지역
③ 공장이 밀집한 지역
④ 노후 건축물이 밀집한 지역

해설 화재예방강화지구 ──────────

화재 발생 우려가 크거나 화재가 발생할 경우 피해가 클 것으로 예상되는 지역에 대하여 화재의 예방 및 안전관리를 강화하기 위해 지정·관리하는 지역
1) 지정권자 : 시·도지사
2) 화재예방강화지구 지정 요청 : 소방청장
3) 화재예방강화지구
   (1) 시장지역
   (2) 공장·창고가 밀집한 지역
   (3) 목조건물이 밀집한 지역
   (4) 노후·불량건축물이 밀집한 지역
   (5) 위험물의 저장 및 처리시설이 밀집한 지역
   (6) 석유화학제품을 생산하는 공장이 있는 지역
   (7) 산업입지 및 개발에 관한 법률에 따른 산업단지
   (8) 소방시설·소방용수시설·소방출동로가 없는 지역
   (9) 물류단지
   (10) (1) ~ (9)까지 준하는 지역으로서 소방관서장이 화재예방강화지구로 지정할 필요가 있다고 인정하는 지역

51 (상)(중)하

소방시설공사업법상 특정소방대상물의 관계인 또는 발주자가 해당 도급계약의 수급인을 도급계약 해지할 수 있는 경우의 기준 중 틀린 것은?

① 하도급 계약의 적정성 심사 결과 하수급인 또는 하도급계약 내용의 변경 요구에 정당한 사유 없이 따르지 아니하는 경우

② 정당한 사유 없이 15일 이상 소방시설공사를 계속하지 아니하는 경우

③ 소방시설업이 등록취소되거나 영업정지된 경우

④ 소방시설업을 휴업하거나 폐업한 경우

해설 도급계약 해지 ─────────

특정소방대상물의 관계인 또는 발주자는 해당 도급계약의 수급인이 다음 어느 하나에 해당하는 경우에는 도급계약을 해지할 수 있음

1) 소방시설업이 등록취소되거나 영업정지된 경우
2) 소방시설업을 휴업하거나 폐업한 경우
3) 정당한 사유 없이 30일 이상 소방시설공사를 계속하지 않는 경우
4) 하도급계약 자료에 따른 요구에 정당한 사유 없이 따르지 않는 경우

52 (상)(중)하

소방시설 설치 및 관리에 관한 법령상 소방시설관리업을 등록할 수 있는 자는?

① 피성년후견인

② 소방시설관리업의 등록이 취소된 날부터 2년이 경과된 자

③ 금고 이상의 형의 집행유예를 선고받고 그 유예기간 중에 있는 자

④ 금고 이상의 실형을 선고받고 그 집행이 면제된 날부터 2년이 지나지 아니한 자

해설 소방시설관리업 등록 ─────────

1) 거짓이나 그 밖의 부정한 방법으로 등록한 경우
2) 등록 결격사유에 해당하게 된 경우
3) 다른 자에게 등록증이나 등록수첩 빌려준 경우

※ 2)의 결격사유
• 피성년후견인
• 금고 이상 실형을 선고받고 집행이 끝나거나 면제된 날부터 2년이 지나지 않은 자
• 금고 이상 형의 집행유예 선고받고 유예기간 중인 자
• 소방시설업 등록이 취소된 날부터 2년이 지나지 않은 자

53 (상)(중)하

위험물안전관리법령상 제조소의 기준에 따라 건축물의 외벽 또는 이에 상당하는 공작물의 외측으로부터 제조소의 외벽 또는 이에 상당하는 공작물의 외측까지 사용전압 35000 [V]를 초과하는 특고압가공전선의 경우 안전거리는 몇 [m] 이상인지 고르시오.

① 3 [m]   ② 5 [m]
③ 7 [m]   ④ 10 [m]

해설 제조소 안전거리 ─────────

[거리 : 이상]

대상		거리
특고압가공전선 사용전압	7000 [V] 초과 35000 [V] 이하	3 [m]
	35000 [V] 초과	5 [m]
주거용으로 사용되는 것 (제조소 설치된 부지 내의 것 제외)		10 [m]
고압가스·액화석유가스·도시가스 저장 또는 취급하는 시설		20 [m]
학교·병원·극장·다수 수용시설		30 [m]
지정문화재		50 [m]

54 상⟨중⟩하

위험물안전관리법령상 위험물의 안전관리와 관련된 업무를 수행하는 자로서 소방청장이 실시하는 안전교육대상자가 아닌 것은?

① 안전관리자로 선임된 자

② 탱크시험자의 기술인력으로 종사하는 자

③ 위험물운송자로 종사하는 자

④ 제조소등의 관계인

해설 안전교육 대상자 ──────────

1) 안전원에 위탁
   (1) 위험물 운반자, 위험물 운송자의 요건을 갖추려는 사람
   (2) 위험물 취급자격자의 자격을 갖추려는 사람
   (3) 안전관리자로 선임된 자 및 위험물 운송자, 운반자에 대한 안전교육

2) 기술원에 위탁
   (1) 탱크시험자의 기술인력으로 종사하는 자

55 상⟨중⟩하

위험물안전관리법령에 따른 정기점검의 대상인 제조소등의 기준 중 틀린 것은?

① 지정수량 10배 이상의 위험물을 취급하는 제조소

② 지정수량 20배 이상의 위험물을 저장하는 옥외탱크저장소

③ 암반탱크저장소

④ 지하탱크저장소

해설 정기점검 대상인 제조소등 ──────────

1) 지정수량 10배 이상의 위험물을 취급하는 제조소
2) 지정수량 100배 이상의 위험물을 저장하는 옥외저장소
3) 지정수량 150배 이상의 위험물을 저장하는 옥내저장소
4) 지정수량 200배 이상의 위험물을 저장하는 옥외탱크저장소
5) 암반탱크저장소
6) 이송취급소
7) 지정수량 10배 이상의 위험물을 취급하는 일반취급소(제4류 위험물만 지정수량 50배 이하로 취급하는 일반취급소)
8) 지하탱크저장소
9) 이동탱크저장소
10) 위험물 취급 탱크로서 지하에 매설된 탱크가 있는 제조소·주유취급소·일반취급소

56 상⟨중⟩하

제6류 위험물에 속하지 않는 것은?

① 질산

② 과산화수소

③ 과염소산

④ 과염소산염류

해설 제6류 위험물(산화성 액체) ──────────

품명	지정수량
과염소산	
과산화수소	300 [kg]
질산	

구분	성질
제1류 위험물	산화성 고체(강산화성 물질)
제2류 위험물	가연성 고체(환원성 물질)
제3류 위험물	자연발화성·금수성 물질
제4류 위험물	인화성 액체
제5류 위험물	자기반응성 물질
제6류 위험물	산화성 액체

암기 ▶ 산가자인자산

정답 54 ④ 55 ② 56 ④

57 (상)(중)(하)

화재의 예방 및 안전관리에 관한 법령상 소방대상물의 개수·이전·제거, 사용의 금지 또는 제한, 사용폐쇄, 공사의 정지 또는 중지, 그 밖의 필요한 조치로 인하여 손실을 받은 자가 손실보상청구서에 첨부하여야 하는 서류로 틀린 것은?

① 손실보상 합의서
② 손실을 증명할 수 있는 사진
③ 손실을 증명할 수 있는 증빙자료
④ 소방대상물의 관계인임을 증명할 수 있는 서류(건축물대장은 제외)

해설 화재안전조사 손실보상 ────────────

1) 손실보상 의무자 : 소방청장, 시·도지사
2) 화재안전조사 결과에 따른 조치명령으로 인해 손실을 입은 자가 있는 경우 대통령령으로 정하는 바에 따라 보상
3) 손실보상
   (1) 소방청장, 시·도지사가 손실을 보상하는 경우 : 시가로 보상
   (2) 손실 보상에 관하여 소방청장, 시·도지사와 손실을 입은 자가 협의
   (3) 보상금액에 관한 협의가 성립되지 않은 경우 소방청장, 시·도지사는 그 보상금액을 지급하거나 공탁하고 상대방에게 통지
   (4) 보상금의 지급 또는 공탁의 통지에 불복하는 자는 지급 또는 공탁의 통지를 받은 날부터 30일 이내에 중앙토지수용위원회 또는 관할 지방 토지수용위원회에 재결 신청
4) 손실보상청구서 첨부서류
   (1) 소방대상물의 관계인임을 증명할 수 있는 서류(건축물 대장 제외)
   (2) 손실을 증명할 수 있는 사진 그 밖의 증빙자료

보충▶ 손실보상합의서 : 협의 이후 작성

58 (상)(중)(하)

소방시설공사업법령상 소방시설업 등록을 하지 아니하고 영업을 한 자에 대한 벌칙은?

① 500만 원 이하의 벌금
② 1년 이하의 징역 또는 1000만 원 이하의 벌금
③ 3년 이하의 징역 또는 3000만 원 이하의 벌금
④ 5년 이하의 징역

해설 소방공사업법 벌금 ────────────

[3년 3000만 원]

1) 소방시설업 등록하지 아니하고 영업을 한 자
2) 부정한 청탁을 받고 재물 또는 재산상의 이익을 취득하거나 부정한 청탁을 하면서 재물 또는 재산상의 이익을 제공한 자

[1년 1000만 원]

1) 영업정지 처분을 받고 그 기간에 영업한 자
2) 법과 NFTC를 위반한 설계·시공자
3) 적법하지 않게 감리를 하거나 거짓으로 감리한 자
4) 공사 감리자를 지정하지 아니한 관계인
5) 공사업자가 감리업자의 시정보완 요구를 무시하고 그 공사를 계속할 경우 감리업자는 그 사실을 소방본부장 또는 소방서장에게 보고하여야 한다. 이 사실을 거짓으로 보고한 감리업자
6) 공사감리 결과보고서의 제출을 거짓으로 한 감리업자
7) 무등록 소방시설업자에게 소방공사 도급한 관계인 또는 발주자
8) 도급받은 소방시설의 설계, 시공, 감리를 하도급한 자
9) 하도급받은 소방시설공사를 다시 하도급한 하수급인
10) 소방기술자가 법 또는 명령을 따르지 않고 업무를 수행한 자

59 상 중 하

위험물안전관리법령상 제4류 위험물을 저장·취급하는 제조소에 "화기엄금"이란 주의사항을 표시하는 게시판을 설치할 경우 게시판의 색상은?

① 청색바탕에 백색문자
② 적색바탕에 백색문자
③ 백색바탕에 적색문자
④ 백색바탕에 흑색문자

해설 위험물제조소 게시판 설치기준

분류	주의사항	색상
• 제1류 위험물 중 알칼리금속의 과산화물 • 제3류 위험물 중 금수성 물질	물기엄금	청색바탕 백색문자
• 제2류 위험물(인화성 고체 제외)	화기주의	적색바탕 백색문자
• 제2류 위험물 중 인화성 고체 • 제3류 위험물 중 자연발화성 물질 • 제4류 위험물 • 제5류 위험물	화기엄금	
• 제6류 위험물	별도 표시 안함	

암기 물청바, 화적바

60 상 중 하

다음 중 소방기본법령에 따른 소방신호의 종류가 아닌 것은?

① 경계신호
② 발화신호
③ 진압신호
④ 훈련신호

해설 소방신호

1) 종류
  (1) 경계신호 : 화재예방상 필요하다고 인정되거나 화재위험경보 시 발령
  (2) 발화신호 : 화재가 발생한 때 발령
  (3) 해제신호 : 소화활동이 필요 없다고 인정되는 때 발령
  (4) 훈련신호 : 훈련상 필요하다고 인정되는 때 발령
2) 방법

종별	타종신호	사이렌신호
경계신호	1타, 연 2타 반복	5초 간격 30초씩 3회
발화신호	난타	5초 간격 5초씩 3회
해제신호	상당한 간격 1타씩 반복	1분간 1회
훈련신호	연 3타 반복	10초 간격 1분씩 3회

정답 59 ② 60 ③

소방전기시설의 구조 및 원리

목표시간 : 30분 | 시작 : _시 _분 | 종료 : _시 _분 | 맞은 개수 : _ /20

신유형!
61 (상 중 하)

자동화재탐지설비의 화재안전기술기준에 따라 지상 13층 짜리 건축물의 13층에서 화재가 발생한 경우 경보가 울리는 층을 고르시오.

① 13층 및 직하 4개의 층
② 전층
③ 13층
④ 13층 및 직하층

해설 자동화재탐지설비 및 시각경보장치의 화재안전기술기준 (NFTC 203)

자동화재탐지설비의 음향장치는 다음의 기준에 따라 설치해야 한다.
1. 주음향장치는 수신기의 내부 또는 그 직근에 설치할 것
2. 층수가 11층(공동주택의 경우에는 16층) 이상의 특정소방대상물은 다음의 기준에 따라 경보를 발할 수 있도록 할 것
   1) 2층 이상의 층에서 발화한 때에는 발화층 및 그 직상 4개 층에 경보를 발할 것
   2) 1층에서 발화한 때에는 발화층·그 직상 4개 층 및 지하층에 경보를 발할 것
   3) 지하층에서 발화한 때에는 발화층·그 직상층 및 기타의 지하층에 경보를 발할 것

신유형!
62 (상 중 하)

소방시설용 비상전원수전설비의 화재안전기술기준(NFTC 602)에 따라 일반전기사업자로부터 특별고압 또는 고압으로 수전하는 비상전원 수전설비로 큐비클형을 사용하는 경우 외함에 노출하여 설치할 수 없는 것은?

① 전선의 인입구 및 인출구
② 환기장치
③ 퓨즈 등으로 보호한 전압계
④ 표시등

해설 외함에 노출 설치

소방시설용 비상전원수전설비의 화재안전기술기준(NFTC 602) 다음의 기준(옥외에 설치하는 것에 있어서는 1)부터 3)까지)에 해당하는 것은 외함에 노출하여 설치할 수 있다.
1) 표시등(불연성 또는 난연성 재료로 덮개를 설치한 것에 한한다)
2) 전선의 인입구 및 인출구
3) 환기장치
4) 전압계(퓨즈 등으로 보호한 것에 한한다)
5) 전류계(변류기의 2차 측에 접속된 것에 한한다)
6) 계기용 전환스위치(불연성 또는 난연성 재료로 제작된 것에 한한다)

63 상 ⓒ 하

비상콘센트설비의 플러그접속기는 어떤 플러그접속기를 사용하는가?

① 접지형 2극 플러그 접속기
② 접지형 3극 플러그 접속기
③ 2극 플러그 접속기
④ 3극 플러그 접속기

해설 비상콘센트설비 전원회로 설치기준 ─────

1) 비상콘센트설비의 전원회로는 단상교류 220 [V]인 것으로서, 그 공급용량은 1.5 [kVA] 이상인 것으로 할 것
2) 전원회로는 각 층에 2 이상이 되도록 설치할 것. 다만 설치해야 할 층의 비상콘센트가 1개인 때에는 하나의 회로로 할 수 있다.
3) 전원회로는 주배전반에서 전용회로로 할 것. 다만 다른 설비회로의 사고에 따른 영향을 받지 않도록 되어 있는 것은 그렇지 않다.
4) 전원으로부터 각 층의 비상콘센트에 분기되는 경우에는 분기배선용 차단기를 보호함 안에 설치할 것
5) 콘센트마다 배선용 차단기(KSC 8321)를 설치해야 하며 충전부가 노출되지 않도록 할 것
6) 개폐기에는 "비상콘센트"라고 표시한 표지를 할 것
7) 비상콘센트용의 풀박스 등은 방청도장을 한 것으로서, 두께 1.6 [mm] 이상의 철판으로 할 것
8) 하나의 전용회로에 설치하는 비상콘센트는 10개 이하로 할 것. 이 경우 전선의 용량은 각 비상콘센트(비상콘센트가 3개 이상인 경우에는 3개)의 공급용량을 합한 용량 이상의 것으로 해야 한다.
9) <u>비상콘센트의 플러그접속기는 접지형 2극 플러그접속기(KSC 8305)를 사용해야 한다.</u>
10) 비상콘센트의 플러그접속기의 칼받이의 접지극에는 접지공사를 해야 한다.

콘센트 (칼받이)   플러그 (칼)

64 상 ⓒ 하

비상방송설비의 화재안전기술기준(NFTC 202)에 따라 부속회로의 전로와 대지 사이 및 배선 상호 간의 절연저항은 1경계구역마다 직류 250 [V]의 절연저항측정기를 사용하여 측정한 절연저항이 몇 [$M\Omega$] 이상이 되도록 하여야 하는가?

① 0.1   ② 0.2
③ 10   ④ 20

해설 비상방송설비 배선 ─────

1) 화재로 인해 하나의 층의 확성기 또는 배선이 단락 또는 단선되어도 다른 층의 화재 통보에 지장이 없을 것
2) 전원회로의 배선은 내화배선
3) 그 밖의 배선은 내화배선 또는 내열배선으로 할 것
4) 절연저항
   (1) 전원회로의 전로와 대지 사이 및 배선 상호 간 : 전기사업법 기술기준 적용
   (2) <u>부속회로의 전로와 대지 사이 및 배선 상호 간 : 1 경계구역마다 직류 250 [V]의 절연저항측정기를 사용하여 측정한 절연저항 0.1 [MΩ] 이상</u>

65 (상)(중)하

비상방송설비의 화재안전기술기준(NFTC 202)에 따라 비상방송설비가 기동장치에 따른 화재신고를 수신한 후 필요한 음량으로 화재발생 상황 및 피난에 유효한 방송이 자동으로 개시될 때까지의 소요시간은 몇 초 이하로 하여야 하는가?

① 5   ② 10
③ 20   ④ 30

해설 비상방송설비 설치기준 ────────

1) 확성기
  ⑴ 음성입력 : 실외 3 [W] 이상, 실내 1 [W] 이상
  ⑵ 수평거리 : 층 각 부분으로부터 하나의 확성기까지의 25 [m] 이하
  ⑶ 확성기는 각 층마다 설치, 당해 층의 각 부분에 유효하게 경보를 발하도록 설치
2) 음량조정기(ATT) : 음량조정기의 배선은 3선식으로 한다. 발화층. 그 직상층 및 기타 지하층 경보
3) 기동장치에 따른 화재신고를 수신한 후 필요한 음량으로 화재발생 상황 및 피난에 유효한 방송이 자동으로 개시될 때까지의 소요시간은 10초 이하로 할 것

⚡신유형! 66 (상)중 하

누전경보기의 형식승인 및 제품검사의 기술기준에 따른 누전경보기의 변류기 기능시험으로 해당하지 않는 것을 고르시오.

① 단락전류강도시험
② 방수시험
③ 충격시험
④ 단락전압강도시험

해설 누전경보기의 형식승인 및 제품검사의 기술기준 ────

제11조(온도특성시험) 변류기는 옥내형인 것은 -(10 ± 2) [℃]에서 (55 ± 2) [℃]까지, 옥외형인 것은 -(20 ± 2) [℃]에서 (55 ± 2) [℃]까지의 주위온도에서 각각 12시간 방치하는 경우 기능에 이상이 생기지 아니하여야 한다.

제11조의2(습도시험) 변류기는 전원을 인가하지 않은 상태로 (40 ± 2) [℃], 상대습도 (93 ± 3) [%]인 조건에서 21일간 방치하는 경우 구조 및 기능에 이상이 없어야 한다.

제12조(전로개폐시험) 변류기는 출력단자에 부하저항을 접속하고, 경계전로에 당해 변류기의 정격전류의 150 [%]인 전류를 흘린 상태에서 경계전로의 개폐를 5회 반복하는 경우 그 출력전압치는 공칭작동전류치의 42 [%]에 대응하는 출력전압치 이하이어야 한다.

제13조(단락전류강도시험) 변류기는 출력단자에 부하저항을 접속한 다음 경계전로의 전원 측에 과전류차단기를 설치하여, 경계전로에 당해 변류기의 정격전압에서 단락역률이 0.3에서 0.4까지인 2500 [A]의 전류를 2분 간격으로 약 0.02초간 2회 흘리는 경우 그 구조 및 기능에 이상이 생기지 아니하여야 한다.

제14조(과누전시험) 변류기는 1개의 전선을 변류기에 부착시킨 회로를 설치하고 출력단자에 부하저항을 접속한 상태로 당해 1개의 전선에 변류기의 정격전압의 20 [%]에 해당하는 수치의 전류를 5분간 흘리는 경우 그 구조 또는 기능에 이상이 생기지 아니하여야 한다.

제15조(노화시험) 변류기는 (65 ± 2) [℃]인 공기 중에 30일간 놓아두는 경우 그 구조 및 기능에 이상이 생기지 아니하여야 한다.

제16조(방수시험) 옥외형 변류기는 (23 ± 2) [℃], 상대습도 (50 ± 5) [%]의 상태에 24시간 방치한 후 (23 ± 2) [℃]의 맑은 물에 48시간 침지시키는 경우 내부에 물이 고이지 않아야 하며, 기능 및 절연저항시험에 이상이 생기지 아니하여야 한다.

제17조(진동시험) 변류기는 전원을 인가하지 아니한 상태에서 IEC 60068-2-6의 시험방법에 따라 다음 각 호의 규정에 의한 시험을 실시하는 경우 그 구조 및 기능에 이상이 생기지 아니하여야 한다.
1. 주파수 범위 : (10 ~ 150) [Hz]
2. 가속도 진폭 : 10 [m/s²]
3. 축수 : 3
4. 스위프 속도 : 1 [옥타브/min]
5. 스위프 사이클 수 : 축 당 20

제18조(충격시험) 변류기는 다음 각 호의 1의 시험을 실시하는 경우 그 구조 및 기능에 이상이 생기지 아니하여야 한다.

1. 임의의 방향으로 최대가속도 50 [g](g는 중력가속도를 말한다)의 충격을 5회 가하는 시험
2. 길이 300 [mm], 지름 3 [mm]의 강철선의 한쪽 끝을 충격지점과 수직이 되도록 지지시키고, 다른 쪽 끝에 무게 1 [kg]의 강철구 추를 매달아 이를 지지점과 수평이 되는 위치에서 송판의 중앙에 변류기를 부착시킨 반대편으로 자연낙하시켜 통전 상태의 변류기에 15회의 충격을 가하는 시험

제19조(절연저항시험) 변류기는 DC 500 [V]의 절연저항계로 다음 각 호에 의한 시험을 하는 경우 5 [MΩ] 이상이어야 한다.

1. 절연된 1차권선과 2차권선 간의 절연저항
2. 절연된 1차권선과 외부금속부 간의 절연저항
3. 절연된 2차권선과 외부금속부 간의 절연저항

제20조(절연내력시험) 제19조의 규정에 의한 시험부위의 절연내력은 60 [Hz]의 정현파에 가까운 실효전압 1500 [V](경계전로 전압이 250 [V]를 초과하는 경우에는 경계전로 전압에 2를 곱한 값에 1 [kV]를 더한 값)의 교류전압을 가하는 시험에서 1분간 견디는 것이어야 한다.

제21조(충격파내전압시험) 변류기는 1차권선과 외부금속사이 및 1차권선 상호 간에 파고치(波高値) 6 [kV], 파두장 0.5 [μs] 이상 1.5 [μs] 이하 및 파미장 32 [μs] 이상 50 [μs] 이하인 충격파전압을 정 및 부로 각각 1회 가하는 경우 기능에 이상이 생기지 아니하여야 한다.

제22조(전압강하방지시험) 변류기(경계전로의 전선을 그 변류기에 관통시키는 것은 제외한다)는 경계전로에 정격전류를 흘리는 경우, 그 경계전로의 전압강하는 0.5 [V] 이하이어야 한다.

67 상⬤하

무선통신보조설비의 화재안전기술기준(NFTC 505)에 따라 무선통신보조설비의 증폭기 설치기준으로 틀린 것을 고르시오.

① 상용전원은 교류전압의 옥내 간선으로 할 것
② 증폭기의 전면에는 주회로 전원의 정상 여부를 표시할 수 있는 표시등 및 전압계를 설치할 것
③ 증폭기에는 비상전원이 부착된 것으로 하고 해당 비상전원 용량은 무선통신보조설비를 유효하게 20분 이상 작동시킬 수 있는 것으로 할 것
④ 디지털방식의 무전기를 사용하는 데 지장이 없도록 설치할 것

해설 무선통신보조설비의 화재안전기술기준(NFTC 505)──

2.5 증폭기 등

2.5.1 증폭기 및 무선중계기를 설치하는 경우에는 다음의 기준에 따라 설치해야 한다.

2.5.1.1 상용전원은 전기가 정상적으로 공급되는 축전지설비, 전기저장장치(외부 전기에너지를 저장해두었다가 필요한 때 전기를 공급하는 장치) 또는 교류전압의 옥내 간선으로 하고, 전원까지의 배선은 전용으로 할 것

2.5.1.2 증폭기의 전면에는 주회로 전원의 정상 여부를 표시할 수 있는 표시등 및 전압계를 설치할 것

2.5.1.3 증폭기에는 비상전원이 부착된 것으로 하고 해당 비상전원 용량은 무선통신보조설비를 유효하게 30분 이상 작동시킬 수 있는 것으로 할 것

2.5.1.4 증폭기 및 무선중계기를 설치하는 경우에는 「전파법」 제58조의2에 따른 적합성평가를 받은 제품으로 설치하고 임의로 변경하지 않도록 할 것

2.5.1.5 디지털방식의 무전기를 사용하는 데 지장이 없도록 설치할 것

68 상중하

지하구의 화재안전성능기준(NFPC 605)에 따른 감지기의 설치기준으로 틀린 것을 고르시오.

① 감지기 중 먼지·습기 등의 영향을 받지 않고 발화지점(30미터 단위)과 온도를 확인할 수 있는 것을 설치한다.

② 지하구 천장의 중심부에 설치하되 감지기와 천장 중심부 하단과의 수직거리는 30센티미터 이내로 한다. 다만 형식승인 내용에 설치방법이 규정되어 있거나 중앙기술심의위원회의 심의를 거쳐 제조사 시방서에 따른 설치방법이 지하구 화재에 적합하다고 인정되는 경우에는 형식승인 내용 또는 심의결과에 의한 제조사 시방서에 따라 설치할 수 있다.

③ 발화지점이 지하구의 실제거리와 일치하도록 수신기 등에 표시한다.

④ 공동구 내부에 상수도용 또는 냉·난방용 설비만 존재하는 부분은 감지기를 설치하지 않을 수 있다.

해설 지하구의 화재안전성능기준(NFPC 605)

시민들의 일상생활 및 사회·경제활동을 원활하고 편리하게 할 수 있는 시설물들을 안전하게 수용할 뿐만 아니라 지하공간에 시설물을 수용함으로써 보행자의 쾌적한 통행공간과 안전하고 안락한 도시환경을 유지하며 효율적인 도시운영이 가능하도록 개별 매설 또는 가공 배선된 수도, 가스, 통신, 전기, 상·중수도, 냉난방, 쓰레기 수송관 등의 배관·배선류를 지하의 터널이라는 구체 안에 수용하는 시설

[공동구 설치 전]　　　　[공동구 설치 후]

국토의 계획 및 이용에 관한 법률(약칭 : 국토계획법)
"공동구"란 전기·가스·수도 등의 공급설비, 통신시설, 하수도시설 등 지하매설물을 공동 수용함으로써 미관의 개선, 도로구조의 보전 및 교통의 원활한 소통을 위하여 지하에 설치하는 시설물을 말한다.

제6조(자동화재탐지설비)

① 감지기는 다음 각 호에 따라 설치해야 한다.

　1. 「자동화재탐지설비 및 시각경보장치의 화재안전성능기준(NFPC 203)」 제7조 제1항 각 호의 감지기 중 먼지·습기 등의 영향을 받지 않고 <u>발화지점(1미터 단위)</u>과 온도를 확인할 수 있는 것을 설치할 것

　2. 지하구 천장의 중심부에 설치하되 감지기와 천장 중심부 하단과의 수직거리는 30센티미터 이내로 할 것. 다만 형식승인 내용에 설치방법이 규정되어 있거나, 중앙기술심의위원회의 심의를 거쳐 제조사 시방서에 따른 설치방법이 지하구 화재에 적합하다고 인정되는 경우에는 형식승인 내용 또는 심의결과에 의한 제조사 시방서에 따라 설치할 수 있다.

　3. 발화지점이 지하구의 실제거리와 일치하도록 수신기 등에 표시할 것

　4. 공동구 내부에 상수도용 또는 냉·난방용 설비만 존재하는 부분은 감지기를 설치하지 않을 수 있다.

② 발신기, 지구음향장치 및 시각경보기는 설치하지 않을 수 있다.

신유형! 69 상 **중** 하

비상방송설비의 화재안전기술기준에 따라 층별 경보는 공동주택의 경우 몇 층 이상의 특정소방대상물일 때 적용하는가?

① 5층
② 7층
③ 11층
④ 16층

해설 비상방송설비의 화재안전기술기준(NFTC 202) ─────

2.1.1.7 층수가 11층(공동주택의 경우에는 16층) 이상의 특정소방대상물은 다음의 기준에 따라 경보를 발할 수 있도록 해야 한다.

2.1.1.7.1 2층 이상의 층에서 발화한 때에는 발화층 및 그 직상 4개 층에 경보를 발할 것

2.1.1.7.2 1층에서 발화한 때에는 발화층·그 직상 4개 층 및 지하층에 경보를 발할 것

2.1.1.7.3 지하층에서 발화한 때에는 발화층·그 직상층 및 기타의 지하층에 경보를 발할 것

70 상 **중** 하

비상경보설비 및 단독경보형 감지기의 화재안전기술기준(NFTC 201)에 따라 비상경보설비의 구성으로 틀린 것을 고르시오.

① 수신기
② 감지선형 감지기
③ 비상벨설비
④ 발신기

해설 비상경보설비 및 단독경보형 감지기의 화재안전기술기준(NFTC 201) ─────

1.7 용어의 정의

1.7.1 이 기준에서 사용하는 용어의 정의는 다음과 같다.

1.7.1.1 "비상벨설비"란 화재발생 상황을 경종으로 경보하는 설비를 말한다.

1.7.1.2 "자동식사이렌설비"란 화재발생 상황을 사이렌으로 경보하는 설비를 말한다.

1.7.1.3 "단독경보형 감지기"란 화재발생 상황을 단독으로 감지하여 자체에 내장된 음향장치로 경보하는 감지기를 말한다.

1.7.1.4 "발신기"란 화재발생신호를 수신기에 수동으로 발신하는 장치를 말한다.

1.7.1.5 "수신기"란 발신기에서 발하는 화재신호를 직접 수신하여 화재의 발생을 표시 및 경보하여 주는 장치를 말한다.

1.7.2 "신호처리방식"은 화재신호 및 상태신호 등(이하 "화재신호 등"이라 한다)을 송수신하는 방식으로서 다음의 방식을 말한다.

1.7.2.1 "유선식"은 화재신호 등을 배선으로 송·수신하는 방식

1.7.2.2 "무선식"은 화재신호 등을 전파에 의해 송·수신하는 방식

1.7.2.3 "유·무선식"은 유선식과 무선식을 겸용으로 사용하는 방식

TIP ▶ 비상방송설비의 구성에는 감지기가 없다.

71 상 **중** 하

자동화재탐지설비를 설치하여야 하는 특정소방대상물의 기준으로 틀린 것은?

① 장례시설로서 연면적 600 [m²] 이상인 것
② 수련시설로서 연면적 1000 [m²] 이상인 것
③ 업무시설로서 연면적 1000 [m²] 이상인 것
④ 종교시설로서 연면적 1000 [m²] 이상인 것

해설 자동화재탐지설비 설치대상

설치대상	기준
• 교육연구시설(교육시설 내에 있는 기숙사 및 합숙소를 포함한다), 수련시설(기숙사·합숙소 포함, 숙박시설 제외) • 동·식물 관련 시설, 교정 및 군사시설 • 자원순환 관련 시설 • 교정 및 군사시설 • 묘지 관련 시설	연면적 2000 [m²] 이상인 경우에는 모든 층
목욕장, 문화 및 집회시설, 종교시설, 판매시설, 운수시설, 운동시설, 업무시설, 창고시설, 공장, 지하상가, 위험물 저장 및 처리시설, 항공기 및 자동차 관련 시설, 교정 및 군사시설 중 국방·군사시설, 방송통신시설, 발전시설, 관광 휴게시설	연면적 1000 [m²] 이상인 경우에는 모든 층
• 근린생활시설(목욕장 제외) • 의료시설(정신의료기관, 요양병원 제외) • 위락시설, 장례시설 및 복합건축물	연면적 600 [m²] 이상인 경우에는 모든 층
정신의료기관, 의료재활시설	• 바닥면적합계 300 [m²] 이상 • 바닥면적 합계 300 [m²] 미만, 창살 설치
터널	길이 1000 [m] 이상
공장 및 창고시설	500배 이상 특수가연물
요양병원, 지하구, 전통시장, 조산원, 산후조리원	–
전기저장시설, 노유자생활시설	–
공동주택 중 아파트등·기숙사, 숙박시설, 6층 이상인 건축물	–
노유자시설	연면적 400 [m²] 이상인 경우에는 모든 층
숙박시설이 있는 수련시설	수용인원 100명 이상인 경우에는 모든 층

72 ⑨⑧⑦

비상전원이 유도등을 60분 이상 유효하게 작동시킬 수 있는 용량으로 하지 않아도 되는 특정소방대상물은?

① 지하층을 제외한 층수가 13층인 특정소방대상물

② 지하층인 도매시장

③ 지하층인 지하상가

④ 지하층을 제외한 층수가 9층인 특정소방대상물

해설 유도등 및 유도표지의 화재안전기술기준(NFTC 303)

2.7.2 비상전원은 다음의 기준에 적합하게 설치해야 한다.

2.7.2.1 축전지로 할 것

2.7.2.2 유도등을 20분 이상 유효하게 작동시킬 수 있는 용량으로 할 것. 다만 다음의 특정소방대상물의 경우에는 그 부분에서 피난층에 이르는 부분의 유도등을 60분 이상 유효하게 작동시킬 수 있는 용량으로 해야 한다.

2.7.2.2.1 지하층을 제외한 층수가 11층 이상의 층

2.7.2.2.2 지하층 또는 무창층으로서 용도가 도매시장·소매시장·여객자동차터미널·지하역사 또는 지하상가

73 ⑨⑧⑦

비상조명등의 화재안전기술기준(NFTC 304)에 의거, 보행거리가 25 [m]인 지하상가에는 휴대용비상조명등을 최소 몇 개 이상 설치해야 하는가?

① 1개   ② 2개

③ 5개   ④ 3개

해설 비상조명등의 화재안전기술기준(NFTC 304)

1) 설치장소

설치장소	설치개수
숙박시설 또는 다중이용업소에는 객실 또는 영업장 안의 구획된 실마다 잘 보이는 곳(외부 설치 시 출입문 손잡이로부터 1 [m] 이내 부분)	1개 이상
대규모점포(지하상가·지하역사 제외), 영화상영관	보행거리 50 [m] 이내마다 3개 이상
지하상가 및 지하역사	보행거리 25 [m] 이내마다 3개 이상

2) 설치기준

(1) 바닥으로부터 0.8 [m] 이상 1.5 [m] 이하의 높이에 설치할 것

(2) 어둠 속에서 위치를 확인할 수 있도록 할 것

(3) 사용 시 자동으로 점등되는 구조일 것

(4) 외함은 난연성능이 있을 것

(5) 건전지 사용 시 방전방지조치를 하고, 충전식 배터리 사용 시 상시 충전되도록 할 것

(6) 건전지 및 충전식 배터리 용량은 20분 이상 유효하게 사용할 수 있는 것

74 상**중**하

유도등 및 유도표지의 화재안전기술기준(NFTC 303)에 따라 객석 내 통로의 직선 부분 길이가 45 [m]인 경우 객석유도등을 몇 개 설치하여야 하는가?

① 15개   ② 12개
③ 11개   ④ 20개

해설 객석유도등 최소설치개수

• 객석의 통로, 바닥 또는 벽에 설치할 것
• 설치개수

$$= \frac{객석 통로 직선부분 길이(m)}{4} - 1$$

$$= \frac{45}{4} - 1 = 10.25 \rightarrow 절상해서 11개$$

• 소수점 이하의 수는 절상할 것

75 상**중**하

자동화재탐지설비 및 시각경보장치의 화재안전기준에 따라 부착높이 20 [m] 이상에 설치 가능한 감지기가 아닌 것은?

① 불꽃감지기
② 광전식 분리형 중 아날로그방식
③ 광전식 공기흡입형 중 아날로그방식
④ 이온화식 1종

해설 감지기 적응성

부착높이	감지기 종류
8 [m] 이상 ~ 15 [m] 미만	• 차동식 분포형 • 이온화식 1종·2종 • 광전식 1종·2종 • 연기복합형 • 불꽃감지기
15 [m] 이상 ~ 20 [m] 미만	이온화식 1종, 광전식(스포트형, 분리형, 공기흡입형) 1종, 연기복합형, 불꽃감지기
20 [m] 이상	불꽃감지기, 광전식(분리형, 공기흡입형) 중 아날로그방식

암기 ▶ 차분한 이광연 12세
*불꽃감지기는 전부 해당

76 (상)(중)하

누전경보기의 형식승인 및 제품검사의 기술기준에서 정하는 누전경보기의 공칭작동전류치(누전경보기를 작동시키기 위하여 필요한 누설전류의 값으로서 제조자에 의하여 표시된 값을 말한다)는 몇 [mA] 이하이어야 하는가?

① 50
② 100
③ 150
④ 200

해설 누전경보기 공칭작동전류치 및 감도조정장치 ─────

1) 공칭작동 전류치 : 200 [mA] 이하
2) 감도조정장치의 조정범위
   최대 1 [A](조정범위 0.2, 0.5, 1 [A] 구분)

77 (상)(중)하

광전식 분리형 감지기의 설치기준 중 틀린 것은?

① 감지기의 수광면은 햇빛을 직접 받지 않도록 설치할 것
② 광축은 나란한 벽으로부터 0.6 [m] 이상 이격하여 설치할 것
③ 감지기의 송광부와 수광부는 설치된 뒷벽으로부터 0.5 [m] 이내 위치에 설치할 것
④ 광축의 높이는 천장 등 높이의 80 [%] 이상일 것

해설 광전식 분리형 감지기 설치기준 ─────

• 광축은 나란한 벽으로부터 0.6 [m] 이상 이격(오동작방지 개념)
• 수광면은 햇빛을 직접 받지 않도록 설치
• 송광부와 수광부는 설치된 뒷벽으로부터 1 [m] 이내 위치에 설치(미 감시구역 증가방지 개념)
• 광축의 높이는 천장 등 높이의 80 [%] 이상일 것
• 광축의 길이는 공칭감시거리 범위 이내일 것(검정기술기준 공칭감시거리 : 5 ~ 100 [m], 5 [m] 간격)

78 (상❸하)

3선식 배선에 따라 상시 충전되는 유도등의 전기회로에 점멸기를 설치하는 경우 유도등이 점등되어야 할 경우로 관계없는 것은?

① 제연설비가 작동한 때
② 자동소화설비가 작동한 때
③ 비상경보설비의 발신기가 작동한 때
④ 자동화재탐지설비의 감지기가 작동한 때

해설 3선식 유도등이 점등되어야 하는 경우 ──────

1) 자동화재탐지설비의 감지기 또는 발신기가 작동되는 때
2) 비상경보설비의 발신기가 작동되는 때
3) 상용전원이 정전되거나 전원선이 단선되는 때
4) 방재업무를 통제하는 곳 또는 전기실의 배전반에 수동으로 점등하는 때
5) 자동소화설비가 작동되는 때

79 (상❸하)

자동화재탐지설비 및 시각경보장치의 화재안전기술기준 (NFTC 203)에 따른 발신기 설치기준으로 알맞은 것을 고르시오.

① 해당 층의 각 부분으로부터 하나의 발신기까지의 수평거리가 30 [m] 이하가 되도록 할 것. 다만 복도 또는 별도로 구획된 실로서 보행거리가 45 [m] 이상일 경우에는 추가로 설치해야 한다.
② 해당 층의 각 부분으로부터 하나의 발신기까지의 수평거리가 25 [m] 이하가 되도록 할 것. 다만 복도 또는 별도로 구획된 실로서 보행거리가 40 [m] 이상일 경우에는 추가로 설치해야 한다.
③ 해당 층의 각 부분으로부터 하나의 발신기까지의 수평거리가 20 [m] 이하가 되도록 할 것. 다만 복도 또는 별도로 구획된 실로서 보행거리가 40 [m] 이상일 경우에는 추가로 설치해야 한다.
④ 해당 층의 각 부분으로부터 하나의 발신기까지의 수평거리가 25 [m] 이하가 되도록 할 것. 다만 복도 또는 별도로 구획된 실로서 보행거리가 45 [m] 이상일 경우에는 추가로 설치해야 한다.

해설 자동화재탐지설비 및 시각경보장치의 화재안전기술기준 (NFTC 203) ──────

2.6 발신기
2.6.1 자동화재탐지설비의 발신기는 다음의 기준에 따라 설치해야 한다.
2.6.1.1 조작이 쉬운 장소에 설치하고, 스위치는 바닥으로부터 0.8 [m] 이상 1.5 [m] 이하의 높이에 설치할 것
2.6.1.2 특정소방대상물의 층마다 설치하되, 해당 층의 각 부분으로부터 하나의 발신기까지의 수평거리가 25 [m] 이하가 되도록 할 것. 다만 복도 또는 별도로 구획된 실로서 보행거리가 40 [m] 이상일 경우에는 추가로 설치해야 한다.
2.6.1.3 2.6.1.2에도 불구하고 2.6.1.2의 기준을 초과하는 경우로서 기둥 또는 벽이 설치되지 아니한 대형공간의 경우 발신기는 설치대상 장소의 가장 가까운 장소의 벽 또는 기둥 등에 설치할 것

2.6.2 발신기의 위치를 표시하는 표시등은 함의 상부에 설치
하되, 그 불빛은 부착면으로부터 15° 이상의 범위 안에서
부착지점으로부터 10 [m] 이내의 어느 곳에서도 쉽게 식별
할 수 있는 적색등으로 해야 한다.

80 (상)(중)(하)

**비상콘센트설비의 화재안전기술기준(NFTC 504)에 따라
비상콘셉트설비의 전원회로(비상콘센트에 전력을 공급하는
회로를 말한다)에 대한 전압과 공급용량으로 옳은 것은?**

① 전압 : 단상교류 110 [V], 공급용량 : 1.5 [kVA] 이상
② 전압 : 단상교류 220 [V], 공급용량 : 1.5 [kVA] 이상
③ 전압 : 단상교류 110 [V], 공급용량 : 3 [kVA] 이상
④ 전압 : 단상교류 220 [V], 공급용량 : 3 [kVA] 이상

해설 비상콘센트설비 전원회로 설치기준 ────────

1) <u>전원회로 : 단상교류는 220 [V], 공급용량은 1.5 [kVA] 이상</u>
2) 전원회로는 각 층에 2 이상이 되도록 설치(다만 설치하여
야 할 층의 비상콘센트가 1개인 때에는 하나의 회로로 할
수 있다)
3) 전원회로는 주배전반에서 전용회로로 할 것
4) 전원으로부터 각 층의 비상콘센트에 분기되는 경우에는
분기배선용 차단기를 보호함 안에 설치할 것
5) 콘센트마다 배선용 차단기를 설치하여야 하며 충전부가 노
출되지 아니하도록 할 것
6) 개폐기에는 "비상콘센트"라고 표시한 표지를 할 것
7) 비상콘센트용의 풀박스 등은 방청도장을 한 것으로서 두께
1.6 [mm] 이상의 철판으로 할 것
8) 하나의 전용회로에 설치하는 비상콘센트는 10개 이하로
할 것. 이 경우 전선 용량은 각 비상콘센트(비상콘센트가 3
개 이상인 경우에는 3개)의 공급용량을 합한 용량 이상의
것으로 하여야 한다.

2025년 3회
소방원론

3회독	월	일
2회독	월	일
1회독	월	일

| 목표시간 : 20분 | 시작 : __시 __분 | 종료 : __시 __분 | 맞은 개수 : __ /20 |

01 상 중 하

화재 발생 시 물을 소화약제로 사용할 수 있는 것은?

① 칼슘카바이드
② 무기과산화물류
③ 마그네슘 분말
④ 염소산염류

해설 금수성 물질 ────────

물과 접촉하여 발화, 가연성 가스 발생

구분	현상
무기과산화물	산소(O_2) 발생
금속분 마그네슘(Mg) 나트륨(Na) 칼륨(K) 리튬(Li)	수소(H_2) 발생
탄화칼슘(칼슘카바이드)	아세틸렌(C_2H_2) 발생

보충 염소산염류(제1류 위험물) : 주수소화

02 상 중 하

다음 중 가스계 소화약제가 아닌 것은?

① 포소화약제
② 할로겐화합물 및 불활성기체소화약제
③ 이산화탄소소화약제
④ 할론소화약제

해설 가스계 소화약제 ────────

• 이산화탄소소화약제
• 할론소화약제
• 할로겐화합물 및 불활성기체소화약제

보충 포소화약제 : 수계 소화약제

03 상 중 하

건축물 화재 시 플래시 오버(Flash Over)에 영향을 주는 요소가 아닌 것은?

① 내장재료   ② 개구율
③ 화원의 크기   ④ 건물의 층수

해설 플래시 오버에 영향을 미치는 요인 ────────

1) 개구율
   개구율이 기준 이하로 작으면 산소 공급이 부족하므로 열분해 속도가 저하되어 플래시 오버가 지연되고, 개구율이 과도하게 크면 유입 공기의 냉각효과로 플래시 오버가 늦어짐
2) 가연물의 양·종류
   가연물의 높이가 높을수록, 가연물의 열방출률이 클수록 플래시 오버 도달 시간이 짧아짐
3) 화원의 크기
   화원의 크기가 클수록 열분해 속도가 빨라지고, 플래시 오버 도달 시간이 짧아짐
4) 산소의 농도
   산소농도가 10 [%] 이상이면 플래시 오버 발생 가능함

정답 01 ④ 02 ① 03 ④

5) 내장재료

내장재료의 열전도율이 크고 두께가 두꺼울수록 플래시 오버 도달 시간이 느려짐

6) 화재 발생 시 주위온도

열전달은 온도 차로 인해 에너지가 전달되므로 화재 발생 시 주위온도는 화재의 성장에 영향을 줌

7) 구획실의 기하학적 구조

구획실의 크기, 형상, 면적, 체적 등은 해당 층에 가연물과 플래시 오버와의 관계에 영향을 미침

보충▶ 건물의 층수와 플래시 오버는 관계없음

신유형!
04 (상 중 하)

습기가 많을 때 그 전달속도가 빨라져서 사람이 방호할 수 있는 능력을 떨어지게 하며 폐속으로 급히 흡입하면 혈압이 떨어져 혈액순환에 장애를 초래하게 되어 사망할수 있는 화재의 생성물은?

① 수분　　　　　　② 분진
③ 열　　　　　　　④ 연기

해설 화재생성물 ─────────────

① 수분 : 호흡곤란이나 불쾌감은 유발할 수 있으나, 단독으로는 급성 치명적 영향이 크지 않다.

② 분진 : 호흡기 자극이나 폐질환을 유발하지만, 화재 시 즉각적인 치명적 원인은 아니다.

③ 열 : 피부 화상 및 열사병을 유발할 수 있다. 그러나 문제에서 언급된 '습기가 많을 때 전달 속도가 빨라지고, 급속 흡입 시 혈압 저하' 현상과는 직접 관련이 없다.

④ 연기 : 습기가 많을수록 전도 및 대류 속도가 빨라지며, 급히 흡입하면 혈압 저하, 혈액순환 장애, 질식을 유발해 사망에 이를 수 있다.

---

05 (상 중 하)

물의 물리·화학적 성질에 대한 설명으로 틀린 것은?

① 수소결합성 물질로서 비점이 높고 비열이 크다.

② 100 [℃]의 액체 물이 100 [℃]의 수증기로 변하면 체적이 약 1600배 증가한다.

③ 유류화재에 물을 무상으로 주수하면 질식효과 이외에 유탁액이 생성되어 유화효과가 나타난다.

④ 비극성 공유 결합성 물질로 비점이 높다.

해설 물의 물리·화학적 성질 ─────────

구분	내용
물리적성질	1) 상온에서 물은 무겁고 안정된 액체 2) 비열 : 1 [kcal/kg·℃] (= 4.18 [kJ/kg·K]) 3) 잠열 　① 융해잠열 　　80 [kcal/kg] (= 334 [kJ/kg]) 　② 증발잠열 　　539.6 [kcal/kg] (= 2257 [kJ/kg]) 4) 비열, 잠열이 크므로 냉각소화효과가 큼 5) 표면장력이 큼 6) 증발 시 체적 약 1650배(1600 ~ 1700배) 증가
화학적성질	물 분자(H_2O)는 산소(O) 원자 1개와 수소(H) 원자 2개가 극성 공유결합을 이루고, 물분자 사이에 수소결합을 이루고 있음

※ 참고 - 물분자의 극성 공유결합과 수소결합

물 분자(H_2O)는 산소(O) 원자 1개와 수소(H) 원자 2개가 공유결합을 이루고 있다. 이때 산소 원자와 수소 원자는 전자를 1개씩 내어서 전자쌍을 만들고 이를 공유하지만, 전자쌍은 전기음성도가 더 큰 산소 원자 쪽에 가깝게 위치하여 산소 원자는 부분적인 음전하(-)를 띠고, 수소 원자는 부분적인 양전하(+)를 띠게 된다(극성 공유결합). 따라서 극성을 띤 물 분자끼리는 전기적 인력에 의한 수소결합을 하게 되며 강한 응집력을 갖게 된다.

[물분자의 수소결합]

---

06 (상 ⑧ 하)

자연발화의 조건으로 틀린 것은?

① 열전도율이 낮을 것
② 발열량이 클 것
③ 주의의 온도가 높을 것
④ 표면적이 작을 것

해설 자연발화 조건

1) 발열량이 클 것 (+)
2) 산소와 접촉하는 표면적이 넓을 것 (+)
3) 주위온도 높을 것 (+)
4) 열전도율이 작을 것 (−)
5) 일정 수분은 촉매제 역할

TIP ▶ 열전도율만 (−)

07 (상 ⑧ 하)

제4류 위험물 중 제1석유류, 제2석유류, 제3석유류, 제4석유류를 각 품명별로 구분하는 분류의 기준은?

① 발화점
② 인화점
③ 비중
④ 연소범위

해설 제4류 위험물 인화점

구분	인화점
제1석유류	21 [℃] 미만
제2석유류	21 [℃] 이상 70 [℃] 미만
제3석유류	70 [℃] 이상 200 [℃] 미만
제4석유류	200 [℃] 이상 250 [℃] 미만

08 (상 ⑧ 하)

질식소화방법에 대한 예를 설명한 것으로 옳은 것은?

① 열을 흡수할 수 있는 매체를 화염 속에 투입한다.
② 열용량이 큰 고체 물질을 이용하여 소화한다.
③ 중질유 화재 시 물을 무상으로 분무한다.
④ 가연성 기체의 분출화재 시 주 밸브를 닫아서 연료공급을 차단한다.

해설 물소화약제

1) 비열, 증발잠열(기화잠열)이 큼
2) 가격이 저렴하고 쉽게 구할 수 있음
3) 무상주수 시 중질유 화재에 적응성 있음(에멀전 형성으로 유화효과)
4) 물이 수증기로 기화 시 체적이 약 1650배(1600～1700배) 증가하여 주변 산소농도 낮춤
5) 수용성 액체의 화재 시 물을 주입시켜서 가연성 물질의 농도를 낮춤

보충 ▶ 질식소화 : 불연성 피막인
Emulsion을 형성하여 산소 차단

09 (상 ⑧ 하)

증기비중을 구하는 식은 다음과 같다. ( ) 안에 들어갈 알맞은 값은?

$$증기비중 = \frac{분자량}{(\quad)}$$

① 15
② 21
③ 22.4
④ 29

해설 증기비중 ─────────────

$$증기비중 = \frac{분자량}{29(공기 \ 분자량)}$$

- 공기에 대한 가스의 무게비

증기비중	공기에 대한 무게
증기비중 > 1	공기보다 무거움
증기비중 < 1	공기보다 가벼움

10 (상 중 하)

알루미늄 분말 화재 시 적응성 있는 소화약제는?

① 물   ② 마른모래
③ 포말   ④ 강화액

해설 위험물 소화방법 ─────────────

종류	소화방법
제1류	물에 의한 냉각소화(무기과산화물 : 마른모래 등에 의한 질식소화)
제2류	물에 의한 냉각소화(황화인, 철분, 마그네슘, 금속분은 마른모래 등에 의한 질식소화)
제3류	마른모래, 팽창질석, 팽창진주암에 의한 질식소화
제4류	포, 분말, CO_2, 할론소화약제에 의한 질식소화
제5류	화재초기 대량의 물로 냉각소화
제6류	마른모래 등에 의한 질식소화(과산화수소 : 다량의 물로 희석소화)

보충 ▶ 알루미늄 분말 : 제2류 위험물(금속분)

11 (상 중 하)

화씨온도 122 [°F]는 섭씨온도로 몇 [℃]인가?

① 40   ② 50
③ 60   ④ 70

해설 섭씨온도 ─────────────

섭씨온도	$℃ = \frac{5}{9}(℉ - 32)$	랭킨온도	$R = ℉ + 460$
화씨온도	$℉ = \frac{9}{5}℃ + 32$	캘빈온도	$K = ℃ + 273$

※ 122 [℉] ⇒ [℃]

$$℃ = \frac{5}{9}([℉] - 32) = \frac{5}{9}(122 - 32) = 50 \ [℃]$$

신유형! 12 (상 중 하)

연기의 농도표시방법 중 단위체적당 연기입자의 갯수를 나타내는 방법은?

① 중량농도법   ② 입자농도법
③ 투과율법   ④ 상대농도법

해설 연기의 농도표시방법 ─────────────

1) 절대농도 표시방법
   연기 입자의 수나 중량을 직접 측정하여 절대적인 수치로 농도를 나타내는 방법이다.
   - 중량농도법[mg/m^3] : 연기 속 입자의 질량(중량)을 기준으로 농도를 표시하는 방법이다.
   - 입자농도법[개수/cm^3] : 연기 속의 단위 체적당 입자 수를 기준으로 농도를 표시하는 방법이다.

2) 상대농도 표시방법
   연기를 통과하는 빛의 양을 측정하여 농도를 간접적, 상대적으로 나타내는 방법이다.
   - 투과율법[%(투과율)] : 연기를 통과하는 빛의 투과율을 측정하여 농도를 간접적으로 나타내는 방법이다.

13 (상)(중)(하)

폭발에 대한 설명으로 틀린 것은?

① 보일러 폭발은 화학적 폭발이라 할 수 없다.
② 분무 폭발은 기상 폭발에 속하지 않는다.
③ 수증기 폭발은 기상 폭발에 속하지 않는다.
④ 화약류 폭발은 화학적 폭발이라 할 수 있다.

해설 폭발의 형태

구분	응상폭발	기상폭발
정의	고·액체의 폭발	기체의 폭발
특징	물리적 폭발	화학적 폭발
종류	수증기폭발, 증기폭발, 전선폭발, 상전이폭발, 압력방출에 의한 폭발, 보일러폭발, 블레비(BLEVE)	유증기폭발, 가스폭발, 산화폭발, 분무폭발, 분진폭발, 분해폭발, 중합폭발, 화약류폭발, 증기운폭발(UVCE)

14 (상)(중) 하

부피비로 질소가 65 [%], 수소가 15 [%] 이산화탄소가 20 [%]로 혼합된 전압이 760 [mmHg] 기체가 있다. 이때 질소의 분압은 약 몇 [mmHg]인가? (단, 모두 이상기체로 간주한다)

① 152
② 252
③ 394
④ 494

해설 혼합기체의 압력

돌턴의 분압법칙에 의해 혼합기체의 전체 압력 P와 각 기체의 분압 P_1, P_2 사이에는 다음과 같은 관계식이 성립함

$$돌턴의 분압법칙 \quad P = P_1 + P_2$$

이때 일정온도, 일정압력에서 여러가지 기체를 혼합하여 하나의 혼합기체를 만들 때 혼합기체가 차지하는 체적은 혼합 전에 각 기체가 차지했던 체적의 합과 같고, 혼합기체의 압력은 각 기체의 분압을 합한 것과 같다.
따라서

질소의 분압 = 혼합 기체의 전압 × 질소의 부피비
= 760 [mmHg] × 0.65
= 494 [mmHg]

15 (상) 중 (하)

할로겐화합물소화약제로부터 기대할 수 있는 소화작용으로 틀린 것은?

① 부촉매작용
② 냉각작용
③ 유화작용
④ 질식작용

해설 할로겐화합물소화약제의 소화작용

• 부촉매작용
• 질식작용
• 냉각작용

보충 ▶ 유화작용 : 물분무소화

16 (상)(중)하

건축물에 화재가 발생할 때 연소확대를 방지하기 위한 계획에 해당되는 않는 것은?

① 수직계획
② 입면계획
③ 수평계획
④ 용도계획

해설 방화구획

1) 층(수직) 또는 면적(수평)별 구획
2) 피난용 승강기의 승강로 구획
3) 용도별 구획
4) 방화댐퍼 설치

17 (상)(중)하

산소와 질소의 혼합물인 공기의 평균 분자량은? (단, 공기는 산소 21 [vol%], 질소 79 [vol%]로 구성되어 있다고 가정한다)

① 30.84
② 29.84
③ 28.84
④ 27.84

해설 공기 분자량

1) $N_2 = 14 [g] \times 2 = 28 [g/mol]$
2) $O_2 = 16 [g] \times 2 = 32 [g/mol]$

따라서

공기 분자량 $= (28 \times 0.79) + (32 \times 0.21)$
$= 28.84 [g/mol]$

보충 원자량(H : 1, C : 12, N : 14, O : 16)

18 (상)중(하)

고가의 압력탱크가 필요하지 않아서 대용량의 포소화설비에 채용되는 것으로 펌프의 토출관에 압입기를 설치하여 포소화약제 압입용 펌프로 포소화약제를 압입시켜 혼합하는 방식은?

① 프레셔 프로포셔너방식(Pressure Proportioner Type)
② 프레셔사이드 프로포셔너방식(Pressure Side Proportioner Type)
③ 펌프 프로포셔너방식(Pump Proportioner Type)
④ 라인 프로포셔너방식(Line Proportioner Type)

해설 포소화설비 포혼합장치 종류

1) 라인 프로포셔너방식 : 벤추리관의 벤추리작용에 따라 소화약제를 흡입·혼합하는 방식
2) 프레셔 프로포셔너방식 : 벤추리관의 벤추리작용과 포소화약제 저장탱크압력에 따라 소화약제를 흡입·혼합하는 방식
3) 펌프 프로포셔너방식 : 흡입기에 물 일부를 보내고, 농도 조정밸브에서 조정된 포소화약제의 필요량을 소화약제 탱크에서 펌프 흡입 측으로 보내는 방식

4) 프레셔사이드 프로포셔너방식 : 압입기 설치하여 소화약제 압입용 펌프로 소화약제를 압입시켜 혼합하는 방식
5) 압축공기포 믹싱챔버방식 : 물, 포소화약제 및 공기를 믹싱챔버로 강제주입시켜 챔버 내에서 포수용액을 생성한 후 포를 방사하는 방식

[라인 프로포셔너] [프레셔 프로포셔너]

[펌프 프로포셔너] [프레셔사이드 프로포셔너]

19 (상)중(하)

전기화재가 발생되는 발화 요인으로 틀린 것은?

① 역률
② 합선
③ 누전
④ 과전류

해설 전기화재 원인

1) 과전류(과부하)   2) 단락(합선)
3) 누전   4) 낙뢰
5) 전기불꽃
6) 정전기로 인한 스파크 발생

보충 • 단락 : 전기회로의 두 점 사이의 절연이 잘 안되어서 두 점 사이가 접속되는 일
• 누전 : 절연이 불완전하거나 시설이 손상되어 전기가 전깃줄 밖으로 새어 흐름

TIP 역률 : 유효전력을 피상전력으로 나눈 값으로 역률이 1, 즉 100 [%]라는 것은 무효전력이 아예 존재하지 않는다는 것을 의미함

20 (상 중 하)

제1석유류는 어떤 위험물에 속하는가?

① 산화성 액체

② 인화성 액체

③ 자기반응성 물질

④ 금수성 물질

해설 위험물의 분류

구분	개요
제1류	산화성 고체
제2류	가연성 고체
제3류	자연발화성 및 금수성 물질
제4류	인화성 액체
제5류	자기반응성 물질
제6류	산화성 액체

암기 ▶ 산가자 인자산

정답 20 ②

2025년 3회
소방전기일반

목표시간 : 30분 | 시작 : _시 _분 | 종료 : _시 _분 | 맞은 개수 : _ /20

신유형! 21 (상)중(하)

단상교류 220 [V], 주파수 60 [Hz]인 교류전원을 저항 100 [Ω]과 커패시터 10 [μF]이 직렬로 연결된 회로에 직렬연결하였다. 이때의 역률을 구하시오.

① 0.2
② 0.35
③ 0.5
④ 0.75

해설 역률 계산

커패시터 10 [μF]과 주파수 60 [Hz]를 이용하여 용량성 리액턴스 X_C를 먼저 구하면,

$$X_C = \frac{1}{2\pi fC} = \frac{1}{2\pi \times 60 \times 10 \times 10^{-6}} = 265.26\,[\Omega]$$

합성 임피던스 $Z = \sqrt{R^2 + X^2}$
$$= \sqrt{100^2 + 265.26^2} = 283.47\,[\Omega]$$

따라서 역률 $\cos\theta = \frac{R}{Z} = \frac{100}{283.47} = 0.353$

신유형! 22 (상)(중)하

비유전율이 ϵ_r인 유전체가 삽입된 콘덴서의 정전용량이 C, 동일한 콘덴서의 유전체를 공기로 하였을 때 정전용량이 C_0라면 C/C_0의 값을 구하시오.

① ϵ_r
② $\sqrt{\epsilon_r}$
③ $\frac{1}{\epsilon_r}$
④ 1

해설 정전용량

$$C = \epsilon_0 \epsilon_r \frac{A}{d}$$

$$C_0 = \epsilon_0 \frac{A}{d}$$

$$\therefore \frac{C}{C_0} = \frac{\epsilon_0 \epsilon_r \frac{A}{d}}{\epsilon_0 \frac{A}{d}} = \epsilon_r$$

보충 정전용량의 계산
(1) 구도체의 정전용량 : $C = 4\pi er\,[F]$
    $r[m]$: 구도체의 반지름
(2) 평판도체의 정전용량 : $C = \varepsilon \frac{A}{d}[F]$
    $d[m]$: 극판의 간격 $A[m^2]$: 면적

신유형! 23 (상)(중)하

전압100 [V]이며 소비전력이 800 [W], 역률이 80 [%]일 때의 합성저항을 구하시오.

① 10 [Ω]
② 12.5 [Ω]
③ 15 [Ω]
④ 20 [Ω]

해설 합성저항

$$P = VI\cos\theta = \frac{V^2}{R}$$

따라서 $R = \frac{V^2}{VI\cos\theta}$

이때 $I = \frac{P}{V\cos\theta} = \frac{800}{100 \times 0.8} = 10\,[A]$이므로

$$R = \frac{100^2}{100 \times 10 \times 0.8} = 12.5\,[\Omega]$$

24 (상 ⑧ 하)

어떤 전압계의 측정 범위를 10배로 하려고 할 때 전압계 내부저항은 배율기저항의 몇 배로 해야 하는가?

① 9배

② $\frac{1}{9}$ 배

③ 12배

④ $\frac{1}{12}$ 배

해설 배율기

• 분류기 : 전류의 측정범위를 확대하기 위해 전류계와 병렬로 접속
• 배율기 : 전압계의 측정 범위를 확대하기 위해 전압계와 직렬로 접속

$$V = m V_0 = \left(1 + \frac{R_m}{R_v}\right) V_0$$

$$m = \left(1 + \frac{R_m}{R_v}\right) = 10$$

$$\frac{R_m}{R_v} = 9, \quad R_v = \frac{1}{9} R_m$$

R_m : 배율기저항 $[\Omega]$
R_v : 내부저항 $[\Omega]$
V : 최대전압 $[V]$
V_0 : 최고 눈금 $[V]$

25 (상 ⑧ 하)

0 $[℃]$에서 저항이 10 $[\Omega]$이고, 저항의 온도계수가 0.0043인 전선이 있다. 30 $[℃]$에서 이 전선의 저항은 약 몇 $[\Omega]$인가?

① 0.013

② 0.68

③ 1.4

④ 11.3

해설 저항 온도계수

$$R_2 = R_1 \left[1 + a_{t_1} (t_2 - t_1) \right]$$

$$= 10[1 + 0.0043(30 - 0)]$$

$$= 11.29 \, [\Omega]$$

R_2 : 상승 후 저항 $[\Omega]$
R_1 : 상승 전 저항 $[\Omega]$
t_1 : 상승 전 온도 $[℃]$
t_2 : 상승 후 온도 $[℃]$
α : t_1 $[℃]$에서의 온도계수

26 (상 ⑧ 하)

회로에서 a와 b 사이의 합성저항$[\Omega]$은?

① 5

② 7.5

③ 15

④ 30

해설 휘스톤 브리지

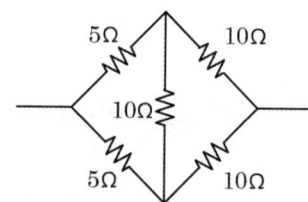

휘스톤 브리지로 변환
⇒ 가운데 10 $[\Omega]$에는 전류가 흐르지 않으므로 없는 것과 같다(∵ 대각선의 곱이 서로 50으로 같기 때문).

$$R = \frac{(5+10) \times (5+10)}{(5+10) + (5+10)} = 7.5[\Omega]$$

(5 $[\Omega]$과 10 $[\Omega]$은 직렬이며 (5 + 10) $[\Omega]$과 (5 + 10) $[\Omega]$이 서로 병렬로 연결)

27 (상ⓒ하)

비례 + 적분 + 미분동작(PID동작)식을 바르게 나타낸 것은?

① $x_0 = K_p(x_i + \dfrac{1}{T_I}\displaystyle\int x_i dt + T_D\dfrac{dx_i}{dt})$

② $x_0 = K_p(x_i - \dfrac{1}{T_I}\displaystyle\int x_i dt - T_D\dfrac{dx_i}{dt})$

③ $x_0 = K_p(x_i + \dfrac{1}{T_I}\displaystyle\int x_i dt + T_D\dfrac{dt}{dx_i})$

④ $x_0 = K_p(x_i - \dfrac{1}{T_I}\displaystyle\int x_i dt - T_D\dfrac{dt}{dx_i})$

해설 동작

1) 2위치동작(ON-OFF)
   설정온도에 대하여 측정온도의 높고 낮음에 의해 ON/OFF를 행하는 제어를 ON/OFF 동작이라 한다.
2) 비례동작(P동작)
   $y = K_p Z$ (K_p : 비례연산자)
3) 적분동작(I동작)
   $y = K_i\displaystyle\int Z dt$ (K_i : 적분연산자)
4) 미분동작(D동작)
   $y = K_d\dfrac{dz}{dt}$ (K_d : 미분제어)
5) 비례적분동작(PI동작)
   $y = K_p\left(Z + \dfrac{1}{T_i}\displaystyle\int Z dt\right)$
6) 비례미분동작(PD동작)
   $y = K_p\left(Z + T_d\dfrac{dz}{dt}\right)$
7) 비례적분미분동작(PID동작)
   $y = K_P\left(Z + \dfrac{1}{T_i}\displaystyle\int Z dt + T_d\dfrac{dz}{dt}\right)$

28 (상ⓒ하)

지상 31 [m]가 되는 곳에 수조가 있다. 이 수조에 분당 12 [m³]의 물을 양수하는 펌프용 전동기를 설치하여 3상전력을 공급하려고 한다. 펌프효율이 65 [%]이고, 펌프 측 동력에 10 [%]의 여유를 둔다고 할 때 펌프용 전동기의 용량은 몇 [kW]인지 구하시오.

① 95
② 84
③ 103
④ 120

해설 펌프용 전동기 용량

$$P = \dfrac{9.8 K \times Q[m^3/\text{min}] \times H}{\eta\, t} = \dfrac{9.8 \times 1.1 \times 12 \times 31}{0.65 \times 60}$$
$$= 102.824 \fallingdotseq 102.82 \text{ [kW]}$$

29 (상ⓒ하)

다음의 논리식 중 틀린 것은?

① $(\overline{A}+B)\cdot(A+B) = B$

② $(A+B)\cdot\overline{B} = A\overline{B}$

③ $\overline{AB + AC} + \overline{A} = \overline{A} + \overline{B}\,\overline{C}$

④ $\overline{(\overline{A}+B) + CD} = A\overline{B}(C+D)$

해설 드모르간의 정리

$$\overline{(\overline{A}+B) + CD} = \overline{(\overline{A}+B)} \cdot \overline{CD}$$
$$= A \cdot \overline{B} \cdot \overline{C} + \overline{D}$$
$$= A \cdot \overline{B}\,(\overline{C} + \overline{D})$$

정리	공식
항등법칙	$0+A=A,\ 1+A=1,\ 0\times A=0,\ 1\times A=A$
동일법칙	$A+A=A,\ A\times A=A$
보원법칙	$A+\overline{A}=1,\ A\times\overline{A}=0$
복원법칙	$\overline{\overline{A}}=A$
교환법칙	$A+B=B+A,\ A\times B=B\times A$
결합법칙	$A+(B+C)=(A+B)+C,\ A(BC)=(AB)C$
분배법칙	$A(B+C)=AB+AC,\ A+BC=(A+B)(A+C)$
흡수법칙	$A+AB=A,\ A(A+B)=A$ $A+\overline{A}B=(A+\overline{A})(A+B)=A+B$

명칭, 논리기호

OR회로$(A+B)$

NAND회로(NOT + AND)

NOR회로(NOT + OR)

XOR회로

30 (상 ⟨중⟩ 하)

그림과 같은 논리회로의 출력 Y는?

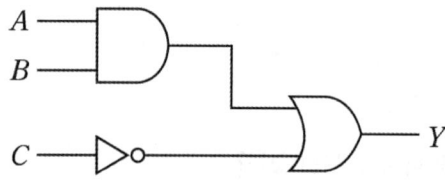

① $AB+\overline{C}$ ② $A+B+\overline{C}$

③ $(A+B)\overline{C}$ ④ $AB\overline{C}$

해설 논리회로 출력

A와 B ➡ [AND]회로

C ➡ (A AND B)와 [NOT OR]회로

즉, $Y=AB+\overline{C}$이다.

명칭, 논리기호

AND회로$(A\times B,\ A\cdot B)$

31 (상 ⟨중⟩ 하)

프로세스제어의 제어량이 아닌 것은?

① 액위   ② 유량
③ 온도   ④ 자세

해설 제어량에 의한 분류

구분	내용	제어량
서보 기구	기계적 변위를 제어량으로 하는 변화량제어	물체의 방위, 위치, 각도 등
프로세스 제어	플랜트나 생산공정 중의 상태량 제어	온도, 압력, 유량, 농도 등
자동조정 제어	제어량이 전기적, 기계적 양을 제어	주파수, 전압, 전류, 회전속도 힘 등

32 상중하

그림과 같이 전류계 A_1, A_2를 접속할 경우 A_1은 25 [A], A_2는 5 [A]를 지시하였다. 전류계 A_2의 내부저항은 몇 [Ω]인가?

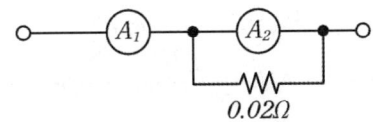

0.02Ω

① 0.05
② 0.08
③ 0.12
④ 0.15

해설 병렬회로 전류 분배 ―――――――――――

A_1 = A_2 + 0.02 [Ω]에 흐르는 전류
A_2에 흐르는 전류 = 5 [A]
A_{V2} = 0.02 [Ω]에 걸리는 전압
A_{R2} = 0.02 [Ω] × 4 = 0.08 [Ω]

A_1 : A_1에 흐르는 전류
A_2 : A_2에 흐르는 전류
A_{V2} : A_2에 걸리는 전압
A_{R2} : A_2의 내부저항

33 상중하

1 [cm]의 간격을 둔 평행 왕복전선에 25 [A]의 전류가 흐른다면 전선 사이에 작용하는 단위 길이당 힘 [N/m]은?

① 2.5×10^{-2} [N/m](반발력)
② 1.25×10^{-2} [N/m](반발력)
③ 2.5×10^{-2} [N/m](흡인력)
④ 1.25×10^{-2} [N/m](흡인력)

해설 평행도체에서의 힘의 크기 ―――――――――

$$F = \frac{2I_1I_2}{r} \times 10^{-7}$$

$$= \frac{2 \times 25 \times 25}{0.01} \times 10^{-7}$$

$$= 1.25 \times 10^{-2} [N/m]$$

F : 전선 사이의 단위길이당 힘 [N/m]
I : 전류 [A]
r : 두 도선 간의 거리

TIP ▶ 평행한 왕복도선은 반발력을 갖는다.

34 상중하

반도체를 이용한 화재감지기 중 서미스터(Thermistor)는 무엇을 측정하기 위한 반도체 소자인가?

① 온도
② 연기 농도
③ 가스 농도
④ 불꽃의 스펙트럼 강도

해설 서미스터의 특성 ――――――――――――

• 온도변화에 따라 저항값 변함
• 온도보상용, 온도계측용
• 부(-) 저항온도계수의 특성 : 온도 증가 시 저항 감소
• 열을 감지하는 감열저항체 소자

보충 ▶ NTC : 저항값은 온도와 반비례 (부)
PTC : 저항값은 온도와 비례 (정)

35 ⟨상중하⟩

길이 1 [cm]마다 감은 권선수가 50회인 무한장 솔레노이드에 500 [mA]의 전류를 흘릴 때 솔레노이드 내부에서의 자계의 세기는 몇 [AT/m]인가?

① 1250　　　　② 2500

③ 12500　　　 ④ 25000

해설 무한장 솔레노이드 자계 계산 ─────

$$H = NI = 50 \times 100 \times 500 \times 10^{-3}$$
$$= 2,500[AT/m]$$

H : 자기장의 세기 [AT/m]
N : 권선수
I : 전류 [A]

36 ⟨상중하⟩

직류전원이 연결된 코일에 10 [A]의 전류가 흐르고 있다. 이 코일에 연결된 전원을 제거하는 즉시 저항을 연결하여 폐회로를 구성하였을 때 저항에서 소비된 열량이 24 [cal]이었다. 이 코일의 인덕턴스는 약 몇 [H]인가?

① 0.1　　　　② 0.5

③ 2.0　　　　④ 24

해설 자기 인덕턴스 계산 ─────

$$W = \frac{1}{2}LI^2[J] = \frac{1}{2}LI^2 \times 0.24 = 0.12LI^2[cal]$$

$$24 = 0.12 \times L \times 10^2[cal]$$

$$\therefore L = \frac{24}{0.12 \times 10^2} = 2[H]$$

1 [J] = 0.24 [cal]
L : 인덕턴스 [H]
I : 전류 [A]

37 ⟨상중하⟩

그림과 같이 접속된 회로에서 a, b 사이의 합성저항은 몇 [Ω]인가?

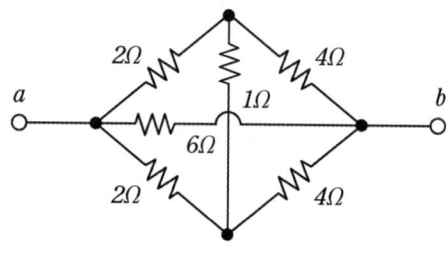

① 1　　　　② 2

③ 3　　　　④ 4

해설 브리지회로 합성저항 ─────

휘스톤 브리지에 의해서 1 [Ω]에는 전류가 흐르지 않으므로 없는 것과 같다.

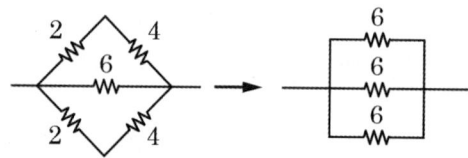

병렬에서 저항값이 같으면 개수로 나눈다.

$$R_0 = \frac{1}{m}R = \frac{1}{3} \times 6 = 2\Omega$$

병렬접속 $R_0 = \dfrac{R_1 R_2}{R_1 + R_2}$

직렬접속 $R_0 = R_1 + R_2$

38 (상 중 하)

빛이 닿으면 전류가 흐르는 다이오드로서 들어온 빛에 대해 직선적으로 전류가 증가하는 다이오드는?

① 제너다이오드
② 터널다이오드
③ 발광다이오드
④ 포토다이오드

해설 다이오드 종류

명칭	특성
정류용 다이오드	일반적으로 다이오드라 불리는 것으로 정류작용(전류를 한쪽의 (+)나 (−)로만 흐름)
제너다이오드 (정전압다이오드)	주로 정전압 전원회로에 사용(전원·전압을 일정하게 유지, 안정화)
터널다이오드 (PN접합)	증폭작용·발진작용·개폐작용을 하며, 고속 스위칭회로·논리회로에 사용
포토다이오드	빛을 쬐면 광량에 비례하는 전류가 흐름(빛 검출용, 광센서에 사용)

39 (상 중 하)

한 변의 길이가 150 [mm]인 정방형회로에 1 [A]의 전류가 흐를 때 회로 중심에서의 자계의 세기는 약 몇 [AT/m]인가?

① 5
② 6
③ 9
④ 21

해설 정방형회로 자계의 세기

$$H = \frac{2\sqrt{2}\,I}{\pi\ell}$$

$$= \frac{2\sqrt{2}\times 1}{\pi \times 150 \times 10^{-3}} ≒ 6 \ [\text{AT/m}]$$

(1) 정삼각형

 ℓ [m]

$$H = \frac{9}{2}\frac{I}{\pi l}$$

(2) 정사각형(정방형)

ℓ [m]

$$H = 2\sqrt{2}\,\frac{I}{\pi l}$$

(3) 정육각형

ℓ [m]

$$H = \sqrt{3}\,\frac{I}{\pi l}$$

I : 전류 [A]
l : 한 변의 길이 [m]
H : 자계의 세기 [AT/m]

TIP ▶ 정방형이 정사각형으로 출제된 적도 있다.

40 (상④하)

전기화재의 원인 중 하나인 누설전류를 검출하기 위해 사용되는 것은?

① 부족전압계전기

② 영상변류기

③ 계기용 변압기

④ 과전류계전기

해설 사용에 따른 목적

종류	특징
과전류계전기(OCR)	과전류 발생 시 동작하는 계전기
과전압계전기(OVR)	과전압 발생 시 동작하는 계전기
부족전압계전기(UVR)	부족전압 발생 시 동작하는 계전기
지락계전기(GR)	지락사고 시 지락전류에 의해 동작하는 계전기(접지계전기), 영상변류기(ZCT)가 필요함 ※ 영상변류기(ZCT) : 전기화재 원인인 누설전류 검출
열동계전기(THR)	전동기 등의 과부하 보호용으로 사용하는 계전기

2025년 3회
소방관계법규

목표시간 : 20분 | 시작 : _시 _분 | 종료 : _시 _분 | 맞은 개수 : _ /20

41 상중하

소방기본법령상 소방의 날 설명으로 알맞지 않은 것을 고르시오.

① 국민의 안전의식과 화재에 대한 경각심을 높이고 안전문화를 정착시키기 위한 목적이다.

② 소방의 날 행사에 관하여 필요한 사항은 소방청장 또는 시·도지사가 따로 정하여 시행할 수 있다.

③ 매년 11월 9일을 소방의 날로 정하여 기념행사를 한다.

④ 소방서장은 지역발전을 위해 노력하는 시민단체를 명예직 소방대원으로 위촉할 수 있다.

해설 소방의 날 제정과 운영 등 ─────

1) 국민의 안전의식과 화재에 대한 경각심을 높이고 안전문화를 정착시키기 위하여 매년 11월 9일을 소방의 날로 정하여 기념행사를 한다.

2) 소방의 날 행사에 관하여 필요한 사항은 소방청장 또는 시·도지사가 따로 정하여 시행할 수 있다.

3) 소방청장은 다음에 해당하는 사람을 명예직 소방대원으로 위촉할 수 있다.
   (1) 「의사상자 등 예우 및 지원에 관한 법률」에 따른 의사상자에 해당하는 사람
   (2) 소방행정 발전에 공로가 있다고 인정되는 사람

신유형! 42 상중하

다음 중 의료시설을 고르시오.

① 한의원
② 치과병원
③ 조산원
④ 동물병원

해설 특정소방대상물 ─────

① 한의원 : 근린생활시설
② 치과병원 : 의료시설
③ 조산원 : 근린생활시설
④ 동물병원 : 근린생활시설

43 상중하

소방시설 설치 및 관리에 관한 법령상 스프링클러설비를 설치하여야 하는 특정소방대상물의 기준으로 틀린 것은? (단, 위험물 저장 및 처리시설 중 가스시설 또는 지하구는 제외한다)

① 숙박시설로서 바닥면적의 합계가 600 [m²] 이상

② 특수가연물 저장·취급시설로서 지정수량이 1000배 이상

③ 기숙사로서 연면적 2000 [m²] 이상

④ 복합건축물로서 연면적 5000 [m²] 이상

해설 스프링클러설비 설치대상 —

설치대상	기준
• 문화 및 집회시설(동·식물원 제외) • 종교시설 • 운동시설(물놀이형 시설 및 바닥이 불연재료이고 관람석이 없는 운동시설은 제외)	• 수용인원 100명 이상 • 영화상영관 바닥면적 : 지하층·무창층 500 [m²](그 외 1000 [m²]) 이상 • 무대부 : 지하층·무창층, 4층 이상 300 [m²](그 외 500 [m²]) 이상
• 판매시설, 운수시설 • 창고시설(물류터미널)	• 수용인원 500명 이상 • 바닥면적 합계 5000 [m²] 이상
6층 이상인 특정소방대상물	전 층
• 의료시설(정신의료기관, 종합병원, 병원, 치과병원, 한방병원, 요양병원) • 노유자시설 • 숙박 가능한 수련시설 • 숙박시설 • 산후조리원, 조산원	바닥면적 합계 600 [m²] 이상인 것은 모든 층
지하상가	연면적 1000 [m²] 이상
기숙사(교육연구시설·수련시설 내에 있는 학생 수용을 위한 것), 복합건축물	연면적 5000 [m²] 이상인 모든 층
특수가연물 저장·취급시설	지정수량 1000배 이상
랙식 창고의 높이가 10 [m]를 초과	바닥면적 또는 랙이 설치된 부분의 합계 1500 [m²] 이상인 경우 모든 층
전기저장시설, 교정 및 군사시설 중 보호감호소, 교도소, 구치소 및 그 지소, 보호관찰소, 갱생보호시설, 치료감호시설, 소년원 및 소년분류심사원의 수용거실, 보호시설(외국인보호소의 경우에는 보호대상자의 생활공간으로 한정), 유치장	–

44 상 중 하

화재예방강화지구의 지정대상이 아닌 것은?

① 공장·창고가 밀집한 지역
② 목조건물이 밀집한 지역
③ 농촌지역
④ 시장지역

해설 화재예방강화지구 —

1) 지정권자 : 시·도지사
2) 화재예방강화지구 지정 요청 : 소방청장
3) 화재예방강화지구
   (1) 시장지역
   (2) 공장·창고가 밀집한 지역
   (3) 목조건물이 밀집한 지역
   (4) 노후·불량건축물이 밀집한 지역
   (5) 위험물의 저장 및 처리시설이 밀집한 지역
   (6) 석유화학제품을 생산하는 공장이 있는 지역
   (7) 산업입지 및 개발에 관한 법률에 따른 산업단지
   (8) 소방시설·소방용수시설·소방출동로가 없는 지역
   (9) 물류단지
   (10) (1)~(9)까지 준하는 지역으로서 소방관서장이 화재예방강화지구로 지정할 필요가 있다고 인정하는 지역

45 상 중 하

소방시설의 하자가 발생한 경우 통보를 받은 공사업자는 며칠 이내에 이를 보수하거나 보수 일정을 기록한 하자보수계획을 관계인에게 서면으로 알려야 하는가?

① 3일
② 5일
③ 14일
④ 30일

해설 하자보수

1) 관계인은 하자보수 보증기간 이내에 소방시설 하자 발생 시 공사업자에게 그 사실을 알려야 한다.
2) 통보받은 공사업자는 3일 이내 하자보수 또는 하자보수계획을 관계인에게 서면으로 알려야 한다.
3) 관계인은 공사업자가 다음 각 호의 어느 하나에 해당하는 경우에는 소방본부장·서장에게 그 사실을 알릴 수 있음
   (1) 3일 이내에 하자보수를 이행하지 아니한 경우
   (2) 3일 이내에 하자보수계획을 서면으로 알리지 아니한 경우
   (3) 하자보수계획이 불합리하다고 인정되는 경우

46 상⟨중⟩하

위험물안전관리법령상 자동화재탐지설비를 설치해야 하는 기준으로 틀린 것을 고르시오.

① 연면적이 500 [m^2] 이상인 제조소 및 일반취급소
② 지정수량의 100배 이상을 저장 또는 취급하는 옥내저장소(고인화점 위험물만을 저장 또는 취급하는 것은 제외한다)
③ 옥내주유취급소
④ 특수인화물, 제1석유류 및 알코올류를 저장 또는 취급하는 옥외탱크저장소의 탱크 용량이 3000만 리터 이상인 것

해설 경보설비 설치기준

1) 제조소등별 설치해야 하는 경보설비

특정소방대상물	소방시설
• 연면적 500 [m^2] 이상 • 옥내에서 지정수량 100배 이상 취급	• 자동화재탐지설비
• 지정수량 10배 이상 저장 또는 취급 (이동탱크저장소 제외)	• 자동화재탐지설비 • 비상경보설비 • 비상방송설비 • 확성장치 중 1종 이상

2) 자동신호장치 갖춘 스프링클러설비 또는 물분무등소화설비 설치한 제조소등은 자동화재탐지설비 설치한 것으로 봄
3) 자동화재탐지설비·자동화재속보설비·비상경보설비(비상벨장치 또는 경종 포함)·확성장치(휴대용 확성기 포함) 및 비상방송설비로 구분
※ 특수인화물, 제1석유류 및 알코올류를 저장 또는 취급하는 탱크의 용량이 1,000만 리터 이상인 것

47 상⟨중⟩하

소방기본법령상 소방신호의 종류로 틀린 것을 고르시오.

① 경보신호 ② 발화신호
③ 해제신호 ④ 훈련신호

해설 소방신호

1) 종류
   (1) 경계신호 : 화재예방상 필요하다고 인정되거나 화재위험경보 시 발령
   (2) 발화신호 : 화재가 발생한 때 발령
   (3) 해제신호 : 소화활동이 필요 없다고 인정되는 때 발령
   (4) 훈련신호 : 훈련상 필요하다고 인정되는 때 발령
2) 방법

종별	타종신호	사이렌신호
경계신호	1타, 연 2타 반복	5초 간격 30초씩 3회
발화신호	난타	5초 간격 5초씩 3회
해제신호	상당한 간격 1타씩 반복	1분간 1회
훈련신호	연 3타 반복	10초 간격 1분씩 3회

48 상 ⑤ 하

위험물안전관리법령상 위험물 및 지정수량에 대한 기준 중 다음 ( ) 안에 알맞은 것은?

금속분이라 함은 알칼리금속·알칼리토류금속·철 및 마그네슘 외의 금속의 분말을 말하고, 구리분·니켈분 및 (㉠) 마이크로미터의 체를 통과하는 것이 (㉡) 중량 퍼센트 미만인 것은 제외한다.

① ㉠ 150, ㉡ 50
② ㉠ 53, ㉡ 50
③ ㉠ 50, ㉡ 150
④ ㉠ 50, ㉡ 53

해설 위험물의 정의(금속분)

- 알칼리금속·알칼리토류금속·철·마그네슘 외의 금속 분말
- 구리분·니켈분 및 150 [μm]의 체를 통과하는 것이 50중량 퍼센트 미만인 것 제외

49 상 ⑤ 하

화재의 예방 및 안전관리에 관한 법률상 보일러 등의 위치·구조 및 관리와 화재예방을 위하여 불의 사용에 있어서 지켜야 하는 사항 중 보일러에 경유·등유 등 액체연료를 사용하는 경우에 연료탱크는 보일러 본체로부터 수평거리 최소 몇 [m] 이상의 간격을 두어 설치해야 하는가?

① 0.5
② 0.6
③ 1
④ 2

해설 보일러 화재예방(경유·등유 사용)

1) 가연성 벽·바닥·천장과 접촉하는 증기기관·연통의 부분은 규조토 등 난연성 단열재로 덮어씌울 것
2) 액체연료(경유·등유 등)을 사용하는 경우
   (1) 연료탱크는 보일러 본체로부터 수평거리 1 [m] 이상
   (2) 연료차단 개폐밸브는 연료탱크로부터 0.5 [m] 이내
   (3) 연료탱크 또는 연료공급 배관에는 여과장치 설치
   (4) 사용이 허용된 연료만 사용
   (5) 불연재료 받침대를 설치하여 넘어짐 방지

3) 기체연료 설치기준
   (1) 환기구 설치 등 가연성 가스가 머무르지 않도록 함
   (2) 연료를 공급하는 배관은 금속관
   (3) 연료차단 개폐밸브는 연료용기 등으로부터 0.5 [m] 이내
   (4) 가스누설경보기 설치

50 상 ⑤ 하

화재의 예방 및 안전관리에 관한 법령상 특수가연물의 저장 및 취급의 기준 중 ( )에 들어갈 내용으로 옳은 것은? (단, 석탄·목탄류의 경우는 제외한다)

쌓는 높이는 (㉠) [m] 이하가 되도록 하고, 쌓는 부분의 바닥면적은 (㉡) [m²] 이하가 되도록 할 것

① ㉠ 15, ㉡ 200
② ㉠ 15, ㉡ 300
③ ㉠ 10, ㉡ 30
④ ㉠ 10, ㉡ 50

해설 특수가연물 저장기준

1) 품명별로 구분하여 쌓을 것
2) 일반적인 경우
   (1) 쌓는 높이 : 10 [m] 이하
   (2) 쌓는 부분 바닥 : 50 [m²] 이하(석탄·목탄류 : 200 [m²] 이하)
3) 살수설비, 대형 수동식 소화기 설치하는 경우
   (1) 쌓는 높이 : 15 [m] 이하
   (2) 쌓는 부분의 바닥면적 : 200 [m²] 이하(석탄·목탄류 : 300 [m²] 이하)

51 상 ⑤ 하

다음 중 품질이 우수하다고 인정되는 소방용품에 대하여 우수품질인증을 할 수 있는 자는?

① 산업통상자원부장관

② 시 · 도지사

③ 소방청장

④ 소방본부장 또는 소방서장

해설 우수품질 제품 인증 ──────────

1) <u>소방청장은 형식승인의 대상이 되는 소방용품 중 품질이 우수하다고 인정하는 소방용품에 대하여 인증(이하 "우수품질인증"이라 한다)을 할 수 있다.</u>

2) 우수품질인증을 받으려는 자는 행정안전부령으로 정하는 바에 따라 소방청장에게 신청하여야 한다.

3) 우수품질인증을 받은 소방용품에는 우수품질인증 표시를 할 수 있다.

4) 우수품질인증의 유효기간은 5년의 범위에서 행정안전부령으로 정한다.

5) 소방청장은 다음 각 호의 어느 하나에 해당하는 경우에는 우수품질인증을 취소할 수 있다. 다만 제1호에 해당하는 경우에는 우수품질인증을 취소하여야 한다.

  (1) 거짓이나 그 밖의 부정한 방법으로 우수품질인증을 받은 경우

  (2) 우수품질인증을 받은 제품이 「발명진흥법」에 따른 산업재산권 등 타인의 권리를 침해하였다고 판단되는 경우

6) 1)부터 5)까지에서 규정한 사항 외에 우수품질인증을 위한 기술기준, 제품의 품질관리 평가, 우수품질인증의 갱신, 수수료, 인증표시 등 우수품질인증에 필요한 사항은 행정안전부령으로 정한다.

52 상 ⑤ 하

소방기본법령상 저수조의 설치기준으로 틀린 것은?

① 지면으로부터의 낙차가 4.5 [m] 이상일 것

② 흡수부분의 수심이 0.5 [m] 이상일 것

③ 흡수에 지장이 없도록 토사 및 쓰레기 등을 제거할 수 있는 설비를 갖출 것

④ 흡수관의 투입구가 사각형의 경우에는 한변의 길이가 60 [cm] 이상, 원형의 경우에는 지름이 60 [cm] 이상일 것

해설 소방용수시설 설치기준 ──────────

1) 소화전
- 상수도와 연결, 지하식 · 지상식 구조
- 연결금속구 구경 : 65 [mm]

2) 급수탑
- 급수배관 구경 : 100 [mm] 이상
- 개폐밸브 : 지상 1.5 [m] 이상 1.7 [m] 이하

3) 저수조
- <u>지면으로부터의 낙차 : 4.5 [m] 이하</u>
- 흡수부분 수심 : 0.5 [m] 이상일 것
- 흡수관 투입구 : 사각형 한 변 60 [cm]
                       원형 지름 60 [cm] 이상

53 상 ⑤ 하

위험물안전관리법상 업무상 과실로 제조소등에서 위험물을 유출 · 방출 또는 확산시켜 사람의 생명 · 신체 또는 재산에 대하여 위험을 발생시킨 자에 대한 벌칙기준은?

① 5년 이하의 금고 또는 2000만 원 이하의 벌금

② 5년 이하의 금고 또는 7000만 원 이하의 벌금

③ 7년 이하의 금고 또는 2000만 원 이하의 벌금

④ 7년 이하의 금고 또는 7000만 원 이하의 벌금

해설 위험물법 벌칙 ────────────

- 5년 이하 징역 또는 1억 원 이하 벌금
  제조소등의 설치허가를 받지 아니하고 제조소등을 설치한 자
- <u>7년 이하 금고 또는 7천만 원 이하 벌금</u>
  <u>업무상 과실로 위험물 유출·방출시켜 생명·신체·재산에</u>
  <u>위험을 발생시킨 자</u>
- 10년 이하 금고 또는 1억 원 이하 벌금
  업무상 과실로 위험물 유출·방출시켜 사람을 사상에 이르게 한 자

54 (상) 중 하

위험물안전관리법령상 위험물의 안전관리와 관련된 업무를 수행하는 자로서 소방청장이 실시하는 안전교육대상자가 아닌 것은?

① 안전관리자로 선임된 자
② 탱크시험자의 기술인력으로 종사하는 자
③ 위험물운송자로 종사하는 자
④ 제조소등의 관계인

해설 안전교육 대상자 ────────────

1) 안전원에 위탁
   (1) 위험물 운반자, 위험물 운송자의 요건을 갖추려는 사람
   (2) 위험물 취급자격자의 자격을 갖추려는 사람
   (3) 안전관리자로 선임된 자 및 위험물 운송자, 운반자에 대한 안전교육
2) 기술원에 위탁
   탱크시험자의 기술인력으로 종사하는 자

55 상 중 (하)

소방기본법에서 정의하는 소방대상물에 해당하지 않는 것은?

① 산림
② 차량
③ 건축물
④ 항해 중인 선박

해설 소방대상물 ────────────

- 건축물
- 차량
- <u>선박(항구에 매어 둔 것)</u>
- 산림, 그 밖의 인공구조물 또는 물건

56 상 (중) 하

소방기본법령상 소방대장은 화재, 재난·재해 그 밖의 위급한 상황이 발생한 현장에 소방활동구역을 정하여 소방활동에 필요한 자로서 대통령령으로 정하는 사람 외에는 그 구역에의 출입을 제한할 수 있다. 다음 중 소방활동구역에 출입할 수 없는 사람은?

① 소방활동구역 안에 있는 소방대상물의 소유자·관리자 또는 점유자
② 전기·가스·수도·통신·교통의 업무에 종사하는 사람으로서 원활한 소방활동을 위하여 필요한 사람
③ 시·도지사가 소방활동을 위하여 출입을 허가한 사람
④ 의사·간호사 그 밖에 구조·구급업무에 종사하는 사람

해설 소방활동구역 출입자 ────────────

- 소방활동구역 안에 있는 소방대상물의 소유자·관리자 또는 점유자
- 전기·가스·수도·통신·교통 업무 종사자로 소방활동 위하여 필요한 사람
- 의사·간호사, 구조·구급업무 종사자
- 취재인력 등 보도업무 종사자
- 수사업무 종사자
- <u>소방대장이 소방활동 위해 출입을 허가한 자</u>

57 상 ⓒ 하

소방기본법령상 소방활동장비와 설비의 구입 및 설치 시 국고보조의 대상이 아닌 것은?

① 소방자동차
② 사무용 집기
③ 소방헬리콥터 및 소방정
④ 소방전용통신설비 및 전산설비

해설 소방장비 등에 대한 국고보조 ─────

1) 국고보조
   (1) 국가는 시·도 소방장비구입 등의 경비를 일부 보조함
   (2) 국가보조 대상사업의 범위와 기준 보조율 : 대통령령인 「보조금관리에 관한 법률 시행령」
   (3) 소방활동장비 및 설비의 종류와 규격 : 행정안전부령
2) 국고보조 대상사업의 범위
   (1) 소방활동장비와 설비의 구입 및 설치
      ① 소방자동차
      ② 소방헬리콥터 및 소방정
      ③ 소방전용통신설비 및 전산설비
      ④ 그 밖에 방화복 등 소방활동에 필요한 소방장비
   (2) 소방관서용 청사의 건축

58 상 ⓒ 하

소방시설 설치 및 관리에 관한 법령상 방염성능기준 이상의 실내장식물 등을 설치해야 하는 특정소방대상물이 아닌 것은?

① 숙박이 가능한 수련시설
② 층수가 11층 이상인 아파트
③ 건축물 옥내에 있는 종교시설
④ 방송통신시설 중 방송국 및 촬영소

해설 방염 ─────

1) 방염성능기준 : 대통령령
2) 방염성능기준 이상의 실내장식물 등을 설치해야 하는 특정 소방대상물
   (1) 근린생활시설 중 의원, 조산원, 산후조리원, 체력단련장, 공연장 및 종교집회장, 치과의원, 한의원
   (2) 건축물의 옥내에 있는 시설
      ① 문화 및 집회시설
      ② 종교시설
      ③ 운동시설(수영장 제외)
   (3) 의료시설
   (4) 교육연구시설 중 합숙소
   (5) 노유자시설
   (6) 숙박이 가능한 수련시설
   (7) 숙박시설
   (8) 방송통신시설 중 방송국 및 촬영소
   (9) 다중이용업소
   (10) <u>층수가 11층 이상인 것(아파트 제외)</u>

59 상 ⓒ 하

다음 중 화재의 예방 및 안전관리에 관한 법령상 특수가연물에 해당하는 품명별 기준수량으로 틀린 것은?

① 사류 1000 [kg] 이상
② 면화류 200 [kg] 이상
③ 나무껍질 및 대팻밥 400 [kg] 이상
④ 넝마 및 종이부스러기 500 [kg] 이상

해설 특수가연물 ─────

품명	수량
면화류	200 [kg] 이상
나무껍질 및 대팻밥	400 [kg] 이상
넝마 및 종이부스러기	1000 [kg] 이상
사류, 볏짚류	1000 [kg] 이상
가연성 고체류	3000 [kg] 이상
석탄·목탄류	10000 [kg] 이상

품명		수량
가연성 액체류		2 [m³] 이상
목재가공품 및 나무부스러기		10 [m³] 이상
고무류·플라스틱류	발포시킨 것	20 [m³] 이상
	그 밖의 것	3000 [kg] 이상

 면이 나대싸 넘사벽 천 가고삼 석목만 가액이 고발이

60 상 ⓒ 하

소방안전관리자 및 소방안전관리보조자에 대한 실무교육의 교육대상, 교육일정 등 실무교육에 필요한 계획을 수립하여 매년 누구의 승인을 얻어 교육을 실시하는가?

① 한국소방안전원장

② 소방본부장

③ 소방청장

④ 시·도지사

해설 소방안전관리자 실무교육 ─────────

실무교육의 대상, 일정·횟수 등을 포함한 실무교육의 실시 계획을 매년 수립·시행해야 함

• 승인자 : 소방청장

• 통보 : 교육실시 30일 전까지 교육대상자에게 통보

• 주기 : 선임된 날부터 6개월 이내, 교육실시 후 2년마다 1회 이상 실시

2025년 3회

소방전기시설의 구조 및 원리

3회독	월 일
2회독	월 일
1회독	월 일

| 목표시간 : 30분 | 시작 : _시 _분 | 종료 : _시 _분 | 맞은 개수 : _ /20 |

61 (상 중 하) 신유형!

소방시설 설치 및 관리에 관한 법률에 따라 비상경보설비를 설치해야 하는 특정소방대상물 기준으로 알맞은 것을 고르시오. (단, 모래·석재 등 불연재료 공장 및 창고시설, 위험물 저장 및 처리시설 중 가스시설, 사람이 거주하지 않거나 벽이 없는 축사 등 동물 및 식물 관련 시설 및 지하구는 제외한다)

> 1. 터널로서 길이가 (㉠) [m] 이상인 것
> 2. (㉡)명 이상의 근로자가 작업하는 옥내 작업장

① ㉠ 500 ㉡ 100
② ㉠ 500 ㉡ 50
③ ㉠ 1000 ㉡ 50
④ ㉠ 1000 ㉡ 100

해설 소방시설 설치 및 관리에 관한 법률 시행령 [별표 4] ──

비상경보설비를 설치해야 하는 특정소방대상물(모래·석재 등 불연재료 공장 및 창고시설, 위험물 저장 및 처리시설 중 가스시설, 사람이 거주하지 않거나 벽이 없는 축사 등 동물 및 식물 관련 시설 및 지하구는 제외한다)은 다음의 어느 하나에 해당하는 것으로 한다.

1) 연면적 400 [m²] 이상인 것은 모든 층
2) 지하층 또는 무창층의 바닥면적이 150 [m²](공연장의 경우 100 [m²]) 이상인 것은 모든 층
3) 터널로서 길이가 500 [m] 이상인 것
4) 50명 이상의 근로자가 작업하는 옥내 작업장

62 (상 중 하) 신유형!

지하 3층의 모든 지하층 바닥면적의 합이 1200 [m²]이며, 지상 11층인 건축물에 비상콘센트설비를 설치해야 하는 층을 고르시오.

① 모든 지하층
② 모든 지하층, 지상 11층
③ 지하 3층, 지상 10, 11층
④ 지상 11층

해설 비상콘센트설비 설치대상 ──

소방대상물	설치대상
층수가 11층 이상인 특정소방대상물	11층 이상의 층
지하층의 층수가 3층 이상이고 지하층의 바닥면적의 합계가 1000 [m²] 이상인 것	지하층의 모든 층
터널	길이 500 [m] 이상
위험물 저장 및 처리시설 중 가스시설 또는 지하구는 제외	

신유형!
63 (상)중(하)

시각경보장치의 성능인증 및 제품검사의 기술기준상 전원 입력 단자에 사용정격전압을 인가한 뒤, 신호장치에서 작동신호를 보냈을 때 점멸주기를 고르시오.

① 1분간 점멸회수를 측정하는 경우 점멸주기는 매 초당 1회 이상 3회 이내

② 1분간 점멸회수를 측정하는 경우 점멸주기는 매 초당 20회 이상

③ 1분간 점멸회수를 측정하는 경우 점멸주기는 매 초당 60회 이상

④ 1분간 점멸회수를 측정하는 경우 점멸주기는 매 초당 100회 이상

해설 시각경보장치의 기능

1) 시각경보장치에 작동신호를 보내어 약 1분간 점멸횟수를 측정하는 경우 점멸주기는 매 초당 1회 이상 3회 이하여야 한다.
2) 광원은 투명 또는 흰색이어야 하며 최대 1000 칸델라를 초과하지 않아야 한다.
3) 시각경보장치에 작동신호를 보내는 경우 3초 이내 경보를 발하여야 하며 정지신호를 받았을 경우에는 3초 이내 정지되어야 한다.
4) 작동 상태인 시각경보장치(건전지를 주전원으로 하는 무선식 시각경보장치는 제외한다)의 최대소비전류는 설계값(소비전류 설계값) 이하이어야 한다.

64 (상)(중)하

누전경보기의 형식승인 및 제품검사의 기술기준에 따라 누전경보기의 변류기는 직류 500 [V]의 절연저항계로 절연된 1차권선과 2차권선 간의 절연저항 시험을 할 때 몇 [$M\Omega$] 이상이어야 하는가?

① 0.1 　　　　② 5
③ 10 　　　　　④ 20

해설 누전경보기 절연저항시험

1) 측정장치 : DC 500 [V]의 절연저항계
2) 절연저항시험 : 5 [MΩ] 이상
3) 측정위치

구분	측정 개소
수신부	(1) 절연된 충전부와 외함 간 (2) 차단기구의 개폐부 • 열린 상태 : 같은 극의 전원단자와 부하 측 단자 사이 • 닫힌 상태 : 충전부와 손잡이 사이
변류기	(1) 절연된 1차 권선과 2차 권선 간 (2) 절연된 1차 권선과 외부 금속부 간 (3) 절연된 2차 권선과 외부 금속부 간

65 (상)(중)하

유도등 및 유도표지의 화재안전기술기준(NFTC 303)에 따라 설치하는 유도표지는 계단에 설치하는 것을 제외하고는 각 층마다 복도 및 통로의 각 부분으로부터 하나의 유도표지까지의 보행거리가 몇 [m] 이하가 되는 곳과 구부러진 모퉁이의 벽에 설치하여야 하는가?

① 10 　　　　② 15
③ 20 　　　　④ 25

해설 유도표지 설치기준 ──────────

1) 설치기준
   (1) 계단에 설치하는 것을 제외하고 각 층마다 복도 및 통로의 각 부분으로부터 하나의 유도표지까지의 보행거리가 15 [m] 이하가 되는 곳과 구부러진 모퉁이의 벽에 설치할 것
   (2) 주위에는 이와 유사한 등화·광고물·게시물 등을 설치하지 아니할 것
   (3) 유도표지는 부착판 등을 사용하여 쉽게 떨어지지 아니하도록 설치할 것
   (4) 축광방식의 유도표지는 외광 또는 조명장치에 의하여 상시 조명이 제공되거나 비상조명등에 의한 조명이 제공되도록 설치할 것
2) 설치높이
   피난구 유도표지는 출입구 상단에 설치하고, 통로유도표지는 바닥으로부터 높이 1 [m] 이하 위치에 설치할 것

66 상ⓒ하

유도등 및 유도표지의 화재안전기술기준(NFTC 303)에 따라 지하층을 제외한 층수가 11층 이상인 특정소방대상물의 유도등의 비상전원을 축전지로 설치한다면 피난층에 이르는 부분의 유도등을 몇 분 이상 유효하게 작동시킬 수 있는 용량으로 하여야 하는가?

① 10 ② 20
③ 50 ④ 60

해설 유도등의 전원 ──────────

1) 축전지, 전기저장장치, 교류전압의 옥내간선으로 하고 전원까지의 배선은 전용으로 할 것
2) 비상전원
   (1) 축전지(알칼리계 2차 축전지)
   (2) 용량 : 유도등은 20분 이상 작동
   (3) 60분 이상 작동해야 하는 경우
      ① 지하층을 제외한 층수가 11층 이상의 층
      ② 지하층, 무창층의 용도가 도매·소매시장·여객자동차터미널·지하역사 또는 지하상가

67 상ⓒ하

누전경보기의 형식승인 및 제품검사의 기술기준에 따라 누전경보기의 수신부는 그 정격전압에서 몇 회의 누전작동시험을 실시하는가?

① 1000회
② 5000회
③ 10000회
④ 20000회

해설 누전경보기 성능 ──────────

1) 조작이 쉽고 작동이 확실하여야 하며, 정지점이 명확하고 적정하여야 한다.
2) 각 접점의 최대사용전압으로 최대사용전류의 200 [%]인 전류를 저항부하를 통하여 흘리는 작동을 1만 회(전원스위치의 경우에는 5천 회) 반복하는 경우 그 구조 또는 기능에 이상이 생기지 아니하여야 한다.
3) 접점은 최대사용전류 용량에 적합하여야 하고 부식될 우려가 없는 것이어야 한다.
4) 눌혀서 끊어지는 형의 스위치(수은스위치 등)을 사용할 경우에는 정위치에 복귀시키는 것을 잊지 아니하도록 알려주는 적당한 장치를 하여야 한다.

68 상ⓒ하

무선통신보조설비의 화재안전기술기준(NFTC 505)에 따라 금속제 지지금구를 사용하여 무선통신 보조설비의 누설동축케이블을 벽에 고정시키고자 하는 경우 몇 [m] 이내마다 고정시켜야 하는가? (단, 불연재료로 구획된 반자 안에 설치하는 경우는 제외한다)

① 2 ② 3
③ 4 ④ 5

해설 누설동축케이블 설치기준 ──────────

1) 소방전용주파수대에서 전파의 전송 또는 복사에 적합한 것으로서 소방전용의 것으로 할 것(다만 소방대 상호 간의 무선연락에 지장 없는 경우에는 다른 용도와 겸용 가능하다)

2) 누설동축케이블과 이에 접속하는 안테나 또는 동축케이블과 이에 접속하는 안테나에 따른 것으로 할 것

3) 누설동축케이블은 불연 또는 난연성의 것으로서 습기에 따라 전기의 특성이 변질되지 아니하는 것으로 하고, 노출하여 설치한 경우에는 피난 및 통행에 장애가 없도록 할 것

4) <u>누설동축케이블은 화재에 따라 해당 케이블의 피복이 소실된 경우에 케이블 본체가 떨어지지 아니하도록 4 [m] 이내마다 금속제 또는 자기제 등의 지지금구로 벽·천장·기둥 등에 견고하게 고정시킬 것(다만 불연재료로 구획된 반자안에 설치하는 경우에는 그러하지 않는다)</u>

5) 누설동축케이블 및 안테나는 금속판 등에 따라 전파의 복사 또는 특성이 현저하게 저하되지 아니하는 위치에 설치할 것

6) 누설동축케이블 및 안테나는 고압의 전로로부터 1.5 [m] 이상 떨어진 위치에 설치할 것(다만 해당 전로에 정전기 차폐장치를 유효하게 설치한 경우에는 그러하지 않는다)

7) 누설동축케이블의 끝부분에는 무반사 종단저항을 견고하게 설치할 것

8) 누설동축케이블 또는 동축케이블의 임피던스는 50 [Ω]으로 하고, 이에 접속하는 안테나·분배기 기타의 장치는 해당 임피던스에 적합한 것으로 하여야 한다.

69   상 중 ⓗ

자동화재탐지설비 및 시각경보장치의 화재안전기술기준(NFTC 203)에 따라 외기에 면하여 상시 개방된 부분이 있는 차고·주차장·창고 등에 있어서는 외기에 면하는 각 부분으로부터 몇 [m] 미만의 범위 안에 있는 부분은 경계구역의 면적에 산입하지 아니하는가?

① 1
② 3
③ 5
④ 10

해설 경계구역 ──────────

1) 수평적 경계구역
  (1) 하나의 경계구역이 2개 건축물 및 2 이상의 층에 미치지 않을 것(다만 2개의 층을 하나의 경계구역으로 산정하는 경우 : 바닥 합 500 [m²] 이하)
  (2) 하나의 경계구역 면적 : 600 [m²] 이하
    ① 한 변 길이 : 50 [m] 이하
    ② 주출입구에서 내부 전체 보이는 것 : 한 변의 길이가 50 [m]의 범위 내 1000 [m²] 이하
    ③ 터널 : 하나의 경계구역의 길이는 100 [m] 이하

2) 수직적 경계구역
  (1) 계단·경사로(에스컬레이터 포함)는 별도의 경계구역 산정 → 45 [m] 이하
  (2) 엘리베이터 승강로(권상기실 포함)·린넨슈트·파이프피트 및 덕트 기타 이와 유사한 부분은 별도의 경계구역 산정 → 높이기준 없음
  (3) 지하층의 계단 및 경사로(지하층 층수 1일 경우 제외)는 별도로 경계구역 산정

3) 상시 개방된 부분 있는 차고·주차장·창고 : 외기에 면하는 각 부분부터 <u>5 [m] 미만</u>은 면적 산입 제외

70 (상 중 하)

비상콘센트설비의 화재안전기술기준(NFTC 504)에 따른 비상콘센트설비의 전원회로(비상콘센트에 전력을 공급하는 회로를 말한다)의 시설기준으로 옳은 것은?

① 하나의 전용회로에 설치하는 비상콘센트는 12개 이하로 할 것

② 전원회로는 단상교류 220 [V]인 것으로서 그 공급용량은 1.0 [kVA] 이상인 것으로 할 것

③ 비상콘센트용의 풀박스 등은 방청도장을 한 것으로서 두께 1.2 [mm] 이상의 철판으로 할 것

④ 전원으로부터 각 층의 비상콘센트에 분기되는 경우에는 분기배선용 차단기를 보호함 안에 설치할 것

해설 비상콘센트설비 전원회로 설치기준 ─────

1) 비상콘센트설비의 전원회로는 단상교류 220 [V]인 것으로서 그 공급용량은 1.5 [kVA] 이상인 것으로 할 것

2) 전원회로는 각 층에 2 이상이 되도록 설치할 것. 다만 설치해야 할 층의 비상콘센트가 1개인 때에는 하나의 회로로 할 수 있다.

3) 전원회로는 주배전반에서 전용회로로 할 것. 다만 다른 설비회로의 사고에 따른 영향을 받지 않도록 되어 있는 것은 그렇지 않다.

4) 전원으로부터 각 층의 비상콘센트에 분기되는 경우에는 분기배선용 차단기를 보호함 안에 설치할 것

5) 콘센트마다 배선용 차단기(KS C 8321)를 설치해야 하며, 충전부가 노출되지 않도록 할 것

6) 개폐기에는 "비상콘센트"라고 표시한 표지를 할 것

7) 비상콘센트용의 풀박스 등은 방청도장을 한 것으로서 두께 1.6 [mm] 이상의 철판으로 할 것

8) 하나의 전용회로에 설치하는 비상콘센트는 10개 이하로 할 것. 이 경우 전선의 용량은 각 비상콘센트(비상콘센트가 3개 이상인 경우에는 3개)의 공급용량을 합한 용량 이상의 것으로 해야 한다.

9) 비상콘센트의 플러그접속기는 접지형 2극 플러그접속기(KS C 8305)를 사용해야 한다.

10) 비상콘센트의 플러그접속기의 칼받이의 접지극에는 접지공사를 해야 한다.

71 (상 중 하)

무선통신보조설비의 화재안전기술기준(NFTC 505)에 따른 설치 제외에 대한 내용이다. 다음 (   )에 들어갈 내용으로 옳은 것은?

(㉠)으로서 특정소방대상물의 바닥 부분 2면 이상이 지표면과 동일하거나 지표면으로부터의 깊이가 (㉡) [m] 이하인 경우에는 해당 층에 한하여 무선통신보조설비를 설치하지 아니할 수 있다.

① ㉠ 지하층, ㉡ 1

② ㉠ 지하층, ㉡ 2

③ ㉠ 무창층, ㉡ 1

④ ㉠ 무창층, ㉡ 2

해설 무선통신보조설비 설치 제외 장소 ─────

1) 지하층으로서 특정소방대상물의 바닥부분 2면 이상이 지표면과 동일한 층

2) 지하층으로서 지표면으로부터의 깊이가 1 [m] 이하인 층

72 (상 중 하)

비상전원이 유도등을 60분 이상 유효하게 작동시킬 수 있는 용량으로 하지 않아도 되는 특정소방대상물은?

① 지하층을 제외한 층수가 13층인 특정소방대상물

② 지하층인 도매시장

③ 지하층인 지하상가

④ 지하층을 제외한 층수가 9층인 특정소방대상물

해설 유도등 및 유도표지의 화재안전기술기준(NFTC 303) ──

2.7.2 비상전원은 다음의 기준에 적합하게 설치해야 한다.

2.7.2.1 축전지로 할 것

2.7.2.2 유도등을 20분 이상 유효하게 작동시킬 수 있는 용량으로 할 것. 다만 다음의 특정소방대상물의 경우에는 그 부분에서 피난층에 이르는 부분의 유도등을 60분 이상 유효하게 작동시킬 수 있는 용량으로 해야 한다.

2.7.2.2.1 지하층을 제외한 층수가 11층 이상의 층

2.7.2.2.2 지하층 또는 무창층으로서 용도가 도매시장·소매시장·여객자동차터미널·지하역사 또는 지하상가

73 상 ㊥ 하

정온식 감지기의 설치 시 공칭작동온도가 최고주위온도보다 최소 몇 [℃] 이상 높은 것으로 설치하여야 하나?

① 10   ② 20

③ 30   ④ 40

해설 감지기 설치 ──

• 스포트형 감지기 설치할 때 각도가 45° 이상 경사가 되지 않도록 설치

• 보상식 스포트형 감지기는 정온점이 감지기 주위의 평상시 최고 온도보다 20 [℃] 이상 높은 것으로 설치

• 정온식 감지기의 경우 작동온도가 주위 최고 온도보다 20 [℃] 이상 높은 것으로 설치

74 상 ㊥ 하

자동화재탐지설비의 감지기회로에 설치하는 종단저항의 설치기준으로 틀린 것은?

① 감지기회로 끝부분에 설치한다.

② 점검 및 관리가 쉬운 장소에 설치하여야 한다.

③ 전용함에 설치하는 경우 그 설치높이는 바닥으로부터 0.8 [m] 이내에 설치하여야 한다.

④ 종단감지기에 설치할 경우에는 구별이 쉽도록 해당감지기의 기판 및 감지기 외부 등에 별도의 표시를 하여야 한다.

해설 도통시험 위한 종단저항 ──

• 점검 및 관리가 쉬운 장소에 설치

• 설치높이 : 1.5 [m] 이하(전용함 설치)

• 감지기회로 끝부분 설치

• 종단감지기에 설치 시 : 기판·감지기 외부등 별도표시

• 도통시험을 하기 위해 설치

75 상 ㊥ 하

부착높이가 11 [m]인 장소에 적응성 있는 감지기는?

① 차동식 분포형   ② 정온식 스포트형

③ 차동식 스포트형   ④ 정온식 감지선형

해설 감지기 설치 ──

부착높이	감지기 종류
8 [m] 이상 ~ 15 [m] 미만	• 차동식 분포형 • 이온화식 1종·2종 • 광전식 1종·2종 • 연기복합형 • 불꽃감지기
15 [m] 이상 ~ 20 [m] 미만	이온화식 1종, 광전식(스포트형, 분리형, 공기흡입형) 1종, 연기복합형, 불꽃감지기
20 [m] 이상	불꽃·광전식(분리형, 공기흡입형) 중 아날로그방식

76 (상)중(하)

비상경보설비 및 단독경보형 감지기의 화재안전기술기준에 따라 바닥면적이 450 [m²]일 경우 단독경보형 감지기의 최소 설치개수는?

① 1개   ② 2개

③ 3개   ④ 4개

해설 단독경보형 감지기 설치기준 ─────────

1) 각 실(이웃하는 실내 바닥 면적이 각각 30 [m²] 미만이고 벽체의 상부의 전부 또는 일부가 개방되어 이웃하는 실내와 공기가 상호 유통되는 경우 이를 1개의 실로 본다)마다 설치하되, 바닥 면적이 150 [m²]를 초과하는 경우에는 150 [m²]마다 1개 이상 설치할 것

∴ 설치개수 = 450/150 = 3개

2) 최상층의 계단실의 천장(외기 상통하는 계단실 경우 제외)에 설치할 것

3) 건전지를 주전원으로 사용하는 단독경보형 감지기는 정상적인 작동 상태를 유지할 수 있도록 건전지를 교환할 것

4) 상용전원을 주전원으로 사용하는 단독경보형 감지기의 2차 전지는 제품검사시험에 합격한 것을 사용할 것

77 (상)중(하)

유도등 및 유도표지의 화재안전기술기준(NFTC 303)에 따른 객석유도등의 설치기준이다. 다음 ( )에 들어갈 내용으로 옳은 것은?

> 객석유도등은 객석의 (㉠), (㉡) 또는 (㉢)에 설치하여야 한다.

① ㉠ 통로, ㉡ 바닥, ㉢ 벽

② ㉠ 바닥, ㉡ 천장, ㉢ 벽

③ ㉠ 통로, ㉡ 바닥, ㉢ 천장

④ ㉠ 바닥, ㉡ 통로, ㉢ 출입구

해설 객석유도등 ─────────

• 객석의 통로, 바닥 또는 벽에 설치할 것

• 설치개수

$$= \frac{\text{객석 통로 직선부분 길이}(m)}{4} - 1$$

TIP 소수점 이하의 수는 절상할 것

78 (상)중(하)

비상방송설비의 화재안전기술기준(NFTC 202)에 따라 비상방송설비 음향장치의 설치기준 중 다음 ( )에 들어갈 내용으로 옳은 것은?

> 층수가 (㉠)층 (공동주택의 경우에는 ㉡층) 이상의 특정소방대상물의 1층에서 발화한 때에는 발화층·그 직상 4개 층 및 지하층에 경보를 발할 수 있도록 하여야 한다.

① ㉠ 5, ㉡ 7

② ㉠ 7, ㉡ 5

③ ㉠ 11, ㉡ 16

④ ㉠ 16, ㉡ 11

해설 비상방송설비 음향향장치 경보(우선경보) ─────────

층수가 11층(공동주택의 경우에는 16층) 이상의 특정소방대상물은 다음과 같은 경보를 발할 수 있어야 한다.

1) 2층 이상의 층에서 발화한 때에는 발화층 및 그 직상 4개 층에 경보

2) 1층에서 발화한 때에는 발화층·그 직상 4개 층 및 지하층에 경보

3) 지하층에서 발화한 때에는 발화층·그 직상층 및 기타 지하층 경보

79 (상)(중)하

수신기를 나타내는 소방시설 도시기호로 옳은 것은?

① 　②

③ 　④

해설 소방시설 도시기호 ───────────

① 도시기호가 아님
② 수신기
③ 부수신기
④ 중계기

80 (상)(중)하

비상조명등의 화재안전기술기준(NFTC 304)에 따라 조도는 비상조명등이 설치된 장소의 각 부분의 바닥에서 몇 [lx] 이상이 되도록 하여야 하는가?

① 1　　　　② 3
③ 5　　　　④ 10

해설 비상조명등 설치기준 ───────────

1) 설치기준
  (1) 특정소방대상물의 각 거실과 그로부터 지상에 이르는 복도·계단 및 그 밖의 통로에 설치할 것
  (2) 조도는 비상조명등이 설치된 장소의 각 부분의 바닥에서 1 [lx] 이상이 되도록 할 것
  (3) 예비전원을 내장하는 비상조명등에는 평상시 점등 여부를 확인할 수 있는 점검스위치를 설치하고 해당 조명등을 유효하게 작동시킬 수 있는 용량의 축전지와 예비전원 충전장치를 내장할 것
  (4) 예비전원을 내장하지 않는 비상조명등의 비상전원은 자가발전설비, 축전지설비 또는 전기저장장치를 다음 각 목의 기준에 따라 설치할 것
    ① 점검 편리하고 화재 및 침수 등의 재해로 인한 피해를 받을 우려가 없는 곳에 설치

② 상용전원으로부터 전력의 공급이 중단된 때에는 자동으로 비상전원으로부터 전력을 공급받을 수 있도록 할 것
③ 비상전원의 설치장소는 다른 장소와 방화구획할 것 (이 경우 그 장소에는 비상전원의 공급에 필요한 기구나 설비 외의 것을 두어서는 안 된다)
④ 비상전원을 실내에 설치하는 때에는 그 실내에 비상조명등을 설치할 것
  (5) 비상전원은 비상조명등을 20분 이상 유효하게 작동시킬 수 있는 용량으로 할 것. 다만 다음 각 목의 특정소방대상물의 경우에는 그 부분에서 피난층에 이르는 부분의 비상조명등을 60분 이상 유효하게 작동시킬 수 있는 용량으로 해야 한다.
    ① 지하층을 제외한 층수가 11층 이상의 층
    ② 지하층 또는 무창층으로서 용도가 도매시장·소매시장·여객자동차터미널·지하역사 또는 지하상가
  (6) 비상조명등의 설치 면제 요건에서 "그 유도등의 유효범위 안의 부분"이란 유도등의 조도가 바닥에서 1 [lx] 이상이 되는 부분을 말한다.

MOAG

모아바 www.moa-ba.com
모아소방전기학원 www.moate.co.kr

2024 출제경향 분석

[소방원론]

CHAPTER / 연도 및 회차		연소	연소생성물	폭발	화재	위험물	소화	안전관리 및 건축방재	합계
2024년	1	7	1	0	3	4	4	1	20
	2	7	2	0	4	2	1	4	20
	3	3	2	2	1	3	7	2	20

[소방전기일반]

CHAPTER / 연도 및 회차		직류회로	정전계와 정자계	교류회로	전기계측 및 회로망	비정현파 교류와 과도현상 및 라플라스 변환	제어회로	전자회로 및 정류회로	전기기계 및 전기법규	합계
2024년	1	4	4	3	1	0	5	1	2	20
	2	3	1	4	3	0	4	3	2	20
	3	5	2	1	3	0	4	2	2	20

[소방관계법규]

CHAPTER 연도 및 회차		소방기본법	소방시설법	화재예방법	소방공사업법	위험물 안전관리법	합계
2024년	1	5	5	3	2	5	20
	2	6	5	4	2	3	20
	3	5	5	2	4	4	20

[소방전기시설의 구조 및 원리]

CHAPTER 연도 및 회차		자동화재 탐지설비	비상경보 설비 및 단독 경보형감지기	비상방송 설비	자동화재 속보설비	가스누설 경보기 및 누전경보기	유도등	비상조명등	비상콘센트 설비	무선통신 보조설비	비상전원 수전설비	화재알림 설비	기타	합계
2024년	1	3	1	4	2	2	2	2	0	2	2	0	0	20
	2	3	1	5	1	2	2	2	1	2	0	0	1	20
	3	5	2	1	1	4	3	1	1	1	0	0	1	20

2024년 1회
소방원론

3회독	월	일
2회독	월	일
1회독	월	일

목표시간 : 20분 | 시작 : _시 _분 | 종료 : _시 _분 | 맞은 개수 : _ /20

01 (상 중 하)

화학적 소화방법에 해당하는 것은?

① 모닥불에 물을 뿌려 소화한다.

② 모닥불을 모래로 덮어 소화한다.

③ 유류화재를 할론 1301로 소화한다.

④ 지하실 화재를 이산화탄소로 소화한다.

해설 부촉매소화(억제소화)

1) 할론 1301의 소화
　(1) 화학적 소화
　(2) 연쇄반응을 차단하여 소화
　(3) 활성기의 생성을 억제하는 소화

2) 소화의 형태

소화	내용
냉각소화	열 흡수, 발화점 이하로 낮추어 소화
질식소화	산소농도 15 [%] 이하로 낮춤
제거소화	가연물을 차단, 격리
억제소화	연쇄반응을 차단, 부촉매소화

보충 ▶ 물리적 소화 : 냉각, 질식, 제거
화학적 소화 : 억제소화(부촉매소화)

02 (상 중 하)

분말소화약제 중 A급, B급, C급 화재에 모두 사용할 수 있는 것은?

① Na_2CO_3　　② $NH_4H_2PO_4$

③ $KHCO_3$　　④ $NaHCO_3$

해설 제1인산암모늄($NH_4H_2PO_4$)

1) 제3종 분말소화약제($NH_4H_2PO_4$)
　(1) 열분해 시 생성되는 메타인산(HPO_3)이 가연물 표면에 부착해 피막을 형성하여 산소 차단
　(2) 차고, 주차장에 설치하는 분말소화설비의 소화약제는 제3종 분말로 해야 함
　(3) 적응 화재 : A·B·C급 화재

2) 분말소화약제

종별	소화약제	약제색	적응화재
1종	탄산수소나트륨 ($NaHCO_3$)	백색	BC급
2종	탄산수소칼륨 ($KHCO_3$)	담자색 (담회색)	
3종	제1인산암모늄 ($NH_4H_2PO_4$)	담홍색	ABC급
4종	탄산수소칼륨 + 요소 ($KHCO_3+(NH_2)_2CO$)	회(백)색	BC급

암기 ▶ 백담사 홍어회

정답 01 ③ 02 ②

03 (상 중 하)

다음 중 이산화탄소의 삼중점에 가장 가까운 온도는?

① -48 [℃]
② -57 [℃]
③ -62 [℃]
④ -75 [℃]

해설 이산화탄소의 물성 ─────────────

이산화탄소의 삼중점은 고체, 액체, 기체가 공존하는 지점으로 압력 0.53 [MPa], 온도 -56.7 [℃]에 해당한다.

분자량	44 [g/mol]	임계온도	31.35 [℃]
증기비중	1.529	임계압력	7.38 [MPa]
증발열	137 [cal/g]	융해열	45.2 [cal/g]
삼중점	-56.7 [℃]	비점	-78 [℃]

[이산화탄소의 상태도]

04 (상 중 하)

황린의 보관방법으로 옳은 것은?

① 물속에 보관
② 이황화탄소 속에 보관
③ 수산화칼륨 속에 보관
④ 통풍이 잘 되는 공기 중에 보관

해설 위험물의 저장 ─────────────

위험물	저장장소
황린 이황화탄소(CS_2)	물속
나이트로셀룰로오스 (니트로셀룰로오스)	알코올 속
칼륨(K) 나트륨(Na) 리튬(Li)	석유류(등유) 속

암기 황물 나이알 ㅠㅠ

05 (상 중 하)

건물화재 시 패닉(Panic)의 발생원인과 직접적인 관계가 없는 것은?

① 연기에 의한 시계 제한
② 유독가스에 의한 호흡 장애
③ 외부와 단절되어 고립
④ 불연내장재의 사용

해설 패닉의 발생원인 ─────────────

1) 연기에 의한 가시거리 제한
2) 유독가스에 의한 호흡 장애
3) 외부와 단절된 심리적인 고립감

TIP 불연성 내장재의 사용 : 화재 확대방지
보충 시계(視界) : 시력이 미치는 범위

06 (상⑤하)

목조건축물에서 발생하는 옥외출화 시기를 나타낸 것으로 옳은 것은?

① 창, 출입구 등에 발염 착화한 때
② 천장 속, 벽 속 등에서 발염 착화한 때
③ 가옥구조에서는 천장면에 발염 착화한 때
④ 불연 천장인 경우 실내의 그 뒷면에 발염 착화한 때

해설 옥내출화와 옥외출화

분류	내용
옥내 출화	• 실내 천장 속, 벽 내부에서 발염착화 • 준불연성, 난연성으로 피복된 내부의 목재에 착화
옥외 출화	• 건축물 외부의 가연물질에 발염착화 • 창, 출입구 등의 개구부 등에 착화 • 목재사용 가옥 벽, 추녀 밑 판자나 목재에 발염착화

07 (상 중⑤)

증기비중의 정의로 옳은 것은? (단, 보기에서 분자, 분모의 단위는 모두 [g/mol]이다)

① $\dfrac{분자량}{22.4}$ ② $\dfrac{분자량}{29}$

③ $\dfrac{분자량}{44.8}$ ④ $\dfrac{분자량}{100}$

해설 증기비중

1) 증기비중 $= \dfrac{분자량}{29(공기 분자량)}$
2) 공기에 대한 가스의 무게비

증기비중	공기에 대한 무게
증기비중 > 1	공기보다 무거움
증기비중 < 1	공기보다 가벼움

보충 ▶ 원자량(H : 1, C : 12, N : 14, O : 16)

08 (상⑤하)

건물 내에서 화재가 발생하여 실내온도가 20 [℃]에서 600 [℃]까지 상승했다면 온도 상승으로 건물 내의 공기 부피는 처음의 약 몇 배 정도 팽창하는가? (단, 화재로 인한 압력의 변화는 없다고 가정한다.

① 3배   ② 9배
③ 15배   ④ 30배

해설 보일 - 샤를의 법칙

$$보일 - 샤를의 법칙 \ \frac{P_1 V_1}{T_1} = \frac{P_2 V_2}{T_2}$$

기체를 이상기체로 가정하면 보일 - 샤를의 법칙을 만족한다. 여기서 압력의 변화는 없다고 가정하므로

$$\frac{V_1}{T_1} = \frac{V_2}{T_2}$$

$$\therefore \frac{V_2}{V_1} = \frac{T_2}{T_1} = \frac{(600+273)[K]}{(20+273)[K]} = 2.98 ≒ 3$$

09 (상⑤하)

가연성 가스가 아닌 것은?

① 일산화탄소   ② 프로페인
③ 수소   ④ 아르곤

해설 가연성 가스와 조연성 가스

구분	가연성 가스	조연성 가스
정의	자기 자신이 연소하는 가스	자기 자신은 타지 않고 연소를 도와주는 가스
종류	일산화탄소(CO) 수소(H₂) 메테인(메탄, CH₄) 프로페인(프로판, C₃H₈) 암모니아(NH₃) 뷰테인(부탄, C₄H₁₀)	오존(O₃) 공기 산소(O₂) 염소(Cl) 불소(F)

※ 아르곤 : 불활성 가스

10 (상)(중)하

화재 최성기 때의 농도로 유도등이 보이지 않을 정도의 연기농도는? (단, 감광계수로 나타낸다)

① 0.1 [m⁻¹] ② 1 [m⁻¹]
③ 10 [m⁻¹] ④ 30 [m⁻¹]

해설 감광계수

감광계수 [m⁻¹]	가시거리 [m]	내용
0.1	20 ~ 30	연기감지기 작동할 때
0.3	5	건물에 익숙한 사람이 피난에 지장을 느낄 때
0.5	3	어두움을 느낄 때
1	1 ~ 2	거의 앞이 보이지 않음
10	0.2 ~ 0.5	최성기 때 연기농도
30	–	출화실에서 연기 분출

11 (상)(중)(하)

위험물안전관리법령상 위험물 유별에 따른 성질이 잘못 연결된 것은?

① 제1류 위험물 - 산화성 고체
② 제2류 위험물 - 가연성 고체
③ 제4류 위험물 - 인화성 액체
④ 제6류 위험물 - 자기반응성 물질

해설 위험물의 분류

구분	개요
제1류	산화성 고체
제2류	가연성 고체
제3류	자연발화성·금수성 물질
제4류	인화성 액체
제5류	자기반응성 물질
제6류	산화성 액체

암기 산가자 인자산

12 (상)(중) 하

MOC(Minimum Oxygen Concentration, 최소산소농도)가 가장 작은 물질은?

① 메테인 ② 에테인
③ 프로페인 ④ 뷰테인

해설 최소산소농도(MOC)

1) MOC(최소산소농도, 한계산소농도)
   MOC = LFL(연소하한계) × 산소몰수
2) 연소하한계

종류	메테인 (메탄)	에테인 (에탄)	프로페인 (프로판)	뷰테인 (부탄)
연소범위 [vol%]	5 ~ 15	3 ~ 12.4	2.1 ~ 9.5	1.8 ~ 8.4

3) 연소반응식

메테인(메탄)	$CH_4 + \underline{2}O_2 \rightarrow CO_2 + 2H_2O$
에테인(에탄)	$C_2H_6 + \underline{3.5}O_2 \rightarrow 2CO_2 + 3H_2O$
프로페인(프로판)	$C_3H_8 + \underline{5}O_2 \rightarrow 3CO_2 + 4H_2O$
뷰테인(부탄)	$C_4H_{10} + \underline{6.5}O_2 \rightarrow 4CO_2 + 5H_2O$

① 메테인 = 5 × 2 [mol] = 10 [%]
② 에테인 = 3 × 3.5 [mol] = 10.5 [%]
③ 프로페인 = 2.1 × 5 [mol] = 10.5 [%]
④ 뷰테인 = 1.8 × 6.5 [mol] = 11.7 [%]

∴ 메테인 < 에테인 = 프로페인 < 뷰테인

보충 MOC : 화염 전파를 위해 필요한 최소한의 산소 농도 (연료와 공기의 혼합기 중 산소의 부피[%])

13 상 중 하

가연성 가스나 산소의 농도를 낮추어 소화하는 방법은?

① 질식소화
② 냉각소화
③ 제거소화
④ 억제소화

해설 소화의 형태

소화	내용
냉각소화	열 흡수, 발화점 이하로 낮추어 소화
질식소화	산소농도 15 [%] 이하로 낮추어 소화
제거소화	가연물을 차단, 격리하여 소화
억제소화	연쇄반응을 차단하여 소화(부촉매소화)

14 상 중 하

위험물안전관리법령상 제4류 위험물의 화재에 적응성이 있는 것은?

① 옥내소화전설비
② 옥외소화전설비
③ 봉상수 소화기
④ 물분무소화설비

해설 제4류 위험물(인화성 액체)의 소화

소화	내용
질식소화	CO_2, 포, 분말소화약제를 이용한 소화
유화소화 (에멀전효과)	물·미분무를 이용한 소화
희석소화	수용성 위험물에 알코올포(내알콜포)를 이용한 소화

보충 ▶ 제4류 위험물은 유면이 확대되는 위험성이 크므로 봉상형태
주수소화는 절대금지

15 상 중 하

무창층 여부를 판단하는 개구부로서 갖추어야 할 조건으로 옳은 것은?

① 개구부 크기가 지름 30 [cm]의 원이 내접할 수 있는 것
② 해당 층의 바닥면으로부터 개구부 밑부분까지의 높이 가 1.5 [m]인 것
③ 내부 또는 외부에서 쉽게 파괴 또는 개방할 수 있을 것
④ 창에 방범을 위하여 40 [cm] 간격으로 창살을 설치한 것

해설 무창층과 개구부의 기준

1) 무창층(無窓層)
   지상층 중 다음의 요건을 모두 갖춘 개구부의 면적의 합계 가 해당 층의 바닥면적의 30분의 1 이하가 되는 층
2) 개구부
   (1) 크기는 지름 50 [cm] 이상의 원이 통과할 수 있을 것
   (2) 해당 층의 바닥면으로부터 개구부 밑부분까지의 높이가 1.2 [m] 이내일 것
   (3) 도로 또는 차량이 진입할 수 있는 빈터를 향할 것
   (4) 화재 시 건축물로부터 쉽게 피난할 수 있도록 창살이나 그 밖의 장애물이 설치되지 않을 것
   (5) 내부 또는 외부에서 쉽게 부수거나 열 수 있을 것

16 (상 ⑤ 하)

일반적인 자연발화의 방지법으로 틀린 것은?

① 습도를 높일 것
② 저장실의 온도를 낮출 것
③ 정촉매작용을 하는 물질을 피할 것
④ 통풍을 원활하게 하여 열축적을 방지할 것

> **해설** 자연발화 방지대책 ─────────

1) 가연성 물질 제거
2) 통풍이나 환기를 통한 열 축적 방지
3) 저장실의 온도를 낮출 것
4) 습도 높은 곳 피할 것(수분 : 촉매작용)
5) 열전도성 좋게 할 것

17 (상 중 ⑥)

공기 중의 산소의 농도는 약 몇 [vol%]인가?

① 10   ② 13
③ 17   ④ 21

> **해설** 대기의 구성성분 ─────────

• 산소(O_2) : 21 [%]
• 질소(N_2) : 78 [%]
• 아르곤(Ar) : 0.93 [%]
• 이산화탄소(CO_2) : 0.04 [%]
• 기타 : 0.03 [%]

18 (상 ⑤ 하)

공기 중에서 수소의 연소범위로 옳은 것은?

① 0.4 ~ 4 [vol%]
② 1 ~ 12.5 [vol%]
③ 4 ~ 75 [vol%]
④ 67 ~ 92 [vol%]

> **해설** 주요 물질 연소범위 ─────────

가스	하한계 [vol%]	상한계 [vol%]
이황화탄소	1.2	44
아세틸렌	2.5	81
수소	4	75
일산화탄소	12.5	74
에틸렌	2.7	36
암모니아	15	28
메테인(메탄)	5	15
에테인(에탄)	3	12.4
프로페인(프로판)	2.1	9.5
뷰테인(부탄)	1.8	8.4

암기 (이황)일이사사, (아)이고팔아파, (수)사치료,
(일산)이리와 칠사, (에틸)이찌삼육, (메)오싫오,
(프)이하나구오, (뷰)십팔팔사

19 상 중 하

화재 발생 시 건축물의 화재를 확대시키는 주요인이 아닌 것은?

① 비화
② 복사열
③ 화염의 접촉(접염)
④ 기화열

해설 화재 확산 요인

접염, 비화, 복사열

20 상 중 하

화재 발생 시 주수소화가 적합하지 않은 물질은?

① 적린
② 마그네슘분말
③ 과염소산칼륨
④ 황

해설 금수성 물질

물과 접촉하여 발화, 가연성 가스 발생

구분	현상
무기과산화물	산소(O_2) 발생
금속분 마그네슘(Mg) 나트륨(Na) 칼륨(K) 리튬(Li)	수소(H_2) 발생
탄화칼슘(칼슘카바이드)	아세틸렌(C_2H_2) 발생

정답 19 ④ 20 ②

2024년 1회
소방전기일반

3회독	월	일
2회독	월	일
1회독	월	일

목표시간 : 30분 | 시작 : __시 __분 | 종료 : __시 __분 | 맞은 개수 : __ /20

신유형!
21 상 중 하

항온조의 온도제어방식으로 알맞은 것을 고르시오.

① 추종제어
② 정치제어
③ 프로그램제어
④ 비율제어

해설 제어

항온조 : 전열기와 온도계전기를 조합하여 일정한 온도를 보존하는 용기

 온도를 일정하게 하므로 목푯값이 일정한 정치제어이다.

구분		내용
정치제어		• 목푯값이 일정한 자동제어에 적용 • 연속 압연기의 압연 두께 • 항온조의 온도
추치제어	추종제어	• 미지의 임의 시간적 변화를 하는 목푯 값에 제어량을 추종시키는 제어 • 미사일 추적장치 • 대공포 포신제어
	프로그램 제어	• 미리 정해진 시간변화에 따라 정해진 순서대로 제어 • 엘리베이터 자동제어 • 자판기
	비율제어	• 목푯값이 서로 다른 어떤 양과 일정한 비율관계를 가지는 제어 • 재료의 일정 혼합 • 비율 유지
	시퀀스제어	• 미리 정해진 순서에 따라 각 단계가 순차적으로 진행

신유형!
22 상 중 하

100 [W]의 전구에 대지 간의 전압 100 [V]를 가했을 때 선로의 절연 불량으로 0.2 [A]가 누설되었다. 이때 전구에서 소비되는 전력은 몇 [W]인가?

① 30
② 50
③ 80
④ 100

해설 소비전력 계산

• 병렬회로에서는 동일전압이 걸림
• $P = VI = 100 \times 1 = 100[W]$

23 (상(중)하)

변류기의 2차 정격전류는 일반적으로 몇 [A]인가?

① 2
② 3
③ 5
④ 8

해설 변류기의 2차 전류 ────────

변류기(CT) 2차 정격전류는 5 [A]

• 계기용 변류기 : 어떤 전류 값을 이에 비례하는 전류 값으로 변성하는 계기용 변성기이며, 대전류를 소전류로 강하
• 정격 1차 전류 : 그 회로의 최대부하전류를 계산하여 여유를 더하여 산정
• 정격 2차 전류 : 변류기에 접속되는 부하의 정격입력 전류이며, 보통 5 [A]

보충 ▶ 계기용 변압기 2차 측 : 110 [V]

24 (상(중)하)

60 [mH]의 코일에 전류가 10초간 5 [A] 변화되었다면 유도되는 기전력은 몇 [mV]인가?

① 30
② 50
③ 300
④ 500

해설 유도기전력 ────────

$e = -L \dfrac{di}{dt}$

$= -(60 \times 10^{-3}) \times \dfrac{5}{10}$

$= -0.03 [V] = -30 [mV]$

TIP ▶ (−)는 전류와 반대방향으로 유도된다는 뜻

(1) 자기유도 수식 : $e = -L \dfrac{di}{dt} [V]$

(2) 전자유도 수식 : $e = -N \dfrac{d\phi}{dt} [V]$

e : 유도기전력 [V]
N : 코일권수

신유형! 25 (상)중 하)

저항 6개를 다음과 같이 연결하였을 때 a와 b 사이의 합성저항을 구하시오.

① 1.5 [Ω]
② 3 [Ω]
③ 4.5 [Ω]
④ 9 [Ω]

해설 합성저항 ────────

문제의 회로를 등가변환하면 아래와 같다.

△를 Y로 변환하면 3 [Ω]이 되므로 기존의 3 [Ω]과 병렬로 접속된다.
따라서 합성저항은 3 [Ω](1.5 + 1.5)이다.

26 (상 ⓐ 하)

정전전압계와 콘덴서를 직렬로 접속하고 그 양단에 2000 [V]를 가할 때 정전전압계에 인가되는 전압은 몇 [V]인가? (단, 정전전압계의 정전용량은 C_1(F), 콘덴서의 정전용량은 C_2(F)이며, $C_1 = 4C_2$ 관계에 있다)

① 200
② 400
③ 600
④ 800

해설 전하량과 정전용량의 관계

정전전압계 : 서로 맞댄 전극 사이에 작용하는 정전적인 흡인력을 이용하는 전압계

$$Q = C_1 V_1 = C_2 V_2$$
$$= 4C_2 \times V_1 = C_2 \times V_2$$
$$V_2 = 4 V_1, \ V_1 + V_2 = 2000$$
$$V_2 = 1600[V], \ V_1 = 400[V]$$

C_1 : 정전전압계의 정전용량
V_1 : 정전전압계에 인가되는 전압
C_2 : 직렬연결된 콘덴서의 정전용량
V_2 : 직렬연결된 콘덴서에 걸리는 전압

27 (상 중 ⓗ)

다이오드를 여러 개 병렬로 접속하는 경우에 대한 설명으로 옳은 것은?

① 과전류로부터 보호할 수 있다.
② 과전압으로부터 보호할 수 있다.
③ 부하 측의 맥동률을 감소시킬 수 있다.
④ 정류기의 역방향 전류를 감소시킬 수 있다.

해설 다이오드 접속

직렬	과전압으로부터 보호	○—▷▏—▷▏—○
병렬	과전류로부터 보호	○—▷▏▷▏—○

28 (상 ⓐ 하)

논리식 $(X + Y)(X + \overline{Y})$을 간단히 하면?

① 1
② XY
③ X
④ Y

해설 논리식

$$(A + B)(A + C) = A + BC$$
$$(X + Y)(X + \overline{Y}) = X + Y\overline{Y} = X$$
$$(\because Y\overline{Y} = 0)$$

29 (상 중 ⓗ)

그림의 시퀀스회로와 등가인 논리게이트는?

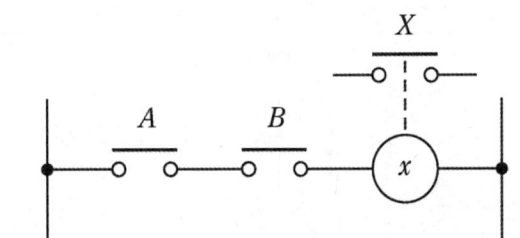

① OR게이트
② AND게이트
③ NOT게이트
④ NOR게이트

해설 논리식

유접점
AND회로($A \times B, \ A \cdot B$)

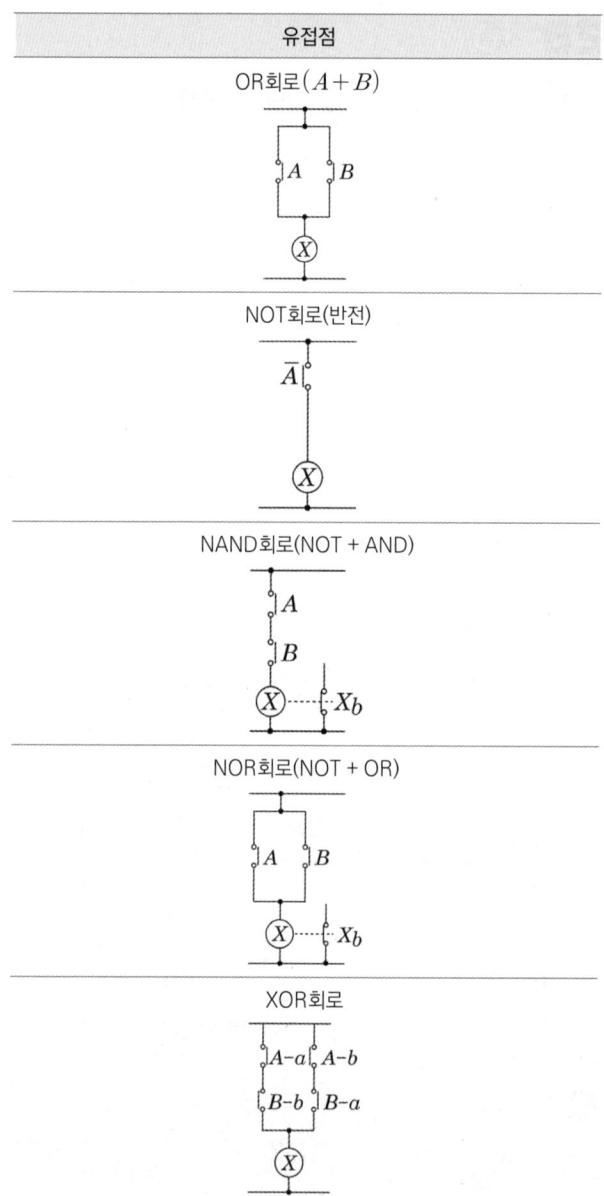

유접점
OR회로($A+B$)
NOT회로(반전)
NAND회로(NOT + AND)
NOR회로(NOT + OR)
XOR회로

30 상 중 하

다음의 논리식 중 틀린 것은?

① $(\overline{A}+B)\cdot(A+B) = B$

② $(A+B)\cdot\overline{B} = A\overline{B}$

③ $\overline{AB+A\overline{C}}+\overline{A} = \overline{A}+\overline{B}\,\overline{C}$

④ $\overline{(\overline{A}+B)+CD} = A\overline{B}(\overline{C}+\overline{D})$

해설 논리식

④ $\overline{(\overline{A}+B)+CD} = A\overline{B}(\overline{C}+\overline{D})$

정리	공식
항등법칙	$0+A=A,\ 1+A=1,\ 0\times A=0,\ 1\times A=A$
동일법칙	$A+A=A,\ A\times A=A$
보원법칙	$A+\overline{A}=1,\ A\times\overline{A}=0$
복원법칙	$\overline{\overline{A}} = A$
교환법칙	$A+B=B+A,\ A\times B=B\times A$
결합법칙	$A+(B+C)=(A+B)+C,\ A(BC)=(AB)C$
분배법칙	$A(B+C)=AB+AC,\ A+BC=(A+B)(A+C)$
흡수법칙	$A+AB=A,\ A(A+B)=A$ $A+\overline{A}B=(A+\overline{A})(A+B)=A+B$

31 상 중 하

어떤 회로에 $v(t)=150\sin\omega t$의 전압을 가하니 $i(t)=6\sin(\omega t-30)$의 전류가 흘렀다. 이 회로의 소비전력(유효전력)은 약 몇 [W]인가?

① 390

② 450

③ 780

④ 900

해설 유효전력 계산 ─────────

$$P = VI\cos\theta = \frac{V_m}{\sqrt{2}} \times \frac{I_m}{\sqrt{2}} \cos\theta$$

$$= \frac{150}{\sqrt{2}} \times \frac{6}{\sqrt{2}} \cos 30° = 390[W]$$

v(t) = 150sinωt [V]에서 $V_m = 150$,

i(t) = 6sin(ωt − 30°) [A]에서 $I_m = 6$

TIP ▶ θ : 전압과 전류의 위상차

순시값 v(t) = Vmsinωt

P : 유효전력 [W]

V : 전압 [V]

I : 전류 [A]

$\cos\theta$: 역률

32 (상)(중)하

직류회로에서 도체를 균일한 체적으로 길이를 10배 늘이면 도체의 저항은 몇 배가 되는가?

① 10 ② 20

③ 100 ④ 120

해설 저항 계산 ─────────

$R = \rho\dfrac{\ell}{A}[\Omega]$, 체적 $= A \times \ell$

• 길이를 10배 증대 : $l' \Rightarrow 10l$

• 균일한 체적이기 때문에 단면적이 감소

$\therefore A' \Rightarrow \dfrac{1}{10}A$

• $R' = \rho\dfrac{10l}{\frac{1}{10}A} = 100R$

33 (상)(중)하

다음 무접점회로의 논리식(X)은?

① $A \cdot B + \overline{C}$ ② $A + B + \overline{C}$

③ $(A + B) \cdot \overline{C}$ ④ $A \cdot B \cdot \overline{C}$

해설 무접점회로 ─────────

(A AND B) AND $\overline{C}$ 이므로 $A \cdot B \cdot \overline{C}$

명칭, 논리기호
AND회로($A \times B$, $A \cdot B$)
OR회로($A + B$)
NOT회로(반전)
NAND회로(NOT + AND)
NOR회로(NOT + OR)
XOR회로

34 (상)(중)(하)

역률에 대한 설명으로 옳은 것은?

① 저항과 인덕턴스의 비
② 저항과 커패시턴스의 비
③ 임피던스와 저항의 비
④ 임피던스와 리액턴스의 비

해설 역률 계산

- $\cos\theta = \dfrac{P}{P_a} \propto \dfrac{R}{Z}$

- $\sin\theta = \dfrac{P_r}{P_a} \propto \dfrac{X}{Z}$

35 (상)(중)(하)

5 [Ω], 10 [Ω], 25 [Ω]의 저항 3개를 직렬로 접속하고 80 [V]의 전압을 인가하였을 때 이 회로에 흐르는 전류 I [A]와 각 저항에 걸리는 전압 V_5, V_{10}, V_{25}는 각각 얼마인가?

① I = 1 [A], V_5 = 10 [V], V_{10} = 20 [V], V_{25} = 50 [V]
② I = 2 [A], V_5 = 10 [V], V_{10} = 20 [V], V_{25} = 50 [V]
③ I = 1 [A], V_5 = 15 [V], V_{10} = 25 [V], V_{25} = 40 [V]
④ I = 2 [A], V_5 = 15 [V], V_{10} = 25 [V], V_{25} = 40 [V]

해설 전압분배법칙

1) $I = \dfrac{V}{R_0} = \dfrac{V}{R_1 + R_2 + R_3}$

$= \dfrac{80}{5 + 10 + 25} = 2 \, [A]$

2) 각 저항에 걸리는 전압 $V = IR$이므로
- 5 [Ω]에 걸리는 전압
$V = 2 \times 5 = 10 \, [V]$
- 10 [Ω]에 걸리는 전압
$V = 2 \times 10 = 20 \, [V]$
- 25 [Ω]에 걸리는 전압
$V = 2 \times 25 = 50 \, [V]$

36 (상)(중)(하)

변압기의 1차 측 전압이 3000 [V], 1차 측 권선수가 995 회인 변압기의 2차 측 전압이 약 380 [V]인 경우 2차 측 권선수는 몇 회인가?

① 126
② 285
③ 570
④ 1140

해설 권수비

권수비 $a = \dfrac{N_1}{N_2} = \dfrac{V_1}{V_2} = \dfrac{E_1}{E_2}$

$= \dfrac{I_2}{I_1} = \sqrt{\dfrac{R_1}{R_2}}$

$a = \dfrac{V_1}{V_2} = \dfrac{N_1}{N_2} = \dfrac{3,000}{380} = \dfrac{995}{N_2}, \ N_2 = 126$

N : 권수
a : 권수비
V : 전압 [V]
I : 전류 [A]
R : 저항 [Ω]

정답 34 ③ 35 ② 36 ①

37 (상·중·하)

아래 그림과 같은 파형의 순시값으로 옳은 것은?

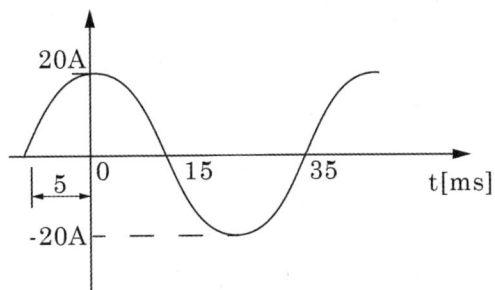

① $i = 20\sqrt{2}\sin\left(50\pi t + \dfrac{\pi}{4}\right)[A]$

② $i = 20\sqrt{2}\sin\left(25\pi t - \dfrac{\pi}{4}\right)[A]$

③ $i = 20\sin\left(50\pi t + \dfrac{\pi}{4}\right)[A]$

④ $i = 20\sin\left(25\pi t + \dfrac{\pi}{4}\right)[A]$

해설 순시값 ─────────

기본값 $i = I_m \sin wt$

$i_m = 20$

$w = 2\pi t = 2\pi \times \dfrac{1}{T}$

$= 2\pi \times \dfrac{1}{40 \times 10^{-3}} = 50\pi$

보충 ▶ 시간이 [ms]이므로 [s]로 환산한 값을 대입한다.

$\theta = +\dfrac{\pi}{4}$ (한 주기 40 중 5만큼 앞섰으므로

$2\pi \times \dfrac{1}{8} = \dfrac{\pi}{4}$ 앞섰다)

순시값 $i = 20\sin\left(50\pi t + \dfrac{\pi}{4}\right)$

38 (상·중·하)

연축전지의 정격용량이 50 [Ah], 상시부하 2 [kW], 표준전압 100 [V]의 부동충전방식 충전기의 2차 전류(충전전류)는 몇 [A]인가? (단, 상용전원 정전 시의 비상 부하용량은 1 [kW]이다)

① 5
② 15
③ 25
④ 35

해설 2차 충전전류 ─────────

2차 충전전류 $= \dfrac{\text{정격용량}}{\text{공칭용량}} + \dfrac{\text{상시부하}}{\text{표준전압}}$

$= \dfrac{50[Ah]}{10[Ah]} + \dfrac{2000[W]}{100[V]} = 25\,[A]$

연축전지공칭용량 10 [Ah]

* 공칭용량값은 기본적으로 암기하고 있을 것

39 (상·중·하)

3 [μF]의 커패시터를 4 [kV]로 충전하였을 때 커패시터에 저장된 에너지는 몇 [J]인가?

① 4
② 8
③ 16
④ 24

해설 에너지 계산 ─────────

$W = \dfrac{1}{2}CV^2$

$= \dfrac{1}{2} \times (3 \times 10^{-6}) \times (4 \times 10^3)^2 = 24\,[J]$

* 3 [μF] = 3×10^{-6}[F]

* 4 [kV] = 4×10^3[V]

40 (상)(중)(하)

동선의 저항이 20 [℃]일 때 0.8 [Ω]이라 하면 60 [℃]일 때의 저항은 약 몇 [Ω]인가? (단, 동선의 20 [℃]의 온도계수는 0.0039이다)

① 0.034　　　　② 0.925

③ 0.644　　　　④ 2.4

해설 저항 온도계수 ──────────────

$R_2 = R_1 [1 + a_{t_1} (t_2 - t_1)]$

$\quad = 0.8 \times [1 + 0.0039 \times (60 - 20)]$

$\quad = 0.925 [\Omega]$

R_2 : 상승 후 저항 [Ω]

R_1 : 상승 전 저항 [Ω]

t_1 : 상승 전 온도 [℃]

t_2 : 상승 후 온도 [℃]

α : t_1(℃)에서의 온도계수

소방관계법규

목표시간 : 20분 | 시작 : _시 _분 | 종료 : _시 _분 | 맞은 개수 : _ /20

3회독	월	일
2회독	월	일
1회독	월	일

2024

신유형!
41 상 중 하

소방기본법에서 정의하는 "소방본부장"으로 알맞지 않은 것을 고르시오.

① 특별시
② 광역시
③ 특례시
④ 특별자치시

해설 **소방기본법**

제2조(정의) 이 법에서 사용하는 용어의 뜻은 다음과 같다.

1. "소방대상물"이란 건축물, 차량, 선박(「선박법」 제1조의2 제1항에 따른 선박으로서 항구에 매어 둔 선박만 해당한다), 선박 건조 구조물, 산림, 그 밖의 인공 구조물 또는 물건을 말한다.

2. "관계지역"이란 소방대상물이 있는 장소 및 그 이웃 지역으로서 화재의 예방·경계·진압, 구조·구급 등의 활동에 필요한 지역을 말한다.

3. "관계인"이란 소방대상물의 소유자·관리자 또는 점유자를 말한다.

4. "소방본부장"이란 특별시·광역시·특별자치시·도 또는 특별자치도(이하 "시·도"라 한다)에서 화재의 예방·경계·진압·조사 및 구조·구급 등의 업무를 담당하는 부서의 장을 말한다.

5. "소방대"(消防隊)란 화재를 진압하고 화재, 재난·재해, 그 밖의 위급한 상황에서 구조·구급 활동 등을 하기 위하여 다음 각 목의 사람으로 구성된 조직체를 말한다.

   가. 「소방공무원법」에 따른 소방공무원
   나. 「의무소방대설치법」 제3조에 따라 임용된 의무소방원(義務消防員)
   다. 「의용소방대 설치 및 운영에 관한 법률」에 따른 의용소방대원(義勇消防隊員)

6. "소방대장"(消防隊長)이란 소방본부장 또는 소방서장 등 화재, 재난·재해, 그 밖의 위급한 상황이 발생한 현장에서 소방대를 지휘하는 사람을 말한다.

신유형!
42 상 중 하

소방청장 또는 관할 소방본부장은 평가단원을 해임하거나 해촉(解囑)할 수 있는데, 그 경우로 알맞지 않은 것을 고르시오.

① 심신장애로 직무를 수행할 수 없게 된 경우
② 직무와 관련된 비위사실이 있는 경우
③ 직무태만, 품위손상이나 그 밖의 사유로 평가단원으로 적합하지 않다고 인정되는 경우
④ 직무를 수행하기 어렵다고 다른 평가단원이 요청하는 경우

해설 **소방시설 설치 및 관리에 관한 법률 시행규칙**

제13조(평가단원의 해임·해촉) 소방청장 또는 관할 소방본부장은 평가단원이 다음 각 호의 어느 하나에 해당하는 경우에는 해당 평가단원을 해임하거나 해촉(解囑)할 수 있다.

1. 심신장애로 직무를 수행할 수 없게 된 경우
2. 직무와 관련된 비위사실이 있는 경우
3. 직무태만, 품위손상이나 그 밖의 사유로 평가단원으로 적합하지 않다고 인정되는 경우
4. 제12조 제1항 각 호의 어느 하나에 해당하는 데도 불구하고 회피하지 않은 경우
5. 평가단원 스스로 직무를 수행하기 어렵다는 의사를 밝히는 경우

43 (상중하)

다음 중 소방시설관리사 응시 자격이 아닌 것은?

① 소방기술사
② 건축사
③ 위험물기능장
④ 건설안전기술사

해설 소방시설관리사 응시 자격 ─────

1) 소방기술사, 위험물기능장, 건축사, 건축기계설비기술사, 건축전기설비기술사, 공조냉동기계기술사
2) 소방설비기사 자격을 취득한 후 + 2년 이상 소방청장이 정하여 고시하는 소방 실무경력이 있는 사람
3) 소방설비산업기사 자격 취득 후 + 3년 이상 소방실무경력이 있는 사람
4) 「국가과학기술 경쟁력 강화를 위한 이공계지원 특별법」 제2조 제1호에 따른 이공계 분야를 전공한 사람
5) 소방안전공학(소방방재공학, 안전공학을 포함) 전공 후 다음 각 목의 어느 하나에 해당하는 사람
6) 위험물산업기사 또는 위험물기능사 자격을 취득 후 + 3년 이상 소방실무경력이 있는 사람
7) 소방공무원으로 5년 이상 근무한 경력이 있는 사람
8) 소방안전 관련 학과의 학사학위를 취득 후 + 3년 이상 소방실무경력이 있는 사람
9) 산업안전기사 자격을 취득 후 + 3년 이상 소방실무경력이 있는 사람
10) 다음 각 항목의 어느 하나에 해당하는 사람
   ⑴ 특급 소방안전관리대상물의 소방안전관리자로 2년 이상 근무한 실무경력이 있는 사람
   ⑵ 1급 소방안전관리대상물의 소방안전관리자로 3년 이상 근무한 실무경력이 있는 사람
   ⑶ 2급 소방안전관리대상물의 소방안전관리자로 5년 이상 근무한 실무경력이 있는 사람
   ⑷ 3급 소방안전관리대상물의 소방안전관리자로 7년 이상 근무한 실무경력이 있는 사람
   ⑸ 10년 이상 소방실무경력이 있는 사람

44 (상중하)

소방기본법령상 소방안전교육사의 배치대상별 배치기준으로 틀린 것은?

① 소방청 : 2명 이상 배치
② 소방서 : 1명 이상 배치
③ 소방본부 : 2명 이상 배치
④ 한국소방안전원(본회) : 1명 이상 배치

해설 소방안전교육사 ─────

소방안전교육의 기획·진행·분석 및 교수업무를 수행
1) 소방안전교육사 시험 실시 및 자격부여 : 소방청장
2) 소방안전교육사 시험 관련 필요사항 : 대통령령
3) 시험 주기 : 2년마다 1회 시행 원칙. 다만 소방청장이 필요하다고 인정하는 때에는 그 횟수를 증감
4) 소방안전교육사 배치대상 및 배치기준

배치대상	배치기준(이상)
소방청	2명
소방본부	2명
소방서	1명
한국소방안전원	본회 : 2명 시·도지부 : 1명
한국소방산업기술원	2명

45 (상중하)

소방기본법령상 소방의 날 제정과 운영 등에 관한 사항으로 틀린 것은?

① 국민의 안전의식과 화재에 대한 경각심을 높이고 안전문화를 정착시키기 위한 목적이다.
② 소방의 날은 매년 11월 9일이다.
③ 소방의 날 행사에 관하여 필요한 사항은 소방청장 또는 시·도지사가 따로 정하여 시행할 수 있다.
④ 시·도지사는 소방행정 발전에 공로가 있다고 인정되는 사람을 명예직 소방대원으로 위촉할 수 있다.

해설 소방의 날 제정과 운영 등 —————

1) 국민의 안전의식과 화재에 대한 경각심을 높이고 안전문화를 정착시키기 위하여 매년 11월 9일을 소방의 날로 정하여 기념행사를 한다.
2) 소방의 날 행사에 관하여 필요한 사항은 소방청장 또는 시·도지사가 따로 정하여 시행할 수 있다.
3) 소방청장은 다음에 해당하는 사람을 명예직 소방대원으로 위촉할 수 있다.
   (1) 「의사상자등 예우 및 지원에 관한 법률」에 따른 의사상자에 해당하는 사람
   (2) 소방행정 발전에 공로가 있다고 인정되는 사람

46 (상중하)

화재예방강화지구의 지정대상이 아닌 것은?

① 공장·창고가 밀집한 지역
② 목조건물이 밀집한 지역
③ 농촌지역
④ 시장지역

해설 화재예방강화지구 —————

1) 지정권자 : 시·도지사
2) 화재예방강화지구 지정 요청 : 소방청장
3) 화재예방강화지구
   (1) 시장지역
   (2) 공장·창고가 밀집한 지역
   (3) 목조건물이 밀집한 지역
   (4) 노후·불량건축물이 밀집한 지역
   (5) 위험물의 저장 및 처리 시설이 밀집한 지역
   (6) 석유화학제품을 생산하는 공장이 있는 지역
   (7) 산업입지 및 개발에 관한 법률에 따른 산업단지
   (8) 소방시설·소방용수시설·소방출동로가 없는 지역
   (9) 물류단지
   (10) (1) ~ (9)까지 준하는 지역으로서 소방관서장이 화재예방강화지구로 지정할 필요가 있다고 인정하는 지역

47 (상중하)

소방기본법령상 소방업무의 응원에 대한 설명 중 틀린 것은?

① 소방본부장이나 소방서장은 소방활동을 할 때에 긴급한 경우에는 이웃한 소방본부장 또는 소방서장에게 소방업무의 응원을 요청할 수 있다.
② 소방업무의 응원 요청을 받은 소방본부장 또는 소방서장은 정당한 사유 없이 그 요청을 거절하여서는 아니 된다.
③ 소방업무의 응원을 위하여 파견된 소방대원은 응원을 요청한 소방본부장 또는 소방서장의 지휘에 따라야 한다.
④ 시·도지사는 소방업무의 응원을 요청하는 경우를 대비하여 출동 대상지역 및 규모와 필요한 경비의 부담 등에 관하여 필요한 사항을 대통령령으로 정하는 바에 따라 이웃하는 시·도지사와 협의하여 미리 규약으로 정하여야 한다.

해설 소방업무 응원 —————

- 소방본부장·소방서장은 긴급 시 이웃 소방본부장·소방서장에게 소방업무 응원 요청
- 응원 요청 받은 소방본부장·소방서장은 정당한 사유 없이 요청 거절 금지
- 응원 위해 파견된 소방대원은 응원 요청한 소방본부장·소방서장의 지휘를 따라야 함
- 시·도지사는 출동 대상지역과 규모, 필요 경비 부담 등 필요사항을 행정안전부령에 따라 협의하여 미리 규약으로 정해야 함

48 (상)중(하)

위험물안전관리법령상 제조소등의 관계인은 위험물의 안전관리에 관한 직무를 수행하게 하기 위하여 제조소등마다 위험물의 취급에 관한 자격이 있는 자를 위험물안전관리자로 선임하여야 한다. 이 경우 제조소등의 관계인이 지켜야 할 기준으로 틀린 것은?

① 제조소등의 관계인은 안전관리자를 해임하거나 안전관리자가 퇴직한 때에는 해임하거나 퇴직한 날부터 15일 이내에 다시 안전관리자를 선임하여야 한다.

② 제조소등의 관계인이 안전관리자를 선임한 경우에는 선임한 날부터 14일 이내에 소방본부장 또는 소방서장에게 신고하여야 한다.

③ 제조소등의 관계인은 안전관리자가 여행·질병 그 밖의 사유로 인하여 일시적으로 직무를 수행할 수 없는 경우에는 국가기술자격법에 따른 위험물의 취급에 관한 자격취득자 또는 위험물 안전에 관한 기본지식과 경험이 있는 자를 대리자로 지정하여 그 직무를 대행하게 하여야 한다. 이 경우 대행하는 기간은 30일을 초과할 수 없다.

④ 안전관리자는 위험물을 취급하는 작업을 하는 때에는 작업자에게 안전관리에 관한 필요한 지시를 하는 등 위험물의 취급에 관한 안전관리와 감독을 하여야 하고, 제조소등의 관계인은 안전관리자의 위험물안전관리에 관한 의견을 존중하고 그 권고에 따라야 한다.

해설 위험물안전관리자

- 안전관리자 선임 : 관계인
- 안전관리자 해임, 퇴직 시 해임, 퇴직한 날부터 30일 이내 재선임
- 선임신고기간 : 소방본부장·소방서장에게 선임한 날부터 14일 이내 신고
- 직무대행기간 : 30일 이내

49 (상)중(하)

시장지역에서 화재로 오인할 만한 우려가 있는 불을 피우거나 연막소독을 하려는 자가신고를 하지 아니하여 소방자동차를 출동하게 한 자에 대한 과태료 부과·징수권자는?

① 국무총리
② 시·도지사
③ 행정안전부 장관
④ 소방본부장 또는 소방서장

해설 20만 원 이하의 과태료

화재로 오인할 만한 우려가 있는 불을 피우거나 연막 소독을 하기 전에 신고를 하지 않아 소방자동차를 출동하게 한 자

- 부과권자 : 소방본부장, 소방서장
- 과태료 : 20만 원 이하

50 (상)중 하

소방시설공사업법령상 소방시설공사업을 등록하려는 자는 금융회사 또는 소방산업공제조합이 자본금 기준금액의 100분의 20 이상에 해당하는 금액의 담보를 제공받거나 현금의 예치 또는 출자를 받은 사실을 증명하여 발행하는 확인서를 누구에게 제출해야 하는가?

① 국무총리
② 시·도지사
③ 행정안전부 장관
④ 소방본부장 또는 소방서장

해설 소방시설업의 등록기준 및 영업범위 ─────

〈소방시설공사업법 시행령〉

제2조(소방시설업의 등록기준 및 영업범위) ② 소방시설공사업의 등록을 하려는 자는 별표 1의 기준을 갖추어 소방청장이 지정하는 금융회사 또는 「소방산업의 진흥에 관한 법률」 제23조에 따른 소방산업공제조합이 별표 1에 따른 자본금 기준금액의 100분의 20 이상에 해당하는 금액의 담보를 제공받거나 현금의 예치 또는 출자를 받은 사실을 증명하여 발행하는 확인서를 특별시장·광역시장·특별자치시장·도지사 또는 특별자치도지사(이하 "시·도지사"라 한다)에게 제출하여야 한다.

51 상ⓒ하

위험물안전관리법령상 인화성액체위험물(이황화탄소를 제외)의 옥외탱크저장소의 탱크주위에 설치하여야 하는 방유제의 기준 중 틀린 것은?

① 방유제의 용량은 방유제 안에 설치된 탱크가 하나인 때에는 그 탱크 용량의 110 [%] 이상으로 할 것
② 방유제의 용량은 방유제 안에 설치된 탱크가 2기 이상인 때에는 그 탱크 중 용량이 최대인 것의 용량의 110 [%] 이상으로 할 것
③ 방유제는 높이 1 [m] 이상 2 [m] 이하, 두께 0.2 [m] 이상, 지하매설 깊이 0.5 [m] 이상으로 할 것
④ 방유제 내의 면적은 80000 [m²] 이하로 할 것

해설 방유제 ─────

1) 방유제 용량
   (1) 탱크 1기 : 탱크용량 110 [%] 이상
   (2) 탱크 2기 이상 : 최대 탱크 용량 110 [%] 이상
2) 방유제 높이 : 0.5 [m] 이상 3 [m] 이하
3) 방유제 두께 : 0.2 [m] 이상
4) 지하매설길이 : 1 [m] 이상
5) 방유제 면적 : 80000 [m²] 이하
6) 방유제 내에 설치하는 옥외저장탱크 수 : 10기 이하
7) 방유제 재질 : 철근콘크리트, 흙담

52 상ⓒ하

화재의 예방 및 안전관리에 관한 법령상 1급 소방안전관리대상물에 해당하는 건축물은?

① 지하구
② 가연성 가스 1000톤 이상 저장 시설
③ 연면적 15000 [m²] 이상인 동물원
④ 층수가 20층이고, 지상으로부터 높이가 100 [m]인 아파트

해설 소방안전관리대상물 ─────

구분	기준
특급	• 50층 이상(지하층 제외), 높이 200 [m] 이상 아파트 • 30층 이상(지하층 포함), 높이 120 [m] 이상 특정소방대상물(아파트 제외) • 연면적 100000 [m²] 이상 특정소방대상물(아파트 제외)
1급	• 30층 이상(지하층 제외), 높이 120 [m] 이상 아파트 • 11층 이상 특정소방대상물(아파트 제외) • 연면적 15000 [m²] 이상 특정소방대상물(아파트 및 연립주택 제외) • 가연성 가스 1000톤 이상 저장·취급시설
2급	• 지하구, 공동주택(옥내, SP설치), 보물·국보로 지정된 목조건축물 • 가연성 가스 100톤 이상 1000톤 미만 저장·취급시설 • 옥내소화전, 스프링클러, 간이, 물분무등소화설비 설치대상(호스릴방식 물분무등소화설비만을 설치한 경우 제외)
3급	• 간이스프링클러설비 또는 자동화재탐지설비를 설치하여야 하는 특정소방대상물
비고	동·식물원, 철강 등 불연성 물품 저장·취급 창고, 위험물 제조소등, 지하구는 특급 및 1급 소방안전관리대상물에서 제외

53 (상)(중)하

제4류 위험물을 저장·취급하는 제조소에 "화기엄금"이란 주의사항을 표시하는 게시판을 설치할 경우 게시판의 색상은?

① 청색바탕에 백색문자

② 적색바탕에 백색문자

③ 백색바탕에 적색문자

④ 백색바탕에 흑색문자

해설 위험물제조소 게시판 설치기준 ─────

분류	주의사항	색상
• 제1류 위험물 중 알칼리금속의 과산화물 • 제3류 위험물 중 금수성 물질	물기엄금	청색바탕 백색문자
• 제2류 위험물(인화성 고체 제외)	화기주의	
• 제2류 위험물 중 인화성 고체 • 제3류 위험물 중 자연발화성 물질 • 제4류 위험물 • 제5류 위험물	화기엄금	적색바탕 백색문자
• 제6류 위험물	별도 표시 안함	

암기 물청바, 화적바

54 (상)(중)하

위험물안전관리법령상 제조소등이 아닌 장소에서 지정수량 이상의 위험물 취급할 수 있는 기준 중 다음 (   ) 안에 알맞은 것은?

> 시·도의 조례가 정하는 바에 따라 관할 소방서장의 승인을 받아 지정수량 이상의 위험물을 (   )일 이내의 기간 동안 임시로 저장 또는 취급하는 경우

① 15　　　　　　② 30

③ 60　　　　　　④ 90

해설 위험물 임시저장 ─────

1) 위치·구조·설비기준 : 시·도 조례
2) 제조소등이 아닌 장소에서 지정수량 이상 위험물 취급할 수 있는 경우
   • 관할 소방서장의 승인 받아 지정수량 이상 위험물 90일 이내로 임시 저장·취급
   • 군부대는 지정수량 이상 위험물 군사 목적으로 임시 저장·취급

55 (상)(중)하

제조소등의 위치·구조 또는 설비의 변경 없이 당해 제조소등에서 저장하거나 취급하는 위험물의 품명·수량 또는 지정수량의 배수를 변경하고자 할 때는 누구에게 신고해야 하는가?

① 국무총리

② 시·도지사

③ 관할 소방서장

④ 행정안전부장관

해설 제조소 설치 및 변경 ─────

1) 설치허가자 : 시·도지사(행전안전부령)
2) 변경신고 : 변경하고자 하는 날의 1일 전
3) 허가 제외 장소
   • 주택의 난방시설(공동주택 중앙난방시설 제외)을 위한 저장소·취급소
   • 농예용·축산용·수산용으로 필요한 난방·건조시설을 위한 지정수량 20배 이하의 저장소

암기 농 축 수 20 (농축된 물 20만원)

56 상(중)하

소방기본법상 소방활동구역의 설정권자로 옳은 것은?

① 소방본부장　　　② 소방서장
③ 소방대장　　　　④ 시·도지사

해설 소방활동구역 설정

구분	권한
소방청장	• 소방박물관 설립 • 한국소방안전원 감독 • 소방력 동원 요청
소방청장, 소방본부장, 소방서장	• 소방활동
소방본부장, 소방서장	• 소방업무 응원요청 • 지리조사
소방본부장, 소방서장, 소방대장	• 소방활동 종사명령 • 강제처분 • 피난명령 • 위험시설 긴급조치
소방대장	• 소방활동구역 설정

57 상 중(하)

화재의 예방 및 안전관리에 관한 법령에 따른 소방안전 특별관리시설물의 안전관리 대상 전통시장의 기준 중 다음 ( ) 안에 알맞은 것은?

전통시장으로서 대통령령으로 정하는 전통 점포가 ( )개 이상인 전통시장

① 100　　　　　② 300
③ 500　　　　　④ 600

해설 소방안전 특별관리시설물

1) 공항시설
2) 철도시설·도시철도시설
3) 항만시설
4) 지정문화유산 및 천연기념물등인 시설
5) 산업기술단지·산업단지
6) 초고층 건축물·지하연계 복합건축물
7) 수용인원 1000명 이상 영화상영관
8) 전력용·통신용 지하구
9) 석유비축시설
10) 천연가스 인수기지 및 공급망
11) 대통령령으로 정하는 점포가 500개 이상인 전통시장
12) 그 밖의 대통령령으로 정하는 시설물
　(1) 발전소
　(2) 물류창고로서 연면적 10만 [m²] 이상
　(3) 가스공급시설

58 상(중)하

소방시설 설치 및 관리에 관한 법령상 터널로서 길이가 1000 [m]일 때 설치하지 않아도 되는 소방시설은?

① 인명구조기구
② 옥내소화전설비
③ 연결송수관설비
④ 무선통신보조설비

해설 터널길이에 따른 소방시설

터널길이	적용설비
500 [m] 이상	• 비상경보설비 • 비상조명등설비 • 비상콘센트설비 • 무선통신보조설비
1000 [m] 이상	• 옥내소화전설비 • 연결송수관설비 • 자동화재탐지설비

59 (상(중)하)

소방시설공사업법령상 소방시설공사의 하자보수 보증기간이 3년이 아닌 것은?

① 자동소화장치
② 무선통신보조설비
③ 자동화재탐지설비
④ 간이스프링클러설비

해설 소방시설 하자보수 보증기간

소방시설	기간
• 피난기구 · 유도등 • 비상경보설비 • 비상조명등 • 비상방송설비 • 무선통신보조설비	2년
• 자동소화장치 • 옥내 · 외소화전설비 • 스프링클러 · 간이스프링클러설비 • 물분무등소화설비 • 자동화재탐지설비 • 상수도소화용수설비 • 화재알림설비	3년

암기 ▶ 이년 피비무

60 (상(중)하)

소방시설 설치 및 관리에 관한 법령상 수용인원 산정방법 중 침대가 없는 숙박시설로 해당 특정소방대상물 종사자의 수는 5명, 복도, 계단 및 화장실의 바닥면적을 제외한 바닥면적 158 [m²]인 경우 수용인원은 약 몇 명인가?

① 37
② 45
③ 58
④ 84

해설 수용인원 산정방법

1) 숙박시설이 있는 특정소방대상물
   • 침대 있는 경우 : 종사자 수 + 침대 수
   • 침대 없는 경우 : 종사자 수 + $\dfrac{바닥면적 합계}{3\,m^2}$

2) 수용인원 = 5 + $\dfrac{158}{3}$ → 반올림하여 58명

보충 숙박시설 이외의 특정소방대상물
• 강의실 · 교무실 · 상담실 · 실습실 · 휴게실 용도로 쓰이는 특정소방대상물 : 바닥면적 합계 / 1.9 [m²]
• 강당 · 문화집회시설 · 운동시설 · 종교시설 : 바닥면적 합계 / 4.6 [m²]
• 관람석에 고정식 의자가 있는 경우 : 의자 수
• 관람석에 긴 의자가 있는 경우 : 의자의 정면너비 / 0.45 [m]
• 그 밖의 대상물 : 바닥면적 합계 / 3 [m²]

2024년 1회
소방전기시설의 구조 및 원리

목표시간 : 30분 | 시작 : _시 _분 | 종료 : _시 _분 | 맞은 개수 : _/20

신유형!
61 상 중 하

누전경보기의 형식승인 및 제품검사의 기술기준에 명시되어 있는 부품의 구조 및 기능에 대한 설명으로 틀린 것을 고르시오.

① 눌혀서 끊어지는 형의 스위치(수은스위치 등)을 사용할 경우에는 정위치에 복귀시키는 것을 잊지 아니하도록 알려주는 적당한 장치를 하여야 한다.

② 전구는 사용전압의 130 [%]인 교류전압을 20시간 연속하여 가하는 경우 단선, 현저한 광속변화, 흑화, 전류의 저하 등이 발생하지 아니하여야 한다.

③ 전압 지시전기계기의 최대눈금은 사용하는 회로의 정격전압의 110 [%] 이상 180 [%] 이하이어야 한다.

④ 주위의 밝기가 300 [lx]인 장소에서 측정하여 앞면으로부터 3 [m] 떨어진 곳에서 켜진 등이 확실히 식별되어야 한다.

해설 누전경보기의 형식승인 및 제품검사의 기술기준 ─────

1) 스위치
  (1) 조작이 쉽고 작동이 확실하여야 하며, 정지점이 명확하고 적정하여야 한다.
  (2) 각 접점의 최대사용전압으로 최대사용전류의 200 [%]인 전류를 저항부하를 통하여 흘리는 작동을 1만 회(전원스위치의 경우에는 5천 회) 반복하는 경우 그 구조 또는 기능에 이상이 생기지 아니하여야 한다.
  (3) 접점은 최대사용전류 용량에 적합하여야 하고 부식될 우려가 없는 것이어야 한다.
  (4) 눌혀서 끊어지는 형의 스위치(수은스위치 등)을 사용할 경우에는 정위치에 복귀시키는 것을 잊지 아니하도록 알려주는 적당한 장치를 하여야 한다.

2) 표시등
  (1) 전구는 사용전압의 130 [%]인 교류전압을 20시간 연속하여 가하는 경우 단선, 현저한 광속변화, 흑화, 전류의 저하 등이 발생하지 아니하여야 한다.
  (2) 소켓은 접촉이 확실하여야 하며 쉽게 전구를 교체할 수 있도록 부착하여야 한다.
  (3) 전구는 2개 이상을 병렬로 접속하여야 한다. 다만 방전등 또는 발광다이오드의 경우에는 그러하지 아니한다.
  (4) 전구에는 적당한 보호카바를 설치하여야 한다. 다만 발광다이오드의 경우에는 그러하지 아니하다.
  (5) 누전화재의 발생을 표시하는 표시등(이하 "누전등"이라 한다)이 설치된 것은 등이 켜질 때 적색으로 표시되어야 하며, 누전화재가 발생한 경계전로의 위치를 표시하는 표시등(이하 "지구등"이라 한다)과 기타의 표시등은 다음과 같아야 한다.
    ① 지구등은 적색으로 표시되어야 한다. 이 경우 누전등이 설치된 수신부의 지구등은 적색 외의 색으로도 표시할 수 있다.
    ② 기타의 표시등은 적색 외의 색으로 표시되어야 한다. 다만 누전등 및 지구등과 쉽게 구별할 수 있도록 부착된 기타의 표시등은 적색으로도 표시할 수 있다.
  (6) 주위의 밝기가 300 [lx]인 장소에서 측정하여 앞면으로부터 3 [m] 떨어진 곳에서 켜진등이 확실히 식별되어야 한다.
3) 전자계전기(이하 생략)
4) 전압 지시전기계기의 최대눈금은 사용하는 회로의 정격전압의 140 [%] 이상 200 [%] 이하이어야 한다.

정답 61 ③

62 (상) 중 하

소방시설용 비상전원수전설비의 화재안전기술기준에 따른 제2종 배전반 및 제2종 분전반 설치기준으로 틀린 것을 고르시오.

① 외함은 두께 1 [mm](함 전면의 면적이 1000 [cm²]를 초과하고 2000 [cm²] 이하인 경우에는 1.2 [mm], 2000 [cm²]를 초과하는 경우에는 1.6 [mm]) 이상의 강판과 이와 동등 이상의 강도와 내화성능이 있는 것으로 제작할 것

② 140 [℃]의 온도를 가했을 때 이상이 없는 전압계 및 전류계는 외함에 노출하여 설치할 것

③ 단열을 위해 배선용 불연전용실 내에 설치할 것

④ 외함은 금속관 또는 금속제 가요전선관을 쉽게 접속할 수 있도록 하고 당해 접속부분에는 단열조치를 할 것

해설 소방시설용 비상전원수전설비의 화재안전기술기준 ────

1) 외함은 금속관 또는 금속제 가요전선관을 쉽게 접속할 수 있도록 하고, 당해 접속부분에는 단열조치를 할 것

2) 공용배전반 및 공용분전반의 경우 소방회로와 일반회로에 사용하는 배선 및 배선용 기기는 불연재료로 구획되어야 할 것

3) 제2종 배전반 및 제2종 분전반은 다음의 기준에 적합하게 설치해야 한다.

　(1) 외함은 두께 1 [mm](함 전면의 면적이 1000 [cm²]를 초과하고 2000 [cm²] 이하인 경우에는 1.2 [mm], 2000 [cm²]를 초과하는 경우에는 1.6 [mm]) 이상의 강판과 이와 동등 이상의 강도와 내화성능이 있는 것으로 제작할 것

　(2) 120 [℃]의 온도를 가했을 때 이상이 없는 전압계 및 전류계는 외함에 노출하여 설치할 것

　(3) 단열을 위해 배선용 불연전용실 내에 설치할 것

63 상 중 (하)

누전경보기의 구성요소에 해당하지 않는 것은?

① 차단기
② 영상변류기(ZCT)
③ 음향장치
④ 발신기

해설 누전경보기 용어 ────

1) "누전경보기"란 내화구조가 아닌 건축물로서 벽, 바닥 또는 천장의 전부나 일부를 불연재료 또는 준불연재료가 아닌 재료에 철망을 넣어 만든 건물의 전기설비로부터 누설전류를 탐지하여 경보를 발하는 기기로서, 변류기와 수신부로 구성된 것을 말한다.

2) "수신부"란 변류기로부터 검출된 신호를 수신하여 누전의 발생을 해당 특정소방대상물의 관계인에게 경보하여 주는 것(차단기구를 갖는 것을 포함한다)을 말한다.

3) "변류기"란 경계전로의 누설전류를 자동적으로 검출하여 이를 누전경보기의 수신부에 송신하는 것을 말한다.

4) "경계전로"란 누전경보기가 누설전류를 검출하는 대상 전선로를 말한다.

5) "과전류차단기"란 「전기설비기술기준의 판단기준」 제38조와 제39조에 따른 것을 말한다.

6) "분전반"이란 배전반으로부터 전력을 공급받아 부하에 전력을 공급해주는 것을 말한다.

7) "인입선"이란 「전기설비기술기준」 제3조 제1항 제9호에 따른 것으로서, 배전선로에서 갈라져서 직접 수용장소의 인입구에 이르는 부분의 전선을 말한다.

8) "정격전류"란 전기기기의 정격출력 상태에서 흐르는 전류를 말한다.

64 (상⑤하)

광전식 분리형 감지기의 설치기준 중 광축은 나란한 벽으로부터 몇 [m] 이상 이격하여 설치하여야 하는가?

① 0.6　　　　　　② 0.8
③ 1　　　　　　　④ 1.5

해설 광전식 분리형 설치기준 ─────

- 광축은 나란한 벽으로부터 0.6 [m] 이상 이격(오동작방지 개념)
- 수광면은 햇빛을 직접 받지 않도록 설치
- 송광부와 수광부는 설치된 뒷벽으로부터 1 [m] 이내 위치에 설치(미 감시구역 증가방지 개념)
- 광축의 높이는 천장 등 높이의 80 [%] 이상일 것
- 광축의 길이는 공칭감시거리 범위 이내일 것(검정기술기준 공칭감시거리 : 5 ~ 100 [m], 5 [m] 간격)

65 (상⑤하)

무선통신보조설비 증폭기의 비상전원 용량은 무선통신보조설비를 유효하게 몇 분 이상 작동시킬 수 있는 것으로 설치하여야 하는가?

① 10　　　　　　② 20
③ 30　　　　　　④ 60

해설 증폭기 설치기준 ─────

1) 전원은 전기가 정상적으로 공급되는 축전지, 전기저장장치 또는 교류전압 옥내간선으로 하고, 전원까지의 배선은 전용으로 할 것
2) 증폭기의 전면에는 주회로의 전원이 정상인지의 여부를 표시할 수 있는 표시등 및 전압계를 설치할 것
3) 증폭기에는 비상전원이 부착된 것으로 하고, 해당 비상전원 용량은 무선통신보조설비를 유효하게 30분 이상 작동시킬 수 있는 것으로 할 것
4) 증폭기 및 무선중계기를 설치하는 경우 적합성 평가를 받은 제품으로 설치하고 임의로 변경하지 않도록 할 것
5) 디지털방식의 무전기를 사용하는 데 지장이 없도록 설치할 것

66 (상⑤하)

비상방송설비의 화재안전기술기준(NFTC 202)에 따라 비상방송설비 음향장치의 설치기준 중 다음 (　)에 들어갈 내용으로 옳은 것은?

> 층수가 (㉠)층 (공동주택의 경우에는 ㉡층) 이상의 특정소방대상물의 1층에서 발화한 때에는 발화층·그 직상 4개 층 및 지하층에 경보를 발할 수 있도록 하여야 한다.

① ㉠ 5, ㉡ 7　　　　② ㉠ 7, ㉡ 5
③ ㉠ 11, ㉡ 16　　　④ ㉠ 16, ㉡ 11

해설 비상방송설비 음향장치 경보(우선경보) ─────

층수가 11층(공동주택의 경우에는 16층) 이상의 특정소방대상물은 다음과 같은 경보를 발할 수 있어야 한다.
1) 2층 이상의 층에서 발화한 때에는 발화층 및 그 직상 4개 층에 경보
2) 1층에서 발화한 때에는 발화층·그 직상 4개 층 및 지하층에 경보
3) 지하층에서 발화한 때에는 발화층·그 직상층 및 기타 지하층 경보

TIP ▶ 비상방송설비의 음향장치 경보는 자동화재탐지설비의 음향장치 경보와 같다.

신유형! 67 (상중하)

비상방송설비의 화재안전기술기준(NFTC 202)에 따라 전원회로의 배선으로 사용할 수 없는 것은?

① 알루미늄 연강
② 0.6/1 [kV] EP 고무절연 클로로프렌 시스케이블
③ 450/750 [V] 저독성 난연 가교 폴리올레핀 절연전선
④ 내열성 에틸렌 – 비닐 아세테이트 고무 절연케이블

해설 비상방송설비 전원회로의 배선

- 450/750 [V] 저독성 난연 가교 폴리올레핀 절연 전선
- 0.6/1 [kV] 가교 폴리에틸렌 절연 저독성 난연 폴리올레핀 시스 전력 케이블
- 6/10 [kV] 가교 폴리에틸렌 절연 저독성 난연 폴리올레핀 시스 전력용 케이블
- 가교 폴리에틸렌 절연 비닐시스 트레이용 난연 전력 케이블
- 0.6/1 [kV] EP 고무절연 클로로프렌 시스케이블
- 300/500 [V] 내열성 실리콘 고무 절연전선(180 [℃])
- 내열성 에틸렌 - 비닐아세테이트 고무 절연케이블
- 버스덕트(Bus Duct)

68 상 ⓩ 하

자동화재탐지설비 및 시각경보장치의 화재안전기술기준에 따라 지하층·무창층 등으로서 환기가 잘 되지 아니하거나 실내 면적이 40 [m²] 미만인 장소에 설치하여야 하는 적응성이 있는 감지기가 아닌 것은?

① 불꽃감지기
② 광전식 분리형 감지기
③ 정온식 스포트형 감지기
④ 아날로그방식의 감지기

해설 비화재보방지 감지기

- 불꽃감지기
- 정온식 감지선형 감지기
- 분포형 감지기
- 복합형 감지기
- 광전식 분리형 감지기
- 아날로그방식의 감지기
- 다신호방식의 감지기
- 축적방식의 감지기

암기 ▶ 불정분복 광아다축

TIP ▶ 비화재보 : 화재감지 오작동

※ 스포트형은 적응성이 없음

69 상 ⓩ 하

비상방송설비의 화재안전기술기준(NFTC 202)에 따라 부속회로의 전로와 대지 사이 및 배선 상호 간의 절연저항은 1경계구역마다 직류 250 [V]의 절연저항측정기를 사용하여 측정한 절연저항이 몇 [MΩ] 이상이 되도록 하여야 하는가?

① 0.1
② 0.2
③ 10
④ 20

해설 비상방송설비 배선

1) 화재로 인해 하나의 층의 확성기 또는 배선이 단락 또는 단선되어도 다른 층의 화재 통보에 지장이 없을 것
2) 전원회로의 배선은 내화배선
3) 그 밖의 배선은 내화배선 또는 내열배선으로 할 것
4) 절연저항
   (1) 전원회로의 전로와 대지 사이 및 배선 상호 간 : 전기사업법 기술기준 적용
   (2) <u>부속회로의 전로와 대지 사이 및 배선 상호 간 : 1 경계구역마다 직류 250 [V]의 절연저항측정기를 사용하여 측정한 절연저항 0.1 [MΩ] 이상</u>

70 상 ⓩ 하

자동화재속보설비의 속보기의 성능인증 및 제품검사의 기술기준에 따라 교류입력 측과 외함 간의 절연저항은 직류 500 [V]의 절연저항계로 측정한 값이 몇 [MΩ] 이상이어야 하는가?

① 5
② 10
③ 20
④ 50

해설 속보기 시험

1) 속보기 반복시험
   정격전압에서 1000회의 화재작동을 반복 실시하는 경우 그 구조 또는 기능에 이상이 생기지 아니하여야 한다.
2) 속보기 절연저항시험
   <u>속보기의 절연된 충전부와 외함 간의 절연저항은 직류 500 [V] 절연저항계로 측정한 값이 5 [MΩ] (교류입력 측과 외함 간 및 절연된 선로 간에는 각각 20 [MΩ]) 이상이어야 함</u>

정답 68 ③ 69 ① 70 ③

71 (상)(중)(하)

비상조명등의 화재안전기술기준(NFTC 304)에 따른 휴대용 비상조명등의 설치기준이다. 다음 (　)에 들어갈 내용으로 옳은 것은?

> 지하상가 및 지하역사에는 보행거리 (㉠) [m] 이내마다 (㉡)개 이상 설치할 것

① ㉠ 25, ㉡ 1
② ㉠ 25, ㉡ 3
③ ㉠ 50, ㉡ 1
④ ㉠ 50, ㉡ 3

해설 휴대용 비상조명등 설치기준

1) 설치장소

설치장소	설치개수
숙박시설 또는 다중이용업소에는 객실 또는 영업장 안의 구획된 실마다 잘 보이는 곳 (외부 설치 시 출입문 손잡이로부터 1 [m] 이내 부분)	1개 이상
대규모점포 (지하상가·지하역사 제외), 영화상영관	보행거리 50 [m] 이내마다 3개 이상
지하상가 및 지하역사	보행거리 25 [m] 이내마다 3개 이상

2) 설치기준
   (1) 바닥으로부터 0.8 [m] 이상 1.5 [m] 이하의 높이에 설치할 것
   (2) 어둠 속에서 위치를 확인할 수 있도록 할 것
   (3) 사용 시 자동으로 점등되는 구조일 것
   (4) 외함은 난연성능이 있을 것
   (5) 건전지 사용 시 방전방지조치를 하고, 충전식 배터리 사용 시 상시 충전되도록 할 것
   (6) 건전지 및 충전식 배터리 용량은 20분 이상 유효하게 사용할 수 있는 것

72 (상)(중)(하)

축전지의 자기방전을 보충함과 동시에 상용 부하에 대한 전력공급은 충전기가 부담하도록 하되 충전기가 부담하기 어려운 일시적인 대전류는 부하는 축전지로 하여금 부담하게 하는 충전방식은?

① 과충전방식
② 균등충전방식
③ 부동충전방식
④ 세류충전방식

해설 충전방식

구분	내용
세류 충전방식	축전지의 자기방전을 보충하기 위해 부하를 제거한 상태로 늘 미소전류로 충전하는 방식(자기 방전량만 상시 충전)
균등 충전방식	부동충전방식 사용 시 Cell에서 일어나는 전위차를 균등하게 하기 위해 3주에 1회 정도 축전지 공칭전압의 120 ~ 125 [%]의 정전압으로 10 ~ 12시간 충전하는 방식
보통 충전방식	필요할 때마다 표준 시간율로 충전하는 방식
급속 충전방식	단시간에 2 ~ 3배의 전류로 충전하는 방식
부동 충전방식	전지의 자기방전을 보충함과 동시에 상용부하에 대한 전력공급은 충전기가 부담하도록 하되, 충전기가 부담하기 어려운 일시적인 대전류 부하는 축전지로 하여금 부담하게 하는 충전방식

73 (상)(중)(하)

휴대용 비상조명등 설치높이는?

① 0.8 [m] 이상 1.0 [m] 이하
② 0.8 [m] 이상 1.5 [m] 이하
③ 1.0 [m] 이상 1.5 [m] 이하
④ 1.0 [m] 이상 1.8 [m] 이하

해설 휴대용 비상조명등 설치기준 ─────────

1) 바닥으로부터 0.8 [m] 이상 1.5 [m] 이하의 높이에 설치할 것
2) 어둠 속에서 위치를 확인할 수 있도록 할 것
3) 사용 시 자동으로 점등되는 구조일 것
4) 외함은 난연성능이 있을 것
5) 건전지 사용 시 방전방지조치를 하고, 충전식 배터리 사용 시 상시 충전되도록 할 것
6) 건전지 및 충전식 배터리 용량은 20분 이상 유효하게 사용할 수 있는 것

74 상中(하)

무선통신보조설비의 화재안전기술기준(NFTC 505)에 따라 지하층으로서 특성소방대상물의 바닥부분 2면 이상이 지표면과 동일하거나 지표면으로부터의 깊이가 몇 [m] 이하인 경우에는 해당 층에 한하여 무선통신보조설비를 설치하지 않을 수 있는가?

① 0.5   ② 1.0
③ 1.5   ④ 2.0

해설 무선통신보조설비 설치 제외 장소 ─────────

1) 지하층으로서 특정소방대상물의 바닥부분 2면 이상이 지표면과 동일한 층
2) 지하층으로서 지표면으로부터의 깊이가 1 [m] 이하인 층

75 상 중(하)

유도등 및 유도표지의 화재안전기술기준(NFTC 303)에 따라 객석유도등을 설치하여야 하는 장소로 틀린 것은?

① 벽   ② 천장
③ 바닥   ④ 통로

해설 객석유도등 ─────────

• 객석의 통로, 바닥 또는 벽에 설치할 것
• 설치개수

$$= \frac{\text{객석 통로 직선부분 길이}(m)}{4} - 1$$

76 상(中)하

자동화재속보설비 전원전압변동 시의 기능기준 중 다음 ( ) 안에 알맞은 것은?

> 속보기는 전원에 정격전압의 (㉠) [%] 및 (㉡) [%]의 전압을 인가하는 경우 정상적인 기능을 발휘하여야 한다.

① ㉠ 80, ㉡ 120
② ㉠ 85, ㉡ 115
③ ㉠ 90, ㉡ 110
④ ㉠ 95, ㉡ 105

해설 속보기 전압 ─────────

• 변동범위 : 정격전압 80 ~ 120 [%]
• 직류 24 [V]의 80 [%] = 직류 19.2 [V]
• 직류 24 [V]의 120 [%] = 직류 28.8 [V]
• 19.2 ~ 28.8 [V] 사용 시 속보기 이상 없어야 한다.

77 상 중(하)

비상경보설비의 축전지 외함이 강판인 경우의 두께는 최소 몇 [mm] 이상이어야 하는가?

① 1.0   ② 1.2
③ 2.5   ④ 3.0

해설 축전지 외함두께 ─────────

• 강판 : 1.2 [mm] 이상
• 합성수지 : 3 [mm] 이상

암기 ▶ 강12 합3

정답 74 ②   75 ②   76 ①   77 ②

78 상 중 하

비상방송설비는 기동장치에 의한 화재신호를 수신한 후 필요한 음량으로 방송이 개시될 때까지의 소요시간은 몇 초 이하로 하여야 하는가?

① 10 　　　　　② 20
③ 30 　　　　　④ 60

해설 비상방송설비 설치기준 ──────────

1) 확성기
   (1) 음성입력 : 실외 3 [W] 이상, 실내 1 [W] 이상
   (2) 수평거리 : 층 각 부분으로부터 하나의 확성기까지의 25 [m] 이하
   (3) 확성기는 각 층마다 설치, 당해 층의 각 부분에 유효하게 경보를 발하도록 설치
2) 음량조정기(ATT) : 음량조정기의 배선은 3선식으로 한다.
3) 조작부
   (1) 조작스위치 높이 : 바닥으로부터 0.8 [m] 이상 1.5 [m] 이하
   (2) 기동장치의 작동과 연동하여 당해 기동장치가 작동한 층 또는 구역을 표시
   (3) 조작부 및 증폭기 설치장소 : 수위실 등 상시 사람이 근무, 점검이 편리, 방화상 유효한 곳
   (4) 2 이상 조작부 설치 시 설치장소 상호 간 동시통화 가능, 어느 조작부에서도 전구역 방송 가능
4) 층수가 11층(공동주택의 경우에는 16층)의 특정소방대상물은 다음과 같은 경보를 발할 수 있어야 한다.
   (1) 2층 이상의 층에서 발화한 때에는 발화층 및 그 직상 4개 층에 경보
   (2) 1층에서 발화한 때에는 발화층·그 직상 4개 층 및 지하층에 경보
   (3) 지하층에서 발화한 때에는 발화층·그 직상층 및 기타 지하층 경보
5) 기동장치에 따른 화재신고를 수신한 후 필요한 음량으로 화재발생 상황 및 피난에 유효한 방송이 자동으로 개시될 때까지의 소요시간은 10초 이하로 할 것
6) 다른 방송설비와 공용할 경우 화재 시 비상경보 외의 방송을 차단할 수 있는 구조
7) 다른 전기회로에 따라 유도장애가 생기지 아니하도록 할 것

8) 음향장치의 구조 및 성능
   (1) 정격전압의 80 [%] 전압에서 음향을 발할 수 있는 것을 할 것
   (2) 자동화재탐지설비의 작동과 연동하여 작동할 수 있는 것으로 할 것

79 상 중 하

소방시설용 비상전원수전설비의 화재안전기준(NFTC 602)에 따라 소방회로용 개폐기 및 과전류차단기에 표시해야 하는 내용은?

① 소방공급용 　　　　② 소방부착용
③ 소방시설용 　　　　④ 소방전원용

해설 비상전원수전설비 ──────────

소방회로용 개폐기 및 과전류차단기에는 "소방시설용"이라고 표시

신유형! 80 상 중 하

유도등의 형식승인 및 제품검사의 기술기준에 따라 피난구유도등이 대형인 경우 1대 1 표시면을 사용한다면 한 변의 길이는 몇 [mm] 이상이어야 하는가?

① 200 　　　　　② 350
③ 300 　　　　　④ 250

해설 유도등 표시면 크기 ──────────

종별		1대1 표시면
피난구 유도등	대형	250 [mm] 이상
	중형	200 [mm] 이상
	소형	100 [mm] 이상

2024년 2회
소방원론

3회독	월 일
2회독	월 일
1회독	월 일

목표시간 : 20분   시작 : _ 시 _ 분   종료 : _ 시 _ 분   맞은 개수 : _ /20

01 (상 中 하)

황린의 연소생성물은 무엇인가?

① SO_2　　　　　② P_2O_5

③ PH_3　　　　　④ P_2S_5

해설 황린(P_4)

황린은 연소 시 오산화인(P_2O_5)의 흰 연기를 낸다.

$$P_4 + 5O_2 \rightarrow 2P_2O_5$$

보충 ▶ 황린은 제3류 위험물이며, 자연발화성이 있어 물속에 저장한다.

02 (상 중 하)

목재 화재 시 다량의 물을 부려 소화하고자 한다. 이때 가장 큰 소화효과는?

① 제거소화효과

② 냉각소화효과

③ 부촉매소화효과

④ 희석소화효과

해설 냉각소화

열을 흡수하여 발화점 이하로 낮추는 소화
예 목재 화재 시 다량의 물을 부려 소화

03 (상 中 하)

피난대책의 일반적인 원칙이 아닌 것은?

① 피난경로는 간단명료하게 한다.

② 피난설비는 고정식 설비보다 이동식 설비를 위주로 설치한다.

③ 간단한 그림이나 색채를 이용하여 표시한다.

④ 두 방향의 피난통로를 확보한다.

해설 피난대책 일반원칙

피난대책은 Fail - Safe와 Fool - Proof 원칙에 따른다.

1) Fail - Safe
   (1) 하나의 수단이 고장으로 실패하여도 다른 수단을 이용할 수 있도록 할 것
   (2) 양방향 피난경로를 상시 확보해둘 것
   (3) 부분화, 다중화할 것

2) Fool - Proof
   (1) 피난수단은 조작이 간편한 원시적 방법으로 할 것
   (2) 비상시 판단능력 저하를 대비하여 누구나 알 수 있도록 간단한 그림이나 색채를 이용하여 표시할 것
   (3) 피난설비는 고정식 설비로 설치할 것
   (4) 피난경로는 간단명료하게 할 것

정답 01 ② 02 ② 03 ②

04 (상중하)

연소와 가장 관련이 있는 화학반응은?

① 산화반응　　　　② 환원반응

③ 치환반응　　　　④ 중화반응

해설 연소 ────────────────

가연물이 공기 중의 산소와 결합하여 빛과 열을 수반하는 산화반응

05 (상중하)

다음 중 주된 연소형태가 표면연소인 것은 어느 것인가?

① 알코올

② 숯

③ 목재

④ 에터(에테르)

해설 연소의 형태(고체의 연소) ───────────

구분	내용	종류
표면연소	불꽃이 없고 표면에서 연소	숯, 코크스, 목탄, 금속분
분해연소	고체 가연물이 온도 상승 시 열분해를 통해 발생하는 가연성 가스가 연소	목재, 석탄, 종이, 플라스틱
증발연소	열분해 없이 증발하여 연소	황(유황), 나프탈렌, 파라핀(양초)
자기연소	물질 내부에 산소를 함유하고 있어 별도의 산소 공급 없이 연소	나이트로셀룰로오스(니트로셀룰로오스), 나이트로글리세린(니트로글리세린), 유기과산화물

06 (상중하)

화재에서 눈부신 백색(휘백색)의 불꽃 온도는 약 몇 [℃]인가?

① 500

② 950

③ 1300

④ 1500

해설 연소 시 불꽃의 색과 온도 ───────────

색	온도 [℃]
암적색	700 ~ 750
적색	850
휘적색	900 ~ 950
황적색	1100
백색	1200 ~ 1300
휘백색	1500

암기 암적적 휘황백 휘백

신유형! 07 (상 중 하)

일반적으로 실내의 화재하중이 가장 많은 곳은?

① 주택
② 사무실
③ 도서관
④ 병원

해설 화재하중

1) 화재하중이란 화재실의 단위면적당 등가가연물(목재)의 양으로 건물화재 시 발열량 및 화재위험성 척도가 된다.
2) 화재구획실 내에 존재하는 가연물은 각각 단위중량당 발열량[kcal/kg]이 다르기 때문에 목재의 발열량으로 환산하여 화재하중을 산정한다.
   예 종이 : 4000 [kcal/kg], 고무 : 9000 [kcal/kg]
3) 화재 시 주수시간을 결정하는 주요인이다.
4) 화재하중 $q = \dfrac{\sum GH_i}{HA} = \dfrac{\sum Q}{4500A}$ [kg/m²]

G : 가연물의 양 [kg]
H_i : 단위중량당 발열량 [kcal/kg]
H : 목재의 단위중량당 발열량 [4500 kcal/kg]
A : 화재실의 바닥면적 [m²]
$\sum Q$: 화재실 내 가연물의 전발열량 [kcal]

5) 소방대상물의 용도별 화재하중

대상물의 용도	화재하중 [kg/m²]
호텔	5 ~ 15
병원	10 ~ 15
사무실	10 ~ 20
주택	30 ~ 60
백화점	100 ~ 200
도서관	250
창고	200 ~ 1000

TIP 화재가혹도 = 화재강도 × 화재하중
보충 화재하중이 크다 =
가연물의 양 대비 화재구획의 공간이 좁다

신유형! 08 (상 중 하)

황린, 적린이 서로 동소체라는 것을 증명하는 데 가장 효과적인 것은?

① 비중을 비교한다.
② 착화점을 비교한다.
③ 유기용제에 대한 용해도를 비교한다.
④ 연소생성물을 확인한다.

해설 동소체

황린(P_4)과 적린(P)은 인(P)으로 구성된 동소체로 연소시 오산화인(P_2O_5)을 생성한다. 동소체는 연소생성물을 확인해보면 알 수 있다.

1) 적린(P)의 연소
   $4P + 5O_2 \rightarrow 2P_2O_5$
2) 황린(P_4)의 연소
   $P_4 + 5O_2 \rightarrow 2P_2O_5$

보충 동소체 : 한 종류의 원소로 이루어졌으나 그 원자들의 배열순서나 배열구조가 달라 그 성질이 서로 다른 물질들

09 (상⟨중⟩하)

Halon 1301의 증기비중은 약 얼마인가? (단, 원자량은 C 12, F 19, Br 80, Cl 35.5이고, 공기의 평균분자량은 29이다)

① 4.14　　　　② 5.14
③ 6.14　　　　④ 7.14

해설 증기비중

$$증기비중 = \frac{분자량}{29(공기\ 분자량)}$$

1) 할론 1301(CF_3Br)의 분자량
   분자량 $= 12 + 19 \times 3 + 80 = 149$
2) 할론 1301(CF_3Br)의 증기비중
   증기비중 $= \dfrac{분자량}{29(공기\ 분자량)} \dfrac{149}{29} ≒ 5.14$

보충 ▶ 원자량(C : 12, F : 19, Cl : 35.5, Br : 80)

10 (상⟨중⟩하)

가연물질의 종류에 따라 화재를 분류하였을 때 섬유류 화재가 속하는 것은?

① A급 화재　　　　② B급 화재
③ C급 화재　　　　④ D급 화재

해설 화재의 분류

등급	화재	표시색	가연물
A급	일반화재	백색	나무, 섬유, 종이, 고무, 플라스틱류
B급	유류화재	황색	인화성 액체, 가연성 액체, 석유 그리스, 타르, 오일, 유성도료, 솔벤트, 래커, 알코올 및 인화성 가스 등
C급	전기화재	청색	전류가 흐르고 있는 전기기기, 배선 등
D급	금속화재	무색	마그네슘 합금 등 가연성 금속
K급	주방화재	–	주방에서 동식물유를 취급하는 조리기구

11 (상⟨중⟩하)

피난계획의 일반원칙 중 Fool – Proof 원칙이란 무엇인가?

① 한 가지가 고장이 나도 다른 수단을 이용할 수 있도록 하는 원칙
② 두 방향의 피난동선을 항상 확보하는 원칙
③ 피난수단을 이동식 시설로 하는 원칙
④ 피난수단을 조작이 간편한 원시적 방법으로 하는 원칙

해설 피난대책 일반원칙

피난대책은 Fail – Safe와 Fool – Proof 원칙에 따른다.

1) Fail – Safe
   ⑴ 하나의 수단이 고장으로 실패하여도 다른 수단을 이용할 수 있도록 할 것
   ⑵ 양방향 피난경로를 상시 확보해둘 것
   ⑶ 부분화, 다중화할 것
2) Fool – Proof
   ⑴ 피난수단은 조작이 간편한 원시적 방법으로 할 것
   ⑵ 비상시 판단능력 저하를 대비하여 누구나 알 수 있도록 간단한 그림이나 색채를 이용하여 표시할 것
   ⑶ 피난설비는 고정식 설비로 설치할 것
   ⑷ 피난경로는 간단명료하게 할 것

12 상중**하**

가스 A가 40 [vol%], 가스 B가 60 [vol%]로 혼합된 가스의 연소하한계는 몇 [vol%]인가? (단, 가스 A의 연소하한계는 4.9 [vol%]이며, 가스 B의 연소하한계는 4.15 [vol%]이다)

① 1.82

② 2.02

③ 3.22

④ 4.42

해설 르 샤틀리에법칙

$$르\ 샤틀리에법칙\quad \frac{100}{L} = \frac{V_1}{L_1} + \frac{V_2}{L_2} + \cdots + \frac{V_n}{L_n}$$

르 샤틀리에법칙으로 혼합가스의 폭발하한계 및 상한계를 계산할 수 있다.

$$\frac{100}{L} = \frac{40}{4.9} + \frac{60}{4.15}$$

$$L = \frac{100}{\dfrac{40}{4.9} + \dfrac{60}{4.15}}$$

$$\therefore\ L \fallingdotseq 4.42\ [\%]$$

L : 혼합가스 폭발하한계 [vol%]
$L_1 \sim L_n$: 가연성 가스 폭발하한계 [vol%]
$V_1 \sim V_n$: 가연성 가스 용량 [vol%]

13 상중**하**

건축물 화재에서 플래시 오버(Flash Over)현상이 일어나는 시기는?

① 초기에서 성장기로 넘어가는 시기

② 성장기에서 최성기로 넘어가는 시기

③ 최성기에서 감쇠기로 넘어가는 시기

④ 감쇠기에서 종기로 넘어가는 시기

해설 실내화재 발생현상

1) 플래시 오버
 (1) 온도가 급격히 상승하여 화재가 순간적으로 실내 전체에 확산되는 현상
 (2) 발생 시기 : 성장기 ~ 최성기 직전
2) 백드래프트
 (1) 훈소 상태일 때 신선한 공기 유입으로 실내의 축적된 가스가 단시간 연소, 폭발하여 실외로 분출
 (2) 발생 시기 : 감쇠기(최성기 이후)

14 상중**하**

방화구조의 기준으로 틀린 것은?

① 철망모르타르로서 그 바름두께가 2 [cm] 이상인 것

② 심벽에 흙으로 맞벽치기한 것

③ 시멘트모르타르 위에 타일을 붙인 것으로서 그 두께의 합계가 1.5 [cm] 이상인 것

④ 석고판 위에 두께 2.5 [cm] 이상의 회반죽을 바른 것

해설 방화구조 설치기준

[두께 : 이상]

구분	두께
철망모르타르	2 [cm]
• 석고판 위에 시멘트모르타르를 바른 것 • 석고판 위에 회반죽을 바른 것 • 시멘트모르타르 위에 타일을 붙인 것	2.5 [cm]
심벽에 흙으로 맞벽치기 한 것	모두 해당
산업표준화법에 의한 한국산업표준에 따라 시험한 결과 방화2급 이상에 해당하는 것	

15 (상) (중) 하

표면온도가 300 [℃]에서 안전하게 작동하도록 설계된 히터의 표면온도가 360 [℃]로 상승하면 300 [℃]에 비하여 약 몇 배의 열을 방출할 수 있는가?

① 1.1배
② 1.5배
③ 2.0배
④ 2.5배

해설 스테판 볼츠만의 법칙

$$단위\ 면적당\ 복사열량\ Q\ [W/m^2] = \sigma T^4$$

복사 : 열전달 매질 없이 전자파 형태로 열이 전달
스테판 볼츠만의 법칙에 의해 복사열은 <u>절대온도의 4승에 비례</u>한다.

보충 매질 : 파동을 전달시키는 물질

$$\frac{Q_2}{Q_1} = \frac{(273+t_2)^4}{(273+t_1)^4} = \frac{(273+360)^4}{(273+300)^4} ≒ 1.5배$$

σ : 스테판 볼츠만 상수 $[W/m^2·K^4]$
T : 절대온도 [K]

16 (상) (중) 하

자연발화에 대한 예방책으로 적당하지 않은 것은?

① 열의 축적을 방지한다.
② 황린은 물속에 저장한다.
③ 주위온도를 낮게 유지한다.
④ 가능한 한 물질을 분말 상태로 저장한다.

해설 자연발화 방지대책

1) 가연성 물질 제거
2) 통풍이나 환기를 통한 열 축적 방지
3) 저장실의 온도를 낮출 것
4) 습도 높은 곳 피할 것(수분 : 촉매작용)
5) 열전도성 좋게 할 것
6) 물질의 표면적이 넓지 않게 할 것
→ ④ 가능한 한 물질의 표면적을 작게 저장한다.

17 (상) 중 (하)

건축물의 주요구조부에 해당되지 않는 것은?

① 기둥
② 작은 보
③ 지붕틀
④ 바닥

해설 건물의 주요구조부

1) 바닥(최하층 바닥 제외)
2) 보(작은 보 제외)
3) 지붕틀(차양 제외)
4) 내력벽(비내력벽 제외)
5) 주계단(옥외계단 제외)
6) 기둥(사잇기둥 제외)

암기 바보지내주기

18 (상) 중 (하)

다음 중 연소의 3요소가 아닌 것은?

① 가연물
② 촉매
③ 산소공급원
④ 점화원

해설 연소의 3요소, 4요소

연소의 3요소	연소의 4요소
• 가연물 • 산소공급원 • 점화원	• 가연물 • 산소공급원 • 점화원 • 연쇄반응

암기 연소의 3요소 : 가산점

19 상中하

화재가혹도에 대한 설명 중 틀린 것은?

① 화재가혹도란 화재 시 당해 건물과 그 내부의 수용재
  산 등을 파괴하거나 손상을 입히는 정도를 뜻한다.
② 화재강도가 높을수록 화재가혹도가 커진다.
③ 화재가혹도는 손실과 반비례한다.
④ 화재하중이 같더라도 물질의 상태에 따라 가혹도는 달
  라진다.

해설 화재가혹도

1) 화재가혹도란 화재 시 당해 건물과 그 내부의 수용재산 등을 파
  괴하거나 손상을 입히는 정도를 뜻한다.
  ⇨ 화재가혹도는 손실과 비례한다.
2) 화재가혹도 = 화재강도 × 화재하중
  ⇨ 화재강도가 높을수록 화재가혹도가 커진다.
3) 가연물의 비표면적, 가연물의 배열 상태, 가연물의 발열량,
  화재실의 구조(단열성), 공기(산소)의 공급 상황 등이 화재
  강도에 영향을 미치므로 이에 따라 화재가혹도도 달라진다.
  ⇨ 화재하중이 같더라도 물질의 상태에 따라 가혹도는 달라진다.
4) 최고온도(화재강도)가 높을수록 지속시간(화재하중)이 길
  수록 화재가혹도가 커진다.
5) 방호공간 안에서 화재의 세기를 나타내고 화재가 진행되는
  과정에서 온도에 따라 변하는 것으로 온도 – 시간 곡선으로
  표시할 수 있다.

TIP 화재가혹도는 손실과 비례한다.

20 상中하

조연성 가스로만 나열되어 있는 것은?

① 질소, 불소, 수증기
② 산소, 불소, 염소
③ 산소, 이산화탄소, 오존
④ 질소, 이산화탄소, 염소

해설 가연성 가스와 조연성 가스

구분	가연성 가스	조연성 가스
정의	자기 자신이 연소하는 가스	자기 자신은 타지 않고 연소를 도와주는 가스
종류	일산화탄소(CO) 수소(H_2) 메테인(메탄, CH_4) 프로페인(프로판, C_3H_8) 암모니아(NH_3) 뷰테인(부탄, C_4H_{10})	오존(O_3) 공기 산소(O_2) 염소(Cl) 불소(F)

암기 ▶ 조 오공산 염불

2024년 2회

🎯 소방전기일반

3회독   월   일
2회독   월   일
1회독   월   일

목표시간 : 30분 | 시작 : _ 시 _ 분 | 종료 : _ 시 _ 분 | 맞은 개수 : _ /20

신유형!

21 (상) 중 하

지시전기계기의 기본적인 구성요소가 아닌 것을 고르시오.

① 가열장치   ② 구동장치

③ 제어장치   ④ 제동장치

해설 지시계기 ——————————

1. 외부의 영향을 받지 않을 것
2. 정확도가 높을 것
3. 측정값의 변화에 신속히 응답할 것
4. 절연 내력이 높을 것

보충 ▶ 지시전기계기의 구성요소 : 구동장치, 제어장치, 제동장치

---

22 상 (중) 하

다음 그림과 같은 회로의 역률을 구하시오.

① 0.97   ② 0.76

③ 0.89   ④ 0.67

해설 역률 ——————————

$$Z_0 = \frac{5(4-2j)}{5+(4-2j)} = 2.35 - 0.59j$$

$$Z = R + jX = \sqrt{R^2 + X^2}$$

$$R = 2.35, \quad X = 0.59$$

$$\cos\theta = \frac{R}{Z} = \frac{2.35}{\sqrt{2.35^2 + 0.59^2}}$$

---

23 (상) 중 하

다음 반도체 소자 중 인가되는 전압의 변화에 따라 저항값이 비선형으로 변하는 소자를 고르시오.

① 서미스터   ② 바리스터

③ 트라이악   ④ 다이악

해설 반도체 소자 ——————————

명칭	특성
SCR	• 사이리스터의 한 종류 • 단방향 3단자 • 애노드(A), 캐소드(K), 게이트(G)로 구성된다. • 래칭전류 : SCR이 OFF상태에서 ON 상태로의 전환이 이뤄지고, 트리거신호가 제거된 직후에 SCR을 ON 상태로 유지하는 데 필요한 최소한의 양극전류를 래칭전류라 한다.
트라이악 (TRIAC)	• npnpn의 5층구조 • 직·교류에서 모두 사용할 수 있는 3단자 스위칭 소자 • 교류전력 기기 제어용 • 쌍방향 3단자
다이악 (DIAC)	• 소용량 저항부하의 AC전력 제어용 • 쌍방향 2단자

명칭	특성
서미스터	• 온도에 의해 저항값이 변하는 반도체 소자 • 부(-) 저항온도계수의 특성 : 온도 증가 시 저항 감소 • 열을 감지하는 감열저항체 소자 • 온도보상용, 온도계측용(온도계), 온도보정용
바리스터	• 인가되는 전압에 따라 저항값이 변하는 비선형 반도체 소자 • 전압에 따라 저항값이 변화하는 저항 소자 • 회로를 병렬로 연결하여 사용 • 서지전압으로부터 기기 보호 • 계전기접점의 불꽃소거

신유형! 24 (상 중 하)

서보전동기의 특징에 대한 설명 중 틀린 것은?

① 저속이며 원활한 운전이 가능하다.
② 급가속 및 급감속이 용이한 것이어야 한다.
③ 원칙적으로 정역전이 가능해야 한다.
④ 직류용은 없고 교류용만 있다.

해설 서보전동기의 특징

• 저속, 원활한 운전 가능
• 급가속 및 급감속 용이
• 정·역회전 가능
• 직류용 및 교류용으로 나뉨

[조작용 기기]

구분	내용
기계식	다이아프램밸브, 클러치, 밸브 포지셔너
유압식	피스톤, 분사관, 안내밸브, 조작실린더
전기식	솔레노이드밸브, 전동밸브, 서보전동기

25 (상 중 하)

Y-Δ 기동방식으로 운전하는 3상 농형유도전동기의 Y결선의 기동전류(I_Y)와 Δ결선의 기동전류(I_Δ)의 관계로 옳은 것은?

① $I_Y = \dfrac{1}{3}I_\Delta$ ② $I_Y = \sqrt{3}\,I_\Delta$

③ $I_Y = \dfrac{1}{\sqrt{3}}I_\Delta$ ④ $I_Y = \dfrac{\sqrt{3}}{2}I_\Delta$

해설 결선에 따른 기동전류 관계

Y결선 시 선전류 : $I_Y = \dfrac{V}{\sqrt{3}\,R}$

△결선 시 선전류 : $I_\Delta = \dfrac{\sqrt{3}\,V}{R}$

$\dfrac{I_Y}{I_\Delta} = \dfrac{\dfrac{V}{\sqrt{3}\,R}}{\dfrac{\sqrt{3}\,V}{R}} = \dfrac{1}{3}$배

26 (상 중 하)

A와 B의 입력이 전부 주어지거나 혹은 A와 B의 입력이 전부 주어지지 않은 경우에만 출력이 나오는 회로를 고르시오.

① NOR ② XOR
③ XNOR ④ NAND

해설 논리회로

AND	NAND	OR	NOR
NOR	OR	NAND	AND

정답 24 ④ 25 ① 26 ③

27 (상)(중) 하

키르히호프의 전압법칙에 관한 설명으로 알맞은 것을 고르시오.

① 선형회로에만 성립한다.

② 비선형회로에만 성립한다.

③ 선형회로, 비선형회로 전부 성립하지 않는다.

④ 선형회로, 비선형회로 전부 성립한다.

해설 키르히호프법칙

- 선형회로 : 저항, 인덕턴스, 커패시턴스, 주파수 등의 매개변수가 일정한 회로이며 전압과 전류에 대한 파라미터가 변하지 않는 회로
- 비선형회로 : 저항, 인덕턴스, 커패시턴스, 파형, 주파수 등의 매개변수가 변하는 회로이며 전류와 전압이 구부러진 형태

보충 키르히호프법칙은 선형회로와 비선형회로 전부 성립한다.

구분	단상 반파	단상 전파	3상 반파	3상 전파 (6상 반파)
정류효율 [%]	40.6	81.2	96.7	99.80
맥동률 [%]	121	15	17	4
백동주파수 [Hz]	f	$2f$	$3f$	$6f$
직류전압 (평균값, E_d)	0.45 [V]	0.9 [V]	1.17 [V]	1.35 [V]

28 (상)(중) 하

단상변압기의 권수비가 a = 8이고, 1차 교류전압의 실효치는 110 [V]이다. 변압기 2차 전압을 단상 반파 정류회로를 이용하여 정류했을 때 발생하는 직류전압의 평균치는 약 몇 [V]인가?

① 6.19 ② 6.29

③ 6.39 ④ 6.88

해설 단상 반파 정류회로의 직류전압

$a = \dfrac{V_1}{V_2}, \ a = \dfrac{110}{V_2},$

$\therefore \ V_2 = \dfrac{110}{8}[V]$

$V_{av} = 0.45 \times V_2$

$\qquad = 0.45 \times \dfrac{110}{8} = 6.19[V]$

29 (상)(중)하

진공 중에서 원점에 10^{-8} [C]의 전하가 있을 때 점(1, 2, 2) [m]에서의 전계의 세기는 약 몇 [V/m]인가?

① 0.1 ② 1

③ 10 ④ 100

해설 전계의 세기

- 원점(0, 0, 0)과 점(1 ,2, 2) 간의 거리

$r = \sqrt{(1-0)^2 + (2-0)^2 + (2-0)^2} = 3[m]$

- 쿨롱의 법칙

$E = \dfrac{1}{4\pi\varepsilon} \times \dfrac{Q}{r^2} \ = 9 \times 10^9 \times \dfrac{Q}{r^2}$

$\quad = 9 \times 10^9 \times \dfrac{10^{-8}}{3^2} = 10[V/m]$

$\varepsilon = \varepsilon_0 \cdot \varepsilon_s$

ε_0 : 진공의 유전율

$(8.855 \times 10^{-12}[F/m])$

ε_s : 비유전율(진공 = 1, 공기 ≒ 1)

E : 전계의 세기 [V/m]

Q : 전하량 [C]

r : 거리 [m]

정답 27 ④ 28 ① 29 ③

30 (상)(중)하

분류기를 사용하여 내부저항이 R_A인 전류계의 배율을 9로 하기 위한 분류기의 저항 R_S [Ω]은?

① $R_s = \dfrac{1}{8} R_A$　　　　② $R_s = \dfrac{1}{9} R_A$

③ $R_s = 8 R_A$　　　　④ $R_s = 9 R_A$

해설 분류기와 배율기 ─────────

$$I = m I_0 = \left(1 + \frac{R_A}{R_S}\right) I_0$$

$$m = \left(1 + \frac{R_A}{R_S}\right) = 9$$

$$R_s = \frac{1}{8} R_A,\ R_A = 8 R_s$$

R_A : 내부저항 [Ω]
R_S : 분류기저항 [Ω]
I_0 : 최대눈금 [A]
I : 전류계 최대측정범위 [A]

31 (상)중 하

용량 1 [kVA], 3000/200 [V]의 단상 변압기를 단권변압기로 결선해서 3000/3200 [V]의 승압기로 사용할 때 부하용량 [kVA]은?

① 1　　　　② 2
③ 15　　　　④ 16

해설 단권변압기 용량 계산 ─────────

$$부하용량 = 자기용량 \times \frac{V_h}{V_h - V_L}$$

$$= 1 \times \frac{3,200}{3,200 - 3,000}$$

$$= 16 [kVA]$$

V_h : 높은 전압, V_L : 낮은 전압

32 (상)(중)하

회로에서 저항 20 [Ω]에 흐르는 전류[A]는?

① 0.8　　　　② 1.0
③ 1.8　　　　④ 2.8

해설 중첩의 원리 ─────────

1) 전류원 기준(전압원 단락)
$$I_2 = \frac{R_1}{R_1 + R_2} \times I = \frac{5}{20 + 5} \times 5 = 1 [A]$$

2) 전압원 기준(전류원 개방)
$$I_1 = I_2,\ I_2 = \frac{V}{R_T} = \frac{20}{5 + 20} = 0.8 [A]$$

3) $I_2 = 1 + 0.8 = 1.8 [A]$

33 (상) 중 (하)

다음 그림과 같은 회로에서 전달함수로 옳은 것은?

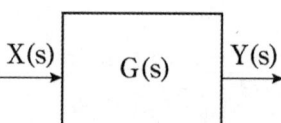

① $X(s) + Y(s)$　　　② $X(s) Y(s)$

③ $\dfrac{Y(s)}{X(s)}$　　　④ $\dfrac{X(s)}{Y(s)}$

해설 전달함수 ─────────

$$전달함수\ G(s) = \frac{출력}{입력} = \frac{Y(s)}{X(s)}$$

34 (상)(중)하

그림의 논리회로와 등가인 논리게이트는?

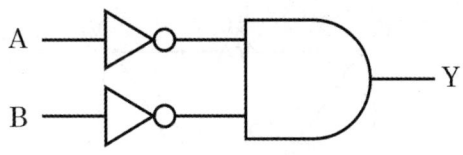

① NOR　　　　② NAND
③ NOT　　　　④ OR

해설 논리회로

AND	NAND	OR	NOR

NOR	OR	NAND	AND

35 (상) 중 (하)

다이오드를 여러 개 병렬로 접속하는 경우에 대한 설명으로 옳은 것은?

① 과전류로부터 보호할 수 있다.
② 과전압으로부터 보호할 수 있다.
③ 부하 측의 맥동률을 감소시킬 수 있다.
④ 정류기의 역방향 전류를 감소시킬 수 있다

해설 다이오드 접속

직렬	과전압으로부터 보호	
병렬	과전류로부터 보호	

TIP ▶ 병렬일 때는 전류가 분배, 직렬일 때는 전압이 분배

36 (상)(중)하

대칭 3상 Y결선에 있어서 각 상의 임피던스가 20 [Ω]이고, 전류가 10 [A]일 때 선간전압을 구하시오.

① 270 [V]
② 150 [V]
③ 220 [V]
④ 346 [V]

해설 선간전압 계산

- 상전압 V_p

$$I_p = \frac{V_P}{Z}, \quad V_p = I_p \times Z$$

$$V_p = 10 \times 20 = 200\,[V]$$

- 선간전압 $V_\ell = \sqrt{3}\,V_p$

$$= \sqrt{3} \times 200 = 346\,[V]$$

Y결선(성형결선 = 스타결선)	
결선도	$V_p = V_a = V_b = V_c$ $V_\ell = V_{ab} = V_{bc} = V_{ca}$
상전압	$V_p = \dfrac{V_l}{\sqrt{3}}$
선간전압	$V_l = \sqrt{3}\,V_p \angle \dfrac{\pi}{6}$
상전류	$I_p = I_l$
선전류	$I_l = I_p$

2024

△결선(델타결선 = 환상결선)	
결선도	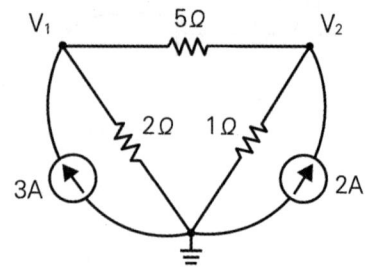$I_p = I_{ab} = I_{bc} = I_{ca}$ $I_\ell = I_a = I_b = I_c$
상전압	$V_p = V_l$
선간전압	$V_l = V_p$
상전류	$I_p = \dfrac{I_l}{\sqrt{3}}$
선전류	$I_l = \sqrt{3}\, I_p \angle (-\dfrac{\pi}{6})$

I_p : 상전류 [A]

Z : 임피던스 [Ω]

38 (상)중 하

다음 회로의 NODE전압(마디전압) V_1과 V_2를 구하시오.

① $V_1 = 1$ [V], $V_2 = 3$ [V]

② $V_1 = 1$ [V], $V_2 = 3$ [V]

③ $V_1 = 5$ [V], $V_2 = 2.5$ [V]

④ $V_1 = 5$ [V], $V_2 = 3$ [V]

해설 마디전압 구하기 ————

문제에서 주어진 회로를 등가변환하면 아래와 같다.

- 회로에 흐르는 전류 $I = \dfrac{V}{R} = \dfrac{6-2}{8} = 0.5[A]$
- $V_1 = 6 - (0.5 \times 2) = 5[V]$
- $V_2 = 5 - (0.5 \times 5) = 2.5[V]$

37 (상)중 하

310 [mH]인 코일에 220 [V], 60 [Hz]의 교류전압이 걸린다고 할 때의 전류[A]를 구하시오.

① 1.88

② 2.31

③ 3.02

④ 4.3

해설 코일에 걸리는 전압으로부터 전류 구하기 ————

$V = I X_L$

$I = \dfrac{V}{X_L} = \dfrac{V}{2\pi f L}$

$= \dfrac{220}{2\pi \times 60 \times 310 \times 10^{-3}} = 1.88[A]$

* 310 [mH] = 310 × 10⁻³ [H]

39 (상 (중) 하)

일정한 전압의 직류전원에 저항 R을 접속하여 전류가 흐르고 있다. 이때 저항 R을 변화시켜 전류값을 30 [%] 증가시키려면 저항값은 어떻게 해야 하는가?

① 77 [%]로 줄인다.
② 80 [%]로 줄인다.
③ 120 [%]로 증가시킨다.
④ 110 [%]로 증가시킨다.

(해설) 전류 증가

전류값을 30 [%] 증가시켰으므로

$I' = 1.3I$

$R = \dfrac{V}{I} = \dfrac{V}{1.3I} = \dfrac{1}{1.3} \times \dfrac{V}{I} = \dfrac{1}{1.3}R$

$\therefore \ 0.77R$

40 (상 중 (하))

PB-on 스위치와 병렬로 접속된 보조접점 X-a의 역할은?

① 인터록회로　　　　② 자기유지회로
③ 전원차단회로　　　④ 램프점등회로

(해설) 자기유지회로

• 스스로 동작을 기억하는 회로
• ON-OFF회로에 많이 사용

PB1을 ON하면 MC 코일이 여자되고 MC-a 접점이 폐로되어
PB1이 Off되어도 MC-a 접점이 자기 유지되어 계속 여자된다.

2024년 2회

소방관계법규

3회독	월	일
2회독	월	일
1회독	월	일

| 목표시간 : 20분 | 시작 : _시 _분 | 종료 : _시 _분 | 맞은 개수 : _ /20 |

신유형!

41 (상) (중) (하)

소방시설 설치 및 관리에 관한 법령상 소방시설관리업자가 등록기준에 미달하게 된 경우 2차 위반하였을 때의 행정처분기준을 고르시오. (단, 기술인력이 퇴직하거나 해임되어 30일 이내에 재선임하여 신고한 경우는 제외한다)

① 경고(시정명령)
② 영업정지 3개월
③ 영업정지 6개월
④ 등록취소

해설 소방시설관리업자에 대한 행정처분기준 —————

[소방시설 설치 및 관리에 관한 법률 시행규칙]
[별표 8] 행정처분기준
나. 소방시설관리업자에 대한 행정처분기준

위반사항	행정처분기준		
	1차 위반	2차 위반	3차 이상 위반
1) 거짓이나 그 밖의 부정한 방법으로 등록을 한 경우	등록취소		
2) 점검을 하지 않거나 거짓으로 한 경우	–		
가) 점검을 하지 않은 경우	영업정지 1개월	영업정지 3개월	등록취소
나) 거짓으로 점검한 경우	경고(시정명령)	영업정지 3개월	등록취소

위반사항	행정처분기준		
	1차 위반	2차 위반	3차 이상 위반
3) 등록기준에 미달하게 된 경우. 다만 기술인력이 퇴직하거나 해임되어 30일 이내에 재선임하여 신고한 경우는 제외한다.	경고(시정명령)	영업정지 3개월	등록취소
4) 법 제30조 각 호의 어느 하나의 등록의 결격사유에 해당하게 된 경우. 다만 제30조 제5호에 해당하는 법인으로서 결격사유에 해당하게 된 날부터 2개월 이내에 그 임원을 결격사유가 없는 임원으로 바꾸어 선임한 경우는 제외한다.	등록취소		
5) 등록증 또는 등록수첩을 빌려준 경우	등록취소		
6) 점검능력 평가를 받지 않고 자체점검을 한 경우	영업정지 1개월	영업정지 3개월	등록취소

42 (상) (중) (하)

소방시설 설치 및 관리에 관한 법령상 특정소방대상물 중 운수시설에 해당하지 않는 것을 고르시오.

① 여객자동차터미널
② 철도 정비창
③ 공항시설
④ 물류터미널

정답 41 ② 42 ④

해설 소방시설 설치 및 관리에 관한 법률 시행령 ─────

[별표 2] 특정소방대상물

• 운수시설
   가. 여객자동차터미널
   나. 철도 및 도시철도 시설[정비창(整備廠) 등 관련 시설을 포함한다]
   다. 공항시설(항공관제탑을 포함한다)
   라. 항만시설 및 종합여객시설

• 창고시설(위험물 저장 및 처리 시설 또는 그 부속용도에 해당하는 것은 제외한다)
   가. 창고(물품저장시설로서 냉장·냉동 창고를 포함한다)
   나. 하역장
   다. 「물류시설의 개발 및 운영에 관한 법률」에 따른 물류터미널
   라. 「유통산업발전법」 제2조 제15호에 따른 집배송시설

해설 기술원 위탁 업무 ─────

1) 탱크성능검사 중 다음에 해당하는 것
   (1) 용량이 100만 [L] 이상인 액체위험물을 저장하는 탱크
   (2) 암반탱크
   (3) 지하탱크저장소의 위험물탱크 중 이중벽탱크

2) 완공검사 중 다음에 해당하는 것
   (1) 지정수량의 1천 배 이상의 위험물을 취급하는 제조소 일반취급소의 설치 또는 변경(사용 중인 제조소 또는 일반취급소의 보수 또는 부분적인 증설 제외)에 따른 완공검사
   (2) 옥외탱크저장소(저장용량이 50만 [L] 이상인 것만 해당) 암반탱크저장소의 설치 또는 변경에 따른 완공검사

3) 운반용기검사

신유형! 43 (상)중 하

위험물안전관리법령에 따른 소방청장, 시·도지사, 소방본부장 또는 소방서장이 한국 소방산업기술원에 위탁할 수 있는 업무의 기준 중 틀린 것은?

① 시·도지사의 탱크안전성능검사 중 암반탱크에 대한 탱크안전성능검사

② 시·도지사의 탱크안전성능검사 중 용량이 100만 [L] 이상인 액체위험물을 저장하는 탱크에 대한 탱크안전성능검사

③ 시·도지사의 완공검사에 관한 권한 중 저장용량이 30만 [L] 이상인 옥외탱크저장소 또는 암반탱크저장소의 설치 또는 변경에 따른 완공검사

④ 운반용기검사

44 (상)중 하

소방시설공사업법령에 따른 소방시설공사의 착공신고 대상으로 해당하지 않는 것을 고르시오.

① 호스릴옥내소화전설비를 포함한 옥내소화전설비를 신설하는 경우

② 상·하수도설비공사업자가 공사하는 경우는 제외한 소화용수설비를 신설하는 경우

③ 정보통신공사업자가 소방용 외의 용도와 겸용되는 무선통신보조설비를 신설하는 경우

④ 스프링클러설비의 방호구역을 증설하는 경우

해설 소방시설공사의 착공신고 대상 ─────

1. 특정소방대상물에 다음 각 목의 어느 하나에 해당하는 설비를 신설하는 공사

   가. 옥내소화전설비(호스릴옥내소화전설비를 포함한다. 이하 같다), 옥외소화전설비, 스프링클러설비·간이스프링클러설비(캐비닛형 간이스프링클러설비를 포함한다. 이하 같다) 및 화재조기진압용 스프링클러설비(이하 "스프링클러설비등"이라 한다), 물분무소화설비·포소화설비·이산화탄소소화설비·할론소화설비·할로겐화합물 및 불활성기체소화설비·미분무소화설비·강화액소화설비 및 분말소화설비(이하 "물분무등소화설비"라 한다),

연결송수관설비, 연결살수설비, 제연설비(소방용 외의 용도와 겸용되는 제연설비를 「건설산업기본법 시행령」 별표 1에 따른 기계설비·가스공사업자가 공사하는 경우는 제외한다), 소화용수설비(소화용수설비를 「건설산업기본법 시행령」 별표 1에 따른 기계설비·가스공사업자 또는 상·하수도설비공사업자가 공사하는 경우는 제외한다) 또는 연소방지설비

나. 자동화재탐지설비, 비상경보설비, 비상방송설비(소방용 외의 용도와 겸용되는 비상방송설비를 「정보통신공사업법」에 따른 정보통신공사업자가 공사하는 경우는 제외한다), 비상콘센트설비(비상콘센트설비를 「전기공사업법」에 따른 전기공사업자가 공사하는 경우는 제외한다) 또는 무선통신보조설비(소방용 외의 용도와 겸용되는 무선통신보조설비를 「정보통신공사업법」에 따른 정보통신공사업자가 공사하는 경우는 제외한다)

2. 특정소방대상물에 다음 각 목의 어느 하나에 해당하는 설비 또는 구역 등을 증설하는 공사
   가. 옥내·옥외소화전설비
   나. 스프링클러설비·간이스프링클러설비 또는 물분무등소화설비의 방호구역, 자동화재탐지설비의 경계구역, 제연설비의 제연구역(소방용 외의 용도와 겸용되는 제연설비를 「건설산업기본법 시행령」 별표 1에 따른 기계설비·가스공사업자가 공사하는 경우는 제외한다), 연결살수설비의 살수구역, 연결송수관설비의 송수구역, 비상콘센트설비의 전용회로, 연소방지설비의 살수구역

3. 특정소방대상물에 설치된 소방시설등을 구성하는 다음 각 목의 어느 하나에 해당하는 것의 전부 또는 일부를 개설(改設), 이전(移轉) 또는 정비(整備)하는 공사. 다만 고장 또는 파손 등으로 인하여 작동시킬 수 없는 소방시설을 긴급히 교체하거나 보수하여야 하는 경우에는 신고하지 않을 수 있다.
   가. 수신반(受信盤)
   나. 소화펌프
   다. 동력제어반
   라. 감시제어반

45 상 ❸ 하

소방시설 설치 및 관리에 관한 법령상 간이스프링클러설비를 설치하여야 하는 특정소방대상물의 기준으로 옳은 것은?

① 근린생활시설로 사용하는 부분의 바닥면적 합계가 1000 [m²] 이상인 것은 모든 층
② 교육연구시설 내에 있는 합숙소로서 연면적 500 [m²] 이상인 것
③ 정신병원과 의료재활시설을 제외한 요양병원으로 사용되는 바닥면적의 합계가 300 [m²] 이상 600 [m²] 미만인 시설
④ 정신의료기관 또는 의료재활시설로 사용되는 바닥면적의 합계가 600 [m²] 미만인 시설

해설 간이스프링클러설비 설치대상

설치대상	기준
근린생활시설	• 바닥면적 합계 1000 [m²] 이상인 것은 모든 층 • 의원, 치과의원, 한의원으로서 입원실이 있는 것 • 조산원 및 산후조리원 연면적 600 [m²] 미만 시설
교육시설 내 합숙소	연면적 100 [m²] 이상인 경우에는 모든 층
의료시설(종합병원, 병원, 치과병원, 요양병원)	바닥면적 합계 600 [m²] 미만
• 정신의료기관, 의료재활시설 • 노유자시설	• 바닥면적 합계 300 [m²] 이상 600 [m²] 미만 • 바닥면적 합계 300 [m²] 미만, 창살 설치
복합건축물	연면적 1000 [m²] 이상 전 층
연립주택 및 다세대주택	-
숙박시설	바닥면적 합계 300 [m²] 이상 600 [m²] 미만

46 (상)(중)(하)

소방기본법령상 소방의 날 제정과 운영 등에 관한 사항으로 틀린 것은?

① 국민의 안전의식과 화재에 대한 경각심을 높이고 안전문화를 정착시키기 위한 목적이다.
② 소방의 날은 매년 11월 9일이다.
③ 소방의 날 행사에 관하여 필요한 사항은 소방청장 또는 시·도지사가 따로 정하여 시행할 수 있다.
④ 시·도지사는 소방행정 발전에 공로가 있다고 인정되는 사람을 명예직 소방대원으로 위촉할 수 있다.

해설 소방의 날 제정과 운영 등 ─────────

1) 국민의 안전의식과 화재에 대한 경각심을 높이고 안전문화를 정착시키기 위하여 매년 11월 9일을 소방의 날로 정하여 기념행사를 한다.
2) 소방의 날 행사에 관하여 필요한 사항은 소방청장 또는 시·도지사가 따로 정하여 시행할 수 있다.
3) 소방청장은 다음에 해당하는 사람을 명예직 소방대원으로 위촉할 수 있다.
  (1) 「의사상자등 예우 및 지원에 관한 법률」에 따른 의사상자에 해당하는 사람
  (2) 소방행정 발전에 공로가 있다고 인정되는 사람

47 (상)(중)(하)

위험물안전관리법령상 위험물취급소의 구분에 해당하지 않는 것은?

① 이송취급소　　　　② 관리취급소
③ 판매취급소　　　　④ 일반취급소

해설 위험물 취급소 구분 ─────────

• 주유취급소 : 자동차·항공기·선박 등의 연료탱크에 직접 주유
• 판매취급소 : 지정수량 40배 이하
• 이송취급소 : 위험물 이송
• 일반취급소 : 주유취급소, 판매취급소, 이송취급소 외의 장소

48 (상)(중)(하)

위험물안전관리법령상 제조소등이 아닌 장소에서 지정수량 이상의 위험물 취급할 수 있는 기준 중 다음 (　) 안에 알맞은 것은?

> 시·도의 조례가 정하는 바에 따라 관할 소방서장의 승인을 받아 지정수량 이상의 위험물을 (　)일 이내의 기간 동안 임시로 저장 또는 취급하는 경우

① 15　　　　　② 30
③ 60　　　　　④ 90

해설 위험물 임시저장 ─────────

1) 위치·구조·설비기준 : 시·도 조례
2) 제조소등이 아닌 장소에서 지정수량 이상 위험물 취급할 수 있는 경우
  • 관할 소방서장의 승인 받아 지정수량 이상 위험물 90일 이내로 임시 저장·취급
  • 군부대는 지정수량 이상 위험물 군사 목적으로 임시 저장·취급

49 (상)(중)하

피난시설, 방화구획 또는 방화시설을 폐쇄·훼손·변경 등의 행위를 3차 이상 위반한 경우에 대한 과태료 부과기준으로 옳은 것은?

① 200만 원　　　　② 300만 원
③ 500만 원　　　　④ 1000만 원

해설 과태료 ────────────────

1) 피난시설, 방화구획 또는 방화시설을 폐쇄·훼손·변경하는 등의 행위를 한 경우
 • 1차 : 100만 원
 • 2차 : 200만 원
 • 3차 : 300만 원
2) 점검기록표를 기록하지 아니하거나 특정소방대상물의 출입자가 쉽게 볼 수 있는 장소에 게시하지 아니한 관계인
 • 1차 : 100만 원
 • 2차 : 200만 원
 • 3차 : 300만 원

50 (상)중(하)

소방기본법령에 따른 소방대원에게 실시할 교육·훈련 횟수 및 기간의 기준 중 다음 (　　) 안에 알맞은 것은?

횟수	기간
(㉠)년마다 1회	(㉡)주 이상

① ㉠ 2, ㉡ 2　　　　② ㉠ 2, ㉡ 4
③ ㉠ 1, ㉡ 2　　　　④ ㉠ 1, ㉡ 4

해설 소방대원에게 실시할 교육·훈련 ──────

소방업무를 전문적이고 효과적으로 수행하기 위하여 소방대원에게 필요한 교육·훈련을 실시하여야 함

횟수	기간
2년마다 1회	2주 이상

1) 횟수 : 2년마다 1회
2) 기간 : 2주 이상
3) 교육·훈련 실시자 : 소방청장·본부장·서장
4) 교육·훈련의 종류 및 대상자

종류	대상자
화재진압훈련	소방공무원(화재진압 업무), 의무소방원, 의용소방대원
인명구조훈련	소방공무원(구조 업무), 의무소방원, 의용소방대원
응급처치훈련	소방공무원(구급 업무), 의무소방원, 의용소방대원
인명대피훈련	소방공무원(모든 업무), 의무소방원, 의용소방대원
현장지휘훈련	소방공무원 : 지방소방정, 지방소방령, 지방소방경, 지방소방위

51 (상)(중)하

다음 중 소방기본법령에 따른 소방신호의 종류가 아닌 것은?

① 경계신호　　　　② 발화신호
③ 진압신호　　　　④ 훈련신호

해설 소방신호 ────────────────

1) 종류
 (1) 경계신호 : 화재예방상 필요하다고 인정되거나 화재위험경보 시 발령
 (2) 발화신호 : 화재가 발생한 때 발령
 (3) 해제신호 : 소화활동이 필요 없다고 인정되는 때 발령
 (4) 훈련신호 : 훈련상 필요하다고 인정되는 때 발령
2) 방법

종별	타종신호	사이렌신호
경계신호	1타, 연 2타 반복	5초 간격 30초씩 3회
발화신호	난타	5초 간격 5초씩 3회
해제신호	상당한 간격 1타씩 반복	1분간 1회
훈련신호	연 3타 반복	10초 간격 1분씩 3회

52 (상)(중)(하)

화재의 예방 및 안전관리에 관한 법령상 특정소방대상물의 관계인이 수행하여야 하는 소방안전관리 업무가 아닌 것은?

① 소방훈련의 지도/감독
② 화기 취급의 감독
③ 피난시설, 방화구획 및 방화시설의 관리
④ 소방시설이나 그 밖의 소방 관련 시설의 관리

해설 특정소방대상물 소방안전관리자와 관계인의 업무 ────

1) 소방안전관리자의 업무
 (1) 피난계획 관련 사항과 대통령령으로 정하는 사항이 포함된 소방계획서 작성 및 시행
 (2) 자위소방대 및 초기대응체계 구성·운영·교육
 (3) 피난시설, 방화구획, 방화시설의 관리
 (4) 소방훈련 및 교육
 (5) 소방시설이나 그 밖의 소방 관련 시설의 관리
 (6) 화기 취급의 감독
 (7) 소방안전관리에 관한 업무수행에 관한 기록·유지((3), (5), (6)항 업무)
 (8) 화재발생 시 초기대응
 (9) 그 밖에 소방안전관리에 필요한 업무
2) 특정소방대상물 소방관계인의 업무
 (1) 피난시설, 방화구획, 방화시설의 관리
 (2) 소방시설이나 그 밖의 소방 관련 시설의 관리
 (3) 화기 취급의 감독
 (4) 화재발생 시 초기대응
 (5) 그 밖에 소방안전관리에 필요한 업무

53 (상)(중)(하)

소방시설공사업법령상 소방시설공사의 하자보수 보증기간이 3년이 아닌 것은?

① 자동소화장치
② 무선통신보조설비
③ 자동화재탐지설비
④ 간이스프링클러설비

해설 소방시설 하자보수 보증기간 ────

소방시설	기간
• 피난기구·유도등 • 비상경보설비 • 비상조명등 • 비상방송설비 • 무선통신보조설비	2년
• 자동소화장치 • 옥내·외소화전설비 • 스프링클러·간이스프링클러설비 • 물분무등소화설비 • 자동화재탐지설비 • 상수도소화용수설비 • 화재알림설비	3년

암기 이년 피비무

54 (상(중)하)

국가가 시·도의 소방업무에 필요한 경비의 일부를 보조하는 국고보조 대상이 아닌 것은?

① 소방용수시설
② 소방전용통신시설
③ 소방자동차
④ 소방관서용 청사의 건축

해설 국고보조 ──────────

1) 국고보조
   (1) 국가는 시·도 소방장비구입 등의 경비를 일부 보조함
   (2) 국가보조 대상사업의 범위와 기준 보조율 : <u>대통령령인 「보조금관리에 관한 법률 시행령」</u>
   (3) 소방활동장비 및 설비의 종류와 규격 : <u>행정안전부령</u>
2) 국고보조 대상사업의 범위
   (1) 소방활동장비와 설비의 구입 및 설치
     ① 소방자동차
     ② 소방헬리콥터 및 소방정
     ③ 소방전용통신설비 및 전산설비
     ④ 그 밖에 방화복 등 소방활동에 필요한 소방장비
   (2) 소방관서용 청사의 건축

55 (상(중)하)

소방시설 설치 및 관리에 관한 법령상 방염대상물품이 아닌 것은?

① 제조·가공 공정에서 방염처리한 두께 2 [mm] 미만인 종이벽지를 제외한 벽지류
② 제조·가공 공정에서 방염처리한 카펫
③ 건축물 내부의 벽에 부착하는 암막
④ 제조·가공 공정에서 방염처리한 무대막

해설 방염대상물품 ──────────

1) 제조·가공 공정에서 방염처리한 물품(합판·목재류 설치 현장에서 방염처리한 것 포함)
   (1) 창문에 설치하는 커튼류(블라인드 포함)
   (2) 카펫
   (3) 벽지류(두께 2 [mm] 미만인 종이벽지 제외)
   (4) 전시용 합판·목재 또는 섬유판, 무대용 합판·목재 또는 섬유판(합판·목재류의 경우 불가피하게 설치 현장에서 방염처리한 것을 포함한다)
   (5) 암막·무대막(영화상영관 스크린, 가상체험체육시설의 스크린 포함)
   (6) 섬유류, 합성수지류 등을 원료로 하여 제작된 소파·의자(단란주점영업, 유흥주점, 노래연습장업의 영업장에 설치하는 것만 해당)
2) 건축물 내부의 천장이나 벽에 부착하거나 설치하는 것, 다만 가구류(옷장·찬장·식탁·식탁용 의자·사무용 책상·사무용 의자·계산대 등)와 너비 10 [cm] 이하 반자돌림대 등과 내부 마감재료는 제외
   (1) 종이류(두께 2 [mm] 이상)·합성수지류·섬유류를 주원료로 한 물품
   (2) 합판, 목재
   (3) 공간 구획하는 간이 칸막이
   (4) 흡음·방음을 위하여 설치하는 흡음재, 방음재

56 (상 중 하)

소방체험관의 설립·운영권자는?

① 국무총리

② 소방청장

③ 시·도지사

④ 소방본부장 및 소방서장

해설 소방박물관, 소방체험관 ──────────

소방박물관	소방체험관
소방청장	시·도지사
행정안전부령	시·도 조례
① 국내·외의 소방의 역사 ② 소방공무원의 복장 및 소방 장비 등의 변천 및 발전에 관한 자료를 수집·보관 및 전시	① 재난·안전사고 유형에 따른 예방, 대처, 대응 등에 관한 체험교육 ② 체험교육 프로그램의 개발 및 국민 안전의식 향상을 위한 홍보·전시 ③ 체험교육 인력의 양성 및 유관기관·단체 등과 협력 ④ 시·도지사가 인정하는 사업
① 소방박물관장 1인(소방공무원 중 소방청장이 임명), 부관장 1인 ② 운영위원회 : 7인 이내	-

암기 ▶ 청물 시체

57 (상 중 하)

화재의 예방 및 안전관리에 관한 법령상 화재예방강화지구의 지정대상이 아닌 것은? (단, 소방청장 소방본부장 또는 소방서장이 화재예방강화지구로 지정할 필요가 있다고 인정하는 지역은 제외한다)

① 위험물의 저장 및 처리 시설이 밀집한 지역

② 소방시설·소방용수시설·소방출동로가 없는 지역

③ 노후·불량건축물이 밀집한 지역

④ 공장 창고가 있는 지역

해설 화재예방강화지구 지정 ──────────

1) 지정권자 : 시·도지사
2) 화재예방강화지구 지정 요청 : 소방청장
3) 화재예방강화지구
   (1) 시장지역
   (2) 공장·창고가 밀집한 지역
   (3) 목조건물이 밀집한 지역
   (4) 노후·불량건축물이 밀집한 지역
   (5) 위험물의 저장 및 처리 시설이 밀집한 지역
   (6) 석유화학제품을 생산하는 공장이 있는 지역
   (7) 산업입지 및 개발에 관한 법률에 따른 산업단지
   (8) 소방시설·소방용수시설·소방출동로가 없는 지역
   (9) 물류단지
   (10) (1) ~ (9)까지 준하는 지역으로서 소방관서장이 화재예방강화지구로 지정할 필요가 있다고 인정하는 지역

58 (상 중 하)

소방용수시설 저수조의 설치기준으로 틀린 것은?

① 지면으로부터의 낙차가 4.5 [m] 이하일 것

② 흡수부분의 수심이 0.3 [m] 이상일 것

③ 흡수관의 투입구가 사각형의 경우에는 한 변의 길이가 60 [cm] 이상일 것

④ 흡수관의 투입구가 원형의 경우에는 지름이 60 [cm] 이상일 것

해설 소방용수시설 설치기준 ──────────

1) 소화전
   • 상수도와 연결, 지하식·지상식 구조
   • 연결금속구 구경 : 65 [mm]
2) 급수탑
   • 급수배관 구경 : 100 [mm] 이상
   • 개폐밸브 : 지상 1.5 [m] 이상 1.7 [m] 이하
3) 저수조
   • 지면으로부터의 낙차 : 4.5 [m] 이하
   • <u>흡수부분 수심 : 0.5 [m] 이상일 것</u>
   • 흡수관 투입구 : 사각형 한 변 60 [cm]
   　　　　　　　　　원형 지름 60 [cm] 이상

59 상 ⑤ 하

화재의 예방 및 안전관리에 관한 법령상 소방안전 특별관리시설물의 대상기준 중 틀린 것은?

① 수련시설
② 항만시설
③ 전력용 및 통신용 지하구
④ 지정문화유산

해설 소방안전 특별관리시설물 ─────────

1) 소방안전 특별관리 : 소방청장
2) 소방안전 특별관리시설물
  (1) 공항시설
  (2) 철도시설·도시철도시설
  (3) 항만시설
  (4) 지정문화유산 및 천연기념물등인 시설(시설이 아닌 지정문화유산 및 천연기념물등을 보호하거나 소장하고 있는 시설을 포함한다)
  (5) 산업기술단지·산업단지
  (6) 초고층 건축물·지하연계 복합건축물
  (7) 수용인원 1000명 이상 영화상영관
  (8) 전력용·통신용 지하구
  (9) 석유비축시설
  (10) 천연가스 인수기지 및 공급망
  (11) 대통령령으로 정하는 점포가 500개 이상인 전통시장
  (12) 그 밖의 대통령령으로 정하는 시설물
    ① 발전소
    ② 물류창고로서 연면적 10만 [m²] 이상
    ③ 가스공급시설

60 상 ⑤ 하

대통령령으로 정하는 특정소방대상물의 소방시설 중 내진설계 대상이 아닌 것은?

① 옥내소화전설비
② 스프링클러설비
③ 미분무소화설비
④ 연결살수설비

해설 내진설계 소방시설 ─────────

• 옥내소화전설비
• 스프링클러설비
• 물분무등소화설비

암기 ▶ 옥 스 등

2024년 2회
소방전기시설의 구조 및 원리

목표시간 : 30분   시작 : _시 _분   종료 : _시 _분   맞은 개수 : _/20

신유형! 61 (상 중 하)

옥내소화전설비의 비상전원은 옥내소화전설비를 유효하게 몇 분 이상 작동할 수 있어야 하는지 고르시오. (옥내소화전설비의 화재안전성능기준(NFPC 102)을 따른다)

① 10분   ② 20분
③ 30분   ④ 60분

해설 옥내소화전설비의 화재안전성능기준(NFPC 102) ───

제8조(전원)

① 옥내소화전설비에 설치하는 상용전원회로의 배선은 상용전원의 상시공급에 지장이 없도록 전용배선으로 해야 한다.

② 다음 각 호의 어느 하나에 해당하는 특정소방대상물의 옥내소화전설비에는 비상전원을 설치해야 한다.

　1. 층수가 7층 이상으로서 연면적이 2000제곱미터 이상인 것

　2. 제1호에 해당하지 않는 특정소방대상물로서 지하층의 바닥면적의 합계가 3000제곱미터 이상인 것

③ 제2항에 따른 비상전원은 자가발전설비, 축전지설비 또는 전기저장장치로써 다음 각 호의 기준에 따라 설치해야 한다.

　1. 점검에 편리하고 화재 또는 침수 등의 재해로 인한 피해를 받을 우려가 없는 곳에 설치할 것

　2. 옥내소화전설비를 유효하게 20분 이상 작동할 수 있어야 할 것

　3. 상용전원으로부터 전력의 공급이 중단된 때에는 자동으로 비상전원으로부터 전력을 공급받을 수 있도록 할 것

　4. 비상전원(내연기관의 기동 및 제어용 축전기를 제외한다)의 설치장소는 다른 장소와 방화구획 할 것

　5. 비상전원을 실내에 설치하는 때에는 그 실내에 비상조명등을 설치할 것

신유형! 62 (상 중 하)

무선통신보조설비의 옥외안테나 설치기준이다. 다음 괄호 안에 들어갈 알맞은 말을 고르시오.

> 옥외안테나는 견고하게 파손의 우려가 없는 곳에 설치하고 그 가까운 곳의 보기 쉬운 곳에 "(㉠)"라는 표시와 함께 (㉡)를 표시한 표지를 설치할 것

① ㉠ : 무선기기 접속단자, ㉡ : 통신 가능거리
② ㉠ : 무선통신보조설비 안테나, ㉡ : 통신 가능거리
③ ㉠ : 무선통신보조설비 안테나, ㉡ : 설치 일자
④ ㉠ : 무선기기 접속단자, ㉡ : 설치 일자

해설 무선통신보조설비의 화재안전기술기준(NFTC 505) ───

[옥외안테나]

1) 건축물, 지하가, 터널 또는 공동구의 출입구(「건축법」 시행령 제39조에 따른 출구 또는 이와 유사한 출입구를 말한다) 및 출입구 인근에서 통신이 가능한 장소에 설치할 것

2) 다른 용도로 사용되는 안테나로 인한 통신장애가 발생하지 않도록 설치할 것

3) 옥외안테나는 견고하게 파손의 우려가 없는 곳에 설치하고 그 가까운 곳의 보기 쉬운 곳에 "무선통신보조설비 안테나"라는 표시와 함께 통신 가능거리를 표시한 표지를 설치할 것

4) 수신기가 설치된 장소 등 사람이 상시 근무하는 장소에는 옥외안테나의 위치가 모두 표시된 옥외안테나 위치표시도를 비치할 것

63 상**중**하

비상조명등의 화재안전기술기준에 따른 비상전원의 종류로 틀린 것을 고르시오.

① 자가발전설비
② 비상전원수전설비
③ 축전지설비
④ 전기저장장치

해설 비상조명등 설치기준 ────────

1) 예비전원을 내장하지 않은 비상조명등의 비상전원은 자가발전설비, 축전지설비 또는 전기저장장치(외부 전기에너지를 저장해두었다가 필요한 때 전기를 공급하는 장치)를 다음의 기준에 따라 설치해야 한다.
  (1) 점검에 편리하고 화재 및 침수 등의 재해로 인한 피해를 받을 우려가 없는 곳에 설치할 것
  (2) 상용전원으로부터 전력의 공급이 중단된 때에는 자동으로 비상전원으로부터 전력을 공급받을 수 있도록 할 것
  (3) 비상전원의 설치장소는 다른 장소와 방화구획할 것. 이 경우 그 장소에는 비상전원의 공급에 필요한 기구나 설비 외의 것(열병합발전설비에 필요한 기구나 설비는 제외한다)을 두어서는 아니 된다.
  (4) 비상전원을 실내에 설치하는 때에는 그 실내에 비상조명등을 설치할 것

64 상**중**하

비상콘센트설비의 화재안전기술기준에 따라 비상전원으로 자가발전설비를 사용할 때 용량을 고르시오.

① 10분
② 20분
③ 30분
④ 60분

해설 비상콘센트설비 ────────

1) 지하층을 제외한 층수가 7층 이상으로서 연면적이 2000 [m²] 이상이거나 지하층의 바닥면적의 합계가 3000 [m²] 이상인 특정소방대상물의 비상콘센트설비에는 자가발전설비, 비상전원수전설비, 축전지설비 또는 전기저장장치(외부 전기에너지를 저장해두었다가 필요한 때 전기를 공급하는 장치를 말한다)를 비상전원으로 설치할 것. 다만 2 이상의 변전소에서 전력을 동시에 공급받을 수 있거나 하나의 변전소로부터 전력의 공급이 중단되는 때에는 자동으로 다른 변전소로부터 전력을 공급받을 수 있도록 상용전원을 설치한 경우에는 비상전원을 설치하지 않을 수 있음
2) 점검에 편리하고 화재 및 침수 등의 재해로 인한 피해를 받을 우려가 없는 곳에 설치할 것
3) 비상콘센트설비를 유효하게 20분 이상 작동시킬 수 있는 용량으로 할 것
4) 상용전원으로부터 전력의 공급이 중단된 때에는 자동으로 비상전원으로부터 전력을 공급받을 수 있도록 할 것
5) 비상전원의 설치장소는 다른 장소와 방화구획할 것. 이 경우 그 장소에는 비상전원의 공급에 필요한 기구나 설비 외의 것(열병합발전설비에 필요한 기구나 설비는 제외한다)을 두어서는 안 됨
6) 비상전원을 실내에 설치하는 때에는 그 실내에 비상조명등을 설치할 것

65 상**중**하

누전경보기 전원의 설치기준 중 다음 (   ) 안에 알맞은 것은?

전원은 분전반으로부터 전용회로로 하고, 각극에 개폐기 및 (㉠) [A] 이하의 과전류차단기(배선용 차단기에 있어서는 (㉡) [A] 이하의 것으로 각극을 개폐할 수 있는 것)를 설치할 것

① ㉠ 15, ㉡ 20
② ㉠ 15, ㉡ 30
③ ㉠ 10, ㉡ 30
④ ㉠ 10, ㉡ 20

정답 63 ② 64 ② 65 ①

해설 누전경보 전원 ─────────

1) 전원은 분전반으로부터 전용회로
2) 각 극에 개폐기 및 15 [A] 이하의 과전류차단기(배선용 차단기 20 [A] 이하)를 설치
3) 전원을 분기할 때에는 다른 차단기에 의하여 전원이 차단되지 아니하도록 할 것
4) 전원의 개폐기에는 누전경보기용 표지를 할 것

보충 ▶ KEC가 개정이 되었어도 소방시험은 화재안전기준이 기반이므로 15 [A]이다.

2) 설치높이
   바닥으로부터 높이 1 [m] 이하의 위치에 설치할 것(다만 지하층 또는 무창층의 용도가 도매시장·소매시장·여객자동차터미널·지하역사 또는 지하상가인 경우에는 복도·통로 바닥에 설치)
3) 형식승인 및 제품 시 식별도기준
   (1) 상용전원 점등 시 : 직선거리 20 [m] 위치(표시면 화살표 식별 가능)
   (2) 비상전원 점등 시 : 직선거리 15 [m] 위치(표시면 화살표 식별 가능)

---

66 상 중 하

복도통로유도등의 식별도기준 중 다음 (   ) 안에 알맞은 것은?

복도통로유도등에 있어서 상용전원으로 등을 켜는 경우에는 직선거리 (㉠) [m]의 위치에서, 비상전원으로 등을 켜는 경우에는 직선거리 (㉡) [m]의 위치에서 보통시력에 의하여 표시면의 화살표가 쉽게 식별되어야 한다.

① ㉠ 15, ㉡ 20
② ㉠ 20, ㉡ 15
③ ㉠ 30, ㉡ 20
④ ㉠ 20, ㉡ 30

해설 복도통로유도등 설치기준 ─────────

1) 설치기준
   (1) 복도에 설치할 것
   (2) 옥내로부터 직접 지상으로 통하는 출입구 및 그 부속실의 출입구 또는 직통계단·직통계단의 계단실 및 그 부속실의 출입구의 경우, 피난구 유도등이 설치된 출입구의 맞은편 복도에는 입체형으로 설치하거나 바닥에 설치할 것
   (3) 구부러진 모퉁이 및 위에 따라 설치된 통로유도등 기점으로 보행거리 20 [m]마다 설치할 것
   (4) 바닥에 설치하는 통로 유도등은 하중에 따라 파괴되지 않는 강도의 것으로 할 것

67 상 중 하

비상방송설비의 화재안전기술기준(NFTC 202)에 따라 부속회로의 전로와 대지 사이 및 배선 상호 간의 절연저항은 1경계구역마다 직류 250 [V]의 절연저항측정기를 사용하여 측정한 절연저항이 몇 [$M\Omega$] 이상이 되도록 하여야 하는가?

① 0.1
② 0.2
③ 10
④ 20

해설 비상방송설비 배선 ─────────

1) 화재로 인해 하나의 층의 확성기 또는 배선이 단락 또는 단선되어도 다른 층의 화재 통보에 지장이 없을 것
2) 전원회로의 배선은 내화배선
3) 그 밖의 배선은 내화배선 또는 내열배선으로 할 것
4) 절연저항
   (1) 전원회로의 전로와 대지 사이 및 배선 상호 간 : 전기사업법 기술기준 적용
   (2) 부속회로의 전로와 대지 사이 및 배선 상호 간 : 1 경계구역마다 직류 250 [V]의 절연저항측정기를 사용하여 측정한 절연저항 0.1 [MΩ] 이상

68 상 중 하

자동화재탐지설비 및 시각경보장치의 화재안전성능기준에 따라 감지기회로에 종단저항을 설치하는 목적으로 알맞은 것을 고르시오.

① 도통시험을 하기 위해
② 작동시험을 하기 위하여
③ 전원 상태를 확인하기 위하여
④ 작동중인 감지기를 쉽게 확인하기 위하여

해설 도통시험 위한 종단저항 ────────

• 점검 및 관리가 쉬운 장소에 설치
• 설치높이 : 1.5 [m] 이하(전용함 설치)
• 감지기회로 끝부분 설치
• 종단감지기에 설치 시 : 기판·감지기 외부등 별도표시
• 도통시험을 하기 위해 설치

69 상 중 하

다음 비상경보설비 및 비상방송설비에 사용되는 용어 설명 중 틀린 것은?

① 비상벨설비라 함은 화재발생 상황을 경종으로 경보하는 설비를 말한다.
② 증폭기라 함은 전압전류의 주파수를 늘려 감도를 좋게 하고 소리를 크게 하는 장치를 말한다.
③ 확성기라 함은 소리를 크게 하여 멀리까지 전달될 수 있도록 하는 장치로써 일명 스피커를 말한다.
④ 음량조절기라 함은 가변저항을 이용하여 전류를 변화시켜 음량을 크게 하거나 작게 조절할 수 있는 장치를 말한다.

해설 비상방송설비 용어 ────────

1) "확성기"란 소리를 크게 하여 멀리까지 전달될 수 있도록 하는 장치로써 일명 스피커를 말한다.
2) "음량조절기"란 가변저항을 이용하여 전류를 변화시켜 음량을 크게 하거나 작게 조절할 수 있는 장치를 말한다.
3) "증폭기"란 전압전류의 진폭을 늘려 감도를 좋게 하고 미약한 음성전류를 커다란 음성전류로 변화시켜 소리를 크게 하는 장치를 말한다.
4) "기동장치"란 화재감지기, 발신기 등의 상태변화를 전송하는 장치를 말한다.
5) "몰드"란 전선을 물리적으로 보호하기 위해 사용되는 통형 구조물을 말한다.
6) "약전류회로"란 전신선, 전화선 등에 사용하는 전선이나 케이블, 인터폰, 확성기의 음성회로, 라디오·텔레비전의 시청회로 등을 포함하는 약전류가 통전되는 회로를 말한다.
7) "전원회로"란 전기·통신, 기타 전기를 이용하는 장치 등에 전력을 공급하기 위하여 필요한 기기로 이루어지는 전기회로를 말한다.
8) "절연저항"이란 전류가 도체에서 절연물을 통하여 다른 충전부나 기기로 누설되는 경우 그 누설 경로의 저항을 말한다.
9) "절연효력"이란 전기가 불필요한 부분으로 흐르지 않도록 절연하는 성능을 나타내는 것을 말한다.
10) "정격전압"이란 전기기계기구, 선로 등의 정상적인 동작을 유지시키기 위해 공급해주어야 하는 기준 전압을 말한다.
11) "조작부"란 기기를 제어할 수 있도록 조작스위치, 지시계, 표시등 등을 집결시킨 부분을 말한다.
12) "풀박스"란 장거리 케이블 포설을 용이하게 하기 위해 전선관 중간에 설치하는 상자형 구조물 등을 말한다.

70 상(중)하

비상방송설비의 화재안전기술기준(NFTC 202)에 따라 비상방송설비에서 기동장치에 따른 화재신고를 수신한 후 필요한 음량으로 화재발생 상황 및 피난에 유효한 방송이 자동으로 개시될 때까지의 소요시간은 몇 초 이하로 하여야 하는가?

① 5　　　　　　② 10
③ 15　　　　　　④ 20

해설 비상방송설비 음향장치 설치기준 ─────

1) 확성기
  (1) 음성입력 : 실외 3 [W] 이상, 실내 1 [W] 이상
  (2) 수평거리 : 층 각 부분으로부터 하나의 확성기까지의 25 [m] 이하
  (3) 확성기는 각 층마다 설치, 당해 층의 각 부분에 유효하게 경보를 발하도록 설치
2) 음량조정기(ATT) : 음량조정기의 배선은 3선식으로 함
3) 기동장치에 따른 화재신고를 수신한 후 필요한 음량으로 화재발생 상황 및 피난에 유효한 방송이 자동으로 개시될 때까지의 소요시간은 10초 이하로 할 것

71 상(중)하

무선통신보조설비 설치 제외기준 중 다음 (　　) 안에 알맞은 것은?

(㉠)으로서 특정소방대상물의 바닥부분 2면 이상이 지표면과 동일하거나 지표면으로부터의 깊이가 (㉡) [m] 이하인 경우에는 해당 층에 한하여 무선통신보조설비를 설치하지 아니할 수 있다.

① ㉠ 지하층, ㉡ 1　　② ㉠ 지하층, ㉡ 2
③ ㉠ 지상층, ㉡ 1　　④ ㉠ 지상층, ㉡ 2

해설 무선통신보조설비 설치 제외 장소 ─────

1) 지하층으로서 특정소방대상물의 바닥부분 2면 이상이 지표면과 동일한 층
2) 지하층으로서 지표면으로부터의 깊이가 1 [m] 이하인 층

72 상(중)하

다음 중 단독경보형 감지기의 설치기준으로 옳지 않은 것은?

① 각 실마다 설치한다.
② 최상층의 계단실 천장(외기가 상통하는 계단실의 경우 제외)에 설치한다.
③ 바닥면적이 100 [m²]를 초과하는 경우 100 [m²]마다 1개 이상 설치한다.
④ 상용전원을 주전원으로 사용하는 단독경보형 감지기의 2차 전지는 소방법에 따른 제품검사에 합격한 것을 사용한다.

해설 단독경보형 감지기의 설치기준 ─────

• 각 실(이웃하는 실내의 바닥면적이 각각 30 [m²] 미만이고 벽체의 상부의 전부 또는 일부가 개방되어 이웃하는 실내와 공기가 상호유통되는 경우에는 이를 1개의 실로 본다)마다 설치하되, 바닥면적이 150 [m²]를 초과하는 경우에는 150 [m²]마다 1개 이상 설치할 것
• 최상층의 계단실의 천장(외기가 상통하는 계단실의 경우를 제외한다)에 설치할 것
• 건전지를 주전원으로 사용하는 단독경보형 감지기는 정상적인 작동 상태를 유지할 수 있도록 건전지를 교환할 것
• 상용전원을 주전원으로 사용하는 단독경보형 감지기의 2차 전지는 법 제39조에 따라 제품검사에 합격한 것을 사용할 것

73 (상 중 ⓗ)

비상방송설비의 구성 요소 중 전압전류의 진폭을 늘려 감도를 좋게 하고 미약한 음성전류를 커다란 음성전류로 변화시켜 소리를 크게 하는 장치는?

① 확성기　　　② 음량조절기
③ 증폭기　　　④ 변조기

해설 비상방송설비

1) "확성기"란 소리를 크게 하여 멀리까지 전달될 수 있도록 하는 장치로써 일명 스피커를 말한다.
2) "음량조절기"란 가변저항을 이용하여 전류를 변화시켜 음량을 크게 하거나 작게 조절할 수 있는 장치를 말한다.
3) "증폭기"란 전압전류의 진폭을 늘려 감도를 좋게 하고 미약한 음성전류를 커다란 음성전류로 변화시켜 소리를 크게 하는 장치를 말한다.
4) "기동장치"란 화재감지기, 발신기 등의 상태변화를 전송하는 장치를 말한다.
5) "몰드"란 전선을 물리적으로 보호하기 위해 사용되는 통형 구조물을 말한다.
6) "약전류회로"란 전신선, 전화선 등에 사용하는 전선이나 케이블, 인터폰, 확성기의 음성회로, 라디오·텔레비전의 시청회로 등을 포함하는 약전류가 통전되는 회로를 말한다.
7) "전원회로"란 전기·통신, 기타 전기를 이용하는 장치 등에 전력을 공급하기 위하여 필요한 기기로 이루어지는 전기회로를 말한다.
8) "절연저항"이란 전류가 도체에서 절연물을 통하여 다른 충전부나 기기로 누설되는 경우 그 누설 경로의 저항을 말한다.
9) "절연효력"이란 전기가 불필요한 부분으로 흐르지 않도록 절연하는 성능을 나타내는 것을 말한다.
10) "정격전압"이란 전기기계기구, 선로 등의 정상적인 동작을 유지시키기 위해 공급해주어야 하는 기준 전압을 말한다.
11) "조작부"란 기기를 제어할 수 있도록 조작스위치, 지시계, 표시등 등을 집결시킨 부분을 말한다.
12) "풀박스"란 장거리 케이블 포설을 용이하게 하기 위해 전선관 중간에 설치하는 상자형 구조물 등을 말한다.

74 (상 ⓒ 하)

휴대용 비상조명등의 설치기준 중 틀린 것은?

① 지하상가 및 지하역사에는 보행거리 25 [m] 이내마다 3개 이상 설치할 것
② 건전지 및 충전식 배터리의 용량은 10분 이상 유효하게 사용할 수 있는 것으로 할 것
③ 숙박시설 또는 다중이용업소에는 객실 또는 영업장 안의 구획된 실마다 잘 보이는 곳(외부에 설치 시 출입문 손잡이로부터 1 [m] 이내 부분)에 1개 이상 설치할 것
④ 설치높이는 바닥으로부터 0.8 [m] 이상 1.5 [m] 이하의 높이에 설치할 것

해설 휴대용 비상조명등 설치기준

1) 설치장소

설치장소	설치개수
숙박시설 또는 다중이용업소에는 객실 또는 영업장 안의 구획된 실마다 잘 보이는 곳(외부 설치 시 출입문 손잡이로부터 1 [m] 이내 부분)	1개 이상
대규모점포(지하상가·지하역사 제외), 영화상영관	보행거리 50 [m] 이내마다 3개 이상
지하상가 및 지하역사	보행거리 25 [m] 이내마다 3개 이상

2) 설치기준
(1) 바닥으로부터 0.8 [m] 이상 1.5 [m] 이하의 높이에 설치할 것
(2) 어둠 속에서 위치를 확인할 수 있도록 할 것
(3) 사용 시 자동으로 점등되는 구조일 것
(4) 외함은 난연성능이 있을 것
(5) 건전지 사용 시 방전방지조치를 하고, 충전식 배터리 사용 시 상시 충전되도록 할 것
(6) 건전지 및 충전식 배터리 용량은 20분 이상 유효하게 사용할 수 있는 것

75 (상 ⑬ 하)

유도등 및 유도표지의 화재안전기준에 따른 광원점등방식의 피난유도선에 대한 설치기준으로 틀린 것은?

① 구획된 각 실로부터 주출입구 또는 비상구까지 설치할 것
② 수신기로부터의 화재신호 및 수동조작에 의하여 광원이 점등되도록 설치할 것
③ 피난유도 표시부는 바닥으로부터 높이 1 [m] 이하의 위치 또는 바닥 면에 설치할 것
④ 피난유도 표시부는 80 [cm] 이내의 간격으로 연속되도록 설치하되 실내장식물 등으로 설치가 곤란할 경우 1 [m] 이내로 설치할 것

해설 광원점등방식 피난유도선 설치기준 ────

1) 구획된 각 실로부터 주출입구 또는 비상구까지 설치할 것
2) 피난유도 표시부는 바닥으로부터 높이 1 [m] 이하의 위치 또는 바닥 면에 설치할 것
3) 피난유도 표시부는 50 [cm] 이내의 간격으로 연속되도록 설치하되 실내장식물 등으로 설치가 곤란할 경우 1 [m] 이내로 설치할 것
4) 수신기로부터의 화재신호 및 수동조작에 의하여 광원이 점등되도록 설치할 것
5) 비상전원이 상시 충전 상태를 유지하도록 설치할 것
6) 바닥에 설치되는 피난유도 표시부는 매립하는 방식을 사용할 것
7) 피난유도 제어부는 조작 및 관리가 용이하도록 바닥으로부터 0.8 [m] 이상 1.5 [m] 이하의 높이에 설치할 것

76 (상 중 하)

자동화재속보설비의 속보기의 성능인증 및 제품검사의 기술기준에 따라 자동화재속보설비의 속보기가 소방관서에 자동적으로 통신망을 통해 통보하는 신호의 내용으로 옳은 것은?

① 당해 소방대상물의 위치 및 규모
② 당해 소방대상물의 위치 및 용도
③ 당해 화재발생 및 당해 소방대상물의 위치
④ 당해 고장발생 및 당해 소방대상물의 위치

해설 자동화재속보설비 ────

1) 속보기
수동작동 또는 자동화재탐지설비 수신기와 연동으로 관계인에게 화재발생을 경보함과 동시에 소방관서에 자동적으로 통신망을 통해 화재발생 및 위치 등을 음성으로 통보하여 주는 것
2) 통신망
유선이나 무선 또는 유무선 겸용방식을 구성하여 음성 또는 데이터 등을 전송할 수 있는 집합체

77 (상 ⑬ 하)

비상방송설비의 화재안전기술기준(NFTC 202)에 따라 비상방송설비 음향장치의 정격전압이 220 [V]인 경우 최소 몇 [V] 이상에서 음향을 발할 수 있어야 하는가?

① 165
② 176
③ 187
④ 198

해설 비상방송설비 음향장치 ────

1) 정격전압의 80 [%] 전압에서 음향을 발할 수 있는 것을 할 것
2) 자동화재탐지설비의 작동과 연동하여 작동할 수 있는 것으로 할 것
∴ 정격전압의 80 [%] : 220 [V] × 0.8 = 176 [V]

78 상⟨중⟩하

누전경보기의 화재안전기술기준(NFTC 205)의 용어 정의에 따라 변류기로부터 검출된 신호를 수신하여 누전의 발생을 해당 특정소방대상물의 관계인에게 경보하여 주는 것은?

① 축전지
② 수신부
③ 경보기
④ 음향장치

해설 누전경보기 용어 ────────

1) "누전경보기"란 내화구조가 아닌 건축물로서 벽, 바닥 또는 천장의 전부나 일부를 불연재료 또는 준불연재료가 아닌 재료에 철망을 넣어 만든 건물의 전기설비로부터 누설전류를 탐지하여 경보를 발하는 기기로서, 변류기와 수신부로 구성된 것을 말한다.
2) "수신부"란 변류기로부터 검출된 신호를 수신하여 누전의 발생을 해당 특정소방대상물의 관계인에게 경보하여 주는 것(차단기구를 갖는 것을 포함한다)을 말한다.
3) "변류기"란 경계전로의 누설전류를 자동적으로 검출하여 이를 누전경보기의 수신부에 송신하는 것을 말한다.
4) "경계전로"란 누전경보기가 누설전류를 검출하는 대상 전선로를 말한다.
5) "과전류차단기"란 「전기설비기술기준의 판단기준」 제38조와 제39조에 따른 것을 말한다.
6) "분전반"이란 배전반으로부터 전력을 공급받아 부하에 전력을 공급해주는 것을 말한다.
7) "인입선"이란 「전기설비기술기준」 제3조 제1항 제9호에 따른 것으로서, 배전선로에서 갈라져서 직접 수용장소의 인입구에 이르는 부분의 전선을 말한다.
8) "정격전류"란 전기기기의 정격출력 상태에서 흐르는 전류를 말한다.

79 상⟨중⟩하

청각장애인용 시각경보장치는 천장의 높이가 2 [m] 이하인 경우에는 천장으로부터 몇 [m] 이내의 장소에 설치하여야 하는가?

① 0.1
② 0.15
③ 1.0
④ 1.5

해설 시각경보장치 설치기준 ────────

1) 복도·통로·청각장애인용 객실 및 공용으로 사용하는 거실(로비, 회의실, 강의실, 식당, 휴게실, 오락실, 대기실, 체력단련실, 접객실, 안내실, 전시실, 기타 이와 유사한 장소를 말한다)에 설치하며, 각 부분으로부터 유효하게 경보를 발할 수 있는 위치에 설치할 것
2) 공연장·집회장·관람장 또는 이와 유사한 장소에 설치하는 경우에는 시선이 집중되는 무대부 부분 등에 설치할 것
3) 설치높이는 바닥으로부터 2 [m] 이상 2.5 [m] 이하의 장소에 설치할 것. 다만 천장의 높이가 2 [m] 이하인 경우에는 천장으로부터 0.15 [m] 이내의 장소에 설치해야 한다.
4) 시각경보장치의 광원은 전용의 축전지설비 또는 전기저장장치(외부 전기에너지를 저장해두었다가 필요한 때 전기를 공급하는 장치)에 의하여 점등되도록 할 것. 다만 시각경보기에 작동전원을 공급할 수 있도록 형식승인을 얻은 수신기를 설치한 경우에는 그렇지 않다.

80 상⟨중⟩하

정온식 감지기의 설치 시 공칭작동온도가 최고주위온도보다 최소 몇 [℃] 이상 높은 것으로 설치하여야 하나?

① 10
② 20
③ 30
④ 40

해설 감지기 설치 ────────

- 스포트형 감지기 설치할 때 각도가 45° 이상 경사가 되지 않도록 설치
- 보상식 스포트형 감지기는 정온점이 감지기 주위의 평상시 최고 온도보다 20 [℃] 이상 높은 것으로 설치
- 정온식 감지기의 경우 작동온도가 주위 최고 온도보다 20 [℃] 이상 높은 것으로 설치

2024년 3회

소방원론

목표시간 : 20분 | 시작 : _시 _분 | 종료 : _시 _분 | 맞은 개수 : _ /20

---

01 (상 중 하)

다음 중 연소의 3요소가 아닌 것은?

① 연료
② 촉매
③ 공기
④ 점화원

해설 연소의 3요소, 4요소 —————

① 연료 ⇒ 가연물
③ 공기 ⇒ 산소공급원
④ 점화원

연소의 3요소	연소의 4요소
• 가연물 • 산소공급원 • 점화원	• 가연물 • 산소공급원 • 점화원 • 연쇄반응

암기 ▶ 연소의 3요소 : 가산점

---

02 (상 중 하)

제2종 분말소화약제의 주성분으로 옳은 것은?

① NaH_2PO_4
② KH_2PO_4
③ $NaHCO_3$
④ $KHCO_3$

해설 분말소화약제 —————

종별	소화약제	약제색	적응화재
1종	탄산수소나트륨 ($NaHCO_3$)	백색	BC급
2종	탄산수소칼륨 ($KHCO_3$)	담자색 (담회색)	BC급
3종	제1인산암모늄 ($NH_4H_2PO_4$)	담홍색	ABC급
4종	탄산수소칼륨 + 요소 ($KHCO_3$+$(NH_2)_2CO$)	회(백)색	BC급

암기 ▶ 백담사 홍어회

---

03 (상 중 하)

소화에 필요한 CO_2의 이론소화농도가 공기 중에서 37 [vol%]일 때 한계산소농도는 약 몇 [vol%]인가?

① 13.2
② 14.5
③ 15.5
④ 16.5

해설 이산화탄소의 농도 —————

$$CO_2 \text{ 농도 [vol\%]} = \frac{21 - O_2[vol\%]}{21} \times 100$$

$$37 = \frac{21 - O_2}{21} \times 100$$

$$\therefore O_2 = 13.23 \,[vol\%]$$

---

04 상중하

제6류 위험물에 속하지 않는 것은?

① 질산
② 과산화수소
③ 과염소산
④ 과염소산염류

해설 제6류 위험물(산화성 액체)

품명	지정수량
과염소산	
과산화수소	300 [kg]
질산	

보충 과염소산염류 : 제1류 위험물

신유형!
05 상중하

물의 물리 · 화학적 성질로 틀린 것은?

① 분자 간 결합은 쌍극자 – 쌍극자 상호작용의 일종인 수소결합에 의해 이루어진다.
② 대기압하에서 100 [℃]의 물이 액체에서 수증기로 바뀌면 체적은 약 1600배 정도 증가한다.
③ 유류화재에 물을 무상으로 주수하면 질식효과 이외에 유탁액에 생성되어 유화효과가 나타난다.
④ 수소 1 분자와 산소 1/2 분자로 이루어져 있으며 이들 사이의 화학결합은 비극성 이온결합이다.

해설 물의 물리 · 화학적 성질

④ 수소 1 분자와 산소 1/2 분자로 이루어져 있으며 이들 사이의 화학결합은 극성 공유결합이다.

구분	내용
물리적 성질	• 상온에서 물은 무겁고 안정된 액체 • 융해잠열 : 80 [kcal/kg] (= 334 [kJ/kg]) • 증발잠열 : 539.6 [kcal/kg] (= 2257 [kJ/kg]) • 비열 : 1 [kcal/kg · ℃] = 1 [cal/g · ℃] 　　　　 (= 4.18 [kJ/kg · K]) • 잠열, 비열, 표면장력이 크다 • 증발 시 체적 약 1650배(1600 ~ 1700배) 증가
화학적 성질	• 수소 2 원자, 산소 1 원자(H_2O) • 물은 극성 분자, 수소결합

[물분자의 수소결합]

06 상중하

물과 반응하여 가연성 기체를 발생하지 않는 것은?

① 칼륨　　　　　　② 인화아연
③ 산화칼슘　　　　④ 탄화알루미늄

해설 분진폭발을 일으키지 않는 물질

물과 반응하여 가연성 기체를 발생하지 않는 것
• 시멘트
• 석회석
• 탄산칼슘($CaCO_3$)
• 생석회(CaO) = 산화칼슘
• 소석회

암기 분시석 탄생소

정답 04 ④ 05 ④ 06 ③

07 (상 중 하)

화재의 소화원리에 따른 소화방법의 적용으로 틀린 것은?

① 냉각소화 : 스프링클러설비
② 질식소화 : 이산화탄소소화설비
③ 제거소화 : 포소화설비
④ 억제소화 : 할로겐화합물소화설비

해설 소화방법

소화원리	소화방법
냉각소화	• 스프링클러설비 • 옥내·외소화전설비
질식소화	• 이산화탄소소화설비 • 포소화설비 • 불활성기체소화설비 • 마른모래·팽창질석·팽창진주암
억제소화	• 할로겐화합물소화설비 • 분말소화설비

08 (상 중 하)

실내 화재 시 발생한 연기로 인한 감광계수[m⁻¹]와 가시거리에 대한 설명 중 틀린 것은?

① 감광계수가 0.1일 때 가시거리는 20 ~ 30 [m]이다.
② 감광계수가 0.3일 때 가시거리는 15 ~ 20 [m]이다.
③ 감광계수가 1.0일 때 가시거리는 1 ~ 2 [m]이다.
④ 감광계수가 10일 때 가시거리는 0.2 ~ 0.5 [m]이다.

해설 감광계수

감광계수 [m⁻¹]	가시거리 [m]	내용
0.1	20 ~ 30	연기감지기 작동할 때
0.3	5	건물에 익숙한 사람이 피난에 지장을 느낄 때
0.5	3	어두움을 느낄 때
1	1 ~ 2	거의 앞이 보이지 않음
10	0.2 ~ 0.5	최성기 때 연기농도
30	–	출화실에서 연기 분출

09 (상 중 하)

제4류 위험물의 물리·화학적 특성에 대한 설명으로 틀린 것은?

① 증기는 공기보다 가볍다.
② 대부분은 물보다 가볍다.
③ 인화성 액체이다.
④ 인화점이 낮을수록 증기 발생이 용이하다.

해설 제4류 위험물의 특성

1) 상온에서 액체 상태이다.
2) 인화성 액체이다(인화의 위험이 높다).
3) 인화점이 낮을수록 증기 발생이 용이하다.
4) 정전기에 의한 화재 발생위험이 있다.
5) 대부분 물보다 가볍고 물에 녹지 않는다.
6) 증기는 공기보다 무겁다(증기비중이 공기보다 크다).
7) 비교적 낮은 착화점을 가지고 있다.

10 (상 **중** 하)

자연발화 방지대책에 대한 설명 중 틀린 것은?

① 저장실의 온도를 낮게 유지한다.
② 저장실의 환기를 원활히 시킨다.
③ 촉매물질과의 접촉을 피한다.
④ 저장실의 습도를 높게 유지한다.

[해설] 자연발화 방지대책 ────────

1) 가연성 물질 제거
2) 통풍이나 환기를 통한 열 축적 방지
3) 저장실의 온도를 낮출 것
4) 습도 높은 곳 피할 것(수분 : 촉매작용)
5) 열전도성 좋게 할 것

신유형! 12 (상 **중** 하)

내화구조기준에 적합한 지붕의 구조로 옳지 않은 것은?

① 철골철근콘크리트조
② 무근콘크리트조
③ 철재로 보강된 콘크리트블록조
④ 철재로 보강된 유리블록

[해설] 내화구조기준에 적합한 지붕 ────────

1) 철근콘크리트조 또는 철골철근콘크리트조
2) 철재로 보강된 콘크리트블록조·벽돌조 또는 석조
3) 철재로 보강된 유리블록 또는 망입유리로 된 것

[보충]▶ 건축법 제50조에 따라
주요구조부와 지붕을 내화(耐火)구조로 해야 한다.

11 (상 **중** 하)

할론소화설비에서 할론 1301 약제의 분자식은?

① CBr_2ClF
② CF_3Br
③ CCl_2BrF
④ BrC_2ClF

[해설] 할론소화약제 ────────

종류	분자식	상온·상압
할론 1211	CF_2ClBr	기체
할론 1301	CF_3Br	
할론 1011	CH_2ClBr	액체
할론 2402	$C_2F_4Br_2$	

13 (상 중 **하**)

전기화재의 원인으로 거리가 먼 것은?

① 단락
② 과전류
③ 누전
④ 절연 과다

[해설] 전기화재 원인 ────────

1) 과전류(과부하)에 의한 발화
2) 단락(합선)에 의한 발화
3) 누전에 의한 발화
4) 낙뢰에 의한 발화
5) 전기불꽃에 의한 발화
6) 정전기로 인한 스파크 발생에 의한 발화

[보충]▶ • 절연 : 전기 또는 열을 통하지 않게 하는 것
• 단락 : 전기회로의 두 점 사이의 절연이 잘 안 되어서
두 점 사이가 접속되는 일
• 누전 : 절연이 불완전하거나 시설이 손상되어
전기가 전깃줄 밖으로 새어 흐름

[정답] 10 ④ 11 ② 12 ② 13 ④

14 상 (중) 하

주된 연소 형태가 표면연소인 가연물로만 나열된 것은?

① 숯, 목탄
② 석탄, 종이
③ 나프탈렌, 파라핀
④ 니트로셀룰로오스, 질화면

해설 연소의 형태(고체의 연소)

구분	내용	종류
표면연소	불꽃이 없고 표면에서 연소	숯, 코크스, 목탄, 금속분
분해연소	고체 가연물이 온도 상승 시 열분해를 통해 발생하는 가연성 가스가 연소	목재, 석탄, 종이, 플라스틱
증발연소	열분해 없이 증발하여 연소	황(유황), 나프탈렌, 파라핀(양초)
자기연소	물질 내부에 산소를 함유하고 있어 별도의 산소 공급 없이 연소	나이트로셀룰로오스(니트로셀룰로오스), 나이트로글리세린(니트로글리세린), 유기과산화물

15 상 (중) 하

화재에서 눈부신 백색(휘백색)의 불꽃 온도는 약 몇 [℃]인가?

① 500
② 950
③ 1300
④ 1500

해설 연소 시 불꽃의 색과 온도

색	온도 [℃]
암적색	700 ~ 750
적색	850
휘적색	900 ~ 950
황적색	1100
백색	1200 ~ 1300
휘백색	1500

암기 ▶ 암적적 휘황백 휘백

16 상 (중) 하

물체의 표면온도가 250 [℃]에서 650 [℃]로 상승하면 열 복사량은 약 몇 배 정도 상승하는가?

① 2.5
② 5.7
③ 7.5
④ 9.7

해설 스테판 볼츠만의 법칙

$$단위\ 면적당\ 복사열량\ Q\,[W/m^2] = \sigma T4$$

복사 : 열전달 매질 없이 전자파 형태로 열이 전달
스테판 볼츠만의 법칙에 의해 복사열은 절대온도의 4승에 비례한다.

보충 ▶ 매질 : 파동을 전달시키는 물질

$$\frac{Q_2}{Q_1} = \frac{(273+t_2)^4}{(273+t_1)^4} = \frac{(273+650)^4}{(273+250)^4} ≒ 9.7배$$

σ : 스테판 볼츠만 상수 $[W/m^2 \cdot K^4]$
T : 절대온도 [K]

17 상(중)하

물의 소화력을 증대시키기 위하여 첨가하는 첨가제 중 물의 유실을 방지하고 건물, 임야 등의 입체 면에 오랫동안 잔류하게 하기 위한 것은?

① 침투제   ② 강화액

③ 증점제   ④ 유화제

해설 물의 소화력 증대를 위한 첨가제

종류	특성
증점제	산림에 장시간 부착(점도 증가)
침투제	계면활성제 첨가
부동액	물의 동결방지 위해 첨가
유화제	분무주수하면 효과적(에멀젼 형성)
강화액	염류를 첨가하여 물의 소화효과와 강화액의 부촉매효과 이용

18 상(중)하

폭연에서 폭굉으로 전이되기 위한 조건에 대한 설명으로 틀린 것은?

① 정상연소속도가 작은 가스일수록 폭굉으로 전이가 용이하다.

② 배관 내에 장애물이 존재할 경우 폭굉으로 전이가 용이하다.

③ 배관의 관경이 가늘수록 폭굉으로 전이가 용이하다.

④ 배관 내 압력이 높을수록 폭굉으로 전이가 용이하다.

해설 폭연(Deflagration), 폭굉(Detonation)

1) 폭연과 폭굉의 비교

가스폭발은 물적 조건과 에너지조건이 만족되면 화염이 발생하여 일정한 속도로 전파되는데, 음속 이하를 폭연(Deflagration), 음속 이상을 폭굉(Detonation)이라고 한다.

구분	폭연	폭굉
전파 속도	음속 이하 (0.1 ~ 10 [m/s])	음속 이상 (1000 ~ 3500 [m/s])
특징	폭굉으로 전이 될 수 있음	압력 상승이 폭연의 10배 이상
에너지 전달	전도, 대류, 복사 (열에 의한 연소파)	충격파

2) 폭굉 유도거리

(1) 폭굉 유도거리란 정상적인 연소에서 폭굉으로 전이되는 데 필요한 거리를 말한다.

(2) 폭굉 유도거리가 짧을수록 위험성이 크다.

(3) 폭굉유도거리가 짧아지는 조건

① 점화원의 에너지가 클수록 (+)

② 연소속도가 클수록 (+)

③ 주위온도가 높을수록 (+)

④ 배관의 압력이 클수록 (+)

⑤ 배관 내 장애물이 많을수록 (+)

⑥ 배관의 관경이 가늘수록(작을수록) (-)

> ① 정상연소속도가 큰 가스일수록 폭굉으로 전이가 용이하다.

19 상 중 하

위험물안전관리법령에서 정하는 제3류 위험물에 해당하는 것이 아닌 것은?

① 인화칼슘
② 황린
③ 칼륨
④ 황화인

해설 제2류 위험물 및 제3류 위험물

구분	종류
제2류 위험물	• 황화인(황화린), 적린, 황(유황) • 철분, 마그네슘, 금속분(Al, Zn 등), 인화성 고체
제3류 위험물	• 황린, 칼륨(K), 나트륨(Na), 알칼리금속(Li 등) 및 알칼리토금속(Ca 등) • 유기금속화합물, 금속의 수소화물(수소화리튬, 수소화나트륨, 수소화칼슘) • 금속의 인화물(인화칼슘) • 칼슘 또는 알루미늄의 탄화물(탄화칼슘, 탄화알루미늄)

※ 제3류 위험물의 특징 및 소화
  (1) 자연발화성 물질 및 금수성 물질
  (2) 물과 접촉하면 발열·발화함
  (3) 건조사, 팽창진주암, 팽창질석 등에 의한 질식소화(주수소화 절대엄금)

암기 제2류 위험물 : 황화인
제3류 위험물 : 황린

20 상 중 하

할론소화약제의 주된 소화효과 및 방법에 대한 설명으로 옳은 것은?

① 소화약제의 증발잠열에 의한 소화방법이다.
② 산소의 농도를 15 [%] 이하로 낮게 하는 소화방법이다.
③ 소화약제의 열분해에 의해 발생하는 이산화탄소에 의한 소화방법이다.
④ 자유활성기(Free Radical)의 생성을 억제하는 소화방법이다.

해설 할론소화약제

1) 연쇄반응 차단하여 부촉매소화
2) 라디컬포착제로 자유활성기 생성 억제
3) 할로겐족 원소 사용(F, Cl, Br, I 등)
4) 부식성이 낮음
5) 전기의 부도체로 전기화재에 효과적
6) 적응성 : 통신기기실, 미술관, 전산실 등

2024년 3회

소방전기일반

| 목표시간 : 30분 | 시작 : _시 _분 | 종료 : _시 _분 | 맞은 개수 : _ /20 |

신유형!

21 (상) 중 하

각종 소방설비의 표시등에 많이 사용되는 발광다이오드 (LED)에 대한 설명으로 틀린 것은?

① 전구에 비해 수명이 길고 진동에 강하다.
② PN 접합에 순방향 전류를 흘림으로서 발광시킨다.
③ 표시등 중에서 응답속도가 가장 느리다.
④ 발광 다이오드의 재료로 GaAs, GaP 등이 사용된다.

해설 발광다이오드(Light Emitting Diode)의 특징 ──────

• 전류를 순방향으로 흘려주었을 때 발광한다.
• 수명이 길고, 진동에 강하다.
• 다른 조명에 비해 밝으며 고장이 잘 나지 않는다.
• 응답속도가 가장 빠르다.
• 재료로 GaAs, GaP 등이 사용된다.

22 (상) 중 하

전계의 세기가 1100 [V/m]인 전장에 5 [μC]의 전하를 놓았을 때 이 전하에 작용하는 힘은 몇 [N]인지 구하시오.

① 5.5×10^{-3}
② 1.1×10^{-6}
③ 1.5×10^{-3}
④ 1.5×10^{-6}

해설 전하에 작용하는 힘 ──────

쿨롱법칙 : 임의의 공간 내에서 두 점전하 Q_1, Q_2 사이에 작용하는 힘

$$F = \frac{1}{4\pi r^2} \times \frac{Q_1 Q_2}{\varepsilon}[N] = \frac{1}{4\pi \varepsilon_0 \varepsilon_s} \times \frac{Q_1 Q_2}{r^2}[N]$$

$$= 9 \times 10^9 \times \frac{Q_1 Q_2}{r^2}[N]$$

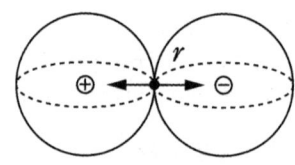

구의 표면적 = $4\pi r^2$

$\varepsilon = \varepsilon_0 \cdot \varepsilon_s$

ε_0 : 진공의 유전율($8.855 \times 10^{-12}[F/m]$),

ε_s : 비유전율(진공 = 1, 공기 ≒ 1)

전기장(전계의 세기)
전하를 가진 물체나 전압이 가해진 선의 주위에서 전기력이 작용하는 공간 또는 전기력선이 작용하는 공간

$$E = \frac{1}{4\pi r^2} \times \frac{Q}{\varepsilon}[V/m] = \frac{1}{4\pi \varepsilon_0 \varepsilon_s} \times \frac{Q}{r^2}[V/m]$$

$$= 9 \times 10^9 \times \frac{Q}{r^2}[V/m]$$

전기장과 쿨롱의 법칙과의 관계
$$F = EQ = 1100 \times 5 \times 10^{-6} = 5.5 \times 10^{-3}[N]$$

23 상 중 하

도통 상태에 있는 SCR을 Off상태로 하기 위한 방법으로 올바른 것은 어느 것인가?

① 게이트 펄스전압을 가한다.

② 게이트 전류를 증가시킨다.

③ 게이트 전압이 부(-)가 되도록 한다.

④ 전원전압의 극성이 반대가 되도록 한다.

(해설) SCR(사이리스터)

SCR은 게이트 전원을 인가하여 (애노드 - 캐소드)의 주 단자가 도통이 되면 게이트 전원과는 관계없이 차단(Off)되지 않는다.

이때 차단이 되기 위해서는 전원전압의 극성이 반대가 되도록 한다.

24 상 중 하

전류계로 전류를 측정하였더니 75 [A]의 전류가 측정되었다. 2 [%]의 보정률을 주었을 때 참값을 구하시오.

① 15

② 15.5

③ 76.5

④ 17

(해설) 참값계산

$$보정률 = 0.02 = \frac{보정값}{측정값} = \frac{보정값}{75[A]}$$

∴ 보정값 = 1.5

보정값 = 참값 - 측정값

∴ 참값 = 보정값 + 측정값 = 75 + 1.5 = 76.5 [A]

25 상 중 하

전압 [V] = 5sin5t + 10sin10t [V]이고, 전류 I = 10sin5t + 5sin10t [A]일 때 소비전력은 몇 [W]인가?

① 125

② 50

③ 12.9

④ 78.2

(해설) 소비전력 계산

$$P = VI = \frac{V_m}{\sqrt{2}} \times \frac{I_m}{\sqrt{2}}$$

$$= (\frac{5}{\sqrt{2}} \times \frac{10}{\sqrt{2}}) + (\frac{10}{\sqrt{2}} \times \frac{5}{\sqrt{2}})$$

$$= 50[W]$$

각 고조파별로 별도로 계산 후 합산한다.

TIP ▶ 5고조파는 5고조파끼리, 10고조파는 10고조파끼리 계산

26 상 중 하

다음과 같은 회로의 a-b 사이에 걸리는 전압 [V]을 구하시오.

① 2

② 4

③ 6

④ 10

해설 중첩의 원리 ────────────

1) 전류원 기준(전압원 단락)
   a-b단자는 2 [Ω]의 양단에 걸리는 전압이다. 따라서 전압원 단락 시 3 [A]의 전류원에 의해 6 [V]가 걸린다.
2) 전압원 기준(전류원 개방)
   전류원 개방 시 회로가 개방되기 때문에 0 [V]이다.
3) 6 [V] + 0 [V] = 6 [V]

27 (상 **중** 하)

전원 전압을 일정하게 유지하기 위하여 사용하는 다이오드는?

① 쇼트키다이오드
② 터널다이오드
③ 제너다이오드
④ 버랙터다이오드

해설 다이오드 ────────────

명칭	특성
정류용 다이오드	일반적으로 다이오드라 불리는 것으로 정류작용(전류를 한쪽의 (+)나 (−)로만 흐름)
제너다이오드 (정전압다이오드)	주로 정전압 전원회로에 사용(전원·전압을 일정하게 유지, 안정화)
터널다이오드 (PN접합)	증폭작용·발진작용·개폐작용을 하며, 고속 스위칭회로·논리회로에 사용
포토다이오드	빛을 쬐면 광량에 비례하는 전류가 흐름 (빛 검출용, 광센서에 사용)

암기 ▶ 정전압 & 제너 ㅈㅈㅈ

28 (상 **중** 하)

최대눈금이 200 [mA], 내부저항이 0.8 [Ω]인 전류계가 있다. 8 [mΩ]의 분류기를 사용하여 전류계의 측정범위를 넓히면 몇 [A]까지 측정할 수 있는가?

① 19.6
② 20.2
③ 21.4
④ 22.8

해설 분류기 ────────────

분류기 : 전류의 측정범위를 확대하기 위해 전류계와 병렬로 접속

$$I = \left(1 + \frac{R_A}{R_S}\right) I_0$$

$$= \left(1 + \frac{0.8}{8 \times 10^{-3}}\right) \times (200 \times 10^{-3})$$

$$= 20.2 [A]$$

R_A : 내부저항 [Ω]
R_S : 분류기저항 [Ω]
I_0 : 최대눈금 [A]
I : 전류계 최대측정범위 [A]

29 (상 중 **하**)

PB-on 스위치와 병렬로 접속된 보조접점 X-a의 역할은?

① 인터록회로
② 자기유지회로
③ 전원차단회로
④ 램프점등회로

해설 자기유지회로 —————————

- 스스로 동작을 기억하는 회로
- ON-OFF회로에 많이 사용

PB1을 ON하면 MC 코일이 여자되고 MC-a 접점이 폐로되어
PB1이 Off되어도 MC-a 접점이 자기 유지되어 계속 여자된다.

31 상중하

절연저항을 측정할 때 사용하는 계기는?

① 전류계　　　　② 전위차계
③ 메거　　　　④ 휘스톤 브리지

해설 메거(Megger) —————————

메거	절연저항을 측정
전압계	전압을 측정, 병렬연결
전류계	전류를 측정, 직렬연결
서미스터	온도에 의해 저항이 변함

30 상중하

논리식 $X \cdot (X + Y)$를 간략화하면?

① X　　　　② Y
③ X + Y　　　　④ X · Y

해설 논리식 —————————

$X(X+Y)$
$= XX + XY = X + XY$
$= X(1+Y) = X \cdot 1 = X$

정리	공식
항등법칙	$0+A=A,\ 1+A=1,\ 0\times A=0,\ 1\times A=A$
동일법칙	$A+A=A,\ A\times A=A$
보원법칙	$A+\overline{A}=1,\ A\times\overline{A}=0$
복원법칙	$\overline{\overline{A}}=A$
교환법칙	$A+B=B+A,\ A\times B=B\times A$
결합법칙	$A+(B+C)=(A+B)+C,\ A(BC)=(AB)C$
분배법칙	$A(B+C)=AB+AC,\ A+BC=(A+B)(A+C)$
흡수법칙	$A+AB=A,\ A(A+B)=A$ $A+\overline{A}B=(A+\overline{A})(A+B)=A+B$

32 상중하

테브난의 정리를 이용하여 그림 (a)의 회로를 그림 (b)와 같은 등가회로로 만들고자 할 때 V_{th} [V]와 R_{th} [Ω]은?

(a)　　　　(b)

① 5 [V], 2 [Ω]　　　　② 5 [V], 3 [Ω]
③ 6 [V], 2 [Ω]　　　　④ 6 [V], 3 [Ω]

해설 테브난의 정리 —————————

- a와 b 개방 상태에서 a와 b에 걸리는 전압

$$V_{R_1} = \frac{R_1}{R_1 + R_2} V_0$$

$$V_{th} = \frac{1.2}{1.2 + 1.2} \times 10 = 5[V]$$

- a와 b에서 전원 측을 본 임피던스(전압원단락)

$$R_0 = R_3 + \frac{R_1 R_2}{R_1 + R_2}$$

$$R_{th} = 2.4 + \frac{1.2 \times 1.2}{1.2 + 1.2} = 3[\Omega]$$

33 (상⟨중⟩하)

그림의 논리회로와 등가인 논리게이트는?

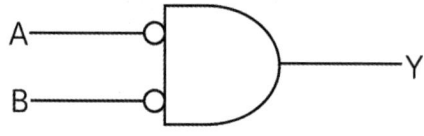

① NOR　　　　② NAND

③ NOT　　　　④ OR

해설 드모르간의 정리

1) 논리합과 논리곱이 완전한 독립이 아니고, 부정을 포함하면 상호교환이 가능하다.
2) NAND회로와 NOR회로의 응용 및 논리회로를 간소화시키는 데 이용된다.

$$\overline{A_{AND}\,B} = \overline{A} \cdot \overline{B} = \overline{A+B}$$

TIP $\overline{A+B} = \overline{A} \cdot \overline{B}$

$\overline{A \cdot B} = \overline{A} + \overline{B}$

34 (상⟨중⟩하)

단상변압기 권수비 a = 8이고, 1차 교류전압은 220 [V]이다. 변압기 2차 전압을 단상 반파 정류회로를 이용하여 정류했을 때 발생하는 직류전압의 평균치는 약 몇 [V]인가?

① 11.38　　　　② 12.38

③ 13.38　　　　④ 13.75

해설 단상 반파 정류회로의 직류전압

$$a = \frac{V_1}{V_2}, \quad a = \frac{220}{V_2}, \quad V_2 = \frac{220}{8}$$

$$V_{av} = 0.45 \times V_2$$

$$= 0.45 \times \frac{220}{8} = 12.38 [V]$$

V_1 : 1차 교류전압

V_2 : 2차 교류전압

V_{av} : 단상 반파 직류전압의 평균치

35 (상⟨중⟩하)

비상 축전지의 정격용량이 50 [Ah], 상시부하 2 [kW], 표준전압 100 [V]인 부동충전방식의 충전기의 2차전류(충전전류)는 몇 [A]인가? (단, 상용전원 정전 시의 비상 부하용량은 1 [kW]이다)

① 5　　　　② 15

③ 25　　　　④ 35

해설 충전기 2차전류 계산(I_2)

$$I_2 = \frac{축전지정격용량[Ah]}{축전지 \ 공칭용량[Ah]} + \frac{상시부하용량[W]}{표준전압[V]}$$

$$= \frac{50}{10} + \frac{2000}{100} = 25[A]$$

TIP 축전지 종류가 나와 있지 않으면 연축전지로 볼 것

연축전지 공칭용량 : 10 [Ah]

알칼리 축전지 공칭용량 : 5 [Ah]

36 (상⟨중⟩하)

다음 회로에서 저항 R에 흐르는 전류 [A]는? (단, 저항의 단위는 모두 [Ω]이다)

① 2.15　　　　② 1.42

③ 0.7　　　　④ 0

해설 휘스톤 브리지 ————————

• 각 저항의 대각선의 곱이 같다.
• 곱이 같으면 그 사이에는 전류 흐르지 않는다.
• ∴ 7 × 3 = 7 × 3으로
　　대각선의 곱이 같으므로
　　R에 흐르는 전류는 0 [A]

37 상(중)하

정전용량 C [F]의 콘덴서에 W [J]의 에너지를 축적하기 위한 인가전압의 값은 몇 [V]인가?

① $\sqrt{\dfrac{W}{C}}$　　　　② $\sqrt{\dfrac{W}{2C}}$

③ $\sqrt{\dfrac{2W}{C}}$　　　　④ $\sqrt{\dfrac{2C}{W}}$

해설 정전에너지 ————————

정전 에너지 : 콘덴서 축척되는 전기 에너지
1) 콘덴서에 전압을 인가한 후 전하가 축적되는 경우 축적되는 에너지
2) 수식

$$W = \frac{1}{2}QV = \frac{1}{2}CV^2 = \frac{Q^2}{2C} \; [J]$$

$C[F]$: 정전용량
$V[V]$: 전압
$Q[C]$: 축적된 전하

$$\therefore \; W = \frac{1}{2}CV^2$$

$$V^2 = \frac{2W}{C}, \quad V = \sqrt{\frac{2W}{C}}$$

38 상(중)하

100 [V], 60 [W]의 전구와 100 [V], 30 [W]의 전구를 직렬로 접속하여 100 [V]의 전압을 인가했을 때 두 전구의 밝기에 대한 설명으로 옳은 것은?

① 100 [V], 60 [W] 전구가 더 밝다.
② 100 [V], 30 [W] 전구가 더 밝다.
③ 인가전압이 같으므로 밝기가 같다.
④ 직렬접속이므로 수시로 변동한다.

해설 전구 밝기 비교 ————————

1) 전구의 밝기는 전압에 비례한다.
2) 60[W] 전구의 저항값 $P = \dfrac{V^2}{R}$ 에서

$$R = \frac{V^2}{P} = \frac{100^2}{60} = 166.667[\Omega]$$

3) 30[W]전류의 저항값

$$P = \frac{V^2}{P} = \frac{100^2}{30} = 333.333[\Omega]$$

4) 회로에 흐르는 전류

$$I = \frac{100}{166.67 + 333.33} = 0.2[A]$$

5) 60[W]에 걸리는 접압

$$V = 0.2 \times 166.67 ≒ 33.3[V]$$

6) 30[W]에 걸리는 전압

$$V = 0.2 \times 333.3 = 66.63$$

7) 따라서 30[W] 전구가 더 밝다.

39 (상)(중)하

100 [V]의 전위차가 있는 곳에 50 [A]의 전류가 6분간 흘렀을 때 전력량은 몇 [J]인가?

① 18×10^5

② 18×10^4

③ 18×10^3

④ 18×10^2

해설 전력량 계산(W) ──────────

$$W = Pt = VIt = 100 \times 50 \times 360$$
$$= 18 \times 10^5 [J]$$

W : 전력량 [J]

P : 전력 [W]

t : 시간 [s]

40 (상)(중)하

목푯값이 시간에 대하여 변화하지 않는 제어는?

① 정치제어

② 추종제어

③ 비율제어

④ 프로그래밍제어

해설 목푯값에 의한 분류 ──────────

구분		내용
정치제어		목푯값이 일정한 자동제어에 적용
추치제어	추종제어	미지의 임의 시간적 변화를 하는 목푯값에 제어량을 추종시키는 제어
	프로그램제어	미리 정해진 시간변화에 따라 정해진 순서대로 제어
	비율제어	목푯값이 서로 다른 어떤 양과 일정한 비율관계를 가지는 제어
	시퀀스제어	미리 정해진 순서에 따라 각 단계가 순차적으로 진행

2024년 3회
소방관계법규

목표시간 : 20분 | 시작 : _시 _분 | 종료 : _시 _분 | 맞은 개수 : _ /20

41 (상 중 하)

소방기본법령상 소방안전교육사의 배치대상별 배치기준으로 틀린 것은?

① 소방청 : 2명 이상 배치
② 소방서 : 1명 이상 배치
③ 소방본부 : 2명 이상 배치
④ 한국소방안전원(시·도지부) : 2명 이상 배치

해설 소방안전교육사

보육시설 영유아, 유치원의 유아, 학교 학생들을 대상으로 해서 화재예방 및 화재발생 시에 인명, 재산피해를 줄이기 위해 소방안전 교육과 훈련을 실시하는 인력. 소방안전교육을 기획하고 진행, 분석, 평가, 교육 등의 업무를 담당한다.

배치대상	배치기준(이상)
소방청	2명
소방본부	2명
소방서	1명
한국소방안전원	본회 : 2명, 시·도지부 : 1명
한국소방산업기술원	2명

42 (상 중 하)

다음 중 소방기본법에서 정의하는 용어의 뜻으로 틀린 것을 고르시오.

① "소방대상물"이란 건축물, 차량, 선박(「선박법」 제1조의2 제1항에 따른 선박으로서 항구에 매어 둔 선박만 해당한다), 선박 건조 구조물, 산림, 그 밖의 인공 구조물 또는 물건을 말한다.
② "관계인"이란 소방대상물의 소유자·관리자 또는 점유자를 말한다.
③ "소방본부장"이란 특별시·광역시·특별자치시·도 또는 특별자치도(이하 "시·도"라 한다)에서 화재의 예방·경계·진압·조사 및 구조·구급 등의 업무를 담당하는 부서의 장을 말한다.
④ "소방대"(消防隊)란 화재를 진압하고 화재, 재난·재해, 그 밖의 위급한 상황에서 구조·구급 활동 등을 하는 사람으로서 소방공무원, 의무소방원, 자체소방대원이다.

해설 소방대

1) 의무소방원 : 병역 의무 기간동안 군 복무 대신 소방관서에서 업무를 보조하는 현역 군인(군사훈련을 마친 후 소방업무를 보조하며 화재의 경계 및 진압 업무와 구조 및 구급활동 등의 소방업무를 수행 → 2023년도에 폐지)
2) 의용소방대원 : 일반인으로 구성되어있으며 소방 업무를 보조. 화재 등 재난상황 발생 시 복무
3) 자체소방대 : 위험물안전관리법에 따른 설치대상에 편성
4) 자위소방대 : 화재의 예방 및 안전관리에 관한 법률에 따르며 특정소방대상물에 자율적으로 구성

43 (상[중]하)

소방기본법령상 소방의 날 제정과 운영 등에 관하여 소방행정 발전에 공로가 있다고 인정되는 사람을 누가 명예직 소방대원으로 위촉할 수 있는지 고르시오.

① 소방본부장
② 소방청장
③ 시도지사
④ 소방서장

해설 소방의 날 제정과 운영 등 ─────────

1) 국민의 안전의식과 화재에 대한 경각심을 높이고 안전문화를 정착시키기 위하여 매년 11월 9일을 소방의 날로 정하여 기념행사를 한다.
2) 소방의 날 행사에 관하여 필요한 사항은 소방청장 또는 시·도지사가 따로 정하여 시행할 수 있다.
3) 소방청장은 다음에 해당하는 사람을 명예직 소방대원으로 위촉할 수 있다.
   (1) 「의사상자등 예우 및 지원에 관한 법률」에 따른 의사상자에 해당하는 사람
   (2) 소방행정 발전에 공로가 있다고 인정되는 사람

44 (상[중]하)

소방시설공사업법령상 소방시설공사의 하자보수 보증기간이 3년이 아닌 것은?

① 자동소화장치
② 비상조명등
③ 자동화재탐지설비
④ 간이스프링클러설비

해설 소방시설 하자보수 보증기간 ─────────

소방시설	기간
• 피난기구·유도등 • 비상경보설비 • 비상조명등 • 비상방송설비 • 무선통신보조설비	2년
• 자동소화장치 • 옥내·외소화전설비 • 스프링클러·간이스프링클러설비 • 물분무등소화설비 • 자동화재탐지설비 • 상수도소화용수설비 • 화재알림설비	3년

암기 ▶ 이년 피비무

45 (상[중]하)

자동화재탐지설비를 설치하여야 하는 특정소방대상물의 기준으로 틀린 것은?

① 교정 및 군사시설로서 연면적 2000 [m²] 이상인 것
② 목욕장으로서 연면적 2000 [m²] 이상인 것
③ 근린생활시설로서 연면적 600 [m²] 이상인 것
④ 터널로서 길이 1000 [m] 이상인 것

해설 자동화재탐지설비 설치대상 ─────────

설치대상	기준
• 교육연구시설(교육시설 내에 있는 기숙사 및 합숙소를 포함한다), 수련시설(기숙사·합숙소 포함, 숙박시설 제외) • 동·식물 관련 시설, 교정 및 군사시설 • 자원순환 관련 시설 • 교정 및 군사시설 • 묘지 관련 시설	연면적 2000 [m²] 이상인 경우에는 모든 층

정답 43 ② 44 ② 45 ②

설치대상	기준
목욕장, 문화 및 집회시설, 종교시설, 판매시설, 운동시설, 운수시설, 업무시설, 창고시설, 공장, 지하상가, 위험물 저장 및 처리시설, 항공기 및 자동차 관련 시설, 교정 및 군사시설 중 국방·군사시설, 방송통신시설, 발전시설, 관광 휴게시설	연면적 1000 [m²] 이상인 경우에는 모든 층
• 근린생활시설(목욕장 제외) • 의료시설(정신의료기관, 요양병원 제외) • 위락시설, 장례시설 및 복합건축물	연면적 600 [m²] 이상인 경우에는 모든 층
정신의료기관, 의료재활시설	• 바닥면적합계 300 [m²] 이상 • 바닥면적 합계 300 [m²] 미만, 창살 설치
터널	길이 1000 [m] 이상
공장 및 창고시설	500배 이상 특수가연물
요양병원, 지하구, 전통시장, 조산원, 산후조리원	-
전기저장시설, 노유자생활시설	-
공동주택 중 아파트등·기숙사, 숙박시설, 6층 이상인 건축물	-
노유자시설	연면적 400 [m²] 이상인 경우에는 모든 층
숙박시설이 있는 수련시설	수용인원 100명 이상인 경우에는 모든 층

46 상 ㊥ 하

화재의 예방 및 안전관리에 관한 법령상 특정소방대상물의 관계인이 수행하여야 하는 소방안전관리 업무가 아닌 것은?

① 소방훈련 및 교육
② 화기 취급의 감독
③ 피난시설, 방화구획 및 방화시설의 관리
④ 화재발생 시 초기대응

해설 특정소방대상물 소방안전관리자와 관계인의 업무 ─────

1) 소방안전관리자의 업무
   (1) 피난계획 관련 사항과 대통령령으로 정하는 사항이 포함된 소방계획서 작성 및 시행
   (2) 자위소방대 및 초기대응체계 구성·운영·교육
   (3) 피난시설, 방화구획, 방화시설의 관리
   (4) 소방훈련 및 교육
   (5) 소방시설이나 그 밖의 소방 관련 시설의 관리
   (6) 화기 취급의 감독
   (7) 소방안전관리에 관한 업무수행에 관한 기록·유지((3), (5), (6)항 업무)
   (8) 화재발생 시 초기대응
   (9) 그 밖에 소방안전관리에 필요한 업무
2) 특정소방대상물 소방관계인의 업무
   (1) 피난시설, 방화구획, 방화시설의 관리
   (2) 소방시설이나 그 밖의 소방 관련 시설의 관리
   (3) 화기 취급의 감독
   (4) 화재발생 시 초기대응
   (5) 그 밖에 소방안전관리에 필요한 업무

47 (상중하)

위험물안전관리법령상 인화성액체위험물(이황화탄소를 제외)의 옥외탱크저장소의 탱크주위에 설치하여야 하는 방유제의 기준 중 틀린 것은?

① 방유제의 용량은 방유제 안에 설치된 탱크가 하나인 때에는 그 탱크 용량의 110 [%] 이상으로 할 것

② 방유제의 용량은 방유제 안에 설치된 탱크가 2기 이상인 때에는 그 탱크 중 용량이 최대인 것의 용량의 110 [%] 이상으로 할 것

③ 방유제는 높이 1 [m] 이상 2 [m] 이하, 두께 0.2 [m] 이상, 지하매설 깊이 0.5 [m] 이상으로 할 것

④ 방유제 내의 면적은 80000 [m²] 이하로 할 것

해설 방유제 ────────

1) 방유제 용량
  (1) 탱크 1기 : 탱크용량 110 [%] 이상
  (2) 탱크 2기 이상 : 최대 탱크 용량 110 [%] 이상
2) 방유제 높이 : 0.5 [m] 이상 3 [m] 이하
3) 방유제 두께 : 0.2 [m] 이상
4) 지하매설길이 : 1 [m] 이상
5) 방유제 면적 : 80000 [m²] 이하
6) 방유제 내에 설치하는 옥외저장탱크 수 : 10기 이하
7) 방유제 재질 : 철근콘크리트, 흙담

48 (상중하)

소방기본법령상 소방활동구역의 출입자에 해당되지 않는 자는?

① 의사·간호사 그 밖의 구조·구급업무 종사자

② 소방활동구역 밖에 있는 소방대상물의 소유자·관리자·점유자

③ 수사업무 종사자

④ 취재인력 등 보도업무에 종사하는 자

해설 소방활동구역 ────────

1) 설정
  (1) 설정권자 : 소방대장
  (2) 소방활동구역을 정하여 소방활동에 필요한 사람으로서 대통령령으로 정하는 사람 외에는 그 구역에 출입하는 것을 제한
2) 출입자
  (1) 소방활동구역 안에 있는 소방대상물의 소유자·관리자·점유자
  (2) 전기·가스·수도·통신·교통의 업무 종사자로서 소방활동을 위해 필요한 사람
  (3) 의사·간호사 그 밖의 구조·구급업무 종사자
  (4) 취재인력 등 보도업무 종사자
  (5) 수사업무 종사자
  (6) 그 밖에 소방대장이 소방활동을 위해 출입을 허가한 사람
3) 경찰공무원은 소방대가 소방활동구역에 있지 않거나 소방대장의 요청이 있을 때에는 출입제한 조치를 할 수 있음

49 상중하

소방시설 설치 및 관리에 관한 법령에 따른 방염성능기준 이상의 실내 장식물 등을 설치하여야 하는 특정소방대상물의 기준 중 틀린 것은?

① 교육연구시설 중 합숙소
② 층수가 11층 이상인 아파트
③ 의료시설
④ 방송통신시설 중 방송국

해설 방염 ─────────

1) 방염성능기준 : 대통령령
2) 방염성능기준 이상의 실내장식물 등을 설치해야 하는 특정소방대상물
   (1) 근린생활시설 중 의원, 조산원, 산후조리원, 체력단련장, 공연장 및 종교집회장, 치과의원, 한의원
   (2) 건축물의 옥내에 있는 시설
     ① 문화 및 집회시설
     ② 종교시설
     ③ 운동시설(수영장 제외)
   (3) 의료시설
   (4) 교육연구시설 중 합숙소
   (5) 노유자시설
   (6) 숙박이 가능한 수련시설
   (7) 숙박시설
   (8) 방송통신시설 중 방송국 및 촬영소
   (9) 다중이용업소
   (10) 층수가 11층 이상인 것(아파트 제외)

※ 소방본부장 또는 소방서장은 방염대상물품 외에 다음의 물품은 방염처리된 물품을 사용하도록 권장할 수 있다.
   1) 다중이용업소, 의료시설, 노유자 시설, 숙박시설 또는 장례식장에서 사용하는 침구류·소파 및 의자
   2) 건축물 내부의 천장 또는 벽에 부착하거나 설치하는 가구류

50 상중하

소방시설 설치 및 관리에 관한 법령상 종합점검 실시 대상이 되는 특정소방대상물의 기준 중 다음 ( ) 안에 알맞은 것은?

- 물분무등소화설비[호스릴방식의 물분무등소화설비만을 설치한 경우는 제외]가 설치된 연면적 (㉠) [m²] 이상인 특정소방대상물(위험물 제조소등은 제외)
- 다중이용업의 영업장이 설치된 특정소방대상물로서 연면적이 (㉡) [m²] 이상인 것

① ㉠ 2000, ㉡ 2000
② ㉠ 2000, ㉡ 5000
③ ㉠ 5000, ㉡ 2000
④ ㉠ 5000, ㉡ 5000

해설 종합점검 대상 ─────────

1) 최초점검 대상물
2) 스프링클러설비가 설치된 특정소방대상물
3) 물분무등소화설비[호스릴방식의 물분무등소화설비만을 설치한 경우는 제외]가 설치된 연면적 5000 [m²] 이상인 특정소방대상물(위험물 제조소등은 제외)
4) 다중이용업의 영업장이 설치된 특정소방대상물로서 연면적이 2000 [m²] 이상인 것(단란주점과 유흥주점, 영화상영관, 비디오물감상실업, 복합영상물제공업, 노래연습장, 산후조리원, 고시원, 안마시술소)
5) 제연설비가 설치된 터널
6) 공공기관 중 연면적(터널·지하구의 경우 그 길이와 평균폭을 곱하여 계산된 값)이 1000 [m²] 이상인 것으로서 옥내소화전설비 또는 자동화재탐지설비가 설치된 것(소방대가 근무하는 공공기관은 제외)

51 (상(중)하)

소방본부장 또는 소방서장은 건축허가 등의 동의요구서류를 접수한 날부터 최대 며칠 이내에 건축허가 등의 동의 여부를 회신하여야 하는가? (단, 허가 신청한 건축물은 지상으로부터 높이가 200 [m]인 아파트이다)

① 5일　　　　② 7일
③ 10일　　　　④ 15일

해설 건축허가 동의요구

- 승인자 : 소방본부장, 소방서장
- 회신 : 동의요구서류 접수한 날로부터 5일(특급소방안전관리대상물 10일) 이내
- 동의요구서 · 첨부서류 보완 : 4일 이내
- 건축허가 취소 사실 통보 : 7일 이내

보충 200 [m] 이상 아파트 : 특급소방안전관리대상물

52 (상(중)하)

소방시설공사업법령상 특정소방대상물에 설치된 소방시설등을 구성하는 것의 전부 또는 일부를 개설, 이전 또는 정비하는 공사의 경우 소방시설공사의 착공신고 대상이 아닌 것은? (단, 고장 또는 파손 등으로 인하여 작동시킬 수 없는 소방시설을 긴급히 교체하거나 보수하여야 하는 경우는 제외한다)

① 수신반　　　　② 소화펌프
③ 동력(감시)제어반　　　　④ 압력챔버

해설 착공신고

특정소방대상물에 설치된 소방시설등을 구성하는 다음에 해당하는 것의 전부 또는 일부를 개설, 이전, 정비하는 공사. 다만고장 · 파손 등으로 인하여 작동시킬 수 없는 소방시설을 긴급히교체하거나 보수하여야 하는 경우에는 신고하지 않을 수 있음
1) 수신반
2) 소화펌프
3) 동력제어반
4) 감시제어반

53 ((상)중 하)

소방시설 설치 및 관리에 관한 법령상 종합점검을 할 수 있는 기술인력으로 알맞은 것을 고르시오.

① 소방설비기사와 소방설비산업기사 자격증 취득자
② 위험물기능장 자격증 취득자
③ 소방안전관리자로 선임된 소방시설관리사 및 소방기술사
④ 관계인

해설 종합점검

[대상]
1) 최초점검 대상물
2) 스프링클러설비가 설치된 특정소방대상물
3) 물분무등소화설비[호스릴방식의 물분무등소화설비만을 설치한 경우는 제외]가 설치된 연면적 5000 [m²] 이상인 특정소방대상물(위험물 제조소등은 제외)
4) 다중이용업의 영업장이 설치된 특정소방대상물로서 연면적이 2000 [m²] 이상인 것(단란주점과 유흥주점, 영화상영관, 비디오물감상실업, 복합영상물제공업, 노래연습장, 산후조리원, 고시원, 안마시술소)
5) 제연설비가 설치된 터널
6) 공공기관 중 연면적(터널 · 지하구의 경우 그 길이와 평균폭을 곱하여 계산된 값)이 1000 [m²] 이상인 것으로서 옥내소화전설비 또는 자동화재탐지설비가 설치된 것(소방대가 근무하는 공공기관은 제외)
[기술인력]
1) 관리업에 등록된 소방시설관리사
2) 소방안전관리자로 선임된 소방시설관리사 또는 소방기술사

54 상중하

소방시설관리사의 결격사유에 해당하지 않는 것을 고르시오.

① 피성년후견인
② 금고 이상의 형의 집행유예를 선고받고 유예기간이 끝난 자
③ 자격이 취소된 날부터 2년이 지나지 않은 자
④ 금고 이상의 실형을 선고받고 그 집행이 끝나거나(집행이 끝난 것으로 보는 경우를 포함한다) 면제된 날부터 2년이 지나지 않은 자

해설 **소방시설관리사 결격사유**

1) 피성년후견인
2) 금고 이상의 실형을 선고받고 그 집행이 끝나거나(집행이 끝난 것으로 보는 경우를 포함한다) 면제된 날부터 2년이 지나지 않은 자
3) 금고 이상의 형의 집행유예를 선고받고 그 유예기간 중에 있는 자
4) 자격이 취소된 날부터 2년이 지나지 않은 자

55 상중하

건축허가 등을 함에 있어서 미리 소방본부장 또는 소방서장의 동의를 받아야 하는 건축물 등의 범위기준이 아닌 것은?

① 모든 수련시설로서 수용인원 100인 이상인 건축물
② 지하층 또는 무창층이 있는 건축물로서 바닥면적이 150 [m²] 이상인 층이 있는 것
③ 차고·주차장으로 사용되는 바닥면적이 200 [m²] 이상인 층이 있는 건물이나 주차시설
④ 장애인 의료재활시설로서 연면적 300 [m²] 이상인 건축물

해설 **건축허가 동의대상물 범위**

구분	기준
학교시설	연면적 100 [m²] 이상
노유자(老幼者)시설 및 수련시설	연면적 200 [m²] 이상
지하층·무창층이 있는 건축물	바닥면적 150 [m²](공연장 100 [m²]) 이상
정신의료기관, 장애인 의료재활시설	연면적 300 [m²] 이상
일반용도의 특정소방대상물	연면적 400 [m²] 이상
차고, 주차장 또는 주차용도로 사용되는 시설	바닥면적 200 [m²] 이상
	기계식 주차시설 자동차 20대 이상
• 노인 관련 시설 중 노인주거복지시설, 노인의료복지시설, 재가노인복지시설, 학대피해노인 전용쉼터 • 아동복지시설(아동상담소, 아동전용시설 및 지역아동센터는 제외한다) • 장애인 거주시설 • 정신질환자 관련 시설(공동생활가정을 제외한 재활훈련시설과 종합시설 중 24시간 주거를 제공하지 않는 시설은 제외한다) • 노숙인 관련 시설 중 노숙인자활시설·노숙인재활시설·노숙인요양시설 • 결핵환자나 한센인이 24시간 생활하는 노유자시설	단독주택, 공동주택에 설치되는 시설 제외
• 6층 이상 건축물 • 항공기격납고, 관망탑, 항공관제탑, 방송용송수신탑 • 요양병원(의료재활시설 제외) • 위험물 저장 및 처리시설, 지하구, 전기저장시설, 풍력발전소 • 조산원, 산후조리원, 의원(입원실 또는 인공신장실이 있는 것) • 공장 또는 창고시설로서 지정 수량의 750배 이상의 특수가연물을 저장·취급하는 것 • 가스시설로서 지상에 노출된 탱크의 저장용량의 합계가 100톤 이상인 것	–

56 상ⓒ하

위험물안전관리법령상 제조소등이 아닌 장소에서 지정수량 이상의 위험물 취급할 수 있는 기준 중 다음 (   ) 안에 알맞은 것은?

> 시·도의 조례가 정하는 바에 따라 관할 소방서장의 승인을 받아 지정수량 이상의 위험물을 (   )일 이내의 기간 동안 임시로 저장 또는 취급하는 경우

① 15
② 30
③ 60
④ 90

해설 위험물 임시저장

1) 위치·구조·설비기준 : 시·도 조례
2) 제조소등이 아닌 장소에서 지정수량 이상 위험물 취급할 수 있는 경우
   - 관할 소방서장의 승인 받아 지정수량 이상 위험물 90일 이내로 임시 저장·취급
   - 군부대는 지정수량 이상 위험물 군사 목적으로 임시 저장·취급

57 상ⓒ하

위험물안전관리법령상 위험물별 성질로서 틀린 것은?

① 제1류 : 산화성 고체
② 제2류 : 가연성 액체
③ 제4류 : 인화성 액체
④ 제6류 : 산화성 액체

해설 위험물의 분류

구분	개요
제1류	산화성 고체
제2류	가연성 고체
제3류	자연발화성·금수성 물질
제4류	인화성 액체
제5류	자기반응성 물질
제6류	산화성 액체

암기 ▶ 산가자 인자산

58 상ⓒ하

화재의 예방 및 안전관리에 관한 법령상 관리의 권원이 분리된 특정소방대상물의 소방안전관리자를 선임해야 할 대상인 것은?

① 판매시설 중 도매시장
② 복합건축물로서 층수가 8층 이상인 것
③ 지하층을 제외한 층수가 7층 이상인 고층 건축물
④ 복합건축물로서 연면적이 12000 [m²] 이상인 것

해설 관리의 권원이 분리된 특정소방대상물의 소방안전관리자 선임 대상

- 복합건축물(지하층 제외한 층수가 11층 이상 또는 연면적 3만 [m²] 이상)
- 지하가(지하 인공구조물 안에 설치된 상점 및 사무실, 그 밖에 이와 비슷한 시설이 연속하여 지하도에 접하여 설치된 것과 그 지하도를 합한 것)
- 판매시설 중 도매시장, 소매시장 및 전통시장

59 (상 ⓒ 하)

소방기본법령상 국고보조 대상사업의 범위 중 소방활동장비와 설비에 해당하지 않는 것은?

① 소방자동차

② 소방헬리콥터

③ 소방전용 외의 통신설비

④ 방화복 등 소방활동에 필요한 소방장비

해설 국고보조 ─────────

1) 국고보조
   (1) 국가는 시·도 소방장비구입 등의 경비를 일부 보조함
   (2) 국가보조 대상사업의 범위와 기준 보조율 : 대통령령인 「보조금관리에 관한 법률 시행령」
   (3) 소방활동장비 및 설비의 종류와 규격 : 행정안전부령
2) 국고보조 대상사업의 범위
   (1) 소방활동장비와 설비의 구입 및 설치
      ① 소방자동차
      ② 소방헬리콥터 및 소방정
      ③ 소방전용통신설비 및 전산설비
      ④ 그 밖에 방화복 등 소방활동에 필요한 소방장비
   (2) 소방관서용 청사의 건축

60 (상 ⓒ 하)

위험물안전관리법상 업무상 과실로 제조소등에서 위험물을 유출·방출 또는 확산시켜 사람의 생명·신체 또는 재산에 대하여 위험을 발생시킨 자에 대한 벌칙기준으로 옳은 것은?

① 5년 이하의 금고 또는 2000만 원 이하의 벌금

② 5년 이하의 금고 또는 7000만 원 이하의 벌금

③ 7년 이하의 금고 또는 2000만 원 이하의 벌금

④ 7년 이하의 금고 또는 7000만 원 이하의 벌금

해설 위험물법 벌칙 ─────────

- 5년 이하 징역 또는 1억 원 이하 벌금
  제조소등의 설치허가를 받지 아니하고 제조소등을 설치한 자
- 7년 이하 금고 또는 7천만 원 이하 벌금
  업무상 과실로 위험물 유출·방출시켜 생명·신체·재산에 위험을 발생시킨 자
- 10년 이하 금고 또는 1억 원 이하 벌금
  업무상 과실로 위험물 유출·방출시켜 사람을 사상에 이르게 한 자

2024년 3회
소방전기시설의 구조 및 원리

3회독	월 일
2회독	월 일
1회독	월 일

| 목표시간 : 30분 | 시작 : _시 _분 | 종료 : _시 _분 | 맞은 개수 : _/20 |

61 (상)(중)하

다음은 자동화재탐지설비 및 시각경보장치의 화재안전기술기준(NFTC 203)에 따라 경계구역을 설정한 것이다. 경계구역기준에 맞지 않게 설정한 것을 고르시오.

① 특정소방대상물의 주된 출입구에서 내부 전체가 보이는 곳의 면적을 2000 [m²]로 설정하였다.

② 모든 층의 바닥면적이 250 [m²]여서 두 개의 층을 하나의 경계구역으로 설정하였다.

③ 경계구역의 면적을 580 [m²]로 한 변의 길이는 45 [m]로 설정하였다.

④ 지하층의 층수가 1층인 특정소방대상물의 수직적 경계구역설정 시 지하와 지상을 별도로 하지 않고 한번에 설정하였다.

해설 자동화재탐지설비 및 시각경보장치의 화재안전기술기준(NFTC 203)

1) 수평적 경계구역
  (1) 하나의 경계구역이 2 이상의 건축물 및 2 이상의 층에 미치지 않을 것
   2개의 층을 하나의 경계구역으로 산정하는 경우 : 바닥의 합이 500 [m²] 이하
  (2) 하나의 경계구역 면적 : 600 [m²] 이하
   ① 한 변 길이 : 50 [m] 이하
   ② 주출입구에서 내부 전체 보이는 것 : 한 변 길이가 50 [m]의 범위 내 1000 [m²] 이하
2) 수직적 경계구역
  (1) 계단·경사로(에스컬레이터 포함)는 별도의 경계구역 산정 → 45 [m] 이하
  (2) 엘리베이터 승강로(권상기실 포함)·린넨슈트·파이프피트 및 덕트 기타 이와 유사한 부분은 별도의 경계구역 산정 → 높이기준 없음

  (3) 계단 및 경사로(지하층 층수 1일 경우 제외)는 별도로 경계구역 산정
3) 외기 면하는 경계구역
  차고·주차장·창고 등 : 5 [m] 미만의 범위 안 부분은 면적 산입 제외

62 (상)(중)하

비상경보설비 및 단독경보형 감지기의 화재안전기술기준에 따라 가로 28 [m] 세로 16 [m]인 실내에 단독경보형 감지기를 설치하려고 한다. 설치개수를 산정하시오. (단, 이웃하는 실내와 공기가 상호 유통되지 않는다)

① 2개   ② 3개
③ 5개   ④ 6개

해설 단독경보형 감지기 설치기준

1) 각 실마다 설치할 것
2) 바닥 면적이 150 [m²]를 초과하는 경우 150 [m²]마다 1개 이상 설치할 것
3) 이웃하는 실내 바닥 면적이 각각 30 [m²] 미만이고 벽체의 상부의 전부 또는 일부가 개방되어 이웃하는 실내와 공기가 상호 유통되는 경우 이를 1개의 실로 본다.
4) 최상층의 계단실의 천장(외기 상통하는 계단실 경우 제외)에 설치할 것

$$\therefore \frac{28 \times 16}{150} = 2.99 \rightarrow 절상해서\ 3개$$

TIP 감지기 설치수량은 절상한다.

정답 61 ① 62 ②

63 (상중하)

차동식 스포트형 감지기 2종을 설치하려 고한다. 주요구조부는 내화구조이며 부착높이 3.8 [m]일 때 최소 설치개수를 구하시오. (바닥면적은 250 [m²]이다)

① 1개
② 2개
③ 3개
④ 4개

해설 차동식 스포트형 설치개수

부착 높이 및 소방대상물의 구분		차동식		보상식		정온식		
		1종	2종	1종	2종	특종	1종	2종
4 [m] 미만	내화 구조	90	70	90	70	70	60	20
	기타 구조	50	40	50	40	40	30	15
4 [m] 이상 8 [m] 미만	내화 구조	45	35	45	35	35	30	–
	기타 구조	30	25	30	25	25	15	–

바닥면적 70 [m²]마다 설치한다.
따라서 250/70 = 3.57
절상해서 4개 설치한다.

TIP 감지기 설치수량은 절상한다.

64 (상중하)

누전경보기의 형식승인 및 제품검사의 기술기준에 따라 누전경보기의 변류기는 경계전로에 정격전류를 흘리는 경우 그 경계전로의 전압강하는 몇 [V] 이하이어야 하는가? (단, 경계전로의 전선을 그 변류기에 관통시키는 것은 제외한다)

① 0.3
② 0.5
③ 1.0
④ 3.0

해설 누전경보기

1) 공칭작동전류치 : 공칭작동전류치 200 [mA] 이하일 것
2) 감도조정장치(감도절환부) : 최대 1 [A](조정범위 0.2, 0.5, 1 [A] 구분)
3) 전압강하방지시험 : 경계전로의 전압강하는 0.5 [V] 이하
4) 전압 지시전기계기의 최대눈금 : 정격전압의 140 [%] 이상 200 [%] 이하
5) 반복시험 : 수신부는 정격전압에서 1만 회 누전작동시험 시 기능 이상 없을 것

65 (상중하)

비상콘센트설비의 화재안전기준에서 정하고 있는 특고압의 정의는?

① 직류 1500 [V] 초과
② 직류는1500 [V] 초과 7 [kV] 이하
③ 교류 1500 [V] 초과
④ 7 [kV] 초과

해설 비상콘센트설비 특고압

구분	구분	전압 구분
저압	직류	1500 [V] 이하
	교류	1000 [V] 이하
고압	직류	1500 [V] 초과 7 [kV] 이하
	교류	1000 [V] 초과 7 [kV] 이하
특고압	7 [kV] 초과	

66 (상중하)

3상 220 [V]이며 주파수는 60 [Hz], 2극, 100 [HP]인 전동기의 동기속도 [rpm]를 구하시오.

① 1200
② 2200
③ 1800
④ 3600

해설 동기속도 계산

동기속도

$$N_s = \frac{120f}{P} = \frac{120 \times 60}{2} = 3600[rpm]$$

f : 주파수 [Hz]
p : 극수
N_s : 동기속도 [rpm]

TIP ※ 동기속도를 구하는 문제는 소방전기일반 과목에서 빈번히 출제되는 문제이다. 소방전기구조 과목에서는 신유형 문제로 출제되었다.

정답 63 ④ 64 ② 65 ④ 66 ④

67 (상⑤하)

자동화재탐지설비 및 시각경보장치의 화재안전기술기준(NFTC 203)에 따른 공기관식 차동식 분포형 감지기의 설치기준으로 알맞은 것은?

① 검출부는 5° 이상 경사되지 아니하도록 부착할 것
② 공기관의 노출부분은 감지구역마다 50 [m] 이상이 되도록 할 것
③ 하나의 검출부분에 접속하는 공기관의 길이는 150 [m] 이하로 할 것
④ 공기관과 감지구역의 각 변과의 수평거리는 2 [m] 이하가 되도록 할 것

해설 공기관식 차동식 분포형 설치기준 ─────

1) 공기관의 노출부분 : 20 [m] 이상
2) 하나의 검출부에 접속하는 공기관의 길이 : 100 [m] 이하
3) 공기관과 감지구역의 각 변과의 수평거리 : 1.5 [m] 이하
4) 공기관 상호 거리 : 6 [m] 이하(주요구조부가 내화 구조인 경우 : 9 [m])
5) 공기관은 도중에 분기 금지
6) 검출부는 5° 이상 경사되지 않을 것
7) 검출부는 바닥으로부터 0.8 [m] 이상 1.5 [m] 이하의 위치에 설치할 것

68 (상⑤하)

자동화재속보설비 속보기의 기능에 대한 기준 중 틀린 것은?

① 작동신호를 수신하거나 수동으로 동작시키는 경우 10초 이내에 소방관서에 자동적으로 신호를 발하여 통보하되, 3회 이상 속보할 수 있어야 한다.
② 예비전원을 병렬로 접속하는 경우에는 역충전방지 등의 조치를 하여야 한다.
③ 속보기는 연동 또는 수동 작동에 의한 다이얼링 후 소방관서와 전화접속이 이루어지지 않는 경우에는 최초 다이얼링을 포함하여 10회 이상 반복적으로 접속을 위한 다이얼링이 이루어져야 한다. 이 경우 매회 다이얼링 완료 후 호출은 30초 이상 지속되어야 한다.
④ 속보기는 음성속보방식 외에 데이터 또는 코드전송방식 등을 이용한 속보기능을 설치할 수 있다.

해설 속보기 기능 ─────

1) 작동신호를 수신하거나 수동으로 동작시키는 경우 20초 이내에 소방관서에 자동적으로 신호를 발하여 통보하되, 3회 이상 속보할 수 있어야 한다.
2) 주전원이 정지한 경우에는 자동적으로 예비전원으로 전환되고, 주전원이 정상 상태로 복귀한 경우에는 자동적으로 예비전원에서 주전원으로 전환되어야 한다.
3) 예비전원은 자동적으로 충전되어야 하며 자동과충전방지장치가 있어야 한다.
4) 화재신호를 수신하거나 속보기를 수동으로 동작시키는 경우 자동적으로 적색 화재표시등이 점등되고 음향장치로 화재를 경보하여야 하며, 화재표시 및 경보는 수동으로 복구 및 정지시키지 않는 한 지속되어야 한다.
5) 연동 또는 수동으로 소방관서에 화재발생 음성정보를 속보 중인 경우에도 송수화장치를 이용한 통화가 우선적으로 가능하여야 한다.
6) 예비전원을 병렬로 접속하는 경우에는 역충전방지 등의 조치를 하여야 한다.
7) 예비전원은 감시 상태를 60분간 지속한 후 10분 이상 동작(화재속보 후 화재표시 및 경보를 10분간 유지하는 것을 말한다)이 지속될 수 있는 용량이어야 한다.

8) 속보기는 연동 또는 수동 작동에 의한 다이얼링 후 소방관서와 전화접속이 이루어지지 않는 경우에는 최초 다이얼링을 포함하여 10회 이상 반복적으로 접속을 위한 다이얼링이 이루어져야 한다. 이 경우 매회 다이얼링 완료 후 호출은 30초 이상 지속되어야 한다.

9) 속보기의 송수화장치가 정상위치가 아닌 경우에도 연동 또는 수동으로 속보가 가능하여야 한다.

10) 음성으로 통보되는 속보내용을 통하여 해당 특정소방대상물의 위치, 화재발생 및 속보기에 의한 신고임을 확인할 수 있어야 한다.

11) 속보기는 음성속보방식 외에 데이터 또는 코드전송방식 등을 이용한 속보기능을 설치할 수 있다.

69 (상ⓒ하)

누전경보기의 형식승인 및 제품검사의 기술기준에서 정하는 누전경보기의 공칭작동전류치(누전경보기를 작동시키기 위하여 필요한 누설전류의 값으로서 제조자에 의하여 표시된 값을 말한다)는 몇 [mA] 이하이어야 하는가?

① 50
② 100
③ 150
④ 200

해설 누전경보기 공칭작동전류치 및 감도조정장치 ───

1) 공칭작동 전류치 : 200 [mA] 이하
2) 감도조정장치의 조정범위 : 최대 1 [A](조정범위 0.2, 0.5, 1 [A] 구분)

70 (상ⓒ하)

다음 중 축적형 수신기를 설치해야 하는 장소에 해당하지 않는 것을 고르시오.

① 지하층·무창층 등으로서 환기가 잘되지 않는 장소
② 실내면적이 40 [m²] 미만인 장소
③ 감지기의 부착 면과 실내바닥과의 거리가 2.3 [m] 이하인 장소
④ 축적방식의 감지기가 설치된 장소

해설 축적형 수신기 ───

1) 설치장소(비화재보 우려장소)

장소	원인
지하층·무창층 등으로서 환기가 잘되지 않는 장소	일시적으로 발생한 열·연기 또는 먼지 등으로 인하여 감지기가 화재신호를 발신할 우려가 있는 때
실내면적이 40 [m²] 미만인 장소	
감지기의 부착 면과 실내바닥과의 거리가 2.3 [m] 이하인 장소	

2) 축적형 수신기와 같이 사용할 수 없는 감지기
   (1) 불꽃감지기
   (2) 정온식 감지선형 감지기
   (3) 분포형 감지기
   (4) 복합형 감지기
   (5) 광전식 분리형 감지기
   (6) 아날로그방식의 감지기
   (7) 다신호방식의 감지기
   (8) 축적방식의 감지기

71 (상ⓒ하)

광전식 분리형 감지기의 설치기준 중 틀린 것은?

① 광축은 나란한 벽으로부터 0.6 [m] 이상 이격하여 설치할 것
② 송광부와 수광부는 설치된 뒷벽으로부터 1 [m] 이내 위치에 설치
③ 광축의 높이는 천장 등 높이의 80 [%] 이상일 것
④ 감지기의 수광면은 햇빛을 직접 받도록 설치할 것

해설 광전식 분리형 감지기 설치기준 ───

• 광축은 나란한 벽으로부터 0.6 [m] 이상 이격(오동작방지 개념)
• 수광면은 햇빛을 직접 받지 않도록 설치
• 송광부와 수광부는 설치된 뒷벽으로부터 1 [m] 이내 위치에 설치(미 감시구역 증가방지 개념)
• 광축의 높이는 천장 등 높이의 80 [%] 이상일 것
• 광축의 길이는 공칭감시거리 범위 이내일 것(검정기술기준 공칭감시거리 : 5 ~ 100 [m], 5 [m] 간격)

72 상 ⑥ 하

비상경보설비의 축전지의 성능인증 및 제품검사의 기술기준에 따른 축전지설비의 외함 두께는 합성수지인 경우 몇 [mm] 이상이어야 하는가?

① 0.7
② 1.2
③ 2.3
④ 3

해설 축전지 외함두께 ——————

1) 강판 : 1.2 [mm] 이상
2) 합성수지 : 3 [mm] 이상

> **보충** ▶ 비상경보설비의 축전지의 성능인증 및 제품검사의 기술기준
> [시행 2022.12.1.]
> 제2조(용어의 정의) 이 기준에서 사용하는 용어의 정의는 다음과 같다.
> 1. "비상경보설비의 축전지"(이하 "축전지설비"라 한다)란 자동화재탐지설비 등의 소방설비에 연결하여 사용하는 비상전원장치를 말한다.
> * 용어의 정의를 통해, 축전지 = 축전지설비

73 상 ⑥ 하

비상방송설비를 설치하였다. 설치기준에 적합하게 설치하지 않은 것을 고르시오.

① 비상방송용 확성기를 각층마다 설치하였다.
② 엘리베이터 내부에는 별도의 음향장치를 설치하였다.
③ 음량조정기를 설치하므로 음량조정기의 배선은 2선식으로 하였다.
④ 실내에 설치된 비상방송용 확성기의 음성입력을 확인해보니 2 [W]이었다.

해설 비상방송설비 ——————

1) 확성기(엘리베이터 내부에는 별도의 음향장치를 설치할 수 있다)
   ⑴ 음성입력 : 실외 3 [W] 이상, 실내 1 [W] 이상
   ⑵ 수평거리 : 층 각 부분으로부터 하나의 확성기까지의 25 [m] 이하
   ⑶ 확성기는 각층마다 설치, 당해 층의 각 부분에 유효하게 경보를 발하도록 설치
2) 음량조정기(ATT) : 음량조정기의 배선은 3선식으로 한다.
3) 조작부
   ⑴ 조작스위치 높이 : 바닥으로부터 0.8 [m] 이상 1.5 [m] 이하
   ⑵ 기동장치의 작동과 연동하여 당해 기동장치가 작동한 층 또는 구역을 표시
   ⑶ 조작부 및 증폭기 설치장소 : 수위실 등 상시 사람이 근무, 점검이 편리, 방화상 유효한 곳
   ⑷ 2 이상 조작부 설치 시 설치장소 상호 간 동시통화 가능, 어느 조작부에서도 전구역 방송 가능
4) 층수가 11층(공동주택의 경우에는 16층)의 특정소방대상물은 다음과 같은 경보를 발할 수 있어야 한다.
   ⑴ 2층 이상의 층에서 발화한 때에는 발화층 및 그 직상 4개 층에 경보
   ⑵ 1층에서 발화한 때에는 발화층·그 직상 4개 층 및 지하층에 경보
   ⑶ 지하층에서 발화한 때에는 발화층·그 직상층 및 기타 지하층 경보
5) 기동장치에 따른 화재신고를 수신한 후 필요한 음량으로 화재발생 상황 및 피난에 유효한 방송이 자동으로 개시될 때까지의 소요시간은 10초 이하로 할 것
6) 다른 방송설비와 공용할 경우 화재 시 비상경보 외의 방송을 차단할 수 있는 구조
7) 다른 전기회로에 따라 유도장애가 생기지 아니하도록 할 것
8) 음향장치의 구조 및 성능
   ⑴ 정격전압의 80 [%] 전압에서 음향을 발할 수 있는 것을 할 것
   ⑵ 자동화재탐지설비의 작동과 연동하여 작동할 수 있는 것으로 할 것

74 (상)(중)하

누전경보기의 형식승인 및 제품검사의 기술기준에 따라 누전경보기의 변류기는 직류 500 [V]의 절연저항계로 절연된 1차권선과 2차권선 간의 절연저항 시험을 할 때 몇 [$M\Omega$] 이상이어야 하는가?

① 0.1
② 5
③ 10
④ 20

해설 누전경보기 절연저항시험

1) 측정장치 : DC 500 [V]의 절연저항계
2) 절연저항시험 : 5 [MΩ] 이상
3) 측정위치

구분	측정 개소
수신부	(1) 절연된 충전부와 외함 간
	(2) 차단기구의 개폐부 • 열린 상태 : 같은 극의 전원단자와 부하 측 단자 사이 • 닫힌 상태 : 충전부와 손잡이 사이
변류기	(1) 절연된 1차 권선과 2차 권선 간 (2) 절연된 1차 권선과 외부 금속부 간 (3) 절연된 2차 권선과 외부 금속부 간

75 (상)(중)하

누전경보기의 형식승인 및 제품검사의 기술기준에 따라 변류기로부터 검출된 신호를 수신하여 누전의 발생을 해당 특정소방대상물의 관계인에게 경보해주는 것은 무엇인가?

① 수신부
② 변류기
③ 인입선
④ 탐지부

해설 누전경보기 구성

1) 수신부 : 변류기로부터 검출된 신호를 수신하여 누전의 발생을 해당 특정소방대상물의 관계인에게 경보해주는 것 (차단기구를 갖는 것을 포함)
2) 변류기 : 경계전로의 누설전류를 자동적으로 검출하여 이를 누전경보기의 수신부에 송신하는 것
3) 경계전로 : 누전경보기가 누설전류를 검출하는 대상 전선로
4) 과전류차단기 : 「전기설비기술기준의 판단기준」 제38조와 제39조에 따른 것
5) 분전반 : 배전반으로부터 전력을 공급받아 부하에 전력을 공급해주는 것
6) 인입선 : 「전기설비기술기준」 제3조 제1항 제9호에 따른 것으로서, 배전선로에서 갈라져서 직접 수용장소의 인입구에 이르는 부분의 전선
7) 정격전류 : 전기기기의 정격출력 상태에서 흐르는 전류

76 (상)(중)하

유도등 및 유도표지의 화재안전기술기준에 따른 거실통로유도등의 설치기준으로 옳은 것은?

① 거실의 출입구에 설치할 것
② 바닥으로부터 높이 1.5 [m] 이상의 위치에 설치할 것 (다만 거실 통로에 기둥이 설치 시 기둥부분의 바닥으로부터 1.5 [m] 이하의 위치에 설치 가능하다)
③ 구부러진 모퉁이 및 수평거리 10 [m] 마다 설치할 것
④ 거실의 통로가 벽체 등으로 구획된 경우에는 비상구유도등을 설치할 것

해설 거실통로유도등

1) 설치기준
   (1) 거실의 통로에 설치할 것, 다만 거실의 통로가 벽체 등으로 구획 시 복도통로유도등을 설치하여야 한다.
   (2) 구부러진 모퉁이 및 보행거리 20 [m]마다 설치할 것
2) 설치높이
   바닥으로부터 높이 1.5 [m] 이상의 위치에 설치, 다만 거실 통로에 기둥이 설치 시 기둥부분의 바닥으로부터 1.5 [m] 이하의 위치에 설치 가능하다.

77 (상(중)하)

유도등은 전기회로에 점멸기를 설치하지 않고 항상 점등 상태를 유지해야 한다. 다만 3선식 배선에 따라 상시 충전되는 구조인 경우에는 그렇지 않아도 되는데, 이에 대한 경우로 틀린 것을 고르시오.

① 외부의 빛에 의해 피난구 또는 피난방향을 쉽게 식별할 수 있는 장소
② 공연장, 암실(暗室) 등으로서 어두워야 할 필요가 있는 장소
③ 특정소방대상물의 관계인 또는 종사원이 주로 사용하는 장소
④ 특정소방대상물 또는 그 부분에 사람이 많은 장소

해설 유도등 3선식 배선 ──────────

유도등은 전기회로에 점멸기를 설치하지 않고 항상 점등 상태를 유지할 것, 다만 특정소방대상물 또는 그 부분에 사람이 없거나 다음의 어느 하나에 해당하는 장소로서 3선식 배선에 따라 상시 충전되는 구조인 경우에는 그렇지 않음
1) 외부의 빛에 의해 피난구 또는 피난방향을 쉽게 식별할 수 있는 장소
2) 공연장, 암실(暗室) 등으로서 어두워야 할 필요가 있는 장소
3) 특정소방대상물의 관계인 또는 종사원이 주로 사용하는 장소

※ 3선식 유도등이 점등되는 경우
1) 자동화재탐지설비의 감지기 또는 발신기가 작동되는 때
2) 비상경보설비의 발신기가 작동되는 때
3) 상용전원이 정전되거나 전원선이 단선되는 때
4) 방재업무를 통제하는 곳 또는 전기실의 배전반에 수동으로 점등하는 때
5) 자동소화설비가 작동되는 때

78 (상(중)하)

축광방식의 피난유도선 설치기준으로 틀린 것을 고르시오.

① 구획된 각 실로부터 주출입구 또는 비상구까지 설치할 것
② 바닥으로부터 높이 50 [cm] 이하의 위치 또는 바닥 면에 설치할 것
③ 부착대에 의하여 견고하게 설치할 것
④ 피난유도 표시부는 100 [cm] 이내의 간격으로 연속되도록 설치

해설 축광방식 피난유도선 설치기준 ──────────

1) 구획된 각 실로부터 주출입구 또는 비상구까지 설치할 것
2) 바닥으로부터 높이 50 [cm] 이하의 위치 또는 바닥 면에 설치할 것
3) 피난유도 표시부는 50 [cm] 이내의 간격으로 연속되도록 설치
4) 부착대에 의하여 견고하게 설치할 것
5) 외부의 빛 또는 조명장치에 의하여 상시 조명이 제공되거나 비상조명등에 의한 조명이 제공되도록 설치할 것

79 (상(중)하)

비상조명등의 비상전원은 지하층 또는 무창층으로서 용도가 도매시장·소매시장·여객자동차터미널·지하역사 또는 지하상가인 경우 그 부분에서 피난층에 이르는 부분의 비상조명등을 몇 분 이상 유효하게 작동시킬 수 있는 용량으로 하여야 하는가?

① 10 ② 20
③ 30 ④ 60

해설 비상조명등 설치기준 ─────────

1) 특정소방대상물의 각 거실과 그로부터 지상에 이르는 복도·계단 및 그 밖의 통로에 설치할 것
2) 조도는 비상조명등이 설치된 장소의 각 부분의 바닥에서 1 [lx] 이상이 되도록 할 것
3) 예비전원을 내장하는 비상조명등에는 평상시 점등 여부를 확인할 수 있는 점검스위치를 설치하고 해당 조명등을 유효하게 작동시킬 수 있는 용량의 축전지와 예비전원 충전장치를 내장할 것
4) 예비전원을 내장하지 않는 비상조명등의 비상전원은 자가발전설비, 축전지설비 또는 전기저장장치를 다음 각 목의 기준에 따라 설치할 것
    (1) 점검 편리하고 화재 및 침수 등의 재해로 인한 피해를 받을 우려가 없는 곳에 설치
    (2) 상용전원으로부터 전력의 공급이 중단된 때에는 자동으로 비상전원으로부터 전력을 공급받을 수 있도록 할 것
    (3) 비상전원의 설치장소는 다른 장소와 방화구획할 것(이 경우 그 장소에는 비상전원의 공급에 필요한 기구나 설비외의 것을 두어서는 안 된다)
    (4) 비상전원을 실내에 설치하는 때에는 그 실내에 비상조명등을 설치할 것
5) 비상전원은 비상조명등을 20분 이상 유효하게 작동시킬 수 있는 용량으로 할 것. 다만 다음 각 목의 특정소방대상물의 경우에는 그 부분에서 피난층에 이르는 부분의 비상조명등을 60분 이상 유효하게 작동시킬 수 있는 용량으로 해야 한다.
    (1) 지하층을 제외한 층수가 11층 이상의 층
    (2) 지하층 또는 무창층으로서 용도가 도매시장·소매시장·여객자동차터미널·지하역사 또는 지하상가
6) 비상조명등의 설치 면제 요건에서 "그 유도등의 유효범위 안의 부분"이란 유도등의 조도가 바닥에서 1 [lx] 이상이 되는 부분을 말한다.

80 상 **중** 하

무선통신보조설비의 화재안전기준에 따른 무선통신보조설비의 설치기준으로 틀린 것은?

① 누설동축케이블과 이에 접속하는 안테나 또는 동축케이블과 이에 접속하는 안테나에 따른 것으로 할 것
② 누설동축케이블 및 안테나는 고압의 전로로부터 1.5 [m] 이상 떨어진 위치에 설치할 것
③ 누설동축케이블의 중간부분에는 무반사 종단저항을 견고하게 설치할 것
④ 누설동축케이블 또는 동축케이블의 임피던스는 50 [Ω]으로 할 것

해설 누설동축케이블 설치기준 ─────────

1) 소방전용주파수대에서 전파의 전송 또는 복사에 적합한 것으로서 소방전용의 것으로 할 것. 다만 소방대 상호 간의 무선연락에 지장 없는 경우에는 다른 용도와 겸용 가능하다.
2) 누설동축케이블과 이에 접속하는 안테나 또는 동축케이블과 이에 접속하는 안테나에 따른 것으로 할 것
3) 누설동축케이블은 불연 또는 난연성의 것으로서 습기에 따라 전기의 특성이 변질되지 아니하는 것으로 하고, 노출하여 설치한 경우에는 피난 및 통행에 장애가 없도록 할 것
4) 누설동축케이블은 화재에 따라 해당시스케이블의 피복이 소실된 경우에 케이블 본체가 떨어지지 아니하도록 4 [m] 이내마다 금속제 또는 자기제 등의 지지금구로 벽·천장·기둥 등에 견고하게 고정시킬 것, 다만 불연재료로 구획된 반자 안에 설치하는 경우에는 그러하지 않는다.
5) 누설동축케이블 및 안테나는 금속판 등에 따라 전파의 복사 또는 특성이 현저하게 저하되지 아니하는 위치에 설치할 것
6) 누설동축케이블 및 안테나는 고압의 전로로부터 1.5 [m] 이상 떨어진 위치에 설치할 것, 다만 해당 전로에 정전기 차폐장치를 유효하게 설치한 경우에는 그러하지 않는다.
7) 누설동축케이블의 끝부분에는 무반사 종단저항을 견고하게 설치할 것
8) 누설동축케이블 또는 동축케이블의 임피던스는 50 [Ω]으로 하고, 이에 접속하는 안테나·분배기 기타의 장치는 해당 임피던스에 적합한 것으로 하여야 한다.

2023
출제경향 분석

[소방원론]

CHAPTER 연도 및 회차		연소	연소생성물	폭발	화재	위험물	소화	안전관리 및 건축방재	합계
2023년	1	6	1	1	5	1	2	4	20
	2	6	0	1	1	4	3	5	20
	4	7	1	1	1	3	4	3	20

[소방전기일반]

CHAPTER 연도 및 회차		직류회로	정전계와 정자계	교류회로	전기계측 및 회로망	비정현파 교류와 과도현상 및 라플라스 변환	제어회로	전자회로 및 정류회로	전기기계 및 전기법규	합계
2023년	1	3	3	2	1	3	2	1	5	20
	2	2	3	3	1	1	5	4	1	20
	4	2	5	4	2	0	4	1	2	20

[소방관계법규]

CHAPTER 연도 및 회차		소방기본법	소방시설법	화재예방법	소방공사업법	위험물 안전관리법	합계
	1	5	6	3	4	2	20
2023년	2	5	3	4	5	3	20
	4	4	6	2	4	4	20

[소방전기시설의 구조 및 원리]

CHAPTER 연도 및 회차		자동화재 탐지설비	비상경보 설비 및 단독 경보형 감지기	비상방송 설비	자동화재 속보설비	가스누설 경보기 및 누전경보기	유도등	비상조명등	비상콘센트 설비	무선통신 보조설비	비상전원 수전설비	화재알림 설비	기타	합계
	1	5	1	2	1	4	2	1	4	0	0	0	0	20
2023년	2	6	0	2	1	3	2	2	2	1	1	0	0	20
	4	4	1	2	1	3	1	3	3	1	1	0	0	20

2023년 1회
소방원론

3회독	월	일
2회독	월	일
1회독	월	일

목표시간 : 20분 ｜ 시작 : _시 _분 ｜ 종료 : _시 _분 ｜ 맞은 개수 : _ /20

01 (상)(중)(하)

화재 표면온도(절대온도)가 2배로 되면 복사에너지는 몇 배로 증가되는가?

① 2 ② 4
③ 8 ④ 16

해설 스테판 볼츠만의 법칙 ————

단위 면적당 복사열량 $Q\,[W/m^2] = \sigma T4$

복사 : 열전달 매질 없이 전자파 형태로 열이 전달
스테판 볼츠만의 법칙에 의해 복사열은 절대온도의 4승에 비례한다.

보충▶ 매질 : 파동을 전달시키는 물질

[풀이 1]
• T [K]일 때 : $Q_1 = \sigma T^4$
• 2T [K]일 때 : $Q_2 = \sigma(2T)^4 = 16\sigma T^4$

$$\frac{Q_2}{Q_1} = \frac{16\sigma T^4}{\sigma T^4} = 16$$

∴ $Q_2 = 16 \times Q_1$

[풀이 2]

$Q = \sigma T^4$

따라서 $Q \propto T^4$이므로

$Q_1 : T^4 = Q_2 : (2T)^4$

$Q_2 \times T^4 = Q_1 \times (2T)^4$

∴ $Q_2 = 16 \times Q_1$

Q : 복사에너지 $[W/m^2]$
σ : 스테판 볼츠만 상수 $[W/m^2 \cdot K^4]$
T : 절대온도 [K]

02 (상)(중)하

어떤 기체가 0 [℃], 1기압에서 부피가 11.2 [L], 기체 질량이 22 [g]이었다면 이 기체의 분자량은? (단, 이상기체로 가정한다)

① 22 ② 35
③ 44 ④ 56

해설 이상기체 상태방정식 ————

이상기체 상태방정식 $PV = nRT = \dfrac{W}{M}RT$

분자량 $M = \dfrac{WRT}{PV} = \dfrac{22 \times 0.082 \times 273}{1 \times 11.2}$

≒ 44 [g/mol]

P : 절대압력 [atm]
n : 몰수 [mol]
T : 절대온도(273 + ℃) [K]
W : 기체의 질량 [g]
V : 부피 [L]
R : 기체상수(0.082 [atm·L/mol·K])
M : 분자량 [g/mol]

03 (상)(중)하

철근콘크리트조, 연와조, 벽돌조 등과 같은 구조로 화재 시 상당시간 동안 변화를 일으키지 않으며 화재 후에도 수리하여 재사용할 수 있는 구조는?

① 방화구조 ② 내화구조
③ 난연구조 ④ 방열구조

정답 01 ④ 02 ③ 03 ②

해설 내화구조

1) 내화구조
   (1) 화재 시 건축물의 강도 및 성능을 일정시간 유지할 수 있는 구조
   (2) 철근 콘크리트조, 연와조, 기타 이와 유사한 구조
2) 방화구조
   (1) 일정시간 동안 일정구획에서 화재를 한정시킬 수 있는 구조
   (2) 철망모르타르, 회반죽 바르기 기타 이와 유사한 구조로서 화재에 대한 내력은 없고 화재 시 건축물의 인접부분으로 연소되는 것을 방지할 수 있는 정도의 구조

구분	거실 각 부분으로부터 계단에 이르는 보행거리
일반건축물	30 [m] 이하
건축물의 주요구조부가 내화구조, 불연재료로 된 건축물	50 [m] 이하 (층수가 16층 이상인 공동주택의 경우 16층 이상인 층 : 40 [m] 이하)
자동화 생산시설에 스프링클러 등 자동식 소화설비를 설치한 공장	75 [m] 이하 (무인화 공장 : 100 [m] 이하)

04 상 중 하

주요구조부가 내화구조로 된 건축물에서 거실 각 부분으로부터 하나의 직통계단에 이르는 보행거리는 피난자의 안전상 몇 [m] 이하이어야 하는가?

① 50
② 60
③ 70
④ 80

해설 직통계단의 설치

건축물의 피난층 외의 층에서는 피난층 또는 지상으로 통하는 직통계단을 거실의 각 부분으로부터 계단에 이르는 보행거리가 30 [m] 이하가 되도록 설치해야 한다. 다만 건축물의 주요구조부가 내화구조 또는 불연재료로 된 건축물은 그 보행거리가 50 [m](층수가 16층 이상인 공동주택의 경우 16층 이상인 층에 대해서는 40 [m]) 이하가 되도록 설치할 수 있으며, 자동화 생산시설에 스프링클러 등 자동식 소화설비를 설치한 공장으로서 국토교통부령으로 정하는 공장인 경우에는 그 보행거리가 75 [m](무인화 공장인 경우에는 100 [m]) 이하가 되도록 설치할 수 있다[건축법 시행령 제34조 제1항].

05 상 중 하

다음 위험물 중 물과 접촉 시 위험성이 가장 높은 것은?

① $NaClO_3$
② P
③ Na_2O_2
④ TNT

해설 물과 접촉 시 위험성이 큰 물질

위험물	분류	소화
$NaClO_3$ (염소산나트륨)	제1류 (염소산염류)	주수소화
P (인)	제2류 (적린) 또는 제3류 (황린) ※ 적린과 황린은 동소체	주수소화
Na_2O_2 (과산화나트륨)	1류 위험물 (무기과산화물)	마른모래로 피복소화
TNT (트라이나이트로톨루엔)	제5류 위험물 (나이트로화합물)	주수소화

※ 무기과산화물은 물과 접촉 시 산소발생 따라서 주수소화 절대엄금
$$2Na_2O_2 + 2H_2O \rightarrow 4NaOH + O_2 \uparrow$$

06 (상 ⓐ 하)

폭굉(Detonation)에 관한 설명으로 틀린 것은?

① 연소속도가 음속보다 느릴 때 나타난다.
② 온도의 상승은 충격파의 압력에 기인한다.
③ 압력 상승은 폭연의 경우보다 크다.
④ 폭굉의 유도거리는 배관의 지름과 관계가 있다.

해설 폭연(Deflagration), 폭굉(Detonation)

1) 폭연과 폭굉의 비교
가스폭발은 물적 조건과 에너지조건이 만족되면 화염이 발생하여 일정한 속도로 전파되는데, 음속 이하를 폭연(Deflagration), 음속 이상을 폭굉(Detonation)이라고 한다.

구분	폭연	폭굉
전파 속도	음속 이하 (0.1 ~ 10 [m/s])	음속 이상 (1000 ~ 3500 [m/s])
특징	폭굉으로 전이 될 수 있음	압력 상승이 폭연의 10배 이상
에너지 전달	전도, 대류, 복사 (열에 의한 연소파)	충격파

2) 폭굉 유도거리
(1) 폭굉 유도거리란 정상적인 연소에서 폭굉으로 전이되는 데 필요한 거리를 말한다.
(2) 폭굉 유도거리가 짧을수록 위험성이 크다.
(3) 폭굉유도거리가 짧아지는 조건
　① 점화원의 에너지가 클수록 (+)
　② 연소속도가 클수록 (+)
　③ 주위온도가 높을수록 (+)
　④ 배관의 압력이 클수록 (+)
　⑤ 배관 내 장애물이 많을수록 (+)
　⑥ 배관의 관경이 가늘수록(작을수록) (−)

07 (상 ⓐ 하)

플래시 오버(Flash Over)에 대한 설명으로 옳은 것은?

① 도시가스의 폭발적 연소를 말한다.
② 휘발유 등 가연성 액체가 넓게 흘러서 발화한 상태를 말한다.
③ 옥내화재가 서서히 진행하여 열 및 가연성 기체가 축적되었다가 일시에 연소하여 화염이 크게 발생하는 상태를 말한다.
④ 화재층의 불이 상부층으로 올라가는 현상을 말한다.

해설 실내화재 발생현상

1) 플래시 오버
(1) 온도가 급격히 상승하여 화재가 순간적으로 실내 전체에 확산되는 현상
(2) 발생 시기 : 성장기 ~ 최성기 직전
2) 백드래프트
(1) 훈소 상태일 때 신선한 공기 유입으로 실내의 축적된 가스가 단시간 연소, 폭발하여 실외로 분출
(2) 발생 시기 : 감쇠기(최성기 이후)

08 (상 중 ⓗ)

전기화재의 원인으로 거리가 먼 것은?

① 단락
② 과전류
③ 누전
④ 절연 과다

해설 전기화재 원인 ─────

1) 과전류(과부하)에 의한 발화
2) 단락(합선)에 의한 발화
3) 누전에 의한 발화
4) 낙뢰에 의한 발화
5) 전기불꽃에 의한 발화
6) 정전기로 인한 스파크 발생에 의한 발화

보충 • 절연 : 전기 또는 열을 통하지 않게 하는 것
• 단락 : 전기회로의 두 점 사이의 절연이 잘 안 되어서 두 점 사이가 접속되는 일
• 누전 : 절연이 불완전하거나 시설이 손상되어 전기가 전깃줄 밖으로 새어 흐름

09 (상)(중)하

인화점이 낮은 것부터 높은 순서로 옳게 나열된 것은?

① 에틸알코올 < 이황화탄소 < 아세톤
② 이황화탄소 < 에틸알코올 < 아세톤
③ 에틸알코올 < 아세톤 < 이황화탄소
④ 이황화탄소 < 아세톤 < 에틸알코올

해설 인화점 ─────

물질	인화점 [℃]
다이에틸에터(디에틸에테르)	-45
가솔린(휘발유)	-43
산화프로필렌	-37
이황화탄소	-30
아세톤	-18
메틸알코올	11
에틸알코올	13
등유	39
경유	41

• 이황화탄소 < 아세톤 < 에틸알코올

암기 인가산이아 / 메에 / 등경

10 (상)(중)하

1기압 상태에서, 22 [℃] 물 1 [kg]이 소화 시 모두 기화되었을 때 필요한 열량은 몇 [kJ]인가? (단, 1 [kcal] = 4.18 [kJ]이다)

① 2672
② 2580
③ 2253
④ 2587

해설 물 상태변화에 필요한 열량 ─────

$$\boxed{22℃ \text{ 물}} \xrightarrow{Q_1} \boxed{100℃ \text{ 물}} \xrightarrow{Q_2} \boxed{100℃ \text{ 수증기}}$$

• 물의 비열 [kJ/kg·K]

$1 [kcal/kg·℃] = 4.18 [kJ/kg·K]$

• 물의 증발잠열 [kJ/kg]

$$539[kcal/kg] = 539[kcal/kg] \times \frac{4.18[kJ]}{1[kcal]}$$
$$= 2253.02[kJ/kg]$$

1) 현열량 Q_1 (22 [℃] 물 → 100 [℃] 물)

$$Q_1 = mC\Delta T$$
$$= 1[kg] \times 4.18[kJ/kg·K] \times (100-22)[K]$$
$$= 326.04[kJ]$$

2) 잠열량 Q_2 (100 [℃] 물 → 100 [℃] 수증기)

$$Q_2 = mr$$
$$= 1[kg] \times 2253.02[kJ/kg]$$
$$= 2253.02[kJ]$$

3) 총 필요한 열량 Q

$$Q = Q_1 + Q_2 = 326.04 + 2253.02 = 2579.06[kJ]$$

[물의 상태변화]

m : 질량 [kg], C : 물의 비열 $[kJ/kg·K]$
ΔT : 온도 차 [K], r : 물의 증발잠열 $[kJ/kg]$

11 (상)(중)하

공기와 할론 1301의 혼합기체에서 할론 1301에 비해 공기의 확산속도는 약 몇 배인가? (단, 공기의 평균 분자량은 29, 할론 1301의 분자량은 149이다)

① 2.27배
② 3.85배
③ 5.17배
④ 6.46배

해설 그레이엄의 확산속도법칙

$$\text{그레이엄의 확산속도법칙} \quad \frac{V_1}{V_2} = \sqrt{\frac{\rho_2}{\rho_1}} = \sqrt{\frac{m_2}{m_1}}$$

$$\frac{V_{공기}}{V_{할론1301}} = \sqrt{\frac{m_{할론1301}}{m_{공기}}} = \sqrt{\frac{149}{29}} = 2.266 ≒ 2.27$$

V_1, V_2 : 기체 1, 2 확산속도 [m/s]
ρ_1, ρ_2 : 기체 1, 2 밀도 [kg/m³]
m_1, m_2 : 기체 1, 2 분자량 [kg/kmol]

12 (상) 중 (하)

일반적인 플라스틱 분류상 열경화성 플라스틱에 해당하는 것은?

① 폴리에틸렌
② 폴리염화비닐
③ 페놀수지
④ 폴리스티렌

해설 합성수지의 화재성상

열가소성 수지 (열에 의해 변형)	열경화성 수지 (열에 변형되지 않음)
PVC (폴리염화비닐수지) 폴리에틸렌수지 폴리스티렌수지	멜라민수지 페놀수지 요소수지

암기 ▶ 가피폴풀 멜페요

13 (상)(중)하

내화건축물의 화재에서 공기의 유통이 원활하고 연소는 급속히 진행되어 개구부에는 진한 매연과 화염이 분출하고 실내는 순간적으로 화염이 충만한 시기는?

① 성장기
② 초기
③ 최성기
④ 중기

해설 구획화재의 진행

1) 발화 : 가연물이 공기 중에서 산소와 반응해 열과 빛을 내는 초기 단계
2) 성장기 : 화재 초기에는 화염이 크지 않고 백색연기 발생하다가 점차 개구부에 진한 흑색연기 분출, 플래시 오버가 발생할 수 있는 최성기 직전의 상태로 화염이 순간적으로 번지는 플래시 오버가 발생하면 바로 최성기가 됨
3) 최성기 : 플래시 오버현상이 진행된 뒤 온도가 최고에 이르러 천장 등이 녹고 무너져 내려앉는 단계로 산소가 급격히 줄어 다량의 불완전가스가 발생함
4) 감쇠기 : 산소 소진으로 화재가 부분적으로 소멸되고 연기 발생 정지

14 상(중)하

분말소화약제에 관한 설명 중 틀린 것은?

① 차고, 주차장에는 제3종 분말소화약제를 사용할 수 없다.

② 최적의 소화를 나타내는 분말의 입도는 20 ~ 25 [μm] 정도이다.

③ CDC(Compatible Dry Chemical)는 포와 함께 사용할 수 있다.

④ 제1인산염을 주성분으로 한 분말은 담홍색으로 착색되어 있다.

해설 **분말소화약제**

1) 제3종 분말소화약제(제1인산염)는 차고, 주차장에 적응성이 있으며 담홍색으로 착색되어 있음
2) 20 ~ 30 [μm] 범위 분말입도가 가장 효과적
3) 미세도의 분포가 골고루 되어 있어야 함
4) CDC소화약제란 포와 함께 사용할 수 있는 분말소화약제를 말함

보충 ▶ 수성막포와 제3종 분말소화약제를 겸용하여 사용하면 소화성능이 향상되며, 이를 트윈에이전트시스템(Twin Agent System)이라 한다.

15 상(중)하

화재의 유형별 특성에 관한 설명으로 옳은 것은?

① A급 화재는 무색으로 표시하며 감전의 위험이 있으므로 주수소화를 엄금한다.

② B급 화재는 황색으로 표시하며 질식소화를 통해 화재를 진압한다.

③ C급 화재는 백색으로 표시하며 가연성이 강한 금속의 화재이다.

④ D급 화재는 청색으로 표시하며 연소 후에 재를 남긴다.

해설 **화재별 소화방법**

등급	화재	표시색	소화방법
A급	일반화재	백색	냉각소화
B급	유류화재	황색	질식소화
C급	전기화재	청색	질식소화
D급	금속화재	무색	마른모래, 팽창질석, 팽창진주암 D급 소화기
K급	주방화재	–	K급 소화기

16 상(중)하

할로겐화합물 및 불활성기체소화약제 계열 중 HCFC-22를 82 [%] 포함하고 있는 것은?

① IG-541

② HFC-227ea

③ IG-55

④ HCFC BLEND A

해설 **할로겐화합물 및 불활성기체소화약제 계열**

계열	소화약제	상품명	기타
FC	FC-3-1-10	CEA-410	C_4F_{10}
HFC	HFC-23	FE-13	CHF_3
	HFC-125	FE-25	CHF_2CF_3
	HFC-227ea	FM-200	CF_3CHFCF_3
HCFC	HCFC-124	FE-241	$CHClFCF_3$
	HCFC BLEND A	NAF-S-III	HCFC-22 : 82 [%] HCFC-123 : 4.75 [%] HCFC-124 : 9.5 [%] $C_{10}H_{16}$: 3.75 [%]
IG	IG-541	Inergen	N_2, Ar, CO_2

17 상 중 ⓗ

건물의 주요구조부가 아닌 것은?

① 작은 보
② 기둥
③ 내력벽
④ 주계단

해설 건물의 주요구조부 —————————

1) 바닥(최하층 바닥 제외)
2) 보(작은 보 제외)
3) 지붕틀(차양 제외)
4) 내력벽(비내력벽 제외)
5) 주계단(옥외계단 제외)
6) 기둥(사잇기둥 제외)

암기 ▶ 바보지내주기

18 상 ⓜ 하

연면적이 1000 [m²] 이상인 건축물에 설치하는 방화벽이 갖추어야 할 기준으로 틀린 것은?

① 내화구조로서 홀로 설 수 있는 구조일 것
② 방화벽이 양쪽 끝과 위쪽 끝을 건축물의 외벽면 및 지붕면으로부터 0.1 [m] 이상 튀어나오게 할 것
③ 방화벽에 설치하는 출입문의 너비는 2.5 [m] 이하로 할 것
④ 방화벽에 설치하는 출입문의 높이는 2.5 [m] 이하로 할 것

해설 방화벽 설치기준 —————————

구분	설치 및 구조기준
대상 건축물	주요구조부가 내화구조이거나 불연재료인 건축물이 아닌 연면적 1000 [m²] 이상인 건축물
구획	각 구획된 바닥면적의 합계 : 1000 [m²] 미만
구조	• 내화구조로서 홀로 설 수 있는 구조일 것 • 방화벽 양쪽 끝과 위쪽 끝을 건축물의 외벽면 및 지붕면으로부터 0.5 [m] 이상 튀어나오게 할 것 • 출입문 너비와 높이 : 2.5 [m] 이하 • 출입문 : 60분+ 방화문 또는 60분 방화문

19 상 중 ⓗ

다음 중 점화원이라고 할 수 없는 것은?

① 정전기
② 충격
③ 증발열
④ 마찰열

해설 점화원 형태에 의한 분류 —————————

구분	종류
기계열	압축열, 마찰열, 마찰스파크, 충격열, 단열압축
전기열	유도열, 유전열, 저항열, 아크열, 정전기열, 낙뢰에 의한 열
화학열	연소열, 분해열, 용해열, 생성열, 자연발화열

※ 점화원이 될 수 없는 것 : 기화열(증발열), 용해열, 단열팽창 등

20 상 중 하

다음 가연성 기체 1몰이 완전 연소하는 데 필요한 이론공기량으로 틀린 것은? (단, 체적비로 계산하며 공기 중 산소의 농도를 21 [vol%]로 한다)

① 수소 - 약 2.38몰
② 메테인 - 약 9.52몰
③ 아세틸렌 - 약 16.91몰
④ 프로페인 - 약 23.81몰

$$\therefore 필요한 공기량\ x[mol] = \dfrac{\dfrac{1}{2}[mol] \times 100[vol\%]}{21[vol\%]}$$

$$= \dfrac{\dfrac{1}{2}[mol]}{0.21}$$

※ 가연성 기체 1몰이 완전 연소하는 데 필요한 이론공기량 $x[mol]$:
$$\dfrac{완전\ 연소하는\ 데\ 필요한\ 산소몰수[mol]}{0.21}$$

해설 연소에 필요한 이론공기량 ————————

1) 수소 : $H_2 + \dfrac{1}{2}O_2 \rightarrow H_2O$

$\therefore$ 이론공기량 = $\dfrac{0.5\ 몰}{0.21(21\%)} ≒ 2.38몰$

2) 메테인(메탄) : $CH_4 + 2O_2 \rightarrow CO_2 + 2H_2O$

$\therefore$ 이론공기량 = $\dfrac{2\ 몰}{0.21(21\%)} ≒ 9.52몰$

3) 아세틸렌 : $C_2H_2 + \dfrac{5}{2}O_2 \rightarrow 2CO_2 + H_2O$

$\therefore$ 이론공기량 = $\dfrac{2.5\ 몰}{0.21(21\%)} ≒ 11.9몰$

4) 프로페인(프로판) : $C_3H_8 + 5O_2 \rightarrow 3CO_2 + 4H_2O$

$\therefore$ 이론공기량 = $\dfrac{5\ 몰}{0.21(21\%)} ≒ 23.81몰$

※ 참고

수소의 완전연소반응식은 $H_2 + \dfrac{1}{2}O_2 \rightarrow H_2O$이다.

따라서 수소 1 [mol]이 완전연소하기 위해서 필요한 산소가 $\dfrac{1}{2}$ [mol]이다. 이때 필요한 이론공기량 [mol]을 구할 때, 전체 공기를 100 [vol%], 공기 중 산소를 21 [vol%]라고 가정하면 다음과 같은 비례식을 세울 수 있다.

$\dfrac{1}{2}$ [mol](필요한 산소) : x [mol](필요한 공기량)

= 21 [vol%](공기 중 산소) : 100 [vol%](전체 공기)

2 0 2 3

소방전기일반

3회독	월	일
2회독	월	일
1회독	월	일

목표시간 : 30분 | 시작 : _시 _분 | 종료 : _시 _분 | 맞은 개수 : __ /20

21 (상 중 하)

어떤 측정계기의 지시값을 M, 참값을 T라 할 때 보정률 [%]은?

① $\dfrac{T-M}{M} \times 100$

② $\dfrac{M}{M-T} \times 100$

③ $\dfrac{T-M}{T} \times 100$

④ $\dfrac{T}{M-T} \times 100$

해설 보정률과 오차율

보정률	$\dfrac{T-M}{M} \times 100$ [%]
오차율	$\dfrac{M-T}{T} \times 100$ [%]

보충 ▶ M(Measured Value) : 지시값
T(True Value) : 참값

22 (상 중 하)

회로에서 a, b 간의 합성저항[Ω]은? (단, $R_1 = 3$ [Ω], $R_2 = 9$ [Ω]이다)

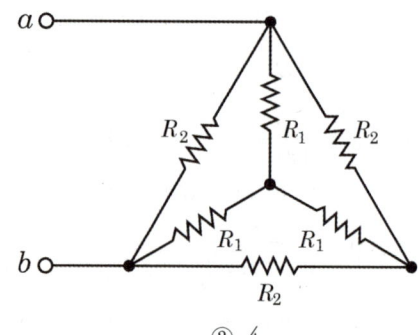

① 3 ② 4
③ 5 ④ 6

해설 합성저항 계산(R_0)

△를 Y로 변환하면 3 [Ω]이 되므로 기존의 3 [Ω]과 병렬로 접속된다. 따라서 합성저항은 3 [Ω](1.5 + 1.5)이다.

(병렬접속 $R_0 = \dfrac{R_1 R_2}{R_1 + R_2}$, 직렬접속 $R_0 = R_1 + R_2$)

정답 21 ① 22 ①

23 (상)(중)하

정현파신호 sin t의 전달함수는?

① $\dfrac{1}{s^2+1}$　　　　② $\dfrac{1}{s^2-1}$

③ $\dfrac{s}{s^2+1}$　　　　④ $\dfrac{s}{s^2-1}$

해설 라플라스 변환

$$\sin \omega t = \dfrac{\omega}{s^2+\omega^2}$$

$$\cos \omega t = \dfrac{s}{s^2+\omega^2}$$

$$\therefore \ \sin t = \dfrac{1}{s^2+1}$$

$f(t)$	함수명	$F(s)$
$\delta(t)$	단위임펄스함수	1
$u(t)$	단위계단함수	$\dfrac{1}{s}$
t	단위램프함수	$\dfrac{1}{s^2}$
t^2	2차 램프함수	$\dfrac{1}{s^3}$
t^n	n차 림프함수	$\dfrac{1}{s^{n+1}}$
e^{at}	지수함수	$\dfrac{1}{s-a}$
e^{-at}	지수함수	$\dfrac{1}{s+a}$
$te^{\mp at}$	지수램프함수	$\dfrac{1}{(s\pm a)^2}$
$\sin \omega t$	정현파함수	$\dfrac{\omega}{s^2+\omega^2}$
$\cos \omega t$	여현파함수	$\dfrac{s}{s^2+\omega^2}$

24 (상)(중)하

단상전력을 간접적으로 측정하기 위해 3전압계법을 사용하는 경우 단상 교류전력 P [W]는?

① $P = \dfrac{1}{2R}(V_3 - V_2 - V_1)^2$

② $P = \dfrac{1}{R}(V_3^2 - V_2^2 - V_1^2)$

③ $P = \dfrac{1}{2R}(V_3^2 - V_2^2 - V_1^2)$

④ $P = V_3 I \cos\theta$

해설 3전압계법

$$P = \dfrac{1}{2R}(V_3^2 - V_2^2 - V_1^2)$$

TIP ▶ 3전류계법 : $P = \dfrac{R}{2}(I_3^2 - I_2^2 - I_1^2)$

P : 유효전력 [W]

R : 저항 [Ω]

25 (상)(중)하

다음 무접점회로의 논리식(X)은?

① $A \cdot B + \overline{C}$

② $A + B + \overline{C}$

③ $(A+B) \cdot \overline{C}$

④ $A \cdot B \cdot \overline{C}$

해설 논리식(무접점회로)

$(A \text{ AND } B) \text{ AND } \overline{C}$

명칭, 논리기호
AND회로($A \times B$, $A \cdot B$)
OR회로($A+B$)
NOT회로(반전)
NAND회로(NOT + AND)
NOR회로(NOT + OR)
XOR회로

TIP AND → ×
OR → +

26 (상)(중)하

유도전동기의 슬립이 5.6 [%]이고 회전자 속도가 1500 [rpm]일 때, 이 유도전동기의 동기속도는 약 몇 [rpm] 인가?

① 1080 　　② 1236
③ 1589 　　④ 1600

해설 동기속도(Ns)

$N = (1-s)N_s$에서

$$N_s = \frac{N}{(1-s)}$$

$$= \frac{1500}{1-0.056} = 1589[rpm]$$

f : 주파수 [Hz]
p : 극수
N_s : 동기속도 $[rpm]$
N : 회전 속도 $[rpm]$
$N = (1-s)N_s [rpm]$

27 (상)(중)하

진공 중에 놓인 5 $[\mu C]$의 점전하에서 2 [m]되는 점의 전 계는 몇 [V/m]인가?

① 11.25×10^3

② 16.25×10^3

③ 22.25×10^3

④ 28.25×10^3

해설 전계의 세기(E)

$$E = \frac{Q}{4\pi\epsilon r^2}$$

$$= \frac{5 \times 10^{-6}}{4\pi\epsilon \times 2^2}$$

$$= \frac{5 \times 10^{-6}}{4\pi \times \epsilon_0 \times \epsilon_s \times 2^2}$$

$$= 11.25 \times 10^3 [V/m]$$

$\varepsilon = \varepsilon_0 \cdot \varepsilon_s$
ε_0 : 진공의 유전율($8.855 \times 10^{-12} [F/m]$)
ε_s : 비유전율(진공 = 1, 공기 ≒ 1)
E : 전계의 세기 [V/m]
Q : 전하량 [C]
r : 거리 [m]

28 (상(중)하)

저항 R_1, R_2와 인덕턴스 L이 직렬로 연결된 회로에서 시정수 [sec]는?

① $\dfrac{R_1 - R_2}{2L}$ ② $\dfrac{R_1 + R_2}{2L}$

③ $\dfrac{L}{R_1 - R_2}$ ④ $\dfrac{L}{R_1 + R_2}$

해설 시정수 ────────

$$\tau = \frac{L}{R_T} = \frac{L}{R_1 + R_2}[\text{sec}]$$

R_T : 저항만의 합

• $R - L$회로 : $\dfrac{L}{R}$

• $R - C$회로 : RC

29 (상(중)하)

그림과 같은 무접점회로는 어떤 논리회로인가?

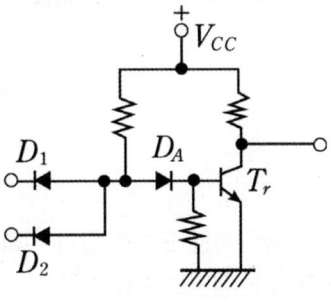

① NOR   ② OR
③ NAND   ④ AND

해설 NAND 게이트(무접점회로) ────────

입력신호가 동시에 1일 때, 출력신호 0

무접점
AND회로($A \times B$, $A \cdot B$)

OR회로($A + B$)

NOT회로(반전)

NAND회로(NOT + AND)

NOR회로(NOT + OR)

XOR회로(논리기호)

※ 다이오드 방향이 왼측이며 T_r이 있기 때문에 NAND임

30 (상ⓒ하)

블록선도의 전달함수 C(s)/R(s)는?

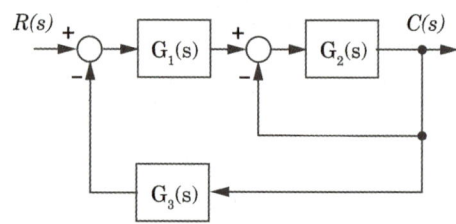

① $\dfrac{G_1(s)G_2(s)}{1+G_1(s)G_2(s)G_3(s)}$

② $\dfrac{G_1(s)G_2(s)}{1+G_1(s)+G_1(s)G_2(s)G_3(s)}$

③ $\dfrac{G_1(s)G_2(s)}{1+G_2(s)+G_1(s)G_2(s)G_3(s)}$

④ $\dfrac{G_1(s)G_2(s)}{1+G_3(s)+G_1(s)G_2(s)G_3(s)}$

해설 전달함수 ─────────────

$$G(s) = \frac{C(s)}{R(s)} = \frac{전향경로이득}{1-(loop)}$$

$$= \frac{G_1(s)G_2(s)}{1+G_2(s)+G_1(s)G_2(s)G_3(s)}$$

해설 합성인덕턴스 계산 ─────────────

구분	직렬
가동결합	$I[A]$, ϕ_1, M, L_1, N_1, N_2, L_2, ϕ_2 M $L_1 \quad L_2$ $L_0 = L_1 + L_2 + 2M$
차동결합	$I[A]$, ϕ_1, ϕ_2, M, L_1, N_1, N_2, L_2 M $L_1 \quad L_2$ $L_0 = L_1 + L_2 - 2M$

보충 ▶ M : 상호인덕턴스
L : 자기인덕턴스

31 (상ⓒ하)

다음과 같은 결합회로의 합성인덕턴스로 옳은 것은?

$L_1 \qquad L_2$

① $L_1 + L_2 + 2M$

② $L_1 + L_2 - 2M$

③ $L_1 + L_2 - M$

④ $L_1 + L_2 + M$

32 (상ⓒ하)

교류에서 파형의 개략적인 모습을 알기 위해 사용하는 파고율과 파형률에 대한 설명으로 옳은 것은?

① 파고율 $= \dfrac{실횻값}{평균값}$, 파형률 $= \dfrac{평균값}{실횻값}$

② 파고율 $= \dfrac{최댓값}{실횻값}$, 파형률 $= \dfrac{실횻값}{평균값}$

③ 파고율 $= \dfrac{실횻값}{최댓값}$, 파형률 $= \dfrac{평균값}{실횻값}$

④ 파고율 $= \dfrac{최댓값}{평균값}$, 파형률 $= \dfrac{평균값}{실횻값}$

정답 30 ③ 31 ① 32 ②

해설 파고율, 파형률

※ 각 파형의 파고율과 파형률

파형	최댓값	실횻값	평균값	파고율	파형률
정현파	V_m	$\frac{1}{\sqrt{2}}V_m$	$\frac{2}{\pi}V_m$	$\sqrt{2}$	$\frac{\pi}{2\sqrt{2}}$ = (1.11)
반파 정현파	V_m	$\frac{1}{2}V_m$	$\frac{1}{\pi}V_m$	2	$\frac{\pi}{2}$ = (1.57)
구형파	V_m	V_m	V_m	1	1
반파 구형파	V_m	$\frac{1}{\sqrt{2}}V_m$	$\frac{1}{2}V_m$	$\sqrt{2}$	$\frac{2}{\sqrt{2}}$ = (1.414)
삼각파	V_m	$\frac{1}{\sqrt{3}}V_m$	$\frac{1}{2}V_m$	$\sqrt{3}$	$\frac{2}{\sqrt{3}}$ =(1.15)

$$파고율 = \frac{최댓값}{실횻값}, \quad 파형률 = \frac{실횻값}{평균값}$$

암기 ▶ 고최실, 형실평

2) $\delta = 1$: 임계제동

 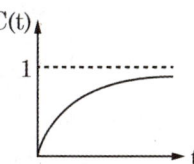

3) $\delta > 1$인 경우 : 과제동 : 비진동

4) $\delta = 0$: 무제동

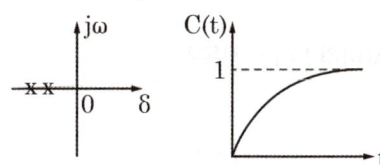

---

33 상 중 하

2차계에서 무제동으로 무한 진동이 일어나는 감쇠율(Damping Ration) δ는 어떤 경우인가?

① $\delta = 0$ ② $\delta > 1$
③ $\delta = 1$ ④ $0 < \delta < 1$

해설 감쇠율

1) $0 < \delta < 1$: 부족제동 : 감쇠진동

---

34 상 중 하

Y-$\triangle$ 기동방식으로 운전하는 3상 농형유도전동기의 Y결선의 기동전류(I_Y)와 $\triangle$결선의 기동전류($I_\triangle$)의 관계로 옳은 것은?

① $I_Y = \frac{1}{3}I_\triangle$ ② $I_Y = \sqrt{3}I_\triangle$

③ $I_Y = \frac{1}{\sqrt{3}}I_\triangle$ ④ $I_Y = \frac{\sqrt{3}}{2}I_\triangle$

해설 결선에 따른 기동전류 관계

Y결선 시 선전류 : $I_Y = \frac{V}{\sqrt{3}R}$

$\triangle$결선 시 선전류 : $I_\triangle = \frac{\sqrt{3}V}{R}$

$$\frac{I_Y}{I_\triangle} = \frac{\frac{V}{\sqrt{3}R}}{\frac{\sqrt{3}V}{R}} = \frac{1}{3}배$$

35 (상)(중)하

다음 중 쌍방향성 사이리스터인 것은?

① 정류기   ② SCR

③ IGBT   ④ TRIAC

해설 반도체

명칭	특성
SCR	• 사이리스터의 한 종류 • 애노드(A), 캐소드(K), 게이트(G)로 구성된다. • 단방향 3단자 • 래칭전류 : SCR이 OFF상태에서 ON 상태로의 전환이 이뤄지고, 트리거신호가 제거된 직후에 SCR을 ON 상태로 유지하는 데 필요한 최소한의 양극전류를 래칭전류라 한다.
트라이악 (TRIAC)	• npnpn의 5층구조 • 직·교류에서 모두 사용할 수 있는 3단자 스위칭 소자 • 교류전력 기기 제어용 • 쌍방향 3단자
다이악 (DIAC)	• 소용량 저항부하의 AC전력 제어용 • 쌍방향 2단자
서미스터	• 온도에 의해 저항값이 변하는 반도체 소자 • 부(−) 저항온도계수의 특성 : 온도 증가 시 저항 감소 • 열을 감지하는 감열저항체 소자 • 온도보상용, 온도계측용(온도계), 온도보정용
바리스터	• 인가되는 전압에 따라 저항값이 변하는 비선형 반도체 소자 • 전압에 따라 저항값이 변화하는 저항 소자 • 회로를 병렬로 연결하여 사용 • 서지전압으로부터 기기보호 • 계전기접점의 불꽃소거
사이리스터	• p형 반도체와 n형 반도체의 4층 이상 접합한 것 • 전극 단자 수가 2, 3, 4인 것이 있다(위상제어, 타이머회로, 트리거회로).
집적회로	• 하나의 실리콘 칩 내부에 트랜지스터, 다이오드 저항, 콘덴서 등 여러 가지 전자부품을 고밀도로 집적하여 패키지로 만든 것 • 시스템이 소형화, 가볍고 얇다. • 신뢰성이 높고 부품의 교체가 쉽다.

36 (상)중 하

소화펌프에 연결하는 전동기의 용량은 약 몇 [kW]인가? (단, 전동기 효율은 0.9, 토출량은 2.4 [m³/min], 전양정은 90 [m], 전달계수는 1.1이다)

① 43   ② 53

③ 63   ④ 36

해설 전동기의 용량 계산

$$P = \frac{9.8\,Q\,H}{\eta} \times K$$

$$= \frac{9.8 \times \dfrac{2.4}{60} \times 90}{0.9} \times 1.1$$

$$= 43\,[kW]$$

P : 펌프동력 [kW]

K : 전달계수

H : 전양정 [m]

η : 효율 [%]

Q_1 : 유량 [m³/sec]

γ : 물의 비중량 9.8 [kN/m³]

TIP ▶ 문제에서 토출량의 단위가 '분당'으로 출제되었으므로 '초당'으로 반드시 환산해서 대입한다.

37 (상)중 하

다음 회로에서 스위치 S를 닫았을 때 전류계는 24 [A]를 지시하였다. 스위치 S를 열었을 때 전류계의 지시는 약 몇 [A]인가?

① 16   ② 18

③ 25   ④ 40

해설 스위치를 열고 닫았을 때 전류 ——————

1) 스위치를 열거나 닫았을 때 전압은 바뀌지 않음

$$\therefore V = I_1 R_1 = I_2 R_2$$

이때 I_1 : 스위치를 닫은 후 전류

R_1 : 스위치를 닫은 후 합성저항

I_2 : 스위치를 닫기 전 전류

R_2 : 스위치를 닫기 전 합성저항

2) 스위치를 닫았을 경우의 합성저항

$$R_1 = \frac{6 \times 10}{6 + 10} + \frac{8 \times 16}{8 + 16} = 9.08 \,[\Omega]$$

(병렬접속 $R_0 = \dfrac{R_1 R_2}{R_1 + R_2}$, 직렬접속 $R_0 = R_1 + R_2$)

3) 스위치를 열었을 경우의 합성저항 : 스위치가 열린 16 [Ω] 쪽으로는 전류가 흐르지 않음

$$R_2 = \frac{6 \times 10}{6 + 10} + 8 = 11.75 \,[\Omega]$$

4) $V = I_1 R_1 = I_2 R_2$ 에서

$$I_2 = \frac{R_1}{R_2} \times I_1 = \frac{9.08}{11.75} \times 24 = 18 \,[A]$$

신유형!

38 (상)중 하

회전자 입력이 100 [kW], 슬립이 4 [%]인 3상 유도전동기의 2차동손 [kW]을 구하시오.

① 4   ② 0.4

③ 0.04   ④ 0.004

해설 2차동손 ——————

2차동손 = 입력 × 슬립 = 100 × 0.04 = 4 [kW]

보충 ▶ 동손 : 저항손이라고도 하며 권선의 저항에 의해 생기는 손실을 말한다.

---

39 상(중)하

그림과 같은 오디오회로에서 스피커 저항이 8 [Ω]이고, 증폭기회로의 저항이 288 [Ω]이다. 이 변압기의 권수비는?

① 6   ② 7

③ 8   ④ 42

해설 변압기 권수비 ——————

$$권수비 \, a = \frac{N_1}{N_2} = \frac{V_1}{V_2} = \frac{E_1}{E_2} = \frac{I_2}{I_1} = \sqrt{\frac{R_1}{R_2}}$$

$$\therefore a = \sqrt{\frac{R_1}{R_2}} = \sqrt{\frac{288}{8}} = 6$$

N : 권수

a : 권수비

V : 전압 [V]

I : 전류 [A]

R : 저항 [Ω]

---

40 상(중)하

자기 인덕턴스 L_1, L_2가 각각 4 [mH], 9 [mH]인 두 코일이 이상적인 결합이 되었다면 상호인덕턴스는 몇 [mH]인가? (단, 결합계수 k = 1)

① 6   ② 12

③ 24   ④ 36

해설 상호인덕턴스(M) ——————

$$M = k\sqrt{L_1 L_2}$$
$$= 1 \times \sqrt{4 \times 9} = 6 \,[mH]$$

M : 상호인덕턴스

L : 자기인덕턴스

k : 결합계수

2023년 1회
소방관계법규

3회독	월	일
2회독	월	일
1회독	월	일

| 목표시간 : 20분 | 시작 : _시 _분 | 종료 : _시 _분 | 맞은 개수 : _ /20 |

41 (상)(중)(하)

소방시설 설치 및 관리에 관한 법령상 특정소방대상물에 실내장식 등의 목적으로 설치 또는 부착하는 물품으로서 제조 또는 가공공정에서 방염처리를 한 방염대상물품이 아닌 것은? (단, 합판·목재류의 경우에는 설치현장에서 방염처리를 한 것을 말한다)

① 창문에 설치하는 커튼류
② 암막·무대막
③ 전시용 합판·목재 또는 섬유판
④ 종이벽지

해설 ▶ 방염대상물품 ————————

1) 제조·가공 공정에서 방염처리한 물품
(1) 창문에 설치하는 커튼류(블라인드 포함)
(2) 카펫
(3) 벽지류(두께 2 [mm] 미만인 종이벽지 제외)
(4) 전시용 합판·목재 또는 섬유판, 무대용 합판·목재 또는 섬유판(합판·목재류의 경우 불가피하게 설치 현장에서 방염처리한 것을 포함한다)
(5) 암막·무대막(영화상영관 스크린, 가상체험체육시설의 스크린 포함)
(6) 섬유류, 합성수지류 등을 원료로 하여 제작된 소파·의자(단란주점영업, 유흥주점, 노래연습장업의 영업장에 설치하는 것만 해당)
2) 건축물 내부의 천장이나 벽에 부착하거나 설치하는 것, 다만 가구류(옷장·찬장·식탁·식탁용 의자·사무용 책상·사무용 의자·계산대 등)와 너비 10 [cm] 이하 반자돌림대 등과 내부 마감재료는 제외

(1) 종이류(두께 2 [mm] 이상)·합성수지류·섬유류를 주원료로 한 물품
(2) 합판, 목재
(3) 공간 구획하는 간이 칸막이(접이식 등 이동 가능한 벽체나 천장 또는 반자가 실내에 접하는 부분까지 구획하지 않는 벽체를 말한다)
(4) 흡음(吸音)을 위하여 설치하는 흡음재(흡음용 커튼을 포함한다)
(5) 방음(防音)을 위하여 설치하는 방음재(방음용 커튼을 포함한다)

보충 ▶ 시·도지사 : 설치현장 방염처리 합판·목재

42 (상)(중)(하)

위험물안전관리법령상 제조소 또는 일반 취급소의 위험물 취급탱크 노즐 또는 맨홀을 신설하는 경우, 노즐 또는 맨홀의 직경이 몇 [mm]를 초과하는 경우 변경허가를 받아야 하는가?

① 250
② 300
③ 400
④ 600

정답 41 ④ 42 ①

해설 제조소등의 설치 및 변경

1) 설치허가자 : 시·도지사(행전안전부령)
2) 위험물 품명·수량·지정수량의 배수 변경신고 : 변경하고자 하는 날의 1일 전
3) 제조소·일반취급소 변경허가를 받아야 하는 경우
   (1) 제조소·일반취급소 위치 이전
   (2) 배출설치 또는 불활성기체 봉입장치 신설
   (3) 위험물취급탱크 신설·교체·철거·보수
   (4) 위험물취급탱크 노즐 또는 맨홀 신설(노즐 또는 맨홀 직경 250 [mm] 초과하는 경우)
   (5) 위험물취급탱크 탱크전용실 증설 또는 교체
4) 변경허가·변경신고 제외 장소
   (1) 주택의 난방시설(공동주택의 중앙난방시설 제외)을 위한 저장소·취급소
   (2) 농예용·축산용·수산용으로 필요한 난방시설 또는 건조시설을 위한 지정수량 20배 이하의 저장소

43 (상)(중)하

특수가연물의 저장 및 취급기준을 2회 위반한 경우 과태료 부과기준은?

① 100   ② 200
③ 300   ④ 400

해설 과태료 부과기준(200만 원 이하)

1) 불을 사용할 때 지켜야 하는 사항 및 특수가연물의 저장 및 취급기준을 위반한 경우
2) 소방설비등의 설치 명령을 정당한 사유 없이 따르지 아니한 경우
3) 기간 내에 선임신고를 하지 아니하거나 소방안전관리자의 성명 등을 게시하지 아니한 경우
4) 기간 내에 선임신고를 하지 아니한 자
5) 기간 내에 소방훈련 및 교육결과를 제출하지 아니한 경우
※ 특수가연물의 저장 및 취급기준 위반 : 횟수에 상관없이 200만 원

44 (상)(중)하

다음 중 중급기술자의 학력·경력자에 대한 기준으로 옳은 것은?

① 박사학위를 취득한 후 1년 이상 소방 관련 업무를 수행한 자
② 석사학위를 취득한 후 2년 이상 소방 관련 업무를 수행한 자
③ 학사학위를 취득한 후 6년 이상 소방 관련 업무를 수행한 자
④ 전문학사학위를 취득한 후 10년 동안 소방 관련 업무를 수행한 자

해설 소방기술자 학력·경력에 따른 기술등급

등급	소방 관련 학과 학력 경력자	소방 관련 학과 이외 경력자
특급	• 박사 + 3년 이상 • 석사 + 7년 이상 • 학사 + 11년 이상 • 전문학사학위 + 15년 이상	–
고급	• 박사 + 1년 이상 • 석사 + 4년 이상 • 학사 + 7년 이상 • 전문학사학위 + 10년 이상 • 고등학교 소방학과 + 13년 • 고등학교 졸업 + 15년 이상	• 학사 + 12년 이상 • 전문학사학위 + 15년 이상 • 고등학교 졸업 + 18년 이상 • 22년 이상 소방 관련 업무
중급	• 박사 • 석사 + 2년 이상 • 학사 + 5년 이상 • 전문학사학위 + 8년 이상 • 고등학교 소방학과 + 10년 • 고등학교 졸업 + 12년 이상	• 학사 + 9년 이상 • 전문학사학위 + 12년 이상 • 고등학교 졸업 + 15년 이상 • 18년 이상 소방 관련 업무
초급	• 석사, 학사 • 관련 학과 졸업 • 전문학사학위 + 2년 이상 • 고등학교 소방학과 + 3년 • 고등학교 졸업 +5년 이상	• 학사 + 3년 이상 • 전문학사학위 + 5년 이상 • 고등학교 졸업 + 7년 이상 • 9년 이상 소방 관련 업무

45 (상)(중)하

화재의 예방 및 안전관리에 관한 법령에 따른 특수가연물의 기준 중 다음 (   ) 안에 알맞은 것은?

품명	수량
나무껍질 및 대팻밥	(㉠) [kg] 이상
면화류	(㉡) [kg] 이상

① ㉠ 200, ㉡ 400
② ㉠ 200, ㉡ 1000
③ ㉠ 400, ㉡ 200
④ ㉠ 400, ㉡ 1000

해설 특수가연물

품명		수량
면화류		200 [kg] 이상
나무껍질 및 대팻밥		400 [kg] 이상
넝마 및 종이부스러기		1000 [kg] 이상
사류, 볏짚류		1000 [kg] 이상
가연성 고체류		3000 [kg] 이상
석탄·목탄류		10000 [kg] 이상
가연성 액체류		2 [m³] 이상
목재가공품 및 나무부스러기		10 [m³] 이상
고무류·플라스틱류	발포시킨 것	20 [m³] 이상
	그 밖의 것	3000 [kg] 이상

암기 면이 나대싸 넘사벽 천 가고삼 석목만 가액이 고발이

46 (상)(중)하

소방기본법령상 출동한 소방대원에게 폭행 또는 협박을 행사하여 화재진압·인명구조 또는 구급활동을 방해한 사람에 대한 벌칙기준은?

① 500만 원 이하의 과태료
② 1년 이하의 징역 또는 1000만 원 이하의 벌금
③ 3년 이하의 징역 또는 3000만 원 이하의 벌금
④ 5년 이하의 징역 또는 5000만 원 이하의 벌금

해설 5년 이하 징역 또는 5000만 원 이하 벌금

1) 위력을 사용하여 출동한 소방대의 화재진압·인명구조·구급활동을 방해하는 행위
2) 소방대가 화재진압·인명구조·구급활동을 위하여 현장에 출동하거나 현장에 출입하는 것을 고의로 방해하는 행위
3) 출동한 소방대원에게 폭행·협박을 행사하여 화재진압·인명구조·구급활동 방해(음주 또는 약물로 인한 심신장애 상태에서 위반 시 형법의 감경 미적용)
4) 출동한 소방대의 소방장비를 파손하거나 그 효용을 해하여 화재진압·인명구조·구급활동 방해하는 행위
5) 소방자동차의 출동을 방해한 사람
6) 사람을 구출하는 일 또는 불을 끄거나 불이 번지지 않도록 하는 일을 방해한 사람
7) 정당한 사유 없이 소방용수시설·비상소화장치를 사용하거나 소방용수시설·비상소화장치의 효용을 해치거나 그 정당한 사용을 방해한 사람

47 (상)(중)(하)

소방시설 설치 및 관리에 관한 법령상 스프링클러설비를 설치하여야 하는 특정소방대상물의 기준으로 틀린 것은? (단, 위험물 저장 및 처리 시설 중 가스시설 또는 지하구는 제외한다)

① 복합건축물로서 연면적 3500 [m²] 이상인 경우에는 모든 층
② 창고시설(물류터미널은 제외)로서 바닥면적 합계가 5000 [m²] 이상인 경우에는 모든 층
③ 숙박이 가능한 수련시설 용도로 사용되는 시설의 바닥면적의 합계가 600 [m²] 이상인 것은 모든 층
④ 판매시설, 운수시설 및 창고시설(물류터미널에 한정)로서 바닥면적의 합계가 5000 [m²] 이상이거나 수용인원이 500명 이상인 경우에는 모든 층

해설 스프링클러설비 설치대상

설치대상	기준
• 문화 및 집회시설(동·식물원 제외) • 종교시설 • 운동시설(물놀이형 시설 및 바닥이 불연재료이고 관람석이 없는 운동시설은 제외)	• 수용인원 100명 이상 • 영화상영관 바닥면적 : 지하층·무창층 500 [m²](그 외 1000 [m²]) 이상 • 무대부 : 지하층·무창층, 4층 이상 300 [m²](그 외 500 [m²]) 이상
• 판매시설, 운수시설 • 창고시설(물류터미널)	• 수용인원 500명 이상 • 바닥면적 합계 5000 [m²] 이상
6층 이상인 특정소방대상물	전 층
• 의료시설(정신의료기관, 종합병원, 병원, 치과병원, 한방병원, 요양병원) • 노유자시설 • 숙박 가능한 수련시설 • 숙박시설 • 산후조리원, 조산원	바닥면적 합계 600 [m²] 이상인 것은 모든 층
지하상가	연면적 1000 [m²] 이상
기숙사(교육연구시설·수련시설 내에 있는 학생 수용을 위한 것), 복합건축물	연면적 5000 [m²] 이상인 모든 층
특수가연물 저장·취급시설	지정수량 1000배 이상
랙식 창고의 높이가 10 [m]를 초과	바닥면적 또는 랙이 설치된 부분의 합계가 1500 [m²] 이상인 경우 모든 층
전기저장시설, 교정 및 군사시설 중 보호감호소, 교도소, 구치소 및 그 지소, 보호관찰소, 갱생보호시설, 치료감호시설, 소년원 및 소년분류심사원의 수용거실, 보호시설(외국인보호소의 경우에는 보호대상자의 생활공간으로 한정), 유치장	–

48 상**중**하

아파트로 층수가 20층인 특정소방대상물에서 스프링클러설비를 하여야 하는 층수는? (단, 아파트는 신축을 실시하는 경우이다)

① 전 층
② 15층 이상
③ 11층 이상
④ 6층 이상

해설 스프링클러설비 설치대상

47번 문제 해설 참조

49 상**중**하

제3류 위험물 중 금수성 물품에 적응성이 있는 소화약제는?

① 이산화탄소
② 물
③ 팽창진주암
④ 인산염류분말

해설 금수성 물질

• 물과 접촉하여 발화, 가연성 가스 발생
• 종류 : 칼륨, 나트륨, 알킬알루미늄, 알킬리튬
• 질식소화 : 마른모래, <u>팽창질석</u>, 팽창진주암

50 (상)(중)하

화재의 예방 및 안전관리에 관한 법령상 일반음식점에서 조리를 위하여 불을 사용하는 설비를 설치하는 경우 지켜야 하는 사항 중 다음 (   ) 안에 알맞은 것은?

- 주방설비에 부속된 배기닥트는 (㉠) [mm] 이상의 아연도금 강판 또는 이와 동등 이상의 내식성 불연재료로 설치할 것
- 열을 발생하는 조리기구로부터 (㉡) [m] 이내의 거리에 있는 가연성 주요구조부는 석면판 또는 단열성이 있는 불연 재료로 덮어씌울 것

① ㉠ 0.5, ㉡ 0.15
② ㉠ 0.5, ㉡ 0.6
③ ㉠ 0.6, ㉡ 0.15
④ ㉠ 0.6, ㉡ 0.5

해설 음식조리를 위하여 설치하는 설비

- 주방설비에 부속된 배출덕트는 0.5 [mm] 이상 아연도금강판 또는 동등 이상의 내식성 불연재료로 설치
- 동·식물 기름 제거 가능한 필터 설치
- 열 발생 조리기구는 반자 또는 선반으로부터 0.6 [m] 이상 떨어지게 할 것
- 열 발생 조리기구로부터 0.15 [m] 이내 거리의 가연성 주요구조부는 석면판 또는 단열성 있는 불연재료로 덮어씌울 것

51 (상)(중)하

소방공사업법령상 공사감리자 지정대상 특정 소방대상물의 범위가 아닌 것은?

① 캐비닛형 간이스프링클러설비를 신설·개설하거나 방호·방수구역을 증설할 때
② 물분무등소화설비(호스릴방식의 소화설비는 제외)를 신설·개설하거나 방호·방수구역을 증설할 때
③ 제연설비를 신설·개설하거나 제연구역을 증설할 때
④ 연소방지설비를 신설·개설하거나 살수구역을 증설할 때

해설 공사감리자 지정대상 특정소방대상물 범위

1) 옥내소화전설비 신설·개설·증설
2) 스프링클러설비등(캐비닛형 간이SP 제외) 신설·개설하거나 방호·방수구역을 증설
3) 물분무등소화설비(호스릴 제외) 신설·개설하거나 방호·방수구역을 증설
4) 옥외소화전설비 신설·개설·증설
5) 자동화재탐지설비 신설·개설
6) 화재알림설비 신설·개설
7) 비상방송설비 신설·개설
8) 통합감시시설 신설·개설
9) 소화용수설비 신설·개설
10) 다음 각 목에 따른 소화활동설비에 대하여 각 목에 따른 시공을 할 때
   (1) 제연설비 신설·개설하거나 제연구역 증설
   (2) 연결송수관설비 신설·개설
   (3) 연결살수설비 신설·개설하거나 송수구역 증설
   (4) 비상콘센트설비 신설·개설하거나 전용회로 증설
   (5) 무선통신보조설비 신설·개설
   (6) 연소방지설비를 신설·개설하거나 살수구역 증설

52 (상)(중)하

소방시설공사업법령상 상주 공사감리 대상기준 중 다음 (   ) 안에 알맞은 것은?

- 연면적 (㉠) [m²] 이상의 특정소방대상물(아파트 제외)에 대한 소방시설의 공사
- 지하층을 포함한 층수가 (㉡)층 이상으로서 (㉢)세대 이상인 아파트에 대한 소방시설의 공사

① ㉠ 10000, ㉡ 11, ㉢ 600
② ㉠ 10000, ㉡ 16, ㉢ 500
③ ㉠ 30000, ㉡ 11, ㉢ 600
④ ㉠ 30000, ㉡ 16, ㉢ 500

해설 공사감리 대상

종류	대상	방법
상주 감리	• 연 3만 [m²] 이상 (아파트 제외) • 16층(지하층 포함) 이상으로 500세대 이상 아파트	• 정한 기간에 현장 상주 • 감리업무 수행, 감리일지 작성 • 1일 이상 일탈 시 발주확인·업무대행
일반 감리	• 상주감리 이외 공사현장	• 배치기간에 현장 업무, 주 1회 이상 • 감리업무 수행, 감리일지 작성 • 14일 이내 수행 불가 시 대행자 지정 • 대행자 주 2회 이상 배치, 업무내용통보

53 (상)(中)(하)

소방용수시설 급수탑 개폐밸브의 설치기준으로 옳은 것은?

① 지상에서 1.0 [m] 이상 1.5 [m] 이하
② 지상에서 1.5 [m] 이상 1.7 [m] 이하
③ 지상에서 1.2 [m] 이상 1.8 [m] 이하
④ 지상에서 1.5 [m] 이상 2.0 [m] 이하

해설 소방용수시설의 설치기준

1) 소화전
  • 상수도와 연결, 지하식·지상식 구조
  • 연결금속구 구경 : 65 [mm]
2) 급수탑
  • 급수배관 구경 : 100 [mm] 이상
  • 개폐밸브 : 지상 1.5 [m] 이상 1.7 [m] 이하
3) 저수조
  • 지면으로부터의 낙차 : 4.5 [m] 이하
  • 흡수부분 수심 : 0.5 [m] 이상일 것
  • 흡수관 투입구 : 사각형 한 변 60 [cm]
                   원형 지름 60 [cm] 이상

54 (상)(中)(하)

고급감리원 이상의 소방공사감리원의 소방시설공사 배치 현장기준으로 옳은 것은?

① 연면적 5000 [m²] 이상 30000 [m²] 미만인 특정소방대상물의 공사 현장
② 연면적 30000 [m²] 이상 200000 [m²] 미만인 아파트의 공사 현장
③ 연면적 30000 [m²] 이상 200000 [m²] 미만 특정소방대상물(아파트 제외) 공사 현장
④ 연면적 200000 [m²] 이상인 특정소방대상물의 공사 현장

해설 감리원 배치기준

감리원 배치기준	소방시설공사 현장기준
특급감리원 중 소방기술사	• 연면적 200000 [m²] 이상 특정소방대상물 공사현장 • 지하층을 포함한 층수가 40층 이상 특정소방대상물 공사현장
특급감리원 이상 소방공사 감리원 (기계분야 및 전기분야)	• 연면적 30000 [m²] 이상 200000 [m²] 미만 특정소방대상물 공사현장(아파트 제외) • 지하층 포함한 층수가 16층 이상 40층 미만 특정소방대상물 공사현장
고급감리원 이상 소방공사 감리원 (기계분야 및 전기분야)	• 물분무등소화설비(호스릴방식 제외) 또는 제연설비 설치되는 특정소방대상물 공사현장 • 연면적 30000 [m²] 이상 200000 [m²] 미만 아파트 공사현장

2023

55 (상)(중)하

소방시설기준 적용의 특례 중 특정소방대상물의 관계인이 소방시설을 갖추어야 함에도 불구하고 관련 소방시설을 설치하지 아니할 수 있는 소방시설의 범위로 옳은 것은? (단, 화재 위험도가 낮은 특정소방대상물로서 석재, 불연성금속, 불연성 건축재료 등의 가공공장·기계조립공장·주물공장 또는 불연성 물품을 저장하는 창고이다)

① 옥외소화전 및 연결살수설비
② 연결송수관설비 및 연결살수설비
③ 자동화재탐지설비, 상수도소화용수설비 및 연결살수설비
④ 스프링클러설비, 상수도소화용수설비 및 연결살수설비

해설 화재위험도 낮은 특정소방대상물

구분	특정소방대상물	소방시설
화재위험도가 낮은 특정소방대상물	석재, 불연성금속, 불연성 건축재료 등의 가공공장, 기계조립공장, 불연성물품 저장 창고	옥외소화전설비, 연결살수설비
화재안전기준 적용 어려운 특정소방대상물	펄프공장의 작업장, 음료수 공장의 세정·충전 작업장 등	스프링클러설비, 상수도소화용수설비, 연결살수설비
	정수장, 수영장, 목욕장, 농예·축산·어류양식용시설 등	자동화재탐지, 상수도소화용수, 연결살수설비
화재안전기준을 달리 적용하여야 하는 특수한 용도·구조의 특정소방대상물	• 원자력발전소 • 중·저준위방사성폐기물의 저장시설	연결송수관설비, 연결살수설비
위험물안전관리법에 따라 자체소방대 설치된 특정소방대상물	자체소방대가 설치된 위험물 제조소등에 부속된 사무실	옥내소화전설비, 소화용수설비, 연결살수설비 및 연결송수관설비

56 (상)(중)하

우수품질인증을 받지 아니한 제품에 우수품질 인증 표시를 하거나 우수품질인증 표시를 위조 또는 변조하여 사용한 자에 대한 벌칙기준은?

① 100만 원 이하의 벌금
② 200만 원 이하의 벌금
③ 300만 원 이하의 벌금
④ 1000만 원 이하의 벌금

해설 1년 1000만 원 이하의 벌금

1) 자체점검을 하지 않거나 관리업자에게 정기점검하게 하지 아니한 자
2) 소방시설관리사증을 빌려주거나 빌리거나 이를 알선한 자
3) 동시에 둘 이상의 업체에 취업한 자
4) 자격정지처분을 받고 자격정지기간 중에 관리사의 업무를 한 자
5) 관리업 등록증, 등록수첩을 다른 자에게 빌려주거나 빌리거나 이를 알선한 자
6) 영업정지처분을 받고 영업정지기간 중에 관리업의 업무를 한 자
7) 제품검사 합격표시 허위·위조·변조한 자
8) 형식승인의 변경승인을 받지 아니한 자
9) 제품검사에 합격하지 아니한 소방용품에 성능인증을 받았다는 표시 또는 제품검사에 합격하였다는 표시를 하거나 성능인증을 받았다는 표시 또는 제품검사에 합격하였다는 표시를 위조 또는 변조하여 사용한 자
10) 성능인증의 변경인증을 받지 아니한 자
11) 우수품질 표시 허위·위조·변조하여 사용한 자
12) 관계인의 업무 방해하거나 출입·검사 시 알게 된 비밀을 누설한 자

정답 55 ① 56 ④

57 (상)중(하)

소방의 역사와 안전문화를 발전시키고 국민의 안전의식을 높이기 위하여 ㉠ 소방박물관과 ㉡ 소방체험관을 설립 및 운영할 수 있는 사람은?

① ㉠ 소방청장, ㉡ 소방청장
② ㉠ 소방청장, ㉡ 시·도지사
③ ㉠ 시·도지사, ㉡ 시·도지사
④ ㉠ 소방본부장, ㉡ 시·도지사

해설 설립 및 운영 소방박물관, 체험관

소방박물관	소방체험관
소방청장	시·도지사
행정안전부령	시·도 조례
① 국내·외의 소방의 역사 ② 소방공무원의 복장 및 소방장비 등의 변천 및 발전에 관한 자료를 수집·보관 및 전시	① 재난·안전사고 유형에 따른 예방, 대처, 대응 등에 관한 체험교육 ② 체험교육 프로그램의 개발 및 국민 안전의식 향상을 위한 홍보·전시 ③ 체험교육 인력의 양성 및 유관기관·단체 등과 협력 ④ 시·도지사가 인정하는 사업
① 소방박물관장 1인(소방공무원 중 소방청장이 임명), 부관장 1인 ② 운영위원회 : 7인 이내	-

58 (상)중(하)

소방시설 설치 및 관리에 관한 법령상 형식승인을 받지 아니한 소방용품을 판매하거나 판매목적으로 진열하거나 소방시설공사에 사용한 자에 대한 벌칙기준은?

① 3년 이하의 징역 또는 3000만 원 이하의 벌금
② 2년 이하의 징역 또는 1500만 원 이하의 벌금
③ 1년 이하의 징역 또는 1000만 원 이하의 벌금
④ 1년 이하의 징역 또는 500만 원 이하의 벌금

해설 3년 이하 징역 또는 3000만 원 이하 벌금

1) 조치명령 위반사항에 대한 명령을 정당한 사유 없이 위반
2) 관리업 등록을 하지 않고 영업을 한 자
3) 소방용품 형식승인 받지 아니하고 제조·수입 또는 거짓이나 그 밖의 부정한 방법으로 형식승인을 받은 자
4) 제품검사를 받지 아니한 자 또는 거짓이나 그 밖의 부정한 방법으로 제품검사를 받은 자
5) 소방용품을 판매·진열하거나 소방시설공사에 사용한 자
6) 거짓이나 그 밖의 부정한 방법으로 성능인증 또는 제품검사를 받은 자
7) 제품검사를 받지 아니하거나 합격표시를 하지 아니한 소방용품을 판매·진열하거나 소방시설공사에 사용한 자
8) 구매자에게 명령을 받은 사실을 알리지 아니하거나 필요한 조치를 하지 아니한 자
9) 거짓이나 그 밖의 부정한 방법으로 전문기관으로 지정을 받은 자

59 (상 중)(하)

소방기본법에서 정의하는 소방대상물에 해당하지 않는 것은?

① 산림
② 차량
③ 건축물
④ 항해 중인 선박

해설 소방용어 정의

1) 소방대상물
   (1) 건축물
   (2) 차량
   (3) 선박(항구에 매어 둔 것)
   (4) 산림, 그 밖의 인공구조물 또는 물건
2) 관계지역
   소방대상물이 있는 장소 및 그 이웃 지역으로 화재의 예방·경계·진압, 구조·구급 등의 활동에 필요한 지역
3) 관계인
   소방대상물의 소유자·관리자·점유자
4) 소방대
   화재 진압 및 화재, 재난·재해, 그 밖의 위급한 상황에서 구조·구급 활동

(1) 소방공무원
(2) 의무소방원
(3) 의용소방대원

암기 ▶ 공무용

5) 소방본부장
특별시·광역시·특별자치시·도 또는 특별자치도(이하 "시·도"라 한다)에서 화재의 예방·경계·진압·조사 및 구조·구급 등의 업무를 담당하는 부서의 장

6) 소방대장
소방본부장 또는 소방서장 등 화재, 재난·재해, 그 밖의 위급한 상황이 발생한 현장에서 소방대를 지휘하는 사람

60 상중하

소방기본법령상 소방력의 동원에 대한 설명으로 틀린 것은?

① 소방청장은 해당 시·도의 소방력만으로는 소방활동을 효율적으로 수행하기 어려운 화재, 재난·재해, 그 밖의 구조·구급이 필요한 상황이 발생하거나 특별히 국가적 차원에서 소방활동을 수행할 필요가 인정될 때에는 각 시·도지사에게 행정안전부령으로 정하는 바에 따라 소방력을 동원할 것을 요청할 수 있다.

② 소방청장은 시·도지사에게 동원된 소방력을 화재, 재난·재해 등이 발생한 지역에 지원·파견하여 줄 것을 요청하거나 필요한 경우 직접 소방대를 편성하여 화재진압 및 인명구조 등 소방에 필요한 활동을 하게 할 수 있다.

③ 동원된 소방대원이 다른 시·도에 파견·지원되어 소방활동을 수행할 때에는 특별한 사정이 없으면 화재, 재난·재해 등이 발생한 지역을 관할하는 소방본부장 또는 소방서장의 지휘에 따라야 한다. 다만 소방청장이 직접 소방대를 편성하여 소방활동을 하게 하는 경우에는 소방청장의 지휘에 따라야 한다.

④ 소방활동을 수행하는 과정에서 발생하는 경비 부담에 관한 사항에 따라 소방활동을 수행한 민간 소방 인력이 사망하거나 부상을 입었을 경우의 보상주체·보상기준 등에 관한 사항, 그 밖에 동원된 소방력의 운용과 관련하여 필요한 사항은 행정안전부령으로 정한다.

해설 소방력의 동원

1) 소방청장 → 시·도지사에게 요청
2) 동원요청 인정사항
   (1) 시·도 소방력으로 소방활동이 어려운 화재
   (2) 재난·재해
   (3) 그 밖에 구조구급 필요사항
   (4) 국가적 차원의 소방활동 필요
3) 동원 요청방법 : 소방청장은 시·도지사에게 동원 요청 사실과 다음의 요청사항을 팩스 또는 전화 등의 방법으로 통지(단, 긴급을 요하는 경우 시·도 소방본부 또는 소방서의 종합상황실장에게 직접 요청)
   (1) 동원을 요청하는 인력 및 장비
   (2) 소방력 이송 수단 및 집결장소
   (3) 소방활동을 수행하게 될 재난의 규모, 원인 등 소방활동에 필요한 정보
4) 요청을 받은 시·도지사는 정당한 사유 없이 요청을 거절하여서는 아니 됨
5) 소방청장은 필요한 경우 직접 소방대를 편성하여 소방에 필요한 활동을 하게 할 수 있음
6) 동원된 소방력은 지역 관할하는 소방본부장·서장의 지휘에 따라야 함. 다만 소방청장이 직접 소방대를 편성하여 소방활동을 하는 경우에는 소방청장의 지휘에 따라야 함
7) <u>소방활동을 수행하는 과정에서 발생하는 경비 부담, 보상주체, 보상기준, 소방력 운용에 관한 사항 : 대통령령</u>
   (1) 동원된 소방력의 소방활동 수행과정에서 발생하는 경비 : 시·도지사
   (2) 동원된 민간 소방인력이 소방활동 수행 중 사망하거나 부상 입은 경우의 보상 : 시·도지사

2023년 1회
소방전기시설의 구조 및 원리

3회독	월	일
2회독	월	일
1회독	월	일

| 목표시간 : 30분 | 시작 : _시 _분 | 종료 : _시 _분 | 맞은 개수 : _/20 |

2023

61 (상 중 하)

비상콘센트설비의 플러그접속기는 단상 교류 100 [V] 또는 220 [V]의 것에 있어서 접지형 몇 극 플러그접속기를 사용하는가?

① 1극
② 2극
③ 3극
④ 4극

해설 **비상콘센트설비 전원회로 설치기준**

1) 비상콘센트설비의 전원회로는 단상교류 220 [V]인 것으로서 그 공급용량은 1.5 [kVA] 이상인 것으로 할 것
2) 전원회로는 각 층에 2 이상이 되도록 설치할 것. 다만 설치해야 할 층의 비상콘센트가 1개인 때에는 하나의 회로로 할 수 있다.
3) 전원회로는 주배전반에서 전용회로로 할 것. 다만 다른 설비회로의 사고에 따른 영향을 받지 않도록 되어 있는 것은 그렇지 않다.
4) 전원으로부터 각 층의 비상콘센트에 분기되는 경우에는 분기배선용 차단기를 보호함 안에 설치할 것
5) 콘센트마다 배선용 차단기(KSC 8321)를 설치해야 하며 충전부가 노출되지 않도록 할 것
6) 개폐기에는 "비상콘센트"라고 표시한 표지를 할 것
7) 비상콘센트용의 풀박스 등은 방청도장을 한 것으로서 두께 1.6 [mm] 이상의 철판으로 할 것
8) 하나의 전용회로에 설치하는 비상콘센트는 10개 이하로 할 것. 이 경우 전선의 용량은 각 비상콘센트(비상콘센트가 3개 이상인 경우에는 3개)의 공급용량을 합한 용량 이상의 것으로 해야 한다.
9) 비상콘센트의 플러그접속기는 접지형 2극 플러그접속기(KSC 8305)를 사용해야 한다.
10) 비상콘센트의 플러그접속기의 칼받이의 접지극에는 접지공사를 해야 한다.

신유형!
62 (상 중 하)

누전경보기의 형식승인 및 제품검사의 기술기준에 따른 과누전시험에 대한 내용이다. 다음 ( )에 들어갈 내용으로 옳은 것은?

> 변류기는 1개의 전선을 변류기에 부착시킨 회로를 설치하고 출력단자에 부하저항을 접속한 상태로 당해 1개의 전선에 변류기의 정격전압의 (㉠) [%]에 해당하는 수치의 전류를 (㉡)분간 흘리는 경우 그 구조 또는 기능에 이상이 생기지 아니하여야 한다.

① ㉠ 20, ㉡ 5
② ㉠ 30, ㉡ 10
③ ㉠ 50, ㉡ 15
④ ㉠ 80, ㉡ 20

해설 **누전경보기 과누전시험**

1개의 전선에 변류기 정격전압의 20 [%]에 해당하는 수치의 전류를 5분간 흘리는 경우 그 구조 또는 기능에 이상이 생기지 않아야 한다.

[절연저항시험]

변류기는 DC 500 [V]의 절연저항계로 다음 각 호에 의한 시험을 하는 경우 5 [MΩ] 이상이어야 한다.
1) 절연된 1차권선과 2차권선 간의 절연저항
2) 절연된 1차권선과 외부금속부 간의 절연저항
3) 절연된 2차권선과 외부금속부 간의 절연저항

63 상중하

통로유도등은 소방대상물의 각 거실과 그로부터 지상에 이르는 복도 또는 계단의 통로에 설치한다. 다음 중 설치기준으로 옳지 않은 것은?

① 계단통로유도등은 바닥으로부터 높이 1 [m] 이하에 설치

② 거실통로유도등은 바닥으로부터 높이 1 [m] 이하에 설치

③ 복도통로유도등은 구부러진 모퉁이 및 보행거리 20 [m]마다 설치

④ 거실통로유도등은 구부러진 모퉁이 및 보행거리 20 [m]마다 설치

해설 통로유도등 설치기준 ─────────────

1) 복도통로유도등
  (1) 설치기준
    ① 복도에 설치할 것
    ② 옥내로부터 직접 지상으로 통하는 출입구 및 그 부속실의 출입구 또는 직통계단·직통계단의 계단실 및 그 부속실의 출입구의 경우, 피난구 유도등이 설치된 출입구의 맞은편 복도에는 입체형으로 설치하거나 바닥에 설치할 것
    ③ 구부러진 모퉁이 및 위에 따라 설치된 통로유도등 기점으로 보행거리 20 [m]마다 설치할 것
    ④ 바닥에 설치하는 통로 유도등은 하중에 따라 파괴되지 않는 강도의 것으로 할 것
  (2) 설치높이
    바닥으로부터 높이 1 [m] 이하의 위치에 설치할 것(다만 지하층 또는 무창층의 용도가 도매시장·소매시장·여객자동차터미널·지하역사 또는 지하상가인 경우에는 복도·통로 바닥에 설치)
  (3) 형식승인 및 제품 시 식별도기준
    ① 상용전원 점등 시 : 직선거리 20 [m] 위치(표시면 화살표 식별 가능)
    ② 비상전원 점등 시 : 직선거리 15 [m] 위치(표시면 화살표 식별 가능)

2) 거실통로유도등
  (1) 설치기준
    ① 거실의 통로에 설치할 것(다만 거실의 통로가 벽체 등으로 구획 시 복도통로유도등을 설치하여야 한다)
    ② 구부러진 모퉁이 및 보행거리 20 [m]마다 설치할 것
  (2) 설치높이
    바닥으로부터 높이 1.5 [m] 이상의 위치에 설치(다만 거실 통로에 기둥이 설치 시 기둥부분의 바닥으로부터 1.5 [m] 이하의 위치에 설치 가능)

3) 계단통로유도등
  (1) 설치기준
    각 층의 경사로 참 또는 계단참마다(1개 층에 경사로참 또는 계단참이 2 이상 있는 경우에는 2개의 계단참마다) 설치할 것
  (2) 설치높이
    바닥으로부터 높이 1 [m] 이하의 위치에 설치할 것

64 상중하

비상방송설비의 화재안전기술기준(NFTC 202)에 따라 비상방송설비 음향장치의 설치기준 중 다음 ( )에 들어갈 내용으로 옳은 것은?

> 층수가 (㉠)층(공동주택의 경우 16층) 이상인 특정소방대상물의 1층에서 발화한 때에는 발화층·(㉡) 및 지하층에 경보를 발할 수 있도록 하여야 한다.

① ㉠ 5, ㉡ 직상층

② ㉠ 5, ㉡ 직상 4개 층

③ ㉠ 11, ㉡ 직상층

④ ㉠ 11, ㉡ 직상 4개 층

해설 비상방송설비 음향향장치 경보(우선경보)

층수가 11층(공동주택의 경우에는 16층) 이상의 특정소방대상물은 다음과 같은 경보를 발할 수 있어야 한다.

1) 2층 이상의 층에서 발화한 때에는 발화층 및 그 직상 4개 층에 경보

2) 1층에서 발화한 때에는 발화층·그 직상 4개 층 및 지하층에 경보

3) 지하층에서 발화한 때에는 발화층·그 직상층 및 기타 지하층 경보

65 (상 중 하)

누전경보기의 화재안전기술기준에 따라 누전경보기의 수신부를 설치할 수 있는 장소로서 옳은 것은? (단, 해당 누전경보기에 대하여 **방폭·방식·방습·방온·방진 및 정전기 차폐등의 방호조치를 하지 않은 경우이다**)

① 온도의 변화가 급격한 장소

② 부식성의 증기·가스 등이 체류하는 장소

③ 옥내의 건조한 장소

④ 화약류를 제조하거나 저장 또는 취급하는 장소

해설 누전경보기 수신부 설치 제외 장소

1) 가연성 증기·먼지·가스, 부식성 증기·가스 등 다량 체류 장소

2) 화약류 제조·저장·취급하는 장소

3) 습도 높은 장소

4) 온도 변화 급격한 장소

5) 대전류회로·고주파 발생회로 등에 따른 영향을 받을 우려가 있는 장소

TIP ▶ 부식성 : 물질구성이 분해되는 성질

가연성 : 물질이 불에 타기 쉬운 성질

암기 ▶ 가화습온대

66 (상 중 하) 신유형!

감지기의 형식승인 및 제품검사의 기술기준에 따라 단독경보형 감지기가 작동할 때 화재를 경보하여 유·무선으로 주위의 다른 감지기에 신호를 발신하고 신호를 수신한 감지기도 화재를 경보하며 다른 감지기에 신호를 발신하는 방식은?

① 축적형
② 아날로그식
③ 연동식
④ 무선식

해설 감지기 형식별 특성

1) "다신호식"이란 1개의 감지기 내에 서로 다른 종별 또는 감도 등의 기능을 갖춘 것으로서 일정시간 간격을 두고 각각 다른 2개 이상의 화재신호를 발하는 감지기를 말한다.

2) "방폭형"이란 폭발성 가스가 용기 내부에서 폭발하였을 때 용기가 그 압력에 견디거나 또는 외부의 폭발성 가스에 인화될 우려가 없도록 만들어진 형태의 감지기를 말한다.

3) "방수형"이란 그 구조가 방수구조로 되어 있는 감지기를 말한다.

4) "재용형"이란 다시 사용할 수 있는 성능을 가진 감지기를 말한다.

5) "축적형"이란 일정농도 이상의 연기가 일정시간(공칭축적시간) 연속하는 것을 전기적으로 검출함으로써 작동하는 감지기(다만 단순히 작동시간만을 지연시키는 것은 제외한다)를 말한다.

6) "아날로그식"이란 주위의 온도 또는 연기의 량의 변화에 따라 각각 다른 전류치 또는 전압치 등의 출력을 발하는 방식의 감지기를 말한다.

7) "연동식"이란 단독경보형 감지기가 작동할 때 화재를 경보하며 유·무선으로 주위의 다른 감지기에 신호를 발신하고 신호를 수신한 감지기도 화재를 경보하며 다른 감지기에 신호를 발신하는 방식의 것을 말한다.

8) "무선식"이란 전파에 의해 신호를 송·수신하는 방식의 것을 말한다.

67 상(중)하

비상콘센트설비의 성능인증 및 제품검사의 기술기준에 따른 비상콘센트설비의 구조 및 기능에 대한 설명으로 틀린 것은?

① 보수 및 부속품의 교체가 쉬워야 한다.
② 부품의 부착은 기능에 이상을 일으키지 않고 쉽게 풀리지 않도록 하여야 한다.
③ 기기 내 비상전원 공급용 배선은 내열배선으로 한다.
④ 충전부는 노출되지 않도록 한다.

해설 비상콘센트설비의 구조 및 기능 ——————

1) 작동이 확실하고 취급 점검이 쉬워야 하며 현저한 잡음이나 장해전파를 발하지 아니하여야 한다.
2) 보수 및 부속품의 교체가 쉬워야 한다.
3) 부식에 의하여 기계적 기능에 영향을 초래할 우려가 있는 부분은 칠, 도금등으로 유효하게 내식가공을 하거나 방청가공을 하여야 하며 전기적 기능에 영향이 있는 단자, 나사 및 와셔등은 동합금이나 이와 동등 이상의 내식성능이 있는 재질을 사용하여야 한다.
4) <u>기기 내의 비상전원 공급용 배선은 내화배선으로, 그 밖의 배선은 내화배선 또는 내열배선으로 하여야 하며, 배선의 접속이 정확하고 확실하여야 한다.</u>
5) 부품의 부착은 기능에 이상을 일으키지 아니하고 쉽게 풀리지 아니하도록 하여야 한다.
6) 전선 이외의 전류가 흐르는 부분과 가동축 부분의 접촉력이 충분하지 아니한 곳에는 접촉부의 접촉불량을 방지하기 위한 적당한 조치를 하여야 한다.
7) 충전부는 노출되지 아니하도록 하여야 한다.
8) 비상콘센트설비의 각 접속기(콘센트를 말한다. 이하 같다)마다 배선용 차단기를 설치하여야 한다.
9) 수납형이 아닌 비상콘센트설비는 외함에 쉽게 개폐할 수 있도록 문을 설치하여야 한다.
10) 외함(수납형의 부품 지지판을 포함한다)은 방청가공을 한 두께 1.6 [mm] 이상의 강판, 두께 1.2 [mm] 이상의 스테인레스판 또는 두께 3 [mm] 이상의 자기소화성이 있는 합성수지를 사용하여야 한다.
11) 외함의 전면 상단에 주전원을 감시하는 적색의 표시등을 설치하여야 한다. 다만 수납형의 경우에는 주전원을 감시하는 표시등을 접속할 수 있는 단자만을 설치할 수 있다.
12) 외함이 재질이 강판등 금속재인 경우에는 접지단자를 설치하여야 한다.
13) 외함에는 "비상콘센트설비"(수납형은 "비상콘센트설비(수납형)")라고 표시한 표지를 하여야 한다.

68 상(중)하

휴대용 비상조명등은 지하상가 및 지하 역사에 보행거리 (㉠) [m] 이내마다 (㉡)개 이상 설치한다.

① ㉠ 25, ㉡ 1
② ㉠ 25, ㉡ 3
③ ㉠ 50, ㉡ 1
④ ㉠ 50, ㉡ 3

해설 휴대용 비상조명등 설치기준 ——————

1) 설치장소

설치장소	설치개수
숙박시설 또는 다중이용업소에는 객실 또는 영업장 안의 구획된 실마다 잘 보이는 곳 (외부 설치 시 출입문 손잡이로부터 1 [m] 이내 부분)	1개 이상
대규모점포 (지하상가·지하역사 제외), 영화상영관	보행거리 50 [m] 이내마다 3개 이상
지하상가 및 지하역사	보행거리 25 [m] 이내마다 3개 이상

2) 설치기준
   (1) 바닥으로부터 0.8 [m] 이상 1.5 [m] 이하의 높이에 설치할 것
   (2) 어둠 속에서 위치를 확인할 수 있도록 할 것
   (3) 사용 시 자동으로 점등되는 구조일 것
   (4) 외함은 난연성능이 있을 것
   (5) 건전지 사용 시 방전방지조치를 하고, 충전식 배터리 사용 시 상시 충전되도록 할 것
   (6) 건전지 및 충전식 배터리 용량은 20분 이상 유효하게 사용할 수 있는 것

69 (상)(중)하

부착높이 3 [m], 바닥면적 50 [m²]인 주요구조부를 내화구조로 한 소방대상물에 1종 열반도체식 차동식 분포형 감지기를 설치하고자 할 때 감지부의 최소 설치개수는?

① 1개   ② 2개
③ 3개   ④ 4개

해설 차동식 분포형 설치개수 ─────────

부착높이 및 특정소방대상물의 구분		감지기의 종류	
		1종	2종
8 [m] 미만	내화구조	65	36
	기타구조	40	23
8 [m] 이상 15 [m] 미만	내화구조	50	36
	기타구조	30	23

설치개수 = 50/65 = 0.77 → 절상해서 1개

70 (상)(중)하

누전경보기의 형식승인 및 제품검사의 기술기준에서 정하는 누전경보기의 공칭작동전류치(누전경보기를 작동시키기 위하여 필요한 누설전류의 값으로서 제조자에 의하여 표시된 값을 말한다)는 몇 [mA] 이하이어야 하는가?

① 50   ② 100
③ 150   ④ 200

해설 누전경보기 공칭작동전류치 및 감도조정장치 ──────

1) 공칭작동 전류치 : 200 [mA] 이하
2) 감도조정장치의 조정범위 : 최대 1 [A](조정범위 0.2, 0.5, 1 [A] 구분)

71 (상)중(하)

자동화재속보설비의 속보기의 성능인증 및 제품검사의 기술기준에 따라 자동화재속보설비의 속보기의 외함에 합성수지를 사용할 경우 외함의 최소 두께[mm]는?

① 1.2   ② 3
③ 6.4   ④ 7

해설 자동화재속보기 외함 두께 ─────────

• 강판 : 1.2 [mm] 이상
• 합성수지 : 3 [mm] 이상

72 (상)(중)하

비상방송설비의 화재안전기술기준(NFTC 202)에 따라 전원회로의 배선으로 사용할 수 없는 것은?

① 450/750 [V] 비닐절연전선
② 0.6/1 [kV] EP 고무절연 클로로프렌 시스케이블
③ 450/750 [V] 저독성 난연 가교 폴리올레핀 절연전선
④ 내열성 에틸렌 – 비닐 아세테이트 고무 절연케이블

해설 비상방송설비 전원회로의 배선 ─────────

• 450/750 [V] 저독성 난연 가교 폴리올레핀 절연 전선
• 0.6/1 [kV] 가교 폴리에틸렌 절연 저독성 난연 폴리올레핀 시스 전력 케이블
• 6/10 [kV] 가교 폴리에틸렌 절연 저독성 난연 폴리올레핀 시스 전력용 케이블
• 가교 폴리에틸렌 절연 비닐시스 트레이용 난연 전력 케이블
• 0.6/1 [kV] EP 고무절연 클로로프렌 시스케이블
• 300/500 [V] 내열성 실리콘 고무 절연전선(180 [℃])
• 내열성 에틸렌 – 비닐아세테이트 고무 절연케이블
• 버스덕트(Bus Duct)

73 (상)중(하)

자동화재탐지설비 및 시각경보장치의 화재안전기술기준(NFTC 203)에 따른 공기관식 차동식 분포형 감지기의 설치기준으로 틀린 것은?

① 검출부는 3° 이상 경사되지 아니하도록 부착할 것
② 공기관의 노출부분은 감지구역마다 20 [m] 이상이 되도록 할 것
③ 하나의 검출부분에 접속하는 공기관의 길이는 100 [m] 이하로 할 것
④ 공기관과 감지구역의 각 변과의 수평거리는 1.5 [m] 이하가 되도록 할 것

해설 공기관식 차동식 분포형 설치기준

1) 공기관의 노출부분 : 20 [m] 이상
2) 하나의 검출부에 접속하는 공기관의 길이 : 100 [m] 이하
3) 공기관과 감지구역의 각 변과의 수평거리 : 1.5 [m] 이하
4) 공기관 상호 거리 : 6 [m] 이하(주요구조부가 내화 구조인 경우 : 9 [m])
5) 공기관은 도중에 분기 금지
6) 검출부는 5° 이상 경사되지 않을 것
7) 검출부는 바닥으로부터 0.8 [m] 이상 1.5 [m] 이하의 위치에 설치할 것

74 (상)중(하)

다음은 열전대식 차동식 분포형 감지기의 설치기준이다. ( )에 들어갈 내용으로 옳은 것을 고르시오. (단, 주요구조부가 내화구조로 된 특정소방대상물인 경우이다)

열전대부는 감지구역의 바닥면적 (㉠) [m²]마다 1개 이상으로 할 것. 다만 바닥면적이 (㉡) [m²] 이하인 특정소방대상물에 있어서는 (㉢)개 이상으로 하여야 한다.

① ㉠ 18, ㉡ 72, ㉢ 4
② ㉠ 18, ㉡ 88, ㉢ 4
③ ㉠ 22, ㉡ 72, ㉢ 4
④ ㉠ 22, ㉡ 88, ㉢ 4

해설 열전대식 차동식 분포형 최소 설치개수

주요구조부	면적	열전대부 개수
일반	18 [m²]	1개 이상
	72 [m²] 이하 대상물	4개 이상
내화	22 [m²]	1개 이상
	88 [m²] 이하 대상물	4개 이상

75 (상)중(하)

비상콘센트설비의 화재안전기술기준에 따른 다음 용어의 정의로 옳은 것은?

① 저압이란 직류는 750 [V] 이하, 교류는 600 [V] 이하인 것
② 고압이란 직류는 700 [V] 초과 7 [kV] 이하, 교류는 600 [V] 초과 7 [kV] 이하인 것
③ 저압이란 직류는 1500 [V] 이하, 교류는 1000 [V] 이하인 것
④ 고압이란 직류는 1500 [V] 초과, 교류는 1000 [V] 초과인 것

해설 비상콘센트 저압

구분	구분	전압 구분
저압	직류	1500 [V] 이하
	교류	1000 [V] 이하
고압	직류	1500 [V] 초과 7 [kV] 이하
	교류	1000 [V] 초과 7 [kV] 이하
특고압		7 [kV] 초과

정답 73 ① 74 ④ 75 ③

76 (상)(중)하

광전식 분리형 감지기의 설치기준 중 틀린 것은?

① 감지기의 수광면은 햇빛을 직접 받지 않도록 설치할 것

② 광축은 나란한 벽으로부터 0.6 [m] 이상 이격하여 설치할 것

③ 감지기의 송광부와 수광부는 설치된 뒷벽으로부터 0.5 [m] 이내 위치에 설치할 것

④ 광축의 높이는 천장 등 높이의 80 [%] 이상일 것

해설 광전식 분리형 감지기 설치기준 ────

- 광축은 나란한 벽으로부터 0.6 [m] 이상 이격(오동작방지 개념)
- 수광면은 햇빛을 직접 받지 않도록 설치
- 송광부와 수광부는 설치된 뒷벽으로부터 1 [m] 이내 위치에 설치(미 감시구역 증가방지 개념)
- 광축의 높이는 천장 등 높이의 80 [%] 이상일 것
- 광축의 길이는 공칭감시거리 범위 이내일 것(검정기술기준 공칭감시거리 : 5 ~ 100 [m], 5 [m] 간격)

77 (상)(중)하

축광방식의 피난유도선 설치기준 중 다음 (   ) 안에 알맞은 것은?

- 바닥으로부터 높이 (㉠) [cm] 이하의 위치 또는 바닥면에 설치할 것
- 피난유도 표시부는 (㉡) [cm] 이내의 간격으로 연속되도록 설치할 것

① ㉠ 50, ㉡ 50

② ㉠ 50, ㉡ 100

③ ㉠ 100, ㉡ 50

④ ㉠ 100, ㉡ 100

해설 축광방식 피난유도선 설치기준 ────

1) 구획된 각 실로부터 주출입구 또는 비상구까지 설치할 것

2) 바닥으로부터 높이 50 [cm] 이하의 위치 또는 바닥면에 설치할 것

3) 피난유도 표시부는 50 [cm] 이내의 간격으로 연속되도록 설치

4) 부착대에 의하여 견고하게 설치할 것

5) 외부의 빛 또는 조명장치에 의하여 상시 조명이 제공되거나 비상조명등에 의한 조명이 제공되도록 설치할 것

78 (상)(중)하

비상벨설비 또는 자동식 사이렌설비의 지구음향장치는 특정소방대상물의 층마다 설치하되, 해당 특정소방대상물의 각 부분으로부터 하나의 음향장치까지의 수평거리가 몇 [m] 이하가 되도록 하여야 하는가?

① 15

② 25

③ 40

④ 50

해설 비상경보설비 ────

1) 비상벨설비 또는 자동식 사이렌설비는 부식성 가스 또는 습기 등으로 인하여 부식의 우려가 없는 장소에 설치해야 한다.

2) 지구음향장치는 특정소방대상물의 층마다 설치하되, 해당 층의 각 부분으로부터 하나의 음향장치까지의 수평거리가 25 [m] 이하가 되도록 하고, 해당 층의 각 부분에 유효하게 경보를 발할 수 있도록 설치해야 한다. 다만 「비상방송설비의 화재안전기술기준(NFTC 202)」에 적합한 방송설비를 비상벨설비 또는 자동식 사이렌설비와 연동하여 작동하도록 설치한 경우에는 지구음향장치를 설치하지 않을 수 있다.

3) 음향장치는 정격전압의 80 [%] 전압에서도 음향을 발할 수 있도록 해야 한다. 다만 건전지를 주전원으로 사용하는 음향장치는 그렇지 않다.

4) 음향장치의 음향의 크기는 부착된 음향장치의 중심으로부터 1 [m] 떨어진 위치에서 음압이 90 [dB] 이상이 되는 것으로 해야 한다.

5) 발신기는 다음의 기준에 따라 설치해야 한다.
   ⑴ 조작이 쉬운 장소에 설치하고, 조작스위치는 바닥으로부터 0.8 [m] 이상 1.5 [m] 이하의 높이에 설치할 것

(2) 특정소방대상물의 층마다 설치하되, 해당 층의 각 부분으로부터 하나의 발신기까지의 수평거리가 25 [m] 이하가 되도록 할 것. 다만 복도 또는 별도로 구획된 실로서 보행거리가 40 [m] 이상일 경우에는 추가로 설치해야 한다.

(3) 발신기의 위치표시등은 함의 상부에 설치하되, 그 불빛은 부착면으로부터 15° 이상의 범위 안에서 부착지점으로부터 10 [m] 이내의 어느 곳에서도 쉽게 식별할 수 있는 적색등으로 할 것

6) 비상벨설비 또는 자동식 사이렌설비의 상용전원은 다음의 기준에 따라 설치해야 한다.

(1) 상용전원은 전기가 정상적으로 공급되는 축전지설비, 전기저장장치(외부 전기에너지를 저장해두었다가 필요한 때 전기를 공급하는 장치) 또는 교류전압의 옥내간선으로 하고, 전원까지의 배선은 전용으로 할 것

(2) 개폐기에는 "비상벨설비 또는 자동식 사이렌설비용"이라고 표시한 표지를 할 것

7) 비상벨설비 또는 자동식 사이렌설비에는 그 설비에 대한 감시 상태를 60분간 지속한 후 유효하게 10분 이상 경보할 수 있는 비상전원으로서 축전지설비(수신기에 내장하는 경우를 포함한다) 또는 전기저장장치(외부 전기에너지를 저장해두었다가 필요한 때 전기를 공급하는 장치)를 설치해야 한다. 다만 상용전원이 축전지설비인 경우 또는 건전지를 주전원으로 사용하는 무선식 설비인 경우에는 그렇지 않다.

79 상⑤하

누전경보기의 형식승인 및 제품검사의 기술기준에 따라 누전경보기의 변류기는 경계전로에 정격전류를 흘리는 경우 그 경계전로의 전압강하는 몇 [V] 이하이어야 하는가? (단, 경계전로의 전선을 그 변류기에 관통시키는 것은 제외한다)

① 0.3 　　　② 0.5
③ 1.0 　　　④ 3.0

해설 누전경보기 ──────────────

1) 공칭작동전류치 : 공칭작동전류치 200 [mA] 이하일 것
2) 감도조정장치(감도절환부) : 최대 1 [A](조정범위 0.2, 0.5, 1 [A] 구분)
3) 전압강하방지시험 : 경계전로의 전압강하는 0.5 [V] 이하
4) 전압 지시전기계기의 최대눈금 : 정격전압의 140 [%] 이상 200 [%] 이하
5) 반복시험 : 수신부는 정격전압에서 1만 회 누전작동시험 시 기능 이상 없을 것

80 상⑤하

비상콘센트설비의 화재안전기술기준(NFTC 504)에 따라 비상콘센트설비의 전원부와 외함 사이의 절연저항은 전원부와 외함 사이를 500 [V] 절연저항계로 측정할 때 몇 [MΩ] 이상이어야 하는가?

① 20 　　　② 30
③ 40 　　　④ 50

해설 비상콘센트설비 ──────────────

1) 절연저항 : 500 [V] 절연저항계로 측정할 때 20 [MΩ] 이상일 것
2) 절연내력
　(1) 정격전압 150 [V] 이하 : 1000 [V]의 실효전압
　(2) 정격전압이 150 [V] 초과
　　　(정격전압 × 2) + 1000 [V] = 실효전압
　(3) 실효전압 시험에서 1분 이상 견디는 것으로 할 것
3) 배선
　전원회로의 배선은 내화배선, 그 밖의 배선은 내화배선 또는 내열배선

2023년 2회

소방원론

목표시간 : 20분 | 시작 : _시 _분 | 종료 : _시 _분 | 맞은 개수 : _ /20

2023

01

1 [kcal]의 열은 약 몇 [Joule]에 해당하는가?

① 5262   ② 4186
③ 3943   ④ 3330

해설 **열량의 관계**

1 [kcal] = 4186 [J]

즉, 수소 4 [kg]이 완전연소할 때 필요한 산소량은 32 [kg]이다. 따라서 수소 1 [kg]이 완전연소할 때 필요한 산소량은 $32 \times \frac{1}{4} = 8$ [kg]이다.

4 [kg] : 32 [kg] = 1 [kg] : x [kg]

$\therefore x = 32 \times \frac{1}{4} = 8 [kg]$

02

수소 1 [kg]이 완전연소할 때 필요한 산소량은 몇 [kg]인가?

① 4   ② 8
③ 16   ④ 32

해설 **수소의 완전연소반응식**

$2H_2 + O_2 \rightarrow 2H_2O + Q$ [kcal]
수소(H_2) 2 [kmol]이 산소(O_2) 1 [kmol]과 반응하여 완전연소하게 된다.
여기서,
• 수소(H_2)의 분자량 : 2 [kg/kmol]
• 산소(O_2)의 분자량 : 32 [kg/kmol]
이므로
• 수소 2 [kmol]의 질량 : $2[kmol] \times 2[kg/kmol]$ = 4 [kg]
• 산소 1 [kmol]의 질량 : $1[kmol] \times 32[kg/kmol]$ = 32 [kg]
이다.

03 상(중)하

위험물의 저장방법으로 틀린 것은?

① 금속나트륨 - 석유류에 저장
② 이황화탄소 - 수조 물탱크에 저장
③ 알킬알루미늄 - 벤젠액에 희석하여 저장
④ 산화프로필렌 - 구리 용기에 넣고 불연성 가스를 봉입하여 저장

해설 **산화프로필렌, 아세트알데하이드의 저장 및 취급**

산화프로필렌, 아세트알데하이드(아세트알데히드)는 구리, 마그네슘, 은, 수은 및 그 합금과 저장 시 폭발성 아세틸라이드를 생성하므로 구리, 마그네슘, 은, 수은 및 그 합금과 저장 금지

04 (상⟨중⟩하)

촛불의 주된 연소형태에 해당하는 것은?

① 표면연소
② 분해연소
③ 증발연소
④ 자기연소

해설 연소의 형태(고체의 연소)

구분	내용	종류
표면연소	불꽃이 없고 표면에서 연소	숯, 코크스, 목탄, 금속분
분해연소	고체 가연물이 온도 상승 시 열분해를 통해 발생하는 가연성 가스가 연소	목재, 석탄, 종이, 플라스틱
증발연소	열분해 없이 증발하여 연소	황(유황), 나프탈렌, 파라핀(양초)
자기연소	물질 내부에 산소를 함유하고 있어 별도의 산소 공급 없이 연소	나이트로셀룰로오스(니트로셀룰로오스), 나이트로글리세린(니트로글리세린), 유기과산화물

05 (상⟨중⟩하)

내화구조기준에 적합한 지붕의 구조로 옳지 않은 것은?

① 철근콘크리트조
② 샌드위치 패널
③ 철재로 보강된 벽돌조
④ 철재로 보강된 유리블록

해설 내화구조기준에 적합한 지붕

건축법 제50조에 따라 주요구조부와 지붕을 내화구조로 해야 한다.
내화구조의 지붕의 경우에는 다음 어느 하나에 해당하는 것
㉮ 철근콘크리트조 또는 철골철근콘크리트조
㉯ 철재로 보강된 콘크리트블록조·벽돌조 또는 석조
㉰ 철재로 보강된 유리블록 또는 망입유리로 된 것

보충 ▶ 샌드위치 패널 : 양면에 강판과 내부 심재인 단열재로 구성된 복합패널

06 (상⟨중⟩하)

다음 물질 중 물과 반응하여 발생하는 가스의 연결이 틀린 것은?

① 탄화칼슘 - 아세틸렌
② 인화칼슘 - 포스핀
③ 탄화알루미늄 - 이산화황
④ 수소화리튬 - 수소

해설 물과 반응 시 발생가스

물질	가스
탄화칼슘(CaC_2)	아세틸렌(C_2H_2)
탄화알루미늄(Al_4C_3)	메테인(메탄, CH_4)
인화칼슘(Ca_3P_2)	포스핀(PH_3)
인화알루미늄(AIP)	
수소화리튬(LiH)	수소(H_2)

암기 ▶ 탄칼아, 탄알메, 인포

07 (상⟨중⟩하)

방호공간 안에서 화재의 세기를 나타내고 화재가 진행되는 과정에서 온도에 따라 변하는 것으로 온도 – 시간 곡선으로 표시할 수 있는 것은?

① 화재저항
② 화재가혹도
③ 화재하중
④ 화재플럼

해설 화재가혹도

1) 화재가혹도란 화재 시 당해 건물과 그 내부의 수용재산 등을 파괴하거나 손상을 입히는 정도를 뜻한다.
2) 화재가혹도 = 화재강도 × 화재하중
3) 가연물의 비표면적, 가연물의 배열 상태, 가연물의 발열량, 화재실의 구조(단열성), 공기(산소)의 공급 상황 등이 화재강도에 영향을 미치므로 이에 따라 화재가혹도도 달라진다.
4) 최고온도(화재강도)가 높을수록 지속시간(화재하중)이 길수록 화재가혹도가 커진다.

정답 04 ③ 05 ② 06 ③ 07 ②

5) 방호공간 안에서 화재의 세기를 나타내고 화재가 진행되는 과정에서 온도에 따라 변하는 것으로 온도 – 시간 곡선으로 표시할 수 있다.

08 (상)(중)하

유류탱크의 화재 시 탱크 저부의 물이 뜨거운 열류층에 의하여 수증기로 변하면서 급작스런 부피 팽창을 일으켜 유류가 탱크 외부로 분출하는 현상은?

① 슬롭 오버(Slop Over)
② 블레비(BLEVE)
③ 보일 오버(Boil Over)
④ 파이어 볼(Fire Ball)

해설 유류탱크 화재 재해현상

현상	설명
보일 오버	중질유 탱크 저부의 에멀전(물)이 증발하면서 부피가 팽창하여 기름이 탱크 밖으로 화재를 동반하며 방출하는 현상
슬롭 오버	고온 기름 표면에 물 살수 시 급격한 수분 증발로 기름이 팽창되어 탱크 밖으로 분출하는 현상
프로스 오버	고온 아스팔트가 물이 존재하는 탱크에 옮겨지면서 화재를 수반하지 않고 기름을 분출하는 현상
블레비	비등액체 증기폭발, 주변 화재로 탱크 내 액체가 비등하고 압력이 상승하여 탱크가 파열되는 현상, 파이어 볼 발생 ※ 파이어 볼 : 인화성 액체가 대량 기화되어 갑자기 발화될 때 발생하는 공 모양 화염

09 (상)(중)하

인화점이 낮은 것부터 높은 순서로 옳게 나열된 것은?

① 에틸알코올 < 이황화탄소 < 아세톤
② 이황화탄소 < 에틸알코올 < 아세톤
③ 에틸알코올 < 아세톤 < 이황화탄소
④ 이황화탄소 < 아세톤 < 에틸알코올

해설 인화점

물질	인화점 [℃]
다이에틸에터(디에틸에테르)	-45
가솔린(휘발유)	-43
산화프로필렌	-37
이황화탄소	-30
아세톤	-18
메틸알코올	11
에틸알코올	13
등유	39
경유	41

• 이황화탄소 < 아세톤 < 에틸알코올

암기 ▶ 인가산이아 / 메에 / 등경

10 (상)(중)하

건물의 피난동선에 대한 설명으로 옳지 않은 것은?

① 피난동선은 가급적 단순한 형태가 좋다.
② 피난동선은 가급적 상호 반대방향으로 다수의 출구와 연결되는 것이 좋다.
③ 피난동선은 수평동선과 수직동선으로 구분된다.
④ 피난동선은 복도, 계단을 제외한 엘리베이터와 같은 피난전용의 통행구조를 말한다.

해설 건물의 피난동선 ─────────────

1) 피난동선은 가급적 단순해야 한다.
2) 피난동선은 상호 반대방향으로 다수의 출구와 연결되어야 한다.
3) 피난동선은 병목현상이 발생하지 않도록 수평동선과 수직동선으로 구분하여 동선계획을 수립한다.
4) 피난수단으로 엘리베이터를 이용하지 않는 것이 좋다.

11 상 ⓒ 하

A가스 60 [vol%], B가스 40 [vol%]로 이루어진 혼합 가스의 폭발하한계는 약 몇 [vol%]인가? (단, A가스의 폭발하한계는 4.5 [vol%], B가스는 4.12 [vol%]이다)

① 4.26

② 4.34

③ 4.45

④ 4.21

해설 르 샤틀리에법칙 ─────────────

$$르\ 샤틀리에법칙\ \frac{100}{L} = \frac{V_1}{L_1} + \frac{V_2}{L_2} + \cdots + \frac{V_n}{L_n}$$

르 샤틀리에법칙으로 혼합가스의 폭발하한계 및 상한계를 계산할 수 있다.

$$\frac{100}{L} = \frac{60}{4.5} + \frac{40}{4.12}$$

$$L = \frac{100}{\frac{60}{4.5} + \frac{40}{4.12}}$$

$$\therefore L \fallingdotseq 4.34\ [\%]$$

L : 혼합가스 폭발하한계 [vol%]
$L_1 \sim L_n$: 가연성 가스 폭발하한계 [vol%]
$V_1 \sim V_n$: 가연성 가스 용량 [vol%]

12 상 중 ⓗ

제거소화의 예가 아닌 것은?

① 유류화재 시 다량의 포를 방사한다.

② 전기화재 시 신속하게 전원을 차단한다.

③ 가연성 가스 화재 시 가스의 밸브를 닫는다.

④ 산림화재 시 확산을 막기 위하여 산림의 일부를 벌목한다.

해설 제거소화 ─────────────

방법	내용
격리	• 바람을 일으켜 가연물과 불꽃을 격리
소멸	• 가스밸브를 차단하여 가스 공급을 소멸(전기화재 시 전원을 차단) • 드레인밸브(배출밸브)를 개방하여 기름 배출 • 가연물을 다른 지역으로 이동
파괴	• 산불 화재 시 맞불, 벌목

보충 ▶ 유류화재 시 다량의 포 방사 : 질식소화

13 상 중 ⓗ

표준 상태에 있는 메테인가스의 밀도는 몇 [g/L]인가?

① 0.21

② 0.41

③ 0.71

④ 0.91

해설 표준 상태의 기체 밀도 ─────────────

$$표준\ 상태의\ 기체\ 밀도 = \frac{분자량\,[g/mol]}{22.4\,[L/mol]}$$

$$표준\ 상태의\ 기체\ 밀도 = \frac{분자량}{22.4}$$

$$= \frac{16\,[g/mol]}{22.4\,[L/mol]} = 0.71\,[g/L]$$

보충 ▶ • 메테인(메탄, CH_4)의 분자량 : 16 [g/mol]
• 원자량(C : 12, H : 1)

정답 11 ② 12 ① 13 ③

14 (상 중 하)

화재 시 이산화탄소를 사용하여 화재를 진압하려고 할 때 산소의 농도를 11 [vol%]로 낮추어 화재를 진압하려면 공기 중 이산화탄소의 농도는 약 몇 [vol%]가 되어야 하는가?

① 0.91 [%]
② 0.4762 [%]
③ 90.91 [%]
④ 47.62 [%]

해설 이산화탄소의 농도 ──────

$$CO_2 \text{ 농도 } [vol\%] = \frac{21 - O_2[vol\%]}{21} \times 100$$

$$CO_2 \text{ 농도 } = \frac{21 - O_2}{21} \times 100$$
$$= \frac{21 - 11}{21} \times 100 \fallingdotseq 47.62 [vol\%]$$

15 (상 중 하)

연면적이 1000 [m²] 이상인 건축물에 설치하는 방화벽이 갖추어야 할 기준으로 옳은 것은?

① 방화구조로서 홀로 설 수 있는 구조일 것
② 방화벽의 양쪽 끝과 위 쪽 끝을 건축물의 외벽면 및 지붕면으로부터 0.5 [m] 이상 튀어 나오게 할 것
③ 방화벽에 설치하는 출입문의 너비 및 높이는 3 [m] 이하로 할 것
④ 방화벽에 설치하는 출입문에는 60분 방화문 또는 30분 방화문을 설치할 것

해설 방화벽 설치기준 ──────

구분	설치 및 구조기준
대상 건축물	주요구조부가 내화구조이거나 불연재료인 건축물이 아닌 연면적 1000 [m²] 이상인 건축물
구획	각 구획된 바닥면적의 합계 : 1000 [m²] 미만
구조	• 내화구조로서 홀로 설 수 있는 구조일 것 • 방화벽 양쪽 끝과 위쪽 끝을 건축물의 외벽면 및 지붕면으로부터 0.5 [m] 이상 튀어나오게 할 것 • 출입문 너비와 높이 : 2.5 [m] 이하 • 출입문 : 60분+ 방화문 또는 60분 방화문

16 (상 중 하)

건축물의 내화구조 바닥이 철근콘크리트조인 경우 두께가 몇 [cm] 이상이어야 하는가?

① 5 [cm]　② 10 [cm]
③ 19 [cm]　④ 7 [cm]

해설 내화구조 바닥기준 ──────

[두께 : 이상]

구조	두께
철근콘크리트조 또는 철골철근콘크리트조	10 [cm]
철재로 보강된 콘크리트블록조·벽돌조·석조로서 철재에 덮은 콘크리트블록등	5 [cm]
철재의 양면을 철망모르타르 또는 콘크리트로 덮은 것	5 [cm]

17 상 중 ⓗ

건물의 주요구조부가 아닌 것은?

① 작은 보   ② 기둥

③ 내력벽   ④ 주계단

해설 건물의 주요구조부 ─────────

1) 바닥(최하층 바닥 제외)
2) 보(작은 보 제외)
3) 지붕틀(차양 제외)
4) 내력벽(비내력벽 제외)
5) 주계단(옥외계단 제외)
6) 기둥(사잇기둥 제외)

암기 ▶ 바보지내주기

18 상 ⓒ 하

위험물안전관리법령에서 정하는 제3류 위험물에 해당하는 것이 아닌 것은?

① Al   ② Ca

③ K   ④ Na

해설 제2류 위험물 및 제3류 위험물 ─────────

구분	종류
제2류 위험물	• 황화인(황화린), 적린, 황(유황)
	• 철분, 마그네슘, 금속분(Al, Zn 등), 인화성 고체
제3류 위험물	• 황린, 칼륨(K), 나트륨(Na), 알칼리금속(Li 등) 및 알칼리토금속(Ca 등)
	• 유기금속화합물, 금속의 수소화물(수소화리튬, 수소화나트륨, 수소화칼슘)
	• 금속의 인화물(인화칼슘)
	• 칼슘 또는 알루미늄의 탄화물(탄화칼슘, 탄화알루미늄)

• 제3류 위험물의 특징 및 소화
  (1) 자연발화성 물질 및 금수성 물질
  (2) 물과 접촉하면 발열·발화함
  (3) 건조사, 팽창진주암, 팽창질석 등에 의한 질식소화(주수소화 절대엄금)

19 상 ⓒ 하

액화석유가스(LPG)에 대한 성질로 틀린 것은?

① LPG를 액화하면 물보다 가볍다.

② LPG는 프로페인이 주성분이다.

③ LPG는 특이취가 없어 부취제를 사용하지 않는다.

④ LPG가 기화되면 공기보다 무겁다.

해설 액화석유가스(Liquefied Petroleum Gas) ─────────

1) 액화하면 물보다 가볍다.
2) 상온에서는 기체로 존재하고 공기보다 무겁다. 따라서 LPG가 누출되었을 때 창문 열어 환기로 빼내는 건 불가능하다.
3) LPG의 주성분은 프로페인(프로판, C_3H_8), 뷰테인(부탄, C_4H_{10})이다. 프로페인(프로판)은 가정용, 뷰테인(부탄)은 자동차용으로 주로 쓰인다.
4) LPG는 원래 무색, 무취이나 누설 시 쉽게 알 수 있도록 부취제를 넣는다.
5) LPG는 독성은 없으나 마취성이 있다.
6) LPG는 물에 녹지 않으나 휘발유 등의 유기용매에 용해된다.
7) 천연고무를 잘 녹인다.

20 (상 **중** 하)

할로겐화합물 및 불활성기체소화설비에서 심장의 역반응 (심장 장애현상)이 나타나는 최저 농도를 무엇이라 하는가?

① ODP

② NOAEL

③ GWP

④ LOAEL

해설 소화약제 관련 용어 ─────────

1) NOAEL
- No Observed Adverse Effect Level
- 심장 독성 시험에서 심장에 영향을 미치지 않는 농도

2) LOAEL
- Lowest Observed Adverse Effect Level
- 심장 독성 시험에서 심장에 영향을 미칠 수 있는 최소 농도

3) ODP
- Ozone Depletion Potential
- 어떤 물질의 오존 파괴능력을 상대적으로 나타내는 지표

$$ODP = \frac{물질\,1\,[kg]에\,의해\,파괴되는\,오존량}{CFC-11\,1\,[kg]에\,의해\,파괴되는\,오존량}$$

4) GWP
- Global Warming Potential
- 어떤 물질이 기여하는 온난화 정도를 상대적으로 나타내는 지표

$$GWP = \frac{물질\,1\,[kg]이\,영향을\,주는\,지구온난화\,정도}{CO_2\,1\,[kg]이\,영향을\,주는\,지구온난화\,정도}$$

2023년 2회

소방전기일반

| 목표시간 : 30분 | 시작 : _시 _분 | 종료 : _시 _분 | 맞은 개수 : _/20 |

21 상 중 하

100 [V], 800 [W]이며 역률이 80 [%]인 회로의 리액턴스 [Ω]를 구하시오.

① 4　　　　　　　② 6
③ 8　　　　　　　④ 10

해설 리액턴스 ─────

1) $P = VI\cos\theta$

$800 = 100 \times I \times 0.8$

$\therefore I = \dfrac{800}{100 \times 0.8} = 10[A]$

2) $VI\sin\theta = I^2 X$

$X = \dfrac{VI\sin\theta}{I^2} = \dfrac{100 \times 10 \times 0.6}{10^2} = 6[\Omega]$

$(\because \cos^2\theta + \sin^2\theta = 1$

$\sin\theta = \sqrt{1 - \cos^2\theta} = \sqrt{1 - 0.8^2} = 0.6)$

22 상 중 하

그림의 논리회로와 등가인 논리게이트는?

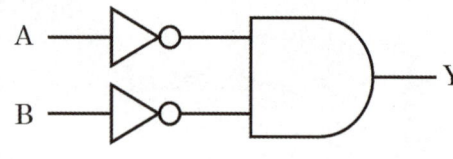

① NOR　　　　　　② NAND
③ NOT　　　　　　④ OR

해설 드모르간의 정리 ─────

1) 논리합과 논리곱이 완전한 독립이 아니고 부정을 포함하면 상호교환이 가능하다.
2) NAND회로와 NOR회로의 응용 및 논리회로를 간소화시키는 데 이용된다.

$\overline{A}_{\text{AND}}\overline{B} = \overline{A} \cdot \overline{B} = \overline{A + B}$

TIP ▶ $\overline{A + B} = \overline{A} \cdot \overline{B}$

$\overline{A \cdot B} = \overline{A} + \overline{B}$

23 상 중 하

테브난의 정리를 이용하여 그림 (a)의 회로를 그림 (b)와 같은 등가회로로 만들고자 할 때 V_{th} [V]와 R_{th} [Ω]은?

(a)　　　　　　　(b)

① 5 [V], 2 [Ω]
② 5 [V], 3 [Ω]
③ 6 [V], 2 [Ω]
④ 6 [V], 3 [Ω]

해설 **테브난의 정리**

• a와 b에서 전원 측을 본 임피던스(전압원단락)

$$R_0 = R_3 + \frac{R_1 R_2}{R_1 + R_2}$$

$$R_{th} = 2.4 + \frac{1.2 \times 1.2}{1.2 + 1.2} = 3[\Omega]$$

• a와 b 개방 상태에서 a와 b에 걸리는 전압

$$V_{R_1} = \frac{R_1}{R_1 + R_2} V_0$$

$$V_{th} = \frac{1.2}{1.2 + 1.2} \times 10 = 5[V]$$

해설 **파형별 맥동률, 정류효율, 주파수**

구분	맥동률	맥동 주파수
단상 반파	121	f
단상 전파	48	2f
3상 반파	17	3f
3상 전파	4	6f

주파수 : $6f = 6 \times 60 = 360[Hz]$

24 상(중)하

반도체를 이용한 화재감지기 중 서미스터(Thermistor)는 무엇을 측정하기 위한 반도체 소자인가?

① 온도
② 연기 농도
③ 가스 농도
④ 불꽃의 스펙트럼 강도

해설 **서미스터**

• 온도변화에 따라 저항값 변함
• <u>온도보상용, 온도계측용</u>
• 부(-) 저항온도계수의 특성 : 온도 증가 시 저항 감소
• 열을 감지하는 감열저항체 소자

26 상(중)하

주파수가 60 [Hz]이며 각도는 $\frac{\pi}{6}$ [rad]일 때 시간에 대해 나타내시오.

① $\frac{1}{540}$　　　　② $\frac{1}{120}$

③ 720　　　　④ $\frac{1}{720}$

해설 **각속도**

$$w = \frac{\theta}{t}$$

$$t = \frac{\theta}{w} = \frac{\frac{\pi}{6}}{2\pi f} = \frac{\pi}{2\pi \times 60 \times 6} = \frac{1}{720}$$

T : 주기 [s]
f : 주파수 [Hz]
ω : 각주파수 [rad/s]

25 상(중)하

60 [Hz]의 3상 전압을 전파 정류하였을 때 맥동주파수 [Hz]는?

① 120　　　　② 180
③ 360　　　　④ 720

27 (상)(중)(하)

논리식 $\overline{X} + XY$를 간략화한 것은?

① $\overline{X} + Y$
② $X + \overline{Y}$
③ $\overline{X}\,Y$
④ $X\overline{Y}$

해설 논리식

$$\overline{X} + XY = (\overline{X} + X)(\overline{X} + Y)$$
$$= \overline{X} + Y$$

정리	공식
항등법칙	$0 + A = A,\ 1 + A = 1,\ 0 \times A = 0,\ 1 \times A = A$
동일법칙	$A + A = A,\ A \times A = A$
보원법칙	$A + \overline{A} = 1,\ A \times \overline{A} = 0$
복원법칙	$\overline{\overline{A}} = A$
교환법칙	$A + B = B + A,$ $A \times B = B \times A$
결합법칙	$A + (B + C) = (A + B) + C,\ A(BC) = (AB)C$
분배법칙	$A(B + C) = AB + AC,\ A + BC = (A + B)(A + C)$
흡수법칙	$A + AB = A,\ A(A + B) = A$ $A + \overline{A}B = (A + \overline{A})(A + B) = A + B$

28 (상)(중)(하)

직류회로에서 도체를 균일한 체적으로 길이를 10배 늘이면 도체의 저항은 몇 배가 되는가?

① 10
② 20
③ 100
④ 120

해설 저항 계산

$$R = \rho \frac{\ell}{A}[\Omega],\ \ 체적 = A \times \ell$$

- 길이를 10배 증대 : $l' \Rightarrow 10l$
- 균일한 체적이기 때문에 단면적이 감소

$$\therefore\ A' \Rightarrow \frac{1}{10}A$$

- $R' = \rho\dfrac{10l}{\dfrac{1}{10}A} = 100R$

R : 저항 $[\Omega]$
ρ : 고유저항(저항률) $[\Omega]$
l : 길이 [m]
A : 면적 $[\text{m}^2]$

29 (상)(중)(하)

그림과 같은 시퀀스제어회로에서 자기유지접점은?

① ⓐ
② ⓑ
③ ⓒ
④ ⓓ

해설 자기유지회로

- 스스로 동작을 기억하는 회로
- PB스위치를 누르면 MC가 여자되어 관련 접점인 ⓐ접점이 동작한다.
- ⓐ접점은 자기유지접점으로써 PB스위치에서 손을 떼더라도 계속 동작하여 MC가 여자되는 상태를 유지하도록 해준다.

30 (상)중 하

어떤 계를 표시하는 미분방정식이 $5\dfrac{d^2}{dt^2}y(t) + 3\dfrac{d}{dt}y(t)$ $- 2y(t) = x(t)$라 한다. x(t)는 입력신호, y(t)는 출력신호라고 하면 이계의 전달함수는?

① $\dfrac{1}{(s+1)(s-5)}$ ② $\dfrac{1}{(s-1)(s+5)}$

③ $\dfrac{1}{(5s+2)(s-1)}$ ④ $\dfrac{1}{(5s-2)(s+1)}$

해설 전달함수 ───────────────

$x(t) = 5\dfrac{d^2}{dt^2}y(t) + 3\dfrac{d}{dt}y(t) - 2y(t)$

• 미분방정식을 라플라스 변환

$X(s) = (5s^2 + 3s - 2)Y(s)$

$G(s) = \dfrac{출력}{입력} = \dfrac{Y(s)}{X(s)}$

$= \dfrac{1}{5s^2 + 3s - 2} = \dfrac{1}{(5s-2)(s+1)}$

$f(t)$	함수명	F(s)
$\delta(t)$	단위임펄스함수	1
$u(t)$	단위계단함수	$\dfrac{1}{s}$
t	단위램프함수	$\dfrac{1}{s^2}$
t^2	2차램프함수	$\dfrac{1}{s^3}$
t^n	n차 림프함수	$\dfrac{1}{s^{n+1}}$
e^{at}	지수함수	$\dfrac{1}{s-a}$
e^{-at}	지수함수	$\dfrac{1}{s+a}$
$te^{\mp at}$	지수램프함수	$\dfrac{1}{(s\pm a)^2}$
$\sin\omega t$	정현파함수	$\dfrac{\omega}{s^2+\omega^2}$
$\cos\omega t$	여현파함수	$\dfrac{s}{s^2+\omega^2}$

31 상(중)하

10 [μF]인 콘덴서를 60 [Hz] 전원에 사용할 때 용량 리액턴스는 약 몇 [Ω]인가?

① 250.5 ② 265.3

③ 350.5 ④ 465.3

해설 용량 리액턴스 계산 ───────────

$X_C = \dfrac{1}{\omega C} = \dfrac{1}{2\pi f C} = \dfrac{1}{2\pi \times 60 \times (10 \times 10^{-6})}$

$= 265.3[\Omega]$

* 10 [μF] = 10×10^{-6} [F]

X_C : 용량성 리액턴스 [Ω]

f : 주파수 [Hz]

32 상(중)하

길이 1 [cm]마다 감은 권선수가 50회인 무한장 솔레노이드에 500 [mA]의 전류를 흘릴 때 솔레노이드 내부에서의 자계의 세기는 몇 [AT/m]인가?

① 1250 ② 2500

③ 12500 ④ 25000

해설 무한장 솔레노이드 자계 계산 ───────

$H = NI = 50 \times 100 \times 500 \times 10^{-3}$

$= 2500[AT/m]$

H : 자기장의 세기 [AT/m]

N : 권선수

I : 전류 [A]

33 (상 중 하)

주로 정전압회로용으로 사용되는 소자는?

① 쇼트키다이오드

② 터널다이오드

③ 제너다이오드

④ 버랙터다이오드

해설 다이오드 종류

명칭	특성
정류용 다이오드	일반적으로 다이오드라 불리는 것으로 정류작용(전류를 한쪽의 (+)나 (−)로만 흐름)
제너다이오드 (정전압다이오드)	주로 정전압 전원회로에 사용(전원·전압을 일정하게 유지, 안정화)
터널다이오드 (PN접합)	증폭작용·발진작용·개폐작용을 하며, 고속 스위칭회로·논리회로에 사용
포토다이오드	빛을 쬐면 광량에 비례하는 전류가 흐름(빛 검출용, 광센서에 사용)

34 (상 중 하)

진공 중에서 원점에 10^{-8} [C]의 전하가 있을 때 점(1, 2, 2) [m]에서의 전계의 세기는 약 몇 [V/m]인가?

① 0.1

② 1

③ 10

④ 100

해설 전계의 세기

• 원점(0, 0, 0)과 점(1, 2, 2) 간의 거리
$$r = \sqrt{(1-0)^2 + (2-0)^2 + (2-0)^2} = 3 \text{ [m]}$$

• 쿨롱의 법칙
$$E = \frac{1}{4\pi\varepsilon} \times \frac{Q}{r^2}$$
$$= 9 \times 10^9 \times \frac{Q}{r^2}$$
$$= 9 \times 10^9 \times \frac{10^{-8}}{3^2} = 10 [V/m]$$

$$\varepsilon = \varepsilon_0 \cdot \varepsilon_s$$
ε_0 : 진공의 유전율
$(8.855 \times 10^{-12} [F/m])$
ε_s : 비유전율(진공 = 1, 공기 늑 1)
E : 전계의 세기 [V/m]
Q : 전하량 [C]
r : 거리 [m]

신유형! 35 (상 중 하)

그림과 같이 접속된 회로에서 a, b 사이의 합성저항은 몇 [Ω]인가?

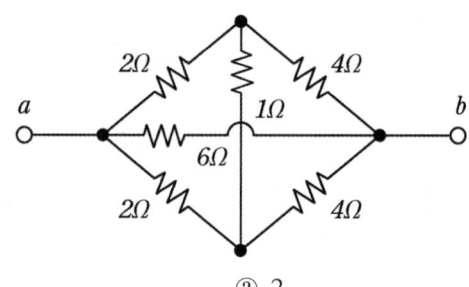

① 1

② 2

③ 3

④ 4

해설 브리지회로 합성저항

휘스톤 브리지에 의해서 1 [Ω]에는 전류가 흐르지 않으므로 없는 것과 같다.

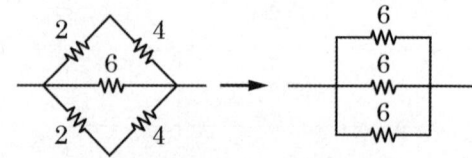

병렬에서 저항값이 같으면 개수로 나눈다.

$$R_0 = \frac{1}{m}R = \frac{1}{3} \times 6 = 2\Omega$$

보충 병렬접속 $R_0 = \dfrac{R_1 R_2}{R_1 + R_2}$

직렬접속 $R_0 = R_1 + R_2$

정답 33 ③ 34 ③ 35 ②

36 (상⟨중⟩하)

60 [Hz], 4극 3상 유도전동기가 정격 출력일 때 슬립이 2 [%]이다. 이 전동기의 동기속도 [rpm]는?

① 1200 ② 1764
③ 1800 ④ 1836

해설 동기속도 계산 —————————

동기속도

$$N_s = \frac{120f}{P} = \frac{120 \times 60}{4} = 1800[rpm]$$

f : 주파수 [Hz]

p : 극수

N_s : 동기속도 $[rpm]$

37 (상 중 ⟨하⟩)

그림과 같은 게이트의 명칭은?

① AND ② OR
③ NOR ④ NAND

해설 OR게이트(무접점회로) —————————

하나라도 신호가 ON되면 출력이 1

무접점
AND회로($A \times B$, $A \cdot B$)
OR회로($A + B$)
NOT회로(반전)
NAND회로(NOT + AND)
NOR회로(NOT + OR)
XOR회로(논리기호)

38 (상**중**하)

발전기에서 유도기전력의 방향을 나타내는 법칙은?

① 페러데이의 전자유도법칙
② 플레밍의 오른손법칙
③ 암페어의 오른나사법칙
④ 플레밍의 왼손법칙

해설 플레밍의 오른손법칙 ────────

• 발전기의 원리
• 도체 운동 시 유도기전력 방향 결정

※ 플레밍의 왼손법칙 : 자계 중에 도체를 놓고 전류를 흘리면, 전류 및 자계와 직각 방향으로 도체를 움직이는 힘이 발생

39 (상**중**하)

다음 그림과 같은 논리회로로 옳은 것은?

① OR회로
② AND회로
③ NOT회로
④ NOR회로

해설 AND회로(유접점회로) ────────

모든 신호가 ON되었을 때 출력신호 1

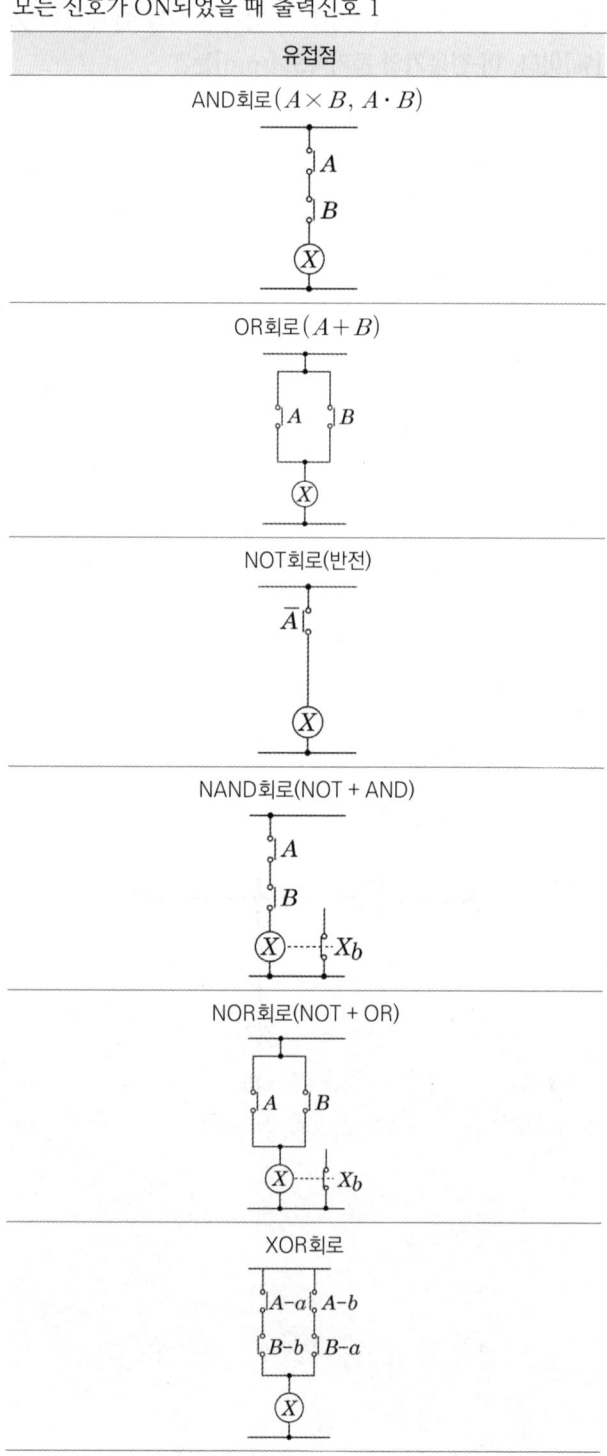

TIP OR회로 : 하나의 신호가 ON되면 출력신호 1

정답 38 ② 39 ②

40 (상 중 하)

다이오드를 여러 개 병렬로 접속하는 경우에 대한 설명으로 옳은 것은?

① 과전류로부터 보호할 수 있다.

② 과전압으로부터 보호할 수 있다.

③ 부하측의 맥동률을 감소시킬 수 있다.

④ 정류기의 역방향 전류를 감소시킬 수 있다.

해설 다이오드 접속

직렬	과전압으로부터 보호	
병렬	과전류로부터 보호	

2023년 2회

소방관계법규

3회독	월 일
2회독	월 일
1회독	월 일

목표시간 : 20분 | 시작 : _시 _분 | 종료 : _시 _분 | 맞은 개수 : _ /20

41 상**중**하

소방청장, 소방본부장 또는 소방서장은 관할구역에 있는 소방대상물에 대해 화재안전조사를 실시할 수 있다. 화재안전조사를 실시하는 경우로 알맞지 않은 것은?

① 국가적 행사 등 주요 행사가 개최되는 장소 및 그 주변의 관계 지역에 대해 소방안전관리 실태를 점검할 필요가 있는 경우
② 화재가 자주 발생하였거나 발생할 우려가 뚜렷한 곳에 대한 점검이 필요한 경우
③ 관계인이 실시하는 자체점검 등이 불성실하거나 불완전하다고 인정되는 경우
④ 소방청장, 소방본부장, 소방서장이 토의로 화재안전조사를 실시해야 한다고 결정한 경우

해설 화재안전조사 대상 ——————

1) 조사권자 : 소방관서장
2) 개인의 주거에 대한 화재안전조사는 관계인의 승낙이 있거나 화재발생의 우려가 뚜렷하여 긴급한 필요가 있는 때로 한정
3) 화재안전조사 실시할 수 있는 경우
   (1) 관계인이 실시하는 자체점검 등이 불성실하거나 불완전하다고 인정되는 경우
   (2) 화재예방강화지구 등 법령에서 화재안전조사를 하도록 규정되어 있는 경우
   (3) 화재예방안전진단이 불성실하거나 불완전하다고 인정되는 경우
   (4) 국가적 행사 등 주요 행사가 개최되는 장소 및 그 주변의 관계 지역에 대하여 소방안전관리 실태를 점검할 필요가 있는 경우

(5) 화재가 자주 발생하였거나 발생할 우려가 뚜렷한 곳에 대한 점검이 필요한 경우
(6) 재난예측정보, 기상예보 등을 분석한 결과 소방대상물에 화재의 발생 위험이 높다고 판단되는 경우
(7) 그 밖의 긴급한 상황이 발생한 경우 인명 또는 재산 피해의 우려가 현저하다고 판단되는 경우
   ① 화재안전조사의 항목 : 대통령령
   ② 소방관서장은 화재안전조사를 실시하는 경우 다른 목적을 위해 조사권을 남용하지 않은 것

신유형!
42 상중**하**

위험물안전관리법령상 위험물을 취급함에 있어서 정전기가 발생할 우려가 있는 설비에 설치할 수 있는 정전기 제거방법이 아닌 것은?

① 접지에 의한 방법
② 자동적으로 압력의 상승을 정지시키는 방법
③ 공기를 이온화하는 방법
④ 공기 중의 상대습도를 70 [%] 이상으로 하는 방법

해설 정전기방지대책 ——————

• 배관 내 유속 제한
• 접지 및 본딩
• 상대습도 70 [%] 이상
• 대전방지제 사용
• 공기의 이온화

정답 41 ④ 42 ②

43 (상)(중)하

위험물안전관리법령상 제조소 또는 일반 취급소의 위험물 취급탱크 노즐 또는 맨홀을 신설하는 경우, 노즐 또는 맨홀의 직경이 몇 [mm]를 초과하는 경우 변경허가를 받아야 하는가?

① 200
② 250
③ 300
④ 450

해설 **제조소등의 설치 및 변경**

1) 설치허가자 : 시·도지사(행전안전부령)
2) 위험물 품명·수량·지정수량의 배수 변경신고 : 변경하고자 하는 날의 1일 전
3) 제조소·일반취급소 변경허가를 받아야 하는 경우
   (1) 제조소·일반취급소 위치 이전
   (2) 배출설치 또는 불활성기체 봉입장치 신설
   (3) 위험물취급탱크 신설·교체·철거·보수
   (4) 위험물취급탱크 노즐 또는 맨홀 신설(노즐 또는 맨홀 직경 250 [mm] 초과하는 경우)
   (5) 위험물취급탱크 탱크전용실 증설 또는 교체
4) 변경허가·변경신고 제외 장소
   (1) 주택의 난방시설(공동주택의 중앙난방시설 제외)을 위한 저장소·취급소
   (2) 농예용·축산용·수산용으로 필요한 난방시설 또는 건조시설을 위한 지정수량 20배 이하의 저장소

44 (상)(중)하

소방시설 설치 및 관리에 관한 법령상 스프링클러설비를 설치하여야 하는 특정소방대상물의 기준으로 옳은 것은?

① 6층 이상인 특정소방대상물로서 전 층
② 지하상가로서 연면적 500 [m²] 이상
③ 정신병원과 의료재활시설을 제외한 요양병원으로 사용되는 바닥면적의 합계가 300 [m²] 이상 600 [m²] 미만인 시설
④ 정신의료기관으로 사용되는 바닥면적의 합계가 600 [m²] 미만인 시설

해설 **스프링클러설비 설치대상**

설치대상	기준
• 문화 및 집회시설(동·식물원 제외) • 종교시설 • 운동시설(물놀이형 시설 및 바닥이 불연재료이고 관람석이 없는 운동시설은 제외)	• 수용인원 100 명 이상 • 영화상영관 바닥면적 : 지하층·무창층 500 [m²](그 외 1000 [m²]) 이상 • 무대부 : 지하층·무창층, 4층 이상 300 [m²](그 외 500 [m²]) 이상
• 판매시설, 운수시설 • 창고시설(물류터미널)	• 수용인원 500명 이상 • 바닥면적 합계 5000 [m²] 이상
6층 이상인 특정소방대상물	**전 층**
• 의료시설(정신의료기관, 종합병원, 병원, 치과병원, 한방병원, 요양병원) • 노유자시설 • 숙박 가능한 수련시설 • 숙박시설 • 산후조리원, 조산원	바닥면적 합계 600 [m²] 이상인 것은 모든 층
지하상가	연면적 1000 [m²] 이상
기숙사(교육연구시설·수련시설 내에 있는 학생 수용을 위한 것), 복합건축물	연면적 5000 [m²] 이상인 모든 층
특수가연물 저장·취급시설	지정수량 1000배 이상
랙식 창고의 높이가 10 [m] 초과	바닥면적 또는 랙이 설치된 부분의 합계가 1500 [m²] 이상인 경우 모든 층
전기저장시설, 교정 및 군사시설 중 보호감호소, 교도소, 구치소 및 그 지소, 보호관찰소, 갱생보호시설, 치료감호시설, 소년원 및 소년분류심사원의 수용거실, 보호시설(외국인보호소의 경우에는 보호대상자의 생활공간으로 한정), 유치장	–

45 (상 중 하)

특정소방대상물의 소방시설등에 대한 자체점검 기술자격자의 범위에서 행정안전부령으로 정하는 기술자격자는?

① 소방안전관리자로 선임된 위험물산업기사
② 소방안전관리자로 선임된 소방시설관리사 및 소방기술사
③ 소방안전관리자로 선임된 소방설비산업기사
④ 소방안전관리자로 선임된 소방설비기사

해설 종합점검 대상

대상	기준
가. 최초점검 대상물 나. 스프링클러설비가 설치된 특정소방대상물 다. 물분무등소화설비[호스릴방식의 물분무등소화설비만을 설치한 경우는 제외]가 설치된 연면적 5000 [m²] 이상인 특정소방대상물(위험물 제조소등은 제외) 라. 다중이용업의 영업장이 설치된 특정소방대상물로서 연면적이 2000 [m²] 이상인 것(단란주점과 유흥주점, 영화상영관, 비디오물감상실업, 복합영상물제공업, 노래연습장, 산후조리원, 고시원, 안마시술소) 마. 제연설비가 설치된 터널 바. 공공기관 중 연면적(터널·지하구의 경우 그 길이와 평균폭을 곱하여 계산된 값)이 1000 [m²] 이상인 것으로서 옥내소화전설비 또는 자동화재탐지설비가 설치된 것(소방대가 근무하는 공공기관은 제외)	가. 관리업에 등록된 소방시설관리사 나. 소방안전관리자로 선임된 소방시설관리사 또는 소방기술사

46 (상 중 하)

소방기본법령상 소방의 날 제정과 운영 등에 관한 사항으로 틀린 것은?

① 국민의 안전의식과 화재에 대한 경각심을 높이고 안전문화를 정착시키기 위한 목적이다.
② 소방의 날은 매년 11월 9일이다.
③ 소방의 날 행사에 관하여 필요한 사항은 소방청장 또는 시·도지사가 따로 정하여 시행할 수 있다.
④ 시·도지사는 소방행정 발전에 공로가 있다고 인정되는 사람을 명예직 소방대원으로 위촉할 수 있다.

해설 소방의 날 제정과 운영 등

1) 국민의 안전의식과 화재에 대한 경각심을 높이고 안전문화를 정착시키기 위하여 매년 11월 9일을 소방의 날로 정하여 기념행사를 한다.
2) 소방의 날 행사에 관하여 필요한 사항은 소방청장 또는 시·도지사가 따로 정하여 시행할 수 있다.
3) 소방청장은 다음에 해당하는 사람을 명예직 소방대원으로 위촉할 수 있다.
   (1) 「의사상자등 예우 및 지원에 관한 법률」에 따른 의사상자에 해당하는 사람
   (2) 소방행정 발전에 공로가 있다고 인정되는 사람

신유형! 47 ⓈㆍⒸⒽ

위험물안전관리법령상 경보설비에 대한 기준으로 틀린 것은?

① 지정수량의 10배 이상의 위험물을 저장 또는 취급하는 제조소등(이동탱크저장소를 제외한다)에는 화재발생 시 이를 알릴 수 있는 경보설비를 설치하여야 한다.

② 경보설비는 자동화재탐지설비·자동화재속보설비·비상경보설비(비상벨장치 또는 경종을 포함한다)·확성장치(휴대용확성기를 포함한다) 및 비상방송설비로 구분한다.

③ 자동신호장치를 갖춘 스프링클러설비 또는 물분무등소화설비를 설치한 제조소등에 있어서는 자동화재탐지설비를 설치한 것으로 본다.

④ 제조소 및 일반취급소에 있어서 연면적 1000 [m²] 이상인 것은 자동화재탐지설비를 설치한다.

해설 경보설비 설치기준 ─────────

1) 제조소등별 설치해야 하는 경보설비

특정소방대상물	소방시설
• 연면적 500 [m²] 이상 • 옥내에서 지정수량 100배 이상 취급 • 일반취급소로 사용되는 부분 외의 부분이 있는 건축물에 설치된 일반취급소	자동화재탐지설비
• 지정수량 10배 이상 저장 또는 취급 (이동탱크저장소 제외)	• 자동화재탐지설비 • 비상경보설비 • 비상방송설비 • 확성장치 중 1종 이상

2) 자동신호장치 갖춘 스프링클러설비 또는 물분무등소화설비 설치한 제조소등은 자동화재탐지설비 설치한 것으로 봄

3) 자동화재탐지설비·비상경보설비(비상벨장치 또는 경종 포함)·확성장치(휴대용 확성기 포함) 및 비상방송설비로 구분

48 Ⓢ⒞Ⓗ

소방시설관리사증을 빌려주거나 둘 이상의 업체에 취업한 자에 대한 벌칙기준으로 옳은 것은?

① 6개월 이하의 징역 또는 1000만 원 이하의 벌금
② 1년 이하의 징역 또는 1000만 원 이하의 벌금
③ 3년 이하의 징역 또는 1500만 원 이하의 벌금
④ 3년 이하의 징역 또는 3000만 원 이하의 벌금

해설 1년 1000만 원 이하의 벌금 ─────────

1) 자체점검을 하지 않거나 관리업자에게 정기점검하게 하지 아니한 자
2) 소방시설관리사증을 빌려주거나 빌리거나 이를 알선한 자
3) 동시에 둘 이상의 업체에 취업한 자
4) 자격정지처분을 받고 자격정지기간 중에 관리사의 업무를 한 자
5) 관리업 등록증, 등록수첩을 다른 자에게 빌려주거나 빌리거나 이를 알선한 자
6) 영업정지처분을 받고 영업정지기간 중에 관리업의 업무를 한 자
7) 제품검사 합격표시 허위·위조·변조한 자
8) 형식승인의 변경승인을 받지 아니한 자
9) 제품검사에 합격하지 아니한 소방용품에 성능인증을 받았다는 표시 또는 제품검사에 합격하였다는 표시를 하거나 성능인증을 받았다는 표시 또는 제품검사에 합격하였다는 표시를 위조 또는 변조하여 사용한 자
10) 성능인증의 변경인증을 받지 아니한 자
11) 우수품질 표시 허위·위조·변조하여 사용한 자
12) 관계인의 업무 방해하거나 출입·검사 시 알게 된 비밀을 누설한 자

2 0 2 3

49 상 중 하

자동화재탐지설비를 설치하여야 하는 특정소방대상물의 기준으로 틀린 것은?

① 지하구
② 터널로서 길이 700 [m] 이상인 것
③ 교정시설로서 연면적 2000 [m²] 이상인 것
④ 복합건축물로서 연면적 600 [m²] 이상인 것

해설 자동화재탐지설비 설치대상

설치대상	기준
• 교육연구시설(교육시설 내에 있는 기숙사 및 합숙소를 포함한다), 수련시설(기숙사·합숙소 포함, 숙박시설 제외) • 동·식물 관련 시설, 교정 및 군사시설 • 자원순환 관련 시설 • 교정 및 군사시설 • 묘지 관련 시설	연면적 2000 [m²] 이상인 경우에는 모든 층
목욕장, 문화 및 집회시설, 종교시설, 판매시설, 운동시설, 운수시설, 업무시설, 창고시설, 공장, 지하상가, 위험물 저장 및 처리시설, 항공기 및 자동차 관련 시설, 교정 및 군사시설 중 국방·군사시설, 방송통신시설, 발전시설, 관광 휴게시설	연면적 1000 [m²] 이상인 경우에는 모든 층
• 근린생활시설(목욕장 제외) • 의료시설(정신의료기관, 요양병원 제외) • 위락시설, 장례시설 및 복합건축물	연면적 600 [m²] 이상인 경우에는 모든 층
정신의료기관, 의료재활시설	• 바닥면적합계 300 [m²] 이상 • 바닥면적 합계 300 [m²] 미만, 창살 설치
터널	길이 1000 [m] 이상
공장 및 창고시설	500배 이상 특수가연물
요양병원, 지하구, 전통시장, 조산원, 산후조리원	–
전기저장시설, 노유자생활시설	–
공동주택 중 아파트등·기숙사, 숙박시설, 6층 이상인 건축물	–

설치대상	기준
노유자시설	연면적 400 [m²] 이상인 경우에는 모든 층
숙박시설이 있는 수련시설	수용인원 100명 이상인 경우에는 모든 층

50 상 중 하

소방기본법령상 소방용수시설에서 저수조의 설치기준으로 틀린 것은?

① 소방펌프자동차가 쉽게 접근할 수 있도록 할 것
② 지면으로부터의 낙차가 4.5 [m] 이하일 것
③ 흡수부분의 수심이 6 [m] 이상일 것
④ 흡수관의 투입구가 원형의 경우에는 지름이 60 [cm] 이상일 것

해설 소방용수시설 설치기준

1) 소화전
   • 상수도와 연결, 지하식·지상식 구조
   • 연결금속구 구경 : 65 [mm]
2) 급수탑
   • 급수배관 구경 : 100 [mm] 이상
   • 개폐밸브 : 지상 1.5 [m] 이상 1.7 [m] 이하
3) 저수조
   • 지면으로부터의 낙차 : 4.5 [m] 이하
   • 흡수부분 수심 : 0.5 [m] 이상일 것
   • 흡수관 투입구 : 사각형 한 변 60 [cm]
     원형 지름 60 [cm] 이상

정답 49 ② 50 ③

51 (상(중)하)

소방시설공사업법령에 따른 성능위주설계를 할 수 있는 자의 설계범위기준 중 틀린 것은?

① 연면적 30000 [m²] 이상인 특정소방대상물로서 공항시설

② 연면적 200000 [m²] 이상인 특정소방대상물(공동주택 중 주택으로 5층 이상 제외)

③ 지하층을 포함한 층수가 30층 이상인 특정소방대상물(단, 아파트등은 제외)

④ 하나의 건축물에 영화상영관이 5개 이상인 특정소방대상물

해설 성능위주설계 특정소방대상물 ─────────

1) 연면적 200000 [m²] 이상 특정소방대상물 – 다만 아파트등(공동주택 중 주택으로 쓰이는 층수가 5층 이상인 주택) 제외

2) 50층 이상(지하층 제외)이거나 지상으로부터 높이가 200 [m] 이상인 아파트등

3) 30층 이상(지하층 포함)이거나 지상으로부터 높이가 120 [m] 이상인 특정소방대상물(아파트등은 제외)

4) 연면적 30000 [m²] 이상 특정소방대상물
   • 철도 및 도시철도 시설
   • 공항시설

5) 하나의 건축물에 영화상영관 10개 이상

6) 지하연계 복합건축물

7) 연면적 10만 [m²] 이상이거나 지하 2층 이하이고 지하층의 바닥면적의 합이 3만 [m²] 이상인 창고시설

8) 터널 중 수저(水底)터널 또는 길이가 5000 [m] 이상인 것

52 (상(중)하)

소방시설의 하자가 발생한 경우 통보를 받은 공사업자는 며칠 이내에 이를 보수하거나 보수 일정을 기록한 하자보수계획을 관계인에게 서면으로 알려야 하는가?

① 3일　　　　② 5일

③ 14일　　　　④ 30일

해설 하자보수 ─────────

1) 관계인은 하자보수 보증기간 이내에 소방시설 하자 발생 시 공사업자에게 그 사실을 알려야 한다.

2) 통보받은 공사업자는 3일 이내 하자보수 또는 하자보수계획을 관계인에게 서면으로 알려야 한다.

3) 관계인은 공사업자가 다음 각 호의 어느 하나에 해당하는 경우에는 소방본부장·서장에게 그 사실을 알릴 수 있음
   (1) 3일 이내에 하자보수를 이행하지 아니한 경우
   (2) 3일 이내에 하자보수계획을 서면으로 알리지 아니한 경우
   (3) 하자보수계획이 불합리하다고 인정되는 경우

53 (상(중)하)

소방기본법령상 소방대장은 화재, 재난·재해 그 밖의 위급한 상황이 발생한 현장에 소방활동구역을 정하여 소방활동에 필요한 자로서 대통령령으로 정하는 사람 외에는 그 구역에의 출입을 제한할 수 있다. 다음 중 소방활동구역에 출입할 수 없는 사람은?

① 소방활동구역 안에 있는 소방대상물의 소유자·관리자 또는 점유자

② 전기·가스·수도·통신·교통의 업무에 종사하는 사람으로서 원활한 소방활동을 위하여 필요한 사람

③ 자원봉사자

④ 의사·간호사 그 밖에 구조·구급업무에 종사하는 사람

해설 소방활동구역 출입자 ─────────────

1) 설정
  (1) 설정권자 : 소방대장
  (2) 소방활동구역을 정하여 소방활동에 필요한 사람으로서 대통령령으로 정하는 사람 외에는 그 구역에 출입하는 것을 제한
2) 출입자
  (1) 소방활동구역 안에 있는 소방대상물의 소유자·관리자·점유자
  (2) 전기·가스·수도·통신·교통의 업무 종사자로서 소방활동을 위해 필요한 사람
  (3) 의사·간호사 그 밖의 구조·구급업무 종사자
  (4) 취재인력 등 보도업무 종사자
  (5) 수사업무 종사자
  (6) 그 밖에 소방대장이 소방활동을 위해 출입을 허가한 사람
3) 경찰공무원은 소방대가 소방활동구역에 있지 않거나 소방대장의 요청이 있을 때에는 출입제한 조치를 할 수 있음

54 상**중**하

소방시설 설치 및 관리에 관한 법령상 소화설비를 구성하는 제품 또는 기기에 해당하지 않는 것은?

① 가스누설경보기
② 소방호스
③ 스프링클러헤드
④ 분말자동소화장치

해설 소방용품 ─────────────

1) 소화설비 구성 제품·기기
  • 소화기구(소화약제 외의 것 제외)
  • 자동소화장치
  • 소화전, 관창, 소방호스, 스프링클러헤드, 기동용 수압개폐장치, 유수제어밸브 및 가스관선택밸브
2) 경보설비 구성 제품·기기
  • 누전경보기 및 가스누설경보기
  • 발신기, 수신기, 중계기, 감지기, 경종

3) 피난구조설비 구성 제품·기기
  • 피난사다리, 구조대, 완강기(간이완강기 및 지지대 포함)
  • 공기호흡기(충전기 포함)
  • 피난구유도등, 통로유도등, 객석유도등 및 예비전원 내장된 비상조명등
4) 소화용 제품·기기
  • 소화약제(소화설비용만 해당)
  • 방염제(방염액·방염도료·방염성 물질)

55 상**중**하

소방시설공사업법령상 하자보수를 하여야 하는 소방시설 중 하자보수 보증기간이 3년이 아닌 것은?

① 자동소화장치
② 비상방송설비
③ 스프링클러설비
④ 상수도소화용수설비

해설 소방시설 하자보수 보증기간 ─────────────

소방시설	기간
• 피난기구·유도등 • 비상경보설비 • 비상조명등 • 비상방송설비 • 무선통신보조설비	2년
• 자동소화장치 • 옥내·외소화전설비 • 스프링클러·간이스프링클러설비 • 물분무등소화설비 • 자동화재탐지설비 • 상수도소화용수설비 • 소화활동설비(무선통신보조설비 제외) • 화재알림설비	3년

암기 이년 피비무
TIP 전기는 2년, 기계는 3년
(피난기구와 자동화재탐지설비 및 화재알림설비 제외)

정답 54 ① 55 ②

56 (상 중 하)

화재의 예방 및 안전관리에 관한 법령상 화재의 예방상 위험하다고 인정되는 행위를 하는 사람에게 행위의 금지 또는 제한 명령을 할 수 있는 사람은?

① 소방본부장
② 시·도지사
③ 의용소방대원
④ 소방대상물의 관리자

해설 화재의 예방조치 ────────────

1) 누구든지 화재예방강화지구 및 이에 준하는 대통령령으로 정하는 장소에서는 다음에 해당하는 행위를 하여서는 아니 된다. 다만 행정안전부령으로 정하는 바에 따라 안전조치를 한 경우에는 그러하지 아니한다.
  (1) 모닥불, 흡연 등 화기의 취급
  (2) 풍등 등 소형열기구 날리기
  (3) 용접·용단 등 불꽃을 발생시키는 행위
  (4) 그 밖에 대통령령으로 정하는 화재발생 위험이 있는 행위
2) 소방관서장은 화재발생 위험이 크거나 소화활동에 지장을 줄 수 있다고 인정되는 행위나 물건에 대하여 행위 당사자나 그 물건의 소유자, 관리자 또는 점유자에게 다음의 명령을 할 수 있다. 다만 다음에 해당하는 물건의 소유자, 관리자 또는 점유자를 알 수 없는 경우 소속 공무원으로 하여금 그 물건을 옮기거나 보관하는 등 필요한 조치를 하게 할 수 있다.
  (1) 다음 어느 하나에 해당하는 행위의 금지 또는 제한
  (2) 목재, 플라스틱 등 가연성이 큰 물건의 제거, 이격, 적재 금지 등
  (3) 소방차량의 통행이나 소화활동에 지장을 줄 수 있는 물건의 이동
3) 2)의 단서에 따라 옮긴 물건 등에 대한 보관기간 및 보관기간 경과 후 처리 등에 필요한 사항은 대통령령으로 정한다.
4) 보일러, 난로, 건조설비, 가스·전기시설, 그 밖에 화재발생 우려가 있는 대통령령으로 정하는 설비 또는 기구 등의 위치·구조 및 관리와 화재 예방을 위하여 불을 사용할 때 지켜야 하는 사항은 대통령령으로 정한다.
5) 화재가 발생하는 경우 불길이 빠르게 번지는 고무류·플라스틱류·석탄 및 목탄 등 대통령령으로 정하는 특수가연물(特殊可燃物)의 저장 및 취급기준은 대통령령으로 정한다.

57 (상 중 하)

소방청장, 소방본부장 또는 소방서장이 화재안전조사 조치 명령서를 해당 소방대상물의 관계인에게 발급하는 경우가 아닌 것은?

① 소방대상물의 신축
② 소방대상물의 개수
③ 소방대상물의 이전
④ 소방대상물의 제거

해설 화재안전조사 결과에 따른 조치명령 ────────────

1) 명령권자 : 소방관서장
2) 관계인에게 그 소방대상물의 <u>개수·이전·제거, 사용의 금지 또는 제한, 사용폐쇄, 공사의 정지 또는 중지, 그 밖에 필요한 조치</u>
  (1) 소방대상물의 위치·구조·설비 또는 관리에 보완 필요 시
  (2) 화재발생 시 인명 또는 재산 피해가 클 것으로 예상될 때
3) 관계인에게 조치를 명령 또는 관계 행정기관의 장에게 필요한 조치 요청
  (1) 법령을 위반하여 건축 또는 설비
  (2) 소방시설등, 피난시설·방화구획, 방화시설 등이 법령에 적합하게 설치·관리되지 않은 경우

58 (상 중 하)

옥내저장소의 위치·구조 및 설비의 기준 중 지정수량의 몇 배 이상의 저장창고(제6류 위험물의 저장창고 제외)에 피뢰침을 설치해야 하는가? (단, 저장창고 주위의 상황이 안전상 지장이 없는 경우는 제외한다)

① 10배   ② 20배
③ 30배   ④ 40배

해설 위험물 제조소 피뢰설비 ────────────

<u>지정수량 10배 이상인 옥외탱크저장소 피뢰침 설치</u>(제6류 위험물 제조소 제외)

59 (상(중)하)

행정안전부령으로 정하는 연소 우려가 있는 구조에 대한 기준 중 다음 ( ) 안에 알맞은 것은?

건축물대장의 건축물 현황도에 표시된 대지 경계선 안에 2 이상의 건축물이 있는 경우로서 각각의 건축물이 다른 건축물의 외벽으로부터 수평거리가 1층의 경우에는 (㉠) [m] 이하, 2층 이상의 경우에는 (㉡) [m] 이하이고 개구부가 다른 건축물을 향하여 설치된 구조를 말한다.

① ㉠ 3, ㉡ 5
② ㉠ 5, ㉡ 8
③ ㉠ 6, ㉡ 8
④ ㉠ 6, ㉡ 10

해설 연소우려가 있는 구조 ─────────

- 대지경계선 안 2 이상의 건축물
- 다른 건축물 외벽으로부터 수평거리가 <u>1층 6 [m] 이하, 2층 이상 10 [m] 이하</u>
- 개구부가 다른 건축물 향하여 설치

60 (상(중)하)

화재예방강화지구의 지정대상이 아닌 것은?

① 공장·창고가 밀집한 지역
② 목조건물이 밀집한 지역
③ 농촌지역
④ 시장지역

해설 화재예방강화지구 ─────────

1) 지정권자 : 시·도지사
2) 화재예방강화지구 지정 요청 : 소방청장
3) 화재예방강화지구
   (1) 시장지역
   (2) 공장·창고가 밀집한 지역
   (3) 목조건물이 밀집한 지역
   (4) 노후·불량건축물이 밀집한 지역
   (5) 위험물의 저장 및 처리 시설이 밀집한 지역
   (6) 석유화학제품을 생산하는 공장이 있는 지역
   (7) 산업입지 및 개발에 관한 법률에 따른 산업단지
   (8) 소방시설·소방용수시설·소방출동로가 없는 지역
   (9) 물류단지
   (10) (1) ~ (9)까지 준하는 지역으로서 소방관서장이 화재예방강화지구로 지정할 필요가 있다고 인정하는 지역

2023년 2회
소방전기시설의 구조 및 원리

| 목표시간 : 30분 | 시작 : _시 _분 | 종료 : _시 _분 | 맞은 개수 : _/20 |

61 상 중 하

누전경보기의 형식승인 및 제품검사의 기술기준 상 절연된 1차권선과 2차권선 간의 절연저항값은 몇 [$M\Omega$]인가?

① 0.1
② 5
③ 10
④ 20

해설 누전경보기 절연저항시험

1) 측정장치 : DC 500 [V]의 절연저항계
2) 절연저항시험 : 5 [MΩ] 이상
3) 측정위치

구분	측정 개소
수신부	(1) 절연된 충전부와 외함 간 (2) 차단기구의 개폐부 • 열린 상태 : 같은 극의 전원단자와 부하 측 단자 사이 • 닫힌 상태 : 충전부와 손잡이 사이
변류기	• 절연된 1차 권선과 2차 권선 간 • 절연된 1차 권선과 외부 금속부 간 • 절연된 2차 권선과 외부 금속부 간

62 상 중 하

자동화재속보설비 속보기의 기능에 대한 기준 중 틀린 것은?

① 작동신호를 수신하거나 수동으로 동작시키는 경우 30초 이내에 소방관서에 자동적으로 신호를 발하여 통보하되, 3회 이상 속보할 수 있어야 한다.
② 예비전원을 병렬로 접속하는 경우에는 역충전방지 등의 조치를 하여야 한다.
③ 연동 또는 수동으로 소방관서에 화재발생 음성정보를 속보 중인 경우에도 송수화장치를 이용한 통화가 우선적으로 가능하여야 한다.
④ 속보기의 송수화장치가 정상위치가 아닌 경우에도 연동 또는 수동으로 속보가 가능하여야 한다.

해설 자동화재속보설비

1) 작동신호를 수신하거나 수동으로 동작시키는 경우 20초 이내에 소방관서에 자동적으로 신호를 발하여 통보하되, 3회 이상 속보할 수 있어야 한다.
2) 주전원이 정지한 경우에는 자동적으로 예비전원으로 전환되고, 주전원이 정상 상태로 복귀한 경우에는 자동적으로 예비전원에서 주전원으로 전환되어야 한다.
3) 예비전원은 자동적으로 충전되어야 하며 자동과충전방지장치가 있어야 한다.
4) 화재신호를 수신하거나 속보기를 수동으로 동작시키는 경우 자동적으로 적색 화재표시등이 점등되고 음향장치로 화재를 경보하여야 하며, 화재표시 및 경보는 수동으로 복구 및 정지시키지 않는 한 지속되어야 한다.
5) 연동 또는 수동으로 소방관서에 화재발생 음성정보를 속보 중인 경우에도 송수화장치를 이용한 통화가 우선적으로 가능하여야 한다.

6) 예비전원을 병렬로 접속하는 경우에는 역충전방지 등의 조치를 하여야 한다.

7) 예비전원은 감시 상태를 60분간 지속한 후 10분 이상 동작(화재속보 후 화재표시 및 경보를 10분간 유지하는 것을 말한다)이 지속될 수 있는 용량이어야 한다.

8) 속보기는 연동 또는 수동 작동에 의한 다이얼링 후 소방관서와 전화접속이 이루어지지 않는 경우에는 최초 다이얼링을 포함하여 10회 이상 반복적으로 접속을 위한 다이얼링이 이루어져야 한다. 이 경우 매회 다이얼링 완료 후 호출은 30초 이상 지속되어야 한다.

9) 속보기의 송수화장치가 정상위치가 아닌 경우에도 연동 또는 수동으로 속보가 가능하여야 한다.

10) 음성으로 통보되는 속보내용을 통하여 해당 특정소방대상물의 위치, 화재발생 및 속보기에 의한 신고임을 확인할 수 있어야 한다.

11) 속보기는 음성속보방식 외에 데이터 또는 코드전송방식 등을 이용한 속보기능을 설치할 수 있다.

신유형! 63 (상)중 하

시각경보장치의 성능인증 및 제품검사의 기술기준상 전원입력 단자에 사용정격전압을 인가한 뒤, 신호장치에서 작동신호를 보냈을 때 점멸주기를 고르시오.

① 1분간 점멸회수를 측정하는 경우 점멸주기는 매 초당 1회 이상 3회 이내
② 1분간 점멸회수를 측정하는 경우 점멸주기는 매 초당 20회 이상
③ 1분간 점멸회수를 측정하는 경우 점멸주기는 매 초당 60회 이상
④ 1분간 점멸회수를 측정하는 경우 점멸주기는 매 초당 100회 이상

해설 시각경보장치의 기능

1) 시각경보장치에 작동신호를 보내어 약 1분간 점멸횟수를 측정하는 경우 점멸주기는 매 초당 1회 이상 3회 이하여야 한다.
2) 광원은 투명 또는 흰색이어야 하며 최대 1000 칸델라를 초과하지 않아야 한다.
3) 시각경보장치에 작동신호를 보내는 경우 3초 이내 경보를 발하여야 하며 정지신호를 받았을 경우에는 3초 이내 정지되어야 한다.
4) 작동 상태인 시각경보장치(건전지를 주전원으로 하는 무선식 시각경보장치는 제외한다)의 최대소비전류는 설계값(소비전류 설계값) 이하이어야 한다.

64 (상)중 하

감지기의 형식승인 및 제품검사의 기술기준 상, 1개의 감지기 내에 서로 다른 종별 또는 감도 등의 기능을 갖춘 것으로서 일정시간 간격을 두고 각각 다른 2개 이상의 화재신호를 발하는 감지기의 종류를 고르시오.

① 다신호식 감지기
② 방수형 감지기
③ 축적형 감지기
④ 아날로그식 감지기

해설 감지기 형식별 특성

1) "다신호식"이란 1개의 감지기 내에 서로 다른 종별 또는 감도 등의 기능을 갖춘 것으로서 일정시간 간격을 두고 각각 다른 2개 이상의 화재신호를 발하는 감지기를 말한다.
2) "방폭형"이란 폭발성 가스가 용기 내부에서 폭발하였을 때 용기가 그 압력에 견디거나 또는 외부의 폭발성 가스에 인화될 우려가 없도록 만들어진 형태의 감지기를 말한다.
3) "방수형"이란 그 구조가 방수구조로 되어 있는 감지기를 말한다.

4) "재용형"이란 다시 사용할 수 있는 성능을 가진 감지기를 말한다.

5) "축적형"이란 일정농도 이상의 연기가 일정시간(공칭축적시간) 연속하는 것을 전기적으로 검출함으로써 작동하는 감지기(다만 단순히 작동시간만을 지연시키는 것은 제외한다)를 말한다.

6) "아날로그식"이란 주위의 온도 또는 연기량의 변화에 따라 각각 다른 전류치 또는 전압치 등의 출력을 발하는 방식의 감지기를 말한다.

7) "연동식"이란 단독경보형 감지기가 작동할 때 화재를 경보하며 유·무선으로 주위의 다른 감지기에 신호를 발신하고 신호를 수신한 감지기도 화재를 경보하며 다른 감지기에 신호를 발신하는 방식의 것을 말한다.

8) "무선식"이란 전파에 의해 신호를 송·수신하는 방식의 것을 말한다.

65 상⑧하

누전경보기의 형식승인 및 제품검사의 기술기준상 수신부는 그 정격전압에서 몇 회의 반복시험을 실시하는 경우 그 구조 또는 기능에 이상이 생기지 않아야 하는가?

① 500회
② 1000회
③ 5000회
④ 10000회

해설 누전경보기 성능 ─────────

1) 조작이 쉽고 작동이 확실하여야 하며 정지점이 명확하고 적정하여야 한다.
2) 각 접점의 최대사용전압으로 최대사용전류의 200 [%]인 전류를 저항부하를 통하여 흘리는 작동을 1만 회(전원스위치의 경우에는 5천 회) 반복하는 경우 그 구조 또는 기능에 이상이 생기지 아니하여야 한다.
3) 접점은 최대사용전류 용량에 적합하여야 하고 부식될 우려가 없는 것이어야 한다.
4) 눕혀서 끊어지는 형의 스위치(수은스위치 등)을 사용할 경우에는 정위치에 복귀시키는 것을 잊지 아니하도록 알려주는 적당한 장치를 하여야 한다.

66 상⑧하

유도등 및 유도표지의 화재안전기술기준(NFTC 303)에 따라 지하층을 제외한 층수가 11층 이상인 특정소방대상물의 유도등의 비상전원을 축전지로 설치한다면 피난층에 이르는 부분의 유도등을 몇 분 이상 유효하게 작동시킬 수 있는 용량으로 하여야 하는가?

① 10
② 20
③ 50
④ 60

해설 유도등의 전원 ─────────

1) 축전지, 전기저장장치, 교류전압의 옥내간선으로 하고 전원까지의 배선은 전용으로 할 것
2) 비상전원
  (1) 축전지(알칼리계 2차 축전지)
  (2) 용량 : 유도등은 20분 이상 작동
  (3) 60분 이상 작동해야 하는 경우
    ① 지하층을 제외한 층수가 11층 이상의 층
    ② 지하층, 무창층의 용도가 도매·소매시장·여객자동차터미널·지하역사 또는 지하상가

67 상⑧하

자동화재탐지설비 및 시각경보장치의 화재안전기술기준(NFTC 203)에 따른 공기관식 차동식 분포형 감지기의 설치기준으로 알맞은 것은?

① 검출부는 5° 이상 경사되지 아니하도록 부착할 것
② 공기관의 노출부분은 감지구역마다 50 [m] 이상이 되도록 할 것
③ 하나의 검출부분에 접속하는 공기관의 길이는 150 [m] 이하로 할 것
④ 공기관과 감지구역의 각 변과의 수평거리는 2 [m] 이하가 되도록 할 것

해설 공기관식 차동식 분포형 설치기준 ─────

1) 공기관의 노출부분 : 20 [m] 이상
2) 하나의 검출부에 접속하는 공기관의 길이 : 100 [m] 이하
3) 공기관과 감지구역의 각 변과의 수평거리 : 1.5 [m] 이하
4) 공기관 상호 거리 : 6 [m] 이하(주요구조부가 내화 구조인 경우 : 9 [m])
5) 공기관은 도중에 분기 금지
6) <u>검출부는 5° 이상 경사되지 않을 것</u>
7) 검출부는 바닥으로부터 0.8 [m] 이상 1.5 [m] 이하의 위치에 설치할 것

---

68 상 중 ⓗ

하나의 전용회로에 설치하는 비상콘센트의 개수를 고르시오.

① 5
② 10
③ 20
④ 3

해설 비상콘센트설비 전원회로 설치기준 ─────

1) 전원회로 : 단상교류는 220 [V], 공급용량은 1.5 [kVA] 이상
2) 전원회로는 각 층에 2 이상이 되도록 설치(다만 설치하여야 할 층의 비상콘센트가 1개인 때에는 하나의 회로로 할 수 있다)
3) 전원회로는 주배전반에서 전용회로로 할 것
4) 전원으로부터 각 층의 비상콘센트에 분기되는 경우에는 분기배선용 차단기를 보호함 안에 설치할 것
5) 콘센트마다 배선용 차단기를 설치하여야 하며, 충전부가 노출되지 아니하도록 할 것
6) 개폐기에는 "비상콘센트"라고 표시한 표지를 할 것
7) 비상콘센트용의 풀박스 등은 방청도장을 한 것으로서 두께 1.6 [mm] 이상의 철판으로 할 것
8) <u>하나의 전용회로에 설치하는 비상콘센트는 10개 이하로 할 것 이 경우 전선 용량은 각 비상콘센트(비상콘센트가 3개 이상인 경우에는 3개)의 공급용량을 합한 용량 이상의 것으로 하여야 한다.</u>

---

69 상 중 ⓗ

비상방송설비의 화재안전기술기준에서 사용하는 용어의 정의 중 다음에 해당하는 것을 고르시오.

> "(   )란 전압전류의 진폭을 늘려 감도를 좋게 하고 미약한 음성전류를 커다란 음성전류로 변화시켜 소리를 크게 하는 장치를 말한다."

① 증폭기
② 확성기
③ 음량조절기
④ 변류기

해설 비상방송설비 계통도 ─────

1) "확성기"란 소리를 크게 하여 멀리까지 전달될 수 있도록 하는 장치로써 일명 스피커를 말한다.
2) "음량조절기"란 가변저항을 이용하여 전류를 변화시켜 음량을 크게 하거나 작게 조절할 수 있는 장치를 말한다.
3) <u>"증폭기"란 전압전류의 진폭을 늘려 감도를 좋게 하고 미약한 음성전류를 커다란 음성전류로 변화시켜 소리를 크게 하는 장치를 말한다.</u>
4) "기동장치"란 화재감지기, 발신기 등의 상태변화를 전송하는 장치를 말한다.
5) "몰드"란 전선을 물리적으로 보호하기 위해 사용되는 통형 구조물을 말한다.
6) "약전류회로"란 전신선, 전화선 등에 사용하는 전선이나 케이블, 인터폰, 확성기의 음성회로, 라디오·텔레비전의 시청회로 등을 포함하는 약전류가 통전되는 회로를 말한다.
7) "전원회로"란 전기·통신, 기타 전기를 이용하는 장치 등에 전력을 공급하기 위하여 필요한 기기로 이루어지는 전기회로를 말한다.
8) "절연저항"이란 전류가 도체에서 절연물을 통하여 다른 충전부나 기기로 누설되는 경우 그 누설 경로의 저항을 말한다.
9) "절연효력"이란 전기가 불필요한 부분으로 흐르지 않도록 절연하는 성능을 나타내는 것을 말한다.

10) "정격전압"이란 전기기계기구, 선로 등의 정상적인 동작을 유지시키기 위해 공급해주어야 하는 기준 전압을 말한다.

11) "조작부"란 기기를 제어할 수 있도록 조작스위치, 지시계, 표시등 등을 집결시킨 부분을 말한다.

12) "풀박스"란 장거리 케이블 포설을 용이하게 하기 위해 전선관 중간에 설치하는 상자형 구조물 등을 말한다.

> **보충** '증폭기'와 '조작장치'는 순서가 바뀌어도 됨

70 상ⓒ하

광전식 분리형 감지기의 설치기준 중 틀린 것은?

① 감지기의 수광면은 햇빛을 직접 받지 않도록 설치할 것

② 광축은 나란한 벽으로부터 0.6 [m] 이상 이격하여 설치할 것

③ 감지기의 송광부와 수광부는 설치된 뒷벽으로부터 0.5 [m] 이내 위치에 설치할 것

④ 광축의 높이는 천장 등 높이의 80 [%] 이상일 것

> **해설** 광전식 분리형 감지기 설치기준 ──────
>
> • 광축은 나란한 벽으로부터 0.6 [m] 이상 이격(오동작방지 개념)
> • 수광면은 햇빛을 직접 받지 않도록 설치
> • <u>송광부와 수광부는 설치된 뒷벽으로부터 1 [m] 이내 위치에 설치(미 감시구역 증가방지 개념)</u>
> • 광축의 높이는 천장 등 높이의 80 [%] 이상일 것
> • 광축의 길이는 공칭감시거리 범위 이내일 것(검정기술기준 공칭감시거리 : 5 ~ 100 [m], 5 [m] 간격)

71 상중ⓗ

바닥면적의 합계가 1200 [m²]이며 지하 3층, 지상 11층의 특정소방대상물에 있어서 비상콘센트설비를 설치해야 하는 층을 고르시오.

① 모든 지하층, 모든 지상층

② 모든 지상층

③ 지하 3층, 모든 지상층

④ 모든 지하층, 지상 11층

> **해설** 비상콘센트설비 설치대상 ──────
>
> | 소방대상물 | 설치대상 |
> | --- | --- |
> | 층수가 11층 이상인 특정소방대상물 | 11층 이상의 층 |
> | 지하층의 층수가 3층 이상이고 지하층의 바닥면적의 합계가 1000 [m²] 이상인 것 | 지하층의 모든 층 |
> | 터널 | 길이 500 [m] 이상 |
> | 위험물 저장 및 처리 시설 중 가스시설 또는 지하구는 제외 | |

72 상중ⓗ

비상조명등의 비상전원은 지하층 또는 무창층으로서 용도가 도매시장·소매시장·여객자동차터미널·지하역사 또는 지하상가인 경우 그 부분에서 피난층에 이르는 부분의 비상조명등을 몇 분 이상 유효하게 작동시킬 수 있는 용량으로 하여야 하는가?

① 10   ② 20

③ 30   ④ 60

해설 비상조명등 설치기준 ────

1) 특정소방대상물의 각 거실과 그로부터 지상에 이르는 복도·계단 및 그 밖의 통로에 설치할 것
2) 조도는 비상조명등이 설치된 장소의 각 부분의 바닥에서 1 [lx] 이상이 되도록 할 것
3) 예비전원을 내장하는 비상조명등에는 평상시 점등 여부를 확인할 수 있는 점검스위치를 설치하고 해당 조명등을 유효하게 작동시킬 수 있는 용량의 축전지와 예비전원 충전장치를 내장할 것
4) 예비전원을 내장하지 않는 비상조명등의 비상전원은 자가발전설비, 축전지설비 또는 전기저장장치를 다음 각 목의 기준에 따라 설치할 것
   ⑴ 점검 편리하고 화재 및 침수 등의 재해로 인한 피해를 받을 우려가 없는 곳에 설치
   ⑵ 상용전원으로부터 전력의 공급이 중단된 때에는 자동으로 비상전원으로부터 전력을 공급받을 수 있도록 할 것
   ⑶ 비상전원의 설치장소는 다른 장소와 방화구획할 것(이 경우 그 장소에는 비상전원의 공급에 필요한 기구나 설비 외의 것을 두어서는 안 된다)
   ⑷ 비상전원을 실내에 설치하는 때에는 그 실내에 비상조명등을 설치할 것
5) 비상전원은 비상조명등을 20분 이상 유효하게 작동시킬 수 있는 용량으로 할 것. 다만 다음 각 목의 특정소방대상물의 경우에는 그 부분에서 피난층에 이르는 부분의 비상조명등을 60분 이상 유효하게 작동시킬 수 있는 용량으로 해야 한다.
   ⑴ 지하층을 제외한 층수가 11층 이상의 층
   ⑵ 지하층 또는 무창층으로서 용도가 도매시장·소매시장·여객자동차터미널·지하역사 또는 지하상가
6) 비상조명등의 설치 면제 요건에서 "그 유도등의 유효범위 안의 부분"이란 유도등의 조도가 바닥에서 1 [lx] 이상이 되는 부분을 말한다.

73 상 ⑳ 하

지하 3층, 지상 11층인 특정소방대상물에서 1층에 화재가 발생할 경우 비상방송설비의 경보가 발하여져야 하는 층을 고르시오.

① 모든 층
② 지상 모든 층
③ 발화층, 그 직상 1개 층, 모든 지하층
④ 발화층, 그 직상 4개 층, 모든 지하층

해설 비상방송설비 음향장치 경보(우선경보) ────

층수가 11층(공동주택의 경우에는 16층) 이상의 특정소방대상물은 다음과 같은 경보를 발할 수 있어야 한다.
1) 2층 이상의 층에서 발화한 때에는 발화층 및 그 직상 4개 층에 경보
2) 1층에서 발화한 때에는 발화층·그 직상 4개 층 및 지하층에 경보
3) 지하층에서 발화한 때에는 발화층·그 직상층 및 기타 지하층 경보

74 상 ⑳ 하

휴대용 비상조명등의 설치기준 중 다음 ( ) 안에 알맞은 것은?

> 지하상가 및 지하역사에는 보행거리 (㉠) [m] 이내마다 (㉡)개 이상 설치할 것

① ㉠ 25, ㉡ 1
② ㉠ 25, ㉡ 3
③ ㉠ 50, ㉡ 1
④ ㉠ 50, ㉡ 3

[해설] 휴대용 비상조명등 설치기준 ─────

1) 설치장소

설치대상	기준
숙박시설, 다중이용업소	구획된 실마다 1개 이상 설치
수용인원 100명 이상의 영화상영관, 대규모점포	보행거리 50 [m] 이내마다 3개 이상 설치
지하상가, 지하역사	보행거리 25 [m] 이내마다 3개 이상 설치

2) 설치기준
   (1) 바닥으로부터 0.8 [m] 이상 1.5 [m] 이하의 높이에 설치할 것
   (2) 어둠 속에서 위치를 확인할 수 있도록 할 것
   (3) 사용 시 자동으로 점등되는 구조일 것
   (4) 외함은 난연성능이 있을 것
   (5) 건전지 사용 시 방전방지조치를 하고, 충전식 배터리 사용 시 상시 충전되도록 할 것
   (6) 건전지 및 충전식 배터리 용량은 20분 이상 유효하게 사용할 수 있는 것

75 상⟨중⟩하

누전경보기의 구성요소에 해당하지 않는 것은?

① 차단기
② 영상변류기(ZCT)
③ 음향장치
④ 발신기

[해설] 누전경보기 용어 ─────

1) "누전경보기"란 내화구조가 아닌 건축물로서 벽, 바닥 또는 천장의 전부나 일부를 불연재료 또는 준불연재료가 아닌 재료에 철망을 넣어 만든 건물의 전기설비로부터 누설전류를 탐지하여 경보를 발하는 기기로 변류기와 수신부로 구성된 것을 말한다.
2) "수신부"란 변류기로부터 검출된 신호를 수신하여 누전의 발생을 해당 특정소방대상물의 관계인에게 경보하여 주는 것(차단기구를 갖는 것을 포함한다)을 말한다.

3) "변류기"란 경계전로의 누설전류를 자동적으로 검출하여 이를 누전경보기의 수신부에 송신하는 것을 말한다.
4) "경계전로"란 누전경보기가 누설전류를 검출하는 대상 전선로를 말한다.
5) "과전류차단기"란 「전기설비기술기준의 판단기준」 제38조와 제39조에 따른 것을 말한다.
6) "분전반"이란 배전반으로부터 전력을 공급받아 부하에 전력을 공급해주는 것을 말한다.
7) "인입선"이란 「전기설비기술기준」 제3조 제1항 제9호에 따른 것으로서, 배전선로에서 갈라져서 직접 수용장소의 인입구에 이르는 부분의 전선을 말한다.
8) "정격전류"란 전기기기의 정격출력 상태에서 흐르는 전류를 말한다.

76 상 중⟨하⟩

자동화재탐지설비 및 시각경보장치의 화재안전기술기준 (NFTC 203)에 따라 외기에 면하여 상시 개방된 부분이 있는 차고·주차장·창고 등에 있어서는 외기에 면하는 각 부분으로부터 몇 [m] 미만의 범위 안에 있는 부분은 경계구역의 면적에 산입하지 아니하는가?

① 1
② 3
③ 5
④ 10

[해설] 경계구역 ─────

1) 수평적 경계구역
   (1) 하나의 경계구역이 2개 건축물 및 각 층에 미치지 않을 것 (다만 2개의 층을 하나의 경계구역으로 산정하는 경우 : 바닥 합 500 [m²] 이하)
   (2) 하나의 경계구역 면적 : 600 [m²] 이하
      ① 한 변 길이 : 50 [m] 이하
      ② 주출입구에서 내부 전체 보이는 것 : 한 변의 길이가 50 [m]의 범위 내 1000 [m²] 이하
      ③ 터널 : 하나의 경계구역의 길이는 100 [m] 이하

2) 수직적 경계구역
    ⑴ 계단·경사로(에스컬레이터 포함)는 별도의 경계구역 산정 → 45 [m] 이하
    ⑵ 엘리베이터 승강로(권상기실 포함)·린넨슈트·파이프피트 및 덕트 기타 이와 유사한 부분은 별도의 경계구역 산정 → 높이기준 없음
    ⑶ 지하층의 계단 및 경사로(지하층 층수 1일 경우 제외)는 별도로 경계구역 산정

3) 상시 개방된 부분 있는 차고·주차장·창고 : 외기에 면하는 각 부분부터 5 [m] 미만은 면적 산입 제외

77 (상 중 하)

유도등 및 유도표지의 화재안전기술기준(NFTC 303)에 따른 객석유도등의 설치기준이다. 다음 (　　)에 들어갈 내용으로 옳은 것은?

> 객석유도등은 객석의 (㉠), (㉡) 또는 (㉢)에 설치하여야 한다.

① ㉠ 통로, ㉡ 바닥, ㉢ 벽
② ㉠ 바닥, ㉡ 천장, ㉢ 벽
③ ㉠ 통로, ㉡ 바닥, ㉢ 천장
④ ㉠ 바닥, ㉡ 통로, ㉢ 출입구

해설 객석유도등

• 객석의 통로, 바닥 또는 벽에 설치할 것
• 설치개수
$$= \frac{\text{객석 통로 직선부분 길이}(m)}{4} - 1$$

보충 소수점 이하의 수는 절상할 것

78 (상 중 하)

소방시설용 비상전원수전설비의 화재안전기준에 따라 소방회로배선은 일반회로배선과 불연성 벽으로 구획하여야 하나, 소방회로배선과 일반회로배선을 몇 [cm] 이상 떨어져 설치한 경우에는 그러하지 아니하는가?

① 5   ② 10
③ 15   ④ 20

해설 특고압·고압수전 배선 방화구획형

1) 전용의 방화구획 내에 설치할 것
2) 소방회로배선은 일반회로배선과 불연성 벽으로 구획할 것 (다만 소방회로배선과 일반회로배선을 15 [cm] 이상 떨어져 설치한 경우는 그러하지 않는다)
3) 일반회로에서 과부하, 지락사고 또는 단락사고가 발생한 경우에도 이에 영향을 받지 아니하고 계속하여 소방회로에 전원을 공급시켜줄 수 있어야 할 것
4) 소방회로용 개폐기 및 과전류차단기에는 "소방시설용"이라 표시할 것

79 (상 중 하)

자동화재탐지설비 및 시각경보장치의 화재안전기술기준(NFTC 203)에 따라 지하층·무창층 등으로서 환기가 잘 되지 아니하거나 실내 면적이 40 [m²] 미만인 장소에 설치하여야 하는 적응성이 있는 감지기가 아닌 것은?

① 불꽃감지기
② 광전식 분리형 감지기
③ 정온식 스포트형 감지기
④ 아날로그방식의 감지기

해설 **비화재보방지 감지기** ─────────────

- 불꽃감지기
- 정온식 감지선형 감지기
- 분포형 감지기
- 복합형 감지기
- 광전식 분리형 감지기
- 아날로그방식의 감지기
- 다신호방식의 감지기
- 축적방식의 감지기

암기 ▶ 불정분복 광아다축

TIP ▶ 비화재보 : 화재감지 오작동

2023

80 상 중 하

무선통신보조설비의 화재안전기술기준(NFTC 505)에 따른 설치 제외에 대한 내용이다. 다음 (   )에 들어갈 내용으로 옳은 것은?

(㉠)으로서 특정소방대상물의 바닥 부분 2면 이상이 지표면과 동일하거나 지표면으로부터의 깊이가 (㉡) [m] 이하인 경우에는 해당 층에 한하여 무선통신보조설비를 설치하지 아니할 수 있다.

① ㉠ 지하층, ㉡ 1
② ㉠ 지하층, ㉡ 2
③ ㉠ 무창층, ㉡ 1
④ ㉠ 무창층, ㉡ 2

해설 **무선통신보조설비 설치 제외 장소** ─────────

1) 지하층으로서 특정소방대상물의 바닥부분 2면 이상이 지표면과 동일한 층
2) 지하층으로서 지표면으로부터의 깊이가 1 [m] 이하인 층

2023년 4회

소방원론

3회독	월	일
2회독	월	일
1회독	월	일

목표시간 : 20분 | 시작 : _시 _분 | 종료 : _시 _분 | 맞은 개수 : _/20

01 (상)(중)하

아세틸렌 저장 실린더 또는 용기 내에 사용되는 용매로 쓰이는 것은?

① 에틸아민   ② 벤젠

③ 아세톤   ④ 톨루엔

해설 아세틸렌 ————

1) 분해폭발을 하는 가스로 압축시키면 폭발 가능성이 높다.
2) 아세틸렌은 불안정하기 때문에, 아세톤이나 디메틸포름아미드(DMF)에 용해시킨 후, 다공성 물질(목탄·석탄)을 채운 금속용기에 충전하여 보관·운반한다.

02 (상)(중)하

할론소화설비에서 할론 1211 약제의 분자식은?

① CBr_2ClF ② CF_2BrCl

③ CCl_2BrF ④ BrC_2ClF

해설 할론소화약제 ————

종류	분자식	상온·상압
할론 1211	CF_2ClBr	기체
할론 1301	CF_3Br	
할론 1011	CH_2ClBr	액체
할론 2402	$C_2F_4Br_2$	

03 (상)(중)(하)

표준 상태에서 MOC(Minimum Oxygen Concentratio : 최소산소농도)가 가장 작은 물질은?

① 메테인   ② 에테인

③ 프로페인   ④ 뷰테인

해설 최소산소농도(MOC) ————

1) MOC(최소산소농도, 한계산소농도)
   MOC = LFL(연소하한계) × 산소몰수
2) 연소하한계

종류	메테인 (메탄)	에테인 (에탄)	프로페인 (프로판)	뷰테인 (부탄)
연소범위 [vol%]	5 ~ 15	3 ~ 12.4	2.1 ~ 9.5	1.8 ~ 8.4

3) 연소반응식

메테인(메탄)	$CH_4 + \underline{2}O_2 \rightarrow CO_2 + 2H_2O$
에테인(에탄)	$C_2H_6 + \underline{3.5}O_2 \rightarrow 2CO_2 + 3H_2O$
프로페인(프로판)	$C_3H_8 + \underline{5}O_2 \rightarrow 3CO_2 + 4H_2O$
뷰테인(부탄)	$C_4H_{10} + \underline{6.5}O_2 \rightarrow 4CO_2 + 5H_2O$

① 메테인 = 5 × 2 [mol] = 10 [%]
② 에테인 = 3 × 3.5 [mol] = 10.5 [%]
③ 프로페인 = 2.1 × 5 [mol] = 10.5 [%]
④ 뷰테인 = 1.8 × 6.5 [mol] = 11.7 [%]

∴ 메테인 < 에테인 = 프로페인 < 뷰테인

보충 MOC : 화염 전파를 위해 필요한 최소한의 산소 농도 (연료와 공기의 혼합기 중 산소의 부피[%])

정답 01 ③ 02 ② 03 ①

04 (상中하)

정전기로 인한 화재를 줄이고 방지하기 위한 대책 중 틀린 것은?

① 공기 중 습도를 일정 값 이상으로 유지한다.

② 기기의 전기 절연성을 높이기 위하여 부도체로 차단공사를 한다.

③ 공기 이온화 장치를 설치하여 가동시킨다.

④ 정전기 축적을 막기 위해 접지선을 이용하여 대지로 연결 작업을 한다.

해설 정전기 방지대책 ————————————

1) 배관 내 유속을 제한한다(1 [m/s] 이하).
2) 접지 및 본딩을 한다.
3) 상대습도 70 [%] 이상을 유지한다.
4) 대전방지제 사용한다.
5) 공기를 이온화한다.
6) 제전기(제진기)를 사용한다.

보충 ▶ 정전기는 부도체의 마찰에 의해서
발생 가능하다.

05 (상中하)

물의 기화열이 539.6 [cal/g]인 것은 어떤 의미인가?

① 0 [℃]의 물 1 [g]이 얼음으로 변화하는 데 539.6 [cal]의 열량이 필요하다.

② 0 [℃]의 얼음 1 [g]이 물로 변화하는 데 539.6 [cal]의 열량이 필요하다.

③ 0 [℃]의 물 1 [g]이 100 [℃]의 물로 변화하는 데 539.6 [cal]의 열량이 필요하다.

④ 100 [℃]의 물 1 [g]이 수증기로 변화하는 데 539.6 [cal]의 열량이 필요하다.

해설 물의 잠열 ————————————

1) 얼음 융해잠열 : 80 [cal/g] (= 334 [kJ/kg])
2) 물의 증발잠열 : 539 [cal/g] (= 2257 [kJ/kg])
3) 0 [℃] 물 1 [g] → 100 [℃] 수증기 : 639 [cal/g]
4) 0 [℃] 얼음 1 [g] → 100 [℃] 수증기 : 719 [cal/g]

[물의 상태변화]

보충 ▶ 물의 기화열 539 [cal/g]은
100 [℃]의 물 1 [g]이 100 [℃]의 수증기가 될 때
필요한 열량

06 (상中 하)

화재에 의한 콘크리트 구조물의 열화현상에 대한 설명으로 틀린 것은?

① 콘크리트는 열을 받으면 열팽창률 차이에 의해, 온도 상승에 따른 수분 증발과 수산화석회의 분해로 접착면이 파괴되어 강도가 저하된다.

② 400 [℃] 이하에서 화학적 결합수가 방출된다.

③ 콘크리트는 화재 시 온도가 높아질수록 압축강도가 작아진다.

④ 400 [℃] 이상에서 석영질 골재가 폭렬이 더 잘 발생한다.

해설 콘크리트의 물리적·화학적 성질 ─────

1) 콘크리트는 열을 받으면 열팽창률 차이에 의해, 온도 상승에 따른 수분 증발과 수산화석회의 분해로 접착면이 파괴되어 강도가 저하된다.
2) 400 [℃] 이상에서 화학적 결합수가 방출된다.
3) 일반적으로 열팽창계수가 큰 규산질 골재가 폭렬이 더 잘 발생한다(규산질 ≒ 석영질).
4) 콘크리트는 화재 시 온도가 높아질수록 압축강도가 작아진다.
5) 콘크리트 내 수분 함유량이 많을수록 폭렬이 더 발생하게 된다.

보충 폭렬 : 콘크리트가 화재에 의해 온도가 상승하는 경우 일정 온도 이상이 되면 일부가 박리, 쪼개지며 급격히 강도가 저하되는 현상

07 상 중 (하)

폭발범위(연소범위)에 관한 설명으로 옳지 않은 것은?

① 관경 5 [cm] 이상의 용기로 연소범위를 측정하면 화염이 관 벽에 냉각되어 연소범위가 좁아진다.
② 화염이 상방으로 전파할 때 연소범위가 넓어진다.
③ 온도가 높아질수록 폭발범위는 넓어진다.
④ 가연물의 양과 유동 상태 및 방출속도 등에 따라 영향을 받는다.

해설 연소범위 ─────

1) 정의
연소가 일어나는 데 필요한 가연성 가스나 증기의 농도 범위를 말한다.
2) 영향 요소
⑴ 온도 : 온도가 높으면 기체분자의 운동이 증가하여 연소범위가 넓어진다.
⑵ 압력 : 압력 상승 시 연소범위가 넓어진다.
⑶ 산소농도 : 산소농도가 증가하면 연소 범위가 넓어진다.
⑷ 불활성 기체 : 불활성 기체가 첨가되면 연소범위가 좁아진다.

3) 연소범위의 측정
⑴ 화염의 전파방향
화염은 상방 전파를 하므로 위쪽으로 전파하는 상방전파 > 수평전파 > 하방전파 순으로 폭발범위가 넓어져 상방전파 값을 구하는 것이 일반적이다.
⑵ 측정용기의 직경
측정을 위한 관의 관경이 작을수록 화염이 관벽에 냉각되어 연소범위가 좁아진다.

08 상 중 (하)

연소의 4대 요소로 옳은 것은?

① 가연물, 열, 산소, 발열량
② 가연물, 발화온도, 산소, 반응속도
③ 가연물, 열, 산소, 순조로운 연쇄반응
④ 가연물, 산화반응, 발열량, 반응속도

해설 연소의 3요소와 4요소 ─────

구분	연소의 3요소	연소의 4요소
정의	연소가 시작할 수 있는 필수 요소	연소가 지속될 수 있는 필수 요소
연소형태	불꽃 없이 빛만 내며 연소하는 심부화재	불꽃을 내며 연소하는 표면 화재
소화방법	물리적 소화	물리적 소화, 화학적 소화
요소	가연물, 산소공급원, 점화원	가연물, 산소공급원, 점화원, 연쇄반응

암기 가산점

정답 07 ① 08 ③

09 상 중 (하)

다음 원소 중 전기 음성도가 가장 큰 것은?

① F
② Br
③ Cl
④ I

해설 할로겐족 원소 ────────

1) 주기율표 17족 원소 : F, Cl, Br, I
2) 전기음성도(결합력) : F > Cl > Br > I
3) 부촉매효과(소화능력) : F < Cl < Br < I

암기 FC바르셀로나 아이

10 상 (중) 하

인화점이 낮은 것부터 높은 순서로 옳게 나열된 것은?

① 에틸알코올 < 이황화탄소 < 아세톤
② 이황화탄소 < 에틸알코올 < 아세톤
③ 에틸알코올 < 아세톤 < 이황화탄소
④ 이황화탄소 < 아세톤 < 에틸알코올

해설 인화점 ────────

물질	인화점 [℃]
다이에틸에터(디에틸에테르)	−45
가솔린(휘발유)	−43
산화프로필렌	−37
이황화탄소	−30
아세톤	−18
메틸알코올	11
에틸알코올	13
등유	39
경유	41

• 이황화탄소 < 아세톤 < 에틸알코올

암기 인가산이아 / 메에 / 등경

11 상 (중) 하

나이트로셀룰로오스에 대한 설명으로 틀린 것은?

① 질화도가 낮을수록 위험성이 크다.
② 물을 첨가하여 습윤시켜 운반한다.
③ 화약의 원료로 쓰인다.
④ 고체이다.

해설 나이트로셀룰로오스(니트로셀룰로오스) ──────

1) 제5류 위험물로 질산에스터류에 속함
2) 용도 : 다이너마이트 및 화약 원료
3) 저장 : 물이 함유된 알코올로 습면시켜 저장
4) 소화 : 다량 주수에 의한 냉각소화
5) 위험성
   (1) 질화도가 높을수록 위험성이 큼
   (2) 건조된 것은 충격, 마찰 등에 민감하여 발화하기 쉽고 점화되면 폭발함

[나이트로셀룰로오스]

12 (상(중)하)

연기에 의한 감광계수가 0.1 [m⁻¹]일 때 가시거리로 옳은 것은?

① 1 ~ 2 [m]
② 3 [m]
③ 5 [m]
④ 20 ~ 30 [m]

해설 감광계수

감광계수 [m⁻¹]	가시거리 [m]	내용
0.1	20 ~ 30	연기감지기 작동할 때
0.3	5	건물에 익숙한 사람이 피난에 지장을 느낄 때
0.5	3	어두움을 느낄 때
1	1 ~ 2	거의 앞이 보이지 않음
10	0.2 ~ 0.5	최성기 때 연기농도
30	–	출화실에서 연기 분출

13 (상(중)하)

인화점이 낮아 가연성 증기로 존재하는 것을 막기 위하여 물과 함께 저장하는 물질은 무엇인가?

① 무기과산화물
② 마그네슘
③ 이황화탄소
④ 아세톤

해설 이황화탄소

1) 일반적 성질
   (1) 인화점 -30 [℃], 착화점 100 [℃]
   (2) 물보다 무겁고 물에 녹지 않음
2) 위험성
   (1) 휘발성 및 인화성이 강함
   (2) 인체에 대한 독성이 있어 흡입 시 유해함
3) 저장 및 취급방법
   (1) 가연성 증기의 발생 억제를 위해 물속에 저장
   (2) 직사광선을 피하고 용기는 밀봉하여 냉암소에 저장

14 (상(중)하)

건축물에 설치하는 방화구획의 기준에 관한 설명으로 옳지 않은 것은?

① 스프링클러소화설비가 설치된 10층 이하의 층은 바닥면적 3000 [m²] 이내마다 구획한다.
② 10층 이하의 층은 바닥면적 1000 [m²] 이내마다 구획한다.
③ 11층 이상의 층은 바닥면적 600 [m²] 이내마다 구획한다.
④ 벽 및 반자에 실내에 접하는 부분의 마감이 불연재료이고 스프링클러소화설비가 설치된 11층 이상의 층은 1500 [m²] 이내마다 구획한다.

해설 방화구획 설치기준

분류	구획단위
면적별	• 10층 이하의 층 : 바닥면적 1000 [m²] 이내마다 구획할 것 • 11층 이상의 층 : 바닥면적 200 [m²] 이내마다 구획할 것 (벽 및 반자의 실내에 접하는 부분의 마감을 불연재료로 한 경우 : 500 [m²] 이내마다) ※ 스프링클러 기타 이와 유사한 자동식 소화설비를 설치한 경우 : 위 바닥면적의 3배를 기준면적으로 함
층별	매층마다 구획할 것(다만 지하 1층에서 지상으로 직접 연결하는 경사로 부위는 제외한다)

15 (상)(중)하

제1종 분말소화약제에 대해 적응성이 없는 장소로 옳은 것은?

① 전산실

② 전기시설

③ 면화류 창고

④ 경유 저장 탱크

[해설] 분말소화약제 적응성 ──────────

제1종 분말소화약제는 B, C급 화재에 적응성이 있음

① 전산실 → C급 화재(통전 중일 경우)

② 전기시설 → C급 화재(통전 중일 경우)

③ 면화류 창고 → A급 화재

④ 경유 저장 탱크 → B급 화재

> **[보충]** 제1, 2, 4종 분말소화약제의 적응성 : B, C급 화재
> 제3종 분말소화약제의 적응성 : A, B, C급 화재

16 (상)(중)하

에터(에테르)의 공기 중 연소범위를 1.9 ~ 48 [vol%]라고 할 때 이에 대한 설명으로 틀린 것은?

① 공기 중 에터(에테르) 증기가 48 [vol%]를 넘으면 연소한다.

② 연소범위의 상한점이 48 [vol%]이다.

③ 공기 중 에터(에테르) 증기가 1.9 ~ 48 [vol%] 범위에 있을 때 연소한다.

④ 연소범위의 하한점이 1.9 [vol%]이다.

[해설] 다이에틸에터(에터)의 연소범위 ──────────

1) 연소범위

점화원 존재 시 발화나 폭발이 일어날 수 있는 공기 중 가연성 가스의 농도 범위

2) 연소 하한계(LFL)

그 농도 이하에서는 발화원과 접촉하여도 화염 전파가 일어나지 않는 공기 중의 증기 또는 가스의 최소 농도

3) 연소 상한계(UFL)

그 농도 이상에서는 발화원과 접촉하여도 화염 전파가 일어나지 않는 공기 중의 증기 또는 가스의 최고 농도

⇒ 공기 중 에터(에테르) 증기가 48 [vol%]를 넘으면 연소가 일어나지 않는다.

17 (상)(중)(하)

건물의 주요구조부가 아닌 것은?

① 최하층 바닥   ② 지붕틀

③ 내력벽   ④ 주계단

[해설] 건물의 주요구조부 ──────────

1) 바닥(최하층 바닥 제외)

2) 보(작은 보 제외)

3) 지붕틀(차양 제외)

4) 내력벽(비내력벽 제외)

5) 주계단(옥외계단 제외)

6) 기둥(사잇기둥 제외)

> **[암기]** 바보지내주기

18 상 중 **하**

다음 중 소화효과가 아닌 것은?

① 활성화효과

② 냉각소화효과

③ 질식소화효과

④ 제거소화효과

해설 소화의 형태

소화	내용
냉각소화	열 흡수, 발화점 이하로 낮추어 소화
질식소화	산소농도 15 [%] 이하로 낮춤
제거소화	가연물을 차단, 격리
억제소화	연쇄반응을 차단, 부촉매소화

보충 ▶ 물리적 소화 : 냉각, 질식, 제거

화학적 소화 : 억제소화(부촉매소화)

19 상 **중** 하

구획실 화재에서 화재의 최성기에 돌입하기 전에 가연성 물질의 표면온도가 상승되어, 다량의 열분해 가스가 발생된다. 이때 복사열에 의해 동시에 가연성 가스가 연소되면서 구획실 내의 모든 가연물이 동시에 발화하는 현상은?

① 패닉(Panic)현상

② 스택(Stack)현상

③ 화이어 볼(Fire Ball)현상

④ 플래시 오버(Flash Over)현상

해설 실내화재 발생현상

1) 플래시 오버

• 온도가 급격히 상승하여 화재가 순간적으로 실내 전체에 확산되는 현상

• 발생 시기 : 성장기 ~ 최성기 직전

2) 백드래프트

• 훈소 상태일 때 신선한 공기 유입으로 실내의 축적된 가스가 단시간 연소, 폭발하여 실외로 분출

• 발생 시기 : 감쇄기(최성기 이후)

20 상 **중** 하

다음 중 인화점이 가장 낮은 물질은?

① 메틸에틸케톤

② 벤젠

③ 에탄올

④ 다이에틸에터

해설 인화점

물질	인화점 [℃]
다이에틸에터(디에틸에테르)	-45
가솔린(휘발유)	-43
산화프로필렌	-37
이황화탄소	-30
아세톤	-18
벤젠	-11
메틸에틸케톤	-1
메틸알코올	11
에틸알코올(에탄올)	13
등유	39
경유	41

암기 ▶ 인가산이아 / 메에 / 등경

정답 18 ① 19 ④ 20 ④

2023년 4회

소방전기일반

| 목표시간 : 30분 | 시작 : _시 _분 | 종료 : _시 _분 | 맞은 개수 : _ /20 |

21 (상 중 하)

어떤 전압계의 측정 범위를 12배로 하려고 할 때 배율기의 저항은 전압계 내부저항의 몇 배로 해야 하는가?

① 9
② 10
③ 11
④ 12

해설 배율기 ─────────────

- 분류기 : 전류의 측정범위를 확대하기 위해 전류계와 병렬로 접속
- 배율기 : 전압계의 측정 범위를 확대하기 위해 전압계와 직렬로 접속

$$V = m V_0 = (1 + \frac{R_m}{R_v}) V_0$$

$$m = (1 + \frac{R_m}{R_v}) = 12$$

$$\frac{R_m}{R_v} = 11, \quad R_m = 11 R_v$$

R_m : 배율기저항 [Ω]
R_v : 내부저항 [Ω]
V : 최대전압 [V]
V_0 : 최고 눈금 [V]

22 (상 중 하)

한 변의 길이가 40 [cm]인 정사각형회로에 4.4 [A]의 전류가 흐를 때 회로 중심에서의 자계의 세기는 약 몇 [AT/m]인가?

① 5
② 6
③ 8
④ 9.9

해설 정방형회로 자계의 세기 ─────────────

$$H = \frac{2\sqrt{2} I}{\pi \ell}$$

$$= \frac{2\sqrt{2} \times 4.4}{\pi \times 0.4} ≒ 9.9 \text{ [AT/m]}$$

1) 정삼각형

ℓ [m]

$$H = \frac{9}{2} \frac{I}{\pi l}$$

2) 정사각형(정방형)

ℓ [m]

$$H = 2\sqrt{2} \frac{I}{\pi l}$$

3) 정육각형

ℓ [m]

$$H = \sqrt{3} \frac{I}{\pi l}$$

I : 전류 [A]
l : 한 변의 길이 [m]
H : 자계의 세기 [AT/m]

23 (상)(중)하

반지름이 a인 원형코일에 전류를 흘려주었을 때 코일 중심에서 자계(자기장)의 세기 [AT/m]는 a와 어떤 관계가 있는가?

① 1배
② a
③ a^2
④ 1/a

해설 원형코일중심의 자계세기(H)

$$H = \frac{NI}{2r}$$

H : 자기장의 세기 [AT/m]
r : 반지름 [m]
I : 전류 [A]

24 (상)(중)하

단상전력을 간접적으로 측정하기 위해 3전압계법을 사용하는 경우 단상 교류전력 P [W]는? (단, V_3 : 220.8 [V], V_2 : 220 [V], V_1 : 1 [V], R : 0.1 [Ω]이다)

① 1600
② 1700
③ 1760
④ 1850

해설 3전압계법

$$P = \frac{1}{2R}(V_3^2 - V_2^2 - V_1^2)$$

$$= \frac{1}{2 \times 0.1}(220.8^2 - 220^2 - 1^2)$$

TIP 3전류계법 : $P = \frac{R}{2}(I_3^2 - I_2^2 - I_1^2)$

P : 유효전력 [W]
R : 저항 [Ω]

25 (상)(중)하

테브난의 정리를 이용하여 그림 (a)의 회로를 그림 (b)와 같은 등가회로로 만들고자 할 때 V_{th} [V]와 R_{th} [Ω]은?

(a)　　　　　　　(b)

① 5 [V], 2 [Ω]
② 5 [V], 3 [Ω]
③ 6 [V], 2 [Ω]
④ 6 [V], 3 [Ω]

해설 테브난의 정리

• a와 b에서 전원 측을 본 임피던스(전압원단락)

$$R_0 = R_3 + \frac{R_1 R_2}{R_1 + R_2}$$

$$R_{th} = 2.4 + \frac{1.2 \times 1.2}{1.2 + 1.2} = 3 [Ω]$$

• a와 b 개방 상태에서 a와 b에 걸리는 전압

$$V_{R_1} = \frac{R_1}{R_1 + R_2} V_0$$

$$V_{th} = \frac{1.2}{1.2 + 1.2} \times 10 = 5 [V]$$

26 (상)(중)하

용량 0.02 [μF] 콘덴서 2개와 용량 0.01 [μF] 콘덴서 1개를 병렬로 접속하여 24 [V]의 전압을 가하였다. 합성용량은 몇 [μF]이며, 0.01 [μF] 콘덴서에 축적되는 전하량은 몇 [C]인가?

① 0.05, 0.12×10^{-6}
② 0.05, 0.24×10^{-6}
③ 0.03, 0.12×10^{-6}
④ 0.03, 0.24×10^{-6}

해설 정전용량과 전하량 계산 ─────

$C_{병렬} = C_1 + C_2 + C_3$
$\qquad = 0.02 + 0.02 + 0.01 = 0.05 \, [\mu F]$

$Q_{0.01\mu F} = CV$
$\qquad = 0.01 \times 10^{-6} \times 24$
$\qquad = 0.24 \times 10^{-6} \, [C]$

$C_{병렬}$: 병렬접속 시 합성정전용량
$Q_{0.01\mu F}$: 0.01 [μF]에 축적되는 전하량

27 상⑧하

평형 3상 부하의 선간전압이 200 [V], 전류가 10 [A], 역률이 70.7 [%]일 때 무효전력은 약 몇 [Var]인가?

① 2880
② 2450
③ 2000
④ 1410

해설 무효전력 계산 ─────

- 피상전력 $P_a = \sqrt{P^2 + P_r^2} \, [VA]$
- $\sqrt{3} \, VI = \sqrt{(\sqrt{3} \, VI\cos\theta)^2 + P_r^2}$
- $\sqrt{3} \times 200 \times 10$
  $= \sqrt{(\sqrt{3} \times 200 \times 10 \times 0.707)^2 + P_r^2}$
- $\therefore \; P_r = 2450 \, [Var]$

P : 유효전력 [W]
P_r : 무효전력 [Var]
P_a : 피상전력 [VA]
V : 전압 [V]
I : 전류 [A]

28 상⑧하

회로에서 a, b 간의 합성저항 [Ω]은? (단, R_1 = 4 [Ω], R_2 = 12 [Ω]이다)

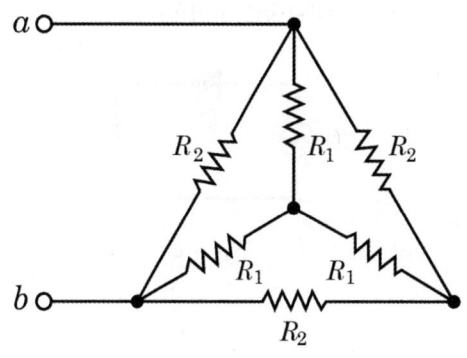

① 3
② 4
③ 5
④ 6

해설 합성저항 계산(R_0) ─────

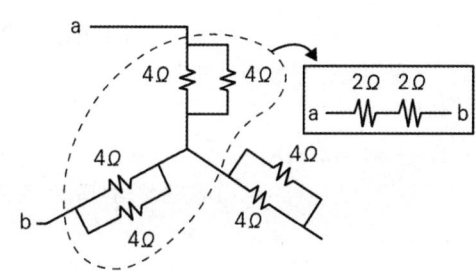

△를 Y로 변환하면 4 [Ω]이 되므로 기존의 4 [Ω]과 병렬로 접속된다. 따라서 합성저항은 4 [Ω](2 + 2)이다.

(병렬접속 $R_0 = \dfrac{R_1 R_2}{R_1 + R_2}$, 직렬접속 $R_0 = R_1 + R_2$)

29 (상)(중)하

그림의 단상 반파 정류회로에서 R에 흐르는 전류의 평균값은 약 몇 [A]인가? (단, $v(t) = 220\sqrt{2}\sin\omega t$ [V], R = 26 [Ω], 다이오드의 전압강하는 무시한다)

① 3.2   ② 3.8

③ 4.4   ④ 5.2

해설 단상 반파회로 ———

• 교류회로의 정(+) 또는 부(-)의 한쪽만 정류하므로 반파 정류회로라고 한다.

• $I = \dfrac{V}{R} = \dfrac{220}{26} \fallingdotseq 8.46$ [A]

V : 실횻값 = 220 [V]

• 다이오드 1개 연결한 단상 반파회로

• $I_m = 0.45I$

$\qquad = 0.45 \times 8.46 \fallingdotseq 3.8$ [A]

I_m : 단상 반파회로 직류전류

30 (상)(중)하

다음 블록선도의 전달함수 C(s)/R(s)는?

① $\dfrac{6}{23}$ ② $\dfrac{6}{17}$

③ $\dfrac{6}{15}$ ④ $\dfrac{6}{11}$

해설 전달함수 ———

$G = \dfrac{C}{R} = \dfrac{\text{전향경로이득}}{1 - loop}$

$\qquad = \dfrac{1 \times 2 \times 3}{1 + (1 \times 2 \times 2) + (2 \times 3 \times 1)} = \dfrac{6}{11}$

신유형! 31 (상)중 하

다음 중 변압기 기본시험 종류에 해당하지 않는 것은?

① 무부하시험   ② 단락시험

③ 압력시험   ④ 온도시험

해설 변압기시험 ———

• 무부하시험 : 무부하 상태에서 1차에 정격전압을 인가하는 시험

• 단락시험 : 2차를 단락시킨 상태로 1차에 교류전압을 인가하는 시험

• 온도시험 : 변압기 정격운전에서 권선 및 절연물의 온도상승이 규정된 한도 내에 있는지를 검증하는 시험

신유형! 32 (상)중 하

인버터회로에 대한 설명으로 옳지 않은 것은?

① 직류전력을 교류전력으로 변환하는 장치를 인버터라고 한다.

② 전류형 인버터와 전압형 인버터로 구분할 수 있다.

③ 전류방식에 따라서 타려식과 자려식으로 구분할 수 있다.

④ 인버터의 부하장치에는 직류직권전동기를 사용할 수 있다.

해설 **인버터회로의 특징**

- 직류전력을 교류전력으로 변환
- 구분 : 전류형과 전압형
- 전류방식 구분 : 타려식과 자려식
- 인버터의 부하장치 : 동기전동기, 3상유도전동기

보충 교류전력일 직류전력으로 변환하는 장치는 컨버터이다.

33 상(중)하

50 [Hz]의 주파수에서 유도성 리액턴스가 4 [Ω]인 인덕터와 용량성 리액턴스가 1 [Ω]인 커패시터와 4 [Ω]의 저항이 모두 직렬로 연결되어 있다. 이 회로에 100 [V], 50 [Hz]의 교류전압을 인가했을 때 무효전력 [Var]은?

① 1000
② 1200
③ 1400
④ 1600

해설 **무효전력**

$$Z = R + jX = R + j(X_L - X_c)$$
$$= 4 + j(4-1) = 4 + j3 \, [\Omega]$$
$$|Z| = \sqrt{4^2 + 3^2} = 5 \, [\Omega], \quad X = 3 \, [\Omega]$$
$$I = \frac{V}{Z} = \frac{100}{5} [A] = 20 [A]$$
$$P_r = I^2 X = 20^2 \times 3 = 1200 \, [Var]$$

X_L : 유도 리액턴스 [Ω]

X_C : 용량 리액턴스 [Ω]

무효전력 $P_r = VI\sin\theta = I^2 X$ [Var]

피상전력 $P_a = VI = I^2 Z$ [VA]

유효전력 $P = VI\cos\theta = I^2 R$ [W]

34 상(중)하

다음 무접점회로의 논리식(X)은?

① $A + B$
② $A \times B$
③ $\overline{AB}$
④ $\overline{A + B}$

해설 **무접점회로**

명칭, 논리기호
AND회로($A \times B, \, A \cdot B$)
OR회로($A + B$)
NOT회로(반전)
NAND회로(NOT + AND)
NOR회로(NOT + OR)
XOR회로

정답 33 ② 34 ①

35 (상)(중)(하)

다음의 시퀀스회로를 논리식으로 표현하시오.

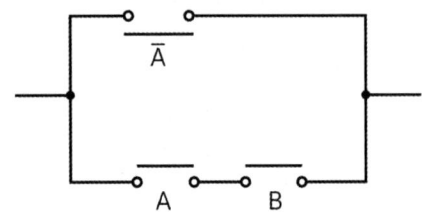

① $\overline{A} + \overline{B}$ ② $\overline{A} + B$

③ B ④ $A + B$

 논리식

유접점
AND회로 $(A \times B, \ A \cdot B)$
OR회로 $(A + B)$
NOT회로(반전)
NAND회로(NOT + AND)

유접점
NOR회로(NOT + OR)
XOR회로

36 (상)(중)(하)

정현파 교류전압 e₁(t)과 e₂(t)의 합(e₁(t) + e₂(t))은 몇 [V] 인가?

$$e_1(t) = 10\sqrt{2} \sin\left(\omega t + \frac{\pi}{3}\right) [V]$$
$$e_2(t) = 20\sqrt{2} \cos\left(\omega t - \frac{\pi}{6}\right) [V]$$

① $30\sqrt{2} \sin\left(\omega t + \dfrac{\pi}{3}\right)$

② $30\sqrt{2} \sin\left(\omega t - \dfrac{\pi}{3}\right)$

③ $10\sqrt{2} \sin\left(\omega t + \dfrac{2\pi}{3}\right)$

④ $10\sqrt{2} \sin\left(\omega t - \dfrac{2\pi}{3}\right)$

해설 $\sin\theta$, $\cos\theta$ 계산 ─────────────

- $e_2 = 20\sqrt{2}\cos\left(\omega t - \dfrac{\pi}{6}\right)$

  $= 20\sqrt{2}\sin\left(\omega t - \dfrac{\pi}{6} + \dfrac{\pi}{2}\right)$

  $= 20\sqrt{2}\sin\left(\omega t + \dfrac{\pi}{3}\right)$

- $e_1 + e_2 = 10\sqrt{2}\sin\left(\omega t + \dfrac{\pi}{3}\right) + 20\sqrt{2}\sin\left(\omega t + \dfrac{\pi}{3}\right)$

  $= 30\sqrt{2}\sin\left(\omega t + \dfrac{\pi}{3}\right)$

37 (상 중 하)

제어요소는 무엇으로 구성되어 있는지 고르시오.

① 제어부, 검출부

② 조절부, 제어부

③ 조절부, 조작부

④ 조절부, 검출부

해설 용어 ─────────────

용어	설명
목푯값	제어량이 어떤 값을 갖도록 목표를 설정하여 외부에서 주어지는 신호
기준입력요소 (장치)	목푯값을 제어할 수 있는 기준입력신호로 변환하는 장치
기준입력 (신호)	제어계를 동작시키는 기준(목푯값에 비례)
동작신호	기준입력신호와 주궤환신호의 편차신호(제어동작을 일으키는 신호)
제어요소	조절부와 조작부로 구성, 동작신호를 조작량으로 변환시키는 요소
조작량	제어요소가 제어대상에 주는 양
제어량	제어대상이 속하는 양
검출부	제어대상으로부터 제어량을 검출하고, 기준입력신호와 비교하는 부분

38 (상 중 하)

회로에서 a와 b 사이에 나타나는 전압 V_{ab} [V]는?

① 20

② 23

③ 26

④ 28

해설 밀만의 정리 ─────────────

$$V = IZ = \dfrac{I}{Y} = \dfrac{\dfrac{10}{20} + \dfrac{30}{5}}{\dfrac{1}{20} + \dfrac{1}{5}} = 26\,[V]$$

옴의법칙 $V = IR$에서, $I = \dfrac{V}{R}$

V : 전압 [V]

I : 전류 [A]

R : 저항 [Ω]

Y : 저항의 역수

39 (상 중 하)

공기 중에 10 [μC]과 20 [μC]인 두 개의 점전하를 1 [m] 간격으로 놓았을 때 발생되는 정전기력은 몇 [N]인가?

① 1.2

② 1.8

③ 2.4

④ 3.0

해설 정전기력(F) 계산 ────────────

$$F = 9 \times 10^9 \times \frac{Q_1 Q_2}{r^2}$$

$$= 9 \times 10^9 \times \frac{10 \times 10^{-6} \times 20 \times 10^{-6}}{1^2}$$

$$= 1.8 \, [N]$$

F : 정전기력 [N]
Q : 전하량 [C]
r : 거리 [m]

40 상⑧하

두 개의 코일 L_1과 L_2를 동일방향으로 직렬로 접속하였을 때 합성인덕턴스가 140 [mH]이고, 반대방향으로 접속하였더니 합성인덕턴스가 20 [mH]이었다. 이때 $L_1 = L_2 = 40$ [mH]이면 결합계수 K는?

① 0.38 ② 0.5
③ 0.75 ④ 1.3

해설 결합계수 ────────────

1) 가동접속 $L_1 + L_2 + 2M = 140$
2) 차동접속 $L_1 + L_2 - 2M = 20$
3) $L_1 + L_2 + 2M = 140$
   $-\, \lfloor L_1 + L_2 - 2M = 20$
   $\quad\quad 4M = 120, \; M = 30$
4) 결합계수
   상호인덕턴스 $M = K\sqrt{L_1 L_2}$

$$K = \frac{M}{\sqrt{L_1 L_2}} = \frac{30}{\sqrt{40 \times 40}}$$

$$K = 0.75$$

M : 상호인덕턴스
k : 결합계수
L : 자기인덕턴스

| 목표시간 : 20분 | 시작 : _시 _분 | 종료 : _시 _분 | 맞은 개수 : _/20 |

41 (상 중 하)

위험물안전관리법령상 자동화재탐지설비를 설치해야 하는 사항으로 틀린 것을 고르시오.

① 연면적이 500 [m²] 이상인 제조소 및 일반취급소
② 지정수량의 100배 이상을 저장 또는 취급하는 옥내저장소(고인화점 위험물만을 저장 또는 취급하는 것은 제외한다)
③ 옥내주유취급소
④ 특수인화물, 제1석유류 및 알코올류를 저장 또는 취급하는 옥외탱크저장소의 탱크 용량이 3000만 리터 이상인 것

해설 경보설비 설치기준 ────

1) 제조소등별 설치해야 하는 경보설비

특정소방대상물	소방시설
• 연면적 500 [m²] 이상 • 옥내에서 지정수량 100배 이상 취급	• 자동화재탐지설비
• 지정수량 10배 이상 저장 또는 취급 (이동탱크저장소 제외)	• 자동화재탐지설비 • 비상경보설비 • 비상방송설비 • 확성장치 중 1종 이상

2) 자동신호장치 갖춘 스프링클러설비 또는 물분무등소화설비 설치한 제조소등은 자동화재탐지설비 설치한 것으로 봄
3) 자동화재탐지설비·자동화재속보설비·비상경보설비(비상벨장치 또는 경종 포함)·확성장치(휴대용 확성기 포함) 및 비상방송설비로 구분

신유형! 42 (상 중 하)

위험물안전관리법령상 시·도지사가 한국소방산업기술원에 위탁하는 사항이 아닌 것은?

① 용량이 100만 리터 이상인 액체위험물을 저장하는 탱크
② 암반탱크
③ 저장용량이 10만 리터인 옥외탱크저장소 또는 암반탱크저장소의 설치 또는 변경에 따른 완공검사
④ 지정수량의 1천 배 이상의 위험물을 취급하는 제조소 또는 일반취급소의 설치 또는 변경에 따른 완공검사

해설 기술원에 위탁하는 업무 ────

1) 탱크안전성능검사
 (1) 용량 1000000 [L] 이상인 액체위험물 저장탱크
 (2) 암반탱크
 (3) 지하탱크저장소 위험물탱크 중 행정안전부령으로 정하는 액체위험물탱크
2) 완공검사
 (1) 지정수량 1000배 이상의 위험물을 취급하는 제조소 또는 일반취급소의 설치·변경에 따른 완공검사
 (2) 옥외탱크저장소(저장용량 500000 [L]) 또는 암반탱크저장소의 설치·변경에 따른 완공검사
3) 운반용기검사

43 (상중하)

다음 소방시설 중 소방시설공사업법령상 하자보수 보증기간이 틀리게 연결된 것을 고르시오.

① 유도등 – 2년
② 무선통신보조설비 – 3년
③ 자동화재탐지설비 – 3년
④ 자동소화장치 – 3년

해설 소방시설 하자보수 보증기간

소방시설	기간
• 피난기구 · 유도등 • 비상경보설비 • 비상조명등 • 비상방송설비 • 무선통신보조설비	2년
• 자동소화장치 • 옥내 · 외소화전설비 • 스프링클러 · 간이스프링클러설비 • 물분무등소화설비 • 자동화재탐지설비 • 상수도소화용수설비 • 화재알림설비	3년

암기 이년 피비무

44 (상중하) 신유형!

소방시설공사업법령상 소방시설공사업을 등록하려는 자는 금융회사 또는 소방산업공제조합이 자본금 기준금액의 100분의 20 이상에 해당하는 금액의 담보를 제공받거나 현금의 예치 또는 출자를 받은 사실을 증명하여 발행하는 확인서를 제출해야 한다. 이때 누가 지정하는 금융회사인지 고르시오.

① 시 · 도지사
② 소방청장
③ 소방대장
④ 소방본부장

해설 소방시설공사업 등록

소방시설공사업의 등록을 하려는 자는 소방청장이 지정하는 금융회사 또는 「소방산업의 진흥에 관한 법률」 제23조에 따른 소방산업공제조합이 자본금 기준금액의 100분의 20 이상에 해당하는 금액의 담보를 제공받거나 현금의 예치 또는 출자를 받은 사실을 증명하여 발행하는 확인서를 특별시장 · 광역시장 · 특별자치시장 · 도지사 또는 특별자치도지사(이하 "시 · 도지사"라 한다)에게 제출하여야 한다.

45 (상)중 하

소방시설 설치 및 관리에 관한 법령상 소방시설관리업의 등록기준이 미달하게 된 경우, 2차 위반했을 때 행정처분 기준으로 알맞은 것을 고르시오.

① 경고
② 영업정지 3개월
③ 영업정지 6개월
④ 등록취소

해설 소방시설관리업 행정처분기준

위반사항	행정처분기준		
	1차 위반	2차 위반	3차 이상 위반
1) 거짓이나 그 밖의 부정한 방법으로 등록을 한 경우	등록취소		
2) 점검을 하지 않거나 거짓으로 한 경우	–		
가) 점검을 하지 않은 경우	영업정지 1개월	영업정지 3개월	등록취소
나) 거짓으로 점검한 경우	경고 (시정명령)	영업정지 3개월	등록취소
3) 등록기준에 미달하게 된 경우.	경고 (시정명령)	영업정지 3개월	등록취소
4) 등록의 결격사유에 해당하게 된 경우	등록취소		
5) 등록증 또는 등록수첩을 빌려준 경우	등록취소		
6) 점검능력 평가를 받지 않고 자체점검을 한 경우	영업정지 1개월	영업정지 3개월	등록취소

46 (상)(중)하

소방용품의 형식승인 받지 아니하고 제조·수입 또는 거짓이나 그 밖의 부정한 방법으로 형식승인을 받은 자의 벌칙으로 맞는 것은?

① 3년 이하의 징역 또는 3000만 원 이하의 벌금
② 2년 이하의 징역 또는 1500만 원 이하의 벌금
③ 1년 이하의 징역 또는 1000만 원 이하의 벌금
④ 1년 이하의 징역 또는 500만 원 이하의 벌금

해설 3년 3000만 원의 벌칙

1) 조치명령 위반사항에 대한 명령을 정당한 사유 없이 위반
2) 관리업 등록을 하지 않고 영업을 한 자
3) 소방용품 형식승인 받지 아니하고 제조·수입 또는 거짓이나 그 밖의 부정한 방법으로 형식승인을 받은 자
4) 제품검사를 받지 아니한 자 또는 거짓이나 그 밖의 부정한 방법으로 제품검사를 받은 자
5) 소방용품을 판매·진열하거나 소방시설공사에 사용한 자
6) 거짓이나 그 밖의 부정한 방법으로 성능인증 또는 제품검사를 받은 자
7) 제품검사를 받지 아니하거나 합격표시를 하지 아니한 소방용품을 판매·진열하거나 소방시설공사에 사용한 자
8) 구매자에게 명령을 받은 사실을 알리지 아니하거나 필요한 조치를 하지 아니한 자
9) 거짓이나 그 밖의 부정한 방법으로 전문기관으로 지정을 받은 자

47 (상) (중) (하)

화재의 예방 및 안전관리에 관한 법령상 화재예방강화지구에 해당하지 않는 것은?

① 공장·창고가 밀집한 지역
② 노후·불량건축물이 밀집한 지역
③ 고층 건축물이 밀집한 지역
④ 시장지역

해설 화재예방강화지구 ─────────────

1) 지정권자 : 시·도지사
2) 화재예방강화지구 지정 요청 : 소방청장
3) 화재예방강화지구
　(1) 시장지역
　(2) 공장·창고가 밀집한 지역
　(3) 목조건물이 밀집한 지역
　(4) 노후·불량건축물이 밀집한 지역
　(5) 위험물의 저장 및 처리 시설이 밀집한 지역
　(6) 석유화학제품을 생산하는 공장이 있는 지역
　(7) 산업입지 및 개발에 관한 법률에 따른 산업단지
　(8) 소방시설·소방용수시설·소방출동로가 없는 지역
　(9) 물류단지
　(10) (1) ~ (9)까지 준하는 지역으로서 소방관서장이 화재예방강화지구로 지정할 필요가 있다고 인정하는 지역

48 (상) (중) (하)

소방기본법에서 사용하는 용어의 정의로 틀린 것을 고르시오.

① 소방대상물이란 건축물, 차량, 선박항구에 매어 둔 선박만 해당한다), 선박 건조 구조물, 산림, 그 밖의 인공구조물 또는 물건을 말한다.
② 관계지역이란 소방대상물이 있는 장소 및 그 이웃 지역으로서 화재의 예방·경계·진압, 구조·구급 등의 활동에 필요한 지역을 말한다.
③ 관계인이란 소방대상물의 소유자·관리자 또는 참여자를 말한다.
④ 소방대장이란 소방본부장 또는 소방서장 등 화재, 재난·재해, 그 밖의 위급한 상황이 발생한 현장에서 소방대를 지휘하는 사람을 말한다.

해설 소방용어 정의 ─────────────

1) 소방대상물
　(1) 건축물
　(2) 차량
　(3) 선박(항구에 매어 둔 것)
　(4) 산림, 그 밖의 인공구조물 또는 물건
2) 관계지역
　소방대상물이 있는 장소 및 그 이웃 지역으로 화재의 예방·경계·진압, 구조·구급 등의 활동에 필요한 지역
3) 관계인
　소방대상물의 소유자·관리자·점유자
4) 소방대
　화재 진압 및 화재, 재난·재해, 그 밖의 위급한 상황에서 구조·구급 활동
　(1) 소방공무원
　(2) 의무소방원
　(3) 의용소방대원　　　　　　　　　**암기** ▶ 공무용
5) 소방본부장
　특별시·광역시·특별자치시·도 또는 특별자치도(이하 "시·도"라 한다)에서 화재의 예방·경계·진압·조사 및 구조·구급 등의 업무를 담당하는 부서의 장
6) 소방대장
　소방본부장 또는 소방서장 등 화재, 재난·재해, 그 밖의 위급한 상황이 발생한 현장에서 소방대를 지휘하는 사람

49 (상⑨하)

소방기본법령상 소방신호의 종류로 틀린 것을 고르시오.

① 경보신호

② 발화신호

③ 해제신호

④ 훈련신호

해설 소방신호 ─────────

1) 종류
　(1) 경계신호 : 화재예방상 필요하다고 인정되거나 화재위
　　 험경보 시 발령
　(2) 발화신호 : 화재가 발생한 때 발령
　(3) 해제신호 : 소화활동이 필요 없다고 인정되는 때 발령
　(4) 훈련신호 : 훈련상 필요하다고 인정되는 때 발령

2) 방법

종별	타종신호	사이렌신호
경계신호	1타, 연 2타 반복	5초 간격 30초씩 3회
발화신호	난타	5초 간격 5초씩 3회
해제신호	상당한 간격 1타씩 반복	1분간 1회
훈련신호	연 3타 반복	10초 간격 1분씩 3회

50 (상⑨하)

소방기본법령상 국고보조 대상사업에 해당하지 않는 것을 고르시오.

① 소방전용통신설비

② 소방관서용 청사의 건축

③ 소방헬리콥터 및 소방정

④ 사무용 집기

해설 소방장비 등에 대한 국고보조 ─────────

1) 국고보조
　(1) 국가는 시·도 소방장비구입 등의 경비를 일부 보조함
　(2) 국가보조 대상사업의 범위와 기준 보조율 : 대통령령인
　　 「보조금관리에 관한 법률 시행령」
　(3) 소방활동장비 및 설비의 종류와 규격 : 행정안전부령

2) 국고보조 대상사업의 범위
　(1) 소방활동장비와 설비의 구입 및 설치
　　 ① 소방자동차
　　 ② 소방헬리콥터 및 소방정
　　 ③ 소방전용통신설비 및 전산설비
　　 ④ 그 밖에 방화복 등 소방활동에 필요한 소방장비
　(2) 소방관서용 청사의 건축

51 (상⑨하)

소방시설 설치 및 관리에 관한 법령상 간이스프링클러설비의 설치기준으로 틀린 것을 고르시오.

① 조산원 및 산후조리원으로서 연면적 600 [m²] 미만인 시설

② 종합병원 및 요양병원으로 사용되는 바닥면적의 합계가 600 [m²] 미만인 시설

③ 정신의료기관 또는 의료재활시설로 사용되는 바닥면적의 합계가 300 [m²] 이상 600 [m²] 미만인 시설

④ 정신의료기관 또는 의료재활시설로 사용되는 바닥면적의 합계가 300 [m²] 이상이고 창살이 설치된 시설

해설 간이스프링클러설비 설치대상 ─────

설치대상	기준
근린생활시설	• 바닥면적 합계 1000 [m²] 이상인 것은 모든 층 • 의원, 치과의원, 한의원으로서 입원실이 있는 것 • 조산원 및 산후조리원 연면적 600 [m²] 미만 시설
교육시설 내 합숙소	연면적 100 [m²] 이상인 경우에는 모든 층
의료시설(종합병원, 병원, 치과병원, 요양병원)	바닥면적 합계 600 [m²] 미만
• 정신의료기관, 의료재활시설 • 노유자시설	• 바닥면적 합계 300 [m²] 이상 600 [m²] 미만 • 바닥면적 합계 300 [m²] 미만, 창살*) 설치
복합건축물	연면적 1000 [m²] 이상 전 층
연립주택 및 다세대주택	–
숙박시설	바닥면적 합계 300 [m²] 이상 600 [m²] 미만

보충 ▶ *) 창살 : 철재·플라스틱·목재 등으로 사람의 탈출을 막기 위하여 설치하는 것을 말하며, 화재 시 자동으로 열리는 구조로 되어 있는 창살을 제외함

52 상 中 하

소방시설 설치 및 관리에 관한 법령상 운수시설에 해당하지 않는 것을 고르시오.

① 여객자동차터미널
② 공항시설
③ 철도 및 도시철도시설
④ 하역장

해설 운수시설 ─────

여객자동차터미널, 철도 및 도시철도 시설(정비창 포함), 공항시설(항공관제탑 포함), 항만시설 및 종합여객시설
※ 하역장 : 창고시설

53 상 中 하

위험물안전관리법령상 위험물을 취급하는 건축물에는 환기설비를 설치해야 하는데, 이때 급기구가 설치된 실의 바닥면적이 100 [m²]이라면 급기구의 면적은 얼마 이상인지 고르시오.

① 150 [cm²]
② 300 [cm²]
③ 450 [cm²]
④ 600 [cm²]

해설 급기구의 면적 ─────

1) 급기구가 설치된 실의 바닥면적 : 150 [m²]마다 1개 이상
2) 급기구 크기 : 800 [cm²] 이상
3) 바닥면적 150 [m²] 미만인 경우

바닥면적	급기구 크기
60 [m²] 미만	150 [cm²] 이상
60 [m²] 이상 90 [m²] 미만	300 [cm²] 이상
90 [m²] 이상 120 [m²] 미만	450 [cm²] 이상
120 [m²] 이상 150 [m²] 미만	600 [cm²] 이상

54 상 中 하

위험물안전관리법령상 위험물의 지정수량이 500 [kg]인 것끼리 연결된 것을 고르시오.

① 황화인 - 마그네슘 - 철분
② 인화성 고체 - 적린 - 황
③ 황화인 - 철분 - 금속분
④ 마그네슘 - 철분 - 금속분

해설 제2류 위험물 지정수량

위험물	지정수량
황화인	
적린	100 [kg]
황	
마그네슘	
철분	500 [kg]
금속분	
인화성 고체	1000 [kg]

암기 황화적황 마철금 인고

55 상⑤하

소방시설공사업법령상 소방시설공사업을 등록한 자는 소방시설공사의 착공 전까지 소방본부장 또는 소방서장에게 신고를 해야 한다. 착공신고 대상으로 알맞지 않는 것을 고르시오.

① 옥내소화전설비(호스릴옥내소화전설비를 포함한다)의 신설
② 자동화재탐지설비의 신설
③ 무선통신보조설비(소방용 외의 용도와 겸용되는 무선통신보조설비를 정보통신공사업자가 공사하는 경우)의 신설
④ 연결송수관설비의 신설

해설 착공신고 대상

특정소방대상물에 다음의 설비를 신설(제조소등 또는 다중이용업소 제외)

1) 옥내소화전설비(호스릴옥내소화전설비를 포함), 옥외소화전설비, 스프링클러설비·간이스프링클러설비(캐비닛형 간이스프링클러설비를 포함) 및 화재조기진압용 스프링클러설비, 물분무소화설비·포소화설비·이산화탄소소화설비·할론소화설비·할로겐화합물 및 불활성기체소화설비·

미분무소화설비·강화액소화설비 및 분말소화설비, 연결송수관설비, 연결살수설비, 제연설비, 소화용수설비, 연소방지설비
2) 자동화재탐지, 비상경보, 비상방송, 비상콘센트, 무선통신보조설비

56 상⑤하

소방시설공사업법령상 소방공사감리를 실시함에 있어 용도와 구조에서 특별히 안전성과 보안성이 요구되는 소방대상물로서 소방시설물에 대한 감리를 감리업자가 아닌 자가 감리할 수 있는 장소는?

① 정보기관의 청사
② 교도소 등 교정 관련 시설
③ 국방 관계시설 설치장소
④ 원자력안전법상 관계시설이 설치되는 장소

해설 감리업자

1) 감리업자 업무
  (1) 소방시설등 설치계획표 적법성 검토
  (2) 소방시설등 설계도서 적합성 검토
  (3) 소방시설등 설계 변경 사항 적합성 검토
  (4) 소방용품 위치·규격 및 사용 자재 적합성 검토
  (5) 공사업자가 한 소방시설 시공이 설계도서와 화재안전기준에 맞는지 지도·감독
  (6) 완공된 소방시설등의 성능시험
  (7) 공사업자가 작성한 시공 상세도면 적합성 검토
  (8) 피난시설 및 방화시설 적법성 검토
  (9) 실내장식물의 불연화와 방염 물품의 적법성 검토
2) 감리업자가 아닌 자가 감리할 수 있는 보안성 등이 요구되는 소방대상물 시공장소 : 「원자력안전법」에 따른 관계시설이 설치되는 장소
3) 감리업자는 업무를 수행할 때에는 대통령령으로 정하는 감리의 종류 및 대상에 따라 공사기간 동안 소방시설공사 현장에 소속 감리원을 배치하고 업무수행 내용을 감리일지에 기록하는 등 대통령령으로 정하는 감리의 방법에 따라야 한다.

57 (상 **중** 하)

위험물안전관리법령에 따라 위험물안전관리자를 해임하거나 퇴직한 때에는 해임하거나 퇴직한 날부터 며칠 이내에 다시 안전관리자를 선임하여야 하는가?

① 30일 ② 35일
③ 40일 ④ 55일

해설 위험물안전관리자 ──────────

• 안전관리자 선임 : 관계인
• 안전관리자 해임, 퇴직 시 : <u>해임, 퇴직한 날부터 30일 이내 재선임</u>
• 선임신고기간 : 소방본부장·소방서장에게 선임 날부터 14일 이내 신고
• 직무대행기간 : 30일 이내

58 (상 **중** 하)

소방시설 설치 및 관리에 관한 법령상 특정소방대상물 중 오피스텔은 어느 시설에 해당하는가?

① 숙박시설
② 일반업무시설
③ 공동주택
④ 근린생활시설

해설 업무시설 ──────────

1) 공공업무시설 : 국가 또는 지방자치단체의 청사, 외국공관의 건축물
2) <u>일반업무시설 : 금융업소, 사무소, 신문사, 오피스텔</u>
3) 주민자치센터(동사무소), 경찰서, 지구대, 파출소, 소방서, 119안전센터, 우체국, 보건소, 공공도서관, 국민건강보험공단
4) 마을회관, 마을공동작업소, 마을공동구판장
5) 변전소, 양수장, 정수장, 대피소, 공중화장실

59 (상 **중** 하)

소방기본법령상 소방용수시설별 설치기준 중 틀린 것은?

① 급수탑 개폐밸브는 지상에서 1.5 [m] 이상 1.7 [m] 이하의 위치에 설치하도록 할 것
② 소화전은 상수도와 연결하여 지하식 또는 지상식의 구조로 하고, 소방용 호스와 연결하는 소화전의 연결금속구의 구경은 100 [mm]로 할 것
③ 저수조 흡수관의 투입구가 사각형의 경우에는 한 변의 길이가 60 [cm] 이상, 원형의 경우에는 지름이 60 [cm] 이상일 것
④ 저수조는 지면으로부터의 낙차가 4.5 [m] 이하일 것

해설 소방용수시설 설치기준 ──────────

1) 소화전
• 상수도와 연결, 지하식·지상식 구조
• 연결금속구 구경 : 65 [mm]
2) 급수탑
• 급수배관 구경 : 100 [mm] 이상
• <u>개폐밸브 : 지상 1.5 [m] 이상 1.7 [m] 이하</u>
3) 저수조
• 지면으로부터의 낙차 : 4.5 [m] 이하
• 흡수부분 수심 : 0.5 [m] 이상일 것
• 흡수관 투입구 : 사각형 한 변 60 [cm]
　　　　　　　　　원형 지름 60 [cm] 이상

60 ⓢⓩ하

소방시설 설치 및 관리에 관한 법령상 제조 또는 가공 공정에서 방염처리를 한 물품 중 방염대상물품이 아닌 것은?

① 창문에 설치하는 커튼류(블라인드를 포함한다)
② 벽지류(두께가 2 [mm] 미만인 종이벽지 포함)
③ 암막·무대막에 따른 영화상영관에 설치하는 스크린
④ 노래연습장업의 영업장에 설치하는 섬유류 또는 합성
수지류 등을 원료로 하여 제작된 소파·의자

해설 ▶ 방염대상물품

1) 제조·가공 공정에서 방염처리한 물품
　(1) 창문에 설치하는 커튼류(블라인드 포함)
　(2) 카펫
　(3) 벽지류(두께 2 [mm] 미만인 종이벽지 제외)
　(4) 전시용 합판·목재 또는 섬유판, 무대용 합판·목재 또
　　는 섬유판(합판·목재류의 경우 불가피하게 설치 현장
　　에서 방염처리한 것을 포함한다)
　(5) 암막·무대막(영화상영관 스크린, 가상체험체육시설의
　　스크린 포함)
　(6) 섬유류, 합성수지류 등을 원료로 하여 제작된 소파·의
　　자(단란주점영업, 유흥주점, 노래연습장업의 영업장에
　　설치하는 것만 해당)
2) 건축물 내부의 천장이나 벽에 부착하거나 설치하는 것, 다
　만 가구류(옷장·찬장·식탁·식탁용 의자·사무용 책상·
　사무용 의자·계산대 등)와 너비 10 [cm] 이하 반자돌림대
　등과 내부 마감재료는 제외
　(1) 종이류(두께 2 [mm] 이상)·합성수지류·섬유류를 주원
　　료로 한 물품
　(2) 합판, 목재
　(3) 공간 구획하는 간이 칸막이(접이식 등 이동 가능한 벽체
　　나 천장 또는 반자가 실내에 접하는 부분까지 구획하지
　　않는 벽체를 말한다)
　(4) 흡음(吸音)을 위하여 설치하는 흡음재(흡음용 커튼을 포
　　함한다)
　(5) 방음(防音)을 위하여 설치하는 방음재(방음용 커튼을 포
　　함한다)
　　보충 ▶ 시·도지사 : 설치현장 방염처리 합판·목재

2023년 4회
소방전기시설의 구조 및 원리

3회독   월   일
2회독   월   일
1회독   월   일

목표시간 : 30분 | 시작 : _시 _분 | 종료 : _시 _분 | 맞은 개수 : _/20

---

61 (상 중 하)

비상콘센트설비의 화재안전기술기준상 전원회로의 기준으로 알맞은 것을 고르시오. (단, 전원회로란 비상콘센트에 전력을 공급하는 회로를 말한다)

① 단상교류 : 220 [V], 공급용량 : 1.5 [kVA] 이상
② 단상교류 : 220 [V], 공급용량 : 3 [kVA] 이상
③ 단상교류 : 380 [V], 공급용량 : 1.5 [kVA] 이상
④ 단상교류 : 220 [V], 공급용량 : 4.5 [kVA] 이상

해설 비상콘센트설비 전원회로 설치기준

1) 비상콘센트설비의 전원회로는 단상교류 220 [V]인 것으로서, 그 공급용량은 1.5 [kVA] 이상인 것으로 할 것
2) 전원회로는 각 층에 2 이상이 되도록 설치할 것. 다만 설치해야 할 층의 비상콘센트가 1개인 때에는 하나의 회로로 할 수 있다.
3) 전원회로는 주배전반에서 전용회로로 할 것. 다만 다른 설비회로의 사고에 따른 영향을 받지 않도록 되어 있는 것은 그렇지 않다.
4) 전원으로부터 각 층의 비상콘센트에 분기되는 경우에는 분기배선용 차단기를 보호함 안에 설치할 것
5) 콘센트마다 배선용 차단기(KSC 8321)를 설치해야 하며, 충전부가 노출되지 않도록 할 것
6) 개폐기에는 "비상콘센트"라고 표시한 표지를 할 것
7) 비상콘센트용의 풀박스 등은 방청도장을 한 것으로서, 두께 1.6 [mm] 이상의 철판으로 할 것
8) 하나의 전용회로에 설치하는 비상콘센트는 10개 이하로 할 것. 이 경우 전선의 용량은 각 비상콘센트(비상콘센트가 3개 이상인 경우에는 3개)의 공급용량을 합한 용량 이상의 것으로 해야 한다.
9) 비상콘센트의 플러그접속기는 접지형 2극 플러그접속기(KSC 8305)를 사용해야 한다.
10) 비상콘센트의 플러그접속기의 칼받이의 접지극에는 접지공사를 해야 한다.

---

62 (상 중 하)

비상경보설비 및 단독경보형 감지기의 화재안전기술기준에 따라 방송설비를 비상벨설비 또는 자동식 사이렌설비와 연동하여 작동하도록 설치한 경우 어떤 것을 설치하지 않을 수 있는지 고르시오. (단, 방송설비는 비상방송설비의 화재안전기술기준(NFTC 202)에 적합한 것이다)

① 감지기   ② 수신기
③ 지구음향장치   ④ 발신기

해설 비상경보설비

• 비상벨설비 또는 자동식 사이렌설비는 부식성 가스 또는 습기 등으로 인하여 부식의 우려가 없는 장소에 설치해야 한다.
• 지구음향장치는 특정소방대상물의 층마다 설치하되, 해당 층의 각 부분으로부터 하나의 음향장치까지의 수평거리가 25 [m] 이하가 되도록 하고, 해당 층의 각 부분에 유효하게 경보를 발할 수 있도록 설치해야 한다. 다만 「비상방송설비의 화재안전기술기준(NFTC 202)」에 적합한 방송설비를 비상벨설비 또는 자동식 사이렌설비와 연동하여 작동하도록 설치한 경우에는 지구음향장치를 설치하지 않을 수 있다.
• 음향장치는 정격전압의 80 [%] 전압에서도 음향을 발할 수 있도록 해야 한다. 다만 건전지를 주전원으로 사용하는 음향장치는 그렇지 않다.
• 음향장치의 음향의 크기는 부착된 음향장치의 중심으로부터 1 [m] 떨어진 위치에서 음압이 90 [dB] 이상이 되는 것으로 해야 한다.

정답 61 ① 62 ③

63 (상)(중)하

자동화재탐지설비 및 시각경보장치의 화재안전기술기준(NFTC 203)에 따라 부착높이 20 [m] 이상에 설치되는 광전식 중 아날로그방식의 감지기는 공칭감지농도 하한값이 감광율 몇 [%/m] 미만인 것으로 하는가?

① 3　　　　　　　　② 5
③ 7　　　　　　　　④ 10

해설 공칭감지농도 ────────

- 부착높이 20 [m] 이상 : 감광율 5 [%/m] 미만
- 5 [%/m] 미만 : 1 [m] 간격 중 연기에 의한 빛의 감광 정도 5 [%] 미만

64 (상)(중)하

자동화재탐지설비 및 시각경보장치의 화재안전기술기준에 따라 부착높이가 9 [m]인 경우 적응성이 있는 감지기가 아닌 것을 고르시오.

① 차동식 스포트형 감지기
② 차동식 분포형 감지기
③ 이온화식 1종 감지기
④ 불꽃감지기

해설 감지기 적응성 ────────

부착높이	감지기 종류
8 [m] 이상 ~ 15 [m] 미만	• 차동식 분포형 • 이온화식 1종 · 2종 • 광전식 1종 · 2종 • 연기복합형 • 불꽃감지기
15 [m] 이상 ~ 20 [m] 미만	이온화식 1종, 광전식(스포트형, 분리형, 공기흡입형) 1종, 연기복합형, 불꽃감지기
20 [m] 이상	불꽃감지기, 광전식(분리형, 공기흡입형) 중 아날로그방식

암기 ▶ 차분한 이광연 12세 / 이광연 1
*불꽃감지기는 전부 해당

65 (상)(중)하

자동화재탐지설비 및 시각경보장치의 화재안전기술기준(NFTC 203)에 따라 발신기 설치기준으로 틀린 것을 고르시오.

① 조작이 쉬운 장소에 설치하고, 스위치는 바닥으로부터 0.8 [m] 이상 1.5 [m] 이하의 높이에 설치할 것
② 특정소방대상물의 층마다 설치하되, 해당 층의 각 부분으로부터 하나의 발신기까지의 수평거리가 25 [m] 이하가 되도록 할 것
③ 복도 또는 별도로 구획된 실로서 보행거리가 20 [m] 이상일 경우에는 추가로 설치할 것
④ 발신기의 위치를 표시하는 표시등은 함의 상부에 설치하되, 그 불빛은 부착면으로부터 15° 이상의 범위 안에서 부착지점으로부터 10 [m] 이내의 어느 곳에서도 쉽게 식별할 수 있는 적색등으로 할 것

해설 발신기 설치기준 ────────

1) 조작스위치 : 바닥으로부터 0.8 [m] 이상 1.5 [m] 이하 설치
2) 특정소방대상물의 층마다 설치
   (1) 수평거리 : 25 [m] 이하 설치(각 부분부터 하나의 발신기까지의 거리)
   (2) 보행거리 : 40 [m] 이상 경우 추가설치(복도·별도구획된 실)
3) 위치 표시등 : 함 상부 설치
4) 불빛 : 부착면부터 15° 이상의 범위 안, 부착지점부터 10 [m] 이내 어느 곳에서도 쉽게 식별할 수 있는 적색등

66 (상)(중)하

누전경보기의 형식승인 및 제품검사의 기술기준에 따라 정격전압이 몇 [V]를 넘는 기구의 금속제 외함에는 접지단자를 설치해야 하는지 고르시오.

① 50 [V]　　　　　② 60 [V]
③ 100 [V]　　　　④ 220 [V]

해설 누전경보기 ─────────

1) 작동이 확실하고 취급·점검이 쉬워야 하며, 현저한 잡음이나 장해 전파를 발하지 아니하여야 한다(먼지, 습기, 곤충 등에 의하여 기능에 영향 받으면 안 됨).

2) 보수 및 부속품의 교체가 쉬워야 한다(방수형 및 방폭형 제외).

3) 부식에 의하여 기계적 기능에 영향을 초래할 우려가 있는 부분은 칠, 도금 등으로 유효하게 내식가공을 하거나 방청가공을 하여야 하며, 전기적 기능에 영향이 있는 단자, 나사 및 와셔 등은 동합금이나 이와 동등 이상의 내식성능이 있는 재질을 사용하여야 한다.

4) 외함은 불연성 또는 난연성 재질로 만들어져야 하며 다음과 같아야 한다.
   (1) 누전경보기의 외함은 1.0 [mm] 이상
   (2) 직접 벽면에 접하여 벽속에 매립되는 외함의 부분은 1.6 [mm] 이상

5) 기기 내의 배선은 충분한 전류용량을 갖는 것으로 하여야 하며, 배선의 접속이 정확하고 확실하여야 한다.

6) 극성이 있는 경우에는 오접속을 방지하기 위하여 필요한 조치를 하여야 한다.

7) 부품의 부착은 기능에 이상을 일으키지 아니하고 쉽게 풀리지 아니하도록 하여야 한다.

8) 전선 이외의 전류가 흐르는 부분과 가동축 부분의 접촉력이 충분하지 아니한 곳에는 접촉부의 접촉 불량을 방지하기 위한 적당한 조치를 하여야 한다.

9) 외부에서 쉽게 사람이 접촉할 우려가 있는 충전부는 충분히 보호되어야 한다.

10) 정격전압이 60 [V]를 넘는 기구의 금속제 외함에는 접지단자를 설치하여야 한다.

11) 방폭형 누전경보기는 방폭 구조에 적합하여야 한다.

12) 누전경보기의 단자외의 부분은 견고한 상자에 넣어야 한다.

13) 누전경보기의 단자는 전선(접지선을 포함한다)을 쉽게 확실하게 접속할 수 있는 것이어야 한다.

14) 누전경보기의 단자에는 적당한 보호 장치를 하여야 한다.

신유형!
67 (상) 중 하

누전경보기의 형식승인 및 제품검사의 기술기준에 따라 누전경보기 부품의 구조 및 기능에 대한 기준으로 틀린 것을 고르시오.

① 사용전압의 80 [%]인 전압에서 소리를 내어야 한다.

② 사용전압에서의 음압은 무향실내에서 정위치에 부착된 음향장치의 중심으로부터 1 [m] 떨어진 지점에서 누전경보기는 70 [dB] 이상이어야 한다.

③ 정격1차 전압은 100 [V] 이하로 한다.

④ 변압기의 외함에는 접지단자를 설치하여야 한다.

해설 누전경보기 변압기 ─────────

1) 변압기는 KS C 6308(전자기기용 소형전원변압기) 또는 이와 동등 이상의 성능이 있는 것이어야 한다.

2) 정격1차 전압은 300 [V] 이하로 한다.

3) 변압기의 외함에는 접지단자를 설치하여야 한다.

4) 용량은 최대사용전류에 연속하여 견딜 수 있는 크기 이상이어야 한다.

68 (상) 중 (하)

비상방송설비의 화재안전기술기준(NFTC 202)에 따라 비상방송설비에서 기동장치에 따른 화재신고를 수신한 후 필요한 음량으로 화재발생 상황 및 피난에 유효한 방송이 자동으로 개시될 때까지의 소요시간은 몇 초 이하로 하여야 하는가?

① 5   ② 10

③ 15   ④ 20

해설 비상방송설비 음향장치 설치기준 ──────

1) 확성기
   (1) 음성입력 : 실외 3 [W] 이상, 실내 1 [W] 이상
   (2) 수평거리 : 층 각 부분으로부터 하나의 확성기까지의 25 [m] 이하
   (3) 확성기는 각 층마다 설치, 당해 층의 각 부분에 유효하게 경보를 발하도록 설치
2) 음량조정기(ATT) : 음량조정기의 배선은 3선식으로 한다.
3) 층수가 11층(공동주택의 경우에는 16층) 이상의 특정소방대상물은 다음과 같은 경보를 발할 수 있어야 한다.
   (1) 2층 이상의 층에서 발화한 때에는 발화층 및 그 직상 4개 층에 경보
   (2) 1층에서 발화한 때에는 발화층·그 직상 4개 층 및 지하층에 경보
   (3) 지하층에서 발화한 때에는 발화층·그 직상층 및 기타 지하층 경보
5) <u>기동장치에 따른 화재신고를 수신한 후 필요한 음량으로 화재발생 상황 및 피난에 유효한 방송이 자동으로 개시될 때까지의 소요시간은 10초 이하로 할 것</u>
6) 다른 방송설비와 공용할 경우 화재 시 비상경보 외의 방송을 차단할 수 있는 구조
7) 다른 전기회로에 따라 유도장애가 생기지 아니하도록 할 것
8) 음향장치의 구조 및 성능
   (1) 정격전압의 80 [%] 전압에서 음향을 발할 수 있는 것을 할 것
   (2) 자동화재탐지설비의 작동과 연동하여 작동할 수 있는 것으로 할 것

69 (상)(中)(하)

주요구조부를 내화구조로 한 특정소방대상물의 바닥면적이 370 [m²]인 부분에 설치해야 하는 감지기의 최소 수량은? (단, 감지기 부착높이는 바닥으로부터 4.5 [m]이고, 보상식 스포트형 1종을 설치한다)

① 6개　　　　　② 7개
③ 8개　　　　　④ 9개

해설 감지기 최소 수량 ──────

부착 높이 및 소방대상물의 구분		차동식		보상식		정온식		
		1종	2종	1종	2종	특종	1종	2종
4 [m] 미만	내화 구조	90	70	90	70	70	60	20
	기타 구조	50	40	50	40	40	30	15
4 [m] 이상 8 [m] 미만	내화 구조	45	35	45	35	35	30	–
	기타 구조	30	25	30	25	25	15	–

45 [m²]마다 설치하므로

$$\frac{370}{45} = 8.22$$

∴ 9개

보충 ▶ 감지기 설치수량은 계산결과 절상한다.

70 (상)(中)(하)

도로터널의 화재안전성능기준에 따라 비상조명등의 비상전원 용량을 고르시오.

① 30분　　　　　② 40분
③ 60분　　　　　④ 90분

해설 도로터널의 화재안전성능기준(비상조명등) ──────

1) 상시 조명이 소등된 상태에서 비상조명등이 점등되는 경우 터널 안의 차도 및 보도의 바닥면의 조도는 10 [lx] 이상, 그 외 모든 지점의 조도는 1 [lx] 이상이 될 수 있도록 설치할 것
2) 비상조명등의 비상전원은 상용전원이 차단되는 경우 자동으로 비상조명등을 유효하게 60분 이상 작동할 수 있어야 할 것
3) 비상조명등에 내장된 예비전원이나 축전지설비는 상용전원의 공급에 의하여 상시 충전 상태를 유지할 수 있도록 설치할 것

신유형! 71 상(중)하

유도등의 형식승인 및 제품검사의 기술기준에 따라 유도등 외함의 재질로 알맞지 않은 것을 고르시오.

① 방청된 금속판
② 두께 3 [mm] 이상의 내열성 강화유리
③ 스테인레스강
④ 난연재료

해설 유도등 외함의 재질

1) 외함이 금속인 것은 방청된 금속판 또는 내식성(스테인레스강 등) 재질을 사용하여야 한다.
2) 두께 3 [mm] 이상의 강화유리
3) 난연재료 또는 방염성능이 있는 합성수지로서 (90 ± 2) [℃]의 온도에서 7일간 방치하는 경우 열로 인한 변형

신유형! 72 상(중)하

자동화재속보설비의 속보기의 성능인증 및 제품검사의 기술기준에 따라 속보기 예비전원에 실시하는 시험으로 틀린 것을 고르시오.

① 상온 충방전시험
② 주위온도 충방전시험
③ 안전장치시험
④ 상압 충방전시험

해설 속보기 예비전원에 실시하는 시험

1) 상온(常溫) 충방전시험
2) 주위온도 충방전시험
3) 안전장치시험
   예비전원은 1/5 쿨롬 이상 1 쿨롬 이하의 전류로 역충전하는 경우 5시간 이내에 안전장치가 작동하여야 하며, 외관이 부풀어 오르거나 누액 등이 생기지 아니하여야 한다.
4) 제품시험에 합격한 예비전원을 사용하는 경우에는 시험을 생략할 수 있다.

73 상(중)하

가스누설경보기의 화재안전기술기준에 따른 가연성 가스 경보기 설치기준으로 틀린 것을 고르시오.

① 수신부의 조작 스위치는 바닥으로부터의 높이가 0.8 [m] 이상 1.5 [m] 이하인 장소에 설치할 것
② 단독형 경보기는 가스연소기의 중심으로부터 직선거리 4 [m](공기보다 무거운 가스를 사용하는 경우에는 8 [m]) 이내에 1개 이상 설치해야 한다.
③ 단독형 경보기는 천장으로부터 경보기 하단까지의 거리가 0.3 [m] 이하가 되도록 설치한다. 다만 공기보다 무거운 가스를 사용하는 경우에는 바닥면으로부터 단독형 경보기 상단까지의 거리는 0.3 [m] 이하로 한다.
④ 가스누설 경보음향장치는 수신부로부터 1 [m] 떨어진 위치에서 음압이 70 [dB] 이상일 것

해설 가스누설경보기

1) 가스연소기 주위의 경보기의 상태 확인 및 유지 관리에 용이한 위치에 설치할 것
2) 가스누설 음향의 음량과 음색이 다른 기기의 소음 등과 명확히 구별될 것
3) 가스누설 음향장치는 수신부로부터 1 [m] 떨어진 위치에서 음압이 70 [dB] 이상일 것
4) 단독형 경보기는 가스연소기의 중심으로부터 직선거리 8 [m](공기보다 무거운 가스를 사용하는 경우에는 4 [m]) 이내에 1개 이상 설치하여야 한다.
5) 공기보다 가벼운 가스 : 천장부터 경보기 하단까지 0.3 [m] 이하로 설치
6) 공기보다 무거운 가스 : 바닥면부터 경보기 상단까지 0.3 [m] 이하로 설치
7) 경보기가 설치된 장소에는 관계자 등의 비상연락 번호를 기재한 표를 비치할 것

74 (상⟨중⟩하)

다음 괄호 안에 알맞은 답을 고르시오.

> 무선통신보조설비는 (㉠)층 이상인 특정소방대상물로서 (㉡)층 이상인 부분의 모든 층에 설치한다.

① ㉠ 16 ㉡ 11
② ㉠ 16 ㉡ 16
③ ㉠ 30 ㉡ 16
④ ㉠ 30 ㉡ 30

해설 무선통신보조설비 설치

설치대상	기준
30층 이상 특정소방대상물	16층 이상 부분의 모든 층
• 지하층의 바닥면적 합계가 3000 [m²] 이상인 것 • 지하층 층수가 3층 이상이고 지하층의 바닥면적 합계가 1000 [m²] 이상인 것	지하층 전 층
터널	길이 500 [m] 이상
지하상가	연면적 1000 [m²] 이상
공동구	–

75 (상⟨중⟩하)

비상콘센트설비의 화재안전기술기준(NFTC 504)에 따른 비상콘센트설비의 시설기준으로 옳은 것은?

① 하나의 전용회로에 설치하는 비상콘센트는 12개 이하로 할 것
② 전원회로는 단상교류 220 [V]인 것으로서 그 공급용량은 1.0 [kVA] 이상인 것으로 할 것
③ 비상콘센트용의 풀박스 등은 방청도장을 한 것으로서 두께 1.2 [mm] 이상의 철판으로 할 것
④ 전원으로부터 각 층의 비상콘센트에 분기 되는 경우에는 분기배선용 차단기를 보호함 안에 설치할 것

해설 비상콘센트설비 전원회로 설치기준

1) 비상콘센트설비의 전원회로는 단상교류 220 [V]인 것으로서 그 공급용량은 1.5 [kVA] 이상인 것으로 할 것
2) 전원회로는 각 층에 2 이상이 되도록 설치할 것. 다만 설치해야 할 층의 비상콘센트가 1개인 때에는 하나의 회로로 할 수 있다.
3) 전원회로는 주배전반에서 전용회로로 할 것. 다만 다른 설비회로의 사고에 따른 영향을 받지 않도록 되어 있는 것은 그렇지 않다.
4) 전원으로부터 각 층의 비상콘센트에 분기되는 경우에는 분기배선용 차단기를 보호함 안에 설치할 것
5) 콘센트마다 배선용 차단기(KS C 8321)를 설치해야 하며 충전부가 노출되지 않도록 할 것
6) 개폐기에는 "비상콘센트"라고 표시한 표지를 할 것
7) 비상콘센트용의 풀박스 등은 방청도장을 한 것으로서, 두께 1.6 [mm] 이상의 철판으로 할 것
8) 하나의 전용회로에 설치하는 비상콘센트는 10개 이하로 할 것. 이 경우 전선의 용량은 각 비상콘센트(비상콘센트가 3개 이상인 경우에는 3개)의 공급용량을 합한 용량 이상의 것으로 해야 한다.
9) 비상콘센트의 플러그접속기는 접지형 2극 플러그접속기(KS C 8305)를 사용해야 한다.
10) 비상콘센트의 플러그접속기의 칼받이의 접지극에는 접지공사를 해야 한다.

76 (상ⓒ하)

비상조명등의 화재안전기술기준(NFTC 304)에 따라 비상조명등의 비상전원을 설치하는 데 있어서 어떤 특정소방대상물의 경우에는 그 부분에서 피난층에 이르는 부분의 비상조명등을 60분 이상 유효하게 작동시킬 수 있는 용량으로 하여야 한다. 이 특정소방물에 해당하지 않는 것은?

① 무창층인 지하역사
② 무창층인 소매시장
③ 지하층인 관람시설
④ 지하층을 제외한 층수가 11층 이상의 층

해설 비상조명등 설치기준 ─────────────

비상전원은 비상조명등을 20분 이상 유효하게 작동시킬 수 있는 용량으로 할 것. 다만 다음 각 목의 특정소방대상물의 경우에는 그 부분에서 피난층에 이르는 부분의 비상조명등을 60분 이상 유효하게 작동시킬 수 있는 용량으로 해야 한다.
1) 지하층을 제외한 층수가 11층 이상의 층
2) 지하층 또는 무창층으로서 용도가 도매시장·소매시장·여객자동차터미널·지하역사 또는 지하상가

신유형! 77 (상중 하)

소방시설용 비상전원수전설비의 화재안전기술기준에서 큐비클형의 설치기준으로 틀린 것을 고르시오.

① 외함은 건축물의 바닥 등에 견고하게 고정할 것
② 외함은 두께 1.6 [mm] 이상의 강판과 이와 동등 이상의 강도와 내화성능이 있는 것으로 제작해야 하며, 개구부에는 60분+ 방화문, 60분 방화문 또는 30분 방화문으로 설치할 것
③ 전선 인입구 및 인출구에는 금속관 또는 금속제 가요전선관을 쉽게 접속할 수 있도록 할 것
④ 공용큐비클식의 소방회로와 일반회로에 사용되는 배선 및 배선용 기기는 불연재료로 구획할 것

해설 특별고압·고압으로 수전하는 큐비클형 ─────

1) 전용큐비클 또는 공용큐비클식으로 설치할 것
2) <u>외함은 두께 2.3 [mm] 이상의 강판과 이와 동등 이상의 강도와 내화성능이 있는 것으로 제작하여야 하며, 개구부에는 60분+ 방화문 또는 60분 방화문 또는 30분 방화문을 설치할 것</u>
3) 옥외에 설치하는 것에 있어서는 아래의 표시등, 전선인입구·인출구, 환기장치에 해당하는 것은 외함에 노출하여 설치할 수 있다.
   (1) 표시등(불연성·난연성 재료로 덮개 설치한 것)
   (2) 전선의 인입구 및 인출구
   (3) 환기장치
   (4) 전압계(퓨즈 등으로 보호한 것)
   (5) 전류계(변류기의 2차 측에 접속된 것)
   (6) 계기용 전환스위치(불연성 또는 난연성 재료로 제작된 것)
4) 외함은 건축물의 바닥 등에 견고하게 고정할 것
5) 외함에 수납하는 수전설비, 변전설비 그 밖의 기기 및 배선은 다음에 적합하게 설치할 것
   (1) 외함 또는 프레임 등에 경고하게 고정할 것
   (2) 외함의 바닥에서 10 [cm](시험단자, 단자대 등의 충전부는 15 [cm]) 이상의 높이에 설치할 것
6) 전선 인입구 및 인출구에는 금속관 또는 금속제 가요전선관을 쉽게 접속할 수 있도록 할 것
7) 환기장치 다음 기준에 적합하게 설치할 것
   (1) 내부의 온도가 상승하지 않도록 환기장치를 할 것
   (2) 자연환기구의 개부구 면적의 합계는 외함의 한 면에 대하여 당해 면적의 3분의 1 이하로 할 것(이 경우 하나의 통기구의 크기는 직경 10 [mm] 이상의 둥근 막대가 들어가서는 아니 된다)
   (3) 자연환기구에 따라 충분히 환기할 수 없는 경우에는 환기설비를 설치할 것
   (4) 환기구에는 금속망, 방화댐퍼 등으로 방화조치를 하고 옥외에 설치하는 것은 빗물 등이 들어가지 않도록 할 것
8) 공용큐비클식의 소방회로와 일반회로에 사용되는 배선 및 배선용 기기는 불연재료로 구획할 것

78 (상중하)

휴대용 비상조명등의 설치기준 중 틀린 것은?

① 영화상영관에는 보행거리 50 [m] 이내마다 3개 이상
  설치할 것
② 지하상가 및 지하역사에는 보행거리 30 [m] 이내마다
  3개 이상 설치할 것
③ 숙박시설 또는 다중이용업소에는 객실 또는 영업장 안
  의 구획된 실마다 잘 보이는 곳에 1개 이상 설치할 것
④ 건전지 및 충전식 배터리의 용량은 20분 이상 유효하
  게 사용할 수 있는 것으로 할 것

해설 휴대용 비상조명등 설치기준 ─────────

1) 설치장소

설치장소	설치개수
숙박시설 또는 다중이용업소에는 객실 또는 영업장 안의 구획된 실마다 잘 보이는 곳 (외부 설치 시 출입문 손잡이로부터 1 [m] 이내 부분)	1개 이상
대규모점포(지하상가·지하역사 제외), 영화상영관	보행거리 50 [m] 이내마다 3개 이상
지하상가 및 지하역사	보행거리 25 [m] 이내마다 3개 이상

2) 설치기준
  (1) 바닥으로부터 0.8 [m] 이상 1.5 [m] 이하의 높이에 설
    치할 것
  (2) 어둠 속에서 위치를 확인할 수 있도록 할 것
  (3) 사용 시 자동으로 점등되는 구조일 것
  (4) 외함은 난연성능이 있을 것
  (5) 건전지 사용 시 방전방지조치를 하고, 충전식 배터리 사
    용 시 상시 충전되도록 할 것
  (6) 건전지 및 충전식 배터리 용량은 20분 이상 유효하게 사
    용할 수 있는 것

79 (상중하)

비상콘센트설비의 전원부와 외함 사이의 절연저항은 전원부와 외함 사이를 500 [V] 절연저항계로 측정할 때 몇 M[Ω] 이상이어야 하는가?

① 10   ② 15
③ 20   ④ 25

해설 비상콘센트 절연내력시험 ─────────

1) 절연저항 : 500 [V] 절연저항계로 측정할 때 20 [MΩ] 이
  상일 것
2) 절연내력
  (1) 정격전압 150 [V] 이하 : 1000 [V]의 실효전압
  (2) 정격전압이 150 [V] 초과 : (정격전압 × 2) + 1000 [V]
    = 실효전압
  (3) 실효전압 시험에서 1분 이상 견디는 것으로 할 것
3) 배선
  전원회로의 배선은 내화배선, 그 밖의 배선은 내화배선 또
  는 내열배선

일반적인 비상방송설비의 계통도이다. 다음의 ( )에 들어갈 내용으로 옳은 것은?

① 변류기
② 발신기
③ 수신기
④ 음향장치

해설 비상방송설비 계통도

1) "확성기"란 소리를 크게 하여 멀리까지 전달될 수 있도록 하는 장치로써 일명 스피커를 말한다.
2) "음량조절기"란 가변저항을 이용하여 전류를 변화시켜 음량을 크게 하거나 작게 조절할 수 있는 장치를 말한다.
3) "증폭기"란 전압전류의 진폭을 늘려 감도를 좋게 하고 미약한 음성전류를 커다란 음성전류로 변화시켜 소리를 크게 하는 장치를 말한다.
4) "기동장치"란 화재감지기, 발신기 등의 상태변화를 전송하는 장치를 말한다.
5) "몰드"란 전선을 물리적으로 보호하기 위해 사용되는 통형 구조물을 말한다.
6) "약전류회로"란 전신선, 전화선 등에 사용하는 전선이나 케이블, 인터폰, 확성기의 음성회로, 라디오·텔레비전의 시청회로 등을 포함하는 약전류가 통전되는 회로를 말한다.
7) "전원회로"란 전기·통신, 기타 전기를 이용하는 장치 등에 전력을 공급하기 위하여 필요한 기기로 이루어지는 전기회로를 말한다.
8) "절연저항"이란 전류가 도체에서 절연물을 통하여 다른 충전부나 기기로 누설되는 경우 그 누설 경로의 저항을 말한다.
9) "절연효력"이란 전기가 불필요한 부분으로 흐르지 않도록 절연하는 성능을 나타내는 것을 말한다.
10) "정격전압"이란 전기기계기구, 선로 등의 정상적인 동작을 유지시키기 위해 공급해주어야 하는 기준 전압을 말한다.
11) "조작부"란 기기를 제어할 수 있도록 조작스위치, 지시계, 표시등 등을 집결시킨 부분을 말한다.
12) "풀박스"란 장거리 케이블 포설을 용이하게 하기 위해 전선관 중간에 설치하는 상자형 구조물 등을 말한다.
※ '증폭기'와 '조작장치'는 순서가 바뀌어도 됨

2022 출제경향 분석

[소방원론]

CHAPTER 연도 및 회차		연소	연소생성물	폭발	화재	위험물	소화	안전관리 및 건축방재	합계
2022년	1	4	2	2	2	3	6	1	20
	2	7	2	1	3	2	5	0	20
	4	7	2	2	3	2	4	0	20

[소방전기일반]

CHAPTER 연도 및 회차		직류회로	정전계와 정자계	교류회로	전기계측 및 회로망	비정현파교류와 과도현상 및 라플라스 변환	제어회로	전자회로 및 정류회로	전기기계 및 전기법규	합계
2022년	1	3	3	3	3	0	5	1	2	20
	2	2	3	4	3	0	5	2	1	20
	4	1	4	3	1	0	4	4	4	20

[소방관계법규]

CHAPTER 연도 및 회차		소방기본법	소방시설법	화재예방법	소방공사업법	위험물 안전관리법	합계
2022년	1	3	4	3	6	4	20
	2	4	6	4	2	4	20
	4	7	3	4	2	4	20

[소방전기시설의 구조 및 원리]

CHAPTER 연도 및 회차		자동화재 탐지설비	비상경보 설비 및 단독 경보형 감지기	비상방송 설비	자동화재 속보설비	가스누설 경보기 및 누전경보기	유도등	비상조명등	비상콘센트 설비	무선통신 보조설비	비상전원 수전설비	화재알림 설비	기타	합계
2022년	1	6	2	2	1	2	2	1	2	2	0	0	0	20
	2	5	1	2	2	2	2	1	1	2	2	0	0	20
	4	6	1	3	2	0	3	1	2	2	0	0	0	20

2022년 1회
소방원론

3회독	월	일
2회독	월	일
1회독	월	일

목표시간 : 20분 | 시작 : _시 _분 | 종료 : _시 _분 | 맞은 개수 : _ /20

01 (상)(중)하

소화원리에 대한 설명으로 틀린 것은?

① 억제소화 : 불활성 기체를 방출하여 연소범위 이하로 낮추어 소화하는 방법

② 냉각소화 : 물의 증발잠열을 이용하여 가연물의 온도를 낮추는 소화방법

③ 제거소화 : 가연성 가스의 분출화재 시 연료공급을 차단시키는 소화방법

④ 질식소화 : 포소화약제 또는 불연성 기체를 이용해서 공기 중의 산소공급을 차단하여 소화하는 방법

해설 소화의 형태

소화	내용
냉각소화	열 흡수, 발화점 이하로 낮추어 소화
질식소화	산소농도 15 [%] 이하로 낮춤
제거소화	가연물을 차단, 격리
억제소화	연쇄반응을 차단, 부촉매소화

02 (상)(중)하

위험물의 유별에 따른 분류가 잘못된 것은?

① 제1류 위험물 : 산화성 고체

② 제3류 위험물 : 자연발화성 물질 및 금수성 물질

③ 제4류 위험물 : 인화성 액체

④ 제6류 위험물 : 가연성 액체

해설 위험물의 분류

구분	개요
제1류	산화성 고체
제2류	가연성 고체
제3류	자연발화성 및 금수성 물질
제4류	인화성 액체
제5류	자기반응성 물질
제6류	산화성 액체

암기 ▶ 산가자 인자산

03 (상)(중)하

고층 건축물 내 연기거동 중 굴뚝효과에 영향을 미치는 요소가 아닌 것은?

① 건물 내·외의 온도차

② 화재실의 온도

③ 건물의 높이

④ 층의 면적

해설 굴뚝효과(연돌효과)

1) 온도차에 의해 건물 내에 기류 이동 발생

2) 내부온도 > 외부온도 : 공기가 위쪽으로 이동

3) 영향 요인 : 실내외 온도차, 외벽 기밀성, 층간 공기누설, 건물의 높이

정답 01 ① 02 ④ 03 ④

04 (상)(중)하

화재에 관련된 국제적인 규정을 제정하는 단체는?

① IMO(International Maritime Organization)
② SFPE(Society of Fire Protection Engineers)
③ NFPA(Nation Fire Protection Association)
④ ISO(International Organization for Standardization) TC 92

해설 ISO(국제표준화기구)

- IMO : 국제해사기구
- SFPE : 미국소방기술사회
- NFPA : 미국방화협회
- ISO : 국제표준화기구
※ TC 92 : '화재안전'에 관한 국제 규격의 제·개정 활동을 통하여 국제 무역 증진을 도모하고 화재로부터 인명 및 재산을 보호할 목적으로 1958년에 설립된 ISO산하 기술위원회(TC : Technical Committee)

05 (상)중 하

제연설비의 화재안전기술기준상 예상제연구역에 공기가 유입되는 순간의 풍속은 몇 [m/s] 이하가 되도록 하여야 하는가?

① 2
② 3
③ 4
④ 5

해설 예상제연구역에 설치되는 유입구 설치기준

예상제연구역에 공기가 유입되는 순간의 풍속은 5 [m/s] 이하가 되도록 하고, 유입구의 구조는 유입공기를 상향으로 분출하지 않도록 설치해야 한다.
다만 유입구가 바닥에 설치되는 경우에는 상향으로 분출이 가능하며 이때의 풍속은 1 [m/s] 이하가 되도록 해야 한다.

06 (상)(중)하

화재의 정의로 옳은 것은?

① 가연성 물질과 산소와의 격렬한 산화반응이다.
② 사람의 과실로 인한 실화나 고의에 의한 방화로 발생하는 연소현상으로서 소화할 필요성이 있는 연소현상이다.
③ 가연물과 공기와의 혼합물이 어떤 점화원에 의하여 활성화되어 열과 빛을 발하면서 일으키는 격렬한 발열반응이다.
④ 인류의 문화와 문명의 발달을 가져오게 한 근본 존재로서 인간의 제어수단에 의하여 컨트롤할 수 있는 연소현상이다.

해설 화재의 정의

사람의 과실로 인한 실화나 고의에 의한 방화로 발생하는 연소현상으로서 소화할 필요성이 있는 연소현상

07 (상)(중)하

물에 황산을 넣어 묽은 황산을 만들 때 발생되는 열은?

① 연소열
② 분해열
③ 용해열
④ 자연발열

해설 화학열의 종류

구분	내용
연소열	물질이 완전 산화되는 과정에서 발생되는 열
분해열	화합물이 분해될 때 발생되는 열
용해열	용질이 용매에 녹을 때 발생하는 열
자연발화열	외부의 열원이 없어도 물질 자체적으로 열을 축적하여 온도가 상승할 때 발생

보충 ▶ 용매 : 용질을 녹여서 용액을 만드는 물질
용질 : 용매에 용해하여 용액을 만드는 물질
예 설탕을 물에 녹이는 과정에서 물이 용매, 설탕이 용질

08 (상)(중)(하)

이산화탄소소화약제의 임계온도는 약 몇 [℃]인가?

① 24.4

② 31.4

③ 56.4

④ 78.4

해설 이산화탄소(CO_2)의 물성

구분		구분	
분자량	44 [g/mol]	임계온도	31.35 [℃]
증기비중	1.529	임계압력	75.2 [kg$_f$/cm^2]
증발열	137 [cal/g]	융해열	45.2 [cal/g]
삼중점	-57 [℃]	비점	-78 [℃]

09 (상)(중)(하)

상온·상압의 공기 중에서 탄화수소류의 가연물을 소화하기 위한 이산화탄소소화약제의 농도는 약 몇 [%]인가? (단, 탄화수소류는 산소농도가 10 [%]일 때 소화된다고 가정한다)

① 28.57

② 35.48

③ 49.56

④ 52.38

해설 이산화탄소의 농도

$$CO_2 \text{ 농도 } [vol\%] = \frac{21 - O_2[vol\%]}{21} \times 100$$

$$CO_2 \text{ 농도 } = \frac{21 - O_2}{21} \times 100$$

$$= \frac{21 - 10}{21} \times 100$$

$$\fallingdotseq 52.38 \, [vol\%]$$

10 (상)(중)(하)

과산화수소 위험물의 특성이 아닌 것은?

① 비수용성이다.

② 무기화합물이다.

③ 불연성 물질이다.

④ 비중은 물보다 무겁다.

해설 제6류 위험물 – 과산화수소 특성

• 농도가 36 [wt%] 이상인 것

1) 일반적 성질

　(1) 산화성 액체이며 <u>무기화합물</u>

　(2) <u>불연성</u>이지만 분자 내에 산소를 많이 함유하고 있어 다른 물질의 연소를 돕는 조연성 물질

　(3) <u>비중이 1보다 큼</u>

　(4) 물에 잘 녹음(수용성)

　(5) 부식성이 강하고 증기는 유독함

2) 소화

　소량일 때는 다량의 물로 희석소화

TIP ▶ 1, 2, 5, 6류 위험물은 비중이 1보다 큼

정답 08 ② 09 ④ 10 ①

11 (상 (중) 하)

건축물의 피난·방화구조 등의 기준에 관한 규칙상 방화구획의 설치기준 중 스프링클러를 설치한 10층 이하의 층은 바닥면적 몇 [m²] 이내마다 방화구획을 구획하여야 하는가?

① 1000
② 1500
③ 2000
④ 3000

(해설) **방화구획 설치기준**

분류	구획단위
면적별	• 10층 이하의 층 : 바닥면적 1000 [m²] 이내마다 구획할 것 • 11층 이상의 층 : 바닥면적 200 [m²] 이내마다 구획할 것 　(벽 및 반자의 실내에 접하는 부분의 마감을 불연재료로 한 경우 : 500 [m²] 이내마다) ※ 스프링클러 기타 이와 유사한 자동식 소화설비를 설치한 경우 : 위 바닥면적의 3배를 기준면적으로 함
층별	매층마다 구획할 것(다만 지하 1층에서 지상으로 직접 연결하는 경사로 부위는 제외한다)

스프링클러(자동식 소화설비)를 설치하였으므로

$\Rightarrow 1000\,[m^2] \times 3 = 3000\,[m^2]$

12 (상 (중) 하)

다음 중 분진폭발의 위험성이 가장 낮은 것은?

① 시멘트가루
② 알루미늄분
③ 석탄분말
④ 밀가루

(해설) **분진폭발을 일으키지 않는 물질**

물과 반응하여 가연성 기체를 발생하지 않는 것
• 시멘트
• 석회석
• 탄산칼슘($CaCO_3$)
• 생석회(CaO) = 산화칼슘
• 소석회

(암기) ▶ 분시석 탄생소

13 (상 중 (하))

백열전구가 발열하는 원인이 되는 열은?

① 아크열
② 유도열
③ 저항열
④ 정전기열

(해설) **전기적 점화원(전기열)의 종류**

구분	내용
아크열	전기회로나 개폐기 등의 접촉 불량 등에 의해 발생(전기불꽃, 스파크)
유도열	도체주의의 자장변화에 의한 전위차발생으로 전류흐름에 의한 저항열
저항열	도체에 전류가 흘렀을 때 전기저항 때문에 발생하는 열 (백열전구, 전기장판)
정전기열	정지된 전기, 마찰대전에 의한 발생열(마찰전기)

14 (상 (중) 하)

동식물유류에서 "아이오딘값이 크다"라는 의미를 옳게 설명한 것은?

① 불포화도가 높다.
② 불건성유이다.
③ 자연발화성이 낮다.
④ 산소와의 결합이 어렵다.

(해설) **아이오딘값(요오드가, Iodine Value)**

1) 유지 100 [g]에 흡수되는 아이오딘의 [g] 수
2) 불포화 지방 함유량
3) 아이오딘값(요오드가)이 클수록 불포화도가 높고, 산소와 결합하기 쉬우며, 자연발화 위험성이 크다.
4) 위험성 : 건성유 > 반건성유 > 불건성유

15 상 (중) 하

단백포소화약제의 특징이 아닌 것은?

① 내열성이 우수하다.
② 유류에 대한 유동성이 나쁘다.
③ 유류를 오염시킬 수 있다.
④ 변질의 우려가 없어 저장 유효기간의 제한이 없다.

해설 포소화약제 종류

종류	특징
단백포	• 부식성이 큼 • 내열성이 우수함 • 유동성, 내유성이 좋지 않음 • 변질의 우려가 있어 장기 저장 불가 • 포안정제로 염화제1철염 첨가
수성막포 (AFFF)	• 안전성이 좋음 • 분말소화약제와 겸용하여 사용 가능 • 점성이 작아 기름 표면에 피막을 형성하여 유류 증발 억제
불화단백포	• 소화성능 가장 우수 • 단백포 + 수성막포 • 표면하주입방식
합성 계면활성제포	• 저팽창포, 고팽창포 모두 사용 가능 • 유동성이 좋음
내알코올포 (알코올형포)	• 수용성 유류화재에 적응성이 있음 • 가연성 액체에 사용함

16 상 중 (하)

이산화탄소소화약제의 주된 소화효과는?

① 제거소화
② 억제소화
③ 질식소화
④ 냉각소화

해설 소화약제별 주된 소화효과

소화약제	소화효과
물(H_2O)	냉각효과
이산화탄소(CO_2)	질식소화
포	
할론	억제소화(부촉매소화)

17 상 (중) 하

전기불꽃, 아크 등이 발생하는 부분을 기름 속에 넣어 폭발을 방지하는 방폭구조는?

① 내압 방폭구조
② 유입 방폭구조
③ 안전증 방폭구조
④ 특수 방폭구조

해설 방폭구조

방폭구조	특징	구조
본질안전 방폭구조	정상·이상 상태에서 점화원이 위험성 분위기에 폭발을 발생시킬 수 없는 구조	
내압 방폭구조	용기 내부로 폭발성 가스가 침입해도 외부 위험성 분위기에는 영향이 없도록 최대안전틈새 이내로 격리시키는 구조	
압력 방폭구조	용기 내에 불활성 가스를 압입시켜 외부의 폭발성 가스로부터 점화원을 격리하는 구조	
유입 방폭구조	점화원이 될 우려가 있는 부분에 오일을 주입하여 폭발성 가스로부터 점화원을 격리하는 구조	
안전증 방폭구조	정상 상태에서 전기기기의 고장이 발생하지 않도록 안전도를 높이는 방식	

18 (상 중 하)

자연발화의 방지방법이 아닌 것은?

① 통풍이 잘 되도록 한다.
② 퇴적 및 수납 시 열이 쌓이지 않게 한다.
③ 높은 습도를 유지한다.
④ 저장실의 온도를 낮게 한다.

해설 자연발화 방지대책 ─────────

1) 가연성 물질 제거
2) 통풍이나 환기를 통한 열 축적 방지
3) 저장실의 온도를 낮출 것
4) 습도 높은 곳 피할 것(수분 : 촉매작용)
5) 열전도성 좋게 할 것

19 (상 중 하)

**소화약제의 형식승인 및 제품검사의 기술기준상 강화액소
화약제의 응고점은 몇 [℃] 이하이어야 하는가?**

① 0   ② -20
③ -25   ④ -30

해설 강화액(K_2CO_3)의 특징 ─────────

$K_2CO_3 + H_2O \rightarrow K_2O + H_2O + CO_2 - Q$ [kcal]

1) 사용온도가 -20 ~ 40 [℃]로 겨울철이나 한랭지역의 소화
   에 적합(응고점 : -20 [℃] 이하)
2) pH 11 ~ 12 강알칼리성
3) 계면활성제를 첨가하여 표면장력을 낮추어 침투력과 분산
   력 증가
4) 냉각 및 연쇄반응 차단의 억제소화가 효과적
5) 무상방사 시 A, B, C, K급 소화에 적합

20 (상 중 하)

**상온에서 무색의 기체로서 암모니아와 유사한 냄새를 가지
는 물질은?**

① 에틸벤젠
② 에틸아민
③ 산화프로필렌
④ 사이클로프로페인

해설 에틸아민($CH_3CH_2NH_2$)의 특징 ─────────

1) 에탄올에 아민을 작용시켜 생산하는 유기 화합물
2) 강한 암모니아 냄새가 있는 무색, 가연성, 휘발성 액체
3) 물과 알코올에 녹음

2022

2022년 1회
소방전기일반

3회독	월 일
2회독	월 일
1회독	월 일

목표시간 : 30분 | 시작 : _시 _분 | 종료 : _시 _분 | 맞은 개수 : _ /20

21 (상)(중)하

그림과 같은 회로에서 단자 a, b 사이에 주파수 f [Hz]의 정현파 전압을 가했을 때 전류계 A₁, A₂의 값이 같았다. 이 경우 f, L, C 사이의 관계로 옳은 것은?

① $f = \dfrac{1}{LC}$

② $f = \dfrac{1}{2\pi\sqrt{LC}}$

③ $f = \dfrac{1}{4\pi\sqrt{LC}}$

④ $f = \dfrac{1}{\sqrt{2\pi^2 LC}}$

해설 R-L-C 병렬 공진회로 ─────────

공진주파수 $f_0 = \dfrac{1}{2\pi\sqrt{LC}}$ [Hz]

TIP ※ 직렬과 병렬의 공진주파수 식은 같음
C : 커패시턴스 [F]
L : 인덕턴스 [H]

22 (상)(중)하

논리식 $Y = \overline{A}\,\overline{B}C + A\overline{B}\,\overline{C} + A\overline{B}C$를 간단히 표현한 것은?

① $\overline{A}\cdot(B+C)$

② $\overline{B}\cdot(A+C)$

③ $\overline{C}\cdot(A+B)$

④ $C\cdot(A+\overline{B})$

해설 논리식 ─────────

$Y = \overline{A}\,\overline{B}C + A\overline{B}\,\overline{C} + A\overline{B}C$

$= A\overline{B}(\overline{C}+C) + \overline{A}\,\overline{B}C$

$= A\overline{B} + \overline{A}\,\overline{B}C$

$= \overline{B}(A + \overline{A}C)$

$= \overline{B}((A+\overline{A})\cdot(A+C))$

$= \overline{B}(A+C)$

정리	공식
항등법칙	$0+A=A,\ 1+A=1,\ 0\times A=0,\ 1\times A=A$
동일법칙	$A+A=A,\ A\times A=A$
보원법칙	$A+\overline{A}=1,\ A\times\overline{A}=0$
복원법칙	$\overline{\overline{A}}=A$
교환법칙	$A+B=B+A,\ A\times B=B\times A$
결합법칙	$A+(B+C)=(A+B)+C,\ A(BC)=(AB)C$
분배법칙	$A(B+C)=AB+AC,\ A+BC=(A+B)(A+C)$
흡수법칙	$A+AB=A,\ A(A+B)=A$ $A+\overline{A}B=(A+\overline{A})(A+B)=A+B$

23 (상 중 하)

회로에서 전류 I는 약 몇 [A]인가?

① 0.92

② 1.125

③ 1.29

④ 1.38

해설 밀만의 정리 ───────────

$$V_{ab} = \frac{I}{Y} = \frac{\dfrac{2}{1} + \dfrac{4}{2} + \dfrac{6}{3}}{\dfrac{1}{1} + \dfrac{1}{2} + \dfrac{1}{3}} = \frac{36}{11} = 3.2727[V]$$

$$Z = \frac{1}{\dfrac{1}{1} + \dfrac{1}{2} + \dfrac{1}{3}} = 0.5454[\Omega]$$

$$I = \frac{3.2727}{0.5454 + 3} = 0.923[A]$$

옴의법칙 V = IR에서, I = $\dfrac{V}{R}$

V : 전압 [V]
I : 전류 [A]
R : 저항 [Ω]
Y : 저항의 역수

24 (상 중 하)

절연저항 시험에서 "전로의 사용전압이 500 [V] 이하인 경우 1.0 [$M\Omega$] 이상"이란 뜻으로 가장 알맞은 것은?

① 누설전류가 0.5 [mA] 이하이다.

② 누설전류가 5 [mA] 이하이다.

③ 누설전류가 15 [mA] 이하이다.

④ 누설전류가 30 [mA] 이하이다.

해설 전류 계산 ───────────

$$I = \frac{V}{R} = \frac{500}{1 \times 10^6} = 0.5 \times 10^{-3}[A]$$

$$= 0.5[mA]$$

V : 전압 [V]
I : 전류 [A]
R : 저항 [Ω]
[Ω] : [MΩ] × 106

25 (상 중 하)

권선수가 100회인 코일에 유도되는 기전력의 크기가 e_1이다. 이 코일의 권선수를 200회로 늘렸을 때 유도되는 기전력의 크기(e_2)는?

① $e_2 = \dfrac{1}{4}e_1$

② $e_2 = \dfrac{1}{2}e_1$

③ $e_2 = 2e_1$

④ $e_2 = 4e_1$

해설 유도기전력 ──────────

$$e = -L\frac{di}{dt}, \quad L = \frac{\mu SN^2}{\ell}$$

$$\therefore L = \frac{N\phi}{I} = \frac{N}{I} \times \frac{\mu SNI}{l} = \frac{\mu SN^2}{l}[H]$$

L이 N^2에 비례하고, e가 N^2에 비례하기 때문에

$$e \propto N^2$$

$$\frac{e_2}{e_1} = (\frac{N_2}{N_1})^2 = (\frac{200}{100})^2 = 4$$

$$e_2 = 4e_1$$

1) 자기유도 수식 : $e = -L\frac{di}{dt}[V]$

2) 전자유도 수식 : $e = -N\frac{d\phi}{dt}[V]$

e : 유도기전력 [V]
N : 코일권수

해설 평행 도선 사이에 작용하는 힘 ──────────

$$F = \frac{2I_1 I_2}{r} \times 10^{-7}[N/m]$$

$$F \propto \frac{1}{r}$$

$$\frac{F_2}{F_1} = \frac{1}{2.5}$$

$$F_2 = \frac{1}{2.5}F_1$$

TIP ▶ 평행한 왕복도선은 반발력을 가짐
F : 두 도선 간의 작용력 [N/m]
I : 전류 [A]
r : 두 도선 간의 거리

27 (상 중 하)

그림의 회로에서 a와 c 사이의 합성 저항은?

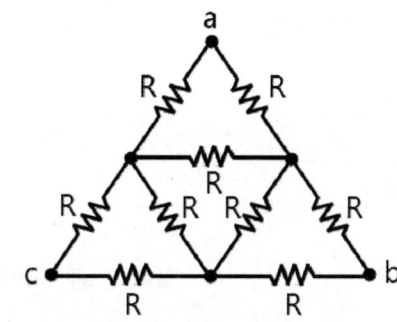

① $\frac{9}{10}R$ ② $\frac{10}{9}R$

③ $\frac{7}{10}R$ ④ $\frac{10}{7}R$

26 (상 중 하)

동일한 전류가 흐르는 두 평행 도선 사이에 작용하는 힘이 F_1이다. 두 도선 사이의 거리를 2.5배로 늘였을 때 두 도선 사이 작용하는 힘 F_2는?

① $F_2 = \frac{1}{2.5}F_1$

② $F_2 = \frac{1}{2.5^2}F_1$

③ $F_2 = 2.5F_1$

④ $F_2 = 6.25F_1$

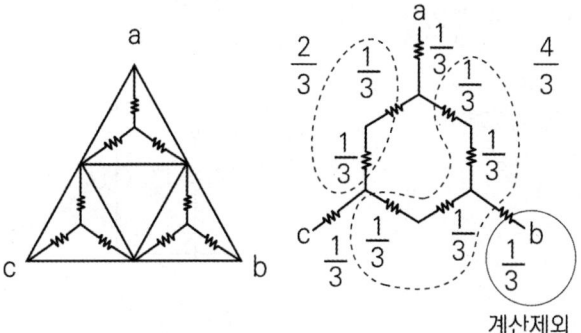

해설 합성 저항

합성저항 $= \frac{1}{3} + \frac{4}{9} + \frac{1}{3}$

$= \frac{3}{9} + \frac{4}{9} + \frac{3}{9}$

$= \frac{10}{9}$

$\frac{\frac{4}{3} \times \frac{2}{3}}{\frac{4}{3} + \frac{2}{3}} = \frac{4}{9}$

(병렬접속 $R_0 = \dfrac{R_1 R_2}{R_1 + R_2}$, 직렬접속 $R_0 = R_1 + R_2$)

해설 제어동작에 의한 분류

구분		내용
불연속 제어	ON-OFF제어	단속적 제어동작
	샘플링 (Sampling)	전압, 전류, 위상을 제어
연속 제어	비례제어 (P제어)	잔류 편차(Off Set) 발생
	적분제어 (I제어)	• 잔류 편차(Off Set) 개선 • 시간지연(속응성) 발생
	미분제어 (D제어)	• 시간지연 개선, 잔류 편차Off Set) 존재, 오차방지 • 진동방지, 오버슈트가 커진다.
	비례적분제어 (PI제어)	• 잔류 편차는 제거되지만 시간지연이 길다. • 간헐현상 존재, 지상보상 요소에 대응한다.
	비례미분제어 (PD제어)	시간지연(응답속응성)을 개선, 잔류 편차는 있다.
	비례미분 적분제어 (PID제어)	시간지연도 향상시키고 잔류 편차도 제거한 제어계로 가장 안정적인 제어계

28 상ⓒ하

잔류편차가 있는 제어동작은?

① 비례제어

② 적분제어

③ 비례적분제어

④ 비례적분미분제어

29 상ⓒ하

그림과 같은 정류회로에서 R에 걸리는 전압의 최댓값은 몇 [V]인가? (단, $V_2(t) = 20\sqrt{2} \sin\omega t$이다)

① 20

② $20\sqrt{2}$

③ 40

④ $40\sqrt{2}$

해설 단상전파(브리지)회로 ────────

$V_2 = 20\sqrt{2}\,\sin\omega t$

$\sin\omega t$ 최댓값 = 1

$V = 20\sqrt{2}$

> **보충** 단상 전파 정류회로 : 교류의 정(+)과 음(-)의 전 주기를
> 정류하므로 전파 정류회로라고 함

30 상**중**하

회로에서 저항 20 [Ω]에 흐르는 전류 [A]는?

① 0.8

② 1.0

③ 1.8

④ 2.8

해설 중첩의 원리 ────────

- 전류원 기준(전압원 단락)

$$I_1 = \frac{R_2}{R_1 + R_2} \times I$$
$$= \frac{5}{20+5} \times 1 = 0.2[A]$$

- 전압원 기준(전류원 개방)

$$I_2 = \frac{V}{R} = \frac{20}{20+5} = 0.8[A]$$
$$I_{20\Omega} = I_1 + I_2 = 0.2 + 0.8 = 1[A]$$

전압원 단락 (전압원 제거)	$I_a = \dfrac{R_1}{R_1 + R_2} I\,[A]$ (R_2에 흐르는 전류)
전류원 개방 (전류원 제거)	$I_b = \dfrac{V}{R_1 + R_2}\,[A]$ (R_1, R_2에 흐르는 전류는 같다)
R_2에 흐르는 전류(I)	$I = I_a + I_b\,[A]$

31 상**중**하

다음의 내용이 설명하는 것으로 가장 알맞은 것은?

> 회로망 내 임의의 폐회로(Closed Circuit)에서 그 폐회로를 따라 한 방향으로 일주하면서 생기는 전압강하의 합은 그 폐회로 내에 포함되어 있는 기전력의 합과 같다.

① 노튼의 정리

② 중첩의 정리

③ 키르히호프의 전압법칙

④ 패러데이의 법칙

해설 키르히호프의 법칙 ———————

1) 제1법칙 = 전류법칙

  (1) 임의의 한 접속점을 기준으로 유입되는 전류와 유출되는 전류의 대수합은 0이다.

  (2) 수식 표현

$$I_1 + I_2 + I_3 - I_4 = 0$$

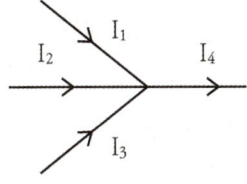

$$I_1 + I_2 + I_3 = I_4$$

2) 제2법칙 = 전압법칙

  (1) 임의의 폐회로에 인가해주는 기전력의 대수합은 그 회로의 전압강하의 대수합과 같다.

  (2) 기전력의 합 = 전압강하의 합

$$\Sigma V = \Sigma RI$$

기전력의 합 = 전압강하의 합

해설 논리회로 ———————

$$Y=(A+B)\cdot(\overline{A}+B)$$
$$= A\overline{A}+AB+B\overline{A}+BB$$
$$= AB+B\overline{A}+B$$
$$= B(A+\overline{A}+1)$$
$$= B$$

정리	공식
항등법칙	$0+A=A,\ 1+A=1,\ 0\times A=0,\ 1\times A=A$
동일법칙	$A+A=A,\ A\times A=A$
보원법칙	$A+\overline{A}=1,\ A\times\overline{A}=0$
복원법칙	$\overline{\overline{A}}=A$
교환법칙	$A+B=B+A,\ A\times B=B\times A$
결합법칙	$A+(B+C)=(A+B)+C,\ A(BC)=(AB)C$
분배법칙	$A(B+C)=AB+AC,\ A+BC=(A+B)(A+C)$
흡수법칙	$A+AB=A,\ A(A+B)=A$ $A+\overline{A}B=(A+\overline{A})(A+B)=A+B$

32 상 **중** 하

그림과 같은 논리회로의 출력 Y는?

① AB
② A + B
③ A
④ B

33 상 **중** 하

3상 농형 유도전동기를 Y−△ 기동방식으로 기동할 때 전류 I_1 [A]과 △결선으로 직입(전전압) 기동할 때 전류 I_2 [A]의 관계는?

① $I_1 = \dfrac{1}{\sqrt{3}}I_2$

② $I_1 = \dfrac{1}{3}I_2$

③ $I_1 = \sqrt{3}\,I_2$

④ $I_1 = 3I_2$

해설 결선에 따른 선전류 관계 ──────

Y결선 시 선전류 : $I_1 = \dfrac{V}{\sqrt{3}\,R}$

△결선 시 선전류 : $I_2 = \dfrac{\sqrt{3}\,V}{R}$

$\dfrac{I_2}{I_1} = \dfrac{\dfrac{\sqrt{3}\,V}{R}}{\dfrac{V}{\sqrt{3}\,R}} = 3$

$I_1 = \dfrac{1}{3}I_2$

> **TIP** 기동토크도 Y결선이 △결선에 비해 3배 작다.

34 (상)(중)(하)

유도전동기의 슬립이 5.6 [%]이고 회전자 속도가 1700 [rpm]일 때, 이 유도전동기의 동기속도는 약 몇 [rpm]인가?

① 1000 ② 1200
③ 1500 ④ 1800

해설 동기속도(N_s) ──────

$N = (1-s)\,N_s$에서

$N_s = \dfrac{N}{(1-s)}$

$\quad = \dfrac{1700}{1-0.056} = 1800.85\,[rpm]$

N_s : 동기속도 $[rpm]$
N : 회전 속도 $[rpm]$
$N = (1-s)\,N_s\,[rpm]$

35 (상)(중)(하)

목푯값이 다른 양과 일정한 비율 관계를 가지고 변화하는 제어방식은?

① 정치제어
② 추종제어
③ 프로그램제어
④ 비율제어

해설 목푯값에 의한 분류 ──────

구분		내용
정치제어		목푯값이 일정한 자동제어에 적용
추치 제어	추종제어	미지의 임의 시간적 변화를 하는 목 푯값에 제어량을 추종시키는 제어
	프로그램제어	미리 정해진 시간변화에 따라 정해진 순서대로 제어
	비율제어	목푯값이 서로 다른 어떤 양과 일정 한 비율관계를 가지는 제어
	시퀀스제어	미리 정해진 순서에 따라 각 단계가 순차적으로 진행

36 (상)(중)(하)

축전지의 자기 방전을 보충함과 동시에 일반 부하로 공급하는 전력은 충전기가 부담하고, 충전기가 부담하기 어려운 일시적인 대전류는 축전지가 부담하는 충전방식은?

① 급속충전
② 부동충전
③ 균등충전
④ 세류충전

해설 충전방식

구분	내용
세류 충전방식	축전지의 자기방전을 보충하기 위해 부하를 제거한 상태로 늘 미소전류로 충전하는 방식 (자기 방전량만 상시 충전)
균등 충전방식	부동충전방식 사용 시 Cell에서 일어나는 전위차를 균등하게 하기 위해 3주에 1회 정도 축전지 공칭전압의 120 ~ 125 [%]의 정전압으로 10 ~ 12시간 충전하는 방식
보통 충전방식	필요할 때마다 표준 시간율로 충전하는 방식
급속 충전방식	단시간에 2 ~ 3배의 전류로 충전하는 방식
부동 충전방식	전지의 자기방전을 보충함과 동시에 상용부하에 대한 전력공급은 충전기가 부담하도록 하되, 충전기가 부담하기 어려운 일시적인 대전류 부하는 축전지로 하여금 부담하게 하는 충전방식

37 상⑧하

각 상의 임피던스가 Z = 6 + j8 [Ω]인 △결선의 평형 3상 부하에 선간전압이 220 [V]인 대칭 3상 전압을 가했을 때 이 부하로 흐르는 선전류의 크기는 약 몇 [A]인가?

① 13 ② 22

③ 38 ④ 66

해설 △결선 선전류 계산

$V_p = V_\ell$

$I_p = \dfrac{V}{Z} = \dfrac{220}{\sqrt{6^2 + 8^2}} = 22$

$I_\ell = \sqrt{3}\, I_p = \sqrt{3} \times 22 ≒ 38.11 \,[\text{A}]$

V_p : 상전압 [V]

V_ℓ : 선간전압 [V]

I_p : 상전류 [A]

I_l : 선전류 [A]

Y결선(성형결선 = 스타결선)

결선도	
	$V_p = V_a = V_b = V_c$ $V_\ell = V_{ab} = V_{bc} = V_{ca}$
상전압	$V_p = \dfrac{V_l}{\sqrt{3}}$
선간전압	$V_l = \sqrt{3}\, V_p \angle \dfrac{\pi}{6}$
상전류	$I_p = I_l$
선전류	$I_l = I_p$

△결선(델타결선 = 환상결선)

결선도	
	$I_p = I_{ab} = I_{bc} = I_{ca}$ $I_\ell = I_a = I_b = I_c$
상전압	$V_p = V_l$
선간전압	$V_l = V_p$
상전류	$I_p = \dfrac{I_l}{\sqrt{3}}$
선전류	$I_l = \sqrt{3}\, I_p \angle \left(-\dfrac{\pi}{6}\right)$

정답 37 ③

38 (상)(중)하

전기화재의 원인 중 하나인 누설전류를 검출하기 위해 사용되는 것은?

① 부족전압계전기
② 영상변류기
③ 계기용변압기
④ 과전류계전기

해설 사용에 따른 목적

종류	특징
과전류계전기(OCR)	과전류 발생 시 동작하는 계전기
과전압계전기(OVR)	과전압 발생 시 동작하는 계전기
부족전압계전기(UVR)	부족전압 발생 시 동작하는 계전기
지락계전기(GR)	지락사고 시 지락전류에 의해 동작하는 계전기(접지계전기), 영상변류기(ZCT)가 필요함 ※ 영상변류기(ZCT) : 전기화재 원인인 누설전류 검출
열동계전기(THR)	전동기 등의 과부하 보호용으로 사용하는 계전기

39 (상)(중)하

그림의 블록선도에서 $\dfrac{C(s)}{R(s)}$ 을 구하면?

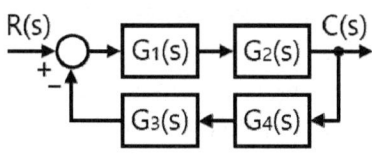

① $\dfrac{G_1(s)+G_2(s)}{1+G_1(s)G_2(s)+G_3(s)G_4(s)}$

② $\dfrac{G_1(s)G_2(s)}{1+G_1(s)G_2(s)G_3(s)G_4(s)}$

③ $\dfrac{G_3(s)+G_4(s)}{1+G_1(s)G_2(s)G_3(s)G_4(s)}$

④ $\dfrac{G_1(s)G_2(s)}{1+G_1(s)G_2(s)+G_3(s)G_4(s)}$

해설 전달함수

$$G(s) = \frac{C(s)}{R(s)} = \frac{전향경로이득}{1-(loop)}$$
$$= \frac{G_1(s)G_2(s)}{1+G_1(s)G_2(s)G_3(s)G_4(s)}$$

정답 38 ② 39 ②

40 (상)중 하

한 변의 길이가 150 [mm]인 정방형회로에 1 [A]의 전류가 흐를 때 회로 중심에서의 자계의 세기는 약 몇 [AT/m] 인가?

① 5

② 6

③ 9

④ 21

해설 정방형회로 자계의 세기 ────────────

$$H = \frac{2\sqrt{2}\, I}{\pi \ell}$$

$$= \frac{2\sqrt{2} \times 1}{\pi \times 150 \times 10^{-3}} \fallingdotseq 6 \ [AT/m]$$

(1) 정삼각형

$$H = \frac{9}{2} \frac{I}{\pi l}$$

(2) 정사각형(정방형)

$$H = 2\sqrt{2} \frac{I}{\pi l}$$

(3) 정육각형

$$H = \sqrt{3} \frac{I}{\pi l}$$

I : 전류 [A]

l : 한 변의 길이 [m]

H : 자계의 세기 [AT/m]

TIP ▶ 정방형이 정사각형으로 출제된 적도 있다.

2022

2022년 1회

소방관계법규

목표시간 : 20분 | 시작 : _시 _분 | 종료 : _시 _분 | 맞은 개수 : _ /20

41 상 중 하

소방시설 설치 및 관리에 관한 법령상 건축허가등을 할 때 미리 소방본부장 또는 소방서장의 동의를 받아야 하는 건축물등의 범위가 아닌 것은?

① 연면적 200 [m²] 이상인 노유자시설 및 수련시설

② 항공기격납고, 관망탑

③ 차고 · 주차장으로 사용되는 바닥면적이 100 [m²] 이상인 층이 있는 건축물

④ 지하층 또는 무창층이 있는 건축물로서 바닥면적이 150 [m²] 이상인 층이 있는 것

해설 건축허가 동의대상물 범위

구분	기준
학교시설	연면적 100 [m²] 이상
노유자(老幼者)시설 및 수련시설	연면적 200 [m²] 이상
지하층 · 무창층이 있는 건축물	바닥면적 150 [m²] 공연장 100 [m²]) 이상
정신의료기관, 장애인 의료재활시설	연면적 300 [m²] 이상
일반용도의 특정소방대상물	연면적 400 [m²] 이상
차고, 주차장 또는 주차용도로 사용되는 시설	바닥면적 200 [m²] 이상
	기계식 주차시설 자동차 20대 이상

구분	기준
• 노인 관련 시설 중 노인주거복지시설, 노인 의료복지시설, 재가노인복지시설, 학대피해노인 전용쉼터 • 아동복지시설(아동상담소, 아동전용시설 및 지역아동센터는 제외한다) • 장애인 거주시설 • 정신질환자 관련 시설(공동생활가정을 제외한 재활훈련시설과 종합시설 중 24시간 주거를 제공하지 않는 시설은 제외한다) • 노숙인 관련 시설 중 노숙인자활시설 · 노숙인재활시설 · 노숙인요양시설 • 결핵환자나 한센인이 24시간 생활하는 노유자시설	단독주택, 공동주택에 설치되는 시설 제외
• 6층 이상 건축물 • 항공기격납고, 관망탑, 항공관제탑, 방송용 송수신탑 • 요양병원(의료재활시설 제외) • 위험물 저장 및 처리시설, 지하구, 전기저장시설, 풍력발전소 • 조산원, 산후조리원, 의원(입원실 또는 인공신장실이 있는 것) • 공장 또는 창고시설로서 지정 수량의 750배 이상의 특수가연물을 저장 · 취급하는 것 • 가스시설로서 지상에 노출된 탱크의 저장용량의 합계가 100톤 이상인 것	–

정답 41 ③

42 (상)(중)하

화재의 예방 및 안전관리에 관한 법령상 일반음식점에서 음식조리를 위해 불을 사용하는 설비를 설치하는 경우 지켜야 하는 사항으로 틀린 것은?

① 주방시설에는 동물 또는 식물의 기름을 제거할 수 있는 필터 등을 설치할 것

② 열을 발생하는 조리기구는 반자 또는 선반으로부터 0.6 [m] 이상 떨어지게 할 것

③ 주방설비에 부속된 배출덕트는 0.2 [mm] 이상의 아연도금강판으로 설치할 것

④ 열을 발생하는 조리기구로부터 0.15 [m] 이내의 거리에 있는 가연성 주요구조부는 석면판 또는 단열성이 있는 불연재료로 덮어씌울 것

해설 음식조리를 위하여 설치하는 설비

• 주방설비에 부속된 배출덕트는 0.5 [mm] 이상 아연도금강판 또는 동등 이상의 내식성 불연재료로 설치

• 동·식물 기름 제거 가능한 필터 설치

• 열 발생 조리기구는 반자 또는 선반으로부터 0.6 [m] 이상 떨어지게 할 것

• 열 발생 조리기구로부터 0.15 [m] 이내 거리의 가연성 주요구조부는 석면판 또는 단열성 있는 불연재료로 덮어씌울 것

43 (상)(중)하

소방시설공사업법령상 소방시설업의 감독을 위하여 필요할 때에 소방시설업자나 관계인에게 필요한 보고나 자료 제출을 명할 수 있는 사람이 아닌 것은?

① 시·도지사
② 119안전센터장
③ 소방서장
④ 소방본부장

해설 소방시설업의 감독

1) 명령권자 : 시·도지사, 소방본부장, 소방서장

2) 소방시설업의 감독을 위하여 필요할 때에 소방시설업자나 관계인에게 필요한 보고나 자료 제출을 명할 수 있다.

44 (상)(중)하

화재의 예방 및 안전관리에 관한 법령상 화재가 발생할 우려가 높거나 화재가 발생하는 경우 그로 인하여 피해가 클 것으로 예상되는 지역을 화재예방강화지구로 지정할 수 있는 자는?

① 한국소방안전협회장

② 소방시설관리사

③ 소방본부장

④ 시·도지사

해설 화재예방강화지구 지정

1) 지정권자 : 시·도지사

2) 화재예방강화지구 지정 요청 : 소방청장

3) 화재예방강화지구

　(1) 시장지역

　(2) 공장·창고가 밀집한 지역

　(3) 목조건물이 밀집한 지역

　(4) 노후·불량건축물이 밀집한 지역

　(5) 위험물의 저장 및 처리 시설이 밀집한 지역

　(6) 석유화학제품을 생산하는 공장이 있는 지역

　(7) 산업입지 및 개발에 관한 법률에 따른 산업단지

　(8) 소방시설·소방용수시설·소방출동로가 없는 지역

　(9) 물류단지

　(10) (1) ~ (9)까지 준하는 지역으로서 소방관서장이 화재예방강화지구로 지정할 필요가 있다고 인정하는 지역

2022

45 상중하

소방시설공사업법령상 소방시설업에 대한 행정처분기준에서 1차 행정처분 사항으로 등록취소에 해당하는 것은?

① 거짓이나 그 밖의 부정한 방법으로 등록한 경우
② 소방시설업자의 지위를 승계한 사실을 소방시설공사 등을 맡긴 특정소방대상물의 관계인에게 통지를 하지 아니한 경우
③ 화재안전기준 등에 적합하게 설계·시공을 하지 아니하거나 법에 따라 적합하게 감리를 하지 아니한 경우
④ 등록을 한 후 정당한 사유 없이 1년이 지날 때까지 영업을 시작하지 아니하거나 계속하여 1년 이상 휴업한 때

해설 등록취소와 영업정지

1) 명령권자 : 시·도지사(행정안전부령)
2) 등록 취소 및 6개월 이내의 기간 영업정지((1), (3), (6) : 등록취소)
  (1) 거짓이나 그 밖의 부정한 방법으로 등록한 경우
  (2) 등록기준에 미달하게 된 후 30일이 경과한 경우
  (3) 등록 결격사유에 해당하게 된 경우. 다만 법인이 그 사유가 발생한 날부터 3개월 이내에 그 사유를 해소한 경우는 제외
  (4) 등록 후 정당한 사유 없이 1년 지날 때까지 영업을 시작하지 않거나 1년 이상 휴업한 때
  (5) 다른 자에게 소방시설업 등록증이나 등록수첩을 빌려준 경우
  (6) 영업정지 기간 중에 소방시설공사 등을 한 경우
  (7) 소방시설업자가 통지를 하지 아니하거나 관계서류를 보관하지 아니한 경우
  (8) 화재안전기준 등에 적합하게 설계·시공·감리하지 않은 경우
  (9) 소방시설공사등의 업무수행의무 등을 고의 또는 과실로 위반하여 다른 자에게 상해를 입히거나 재산피해를 입힌 경우
  (10) 소속 소방기술자를 공사현장에 배치하지 않거나 거짓으로 한 경우
  (11) 착공신고(변경신고를 포함한다)를 하지 아니하거나 거짓으로 한 때 또는 완공검사(부분완공검사를 포함한다)를 받지 아니한 경우
  (12) 착공신고사항 중 중요한 사항에 해당하지 아니하는 변경사항을 같은 항 각 호의 어느 하나에 해당하는 서류에 포함하여 보고하지 아니한 경우
  (13) 하자보수 기간 내에 하자보수를 하지 아니하거나 하자보수계획을 통보하지 아니한 경우
※ 이하 생략

46 상중하

소방시설공사업법령상 소방시설업자가 소방시설공사 등을 맡긴 특정소방대상물의 관계인에게 지체 없이 그 사실을 알려야 하는 경우가 아닌 것은?

① 소방시설업자의 지위를 승계한 경우
② 소방시설업의 등록취소처분 또는 영업정지처분을 받은 경우
③ 휴업하거나 폐업한 경우
④ 소방시설업의 주소지가 변경된 경우

해설 소방시설업 운영

1) 소방시설업자는 다른 자에게 자기의 성명이나 상호를 사용하여 소방시설공사 등을 수급·시공하게 하거나 소방시설업의 등록증·등록수첩을 다른 자에게 빌려주어서는 아니 됨
2) 영업정지·등록취소처분 받은 소방시설업자는 그날부터 소방시설공사 등을 하면 아니 됨
3) 소방시설업자는 하자보수 보증기간 동안 관계서류 보관해야 함
4) 소방시설업자는 다음의 경우 특정소방대상물 관계인에게 지체 없이 그 사실을 알려야 함
  (1) 소방시설업자의 지위 승계
  (2) 소방시설업 등록취소처분·영업정지처분
  (3) 휴업 및 폐업

47 (상 중 하)

화재의 예방 및 안전관리에 관한 법률에 따라 2급 소방안전관리대상물의 소방안전관리자 선임 기준으로 틀린 것은?

① 1급 소방안전관리대상물 소방안전관리자 자격 인정되는 자

② 소방공무원으로 3년 이상 근무한 경력이 있는 사람

③ 의용소방대원으로 5년 이상 근무한 경력이 있는 사람

④ 위험물산업기사 자격을 가진 사람

해설 **2급 소방안전관리대상물 소방안전관리자**

2급 소방안전관리자(다음 어느 하나에 해당하는 사람으로서 2급 소방안전관리자 자격증을 발급 받은 사람 또는 특급, 1급 소방안전관리대상물의 소방안전관리자 자격증을 발급받은 사람)

1) 위험물기능장·위험물산업기사·위험물기능사 자격자

2) 소방공무원으로 3년 이상 근무 경력

3) 「기업활동 규제완화에 관한 특별조치법」에 따라 소방안전관리자로 선임된 사람

4) 소방청장 실시 2급 소방안전관리 시험 합격자

48 (상 중 하)

소방시설공사업법령상 감리업자는 소방시설공사가 설계도서 또는 화재안전기준에 적합하지 아니한 때에는 가장 먼저 누구에게 알려야 하는가?

① 감리업체 대표자   ② 시공자

③ 관계인   ④ 소방서장

해설 **감리원의 위반사항에 대한 조치**

감리업자는 소방시설공사가 설계도서 또는 화재안전기준에 적합하지 아니한 때에는 <u>관계인</u>에게 알리고, 공사업자에게 그 공사의 시정 또는 보완 등을 요구

• 공사업자가 요구에 따르지 않을 시 300만 원 이하의 과태료 부과

49 (상 중 하)

소방시설 설치 및 관리에 관한 법령상 특정소방대상물의 수용인원 산정방법으로 옳은 것은?

① 침대가 없는 숙박시설은 해당 특정소방대상물의 종사자의 수에 숙박시설의 바닥면적의 합계를 4.6 [m²]로 나누어 얻은 수를 합한 수로 한다.

② 강의실로 쓰이는 특정소방대상물은 해당 용도로 사용하는 바닥면적의 합계를 4.6 [m²]로 나누어 얻은 수로 한다.

③ 관람석이 없을 경우 강당, 문화 및 집회시설, 운동시설, 종교시설은 해당 용도로 사용하는 바닥면적의 합계를 4.6 [m²]로 나누어 얻은 수로 한다.

④ 백화점은 해당 용도로 사용하는 바닥면적의 합계를 4.6 [m²]로 나누어 얻은 수로 한다.

해설 **수용인원 산정방법**

숙박시설이 있는 특정소방대상물

• 침대 있는 경우 : 종사자 수 + 침대 수

• 침대 없는 경우 : 종사자 수 + $\dfrac{\text{바닥면적 합계}}{3\,m^2}$

보충 ▶ **숙박시설 이외의 특정소방대상물**

• 강의실·교무실·상담실·실습실·휴게실 용도로 쓰이는 특정소방대상물 : 바닥면적 합계 / 1.9 [m²]

• 강당·문화집회시설·운동시설·종교시설 : 바닥면적 합계 / 4.6 [m²]

• 관람석에 고정식 의자가 있는 경우 : 의자 수

• 관람석에 긴 의자가 있는 경우 : 의자의 정면너비 / 0.45 [m]

• 그 밖의 대상물 : 바닥면적 합계 / 3 [m²]

50 (상ⓒ하)

위험물안전관리법령상 제조소등이 아닌 장소에서 지정수량 이상의 위험물 취급에 대한 설명으로 틀린 것은?

① 임시로 저장 또는 취급하는 장소에서의 저장 또는 취급의 기준은 시·도의 조례로 정한다.

② 필요한 승인을 받아 지정수량 이상의 위험물을 120일 이내의 기간 동안 임시로 저장 또는 취급하는 경우 제조소등이 아닌 장소에서 지정수량 이상의 위험물을 취급할 수 있다.

③ 제조소등이 아닌 장소에서 지정수량 이상의 위험물을 취급할 경우 관할 소방서장의 승인을 받아야 한다.

④ 군부대가 지정수량 이상의 위험물을 군사목적으로 임시로 저장 또는 취급하는 경우 제조소등이 아닌 장소에서 지정수량 이상의 위험물을 취급할 수 있다.

해설 위험물 저장 —————————————

1) 위험물의 저장·취급
  (1) 지정수량 미만인 위험물의 저장·취급에 관한 기술상의 기준 : 시·도의 조례
  (2) 지정수량 이상의 위험물을 저장소가 아닌 장소에서 저장하거나 제조소등이 아닌 장소에서 취급해서는 안 된다.
  (3) 임시 저장·취급 장소의 위치·구조·설비의 기준 : 시·도의 조례
2) 위험물을 임시 저장·취급하는 경우
  (1) 시·도 조례가 정하는 바에 따라 관할 소방서장의 승인을 받아 지정수량 이상의 위험물을 90일 이내 기간 동안 임시 저장·취급
  (2) 군부대가 지정수량 이상의 위험물을 군사목적으로 임시 저장·취급

51 (상ⓒ하)

소방시설공사업법령상 소방시설업 등록의 결격사유에 해당되지 않는 법인은?

① 법인의 대표자가 피성년후견인인 경우

② 법인의 임원이 피성년후견인인 경우

③ 법인의 대표자가 소방시설공사업법에 따라 소방시설업 등록이 취소된 지 2년이 지나지 아니한 자인 경우

④ 법인의 임원이 소방시설공사업법에 따라 소방시설업 등록이 취소된 지 2년이 지나지 아니한 자인 경우

해설 소방시설업 등록 결격사유 —————————————

1) 피성년후견인
2) 금고 이상의 실형을 선고받고 집행이 끝나거나 면제된 날부터 2년이 지나지 않은 사람
3) 금고 이상의 형의 집행유예를 선고받고 그 유예기간 중에 있는 사람
4) 등록하려는 소방시설업 등록이 취소된 날부터 2년이 지나지 않은 자
5) 법인 대표가 위 규정에 해당하는 경우 그 법인
6) 법인 임원이 위 규정에 해당하는 경우 그 법인

52 (상ⓒ하)

소방시설 설치 및 관리에 관한 법령상 특정소방대상물의 소방시설 설치의 면제기준에 따라 연결살수설비를 설치 면제 받을 수 있는 경우는?

① 송수구를 부설한 간이스프링클러설비를 설치하였을 때

② 송수구를 부설한 옥내소화전설비를 설치하였을 때

③ 송수구를 부설한 옥외소화전설비를 설치하였을 때

④ 송수구를 부설한 연결송수관설비를 설치하였을 때

해설 소방시설 설치 면제기준

설치 면제	설치 면제기준
연결살수설비	• 송수구를 부설한 SP, 간이SP, 물분무, 미분무소화설비를 설치하였을 때 • 물분무장치등에 6시간 이상 공급할 수 있는 수원 확보
비상경보설비, 단독경보형 감지기	자동화재탐지설비 또는 화재알림설비 설치
물분무등소화설비	차고·주차장에 S/P 설치한 경우
자동화재탐지설비	자동화재탐지설비의 기능·성능 가진 화재알림설비, 스프링클러설비, 물분무등소화설비 설치

53 상중하

소방시설공사업 법령상 소방공사감리업을 등록한 자가 수행하여야 할 업무가 아닌 것은?

① 완공된 소방시설등의 성능시험
② 소방시설등 설계 변경 사항의 적합성 검토
③ 소방시설등의 설치계획표의 적법성 검토
④ 소방용품 형식승인 및 제품검사의 기술기준에 대한 적합성 검토

해설 감리업자

1) 감리업자 업무
  (1) 소방시설등 설치계획표 적법성 검토
  (2) 소방시설등 설계도서 적합성 검토
  (3) 소방시설등 설계 변경 사항 적합성 검토
  (4) 소방용품 위치·규격 및 사용 자재 적합성 검토
  (5) 공사업자가 한 소방시설 시공이 설계도서와 화재안전기준에 맞는지 지도·감독
  (6) 완공된 소방시설등의 성능시험
  (7) 공사업자가 작성한 시공 상세도면 적합성 검토
  (8) 피난시설 및 방화시설 적법성 검토
  (9) 실내장식물의 불연화와 방염 물품의 적법성 검토

2) 감리업자가 아닌 자가 감리할 수 있는 보안성 등이 요구되는 소방대상물 시공장소 : 「원자력안전법」에 따른 관계시설이 설치되는 장소
3) 감리업자는 업무를 수행할 때에는 대통령령으로 정하는 감리의 종류 및 대상에 따라 공사기간 동안 소방시설공사 현장에 소속 감리원을 배치하고 업무수행 내용을 감리일지에 기록하는 등 대통령령으로 정하는 감리의 방법에 따라야 한다.

54 상중하

소방기본법령상 소방업무의 응원에 대한 설명 중 틀린 것은?

① 소방본부장이나 소방서장은 소방활동을 할 때에 긴급한 경우에는 이웃한 소방본부장 또는 소방서장에게 소방업무의 응원을 요청할 수 있다.
② 소방업무의 응원 요청을 받은 소방본부장 또는 소방서장은 정당한 사유 없이 그 요청을 거절하여서는 아니 된다.
③ 소방업무의 응원을 위하여 파견된 소방대원은 응원을 요청한 소방본부장 또는 소방서장의 지휘에 따라야 한다.
④ 시·도지사는 소방업무의 응원을 요청하는 경우를 대비하여 출동 대상지역 및 규모와 필요한 경비의 부담 등에 관하여 필요한 사항을 대통령령으로 정하는 바에 따라 이웃하는 시·도지사와 협의하여 미리 규약으로 정하여야 한다.

해설 소방업무 응원

• 소방본부장·소방서장은 긴급 시 이웃 소방본부장·소방서장에게 소방업무 응원 요청
• 응원 요청 받은 소방본부장·소방서장은 정당한 사유 없이 요청 거절 금지
• 응원 위해 파견된 소방대원은 응원 요청한 소방본부장·소방서장의 지휘를 따라야 함
• 시·도지사는 출동 대상지역과 규모, 필요 경비 부담 등 필요사항을 행정안전부령에 따라 협의하여 미리 규약으로 정해야 함

55 (상)(중)하

소방기본법령상 이웃하는 다른 시·도지사와 소방업무에 관하여 시·도지사가 체결할 상호응원협정 사항이 아닌 것은?

① 화재조사활동
② 응원출동의 요청 방법
③ 소방교육 및 응원출동훈련
④ 응원출동대상지역 및 규모

해설 소방업무 상호응원협정 ─────────

1) 상호응원협정 체결 : 시·도지사
2) 소방활동에 관한 사항
- 화재 경계·진압활동
- 구조·구급업무 지원
- 화재조사활동
3) 응원출동대상지역 및 규모
4) 소요경비 부담에 관한 사항
- 출동대원 수당·식사 및 피복 수선
- 소방장비 및 기구 정비와 연료 보급
5) 응원출동 요청방법
6) 응원출동훈련 및 평가

56 (상)(중)(하)

위험물안전관리 법령상 옥내주유취급소에 있어서 당해 사무소 등의 출입구 및 피난구와 당해 피난구로 통하는 통로·계단 및 출입구에 설치해야 하는 피난설비는?

① 유도등
② 구조대
③ 피난사다리
④ 완강기

해설 피난설비 ─────────

1) 주유취급소 중 건축물 2층 이상의 부분을 점포·휴게음식점·전시장 용도로 사용하는 것에 있어서는 당해 건축물 2층 이상으로부터 주유취급소 부지 밖으로 통하는 출입구와 당해 출입구로 통하는 통로·계단·출입구에 유도등 설치
2) 옥내주유취급소에 있어서 당해 사무소 등의 출입구 및 피난구와 당해 피난구로 통하는 통로·계단·출입구에 유도등 설치

57 (상)(중)하

위험물안전관리법령상 위험물 및 지정수량에 대한 기준 중 다음 ( ) 안에 알맞은 것은?

> 금속분이라 함은 알칼리금속·알칼리토류금속·철 및 마그네슘 외의 금속의 분말을 말하고, 구리분·니켈분 및 (㉠) 마이크로미터의 체를 통과하는 것이 (㉡) 중량퍼센트 미만인 것은 제외한다.

① ㉠ 150, ㉡ 50
② ㉠ 53, ㉡ 50
③ ㉠ 50, ㉡ 150
④ ㉠ 50, ㉡ 53

해설 위험물의 정의(금속분) ─────────

- 알칼리금속·알칼리토류금속·철·마그네슘 외의 금속 분말
- 구리분·니켈분 및 150 [μm]의 체를 통과하는 것이 50중량퍼센트 미만인 것 제외

58 (상(중)하)

위험물안전관리법령상 제조소등의 관계인은 위험물의 안전관리에 관한 직무를 수행하게 하기 위하여 제조소등마다 위험물의 취급에 관한 자격이 있는 자를 위험물안전관리자로 선임하여야 한다. 이 경우 제조소등의 관계인이 지켜야 할 기준으로 틀린 것은?

① 제조소등의 관계인은 안전관리자를 해임하거나 안전관리자가 퇴직한 때에는 해임하거나 퇴직한 날부터 15일 이내에 다시 안전관리자를 선임하여야 한다.

② 제조소등의 관계인이 안전관리자를 선임한 경우에는 선임한 날부터 14일 이내에 소방본부장 또는 소방서장에게 신고하여야 한다.

③ 제조소등의 관계인은 안전관리자가 여행·질병 그 밖의 사유로 인하여 일시적으로 직무를 수행할 수 없는 경우에는 국가기술자격법에 따른 위험물의 취급에 관한 자격취득자 또는 위험물 안전에 관한 기본지식과 경험이 있는 자를 대리자로 지정하여 그 직무를 대행하게 하여야 한다. 이 경우 대행하는 기간은 30일을 초과할 수 없다.

④ 안전관리자는 위험물을 취급하는 작업을 하는 때에는 작업자에게 안전관리에 관한 필요한 지시를 하는 등 위험물의 취급에 관한 안전관리와 감독을 하여야 하고, 제조소등의 관계인은 안전관리자의 위험물안전관리에 관한 의견을 존중하고 그 권고에 따라야 한다.

해설 위험물안전관리자 ────────────────

• 안전관리자 선임 : 관계인
• 안전관리자 해임, 퇴직 시 해임, 퇴직한 날부터 30일 이내 재선임
• 선임신고기간 : 소방본부장·소방서장에게 선임한 날부터 14일 이내 신고
• 직무대행기간 : 30일 이내

59 (상(중)하)

다음 중 소방기본법령상 한국소방안전원의 업무가 아닌 것은?

① 소방기술과 안전관리에 관한 교육 및 조사·연구
② 위험물탱크 성능시험
③ 소방기술과 안전관리에 관한 각종 간행물 발간
④ 화재 예방과 안전관리의식 고취를 위한 대국민 홍보

해설 한국소방안전원 ────────────────

1) 승인 및 감독 : 소방청장
2) 한국소방안전원의 설립목적
   (1) 소방기술과 안전관리기술의 향상·홍보
   (2) 교육·훈련 등 행정기관이 위탁하는 업무의 수행
   (3) 소방관계 종사자의 기술 향상
3) 한국소방안전원의 업무
   (1) 소방기술과 안전관리에 관한 교육 및 조사·연구
   (2) 소방기술과 안전관리에 관한 각종 간행물 발간
   (3) 화재 예방과 안전관리의식 고취를 위한 대국민 홍보
   (4) 소방업무에 관하여 행정기관이 위탁하는 업무
   (5) 소방안전에 관한 국제협력
   (6) 그 밖에 회원에 대한 기술지원 등 정관으로 정하는 사항

60 상중하

소방시설 설치 및 관리에 관한 법령상 소방시설의 종류에 대한 설명으로 옳은 것은?

① 소화기구, 옥외소화전설비는 소화설비에 해당된다.
② 유도등, 비상조명등은 경보설비에 해당된다.
③ 소화수조, 저수조는 소화활동설비에 해당된다.
④ 연결송수관설비는 소화용수설비에 해당된다.

해설 소방시설 종류 ─────────

구분	정의
소화설비	물, 소화약제 사용하여 소화
경보설비	화재발생을 통보하는 설비
피난구조설비	화재발생 시 피난 목적 설비
소화용수설비	화재를 진압하는 데 필요한 물을 공급·저장하는 설비
소화활동설비	화재진압에 필요한 물 공급·저장

암기 소경피 용활

정답 60 ①

2022년 1회

소방전기시설의 구조 및 원리

목표시간 : 30분   시작 : _시 _분   종료 : _시 _분   맞은 개수 : _/20

---

61 (상 ⓒ 하)

비상콘센트설비의 성능인증 및 제품검사의 기술기준에 따라 비상콘센트설비의 절연된 충전부와 외함 간의 절연내력은 정격전압 150 [V] 이하의 경우 60 [Hz]의 정현파에 가까운 실효전압 1000 [V] 교류전압을 가하는 시험에서 몇 분간 견디어야 하는가?

① 1
② 5
③ 10
④ 30

해설 비상콘센트 절연내력시험

1) 절연저항 : 500 [V] 절연저항계로 측정할 때 20 [MΩ] 이상일 것
2) 절연내력
   ⑴ 정격전압 150 [V] 이하 : 1000 [V]의 실효전압
   ⑵ 정격전압이 150 [V] 초과 : (정격전압 × 2) + 1000 [V] = 실효전압
   ⑶ 실효전압 시험에서 1분 이상 견디는 것으로 할 것
3) 배선
   전원회로의 배선은 내화배선, 그 밖의 배선은 내화배선 또는 내열배선

---

62 (상 중 ⓗ)

누전경보기의 형식승인 및 제품검사의 기술기준에 따라 비호환성형 수신부는 신호입력회로에 공칭작동전류치의 42 [%]에 대응하는 변류기의 설계출력전압을 가하는 경우 몇 초 이내에 작동하지 아니하여야 하는가?

① 10초
② 20초
③ 30초
④ 60초

해설 누전경보기 수신부

• 호환성형 수신부 : 공칭작동전류치에 대응하는 변류기 설계출력전압의 52 [%] 전압을 가하는 경우 30초 이내에 작동하지 않아야 하며, 75 [%]인 전압을 가하는 경우 1초 이내 작동
• 비호환성형 수신부 : 공칭작동전류치의 42 [%]에 대응하는 변류기 설계출력전압을 가하는 경우 30초 이내 작동하지 않아야 하며, 공칭작동전류치에 대응하는 변류기 설계출력전압을 가하는 경우 1초 이내 작동

---

63 (상 ⓒ 하)

자동화재탐지설비 및 시각경보장치의 화재안전기술기준 (NFTC 203)에 따른 감지기의 시설기준으로 옳은 것은?

① 스포트형 감지기는 15° 이상 경사되지 아니하도록 부착할 것
② 공기관식 차동식 분포형 감지기의 검출부는 45° 이상 경사되지 아니하도록 부착할 것
③ 보상식 스포트형 감지기는 정온점이 감지기 주위의 평상시 최고 온도보다 20 [℃] 이상 높은 것으로 설치할 것
④ 정온식 감지기는 주방·보일러실 등으로서 다량의 화기를 취급하는 장소에 설치하되, 공칭작동온도가 최고 주위온도보다 30 [℃] 이상 높은 것으로 설치할 것

해설 감지기 설치기준 ──────

1) 공기관식 차동식 분포형 감지기
  (1) 공기관의 노출부분 : 20 [m] 이상
  (2) 하나의 검출부에 접속하는 공기관의 길이 : 100 [m] 이하
  (3) 공기관과 감지구역의 각 변과의 수평거리 : 1.5 [m] 이하
  (4) 공기관 상호 거리 : 6 [m] 이하(주요구조부가 내화 구조인 경우 : 9 [m])
  (5) 공기관은 도중에 분기 금지
  (6) 검출부는 5° 이상 경사되지 않을 것
  (7) 검출부는 바닥으로부터 0.8 [m] 이상 1.5 [m] 이하의 위치에 설치할 것
2) 스포트형 감지기 설치할 때 각도가 45° 이상 경사가 되지 않도록 설치
3) 보상식 스포트형 감지기는 정온점이 감지기 주위의 평상시 최고 온도보다 20 [℃] 이상 높은 것으로 설치
4) 정온식 감지기의 경우 작동온도가 주위 최고 온도보다 20 [℃] 이상 높은 것으로 설치

부착높이 및 특정소방대상물 구분		감지기의 종류				
		차동식 / 보상식 스포트		정온식 스포트		
		1종	2종	특종	1종	2종
4 [m] 미만	내화 구조	90	70	70	60	20
	기타 구조	50	40	40	30	15
4 [m] 이상 8 [m] 미만	내화 구조	45	35	35	30	–
	기타 구조	30	25	25	15	–

64 (상 중 ⓗ)

누전경보기의 화재안전기술기준(NFTC 205)에 따라 경계전로의 누설전류를 자동적으로 검출하여 이를 누전경보기의 수신부에 송신하는 것은?

① 변류기   ② 변압기
③ 음향장치   ④ 과전류차단기

해설 누전경보기 용어 ──────

1) 수신부 : 변류기로부터 검출된 신호를 수신하여 누전의 발생을 해당 특정소방대상물의 관계인에게 경보하여 주는 것(차단기구를 갖는 것을 포함)
2) 변류기 : 경계전로의 누설전류를 자동적으로 검출하여 이를 누전경보기의 수신부에 송신하는 것
3) 경계전로 : 누전경보기가 누설전류를 검출하는 대상 전선로
4) 과전류차단기 : 「전기설비기술기준의 판단기준」 제38조와 제39조에 따른 것
5) 분전반 : 배전반으로부터 전력을 공급받아 부하에 전력을 공급해주는 것
6) 인입선 : 「전기설비기술기준」 제3조 제1항 제9호에 따른 것으로서, 배전선로에서 갈라져서 직접 수용장소의 인입구에 이르는 부분의 전선
7) 정격전류 : 전기기기의 정격출력 상태에서 흐르는 전류

65 상⦿하

비상방송설비의 화재안전기술기준(NFTC 202)에 따라 전원회로의 배선으로 사용할 수 없는 것은?

① 450/750 [V] 비닐절연전선

② 0.6/1 [kV] EP 고무절연 클로로프렌 시스케이블

③ 450/750 [V] 저독성 난연 가교 폴리올레핀 절연전선

④ 내열성 에틸렌 – 비닐 아세테이트 고무 절연케이블

> 해설 비상방송설비 전원회로의 배선 ─────────

- 450/750 [V] 저독성 난연 가교 폴리올레핀 절연 전선
- 0.6/1 [kV] 가교 폴리에틸렌 절연 저독성 난연 폴리올레핀 시스 전력 케이블
- 6/10 [kV] 가교 폴리에틸렌 절연 저독성 난연 폴리올레핀 시스 전력용 케이블
- 가교 폴리에틸렌 절연 비닐시스 트레이용 난연 전력 케이블
- 0.6/1 [kV] EP 고무절연 클로로프렌 시스케이블
- 300/500 [V] 내열성 실리콘 고무 절연전선(180 [℃])
- 내열성 에틸렌 – 비닐아세테이트 고무 절연케이블
- 버스덕트(Bus Duct)

> 보충 ▶ 버스덕트 : 금속제의 덕트 중 적당한 간격으로 절연물에 의해 지지된 나도체를 수납하는 구조의 덕트

66 상⦿하

층수가 11층 이상인 특정소방대상물의 2층에서 발화한 때의 경보기준으로 옳은 것은? (단, 비상방송설비 화재안전기술기준(NFTC 202)에 따른다) [법 개정으로 인한 문제 수정]

① 발화층에만 경보를 발할 것

② 발화층 및 그 직상 4개의 층에만 경보를 발할 것

③ 발화층·그 직상 4개의 층 및 지하층에 경보를 발할 것

④ 발화층·그 직상 4개의 층 및 기타의 지하층에 경보를 발할 것

> 해설 비상방송설비 음향장치 경보(우선경보) ───────

층수가 11층(공동주택의 경우에는 16층) 이상의 특정소방대상물은 다음과 같은 경보를 발할 수 있어야 한다.

1) 2층 이상의 층에서 발화한 때에는 발화층 및 그 직상 4개 층에 경보
2) 1층에서 발화한 때에는 발화층·그 직상 4개 층 및 지하층에 경보
3) 지하층에서 발화한 때에는 발화층·그 직상층 및 기타 지하층 경보

67 상⦿하

자동화재탐지설비 및 시각경보장치의 화재안전기술기준(NFTC 203)에 따라 감지기회로의 도통시험을 위한 종단저항의 설치기준으로 틀린 것은?

① 감지기회로의 끝부분에 설치할 것

② 점검 및 관리가 쉬운 장소에 설치할 것

③ 전용함을 설치하는 경우 그 설치높이는 바닥으로부터 2 [m] 이내로 할 것

④ 종단감지기에 설치할 경우에는 구별이 쉽도록 해당 감지기의 기판 등에 별도의 표시를 할 것

> 해설 감지기 종단저항 ─────────

- 점검 및 관리가 쉬운 장소에 설치
- 설치높이 : 1.5 [m] 이하(전용함 설치)
- 감지기회로 끝부분 설치
- 종단감지기에 설치 시 : 기판·감지기 외부등 별도표시
- 도통시험을 하기 위해 설치

68 (상㊥하)

경종의 우수품질인증 기술기준에 따른 기능시험에 대한 내용이다. 다음 (   )에 들어갈 내용으로 옳은 것은?

> 경종은 정격전압을 인가하여 경종의 중심으로부터 1 [m] 떨어진 위치에서 (ⓐ) [dB] 이상이어야 하며, 최소 청취거리에서 (ⓑ) [dB]를 초과하지 아니하여야 한다.

① ⓐ 90, ⓑ 110
② ⓐ 90, ⓑ 130
③ ⓐ 110, ⓑ 90
④ ⓐ 110, ⓑ 130

(해설) 경종 기능시험 ─────

1) 경종의 중심으로부터 1 [m] 떨어진 위치에서 90 [dB] 이상이어야 하며, 최소청취거리에서 110 [dB]을 초과하지 아니하여야 한다.
2) 경종의 소비전류는 50 [mA] 이하이어야 한다.

69 (상㊥하)

「유통산업발전법」 제2조 제3호에 따른 대규모점포(지하상가 및 지하역사는 제외한다)와 영화상영관에는 보행거리 몇 [m] 이내마다 휴대용 비상조명등을 3개 이상 설치하여야 하는가? (단, 비상조명등의 화재안전기술기준(NFTC 304)에 따른다)

① 50   ② 60
③ 70   ④ 80

(해설) 휴대용 비상조명등 설치기준 ─────

1) 설치장소

설치대상	기준
숙박시설, 다중이용업소	구획된 실마다 1개 이상 설치
수용인원 100명 이상의 영화상영관, 대규모점포	보행거리 50 [m] 이내마다 3개 이상 설치
지하상가, 지하역사	보행거리 25 [m] 이내마다 3개 이상 설치

2) 설치기준

(1) 바닥으로부터 0.8 [m] 이상 1.5 [m] 이하의 높이에 설치할 것
(2) 어둠 속에서 위치를 확인할 수 있도록 할 것
(3) 사용 시 자동으로 점등되는 구조일 것
(4) 외함은 난연성능이 있을 것
(5) 건전지 사용 시 방전방지조치를 하고, 충전식 배터리 사용 시 상시 충전되도록 할 것
(6) 건전지 및 충전식 배터리 용량은 20분 이상 유효하게 사용할 수 있는 것

70 (상㊥하)

자동화재탐지설비 및 시각경보장치의 화재안전기술기준(NFTC 203)에 따라 전화기기실, 통신기기실 등과 같은 훈소화재의 우려가 있는 장소에 적응성이 없는 감지기는?

① 광전식 스포트형
② 광전아날로그식 분리형
③ 광전아날로그식 스포트형
④ 이온아날로그식 스포트형

(해설) 감지기 적응성 ─────

설치장소	감지기 적응성										
환경 상태 및 적응장소	차동식 스포트형	차동식 분포형	보상식 스포트형	정온식	열아날로그식	이온화식 스포트형	광전식 스포트형	이온아날로그식 스포트형	광전아날로그식 스포트형	광전식 분리형	광전아날로그식 분리형	불꽃감지기
훈소화재의 우려가 있는 장소 : 전화기기실, 통신기기실, 전산실, 기계제어실	×	×	×	×	×	×	○	×	○	○	○	×

71 (상)(중)하

자동화재속보설비의 속보기의 성능인증 및 제품검사의 기술기준에 따른 속보기의 기능에 대한 내용이다. 다음 (   )에 들어갈 내용으로 옳은 것은?

> 작동신호를 수신하거나 수동으로 동작시키는 경우 (ⓐ)초 이내에 소방관서에 자동적으로 신호를 발하여 통보하되, (ⓑ)회 이상 속보할 수 있어야 한다.

① ⓐ 10, ⓑ 3 ② ⓐ 10, ⓑ 5
③ ⓐ 20, ⓑ 3 ④ ⓐ 20, ⓑ 5

해설 속보기 기능 ─────────

1) 작동신호를 수신하거나 수동으로 동작시키는 경우 20초 이내에 소방관서에 자동적으로 신호를 발하여 통보하되, 3회 이상 속보할 수 있어야 한다.
2) 주전원이 정지한 경우에는 자동적으로 예비전원으로 전환되고, 주전원이 정상 상태로 복귀한 경우에는 자동적으로 예비전원에서 주전원으로 전환되어야 한다.
3) 예비전원은 자동적으로 충전되어야 하며 자동 과충전방지 장치가 있어야 한다.
4) 화재신호를 수신하거나 속보기를 수동으로 동작시키는 경우 자동적으로 적색 화재표시등이 점등되고 음향장치로 화재를 경보하여야 하며, 화재표시 및 경보는 수동으로 복구 및 정지시키지 않는 한 지속되어야 한다.
5) 연동 또는 수동으로 소방관서에 화재발생 음성정보를 속보 중인 경우에도 송수화장치를 이용한 통화가 우선적으로 가능하여야 한다.
6) 예비전원을 병렬로 접속하는 경우에는 역충전방지 등의 조치를 하여야 한다.
7) 예비전원은 감시 상태를 60분간 지속한 후 10분 이상 동작(화재속보 후 화재표시 및 경보를 10분간 유지하는 것을 말한다)이 지속될 수 있는 용량이어야 한다.
8) 속보기는 연동 또는 수동 작동에 의한 다이얼링 후 소방관서와 전화접속이 이루어지지 않는 경우에는 최초 다이얼링을 포함하여 10회 이상 반복적으로 접속을 위한 다이얼링이 이루어져야 한다. 이 경우 매회 다이얼링 완료 후 호출은 30초 이상 지속되어야 한다.
9) 속보기의 송수화장치가 정상위치가 아닌 경우에도 연동 또는 수동으로 속보가 가능하여야 한다.
10) 음성으로 통보되는 속보내용을 통하여 해당 특정소방대상물의 위치, 화재발생 및 속보기에 의한 신고임을 확인할 수 있어야 한다.
11) 속보기는 음성속보방식 외에 데이터 또는 코드전송방식 등을 이용한 속보기능을 설치할 수 있다.

72 (상)(중)하

비상콘센트설비의 화재안전기술기준(NFTC 504)에 따른 비상콘센트설비의 전원회로(비상콘센트에 전력을 공급하는 회로를 말한다)의 설치기준으로 틀린 것은?

① 전원회로는 주배전반에서 전용회로로 할 것
② 전원회로는 각 층에 1 이상이 되도록 설치할 것
③ 콘센트마다 배선용 차단기(KS C 8321)를 설치하여야 하며 충전부가 노출되지 아니하도록 할 것
④ 비상콘센트설비의 전원회로는 단상교류 220 [V]인 것으로서 그 공급용량은 1.5 [kVA] 이상인 것으로 할 것

해설 비상콘센트설비 전원회로 설치기준 ─────────

1) 전원회로 : 단상교류는 220 [V], 공급용량은 1.5 [kVA] 이상
2) 전원회로는 각 층에 2 이상이 되도록 설치(다만 설치하여야 할 층의 비상콘센트가 1개인 때에는 하나의 회로로 할 수 있다)
3) 전원회로는 주배전반에서 전용회로로 할 것
4) 전원으로부터 각 층의 비상콘센트에 분기되는 경우에는 분기배선용 차단기를 보호함 안에 설치할 것
5) 콘센트마다 배선용 차단기를 설치하여야 하며 충전부가 노출되지 아니하도록 할 것
6) 개폐기에는 "비상콘센트"라고 표시한 표지를 할 것
7) 비상콘센트용의 풀박스 등은 방청도장을 한 것으로서 두께 1.6 [mm] 이상의 철판으로 할 것
8) 하나의 전용회로에 설치하는 비상콘센트는 10개 이하로 할 것 이 경우 전선 용량은 각 비상콘센트(비상콘센트가 3개 이상인 경우에는 3개)의 공급용량을 합한 용량 이상의 것으로 하여야 한다.

73 (상 중 하)

무선통신보조설비 화재안전기술기준(NFTC 505)에 따라 분배기·분파기 및 혼합기 등의 임피던스는 몇 [Ω]의 것으로 하여야 하는가?

① 10   ② 20
③ 50   ④ 75

해설 분배기·분파기·혼합기의 설치기준 ─────

1) 먼지·습기 및 부식 등에 따라 기능에 이상을 가져오지 아니하도록 할 것
2) <u>임피던스는 50 [Ω]의 것으로 할 것</u>
3) 점검에 편리하고 화재 등의 재해로 인한 피해의 우려가 없는 장소에 설치할 것

74 (상 중 하)

자동화재탐지설비 및 시각경보장치의 화재안전기술기준(NFTC 203)에 따라 광전식 분리형 감지기의 설치기준에 대한 설명으로 틀린 것은?

① 감지기의 수광면은 햇빛을 직접 받지 않도록 설치할 것
② 감지기의 송광부와 수광부는 설치된 뒷벽으로부터 1 [m] 이내 위치에 설치할 것
③ 광축(송광면과 수광면의 중심을 연결한 선)은 나란한 벽으로부터 0.6 [m] 이상 이격하여 설치할 것
④ 광축의 높이는 천장 등(천장의 실내에 면한 부분 또는 상층의 바닥하부면을 말한다) 높이의 70 [%] 이상일 것

해설 광전식 분리형 설치기준 ─────

1) 광축은 나란한 벽으로부터 0.6 [m] 이상 이격(오동작방지 개념)
2) 수광면은 햇빛을 직접 받지 않도록 설치
3) 송광부와 수광부는 설치된 뒷벽으로부터 1 [m] 이내 위치에 설치(미 감시구역 증가방지 개념)
4) <u>광축의 높이는 천장 등 높이의 80 [%] 이상일 것</u>
5) 광축의 길이는 공칭감시거리 범위 이내일 것(검정기술기준 공칭감시거리 : 5 ~ 100 [m], 5 [m] 간격)

75 (상 중 하)

유도등의 형식승인 및 제품검사의 기술기준에 따라 유도등의 교류입력 측과 외함 사이, 교류입력 측과 충전부 사이 및 절연된 충전부와 외함 사이의 각 절연저항을 DC 500 [V]의 절연저항계로 측정한 값이 몇 [$M\Omega$] 이상이어야 하는가?

① 0.1   ② 5
③ 20   ④ 50

해설 유도등 절연저항시험 ─────

1) 절연저항계 전압 : DC 500 [V]
2) 절연저항 : 5 [$M\Omega$] 이상
3) 측정위치
   ⑴ 유도등의 교류입력 측과 외함 사이
   ⑵ 교류입력 측과 충전부 사이
   ⑶ 절연된 충전부와 외함 사이

   TIP ▶ 누전경보기, 비상조명등, 유도등은 어디를 측정하든지 절연저항이 5 [$M\Omega$] 이상이다.

76 (상 중 하)

비상경보설비의 축전지의 성능인증 및 제품검사의 기술기준에 따른 축전지설비의 외함 두께는 강판인 경우 몇 [mm] 이상이어야 하는가?

① 0.7   ② 1.2
③ 2.3   ④ 3

해설 축전지 외함두께 ─────

1) 강판 : 1.2 [mm] 이상
2) 매립 시 매립되는 외함 부분 : 1.6 [mm] 이상
3) 합성수지 : 3 [mm] 이상

암기 ▶ 강12 합3

정답 73 ③ 74 ④ 75 ② 76 ②

77 상(중)하

유도등 및 유도표지의 화재안전기술기준(NFTC 303)에 따라 객석 내 통로의 직선 부분 길이가 85 [m]인 경우 객석유도등을 몇 개 설치하여야 하는가?

① 17개
② 19개
③ 21개
④ 22개

해설 객석유도등 최소설치개수 ─────

• 객석의 통로, 바닥 또는 벽에 설치할 것
• 설치개수

$$= \frac{\text{객석 통로 직선부분 길이}(m)}{4} - 1$$

$$= \frac{85}{4} - 1 = 20.25 \rightarrow \text{절상해서 21개}$$

TIP ▶ 소수점 이하의 수는 절상할 것

78 상(중)하

비상경보설비 및 단독경보형 감지기의 화재안전기술기준(NFTC 201)에 따른 용어에 대한 정의로 틀린 것은?

① 비상벨설비라 함은 화재발생 상황을 경종으로 경보하는 설비를 말한다.
② 자동식 사이렌설비라 함은 화재발생 상황을 사이렌으로 경보하는 설비를 말한다.
③ 수신기라 함은 발신기에서 발하는 화재신호를 간접 수신하여 화재의 발생을 표시 및 경보하여 주는 장치를 말한다.
④ 단독경보형 감지기라 함은 화재발생 상황을 단독으로 감지하여 자체에 내장된 음향장치로 경보하는 감지기를 말한다.

해설 비상경보설비 및 단독경보형 감지기 용어 ─────

1) "비상벨설비"란 화재발생 상황을 경종으로 경보하는 설비를 말한다.
2) "자동식 사이렌설비"란 화재발생 상황을 사이렌으로 경보하는 설비를 말한다.
3) "단독경보형 감지기"란 화재발생 상황을 단독으로 감지하여 자체에 내장된 음향장치로 경보하는 감지기를 말한다.
4) "발신기"란 화재발생 신호를 수신기에 수동으로 발신하는 장치를 말한다.
5) "수신기"란 발신기에서 발하는 화재신호를 직접 수신하여 화재의 발생을 표시 및 경보하여 주는 장치를 말한다.
6) "신호처리방식"은 화재신호 및 상태신호 등(이하 "화재신호 등"이라 한다)을 송수신하는 방식으로서 다음의 방식을 말한다.
　(1) "유선식"은 화재신호 등을 배선으로 송·수신하는 방식
　(2) "무선식"은 화재신호 등을 전파에 의해 송·수신하는 방식
　(3) "유·무선식"은 유선식과 무선식을 겸용으로 사용하는 방식

79 상(중)하

다음의 무선통신보조설비 그림에서 ⓐ에 해당하는 것은?

① 혼합기
② 옥외안테나
③ 무선중계기
④ 무반사종단저항

해설 누설·동축케이블 설치기준 ─────────

1) 소방전용주파수대에서 전파의 전송 또는 복사에 적합한 것으로서 소방전용의 것으로 할 것(다만 소방대 상호 간의 무선연락에 지장 없는 경우에는 다른 용도와 겸용 가능하다)
2) 누설동축케이블과 이에 접속하는 안테나 또는 동축케이블과 이에 접속하는 안테나에 따른 것으로 할 것
3) 누설동축케이블은 불연 또는 난연성의 것으로서 습기에 따라 전기의 특성이 변질되지 아니하는 것으로 하고, 노출하여 설치한 경우에는 피난 및 통행에 장애가 없도록 할 것
4) 누설동축케이블은 화재에 따라 해당 케이블의 피복이 소실된 경우에 케이블 본체가 떨어지지 아니하도록 4 [m] 이내마다 금속제 또는 자기제 등의 지지금구로 벽·천장·기둥 등에 견고하게 고정시킬 것(다만 불연재료로 구획된 반자 안에 설치하는 경우에는 그러하지 않는다)
5) 누설동축케이블 및 안테나는 금속판 등에 따라 전파의 복사 또는 특성이 현저하게 저하되지 아니하는 위치에 설치할 것
6) 누설동축케이블 및 안테나는 고압의 전로로부터 1.5 [m] 이상 떨어진 위치에 설치할 것(다만 해당 전로에 정전기 차폐장치를 유효하게 설치한 경우에는 그러하지 않는다)
7) <u>누설동축케이블의 끝부분에는 무반사 종단저항을 견고하게 설치할 것</u>
8) 누설동축케이블 또는 동축케이블의 임피던스는 50 [Ω]으로 하고, 이에 접속하는 안테나·분배기 기타의 장치는 해당 임피던스에 적합한 것으로 하여야 한다.

80 상 ⟨중⟩ 하

축전지의 자기 방전을 보충함과 동시에 상용부하에 대한 전력공급은 충전기가 부담하도록 하되 충전기가 부담하기 어려운 일시적인 대전류 부하는 축전지로 하여금 부담하게 하는 충전방식은?

① 보통충전방식 ② 균등충전방식
③ 부동충전방식 ④ 급속충전방식

해설 충전방식 ─────────

구분	내용
세류 충전방식	축전지의 자기방전을 보충하기 위해 부하를 제거한 상태로 늘 미소전류로 충전하는 방식 (자기 방전량만 상시 충전)
균등 충전방식	부동충전방식 사용 시 Cell에서 일어나는 전위차를 균등하게 하기 위해 3주에 1회 정도 축전지 공칭전압의 120 ~ 125 [%]의 정전압으로 10 ~ 12시간 충전하는 방식
보통 충전방식	필요할 때마다 표준 시간율로 충전하는 방식
급속 충전방식	단시간에 2 ~ 3배의 전류로 충전하는 방식
부동 충전방식	전지의 자기방전을 보충함과 동시에 상용부하에 대한 전력공급은 충전기가 부담하도록 하되, 충전기가 부담하기 어려운 일시적인 대전류 부하는 축전지로 하여금 부담하게 하는 충전방식

2022년 2회

소방원론

목표시간 : 20분 | 시작 : _시 _분 | 종료 : _시 _분 | 맞은 개수 : _ /20

01 상 중 하

정전기로 인한 화재를 줄이고 방지하기 위한 대책 중 틀린 것은?

① 공기 중 습도를 일정값 이상으로 유지한다.
② 기기의 전기 절연성을 높이기 위하여 부도체로 차단공사를 한다.
③ 공기 이온화 장치를 설치하여 가동시킨다.
④ 정전기 축적을 막기 위해 접지선을 이용하여 대지로 연결 작업을 한다.

해설 정전기 방지대책 ─────────

1) 배관 내 유속을 제한한다(1 [m/s] 이하).
2) 접지 및 본딩을 한다.
3) 상대습도 70 [%] 이상을 유지한다.
4) 대전방지제 사용한다.
5) 공기를 이온화한다.
6) 제전기(제진기)를 사용한다.

TIP 정전기현상은
부도체 표면 간의 접촉에 따라 발생하므로
'부도체로 차단공사를 하는 것'은 정전기 방지대책이 아님

02 상 중 하

위험물안전관리법령상 위험물로 분류되는 것은?

① 과산화수소 ② 압축산소
③ 프로페인가스 ④ 포스겐

해설 위험물의 분류 ─────────

구분	개요
제1류	산화성 고체
제2류	가연성 고체
제3류	자연발화성 및 금수성 물질
제4류	인화성 액체
제5류	자기반응성 물질
제6류	산화성 액체(과산화수소)

암기 산가자 인자산

03 상 중 하

이산화탄소 20 [g]은 약 몇 [mol]인가?

① 0.23 ② 0.45
③ 2.2 ④ 4.4

해설 이산화탄소의 분자량을 이용한 몰수 구하기 ─────────

- 이산화탄소의 분자량 : 44 [g/mol] → 1 [mol]당 44 [g]
- 1 [mol] : CO_2 1[mol]당 질량 [g]
  = CO_2가 20 [g]일 때 몰수 x [mol] : 20[g]
  1 [mol] : 44 [g] $= x$: 20 [g]
  $x = \dfrac{20 \times 1}{44} ≒ 0.45$ [mol]

정답 01 ② 02 ① 03 ②

04 (상 중 하)

물질의 연소 시 산소공급원이 될 수 없는 것은?

① 탄화칼슘

② 과산화나트륨

③ 질산나트륨

④ 압축공기

해설 산소공급원 ──────────

1) 산소공급원(산화성 물질)

　제1류 · 제5류 · 제6류 위험물

2) 산소공급원 가능 여부

물질	분류	산소공급원 가능 여부
탄화칼슘	제3류 위험물 (금수성 물질)	×
과산화나트륨	제1류 위험물 (산화성 고체)	○
질산나트륨	제1류 위험물 (산화성 고체)	○
압축공기	–	○

※ 탄화칼슘(제3류위험물 – 금수성 물질)

- 물과 접촉하여 발화, 가연성 가스(아세틸렌) 발생
- 산화성 물질이 아니므로 산소공급원이 될 수 없음

보충▶ 대기 중 산소는 약 21 [vol%]로
압축공기 내에도 산소가 있어 산소공급원이 될 수 있다.

해설 Fourier의 열전도법칙 ──────────

전도 열량 $Q[W] = \dfrac{kA\triangle T}{l}$

따라서 $Q \propto \dfrac{1}{l}$ (열량은 전열체의 두께에 반비례)

k : 열전도도 [W/m · K]

A : 단면적 [m²]

$\triangle T$: 온도차 [K]

l : 전열체(벽체) 두께 [m]

TIP▶ 두께만 반비례

06 (상 중 하)

할론소화설비에서 할론 1211 약제의 분자식은?

① CBr_2ClF　　② CF_2BrCl

③ CCl_2BrF　　④ BrC_2ClF

해설 할론소화약제 ──────────

종류	분자식	상온 · 상압
할론 1211	CF_2ClBr	기체
할론 1301	CF_3Br	기체
할론 1011	CH_2ClBr	액체
할론 2402	$C_2F_4Br_2$	액체

05 (상 중 하)

Fourier법칙(전도)에 대한 설명으로 틀린 것은?

① 이동열량은 전열체의 단면적에 비례한다.

② 이동열량은 전열체의 두께에 비례한다.

③ 이동열량은 전열체의 열전도도에 비례한다.

④ 이동열량은 전열체 내 · 외부의 온도차에 비례한다.

07 (상 중 하)

제4류 위험물의 성질로 옳은 것은?

① 가연성 고체　　② 산화성 고체

③ 인화성 액체　　④ 자기반응성 물질

해설 위험물의 분류

구분	개요
제1류	산화성 고체
제2류	가연성 고체
제3류	자연발화성 및 금수성 물질
제4류	인화성 액체
제5류	자기반응성 물질
제6류	산화성 액체

암기 ▶ 산가자 인자산

해설 물소화약제

1) 비열, 증발잠열(기화잠열)이 큼
2) 가격이 저렴하고 쉽게 많은 양을 구할 수 있음
3) 무상주수 시 중질유 화재 적응성이 있음
4) 밀폐된 곳에서 물이 증발하여 수증기가 되면 공기 중 산소의 농도가 감소
5) 수소결합으로 안정성이 높아 각종 첨가제 혼합이 가능

08 상 중 하

목재 화재 시 다량의 물을 뿌려 소화할 경우 기대되는 주된 소화효과는?

① 제거효과
② 냉각효과
③ 부촉매효과
④ 희석효과

해설 냉각소화

열을 흡수하여 발화점 이하로 낮추는 소화
예 목재 화재 시 다량의 물을 뿌려 소화

10 상 중 하

분말소화약제 중 탄산수소칼륨[$KHCO_3$]과 요소[$(NH_2)_2CO$]와의 반응물을 주성분으로 하는 소화약제는?

① 제1종 분말
② 제2종 분말
③ 제3종 분말
④ 제4종 분말

해설 분말소화약제

종별	소화약제	약제색	적응화재
1종	탄산수소나트륨 ($NaHCO_3$)	백색	BC급
2종	탄산수소칼륨 ($KHCO_3$)	담자색 (담회색)	
3종	제1인산암모늄 ($NH_4H_2PO_4$)	담홍색	ABC급
4종	탄산수소칼륨 + 요소 ($KHCO_3 + (NH_2)_2CO$)	회(백)색	BC급

암기 ▶ 백담사 홍어회

09 상 중 하

물이 소화약제로서 사용되는 장점이 아닌 것은?

① 가격이 저렴하다.
② 많은 양을 구할 수 있다.
③ 증발잠열이 크다.
④ 가연물과 화학반응이 일어나지 않는다.

11 (상(중)하)

다음 중 가연물의 제거를 통한 소화방법과 무관한 것은?

① 산불의 확산방지를 위하여 산림의 일부를 벌채한다.
② 화학반응기의 화재 시 원료 공급관의 밸브를 잠근다.
③ 전기실 화재 시 IG-541 약제를 방출한다.
④ 유류탱크 화재 시 주변에 있는 유류탱크의 유류를 다른 곳으로 이동시킨다.

해설 제거소화

방법	내용
격리	• 바람을 일으켜 가연물과 불꽃을 격리
소멸	• 가스밸브를 차단하여 가스 공급을 소멸 • 드레인밸브(배출밸브)를 개방하여 기름 배출 • 가연물을 다른 지역으로 이동
파괴	• 산불 화재 시 맞불, 벌목

보충 화재 시 IG-541 약제 방출 : 질식소화

12 (상(중)하)

건물화재의 표준시간 – 온도곡선에서 화재 발생 후 1시간이 경과할 경우 내부 온도는 약 몇 [℃] 정도 되는가?

① 125　　　　　　② 325
③ 640　　　　　　④ 925

해설 표준시간 – 온도곡선

1) 30분 내화 : 840 [℃]
2) 1시간 내화 : 925 [℃]
3) 2시간 내화 : 1010 [℃]
4) 3시간 내화 : 1050 [℃]

[내화구조 표준시간 – 온도 곡선]

암기 1시간 구미호

13 (상(중)하)

물질의 취급 또는 위험성에 대한 설명 중 틀린 것은?

① 융해열은 점화원이다.
② 질산은 물과 반응 시 발열 반응하므로 주의를 해야 한다.
③ 네온, 이산화탄소, 질소는 불연성 물질로 취급한다.
④ 암모니아를 충전하는 공업용 용기의 색상은 백색이다.

해설 물질의 취급 또는 위험성

1) 융해열은 점화원이 될 수 없음
2) 질산은 제6류 위험물로 물과 반응 시 발열반응(대량일 때는 주수소화가 곤란)
3) 네온, 이산화탄소, 질소는 불연성 물질로 취급
4) 암모니아를 충전하는 공업용 용기 색상 : 백색

[암모니아 공업용 용기]

보충 점화원이 될 수 없는 것 : 기화열, 융해열, 단열팽창

14 (상⑧하)

폭굉(Detonation)에 관한 설명으로 틀린 것은?

① 연소속도가 음속보다 느릴 때 나타난다.
② 온도의 상승은 충격파의 압력에 기인한다.
③ 압력상승은 폭연의 경우보다 크다.
④ 폭굉의 유도거리는 배관의 지름과 관계가 있다.

해설 폭연(Deflagration), 폭굉(Detonation)

1) 폭연과 폭굉의 비교

가스폭발은 물적 조건과 에너지조건이 만족되면 화염이 발생하여 일정한 속도로 전파되는데, 음속 이하를 폭연(Deflagration), 음속 이상을 폭굉(Detonation)이라고 한다.

구분	폭연	폭굉
전파 속도	음속 이하 (0.1 ~ 10 [m/s])	음속 이상 (1000 ~ 3500 [m/s])
특징	폭굉으로 전이될 수 있음	압력 상승이 폭연의 10배 이상
에너지 전달	전도, 대류, 복사 (열에 의한 연소파)	충격파

2) 폭굉 유도거리

(1) 폭굉 유도거리란 정상적인 연소에서 폭굉으로 전이되는 데 필요한 거리를 말한다.
(2) 폭굉 유도거리가 짧을수록 위험성이 크다.
(3) 폭굉유도거리가 짧아지는 조건
  ① 점화원의 에너지가 클수록 (+)
  ② 연소속도가 클수록 (+)
  ③ 주위온도가 높을수록 (+)
  ④ 배관의 압력이 클수록 (+)
  ⑤ 배관 내 장애물이 많을수록 (+)
  ⑥ 배관의 관경이 가늘수록(작을수록) (-)

15 (상⑧하)

자연발화가 일어나기 쉬운 조건이 아닌 것은?

① 열전도율이 클 것
② 적당량의 수분이 존재할 것
③ 주위의 온도가 높을 것
④ 표면적이 넓을 것

해설 자연발화의 조건

1) 발열량이 클수록 자연발화가 쉽다.
2) 산소와 접촉할 수 있는 표면적이 넓을수록 자연발화가 쉽다.
3) 주위의 온도가 높을수록 자연발화가 쉽다.
4) 열전도율이 작을수록 열축적이 용이하여 자연발화가 쉽다.
5) 일정 수분은 촉매제 역할을 한다.

16 (상⑧하)

목조건축물의 화재특성으로 틀린 것은?

① 습도가 낮을수록 연소 확대가 빠르다.
② 화재진행속도는 내화건축물보다 빠르다.
③ 화재최성기의 온도는 내화건축물보다 낮다.
④ 화재성장속도는 횡방향보다 종방향이 빠르다.

해설 건축물 화재 특징

구분	목조건축물	내화건축물
화재성상	고온 단기형	저온 장기형
최성기 온도	1000 ~ 1300 [℃]	800 ~ 1000 [℃]

17 (상(중)하)

다음 물질 중 공기 중에서의 연소범위가 가장 넓은 것은?

① 뷰테인
② 프로페인
③ 메테인
④ 수소

해설 주요 물질의 연소범위 ────────────

가스	하한계 [vol%]	상한계 [vol%]
이황화탄소	1.2	44
아세틸렌	2.5	81
수소	4	75
일산화탄소	12.5	74
에틸렌	2.7	36
암모니아	15	28
메테인(메탄)	5	15
에테인(에탄)	3	12.4
프로페인(프로판)	2.1	9.5
뷰테인(부탄)	1.8	8.4

18 (상(중)하)

플래시 오버(Flash Over)에 대한 설명으로 옳은 것은?

① 도시가스의 폭발적 연소를 말한다.
② 휘발유 등 가연성 액체가 넓게 흘러서 발화한 상태를 말한다.
③ 옥내화재가 서서히 진행하여 열 및 가연성 기체가 축적되었다가 일시에 연소하여 화염이 크게 발생하는 상태를 말한다.
④ 화재층의 불이 상부층으로 올라가는 현상을 말한다.

해설 실내화재 발생현상 ────────────

1) 플래시 오버
   (1) 온도가 급격히 상승하여 화재가 순간적으로 실내 전체에 확산되는 현상
   (2) 발생 시기 : 성장기 ~ 최성기 직전
2) 백드래프트
   (1) 훈소 상태일 때 신선한 공기 유입으로 실내의 축적된 가스가 단시간 연소, 폭발하여 실외로 분출
   (2) 발생 시기 : 감쇄기(최성기 이후)

19 (상(중)하)

연기에 의한 감광계수가 0.1 $[m^{-1}]$, 가시거리가 20 ~ 30 [m]일 때의 상황으로 옳은 것은?

① 건물 내부에 익숙한 사람이 피난에 지장을 느낄 정도
② 연기감지기가 작동할 정도
③ 어두운 것을 느낄 정도
④ 앞이 거의 보이지 않을 정도

해설 감광계수 ────────────

감광계수$[m^{-1}]$	가시거리[m]	내용
0.1	20 ~ 30	연기감지기 작동할 때
0.3	5	건물에 익숙한 사람이 피난에 지장을 느낄 때
0.5	3	어두움을 느낄 때
1	1 ~ 2	거의 앞이 보이지 않음
10	0.2 ~ 0.5	최성기 때 연기농도
30	–	출화실에서 연기 분출

20 (상 중 하)

프로페인가스의 최소점화에너지는 일반적으로 약 몇 [mJ] 정도 되는가?

① 0.25

② 2.5

③ 25

④ 250

해설 최소점화에너지(MIE)

1) 가연성 물질을 점화시키는 데 필요한 최소에너지
2) 최소점화에너지가 작을수록 작은 에너지에 의해 연소(또는 폭발)에 대한 가능성이 크다.
3) 탄화수소계 : 약 0.25 [mJ]

물질	최소발화에너지 [mJ]
메테인(메탄, CH_4)	0.28
에테인(에탄, C_2H_6)	0.25
프로페인(프로판, C_3H_8)	0.26
뷰테인(부탄, C_4H_{10})	0.25

소방전기일반

3회독   월   일
2회독   월   일
1회독   월   일

목표시간 : 30분   시작 : _시 _분   종료 : _시 _분   맞은 개수 : _ /20

21 (상 중 하)

정전용량이 각각 1 [μF], 2 [μF], 3 [μF]이고, 내압이 모두 동일한 3개의 커패시터가 있다. 이 커패시터들을 직렬로 연결하여 양단에 전압을 인가한 후 전압을 상승시키면 가장 먼저 절연이 파괴되는 커패시터는? (단, 커패시터의 재질이나 형태는 동일하다)

① 1 [μF]

② 2 [μF]

③ 3 [μF]

④ 3개 모두

해설 커패시터 직렬연결 ───────────

- $Q = CV$ 값이 제일 적은 커패시터가 제일 먼저 파괴된다(정전용량이 작을수록 전압이 높기 때문).
- 내압이 모두 동일

$$Q_{1\mu F} = CV = 1\,V$$

$$Q_{2\mu F} = CV = 2\,V$$

$$Q_{3\mu F} = CV = 3\,V$$

- $1[\mu F]$ 커패시터 가장 먼저 파괴

22 (상 중 하)

그림과 같은 블록선도의 전달함수$\left(\dfrac{C(s)}{R(s)}\right)$는?

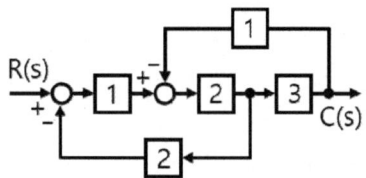

① $\dfrac{6}{23}$

② $\dfrac{6}{17}$

③ $\dfrac{6}{15}$

④ $\dfrac{6}{11}$

해설 전달함수 ───────────

$$G = \frac{C}{R} = \frac{\text{전향경로이득}}{1 - loop}$$

$$= \frac{1 \times 2 \times 3}{1 + (1 \times 2 \times 2) + (2 \times 3 \times 1)} = \frac{6}{11}$$

정답 21 ①   22 ④

23 상 (중) 하

그림의 단상 반파 정류회로에서 R에 흐르는 전류의 평균값은 약 몇 [A]인가? (단, $v(t) = 220\sqrt{2}\sin\omega t$ [V], R = $16\sqrt{2}$ [Ω], 다이오드의 전압강하는 무시한다)

① 3.2

② 3.8

③ 4.4

④ 5.2

해설 단상반파회로

• 교류회로의 정(+) 또는 부(-)의 한쪽만 정류하므로 반파 정류회로라고 한다.

• $I = \dfrac{V}{R} = \dfrac{220}{16\sqrt{2}} = 9.722$ [A]

V : 실횻값 = 220 [V]

• 다이오드 1개 연결한 단상반파회로

• $I_m = 0.45I$

  $= 0.45 \times 9.722 = 4.4$ [A]

I_m : 단상반파회로 직류전류

24 상 중 (하)

3상 유도전동기를 Y결선으로 운전했을 때 토크가 T_Y이었다. 이 전동기를 동일한 전원에서 △결선으로 운전했을 때 토크($T_\triangle$)는?

① $T_\triangle = 3T_Y$

② $T_\triangle = \sqrt{3}\,T_Y$

③ $T_\triangle = \dfrac{1}{3}T_Y$

④ $T_\triangle = \dfrac{1}{\sqrt{3}}T_Y$

해설 결선에 따른 토크 관계

기동토크는 전류에 비례한다.

$$\frac{T_\triangle}{T_Y} = \frac{I_\triangle}{I_Y} = \frac{\dfrac{\sqrt{3}\,V}{R}}{\dfrac{V}{\sqrt{3}\,R}} = 3배$$

$T_\triangle = 3T_Y, \quad I_\triangle = 3I_Y$

25 상 중 (하)

제어요소가 제어대상에 가하는 제어신호로 제어장치의 출력인 동시에 제어 대상의 입력이 되는 것은?

① 조작량

② 제어량

③ 기준입력

④ 동작신호

해설 용어

용어	설명
목푯값	제어량이 어떤 값을 갖도록 목표를 설정하여 외부에서 주어지는 신호
기준입력요소 (장치)	목푯값을 제어할 수 있는 기준입력신호로 변환하는 장치
기준입력 (신호)	제어계를 동작시키는 기준(목푯값에 비례)
동작신호	기준입력신호와 주궤환신호의 편차신호(제어동작을 일으키는 신호)
제어요소	조절부와 조작부로 구성, 동작신호를 조작량으로 변환시키는 요소
조작량	제어요소가 제어대상에 주는 양
제어량	제어대상이 속하는 양
검출부	제어대상으로부터 제어량을 검출하고, 기준입력신호와 비교하는 부분

26 (상 ⑧ 하)

어떤 코일의 임피던스를 측정하고자 한다. 이 코일에 30 [V]의 직류전압을 가했을 때 300 [W]가 소비되었고, 100 [V]의 실효치 교류전압을 가했을 때 1200 [W]가 소비되었다. 이 코일의 리액턴스 [Ω]는?

① 2　　　　　　　② 4
③ 6　　　　　　　④ 8

해설 리액턴스 계산 ─────────

• 직류전압 인가

$$P_{직류} = \frac{V^2}{R}, \quad 300 = \frac{30^2}{R}, \quad R = 3\,[\Omega]$$

• 교류전압 인가

$$P_{교류} = \frac{V^2}{R^2 + X^2} \times R$$

$$= \frac{100^2}{3^2 + X^2} \times 3 = 1,200\,[\text{W}]$$

$$X = 4\,[\Omega]$$

> 유효전력 P = VIcosθ = I^{2}R = V^2/R [W]
> 무효전력 P$_r$ = VIsinθ = I^{2}X = V^2/X [Var]
> 피상전력 Pa = VI = I^{2}Z = V^2/Z [VA]

27 (상 ⑧ 하)

적분시간이 3 [sec]이고, 비례감도가 5인 PI(비례적분)제어요소가 있다. 이 제어요소의 전달함수는?

① $\dfrac{5s + 5}{3s}$　　　② $\dfrac{15s + 5}{3s}$

③ $\dfrac{3s + 3}{5s}$　　　④ $\dfrac{15s + 3}{5s}$

해설 전달함수 ─────────

(1) 2위치동작(ON-OFF)
　　설정온도에 대하여 측정온도의 높고 낮음에 의해 ON-OFF를 행하는 제어를 ON-OFF동작이라 한다.

(2) 비례동작(P동작) : $y = K_p Z$ (K_p : 비례연산자)

(3) 적분동작(I 동작)

　　$y = K_i \displaystyle\int Z dt$ (K_i : 적분연산자)

(4) 미분동작(D동작) : $y = K_d \dfrac{dz}{dt}$ (K_d : 미분제어)

(5) 비례적분동작(PI동작)

　　$y = K_p \left(Z + \dfrac{1}{T_i} \displaystyle\int Z dt \right)$

(6) 비례미분동작(PD동작)

　　$y = K_p \left(Z + T_d \dfrac{dz}{dt} \right)$

(7) 비례적분미분동작(PID동작)

　　$y = K_P \left(Z + \dfrac{1}{T_i} \displaystyle\int Z dt + T_d \dfrac{dz}{dt} \right)$

$\therefore$ PI제어기 전달함수 : $G(s) = K_p \left(1 + \dfrac{1}{T_i} \right)$

　　$= 비례감도 \left(1 + \dfrac{1}{적분시간} \right)$

　　$= 5 \left(1 + \dfrac{1}{3s} \right) = \dfrac{15s + 5}{3s}$

28 상 중 하

100 [V]에서 500 [W]를 소비하는 전열기가 있다. 이 전열기에 90 [V]의 전압을 인가했을 때 소비되는 전력 [W]은?

① 81
② 90
③ 405
④ 450

해설 소비전력 ────────

$$P = VI = \frac{V^2}{R}$$

$$R = \frac{V^2}{P} = \frac{100^2}{500} = 20[\Omega]$$

$$P_{90V} = \frac{90^2}{20} = 405[W]$$

P : 유효전력 [W]
V : 전압 [V]
I : 전류 [A]
R : 저항 [Ω]

29 상 중 하

4극 직류 발전기의 전기자 도체 수가 500개, 각 자극의 자속이 0.01 [Wb], 회전수가 1800 [rpm]일 때 이 발전기의 유도기전력[V]은? (단, 전기자 권선법은 파권이다)

① 100
② 200
③ 300
④ 400

해설 직류발전기 유도기전력 ────────

$$E = \frac{PZ}{60a}\phi N [V] = \frac{4 \times 500}{60 \times 2} \times 0.01 \times 1800$$

$$= 300[V]$$

E : 유도기전력
P : 극수
Z : 총 도체수
ϕ : 자속
N : 회전수
a : 전기자 병렬회로수

TIP 전기자 권선법이 파권인 경우 병렬회로수 2
※ 중권인 경우 병렬회로수 a = p

30 상 중 하

진공 중에서 원점에 10^{-8} [C]의 전하가 있을 때 점(1, 2, 2) [m]에서의 전계의 세기는 약 몇 [V/m]인가?

① 0.1
② 1
③ 10
④ 100

해설 전계의 세기 ────────

• 원점(0, 0, 0)과 점(1, 2, 2) 간의 거리
$$r = \sqrt{(1-0)^2 + (2-0)^2 + (2-0)^2} = 3 \text{ [m]}$$

• 쿨롱의 법칙
$$E = \frac{1}{4\pi\varepsilon} \times \frac{Q}{r^2}$$

$$= 9 \times 10^9 \times \frac{Q}{r^2}$$

$$= 9 \times 10^9 \times \frac{10^{-8}}{3^2} = 10[V/m]$$

$$\varepsilon = \varepsilon_0 \cdot \varepsilon_s$$

ε_0 : 진공의 유전율
$(8.855 \times 10^{-12}[F/m])$
ε_s : 비유전율(진공 = 1, 공기 ≒ 1)
E : 전계의 세기 [V/m]
Q : 전하량 [C]
r : 거리 [m]

2022

31 (상)(중)하

정현파 교류전압 $e_1(t)$과 $e_2(t)$의 합($e_1(t)+e_2(t)$)은 몇 [V]인가?

$$e_1(t) = 10\sqrt{2}\sin\left(\omega t + \frac{\pi}{3}\right)[V]$$

$$e_2(t) = 20\sqrt{2}\cos\left(\omega t - \frac{\pi}{6}\right)[V]$$

① $30\sqrt{2}\sin\left(\omega t + \frac{\pi}{3}\right)$

② $30\sqrt{2}\sin\left(\omega t - \frac{\pi}{3}\right)$

③ $10\sqrt{2}\sin\left(\omega t + \frac{2\pi}{3}\right)$

④ $10\sqrt{2}\sin\left(\omega t - \frac{2\pi}{3}\right)$

해설 $\sin\theta$, $\cos\theta$ 계산

• $e_2 = 20\sqrt{2}\cos\left(\omega t - \frac{\pi}{6}\right)$

$\qquad = 20\sqrt{2}\sin\left(\omega t - \frac{\pi}{6} + \frac{\pi}{2}\right)$

$\qquad = 20\sqrt{2}\sin\left(\omega t + \frac{\pi}{3}\right)$

• $e_1 + e_2 = 10\sqrt{2}\sin\left(\omega t + \frac{\pi}{3}\right) + 20\sqrt{2}\sin\left(\omega t + \frac{\pi}{3}\right)$

$\qquad\qquad = 30\sqrt{2}\sin\left(\omega t + \frac{\pi}{3}\right)$

32 (상)(중)하

60 [Hz]의 3상 전압을 반파 정류하였을 때 리플(맥동) 주파수 [Hz]는?

① 60   ② 120

③ 180   ④ 360

해설 파형별 맥동률, 정류효율, 주파수

구분	맥동률	맥동 주파수
단상 반파	121	f
단상 전파	48	2f
3상 반파	17	3f
3상 전파	4	6f

주파수 : $3f = 3 \times 60 = 180[Hz]$

33 (상)(중)하

테브난의 정리를 이용하여 그림 (a)의 회로를 그림 (b)와 같은 등가회로로 만들고자 할 때 V_{th} [V]와 R_{th} [Ω]은?

(a)   (b)

① 5 [V], 2 [Ω]

② 5 [V], 3 [Ω]

③ 6 [V], 2 [Ω]

④ 6 [V], 3 [Ω]

해설 테브난의 정리

• a와 b에서 전원 측을 본 임피던스(전압원단락)

$$R_0 = R_3 + \frac{R_1 R_2}{R_1 + R_2}$$

$$R_{th} = 2.4 + \frac{1.2 \times 1.2}{1.2 + 1.2} = 3[\Omega]$$

• a와 b 개방 상태에서 a와 b에 걸리는 전압

$$V_{R_1} = \frac{R_1}{R_1 + R_2} V_0$$

$$V_{th} = \frac{1.2}{1.2 + 1.2} \times 10 = 5[V]$$

34 (상)(중)하

어떤 전압계의 측정 범위를 12배로 하려고 할 때 배율기의 저항은 전압계 내부저항의 몇 배로 해야 하는가?

① 9   ② 10

③ 11   ④ 12

해설 배율기

- 분류기 : 전류의 측정범위를 확대하기 위해 전류계와 병렬로 접속
- 배율기 : 전압계의 측정 범위를 확대하기 위해 전압계와 직렬로 접속

$$V = m V_0 = (1 + \frac{R_m}{R_v}) V_0$$

$$m = (1 + \frac{R_m}{R_v}) = 12$$

$$\frac{R_m}{R_v} = 11, \quad R_m = 11 R_v$$

R_m : 배율기저항 [Ω]
R_v : 내부저항 [Ω]
V : 최대전압 [V]
V_0 : 최고 눈금 [V]

35 (상)(중)하

각 상의 임피던스가 $Z = 4 + j3$ [Ω]인 △결선의 평형 3상 부하에 선간전압이 200 [V]인 대칭 3상 전압을 가했을 때 이 부하로 흐르는 선전류의 크기는 몇 [A]인가?

① $\frac{40}{3}$ ② $\frac{40}{\sqrt{3}}$

③ 40   ④ $40\sqrt{3}$

해설 △결선 시 선전류

$$I_P = \frac{V_P}{Z} = \frac{200}{\sqrt{4^2 + 3^2}} = 40 [A]$$

$$I_L = \sqrt{3} I_P = 40\sqrt{3} [A]$$

I_P : 상전류 [A]
I_L : 선전류 [A]
V_P : 상전압 [V]
V_L : 선간전압 [V]

36 (상)(중)하

시퀀스회로를 논리식으로 표현하면?

① $C = A + \overline{B} \cdot C$

② $C = A \cdot \overline{B} + C$

③ $C = A \cdot C + \overline{B}$

④ $C = (A + C) \cdot \overline{B}$

2022

해설 논리식

$(A \text{ OR } C) \text{ AND } \overline{B} = C$

$\therefore C = (A + B)\overline{B}$

유접점
AND회로($A \times B,\ A \cdot B$)

OR회로($A + B$)

NOT회로(반전)

NAND회로(NOT + AND)

NOR회로(NOT + OR)

XOR회로

37 상 중 하

그림의 회로에서 a-b 간에 Vab [V]를 인가했을 때 c-d 간의 전압이 100 [V]이었다. 이때 a-b 간에 인가한 전압 (Vab)은 몇 [V]인가?

① 104   ② 106

③ 108   ④ 110

해설 전압 계산

저항 20 [Ω], 10 [Ω]은 병렬연결이므로 전압이 동일하다. 이때 총 전류를 계산하면

$$I_{20\Omega} = \frac{V}{R} = \frac{100}{20} = 5 \ [A]$$

$$I_{10\Omega} = \frac{V}{R} = \frac{100}{10} = 10 \ [A]$$

$I = 5 + 10 = 15 [A]$

$\therefore$ 0.2 [Ω]에 걸리는 전압

$V = IR = 15 \times 0.2 = 3 [V]$

최종적으로 a-b 간에 인가한 전압은

$3[V] + 100[V] + 3[V] = 106[V]$

38 (상)(중)하

균일한 자기장 내에서 운동하는 도체에 유도된 기전력의 방향을 나타내는 법칙은?

① 플레밍의 왼손법칙
② 플레밍의 오른손법칙
③ 암페어의 오른나사법칙
④ 패러데이의 전자유도법칙

해설 플레밍의 오른손법칙 ─────────

• 발전기의 원리
• 도체 운동 시 유도기전력 방향 결정

※ 플레밍의 왼손법칙 : 자계 중에 도체를 놓고 전류를 흘리면 전류 및 자계와 직각 방향으로 도체를 움직이는 힘이 발생

암기 ▶ 오발

39 (상)(중)하

회로에서 저항 5 [Ω]의 양단 전압 V_R [V]은?

① -10
② -7
③ 7
④ 10

해설 중첩의 원리 ─────────

1) 전류원 기준(전압원 단락)

$V = IR = 2 \times 5 = 10[V]$

⇒ 방향이 반대이므로 $-10[V]$

2) 전압원 기준(전류원 개방)

$V = 0[V]$

⇒ 회로개방 상태에서는 전류 흐르지 않음

전압원 단락 (전압원 제거)	$I_a = \dfrac{R_1}{R_1 + R_2} I\,[A]$ (R_2에 흐르는 전류)
전류원 개방 (전류원 제거)	$I_b = \dfrac{V}{R_1 + R_2}\,[A]$ (R_1, R_2에 흐르는 전류는 같다)
R_2에 흐르는 전류(I)	$I = I_a + I_b\,[A]$

※ 따라서 -10 + 0 = -10 [V]

2022

40 (상⟨중⟩하)

다음의 논리식을 간단히 표현한 것은?

$$Y = \overline{A}\,\overline{B}C + \overline{A}B\overline{C} + \overline{A}BC$$

① $\overline{A} \cdot (B + C)$

② $\overline{B} \cdot (A + C)$

③ $\overline{C} \cdot (A + B)$

④ $C \cdot (A + \overline{B})$

해설 논리식 ─────────────────

$Y = \overline{A}\overline{B}C + \overline{A}B\overline{C} + \overline{A}BC$

$\quad = \overline{A}\overline{B}C + \overline{A}B(\overline{C} + C)$

$\quad = \overline{A}\overline{B}C + \overline{A}B$

$\quad = \overline{A}(\overline{B}C + B)$

$\quad = \overline{A}((\overline{B} + B) \cdot (C + B))$

$\quad = \overline{A}(B + C)$

정리	공식
항등법칙	$0 + A = A$, $1 + A = 1$, $0 \times A = 0$, $1 \times A = A$
동일법칙	$A + A = A$, $A \times A = A$
보원법칙	$A + \overline{A} = 1$, $A \times \overline{A} = 0$
복원법칙	$\overline{\overline{A}} = A$
교환법칙	$A + B = B + A$, $A \times B = B \times A$
결합법칙	$A + (B + C) = (A + B) + C$, $A(BC) = (AB)C$
분배법칙	$A(B + C) = AB + AC$, $A + BC = (A + B)(A + C)$
흡수법칙	$A + AB = A$, $A(A + B) = A$ $A + \overline{A}B = (A + \overline{A})(A + B) = A + B$

2022년 2회

소방관계법규

3회독	월	일
2회독	월	일
1회독	월	일

목표시간 : 20분 | 시작 : _시 _분 | 종료 : _시 _분 | 맞은 개수 : _ /20

41 (상 ⓒ 하)

다음 중 소방기본법령에 따라 화재예방상 필요하다고 인정되거나 화재위험경보 시 발령하는 소방신호의 종류로 옳은 것은?

① 경계신호
② 발화신호
③ 경보신호
④ 훈련신호

해설 소방신호

1) 종류
   (1) 경계신호 : 화재예방상 필요하다고 인정되거나 화재위험경보 시 발령
   (2) 발화신호 : 화재가 발생한 때 발령
   (3) 해제신호 : 소화활동이 필요 없다고 인정되는 때 발령
   (4) 훈련신호 : 훈련상 필요하다고 인정되는 때 발령

2) 방법

종별	타종신호	사이렌신호
경계신호	1타, 연 2타 반복	5초 간격 30초씩 3회
발화신호	난타	5초 간격 5초씩 3회
해제신호	상당한 간격 1타씩 반복	1분간 1회
훈련신호	연 3타 반복	10초 간격 1분씩 3회

42 (상 ⓒ 하)

화재의 예방 및 안전관리에 관한 법률상 보일러 등의 위치·구조 및 관리와 화재예방을 위하여 불의 사용에 있어서 지켜야 하는 사항 중 보일러에 경유·등유 등 액체연료를 사용하는 경우에 연료탱크는 보일러 본체로부터 수평거리 최소 몇 [m] 이상의 간격을 두어 설치해야 하는가?

① 0.5
② 0.6
③ 1
④ 2

해설 보일러 화재예방(경유·등유 사용)

1) 가연성 벽·바닥·천장과 접촉하는 증기기관·연통의 부분은 규조토 등 난연성 단열재로 덮어씌울 것
2) 액체연료(경유·등유 등)을 사용하는 경우
   (1) 연료탱크는 보일러 본체로부터 수평거리 1 [m] 이상
   (2) 연료차단 개폐밸브는 연료탱크로부터 0.5 [m] 이내
   (3) 연료탱크 또는 연료공급 배관에는 여과장치 설치
   (4) 사용이 허용된 연료만 사용
   (5) 불연재료 받침대를 설치하여 넘어짐 방지
3) 기체연료 설치기준
   (1) 환기구 설치 등 가연성 가스가 머무르지 않도록 함
   (2) 연료를 공급하는 배관은 금속관
   (3) 연료차단 개폐밸브는 연료용기 등으로부터 0.5 [m] 이내
   (4) 가스누설경보기 설치

43 상 (중) 하

다음은 소방기본법령상 소방본부에 대한 설명이다. (   )에 알맞은 내용은?

소방업무를 수행하기 위하여 (   ) 직속으로 소방본부를 둔다.

① 경찰서장
② 시·도지사
③ 행정안전부장관
④ 소방청장

해설 **소방기관의 설치 등** ──────────

소방업무를 수행하기 위하여 <u>시·도지사</u> 직속으로 소방본부를 둔다.

44 상 (중) 하

다음 소방기본법령상 용어 정의에 대한 설명으로 옳은 것은?

① 소방대상물이란 건축물, 차량, 선박(항구에 매어 둔 선박은 제외) 등을 말한다.
② 관계인이란 소방대상물의 점유예정자를 포함한다.
③ 소방대란 소방공무원, 의무소방원, 의용소방대원으로 구성된 조직체이다.
④ 소방대장이란 화재, 재난·재해, 그 밖의 위급한 상황이 발생한 현장에서 소방대를 지휘하는 사람(소방서장은 제외)이다.

해설 **소방기본법 용어 정의** ──────────

1) 소방대상물
   (1) 건축물
   (2) 차량
   (3) 선박(항구에 매어 둔 것)
   (4) 산림, 그 밖의 인공구조물 또는 물건
2) 관계지역
   소방대상물이 있는 장소 및 그 이웃 지역으로 화재의 예방·경계·진압, 구조·구급 등의 활동에 필요한 지역

3) 관계인
   소방대상물의 소유자·관리자·점유자
4) <u>소방대</u>
   화재 진압 및 화재, 재난·재해, 그 밖의 위급한 상황에서 구조·구급 활동
   (1) 소방<u>공무</u>원
   (2) <u>의무</u>소방원
   (3) <u>의용</u>소방대원   암기 ▶ 공무용
5) 소방본부장
   특별시·광역시·특별자치시·도 또는 특별자치도(이하 "시·도"라 한다)에서 화재의 예방·경계·진압·조사 및 구조·구급 등의 업무를 담당하는 부서의 장
6) 소방대장
   소방본부장 또는 소방서장 등 화재, 재난·재해, 그 밖의 위급한 상황이 발생한 현장에서 소방대를 지휘하는 사람

45 상 (중) 하

소방기본법령상 상업지역에 소방용수시설 설치 시 소방대상물 과의 수평거리기준은 몇 [m] 이하인가?

① 100
② 120
③ 140
④ 160

해설 **소방용수시설 수평거리** ──────────

• <u>주거지역·상업지역·공업지역 : 100 [m] 이하</u>
• 그 외의 지역 : 140 [m] 이하

암기 ▶ 주상공100

정답 43 ② 44 ③ 45 ①

46 (상 중 하)

소방시설공사업법령상 일반 소방시설설계업(기계분야)의 영업범위에 대한 기준 중 ( )에 알맞은 내용은? (단, 공장의 경우는 제외한다)

> 연면적 ( ) [m²] 미만의 특정소방대상물(제연설비가 설치되는 특정소방대상물은 제외한다)에 설치되는 기계분야 소방시설의 설계

① 10000   ② 20000
③ 30000   ④ 50000

해설 일반소방시설설계업 등록기준

소방시설 설계업		기술인력(이상)	영업범위
전문		• 주 인력 : 소방기술사 1인 • 보조인력 : 1명	모든 특정소방대상물
일반	기계분야	• 주 인력 : 소방기술사 또는 소방기사[기계] 1명 • 보조인력 : 1명	• 아파트 소방 기계분야 (제연 제외) • 연 3만 [m²](공장 1만 [m²]) 미만(제연 제외) • 위험물제조소등
	전기분야	• 주 인력 : 소방기술사 또는 소방기사[전기] 1명 • 보조인력 : 1명	• 아파트 소방전기 분야 • 연 3만 [m²](공장 1만 [m²]) 미만 • 위험물제조소등

47 (상 중 하)

소방시설공사업법령상 소방시설업의 등록을 하지 아니하고 영업을 한 자에 대한 벌칙기준으로 옳은 것은?

① 1년 이하의 징역 또는 1천만 원 이하의 벌금
② 2년 이하의 징역 또는 2천만 원 이하의 벌금
③ 3년 이하의 징역 또는 3천만 원 이하의 벌금
④ 5년 이하의 징역 또는 5천만 원 이하의 벌금

해설 소방시설공사업법 벌칙

[3년 3000만 원]
1) 소방시설업 등록하지 아니하고 영업을 한 자
2) 부정한 청탁을 받고 재물 또는 재산상의 이익을 취득하거나 부정한 청탁을 하면서 재물 또는 재산상의 이익을 제공한 자

[1년 1000만 원]
1) 영업정지 처분을 받고 그 기간에 영업한 자
2) 법과 NFTC를 위반한 설계·시공자
3) 적법하지 않게 감리를 하거나 거짓으로 감리한 자
4) 공사 감리자를 지정하지 아니한 관계인
5) 공사업자가 감리업자의 시정보완 요구를 무시하고 그 공사를 계속할 경우 감리업자는 그 사실을 소방본부장 또는 소방서장에게 보고하여야 한다. 이 사실을 거짓으로 보고한 감리업자
6) 공사감리 결과보고서의 제출을 거짓으로 한 감리업자
7) 무등록 소방시설업자에게 소방공사 도급한 관계인 또는 발주자
8) 도급받은 소방시설의 설계, 시공, 감리를 하도급한 자
9) 하도급받은 소방시설공사를 다시 하도급한 하수급인
10) 소방기술자가 법 또는 명령을 따르지 않고 업무를 수행한 자

48 (상(중)하)

위험물안전관리법령에서 정하는 제3류 위험물에 해당하는 것은?

① 나트륨
② 염소산염류
③ 무기과산화물
④ 유기과산화물

해설 제3류 위험물(자연발화성 물질 및 금수성 물질) ───

품명	지정수량
칼륨	
나트륨	10 [kg]
알킬알루미늄	
알킬리튬	
황린	20 [kg]
알칼리금속 및 알칼리토금속	50 [kg]
유기금속화합물	
금속의 수소화물	
금속의 인화물	300 [kg]
칼슘 또는 알루미늄 탄화물	

1) 물과 접촉하여 발화, 가연성 가스 발생
2) 소화 : 마른모래, 팽창질석, 팽창진주암에 의한 질식소화

보충 ▶ 황화인 : 제2류 위험물

49 (상(중)하)

소방시설 설치 및 관리에 관한 법률상 자동화재탐지설비를 설치하여야 하는 특정소방대상물의 기준으로 틀린 것은?

[법 개정으로 인한 문제 수정]

① 공장 및 창고시설로서 「소방기본법 시행령」에서 정하는 수량의 500배 이상의 특수가연물을 저장·취급하는 것
② 지하상가로서 연면적 600 [m²] 이상인 것
③ 숙박시설이 있는 수련시설로서 수용인원 100명 이상인 것
④ 장례시설 및 복합건축물로서 연면적 1000 [m²] 이상인 것

해설 자동화재탐지설비 설치대상 ───

설치대상	기준
• 교육연구시설(교육시설 내에 있는 기숙사 및 합숙소를 포함한다), 수련시설(기숙사·합숙소 포함, 숙박시설 제외) • 동·식물 관련 시설, 교정 및 군사시설 • 자원순환 관련 시설 • 교정 및 군사시설 • 묘지 관련 시설	연면적 2000 [m²] 이상인 경우에는 모든 층
목욕장, 문화 및 집회시설, 종교시설, 판매시설, 운수시설, 운동시설, 업무시설, 창고시설, 공장, 지하상가, 위험물 저장 및 처리시설, 항공기 및 자동차 관련 시설, 교정 및 군사시설 중 국방·군사시설, 방송통신시설, 발전시설, 관광 휴게시설	연면적 1000 [m²] 이상인 경우에는 모든 층
• 근린생활시설(목욕장 제외) • 의료시설(정신의료기관, 요양병원 제외) • 위락시설, 장례시설 및 복합건축물	연면적 600 [m²] 이상인 경우에는 모든 층
정신의료기관, 의료재활시설	• 바닥면적합계 300 [m²] 이상 • 바닥면적 합계 300 [m²] 미만, 창살 설치
터널	길이 1000 [m] 이상
공장 및 창고시설	500배 이상 특수가연물
요양병원, 지하구, 전통시장, 조산원, 산후조리원	–

정답 48 ① 49 ②, ④

설치대상	기준
전기저장시설, 노유자생활시설	-
공동주택 중 아파트등·기숙사, 숙박시설, 6층 이상인 건축물	-
노유자시설	연면적 400 [m²] 이상인 경우에는 모든 층
숙박시설이 있는 수련시설	수용인원 100명 이상인 경우에는 모든 층

50 상 중 하

소방시설 설치 및 관리에 관한 법령상 종합점검 실시 대상이 되는 특정소방대상물의 기준 중 다음 (   ) 안에 알맞은 것은?

물분무등소화설비[호스릴(Hose Reel)방식의 물분무등소화설비만을 설치한 경우는 제외한다]가 설치된 연면적 (   ) [m²] 이상인 특정소방대상물(위험물 제조소 등은 제외한다)

① 2000   ② 3000

③ 4000   ④ 5000

해설 종합점검 대상

1) 최초점검 대상물
2) 스프링클러설비가 설치된 특정소방대상물
3) 물분무등소화설비[호스릴방식의 물분무등소화설비만을 설치한 경우는 제외]가 설치된 연면적 5000 [m²] 이상인 특정소방대상물(위험물 제조소등은 제외)
4) 다중이용업의 영업장이 설치된 특정소방대상물로서 연면적이 2000 [m²] 이상인 것(단란주점과 유흥주점, 영화상영관, 비디오물감상실업, 복합영상물제공업, 노래연습장, 산후조리원, 고시원, 안마시술소)
5) 제연설비가 설치된 터널
6) 공공기관 중 연면적(터널·지하구의 경우 그 길이와 평균폭을 곱하여 계산된 값)이 1000 [m²] 이상인 것으로서 옥내소화전설비 또는 자동화재탐지설비가 설치된 것(소방대가 근무하는 공공기관은 제외)

51 상 중 하

화재의 예방 및 안전관리에 관한 법령상 특수가연물의 저장 및 취급의 기준 중 (   )에 들어갈 내용으로 옳은 것은? (단, 석탄·목탄류의 경우는 제외한다)

쌓는 높이는 (㉠) [m] 이하가 되도록 하고, 쌓는 부분의 바닥면적은 (㉡) [m²] 이하가 되도록 할 것

① ㉠ 15, ㉡ 200
② ㉠ 15, ㉡ 300
③ ㉠ 10, ㉡ 30
④ ㉠ 10, ㉡ 50

해설 특수가연물 저장기준

1) 품명별로 구분하여 쌓을 것
2) 일반적인 경우
  (1) 쌓는 높이 : 10 [m] 이하
  (2) 쌓는 부분 바닥 : 50 [m²] 이하(석탄·목탄류 : 200 [m²] 이하)
3) 살수설비, 대형 수동식 소화기 설치하는 경우
  (1) 쌓는 높이 : 15 [m] 이하
  (2) 쌓는 부분의 바닥면적 : 200 [m²] 이하(석탄·목탄류 : 300 [m²] 이하)

52 상 중 하

위험물안전관리법령상 제4류 위험물을 저장·취급하는 제조소에 "화기엄금"이란 주의사항을 표시하는 게시판을 설치할 경우 게시판의 색상은?

① 청색바탕에 백색문자
② 적색바탕에 백색문자
③ 백색바탕에 적색문자
④ 백색바탕에 흑색문자

해설 위험물제조소 게시판 설치기준

분류	주의사항	색상
• 제1류 위험물 중 알칼리금속의 과산화물 • 제3류 위험물 중 금수성 물질	물기엄금	청색바탕 백색문자
• 제2류 위험물(인화성 고체 제외)	화기주의	
• 제2류 위험물 중 인화성 고체 • 제3류 위험물 중 자연발화성 물질 • 제4류 위험물 • 제5류 위험물	화기엄금	적색바탕 백색문자
• 제6류 위험물	별도 표시 안함	

암기 ▶ 물청바, 화적바

53 (상) 중 하

위험물안전관리법령상 유별을 달리하는 위험물을 혼재하여 저장할 수 있는 것으로 짝지어진 것은?

① 제1류 – 제2류　　② 제2류 – 제3류

③ 제3류 – 제4류　　④ 제5류 – 제6류

해설 위험물의 혼재 가능기준

• 제1류 + 제6류
• 제2류 + 제4류·5류
• 제3류 + 제4류
• 제4류 + 제5류

보충 ▶ 철분 : 2류, 유기과산화물 : 5류

1↓	6		혼재 가능
2↓	5↑	4	혼재 가능
3→	4↑		혼재 가능

암기 ▶ 1 2 3 4 5 6 적은 후 4 추가

54 상 (중) 하

소방시설 설치 및 관리에 관한 법령상 방염성능기준 이상의 실내장식물 등을 설치하여야 하는 특정소방대상물이 아닌 것은?

① 방송국

② 종합병원

③ 11층 이상의 아파트

④ 숙박이 가능한 수련시설

해설 방염

1) 방염성능기준 : 대통령령
2) 방염성능기준 이상의 실내장식물 등을 설치해야 하는 특정소방대상물
　(1) 근린생활시설 중 의원, 조산원, 산후조리원, 체력단련장, 공연장 및 종교집회장, 치과의원, 한의원
　(2) 건축물의 옥내에 있는 시설
　　① 문화 및 집회시설
　　② 종교시설
　　③ 운동시설(수영장 제외)
　(3) 의료시설
　(4) 교육연구시설 중 합숙소
　(5) 노유자시설
　(6) 숙박이 가능한 수련시설
　(7) 숙박시설
　(8) 방송통신시설 중 방송국 및 촬영소
　(9) 다중이용업소
　(10) 층수가 11층 이상인 것(아파트 제외)

55 (상)(중)하

소방시설 설치 및 관리에 관한 법령상 건축허가등을 할 때 미리 소방본부장 또는 소방서장의 동의를 받아야 하는 건축물등의 범위기준이 아닌 것은?

① 노유자시설 및 수련시설로서 연면적 100 [m²] 이상인 건축물

② 지하층 또는 무창층이 있는 건축물로서 바닥면적이 150 [m²] 이상인 층이 있는 것

③ 차고·주차장으로 사용되는 바닥면적이 200 [m²] 이상인 층이 있는 건축물이나 주차시설

④ 장애인 의료재활시설로서 연면적 300 [m²] 이상인 건축물

해설 건축허가 동의대상물 범위 ─────────

구분	기준
학교시설	연면적 100 [m²] 이상
노유자(老幼者)시설 및 수련시설	연면적 200 [m²] 이상
지하층·무창층이 있는 건축물	바닥면적 150 [m²](공연장 100 [m²]) 이상
정신의료기관, 장애인 의료재활시설	연면적 300 [m²] 이상
일반용도의 특정소방대상물	연면적 400 [m²] 이상
차고, 주차장 또는 주차용도로 사용되는 시설	바닥면적 200 [m²] 이상
	기계식 주차시설 자동차 20대 이상
• 노인 관련 시설 중 노인주거복지시설, 노인의료복지시설, 재가노인복지시설, 학대피해노인 전용쉼터 • 아동복지시설 (아동상담소, 아동전용시설 및 지역아동센터는 제외한다) • 장애인 거주시설 • 정신질환자 관련 시설(공동생활가정을 제외한 재활훈련시설과 종합시설 중 24시간 주거를 제공하지 않는 시설은 제외한다) • 노숙인 관련 시설 중 노숙인자활시설·노숙인재활시설·노숙인요양시설 • 결핵환자나 한센인이 24시간 생활하는 노유자시설	단독주택, 공동주택에 설치되는 시설 제외

구분	기준
• 6층 이상 건축물 • 항공기격납고, 관망탑, 항공관제탑, 방송용송수신탑 • 요양병원(의료재활시설 제외) • 위험물 저장 및 처리시설, 지하구, 전기저장시설, 풍력발전소 • 조산원, 산후조리원, 의원(입원실 또는 인공신장실이 있는 것) • 공장 또는 창고시설로서 지정 수량의 750배 이상의 특수가연물을 저장·취급하는 것 • 가스시설로서 지상에 노출된 탱크의 저장용량의 합계가 100톤 이상인 것	–

56 (상)중 하

위험물안전관리법령상 관계인이 예방규정을 정하여야 하는 위험물 제조소등에 해당하지 않는 것은?

① 지정수량 10배의 특수인화물을 취급하는 일반취급소

② 지정수량 20배의 휘발유를 고정된 탱크에 주입하는 일반 취급소

③ 지정수량 40배의 제3석유류를 용기에 옮겨 담는 일반 취급소

④ 지정수량 15배의 알코올을 버너에 소비하는 장치로 이루어진 일반취급소

해설 관계인이 예방규정을 정해야 하는 제조소 ──────

• <u>취급제조소 : 지정수량 10배 이상</u>
  <u>단, 제4류만 지정수량 50배 이하로 취급 시 제외(알콜류, 제1석유류는 10배 이하)</u>
• 옥외저장소 : 지정수량 100배 이상
• 옥내저장소 : 지정수량 150배 이상
• 옥외탱크저장소 : 지정수량 200배 이상
• 암반탱크저장소

- 이송취급소
- 지정수량 10배 이상의 위험물을 취급하는 일반취급소, 다만 제4류 위험물(특수인화물 제외)만을 지정수량의 50배 이하로 취급하는 일반취급소(제1석유류. 알코올류의 취급량이 지정수량의 10배 이하인 경우에 한함)로서 다음 어느 하나에 해당하는 것은 제외
  ① 보일러·버너 또는 이와 비슷한 것으로서 위험물을 소비하는 장치로 이루어진 일반취급소
  ② 위험물을 용기에 옮겨 담거나 차량에 고정된 탱크에 주입하는 일반취급소

2) 건축물 내부의 천장이나 벽에 부착하거나 설치하는 것, 다만 가구류(옷장·찬장·식탁·식탁용 의자·사무용 책상·사무용 의자·계산대 등)와 너비 10 [cm] 이하 반자돌림대 등과 내부 마감재료는 제외
  (1) 종이류(두께 2 [mm] 이상)·합성수지류·섬유류를 주원료로 한 물품
  (2) 합판, 목재
  (3) 공간 구획하는 간이 칸막이
  (4) 흡음·방음을 위하여 설치하는 흡음재, 방음재

57 상(중)하

소방시설 설치 및 관리에 관한 법령상 제조 또는 가공 공정에서 방염처리를 한 물품 중 방염대상물품이 아닌 것은?

① 카펫
② 전시용 합판
③ 창문에 설치하는 커튼류
④ 두께가 2 [mm] 미만인 종이벽지

해설 방염대상물품

1) 제조·가공 공정에서 방염처리한 물품
  (1) 창문에 설치하는 커튼류(블라인드 포함)
  (2) 카펫
  (3) 벽지류(두께 2 [mm] 미만인 종이벽지 제외)
  (4) 전시용 합판·목재 또는 섬유판, 무대용 합판·목재 또는 섬유판(합판·목재류의 경우 불가피하게 설치 현장에서 방염처리한 것을 포함한다)
  (5) 암막·무대막(영화상영관 스크린, 가상체험체육시설의 스크린 포함)
  (6) 섬유류, 합성수지류 등을 원료로 하여 제작된 소파·의자(단란주점영업, 유흥주점, 노래연습장업의 영업장에 설치하는 것만 해당)

58 상(중)하

소방시설 설치 및 관리에 관한 법령상 무창층으로 판정하기 위한 개구부가 갖추어야 할 요건으로 틀린 것은?

① 크기는 반지름 3 [cm] 이상의 원이 내접할 수 있을 것
② 해당 층의 바닥면으로부터 개구부 밑부분까지 높이가 1.2 [m] 이내일 것
③ 도로 또는 차량이 진입할 수 있는 빈터를 향할 것
④ 화재 시 건축물로부터 쉽게 피난할 수 있도록 창살이나 그 밖의 장애물이 설치되지 아니할 것

해설 무창층, 개구부

1) 무창층 : 개구부 면적 합계가 해당 층 바닥면적의 1/30 이하가 되는 층
2) 개구부기준
  - 크기 : 지름 50 [cm] 이상의 원이 통과
  - 개구부 밑 부분까지의 높이 : 1.2 [m] 이내
  - 도로 또는 차량이 진입 가능한 빈터를 향할 것
  - 화재 시 건물로부터 쉽게 피난할 수 있도록 창살이나 장애물이 설치되지 아니할 것
  - 내부, 외부에서 쉽게 부수거나 열 수 있을 것

정답 57 ④ 58 ①

59 (상중하)

화재의 예방 및 안전관리에 관한 법령상 공동 소방안전관리자를 선임하여야 하는 특정소방대상물 중 고층 건축물은 지하층을 제외한 층수가 최소 몇 층 이상인 건축물만 해당되는가?

① 6층 ② 11층
③ 20층 ④ 30층

해설 관리의 권원이 분리된 특정소방대상물의 소방안전관리 ──

1) 관리의 권원이 분리된 특정소방대상물의 소방안전관리 : 대통령령
2) 소방안전관리자 선임 대상
   (1) <u>복합건축물(지하층 제외한 층수가 11층 이상 또는 연면적 3만 [m^2] 이상)</u>
   (2) 지하가(지하 인공구조물 안에 설치된 상점 및 사무실, 그 밖에 이와 비슷한 시설이 연속하여 지하도에 접하여 설치된 것과 그 지하도를 합한 것)
   (3) 판매시설 중 도매시장, 소매시장 및 전통시장
3) 선임된 소방안전관리자 및 총괄소방안전관리자는 공동소방안전관리협의회를 구성하고, 해당 특정소방대상물에 대한 소방안전관리를 공동으로 수행하여야 함. 이 경우 공동소방안전관리협의회의 구성·운영 및 공동소방안전관리의 수행 등에 필요한 사항은 대통령령으로 정함
4) 공동소방안전관리 협의회 업무사항 구성 및 운영
   (1) 공동소방안전관리협의회는 선임된 소방안전관리자 및 총괄소방안전관리자로 구성
   (2) 총괄소방안전관리자등은 공동소방안전관리 업무를 협의회의 협의를 거쳐 다음 업무를 공동으로 수행
      ① 특정소방대상물 전체의 소방계획 수립 및 시행에 관한 사항
      ② 특정소방대상물 전체의 소방훈련 및 교육의 실시에 관한 사항
      ③ 공용 부분의 소방시설 및 피난·방화 시설의 유지·관리에 관한 사항
      ④ 그 밖에 공동 소방안전관리업무 수행에 필요한 사항

60 (상중하)

화재의 예방 및 안전관리에 관한 법령상 특정소방대상물의 관계인이 수행하여야 하는 소방안전관리 업무가 아닌 것은?
[법 개정으로 인한 문제 수정]

① 소방훈련의 지도/감독
② 화기 취급의 감독
③ 피난시설, 방화구획 및 방화시설의 관리
④ 소방시설이나 그 밖의 소방 관련 시설의 관리

해설 특정소방대상물 소방안전관리자와 관계인의 업무 ──

1) 소방안전관리자의 업무
   (1) 피난계획 관련 사항과 대통령령으로 정하는 사항이 포함된 소방계획서 작성 및 시행
   (2) 자위소방대 및 초기대응체계 구성·운영·교육
   (3) 피난시설, 방화구획, 방화시설의 관리
   (4) 소방훈련 및 교육
   (5) 소방시설이나 그 밖의 소방 관련 시설의 관리
   (6) <u>화기 취급의 감독</u>
   (7) 소방안전관리에 관한 업무수행에 관한 기록·유지((3), (5), (6)항 업무)
   (8) 화재발생 시 초기대응
   (9) 그 밖에 소방안전관리에 필요한 업무
2) 특정소방대상물 관계인의 업무
   (1) <u>피난시설, 방화구획, 방화시설의 관리</u>
   (2) <u>소방시설이나 그 밖의 소방 관련 시설의 관리</u>
   (3) 화기 취급의 감독
   (4) 화재발생 시 초기대응
   (5) 그 밖에 소방안전관리에 필요한 업무

2022년 2회
소방전기시설의 구조 및 원리

3회독	월 일
2회독	월 일
1회독	월 일

목표시간 : 30분 | 시작 : _시 _분 | 종료 : _시 _분 | 맞은 개수 : _ /20

61 상 중 하

소방시설용 비상전원수전설비의 화재안전기준에 따라 저압으로 수전하는 제1종 배전반 및 분전반의 외함 두께와 전면판(또는 문) 두께에 대한 설치기준으로 옳은 것은?

① 외함 : 1.0 [mm] 이상
전면판(또는 문) : 1.2 [mm] 이상

② 외함 : 1.0 [mm] 이상
전면판(또는 문) : 2.3 [mm] 이상

③ 외함 : 1.6 [mm] 이상
전면판(또는 문) : 1.2 [mm] 이상

④ 외함 : 1.6 [mm] 이상
전면판(또는 문) : 2.3 [mm] 이상

 해설 제1종 배전반 및 분전반 설치기준 ————

• 외함 : 두께 1.6 [mm] 이상
• 전면판 및 문 : 두께 2.3 [mm] 이상

62 상 중 하

무선통신보조설비의 화재안전기술기준에서 정하는 분배기·분파기 및 혼합기 등의 임피던스는 몇 [Ω]의 것으로 하여야 하는가?

① 10 　　　　　 ② 30
③ 50 　　　　　 ④ 100

해설 분배기·분파기·혼합기 설치기준 ————

1) 먼지·습기 및 부식 등에 따라 기능에 이상을 가져오지 아니하도록 할 것
2) 임피던스는 50 [Ω]의 것으로 할 것
3) 점검에 편리하고 화재 등의 재해로 인한 피해의 우려가 없는 장소에 설치할 것

63 상 중 하

비상콘센트설비의 성능인증 및 제품검사의 기술기준에 따라 절연저항 시험 부위의 절연내력은 정격전압 150 [V] 이하의 경우 60 [Hz]의 정현파에 가까운 실효전압 1000 [V] 교류전압을 가하는 시험에서 몇 분간 견디는 것이어야 하는가?

① 1 　　　　　 ② 10
③ 30 　　　　　 ④ 60

정답 61 ④ 62 ③ 63 ①

해설 비상콘센트 절연내력시험 ─────

1) 절연저항 : 500 [V] 절연저항계로 측정할 때 20 [MΩ] 이상일 것
2) 절연내력
   ⑴ 정격전압 150 [V] 이하 : 1000 [V]의 실효전압
   ⑵ 정격전압이 150 [V] 초과 : (정격전압 × 2) + 1000 [V]
      = 실효전압
   ⑶ 실효전압 시험에서 1분 이상 견디는 것으로 할 것
3) 배선
   전원회로의 배선은 내화배선, 그 밖의 배선은 내화배선 또는 내열배선

64 상중하

다음은 누전경보기의 형식승인 및 제품검사의 기술기준에 따른 표시등에 대한 내용이다. ( )에 들어갈 내용으로 옳은 것은?

주위의 밝기가 (ⓐ) [lx]인 장소에서 측정하여 앞면으로부터 (ⓑ) [m] 떨어진 곳에서 켜진 등이 확실히 식별되어야 한다.

① ⓐ 150, ⓑ 3
② ⓐ 300, ⓑ 3
③ ⓐ 150, ⓑ 5
④ ⓐ 300, ⓑ 5

해설 누전경보기 표시등 ─────

1) 전구는 사용전압의 130 [%]인 교류전압을 20시간 연속하여 가하는 경우 단선, 현저한 광속변화, 흑화, 전류의 저하 등이 발생하지 아니하여야 한다.
2) 소켓은 접촉이 확실하여야 하며 쉽게 전구를 교체할 수 있도록 부착하여야 한다.
3) 전구는 2개 이상을 병렬로 접속하여야 한다. 다만 방전등 또는 발광다이오드의 경우에는 그러하지 아니한다.
4) 전구에는 적당한 보호카바를 설치하여야 한다. 다만 발광다이오드의 경우에는 그러하지 아니하다.
5) 누전화재의 발생을 표시하는 표시등(이하 "누전등"이라 한다)이 설치된 것은 등이 켜질 때 적색으로 표시되어야 하며, 누전화재가 발생한 경계전로의 위치를 표시하는 표시등(이하 "지구등"이라 한다)과 기타의 표시등은 다음과 같아야 한다.
   ⑴ 지구등은 적색으로 표시되어야 한다. 이 경우 누전등이 설치된 수신부의 지구등은 적색 외의 색으로도 표시할 수 있다.
   ⑵ 기타의 표시등은 적색 외의 색으로 표시되어야 한다. 다만 누전등 및 지구등과 쉽게 구별할 수 있도록 부착된 기타의 표시등은 적색으로도 표시할 수 있다.
6) 주위의 밝기가 300 [lx]인 장소에서 측정하여 앞면으로부터 3 [m] 떨어진 곳에서 켜진 등이 확실히 식별되어야 한다.

65 상중하

무선통신보조설비의 화재안전기술기준에 따라 무선통신보조설비의 누설동축케이블 및 동축케이블은 화재에 따라 해당 케이블의 피복이 소실된 경우에 케이블 본체가 떨어지지 아니하도록 몇 [m] 이내마다 금속제 또는 자기제 등의 지지금구로 벽·천장·기둥 등에 견고하게 고정시켜야 하는가? (단, 불연재료로 구획된 반자 안에 설치하지 않은 경우이다)

① 1   ② 1.5
③ 2.5   ④ 4

해설 누설동축케이블 설치기준

1) 소방전용주파수대에서 전파의 전송 또는 복사에 적합한 것으로서 소방전용의 것으로 할 것(다만 소방대 상호 간의 무선연락에 지장 없는 경우에는 다른 용도와 겸용 가능하다)

2) 누설동축케이블과 이에 접속하는 안테나 또는 동축케이블과 이에 접속하는 안테나에 따른 것으로 할 것

3) 누설동축케이블은 불연 또는 난연성의 것으로서 습기에 따라 전기의 특성이 변질되지 아니하는 것으로 하고, 노출하여 설치한 경우에는 피난 및 통행에 장애가 없도록 할 것

4) 누설동축케이블은 화재에 따라 해당 케이블의 피복이 소실된 경우에 케이블 본체가 떨어지지 아니하도록 4 [m] 이내마다 금속제 또는 자기제 등의 지지금구로 벽·천장·기둥 등에 견고하게 고정시킬 것(다만 불연재료로 구획된 반자 안에 설치하는 경우에는 그러하지 않는다)

5) 누설동축케이블 및 안테나는 금속판 등에 따라 전파의 복사 또는 특성이 현저하게 저하되지 아니하는 위치에 설치할 것

6) 누설동축케이블 및 안테나는 고압의 전로로부터 1.5 [m] 이상 떨어진 위치에 설치할 것(다만 해당 전로에 정전기 차폐장치를 유효하게 설치한 경우에는 그러하지 않는다)

7) 누설동축케이블의 끝부분에는 무반사 종단저항을 견고하게 설치할 것

8) 누설동축케이블 또는 동축케이블의 임피던스는 50 [Ω]으로 하고, 이에 접속하는 안테나·분배기 기타의 장치는 해당 임피던스에 적합한 것으로 하여야 한다.

66 상⟨중⟩하

비상콘센트설비의 화재안전기술기준에 따라 비상콘센트용의 풀박스 등은 방청도장을 한 것으로서, 두께 몇 [mm] 이상의 철판으로 하여야 하는가?

① 1.0
② 1.2
③ 1.5
④ 1.6

해설 비상콘센트설비 전원회로 설치기준

1) 전원회로 : 단상교류는 220 [V], 공급용량은 1.5 [kVA] 이상

2) 전원회로는 각 층에 2 이상이 되도록 설치(다만 설치하여야 할 층의 비상콘센트가 1개인 때에는 하나의 회로로 할 수 있다)

3) 전원회로는 주배전반에서 전용회로로 할 것

4) 전원으로부터 각 층의 비상콘센트에 분기되는 경우에는 분기배선용 차단기를 보호함 안에 설치할 것

5) 콘센트마다 배선용 차단기를 설치하여야 하며 충전부가 노출되지 아니하도록 할 것

6) 개폐기에는 "비상콘센트"라고 표시한 표지를 할 것

7) 비상콘센트용의 풀박스 등은 방청도장을 한 것으로서 두께 1.6 [mm] 이상의 철판으로 할 것

8) 하나의 전용회로에 설치하는 비상콘센트는 10개 이하로 할 것. 이 경우 전선 용량은 각 비상콘센트(비상콘센트가 3개 이상인 경우에는 3개)의 공급용량을 합한 용량 이상의 것으로 하여야 한다.

67 상⟨중⟩하

자동화재탐지설비 및 시각경보장치의 화재안전기술기준에서 정하는 불꽃감지기의 시설기준으로 틀린 것은?

① 폭발의 우려가 있는 장소에는 방폭형으로 설치할 것
② 공칭감시거리 및 공칭시야각은 형식승인내용에 따를 것
③ 감지기를 천장에 설치하는 경우에는 감지기는 바닥을 향하여 설치할 것
④ 화재감지를 유효하게 감지할 수 있는 모서리 또는 벽 등에 설치할 것

해설 불꽃감지기

1) 공칭감시거리 및 공칭시야각은 형식승인을 따를 것
2) 감시구역을 모두 포용할 수 있을 것
3) 모서리 또는 벽 등에 설치할 것
4) 천장 등에 설치 시 바닥을 향할 것
5) 수분이 많은 지역은 방수형을 설치할 것
6) 기타 : 형식승인에 따르며, 형식승인이 아닌 것은 제조사의 시방에 따라 설치함
7) 불꽃 감지기 도로형의 최대 시야각 : 180° 이상

68 (상 중 하)

다음은 비상조명등의 우수품질인증 기술기준에서 정하는 비상조명등의 상태를 자동적으로 점검하는 기능에 대한 내용이다. (   )에 들어갈 내용으로 옳은 것은?

> 자가점검시간은 (ⓐ)초 이상 (ⓑ)분 이하로 (ⓒ)일마다 최소 한 번 이상 자동으로 수행하여야 한다.

① ⓐ 15, ⓑ 15, ⓒ 15
② ⓐ 15, ⓑ 20, ⓒ 30
③ ⓐ 30, ⓑ 30, ⓒ 30
④ ⓐ 30, ⓑ 45, ⓒ 60

해설 비상조명등 자가점검

1) 자가점검시간은 30초 이상 30분 이하로 30일마다 최소 한 번 이상 자동으로 수행하여야 한다.
2) 자가점검결과 이상 상태를 확인할 수 있는 표시 또는 점등(점멸, 음향을 포함한다) 장치를 설치하여야 한다.
3) 자가점검기능은 비상전원 충전회로 고장, 예비전원 충전용량 미달 등에 대하여 표시하여야 하며, 기타 제조사가 제시하는 기능을 표시할 수 있다.
4) 상용전원 및 비상전원의 상태를 무선으로 점검할 수 있는 장치를 설치할 수 있다. 이 경우 최대점검거리 및 시야각 등을 제시하여야 한다.

69 (상 중 하)

자동화재탐지설비 및 시각경보장치의 화재안전기술기준에 따라 부착 높이가 4 [m] 미만으로 연기감지기 3종을 설치할 때, 바닥면적 몇 [m²]마다 1개 이상 설치하여야 하는가?

① 50
② 75
③ 100
④ 150

해설 연기감지기 설치기준

1) 천장·반자 낮은 실내설치 : 출입구 가까운 부근
2) 천장·반자 부근 배기구 : 그 부근 설치
3) 벽·보 : 0.6 [m] 이상 이격
4) 부착높이별(바닥면적당 1개 이상)

부착 높이	감지기 종류 (단위 : m²)	
	1종·2종	3종
4 [m] 미만	150	50
4 [m] 이상 20 [m] 미만	75	–

5) 복도·통로 길이별(바닥면적당 1개 이상)

설치장소	감지기 종류	
	1종·2종	3종
복도·통로	30 [m]	20 [m]
계단·경사로	15 [m]	10 [m]

[연기감지기 설치장소]
1) 계단·경사로 및 에스컬레이터 경사로
2) 복도(30 [m] 미만의 것을 제외한다)
3) 엘리베이터 승강로(권상기실이 있는 경우에는 권상기실)·린넨슈트·파이프피트 및 덕트 기타 이와 유사한 장소
4) 천장 또는 반자의 높이가 15 [m] 이상 20 [m] 미만의 장소
5) 다음 각 목의 어느 하나에 해당하는 특정소방대상물의 취침·숙박
  (1) 입원 등 이와 유사한 용도로 사용되는 거실
  (2) 공동주택·오피스텔·숙박시설·노유자시설·수련시설
  (3) 교육연구시설 중 합숙소
  (4) 의료시설, 근린생활시설 중 입원실이 있는 의원·조산원
  (5) 교정 및 군사시설
  (6) 근린생활시설 중 고시원

70 상 ⓒ 하

비상방송설비와 자동화재탐지설비의 연동 시 동작 순서로 옳은 것은?

① 기동장치 → 증폭기 → 수신기 → 조작부 → 확성기
② 기동장치 → 조작부 → 증폭기 → 수신부 → 확성기
③ 기동장치 → 수신기 → 증폭기 → 조작부 → 확성기
④ 기동장치 → 증폭기 → 조작부 → 수신부 → 확성기

해설 비상방송설비와 자동화재탐지설비 연동 시 동작 순서 ──

기동장치 → 수신기 → 증폭기 → 조작부 → 확성기

보충 중폭기와 조작부는 순서가 바뀌어도 된다.

71 상 ⓒ 하

유도등의 우수품질인증 기술기준에서 정하는 유도등의 일반구조에 적합하지 않은 것은?

① 축전지에 배선 등은 직접 납땜하여야 한다.
② 충전부가 노출되지 아니한 것은 사용전압이 300 [V]를 초과할 수 있다.
③ 외함은 기기 내의 온도 상승에 의하여 변형, 변색 또는 변질되지 아니하여야 한다.
④ 전선의 굵기는 인출선인 경우에는 단면적이 0.75 [mm²] 이상이어야 한다.

해설 유도등 일반구조 ──────────

1) 상용전원전압(전지가 아닌 일반적으로 사용하는 전원의 전압을 말한다. 이하 같다)의 110 [%] 범위 안에서는 유도등 내부의 온도상승이 그 기능에 지장을 주거나 위해를 발생시킬 염려가 없어야 한다.
2) 방폭형 유도등의 방폭구조는 한국산업규격 또는 산업안전보건법령이 정하는 규격에 적합하여야 한다.

3) 주전원 및 비상전원을 단락사고 등으로부터 보호할 수 있는 퓨즈 등 과전류 보호장치를 설치하여야 한다. 다만 객석유도등은 그러하지 아니하다.
4) 외함은 기기 내의 온도상승에 의하여 변형, 변색 또는 변질되지 아니하여야 한다.
5) 외함의 표시면은 쉽게 분해할 수 있도록 하여야 하며 축전지 등 내부부품을 쉽게 교환, 보수, 점검할 수 있도록 조립된 구조이어야 한다. 다만 방수형, 방폭형의 것은 그러하지 아니하다.
6) 유도등은 광원 또는 점등관을 교환, 점검할 때 접촉될 우려가 있는 부분은 감전되지 아니하도록 보호조치를 하여야 한다.
7) 사용전압은 300 [V] 이하이어야 한다. 다만 충전부가 노출되지 아니한 것은 300 [V]를 초과할 수 있다.
8) 설치하고자 하는 부분에 견고하게 설치할 수 있는 구조이어야 한다.
9) 수송 중 진동 또는 충격에 의하여 기능에 장해를 받지 아니하는 구조이어야 한다.
10) 유도등은 내부의 온도가 비정상적으로 상승하지 아니하도록 하여야 하며, 예비전원과 내부부품은 양호한 방열처리가 되도록 하여야 한다.
11) 축전지에 배선 등을 직접 납땜하지 아니하여야 한다.
12) 상용전원(전지가 아닌 일반적으로 사용하는 전원을 말한다. 이하 같다)과 접속되는 전원은 KS C IEC 60245-8 또는 KS C IEC 60227-5에 적합하거나 이와 동등 이상의 절연성, 도전성 및 기계적 강도가 있어야 한다.
13) 전선의 굵기는 인출선인 경우에는 단면적이 0.75 [mm²] 이상이어야 한다. 인출선 외의 경우에는 면적이 0.5 [mm²] 이상이어야 한다.
14) 인출선의 길이는 전선 인출 부분으로부터 150 [mm] 이상이어야 한다. 다만 인출선으로 하지 아니할 경우에는 풀어지지 아니하는 방법으로 전선을 쉽고 확실하게 부착할 수 있도록 접속단자를 설치하여야 한다.

〈이하 생략〉

정답 70 ③ 71 ①

72 ⑤중하

축광표지의 성능인증 및 제품검사의 기술기준에 따라 피난 방향 또는 소방용품 등의 위치를 추가적으로 알려주는 보조 역할을 하는 축광보조표지의 설치 위치로 틀린 것은?

① 바닥
② 천장
③ 계단
④ 벽면

해설 축광표지의 용어 ─────────

1) "축광표지"란 화재발생 시 피난방향을 안내하거나 소방용품 등의 위치를 표시하기 위하여 사용되는 표지로서 외부의 전원을 공급받지 아니한 상태에서 축광(전등, 태양빛 등을 흡수하여 이를 축적시킨 상태에서 일정시간 동안 발광이 계속되는 것을 말한다. 이하 같다)에 의하여 어두운 곳에서도 도안·문자 등이 쉽게 식별될 수 있도록 된 것을 말하며, 축광유도표지, 축광위치표지, 축광보조표지로 구분한다.
2) "축광유도표지"란 화재발생 시 피난방향을 안내하기 위하여 사용되는 축광표지로서 피난구축광유도표지, 통로축광유도표지로 구분한다.
3) "축광위치표지"란 옥내소화전설비의 함, 발신기, 피난기구 (완강기, 간이완강기, 구조대, 금속제피난사다리), 소화기, 투척용소화용구 및 연결송수관설비의 방수구 등 소방용품의 위치를 표시하기 위한 축광표지를 말한다.
4) "축광보조표지"란 피난로 등의 바닥·계단·벽면 등에 설치함으로서 피난방향 또는 소방용품 등의 위치를 추가적으로 알려주는 보조역할을 하는 표지를 말한다.

73 상⑤하

시각경보장치의 성능인증 및 제품검사의 기술기준에 따라 시각 경보장치의 전원부 양단자 또는 양선을 단락시킨 부분과 비충전부를 DC 500 [V]의 절연저항계로 측정하는 경우 절연저항이 몇 [$M\Omega$] 이상이어야 하는가?

① 0.1
② 5
③ 10
④ 20

해설 시각경보장치 절연저항 ─────────

DC 500 [V] 절연저항계 : 5 [MΩ] 이상

74 상⑤하

누전경보기의 형식승인 및 제품검사의 기술기준에서 정하는 누전경보기의 공칭작동전류치(누전경보기를 작동시키기 위하여 필요한 누설전류의 값으로서 제조자에 의하여 표시된 값을 말한다)는 몇 [mA] 이하이어야 하는가?

① 50
② 100
③ 150
④ 200

해설 누전경보기 공칭작동전류치 및 감도조정장치 ─────────

1) 공칭작동 전류치 : 200 [mA] 이하
2) 감도조정장치의 조정범위
   최대 1 [A](조정범위 0.2, 0.5, 1 [A] 구분)

75 (상)(중)하

다음은 자동화재속보설비의 속보기의 성능인증 및 제품검사의 기술기준에 따른 속보기에 대한 내용이다. (　)에 들어갈 내용으로 옳은 것은?

> 속보기는 연동 또는 수동 작동에 의한 다이얼링 후 소방관서와 전화접속이 이루어지지 않는 경우에는 최초 다이얼링을 포함하여 (ⓐ)회 이상 반복적으로 접속을 위한 다이얼링이 이루어져야 한다. 이 경우 매회 다이얼링 완료 후 호출은 (ⓑ)초 이상 지속되어야 한다.

① ⓐ 10, ⓑ 30　　② ⓐ 15, ⓑ 30
③ ⓐ 10, ⓑ 60　　④ ⓐ 15, ⓑ 60

해설 속보기 기능 ────────────

1) 작동신호를 수신하거나 수동으로 동작시키는 경우 20초 이내에 소방관서에 자동적으로 신호를 발하여 통보하되, 3회 이상 속보할 수 있어야 한다.
2) 주전원이 정지한 경우에는 자동적으로 예비전원으로 전환되고, 주전원이 정상 상태로 복귀한 경우에는 자동적으로 예비전원에서 주전원으로 전환되어야 한다.
3) 예비전원은 자동적으로 충전되어야 하며 자동과충전방지장치가 있어야 한다.
4) 화재신호를 수신하거나 속보기를 수동으로 동작시키는 경우 자동적으로 적색 화재표시등이 점등되고 음향장치로 화재를 경보하여야 하며, 화재표시 및 경보는 수동으로 복구 및 정지시키지 않는 한 지속되어야 한다.
5) 연동 또는 수동으로 소방관서에 화재발생 음성정보를 속보 중인 경우에도 송수화장치를 이용한 통화가 우선적으로 가능하여야 한다.
6) 예비전원을 병렬로 접속하는 경우에는 역충전방지 등의 조치를 하여야 한다.
7) 예비전원은 감시 상태를 60분간 지속한 후 10분 이상 동작(화재속보 후 화재표시 및 경보를 10분간 유지하는 것을 말한다)이 지속될 수 있는 용량이어야 한다.
8) 속보기는 연동 또는 수동 작동에 의한 다이얼링 후 소방관서와 전화접속이 이루어지지 않는 경우에는 최초 다이얼링을 포함하여 10회 이상 반복적으로 접속을 위한 다이얼링이 이루어져야 한다. 이 경우 매회 다이얼링 완료 후 호출은 30초 이상 지속되어야 한다.
9) 속보기의 송수화장치가 정상위치가 아닌 경우에도 연동 또는 수동으로 속보가 가능하여야 한다.
10) 음성으로 통보되는 속보내용을 통하여 해당 특정소방대상물의 위치, 화재발생 및 속보기에 의한 신고임을 확인할 수 있어야 한다.
11) 속보기는 음성속보방식 외에 데이터 또는 코드전송방식 등을 이용한 속보기능을 설치할 수 있다.

76 (상)(중)하

단독경보형 감지기에 대한 설명으로 틀린 것은?

① 단독경보형 감지기는 감지부, 경보장치, 전원이 개별로 구성되어 있다.
② 화재경보음은 감지기로부터 1 [m] 떨어진 위치에서 85 [dB] 이상으로 10분 이상 계속하여 경보할 수 있어야 한다.
③ 단독경보형 감지기는 수동으로 작동시험을 하고 자동복귀형 스위치에 의하여 자동으로 정위치에 복귀하여야 한다.
④ 작동되는 감지기는 작동표시등에 의하여 화재의 발생을 표시하고, 내장된 음향장치의 명동에 의하여 화재경보음을 발하여야 한다.

해설 단독경보형 감지기

1) 자동 복귀형 스위치에 의하여 수동으로 작동시험을 할 수 있는 기능이 있어야 한다.
2) 주기적으로 섬광하는 전원표시등에 의하여 전원의 정상 여부를 감시할 수 있는 기능이 있어야 하며, 전원의 정상 상태를 표시하는 전원표시등의 섬광주기는 1초 이내의 점등과 30초에서 60초 이내의 소등으로 이루어져야 한다.
3) 감지기에 내장하는 음향장치는 정 위치에 부착된 음향장치 중심으로부터 1 [m] 떨어진 지점에서 85 [dB] 이상으로 10분 이상 계속하여 경보할 것
4) 건전지의 성능이 저하되어 건전지의 교체가 필요한 경우에는 음성안내를 포함한 음향 및 표시등에 의하여 72시간 이상 경보할 수 있어야 한다. 이 경우 음향경보는 1 [m] 떨어진 거리에서 70 [dB](음성안내 60 [dB]) 이상이어야 한다.
5) 단독경보형 감지기의 무선기능 화재신호는 다음 각 항목에 적합하여야 한다.
   ⑴ 작동한 단독경보형 감지기는 화재경보가 정지하기 전까지 60초 미만 간격으로 화재신호를 발신하여야 한다.
   ⑵ 화재신호를 수신한 단독경보형 감지기는 10초 이내에 경보를 발하여야 한다.
6) 감지기에 음향장치가 내장되어 일체로 구성되어 있다.
7) 내장된 음향장치 명동과 화재경보음 발할 수 있는 기능을 가져야 한다.

77 상⊙하

비상방송설비의 음향장치는 정격전압의 몇 [%] 전압에서 음향을 발할 수 있는 것으로 하여야 하는가?

① 80
② 90
③ 100
④ 110

해설 비상방송설비

1) 확성기
   ⑴ 음성입력 : 실외 3 [W] 이상, 실내 1 [W] 이상
   ⑵ 수평거리 : 층 각 부분으로부터 하나의 확성기까지의 25 [m] 이하
   ⑶ 확성기는 각 층마다 설치, 당해 층의 각 부분에 유효하게 경보를 발하도록 설치
2) 음량조정기(ATT) : 음량조정기의 배선은 3선식으로 한다.
3) 조작부
   ⑴ 조작스위치 높이 : 바닥으로부터 0.8 [m] 이상 1.5 [m] 이하
   ⑵ 기동장치의 작동과 연동하여 당해 기동장치가 작동한 층 또는 구역을 표시
   ⑶ 조작부 및 증폭기 설치장소 : 수위실 등 상시 사람이 근무, 점검이 편리, 방화상 유효한 곳
   ⑷ 2 이상 조작부 설치 시 설치장소 상호 간 동시통화 가능, 어느 조작부에서도 전구역 방송 가능
4) 층수가 11층(공동주택의 경우에는 16층)의 특정소방대상물은 다음과 같은 경보를 발할 수 있어야 한다.
   ⑴ 2층 이상의 층에서 발화한 때에는 발화층 및 그 직상 4개 층에 경보
   ⑵ 1층에서 발화한 때에는 발화층·그 직상 4개 층 및 지하층에 경보
   ⑶ 지하층에서 발화한 때에는 발화층·그 직상층 및 기타 지하층 경보
5) 기동장치에 따른 화재신고를 수신한 후 필요한 음량으로 화재발생 상황 및 피난에 유효한 방송이 자동으로 개시될 때까지의 소요시간은 10초 이하로 할 것
6) 다른 방송설비와 공용할 경우 화재 시 비상경보 외의 방송을 차단할 수 있는 구조
7) 다른 전기회로에 따라 유도장애가 생기지 아니하도록 할 것
8) 음향장치의 구조 및 성능
   ⑴ 정격전압의 80 [%] 전압에서 음향을 발할 수 있는 것을 할 것
   ⑵ 자동화재탐지설비의 작동과 연동하여 작동할 수 있는 것으로 할 것

2022

78 (상 中 하)

소방시설용 비상전원수전설비의 화재안전기준에 따라 소방회로배선은 일반회로배선과 불연성 벽으로 구획하여야 하나, 소방회로배선과 일반회로배선을 몇 [cm] 이상 떨어져 설치한 경우에는 그러하지 아니하는가?

① 5   ② 10
③ 15   ④ 20

해설 특고압·고압수전 배선 방화구획형

1) 전용의 방화구획 내에 설치할 것
2) 소방회로배선은 일반회로배선과 불연성 벽으로 구획할 것 (다만 소방회로배선과 일반회로배선을 15 [cm] 이상 떨어져 설치한 경우는 그러하지 않는다)
3) 일반회로에서 과부하, 지락사고 또는 단락사고가 발생한 경우에도 이에 영향을 받지 아니하고 계속하여 소방회로에 전원을 공급시켜줄 수 있어야 할 것
4) 소방회로용 개폐기 및 과전류차단기에는 "소방시설용"이라 표시할 것

79 (상 中 하)

경종의 우수품질인증 기술기준에 따라 경종에 정격전압을 인가한 경우 경종의 소비전류는 몇 [mA] 이하이어야 하는가?

① 10   ② 30
③ 50   ④ 100

해설 경종 기능시험

• 경종의 중심으로부터 1 [m] 떨어진 위치에서 90 [dB] 이상, 최소청취거리에서 110 [dB]을 초과하지 않아야 함
• 소비전류 : 50 [mA] 이하

80 (상 中 하)

자동화재탐지설비 및 시각경보장치의 화재안전기준에 따라 감지기 상호 간 또는 감지기로부터 수신기에 이르는 감지기회로의 배선 중 전자파 방해를 받지 아니하는 쉴드선 등을 사용하지 않아도 되는 것은?

① R형 수신기용으로 사용되는 것
② 차동식 감지기
③ 다신호식 감지기
④ 아날로그식 감지기

해설 배선 종류

자동화재탐지설비 배선	배선 종류	비고
전원회로 배선	내화 배선	–
감지기 회로배선 (감지기 상호 간 또는 감지기로부터 수신기에 이르는 감지기 회로 배선)	아날로그식, 다신호식 감지기, R형 수신기용 → 쉴드선(차폐선)	전자파 방해를 받지 않는 방식은 제외
	감지기 상호 간 → 내화배선 또는 내열배선	–
	기타 → 내화배선 또는 내열배선	–
그 밖의 회로배선	내화배선 또는 내열배선	–

소방원론

3회독	월	일
2회독	월	일
1회독	월	일

| 목표시간 : 20분 | 시작 : _시 _분 | 종료 : _시 _분 | 맞은 개수 : _ /20 |

01 (상 ⓒ 하)

가스연소의 이상현상 중 연소속도보다 가스 분출속도가 클 때 나타나는 현상은?

① 리프팅(선화)
② 백파이어(역화)
③ 블로우오프
④ 백드래프트

 연소의 이상현상

구분	특징
불완전연소	• 산소의 공급이 부족하여 완전연소되지 못하고 가연물 일부가 미연소 • 일산화탄소(CO) 발생
역화 (Backfire)	• 불꽃이 역으로 진행하여 버너 내부에서 연소 • 분출속도 < 연소속도
선화 (Lifting)	• 내압이 커져 불꽃이 염공 위에 들떠서 연소 • 분출속도 > 연소속도
블로우오프 (Blow Off)	• 공기의 유속이 빨라 불꽃이 꺼지는 현상 • 분출속도 ≫ 연소속도
황염 (Yellow Tip)	• 불완전연소의 일종으로 노란 그을음(공기가 부족할 때 발생)

02 (상 중 ⓗ)

제1인산암모늄이 주성분인 분말소화약제는?

① 제3종 분말소화약제
② 제4종 분말소화약제
③ 제2종 분말소화약제
④ 제1종 분말소화약제

해설 분말소화약제

종별	소화약제	약제색	적응화재
1종	탄산수소나트륨 $(NaHCO_3)$	백색	BC급
2종	탄산수소칼륨 $(KHCO_3)$	담자색 (담회색)	
3종	제1인산암모늄 $(NH_4H_2PO_4)$	담홍색	ABC급
4종	탄산수소칼륨 + 요소 $(KHCO_3+(NH_2)_2CO)$	회(백)색	BC급

 백담사 홍어회

03 (상 ⓒ 하)

화재 시 이산화탄소를 방출하여 산소농도를 13 [vol%]로 낮추어 소화하기 위한 공기 중 이산화탄소의 농도는 약 몇 [vol%]인가?

① 9.5
② 25.8
③ 38.1
④ 61.5

해설 이산화탄소의 농도

$$CO_2 \text{ 농도 [vol\%]} = \frac{21 - O_2[vol\%]}{21} \times 100$$

$$CO_2 \text{ 농도} = \frac{21 - O_2}{21} \times 100$$

$$= \frac{21 - 13}{21} \times 100 = 38.095 \text{ [vol\%]}$$

해설 분진폭발을 일으키지 않는 물질

물과 반응하여 가연성 기체를 발생하지 않는 것
- 시멘트
- 석회석
- 탄산칼슘($CaCO_3$)
- 생석회(CaO) = 산화칼슘
- 소석회

암기 ▶ 분시석 탄생소

04 (상**중**하)

다음 중 화재 발생 가능성이 가장 낮은 경우는?

① 폭발 하한계가 낮을 때
② 활성화에너지가 클 때
③ 주위온도가 높을 때
④ 인화점이 낮을 때

해설 화재의 위험성

1) 연소상한계가 높을수록, 연소하한계가 낮을수록, 연소범위가 넓을수록 화재위험성이 높음
2) 활성화에너지가 작을수록 화재위험성이 높음
3) 주위온도가 높을수록 연소범위는 넓어짐(연소범위가 넓을수록 화재위험성 높음)
4) 인화점, 착화점이 낮을수록 화재위험성이 높음

05 (상**중**하)

다음 중 분진폭발의 위험성이 가장 낮은 것은?

① 시멘트가루
② 알루미늄분
③ 석탄분말
④ 밀가루

06 (상**중**하)

화재하중에 대한 설명 중 틀린 것은?

① 화재하중이 크면 단위면적당의 발열량이 크다.
② 화재하중은 화재구획실 내의 가연물 총량을 목재 중량당 비로 환산하여 면적으로 나눈 수치이다.
③ 화재하중이 크다는 것은 화재구획의 공간이 넓다는 것이다.
④ 화재하중이 같더라도 물질의 상태에 따라 가혹도는 달라진다.

해설 화재하중

1) 화재하중이란 화재실의 단위면적당 등가가연물(목재)의 양으로 건물화재 시 발열량 및 화재위험성 척도가 된다.
2) 화재구획실 내에 존재하는 가연물은 각각 단위중량당 발열량[kcal/kg]이 다르기 때문에 목재의 발열량으로 환산하여 화재하중을 산정한다.
   ⓔ 종이 : 4000[kcal/kg], 고무 : 9000 [kcal/kg]
3) 화재 시 주수시간을 결정하는 주요인이다.
4) 화재하중이 같더라도 가연물의 비표면적, 가연물의 배열상태, 가연물의 발열량, 화재실의 구조(단열성), 공기(산소)의 공급 상황 등이 화재강도에 영향을 미치므로 이에 따라 화재가혹도도 달라진다.

5) 화재하중 $q = \dfrac{\sum GH_i}{HA} = \dfrac{\sum Q}{4500A}$ [kg/m²]

G : 가연물의 양 [kg]

H_i : 단위중량당 발열량 [kcal/kg]

H : 목재의 단위중량당 발열량 [4500 kcal/kg]

A : 화재실의 바닥면적 [m²]

$\sum Q$: 화재실 내 가연물의 전발열량 [kcal]

TIP ▶ 화재가혹도 = 화재강도 × 화재하중

보충 ▶ 화재하중이 크다 = 가연물의 양 대비 화재구획의 공간이 좁다

---

07 (상)(중)(하)

표준 상태에서 44 [g]의 프로페인 1몰이 완전 연소할 경우 발생한 이산화탄소의 부피는 약 몇 [L]인가?

① 22.4

② 44.8

③ 89.6

④ 67.2

해설 완전연소 시 발생하는 이산화탄소의 양

1) 프로페인(프로판, C_3H_8)의 완전연소반응식

• $C_3H_8 + 5O_2 \rightarrow 3CO_2 + 4H_2O$

⇨ 프로페인(C_3H_8) 1 [mol] 연소 시
   CO_2는 3 [mol] 발생

2) CO_2의 부피 [L]

표준 상태(0 [℃], 1기압)에서 1 [mol]의 부피는 22.4 [L]이 므로

∴ CO_2의 부피 [L] = 22.4 [L/mol] × 3 [mol]
   = 67.2 [L]

보충 ▶ • 프로페인(프로판, C_3H_8)의 분자량 : 44 [g/mol]
        • 원자량(C : 12, H : 1)

---

08 (상)(중)(하)

0 [℃], 1기압에서 44.8 [m³]의 용적을 가진 이산화탄소를 액화하여 얻을 수 있는 액화탄산가스의 무게는 약 몇 [kg]인가?

① 88

② 44

③ 22

④ 11

해설 이상기체 상태방정식

이상기체 상태방정식 $PV = nRT = \dfrac{W}{M}RT$

$W = \dfrac{PVM}{RT} = \dfrac{1 \times 44.8 \times 44}{0.082 \times (273+0)} \fallingdotseq 88$ [kg]

P : 절대압력 [atm], n : 몰수 [kmol]

T : 절대온도 [K](273 + ℃)

W : 기체의 질량 [kg]

V : 부피 [m³](1 [m³] = 1000 [L])

R : 기체상수(0.082 [atm·m³/kmol·K])

M : 분자량 [kg/kmol](CO_2 분자량 : 44)

---

09 (상)(중)(하)

다음 중 가연성 가스가 아닌 것은?

① 일산화탄소

② 프로페인

③ 아르곤

④ 메테인

해설 가연성 가스

구분	가연성 가스	조연성 가스
정의	자기 자신이 연소하는 가스	자기 자신은 타지 않고 연소를 도와주는 가스
종류	일산화탄소(CO) 수소(H_2) 메테인(메탄, CH_4) 프로페인(프로판, C_3H_8) 암모니아(NH_3) 뷰테인(부탄, C_4H_{10})	오존(O_3) 공기 산소(O_2) 염소(Cl) 불소(F)

※ 아르곤 : 불활성 가스

10 (상 **중** 하)

질소 79.2 [vol%], 산소 20.8 [vol%]로 이루어진 공기의 평균 분자량은?

① 28.83
② 20.21
③ 36.00
④ 15.44

해설 공기의 평균 분자량

- N_2 = 14 × 2 = 28 [g/mol]
- O_2 = 16 × 2 = 32 [g/mol]
- 공기 분자량 = (28 × 0.792) + (32 × 0.208)
  ≒ 28.83 [g/mol]

11 (상 **중** 하)

연기 농도에서 감광계수 0.1 [m^{-1}]은 어떤 현상을 의미하는가?

① 화재 최성기의 연기 농도
② 연기감지기가 작동하는 정도의 농도
③ 거의 앞이 보이지 않을 정도의 농도
④ 출화실에서 연기가 분출될 때의 연기농도

해설 감광계수

감광계수[m^{-1}]	가시거리[m]	내용
0.1	20 ~ 30	연기감지기 작동할 때
0.3	5	건물에 익숙한 사람이 피난에 지장을 느낄 때
0.5	3	어두움을 느낄 때
1	1 ~ 2	거의 앞이 보이지 않음
10	0.2 ~ 0.5	최성기 때 연기농도
30	–	출화실에서 연기 분출

12 (상 **중** 하)

인화칼슘과 물이 반응할 때 생성되는 가스는?

① 아세틸렌
② 황화수소
③ 황산
④ 포스핀

해설 물과 반응 시 발생가스

물질	가스
탄화칼슘(CaC_2)	아세틸렌(C_2H_2)
탄화알루미늄(Al_4C_3)	메테인(메탄, CH_4)
인화칼슘(Ca_3P_2)	포스핀(PH_3)
인화알루미늄(AlP)	
수소화리튬(LiH)	수소(H_2)

암기 ▶ 탄칼아, 탄알메, 인포

13 (상 중 **하**)

소화약제인 IG-541의 성분이 아닌 것은?

① 질소
② 아르곤
③ 헬륨
④ 이산화탄소

해설 불활성기체소화약제 중 IG-541

계열	소화약제	상품명	성분
IG	IG-541	Inergen	N_2, Ar, CO_2

14 (상 **중** 하)

과산화칼륨이 물과 반응하였을 때 발생하는 기체는?

① 아세틸렌
② 메테인
③ 수소
④ 산소

정답 10 ① 11 ② 12 ④ 13 ③ 14 ④

해설 과산화칼륨과 물과의 반응

1) 과산화칼륨 : 제1류 위험물 중 무기과산화물
2) 과산화칼륨과 물과의 반응성 : 산소 발생

$$2K_2O_2 + 2H_2O \rightarrow 4KOH + O_2\uparrow$$

보충 제1류 위험물 중 무기과산화물 :
과산화나트륨, 과산화칼륨, 과산화리튬 등

15 상⦿하

목조건축물에서 화재가 최성기에 이르면 천장, 대들보 등이 무너지고 강한 복사열을 발생한다. 이때 나타낼 수 있는 최고 온도는 약 몇 [℃]인가?

① 600
② 300
③ 1300
④ 900

해설 건축물 화재 특징

구분	목조건축물	내화건축물
화재성상	고온 단기형	저온 장기형
최성기 온도	1000 ~ 1300 [℃]	800 ~ 1000 [℃]

16 상⦿하

전열기의 표면온도가 250 [℃]에서 650 [℃]로 상승되면 복사열은 약 몇 배 정도 상승하는가?

① 17.2배
② 2.6배
③ 45.7배
④ 9.7배

해설 스테판 볼츠만의 법칙

$$\text{단위 면적당 복사열량 } Q\,[W/m^2] = \sigma T^4$$

복사 : 열전달 매질 없이 전자파 형태로 열이 전달
스테판 볼츠만의 법칙에 의해 복사열은 절대온도의 4승에 비례한다.

보충 매질 : 파동을 전달시키는 물질

$$\frac{Q_2}{Q_1} = \frac{(273+t_2)^4}{(273+t_1)^4} = \frac{(273+650)^4}{(273+250)^4} \fallingdotseq 9.7배$$

σ : 스테판 볼츠만 상수 $[W/m^2 \cdot K^4]$
T : 절대온도 $[K](= 273 + t℃)$

17 상⦿하

유류 저장탱크의 화재에서 일어날 수 있는 현상과 거리가 먼 것은?

① 플래시 오버(Flash Over)
② 보일 오버(Boil Over)
③ 프로스 오버(Froth Over)
④ 슬롭 오버(Slop Over)

해설 유류탱크 화재 재해현상

현상	설명
보일 오버	중질유 탱크 저부의 에멀전(물)이 증발하면서 부피가 팽창하여 기름이 탱크 밖으로 화재를 동반하며 방출하는 현상
슬롭 오버	고온 기름 표면에 물 살수 시 급격한 수분 증발로 기름이 팽창되어 탱크 밖으로 분출하는 현상
프로스 오버	고온 아스팔트가 물이 존재하는 탱크에 옮겨지면서 화재를 수반하지 않고 기름을 분출하는 현상
블레비	비등액체 증기폭발, 주변 화재로 탱크 내 액체가 비등하고 압력이 상승하여 탱크가 파열되는 현상, 파이어 볼 발생 ※ 파이어 볼 : 인화성 액체가 대량 기화되어 갑자기 발화될 때 발생하는 공 모양 화염

보충 플래시 오버 : 온도가 급격히 상승하여 화재가 순간적으로 실내 전체에 확산되는 현상

18 (상 중 하)

화재를 발생시키는 에너지인 열원의 물리적 원인으로만 나열한 것은?

① 마찰, 충격, 단열
② 압축, 분해, 단열
③ 압축, 단열, 용해
④ 마찰, 충격, 분해

해설 점화원 형태에 의한 분류

구분	종류
기계열 (물리적)	압축열, 마찰열, 마찰스파크, 충격열, 단열압축
전기열	유도열, 유전열, 저항열, 아크열, 정전기열, 낙뢰에 의한 열
화학열	연소열, 분해열, 용해열, 생성열, 자연발화열

19 (상 중 하)

이산화탄소 20 [g]은 약 몇 [mol]인가?

① 0.23
② 0.45
③ 2.2
④ 4.4

해설 이산화탄소의 분자량을 이용한 몰수 구하기

- 이산화탄소의 분자량 : 44 [g/mol]
  →1 [mol] 당 44 [g]
- 1 [mol] : CO_2 1[mol]당 질량 [g]
  = CO_2가 20 [g]일 때 몰수 x [mol] : 20[g]
  1 [mol] : 44 [g] = x : 20 [g]
  $x = \dfrac{20 \times 1}{44} ≒ 0.45$ [mol]

20 (상 중 하)

CF_3Br소화약제의 명칭을 옳게 나타낸 것은?

① 할론 1011
② 할론 1211
③ 할론 1301
④ 할론 2402

해설 할론소화약제

종류	분자식	상온·상압
할론 1211	CF_2ClBr	기체
할론 1301	CF_3Br	
할론 1011	CH_2ClBr	액체
할론 2402	$C_2F_4Br_2$	

소방전기일반

3회독	월	일
2회독	월	일
1회독	월	일

| 목표시간 : 30분 | 시작 : __시 __분 | 종료 : __시 __분 | 맞은 개수 : __ /20 |

21 (상 중 ⓗ)

잔류편차가 있는 제어동작은?

① 비례제어
② 적분제어
③ 비례적분제어
④ 비례적분미분제어

해설 제어

구분		내용
불연속 제어	ON-OFF 제어	단속적 제어동작
	샘플링 (Sampling)	전압, 전류, 위상을 제어
연속 제어	비례제어 (P제어)	잔류 편차(Off Set) 발생
	적분제어 (I제어)	• 잔류 편차(Off Set) 개선 • 시간지연(속응성) 발생
	미분제어 (D제어)	• 시간지연 개선, 잔류 편차(Off Set) 존재, 오차방지 • 진동방지, 오버슈트가 커진다.
	비례적분제어 (PI제어)	• 잔류 편차는 제거되지만 시간지연이 길다. • 간헐현상 존재, 지상보상 요소에 대응한다.
	비례미분제어 (PD제어)	• 시간지연(응답속응성)을 개선, 잔류 편차는 있다.
	비례미분적분 제어 (PID제어)	시간지연도 향상시키고 잔류 편차도 제거한 제어계로 가장 안정적인 제어계

22 (상 ⓜ 하)

그림의 논리회로와 등가인 논리게이트는?

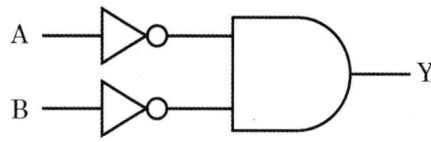

① NOR
② NAND
③ NOT
④ OR

해설 드모르간의 정리

1) 논리합과 논리곱이 완전한 독립이 아니고 부정을 포함하면 상호교환이 가능하다.
2) NAND회로와 NOR회로의 응용 및 논리회로를 간소화시키는 데 이용된다.

$$\overline{A}_{AND}\overline{B} = \overline{A} \cdot \overline{B} = \overline{A+B}$$

TIP $\overline{A+B} = \overline{A} \cdot \overline{B}$
$\overline{A \cdot B} = \overline{A} + \overline{B}$

23 (상)(중)하

반파정류회로에 스위치 A를 사용하여 부하저항 R_L을 떼어 냈을 경우 콘덴서 C의 충전전압은 몇 [V]가 되겠는가?

① 12π

② 24π

③ $12\sqrt{2}$

④ $24\sqrt{2}$

해설 반파정류회로

$V_m = \sqrt{2}\,[V]$

$V_m = \sqrt{2}\,[V] = 24\sqrt{2}\,[V]$가 된다.

(100 : 24이기 때문)

24 (상)(중)하

길이 1 [cm]마다 감은 권선수가 50회인 무한장 솔레노이드에 500 [mA]의 전류를 흘릴 때 솔레노이드 내부에서의 자계의 세기는 몇 [AT/m]인가?

① 1250

② 2500

③ 12500

④ 25000

해설 무한장 솔레노이드 자계 계산

$H = NI = 50 \times 100 \times 500 \times 10^{-3}$

$= 2500[AT/m]$

H : 자기장의 세기 [AT/m]

N : 권선수

I : 전류 [A]

25 (상)(중)하

동일한 전류가 흐르는 두 평행 도선 사이에 작용하는 힘이 F_1이다. 두 도선 사이의 거리를 2.5배로 늘였을 때 두 도선 사이 작용하는 힘 F_2는?

① $F_2 = \dfrac{1}{2.5}F_1$

② $F_2 = \dfrac{1}{2.5^2}F_1$

③ $F_2 = 2.5F_1$

④ $F_2 = 6.25F_1$

해설 평행 도선 사이에 작용하는 힘

$F = \dfrac{2I_1 I_2}{r} \times 10^{-7}[N/m]$

$F \propto \dfrac{1}{r}$

$\dfrac{F_2}{F_1} = \dfrac{1}{2.5}$

$F_2 = \dfrac{1}{2.5}F_1$

F : 두 도선 간의 작용력 [N/m]

I : 전류 [A]

r : 두 도선 간의 거리

26 상 중 하

단상전력을 간접적으로 측정하기 위해 3전압계법을 사용하는 경우 단상 교류전력 P[W]는?

① $P = \dfrac{1}{2R}(V_3 - V_2 - V_1)^2$

② $P = \dfrac{1}{R}(V_3^2 - V_2^2 - V_1^2)$

③ $P = \dfrac{1}{2R}(V_3^2 - V_2^2 - V_1^2)$

④ $P = V_3 I \cos\theta$

해설 3전압계법 —————————————————

$$P = \frac{1}{2R}(V_3^2 - V_2^2 - V_1^2)\,[V]$$

P : 전력 [W]
R : 저항 [Ω]

TIP ▶ 3전류계법 : $P = \dfrac{R}{2}(I_3^2 - I_2^2 - I_1^2)$

27 상 중 하

적분시간이 3 [sec]이고, 비례감도가 5인 PI(비례적분) 제어 요소가 있다. 이 제어 요소의 전달함수는?

① $\dfrac{5s+5}{3s}$

② $\dfrac{15s+5}{3s}$

③ $\dfrac{3s+3}{5s}$

④ $\dfrac{15s+3}{5s}$

해설 전달함수 —————————————————

PI제어기 전달함수 : $G(s) = K_p\left(1 + \dfrac{1}{T_i}\right)$

$\quad$ = 비례감도$\left(1 + \dfrac{1}{적분시간}\right)$

$\quad$ = $5\left(1 + \dfrac{1}{3s}\right) = \dfrac{15s+5}{3s}$

비례감도$\left(1 + \dfrac{1}{적분시간}\right)$

$5\left(1 + \dfrac{1}{3s}\right) = \dfrac{15s+5}{3s}$

28 상 중 하

회로에서 a, b 간의 합성저항[Ω]은? (단, $R_1 = 3\,[\Omega]$, $R_2 = 9\,[\Omega]$이다)

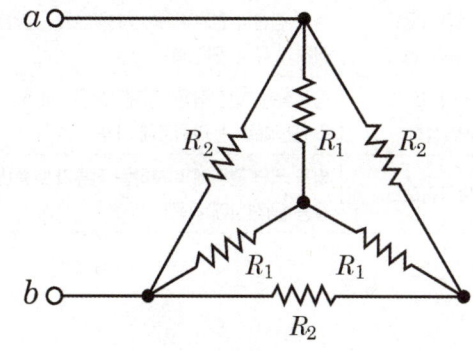

① 3
② 4
③ 5
④ 6

해설 합성저항 계산(R_0) —————————————————

△를 Y로 변환하면 3 [Ω]이 되므로 기존의 3 [Ω]과 병렬로 접속된다. 따라서 합성저항은 3 [Ω](1.5 + 1.5)이다.

(병렬접속 $R_0 = \dfrac{R_1 R_2}{R_1 + R_2}$, 직렬접속 $R_0 = R_1 + R_2$)

29 (상 중 ⓗ)

주로 정전압회로용으로 사용되는 소자는?

① 쇼트키다이오드
② 터널다이오드
③ 제너다이오드
④ 버랙터다이오드

해설 다이오드 종류

명칭	특성
정류용 다이오드	일반적으로 다이오드라 불리는 것으로 정류작용(전류를 한쪽의 (+)나 (−)로만 흐름)
제너다이오드 (정전압다이오드)	주로 정전압 전원회로에 사용(전원·전압을 일정하게 유지, 안정화)
터널다이오드 (PN접합)	증폭작용·발진작용·개폐작용을 하며, 고속 스위칭회로·논리회로에 사용
포토다이오드	빛을 쬐면 광량에 비례하는 전류가 흐름(빛 검출용, 광센서에 사용)

30 (상 ⓜ 하)

선간전압의 크기가 $100\sqrt{3}$ V인 대칭 3상 전원에 각 상의 임피던스가 Z = 30 + j40 [Ω]인 Y결선의 부하가 연결되었을 때 이 부하로 흐르는 선전류[A]의 크기는?

① 2
② $2\sqrt{3}$
③ 5
④ $5\sqrt{3}$

해설 Y결선 선전류

$V_l = \sqrt{3}\, V_p = 100\sqrt{3}$ [V], $V_p = 100$ [V]

$I_l = I_p$ (선전류와 상전류는 같다)

$I_p = \dfrac{V_p}{Z} = \dfrac{100}{\sqrt{30^2 + 40^2}} = 2\,[A]$

Y결선(성형결선 = 스타결선)	
결선도	 $V_p = V_a = V_b = V_c$ $V_l = V_{ab} = V_{bc} = V_{ca}$
상전압	$V_p = \dfrac{V_l}{\sqrt{3}}$
선간전압	$V_l = \sqrt{3}\, V_p \angle \dfrac{\pi}{6}$
상전류	$I_p = I_l$
선전류	$I_l = I_p$

△결선(델타결선 = 환상결선)	
결선도	 $I_p = I_{ab} = I_{bc} = I_{ca}$ $I_l = I_a = I_b = I_c$
상전압	$V_p = V_l$
선간전압	$V_l = V_p$
상전류	$I_p = \dfrac{I_l}{\sqrt{3}}$
선전류	$I_l = \sqrt{3}\, I_p \angle(-\dfrac{\pi}{6})$

V_p : 상전압 [V], V_ℓ : 선간전압 [V]

I_p : 상전류 [A], I_l : 선전류 [A]

정답 29 ③ 30 ①

31 (상ⓒ하)

테브난의 정리를 이용하여 그림 (a)의 회로를 그림 (b)와 같은 등가회로로 만들고자 할 때 V_{th} [V]와 R_{th} [Ω]은?

(a)   (b)

① 5 [V], 2 [Ω]
② 5 [V], 3 [Ω]
③ 6 [V], 2 [Ω]
④ 6 [V], 3 [Ω]

해설 테브난의 정리 —————

• a와 b에서 전원 측을 본 임피던스(전압원단락)

$$R_0 = R_3 + \frac{R_1 R_2}{R_1 + R_2}$$

$$R_{th} = 2.4 + \frac{1.2 \times 1.2}{1.2 + 1.2} = 3[\Omega]$$

• a와 b 개방 상태에서 a와 b에 걸리는 전압

$$V_{R_1} = \frac{R_1}{R_1 + R_2} V_0$$

$$V_{th} = \frac{1.2}{1.2 + 1.2} \times 10 = 5[V]$$

32 (상ⓒ하)

진공 중에서 원점에 10^{-8} [C]의 전하가 있을 때 점(1, 2, 2) [m]에서의 전계의 세기는 약 몇 [V/m]인가?

① 0.1
② 1
③ 10
④ 100

해설 전계의 세기 —————

• 원점(0, 0, 0)과 점(1, 2, 2) 간의 거리

$$r = \sqrt{(1-0)^2 + (2-0)^2 + (2-0)^2} = 3\ [\text{m}]$$

• 쿨롱의 법칙

$$E = \frac{1}{4\pi\varepsilon} \times \frac{Q}{r^2}$$

$$= 9 \times 10^9 \times \frac{Q}{r^2}$$

$$= 9 \times 10^9 \times \frac{10^{-8}}{3^2} = 10[V/m]$$

$$\varepsilon = \varepsilon_0 \cdot \varepsilon_s$$

ε_0 : 진공의 유전율
$(8.855 \times 10^{-12}[F/m])$
ε_s : 비유전율(진공 = 1, 공기 ≒ 1)
E : 전계의 세기 [V/m]
Q : 전하량 [C]
r : 거리 [m]

33 (상ⓒ하)

그림과 같은 블록선도의 전달함수 $\left(\dfrac{C(s)}{R(s)}\right)$는?

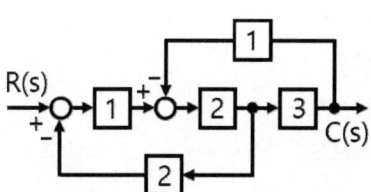

① $\dfrac{6}{23}$
② $\dfrac{6}{17}$
③ $\dfrac{6}{15}$
④ $\dfrac{6}{11}$

해설 전달함수 —————

$$G = \frac{C}{R} = \frac{\text{전향경로이득}}{1 - loop}$$

$$= \frac{1 \times 2 \times 3}{1 + (1 \times 2 \times 2) + (2 \times 3 \times 1)} = \frac{6}{11}$$

34 (상 중 하)

3상 유도전동기의 특성에서 토크, 2차 입력, 동기속도의 관계로 옳은 것은?

① 토크는 2차 입력과 동기속도에 비례한다.
② 토크는 2차 입력에 비례하고 동기속도에 반비례한다.
③ 토크는 2차 입력에 반비례하고 동기속도에 비례한다.
④ 토크는 2차 입력의 제곱에 비례하고 동기속도의 제곱에 반비례한다.

해설 3상유도전동기 특성 ————

$$T = 0.975 \times \frac{P}{N} = 0.975 \times \frac{P_2}{N_s}$$

P : 출력 [W]
N_S : 동기속도 [rpm]
P_2 : 2차 입력 [W]

보충 ▶ 최근 실기에 위의 공식을 활용한 계산문제가 출제되었으므로 공식을 반드시 암기할 것

35 (상 중 하)

열감지기의 온도감지용으로 사용하는 소자는?

① 서미스터
② 바리스터
③ 제너다이오드
④ 발광다이오드

해설 서미스터 ————

- <u>온도변화에 따라 저항값 변함</u>
- <u>온도보상용, 온도계측용</u>
- 부(-) 저항온도계수의 특성 : 온도 증가 시 저항 감소
- 열을 감지하는 감열저항체 소자

36 (상 중 하)

$R = 4[\Omega]$, $\frac{1}{wC} = 9[\Omega]$인 RC 직렬회로에 전압 $e(t)$를 인가할 때, 제3고조파 전류의 실홋값 크기는 몇 [A]인가?
(단, $e(t) = 50 + 10\sqrt{2}\sin wt + 120\sqrt{2}\sin 3wt [V]$)

① 4.4 ② 12.2
③ 24 ④ 34

해설 제3고조파 전류의 실홋값 크기 ————

n고조파일 때, $X_{nc} = \frac{1}{n\omega C}[\Omega]$

$$X_{3C} = \frac{1}{3\omega C} = 3[\Omega]$$

$$Z_3 = \sqrt{R^2 + X_{3C}^2}[\Omega]$$

$$I_3 = \frac{V_3}{Z_3} = \frac{120}{\sqrt{4^2 + 3^2}} = 24[A]$$

I_3 : 3고조파 전류의 실홋값 [A]
Z_3 : 3고조파 임피던스 [Ω]
V_3 : 3고조파 전압의 실홋값 [V]
X_{3C} : 3고조파 용량리액턴스 [Ω]

37 (상 중 하)

두 개의 코일 L_1과 L_2를 동일방향으로 직렬로 접속하였을 때 합성인덕턴스가 140 [mH]이고, 반대방향으로 접속하였더니 합성인덕턴스가 20 [mH]이었다. 이때 $L_1 = L_2 = 40$ [mH]이면 결합계수 K는?

① 0.38 ② 0.5
③ 0.75 ④ 1.3

해설 결합계수

1) 가동접속 $L_1 + L_2 + 2M = 140$
2) 차동접속 $L_1 + L_2 - 2M = 20$
3) $\quad L_1 + L_2 + 2M = 140$
  $-\underline{\quad L_1 + L_2 - 2M = 20 \quad}$
  $\quad 4M = 120, \ M = 30$
4) 결합계수

   상호인덕턴스 $M = K\sqrt{L_1 L_2}$

   $K = \dfrac{M}{\sqrt{L_1 L_2}} = \dfrac{30}{\sqrt{40 \times 40}} = 0.75$

   M : 상호인덕턴스 k : 결합계수 L : 자기인덕턴스

38 상 ㊥ 하

변압기의 내부고장 보호에 사용되는 계전기는 다음 중 어느 것인가?

① 비율차동계전기
② 저전압계전기
③ 고전압계전기
④ 압력계전기

해설 기기(발전기, 변압기)의 내부고장 검출

계전기 명	특징
열동계전기	전동기의 과부하 보호용
비율차동계전기	발전기, 변압기의 내부고장 보호용
부흐홀츠계전기	변압기 권선의 층간단락보호
접지계전기	지락전류 검출, 영상변류기(ZCT)를 사용하는 계전기
역상과전류계전기	발전기의 부하 불평형방지계전기
거리계전기	전압과 전류의 비가 일정치 이하인 경우 동작하는 계전기

39 상 ㊥ 하

다음의 단상 유도전동기 중 기동 토크가 가장 큰 것은?

① 셰이딩 코일형
② 콘덴서 기동형
③ 분상 기동형
④ 반발 기동형

해설 단상 유도전동기 기동토크 크기 순서

반발 기동형 ➜ 반발 유도형 ➜ 콘덴서 기동형 ➜ 분상 기동형 ➜ 셰이딩 코일형

암기 ▶ 반반콘분셰

40 상 ㊥ 하

동기발전기의 병렬조건으로 틀린 것은?

① 기전력의 크기가 같을 것
② 기전력의 위상이 같을 것
③ 기전력의 주파수가 같을 것
④ 극수가 같을 것

해설 동기발전기 병렬운전 조건

• 기전력의 파형이 같을 것
• 기전력의 주파수가 같을 것
• 기전력의 위상이 같을 것
• 기전력의 크기가 같을 것

암기 ▶ 파주위크

2022년 4회
소방관계법규

목표시간 : 20분 ┃ 시작 : _시 _분 ┃ 종료 : _시 _분 ┃ 맞은 개수 : _ /20

41 상 ⓒ 하

화재의 예방 및 안전관리에 관한 법령상 특수가연물의 저장 및 취급기준 중 석탄·목탄류를 저장하는 경우 쌓는 부분의 바닥면적은 몇 [m²] 이하인가? (단, 살수설비를 설치하거나, 방사능력 범위에 해당 특수가연물이 포함되도록 대형 수동식 소화기를 설치하는 경우이다)

① 200
② 250
③ 300
④ 350

🔲해설 특수가연물 저장기준 ─────────

1) 품명별로 구분하여 쌓을 것
2) 일반적인 경우
   ⑴ 쌓는 높이 : 10 [m] 이하
   ⑵ 쌓는 부분 바닥 : 50 [m²] 이하(석탄·목탄류 : 200 [m²] 이하)
3) 살수설비, 대형 수동식 소화기 설치하는 경우
   ⑴ 쌓는 높이 : 15 [m] 이하
   ⑵ 쌓는 부분의 바닥면적 : 200 [m²] 이하(석탄·목탄류 : 300 [m²] 이하)

42 상 ⓒ 하

소방기본법령상 저수조의 설치기준으로 틀린 것은?

① 지면으로부터의 낙차가 4.5 [m] 이상일 것
② 흡수부분의 수심이 0.5 [m] 이상일 것
③ 흡수에 지장이 없도록 토사 및 쓰레기 등을 제거할 수 있는 설비를 갖출 것
④ 흡수관의 투입구가 사각형의 경우에는 한변의 길이가 60 [cm] 이상, 원형의 경우에는 지름이 60 [cm] 이상일 것

🔲해설 소방용수시설 설치기준 ─────────

1) 소화전
   • 상수도와 연결, 지하식·지상식 구조
   • 연결금속구 구경 : 65 [mm]
2) 급수탑
   • 급수배관 구경 : 100 [mm] 이상
   • 개폐밸브 : 지상 1.5 [m] 이상 1.7 [m] 이하
3) 저수조
   • 지면으로부터의 낙차 : 4.5 [m] 이하
   • 흡수부분 수심 : 0.5 [m] 이상일 것
   • 흡수관 투입구 : 사각형 한 변 60 [cm]
     원형 지름 60 [cm] 이상

정답 41 ③ 42 ①

43 (상⬤하)

위험물안전관리법령에 따른 위험물제조소의 옥외에 있는 위험물취급탱크 용량이 100 [m³] 및 180 [m³]인 2개의 취급탱크 주위에 하나의 방유제를 설치하는 경우 방유제의 최소 용량은 몇 [m³]이어야 하는가?

① 100
② 140
③ 180
④ 280

(해설) 위험물제조소 방유제 용량 ──────────

1) 위험물제조소 방유제 용량
   • 탱크 1기 : 탱크 용량 50 [%] 이상
   • 탱크 2기 이상 : 최대 탱크 용량 50 [%] + 나머지 10 [%] 이상
2) 방유제 용량 = (180 × 0.5) + (100 × 0.1)
             = 100 [m³]
※ 옥외탱크저장소 방유제 용량
   ① 탱크 1기 : 탱크용량 110 [%] 이상
   ② 탱크 2기 이상 : 최대 탱크 용량 110 [%] 이상

44 (상⬤ 하)

다음 위험물안전관리법령의 자체소방대기준에 대한 설명으로 틀린 것은?

> 다량의 위험물을 저장·취급하는 제조소등으로서 <u>대통령령이 정하는 제조소등</u>이 있는 동일한 사업소에서 <u>대통령령이 정하는 수량 이상의 위험물</u>을 저장 또는 취급하는 경우 당해 사업소 관계인은 대통령령이 정하는 바에 따라 당해 사업소에 자체 소방대를 설치하여야 한다.

① "대통령령이 정하는 제조소등"은 제4류 위험물을 취급하는 제조소를 포함한다.
② "대통령령이 정하는 제조소등"은 제4류 위험물을 취급하는 일반취급소를 포함한다.
③ "대통령령이 정하는 수량 이상의 위험물"은 제4류 위험물의 최대수량의 합이 지정수량의 3천 배 이상인 것을 포함한다.
④ "대통령령이 정하는 제조소등"은 보일러로 위험물을 소비하는 일반취급소를 포함한다.

(해설) 자체소방대 설치 사업소 ──────────

사업소	지정수량
제4류 위험물 취급 제조소·일반취급소	3000배 이상
제4류 위험물 저장 옥외탱크저장소	500000배 이상

2022

45 (상 중 하)

소방시설업 등록사항의 변경신고사항이 아닌 것은?

① 상호
② 대표자
③ 보유설비
④ 기술인력

해설 등록사항 변경신고 ──────────

1) 변경신고 : 30일 이내(시·도지사)
2) 제출서류
  (1) 명칭·상호·영업소소재지 변경 : 소방시설관리업등록증 및 등록수첩
  (2) 대표자 변경 : 소방시설관리업등록증 및 등록수첩
  (3) 기술인력 변경
    ① 소방시설관리업등록수첩
    ② 변경된 기술인력 기술자격증(경력수첩 포함)
    ③ 소방기술인력대장

46 (상 중 하)

위험물안전관리법상 업무상 과실로 제조소등에서 위험물을 유출·방출 또는 확산시켜 사람의 생명·신체 또는 재산에 대하여 위험을 발생시킨 자에 대한 벌칙기준은?

① 5년 이하의 금고 또는 2000만 원 이하의 벌금
② 5년 이하의 금고 또는 7000만 원 이하의 벌금
③ 7년 이하의 금고 또는 2000만 원 이하의 벌금
④ 7년 이하의 금고 또는 7000만 원 이하의 벌금

해설 위험물법 벌칙 ──────────

• 5년 이하 징역 또는 1억 원 이하 벌금
  제조소등의 설치허가를 받지 아니하고 제조소등을 설치한 자
• 7년 이하 금고 또는 7천만 원 이하 벌금
  업무상 과실로 위험물 유출·방출시켜 생명·신체·재산에 위험을 발생시킨 자
• 10년 이하 금고 또는 1억 원 이하 벌금
  업무상 과실로 위험물 유출·방출시켜 사람을 사상에 이르게 한 자

47 (상 중 하)

화재의 예방 및 안전관리에 관한 법령상 일반음식점에서 음식조리를 위해 불을 사용하는 설비를 설치하는 경우 지켜야 하는 사항으로 틀린 것은?

① 주방시설에는 동물 또는 식물의 기름을 제거할 수 있는 필터 등을 설치할 것
② 열을 발생하는 조리기구는 반자 또는 선반으로부터 0.6 [m] 이상 떨어지게 할 것
③ 주방설비에 부속된 배출덕트는 0.2 [mm] 이상의 아연도금강판으로 설치할 것
④ 열을 발생하는 조리기구로부터 0.15 [m] 이내의 거리에 있는 가연성 주요구조부는 석면판 또는 단열성이 있는 불연재료로 덮어씌울 것

해설 음식조리를 위하여 설치하는 설비 ──────────

• 주방설비에 부속된 배출덕트는 0.5 [mm] 이상 아연도금강판 또는 동등 이상의 내식성 불연재료로 설치
• 동·식물 기름 제거 가능한 필터 설치
• 열 발생 조리기구는 반자 또는 선반으로부터 0.6 [m] 이상 떨어지게 할 것
• 열 발생 조리기구로부터 0.15 [m] 이내 거리의 가연성 주요구조부는 석면판 또는 단열성 있는 불연재료로 덮어씌울 것

48 (상 중 하)

소방용수시설의 설치기준 중 주거지역·상업지역 및 공업지역에 설치하는 경우 소방대상물과의 수평거리는 최대 몇 [m] 이하인가?

① 50
② 100
③ 150
④ 200

해설 소방용수시설 수평거리 ──────────

• 주거지역·상업지역·공업지역 : 100 [m] 이하
• 그 외의 지역 : 140 [m] 이하

암기 ▶ 주상공 100

정답 45 ③ 46 ④ 47 ③ 48 ②

49 (상 中 하)

위험물안전관리법령상 관계인이 예방규정을 정하여야 하는 위험물을 취급하는 제조소의 지정수량기준으로 옳은 것은?

① 지정수량의 10배 이상
② 지정수량의 100배 이상
③ 지정수량의 150배 이상
④ 지정수량의 200배 이상

해설 관계인이 예방규정을 정해야 하는 제조소 ─────

- <u>취급제조소 : 지정수량 10배 이상</u>
- 옥외저장소 : 지정수량 100배 이상
- 옥내저장소 : 지정수량 150배 이상
- 옥외탱크저장소 : 지정수량 200배 이상
- 암반탱크저장소
- 이송취급소
- 지정수량 10배 이상의 위험물을 취급하는 일반취급소, 다만 제4류 위험물(특수인화물 제외)만을 지정수량의 50배 이하로 취급하는 일반취급소(제1석유류. 알코올류의 취급량이 지정수량의 10배 이하인 경우에 한함)로서 다음 어느 하나에 해당하는 것은 제외
  ① 보일러·버너 또는 이와 비슷한 것으로서 위험물을 소비하는 장치로 이루어진 일반취급소
  ② 위험물을 용기에 옮겨 담거나 차량에 고정된 탱크에 주입하는 일반취급소

50 (상 中 하)

소방시설공사업법령상 소방시설공사의 하자보수 보증기간이 3년이 아닌 것은?

① 자동소화장치
② 무선통신보조설비
③ 자동화재탐지설비
④ 간이스프링클러설비

해설 소방시설 하자보수 보증기간 ─────

소방시설	기간
• 피난기구·유도등 • 비상경보설비 • 비상조명등 • 비상방송설비 • <u>무선통신보조설비</u>	2년
• 자동소화장치 • 옥내·외소화전설비 • 스프링클러·간이스프링클러설비 • 물분무등소화설비 • 자동화재탐지설비 • 상수도소화용수설비 • 화재알림설비	3년

암기 ▶ 이년 피비무

51 (상 中 하)

시장지역에서 화재로 오인할 만한 우려가 있는 불을 피우거나 연막소독을 하려는 자가신고를 하지 아니하여 소방자동차를 출동하게 한 자에 대한 과태료 부과·징수권자는?

① 국무총리
② 시·도지사
③ 행정안전부 장관
④ 소방본부장 또는 소방서장

해설 **20만 원 이하의 과태료**

화재로 오인할 만한 우려가 있는 불을 피우거나 연막 소독을 하기 전에 신고를 하지 않아 소방자동차를 출동하게 한 자
1) 부과권자 : 소방본부장, 소방서장
2) 과태료 : 20만 원 이하

52 상 **중** 하

소방체험관의 설립·운영권자는?

① 국무총리
② 소방청장
③ 시·도지사
④ 소방본부장 및 소방서장

해설 **소방박물관, 소방체험관**

소방박물관	소방체험관
소방청장	시·도지사
행정안전부령	시·도 조례
① 국내·외의 소방의 역사 ② 소방공무원의 복장 및 소방장비 등의 변천 및 발전에 관한 자료를 수집·보관 및 전시	① 재난·안전사고 유형에 따른 예방, 대처, 대응 등에 관한 체험교육 ② 체험교육 프로그램의 개발 및 국민 안전의식 향상을 위한 홍보·전시 ③ 체험교육 인력의 양성 및 유관기관·단체 등과 협력 ④ 시·도지사가 인정하는 사업
① 소방박물관장 1인(소방공무원 중 소방청장이 임명), 부관장 1인 ② 운영위원회 : 7인 이내	-

53 상 **중** 하

다음 중 품질이 우수하다고 인정되는 소방용품에 대하여 우수품질인증을 할 수 있는 자는?

① 산업통상자원부장관
② 시·도지사
③ 소방청장
④ 소방본부장 또는 소방서장

해설 **우수품질 제품 인증**

1) 소방청장은 형식승인의 대상이 되는 소방용품 중 품질이 우수하다고 인정하는 소방용품에 대하여 인증(이하 "우수품질인증"이라 한다)을 할 수 있다.
2) 우수품질인증을 받으려는 자는 행정안전부령으로 정하는 바에 따라 소방청장에게 신청하여야 한다.
3) 우수품질인증을 받은 소방용품에는 우수품질인증 표시를 할 수 있다.
4) 우수품질인증의 유효기간은 5년의 범위에서 행정안전부령으로 정한다.
5) 소방청장은 다음 각 호의 어느 하나에 해당하는 경우에는 우수품질인증을 취소할 수 있다. 다만 제1호에 해당하는 경우에는 우수품질인증을 취소하여야 한다.
   (1) 거짓이나 그 밖의 부정한 방법으로 우수품질인증을 받은 경우
   (2) 우수품질인증을 받은 제품이 「발명진흥법」에 따른 산업재산권 등 타인의 권리를 침해하였다고 판단되는 경우
6) 1)부터 5)까지에서 규정한 사항 외에 우수품질인증을 위한 기술기준, 제품의 품질관리 평가, 우수품질인증의 갱신, 수수료, 인증표시 등 우수품질인증에 필요한 사항은 행정안전부령으로 정한다.

정답 52 ③ 53 ③

54 상 중 하

화재의 예방 및 안전관리에 관한 법령상 화재예방강화지구의 지정대상이 아닌 것은? (단, 소방청장 소방본부장 또는 소방서장이 화재예방강화지구로 지정할 필요가 있다고 인정하는 지역은 제외한다)

① 시장지역
② 농촌지역
③ 목조건물이 밀집한 지역
④ 공장 창고가 밀집한 지역

해설 화재예방강화지구 지정

1) 지정권자 : 시 · 도지사
2) 화재예방강화지구 지정 요청 : 소방청장
3) 화재예방강화지구
   (1) 시장지역
   (2) 공장 · 창고가 밀집한 지역
   (3) 목조건물이 밀집한 지역
   (4) 노후 · 불량건물이 밀집한 지역
   (5) 위험물의 저장 및 처리 시설이 밀집한 지역
   (6) 석유화학제품을 생산하는 공장이 있는 지역
   (7) 산업입지 및 개발에 관한 법률에 따른 산업단지
   (8) 소방시설 · 소방용수시설 · 소방출동로가 없는 지역
   (9) 물류단지
   (10) (1) ~ (9)까지 준하는 지역으로서 소방관서장이 화재예방강화지구로 지정할 필요가 있다고 인정하는 지역

55 상 중 하

행정안전부령으로 정하는 연소 우려가 있는 구조에 대한 기준 중 다음 ( ) 안에 알맞은 것은?

> 건축물대장의 건축물 현황도에 표시된 대지 경계선 안에 2 이상의 건축물이 있는 경우로서 각각의 건축물이 다른 건축물의 외벽으로부터 수평거리가 1층의 경우에는 (㉠) [m] 이하, 2층 이상의 경우에는 (㉡) [m] 이하이고 개구부가 다른 건축물을 향하여 설치된 구조를 말한다.

① ㉠ 3, ㉡ 5   ② ㉠ 5, ㉡ 8
③ ㉠ 6, ㉡ 8   ④ ㉠ 6, ㉡ 10

해설 연소우려가 있는 구조

• 대지경계선 안 2 이상의 건축물
• 다른 건축물 외벽으로부터 수평거리가 <u>1층 6 [m] 이하, 2층 이상 10 [m] 이하</u>
• 개구부가 다른 건축물 향하여 설치

56 상 중 하

소방시설 설치 및 관리에 관한 법령상 특정소방대상물 중 오피스텔이 해당하는 것은?

① 숙박시설
② 업무시설
③ 공동주택
④ 근린생활시설

해설 업무시설 ─────────────

1) 공공업무시설 : 국가 또는 지방자치단체의 청사, 외국공관의 건축물
2) 일반업무시설 : 금융업소, 사무소, 신문사, 오피스텔
3) 주민자치센터(동사무소), 경찰서, 지구대, 파출소, 소방서, 119안전센터, 우체국, 보건소, 공공도서관, 국민건강보험공단
4) 마을회관, 마을공동작업소, 마을공동구판장
5) 변전소, 양수장, 정수장, 대피소, 공중화장실

57 (상) 중 하

소화난이도등급 III인 지하탱크저장소에 설치하여야 하는 소화설비의 설치기준으로 옳은 것은?

① 능력단위 수치가 3 이상의 소형 수동식 소화기 등 1개 이상
② 능력단위 수치가 3 이상의 소형 수동식 소화기 등 2개 이상
③ 능력단위 수치가 2 이상의 소형 수동식 소화기 등 1개 이상
④ 능력단위 수치가 2 이상의 소형 수동식 소화기 등 2개 이상

해설 소화난이도등급 III 지하탱크저장소 ─────

소화설비	설치기준	
소형 수동식 소화기 등	능력단위 수치 3 이상	2개 이상

58 상 (중) 하

소방기본법에 따른 소방력의 기준에 따라 관할구역의 소방력을 확충하기 위하여 필요한 계획을 수립하여 시행하여야 하는 자는?

① 소방서장
② 소방본부장
③ 시·도지사
④ 행정안전부장관

해설 소방력 ─────────────

1) 소방청장 → 시·도지사에게 요청
2) 동원요청 인정사항
   (1) 시·도 소방력으로 소방활동이 어려운 화재
   (2) 재난·재해
   (3) 그 밖에 구조구급 필요사항
   (4) 국가적 차원의 소방활동 필요
3) 동원 요청방법 : 소방청장은 시·도지사에게 동원 요청 사실과 다음의 요청사항을 팩스 또는 전화 등의 방법으로 통지(단, 긴급을 요하는 경우 시·도 소방본부 또는 소방서의 종합실장에게 직접 요청)
   (1) 동원을 요청하는 인력 및 장비
   (2) 소방력 이송 수단 및 집결장소
   (3) 소방활동을 수행하게 될 재난의 규모, 원인 등 소방활동에 필요한 정보
4) 요청을 받은 시·도지사는 정당한 사유 없이 요청을 거절하여서는 아니 됨
5) 소방청장은 필요한 경우 직접 소방대를 편성하여 소방에 필요한 활동을 하게 할 수 있음
6) 동원된 소방력은 지역 관할하는 소방본부장·서장의 지휘에 따라야 함. 다만 소방청장이 직접 소방대를 편성하여 소방활동을 하는 경우에는 소방청장의 지휘에 따라야 함
7) 소방활동을 수행하는 과정에서 발생하는 경비 부담, 보상 주체, 보상기준, 소방력 운용에 관한 사항 : 대통령령
   (1) 동원된 소방력의 소방활동 수행과정에서 발생하는 경비 : 시·도지사
   (2) 동원된 민간 소방인력이 소방활동 수행 중 사망하거나 부상 입은 경우의 보상 : 시·도지사

59 상(중)하

소방기본법령상 소방안전교육사의 배치대상별 배치기준으로 틀린 것은?

① 소방청 : 2명 이상 배치

② 소방서 : 1명 이상 배치

③ 소방본부 : 2명 이상 배치

④ 한국소방안전원(본회) : 1명 이상 배치

해설 소방안전교육사 배치대상별 배치기준 ——————

배치대상	배치기준(이상)
소방청	2명
소방본부	2명
소방서	1명
한국소방안전원	본회 : 2명 시·도지부 : 1명
한국소방산업기술원	2명

60 상(중)하

소방기본법령상 소방본부 종합상황실의 실장이 서면·팩스 또는 컴퓨터통신 등으로 소방청 종합상황실에 보고하여야 하는 화재의 기준이 아닌 것은?

① 이재민이 100인 이상 발생한 화재

② 재산피해액이 50억 원 이상 발생한 화재

③ 사망자가 3인 이상 발생하거나 사상자가 5인 이상 발생한 화재

④ 층수가 5층 이상이거나 병상이 30개 이상인 종합병원에서 발생한 화재

해설 종합상황실 실장 보고 화재 ——————

종합상황실의 실장은 다음에 해당하는 상황이 발생하는 때에는 그 사실을 지체 없이 서면·팩스 또는 컴퓨터통신 등으로 소방서의 종합상황실의 경우는 소방본부의 종합상황실에, 소방본부의 종합상황실의 경우는 소방청의 종합상황실에 각각 보고해야 한다.

1) 다음에 해당하는 화재
   (1) 사망자가 5인 이상 발생한 화재
   (2) 사상자가 10인 이상 발생한 화재
   (3) 이재민이 100인 이상 발생한 화재
   (4) 재산피해액이 50억 원 이상 발생한 화재
   (5) 관공서·학교·정부미도정공장·국가유산·지하철 또는 지하구의 화재
   (6) 관광호텔, 층수가 11층 이상인 건축물, 지하상가, 시장, 백화점
   (7) 지정수량의 3천 배 이상의 위험물의 제조소·저장소·취급소
   (8) 층수가 5층 이상이거나 객실이 30실 이상인 숙박시설, 층수가 5층 이상이거나 병상이 30개 이상인 종합병원·정신병원·한방병원·요양소
   (9) 연면적 15000 [m²] 이상인 공장 또는 화재예방강화지구에서 발생한 화재
   (10) 철도차량, 항구에 매어 둔 총 톤수가 1천 톤 이상인 선박, 항공기, 발전소 또는 변전소에서 발생한 화재
   (11) 가스 및 화약류의 폭발에 의한 화재
   (12) 다중이용업소의 화재
2) 통제단장의 현장지휘가 필요한 재난상황
3) 언론에 보도된 재난상황
4) 그 밖에 소방청장이 정하는 재난상황

2022

2022년 4회

소방전기시설의 구조 및 원리

3회독 　　월　　일
2회독 　　월　　일
1회독 　　월　　일

목표시간 : 30분　　시작 : _시 _분　　종료 : _시 _분　　맞은 개수 : _/20

61 상⑤하

비상경보설비 및 단독경보형 감지기의 화재안전기술기준에 따라 바닥면적이 450 [m²]일 경우 단독경보형 감지기의 최소 설치개수는?

① 1개
② 2개
③ 3개
④ 4개

해설 단독경보형 감지기 설치기준 ─────────

1) 각 실(이웃하는 실내 바닥 면적이 각각 30 [m²] 미만이고 벽체의 상부의 전부 또는 일부가 개방되어 이웃하는 실내와 공기가 상호 유통되는 경우 이를 1개의 실로 본다)마다 설치하되, 바닥 면적이 150 [m²]를 초과하는 경우에는 150 [m²]마다 1개 이상 설치할 것

∴ 설치개수 = 450/150 = 3개

2) 최상층의 계단실의 천장(외기 상통하는 계단실 경우 제외)에 설치할 것

3) 건전지를 주전원으로 사용하는 단독경보형 감지기는 정상적인 작동 상태를 유지할 수 있도록 건전지를 교환할 것

4) 상용전원을 주전원으로 사용하는 단독경보형 감지기의 2차 전지는 제품검사시험에 합격한 것을 사용할 것

62 상⑤하

자동화재탐지설비 및 시각경보장치의 화재안전기술기준에 따라 지하층·무창층 등으로서 환기가 잘 되지 아니하거나 실내 면적이 40 [m²] 미만인 장소에 설치하여야 하는 적응성이 있는 감지기가 아닌 것은?

① 불꽃감지기
② 광전식 분리형 감지기
③ 정온식 스포트형 감지기
④ 아날로그방식의 감지기

해설 비화재보방지 감지기 ─────────

• 불꽃감지기
• 정온식 감지선형 감지기
• 분포형 감지기
• 복합형 감지기
• 광전식 분리형 감지기
• 아날로그방식의 감지기
• 다신호방식의 감지기
• 축적방식의 감지기

암기 ▶ 불정분복 광아다축

TIP ▶ 비화재보 : 화재감지 오작동

※ 스포트형은 적응성이 없음

정답 61 ③ 62 ③

63 ㉑㉗㉒

자동화재속보설비의 속보기의 성능인증 및 제품검사의 기술기준에 따라 자동화재속보설비의 속보기가 소방관서에 자동적으로 통신망을 통해 통보하는 신호의 내용으로 옳은 것은?

① 당해 소방대상물의 위치 및 규모
② 당해 소방대상물의 위치 및 용도
③ 당해 화재발생 및 당해 소방대상물의 위치
④ 당해 고장발생 및 당해 소방대상물의 위치

해설 자동화재속보설비

1) 속보기
   수동작동 또는 자동화재탐지설비 수신기와 연동으로 관계인에게 화재발생을 경보함과 동시에 소방관서에 자동적으로 통신망을 통해 화재발생 및 위치 등을 음성으로 통보하여 주는 것
2) 통신망
   유선이나 무선 또는 유무선 겸용방식을 구성하여 음성 또는 데이터 등을 전송할 수 있는 집합체

64 ㉑㉗㉒

계단통로유도등은 각 층의 경사로 참 또는 계단참마다 설치하도록 하고 있는데 1개 층에 경사로 참 또는 계단참이 2 이상 있는 경우에는 몇 개의 계단참마다 계단통로유도등을 설치하여야 하는가?

① 2개 ② 3개
③ 4개 ④ 5개

해설 통로유도등 설치

1) 복도통로유도등
   (1) 설치기준
   ① 복도에 설치할 것
   ② 옥내로부터 직접 지상으로 통하는 출입구 및 그 부속실의 출입구 또는 직통계단·직통계단의 계단실 및 그 부속실의 출입구의 경우, 피난구 유도등이 설치된 출입구의 맞은편 복도에는 입체형으로 설치하거나 바닥에 설치할 것
   ③ 구부러진 모퉁이 및 위에 따라 설치된 통로유도등 기점으로 보행거리 20 [m]마다 설치할 것
   ④ 바닥에 설치하는 통로 유도등은 하중에 따라 파괴되지 않는 강도의 것으로 할 것
   (2) 설치높이
   바닥으로부터 높이 1 [m] 이하의 위치에 설치할 것(다만 지하층 또는 무창층의 용도가 도매시장·소매시장·여객자동차터미널·지하역사 또는 지하상가인 경우에는 복도·통로 바닥에 설치)
   (3) 형식승인 및 제품 시 식별도기준
   ① 상용전원 점등 시 : 직선거리 20 [m] 위치(표시면 화살표 식별 가능)
   ② 비상전원 점등 시 : 직선거리 15 [m] 위치(표시면 화살표 식별 가능)
2) 거실통로유도등
   (1) 설치기준
   ① 거실의 통로에 설치할 것(다만 거실의 통로가 벽체 등으로 구획 시 복도통로유도등을 설치하여야 한다)
   ② 구부러진 모퉁이 및 보행거리 20 [m]마다 설치할 것
   (2) 설치높이
   바닥으로부터 높이 1.5 [m] 이상의 위치에 설치(다만 거실 통로에 기둥이 설치 시 기둥부분의 바닥으로부터 1.5 [m] 이하의 위치에 설치 가능)
3) 계단통로유도등
   (1) 설치기준
   각 층의 경사로 참 또는 계단참마다(1개 층에 경사로참 또는 계단참이 2 이상 있는 경우에는 2개의 계단참마다) 설치할 것
   (2) 설치높이
   바닥으로부터 높이 1 [m] 이하의 위치에 설치할 것

65 (상 **중** 하)

정격출력 5 ~ 15 [W] 정도의 소형으로서, 소화활동 시 안내방송 등에 사용하는 증폭기의 종류로 옳은 것은?

① 탁상형
② 휴대형
③ Desk형
④ Rack형

해설 소화활동 안내방송 —————————————————

증폭기 종류 : 휴대형

66 (상 **중** 하)

자동화재탐지설비 수신기의 구조기준 중 정격전압이 몇 [V]를 넘는 기구의 금속제 외함에는 접지단자를 설치하여야 하는가?

① 30
② 60
③ 100
④ 300

해설 수신기 ——————————————————————

1) 보수 및 부속품의 교체가 용이할 것(방수, 방폭형 제외)
2) 부식에 의한 기계적 영향 초래부분 : 칠, 도금 등 내식·방청가공할 것
3) 외함 재질은 불연성 또는 난연성으로 할 것
4) 정격전압 60 [V]를 넘는 기구의 금속제 외함에 접지단자 설치할 것
5) 예비전원회로에 단락사고 등으로부터 보호하기 위한 퓨즈를 설치할 것
6) 수신완료시간은 5초 이내일 것(단, 축적형의 경우 60초 이내)

67 (상 **중** 하)

비상콘센트설비의 전원회로에서 하나의 전용회로에 설치하는 비상콘센트는 최대 몇 개 이하로 하여야 하는가?

① 2
② 3
③ 10
④ 20

해설 비상콘센트설비 전원회로 설치기준 ————————————

1) 전원회로 : 단상교류는 220 [V], 공급용량은 1.5 [kVA] 이상
2) 전원회로는 각 층에 2 이상이 되도록 설치(다만 설치하여야 할 층의 비상콘센트가 1개인 때에는 하나의 회로로 할 수 있다)
3) 전원회로는 주배전반에서 전용회로로 할 것
4) 전원으로부터 각 층의 비상콘센트에 분기되는 경우에는 분기배선용 차단기를 보호함 안에 설치할 것
5) 콘센트마다 배선용 차단기를 설치하여야 하며, 충전부가 노출되지 아니하도록 할 것
6) 개폐기에는 "비상콘센트"라고 표시한 표지를 할 것
7) 비상콘센트용의 풀박스 등은 방청도장을 한 것으로서, 두께 1.6 [mm] 이상의 철판으로 할 것
8) 하나의 전용회로에 설치하는 비상콘센트는 10개 이하로 할 것. 이 경우 전선 용량은 각 비상콘센트(비상콘센트가 3개 이상인 경우에는 3개)의 공급용량을 합한 용량 이상의 것으로 하여야 한다.

68 (상 중 **하**)

비상방송설비는 기동장치에 따른 화재신고를 수신한 후 필요한 음량으로 화재발생 상황 및 피난에 유효한 방송이 자동으로 개시될 때까지의 소요시간은 몇 초 이하여야 하는가?

① 5
② 10
③ 300
④ 60

정답 65 ② 66 ② 67 ③ 68 ②

해설 비상방송설비 음향장치 설치기준 ——————

1) 확성기
 (1) 음성입력 : 실외 3 [W] 이상, 실내 1 [W] 이상
 (2) 수평거리 : 층 각 부분으로부터 하나의 확성기까지의 25 [m] 이하
 (3) 확성기는 각 층마다 설치, 당해 층의 각 부분에 유효하게 경보를 발하도록 설치
2) 음량조정기(ATT) : 음량조정기의 배선은 3선식으로 한다.
3) 조작부
 (1) 조작스위치 높이 : 바닥으로부터 0.8 [m] 이상 1.5 [m] 이하
 (2) 기동장치의 작동과 연동하여 당해 기동장치가 작동한 층 또는 구역을 표시
 (3) 조작부 및 증폭기 설치장소 : 수위실 등 상시 사람이 근무, 점검이 편리, 방화상 유효한 곳
 (4) 2 이상 조작부 설치 시 설치장소 상호 간 동시통화 가능, 어느 조작부에서도 전구역 방송 가능
4) 층수가 11층(공동주택의 경우에는 16층) 이상의 특정소방대상물은 다음과 같은 경보를 발할 수 있어야 한다.
 (1) 2층 이상의 층에서 발화한 때에는 발화층 및 그 직상 4개 층에 경보
 (2) 1층에서 발화한 때에는 발화층·그 직상 4개 층 및 지하층에 경보
 (3) 지하층에서 발화한 때에는 발화층·그 직상층 및 기타 지하층 경보
5) <u>기동장치에 따른 화재신고를 수신한 후 필요한 음량으로 화재발생 상황 및 피난에 유효한 방송이 자동으로 개시될 때까지의 소요시간은 10초 이하로 할 것</u>
6) 다른 방송설비와 공용할 경우 화재 시 비상경보 외의 방송을 차단할 수 있는 구조
7) 다른 전기회로에 따라 유도장애가 생기지 아니하도록 할 것
8) 음향장치의 구조 및 성능
 (1) 정격전압의 80 [%] 전압에서 음향을 발할 수 있는 것을 할 것
 (2) 자동화재탐지설비의 작동과 연동하여 작동할 수 있는 것으로 할 것

69 (상)(중)하

유도등 및 유도표지의 화재안전기준에 따라 객석 내 통로의 직선 부분 길이가 85 [m]인 경우 객석유도등을 몇 개 설치하여야 하는가?

① 17개 ② 19개
③ 21개 ④ 22개

해설 객석유도등 최소설치개수 ——————

• 객석의 통로, 바닥 또는 벽에 설치할 것
• 설치개수

$$= \frac{\text{객석 통로 직선부분 길이}(m)}{4} - 1$$

$$= \frac{85}{4} - 1 = 20.25 \rightarrow \text{절상해서 21개}$$

보충 ▶ 소수점 이하의 수는 절상할 것

70 (상)(중)하

비상방송설비의 음향장치의 설치기준 중 다음 ( ) 안에 알맞은 것은?

> - 음량조정기를 설치하는 경우 음량조정기의 배선은 (㉠)선식으로 할 것
> - 확성기는 각 층마다 설치하되, 그 층의 각 부분으로부터 하나의 확성기까지의 수평거리가 (㉡) [m] 이하가 되도록 하고, 해당 층의 각 부분에 유효하게 경보를 발할 수 있도록 설치할 것

① ㉠ 2, ㉡ 150 ② ㉠ 2, ㉡ 25
③ ㉠ 3, ㉡ 15 ④ ㉠ 3, ㉡ 25

해설 비상방송설비 음향장치 설치기준 ─────

1) 확성기
   (1) 음성입력 : 실외 3 [W] 이상, 실내 1 [W] 이상
   (2) 수평거리 : 층 각 부분으로부터 하나의 확성기까지의 25 [m] 이하
   (3) 확성기는 각 층마다 설치, 당해 층의 각 부분에 유효하게 경보를 발하도록 설치
2) 음량조정기(ATT) : 음량조정기의 배선은 3선식으로 한다.
3) 조작부
   (1) 조작스위치 높이 : 바닥으로부터 0.8 [m] 이상 1.5 [m] 이하
   (2) 기동장치의 작동과 연동하여 당해 기동장치가 작동한 층 또는 구역을 표시
   (3) 조작부 및 증폭기 설치장소 : 수위실 등 상시 사람이 근무, 점검이 편리, 방화상 유효한 곳
   (4) 2 이상 조작부 설치 시 설치장소 상호 간 동시통화 가능, 어느 조작부에서도 전구역 방송 가능
4) 층수가 11층(공동주택의 경우에는 16층)의 특정소방대상물은 다음과 같은 경보를 발할 수 있어야 한다.
   (1) 2층 이상의 층에서 발화한 때에는 발화층 및 그 직상 4개 층에 경보
   (2) 1층에서 발화한 때에는 발화층·그 직상 4개 층 및 지하층에 경보
   (3) 지하층에서 발화한 때에는 발화층·그 직상층 및 기타 지하층 경보
5) 기동장치에 따른 화재신고를 수신한 후 필요한 음량으로 화재발생 상황 및 피난에 유효한 방송이 자동으로 개시될 때까지의 소요시간은 10초 이하로 할 것
6) 다른 방송설비와 공용할 경우 화재 시 비상경보 외의 방송을 차단할 수 있는 구조
7) 다른 전기회로에 따라 유도장애가 생기지 아니하도록 할 것
8) 음향장치의 구조 및 성능
   (1) 정격전압의 80 [%] 전압에서 음향을 발할 수 있는 것을 할 것
   (2) 자동화재탐지설비의 작동과 연동하여 작동할 수 있는 것으로 할 것

71 상 **중** 하

청각장애인용 시각경보장치의 설치기준 중 천장의 높이가 2 [m] 이하인 경우에는 천장으로부터 몇 [m] 이내의 장소에 설치하여야 하는가?

① 0.15
② 0.3
③ 0.5
④ 0.7

해설 시각경보장치 설치기준 ─────

1) 장소 : 복도·통로·청각장애인용 객실 및 공용으로 사용하는 거실에 설치하며, 각 부분으로부터 유효하게 경보를 발할 수 있는 위치에 설치할 것
2) 위치 : 공연장·집회장·관람장 또는 이와 유사한 장소에 설치하는 경우에는 시선이 집중되는 무대부 부분 등에 설치할 것
3) 높이 : 바닥으로부터 2 [m] 이상 2.5 [m] 이하 장소 설치 (다만 천장의 높이 2 [m] 이하 경우에는 천장으로부터 0.15 [m] 이내 장소 설치)
4) 전원(광원) : 전용의 축전지설비 또는 전기저장장치에 의해 점등

72 상 **중** 하

비상조명등의 우수품질인증 기술기준에 따라 인출선인 경우 전선의 굵기는 몇 [mm²] 이상이어야 하는가?

① 0.5
② 0.75
③ 1.5
④ 2.5

해설 비상조명등 일반구조 ————————

1) 상용전원 전압의 110 [%] 범위 안에서는 비상조명등 내부의 온도상승이 그 기능에 지장을 주거나 위해를 발생시킬 염려가 없어야 한다.

2) 방폭형 비상조명등의 방폭구조는 한국산업규격 또는 산업안전보건 법령이 정하는 규격에 적합하여야 한다.

3) 주전원 및 비상전원을 단락사고 등으로부터 보호할 수 있는 퓨즈 등 과전류 보호장치를 설치하여야 한다. 다만 객석비상조명등은 그러하지 아니하다.

4) 외함은 기기 내의 온도상승에 의하여 변형, 변색 또는 변질되지 아니하여야 한다.

5) 전구 및 예비전원 등의 내부부품을 쉽게 교환·보수·점검할 수 있도록 조립된 구조이어야 한다. 다만 방수형·방폭형인 것은 그러하지 아니하다.

6) 광원 또는 점등관을 교환·점검할 때 접촉될 우려가 있는 부분은 감전되지 아니하도록 보호 조치를 하여야 한다.

7) 사용전압은 300 [V] 이하이어야 한다. 다만 충전부가 노출되지 아니한 것은 300 [V]를 초과할 수 있다.

8) 설치하고자 하는 부분에 견고하게 설치할 수 있는 구조이어야 한다.

9) 수송 중 진동 또는 충격에 의하여 기능에 장해를 받지 아니하는 구조이어야 한다.

10. 비상조명등은 내부의 온도가 비정상적으로 상승하지 아니하도록 하여야 하며, 예비전원과 내부부품은 양호한 방열처리가 되도록 하여야 한다.

11) 축전지에 배선 등을 직접 납땜하지 아니하여야 한다.

12) 상용전원(전지가 아닌 일반적으로 사용하는 전원을 말한다. 이하 같다)과 접속되는 전원은 KS C IEC 60245-8 또는 KS C IEC 60227-5에 적합하거나 이와 동등 이상의 절연성, 도전성 및 기계적 강도가 있어야 한다.

13) 전선의 굵기는 인출선인 경우에는 단면적이 0.75 [mm²] 이상이어야 한다. 인출선 외의 경우에는 면적이 0.5 [mm²] 이상이어야 한다.

14) 인출선의 길이는 전선 인출 부분으로부터 150 [mm] 이상이어야 한다. 다만 인출선으로 하지 아니할 경우에는 풀어지지 아니하는 방법으로 전선을 쉽고 확실하게 부착할 수 있도록 접속단자를 설치하여야 한다.

15) 화재가 발생한 경우 화재경보설비 또는 비상경보설비 등으로부터 발신되는 신호를 수신하여 미리 정하여진 작동을 하는 비상조명등은 그 기능이 정상적으로 작동하여야 한다.

16) 내부의 전기회로에 스위치를 설치하는 경우에는 자동복귀형 스위치를 설치하여야 한다.

73 상ⓒ하

무선통신보조설비에 대한 설명으로 틀린 것은?

① 소화활동설비이다.

② 증폭기에는 비상전원이 부착된 것으로 하고 비상전원 용량은 30분 이상이다.

③ 누설동축케이블의 끝부분에는 무반사 종단저항을 부착한다.

④ 누설동축케이블 또는 동축케이블의 임피던스는 100 [Ω]의 것으로 한다.

해설 무선통신보조설비 ————————

[누설동축케이블 설치기준]

1) 소방전용주파수대에서 전파의 전송 또는 복사에 적합한 것으로서 소방전용의 것으로 할 것(다만 소방대 상호 간의 무선연락에 지장 없는 경우에는 다른 용도와 겸용 가능하다)

2) 누설동축케이블과 이에 접속하는 안테나 또는 동축케이블과 이에 접속하는 안테나에 따른 것으로 할 것

3) 누설동축케이블은 불연 또는 난연성의 것으로서 습기에 따라 전기의 특성이 변질되지 아니하는 것으로 하고, 노출하여 설치한 경우에는 피난 및 통행에 장애가 없도록 할 것

4) 누설동축케이블은 화재에 따라 해당 케이블의 피복이 소실된 경우에 케이블 본체가 떨어지지 아니하도록 4 [m] 이내마다 금속제 또는 자기제 등의 지지금구로 벽·천장·기둥 등에 견고하게 고정시킬 것(다만 불연재료로 구획된 반자 안에 설치하는 경우에는 그러하지 않는다)

5) 누설동축케이블 및 안테나는 금속판 등에 따라 전파의 복사 또는 특성이 현저하게 저하되지 아니하는 위치에 설치할 것

6) 누설동축케이블 및 안테나는 고압의 전로로부터 1.5 [m] 이상 떨어진 위치에 설치할 것(다만 해당 전로에 정전기 차폐장치를 유효하게 설치한 경우에는 그러하지 않는다)

7) 누설동축케이블의 끝부분에는 무반사 종단저항을 견고하게 설치할 것

8) 누설동축케이블 또는 동축케이블의 임피던스는 50 [Ω]으로 하고, 이에 접속하는 안테나·분배기 기타의 장치는 해당 임피던스에 적합한 것으로 하여야 한다.

[증폭기 설치기준]
1) 전원은 전기가 정상적으로 공급되는 축전지, 전기저장장치 또는 교류전압 옥내간선으로 하고, 전원까지의 배선은 전용으로 할 것
2) 증폭기의 전면에는 주회로의 전원이 정상인지의 여부를 표시할 수 있는 표시등 및 전압계를 설치할 것
3) 증폭기에는 비상전원이 부착된 것으로 하고 해당 비상전원 용량은 무선통신보조설비를 유효하게 30분 이상 작동시킬 수 있는 것으로 할 것
4) 증폭기 및 무선중계기를 설치하는 경우 적합성 평가를 받은 제품으로 설치하고 임의로 변경하지 않도록 할 것
5) 디지털방식의 무전기를 사용하는 데 지장이 없도록 설치할 것

74 (상)(중)(하)

유도등의 형식승인 및 제품검사의 기술기준에 따라 광원의 빛이 통과하는 투과면에 피난유도표시 형상을 인쇄하는 방식은?

① 투광식
② 패널식
③ 방폭형
④ 방수형

해설 유도등 용어정의 ─────────────

1) "유도등"이란 화재 시에 긴급대피를 안내하기 위하여 사용되는 등으로서 정상 상태에서는 상용전원에 의하여 켜지고, 상용전원이 정전되는 경우에는 비상전원으로 자동전환되어 켜지는 등을 말한다.
2) "피난구 유도등"이란 피난구 또는 피난경로로 사용되는 출입구가 있다는 것을 표시하는 녹색등화의 유도등을 말한다.
3) "통로유도등"이란 피난통로를 안내하기 위한 유도등을 말한다.
4) "복도통로유도등"이란 피난통로가 되는 복도에 설치하는 통로유도등으로서 피난구의 방향을 명시하는 것을 말한다.
5) "거실통로유도등"이란 집무, 작업, 집회, 오락 그 밖에 이와 유사한 목적을 위하여 계속적으로 사용하는 거실, 주차장등 개방된 복도에 설치하는 유도등으로 피난의 방향을 명시하는 것을 말한다.
6) "계단통로유도등"이란 피난통로가 되는 계단이나 경사로에 설치하는 통로유도등으로 바닥면 및 디딤바닥면을 비추는 것을 말한다.
7) "객석유도등"이란 객석의 통로, 바닥 또는 벽에 설치하는 유도등을 말한다.
8) "광속표준전압"이란 비상전원으로 유도등을 켜는 데 필요한 예비전원의 단자전압을 말한다.
9) "표시면"이란 유도등에 있어서 피난구나 피난방향을 안내하기 위한 문자 또는 부호등이 표시된 면을 말한다.
10) "조사면"이란 유도등에 있어서 표시면 외 조명에 사용되는 면을 말한다.
11) "방폭형"이란 폭발성 가스가 용기 내부에서 폭발하였을 때 용기가 그 압력에 견디거나 또는 외부의 폭발성 가스에 인화될 우려가 없도록 만들어진 형태의 제품을 말한다.
12) "방수형"이란 그 구조가 방수구조로 되어 있는 것을 말한다.
13) "복합표시형 피난구유도등"이란 피난구유도등의 표시면과 피난목적이 아닌 안내표시면(이하 "안내표시면"이라 한다)이 구분되어 함께 설치된 유도등을 말한다.
14) "단일표시형"이란 한 가지 형상의 표시만으로 피난유도표시를 구현하는 방식을 말한다.
15) "동영상표시형"이란 동영상 형태로 피난유도표시를 구현하는 방식을 말한다.
16) "단일·동영상 연계표시형"이란 단일표시형과 동영상표시형의 두가지 방식을 연계하여 피난유도표시를 구현하는 방식을 말한다.
17) "투광식"이란 광원의 빛이 통과하는 투과면에 피난유도표시 형상을 인쇄하는 방식을 말한다.
18) "패널식"이란 영상표시 소자(LED, LCD 및 PDP 등)를 이용하여 피난유도표시 형상을 영상으로 구현하는 방식을 말한다.

75 (상中하)

신호의 전송로가 분기되는 장소에 설치하는 것으로 임피던스 매칭과 신호 균등분배를 위해 사용되는 장치는?

① 혼합기　　　　　② 분배기
③ 증폭기　　　　　④ 분파기

해설 무선통신보조설비 용어정의 ────────

1) "누설동축케이블"이란 동축케이블의 외부도체에 가느다란 홈을 만들어서 전파가 외부로 새어나갈 수 있도록 한 케이블을 말한다.
2) "분배기"란 신호의 전송로가 분기되는 장소에 설치하는 것으로 임피던스 매칭(Matching)과 신호 균등분배를 위해 사용하는 장치를 말한다.
3) "분파기"란 서로 다른 주파수의 합성된 신호를 분리하기 위해서 사용하는 장치를 말한다.
4) "혼합기"란 2 이상의 입력신호를 원하는 비율로 조합한 출력이 발생하도록 하는 장치를 말한다.
5) "증폭기"란 전압·전류의 진폭을 늘려 감도 등을 개선하는 장치를 말한다.
6) "무선중계기"란 안테나를 통하여 수신된 무전기신호를 증폭한 후 음영지역에 재방사하여 무전기 상호 간 송수신이 가능하도록 하는 장치를 말한다.
7) "옥외안테나"란 감시제어반 등에 설치된 무선중계기의 입력과 출력포트에 연결되어 송수신신호를 원활하게 방사·수신하기 위해 옥외에 설치하는 장치를 말한다.
8) "임피던스"란 교류회로에 전압이 가해졌을 때 전류의 흐름을 방해하는 값으로서 교류회로에서의 전류에 대한 전압의 비를 말한다.

76 (상中하)

자동화재속보설비의 속보기의 성능인증 및 제품검사의 기술기준에 따라 화재신호를 수신하거나 속보기를 수동으로 동작시키는 경우 자동적으로 어떤 색상의 화재표시등이 점등되어야 하는가?

① 녹색　　　　　② 황색
③ 백색　　　　　④ 적색

해설 속보기 ────────

1) 작동신호를 수신하거나 수동으로 동작시키는 경우 20초 이내에 소방관서에 자동적으로 신호를 발하여 통보하되, 3회 이상 속보할 수 있어야 한다.
2) 주전원이 정지한 경우에는 자동적으로 예비전원으로 전환되고, 주전원이 정상 상태로 복귀한 경우에는 자동적으로 예비전원에서 주전원으로 전환되어야 한다.
3) 예비전원은 자동적으로 충전되어야 하며 자동과충전방지장치가 있어야 한다.
4) 화재신호를 수신하거나 속보기를 수동으로 동작시키는 경우 자동적으로 적색 화재표시등이 점등되고 음향장치로 화재를 경보하여야 하며, 화재표시 및 경보는 수동으로 복구 및 정지시키지 않는 한 지속되어야 한다.
5) 연동 또는 수동으로 소방관서에 화재발생 음성정보를 속보 중인 경우에도 송수화장치를 이용한 통화가 우선적으로 가능하여야 한다.
6) 예비전원을 병렬로 접속하는 경우에는 역충전방지 등의 조치를 하여야 한다.
7) 예비전원은 감시 상태를 60분간 지속한 후 10분 이상 동작(화재속보 후 화재표시 및 경보를 10분간 유지하는 것을 말한다)이 지속될 수 있는 용량이어야 한다.
8) 속보기는 연동 또는 수동 작동에 의한 다이얼링 후 소방관서와 전화접속이 이루어지지 않는 경우에는 최초 다이얼링을 포함하여 10회 이상 반복적으로 접속을 위한 다이얼링이 이루어져야 한다. 이 경우 매회 다이얼링 완료 후 호출은 30초 이상 지속되어야 한다.
9) 속보기의 송수화장치가 정상위치가 아닌 경우에도 연동 또는 수동으로 속보가 가능하여야 한다.
10) 음성으로 통보되는 속보내용을 통하여 해당 특정소방대상물의 위치, 화재발생 및 속보기에 의한 신고임을 확인할 수 있어야 한다.
11) 속보기는 음성속보방식 외에 데이터 또는 코드전송방식 등을 이용한 속보기능을 설치할 수 있다.

77 상(중)하

수신기를 나타내는 소방시설 도시기호로 옳은 것은?

①   ②

③   ④

해설 소방시설 도시기호 ──────────

① 도시기호가 아님
② <u>수신기</u>
③ 부수신기
④ 중계기

78 상(중)하

자동화재탐지설비 및 시각경보장치의 화재안전기준에 따라 특정소방대상물 중 화재신호를 발신하고 그 신호를 수신 및 유효하게 제어할 수 있는 구역을 무엇이라 하는가?

① 방호구역   ② 방수구역
③ 경계구역   ④ 화재구역

해설 경계구역 ──────────

<u>대상물의 화재신호를 발신하고 그 신호를 수신 및 유효하게 제어할 수 있는 구역</u>
1) 수평적 경계구역
  ⑴ 하나의 경계구역이 2개 건축물 및 2 이상의 층에 미치지 않을 것(다만 2개의 층을 하나의 경계구역으로 산정하는 경우 : 바닥 합 500 [m²] 이하)
  ⑵ 하나의 경계구역 면적 : 600 [m²] 이하
    ① 한 변 길이 : 50 [m] 이하
    ② 주출입구에서 내부 전체 보이는 것 : 한 변의 길이가 50 [m]의 범위 내 1000 [m²] 이하
    ③ 터널 : 하나의 경계구역의 길이는 100 [m] 이하

2) 수직적 경계구역
  ⑴ 계단·경사로(에스컬레이터 포함)는 별도의 경계구역 산정 → 45 [m] 이하
  ⑵ 엘리베이터 승강로(권상기실 포함)·린넨슈트·파이프피트 및 덕트 기타 이와 유사한 부분은 별도의 경계구역 산정 → 높이기준 없음
  ⑶ 지하층의 계단 및 경사로(지하층 층수 1일 경우 제외)는 별도로 경계구역 산정
3) 상시 개방된 부분 있는 차고·주차장·창고 : 외기에 면하는 각 부분부터 5 [m] 미만은 면적 산입 제외

79 상(중)하

비상콘센트설비의 화재안전기준에 따라 하나의 전용회로에 단상교류 비상콘센트 6개를 연결하는 경우 전선의 용량은 몇 [kVA] 이상이어야 하는가?

① 1.5   ② 3
③ 4.5   ④ 9

해설 비상콘센트설비 ──────────

1) 전원회로 : 단상교류는 220 [V], 공급용량은 1.5 [kVA] 이상
2) 전원회로는 각 층에 2 이상이 되도록 설치(다만 설치하여야 할 층의 비상콘센트가 1개인 때에는 하나의 회로로 할 수 있다)
3) 전원회로는 주배전반에서 전용회로로 할 것
4) 전원으로부터 각 층의 비상콘센트에 분기되는 경우에는 분기배선용 차단기를 보호함 안에 설치할 것
5) 콘센트마다 배선용 차단기를 설치하여야 하며, 충전부가 노출되지 아니하도록 할 것
6) 개폐기에는 "비상콘센트"라고 표시한 표지를 할 것
7) 비상콘센트용의 풀박스 등은 방청도장을 한 것으로서, 두께 1.6 [mm] 이상의 철판으로 할 것
8) <u>하나의 전용회로에 설치하는 비상콘센트는 10개 이하로 할 것. 이 경우 전선 용량은 각 비상콘센트(비상콘센트가 3개 이상인 경우에는 3개)의 공급용량을 합한 용량 이상의 것으로 하여야 한다.</u>
∴ <u>1.5 × 3 = 4.5 [kVA]</u>

상 ⑧ 하

자동화재탐지설비 및 시각경보장치의 화재안전기준에 따라 부착높이 8 [m] 이상 15 [m] 미만에 설치 가능한 감지기가 아닌 것은?

① 불꽃감지기
② 보상식 분포형 감지기
③ 차동식 분포형 감지기
④ 광전식 분리형 1종 감지기

 감지기 적응성 ─────────

부착높이	감지기 종류
8 [m] 이상 ~ 15 [m] 미만	• 차동식 분포형 • 이온화식 1종 · 2종 • 광전식 1종 · 2종 • 연기복합형 • 불꽃감지기
15 [m] 이상 ~ 20 [m] 미만	이온화식 1종, 광전식(스포트형, 분리형, 공기흡입형) 1종, 연기복합형, 불꽃감지기
20 [m] 이상	불꽃감지기, 광전식(분리형, 공기흡입형) 중 아날로그방식

암기 ▶ 차분한 이광연 12세
*불꽃감지기는 전부 해당

2021
출제경향 분석

[소방원론]

CHAPTER 연도 및 회차		연소	연소생성물	폭발	화재	위험물	소화	안전관리 및 건축방재	합계
2021년	1	6	2	1	1	3	5	2	20
	2	5	2	0	2	5	5	1	20
	4	3	1	1	3	4	7	1	20

[소방전기일반]

CHAPTER 연도 및 회차		직류회로	정전계와 정자계	교류회로	전기계측 및 회로망	비정현파 교류와 과도현상 및 라플라스 변환	제어회로	전자회로 및 정류회로	전기기계 및 전기법규	합계
2021년	1	2	4	2	2	3	3	3	1	20
	2	4	3	2	2	1	4	2	2	20
	4	2	3	3	3	0	5	2	2	20

[소방관계법규]

CHAPTER 연도 및 회차		소방기본법	소방시설법	화재예방법	소방공사업법	위험물 안전관리법	합계
2021년	1	5	7	2	2	4	20
	2	3	7	4	2	4	20
	4	3	4	5	3	5	20

[소방전기시설의 구조 및 원리]

CHAPTER 연도 및 회차		자동화재 탐지설비	비상경보 설비 및 단독 경보형감지기	비상방송 설비	자동화재 속보설비	가스누설 경보기 및 누전경보기	유도등	비상조명등	비상콘센트 설비	무선통신 보조설비	비상전원 수전설비	화재알림 설비	기타	합계
2021년	1	5	1	2	1	2	2	1	2	2	2	0	0	20
	2	4	2	2	1	2	2	1	2	3	1	0	0	20
	4	4	2	2	1	2	2	1	2	2	2	0	0	20

2021년 1회
소방원론

3회독		월	일
2회독		월	일
1회독		월	일

목표시간 : 20분	시작 : _시 _분	종료 : _시 _분	맞은 개수 : _ /20

01 (상 중 하)

건축법령상 내력벽, 기둥, 바닥, 보, 지붕틀 및 주계단을 무엇이라 하는가?

① 내진구조부
② 건축설비부
③ 보조구조부
④ 주요구조부

해설 건물의 주요구조부

1) 바닥(최하층 바닥 제외)
2) 보(작은 보 제외)
3) 지붕틀(차양 제외)
4) 내력벽(비내력벽 제외)
5) 주계단(옥외계단 제외)
6) 기둥(사잇기둥 제외)

암기 ▶ 바보지내주기

02 (상 중 하)

이산화탄소의 물성으로 옳은 것은?

① 임계온도 : 31.35 [℃], 증기비중 : 0.529
② 임계온도 : 31.35 [℃], 증기비중 : 1.529
③ 임계온도 : 0.35 [℃], 증기비중 : 1.529
④ 임계온도 : 0.35 [℃], 증기비중 : 0.529

해설 이산화탄소(CO_2)의 물성

구분		구분	
분자량	44 [g/mol]	임계온도	31.35 [℃]
증기비중	1.529	임계압력	75.2 [kg_f/cm^2]
증발열	137 [cal/g]	융해열	45.2 [cal/g]
삼중점	-57 [℃]	비점	-78 [℃]

03 (상 중 하)

소화약제로 사용하는 물의 증발잠열로 기대할 수 있는 소화효과는?

① 냉각소화
② 질식소화
③ 제거소화
④ 촉매소화

해설 물의 소화효과

효과	설명
냉각효과	증발(기화) 잠열에 의한 열 흡수
질식효과	기화 시 체적이 약 1650배 증가하여 주변 산소농도 낮춤
유화효과	에멀전 형성, 가연성 혼합기 생성 억제
희석효과	분해가스나 증기의 농도 낮춤

보충 ▶ 부촉매효과 : 분말, 할로겐화합물

04 (상 중 하)

블레비(BLEVE)현상과 관계가 없는 것은?

① 핵분열
② 가연성 액체
③ 화구(Fire Ball)의 형성
④ 복사열의 대량 방출

해설 블레비(BLEVE)

1) 비등액체 증기폭발
2) 탱크 내 인화성·가연성 액체가 비등하고 가스압력 상승으로 탱크가 파열하고 폭발
3) 복사열 대량 방출
4) 파이어 볼 발생

보충 ▶ 파이어 볼 : 인화성 액체가 대량 기화되어 갑자기 발화될 때 발생하는 공 모양 화염

정답 01 ④ 02 ② 03 ① 04 ①

05 (상 (중) 하)

할론소화약제에 관한 설명으로 옳지 않은 것은?

① 연쇄반응을 차단하여 소화한다.
② 할로겐족 원소가 사용된다.
③ 전기의 도체이므로 전기화재에 효과가 있다.
④ 소화약제의 변질, 분해 위험성이 낮다.

해설 **할론소화약제**

1) 연쇄반응 차단하여 부촉매소화
2) 라디컬포착제로 자유활성기 생성 억제
3) 할로겐족 원소 사용(F, Cl, Br, I 등)
4) 부식성이 낮음
5) 전기의 부도체로 전기화재에 효과적
6) 적응성 : 통신기기실, 미술관, 전산실 등

06 (상 중 (하))

스테판 볼츠만의 법칙에 의해 복사열과 절대온도와의 관계를 옳게 설명한 것은?

① 복사열은 절대온도의 제곱에 비례한다.
② 복사열은 절대온도의 4제곱에 비례한다.
③ 복사열은 절대온도의 제곱에 반비례한다.
④ 복사열은 절대온도의 4제곱에 반비례한다.

해설 **스테판 볼츠만의 법칙**

$$단위\ 면적당\ 복사열량\ Q\,[W/m^2] = \sigma T^4$$

복사 : 열전달 매질 없이 전자파 형태로 열이 전달
스테판 볼츠만의 법칙에 의해 복사열은 절대온도의 4승에 비례한다.

보충 ▶ 매질 : 파동을 전달시키는 물질
σ : 스테판 볼츠만 상수 $[W/m^2 \cdot K^4]$
T : 절대온도 $[K](= 273 + t\,℃)$

07 (상 (중) 하)

분자식이 CF_2BrCl인 할론소화약제는?

① 할론 1301   ② 할론 1211
③ 할론 2402   ④ 할론 2021

해설 **할론소화약제**

종류	분자식	상온·상압
할론 1211	CF_2ClBr	기체
할론 1301	CF_3Br	
할론 1011	CH_2ClBr	액체
할론 2402	$C_2F_4Br_2$	

08 (상 (중) 하)

대두유가 침적된 기름걸레를 쓰레기통에 장시간 방치한 결과 자연발화에 의하여 화재가 발생한 경우 그 이유로 옳은 것은?

① 융해열 축적   ② 산화열 축적
③ 증발열 축적   ④ 발효열 축적

해설 **자연발화의 원인**

분류	개념	종류
산화열	가연물이 산소와 결합하여 발생	불포화 섬유지, 석탄, 기름걸레
분해열	물질이 분해하며 열 축적에 의해 발화	셀룰로이드, 아세틸렌
흡착열	흡착 시 발생하는 열	활성탄, 목탄
중합열	중합반응에 의한 열, 분해열과 반대	액화 시안화수소
발효열	미생물에 의해 발효되면서 발생	먼지, 퇴비

2021

09 (상)(중)하

조연성 가스에 해당하는 것은?

① 일산화탄소   ② 산소

③ 수소   ④ 뷰테인

해설 가연성 가스와 조연성 가스 ─────

구분	가연성 가스	조연성 가스
정의	자기 자신이 연소하는 가스	자기 자신은 타지 않고 연소를 도와주는 가스
종류	일산화탄소(CO) 수소(H_2) 메테인(메탄, CH_4) 프로페인(프로판, C_3H_8) 암모니아(NH_3) 뷰테인(부탄, C_4H_{10})	오존(O_3) 공기 산소(O_2) 염소(CI) 불소(F)

암기 조 오공산 염불

10 (상)(중)하

물에 저장하는 것이 안전한 물질은?

① 나트륨   ② 수소화칼슘

③ 이황화탄소   ④ 탄화칼슘

해설 위험물의 저장 ─────

위험물	저장장소
황린 이황화탄소(CS_2)	물속
나이트로셀룰로오스 (니트로셀룰로오스)	알코올 속
칼륨(K) 나트륨(Na) 리튬(Li)	석유류(등유) 속

암기 황물 나이알 ㅜㅜ

11 (상)(중)하

다음 각 물질과 물이 반응하였을 때 발생하는 가스의 연결이 틀린 것은?

① 탄화칼슘 – 아세틸렌

② 탄화알루미늄 – 이산화황

③ 인화칼슘 – 포스핀

④ 수소화리튬 – 수소

해설 물과 반응 시 발생가스 ─────

물질	가스
탄화칼슘(CaC_2)	아세틸렌(C_2H_2)
탄화알루미늄(Al_4C_3)	메테인(메탄, CH_4)
인화칼슘(Ca_3P_2)	포스핀(PH_3)
인화알루미늄(AIP)	
수소화리튬(LiH)	수소(H_2)

암기 탄칼아, 탄알메, 인포

12 (상)(중)하

건축물의 화재 시 피난자들의 집중으로 패닉(Panic)현상이 일어날 수 있는 피난방향은?

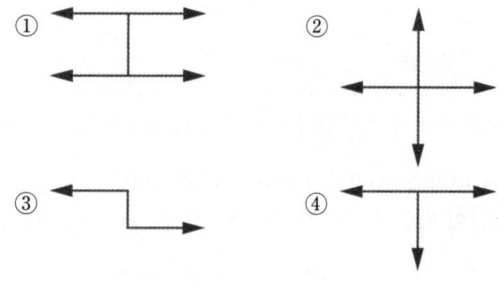

해설 피난형태 ─────────

형태	피난방향	비고
X형	↑ ← → ↓	분산하여 피난하므로 피난이 용이
Y형	↖ ↗ ↓	
CO형	↓ → □ ← ↑	피난자들이 집중되므로 병목현상의 발생 및 패닉 우려
H형	← → ｜ ← →	

13 상 중 하

위험물별 저장방법에 대한 설명 중 틀린 것은?

① 황은 정전기가 축적되지 않도록 하여 저장한다.

② 적린은 화기로부터 격리하여 저장한다.

③ 마그네슘은 건조하면 부유하여 분진폭발의 위험이 있으므로 물에 적시어 보관한다.

④ 황화인은 산화제와 격리하여 저장한다.

해설 금수성 물질 ─────────

물과 접촉하여 발화, 가연성 가스 발생

구분	현상
무기과산화물	산소(O_2) 발생
금속분 마그네슘(Mg) 나트륨(Na) 칼륨(K) 리튬(Li)	수소(H_2) 발생
탄화칼슘 (칼슘카바이드)	아세틸렌(C_2H_2) 발생

14 상 중 하

전기화재의 원인으로 거리가 먼 것은?

① 단락

② 과전류

③ 누전

④ 절연 과다

해설 전기화재 원인 ─────────

1) 과전류(과부하)에 의한 발화

2) 단락(합선)에 의한 발화

3) 누전에 의한 발화

4) 낙뢰에 의한 발화

5) 전기불꽃에 의한 발화

6) 정전기로 인한 스파크 발생에 의한 발화

보충 • 절연 : 전기 또는 열을 통하지 않게 하는 것
• 단락 : 전기회로의 두 점 사이의 절연이 잘 안 되어서 두 점 사이가 접속되는 일
• 누전 : 절연이 불완전하거나 시설이 손상되어 전기가 전깃줄 밖으로 새어 흐름

15 상 중 하

인화점이 낮은 것부터 높은 순서로 옳게 나열된 것은?

① 에틸알코올 < 이황화탄소 < 아세톤

② 이황화탄소 < 에틸알코올 < 아세톤

③ 에틸알코올 < 아세톤 < 이황화탄소

④ 이황화탄소 < 아세톤 < 에틸알코올

해설 인화점

물질	인화점 [℃]
다이에틸에터(디에틸에테르)	-45
가솔린(휘발유)	-43
산화프로필렌	-37
이황화탄소	-30
아세톤	-18
메틸알코올	11
에틸알코올	13
등유	39
경유	41

- 이황화탄소 < 아세톤 < 에틸알코올

암기 ▶ 인가산이아 / 메에 / 등경

연소가스	특징
시안화수소 (HCN)	• 질소함유물 등이 불완전연소 시 발생 • 청산가스
아크롤레인 (CH₂CHCHO)	• 맹독성(0.1 [ppm]) • 석유제품, 유지 등 연소 시 생성

16 상 중 하

가연성 가스이면서도 독성 가스인 것은?

① 질소   ② 수소
③ 염소   ④ 황화수소

해설 유해가스

연소가스	특징
일산화탄소 (CO)	• 불완전연소 시 발생 • 유독성 • 흡입 시 헤모글로빈과 결합하여 산소운반 저해
이산화탄소 (CO₂)	• 완전연소 시 발생 • 연소가스 중 가장 많은 양 발생 • 다량 흡입 시 호흡속도 증가
암모니아 (NH₃)	• 인체에 자극성이 큰 가연성 가스 • 질소함유물, 수지류, 나무 등이 연소 시 발생
포스겐 (COCl₂)	• PVC, 수지류, 염소가 함유된 가연물 연소 시 발생 • 맹독성(0.1 [ppm])
황화수소(H₂S)	• 달걀 썩는 냄새 • 독성, 부식성, 가연성 가스

17 상 중 하

1기압 상태에서, 100 [℃] 물 1 [g]이 모두 기체로 변할 때 필요한 열량은 몇 [cal]인가?

① 429   ② 499
③ 539   ④ 639

해설 물의 잠열

1) 얼음 융해잠열 : 80 [cal/g] (= 334 [kJ/kg])
2) 물의 증발잠열 : 539 [cal/g] (= 2257 [kJ/kg])
3) 0 [℃] 물 1 [g] → 100 [℃] 수증기 : 639 [cal/g]
4) 0 [℃] 얼음 1 [g] → 100 [℃] 수증기 : 719 [cal/g]

[물의 상태변화]

보충 ▶ 물의 기화열 539 [cal/g]은
100 [℃]의 물 1 [g]이 100 [℃]의 수증기가 될 때 필요한 열량

정답 16 ④ 17 ③

18 (상 ⓒ 하)

다음 물질 중 연소범위를 통해 산출한 위험도 값이 가장 높은 것은?

① 수소
② 에틸렌
③ 메테인
④ 이황화탄소

해설 위험도 ―――――――――

1) 위험도 $H = \dfrac{U-L}{L}$

2) 주요물질 연소범위

가스	하한계 L	상한계 U	위험도 H
이황화탄소	1.2	44	35.67
아세틸렌	2.5	81	31.4
다이에틸에터 (디에틸에테르)	1.9	48	24.26
수소	4	75	17.75
에틸렌	2.7	36	12.33
일산화탄소	12.5	74	4.92
뷰테인(부탄)	1.8	8.4	3.67
프로페인(프로판)	2.1	9.5	3.52
에테인(에탄)	3	12.4	3.13
메테인(메탄)	5	15	2

① 수소 $H = \dfrac{75-4}{4} = 17.75$

② 에틸렌 $H = \dfrac{36-2.7}{2.7} = 12.33$

③ 메테인 $H = \dfrac{15-5}{5} = 2$

④ 이황화탄소 $H = \dfrac{44-1.2}{1.2} = 35.67$

암기 (이황)일이사사, (수)사치료,
(에틸)이찌삼육, (메)오싫오

19 (상 중 ⓗ)

일반적으로 공기 중 산소농도를 몇 [vol%] 이하로 감소시키면 연소속도의 감소 및 질식소화가 가능한가?

① 15
② 21
③ 25
④ 31

해설 소화의 형태 ―――――――――

소화	내용
냉각소화	열 흡수, 발화점 이하로 낮추어 소화
질식소화	산소농도 15 [%] 이하로 낮춤
제거소화	가연물을 차단, 격리
억제소화	연쇄반응을 차단, 부촉매소화

보충 ▶ 물리적 소화 : 냉각, 질식, 제거
화학적 소화 : 억제소화(부촉매소화)

20 (상 ⓒ 하)

가연물질의 구비조건으로 옳지 않은 것은?

① 화학적 활성이 클 것
② 열의 축적이 용이할 것
③ 활성화에너지가 작을 것
④ 산소와 결합할 때 발열량이 작을 것

해설 가연물의 구비조건 ―――――――――

1) 활성화에너지가 작을 것 (-)
2) 열전도율이 작을 것 (-)
3) 산소와 접촉하는 표면적이 넓을 것 (+)
4) 발열량이 클 것 (+)
5) 산소와 친화력이 클 것 (+)
6) 연쇄반응을 일으킬 것 (+)

TIP ▶ 활성화에너지, 열전도율 (-)

소방전기일반

| 목표시간 : 30분 | 시작 : _시 _분 | 종료 : _시 _분 | 맞은 개수 : _ /20 |

21 (상)(중)(하)

논리식 $(X+Y)(X+\overline{Y})$을 간단히 하면?

① 1 ② XY

③ X ④ Y

해설 논리식 ─────────

$(A+B)(A+C) = A+BC$

$(X+Y)(X+\overline{Y}) = X+Y\overline{Y} = X$

$(\because Y\overline{Y}=0)$

정리	공식
항등법칙	$0+A=A,\ 1+A=1,\ 0\times A=0,\ 1\times A=A$
동일법칙	$A+A=A,\ A\times A=A$
보원법칙	$A+\overline{A}=1,\ A\times\overline{A}=0$
복원법칙	$\overline{\overline{A}}=A$
교환법칙	$A+B=B+A,\ A\times B=B\times A$
결합법칙	$A+(B+C)=(A+B)+C,\ A(BC)=(AB)C$
분배법칙	$A(B+C)=AB+AC,\ A+BC=(A+B)(A+C)$
흡수법칙	$A+AB=A,\ A(A+B)=A$ $A+\overline{A}B=(A+\overline{A})(A+B)=A+B$

22 (상) 중 (하)

어떤 측정계기의 지시값을 M, 참값을 T라 할 때 보정률 (%)은?

① $\dfrac{T-M}{M}\times 100$

② $\dfrac{M}{M-T}\times 100$

③ $\dfrac{T-M}{T}\times 100$

④ $\dfrac{T}{M-T}\times 100$

해설 보정률과 오차율 ─────────

보정률	$\dfrac{T-M}{M}\times 100\ [\%]$
오차율	$\dfrac{M-T}{T}\times 100\ [\%]$

M(Measured Value) : 지시값

T(True Value) : 참값

23 상(중)하

그림과 같이 반지름 r [m]인 원의 원주상 임의의 2점 a, b 사이에 전류 I [A]가 흐른다. 원의 중심에서의 자계의 세기는 몇 [A/m]인가?

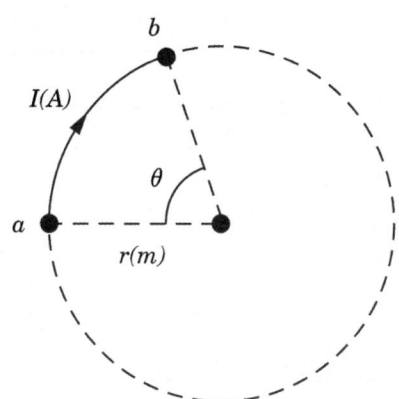

① $\dfrac{I\theta}{4\pi r}$

② $\dfrac{I\theta}{4\pi r^2}$

③ $\dfrac{I\theta}{2\pi r}$

④ $\dfrac{I\theta}{2\pi r^2}$

해설 자계의 세기(H)

$H = \dfrac{NI}{2r}$ (360°의 자계세기)

$H_\theta = \dfrac{NI}{2r} \times \dfrac{\theta}{2\pi}$ (θ°의 자계세기)

$= \dfrac{I\theta}{4\pi r}$ [A/m]

TIP N 권선수는 제시되어 있지 않으므로 무시

H : 자기장의 세기 [AT/m]

r : 반지름 [m]

I : 전류 [A]

24 상(중)하

회로에서 a, b 간의 합성저항[Ω]은? (단, $R_1 = 3$ [Ω], $R_2 = 9$ [Ω]이다)

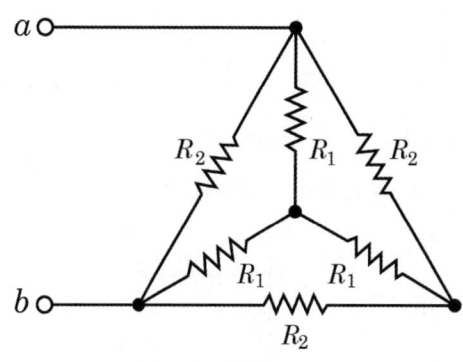

① 3

② 4

③ 5

④ 6

해설 합성저항 계산(R_0)

△를 Y로 변환하면 3 [Ω]이 되므로 기존의 3 [Ω]과 병렬로 접속된다. 따라서 합성저항은 3 [Ω](1.5 + 1.5)이다.

(병렬접속 $R_0 = \dfrac{R_1 R_2}{R_1 + R_2}$, 직렬접속 $R_0 = R_1 + R_2$)Z

25 (상 ⓒ 하)

2차 제어시스템에서 무제동으로 무한 진동이 일어나는 감쇠율 δ는?

① $\delta = 0$ ② $\delta > 1$

③ $\delta = 1$ ④ $0 < \delta < 1$

해설 감쇠율

1) $0 < \delta < 1$: 부족제동 : 감쇠진동

 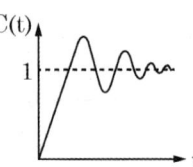

2) $\delta = 1$: 임계제동

3) $\delta > 1$인 경우 : 과제동 : 비진동

 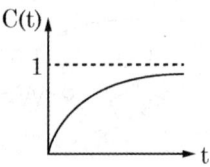

4) $\delta = 0$: 무제동

26 (상 ⓒ 하)

블록선도의 전달함수 C(s)/R(s)는?

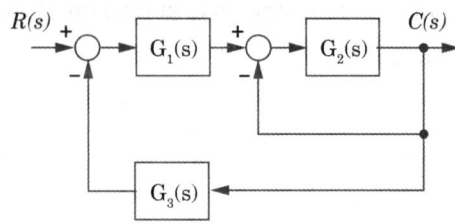

① $\dfrac{G_1(s)G_2(s)}{1 + G_1(s)G_2(s)G_3(s)}$

② $\dfrac{G_1(s)G_2(s)}{1 + G_1(s) + G_1(s)G_2(s)G_3(s)}$

③ $\dfrac{G_1(s)G_2(s)}{1 + G_2(s) + G_1(s)G_2(s)G_3(s)}$

④ $\dfrac{G_1(s)G_2(s)}{1 + G_3(s) + G_1(s)G_2(s)G_3(s)}$

해설 전달함수

$$G(s) = \frac{C(s)}{R(s)} = \frac{\text{전향경로이득}}{1 - (loop)}$$

$$= \frac{G_1(s)G_2(s)}{1 + G_2(s) + G_1(s)G_2(s)G_3(s)}$$

27 (ⓢ 중 하)

3상 유도전동기의 특성에서 토크, 2차 입력, 동기속도의 관계로 옳은 것은?

① 토크는 2차 입력과 동기속도에 비례한다.

② 토크는 2차 입력에 비례하고 동기속도에 반비례한다.

③ 토크는 2차 입력에 반비례하고 동기속도에 비례한다.

④ 토크는 2차 입력의 제곱에 비례하고 동기속도의 제곱에 반비례한다.

정답 25 ① 26 ③ 27 ②

해설 3상유도전동기 특성 ──────

$$T = 0.975 \times \frac{P}{N} = 0.975 \times \frac{P_2}{N_s}$$

P : 출력 [W]

N$_S$: 동기속도 [rpm]

P$_2$: 2차 입력 [W]

28 상(중)하

어떤 회로에 v(t) = 150sinωt [V]의 전압을 가하니 i(t) = 12sin(ωt-30°) [A]의 전류가 흘렀다. 이 회로의 소비전력은 약 몇 [W]인가?

① 390

② 450

③ 780

④ 900

해설 소비전력 계산 ──────

$$P = VI\cos\theta = \frac{V_m}{\sqrt{2}} \times \frac{I_m}{\sqrt{2}}\cos\theta$$

$$= \frac{150}{\sqrt{2}} \times \frac{12}{\sqrt{2}}\cos 30° = 780[W]$$

※ 실횻값 $= \frac{V_m}{\sqrt{2}}$

v(t) = 150sinωt [V]에서 $V_m = 150$,

i(t) = 12sin(ωt-30°) [A]에서 $I_m = 12$

TIP ▶ θ : 전압과 전류의 위상차

순시값 v(t) = Vmsinωt

P : 유효전력 [W]

V : 전압 [V]

I : 전류 [A]

$\cos\theta$: 역률

29 상(중)하

평행한 두 도선 사이의 거리가 r이고, 각 도선에 흐르는 전류에 의해 두 도선 간의 작용력이 F₁일 때, 두 도선 사이의 거리를 2r로 하면 두 도선 간의 작용력 F₂는?

① $F_2 = \frac{1}{4}F_1$

② $F_2 = \frac{1}{2}F_1$

③ $F_2 = 2F_1$

④ $F_2 = 4F_1$

해설 왕복도선 사이의 힘 ──────

$$F_1 = \frac{2I_1I_2}{r} \times 10^{-7}$$

여기서, 두 도선 사이의 거리만 2r이므로

$$F_2 = \frac{2I_1I_2}{2r} \times 10^{-7}$$

$$\therefore F_2 = \frac{1}{2}F_1$$

F : 두 도선 간의 작용력 [N/m]

I : 전류 [A]

r : 두 도선 간의 거리

2021

30 상(중)하

200 [V]의 교류전압에서 30 [A]의 전류가 흐르는 부하가 4.8 [kW]의 유효전력을 소비하고 있을 때 이 부하의 리액턴스[Ω]는?

① 6.6

② 5.3

③ 4.0

④ 3.3

해설 리액턴스 계산 ─────────

- $P = VI\cos\theta = I^2R[kW]$

  $4800 = 6000 \times \cos\theta, \ \cos\theta = 0.8$

  $\sqrt{\cos^2\theta + \sin^2\theta} = 1, \ \sin\theta = 0.6$

- $P_r = VI\sin\theta = I^2X$

  $200 \times 30 \times 0.6 = 30^2 \times X, \ X = 4 \ [\Omega]$

TIP ▶ 유효전력 P = VIcosθ = I²R [W]

무효전력 P_r = VIsinθ = I²X [Var]

피상전력 P_a = VI = I₂Z [VA]

V : 전압 [V]

I : 전류 [A]

cosθ : 역률

31 상 ⑨ 하

정전용량이 0.02 [μF]인 커패시터 2개와 정전용량이 0.01 [μF]인 커패시터 1개를 모두 병렬로 접속하여 24 [V]의 전압을 가하였다. 이 병렬회로의 합성 정전용량[μF]과 0.01 [μF]의 커패시터에 축적되는 전하량[C]은?

① $0.05, 0.12 \times 10^{-6}$

② $0.05, 0.24 \times 10^{-6}$

③ $0.03, 0.12 \times 10^{-6}$

④ $0.03, 0.24 \times 10^{-6}$

해설 정전용량과 전하량 계산 ─────────

$C_{병렬} = C_1 + C_2 + C_3$

$\quad = 0.02 + 0.02 + 0.01 = 0.05 \ [\mu F]$

$Q_{0.01\mu F} = CV$

$\quad = 0.01 \times 10^{-6} \times 24$

$\quad = 0.24 \times 10^{-6} \ [C]$

$C_{병렬}$: 병렬접속 시 합성정전용량

$Q_{0.01\mu F}$: 0.01 [μF]에 축적되는 전하량

32 상 ⑨ 하

그림과 같은 다이오드회로에서 출력전압 Vₒ는? (단, 다이오드의 전압강하는 무시한다)

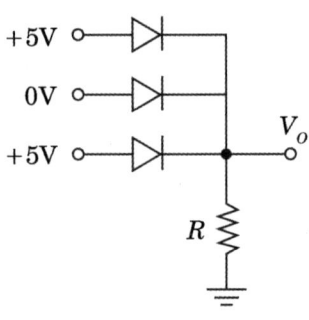

① 10 [V] ② 5 [V]

③ 1 [V] ④ 0 [V]

해설 OR게이트(무접점회로) ─────────

- 하나의 신호 ON 되면 출력이 나타남
- (5 [V], 0 [V], 5 [V]의 입력이 OR로 주어졌으므로 출력에는 입력 5 [V]가 나타남

33 상 ⑨ 하

테브난의 정리를 이용하여 그림 (a)의 회로를 그림 (b)와 같은 등가회로로 만들고자 할 때 Vₜₕ [V]와 Rₜₕ [Ω]은?

① 5 [V], 2 [Ω] ② 5 [V], 3 [Ω]

③ 6 [V], 2 [Ω] ④ 6 [V], 3 [Ω]

정답 31 ② 32 ② 33 ③

해설 테브난의 정리 ───────────────

- $R_0 = R_1 + \dfrac{R_2 R_3}{R_2 + R_3}$

  $R_{th} = 1.4 + \dfrac{1 \times 1.5}{1 + 1.5} = 2[\Omega]$

- $V_{R1} = \dfrac{R_1}{R_1 + R_2} V_0$

  $V_{th} = \dfrac{1.5}{1 + 1.5} \times 10 = 6[V]$

34 상 중 하

L-C 직렬회로에 직류전압 E를 t = 0(s)에 인가했을 때 흐르는 전류 I(t)는?

① $\dfrac{E}{\sqrt{\dfrac{L}{C}}} \cos \dfrac{1}{\sqrt{LC}} t$

② $\dfrac{E}{\sqrt{\dfrac{L}{C}}} \sin \dfrac{1}{\sqrt{LC}} t$

③ $\dfrac{E}{\sqrt{\dfrac{C}{L}}} \cos \dfrac{1}{\sqrt{LC}} t$

④ $\dfrac{E}{\sqrt{\dfrac{C}{L}}} \sin \dfrac{1}{\sqrt{LC}} t$

해설 L-C 직렬회로에서의 전류계산 ─────────

1) L-C 직렬회로에서의 전압방정식

$E = L\dfrac{di}{dt} + \dfrac{1}{C}\int i\,dt$

2) 전압방정식을 라플라스 변환

$E = L\dfrac{di}{dt} + \dfrac{1}{C}\int i\,dt$

$\dfrac{E}{s} = Ls I(s) + \dfrac{1}{Cs} I(s)$

$\dfrac{E}{s} = (Ls + \dfrac{1}{Cs}) I(s)$

$I(s) = \dfrac{E}{s(Ls + \dfrac{1}{Cs})}$

$= E \times \dfrac{1}{Ls^2 + \dfrac{1}{C}}$

$= \dfrac{E}{L} \times \dfrac{1}{s^2 + \dfrac{1}{LC}}$

$= \dfrac{E}{L} \times \dfrac{\left(\dfrac{1}{\sqrt{LC}}\right) \times \sqrt{LC}}{s^2 + \left(\dfrac{1}{\sqrt{LC}}\right)^2}$

$= \dfrac{E}{L} \times \sqrt{LC} \times \sin \dfrac{1}{\sqrt{LC}} t$

$= \sqrt{\dfrac{C}{L}} E \times \sin \dfrac{1}{\sqrt{LC}} t$

$= \dfrac{E}{\sqrt{\dfrac{L}{C}}} \sin \dfrac{1}{\sqrt{LC}} t$

3) 전압방정식을 역라플라스 변환

$i(t) = \sin \dfrac{1}{\sqrt{LC}} t \times \dfrac{E}{\sqrt{\dfrac{L}{C}}}$

TIP $\sin wt$를 라플라스변환 : $\dfrac{w}{s^2 + w^2}$

$\dfrac{w}{s^2 + w^2}$를 역라플라스변환 : $\sin wt$

35 상 중 하

다음 소자 중에서 온도 보상용으로 쓰이는 것은?

① 서미스터

② 바리스터

③ 제너다이오드

④ 터널다이오드

정답 34 ② 35 ①

해설 기타 반도체

명칭	특성
SCR	• 사이리스터의 한 종류 • 애노드(A), 캐소드(K), 게이트(G)로 구성된다. • 단방향 3단자 • 래칭전류 : SCR이 OFF상태에서 ON 상태로의 전환이 이뤄지고, 트리거신호가 제거된 직후에 SCR을 ON 상태로 유지하는 데 필요한 최소한의 양극전류를 래칭전류라 한다.
트라이악 (TRIAC)	• npnpn의 5층구조 • 직·교류에서 모두 사용할 수 있는 3단자 스위칭 소자 • 교류전력 기기 제어용 • 쌍방향 3단자
다이악 (DIAC)	• 소용량 저항부하의 AC전력 제어용 • 쌍방향 2단자
서미스터	• 온도에 의해 저항값이 변하는 반도체 소자 • 부(-) 저항온도계수의 특성 : 온도 증가 시 저항 감소 • 열을 감지하는 감열저항체 소자 • 온도보상용, 온도계측용(온도계), 온도보정용
바리스터	• 인가되는 전압에 따라 저항값이 변하는 비선형 반도체 소자 • 전압에 따라 저항값이 변화하는 저항 소자 • 회로를 병렬로 연결하여 사용 • 서지전압으로부터 기기보호 • 계전기접점의 불꽃소거
사이리스터	• p형 반도체와 n형 반도체의 4층 이상 접합한 것 • 전극 단자 수가 2, 3, 4인 것이 있다(위상제어, 타이머회로, 트리거회로).
집적회로	• 하나의 실리콘 칩 내부에 트랜지스터, 다이오드 저항, 콘덴서 등 여러 가지 전자부품을 고밀도로 집적하여 패키지로 만든 것 • 시스템이 소형화, 가볍고 얇다. • 신뢰성이 높고 부품의 교체가 쉽다.

36 (상)(중)하

변위를 압력으로 변환하는 장치로 옳은 것은?

① 다이어프램 ② 가변저항기
③ 벨로우즈 ④ 노즐플래퍼

해설 변환 소자

구분	변환
광전지	빛 → 전압
열전대식 감지기	온도 → 전압
측온저항체	온도 → 임피던스
차동변압기	변위 → 전압
노즐플래퍼	변위 → 압력
다이어프램	압력 → 변위

37 (상)(중)하

저항 R_1 [Ω], 저항 R_2 [Ω], 인덕턴스 L [H]의 직렬회로가 있다. 이 회로의 시정수(s)는?

① $-\dfrac{R_1 + R_2}{L}$ ② $\dfrac{R_1 + R_2}{L}$

③ $-\dfrac{L}{R_1 + R_2}$ ④ $\dfrac{L}{R_1 + R_2}$

해설 시정수

$$\tau = \frac{L}{R_T} = \frac{L}{R_1 + R_2} [\text{sec}]$$

R_T : 저항만의 합

• $R - L$회로 : $\dfrac{L}{R}$

• $R - C$회로 : RC

38 상(중)하

자기 인덕턴스 L_1, L_2가 각각 4 [mH], 9 [mH]인 두 코일이 이상적인 결합이 되었다면 상호 인덕턴스는 몇 [mH]인가? (단, 결합계수는 1이다)

① 6　　　　　　② 12
③ 24　　　　　　④ 36

해설 상호인덕턴스(M) ——

$$M = k\sqrt{L_1 L_2}$$
$$= 1 \times \sqrt{4 \times 9} = 6 \text{ [mH]}$$

M : 상호인덕턴스
L : 자기인덕턴스
k : 결합계수

보충▶ 이상적인 결합이라는 말이 결합계수 K값이 1을 의미한다. 따라서 결합계수는 1이라는 조건이 없어도 K에 1을 대입한다.

39 상(중)하

분류기를 사용하여 내부저항이 R_A인 전류계의 배율을 9로 하기 위한 분류기의 저항 R_S [Ω]은?

① $R_s = \dfrac{1}{8} R_A$

② $R_s = \dfrac{1}{9} R_A$

③ $R_s = 8 R_A$

④ $R_s = 9 R_A$

해설 분류기와 배율기 ——

• 분류기 : 전류의 측정범위를 확대하기 위해 전류계와 병렬로 접속
• 배율기 : 전압계의 측정 범위를 확대하기 위해 전압계와 직렬로 접속

$$I = m I_0 = (1 + \frac{R_A}{R_S}) I_0$$

$$m = (1 + \frac{R_A}{R_S}) = 9$$

$$R_s = \frac{1}{8} R_A, \quad R_A = 8 R_s$$

R_A : 내부저항 [Ω]
R_S : 분류기저항 [Ω]
I_0 : 최대눈금 [A]
I : 전류계 최대측정범위 [A]

40 상(중)하

그림의 논리회로와 등가인 논리게이트는?

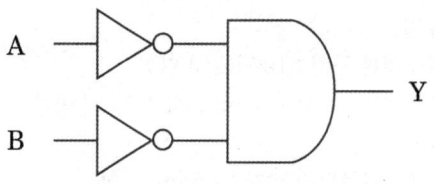

① NOR　　　　　② NAND
③ NOT　　　　　④ OR

해설 드모르간의 정리 ——

1) 논리합과 논리곱이 완전한 독립이 아니고 부정을 포함하면 상호교환이 가능하다.
2) NAND회로와 NOR회로의 응용 및 논리회로를 간소화시키는 데 이용된다.

$$\overline{A}_{\text{AND}}\,\overline{B} = \overline{A} \cdot \overline{B} = \overline{A+B}$$

TIP▶ $\overline{A+B} = \overline{A} \cdot \overline{B}$
$\overline{A \cdot B} = \overline{A} + \overline{B}$

2021년 1회
소방관계법규

3회독	월 일
2회독	월 일
1회독	월 일

| 목표시간 : 20분 | 시작 : _시 _분 | 종료 : _시 _분 | 맞은 개수 : _ /20 |

41 (상중하)

소방기본법령상 저수조의 설치기준으로 틀린 것은?

① 지면으로부터의 낙차가 4.5 [m] 이상일 것
② 흡수부분의 수심이 0.5 [m] 이상일 것
③ 흡수에 지장이 없도록 토사 및 쓰레기 등을 제거할 수 있는 설비를 갖출 것
④ 흡수관의 투입구가 사각형의 경우에는 한변의 길이가 60 [cm] 이상, 원형의 경우에는 지름이 60 [cm] 이상일 것

해설 **소방용수시설 설치기준**

1) 소화전
 • 상수도와 연결, 지하식·지상식 구조
 • 연결금속구 구경 : 65 [mm]
2) 급수탑
 • 급수배관 구경 : 100 [mm] 이상
 • 개폐밸브 : 지상 1.5 [m] 이상 1.7 [m] 이하
3) 저수조
 • 지면으로부터의 낙차 : 4.5 [m] 이하
 • 흡수부분 수심 : 0.5 [m] 이상일 것
 • 흡수관 투입구 : 사각형 한 변 60 [cm]
    원형 지름 60 [cm] 이상

42 (상중하)

소방시설공사업법령상 소방시설업 등록을 하지 아니하고 영업을 한 자에 대한 벌칙은?

① 500만 원 이하의 벌금
② 1년 이하의 징역 또는 1000만 원 이하의 벌금
③ 3년 이하의 징역 또는 3000만 원 이하의 벌금
④ 5년 이하의 징역

해설 **소방공사업법 벌금**

[3년 3000만 원]
1) 소방시설업 등록하지 아니하고 영업을 한 자
2) 부정한 청탁을 받고 재물 또는 재산상의 이익을 취득하거나 부정한 청탁을 하면서 재물 또는 재산상의 이익을 제공한 자

[1년 1000만 원]
1) 영업정지 처분을 받고 그 기간에 영업한 자
2) 법과 NFTC를 위반한 설계·시공자
3) 적법하지 않게 감리를 하거나 거짓으로 감리한 자
4) 공사 감리자를 지정하지 아니한 관계인
5) 공사업자가 감리업자의 시정보완 요구를 무시하고 그 공사를 계속할 경우 감리업자는 그 사실을 소방본부장 또는 소방서장에게 보고하여야 한다. 이 사실을 거짓으로 보고한 감리업자
6) 공사감리 결과보고서의 제출을 거짓으로 한 감리업자
7) 무등록 소방시설업자에게 소방공사 도급한 관계인 또는 발주자
8) 도급받은 소방시설의 설계, 시공, 감리를 하도급한 자
9) 하도급받은 소방시설공사를 다시 하도급한 하수급인
10) 소방기술자가 법 또는 명령을 따르지 않고 업무를 수행한 자

43 (상 中 하)

소방시설 설치 및 관리에 관한 법령상 대통령령 또는 화재안전기준이 변경되어 그 기준이 강화되는 경우 기존 특정소방대상물의 소방시설 중 강화된 기준을 적용하여야 하는 소방시설은?

① 비상경보설비 ② 비상방송설비
③ 비상콘센트설비 ④ 옥내소화전설비

해설 소방시설기준 적용 특례(강화기준) ─────────

1) 대통령령 또는 화재안전기준으로 정하는 것
   • 소화기구
   • 비상경보설비
   • 자동화재속보설비
   • 피난구조설비
   • 자동화재탐지설비
2) 공동구 설치 소방시설(지하구)
3) 노유자시설, 의료시설설치 소방시설

44 (상 中 하)

소방본부장 또는 소방서장은 건축허가등의 동의요구서류를 접수한 날부터 최대 며칠 이내에 건축허가등의 동의 여부를 회신하여야 하는가? (단, 허가 신청한 건축물은 지상으로부터 높이가 200 [m]인 아파트이다)

[법 개정으로 인한 문제 수정]

① 5일 ② 7일
③ 10일 ④ 15일

해설 건축허가 동의요구 ─────────

• 승인자 : 소방본부장, 소방서장
• 회신 : 동의요구서류 접수한 날로부터 5일(특급소방안전관리대상물 10일) 이내
• 동의요구서·첨부서류 보완 : 4일 이내
• 건축허가 취소 사실 통보 : 7일 이내

보충 ▶ 200 [m] 이상 아파트 : 특급소방안전관리대상물

45 (상 中 하)

소방기본법령상 소방신호의 방법으로 틀린 것은?

① 타종에 의한 훈련신호는 연 3타 반복
② 사이렌에 의한 발화신호는 5초 간격을 두고 10초씩 3회
③ 타종에 의한 해제신호는 상당한 간격을 두고 1타씩 반복
④ 사이렌에 의한 경계신호는 5초 간격을 두고 30초씩 3회

해설 소방신호 ─────────

1) 종류
   (1) 경계신호 : 화재예방상 필요하다고 인정되거나 화재위험경보 시 발령
   (2) 발화신호 : 화재가 발생한 때 발령
   (3) 해제신호 : 소화활동이 필요 없다고 인정되는 때 발령
   (4) 훈련신호 : 훈련상 필요하다고 인정되는 때 발령
2) 방법

종별	타종신호	사이렌신호
경계신호	1타, 연 2타 반복	5초 간격 30초씩 3회
발화신호	난타	5초 간격 5초씩 3회
해제신호	상당한 간격 1타씩 반복	1분간 1회
훈련신호	연 3타 반복	10초 간격 1분씩 3회

46 (상 中 하)

화재의 예방 및 안전관리에 관한 법령상 특정소방대상물의 관계인이 수행하여야 하는 소방안전관리 업무가 아닌 것은?

① 소방훈련의 지도/감독
② 화기 취급의 감독
③ 피난시설, 방화구획 및 방화시설의 관리
④ 소방시설이나 그 밖의 소방 관련 시설의 관리

해설 특정소방대상물 소방안전관리자와 관계인의 업무 ——

1) 소방안전관리자의 업무
   (1) 피난계획 관련 사항과 대통령령으로 정하는 사항이 포함된 소방계획서 작성 및 시행
   (2) 자위소방대 및 초기대응체계 구성·운영·교육
   (3) 피난시설, 방화구획, 방화시설의 관리
   (4) <u>소방훈련 및 교육</u>
   (5) 소방시설이나 그 밖의 소방 관련 시설의 관리
   (6) 화기 취급의 감독
   (7) 소방안전관리에 관한 업무수행에 관한 기록·유지((3), (5), (6)항 업무)
   (8) 화재발생 시 초기대응
   (9) 그 밖에 소방안전관리에 필요한 업무
2) 특정소방대상물 소방관계인의 업무
   (1) 피난시설, 방화구획, 방화시설의 관리
   (2) 소방시설이나 그 밖의 소방 관련 시설의 관리
   (3) 화기 취급의 감독
   (4) 화재발생 시 초기대응
   (5) 그 밖에 소방안전관리에 필요한 업무

47 (상中하)

소방기본법에서 정의하는 소방대의 조직구성원이 아닌 것은?

① 의무소방원　　② 소방공무원
③ 의용소방대원　　④ 공항소방대원

해설 소방대 구성원 ————————

- 소방공무원
- 의무소방원
- 의용소방대원

암기▶ 공무용

48 (상中하)

위험물안전관리법령상 인화성액체위험물(이황화탄소를 제외)의 옥외탱크저장소의 탱크주위에 설치하여야 하는 방유제의 기준 중 틀린 것은?

① 방유제의 용량은 방유제 안에 설치된 탱크가 하나인 때에는 그 탱크 용량의 110 [%] 이상으로 할 것
② 방유제의 용량은 방유제 안에 설치된 탱크가 2기 이상인 때에는 그 탱크 중 용량이 최대인 것의 용량의 110 [%] 이상으로 할 것
③ 방유제는 높이 1 [m] 이상 2 [m] 이하, 두께 0.2 [m] 이상, 지하매설 깊이 0.5 [m] 이상으로 할것
④ 방유제 내의 면적은 80000 [m²] 이하로 할 것

해설 방유제 ————————

1) 방유제 용량
   (1) 탱크 1기 : 탱크용량 110 [%] 이상
   (2) 탱크 2기 이상 : 최대 탱크 용량 110 [%] 이상
2) <u>방유제 높이 : 0.5 [m] 이상 3 [m] 이하</u>
3) <u>방유제 두께 : 0.2 [m] 이상</u>
4) <u>지하매설길이 : 1 [m] 이상</u>
5) 방유제 면적 : 80000 [m²] 이하
6) 방유제 내에 설치하는 옥외저장탱크 수 : 10기 이하
7) 방유제 재질 : 철근콘크리트, 흙담

※ 위험물 제조소 방유제 용량
- 탱크 1기 : 탱크 용량 50 [%] 이상
- 탱크 2기 이상 : 최대 탱크 용량 50 [%] + 나머지 10 [%] 이상

49 (상 중 하)

위험물안전관리법상 시·도지사의 허가를 받지 아니하고 당해 제조소등을 설치할 수 있는 기준 중 다음 (   )안에 알맞은 것은?

> 농예용·축산용 또는 수산용으로 필요한 난방시설 또는 건조시설을 위한 지정수량 (   )배 이하의 저장소

① 20
② 30
③ 40
④ 50

해설 제조소 설치 및 변경

1) 설치허가자 : 시·도지사(행전안전부령)
2) 변경신고 : 변경하고자 하는 날의 1일 전
3) 허가 제외 장소
- 주택의 난방시설(공동주택 중앙난방시설 제외)을 위한 저장소·취급소
- <u>농예용·축산용·수산용으로 필요한 난방·건조시설을 위한 지정수량 20배 이하의 저장소</u>

암기 ▶ 농축수 20

50 (상 중 하)

소방시설 설치 및 관리에 관한 법령상 건축허가등의 동의 대상물의 범위기준 중 틀린 것은?

① 건축 등을 하려는 학교시설 : 연면적 200 [m²] 이상
② 노인주거복지시설
③ 정신의료기관(입원실이 없는 정신건강의학과 의원은 제외) : 연면적 300 [m²] 이상
④ 장애인 의료재활시설 : 연면적 300 [m²] 이상

해설 건축허가 동의대상물 범위

구분	기준
학교시설	연면적 100 [m²] 이상
노유자(老幼者)시설 및 수련시설	연면적 200 [m²] 이상
지하층·무창층이 있는 건축물	바닥면적 150 [m²] (공연장 100 [m²]) 이상
정신의료기관, 장애인 의료재활시설	연면적 300 [m²] 이상
일반용도의 특정소방대상물	연면적 400 [m²] 이상
차고, 주차장 또는 주차용도로 사용되는 시설	바닥면적 200 [m²] 이상
	기계식 주차시설 자동차 20대 이상
• 노인 관련 시설 중 노인주거복지시설, 노인의료복지시설, 재가노인복지시설, 학대피해노인 전용쉼터 • 아동복지시설(아동상담소, 아동전용시설 및 지역아동센터는 제외한다) • 장애인 거주시설 • 정신질환자 관련 시설(공동생활가정을 제외한 재활훈련시설과 종합시설 중 24시간 주거를 제공하지 않는 시설은 제외한다) • 노숙인 관련 시설 중 노숙인자활시설·노숙인재활시설·노숙인요양시설 • 결핵환자나 한센인이 24시간 생활하는 노유자시설	단독주택, 공동주택에 설치되는 시설 제외
• 6층 이상 건축물 • 항공기격납고, 관망탑, 항공관제탑, 방송용송수신탑 • 요양병원(의료재활시설 제외) • 위험물 저장 및 처리시설, 지하구, 전기저장시설, 풍력발전소 • 조산원, 산후조리원, 의원(입원실 또는 인공신장실이 있는 것) • 공장 또는 창고시설로서 지정 수량의 750배 이상의 특수가연물을 저장·취급하는 것 • 가스시설로서 지상에 노출된 탱크의 저장용량의 합계가 100톤 이상인 것	–

51 상⑧하

소방시설 설치 및 관리에 관한 법령상 지하상가는 연면적이 최소 몇 [m²] 이상이어야 스프링클러설비를 설치하여야 하는 특정소방대상물에 해당하는가? (단, 터널은 제외한다)

① 100
② 200
③ 1000
④ 2000

해설 **스프링클러설비 설치대상**

설치대상	기준
• 문화 및 집회시설(동·식물원 제외) • 종교시설 • 운동시설(물놀이형 시설 및 바닥이 불연재료이고 관람석이 없는 운동시설은 제외)	• 수용인원 100 명 이상 • 영화상영관 바닥면적 : 지하층·무창층 500 [m²](그 외 1000 [m²]) 이상 • 무대부 : 지하층·무창층, 4층 이상 300 [m²](그 외 500 [m²]) 이상
• 판매시설, 운수시설 • 창고시설(물류터미널)	• 수용인원 500명 이상 • 바닥면적 합계 5000 [m²] 이상
6층 이상인 특정소방대상물	전 층
• 의료시설(정신의료기관, 종합병원, 병원, 치과병원, 한방병원, 요양병원) • 노유자시설 • 숙박 가능한 수련시설 • 숙박시설 • 산후조리원, 조산원	바닥면적 합계 600 [m²] 이상인 것은 모든 층
지하상가	연면적 1000 [m²] 이상
기숙사(교육연구시설·수련시설 내에 있는 학생 수용을 위한 것), 복합건축물	연면적 5000 [m²] 이상인 모든 층
특수가연물 저장·취급시설	지정수량 1000배 이상
랙식 창고의 높이가 10 [m]를 초과	바닥면적 또는 랙이 설치된 부분의 합계 1500 [m²] 이상인 경우 모든 층
전기저장시설, 교정 및 군사시설 중 보호감호소, 교도소, 구치소 및 그 지소, 보호관찰소, 갱생보호시설, 치료감호시설, 소년원 및 소년분류심사원의 수용거실, 보호시설(외국인보호소의 경우에는 보호대상자의 생활공간으로 한정), 유치장	–

52 상⑧하

화재의 예방 및 안전관리에 관한 법령상 소방안전관리대상물의 소방계획서에 포함되어야 하는 사항이 아닌 것은?

① 소방시설·피난시설 및 방화시설의 점검·정비계획
② 위험물안전관리법에 따라 예방규정을 정하는 제조소 등의 위험물 저장·취급에 관한사항
③ 특정소방대상물의 근무자 및 거주자의 자위소방대 조직과 대원의 임무에 관한 사항
④ 방화구획, 제연구획, 건축물의 내부마감재료(불연재료·준불연재료 또는 난연재료로 사용된 것) 및 방염물품의 사용현황과 그 밖의 방화구조 및 설비의 유지·관리계획

해설 **소방계획서 포함사항**

1) 소방안전관리대상물 위치·구조·연면적·용도·수용인원 등 일반 현황
2) 소방안전관리대상물에 설치한 소방·방화·전기·가스·위험물 시설 현황
3) 화재 예방을 위한 자체점검계획 및 대응대책
4) 소방시설·피난시설·방화시설 점검·정비계획
5) 피난층·피난시설 위치, 피난경로 설정, 화재안전취약자의 피난계획 등을 포함한 피난계획
6) 방화구획, 제연구획, 건축물 내부 마감재료·방염물품 사용현황, 방화구조 및 설비유지·관리계획
7) 관리의 권원이 분리된 특정소방대상물의 소방안전관리에 관한 사항
8) 소방훈련·교육에 관한 계획
9) 소방안전관리대상물의 근무자 및 거주자의 자위소방대 조직과 대원의 임무(화재안전취약자의 피난 보조 임무를 포함)에 관한 사항
10) 화기 취급 작업에 대한 사전 안전조치 및 감독 등 공사 중 소방안전관리에 관한 사항
11) 소화에 관한 사항과 연소방지에 관한 사항
12) 위험물의 저장·취급에 관한 사항(예방규정을 정하는 제조소등은 제외)
13) 소방안전관리에 대한 업무수행에 관한 기록 및 유지에 관한 사항(월 1회 이상 작성. 2년간 보관)

정답 51 ③ 52 ②

14) 화재발생 시 화재경보, 초기소화 및 피난유도 등 초기대응에 관한 사항
15) 그 밖에 소방본부장 또는 소방서장이 소방안전관리대상물의 위치·구조·설비 또는 관리 상황 등을 고려하여 소방안전관리에 필요하여 요청하는 사항

53 상중하

위험물안전관리법상 업무상 과실로 제조소등에서 위험물을 유출·방출 또는 확산시켜 사람의 생명·신체 또는 재산에 대하여 위험을 발생시킨 자에 대한 벌칙기준은?

① 5년 이하의 금고 또는 2000만 원 이하의 벌금
② 5년 이하의 금고 또는 7000만 원 이하의 벌금
③ 7년 이하의 금고 또는 2000만 원 이하의 벌금
④ 7년 이하의 금고 또는 7000만 원 이하의 벌금

해설 위험물법 벌칙 ─────────────

• 5년 이하 징역 또는 1억 원 이하 벌금
  제조소등의 설치허가를 받지 아니하고 제조소등을 설치한 자
• 7년 이하 금고 또는 7천만 원 이하 벌금
  업무상 과실로 위험물 유출·방출시켜 생명·신체·재산에 위험을 발생시킨 자
• 10년 이하 금고 또는 1억 원 이하 벌금
  업무상 과실로 위험물 유출·방출시켜 사람을 사상에 이르게 한 자

54 상중하

소방기본법령상 소방용수시설의 설치기준 중 급수탑의 급수배관의 구경은 최소 몇 [mm] 이상이어야 하는가?

① 100
② 150
③ 200
④ 250

해설 소방용수시설 설치기준 ─────────────

1) 소화전
   • 상수도와 연결, 지하식·지상식 구조
   • 연결금속구 구경 : 65 [mm]
2) 급수탑
   • 급수배관 구경 : 100 [mm] 이상
   • 개폐밸브 : 지상 1.5 [m] 이상 1.7 [m] 이하
3) 저수조
   • 지면으로부터의 낙차 : 4.5 [m] 이하
   • 흡수부분 수심 : 0.5 [m] 이상일 것
   • 흡수관 투입구 : 사각형 한 변 60 [cm]
                  원형 지름 60 [cm] 이상

55 상중하

소방시설공사업법령상 공사감리자 지정대상 특정소방대상물의 범위가 아닌 것은?

① 물분무등소화설비(호스릴방식의 소화설비는 제외)를 신설·개설하거나 방호·방수구역을 증설할 때
② 제연설비를 신설·개설하거나 제연구역을 증설할 때
③ 연소방지설비를 신설·개설하거나 살수구역을 증설할 때
④ 캐비닛형 간이스프링클러설비를 신설·개설하거나 방호·방수구역을 증설할 때

해설 공사감리자 지정대상 특정소방대상물 범위

1) 옥내소화전설비 신설·개설·증설
2) 스프링클러설비등(캐비닛형 간이SP 제외) 신설·개설하거나 방호·방수구역을 증설
3) 물분무등소화설비(호스릴 제외) 신설·개설하거나 방호·방수구역을 증설
4) 옥외소화전설비 신설·개설·증설
5) 자동화재탐지설비 신설·개설
6) 화재알림설비 신설·개설
7) 비상방송설비 신설·개설
8) 통합감시시설 신설·개설
9) 소화용수설비 신설·개설
10) 다음 각 목에 따른 소화활동설비에 대하여 각 목에 따른 시공을 할 때
　① 제연설비 신설·개설하거나 제연구역 증설
　② 연결송수관설비 신설·개설
　③ 연결살수설비 신설·개설하거나 송수구역 증설
　④ 비상콘센트설비 신설·개설하거나 전용회로 증설
　⑤ 무선통신보조설비 신설·개설
　⑥ 연소방지설비를 신설·개설하거나 살수구역 증설

56 상 중 ⓗ

소방시설 설치 및 관리에 관한 법령상 자동화재탐지설비를 설치하여야 하는 특정소방대상물에 대한 기준 중 (　)에 알맞은 것은?

근린생활시설(목욕탕 제외), 의료시설(정신의료기관 또는 요양병원 제외), 위락시설, 장례시설 및 복합건축물로서 연면적 (　) [m²] 이상인 것

① 400
② 600
③ 1000
④ 3500

해설 자동화재탐지설비 설치대상

설치대상	기준
• 교육연구시설, 수련시설(기숙사·합숙소 포함, 숙박시설 제외) • 동·식물 관련 시설, 교정 및 군사시설 • 자원순환 관련 시설 • 교정 및 군사시설 • 묘지 관련 시설	연면적 2000 [m²] 이상인 경우에는 모든 층
목욕장, 문화 및 집회시설, 종교시설, 판매시설, 운수시설, 운동시설, 업무시설, 창고시설, 공장, 지하상가, 위험물 저장 및 처리시설, 항공기 및 자동차 관련 시설, 교정 및 군사시설 중 국방·군사시설, 방송통신시설, 발전시설, 관광 휴게시설	연면적 1000 [m²] 이상인 경우에는 모든 층
• 근린생활시설(목욕장 제외) • 의료시설(정신의료기관, 요양병원 제외) • 위락시설, 장례시설 및 복합건축물	연면적 600 [m²] 이상인 경우에는 모든 층
정신의료기관, 의료재활시설	• 바닥면적합계 300 [m²] 이상 • 바닥면적 합계 300 [m²] 미만, 창살 설치
터널	길이 1000 [m] 이상
공장 및 창고시설	500배 이상 특수가연물
요양병원, 지하구, 전통시장, 조산원, 산후조리원	–
전기저장시설, 노유자생활시설	–
공동주택 중 아파트등·기숙사, 숙박시설, 6층 이상인 건축물	–
노유자시설	연면적 400 [m²] 이상인 경우에는 모든 층
숙박시설이 있는 수련시설	수용인원 100명 이상인 경우에는 모든 층

암기 근육(근린생활시설 6)

정답 56 ②

57 상⑨하

소방시설 설치 및 관리에 관한 법령상 형식승인을 받지 아니한 소방용품을 판매하거나 판매목적으로 진열하거나 소방시설공사에 사용한 자에 대한 벌칙기준은?

① 3년 이하의 징역 또는 3000만 원 이하의 벌금
② 2년 이하의 징역 또는 1500만 원 이하의 벌금
③ 1년 이하의 징역 또는 1000만 원 이하의 벌금
④ 1년 이하의 징역 또는 500만 원 이하의 벌금

해설 3년 이하 징역 또는 3000만 원 이하 벌금

1) 조치명령 위반사항에 대한 명령을 정당한 사유 없이 위반
2) 관리업 등록을 하지 않고 영업을 한 자
3) 소방용품 형식승인 받지 아니하고 제조·수입 또는 거짓이나 그 밖의 부정한 방법으로 형식승인을 받은 자
4) 제품검사를 받지 아니한 자 또는 거짓이나 그 밖의 부정한 방법으로 제품검사를 받은 자
5) 소방용품을 판매·진열하거나 소방시설공사에 사용한 자
6) 거짓이나 그 밖의 부정한 방법으로 성능인증 또는 제품검사를 받은 자
7) 제품검사를 받지 아니하거나 합격표시를 하지 아니한 소방용품을 판매·진열하거나 소방시설공사에 사용한 자
8) 구매자에게 명령을 받은 사실을 알리지 아니하거나 필요한 조치를 하지 아니한 자
9) 거짓이나 그 밖의 부정한 방법으로 전문기관으로 지정을 받은 자

58 상 중⑨

소방기본법에서 정의하는 소방대상물에 해당하지 않는 것은?

① 산림
② 차량
③ 건축물
④ 항해 중인 선박

해설 소방대상물

• 건축물
• 차량
• 선박(항구에 매어 둔 것)
• 산림, 그 밖의 인공구조물 또는 물건

59 상⑨하

소방시설 설치 및 관리에 관한 법령상 특정소방대상물의 소방시설 설치의 면제기준 중 다음 ( ) 안에 알맞은 것은?

> 물분무등소화설비를 설치하여야 하는 차고·주차장에 ( )를 설치한 경우에는 그 설비의 유효범위에서 설치가 면제된다.

① 옥내소화전설비
② 스프링클러설비
③ 간이스프링클러설비
④ 청정소화약제소화설비

해설 소방시설 설치 면제기준

설치 면제	설치 면제기준
스프링클러설비	• 적응성 있는 자동소화장치 및 물분무등소화설비 설치한 경우(발전시설 중 전기저장시설은 제외) • 전기저장시설에 소화설비를 소방청장이 정하여 고시하는 방법에 따라 설치한 경우
물분무등소화설비	차고·주차장 : 스프링클러설비 설치
비상경보설비, 단독경보형 감지기	자동화재탐지설비 또는 화재알림설비 설치
연소방지설비	스프링클러설비, 물분무, 미분무소화설비 설치한 경우
자동화재탐지설비	자동화재탐지설비의 기능·성능 가진 화재알림설비, 스프링클러설비, 물분무등소화설비 설치

60 (상)중 하

위험물안전관리법령상 위험물의 유별 저장/취급의 공통기준 중 다음 (   ) 안에 알맞은 것은?

(   ) 위험물은 산화제와의 접촉·혼합이나 불티·불꽃· 고온체와의 접근 또는 과열을 피하는 한편, 철분·금속분·마그네슘 및 이를 함유한 것에 있어서는 물이나 산과의 접촉을 피하고 인화성 고체에 있어서는 함부로 증기를 발생시키지 아니하여야 한다.

① 제1류
② 제2류
③ 제3류
④ 제4류

해설 제2류 위험물 저장·취급 공통기준 ─────────

• 산화제와의 접촉·혼합, 불티·불꽃·고온체와의 접근 및 과열을 피해야 함
• 철분·금속분·마그네슘은 물 접촉 금지
• 인화성 고체 증기 발생 금지

목표시간 : 30분 | 시작 : _시 _분 | 종료 : _시 _분 | 맞은 개수 : _/20

61 (상중**하**)

비상콘센트설비의 화재안전기술기준(NFTC 504)에 따라 하나의 전용회로에 단상교류 비상콘센트 6개를 연결하는 경우 전선의 용량은 몇 [kVA] 이상이어야 하는가?

① 1.5
② 3
③ 4.5
④ 9

해설 비상콘센트설비

1) 전원회로 : 단상교류는 220 [V], 공급용량은 1.5 [kVA] 이상
2) 전원회로는 각 층에 2 이상이 되도록 설치(다만 설치하여야 할 층의 비상콘센트가 1개인 때에는 하나의 회로로 할 수 있다)
3) 전원회로는 주배전반에서 전용회로로 할 것
4) 전원으로부터 각 층의 비상콘센트에 분기되는 경우에는 분기배선용 차단기를 보호함 안에 설치할 것
5) 콘센트마다 배선용 차단기를 설치하여야 하며 충전부가 노출되지 아니하도록 할 것
6) 개폐기에는 "비상콘센트"라고 표시한 표지를 할 것
7) 비상콘센트용의 풀박스 등은 방청도장을 한 것으로서 두께 1.6 [mm] 이상의 철판으로 할 것
8) 하나의 전용회로에 설치하는 비상콘센트는 10개 이하로 할 것. 이 경우 전선 용량은 각 비상콘센트(비상콘센트가 3개 이상인 경우에는 3개)의 공급용량을 합한 용량 이상의 것으로 하여야 한다.
∴ 8)에 의해 전선의 용량은 최대 3개
   $1.5 \times 3 = 4.5$ [kVA]

62 (상**중**하)

무선통신보조설비의 화재안전기술기준(NFTC 505)에 따라 지표면으로부터의 깊이가 몇 [m] 이하인 경우에는 해당 층에 한하여 무선통신보조설비를 설치하지 아니할 수 있는가?

① 0.5
② 1
③ 1.5
④ 2

해설 무선통신보조설비 설치 제외 장소

1) 지하층으로서 특정소방대상물의 바닥부분 2면 이상이 지표면과 동일한 층
2) 지하층으로서 지표면으로부터의 깊이가 1 [m] 이하인 층

63 (상**중**하)

자동화재속보설비의 속보기의 성능인증 및 제품검사의 기술기준에 따른 속보기의 구조에 대한 설명으로 틀린 것은?

① 수동통화용 송수화장치를 설치하여야 한다.
② 접지전극에 직류전류를 통하는 회로방식을 사용하여야 한다.
③ 작동 시 그 작동시간과 작동회수를 표시할 수 있는 장치를 하여야 한다.
④ 예비전원회로에는 단락사고 등을 방지하기 위한 퓨즈, 차단기 등과 같은 보호장치를 하여야 한다.

해설 자동화재속보설비 ──────────

1) 부식에 의하여 기계적 기능에 영향을 초래할 우려가 있는 부분은 칠, 도금 등으로 기계적 내식가공을 하거나 방청가공을 하여야 하며, 전기적 기능에 영향이 있는 단자 등은 동합금이나 이와 동등 이상의 내식성능이 있는 재질을 사용하여야 한다.

2) 외부에서 쉽게 사람이 접촉할 우려가 있는 충전부는 충분히 보호되어야 하며 정격전압이 60 [V]를 넘고 금속제 외함을 사용하는 경우에는 외함에 접지단자를 설치하여야 한다.

3) 극성이 있는 배선을 접속하는 경우에는 오접속방지를 위한 필요한 조치를 하여야 하며, 커넥터로 접속하는 방식은 구조적으로 오접속이 되지 않는 형태이어야 한다.

4) 내부에는 예비전원(알칼리계 또는 리튬계 2차축전지, 무보수밀폐형 축전지)을 설치하여야 하며 예비전원의 인출선 또는 접속단자는 오접속을 방지하기 위하여 적당한 색상에 의하여 극성을 구분할 수 있도록 하여야 한다.

5) 예비전원회로에는 단락사고 등을 방지하기 위한 퓨즈, 차단기등과 같은 보호장치를 하여야 한다.

6) 전면에는 주전원 및 예비전원의 상태를 표시할 수 있는 장치와 작동 시 작동 여부를 표시하는 장치를 하여야 한다.

7) 화재표시 복구스위치 및 음향장치의 울림을 정지시킬 수 있는 스위치를 설치하여야 한다.

8) 작동 시 그 작동시간과 작동회수를 표시할 수 있는 장치를 하여야 한다.

9) 수동통화용 송수화장치를 설치하여야 한다.

10) 표시등에 전구를 사용하는 경우에는 2개를 병렬로 설치하여야 한다. 다만 발광다이오드의 경우에는 그러하지 아니하다.

11) 속보기는 다음 각 호의 회로방식을 사용하지 아니하여야 한다.
   가. 접지전극에 직류전류를 통하는 회로방식
   나. 수신기에 접속되는 외부배선과 다른 설비(화재신호의 전달에 영향을 미치지 아니하는 것은 제외한다)의 외부배선을 공용으로 하는 회로방식

12) 속보기의 기능에 유해한 영향을 미치는 부속장치는 설치하지 아니하여야 한다.

64 상 중 하

공기관식 차동식 분포형 감지기의 기능시험을 하였더니 검출기의 접점수고치가 규정 이상으로 되어 있었다. 이때 발생되는 장애로 볼 수 있는 것은?

① 작동이 늦어진다.
② 장애는 발생되지 않는다.
③ 동작이 전혀 되지 않는다.
④ 화재도 아닌데 작동하는 일이 있다.

해설 공기관식 차동식 분포형 감지기 접점수고시험 ──────────

- 접점수고치가 낮은 경우 : 감도가 예민해져 비화재보 가능성 큼
- 접점수고치가 높은 경우 : 감도가 둔해져 실보 가능성 큼
- 비정상인 경우 : 감지기 오동작

[공기관식 감지기 기능시험]
1) 화재작동시험, 화재작동계속시험 → 정상이면 3정수시험을 실시하지 않음
2) 3정수시험 : 유통시험, 접점수고시험, 리크저항시험 → 원인 규명 목적
3) 화재작동시험 : 감지기의 작동 및 작동시간의 정상 여부 확인
4) 화재작동계속시험 : 작동시간 정상 여부를 확인함으로써 비화재보 및 실보발생 여부 확인
5) 유통시험 : 공기관의 누설 여부 확인
6) 접점수고시험 : 다이어프램의 접점 간격 확인
7) 리크저항시험 : 리크 구멍의 적합성 확인

65 상 중 하

경종의 형식승인 및 제품검사의 기술기준에 따라 경종은 전원전압이 정격전압의 ± 몇 [%] 범위에서 변동하는 경우 기능에 이상이 생기지 아니하여야 하는가?

① 5   ② 10
③ 20   ④ 30

해설 경종 ───────────

1) 지구음향장치는 층마다 설치
   수평거리 25 [m] 이하
2) 음향전압 : 정격전압 80 [%](∴ ±20 [%] 범위에서 기능에 이상이 없을 것)
   경종의 중심으로부터 1 [m] 떨어진 위치에서 90 [dB] 이상이어야 하며, 최소청취거리에서 110 [dB]을 초과하지 아니할 것
3) 음향장치용 배선
   전원까지 전용
4) 경종의 소비전류는 50 [mA] 이하일 것

66 ㉕㉗㉔

누전경보기의 화재안전기술기준에 따라 누전경보기의 수신부를 설치할 수 있는 장소는? (단, 해당 누전경보기에 대하여 방폭·방식·방습·방온·방진 및 정전기 차폐등의 방호조치를 하지 않은 경우이다)

① 습도가 낮은 장소
② 온도의 변화가 급격한 장소
③ 화약류를 제조하거나 저장 또는 취급하는 장소
④ 부식성의 증기·가스 등이 다량으로 체류하는 장소

해설 누전경보기 수신부 설치 제외 장소 ───────

1) 가연성 증기·먼지·가스, 부식성 증기·가스 등 다량 체류 장소
2) 화약류 제조·저장·취급하는 장소
3) 습도 높은 장소
4) 온도 변화 급격한 장소
5) 대전류회로·고주파 발생회로 등에 따른 영향을 받을 우려가 있는 장소

TIP ▶ 부식성 : 물질구성이 분해되는 성질
가연성 : 물질이 불에 타기 쉬운 성질
암기 ▶ 가화습온대

67 ㉕㉗㉔

자동화재탐지설비 및 시각경보장치의 화재안전기술기준 (NFTC 203)에 따라 특정소방대상물 중 화재신호를 발신하고 그 신호를 수신 및 유효하게 제어할 수 있는 구역을 무엇이라 하는가?

① 방호구역
② 방수구역
③ 경계구역
④ 화재구역

해설 경계구역 ───────

대상물의 화재신호를 발신하고 그 신호를 수신 및 유효하게 제어할 수 있는 구역
1) 수평적 경계구역
   (1) 하나의 경계구역이 2개 건축물 및 2 이상의 층에 미치지 않을 것(다만 2개의 층을 하나의 경계구역으로 산정하는 경우 : 바닥 합 500 [m²] 이하)
   (2) 하나의 경계구역 면적 : 600 [m²] 이하
      ① 한 변 길이 : 50 [m] 이하
      ② 주출입구에서 내부 전체 보이는 것 : 한 변의 길이가 50 [m]의 범위 내 1000 [m²] 이하
      ③ 터널 : 하나의 경계구역의 길이는 100 [m] 이하
2) 수직적 경계구역
   (1) 계단·경사로(에스컬레이터 포함)는 별도의 경계구역 산정 → 45 [m] 이하
   (2) 엘리베이터 승강로(권상기실 포함)·린넨슈트·파이프피트 및 덕트 기타 이와 유사한 부분은 별도의 경계구역 산정 → 높이기준 없음
   (3) 지하층의 계단 및 경사로(지하층 층수 1일 경우 제외)는 별도로 경계구역 산정
3) 상시 개방된 부분 있는 차고·주차장·창고 : 외기에 면하는 각 부분부터 5 [m] 미만은 면적 산입 제외

2021

68 상중하

소방시설용 비상전원수전설비의 화재안전기술기준(NFTC 602) 용어의 정의에 따라 수용장소의 조영물(토지에 정착한 시설물 중 지붕 및 기둥 또는 벽이 있는 시설물을 말한다)의 옆면 등에 시설하는 전선으로서 그 수용장소의 인입구에 이르는 부분의 전선은 무엇인가?

① 인입선
② 내화배선
③ 열화배선
④ 인입구배선

해설 인입선 —————————————

가공인입선 및 수용장소의 조영물의 옆면등에 시설하는 전선으로서 그 수용장소의 인입구에 이르는 부분의 전선

[비상전원수전설비 용어]

1) "과전류차단기"란 「전기설비기술기준의 판단기준」 제38조와 제39조에 따른 것을 말한다.

2) "방화구획형"이란 수전설비를 다른 부분과 건축법상 방화구획을 하여 화재 시 이를 보호하도록 조치하는 방식을 말한다.

3) "변전설비"란 전력용변압기 및 그 부속장치를 말한다.

4) "배전반"이란 전력생산시설 등으로부터 직접 전력을 공급받아 분전반에 전력을 공급해주는 것으로서 다음의 배전반을 말한다.

4-1) "공용배전반"이란 소방회로 및 일반회로 겸용의 것으로서 개폐기, 과전류차단기, 계기와 그 밖의 배선용 기기 및 배선을 금속제 외함에 수납한 것을 말한다.

4-2) "전용배전반"이란 소방회로 전용의 것으로서 개폐기, 과전류차단기, 계기와 그 밖의 배선용 기기 및 배선을 금속제 외함에 수납한 것을 말한다.

5) "분전반"이란 배전반으로부터 전력을 공급받아 부하에 전력을 공급해주는 것으로서 다음의 배전반을 말한다.

5-1) "공용분전반"이란 소방회로 및 일반회로 겸용의 것으로서 분기개폐기, 분기과전류차단기와 그 밖의 배선용 기기 및 배선을 금속제 외함에 수납한 것을 말한다.

5-2) "전용분전반"이란 소방회로 전용의 것으로서 분기 개폐기, 분기과전류차단기와 그 밖의 배선용 기기 및 배선을 금속제 외함에 수납한 것을 말한다.

6) "비상전원수전설비"란 화재 시 상용전원이 공급되는 시점까지만 비상전원으로 적용이 가능한 설비로서 상용전원의 안전성과 내화성능을 향상시킨 설비를 말한다.

7) "소방회로"란 소방부하에 전원을 공급하는 전기회로를 말한다.

8) "수전설비"란 전력수급용 계기용변성기·주차단장치 및 그 부속기기를 말한다.

9) "옥외개방형"이란 건물의 옥외 또는 건물의 옥상에 울타리를 설치하고 그 내부에 수전설비를 설치하는 방식을 말한다.

10) "인입개폐기"란 「전기설비기술기준의 판단기준」 제169조에 따른 것을 말한다.

11) "인입구배선"이란 인입선의 연결점으로부터 특정소방대상물 내에 시설하는 인입개폐기에 이르는 배선을 말한다.

12) "인입선"이란 수용장소의 조영물(토지에 정착한 시설물 중 지붕 및 기둥 또는 벽이 있는 시설물을 말한다)의 옆면 등에 시설하는 전선으로서 그 수용장소의 인입구에 이르는 부분의 전선을 말한다.

13) "일반회로"란 소방회로 이외의 전기회로를 말한다.

14) "전기사업자"란 「전기사업법」 제2조 제2호에 따른 자를 말한다.

15) "큐비클형"이란 수전설비를 큐비클 내에 수납하여 설치하는 방식으로서 다음의 형식을 말한다.

15-1) "공용큐비클식"이란 소방회로 및 일반회로 겸용의 것으로서 수전설비, 변전설비와 그 밖의 기기 및 배선을 금속제 외함에 수납한 것을 말한다.

15-2) "전용큐비클식"이란 소방회로용의 것으로 수전설비, 변전설비와 그 밖의 기기 및 배선을 금속제 외함에 수납한 것을 말한다.

정답 68 ①

69 (상)(중)하

비상콘센트설비의 성능인증 및 제품검사의 기술기준에 따른 표시등의 구조 및 기능에 대한 내용이다. 다음 (   )에 들어갈 내용으로 옳은 것은?

> 적색으로 표시되어야 하며 주위의 밝기가 (㉠) [lx] 이상인 장소에서 측정하여 앞면으로부터 (㉡) [m] 떨어진 곳에서 켜진 등이 확실히 식별되어야 한다.

① ㉠ 100, ㉡ 1
② ㉠ 300, ㉡ 3
③ ㉠ 500, ㉡ 5
④ ㉠ 1000, ㉡ 10

해설 비상콘센트설비 ————————

1) 배선용 차단기는 KSC 8321(배선용 차단기)에 적합하여야 한다.
2) 접속기는 KSC 8305(배선용 꽂음 접속기)에 적합하여여야 한다.
3) 표시등의 구조 및 기능은 다음과 같아야 한다.
   (1) 전구는 사용전압의 130 [%]인 교류전압을 20시간 연속하여 가하는 경우 단선, 현저한 광속변화, 흑화, 전류의 저하 등이 발생하지 아니하여야 한다.
   (2) 소켓은 접속이 확실하여야 하며 쉽게 전구를 교체할 수 있도록 부착하여야 한 다.
   (3) 전구에는 적당한 보호카바를 설치하여야 한다. 다만 발광다이오드의 경우에는 그러하지 아니하다.
   (4) 적색으로 표시되어야 하며 주위의 밝기가 300 [lx] 이상인 장소에서 측정하여 앞면으로부터 3 [m] 떨어진 곳에서 켜진 등이 확실히 식별되어야 한다.
4) 단자는 충분한 전류용량을 갖는 것으로 하여야 하며 단자의 접속이 정확하고 확실하여야 한다.

70 (상)(중)하

감지기의 형식승인 및 제품검사의 기술기준에 따라 단독경보형 감지기의 일반기능에 대한 내용이다. 다음 (   )에 들어갈 내용으로 옳은 것은?

> 주기적으로 섬광하는 전원표시등에 의하여 전원의 정상 여부를 감시할 수 있는 기능이 있어야 하며, 전원의 정상 상태를 표시하는 전원표시등의 섬광주기는 (㉠) 초 이내의 점등과 (㉡)초에서 (㉢)초 이내의 소등으로 이루어져야 한다.

① ㉠ 1, ㉡ 15, ㉢ 60
② ㉠ 1, ㉡ 30, ㉢ 60
③ ㉠ 2, ㉡ 15, ㉢ 60
④ ㉠ 2, ㉡ 30, ㉢ 60

해설 단독경보형 감지기의 일반기능 ————————

1) 자동복귀형 스위치(자동적으로 정위치에 복귀될 수 있는 스위치를 말한다)에 의하여 수동으로 작동시험을 할 수 있는 기능이 있어야 한다.
2) 작동되는 경우 작동표시등에 의하여 화재의 발생을 표시하고, 내장된 음향장치의 명동에 의하여 화재경보음을 발할 수 있는 기능이 있어야 한다.
3) 주기적으로 섬광하는 전원표시등에 의하여 전원의 정상 여부를 감시할 수 있는 기능이 있어야 하며, 전원의 정상 상태를 표시하는 전원표시등의 섬광주기는 1초 이내의 점등과 30초에서 60초 이내의 소등으로 이루어져야 한다.
4) 제2호의 규정에 의한 화재경보음은 감지기로부터 1 [m] 떨어진 위치에서 85 [dB] 이상으로 10분 이상 계속하여 경보할 수 있어야 하며 화재 경보음이 단속음인 경우 단속주기가 적합하여야한다. 이 경우 화재경보음에 음성안내를 포함할 수 있다.
5) 건전지를 주전원으로 하는 감지기는 건전지의 성능이 저하되어 건전지의 교체가 필요한 경우에는 음성안내를 포함한 음향 및 표시등에 의하여 72시간 이상 경보할 수 있어야 한다. 이 경우 음향경보는 1 [m] 떨어진 거리에서 70 [dB](음성안내는 60 [dB]) 이상이어야 한다.

〈이하 생략〉

2021

71 상 ⑱ 하

일반적인 비상방송설비의 계통도이다. 다음의 ( )에 들어갈 내용으로 옳은 것은?

① 변류기
② 발신기
③ 수신기
④ 음향장치

해설 비상방송설비 계통도 ──────

1) "확성기"란 소리를 크게 하여 멀리까지 전달될 수 있도록 하는 장치로써 일명 스피커를 말한다.
2) "음량조절기"란 가변저항을 이용하여 전류를 변화시켜 음량을 크게 하거나 작게 조절할 수 있는 장치를 말한다.
3) "증폭기"란 전압전류의 진폭을 늘려 감도를 좋게 하고 미약한 음성전류를 커다란 음성전류로 변화시켜 소리를 크게 하는 장치를 말한다.
4) "기동장치"란 화재감지기, 발신기 등의 상태변화를 전송하는 장치를 말한다.
5) "몰드"란 전선을 물리적으로 보호하기 위해 사용되는 통형 구조물을 말한다.
6) "약전류회로"란 전신선, 전화선 등에 사용하는 전선이나 케이블, 인터폰, 확성기의 음성회로, 라디오·텔레비전의 시청회로 등을 포함하는 약전류가 통전되는 회로를 말한다.
7) "전원회로"란 전기·통신, 기타 전기를 이용하는 장치 등에 전력을 공급하기 위하여 필요한 기기로 이루어지는 전기회로를 말한다.
8) "절연저항"이란 전류가 도체에서 절연물을 통하여 다른 충전부나 기기로 누설되는 경우 그 누설 경로의 저항을 말한다.
9) "절연효력"이란 전기가 불필요한 부분으로 흐르지 않도록 절연하는 성능을 나타내는 것을 말한다.

10) "정격전압"이란 전기기계기구, 선로 등의 정상적인 동작을 유지시키기 위해 공급해주어야 하는 기준 전압을 말한다.
11) "조작부"란 기기를 제어할 수 있도록 조작스위치, 지시계, 표시등 등을 집결시킨 부분을 말한다.
12) "풀박스"란 장거리 케이블 포설을 용이하게 하기 위해 전선관 중간에 설치하는 상자형 구조물 등을 말한다.
※ '증폭기'와 '조작장치'는 순서가 바뀌어도 됨

72 상 ⑱ 하

자동화재탐지설비 및 시각경보장치의 화재안전기준에 따라 자동화재탐지설비의 주음향장치의 설치장소로 옳은 것은?

① 발신기의 내부
② 수신기의 내부
③ 누전경보기의 내부
④ 자동화재속보설비의 내부

해설 자동화재탐지설비 음향장치 설치기준 ──────

1) 주음향장치
   수신기의 내부 또는 그 직근에 설치할 것
2) 지구 음향장치
   (1) 특정소방대상물 층마다 설치
   (2) 수평거리 : 25 [m] 이하 설치(각 부분부터 음향장치까지)
   (3) 해당 층 각 부분 유효하게 경보를 발할 수 있도록 설치
   (4) 기둥·벽 없는 대형공간은 가장 가까운 벽·기둥 등에 설치
   (5) 설치 제외 : 비상방송설비의 화재안전기술기준에 적합한 방송설비를 자동화재탐지설비의 감지기와 연동하여 작동하는 경우 지구음향장치 설치 면제

73 (상)중 하

비상조명등의 형식승인 및 제품검사의 기술기준에 따라 비상조명등의 일반구조로 광원과 전원부를 별도로 수납하는 구조에 대한 설명으로 틀린 것은?

① 전원함은 방폭구조로 할 것
② 배선은 충분히 견고한 것을 사용할 것
③ 광원과 전원부 사이의 배선길이는 1 [m] 이하로 할 것
④ 전원함은 불연재료 또는 난연재료의 재질을 사용할 것

해설 광원과 전원부 별도 수납하는 구조 ─────────

- **전원함 : 불연재료 또는 난연재료의 재질**
- 광원과 전원부 사이 배선길이 : 1 [m] 이하
- 배선은 충분히 견고한 것을 사용

74 (상)중 하

누전경보기의 형식승인 및 제품검사의 기술기준에 따라 누전경보기에 사용되는 표시등의 구조 및 기능에 대한 설명으로 틀린 것은?

① 누전등이 설치된 수신부의 지구등은 적색 외의 색으로도 표시할 수 있다.
② 방전등 또는 발광다이오드의 경우 전구는 2개 이상을 병렬로 접속하여야 한다.
③ 소켓은 접촉이 확실하여야 하며 쉽게 전구를 교체할 수 있도록 부착하여야 한다.
④ 누전등 및 지구등과 쉽게 구별할 수 있도록 부착된 기타의 표시등은 적색으로도 표시할 수 있다.

해설 누전경보기 표시등 설치 ─────────

1) 전구는 사용전압의 130 [%]인 교류전압을 20시간 연속하여 가하는 경우 단선, 현저한 광속변화, 흑화, 전류의 저하 등이 발생하지 아니하여야 한다.
2) 소켓은 접촉이 확실하여야 하며 쉽게 전구를 교체할 수 있도록 부착하여야 한다.

3) 전구는 2개 이상을 병렬로 접속하여야 한다. 다만 방전등 또는 발광다이오드의 경우에는 그러하지 아니한다.
4) 전구에는 적당한 보호카바를 설치하여야 한다. 다만 발광다이오드의 경우에는 그러하지 아니하다.
5) 누전화재의 발생을 표시하는 표시등(이하 "누전등"이라 한다)이 설치된 것은 등이 켜질 때 적색으로 표시되어야 하며, 누전화재가 발생한 경계전로의 위치를 표시하는 표시등(이하 "지구등"이라 한다)과 기타의 표시등은 다음과 같아야 한다.
   ⑴ 지구등은 적색으로 표시되어야 한다. 이 경우 누전등이 설치된 수신부의 지구등은 적색 외의 색으로도 표시할 수 있다.
   ⑵ 기타의 표시등은 적색 외의 색으로 표시되어야 한다. 다만 누전등 및 지구등과 쉽게 구별할 수 있도록 부착된 기타의 표시등은 적색으로도 표시할 수 있다.
6) 주위의 밝기가 300 [lx]인 장소에서 측정하여 앞면으로부터 3 [m] 떨어진 곳에서 켜진 등이 확실히 식별되어야 한다.

75 (상)중 하

유도등의 형식승인 및 제품검사의 기술기준에 따라 영상표시 소자(LED, LCD 및 PDP 등)를 이용하여 피난유도표시 형상을 영상으로 구현하는 방식은?

① 투광식   ② 패널식
③ 방폭형   ④ 방수형

해설 유도등 용어정의 ─────────

1) "유도등"이란 화재 시에 긴급대피를 안내하기 위하여 사용되는 등으로서 정상 상태에서는 상용전원에 의하여 켜지고, 상용전원이 정전되는 경우에는 비상전원으로 자동전환되어 켜지는 등을 말한다.
2) "피난구 유도등"이란 피난구 또는 피난경로로 사용되는 출입구가 있다는 것을 표시하는 녹색등화의 유도등을 말한다.
3) "통로유도등"이란 피난통로를 안내하기 위한 유도등을 말한다.

2021

4) "복도통로유도등"이란 피난통로가 되는 복도에 설치하는 통로유도등으로서 피난구의 방향을 명시하는 것을 말한다.

5) "거실통로유도등"이란 집무, 작업, 집회, 오락 그 밖에 이와 유사한 목적을 위하여 계속적으로 사용하는 거실, 주차장등 개방된 복도에 설치하는 유도등으로 피난의 방향을 명시하는 것을 말한다.

6) "계단통로유도등"이란 피난통로가 되는 계단이나 경사로에 설치하는 통로유도등으로 바닥면 및 디딤바닥면을 비추는 것을 말한다.

7) "객석유도등"이란 객석의 통로, 바닥 또는 벽에 설치하는 유도등을 말한다.

8) "광속표준전압"이란 비상전원으로 유도등을 켜는 데 필요한 예비전원의 단자전압을 말한다.

9) "표시면"이란 유도등에 있어서 피난구나 피난방향을 안내하기 위한 문자 또는 부호등이 표시된 면을 말한다.

10) "조사면"이란 유도등에 있어서 표시면 외 조명에 사용되는 면을 말한다.

11) "방폭형"이란 폭발성 가스가 용기 내부에서 폭발하였을 때 용기가 그 압력에 견디거나 또는 외부의 폭발성 가스에 인화될 우려가 없도록 만들어진 형태의 제품을 말한다.

12) "방수형"이란 그 구조가 방수구조로 되어 있는 것을 말한다.

13) "복합표시형 피난구유도등"이란 피난구유도등의 표시면과 피난목적이 아닌 안내표시면(이하 "안내표시면"이라 한다)이 구분되어 함께 설치된 유도등을 말한다.

14) "단일표시형"이란 한 가지 형상의 표시만으로 피난유도표시를 구현하는 방식을 말한다.

15) "동영상표시형"이란 동영상 형태로 피난유도표시를 구현하는 방식을 말한다.

16) "단일·동영상 연계표시형"이란 단일표시형과 동영상표시형의 두가지 방식을 연계하여 피난유도표시를 구현하는 방식을 말한다.

17) "투광식"이란 광원의 빛이 통과하는 투과면에 피난유도표시 형상을 인쇄하는 방식을 말한다.

18) "패널식"이란 영상표시 소자(LED, LCD 및 PDP 등)를 이용하여 피난유도표시 형상을 영상으로 구현하는 방식을 말한다.

76 상중하

발신기의 형식승인 및 제품검사의 기술기준에 따라 발신기의 작동기능에 대한 내용이다. 다음 (   )에 들어갈 내용으로 옳은 것은?

발신기의 조작부는 작동스위치의 동작방향으로 가하는 힘이 (㉠) [kg]을 초과하고 (㉡) [kg] 이하인 범위에서 확실하게 동작되어야 하며, (㉠) [kg]의 힘을 가하는 경우 동작되지 아니하여야 한다. 이 경우 누름판이 있는 구조로서 손끝으로 눌러 작동하는 방식의 작동스위치는 누름판을 포함한다.

① ㉠ 2, ㉡ 8
② ㉠ 3, ㉡ 7
③ ㉠ 2, ㉡ 7
④ ㉠ 3, ㉡ 8

해설 발신기의 작동기능

1) 발신기의 조작부는 작동스위치의 동작방향으로 가하는 힘이 2 [kg]을 초과하고 8 [kg] 이하인 범위에서 확실하게 동작되어야 하며, 2 [kg]의 힘을 가하는 경우 동작되지 아니하여야 한다. 이 경우 누름판이 있는 구조로서 손끝으로 눌러 작동하는 방식의 작동스위치는 누름판을 포함한다.

2) 발신기는 조작부의 작동스위치가 작동되는 경우 화재신호를 전송하여야 하며, 발신기는 발신기의 확인장치에 화재신호가 전송되었음을 표기하여야 한다.

3) 발신기는 수신기와 통화가 가능한 장치를 설치할 수 있다. 이 경우 화재신호의 전송에 지장을 주지 아니하여야 한다.

암기 ▶ 28청춘은 힘!!

77 상중하

유도등의 형식승인 및 제품검사의 기술기준에 따라 객석유도등은 바닥면 또는 디딤 바닥면에서 높이 0.5 [m]의 위치에 설치하고 그 유도등의 바로 밑에서 0.3 [m] 떨어진 위치에서의 수평조도가 몇 [lx] 이상이어야 하는가?

① 0.1
② 0.2
③ 0.5
④ 1

해설 조도시험

1) 계단통로유도등은 바닥면 또는 디딤바닥 면으로부터 높이 2.5 [m]의 위치에 그 유도등을 설치하고 그 유도등의 바로 밑으로부터 수평거리로 10 [m] 떨어진 위치에서의 법선조도가 0.5 [lx] 이상이어야 한다.

2) 복도통로유도등은 바닥면으로부터 1 [m] 높이에, 거실통로유도등은 바닥면으로부터 2 [m] 높이에 설치하고 그 유도등의 중앙으로부터 0.5 [m] 떨어진 위치(그림1 또는 그림2에서 정하는 위치)의 바닥면 조도와 유도등의 전면 중앙으로부터 0.5 [m] 떨어진 위치의 조도가 1 [lx] 이상이어야 한다. 다만 바닥면에 설치하는 통로유도등은 그 유도등의 바로 윗부분 1 [m]의 높이에서 법선조도가 1 [lx] 이상이어야 한다.

3) 객석유도등은 바닥면 또는 디딤 바닥면에서 높이 0.5 [m]의 위치에 설치하고 그 유도등의 바로 밑에서 0.3 [m] 떨어진 위치에서의 수평조도가 0.2 [lx] 이상이어야 한다.

78 상 ⑤ 하

무선통신보조설비의 화재안전기술기준(NFTC 505)에 따라 무선통신보조설비의 주요구성요소가 아닌 것은?

① 증폭기   ② 분배기
③ 음향장치   ④ 누설동축케이블

해설 무선통신보조설비

1) "누설동축케이블"이란 동축케이블의 외부도체에 가느다란 홈을 만들어서 전파가 외부로 새어나갈 수 있도록 한 케이블을 말한다.

2) "분배기"란 신호의 전송로가 분기되는 장소에 설치하는 것으로 임피던스 매칭(Matching)과 신호 균등분배를 위해 사용하는 장치를 말한다.

3) "분파기"란 서로 다른 주파수의 합성된 신호를 분리하기 위해서 사용하는 장치를 말한다.

4) "혼합기"란 2 이상의 입력신호를 원하는 비율로 조합한 출력이 발생하도록 하는 장치를 말한다.

5) "증폭기"란 전압·전류의 진폭을 늘려 감도 등을 개선하는 장치를 말한다.

6) "무선중계기"란 안테나를 통하여 수신된 무전기신호를 증폭한 후 음영지역에 재방사하여 무전기 상호 간 송수신이 가능하도록 하는 장치를 말한다.

7) "옥외안테나"란 감시제어반 등에 설치된 무선중계기의 입력과 출력포트에 연결되어 송수신신호를 원활하게 방사·수신하기 위해 옥외에 설치하는 장치를 말한다.

8) "임피던스"란 교류회로에 전압이 가해졌을 때 전류의 흐름을 방해하는 값으로서 교류회로에서의 전류에 대한 전압의 비를 말한다.

79 상 ⑤ 하

소방시설용 비상전원수전설비의 화재안전기술기준(NFTC 602)에 따라 일반전기사업자로부터 특별고압 또는 고압으로 수전하는 비상전원 수전설비로 큐비클형을 사용하는 경우의 시설기준으로 틀린 것은? (단, 옥내에 설치하는 경우이다)

① 외함은 내화성능이 있는 것으로 제작할 것
② 전용큐비클 또는 공용큐비클식으로 설치할 것
③ 개구부에는 60분+ 방화문 또는 60분 방화문을 설치할 것
④ 외함은 두께 2.3 [mm] 이상의 강판과 이와 동등 이상의 강도를 가질 것

해설 특별고압·고압으로 수전하는 큐비클형

1) 전용큐비클 또는 공용큐비클식으로 설치할 것

2) 외함은 두께 2.3 [mm] 이상의 강판과 이와 동등 이상의 강도와 내화성능이 있는 것으로 제작하여야 하며, 개구부에는 60분+ 방화문 또는 60분 방화문 또는 30분 방화문을 설치할 것

3) 옥외에 설치하는 것에 있어서는 아래의 표시등, 전선인입구·인출구, 환기장치에 해당하는 것은 외함에 노출하여 설치할 수 있다.

   ⑴ 표시등(불연성·난연성 재료로 덮개 설치한 것)
   ⑵ 전선의 인입구 및 인출구
   ⑶ 환기장치
   ⑷ 전압계(퓨즈 등으로 보호한 것)

(5) 전류계(변류기의 2차 측에 접속된 것)

(6) 계기용 전환스위치(불연성 또는 난연성 재료로 제작된 것)

4) 외함은 건축물의 바닥 등에 견고하게 고정할 것

5) 외함에 수납하는 수전설비, 변전설비 그 밖의 기기 및 배선은 다음에 적합하게 설치할 것

(1) 외함 또는 프레임 등에 견고하게 고정할 것

(2) 외함의 바닥에서 10 [cm](시험단자, 단자대 등의 충전부는 15 [cm]) 이상의 높이에 설치할 것

6) 전선 인입구 및 인출구에는 금속관 또는 금속제 가요전선관을 쉽게 접속할 수 있도록 할 것

7) 환기장치 다음 기준에 적합하게 설치할 것

(1) 내부의 온도가 상승하지 않도록 환기장치를 할 것

(2) 자연환기구의 개부구 면적의 합계는 외함의 한 면에 대하여 당해 면적의 3분의 1 이하로 할 것(이 경우 하나의 통기구의 크기는 직경 10 [mm] 이상의 둥근 막대가 들어가서는 아니 된다)

(3) 자연환기구에 따라 충분히 환기할 수 없는 경우에는 환기설비를 설치할 것

(4) 환기구에는 금속망, 방화댐퍼 등으로 방화조치를 하고, 옥외에 설치하는 것은 빗물 등이 들어가지 않도록 할 것

8) 공용큐비클식의 소방회로와 일반회로에 사용되는 배선 및 배선용 기기는 불연재료로 구획할 것

80 ⑧⑧⑧

비상방송설비의 화재안전기술기준에 따른 비상방송설비의 음향장치에 대한 내용이다. 다음 ( )에 들어갈 내용으로 옳은 것은?

> 확성기는 각 층마다 설치하되, 그 층의 각 부분으로부터 하나의 확성기까지의 수평거리가 (   ) [m] 이하가 되도록 하고, 해당 층의 각 부분에 유효하게 경보를 발할 수 있도록 설치할 것

① 10
② 15
③ 20
④ 25

해설 비상방송설비 음향장치 설치기준 ─────

1) 확성기
(1) 음성입력 : 실외 3 [W] 이상, 실내 1 [W] 이상
(2) 수평거리 : 층 각 부분으로부터 하나의 확성기까지의 25 [m] 이하
(3) 확성기는 각 층마다 설치, 당해 층의 각 부분에 유효하게 경보를 발하도록 설치

2) 음량조정기(ATT) : 음량조정기의 배선은 3선식으로 한다.

3) 조작부
(1) 조작스위치 높이 : 바닥으로부터 0.8 [m] 이상 1.5 [m] 이하
(2) 기동장치의 작동과 연동하여 당해 기동장치가 작동한 층 또는 구역을 표시
(3) 조작부 및 증폭기 설치장소 : 수위실 등 상시 사람이 근무, 점검이 편리, 방화상 유효한 곳
(4) 2 이상 조작부 설치 시 설치장소 상호 간 동시통화 가능, 어느 조작부에서도 전구역 방송 가능

4) 층수가 11층(공동주택의 경우에는 16층) 이상의 특정소방대상물은 다음과 같은 경보를 발할 수 있어야 한다.
(1) 2층 이상의 층에서 발화한 때에는 발화층 및 그 직상 4개 층에 경보
(2) 1층에서 발화한 때에는 발화층·그 직상 4개 층 및 지하층에 경보
(3) 지하층에서 발화한 때에는 발화층·그 직상층 및 기타 지하층 경보

5) 기동장치에 따른 화재신고를 수신한 후 필요한 음량으로 화재발생 상황 및 피난에 유효한 방송이 자동으로 개시될 때까지의 소요시간은 10초 이하로 할 것

6) 다른 방송설비와 공용할 경우 화재 시 비상경보 외의 방송을 차단할 수 있는 구조

7) 다른 전기회로에 따라 유도장애가 생기지 아니하도록 할 것

8) 음향장치의 구조 및 성능
(1) 정격전압의 80 [%] 전압에서 음향을 발할 수 있는 것을 할 것
(2) 자동화재탐지설비의 작동과 연동하여 작동할 수 있는 것으로 할 것

정답 80 ④

2021년 2회
소방원론

| 목표시간 : 20분 | 시작 : _시 _분 | 종료 : _시 _분 | 맞은 개수 : _/20 |

01 (상 중 하)

제3종 분말소화약제의 주성분은?

① 인산암모늄

② 탄산수소칼륨

③ 탄산수소나트륨

④ 탄산수소칼륨과 요소

해설 분말소화약제

종별	소화약제	약제색	적응화재
1종	탄산수소나트륨 (NaHCO₃)	백색	BC급
2종	탄산수소칼륨 (KHCO₃)	담자색 (담회색)	BC급
3종	제1인산암모늄 (NH₄H₂PO₄)	담홍색	ABC급
4종	탄산수소칼륨 + 요소 (KHCO₃+(NH₂)₂CO)	회(백)색	BC급

암기 ▶ 백담사 홍어회

02 (상 중 하)

화재 발생 시 피난기구로 직접 활용할 수 없는 것은?

① 완강기

② 무선통신보조설비

③ 피난사다리

④ 구조대

해설 피난기구

미끄럼대, 구조대, 다수인피난장비, 승강식피난기, 완강기, 간이완강기, 공기안전매트, 피난사다리, 피난교, 피난용 트랩

보충 ▶ 무선통신보조설비 : 소화활동설비

03 (상 중 하)

소화약제 중 HFC-125의 화학식으로 옳은 것은?

① CHF_2CF_3

② CHF_3

③ CF_3CHFCF_3

④ CF_3I

해설 할로겐화합물 및 불활성기체소화약제 계열

계열	소화약제	상품명	기타
FC	FC-3-1-10	CEA-410	C_4F_{10}
HFC	HFC-23	FE-13	CHF_3
	HFC-125	FE-25	CHF_2CF_3
	HFC-227ea	FM-200	CF_3CHFCF_3
HCFC	HCFC-124	FE-241	$CHClFCF_3$
	HCFC BLEND A	NAF-S-Ⅲ	HCFC-22 : 82 [%] HCFC-123 : 4.75 [%] HCFC-124 : 9.5 [%] $C_{10}H_{16}$: 3.75 [%]
IG	IG-541	Inergen	N_2, Ar, CO_2

04 (상)(중)하

위험물안전관리법령상 제6류 위험물을 수납하는 운반용기의 외부에 주의사항을 표시하여야 할 경우 어떤 내용을 표시하여야 하는가?

① 물기엄금
② 화기엄금
③ 화기주의·충격주의
④ 가연물접촉주의

해설 위험물 운반용기 외부 표시사항

위험물		주의사항
제1류	알칼리금속의 과산화물 함유	• 화기·충격주의 • 가연물접촉주의 • 물기엄금
	알칼리금속의 과산화물 제외	• 화기·충격주의 • 가연물접촉주의
제2류	철분·금속분·마그네슘 함유	• 화기주의 • 물기엄금
	인화성 고체	• 화기주의 • 화기엄금
제3류	자연발화성 물질	• 화기엄금 • 공기접촉엄금
	금수성 물질	• 물기엄금
제4류		• 화기엄금
제5류		• 화기엄금 • 충격주의
제6류		• 가연물접촉주의

05 (상)중(하)

분말소화약제 중 A급, B급, C급 화재에 모두 사용할 수 있는 것은?

① 제1종 분말
② 제2종 분말
③ 제3종 분말
④ 제4종 분말

해설 분말소화약제

종별	소화약제	약제색	적응화재
1종	탄산수소나트륨 ($NaHCO_3$)	백색	BC급
2종	탄산수소칼륨 ($KHCO_3$)	담자색 (담회색)	
3종	제1인산암모늄 ($NH_4H_2PO_4$)	담홍색	ABC급
4종	탄산수소칼륨 + 요소 ($KHCO_3+(NH_2)_2CO$)	회(백)색	BC급

암기 ▶ 백담사 홍어회

06 (상)(중)하

열전도도(Thermal Conductivity)를 표시하는 단위에 해당하는 것은?

① $J/m^2 \cdot h$
② $kcal/h \cdot ℃^2$
③ $W/m \cdot K$
④ $J \cdot K/m^3$

해설 열전도도 k

1) 열전도도(열전도계수) k의 단위 : $[W/m \cdot K]$
2) 물체가 열을 전달하는 능력의 척도
3) 열전도도가 높을수록 열에너지 더 잘 전달함

07 (상)(중)하

알킬알루미늄 화재에 적합한 소화약제는?

① 물
② 이산화탄소
③ 팽창질석
④ 할로겐화합물

정답 04 ④ 05 ③ 06 ③ 07 ③

해설 위험물 소화방법

종류	소화방법
제1류	물에 의한 냉각소화 (무기과산화물 : 마른모래 등에 의한 질식소화)
제2류	물에 의한 냉각소화 (황화인[황화린], 철분, 마그네슘, 금속분은 마른모래 등에 의한 질식소화)
제3류	마른모래, 팽창질석, 팽창진주암에 의한 질식소화
제4류	포, 분말, CO_2, 할론소화약제에 의한 질식소화
제5류	화재 초기 대량의 물로 냉각소화
제6류	마른모래 등에 의한 질식소화 (과산화수소 : 다량의 물로 희석소화)

보충 알킬알루미늄 : 제3류 위험물

09 상 중 하

다음 연소생성물 중 인체에 독성이 가장 높은 것은?

① 이산화탄소
② 일산화탄소
③ 수증기
④ 포스겐

해설 TLV(독성허용농도)

구분	허용농도 [ppm]
포스겐($COCl_2$), 아크롤레인(CH_2CHCHO)	0.1
시안화수소(HCN), 황화수소(H_2S)	10
일산화탄소(CO)	50
이산화탄소(CO_2)	5000

TIP 독성허용농도 낮을수록 독성이 높음

08 상 중 하

가연물질의 종류에 따라 화재를 분류하였을 때 섬유류 화재가 속하는 것은?

① A급 화재
② B급 화재
③ C급 화재
④ D급 화재

해설 화재의 분류

등급	화재	표시색	가연물
A급	일반화재	백색	나무, 섬유, 종이, 고무, 플라스틱류
B급	유류화재	황색	인화성 액체, 가연성 액체, 석유 그리스, 타르, 오일, 유성도료, 솔벤트, 래커, 알코올 및 인화성 가스 등
C급	전기화재	청색	전류가 흐르고 있는 전기기기, 배선 등
D급	금속화재	무색	마그네슘 합금 등 가연성 금속
K급	주방화재	–	주방에서 동식물유를 취급하는 조리기구

10 상 중 하

내화건축물과 비교한 목조건축물 화재의 일반적인 특징을 옳게 나타낸 것은?

① 고온, 단시간형
② 저온, 단시간형
③ 고온, 장시간형
④ 저온, 장시간형

해설 건축물 화재 특징

구분	목조건축물	내화건축물
화재성상	 고온 단기형	 저온 장기형
최성기 온도	1000 ~ 1300 [℃]	800 ~ 1000 [℃]

2021

11 (상(중)하)

정전기에 의한 발화과정으로 옳은 것은?

① 방전 → 전하의 축적 → 전하의 발생 → 발화
② 전하의 발생 → 전하의 축적 → 방전 → 발화
③ 전하의 발생 → 방전 → 전하의 축적 → 발화
④ 전하의 축적 → 방전 → 전하의 발생 → 발화

[해설] 정전기 ───────────────

1) 전하가 정지 상태에 있어 머물러 있는 전기
2) 전하의 발생 → 전하의 축적 → 방전 → 발화
3) 정전기 발생 억제 : 금속 배관 사용

12 (상 중(하))

물리적 소화방법이 아닌 것은?

① 산소공급원 차단
② 연쇄반응 차단
③ 온도 냉각
④ 가연물 제거

[해설] 소화의 형태 ───────────────

소화	내용
냉각소화	열 흡수, 발화점 이하로 낮추어 소화
질식소화	산소농도 15 [%] 이하로 낮춤
제거소화	가연물을 차단, 격리
억제소화	연쇄반응을 차단, 부촉매소화

[보충] ▶ 물리적 소화 : 냉각, 질식, 제거
화학적 소화 : 억제소화(부촉매소화)

13 (상(중)하)

이산화탄소 소화기의 일반적인 성질에서 단점이 아닌 것은?

① 밀폐된 공간에서 사용 시 질식의 위험성이 있다.
② 인체에 직접 방출 시 동상의 위험성이 있다.
③ 소화약제의 방사 시 소음이 크다.
④ 전기가 잘 통하기 때문에 전기설비에 사용할 수 없다.

[해설] 이산화탄소(CO_2) 소화기 성질 ───────────────

1) 전기실·통신실에 적응성 있음
2) 산소농도를 낮춰 질식의 위험성 있음
3) 인체에 직접 방출 시 동상의 위험성 있음
4) 소화약제 방사 시 소음이 큼
5) 공기비중의 1.5배로 연소물 덮음

14 (상(중)하)

위험물안전관리법령상 위험물에 대한 설명으로 옳은 것은?

① 과염소산은 위험물이 아니다.
② 황린은 제2류 위험물이다.
③ 황화인의 지정수량은 100 [kg]이다.
④ 산화성 고체는 제6류 위험물의 성질이다.

[해설] 위험물 지정수량 ───────────────

구분	개요	위험물	지정수량
제1류	산화성 고체	–	–
제2류	가연성 고체	황화인(황화린)	100 [kg]
제3류	자연발화성 물질	황린	20 [kg]
제6류	산화성 액체	과염소산	300 [kg]

정답 11 ② 12 ② 13 ④ 14 ③

15 (상 ⑧ 하)

탄화칼슘이 물과 반응할 때 발생되는 기체는?

① 일산화탄소　　　　② 아세틸렌

③ 황화수소　　　　　④ 수소

해설 금수성 물질 ─────

물과 접촉하여 발화, 가연성 가스 발생

구분	현상
무기과산화물	산소(O_2) 발생
금속분 마그네슘(Mg) 나트륨(Na) 칼륨(K) 리튬(Li)	수소(H_2) 발생
탄화칼슘(칼슘카바이드)	아세틸렌(C_2H_2) 발생

16 (상 ⑧ 하)

다음 중 증기 비중이 가장 큰 것은?

① 할론 1301　　　　② 할론 2402

③ 할론 1211　　　　④ 할론 104

해설 증기비중 ─────

$$증기비중 = \frac{분자량}{29(공기\ 분자량)}$$

① 할론 1301(CF_3Br) : $\dfrac{149}{29} ≒ 5.1$

② 할론 2402($C_2F_4Br_2$) : $\dfrac{260}{29} ≒ 9$

③ 할론 1211(CF_2ClBr) : $\dfrac{165.5}{29} ≒ 5.7$

④ 할론 104(CCl_4) : $\dfrac{154}{29} ≒ 5.31$

따라서

할론 2402 > 할론1211 > 할론104 > 할론1301

보충 ▶ 원자량(C : 12, F : 19, Br : 80, Cl : 35.5)

17 (상 ⑧ 하)

분자내부에 나이트로기를 갖고 있는 TNT, 나이트로셀룰로오스 등과 같은 제5류 위험물의 연소형태는?

① 분해연소　　　　　② 자기연소

③ 증발연소　　　　　④ 표면연소

해설 연소의 형태 ─────

구분	내용	종류
분해연소	열분해로 생성된 가연성 가스가 연소	목재, 석탄, 종이, 플라스틱
표면연소	불꽃이 없고 표면에서 연소	숯, 코크스, 목탄, 금속분
증발연소	열분해 없이 증발하여 연소	황(유황), 가솔린, 나프탈렌, 양초
자기연소	물질 자체에 산소를 함유하고 있어 별도 산소 없이 연소	나이트로셀룰로오스(니트로셀룰로오스), 나이트로글리세린(니트로글리세린), 유기과산화물
확산연소	확산 화염에 의한 연소	메테인(메탄), 암모니아, 수소
예혼합연소	미리 공기와 혼합된 연료가 연소	LNG, LPG, 가연성 가스

18 (상 ⑧ 하)

IG-541이 15 [℃]에서 내용적 50 [L] 압력용기에 155 [kg_f/cm^2]으로 충전되어 있다. 온도가 30 [℃]가 되었다면 IG-541 압력은 약 몇 [kg_f/cm^2]가 되겠는가? (단, 용기의 팽창은 없다고 가정한다)

① 78　　　　　　② 155

③ 163　　　　　　④ 310

2
0
2
1

해설 보일 – 샤를의 법칙 ─────────

$$보일 - 샤를의 법칙 \quad \frac{P_1 V_1}{T_1} = \frac{P_2 V_2}{T_2}$$

여기서 용기의 팽창은 없으므로 $V_1 = V_2$

따라서

$$\frac{P_1}{T_1} = \frac{P_2}{T_2}$$

$$P_2 = P_1 \times \frac{T_2}{T_1} = 155 \times \frac{(273+30)}{(273+15)}$$

$$\fallingdotseq 163.07 \ [kg_f/cm^2]$$

보충 ▶ 보일 – 샤를의 법칙에서 온도(T)는
반드시 절대온도[K]를 대입한다.

19 상**중**하

프로페인 50 [vol%], 뷰테인 40 [vol%], 프로필렌 10 [vol%]로 된 혼합가스의 폭발하한계는 약 몇 [vol%]인가? (단, 각 가스의 폭발하한계는 프로페인은 2.2 [vol%], 뷰테인은 1.9 [vol%], 프로필렌은 2.4 [vol%]이다)

① 0.83
② 2.09
③ 5.05
④ 9.44

해설 르 샤틀리에법칙 ─────────

$$르 샤틀리에법칙 \quad \frac{100}{L} = \frac{V_1}{L_1} + \frac{V_2}{L_2} + \cdots + \frac{V_n}{L_n}$$

르 샤틀리에법칙으로 혼합가스의 폭발하한계 및 상한계를 계산할 수 있다.

$$\frac{100}{L} = \frac{50}{2.2} + \frac{40}{1.9} + \frac{10}{2.4}$$

$$L = \frac{100}{\dfrac{50}{2.2} + \dfrac{40}{1.9} + \dfrac{10}{2.4}}$$

$$\therefore L \fallingdotseq 2.09 \ [\%]$$

L : 혼합가스 폭발하한계 [vol%]
$L_1 \sim L_n$: 가연성 가스 폭발하한계 [vol%]
$V_1 \sim V_n$: 가연성 가스 용량 [vol%]

20 상**중**하

조연성 가스에 해당하는 것은?

① 수소
② 일산화탄소
③ 산소
④ 에테인

해설 가연성 가스와 조연성 가스 ─────────

구분	가연성 가스	조연성 가스
정의	자기 자신이 연소하는 가스	자기 자신은 타지 않고 연소를 도와주는 가스
종류	일산화탄소(CO) 수소(H_2) 메테인(메탄, CH_4) 프로페인(프로판, C_3H_8) 암모니아(NH_3) 뷰테인(부탄, C_4H_{10})	오존(O_3) 공기 산소(O_2) 염소(Cl) 불소(F)

암기 ▶ 조 오공산 염불

정답 19 ② 20 ③

2021년 2회

소방전기일반

3회독	월 일
2회독	월 일
1회독	월 일

목표시간 : 30분 | 시작 : _ 시 _ 분 | 종료 : _ 시 _ 분 | 맞은 개수 : _ /20

21 (상)(중)하

제어요소는 동작신호를 무엇으로 변환하는 요소인가?

① 제어량
② 비교량
③ 검출량
④ 조작량

 해설 용어

용어	설명
목푯값	제어량이 어떤 값을 갖도록 목표를 설정하여 외부에서 주어지는 신호
기준입력요소 (장치)	목푯값을 제어할 수 있는 기준입력신호로 변환하는 장치
기준입력 (신호)	제어계를 동작시키는 기준(목푯값에 비례)
동작신호	기준입력신호와 주궤환신호의 편차신호(제어동작을 일으키는 신호)
제어요소	조절부와 조작부로 구성, 동작신호를 조작량으로 변환시키는 요소
조작량	제어요소가 제어대상에 주는 양
제어량	제어대상이 속하는 양
검출부	제어대상으로부터 제어량을 검출하고, 기준입력신호와 비교하는 부분

22 (상)(중)하

빛이 닿으면 전류가 흐르는 다이오드로서 들어온 빛에 대해 직선적으로 전류가 증가하는 다이오드는?

① 제너다이오드
② 터널다이오드
③ 발광다이오드
④ 포토다이오드

해설 다이오드 종류

명칭	특성
정류용 다이오드	일반적으로 다이오드라 불리는 것으로 정류작용(전류를 한쪽의 (+)나 (−)로만 흐름)
제너다이오드 (정전압다이오드)	주로 정전압 전원회로에 사용(전원·전압을 일정하게 유지, 안정화)
터널다이오드 (PN접합)	증폭작용·발진작용·개폐작용을 하며, 고속 스위칭회로·논리회로에 사용
포토다이오드	빛을 쬐면 광량에 비례하는 전류가 흐름(빛 검출용, 광센서에 사용)

2 0 2 1

23 상(중) 하

그림과 같이 접속된 회로에서 a, b 사이의 합성저항은 몇 [Ω]인가?

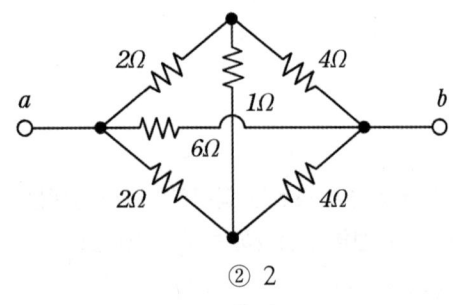

① 1
② 2
③ 3
④ 4

해설 브리지회로 합성저항

휘스톤 브리지에 의해서 1 [Ω]에는 전류가 흐르지 않으므로 없는 것과 같다.

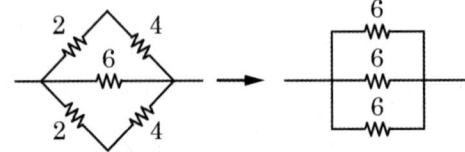

병렬에서 저항값이 같으면 개수로 나눈다.

$$R_0 = \frac{1}{m}R = \frac{1}{3} \times 6 = 2\,\Omega$$

병렬접속 $R_0 = \dfrac{R_1 R_2}{R_1 + R_2}$

직렬접속 $R_0 = R_1 + R_2$

24 상(중) 하

회로에서 저항 5 [Ω]의 양단 전압 V_R [V]은?

① -5
② -2
③ 3
④ 8

해설 중첩의 원리

- 전류원 기준(전압원 단락)
  $V = IR = 1 \times 5 = 5$ [V], 반대방향이므로 -5 [V]
- 전압원 기준(전류원 개방)
  $V = 0$ [V]
- $\therefore -5 + 0 = -5$ [V]

전압원 단락 (전압원 제거)	$I_a = \dfrac{R_1}{R_1 + R_2}I$ [A] (R_2에 흐르는 전류)
전류원 개방 (전류원 제거)	$I_b = \dfrac{V}{R_1 + R_2}$ [A] (R_1, R_2에 흐르는 전류는 같다)
R_2에 흐르는 전류(I)	$I = I_a + I_b$ [A]

25 (상중하)

그림과 같은 회로에 평형 3상 전압 200 [V]를 인가한 경우 소비된 유효전력[kW]은? (단, R = 20 [Ω], X = 10 [Ω])

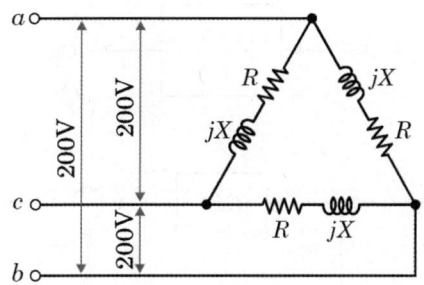

① 1.6
② 2.4
③ 2.8
④ 4.8

해설 △결선의 유효전력 ──────────

$$P_\Delta = 3I_P^2 R = \frac{3V_L^2 R}{R^2 + X_L^2} = \frac{3 \times 200^2 \times 20}{20^2 \times 10^2}$$

$$= 4800 = 4.8\,[kW]$$

$$\therefore I_P^2 = \frac{V_L^2}{R^2 + X_L^2}$$

[3상 무효전력]
$$P_r = 3V_p I_p \sin\theta = \sqrt{3}\,V_l I_l \sin\theta = 3I_p^2 X \,[\text{Var}]$$

[3상 피상전력]
$$P_a = 3V_p I_p = \sqrt{3}\,V_l I_l = \sqrt{P^2 + P_r^2} = 3I_p^2 Z\,[\text{VA}]$$

[3상 유효전력]
$$P = 3V_P I_P \cos\theta = 3\frac{V_l}{\sqrt{3}} I_l \cos\theta$$
$$= \sqrt{3}\,V_l I_l \cos\theta = 3I_p^2 R\,[\text{W}]$$

26 (상중하)

자기용량이 10 [kVA]인 단권변압기를 그림과 같이 접속하였을 때 역률 80 [%]의 부하에 몇 [kW]의 전력을 공급할 수 있는가?

① 8
② 54
③ 80
④ 88

해설 단권변압기 용량 계산 ──────────

$$부하용량 = 자기용량 \times \frac{V_h}{V_h - V_L}$$

$$= 10 \times \frac{3300}{3300 - 3000}$$

$$= 110\,[kVA]$$

$$P = 부하용량 \times \cos\theta$$
$$= 110 \times 0.8 = 88\,[kW]$$

V_h : 높은 전압 [V]
V_L : 낮은 전압 [V]

27 (상중하)

그림의 논리회로와 등가인 논리게이트는?

① NOR
② NAND
③ NOT
④ OR

해설 드모르간의 정리 ──────────

1) 논리합과 논리곱이 완전한 독립이 아니고 부정을 포함하면 상호교환이 가능하다.
2) NAND회로와 NOR회로의 응용 및 논리회로를 간소화시키는 데 이용된다.

$$\overline{A} \text{ or } \overline{B} = \overline{A} + \overline{B} = \overline{A \cdot B}$$

28 상⟨중⟩하

정현파 교류전압의 최댓값이 V_m [V]이고, 평균값이 V_{av} [V]일 때 이 전압의 실횻값 V_{rms} [V]는?

① $V_{rms} = \dfrac{\pi}{\sqrt{2}} V_m$

② $V_{rms} = \dfrac{\pi}{2\sqrt{2}} V_{av}$

③ $V_{rms} = \dfrac{\pi}{2\sqrt{2}} V_m$

④ $V_{rms} = \dfrac{1}{\pi} V_m$

해설 실횻값 계산 ──────────

$$V_{rms} = \frac{1}{\sqrt{2}} V_m$$

$$V_{av} = \frac{2}{\pi} V_m$$

$$V_m = \frac{\pi}{2} V_{av}$$

$$V_{rms} = \frac{1}{\sqrt{2}} \times \frac{\pi}{2} V_{av} = \frac{\pi}{2\sqrt{2}} V_{av}$$

V_s : 실효값 $[V]$

V_{av} : 평균값 $[V]$

V_m : 최댓값 $[V]$

29 상⟨중⟩하

그림 (a)와 그림 (b)의 각 블록선도가 등가인 경우 전달함수 G(s)는?

① $\dfrac{1}{s+4}$

② $\dfrac{2}{s+4}$

③ $\dfrac{-1}{s+4}$

④ $\dfrac{-2}{s+4}$

해설 블록선도 전달함수 ──────────

전달함수

$$G(s) = \frac{경로}{1 - 폐로} \text{ (폐로가 없으므로)}$$

$$G(s) = 경로 \ (경로 = G(s) + 1)이므로$$

$$\frac{S+3}{S+4} = G(s) + 1$$

$$\Rightarrow G(s) = \frac{S+3}{S+4} - 1 = \frac{-1}{S+4}$$

정답 28 ② 29 ③

30 (상 ⑧ 하)

회로에서 a와 b 사이에 나타나는 전압 Vab [V]는?

① 20

② 23

③ 26

④ 28

해설 **밀만의 정리**

$$V = IZ = \frac{I}{Y} = \frac{\dfrac{10}{20} + \dfrac{30}{5}}{\dfrac{1}{20} + \dfrac{1}{5}} = 26[V]$$

옴의법칙 V = IR에서, $I = \dfrac{V}{R}$

V : 전압 [V]

I : 전류 [A]

R : 저항 [Ω]

Y : 저항의 역수

31 (상 ⑧ 하)

단방향 대전류의 전력용 스위칭 소자로서 교류의 위상 제어용으로 사용되는 정류 소자는?

① 서미스터

② SCR

③ 제너다이오드

④ UJT

해설 **기타 반도체**

명칭	특성
SCR	• 사이리스터의 한 종류 • 애노드(A), 캐소드(K), 게이트(G)로 구성된다. • 단방향 3단자 • 래칭전류 : SCR이 OFF상태에서 ON 상태로의 전환이 이뤄지고, 트리거신호가 제거된 직후에 SCR을 ON 상태로 유지하는 데 필요한 최소한의 양극전류를 래칭전류라 한다.
트라이악 (TRIAC)	• npnpn의 5층구조 • 직·교류에서 모두 사용할 수 있는 3단자 스위칭 소자 • 교류전력 기기 제어용 • 쌍방향 3단자
다이악 (DIAC)	• 소용량 저항부하의 AC전력 제어용 • 쌍방향 2단자
서미스터	• 온도에 의해 저항값이 변하는 반도체 소자 • 부(−) 저항온도계수의 특성 : 온도 증가 시 저항 감소 • 열을 감지하는 감열저항체 소자 • 온도보상용, 온도계측용(온도계), 온도보정용
바리스터	• 인가되는 전압에 따라 저항값이 변하는 비선형 반도체 소자 • 전압에 따라 저항값이 변화하는 저항 소자 • 회로를 병렬로 연결하여 사용 • 서지전압으로부터 기기보호 • 계전기접점의 불꽃소거
사이리스터	• p형 반도체와 n형 반도체의 4층 이상 접합한 것 • 전극 단자 수가 2, 3, 4인 것이 있다(위상제어, 타이머회로, 트리거회로).
집적회로	• 하나의 실리콘 칩 내부에 트랜지스터, 다이오드 저항, 콘덴서 등 여러 가지 전자부품을 고밀도로 집적하여 패키지로 만든 것 • 시스템이 소형화, 가볍고 얇다. • 신뢰성이 높고 부품의 교체가 쉽다.

2021

32 (상⑤하)

입력이 r(t)이고, 출력이 c(t)인 제어시스템이 다음의 식과 같이 표현될 때 이 제어시스템의 전달함수 $G(s) = \dfrac{C(s)}{R(s)}$ 는? (단, 초깃값은 0이다)

$$2\frac{d^2c(t)}{dt^2} + 3\frac{dc(t)}{dt} + c(t) = 3\frac{dr(t)}{dt} + r(t)$$

① $\dfrac{3s+1}{2s^2+3s+1}$
② $\dfrac{2s^2+3s+1}{s+3}$

③ $\dfrac{3s+1}{s^2+3s+2}$
④ $\dfrac{s+3}{s^2+3s+2}$

해설 전달함수

$$2\frac{d^2c(t)}{dt^2} + 3\frac{dc(t)}{dt} + c(t) = 3\frac{dr(t)}{dt} + r(t)$$

• 미분방정식을 라플라스 변환

$\quad (2s^2+3s+1)C(s) = (3s+1)R(s)$

• $G(s) = \dfrac{출력}{입력}$

$\quad = \dfrac{C(s)}{R(s)} = \dfrac{3s+1}{2s^2+3s+1}$

33 (상⑤하)

직류전원이 연결된 코일에 10 [A]의 전류가 흐르고 있다. 이 코일에 연결된 전원을 제거하는 즉시 저항을 연결하여 폐회로를 구성하였을 때 저항에서 소비된 열량이 24 [cal]이었다. 이 코일의 인덕턴스는 약 몇 [H]인가?

① 0.1
② 0.5
③ 2.0
④ 24

해설 자기 인덕턴스 계산

$$W = \frac{1}{2}LI^2[J] = \frac{1}{2}LI^2 \times 0.24 = 0.12LI^2[cal]$$

$$24 = 0.12 \times L \times 10^2[cal]$$

$$\therefore L = \frac{24}{0.12 \times 10^2} = 2[H]$$

1 [J] = 0.24 [cal]
L : 인덕턴스 [H]
I : 전류 [A]

34 (상⑤하)

60 [Hz], 4극 3상 유도전동기가 정격 출력일 때 슬립이 2 [%]이다. 이 전동기의 동기속도 [rpm]는?

① 1200
② 1764
③ 1800
④ 1836

해설 동기속도 계산

$$동기속도\ N_s = \frac{120f}{P} = \frac{120 \times 60}{4} = 1800[rpm]$$

f : 주파수[Hz]
p : 극수
N_s : 동기속도 [rpm]

35 (상 ⑧ 하)

논리식 A · (A + B)를 간단히 표현하면?

① A   ② B

③ A · B   ④ A + B

해설 드모르간의 정리 ─────────────

1) 논리합과 논리곱이 완전한 독립이 아니고, 부정을 포함하면 상호교환이 가능하다.
2) NAND회로와 NOR회로의 응용 및 논리회로를 간소화시키는 데 이용된다.

$$A \cdot (A+B) = A + AB$$
$$= A(1+B) = A$$

36 (상 ⑧ 하)

0 [℃]에서 저항이 10 [Ω]이고, 저항의 온도계수가 0.0043인 전선이 있다. 30 [℃]에서 이 전선의 저항은 약 몇 [Ω]인가?

① 0.013   ② 0.68

③ 1.4   ④ 11.3

해설 저항 온도계수 ─────────────

$$R_2 = R_1 \left[1 + a_{t_1} (t_2 - t_1) \right]$$
$$= 10[1 + 0.0043(30 - 0)]$$
$$= 11.29 [\Omega]$$

R_2 : 상승 후 저항 [Ω]

R_1 : 상승 전 저항 [Ω]

t_1 : 상승 전 온도 [℃]

t_2 : 상승 후 온도 [℃]

α : t_1 [℃]에서의 온도계수

37 (상 ⑧ 하)

길이 1 [cm]마다 감은 권선수가 50회인 무한장 솔레노이드에 500 [mA]의 전류를 흘릴 때 솔레노이드 내부에서의 자계의 세기는 몇 [AT/m]인가?

① 1250   ② 2500

③ 12500   ④ 25000

해설 무한장 솔레노이드 자계 계산 ─────────

$$H = NI = 50 \times 100 \times 500 \times 10^{-3}$$
$$= 2,500 [AT/m]$$

H : 자기장의 세기 [AT/m]

N : 권선수

I : 전류 [A]

38 (상 중 ⑥)

회로의 전압과 전류를 측정하기 위한 계측기의 연결방법으로 옳은 것은?

① 전압계 : 부하와 직렬, 전류계 : 부하와 직렬

② 전압계 : 부하와 직렬, 전류계 : 부하와 병렬

③ 전압계 : 부하와 병렬, 전류계 : 부하와 직렬

④ 전압계 : 부하와 병렬, 전류계 : 부하와 병렬

해설 전압 · 전류 측정방법 ─────────────

전압계	전압 측정, 병렬연결
전류계	전류 측정, 직렬연결

TIP 분류기, 배율기와 헷갈리지 말 것

39 (상 ⓒ 하)

최대 눈금이 150 [V]이고, 내부저항이 30 [$k\Omega$]인 전압계가 있다. 이 전압계로 750 [V]까지 측정하기 위해 필요한 배율기의 저항 [$k\Omega$]은?

① 120　　　　② 150
③ 300　　　　④ 800

> **해설** 배율기 ————————————————

$$V = (1 + \frac{R_m}{R_v})\,V_0$$

$$750 = (1 + \frac{R_m}{30 \times 10^3}) \times 150$$

$$R_m = 120\,[k\Omega]$$

R_m : 배율기저항 [Ω]
R_v : 내부저항 [Ω]
V : 최대전압 [V]
V_0 : 최고 눈금 [V]

40 (상 ⓒ 하)

내압이 1.0 [kV]이고 정전용량이 각각 0.01 [μF], 0.02 [μF], 0.04 [μF]인 3개의 커패시터를 직렬로 연결했을 때 전체 내압은 몇 [V]인가?

① 1500　　　　② 1750
③ 2000　　　　④ 2200

> **해설** 콘덴서 내압 계산 ————————————————

$$Q = C_1 V = 1 \times 10^3 \times 0.01 \times 10^{-6} = 10^{-5}\,[C]$$

$$V_2 = \frac{Q}{C_2} = \frac{10^{-5}}{0.02 \times 10^{-6}} = 500\,[V]$$

$$V_3 = \frac{Q}{C_3} = \frac{10^{-5}}{0.04 \times 10^{-6}} = 250\,[V]$$

$$V_0 = 1000 + 500 + 250 = 1,750\,[V]$$

> **TIP** 커패시터를 직렬로 연결했으므로 전하량 Q는 동일하다.

Q : 전하량 [C]
C : 정전용량 [F]
V : 전압(내압) [V]

정답 39 ① 40 ②

2021년 2회

소방관계법규

| 목표시간 : 20분 | 시작 : _시 _분 | 종료 : _시 _분 | 맞은 개수 : _ /20 |

41 (상)(중)하

소방시설공사업법령에 따른 완공검사를 위한 현장확인 대상 특정소방대상물의 범위기준으로 틀린 것은?

① 연면적 1만 [m²] 이상이거나 11층 이상인 특정소방대상물(아파트는 제외)

② 가연성 가스를 제조·저장 또는 취급하는 시설 중 지상에 노출된 가연성 가스탱크의 저장용량 합계가 1000톤 이상인 시설

③ 호스릴방식의 소화설비가 설치되는 특정소방대상물

④ 문화 및 집회시설, 종교시설, 판매시설, 노유자시설, 수련시설, 운동시설, 숙박시설, 창고시설, 지하상가

> 해설 **완공검사 현장 확인 특정소방대상물**

1) 문화 및 집회시설, 종교시설, 판매시설, 노유자시설, 수련시설, 운동시설, 숙박시설, 창고시설, 지하상가 및 다중이용업소

2) 설비가 설치되는 특정소방대상물
   - 스프링클러설비등
   - 물분무등소화설비(호스릴방식 제외)

3) 연면적 10000 [m²] 이상, 11층 이상의 특정소방대상물(아파트 제외)

4) 가연성 가스 제조·저장·취급시설 중 지상에 노출된 가연성 가스탱크의 저장용량 합계 1000톤 이상

42 (상)(중)하

화재의 예방 및 안전관리에 관한 법령에 따른 특수가연물의 기준 중 다음 ( ) 안에 알맞은 것은?

품명	수량
나무껍질 및 대팻밥	(㉠) [kg] 이상
면화류	(㉡) [kg] 이상

① ㉠ 200, ㉡ 400
② ㉠ 200, ㉡ 1000
③ ㉠ 400, ㉡ 200
④ ㉠ 400, ㉡ 1000

> 해설 **특수가연물**

품명		수량
면화류		200 [kg] 이상
나무껍질 및 대팻밥		400 [kg] 이상
넝마 및 종이부스러기		1000 [kg] 이상
사류, 볏짚류		1000 [kg] 이상
가연성 고체류		3000 [kg] 이상
석탄·목탄류		10000 [kg] 이상
가연성 액체류		2 [m³] 이상
목재가공품 및 나무부스러기		10 [m³] 이상
고무류·플라스틱류	발포시킨 것	20 [m³] 이상
	그 밖의 것	3000 [kg] 이상

> 암기 ▶ 면이 나대싸 넘사벽 천 가고삼 석목만 가액이 고발이

43 (상)(中)(하)

소방시설 설치 및 관리에 관한 법령상 스프링클러설비를 설치하여야 할 특정소방대상물에 화재안전기준에 적합하게 설치하면 면제 받을 수 있는 소방시설이 아닌 것은?

[출제 오류로 인한 문제 수정]

① 포소화설비
② 물분무소화설비
③ 간이스프링클러설비
④ 이산화탄소소화설비

해설 소방시설 설치 면제기준

설치 면제	설치 면제기준
스프링클러설비	• 적응성 있는 자동소화장치 및 물분무등소화설비 설치한 경우(발전시설 중 전기저장시설은 제외) • 전기저장시설에 소화설비를 소방청장이 정하여 고시하는 방법에 따라 설치한 경우
물분무등소화설비	차고 · 주차장 : 스프링클러설비 설치
비상경보설비, 단독경보형 감지기	자동화재탐지설비 또는 화재알림설비 설치
연소방지설비	스프링클러설비, 물분무, 미분무소화설비 설치한 경우
자동화재탐지설비	자동화재탐지설비의 기능 · 성능 가진 화재알림설비, 스프링클러설비, 물분무등소화설비 설치

44 (상)(中)(하)

소방기본법령상 출동한 소방대원에게 폭행 또는 협박을 행사하여 화재진압 · 인명구조 또는 구급활동을 방해한 사람에 대한 벌칙기준은?

① 500만 원 이하의 과태료
② 1년 이하의 징역 또는 1000만 원 이하의 벌금
③ 3년 이하의 징역 또는 3000만 원 이하의 벌금
④ 5년 이하의 징역 또는 5000만 원 이하의 벌금

해설 5년 이하 징역 또는 5000만 원 이하 벌금

1) 위력을 사용하여 출동한 소방대의 화재진압 · 인명구조 · 구급활동을 방해하는 행위
2) 소방대가 화재진압 · 인명구조 · 구급활동을 위하여 현장에 출동하거나 현장에 출입하는 것을 고의로 방해하는 행위
3) 출동한 소방대원에게 폭행 · 협박을 행사하여 화재진압 · 인명구조 · 구급활동 방해(음주 또는 약물로 인한 심신장애 상태에서 위반 시 형법의 감경 미적용)
4) 출동한 소방대의 소방장비를 파손하거나 그 효용을 해하여 화재진압 · 인명구조 · 구급활동 방해하는 행위
5) 소방자동차의 출동을 방해한 사람
6) 사람을 구출하는 일 또는 불을 끄거나 불이 번지지 않도록 하는 일을 방해한 사람
7) 정당한 사유 없이 소방용수시설 · 비상소화장치를 사용하거나 소방용수시설 · 비상소화장치의 효용을 해치거나 그 정당한 사용을 방해한 사람

45 상 중 하

위험물안전관리법령상 제조소 또는 일반 취급소에서 취급하는 제4류 위험물의 최대 수량의 합이 지정수량의 48만 배 이상인 사업소의 자체소방대에 두는 화학소방자동차 및 인원기준으로 다음 (　) 안에 알맞은 것은?

화학소방자동차	자체소방대원의 수
(㉠)	(㉡)

① ㉠ 1대, ㉡ 5인
② ㉠ 2대, ㉡ 10인
③ ㉠ 3대, ㉡ 15인
④ ㉠ 4대, ㉡ 20인

해설 화학소방차

제조소·일반취급소에서 취급하는 제4류 위험물 최대수량	화학소방 자동차	자체 소방대원 수
12만 배 미만	1대	5인
12만 배 이상 ~ 24만 배 미만	2대	10인
24만 배 이상 ~ 48만 배 미만	3대	15인
48만 배 이상	4대	20인

TIP 옥외탱크저장소에 저장하는 제4류 위험물 최대수량이 지정수량 500000배 이상 사업소 : 화학소방자동차 2대, 자체소방대원 10인

46 상 중 하

소방시설 설치 및 관리에 관한 법령상 음료수 공장의 충전을 하는 작업장 등과 같이 화재안전기준을 적용하기 어려운 특정소방대상물에 설치하지 아니할 수 있는 소방시설의 종류가 아닌 것은?

① 상수도소화용수설비
② 스프링클러설비
③ 연결송수관설비
④ 연결살수설비

해설 화재안전기준 적용 어려운 특정소방대상물

구분	특정소방대상물	소방시설
화재위험도가 낮은 특정소방대상물	석재, 불연성금속, 불연성 건축재료 등의 가공공장, 기계조립공장, 불연성물품 저장 창고	옥외소화전설비, 연결살수설비
화재안전기준 적용 어려운 특정소방대상물	펄프공장의 작업장, 음료수 공장의 세정·충전 작업장 등	스프링클러설비, 상수도소화용수설비, 연결살수설비
	정수장, 수영장, 목욕장, 농예·축산·어류양식용 시설 등	자동화재탐지, 상수도소화용수, 연결살수설비
화재안전기준을 달리 적용하여야 하는 특수한 용도·구조의 특정소방대상물	• 원자력발전소 • 중·저준위방사성폐기물의 저장시설	연결송수관설비, 연결살수설비
위험물안전관리법에 따라 자체소방대 설치된 특정소방대상물	자체소방대가 설치된 위험물 제조소등에 부속된 사무실	옥내소화전설비, 소화용수설비, 연결살수설비 및 연결송수관설비

47 (상)(중)하

소방기본법의 정의상 소방대상물의 관계인이 아닌 자는?

① 감리자
② 관리자
③ 점유자
④ 소유자

해설 소방용어 정의 ─────────

1) 소방대상물
   (1) 건축물
   (2) 차량
   (3) 선박(항구에 매어 둔 것)
   (4) 산림, 그 밖의 인공구조물 또는 물건
2) 관계지역 : 소방대상물이 있는 장소 및 그 이웃 지역으로 화재의 예방·경계·진압, 구조·구급 등의 활동에 필요한 지역
3) 관계인 : 소방대상물의 소유자·관리자·점유자
4) 소방대 : 화재 진압 및 화재, 재난·재해, 그 밖의 위급한 상황에서 구조·구급 활동
   (1) 소방공무원
   (2) 의무소방원
   (3) 의용소방대원   **암기** 공무용
5) 소방본부장
   특별시·광역시·특별자치시·도 또는 특별자치도(이하 "시·도"라 한다)에서 화재의 예방·경계·진압·조사 및 구조·구급 등의 업무를 담당하는 부서의 장
6) 소방대장
   소방본부장 또는 소방서장 등 화재, 재난·재해, 그 밖의 위급한 상황이 발생한 현장에서 소방대를 지휘하는 사람

48 (상)중(하)

위험물안전관리법령상 위험물별 성질로서 틀린 것은?

① 제1류 : 산화성 고체
② 제2류 : 가연성 고체
③ 제4류 : 인화성 액체
④ 제6류 : 인화성 고체

해설 위험물의 분류 ─────────

구분	개요
제1류	산화성 고체
제2류	가연성 고체
제3류	자연발화성·금수성 물질
제4류	인화성 액체
제5류	자기반응성 물질
제6류	산화성 액체

암기 산가자 인자산

49 (상)(중)하

소방시설 설치 및 관리에 관한 법령상 시·도지사가 소방시설등의 자체점검을 하지 아니한 관리업자에게 영업정지를 명할 수 있으나, 이로 인해 국민에게 심한 불편을 줄 때에는 영업정지 처분을 갈음하여 과징금 처분을 한다. 과징금의 기준은?

① 1000만 원 이하
② 2000만 원 이하
③ 3000만 원 이하
④ 5000만 원 이하

해설 소방시설관리업의 등록취소와 영업정지 ─────

1) 명령권자 : 시·도지사(행정안전부령)
2) 등록 취소 및 6개월 이내의 기간 영업정지((1), (4), (5) : 등록취소)
   (1) 거짓이나 그 밖의 부정한 방법으로 등록한 경우
   (2) 점검을 하지 않거나 거짓으로 한 경우
   (3) 등록기준에 미달하게 된 경우
   (4) 등록 결격사유에 해당하게 된 경우
   (5) 다른 자에게 등록증이나 등록수첩 빌려준 경우
   (6) 점검능력 평가를 받지 아니하고 자체점검을 한 경우
3) 영업정지 과징금
   시·도지사는 영업정지가 국민에게 심한 불편을 주거나 그 밖에 공익을 해칠 우려가 있을 때에는 영업정지처분을 갈음하여 <u>3000만 원 이하의 과징금</u> 부과할 수 있다.

정답 47 ① 48 ④ 49 ③

50 (상)중 하

소방기본법령상 소방대장은 화재, 재난·재해 그 밖의 위급한 상황이 발생한 현장에 소방활동구역을 정하여 소방활동에 필요한 자로서 대통령령으로 정하는 사람 외에는 그 구역에의 출입을 제한할 수 있다. 다음 중 소방활동구역에 출입할 수 없는 사람은?

① 소방활동구역 안에 있는 소방대상물의 소유자·관리자 또는 점유자
② 전기·가스·수도·통신·교통의 업무에 종사하는 사람으로서 원활한 소방활동을 위하여 필요한 사람
③ 시·도지사가 소방활동을 위하여 출입을 허가한 사람
④ 의사·간호사 그 밖에 구조·구급업무에 종사하는 사람

> **해설** 소방활동구역 출입자
> - 소방활동구역 안에 있는 소방대상물의 소유자·관리자 또는 점유자
> - 전기·가스·수도·통신·교통 업무 종사자로 소방활동 위하여 필요한 사람
> - 의사·간호사, 구조·구급업무 종사자
> - 취재인력 등 보도업무 종사자
> - 수사업무 종사자
> - <u>소방대장이 소방활동 위해 출입을 허가한 자</u>

51 상(중)하

위험물안전관리법령상 취급하는 위험물의 최대수량이 지정수량의 10배 이하인 경우 공지의 너비기준은?

① 2 [m] 이하
② 2 [m] 이상
③ 3 [m] 이하
④ 3 [m] 이상

> **해설** 제조소 보유공지
>
> | 취급하는 위험물 최대수량 | 공지 너비 |
> | --- | --- |
> | 지정수량 10배 이하 | 3 [m] 이상 |
> | 지정수량 10배 초과 | 5 [m] 이상 |

52 (상)중 하

화재의 예방 및 안전관리에 관한 법령상 화재안전조사위원회의 위원에 해당하지 아니하는 사람은?

① 소방기술사
② 소방시설관리사
③ 소방 관련 분야의 석사학위 이상을 취득한 사람
④ 소방 관련 법인 또는 단체에서 소방 관련 업무에 3년 이상 종사한 사람

> **해설** 화재안전조사위원회
>
> 1) 구성
>   - 위원장 1명(소방본부장)
>   - 7명 이내의 위원(성별 고려)
> 2) 위원 자격 : 소방본부장 임명 및 위촉
>   - 과장급 직위 이상의 소방공무원
>   - 소방기술사
>   - 소방시설관리사
>   - 소방 관련 분야 석사 이상 취득한 자
>   - <u>소방 관련 법인·단체에서 소방 관련 업무 5년 이상 종사자</u>
>   - 소방공무원 교육기관, 학교, 연구소에서 소방 관련 교육·연구 5년 이상 종사자
> 3) 위촉위원 임기 : 2년, 1차례 연임

53 (상)(중)하

화재의 예방 및 안전관리에 관한 법령상 특수가연물의 저장 및 취급기준이 아닌 것은? (단, 석탄·목탄류를 발전용으로 저장하는 경우는 제외)

① 품명별로 구분하여 쌓는다.
② 쌓는 높이는 20 [m] 이하가 되도록 한다.
③ 쌓는 부분의 바닥면적 사이는 1.2 [m] 이상이 되도록 한다.
④ 특수가연물을 저장 또는 취급하는 장소에는 품명·최대수량 및 화기취급의 금지표지를 설치해야 한다.

해설 특수가연물 저장·취급기준 ────────

1) 품명별로 구분하여 쌓을 것
2) 일반적인 경우
   (1) 쌓는 높이 : 10 [m] 이하
   (2) 쌓는 부분 바닥 : 50 [m²] 이하(석탄·목탄류 : 200 [m²] 이하)
3) 살수설비, 대형 수동식 소화기 설치하는 경우
   (1) 쌓는 높이 : 15 [m] 이하
   (2) 쌓는 부분의 바닥면적 : 200 [m²] 이하(석탄·목탄류 : 300 [m²] 이하)

54 (상)(중)하

소방시설 설치 및 관리에 관한 법령상 소화설비를 구성하는 제품 또는 기기에 해당하지 않는 것은?

① 가스누설경보기
② 소방호스
③ 스프링클러헤드
④ 분말자동소화장치

해설 소화설비 ────────

구분	종류
소화기구	• 소화기 • 간이소화용구 • 자동확산소화기
자동소화장치	• 주거용 주방자동소화장치 • 상업용 주방자동소화장치 • 캐비닛형 자동소화장치 • 가스자동소화장치 • 분말자동소화장치 • 고체에어로졸자동소화장치
옥내소화전설비	(호스릴 포함)
스프링클러설비등	• 스프링클러설비 • 간이스프링클러설비(캐비닛형 포함) • 화재조기진압용 스프링클러설비
물분무등소화설비	• 물분무소화설비 • 미분무소화설비 • 포소화설비 • 이산화탄소소화설비 • 할론소화설비 • 할로겐화합물 및 불활성기체소화설비 • 분말소화설비 • 강화액소화설비 • 고체에어로졸소화설비
옥외소화전설비	–

보충▶ 가스누설경보기 : 경보설비

정답 53 ② 54 ①

55 상중하

소방시설공사업법령상 하자보수를 하여야 하는 소방시설 중 하자보수 보증기간이 3년이 아닌 것은?

① 자동소화장치
② 비상방송설비
③ 스프링클러설비
④ 상수도소화용수설비

해설 소방시설 하자보수 보증기간

소방시설	기간
• 피난기구 · 유도등 • 비상경보설비 • 비상조명등 • 비상방송설비 • 무선통신보조설비	2년
• 자동소화장치 • 옥내 · 외소화전설비 • 스프링클러 · 간이스프링클러설비 • 물분무등소화설비 • 자동화재탐지설비 • 상수도소화용수설비 • 소화활동설비(무선통신보조설비 제외) • 화재알림설비	3년

암기 ▶ 이년 피비무

56 상중하

위험물안전관리법령상 소화난이도등급 Ⅰ의 옥내탱크저장소에서 황만을 저장 · 취급할 경우 설치하여야 하는 소화설비로 옳은 것은?

① 물분무소화설비
② 스프링클러설비
③ 포소화설비
④ 옥내소화전설비

해설 소화난이도등급 Ⅰ 옥내탱크저장소소화설비

구분	소화설비
황만 저장취급	물분무소화설비
인화점 70 [℃] 이상 제4류 위험물만 저장취급	물분무소화설비, 고정식 포소화설비, 이동식 이외 불활성가스소화설비, 이동식 이외 할로겐화합물소화설비, 이동식 이외 분말소화설비
그 밖	고정식 포소화설비, 이동식 이외 불활성가스소화설비, 이동식 이외 할로겐화합물소화설비, 이동식 이외 분말소화설비

57 상중하

소방시설 설치 및 관리에 관한 법령상 대통령령 또는 화재안전기준이 변경되어 그 기준이 강화되는 경우 기존 특정소방대상물의 소방시설 중 강화된 기준을 설치장소와 관계없이 항상 적용하여야 하는 것은? (단, 건축물의 신축 · 개축 · 재축 · 이전 및 대수선 중인 특정소방대상물을 포함한다)

① 제연설비
② 비상경보설비
③ 옥내소화전설비
④ 화재조기진압용 스프링클러설비

해설 소방시설기준 적용 특례(강화기준)

1) 대통령령 또는 화재안전기준으로 정하는 것
  • 소화기구
  • 비상경보설비
  • 자동화재속보설비
  • 피난구조설비
  • 자동화재탐지설비
2) 공동구 설치 소방시설(지하구)
3) 노유자시설, 의료시설 설치 소방시설

58 (상⑤하)

소방시설 설치 및 관리에 관한 법령상 소방시설등의 종합점검 대상기준에 맞게 (   )에 들어갈 내용으로 옳은 것은?

물분무등소화설비(호스릴방식의 물분무등소화설비만을 설치한 경우는 제외)가 설치된 연면적 (   ) [m²] 이상인 특정소방대상물(위험물 제조소등은 제외)

① 2000　　　　　　② 3000
③ 4000　　　　　　④ 5000

해설 종합점검 대상

1) 최초점검 대상물
2) 스프링클러설비가 설치된 특정소방대상물
3) 물분무등소화설비[호스릴방식의 물분무등소화설비만을 설치한 경우는 제외]가 설치된 연면적 5000 [m²] 이상인 특정소방대상물(위험물 제조소등은 제외)
4) 다중이용업의 영업장이 설치된 특정소방대상물로서 연면적이 2000 [m²] 이상인 것(단란주점과 유흥주점, 영화상영관, 비디오물감상실업, 복합영상물제공업, 노래연습장, 산후조리원, 고시원, 안마시술소)
5) 제연설비가 설치된 터널
6) 공공기관 중 연면적(터널·지하구의 경우 그 길이와 평균폭을 곱하여 계산된 값)이 1000 [m²] 이상인 것으로서 옥내소화전설비 또는 자동화재탐지설비가 설치된 것(소방대가 근무하는 공공기관은 제외)

59 (상⑤하)

소방시설 설치 및 관리에 관한 법령상 건축허가등의 동의 대상물의 범위로 틀린 것은?

① 항공기 격납고
② 방송용 송·수신탑
③ 연면적이 400 [m²] 이상인 건축물
④ 지하층 또는 무창층이 있는 건축물로서 바닥면적이 50 [m²] 이상인 층이 있는 것

해설 건축허가 동의대상물 범위

구분	기준
학교시설	연면적 100 [m²] 이상
노유자(老幼者)시설 및 수련시설	연면적 200 [m²] 이상
지하층·무창층이 있는 건축물	바닥면적 150 [m²](공연장 100 [m²]) 이상
정신의료기관, 장애인 의료재활시설	연면적 300 [m²] 이상
일반용도의 특정소방대상물	연면적 400 [m²] 이상
차고, 주차장 또는 주차용도로 사용되는 시설	바닥면적 200 [m²] 이상
	기계식 주차시설 자동차 20대 이상
• 노인 관련 시설 중 노인주거복지시설, 노인의료복지시설, 재가노인복지시설, 학대피해노인 전용쉼터 • 아동복지시설(아동상담소, 아동전용시설 및 지역아동센터는 제외한다) • 장애인 거주시설 • 정신질환자 관련 시설(공동생활가정을 제외한 재활훈련시설과 종합시설 중 24시간 주거를 제공하지 않는 시설은 제외한다) • 노숙인 관련 시설 중 노숙인자활시설·노숙인재활시설·노숙인요양시설 • 결핵환자나 한센인이 24시간 생활하는 노유자시설	단독주택, 공동주택에 설치되는 시설 제외
• 6층 이상 건축물 • 항공기격납고, 관망탑, 항공관제탑, 방송용송수신탑 • 요양병원(의료재활시설 제외) • 위험물 저장 및 처리시설, 지하구, 전기저장시설, 풍력발전소 • 조산원, 산후조리원, 의원(입원실 또는 인공신장실이 있는 것) • 공장 또는 창고시설로서 지정 수량의 750배 이상의 특수가연물을 저장·취급하는 것 • 가스시설로서 지상에 노출된 탱크의 저장용량의 합계가 100톤 이상인 것	–

60 상중하

화재의 예방 및 안전관리에 관한 법령상 화재의 예방상 위험하다고 인정되는 행위를 하는 사람에게 행위의 금지 또는 제한 명령을 할 수 있는 사람은?

① 소방본부장
② 시·도지사
③ 의용소방대원
④ 소방대상물의 관리자

해설 소방본부장, 소방서장, 소방대장 권한

구분	권한
소방청장	• 소방박물관 설립 (* 소방체험관 : 시·도지사) • 한국소방안전원 감독 • 소방력 동원 요청
소방청장, 소방본부장, 소방서장	• 소방활동
소방본부장, 소방서장	• 소방업무 응원요청 • 지리조사
소방본부장, 소방서장, 소방대장	• 소방활동 종사명령 • 강제처분 • 피난명령 • 위험시설 긴급조치
소방대장	• 소방활동구역 설정

소방전기시설의 구조 및 원리

3회독	월	일
2회독	월	일
1회독	월	일

목표시간 : 30분 ｜ 시작 : _시 _분 ｜ 종료 : _시 _분 ｜ 맞은 개수 : _/20

61 상 중 하

소방시설용 비상전원수전설비의 화재안전기술기준(NFTC 602)에 따라 일반전기사업자로부터 특별고압 또는 고압으로 수전하는 비상전원수전설비의 종류에 해당하지 않는 것은?

① 큐비클형
② 축전지형
③ 방화구획형
④ 옥외개방형

 특·고압 수전설비 ————————

• 옥외개방형
• 큐비클형
• 방화구획형

[저압으로 수전하는 경우]
• 전용배전반(1·2종)
• 전용분전반(1·2종)
• 공용분전반(1·2종)

암기 ▶ 올캐방

62 상 중 하

비상콘센트설비의 성능인증 및 제품검사의 기술기준에 따른 비상콘센트설비 표시등의 구조 및 기능에 대한 설명으로 틀린 것은?

① 발광다이오드에는 적당한 보호카바를 설치하여야 한다.
② 소켓은 접속이 확실하여야 하며 쉽게 전구를 교체할 수 있도록 부착하여야 한다.
③ 적색으로 표시되어야 하며 주위의 밝기가 300 [lx] 이상인 장소에서 측정하여 앞면으로부터 3 [m] 떨어진 곳에서 켜진 등이 확실히 식별되어야 한다.
④ 전구는 사용전압의 130 [%]인 교류전압을 20시간 연속하여 가하는 경우 단선, 현저한 광속변화, 흑화, 전류의 저하 등이 발생하지 아니하여야 한다.

해설 비상콘센트설비 ————————

1) 배선용 차단기는 KS C 8321(배선용 차단기)에 적합하여야 한다.
2) 접속기는 KS C 8305(배선용 꽂음 접속기)에 적합하여야 한다.
3) 표시등의 구조 및 기능은 다음과 같아야 한다.
　(1) 전구는 사용전압의 130 [%]인 교류전압을 20시간 연속하여 가하는 경우 단선, 현저한 광속변화, 흑화, 전류의 저하 등이 발생하지 아니하여야 한다.
　(2) 소켓은 접속이 확실하여야 하며 쉽게 전구를 교체할 수 있도록 부착하여야 한다.
　(3) 전구에는 적당한 보호카바를 설치하여야 한다. 다만 발광다이오드의 경우에는 그러하지 아니하다.
　(4) 적색으로 표시되어야 하며 주위의 밝기가 300 [lx] 이상인 장소에서 측정하여 앞면으로부터 3 [m] 떨어진 곳에서 켜진 등이 확실히 식별되어야 한다.
4) 단자는 충분한 전류용량을 갖는 것으로 하여야 하며 단자의 접속이 정확하고 확실하여야 한다.

정답 61 ② 62 ①

63 (상 ⑤ 하)

비상방송설비의 화재안전기술기준(NFTC 202)에 따라 부속회로의 전로와 대지 사이 및 배선 상호 간의 절연저항은 1경계구역마다 직류 250 [V]의 절연저항측정기를 사용하여 측정한 절연저항이 몇 [$M\Omega$] 이상이 되도록 하여야 하는가?

① 0.1
② 0.2
③ 10
④ 20

해설 비상방송설비 배선

1) 화재로 인해 하나의 층의 확성기 또는 배선이 단락 또는 단선되어도 다른 층의 화재 통보에 지장이 없을 것
2) 전원회로의 배선은 내화배선
3) 그 밖의 배선은 내화배선 또는 내열배선으로 할 것
4) 절연저항
   (1) 전원회로의 전로와 대지 사이 및 배선 상호 간 전기사업법 기술기준 적용
   (2) 부속회로의 전로와 대지 사이 및 배선 상호 간 1 경계구역마다 직류 250 [V]의 절연저항측정기를 사용하여 측정한 절연저항 0.1 [MΩ] 이상

64 (상 중 ⑤)

자동화재탐지설비 및 시각경보장치의 화재안전기술기준(NFTC 203)에 따라 환경 상태가 현저하게 고온으로 되어 연기감지기를 설치할 수 없는 건조실 또는 살균실 등에 적응성 있는 열감지기가 아닌 것은?

① 정온식 1종
② 정온식 특종
③ 열아날로그식
④ 보상식 스포트형 1종

해설 감지기 적응성

설치장소	적응열감지기									
환경 상태 및 적응 장소	차동식 스포트형		차동식 분포형		보상식 스포트형		정온식		열아날로그식	불꽃감지기
	1종	2종	1종	2종	1종	2종	특종	1종		
현저하게 고온으로 되는 장소 : 건조실, 살균실, 보일러실, 주조실, 영사실, 스튜디오	×	×	×	×	×	×	○	○	○	×

65 (상 ⑤ 하)

자동화재속보설비의 속보기의 성능인증 및 제품검사의 기술기준에서 정하는 데이터 및 코드전송방식 신고부분 프로토콜 정의서에 대한 내용이다. 다음의 (   )에 들어갈 내용으로 옳은 것은?

> 119서버로부터 처리결과 메시지를 (㉠)초 이내 수신 받지 못할 경우에는 (㉡)회 이상 재전송할 수 있어야 한다.

① ㉠ 10, ㉡ 5
② ㉠ 10, ㉡ 10
③ ㉠ 20, ㉡ 10
④ ㉠ 20, ㉡ 20

2021

해설 속보기 기능 ─────────────

1) 작동신호를 수신하거나 수동으로 동작시키는 경우 20초 이내에 소방관서에 자동적으로 신호를 발하여 통보하되, 3회 이상 속보할 수 있어야 한다.
2) 주전원이 정지한 경우에는 자동적으로 예비전원으로 전환되고, 주전원이 정상 상태로 복귀한 경우에는 자동적으로 예비전원에서 주전원으로 전환되어야 한다.
3) 예비전원은 자동적으로 충전되어야 하며 자동과충전방지장치가 있어야 한다.
4) 화재신호를 수신하거나 속보기를 수동으로 동작시키는 경우 자동적으로 적색 화재표시등이 점등되고 음향장치로 화재를 경보하여야 하며, 화재표시 및 경보는 수동으로 복구 및 정지시키지 않는 한 지속되어야 한다.
5) 연동 또는 수동으로 소방관서에 화재발생 음성정보를 속보 중인 경우에도 송수화장치를 이용한 통화가 우선적으로 가능하여야 한다.
6) 예비전원을 병렬로 접속하는 경우에는 역충전방지 등의 조치를 하여야 한다.
7) 예비전원은 감시 상태를 60분간 지속한 후 10분 이상 동작 (화재속보 후 화재표시 및 경보를 10분간 유지하는 것을 말한다)이 지속될 수 있는 용량이어야 한다.
8) 속보기는 연동 또는 수동 작동에 의한 다이얼링 후 소방관서와 전화접속이 이루어지지 않는 경우에는 최초 다이얼링을 포함하여 10회 이상 반복적으로 접속을 위한 다이얼링이 이루어져야 한다. 이 경우 매회 다이얼링 완료 후 호출은 30초 이상 지속되어야 한다.
9) 속보기의 송수화장치가 정상위치가 아닌 경우에도 연동 또는 수동으로 속보가 가능하여야 한다.
10) 음성으로 통보되는 속보내용을 통하여 해당 특정소방대상물의 위치, 화재발생 및 속보기에 의한 신고임을 확인할 수 있어야 한다.
11) 속보기는 음성속보방식 외에 데이터 또는 코드전송방식 등을 이용한 속보기능을 설치할 수 있다.

66 상 중 하

유도등 및 유도표지의 화재안전기술기준(NFTC 303)에 따른 객석유도등의 설치기준이다. 다음 (   )에 들어갈 내용으로 옳은 것은?

> 객석유도등은 객석의 (㉠), (㉡) 또는 (㉢)에 설치하여야 한다.

① ㉠ 통로, ㉡ 바닥, ㉢ 벽
② ㉠ 바닥, ㉡ 천장, ㉢ 벽
③ ㉠ 통로, ㉡ 바닥, ㉢ 천장
④ ㉠ 바닥, ㉡ 통로, ㉢ 출입구

해설 객석유도등 ─────────────

- 객석의 통로, 바닥 또는 벽에 설치할 것
- 설치개수

$$= \frac{객석 통로 직선부분 길이(m)}{4} - 1$$

TIP ▶ 소수점 이하의 수는 절상할 것

67 상 중 하

누전경보기의 형식승인 및 제품검사의 기술기준에 따라 외함은 불연성 또는 난연성 재질로 만들어져야 하며, 누전경보기의 외함의 두께는 몇 [mm] 이상이어야 하는가? (단, 직접 벽면에 접하여 벽 속에 매립되는 외함의 부분은 제외한다)

① 1
② 1.2
③ 2.5
④ 3

해설 누전경보기

1) 작동이 확실하고 취급·점검이 쉬어야 하며, 현저한 잡음이나 장해 전파를 발하지 아니하여야 한다(먼지, 습기, 곤충 등에 의하여 기능에 영향 받으면 안 됨).

2) 보수 및 부속품의 교체가 쉬워야 한다(방수형 및 방폭형 제외).

3) 부식에 의하여 기계적 기능에 영향을 초래할 우려가 있는 부분은 칠, 도금 등으로 유효하게 내식가공을 하거나 방청가공을 하여야 하며, 전기적 기능에 영향이 있는 단자, 나사 및 와셔 등은 동합금이나 이와 동등 이상의 내식성능이 있는 재질을 사용하여야 한다.

4) 외함은 불연성 또는 난연성 재질로 만들어져야 하며 다음과 같아야 한다.
   ⑴ 누전경보기의 외함은 1.0 [mm] 이상
   ⑵ 직접 벽면에 접하여 벽속에 매립되는 외함의 부분은 1.6 [mm] 이상

5) 기기 내의 배선은 충분한 전류용량을 갖는 것으로 하여야 하며, 배선의 접속이 정확하고 확실하여야 한다.

6) 극성이 있는 경우에는 오접속을 방지하기 위하여 필요한 조치를 하여야 한다.

7) 부품의 부착은 기능에 이상을 일으키지 아니하고 쉽게 풀리지 아니하도록 하여야 한다.

8) 전선 이외의 전류가 흐르는 부분과 가동축 부분의 접촉력이 충분하지 아니한 곳에는 접촉부의 접촉 불량을 방지하기 위한 적당한 조치를 하여야 한다.

9) 외부에서 쉽게 사람이 접촉할 우려가 있는 충전부는 충분히 보호되어야 한다.

10) 정격전압이 60 [V]를 넘는 기구의 금속제 외함에는 접지 단자를 설치하여야 한다.

11) 방폭형 누전경보기는 방폭 구조에 적합하여야 한다.

12) 누전경보기의 단자외의 부분은 견고한 상자에 넣어야 한다.

13) 누전경보기의 단자는 전선(접지선을 포함한다)을 쉽게 확실하게 접속할 수 있는 것이어야 한다.

14) 누전경보기의 단자에는 적당한 보호 장치를 하여야 한다.

68 상 중 하

비상콘센트설비의 화재안전기술기준(NFTC 504)에 따라 비상콘센트설비의 전원부와 외함 사이의 절연저항은 전원부와 외함 사이를 500 [V] 절연저항계로 측정할 때 몇 [$M\Omega$] 이상이어야 하는가?

① 10
② 20
③ 30
④ 50

해설 비상콘센트설비

1) 절연저항 : 500 [V] 절연저항계로 측정할 때 20 [MΩ] 이상일 것

2) 절연내력
   ⑴ 정격전압 150 [V] 이하 : 1000 [V]의 실효전압
   ⑵ 정격전압이 150 [V] 초과 : (정격전압 × 2) + 1000 [V] = 실효전압
   ⑶ 실효전압 시험에서 1분 이상 견디는 것으로 할 것

3) 배선
   전원회로의 배선은 내화배선, 그 밖의 배선은 내화배선 또는 내열배선

69 상 중 하

자동화재탐지설비 및 시각경보장치의 화재안전기술기준(NFTC 203)에 따라 자동화재탐지설비의 감지기 설치에 있어서 부착높이가 20 [m] 이상일 때 적합한 감지기 종류는?

① 불꽃감지기
② 연기복합형
③ 차동식 분포형
④ 이온화식 1종

해설 감지기 설치 ──────────────

부착높이	감지기 종류
8 [m] 이상 ~ 15 [m] 미만	• 차동식 분포형 • 이온화식 1종·2종 • 광전식 1종·2종 • 연기복합형 • 불꽃감지기
15 [m] 이상 ~ 20 [m] 미만	이온화식 1종, 광전식(스포트형, 분리형, 공기흡입형) 1종, 연기복합형, 불꽃감지기
20 [m] 이상	불꽃감지기, 광전식(분리형, 공기흡입형) 중 아날로그방식

암기 ▶ 차분한 이광연 12세
*불꽃감지기는 전부 해당

70 상 중 하

비상경보설비 및 단독경보형 감지기의 화재안전기술기준(NFTC 201)에 따른 비상벨설비에 대한 설명으로 옳은 것은?

① 비상벨설비는 화재발생 상황을 사이렌으로 경보하는 설비를 말한다.
② 비상벨설비는 부식성 가스 또는 습기 등으로 인하여 부식의 우려가 없는 장소에 설치하여야 한다.
③ 음향장치의 음량은 부착된 음향장치의 중심으로부터 1 [m] 떨어진 위치에서 60 [dB] 이상이 되는 것으로 하여야 한다.
④ 특정소방대상물의 층마다 설치하되, 해당 특정소방대상물의 각 부분으로부터 하나의 발신기까지의 수평거리가 30 [m] 이하가 되도록 하여야 한다.

해설 비상경보설비 ──────────────

1) 비상벨설비 또는 자동식 사이렌설비는 부식성 가스 또는 습기 등으로 인하여 부식의 우려가 없는 장소에 설치해야 한다.
2) 지구음향장치는 특정소방대상물의 층마다 설치하되, 해당 층의 각 부분으로부터 하나의 음향장치까지의 수평거리가 25 [m] 이하가 되도록 하고, 해당 층의 각 부분에 유효하게 경보를 발할 수 있도록 설치해야 한다. 다만 「비상방송설비의 화재안전기술기준(NFTC 202)」에 적합한 방송설비를 비상벨설비 또는 자동식 사이렌설비와 연동하여 작동하도록 설치한 경우에는 지구음향장치를 설치하지 않을 수 있다.
3) 음향장치는 정격전압의 80 [%] 전압에서도 음향을 발할 수 있도록 해야 한다. 다만 건전지를 주전원으로 사용하는 음향장치는 그렇지 않다.
4) 음향장치의 음향의 크기는 부착된 음향장치의 중심으로부터 1 [m] 떨어진 위치에서 음압이 90 [dB] 이상이 되는 것으로 해야 한다.
5) 발신기는 다음의 기준에 따라 설치해야 한다.
   (1) 조작이 쉬운 장소에 설치하고, 조작스위치는 바닥으로부터 0.8 [m] 이상 1.5 [m] 이하의 높이에 설치할 것
   (2) 특정소방대상물의 층마다 설치하되, 해당 층의 각 부분으로부터 하나의 발신기까지의 수평거리가 25 [m] 이하가 되도록 할 것. 다만 복도 또는 별도로 구획된 실로서 보행거리가 40 [m] 이상일 경우에는 추가로 설치해야 한다.
   (3) 발신기의 위치표시등은 함의 상부에 설치하되, 그 불빛은 부착면으로부터 15° 이상의 범위 안에서 부착지점으로부터 10 [m] 이내의 어느 곳에서도 쉽게 식별할 수 있는 적색등으로 할 것
6) 비상벨설비 또는 자동식 사이렌설비의 상용전원은 다음의 기준에 따라 설치해야 한다.
   (1) 상용전원은 전기가 정상적으로 공급되는 축전지설비, 전기저장장치(외부 전기에너지를 저장해두었다가 필요한 때 전기를 공급하는 장치) 또는 교류전압의 옥내간선으로 하고, 전원까지의 배선은 전용으로 할 것
   (2) 개폐기에는 "비상벨설비 또는 자동식 사이렌설비용"이라고 표시한 표지를 할 것
   (3) 비상벨설비 또는 자동식 사이렌설비에는 그 설비에 대한 감시 상태를 60분간 지속한 후 유효하게 10분 이상 경보할 수 있는 비상전원으로서 축전지설비(수신기에 내장하는 경우를 포함한다) 또는 전기저장장치(외부 전기에너지를 저장해두었다가 필요한 때 전기를 공급하는 장치)를 설치해야 한다. 다만 상용전원이 축전지설비인 경우 또는 건전지를 주전원으로 사용하는 무선식 설비인 경우에는 그렇지 않다.

71 상 중 하

비상방송설비의 화재안전기술기준(NFTC 202)에 따라 비상방송설비가 기동장치에 따른 화재신고를 수신한 후 필요한 음량으로 화재발생 상황 및 피난에 유효한 방송이 자동으로 개시될 때까지의 소요시간은 몇 초 이하로 하여야 하는가?

① 5   ② 10
③ 20   ④ 30

해설 비상방송설비 설치기준 ─────────

1) 확성기
  (1) 음성입력 : 실외 3 [W] 이상, 실내 1 [W] 이상
  (2) 수평거리 : 층 각 부분으로부터 하나의 확성기까지의 25 [m] 이하
  (3) 확성기는 각 층마다 설치, 당해 층의 각 부분에 유효하게 경보를 발하도록 설치
2) 음량조정기(ATT) : 음량조정기의 배선은 3선식으로 한다. 발화층, 그 직상층 및 기타 지하층 경보
3) <u>기동장치에 따른 화재신고를 수신한 후 필요한 음량으로 화재발생 상황 및 피난에 유효한 방송이 자동으로 개시될 때까지의 소요시간은 10초 이하로 할 것</u>

72 상 중 하

누전경보기의 형식승인 및 제품검사의 기술기준에 따라 감도조정장치를 갖는 누전경보기에 있어서 감도조정장치의 조정범위는 최대치가 몇 [A]이어야 하는가?

① 0.2   ② 1.0
③ 1.5   ④ 2.0

해설 누전경보기 공칭작동전류치 및 감도조정장치 ─────

1) 공칭작동 전류치 : 200 [mA] 이하
2) <u>감도조정장치의 조정범위</u>
  <u>최대 1 [A](조정범위 0.2, 0.5, 1 [A] 구분)</u>

73 상 중 하

자동화재탐지설비 및 시각경보장치의 화재안전기술기준(NFTC 203)에 따른 배선의 시설기준으로 틀린 것은?

① 감지기 사이의 회로의 배선은 송배선식으로 할 것
② 감지기회로의 도통시험을 위한 종단저항은 감지기회로의 끝 부분에 설치할 것
③ 피(P)형 수신기의 감지기회로의 배선에 있어서 하나의 공통선에 접속할 수 있는 경계구역은 5개 이하로 할 것
④ 수신기의 각 회로별 종단에 설치되는 감지기에 접속되는 배선의 전압은 감지기 정격전압의 80 [%] 이상이어야 할 것

해설 자동화재탐지설비 배선 ─────────

자동화재탐지설비 배선		배선 종류	비고
전원회로 배선		내화 배선	
감지기 회로배선 (감지기 상호 간 또는 감지기로부터 수신기에 이르는 감지기 회로 배선)	아날로그식, 다신호식 감지기, R형 수신기용	쉴드선 (차폐선)	전자파 방해를 받지 않는 방식은 제외
	감지기 상호 간	내화배선 또는 내열배선	–
	기타	내화배선 또는 내열배선	–
그 밖의 회로배선		내화배선 또는 내열배선	–

1) 감지기 사이 : 송배선식
2) 절연저항 0.1 [MΩ] 이상 : 250 [V] 절연저항측정기 측정 시
3) 위치는 별도 관·덕트 몰드·풀박스 : 60 [V] 미만 약 전류 회로에 사용 시 제외
4) P형, G.P형 수신기 하나의 공통선 접속 : 경계구역 7개 이하
5) 전로저항 : 50 [Ω]
6) 종단 감지기 배선 전압 : 정격전압 80 [%]

74 (상)(중)하

무선통신보조설비의 화재안전기술기준(NFTC 505)에 따른 용어의 정의로 옳은 것은?

① "혼합기"는 신호의 전송로가 분기되는 장소에 설치하는 장치를 말한다.

② "분배기"는 서로 다른 주파수의 합성된 신호를 분리하기 위해서 사용하는 장치를 말한다.

③ "증폭기"는 두 개 이상의 입력신호를 원하는 비율로 조합한 출력이 발생되도록 하는 장치를 말한다.

④ "누설동축케이블"은 동축케이블의 외부도체에 가느다란 홈을 만들어서 전파가 외부로 새어나갈 수 있도록 한 케이블을 말한다.

해설 무선통신보조설비 용어정의 ─────

1) "누설동축케이블"이란 동축케이블의 외부도체에 가느다란 홈을 만들어서 전파가 외부로 새어나갈 수 있도록 한 케이블을 말한다.

2) "분배기"란 신호의 전송로가 분기되는 장소에 설치하는 것으로 임피던스 매칭(Matching)과 신호 균등분배를 위해 사용하는 장치를 말한다.

3) "분파기"란 서로 다른 주파수의 합성된 신호를 분리하기 위해서 사용하는 장치를 말한다.

4) "혼합기"란 2 이상의 입력신호를 원하는 비율로 조합한 출력이 발생하도록 하는 장치를 말한다.

5) "증폭기"란 전압·전류의 진폭을 늘려 감도 등을 개선하는 장치를 말한다.

6) "무선중계기"란 안테나를 통하여 수신된 무전기신호를 증폭한 후 음영지역에 재방사하여 무전기 상호 간 송수신이 가능하도록 하는 장치를 말한다.

7) "옥외안테나"란 감시제어반 등에 설치된 무선중계기의 입력과 출력포트에 연결되어 송수신신호를 원활하게 방사·수신하기 위해 옥외에 설치하는 장치를 말한다.

8) "임피던스"란 교류회로에 전압이 가해졌을 때 전류의 흐름을 방해하는 값으로서 교류회로에서의 전류에 대한 전압의 비를 말한다.

75 (상)(중)하

비상조명등의 화재안전기술기준(NFTC 304)에 따라 비상조명등의 조도는 비상조명등이 설치된 장소의 각 부분의 바닥에서 몇 [lx] 이상이 되도록 하여야 하는가?

① 1   ② 3

③ 5   ④ 10

해설 비상조명등 설치기준 ─────

1) 특정소방대상물의 각 거실과 그로부터 지상에 이르는 복도·계단 및 그 밖의 통로에 설치할 것

2) 조도는 비상조명등이 설치된 장소의 각 부분의 바닥에서 1 [lx] 이상이 되도록 할 것

3) 예비전원을 내장하는 비상조명등에는 평상시 점등 여부를 확인할 수 있는 점검스위치를 설치하고 해당 조명등을 유효하게 작동시킬 수 있는 용량의 축전지와 예비전원 충전장치를 내장할 것

4) 예비전원을 내장하지 않는 비상조명등의 비상전원은 자가발전설비, 축전지설비 또는 전기저장장치를 다음 각 목의 기준에 따라 설치할 것

  (1) 점검 편리하고 화재 및 침수 등의 재해로 인한 피해를 받을 우려가 없는 곳에 설치

  (2) 상용전원으로부터 전력의 공급이 중단된 때에는 자동으로 비상전원으로부터 전력을 공급받을 수 있도록 할 것

  (3) 비상전원의 설치장소는 다른 장소와 방화구획할 것(이 경우 그 장소에는 비상전원의 공급에 필요한 기구나 설비 외의 것을 두어서는 안 된다)

  (4) 비상전원을 실내에 설치하는 때에는 그 실내에 비상조명등을 설치할 것

5) 비상전원은 비상조명등을 20분 이상 유효하게 작동시킬 수 있는 용량으로 할 것. 다만 다음 각 목의 특정소방대상물의 경우에는 그 부분에서 피난층에 이르는 부분의 비상조명등을 60분 이상 유효하게 작동시킬 수 있는 용량으로 해야 한다.

  (1) 지하층을 제외한 층수가 11층 이상의 층

  (2) 지하층 또는 무창층으로서 용도가 도매시장·소매시장·여객자동차터미널·지하역사 또는 지하상가

6) 비상조명등의 설치 면제 요건에서 "그 유도등의 유효범위 안의 부분"이란 유도등의 조도가 바닥에서 1 [lx] 이상이 되는 부분을 말한다.

76 (상 ⓒ 하)

화재안전기술기준(NFTC)에 따른 비상전원 및 건전지의 유효 사용시간에 대한 최소기준이 가장 긴 것은?

① 휴대용 비상조명등의 건전지 용량
② 무선통신보조설비 증폭기의 비상전원
③ 지하층을 제외한 층수가 11층 미만의 층인 특정소방 대상물에 설치되는 유도등의 비상전원
④ 지하층을 제외한 층수가 11층 미만의 층인 특정소방 대상물에 설치되는 비상조명등의 비상전원

해설 비상전원 · 배터리 용량 —————

- 유도등 : 20분
- 비상조명등 : 20분
- 휴대용 비상조명등(충전식) : 20분
- <u>무선통신 보조설비 증폭기 : 30분</u>

> **보충** ▶ 유도등과 비상조명등의 비상전원 용량이 60분 이상 작동해야 하는 경우
> ① 지하층을 제외한 층수가 11층 이상의 층
> ② 지하층, 무창층의 용도가 도매 · 소매시장 · 여객자동차터미널 · 지하 역사 또는 지하상가

77 (상 중 ⓗ)

비상경보설비 및 단독경보형 감지기의 화재안전기술기준(NFTC 201)에 따른 단독경보형 감지기의 시설기준에 대한 내용이다. 다음 (   )에 들어갈 내용으로 옳은 것은?

> 단독경보형 감지기는 바닥면적이 (㉠) [m²]를 초과하는 경우에는 (㉡) [m²]마다 1개 이상을 설치하여야 한다.

① ㉠ 100, ㉡ 100
② ㉠ 100, ㉡ 150
③ ㉠ 150, ㉡ 150
④ ㉠ 150, ㉡ 200

해설 단독경보형 감지기 설치기준 —————

1) <u>각 실(이웃하는 실내 바닥 면적이 각각 30 [m²] 미만이고 벽체의 상부의 전부 또는 일부가 개방되어 이웃하는 실내와 공기가 상호 유통되는 경우 이를 1개의 실로 본다)마다 설치하되, 바닥 면적이 150 [m²]를 초과하는 경우에는 150 [m²]마다 1개 이상 설치할 것</u>
2) 최상층의 계단실의 천장(외기 상통하는 계단실 경우 제외)에 설치할 것
3) 건전지를 주전원으로 사용하는 단독경보형 감지기는 정상적인 작동 상태를 유지할 수 있도록 건전지를 교환할 것
4) 상용전원을 주전원으로 사용하는 단독경보형 감지기의 2차 전지는 제품검사시험에 합격한 것을 사용할 것

78 (상⬤하)

무선통신보조설비의 화재안전기술기준(NFTC 505)에 따라 무선통신보조설비의 누설동축케이블 및 안테나는 고압의 전로로부터 1.5 [m] 이상 떨어진 위치에 설치해야 하나 그렇게 하지 않아도 되는 경우는?

① 끝부분에 무반사 종단저항을 설치한 경우
② 불연재료로 구획된 반자 안에 설치한 경우
③ 해당 전로에 정전기 차폐장치를 유효하게 설치한 경우
④ 금속제 등의 지지금구로 일정한 간격으로 고정한 경우

해설 누설동축케이블 설치기준

1) 소방전용주파수대에서 전파의 전송 또는 복사에 적합한 것으로서 소방전용의 것으로 할 것(다만 소방대 상호 간의 무선연락에 지장 없는 경우에는 다른 용도와 겸용 가능하다)
2) 누설동축케이블과 이에 접속하는 안테나 또는 동축케이블과 이에 접속하는 안테나에 따른 것으로 할 것
3) 누설동축케이블은 불연 또는 난연성의 것으로서 습기에 따라 전기의 특성이 변질되지 아니하는 것으로 하고, 노출하여 설치한 경우에는 피난 및 통행에 장애가 없도록 할 것
4) 누설동축케이블은 화재에 따라 해당 케이블의 피복이 소실된 경우에 케이블 본체가 떨어지지 아니하도록 4 [m] 이내마다 금속제 또는 자기제 등의 지지금구로 벽·천장·기둥 등에 견고하게 고정시킬 것(다만 불연재료로 구획된 반자 안에 설치하는 경우에는 그러하지 않는다)
5) 누설동축케이블 및 안테나는 금속판 등에 따라 전파의 복사 또는 특성이 현저하게 저하되지 아니하는 위치에 설치할 것
6) 누설동축케이블 및 안테나는 고압의 전로로부터 1.5 [m] 이상 떨어진 위치에 설치할 것(다만 해당 전로에 정전기 차폐장치를 유효하게 설치한 경우에는 그러하지 않는다)
7) 누설동축케이블의 끝부분에는 무반사 종단저항을 견고하게 설치할 것
8) 누설동축케이블 또는 동축케이블의 임피던스는 50 [Ω]으로 하고, 이에 접속하는 안테나·분배기 기타의 장치는 해당 임피던스에 적합한 것으로 하여야 한다.

79 (상⬤하)

유도등 및 유도표지의 화재안전기술기준(NFTC 303)에 따라 유도표지는 각 층마다 복도 및 통로의 각 부분으로부터 하나의 유도표지까지의 보행거리가 몇 [m] 이하가 되는 곳과 구부러진 모퉁이의 벽에 설치하여야 하는가? (단, 계단에 설치하는 것은 제외한다)

① 5　　　　② 10
③ 15　　　④ 25

해설 유도표지 설치기준

1) 계단에 설치하는 것을 제외하고는 각 층마다 복도 및 통로의 각 부분으로부터 하나의 유도표지까지의 보행거리가 15 [m] 이하가 되는 곳과 구부러진 모퉁이의 벽에 설치할 것
2) 피난구유도표지는 출입구 상단에 설치하고, 통로유도표지는 바닥으로부터 높이 1 [m] 이하의 위치에 설치할 것
3) 주위에는 이와 유사한 등화·광고물·게시물 등을 설치하지 않을 것
4) 유도표지는 부착판 등을 사용하여 쉽게 떨어지지 않도록 설치할 것
5) 축광방식의 유도표지는 외광 또는 조명장치에 의하여 상시 조명이 제공되거나 비상조명등에 의한 조명이 제공되도록 설치할 것
6) 유도표지는 소방청장이 정하여 고시한 「축광표지의 성능인증 및 제품검사의 기술기준」에 적합한 것이어야 한다. 다만 방사성 물질을 사용하는 위치표지는 쉽게 파괴되지 않는 재질로 처리해야 한다.

80 (상(중)하)

자동화재탐지설비 및 시각경보장치의 화재안전기술기준 (NFTC 203)에 따른 발신기의 시설기준에 대한 내용이다. 다음 (   )에 들어갈 내용으로 옳은 것은?

발신기의 위치를 표시하는 표시등은 함의 상부에 설치하되, 그 불빛은 부착면으로부터 (㉠)° 이상의 범위 안에서 부착지점으로부터 (㉡) [m] 이내의 어느 곳에서도 쉽게 식별할 수 있는 적색등으로 하여야 한다.

① ㉠ 10, ㉡ 10
② ㉠ 15, ㉡ 10
③ ㉠ 25, ㉡ 15
④ ㉠ 25, ㉡ 20

해설 발신기 설치기준 ─────────────────────

1) 조작스위치 : 바닥으로부터 0.8 [m] 이상 ~ 1.5 [m] 이하 설치
2) 특정소방대상물의 층마다 설치
   (1) 수평거리 : 25 [m] 이하 설치(각 부분부터 하나의 발신기까지의 거리)
   (2) 보행거리 : 40 [m] 이상 경우 추가설치(복도·별도구획된 실)
3) 위치 표시등 : 함 상부 설치
4) 불빛 : 부착면부터 15° 이상의 범위 안, 부착지점부터 10 [m] 이내 어느 곳에서도 쉽게 식별할 수 있는 적색등

2021년 4회

소방원론

3회독	월 일
2회독	월 일
1회독	월 일

| 목표시간 : 20분 | 시작 : _시 _분 | 종료 : _시 _분 | 맞은 개수 : _ /20 |

01 (상)(중)(하)

다음 중 피난자의 집중으로 패닉현상이 일어날 우려가 가장 큰 형태는?

① T형 ② X형
③ Z형 ④ H형

 피난형태

형태	피난방향	비고
X형	↑ ← → ↓	분산하여 피난하므로 피난이 용이
Y형	↖ ↗ ↓	
CO형	↓ → □ ← ↑	피난자들이 집중되므로 병목현상의 발생 및 패닉 우려
H형	← → ❘ ← →	

02 (상)(중)(하)

연기감지기가 작동할 정도이고 가시거리가 20 ~ 30 [m]에 해당하는 감광계수는 얼마인가?

① 0.1 [m⁻¹] ② 1.0 [m⁻¹]
③ 2.0 [m⁻¹] ④ 10 [m⁻¹]

해설 **감광계수**

감광계수[m⁻¹]	가시거리[m]	내용
0.1	20 ~ 30	연기감지기 작동할 때
0.3	5	건물에 익숙한 사람이 피난에 지장을 느낄 때
0.5	3	어두움을 느낄 때
1	1 ~ 2	거의 앞이 보이지 않음
10	0.2 ~ 0.5	최성기 때 연기농도
30	–	출화실에서 연기 분출

03 (상)(중)(하)

소화에 필요한 CO_2의 이론소화농도가 공기 중에서 37 [vol%]일 때 한계산소농도는 약 몇 [vol%]인가?

① 13.2 ② 14.5
③ 15.5 ④ 16.5

해설 **이산화탄소의 농도**

$$CO_2 \text{ 농도 [vol\%]} = \frac{21 - O_2[vol\%]}{21} \times 100$$

$$37 = \frac{21 - O_2}{21} \times 100$$

$$\therefore O_2 = 13.23[vol\%]$$

정답 01 ④ 02 ① 03 ①

04 (상)(중)하

건물화재 시 패닉(Panic)의 발생 원인과 직접적인 관계가 없는 것은?

① 연기에 의한 시계 제한
② 유독가스에 의한 호흡 장애
③ 외부와 단절되어 고립
④ 불연내장재의 사용

해설 패닉의 발생원인

1) 연기에 의한 가시거리 제한
2) 유독가스에 의한 호흡 장애
3) 외부와 단절된 심리적인 고립감

TIP 불연성 내장재의 사용 : 화재 확대방지

보충 시계(視界) : 시력이 미치는 범위

06 (상)(중)하

물리적 폭발에 해당하는 것은?

① 분해폭발
② 분진폭발
③ 중합폭발
④ 수증기폭발

해설 폭발의 형태

화학적 폭발	물리적 폭발
가스폭발	
유증기폭발	수증기폭발
분진폭발	전선폭발
산화폭발	상전이폭발
분해폭발	압력방출에 의한 폭발
중합폭발	

보충 기상폭발 : 가스폭발, 분무폭발, 분진폭발

05 (상)(중)하

소화기구 및 자동소화장치의 화재안전기술기준에 따르면 소화기구(자동확산소화기는 제외)는 거주자 등이 손쉽게 사용할 수 있는 장소에 바닥으로부터 높이 몇 [m] 이하의 곳에 비치하여야 하는가?

① 0.5
② 1.0
③ 1.5
④ 2.0

해설 소화기구의 설치높이(자동확산소화기 제외)

거주자 등이 손쉽게 사용할 수 있는 장소에 바닥으로부터 높이 1.5 [m] 이하의 곳에 비치

07 (상)(중)하

소화약제로 사용되는 이산화탄소에 대한 설명으로 옳은 것은?

① 산소와 반응 시 흡열반응을 일으킨다.
② 산소와 반응하여 불연성 물질을 발생시킨다.
③ 산화하지 않으나 산소와는 반응한다.
④ 산소와 반응하지 않는다.

해설 이산화탄소의 특징

1) 무색, 무취이며 전기적으로 비전도성
2) 공기보다 1.5배 비중이 커서 심부화재에 적응성이 있음
3) 상온에서는 기체지만, 고압용기에 액화시켜 보관
4) 흡입 시 질식 우려가 있음
5) 산소와 이미 결합하여 산화반응하지 않는 물질
   [물(H_2O), 산소(O_2), 이산화탄소(CO_2) 등]

08 (상 中 하)

할론 1211의 화학식에 해당하는 것은?

① CH_2BrCl ② CF_2ClBr
③ CH_2BrF ④ CF_2HBr

해설 할론소화약제

종류	분자식	상온·상압
할론 1211	CF_2ClBr	기체
할론 1301	CF_3Br	
할론 1011	CH_2ClBr	액체
할론 2402	$C_2F_4Br_2$	

09 (상 中 하)

건축물 화재에서 플래시 오버(Flash Over)현상이 일어나는 시기는?

① 초기에서 성장기로 넘어가는 시기
② 성장기에서 최성기로 넘어가는 시기
③ 최성기에서 감쇠기로 넘어가는 시기
④ 감쇠기에서 종기로 넘어가는 시기

해설 실내화재 발생현상

1) 플래시 오버
   (1) 온도가 급격히 상승하여 화재가 순간적으로 실내 전체에 확산되는 현상
   (2) 발생 시기 : 성장기 ~ 최성기 직전
2) 백드래프트
   (1) 훈소 상태일 때 신선한 공기 유입으로 실내의 축적된 가스가 단시간 연소, 폭발하여 실외로 분출
   (2) 발생 시기 : 감쇠기(최성기 이후)

10 (상 中 하)

인화칼슘과 물이 반응할 때 생성되는 가스는?

① 아세틸렌   ② 황화수소
③ 황산   ④ 포스핀

해설 물과 반응 시 발생가스

물질	가스
탄화칼슘(CaC_2)	아세틸렌(C_2H_2)
탄화알루미늄(Al_4C_3)	메테인(메탄, CH_4)
인화칼슘(Ca_3P_2)	포스핀(PH_3)
인화알루미늄(AlP)	
수소화리튬(LiH)	수소(H_2)

암기 탄칼아, 탄알메, 인포

11 (상 中 하)

위험물안전관리법령상 자기반응성 물질의 품명에 해당하지 않는 것은?

① 나이트로화합물   ② 할로겐화합물
③ 질산에스터류   ④ 하이드록실아민염류

해설 제5류 위험물(자기반응성 물질)

품명	지정수량
유기과산화물	제1종 : 10 [kg] 제2종 : 100 [kg]
질산에스터류(질산에스테르류)	
나이트로화합물(니트로화합물)	
나이트로화합물(니트로소화합물)	
아조화합물	
다이아조화합물(디아조화합물)	
하이드라진유도체(히드라진 유도체)	
하이드록실아민(히드록실아민)	
하이드록실아민염류 (히드록실아민염류)	

12 (상) ⓒ (하)

마그네슘의 화재에 주수하였을 때 물과 마그네슘의 반응으로 인하여 생성되는 가스는?

① 산소
② 수소
③ 일산화탄소
④ 이산화탄소

해설 금수성 물질

물과 접촉하여 발화, 가연성 가스 발생

구분	현상
무기과산화물	산소(O_2) 발생
금속분 마그네슘(Mg) 나트륨(Na) 칼륨(K) 리튬(Li)	수소(H_2) 발생
탄화칼슘(칼슘카바이드)	아세틸렌(C_2H_2) 발생

13 (상) ⓒ (하)

제2종 분말소화약제의 주성분으로 옳은 것은?

① NaH_2PO_4
② KH_2PO_4
③ $NaHCO_3$
④ $KHCO_3$

해설 분말소화약제

종별	소화약제	약제색	적응화재
1종	탄산수소나트륨 ($NaHCO_3$)	백색	BC급
2종	탄산수소칼륨 ($KHCO_3$)	담자색 (담회색)	BC급
3종	제1인산암모늄 ($NH_4H_2PO_4$)	담홍색	ABC급
4종	탄산수소칼륨 + 요소 ($KHCO_3+(NH_2)_2CO$)	회(백)색	BC급

암기 ▶ 백담사 홍어회

14 (상) ⓒ (하)

물과 반응하였을 때 가연성 가스를 발생하여 화재의 위험성이 증가하는 것은?

① 과산화칼슘
② 메탄올
③ 칼륨
④ 과산화수소

해설 금수성 물질

물과 접촉하여 발화, 가연성 가스 발생

구분	현상
무기과산화물	산소(O_2) 발생
금속분 마그네슘(Mg) 나트륨(Na) 칼륨(K) 리튬(Li)	수소(H_2) 발생
탄화칼슘(칼슘카바이드)	아세틸렌(C_2H_2) 발생

15 (상) ⓒ (하)

물리적 소화방법이 아닌 것은?

① 연쇄반응의 억제에 의한 방법
② 냉각에 의한 방법
③ 공기와의 접촉 차단에 의한 방법
④ 가연물 제거에 의한 방법

해설 소화의 형태

소화	내용
냉각소화	열 흡수, 발화점 이하로 낮추어 소화
질식소화	산소농도 15 [%] 이하로 낮춤
제거소화	가연물을 차단, 격리
억제소화	연쇄반응을 차단, 부촉매소화

보충 ▶ 물리적 소화 : 냉각, 질식, 제거
화학적 소화 : 억제소화(부촉매소화)

2021

16 (상)(중)하

다음 중 착화온도가 가장 낮은 것은?

① 아세톤
② 휘발유
③ 이황화탄소
④ 벤젠

해설 발화점 = 착화점 = 착화온도

물질	발화점 [℃]
벤젠	498
톨루엔	480
아세톤	465
에틸알코올	423
휘발유(가솔린)	280
적린, 황화인(황화린)	260
등유	220
경유	210
이황화탄소	90
황린	34

암기 발벤톨 / 아에 / 휘적 / 등경 / 이황

17 (상)(중)하

화재의 분류방법 중 유류화재를 나타낸 것은?

① A급 화재
② B급 화재
③ C급 화재
④ D급 화재

해설 화재의 분류

등급	화재	표시색	가연물
A급	일반화재	백색	나무, 섬유, 종이, 고무, 플라스틱류
B급	유류화재	황색	인화성 액체, 가연성 액체, 석유 그리스, 타르, 오일, 유성도료, 솔벤트, 래커, 알코올 및 인화성 가스 등
C급	전기화재	청색	전류가 흐르고 있는 전기기기, 배선 등
D급	금속화재	무색	마그네슘 합금 등 가연성 금속
K급	주방화재	–	주방에서 동식물유를 취급하는 조리기구

18 (상)(중)하

소화약제로 사용되는 물에 관한 소화성능 및 물성에 대한 설명으로 틀린 것은?

① 비열과 증발잠열이 커서 냉각소화효과가 우수하다.
② 물(15 [℃])의 비열은 약 1 [cal/g · ℃]이다.
③ 물(100 [℃])의 증발잠열은 439.6 [kcal/g]이다.
④ 물의 기화에 의한 팽창된 수증기는 질식소화 작용을 할 수 있다.

해설 물의 물리 · 화학적 성질

구분	내용
물리적 성질	• 상온에서 물은 무겁고 안정된 액체 • 융해잠열 : 80 [kcal/kg] (= 334 [kJ/kg]) • 증발잠열 : 539.6 [kcal/kg] (= 2257 [kJ/kg]) • 비열 : 1 [kcal/kg · ℃] = 1 [cal/g · ℃] (= 4.18 [kJ/kg · K]) • 잠열, 비열, 표면장력이 크다 • 증발 시 체적 약 1650배 증가
화학적 성질	• 수소 2 원자, 산소 1 원자(H_2O) • 물은 극성 분자, 수소결합

정답 16 ③ 17 ② 18 ③

[물의 상태변화]

(1) 다이에틸에터(디에틸에테르)

$$H = \frac{48 - 1.9}{1.9} = 24.26$$

(2) 수소 $H = \frac{75 - 4}{4} = 17.75$

(3) 에틸렌 $H = \frac{36 - 2.7}{2.7} = 12.33$

(4) 뷰테인(부탄) $H = \frac{8.4 - 1.8}{1.8} = 3.67$

19 상 중 하

다음 중 공기에서의 연소범위를 기준으로 했을 때 위험도 (H) 값이 가장 큰 것은?

① 다이에틸에터 ② 수소
③ 에틸렌 ④ 뷰테인

해설 위험도 계산

1) 위험도 $H = \frac{U - L}{L}$

2) 주요물질 연소범위

가스	하한계 L	상한계 U	위험도 H
이황화탄소	1.2	44	35.67
아세틸렌	2.5	81	31.4
다이에틸에터 (디에틸에테르)	1.9	48	24.26
수소	4	75	17.75
에틸렌	2.7	36	12.33
일산화탄소	12.5	74	4.92
뷰테인(부탄)	1.8	8.4	3.67
프로페인(프로판)	2.1	9.5	3.52
에테인(에탄)	3	12.4	3.13
메테인(메탄)	5	15	2

20 상 중 하

조연성 가스로만 나열되어 있는 것은?

① 질소, 불소, 수증기
② 산소, 불소, 염소
③ 산소, 이산화탄소, 오존
④ 질소, 이산화탄소, 염소

해설 가연성 가스와 조연성 가스

구분	가연성 가스	조연성 가스
정의	자기 자신이 연소하는 가스	자기 자신은 타지 않고 연소를 도와주는 가스
종류	일산화탄소(CO) 수소(H_2) 메테인(메탄, CH_4) 프로페인(프로판, C_3H_8) 암모니아(NH_3) 뷰테인(부탄, C_4H_{10})	오존(O_3) 공기 산소(O_2) 염소(Cl) 불소(F)

암기 ▶ 조 오공산 염불

2021년 4회

소방전기일반

| 목표시간 : 30분 | 시작 : _시 _분 | 종료 : _시 _분 | 맞은 개수 : _ /20 |

21 (상)중 하

단상 반파 정류회로를 통해 평균 26 [V]의 직류전압을 출력하는 경우 정류 다이오드에 인가되는 역방향 최대 전압은 약 몇 [V]인가? (단, 직류 측에 평활회로(필터)가 없는 정류회로이고, 다이오드의 순방향 전압은 무시한다)

① 26
② 37
③ 58
④ 82

해설 역방향 최대 전압

$$PIV = \sqrt{2}\,V = \pi(V_{av} + e)$$
$$= \pi \times 26$$
$$= 81.68 ≒ 82[V]$$

V_{av} : 평균 전압

PIV(Peak Inverse Voltage) : 역방향 최대 전압 [V]

22 상 중 (하)

시퀀스회로를 논리식으로 표현하면?

① $C = A + \overline{B} \cdot C$
② $C = A \cdot \overline{B} + C$
③ $C = A \cdot C + \overline{B}$
④ $C = A \cdot C + \overline{B} \cdot C$

해설 논리식

$$C = A \text{ OR } (C \text{ AND } \overline{B})$$

유접점
AND회로($A \times B$, $A \cdot B$)

OR회로($A + B$)

NOT회로(반전)

NAND회로(NOT + AND)

NOR회로(NOT + OR)

정답 21 ④ 22 ①

유접점

XOR회로

23 상 중 하

제어량에 따른 제어방식의 분류 중 온도, 유량, 압력 등의 공업 프로세스의 상태량을 제어량으로 하는 제어계로서 외란의 억제를 주목적으로 하는 제어방식은?

① 서보기구
② 자동조정
③ 추종제어
④ 프로세스제어

해설 제어량에 의한 분류

구분	내용	제어량
서보기구	기계적 변위를 제어량으로 하는 변화량제어	물체의 방위, 위치, 각도 등
프로세스 제어	플랜트나 생산공정 중의 상 태량 제어	온도, 압력, 유량, 농도 등
자동조정 제어	제어량이 전기적, 기계적 양을 제어	주파수, 전압, 전류, 회전속 도 힘 등

24 상 중 하

반도체를 이용한 화재감지기 중 서미스터(Thermistor)는 무엇을 측정하기 위한 반도체 소자인가?

① 온도
② 연기 농도
③ 가스 농도
④ 불꽃의 스펙트럼 강도

해설 서미스터의 특성

• 온도변화에 따라 저항값 변함
• 온도보상용, 온도계측용
• 부(-) 저항온도계수의 특성 : 온도 증가 시 저항 감소
• 열을 감지하는 감열저항체 소자

보충 ▶ NTC : 저항값은 온도와 반비례 (부)
PTC : 저항값은 온도와 비례 (정)

25 상 중 하

회로에서 a와 b 사이의 합성저항 [Ω]은?

① 5
② 7.5
③ 15
④ 30

해설 휘스톤 브리지

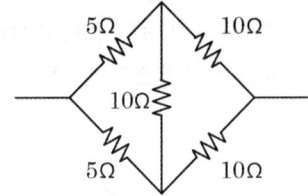

휘스톤 브리지로 변환

⇒ 가운데 10 [Ω]에는 전류가 흐르지 않으므로 없는 것과 같다(∵ 대각선의 곱이 서로 50으로 같기 때문).

$$R = \frac{(5+10) \times (5+10)}{(5+10) + (5+10)} = 7.5[Ω]$$

(5 [Ω]과 10 [Ω]은 직렬이며 (5 + 10) [Ω]과 (5 + 10) [Ω]이 서로 병렬로 연결)

26 상 중 하

1개의 용량의 25 [W]인 객석유도등 10개가 설치되어 있다. 이 회로에 흐르는 전류는 약 몇 [A]인가? (단, 전원 전압은 220 [V]이고, 기타 선로손실 등은 무시한다)

① 0.88
② 1.14
③ 1.25
④ 1.36

해설 전류

$$P = VI = I^2 R = \frac{V^2}{R}$$

$$I = \frac{P}{V} = \frac{25 \times 10}{220} = 1.14[A]$$

P : 소비전력 [W]
V : 전압 [V]
I : 전류 [A]

27 상 중 하

PD(비례미분)제어동작의 특징으로 옳은 것은?

① 잔류편차제거
② 간헐현상제거
③ 불연속제어
④ 속응성 개선

해설 제어동작에 의한 분류

구분		내용
불연속 제어	ON-OFF 제어	단속적 제어동작
	샘플링 (Sampling)	전압, 전류, 위상을 제어
연속 제어	비례제어 (P제어)	잔류 편차(Off Set) 발생
	적분제어 (I제어)	• 잔류 편차(Off Set) 개선 • 시간지연(속응성) 발생
	미분제어 (D제어)	• 시간지연 개선, 잔류 편차(Off Set) 존재, 오차방지 • 진동방지, 오버슈트가 커진다.
	비례적분제어 (PI제어)	• 잔류 편차는 제거되지만 시간지연이 길다. • 간헐현상 존재, 지상보상 요소에 대응한다.
	비례미분제어 (PD제어)	시간지연(응답속응성)을 개선, 잔류 편차는 있다.
	비례미분 적분제어 (PID제어)	시간지연도 향상시키고 잔류 편차도 제거한 제어계로 가장 안정적인 제어계

28 (상)(중)하

회로에서 저항 20 [Ω]에 흐르는 전류 [A]는?

① 0.8

② 1.0

③ 1.8

④ 2.8

해설 중첩의 원리 ──────────

1) 전류원 기준(전압원 단락)

$$I_2 = \frac{R_1}{R_1 + R_2} \times I = \frac{5}{20+5} \times 5 = 1[A]$$

2) 전압원 기준(전류원 개방)

$$I_1 = I_2, \; I_2 = \frac{V}{R_T} = \frac{20}{5+20} = 0.8[A]$$

3) $I_2 = 1 + 0.8 = 1.8[A]$

I_1, R_1 : 5 [Ω]에서의 전류, 저항

I_2, R_2 : 20 [Ω]에서의 전류, 저항

R_T : 합성저항

전압원 단락 (전압원 제거)	$I_a = \dfrac{R_1}{R_1 + R_2} I\,[\mathrm{A}]$ (R_2에 흐르는 전류)
전류원 개방 (전류원 제거)	$I_b = \dfrac{V}{R_1 + R_2}\,[\mathrm{A}]$ (R_1, R_2에 흐르는 전류는 같다)
R_2에 흐르는 전류(I)	$I = I_a + I_b\,[\mathrm{A}]$

29 (상)(중)하

1 [cm]의 간격을 둔 평행 왕복전선에 25 [A]의 전류가 흐른다면 전선 사이에 작용하는 단위 길이당 힘 [N/m]은?

① 2.5×10^{-2} [N/m](반발력)

② 1.25×10^{-2} [N/m](반발력)

③ 2.5×10^{-2} [N/m](흡인력)

④ 1.25×10^{-2} [N/m](흡인력)

해설 평행도체에서의 힘의 크기 ──────

$$F = \frac{2I_1 I_2}{r} \times 10^{-7}$$

$$= \frac{2 \times 25 \times 25}{0.01} \times 10^{-7}$$

$$= 1.25 \times 10^{-2} [N/m]$$

F : 전선 사이의 단위길이당 힘 [N/m]

I : 전류 [A]

r : 두 도선 간의 거리

TIP ▶ 평행한 왕복도선은 반발력을 갖는다.

30 (상)중 하

0.5 [kVA]의 수신기용 변압기가 있다. 이 변압기의 철손은 7.5 [W]이고, 전부하동손은 16 [W]이다. 화재가 발생하여 처음 2시간은 전부하로 운전되고, 다음 2시간은 1/2의 부하로 운전되었다고 한다. 4시간에 걸친 이 변압기의 전손실 전력량은 몇 [Wh]인가?

① 62

② 70

③ 78

④ 94

해설 변압기 전손실 전력량 ─────

$$W = (P_i + P_c)t + [P_i + (\frac{1}{n})^2 P_c]t$$

$$= (7.5 + 16) \times 2 + [7.5 + (\frac{1}{2})^2 \times 16] \times 2$$

$$= 70\,[Wh]$$

P_i : 철손 [W]

P_c : 동손 [W]

W : 전손실 전력량 [Wh]

t : 시간 [h]

$\frac{1}{n}$: 부

31 (상)(중)하

테브난의 정리를 이용하여 그림 (a)의 회로를 그림 (b)와 같은 등가회로로 만들고자 할 때 V_{th} [V]와 R_{th} [Ω]은?

① 5 [V], 2 [Ω]   ② 5 [V], 3 [Ω]

③ 6 [V], 2 [Ω]   ④ 6 [V], 3 [Ω]

해설 테브난의 정리 ─────

• a와 b가 개방된 상태에서 1.5 [Ω]에 걸리는 전압

$$V_{th} = \frac{R_2}{R_1 + R_2} V$$

$$= \frac{1.5}{1 + 1.5} \times 10 = 6\,[V]$$

• a와 b에서 전원 측을 본 임피던스 전압원 단락

$$R_{th} = R_3 + \frac{R_1 R_2}{R_1 + R_2}$$

$$= 2.4 + \frac{1 \times 1.5}{1 + 1.5} = 3\,[Ω]$$

32 (상)(중)하

블록선도에서 외란 D(s)의 입력에 대한 출력 C(s)의 전달 함수 $\left(\frac{C(s)}{D(s)}\right)$는?

① $\frac{G(s)}{H(s)}$ ② $\frac{1}{1+G(s)H(s)}$

③ $\frac{H(s)}{G(s)}$ ④ $\frac{G(s)}{1+G(s)H(s)}$

해설 전달함수 ─────

• $C(s) = \frac{G(s)}{1+G(s)H(s)} R(s) + \frac{1}{1+G(s)H(s)} D(s)$

• $R(s) = 0$

$C(s) = \frac{1}{1+G(s)H(s)} D(s)$

• $\frac{C(s)}{D(s)} = \frac{1}{1+G(s)H(s)}$

33 (상ⓒ하)

회로에서 전압계 ⓥ가 지시하는 전압의 크기는 몇 [V]인가?

AC100V

① 10
② 50
③ 80
④ 100

해설 전압 계산 ─────────

$Z = R + j(X_L - X_c)$

$\quad = 8 - j6\ [\Omega]$

$|Z| = \sqrt{R^2 + X^2}$

$\quad = \sqrt{8^2 + 6^2} = 10\ [\Omega]$

$I = \dfrac{V}{|Z|} = \dfrac{100}{10} = 10\ [A]$

$V = IX_C$

$\quad = 10 \times 10 = 100\ [V]$

Z : 임피던스 $[\Omega]$

X_L : 유도 리액턴스 $[\Omega]$

X_C : 용량 리액턴스 $[\Omega]$

34 (상ⓒ하)

지시계기에 대한 동작원리가 아닌 것은?

① 열전형 계기 : 대전된 도체 사이에 작용하는 정전력을 이용

② 가동철편형 계기 : 전류에 의한 자기장에서 고정 철편과 가동 철편 사이에 작용하는 힘을 이용

③ 전류력계형 계기 : 고정 코일에 흐르는 전류에 의한 자기장과 가동 코일에 흐르는 전류 사이에 작용하는 힘을 이용

④ 유도형 계기 : 회전 자기장 또는 이동 자기장과 이것에 의한 유도 전류와의 상호작용을 이용

해설 지시계기의 동작원리 ─────────

계기 종류	동작원리
가동코일형	영구자석 자기장 내에 코일을 두고 이 코일에 전류를 통과시켜 발생되는 힘을 이용한다.
가동철편형	전류에 의한 자기장이 연철편에 작용하는 힘을 이용한다. 종류 : 흡인형, 반발형, 반발흡인형
유도형	회전 자기장 또는 이동 자기장과 이것에 의한 유도 전류와의 상호작용을 이용한다.
정류형	• 가동 코일형 계기 앞에 정류회로를 삽입하여 교류를 측정하므로 가동코일형과 같다. • 파형의 영향을 받기 쉽다.
열전형	다른 종류의 금속제 사이에 발생되는 기전력을 이용한다.
정전형	충전된 대전체 사이에 작용하는 흡인력 또는 반발력 (즉, 정전력)을 이용한다. 전류측정 불가능
전류력계형	전류 상호 간에 작용하는 힘을 이용한다.

35 (상ⓒ하)

선간전압의 크기가 $100\sqrt{3}$ [V]인 대칭 3상 전원에 각 상의 임피던스가 Z = 30 + j40 [Ω]인 Y결선의 부하가 연결되었을 때 이 부하로 흐르는 선전류 [A]의 크기는?

① 2
② $2\sqrt{3}$
③ 5
④ $5\sqrt{3}$

해설 Y결선 선전류 ─────────

$V_l = \sqrt{3}\,V_p = 100\sqrt{3}\ [V],\ V_p = 100\ [V]$

$I_l = I_p$ (선전류와 상전류는 같다)

$I_p = \dfrac{V_p}{Z} = \dfrac{100}{\sqrt{30^2 + 40^2}} = 2\ [A]$

결선도	**Y결선(성형결선 = 스타결선)**
	상전압 (V_p) · 선간전압 (V_ℓ) $V_p = V_a = V_b = V_c$ $V_\ell = V_{ab} = V_{bc} = V_{ca}$
상전압	$V_p = \dfrac{V_l}{\sqrt{3}}$
선간전압	$V_l = \sqrt{3}\, V_p \angle \dfrac{\pi}{6}$
상전류	$I_p = I_l$
선전류	$I_l = I_p$
특징	• 상전압보다 선간전압이 $\sqrt{3}$ 배 크고, 위상차는 $\dfrac{\pi}{6}$ 앞선다. • 평형 3상회로의 중성선에는 전류가 흐르지 않는다.
결선도	**△결선(델타결선 = 환상결선)**
	상전류 (I_p) · 선전류(I_ℓ) $I_p = I_{ab} = I_{bc} = I_{ca}$ $I_\ell = I_a = I_b = I_c$
상전압	$V_p = V_l$
선간전압	$V_l = V_p$
상전류	$I_p = \dfrac{I_l}{\sqrt{3}}$
선전류	$I_l = \sqrt{3}\, I_p \angle \left(-\dfrac{\pi}{6}\right)$
특징	• 선전류가 상전류보다 $\sqrt{3}$ 배 크고, 위상차는 $\dfrac{\pi}{6}$ 뒤진다. • 제3고조파는 내부에서 순환한다.

36 상 中 하

자유공간에서 무한히 넓은 평면에 면전하밀도 σ [C/m²]가 균일하게 분포되어 있는 경우 전계의 세기(E)는 몇 [V/m]인가? (단, ε_0는 진공의 유전율이다)

① $E = \dfrac{\sigma}{\varepsilon_0}$ ② $E = \dfrac{\sigma}{2\varepsilon_0}$

③ $E = \dfrac{\sigma}{2\pi\varepsilon_0}$ ④ $E = \dfrac{\sigma}{4\pi\varepsilon_0}$

해설 도체 표면의 전계의 세기

• 무한평면에서의 전계의 세기

$$E = \dfrac{\sigma}{2\epsilon_0} \ \ [\text{V/m}]$$

37 상 中 하

50 [Hz]의 주파수에서 유도성 리액턴스가 4 [Ω]인 인덕터와 용량성 리액턴스가 1 [Ω]인 커패시터와 4 [Ω]의 저항이 모두 직렬로 연결되어 있다. 이 회로에 100 [V], 50 [Hz]의 교류전압을 인가했을 때 무효전력 [Var]은?

① 1000 ② 1200

③ 1400 ④ 1600

해설 무효전력

$$Z = R + jX = R + j(X_L - X_c)$$
$$= 4 + j(4-1) = 4 + j3 \ [\Omega]$$
$$|Z| = \sqrt{4^2 + 3^2} = 5 \ [\Omega], \ X = 3 \ [\Omega]$$
$$I = \dfrac{V}{Z} = \dfrac{100}{5}[A] = 20[A]$$
$$P_r = I^2 X = 20^2 \times 3 = 1200 \ [Var]$$

X_L : 유도 리액턴스 [Ω]

X_C : 용량 리액턴스 [Ω]

무효전력 P_r = VIsinθ = I²X [Var]

피상전력 P_a = VI = I²Z [VA]

유효전력 P = VIcosθ = I²R [W]

38 (상ㆍ중ㆍ하)

다음의 단상 유도전동기 중 기동 토크가 가장 큰 것은?

① 셰이딩 코일형
② 콘덴서 기동형
③ 분상 기동형
④ 반발 기동형

해설 기동토크 크기 순서 ——————

반발 기동형 ➡ 반발 유도형 ➡ 콘덴서 기동형 ➡ 분상 기동형 ➡ 셰이딩 코일형

암기 ▶ 반반콘분셰

39 (상ㆍ중ㆍ하)

무한장 솔레노이드에서 자계의 세기에 대한 설명으로 틀린 것은?

① 솔레노이드 내부에서의 자계의 세기는 전류의 세기에 비례한다.
② 솔레노이드 내부에서의 자계의 세기는 코일의 권수에 비례한다.
③ 솔레노이드 내부에서의 자계의 세기는 위치에 관계없이 일정한 평등 자계이다.
④ 자계의 방향과 암페어 적분 경로가 서로 수직인 경우 자계의 세기가 최대이다.

해설 무한장 솔레노이드 자계의 세기 ——————

$$H = \frac{NI}{\ell} \, [\text{AT/m}]$$

• 전류의 세기에 비례
• 코일의 권수에 비례
• 자계의 세기는 평등자계

H : 자계의 세기 [AT/m]
N : 코일의 권수
I : 전류 [A]

40 (상ㆍ중ㆍ하)

다음의 논리식을 간소화하면?

$$Y = \overline{(\overline{A} + B)} \cdot \overline{B}$$

① $Y = A + B$
② $Y = \overline{A} + B$
③ $Y = A + \overline{B}$
④ $Y = \overline{A} + \overline{B}$

해설 논리식 ——————

$$Y = \overline{(\overline{A} + B)} \cdot \overline{B}$$
$$= \overline{\overline{A} + B} + B$$
$$= A \cdot \overline{B} + B$$
$$= (A + B) \cdot (\overline{B} + B)$$
$$(A + B) \cdot 1 = A + B$$

정리	공식
항등법칙	$0 + A = A$, $1 + A = 1$, $0 \times A = 0$, $1 \times A = A$
동일법칙	$A + A = A$, $A \times A = A$
보원법칙	$A + \overline{A} = 1$, $A \times \overline{A} = 0$
복원법칙	$\overline{\overline{A}} = A$
교환법칙	$A + B = B + A$, $A \times B = B \times A$
결합법칙	$A + (B + C) = (A + B) + C$, $A(BC) = (AB)C$
분배법칙	$A(B + C) = AB + AC$, $A + BC = (A + B)(A + C)$
흡수법칙	$A + AB = A$, $A(A + B) = A$ $A + \overline{A}B = (A + \overline{A})(A + B) = A + B$

2021년 4회

🎯 소방관계법규

목표시간 : 20분 │ 시작 : _ 시 _ 분 │ 종료 : _ 시 _ 분 │ 맞은 개수 : __ /20

41 (상)(중)(하)

다음 위험물안전관리법령의 자체소방대기준에 대한 설명으로 틀린 것은?

> 다량의 위험물을 저장·취급하는 제조소등으로서 <u>대통령령이 정하는 제조소등</u>이 있는 동일한 사업소에서 <u>대통령령이 정하는 수량 이상의 위험물</u>을 저장 또는 취급하는 경우 당해 사업소 관계인은 대통령령이 정하는 바에 따라 당해 사업소에 자체 소방대를 설치하여야 한다.

① "대통령령이 정하는 제조소등"은 제4류 위험물을 취급하는 제조소를 포함한다.
② "대통령령이 정하는 제조소등"은 제4류 위험물을 취급하는 일반취급소를 포함한다.
③ "대통령령이 정하는 수량 이상의 위험물"은 제4류 위험물의 최대수량의 합이 지정수량의 3천 배 이상인 것을 포함한다.
④ "대통령령이 정하는 제조소등"은 보일러로 위험물을 소비하는 일반취급소를 포함한다.

해설 자체소방대 설치 사업소

사업소	지정수량
제4류 위험물 취급 제조소·일반취급소	3000배 이상
제4류 위험물 저장 옥외탱크저장소	500000배 이상

42 (상)(중)(하)

위험물안전관리법령상 제조소등에 설치하여야 할 자동화재탐지설비의 설치기준 중 ( ) 안에 알맞은 내용은? (단, 광전식 분리형 감지기 설치는 제외한다)

> 하나의 경계구역의 면적은 (㉠) [m²] 이하로 하고 그 한 변의 길이는 (㉡) [m] 이하로 할 것. 다만 당해 건축물 그 밖의 공작물의 주요한 출입구에서 그 내부의 전체를 볼 수 있는 경우에 있어서는 그 면적을 1000 [m²] 이하로 할 수 있다.

① ㉠ 300, ㉡ 20
② ㉠ 400, ㉡ 30
③ ㉠ 500, ㉡ 40
④ ㉠ 600, ㉡ 50

해설 자동화재탐지설비 경계구역

1) 수평적 경계구역
  (1) 하나의 경계구역이 2개 건축물 및 2 이상의 층에 미치지 않을 것
    2개의 층을 하나의 경계구역으로 산정하는 경우 : 바닥합 500 [m²] 이하
  (2) 하나의 경계구역 면적 : 600 [m²] 이하
    ① <u>한 변 길이 : 50 [m] 이하</u>
    ② 주출입구에서 내부 전체 보이는 것 : 한 변 길이가 50 [m]의 범위 내 1000 [m²] 이하
2) 수직적 경계구역
  (1) 계단·경사로(에스컬레이터 포함)는 별도의 경계구역 산정 → 45 [m] 이하
  (2) 엘리베이터 승강로(권상기실 포함)·린넨슈트·파이프피트 및 덕트 기타 이와 유사한 부분은 별도의 경계구역 산정 → 높이기준 없음

정답 41 ④ 42 ④

(3) 지하층의 계단 및 경사로(지하층 층수 1일 경우 제외)는 별도로 경계구역 산정

3) 외기 면하는 경계구역

차고·주차장·창고 등 : 5 [m] 미만의 범위 안 부분은 면적 산입 제외

43 상(중)하

소방시설공사업법령상 전문 소방시설공사업의 등록기준 및 영업범위의 기준에 대한 설명으로 틀린 것은?

① 법인인 경우 자본금은 최소 1억 원 이상이다.
② 개인인 경우 자산평가액은 최소 1억 원 이상이다.
③ 주된 기술인력 최소 1명 이상, 보조기술인력 최소 3명 이상을 둔다.
④ 영업범위는 특정소방대상물에 설치되는 기계분야 및 전기분야 소방시설의 공사·개설·이전 및 정비이다.

해설 전문소방시설공사업 등록기준 ─────

소방시설공사업		기술인력(이상)	영업범위
전문		• 주 인력 : 소방기술사 또는 소방기사[전기·기계] 각 1명(소방기사 전기·기계 동시 보유자 1명) • 보조인력 : 2명	특정소방대상물에 설치되는 기계·전기 분야
일반	기계분야	• 주 인력 : 소방기술사 또는 소방기사[기계] 1명 • 보조인력 : 1명	• 연 1만 [m²] 미만 • 위험물제조소등
	전기분야	• 주 인력 : 소방기술사 또는 소방기사[전기] 1명 • 보조인력 : 1명	• 연 1만 [m²] 미만 • 위험물제조소등

44 상(중)하

소방시설 설치 및 관리에 관한 법령상 특정소방대상물의 관계인이 특정소방대상물의 규모·용도 및 수용인원 등을 고려하여 갖추어야 하는 소방시설의 종류에 대한 기준 중 다음 ( ) 안에 알맞은 것은?

> 화재안전기준에 따라 소화기구를 설치하여야 하는 특정소방대상물은 연면적 (㉠) [m²] 이상인 것. 다만 노유자시설의 경우에는 투척용 소화용구 등을 화재안전기준에 따라 산정된 소화기 수량의 (㉡) 이상으로 설치할 수 있다.

① ㉠ 33, ㉡ 1/2
② ㉠ 33, ㉡ 1/5
③ ㉠ 50, ㉡ 1/2
④ ㉠ 50, ㉡ 1/5

해설 소화기구 설치대상 ─────

1) 연면적 33 [m²] 이상(노유자시설 : 투척용 소화용구 등을 산정된 소화기 수량의 1/2 이상 설치)
2) 가스시설, 발전시설 중 전기저장시설 및 국가유산
3) 터널, 지하구

45 상(중)하

화재의 예방 및 안전관리에 관한 법령상 천재지변 및 그 밖에 대통령령으로 정하는 사유로 화재안전조사를 받기 곤란하여 화재안전조사의 연기를 신청하려는 자는 화재안전조사 시작 최대 며칠 전까지 연기신청서 및 증명서류를 제출해야 하는가?

① 3
② 5
③ 7
④ 10

해설 화재안전조사 연기

연기의 사유 및 기간 등을 적어 제출 : 화재안전조사 시작 3일 전까지

※ 연기의 사유
1) 재난이 발생한 경우
2) 관계인의 질병, 사고, 장기출장의 경우
3) 권한 있는 기관에 자체점검기록부, 교육·훈련일지 등 화재안전조사에 필요한 장부·서류 등이 압수되거나 영치되어 있는 경우
4) 소방대상물의 증축·용도변경 또는 대수선 등의 공사로 화재안전조사를 실시하기 어려운 경우

46 (상)(중)하

위험물안전관리법령상 정기점검의 대상인 제조소등의 기준으로 틀린 것은?

① 지하탱크저장소
② 이동탱크저장소
③ 지정수량의 10배 이상의 위험물을 취급하는 제조소
④ 지정수량의 20배 이상의 위험물을 저장하는 옥외탱크저장소

해설 정기점검 대상 제조소

1) 지정수량 10배 이상의 위험물을 취급하는 제조소
2) 지정수량 100배 이상의 위험물을 저장하는 옥외저장소
3) 지정수량 150배 이상의 위험물을 저장하는 옥내저장소
4) 지정수량 200배 이상의 위험물을 저장하는 옥외탱크저장소
5) 암반탱크저장소
6) 이송취급소
7) 지정수량 10배 이상의 위험물을 취급하는 일반취급소(제4류 위험물만 지정수량 50배 이하로 취급하는 일반취급소)
8) 지하탱크저장소
9) 이동탱크저장소
10) 위험물 취급 탱크로서 지하에 매설된 탱크가 있는 제조소·주유취급소·일반취급소

47 (상)(중)(하)

위험물안전관리법령상 제4류 위험물 중 경유의 지정수량은 몇 리터인가?

① 500
② 1000
③ 1500
④ 2000

해설 제4류 위험물(인화성 액체)

품명		지정수량	대표물질
특수인화물		50 [L]	다이에틸에테르
제1석유류	비수용성	200 [L]	휘발유
	수용성	400 [L]	아세톤
알코올류		400 [L]	변성알코올
제2석유류	비수용성	1000 [L]	등유, 경유
	수용성	2000 [L]	아세트산
제3석유류	비수용성	2000 [L]	중유
	수용성	4000 [L]	글리세린
제4석유류		6000 [L]	실린더유
동식물유류		10000 [L]	아마인유

48 상 중 하

화재의 예방 및 안전관리에 관한 법령상 1급 소방안전관리 대상물의 소방안전관리자 선임대상기준 중 (　) 안에 알 맞은 내용은? [법 개정으로 인한 문제 수정]

소방공무원으로 (　)년 이상 근무 경력이 있는 자

① 1년 이상　　　　② 7년 이상

③ 3년 이상　　　　④ 5년 이상

해설 **1급 소방안전관리자**

1) 소방설비기사, 소방설비산업기사 자격

2) <u>소방공무원 7년 이상 근무 경력</u>

3) 소방청장 실시 1급 소방안전관리 시험합격자(1급 소방안 전관리 시험 응시자격 요건)
   (1) 소방안전관리학과 전공 졸업자로서 졸업 후 2년 이상 2급·3급 소방안전관리자로 근무한 실무경력
   (2) 소방안전 관련 학과 전공 졸업자로서 졸업 후 3년 이상 2급·3급 소방안전관리자로 근무한 실무경력
   (3) 5년 이상 2급 소방안전관리자로 근무한 실무경력
   (4) 특급·1급 소방안전관리 강습교육 수료자
   (5) 2급 소방안전관리자 선임 가능한 자격자로서 특급·1급 소방안전관리보조자로 5년 이상 근무한 실무경력

49 상 중 하

소방시설 설치 및 관리에 관한 법령상 용어의 정의 중 (　) 안에 알맞은 것은?

특정소방대상물이란 소방시설을 설치하여야 하는 소방 대상물로서 (　)으로 정하는 것을 말한다.

① 대통령령　　　　② 국토교통부령

③ 행정안전부령　　④ 고용노동부령

해설 **용어의 정의**

구분	정의
소방시설	소화설비, 경보설비, 피난구조설비, 소화용수설비, 소화활동설비(대통령령)
소방시설등	소방시설과 비상구, 그 밖에 소방 관련 시설(방화문, 자동방화셔터)(대통령령)
특정 소방대상물	건축물등의 규모·용도 및 수용인원 등을 고려하여 소방시설을 설치하여야 하는 소방대상물(대통령령)
소방용품	소방시설등을 구성하거나 소방용으로 사용되는 제품 또는 기기(대통령령)
화재안전성능	화재를 예방하고 화재발생 시 피해를 최소화하기 위하여 소방대상물의 재료, 공간 및 설비등에 요구되는 안전성능
화재안전기준	성능기준 : 화재안전 확보를 위하여 재료, 공간 및 설비등에 요구되는 안전성능(소방청장 고시)
	기술기준 : 성능기준을 충족하는 상세한 규격, 특정한 수치 및 시험방법 등에 관한 기준(소방청장 승인)

50 상 중 하

소방기본법 제1장 총칙에서 정하는 목적의 내용으로 거리 가 먼 것은?

① 구조, 구급 활동 등을 통하여 공공의 안녕 및 질서 유지

② 풍수해의 예방, 경계, 진압에 관한 계획, 예산 지원 활동

③ 구조, 구급 활동 등을 통하여 국민의 생명, 신체, 재산 보호

④ 화재, 재난, 재해 그 밖의 위급한 상황에서의 구조, 구급 활동

해설 **소방기본법의 목적**

1) 화재 예방·경계·진압

2) 화재, 재난·재해, 그 밖의 위급한 상황에서의 구조·구급 활동

3) 국민의 생명·신체 및 재산을 보호함으로써 공공의 안녕 및 질서 유지와 복리증진

2021

51 상 ⓝ 하

소방기본법령상 소방본부 종합상황실의 실장이 서면·팩스 또는 컴퓨터통신 등으로 소방청 종합상황실에 보고하여야 하는 화재의 기준이 아닌 것은?

① 이재민이 100인 이상 발생한 화재
② 재산피해액이 50억 원 이상 발생한 화재
③ 사망자가 3인 이상 발생하거나 사상자가 5인 이상 발생한 화재
④ 층수가 5층 이상이거나 병상이 30개 이상인 종합병원에서 발생한 화재

해설 종합상황실 실장 보고 화재 ──────────

종합상황실의 실장은 다음에 해당하는 상황이 발생하는 때에는 그 사실을 지체 없이 서면·팩스 또는 컴퓨터통신 등으로 소방서의 종합상황실의 경우는 소방본부의 종합상황실에, 소방본부의 종합상황실의 경우는 소방청의 종합상황실에 각각 보고해야 한다.

1) 다음에 해당하는 화재
  ⑴ 사망자가 5인 이상 발생한 화재
  ⑵ 사상자가 10인 이상 발생한 화재
  ⑶ 이재민이 100인 이상 발생한 화재
  ⑷ 재산피해액이 50억 원 이상 발생한 화재
  ⑸ 관공서·학교·정부미도정공장·국가유산·지하철 또는 지하구의 화재
  ⑹ 관광호텔, 층수가 11층 이상인 건축물, 지하상가, 시장, 백화점
  ⑺ 지정수량의 3천 배 이상의 위험물의 제조소·저장소·취급소
  ⑻ 층수가 5층 이상이거나 객실이 30실 이상인 숙박시설, 층수가 5층 이상이거나 병상이 30개 이상인 종합병원·정신병원·한방병원·요양소
  ⑼ 연면적 1만 5000 [m²] 이상인 공장 또는 화재예방강화지구에서 발생한 화재
  ⑽ 철도차량, 항구에 매어 둔 총 톤수가 1천 톤 이상인 선박, 항공기, 발전소 또는 변전소에서 발생한 화재
  ⑾ 가스 및 화약류의 폭발에 의한 화재
  ⑿ 다중이용업소의 화재
2) 통제단장의 현장지휘가 필요한 재난상황
3) 언론에 보도된 재난상황
4) 그 밖에 소방청장이 정하는 재난상황

52 상 ⓝ 하

소방시설 설치 및 관리에 관한 법령상 자체점검 결과의 조치를 하지 아니한 관계인 또는 관계인에게 중대위반사항을 알리지 아니한 관리업자에 대한 벌칙기준은?

[법 개정으로 인한 문제 수정]

① 100만 원 이하의 벌금
② 200만 원 이하의 벌금
③ 300만 원 이하의 벌금
④ 500만 원 이하의 벌금

해설 300만 원 이하의 벌금 ──────────

1) 업무를 수행하면서 알게 된 비밀을 이 법에서 정한 목적 외의 용도로 사용하거나 다른 사람 또는 기관에 제공하거나 누설한 자
2) 방염성능검사에 합격하지 아니한 물품에 합격표시를 하거나 합격표시를 위조하거나 변조하여 사용한 자
3) 방염성능검사 시 거짓 시료 제출
4) 자체점검 결과의 조치를 하지 아니한 관계인 또는 관계인에게 중대위반사항을 알리지 아니한 관리업자 등

53 상 ⓝ 하

소방시설 설치 및 관리에 관한 법령상 분말형태의 소화약제를 사용하는 소화기의 내용연수로 옳은 것은? (단, 소방용품의 성능을 확인받아 그 사용기한을 연장하는 경우는 제외한다)

① 3년   ② 5년
③ 7년   ④ 10년

해설 내용연수 설정 대상 소방용품 ──────────

정소방대상물의 관계인은 내용연수가 경과한 소방용품을 교체하여야 함
※ 내용연수를 설정하여야 하는 소방용품의 종류 및 그 내용연수 연한에 필요한 사항 : 대통령령
  ① 내용연수 설정하여야 하는 소방용품 : 분말형태의 소화약제를 사용하는 소화기
  ② 소방용품의 내용연수 : 10년

정답 51 ③ 52 ③ 53 ④

54 (상(중)하)

소방시설공사업법령상 소방시설공사업자가 소속 소방기술자를 소방시설공사 현장에 배치하지 않았을 경우의 과태료 기준은?

① 100만 원 이하
② 200만 원 이하
③ 300만 원 이하
④ 400만 원 이하

해설 200만 원 이하의 과태료

1) 등록·휴폐업·지위승계·착공·감리지정신고하지 않거나 거짓신고
2) 관계인에게 지위승계·행정처분·휴폐업 사실을 거짓 알림
3) 소방감리 배치통보 및 변경통보하지 않거나 거짓통보
4) 하도급 등의 통지를 하지 않은 경우
5) 소방공무원 감독 명령을 위반하여 미보고, 자료 미제출, 거짓보고·제출
6) 하자보수기간에 관계서류 보관하지 않은 공사업자
7) 소방기술자 공사현장에 배치하지 않은 공사업자
8) 완공검사 받지 않은 공사업자
9) 감리 변경 시 감리 관계 서류를 인수·인계하지 않은 경우
10) 방염성능기준 미만으로 방염한 경우
11) 방염처리능력 평가 관련 서류를 거짓으로 제출한 경우
12) 도급(하도급)계약 체결 시 의무를 이행하지 않은 경우
13) 시공능력평가 서류를 거짓으로 제출한 경우
14) 사업수행능력평가 서류를 위조·변조하여 거짓·부정한 방법으로 입찰에 참여한 자
15) 공사대금의 지급보증, 담보의 제공 또는 보험료 등의 지급을 정당한 사유 없이 이행하지 아니한 자
16) 3일 이내 하자보수 안 하거나, 보수계획 거짓통보

55 (상(중)하)

화재의 예방 및 안전관리에 관한 법령상 위험물 또는 물건의 보관기간은 소방본부 또는 소방서의 게시판에 공고하는 기간의 종료일 다음 날부터 며칠로 하는가?

① 3
② 4
③ 5
④ 7

해설 위험물 또는 물건의 보관

1) 다음 물건의 소유자·관리자·점유자를 알 수 없는 경우 소속 공무원으로 하여금 그 물건을 옮기거나 보관하는 등 필요한 조치를 하게 할 수 있음
   (1) 목재, 플라스틱 등 가연성이 큰 물건의 제거, 이격, 적재 금지 등
   (2) 소방차량의 통행이나 소화활동에 지장을 줄 수 있는 물건의 이동
2) 옮기거나 치운 물건 등은 보관해야 함
3) 공고기간 : 14일 동안
4) 보관기간 : 공고기간 종료일 다음 날부터 7일
5) 보관기간이 종료되는 때에는 보관하고 있는 옮긴 물건을 매각 : 소방관서장
6) 소방관서장은 보관하던 옮긴 물건을 매각한 경우 지체 없이 「국가재정법」에 따라 세입조치할 것
7) 소방관서장은 매각되거나 폐기된 옮긴 물건의 소유자가 보상 요구 시 보상금액에 대하여 소유자와 협의를 거쳐 보상할 것

56 (상)(중)(하)

소방기본법령상 소방활동장비와 설비의 구입 및 설치 시 국고보조의 대상이 아닌 것은?

① 소방자동차

② 사무용 집기

③ 소방헬리콥터 및 소방정

④ 소방전용통신설비 및 전산설비

해설 소방장비 등에 대한 국고보조 ─────────

1) 국고보조
   (1) 국가는 시·도 소방장비구입 등의 경비를 일부 보조함
   (2) 국가보조 대상사업의 범위와 기준 보조율 : 대통령령인 「보조금관리에 관한 법률 시행령」
   (3) 소방활동장비 및 설비의 종류와 규격 : 행정안전부령
2) 국고보조 대상사업의 범위
   (1) 소방활동장비와 설비의 구입 및 설치
      ① 소방자동차
      ② 소방헬리콥터 및 소방정
      ③ 소방전용통신설비 및 전산설비
      ④ 그 밖에 방화복 등 소방활동에 필요한 소방장비
   (2) 소방관서용 청사의 건축

57 (상)(중)(하)

화재의 예방 및 안전관리에 관한 법령상 특정소방대상물의 관계인은 소방안전관리자를 기준일로부터 30일 이내에 선임하여야 한다. 다음 중 기준일로 틀린 것은?

① 소방안전관리자를 해임한 경우 : 소방안전관리자를 해임한 날

② 특정소방대상물을 양수하여 관계인의 권리를 취득한 경우 : 해당 권리를 취득한 날

③ 신축으로 해당 특정소방대상물의 소방안전관리자를 신규로 선임하여야 하는 경우 : 해당 특정소방대상물의 사용승인일

④ 증축으로 인하여 특정소방대상물이 소방안전관리대상물로 된 경우 : 증축공사의 개시일

해설 소방안전관리자 선임신고 ─────────

1) 선임권자 : 관계인
2) 선임 : 30일 이내
3) 선임신고 : 14일 이내 소방본부장, 소방서장에게 신고하고, 소방안전관리대상물의 출입자가 쉽게 알 수 있도록 소방안전관리자의 성명과 그 밖에 행정안전부령으로 정하는 사항을 게시하여야 함
4) 선임신고 기준일
   (1) 신축·증축·개축·재축·대수선·용도변경으로 특정소방대상물 소방안전관리자 신규 선임해야 하는 경우 : 해당 특정소방대상물의 사용승인일
   (2) 증축·용도변경으로 특정소방대상물이 소방안전관리대상물로 된 경우 : 증축공사사용승인일, 용도변경 사실을 건축물관리대장에 기재한 날
   (3) 특정소방대상물 양수, 경매, 환가, 매각 등에 의해 관계인의 권리 취득한 경우 : 해당 권리를 취득한 날, 관할 소방서장으로부터 소방안전관리자 선임 안내 받은 날
   (4) 관리의 권원이 분리된 경우 : 관리의 권원이 분리되거나 소방본부장 또는 소방서장이 관리의 권원을 조정한 날
   (5) 소방안전관리자 해임, 퇴직한 경우 : 소방안전관리자 해임, 퇴직한 날
   (6) 소방안전관리업무를 대행하는 자를 감독할 수 있는 사람을 소방안전관리자로 선임한 경우로서 그 업무대행 계약이 해지 또는 종료된 경우 : 소방안전관리업무 대행이 끝난 날
   (7) 소방안전관리자 자격이 정지 또는 취소된 경우 : 소방안전관리자 자격이 정지 또는 취소된 날

58 (상)(중)(하)

위험물안전관리법령상 위험물을 취급함에 있어서 정전기가 발생할 우려가 있는 설비에 설치할 수 있는 정전기 제거 설비방법이 아닌 것은?

① 접지에 의한 방법

② 공기를 이온화하는 방법

③ 자동적으로 압력의 상승을 정지시키는 방법

④ 공기 중의 상대습도를 70 [%] 이상으로 하는 방법

해설 정전기방지 대책 ────

1) 배관 내 유속을 제한한다(1 [m/s] 이하).
2) 접지 및 본딩을 한다.
3) 상대습도 70 [%] 이상을 유지한다.
4) 대전방지제를 사용한다.
5) 공기를 이온화한다.
6) 제전기(제진기)를 사용한다.

59 상 중 하

화재의 예방 및 안전관리에 관한 법령상 특수가연물의 수량기준으로 옳은 것은?

① 면화류 : 200 [kg] 이상
② 가연성 고체류 : 500 [kg] 이상
③ 나무껍질 및 대팻밥 : 300 [kg] 이상
④ 넝마 및 종이부스러기 : 400 [kg] 이상

해설 특수가연물 ────

품명		수량
면화류		200 [kg] 이상
나무껍질 및 대팻밥		400 [kg] 이상
넝마 및 종이부스러기		1000 [kg] 이상
사류, 볏짚류		1000 [kg] 이상
가연성 고체류		3000 [kg] 이상
석탄·목탄류		10000 [kg] 이상
가연성 액체류		2 [m³] 이상
목재가공품 및 나무부스러기		10 [m³] 이상
고무류·플라스틱류	발포시킨 것	20 [m³] 이상
	그 밖의 것	3000 [kg] 이상

암기 ▶ 면이 나대싸 넘사벽 천 가고삼 석목만 가액이 고발이

60 상 중 하

화재의 예방 및 안전관리에 관한 법령상 소방관서장은 화재안전조사를 실시하려는 경우 사전에 조사대상, 조사기간 및 조사사유 등 조사계획을 소방청, 소방본부 또는 소방서의 인터넷 홈페이지나 전산시스템을 통해 며칠 이상 공개해야 하는가?

① 7   ② 10
③ 12   ④ 14

해설 화재안전조사 방법 및 절차 ────

1) 화재안전조사 절차
  (1) 소방관서장은 화재안전조사를 실시하려는 경우 사전에 조사대상, 조사기간 및 조사사유 등 조사계획을 소방청, 소방본부 또는 소방서(이하 "소방관서"라 한다)의 인터넷 홈페이지나 전산시스템을 통해 7일 이상 공개해야 한다.
  (2) 소방관서장은 사전 통지 없이 화재안전조사를 실시하는 경우에는 화재안전조사를 실시하기 전에 관계인에게 조사사유 및 조사범위 등을 현장에서 설명해야 한다.
  (3) 소방관서장은 화재안전조사를 위하여 소속 공무원으로 하여금 관계인에게 보고 또는 자료의 제출을 요구하거나 소방대상물의 위치·구조·설비 또는 관리 상황에 대한 조사·질문을 하게 할 수 있다.
2) 화재안전조사 결과에 따른 조치명령
  (1) 소방대상물의 개수·이전·제거
  (2) 사용의 금지 또는 제한, 사용폐쇄
  (3) 공사의 정지 또는 중지
3) 화재안전조사 연기
  연기의 사유 및 기간 등을 적어 제출 : 3일 전

2021년 4회
소방전기시설의 구조 및 원리

3회독	월	일
2회독	월	일
1회독	월	일

| 목표시간 : 30분 | 시작 : _시 _분 | 종료 : _시 _분 | 맞은 개수 : _ /20 |

61 상 중 하

감지기의 형식승인 및 제품검사의 기술기준에 따라 단독경보형 감지기를 스위치 조작에 의하여 화재경보를 정지시킬 경우 화재경보 정지 후 몇 분 이내에 화재경보 정지기능이 자동적으로 해제되어 정상 상태로 복귀되어야 하는가?

① 3
② 5
③ 10
④ 15

해설 단독경보형 감지기 화재경보 정지기능

1) 화재경보 정지 후 15분 이내에 화재경보 정지기능이 자동적으로 해제되어 단독경보형 감지기가 정상 상태로 복귀되어야 한다.
2) 화재경보 정지 표시등에 의하여 화재경보가 정지 상태임을 경고할 수 있어야 하며, 화재경보 정지기능이 해제된 경우에는 표시등의 경고도 함께 해제되어야 한다.
3) 나목의 규정에 의한 표시등을 제2호의 규정에 의한 작동표시등과 겸용하고자 하는 경우에는 작동표시와 화재경보음 정지 표시가 표시등 색상에 의하여 구분될 수 있도록 하고 표시등 부근에 작동표시와 화재경보음 정지표시를 구분할 수 있는 안내표시를 하여야 한다.
4) 화재경보 정지 스위치는 전용으로 하거나 제2호의 규정에 의한 작동시험 스위치와 겸용하여 사용할 수 있다. 이 경우 스위치 부근에 스위치의 용도를 표시하여야 한다.

62 상 중 하

비상콘센트설비의 화재안전기술기준(NFTC 504)에 따라 하나의 전용회로에 설치하는 비상콘센트는 몇 개 이하로 하여야 하는가?

① 2
② 3
③ 10
④ 20

해설 비상콘센트설비 전원회로 설치기준

1) 전원회로 : 단상교류는 220 [V], 공급용량은 1.5 [kVA] 이상
2) 전원회로는 각 층에 2 이상이 되도록 설치(다만 설치하여야 할 층의 비상콘센트가 1개인 때에는 하나의 회로로 할 수 있다)
3) 전원회로는 주배전반에서 전용회로로 할 것
4) 전원으로부터 각 층의 비상콘센트에 분기되는 경우에는 분기배선용 차단기를 보호함 안에 설치할 것
5) 콘센트마다 배선용 차단기를 설치하여야 하며, 충전부가 노출되지 아니하도록 할 것
6) 개폐기에는 "비상콘센트"라고 표시한 표지를 할 것
7) 비상콘센트용의 풀박스 등은 방청도장을 한 것으로서, 두께 1.6 [mm] 이상의 철판으로 할 것
8) 하나의 전용회로에 설치하는 비상콘센트는 10개 이하로 할 것. 이 경우 전선 용량은 각 비상콘센트(비상콘센트가 3개 이상인 경우에는 3개)의 공급용량을 합한 용량 이상의 것으로 하여야 한다.

정답 61 ④ 62 ③

63 상중하

자동화재속보설비의 속보기의 성능인증 및 제품검사의 기술기준에 따라 속보기는 작동신호를 수신하거나 수동으로 동작시키는 경우 20초 이내에 소방관서에 자동적으로 신호를 발하여 통보하되, 몇 회 이상 속보할 수 있어야 하는가?

① 1 ② 2
③ 3 ④ 4

해설 속보기 기능 ─────────

1) 작동신호를 수신하거나 수동으로 동작시키는 경우 20초 이내에 소방관서에 자동적으로 신호를 발하여 통보하되, 3회 이상 속보할 수 있어야 한다.

2) 주전원이 정지한 경우에는 자동적으로 예비전원으로 전환되고, 주전원이 정상 상태로 복귀한 경우에는 자동적으로 예비전원에서 주전원으로 전환되어야 한다.

3) 예비전원은 자동적으로 충전되어야 하며 자동과충전방지장치가 있어야 한다.

4) 화재신호를 수신하거나 속보기를 수동으로 동작시키는 경우 자동적으로 적색 화재표시등이 점등되고 음향장치로 화재를 경보하여야 하며, 화재표시 및 경보는 수동으로 복구 및 정지시키지 않는 한 지속되어야 한다.

5) 연동 또는 수동으로 소방관서에 화재발생 음성정보를 속보 중인 경우에도 송수화장치를 이용한 통화가 우선적으로 가능하여야 한다.

6) 예비전원을 병렬로 접속하는 경우에는 역충전방지 등의 조치를 하여야 한다.

7) 예비전원은 감시 상태를 60분간 지속한 후 10분 이상 동작(화재속보 후 화재표시 및 경보를 10분간 유지하는 것을 말한다)이 지속될 수 있는 용량이어야 한다.

8) 속보기는 연동 또는 수동 작동에 의한 다이얼링 후 소방관서와 전화접속이 이루어지지 않는 경우에는 최초 다이얼링을 포함하여 10회 이상 반복적으로 접속을 위한 다이얼링이 이루어져야 한다. 이 경우 매회 다이얼링 완료 후 호출은 30초 이상 지속되어야 한다.

9) 속보기의 송수화장치가 정상위치가 아닌 경우에도 연동 또는 수동으로 속보가 가능하여야 한다.

10) 음성으로 통보되는 속보내용을 통하여 해당 특정소방대상물의 위치, 화재발생 및 속보기에 의한 신고임을 확인할 수 있어야 한다.

11) 속보기는 음성속보방식 외에 데이터 또는 코드전송방식 등을 이용한 속보기능을 설치할 수 있다.

64 상중하

자동화재탐지설비 및 시각경보장치의 화재안전기술기준(NFTC 203)에 따른 감지기의 설치 제외 장소가 아닌 것은?

① 실내의 용적이 20 [m³] 이하인 장소
② 부식성 가스가 체류하고 있는 장소
③ 목욕실·욕조나 샤워시설이 있는 화장실·기타 이와 유사한 장소
④ 고온도 및 저온도로서 감지기의 기능이 정지되기 쉽거나 감지기의 유지관리가 어려운 장소

해설 감지기 설치 제외 장소 ─────────

1) 천장 또는 반자의 높이가 20 [m] 이상인 장소
2) 헛간 등 외부와 기류가 통하는 장소로서 감지기에 따라 화재발생을 유효하게 감지할 수 없는 장소
3) 부식성 가스가 체류하고 있는 장소
4) 고온도 및 저온도로서 감지기의 기능이 정지되기 쉽거나 감지기의 유지관리가 어려운 장소
5) 목욕실·욕조나 샤워시설이 있는 화장실·기타 이와 유사한 장소
6) 파이프덕트 등 그 밖의 이와 비슷한 것으로서 2개 층마다 방화구획된 것이나 수평단면적이 5 [m²] 이하인 것
7) 먼지·가루 또는 수증기가 다량으로 체류하는 장소 또는 주방 등 평상시 연기가 발생하는 장소(연기감지기에 한한다)
8) 프레스공장·주조공장 등 화재발생의 위험이 적은 장소로서 감지기의 유지관리가 어려운 장소

65 상⑤하

비상콘센트의 배치와 설치에 대한 현장 사항이 비상콘센트 설비의 화재안전기술기준(NFTC 504)에 적합하지 않은 것은?

① 전원회로의 배선은 내화배선으로 되어 있다.
② 보호함에는 쉽게 개폐할 수 있는 문을 설치하였다.
③ 보호함 표면에 "비상콘센트"라고 표시한 표지를 붙였다.
④ 3상 교류 200볼트 전원회로에 대해 비접지형 3극 플러그 접속기를 사용하였다.

해설 비상콘센트설비 전원회로 설치기준

1) 비상콘센트설비의 전원회로는 단상교류 220 [V]인 것으로서, 그 공급용량은 1.5 [kVA] 이상인 것으로 할 것
2) 전원회로는 각 층에 2 이상이 되도록 설치할 것. 다만 설치해야 할 층의 비상콘센트가 1개인 때에는 하나의 회로로 할 수 있다.
3) 전원회로는 주배전반에서 전용회로로 할 것. 다만 다른 설비회로의 사고에 따른 영향을 받지 않도록 되어 있는 것은 그렇지 않다.
4) 전원으로부터 각 층의 비상콘센트에 분기되는 경우에는 분기배선용 차단기를 보호함 안에 설치할 것
5) 콘센트마다 배선용 차단기(KSC 8321)를 설치해야 하며 충전부가 노출되지 않도록 할 것
6) 개폐기에는 "비상콘센트"라고 표시한 표지를 할 것
7) 비상콘센트용의 풀박스 등은 방청도장을 한 것으로서 두께 1.6 [mm] 이상의 철판으로 할 것
8) 하나의 전용회로에 설치하는 비상콘센트는 10개 이하로 할 것. 이 경우 전선의 용량은 각 비상콘센트(비상콘센트가 3개 이상인 경우에는 3개)의 공급용량을 합한 용량 이상의 것으로 해야 한다.
9) 비상콘센트의 플러그접속기는 접지형 2극 플러그접속기(KS C 8305)를 사용해야 한다.
10) 비상콘센트의 플러그접속기의 칼받이의 접지극에는 접지 공사를 해야 한다.

66 상⑤하

자동화재탐지설비 및 시각경보장치의 화재안전기술기준(NFTC 203)에 따라 제2종 연기감지기를 부착높이가 4 [m] 미만인 장소에 설치 시 기준 바닥면적은?

① 30 [m²] ② 50 [m²]
③ 75 [m²] ④ 150 [m²]

해설 연기감지기 설치기준

1) 천장·반자 낮은 실내설치 : 출입구 가까운 부근
2) 천장·반자 부근 배기구 : 그 부근 설치
3) 벽·보 : 0.6 [m] 이상 이격
4) 부착높이별(바닥면적당 1개 이상)

부착 높이	감지기 종류 (단위 [m²])	
	1종·2종	3종
4 [m] 미만	150	50
4 [m] 이상 20 [m] 미만	75	–

5) 복도·통로 길이별(바닥면적당 1개 이상)

설치장소	감지기 종류	
	1종·2종	3종
복도·통로(보행거리)	30 [m]	20 [m]
계단·경사로(수직거리)	15 [m]	10 [m]

[연기감지기 설치장소]
1) 계단·경사로 및 에스컬레이터 경사로
2) 복도(30 [m] 미만의 것을 제외한다)
3) 엘리베이터 승강로(권상기실이 있는 경우에는 권상기실)·린넨슈트·파이프피트 및 덕트 기타 이와 유사한 장소
4) 천장 또는 반자의 높이가 15 [m] 이상 20 [m] 미만의 장소
5) 다음 각 목의 어느 하나에 해당하는 특정소방대상물의 취침·숙박
   ⑴ 입원 등 이와 유사한 용도로 사용되는 거실
   ⑵ 공동주택·오피스텔·숙박시설·노유자시설·수련시설
   ⑶ 교육연구시설 중 합숙소
   ⑷ 의료시설, 근린생활시설 중 입원실이 있는 의원·조산원
   ⑸ 교정 및 군사시설
   ⑹ 근린생활시설 중 고시원

67 (상 ⑧ 하)

아래 그림은 자동화재탐지설비의 배선도이다. 추가로 구획된 공간이 생겨 가, 나, 다, 라 감지기를 증설했을 경우 자동화재탐지설비 및 시각경보장치의 화재안전기술기준(NFTC 203)에 적합하게 설치한 것은?

① 가   ② 나
③ 다   ④ 라

해설 자동화재탐지설비 감지기 배선 ─────

송배선식 : 한 전선관에 4가닥의 전선을 집어넣어서 2개 이상의 배관을 하지 않고 왕복

68 (상 ⑧ 하)

비상방송설비의 화재안전기술기준(NFTC 202)에 따라 비상방송설비 음향장치의 설치기준 중 다음 (   )에 들어갈 내용으로 옳은 것은?   [법 개정으로 인한 문제 수정]

> 층수가 (⊙)층 (공동주택의 경우에는 ⓒ층) 이상의 특정소방대상물의 1층에서 발화한 때에는 발화층·그 직상 4개 층 및 지하층에 경보를 발할 수 있도록 하여야 한다.

① ⊙ 5, ⓒ 7
② ⊙ 7, ⓒ 5
③ ⊙ 11, ⓒ 16
④ ⊙ 16, ⓒ 11

해설 비상방송설비 음향향장치 경보(우선경보) ─────

층수가 11층(공동주택의 경우에는 16층) 이상의 특정소방대상물은 다음과 같은 경보를 발할 수 있어야 한다.
1) 2층 이상의 층에서 발화한 때에는 발화층 및 그 직상 4개 층에 경보
2) 1층에서 발화한 때에는 발화층·그 직상 4개 층 및 지하층에 경보
3) 지하층에서 발화한 때에는 발화층·그 직상층 및 기타 지하층 경보

69 (⑧ 중 하)

유도등의 형식승인 및 제품검사의 기술기준에 따른 용어의 정의에서 "유도등에 있어서 표시면의 조명에 사용되는 면"을 말하는 것은?

① 조사면   ② 피난면
③ 조도면   ④ 광속면

2021

해설 유도등 용어 ————————————————

1) "유도등"이란 화재 시에 긴급대피를 안내하기 위하여 사용되는 등으로서 정상 상태에서는 상용전원에 의하여 켜지고, 상용전원이 정전되는 경우에는 비상전원으로 자동전환되어 켜지는 등을 말한다.

2) "피난구 유도등"이란 피난구 또는 피난경로로 사용되는 출입구가 있다는 것을 표시하는 녹색등화의 유도등을 말한다.

3) "통로유도등"이란 피난통로를 안내하기 위한 유도등을 말한다.

4) "복도통로유도등"이란 피난통로가 되는 복도에 설치하는 통로유도등으로서 피난구의 방향을 명시하는 것을 말한다.

5) "거실통로유도등"이란 집무, 작업, 집회, 오락 그 밖에 이와 유사한 목적을 위하여 계속적으로 사용하는 거실, 주차장등 개방된 복도에 설치하는 유도등으로 피난의 방향을 명시하는 것을 말한다.

6) "계단통로유도등"이란 피난통로가 되는 계단이나 경사로에 설치하는 통로유도등으로 바닥면 및 디딤바닥면을 비추는 것을 말한다.

7) "객석유도등"이란 객석의 통로, 바닥 또는 벽에 설치하는 유도등을 말한다.

8) "광속표준전압"이란 비상전원으로 유도등을 켜는 데 필요한 예비전원의 단자전압을 말한다.

9) "표시면"이란 유도등에 있어서 피난구나 피난방향을 안내하기 위한 문자 또는 부호등이 표시된 면을 말한다.

10) "조사면"이란 유도등에 있어서 표시면 외 조명에 사용되는 면을 말한다.

11) "방폭형"이란 폭발성 가스가 용기 내부에서 폭발하였을 때 용기가 그 압력에 견디거나 또는 외부의 폭발성 가스에 인화될 우려가 없도록 만들어진 형태의 제품을 말한다.

12) "방수형"이란 그 구조가 방수구조로 되어 있는 것을 말한다.

13) "복합표시형 피난구유도등"이란 피난구유도등의 표시면과 피난목적이 아닌 안내표시면(이하 "안내표시면"이라 한다)이 구분되어 함께 설치된 유도등을 말한다.

14) "단일표시형"이란 한 가지 형상의 표시만으로 피난유도표시를 구현하는 방식을 말한다.

15) "동영상표시형"이란 동영상 형태로 피난유도표시를 구현하는 방식을 말한다.

16) "단일·동영상 연계표시형"이란 단일표시형과 동영상표시형의 두가지 방식을 연계하여 피난유도표시를 구현하는 방식을 말한다.

17) "투광식"이란 광원의 빛이 통과하는 투과면에 피난유도표시 형상을 인쇄하는 방식을 말한다.

18) "패널식"이란 영상표시 소자(LED, LCD 및 PDP 등)를 이용하여 피난유도표시 형상을 영상으로 구현하는 방식을 말한다.

70 상중하

자동화재탐지설비 및 시각경보장치의 화재안전기술기준(NFTC 203)에 따라 부착높이 20 [m] 이상에 설치되는 광전식 중 아날로그방식의 감지기는 공칭감지농도 하한값이 감광율 몇 [%/m] 미만인 것으로 하는가?

① 3 ② 5
③ 7 ④ 10

해설 공칭감지농도 ————————————————

- 부착높이 20 [m] 이상 : 감광율 5 [%/m] 미만
- 5 [%/m] 미만 : 1 [m] 간격 중 연기에 의한 빛의 감광 정도 5 [%] 미만

71 상중하

비상조명등의 우수품질인증 기술기준에 따라 인출선인 경우 전선의 굵기는 몇 [mm²] 이상이어야 하는가?

① 0.5 ② 0.75
③ 1.5 ④ 2.5

해설 비상조명등 일반구조 ──────

1) 상용전원 전압의 110 [%] 범위 안에서는 비상조명등 내부의 온도상승이 그 기능에 지장을 주거나 위해를 발생시킬 염려가 없어야 한다.

2) 방폭형 비상조명등의 방폭구조는 한국산업규격 또는 산업안전보건 법령이 정하는 규격에 적합하여야 한다.

3) 주전원 및 비상전원을 단락사고 등으로부터 보호할 수 있는 퓨즈 등 과전류 보호장치를 설치하여야 한다. 다만 객석비상조명등은 그러하지 아니하다.

4) 외함은 기기 내의 온도상승에 의하여 변형, 변색 또는 변질되지 아니하여야 한다.

5) 전구 및 예비전원 등의 내부부품을 쉽게 교환·보수·점검할 수 있도록 조립된 구조이어야 한다. 다만 방수형·방폭형인 것은 그러하지 아니하다.

6) 광원 또는 점등관을 교환·점검할 때 접촉될 우려가 있는 부분은 감전되지 아니하도록 보호 조치를 하여야 한다.

7) 사용전압은 300 [V] 이하이어야 한다. 다만 충전부가 노출되지 아니한 것은 300 [V]를 초과할 수 있다.

8) 설치하고자 하는 부분에 견고하게 설치할 수 있는 구조이어야 한다.

9) 수송 중 진동 또는 충격에 의하여 기능에 장해를 받지 아니하는 구조이어야 한다.

10) 비상조명등은 내부의 온도가 비정상적으로 상승하지 아니하도록 하여야 하며, 예비전원과 내부부품은 양호한 방열처리가 되도록 하여야 한다.

11) 축전지에 배선 등을 직접 납땜하지 아니하여야 한다.

12) 상용전원(전지가 아닌 일반적으로 사용하는 전원을 말한다. 이하 같다)과 접속되는 전원은 KS C IEC 60245-8 또는 KS C IEC 60227-5에 적합하거나 이와 동등 이상의 절연성, 도전성 및 기계적 강도가 있어야 한다.

13) 전선의 굵기는 인출선인 경우에는 단면적이 0.75 [mm²] 이상이어야 한다. 인출선 외의 경우에는 면적이 0.5 [mm²] 이상이어야 한다.

14) 인출선의 길이는 전선 인출 부분으로부터 150 [mm] 이상이어야 한다. 다만 인출선으로 하지 아니할 경우에는 풀어지지 아니하는 방법으로 전선을 쉽고 확실하게 부착할 수 있도록 접속단자를 설치하여야 한다.

15) 화재가 발생한 경우 화재경보설비 또는 비상경보설비 등으로부터 발신되는 신호를 수신하여 미리 정하여진 작동을 하는 비상조명등은 그 기능이 정상적으로 작동하여야 한다.

16) 내부의 전기회로에 스위치를 설치하는 경우에는 자동복귀형 스위치를 설치하여야 한다.

72 ⑤중하

누전경보기의 형식승인 및 제품검사의 기술기준에 따른 과누전시험에 대한 내용이다. 다음 (   )에 들어갈 내용으로 옳은 것은?

> 변류기는 1개의 전선을 변류기에 부착시킨 회로를 설치하고 출력단자에 부하저항을 접속한 상태로 당해 1개의 전선에 변류기의 정격전압의 (㉠) [%]에 해당하는 수치의 전류를 (㉡)분간 흘리는 경우 그 구조 또는 기능에 이상이 생기지 아니하여야 한다.

① ㉠ 20, ㉡ 5

② ㉠ 30, ㉡ 10

③ ㉠ 50, ㉡ 15

④ ㉠ 80, ㉡ 20

해설 누전경보기 과누전시험 ──────

1개의 전선에 변류기 정격전압의 20 [%]에 해당하는 수치의 전류를 5분간 흘리는 경우 그 구조 또는 기능에 이상이 생기지 않아야 한다.

[절연저항시험]

변류기는 DC 500 [V]의 절연저항계로 다음 각 호에 의한 시험을 하는 경우 5 [MΩ] 이상이어야 한다.

1) 절연된 1차권선과 2차권선 간의 절연저항

2) 절연된 1차권선과 외부금속부 간의 절연저항

3) 절연된 2차권선과 외부금속부 간의 절연저항

73 상⑤하

비상방송설비의 화재안전기술기준(NFTC 202)에 따른 비상방송설비의 음향장치에 대한 설치기준으로 틀린 것은?

① 다른 전기회로에 따라 유도장애가 생기지 아니하도록 할 것

② 음향장치는 자동화재속보설비의 작동과 연동하여 작동할 수 있는 것으로 할 것

③ 다른 방송설비와 공용하는 것에 있어서는 화재 시 비상경보외의 방송을 차단할 수 있는 구조로 할 것

④ 증폭기 및 조작부는 수위실 등 상시 사람이 근무하는 장소로서 점검이 편리하고 방화상 유효한 곳에 설치할 것

2
0
2
1

해설 비상방송설비 음향장치 설치기준 ──────

1) 확성기
   (1) 음성입력 : 실외 3 [W] 이상, 실내 1 [W] 이상
   (2) 수평거리 : 층 각 부분으로부터 하나의 확성기까지의 25 [m] 이하
   (3) 확성기는 각 층마다 설치, 당해 층의 각 부분에 유효하게 경보를 발하도록 설치
2) 음량조정기(ATT) : 음량조정기의 배선은 3선식으로 한다.
3) 조작부
   (1) 조작스위치 높이 : 바닥으로부터 0.8 [m] 이상 1.5 [m] 이하
   (2) 기동장치의 작동과 연동하여 당해 기동장치가 작동한 층 또는 구역을 표시
   (3) 조작부 및 증폭기 설치장소 : 수위실 등 상시 사람이 근무, 점검이 편리, 방화상 유효한 곳
   (4) 2 이상 조작부 설치 시 설치장소 상호 간 동시통화 가능, 어느 조작부에서도 전구역 방송 가능
4) 층수가 11층(공동주택의 경우에는 16층)의 특정소방대상물은 다음과 같은 경보를 발할 수 있어야 한다.
   (1) 2층 이상의 층에서 발화한 때에는 발화층 및 그 직상 4개 층에 경보
   (2) 1층에서 발화한 때에는 발화층·그 직상 4개 층 및 지하층에 경보
   (3) 지하층에서 발화한 때에는 발화층·그 직상층 및 기타 지하층 경보
5) 기동장치에 따른 화재신고를 수신한 후 필요한 음량으로 화재발생 상황 및 피난에 유효한 방송이 자동으로 개시될 때까지의 소요시간은 10초 이하로 할 것
6) 다른 방송설비와 공용할 경우 화재 시 비상경보 외의 방송을 차단할 수 있는 구조
7) 다른 전기회로에 따라 유도장애가 생기지 아니하도록 할 것
8) 음향장치의 구조 및 성능
   (1) 정격전압의 80 [%] 전압에서 음향을 발할 수 있는 것을 할 것
   (2) 자동화재탐지설비의 작동과 연동하여 작동할 수 있는 것으로 할 것

74 (상)(중)하

무선통신보조설비 화재안전기술기준(NFTC 505)에 따른 용어의 정의 중 감시제어반 등에 설치된 무선중계기의 입력과 출력포트에 연결되어 송수신신호를 원활하게 방사·수신하기 위해 옥외에 설치하는 장치를 말하는 것은?

① 혼합기
② 분파기
③ 증폭기
④ 옥외안테나

해설 무선통신보조설비 용어정의 ──────

1) "누설동축케이블"이란 동축케이블의 외부도체에 가느다란 홈을 만들어서 전파가 외부로 새어나갈 수 있도록 한 케이블을 말한다.
2) "분배기"란 신호의 전송로가 분기되는 장소에 설치하는 것으로 임피던스 매칭(Matching)과 신호 균등분배를 위해 사용하는 장치를 말한다.
3) "분파기"란 서로 다른 주파수의 합성된 신호를 분리하기 위해서 사용하는 장치를 말한다.
4) "혼합기"란 2 이상의 입력신호를 원하는 비율로 조합한 출력이 발생하도록 하는 장치를 말한다.
5) "증폭기"란 전압·전류의 진폭을 늘려 감도 등을 개선하는 장치를 말한다.
6) "무선중계기"란 안테나를 통하여 수신된 무전기신호를 증폭한 후 음영지역에 재방사하여 무전기 상호 간 송수신이 가능하도록 하는 장치를 말한다.
7) <u>"옥외안테나"란 감시제어반 등에 설치된 무선중계기의 입력과 출력포트에 연결되어 송수신신호를 원활하게 방사·수신하기 위해 옥외에 설치하는 장치를 말한다.</u>
8) "임피던스"란 교류회로에 전압이 가해졌을 때 전류의 흐름을 방해하는 값으로서 교류회로에서의 전류에 대한 전압의 비를 말한다.

75 상중하

무선통신보조설비의 화재안전기술기준(NFTC 505)에 따라 무선통신보조설비의 누설동축케이블 또는 동축케이블의 임피던스는 몇 [Ω]으로 하여야 하는가?

① 5
② 10
③ 50
④ 100

해설 누설동축케이블 설치기준

1) 소방전용주파수대에서 전파의 전송 또는 복사에 적합한 것으로서 소방전용의 것으로 할 것(다만 소방대 상호 간의 무선연락에 지장 없는 경우에는 다른 용도와 겸용 가능하다)
2) 누설동축케이블과 이에 접속하는 안테나 또는 동축케이블과 이에 접속하는 안테나에 따른 것으로 할 것
3) 누설동축케이블은 불연 또는 난연성의 것으로서 습기에 따라 전기의 특성이 변질되지 아니하는 것으로 하고, 노출하여 설치한 경우에는 피난 및 통행에 장애가 없도록 할 것
4) 누설동축케이블은 화재에 따라 해당 케이블의 피복이 소실된 경우에 케이블 본체가 떨어지지 아니하도록 4 [m] 이내마다 금속제 또는 자기제 등의 지지금구로 벽·천장·기둥 등에 견고하게 고정시킬 것(다만 불연재료로 구획된 반자 안에 설치하는 경우에는 그러하지 않는다)
5) 누설동축케이블 및 안테나는 금속판 등에 따라 전파의 복사 또는 특성이 현저하게 저하되지 아니하는 위치에 설치할 것
6) 누설동축케이블 및 안테나는 고압의 전로로부터 1.5 [m] 이상 떨어진 위치에 설치할 것(다만 해당 전로에 정전기 차폐장치를 유효하게 설치한 경우에는 그러하지 않는다)
7) 누설동축케이블의 끝부분에는 무반사 종단저항을 견고하게 설치할 것
8) <u>누설동축케이블 또는 동축케이블의 임피던스는 50 [Ω]으로 하고, 이에 접속하는 안테나·분배기 기타의 장치는 해당 임피던스에 적합한 것으로 하여야 한다.</u>

76 상중하

비상경보설비 및 단독경보형 감지기의 화재안전기술기준(NFTC 201)에 따른 단독경보형 감지기에 대한 내용이다. 다음 (   )에 들어갈 내용으로 옳은 것은?

> 이웃하는 실내의 바닥면적이 각각 (   ) [m²] 미만이고 벽체의 상부의 전부 또는 일부가 개방되어 이웃하는 실내와 공기가 상호 유통되는 경우에는 이를 1개의 실로 본다.

① 30
② 50
③ 100
④ 150

해설 단독경보형 감지기의 설치기준

1) <u>각 실(이웃하는 실내 바닥 면적이 각각 30 [m²] 미만이고 벽체의 상부의 전부 또는 일부가 개방되어 이웃하는 실내와 공기가 상호 유통되는 경우 이를 1개의 실로 본다)마다 설치하되, 바닥 면적이 150 [m²]를 초과하는 경우에는 150 [m²]마다 1개 이상 설치할 것</u>
2) 최상층의 계단실의 천장(외기 상통하는 계단실 경우 제외)에 설치할 것
3) 건전지를 주전원으로 사용하는 단독경보형 감지기는 정상적인 작동 상태를 유지할 수 있도록 건전지를 교환할 것
4) 상용전원을 주전원으로 사용하는 단독경보형 감지기의 2차 전지는 제품검사시험에 합격한 것을 사용할 것

77 (상 중 하)

소방시설용 비상전원수전설비의 화재안전기술기준(NFTC 602)에 따른 용어의 정의에서 소방부하에 전원을 공급하는 전기회로를 말하는 것은?

① 소전설비
② 일반회로
③ 소방회로
④ 변전설비

해설 비상전원수전설비 용어 ──────

1) "과전류차단기"란 「전기설비기술기준의 판단기준」 제38조와 제39조에 따른 것을 말한다.
2) "방화구획형"이란 수전설비를 다른 부분과 건축법상 방화구획을 하여 화재 시 이를 보호하도록 조치하는 방식을 말한다.
3) "변전설비"란 전력용변압기 및 그 부속장치를 말한다.
4) "배전반"이란 전력생산시설 등으로부터 직접 전력을 공급받아 분전반에 전력을 공급해주는 것으로서 다음의 배전반을 말한다.
4-1) "공용배전반"이란 소방회로 및 일반회로 겸용의 것으로서 개폐기, 과전류차단기, 계기와 그 밖의 배선용 기기 및 배선을 금속제 외함에 수납한 것을 말한다.
4-2) "전용배전반"이란 소방회로 전용의 것으로서 개폐기, 과전류차단기, 계기와 그 밖의 배선용 기기 및 배선을 금속제 외함에 수납한 것을 말한다.
5) "분전반"이란 배전반으로부터 전력을 공급받아 부하에 전력을 공급해주는 것으로서 다음의 배전반을 말한다.
5-1) "공용분전반"이란 소방회로 및 일반회로 겸용의 것으로서 분기개폐기, 분기과전류차단기와 그 밖의 배선용 기기 및 배선을 금속제 외함에 수납한 것을 말한다.
5-2) "전용분전반"이란 소방회로 전용의 것으로서 분기 개폐기, 분기과전류차단기와 그 밖의 배선용 기기 및 배선을 금속제 외함에 수납한 것을 말한다.
6) "비상전원수전설비"란 화재 시 상용전원이 공급되는 시점까지만 비상전원으로 적용이 가능한 설비로서 상용전원의 안전성과 내화성능을 향상시킨 설비를 말한다.
7) "소방회로"란 소방부하에 전원을 공급하는 전기회로를 말한다.
8) "수전설비"란 전력수급용 계기용변성기·주차단장치 및 그 부속기기를 말한다.
9) "옥외개방형"이란 건물의 옥외 또는 건물의 옥상에 울타리를 설치하고 그 내부에 수전설비를 설치하는 방식을 말한다.
10) "인입개폐기"란 「전기설비기술기준의 판단기준」 제169조에 따른 것을 말한다.
11) "인입구배선"이란 인입선의 연결점으로부터 특정소방대상물 내에 시설하는 인입개폐기에 이르는 배선을 말한다.
12) "인입선"이란 「전기설비기술기준」 제3조 제1항 제9호에 따른 것을 말한다.
13) "일반회로"란 소방회로 이외의 전기회로를 말한다.
14) "전기사업자"란 「전기사업법」 제2조 제2호에 따른 자를 말한다.
15) "큐비클형"이란 수전설비를 큐비클 내에 수납하여 설치하는 방식으로서 다음의 형식을 말한다.
15-1) "공용큐비클식"이란 소방회로 및 일반회로 겸용의 것으로서 수전설비, 변전설비와 그 밖의 기기 및 배선을 금속제 외함에 수납한 것을 말한다.
15-2) "전용큐비클식"이란 소방회로용의 것으로 수전설비, 변전설비와 그 밖의 기기 및 배선을 금속제 외함에 수납한 것을 말한다.

78 (상)(중)하

누전경보기의 형식승인 및 제품검사의 기술기준에 따라 누전경보기의 변류기는 직류 500 [V]의 절연저항계로 절연된 1차권선과 2차권선 간의 절연저항 시험을 할 때 몇 [$M\Omega$] 이상이어야 하는가?

① 0.1
② 5
③ 10
④ 20

해설 누전경보기 절연저항시험 ─────────

1) 측정장치 : DC 500 [V]의 절연저항계
2) 절연저항시험 : 5 [MΩ] 이상
3) 측정위치

구분	측정 개소
수신부	(1) 절연된 충전부와 외함 간 (2) 차단기구의 개폐부 • 열린 상태 : 같은 극의 전원단자와 부하 측 단자 사이 • 닫힌 상태 : 충전부와 손잡이 사이
변류기	(1) 절연된 1차 권선과 2차 권선 간 (2) 절연된 1차 권선과 외부 금속부 간 (3) 절연된 2차 권선과 외부 금속부 간

79 (상)(중)하

소방시설용 비상전원수전설비의 화재안전기술기준(NFTC 602)에 따라 소방시설용 비상전원 수전설비의 인입구배선은 「옥내소화전설비의 화재안전기술기준(NFTC 102)」에 따른 어떤 배선으로 하여야 하는가?

① 나전선
② 내열배선
③ 내화배선
④ 차폐배선

해설 비상전원수전설비 인입선 및 인입구 배선 ─────

• 인입선 : 화재가 발생할 경우에도 화재로 인한 손상을 받지 않도록 설치
• 인입구 배선 : 옥내소화전설비의 화재안전기준 별표1에 따른 내화배선

보충 ▶ 나전선 : 비닐, 고무 등으로 피복되어 있지 않은 전선

80 (상)(중)하

유도등 및 유도표지의 화재안전기술기준(NFTC 303)에 따라 설치하는 유도표지는 계단에 설치하는 것을 제외하고는 각 층마다 복도 및 통로의 각 부분으로부터 하나의 유도표지까지의 보행거리가 몇 [m] 이하가 되는 곳과 구부러진 모퉁이의 벽에 설치하여야 하는가?

① 10
② 15
③ 20
④ 25

해설 유도표지 설치기준 ─────────

1) 설치기준
 (1) 계단에 설치하는 것을 제외하고 각 층마다 복도 및 통로의 각 부분으로부터 하나의 유도표지까지의 보행거리가 15 [m] 이하가 되는 곳과 구부러진 모퉁이의 벽에 설치할 것
 (2) 주위에는 이와 유사한 등화·광고물·게시물 등을 설치하지 아니할 것
 (3) 유도표지는 부착판 등을 사용하여 쉽게 떨어지지 아니하도록 설치할 것
 (4) 축광방식의 유도표지는 외광 또는 조명장치에 의하여 상시 조명이 제공되거나 비상조명등에 의한 조명이 제공되도록 설치할 것
2) 설치높이
 피난구 유도표지는 출입구 상단에 설치하고, 통로유도표지는 바닥으로부터 높이 1 [m] 이하 위치에 설치할 것

2020
출제경향 분석

[소방원론]

CHAPTER 연도 및 회차		연소	연소생성물	폭발	화재	위험물	소화	안전관리 및 건축방재	합계
2020년	1,2	4	2	1	3	3	6	1	20
	3	5	1	0	2	2	9	1	20
	4	5	0	1	3	2	6	3	20

[소방전기일반]

CHAPTER 연도 및 회차		직류회로	정전계와 정자계	교류회로	전기계측 및 회로망	비정현파 교류와 과도현상 및 라플라스 변환	제어회로	전자회로 및 정류회로	전기기계 및 전기법규	합계
2020년	1,2	3	3	3	1	1	5	1	3	20
	3	4	2	5	0	0	5	2	2	20
	4	3	2	4	1	1	5	2	2	20

[소방관계법규]

CHAPTER 연도 및 회차		소방기본법	소방시설법	화재예방법	소방공사업법	위험물 안전관리법	합계
2020년	1,2	4	6	3	3	4	20
	3	3	8	3	2	4	20
	4	2	7	5	2	4	20

[소방전기시설의 구조 및 원리]

CHAPTER 연도 및 회차		자동화재 탐지설비	비상경보 설비 및 단독 경보형 감지기	비상방송 설비	자동화재 속보설비	가스누설 경보기 및 누전경보기	유도등	비상조명등	비상콘센트 설비	무선통신 보조설비	비상전원 수전설비	화재알림 설비	기타	합계
2020년	1,2	4	5	1	1	1	1	1	2	3	1	0	0	20
	3	5	3	2	1	2	2	1	2	1	1	0	0	20
	4	4	3	2	1	2	2	1	2	2	1	0	0	20

2020년 1, 2회

소방원론

3회독	월 일
2회독	월 일
1회독	월 일

목표시간 : 20분   시작 : _시 _분   종료 : _시 _분   맞은 개수 : _ /20

01 (상)(중)(하)

이산화탄소에 대한 설명으로 틀린 것은?

① 임계온도는 97.5 [℃]이다.
② 고체의 형태로 존재할 수 있다.
③ 불연성 가스로 공기보다 무겁다.
④ 드라이아이스와 분자식이 동일하다.

 이산화탄소(CO_2)의 물성

구분		구분	
분자량	44 [g/mol]	임계온도	31.35 [℃]
증기비중	1.529	임계압력	75.2 [kg_f/cm^2]
증발열	137 [cal/g]	융해열	45.2 [cal/g]
삼중점	-57 [℃]	비점	-78 [℃]

02 (상) 중 (하)

물질의 화재 위험성에 대한 설명으로 틀린 것은?

① 인화점 및 착화점이 낮을수록 위험
② 착화에너지가 작을수록 위험
③ 비점 및 융점이 높을수록 위험
④ 연소범위가 넓을수록 위험

 화재의 위험성

1) 인화점, 착화점이 낮을수록 위험 (-)
2) 착화 에너지기 작을수록 위험 (-)
3) 비점, 융점이 낮을수록 위험 (-)
4) 열전도율이 작을수록 위험 (-)
5) 연소범위가 넓을수록 위험 (+)

TIP ▶ 연소범위만 (+)

03 (상)(중)(하)

다음 중 연소범위를 근거로 계산한 위험도 값이 가장 큰 물질은?

① 이황화탄소   ② 메테인
③ 수소   ④ 일산화탄소

해설 위험도

1) 위험도 $H = \dfrac{U-L}{L}$

2) 주요물질 연소범위

가스	하한계 L	상한계 U	위험도 H
이황화탄소	1.2	44	35.67
아세틸렌	2.5	81	31.4
다이에틸에터 (디에틸에테르)	1.9	48	24.26
수소	4	75	17.75
에틸렌	2.7	36	12.33
일산화탄소	12.5	74	4.92
뷰테인(부탄)	1.8	8.4	3.67
프로페인(프로판)	2.1	9.5	3.52
에테인(에탄)	3	12.4	3.13
메테인(메탄)	5	15	2

(1) 이황화탄소 $H = \dfrac{44-1.2}{1.2} = 35.67$

(2) 메테인 $H = \dfrac{15-5}{5} = 2$

(3) 수소 $H = \dfrac{75-4}{4} = 17.75$

(4) 일산화탄소 $H = \dfrac{74-12.5}{12.5} = 4.92$

정답   01 ①   02 ③   03 ①

04 상 중 **하**

위험물안전관리법령상 제2석유류에 해당하는 것으로만 나열된 것은?

① 아세톤, 벤젠
② 중유, 아닐린
③ 에터(에테르), 이황화탄소
④ 아세트산, 아크릴산

해설 제4류 위험물(인화성 액체)

품명	종류
특수인화물	다이에틸에터(디에틸에테르), 이황화탄소, 아세트알데하이드(아세트알데히드), 산화프로필렌
제1석유류	아세톤, 휘발유, 벤젠
제2석유류	등유, 경유, 초산, 아세트산, 아크릴산
제3석유류	중유, 크레오소트유, 아닐린
제4석유류	기어유, 실린더유

05 상 **중** 하

종이, 나무, 섬유류 등에 의한 화재에 해당하는 것은?

① A급 화재
② B급 화재
③ C급 화재
④ D급 화재

해설 화재의 분류

등급	화재	표시색	가연물
A급	일반화재	백색	나무, 섬유, 종이, 고무, 플라스틱류
B급	유류화재	황색	인화성 액체, 가연성 액체, 석유 그리스, 타르, 오일, 유성도료, 솔벤트, 래커, 알코올 및 인화성 가스 등
C급	전기화재	청색	전류가 흐르고 있는 전기기기, 배선 등
D급	금속화재	무색	마그네슘 합금 등 가연성 금속
K급	주방화재	–	주방에서 동식물유를 취급하는 조리기구

06 상 **중** 하

0 [℃], 1기압에서 44.8 [m³]의 용적을 가진 이산화탄소를 액화하여 얻을 수 있는 액화탄산 가스의 무게는 약 몇 [kg]인가?

① 88
② 44
③ 22
④ 11

해설 이상기체 상태방정식

$$\text{이상기체 상태방정식 } PV = nRT = \frac{W}{M}RT$$

$$W = \frac{PVM}{RT} = \frac{1 \times 44.8 \times 44}{0.082 \times (273 + 0)} \fallingdotseq 88 \text{ [kg]}$$

P : 절대압력 [atm]
T : 절대온도 [K](273 + ℃)
W : 기체의 질량 [kg]
V : 부피 [m³]
R : 기체상수(0.082 [atm·m³/kmol·K])
M : CO_2 분자량(44 [kg/kmol])

07 상 중 **하**

가연물이 연소가 잘 되기 위한 구비조건으로 틀린 것은?

① 열전도율이 클 것
② 산소와 화학적으로 친화력이 클 것
③ 표면적이 클 것
④ 활성화에너지가 작을 것

해설 가연물이 연소가 잘 되기 위한 구비조건

1) 활성화에너지가 작을 것 (-)
2) 열전도율이 작을 것 (-)
3) 산소와 접촉하는 표면적이 넓을 것 (+)
4) 발열량이 클 것 (+)
5) 산소와 친화력이 클 것 (+)
6) 연쇄반응을 일으킬 것 (+)

TIP 활성화에너지, 열전도율 (-)

08 상(중)하

다음 중 소화에 필요한 이산화탄소소화약제의 최소 설계농도 값이 가장 높은 물질은?

① 메테인
② 에틸렌
③ 천연가스
④ 아세틸렌

해설 가연성 액체 또는 가연성 가스의 소화에 필요한 이산화탄소소화약제의 설계농도

가연성 액체·가스	설계농도 [%]
수소	75
아세틸렌	66
일산화탄소	64
산화에틸렌	53
에틸렌	49
에테인(에탄)	40
석탄가스, 천연가스	37
프로페인(프로판)	36
뷰테인(부탄)	34
메테인(메탄)	34

09 상 중(하)

이산화탄소의 증기비중은 약 얼마인가? (단, 공기의 분자량은 29이다)

① 0.81
② 1.52
③ 2.02
④ 2.51

해설 증기비중

1) 증기비중 $= \dfrac{분자량}{29(공기\ 분자량)}$

$= \dfrac{44(CO_2\ 분자량)}{29} ≒ 1.52$

2) 공기에 대한 가스의 무게비

증기비중	공기에 대한 무게
증기비중 > 1	공기보다 무거움
증기비중 < 1	공기보다 가벼움

보충 원자량(H : 1, C : 12, N : 14, O : 16)

10 상(중)하

유류탱크 화재 시 기름 표면에 물을 살수하면 기름이 탱크 밖으로 비산하여 화재가 확대되는 현상은?

① 슬롭 오버(Slop Over)
② 플래시 오버(Flash Over)
③ 프로스 오버(Froth Over)
④ 블레비(BLEVE)

해설 유류탱크 화재 재해현상

현상	설명
보일 오버	중질유 탱크 저부의 에멀전(물)이 증발하면서 부피가 팽창하여 기름이 탱크 밖으로 화재를 동반하며 방출하는 현상
슬롭 오버	고온 기름 표면에 물 살수 시 급격한 수분 증발로 기름이 팽창되어 탱크 밖으로 분출하는 현상
프로스 오버	고온 아스팔트가 물이 존재하는 탱크에 옮겨지면서 화재를 수반하지 않고 기름을 분출하는 현상
블레비	비등액체 증기폭발, 주변 화재로 탱크 내 액체가 비등하고 압력이 상승하여 탱크가 파열되는 현상, 파이어 볼 발생 ※ 파이어 볼 : 인화성 액체가 대량 기화되어 갑자기 발화될 때 발생하는 공 모양 화염

보충 플래시 오버 : 온도가 급격히 상승하여 화재가 순간적으로 실내 전체에 확산되는 현상

11 (상 중 하)

실내 화재 시 발생한 연기로 인한 감광계수(m^{-1})와 가시거리에 대한 설명 중 틀린 것은?

① 감광계수가 0.1일 때 가시거리는 20 ~ 30 [m]이다.
② 감광계수가 0.3일 때 가시거리는 15 ~ 20 [m]이다.
③ 감광계수가 1.0일 때 가시거리는 1 ~ 2 [m]이다.
④ 감광계수가 10일 때 가시거리는 0.2 ~ 0.5 [m]이다.

해설 감광계수 ─────────

감광계수[m^{-1}]	가시거리[m]	내용
0.1	20 ~ 30	연기감지기 작동할 때
0.3	5	건물에 익숙한 사람이 피난에 지장을 느낄 때
0.5	3	어두움을 느낄 때
1	1 ~ 2	거의 앞이 보이지 않음
10	0.2 ~ 0.5	최성기 때 연기농도
30	–	출화실에서 연기 분출

12 (상 중 하)

$NH_4H_2PO_4$를 주성분으로 한 분말소화약제는 제몇 종 분말소화약제인가?

① 제1종   ② 제2종
③ 제3종   ④ 제4종

해설 분말소화약제 ─────────

종별	소화약제	약제색	적응화재
1종	탄산수소나트륨 (NaHCO₃)	백색	BC급
2종	탄산수소칼륨 (KHCO₃)	담자색 (담회색)	BC급
3종	제1인산암모늄 (NH₄H₂PO₄)	담홍색	ABC급
4종	탄산수소칼륨 + 요소 (KHCO₃+(NH₂)₂CO)	회(백)색	BC급

암기 백담사 홍어회

13 (상 중 하)

다음 물질 중 연소하였을 때 시안화수소를 가장 많이 발생시키는 물질은?

① Polyethylene
② Polyurethane
③ Polyvinyl Chloride
④ Polystyrene

해설 폴리우레탄(Polyurethane) ─────────

[폴리우레탄 사용 예]

1) 가연성 물질
2) 연소하면 일산화탄소(CO)·시안화수소(HCN) 등의 유독가스 배출
3) 단열재로 사용되는 경질폼 및 소리를 흡수시키는 방음재 등으로 주로 쓰이며, 엔지니어링플라스틱, 시트 쿠션, 페인트, 접착제, 기능성 섬유 등으로 용도가 매우 다양함

보충 ▶ 폴리우레탄 : 고분자의 주 사슬에 우레탄 결합이 반복적으로 들어있는 고분자 화합물의 통칭
C, H, O, N으로 이루어짐

2020

14 (상 중 하)

다음 물질의 저장창고에서 화재가 발생하였을 때 주수소화를 할 수 없는 물질은?

① 부틸리튬

② 질산에틸

③ 나이트로셀룰로오스

④ 적린

해설 **금수성 물질**

1) 부틸리튬 : 제3류 위험물(알킬리튬)
   → 물과 접촉 시 심하게 발열하고 가연성 가스인 수소가스를 발생시킴
2) 질산에틸 : 제5류 위험물(질산에스터류)
3) 나이트로셀룰로오스(니트로셀룰로오스) : 제5류 위험물(질산에스터류)
4) 적린 : 제2류 위험물

※ 금수성 물질
물과 접촉하면 발열·발화, 가연성 가스를 발생시킴

금수성 물질	물과 접촉 시 발생현상
무기과산화물	산소(O_2) 발생
금속분 마그네슘(Mg) 나트륨(Na) 칼륨(K) 리튬(Li) 수소화리튬(LiH) 부틸리튬(C_4H_9Li)	수소(H_2) 발생
탄화칼슘(칼슘카바이드)	아세틸렌(C_2H_2) 발생

15 (상 중 하)

다음 중 상온·상압에서 액체인 것은?

① 탄산가스

② 할론 1301

③ 할론 2402

④ 할론 1211

해설 **할론소화약제**

종류	분자식	상온·상압
할론 1211	CF_2ClBr	기체
할론 1301	CF_3Br	
할론 1011	CH_2ClBr	액체
할론 2402	$C_2F_4Br_2$	

16 (상 중 하)

밀폐된 내화건물의 실내에 화재가 발생했을 때 그 실내의 환경변화에 대한 설명 중 틀린 것은?

① 기압이 급강하한다.

② 산소가 감소된다.

③ 일산화탄소가 증가한다.

④ 이산화탄소가 증가한다.

해설 **밀폐된 내화건물 화재**

1) 실내 기압이 상승 (+)
2) 일산화탄소·이산화탄소 증가 (+)
3) 산소량 감소 (-)

TIP ▶ 산소량만 (-)

정답 14 ① 15 ③ 16 ①

17 상 중 하

제거소화의 예에 해당하지 않는 것은?

① 밀폐 공간에서의 화재 시 공기를 제거한다.
② 가연성 가스 화재 시 가스의 밸브를 닫는다.
③ 산림화재 시 확산을 막기 위하여 산림의 일부를 벌목한다.
④ 유류탱크 화재 시 연소되지 않은 기름을 다른 탱크로 이동시킨다.

해설 제거소화

방법	내용
격리	• 바람을 일으켜 가연물과 불꽃을 격리
소멸	• 가스밸브를 차단하여 가스 공급을 소멸 • 드레인밸브(배출밸브)를 개방하여 기름 배출 • 가연물을 다른 지역으로 이동
파괴	• 산불 화재 시 맞불, 벌목

보충 밀폐 공간에서의 화재 시 공기 제거 : 질식소화

18 상 중 하

화재 시 나타나는 인간의 피난 특성으로 볼 수 없는 것은?

① 어두운 곳으로 대피한다.
② 최초로 행동한 사람을 따른다.
③ 발화지점의 반대방향으로 이동한다.
④ 평소에 사용하던 문, 통로를 사용한다.

해설 화재 시 인간의 피난 특성

본능	특성
귀소본능	친숙한 경로를 따라 대피
지광본능	화재나 정전 시 밝은 쪽으로 피난
추종본능	많은 사람들이 리더를 추종
퇴피본능	화재 공포감으로 화염 반대방향 이동
좌회본능	좌측통행, 시계반대방향 회전
직진본능	비상시 직진

19 상 중 하

산소의 농도를 낮추어 소화하는 방법은?

① 냉각소화
② 질식소화
③ 제거소화
④ 억제소화

해설 소화의 형태

소화	내용
냉각소화	열 흡수, 발화점 이하로 낮추어 소화
질식소화	산소농도 15 [%] 이하로 낮춤
제거소화	가연물을 차단, 격리
억제소화	연쇄반응을 차단, 부촉매소화

보충 물리적 소화 : 냉각, 질식, 제거
화학적 소화 : 억제소화(부촉매소화)

20 상 중 하

인화알루미늄의 화재 시 주수소화하면 발생하는 물질은?

① 수소
② 메테인
③ 포스핀
④ 아세틸

해설 물과 반응 시 발생가스

물질	가스
탄화칼슘(CaC_2)	아세틸렌(C_2H_2)
탄화알루미늄(Al_4C_3)	메테인(메탄, CH_4)
인화칼슘(Ca_3P_2)	포스핀(PH_3)
인화알루미늄(AlP)	
수소화리튬(LiH)	수소(H_2)

암기 탄칼아, 탄알메, 인포

2020년 1, 2회
소방전기일반

목표시간 : 30분 ｜ 시작 : _시 _분 ｜ 종료 : _시 _분 ｜ 맞은 개수 : _ /20

---

21 (상 중 하)

인덕턴스가 0.5 [H]인 코일의 리액턴스가 753.6 [Ω]일 때 주파수는 약 몇 [Hz]인가?

① 120
② 240
③ 360
④ 480

해설 유도리액턴스 ————————

$$X_L = \omega L = 2\pi f L = 753.6 [\Omega]$$
$$2 \times 3.14 \times f \times 0.5 = 753.6 [\Omega]$$
$$\therefore f = 240 [Hz]$$

X_L : 유도리액턴스 [Ω]
f : 주파수 [Hz]

---

22 (상 중 하)

최고 눈금 50 [mV], 내부 저항이 100 [Ω]인 직류전압계에 1.2 [MΩ]의 배율기를 접속하면 측정할 수 있는 최대 전압은 약 몇 [V]인가?

① 3
② 60
③ 600
④ 1200

해설 배율기 ————————

$$V = m V_0$$
$$= (1 + \frac{R_m}{R_v}) V_0$$
$$= (1 + \frac{1.2 \times 10^6}{100}) \times 50 \times 10^{-3} = 600 [V]$$

R_m : 배율기저항 [Ω]
R_v : 내부저항 [Ω]
V : 최대전압 [V]
V_0 : 최고 눈금 [V]

---

23 (상 중 하)

그림과 같은 블록선도에서 출력 C(s)는?

① $\dfrac{G(s)}{1+G(s)H(s)} R(s) + \dfrac{G(s)}{1+G(s)H(s)} D(s)$

② $\dfrac{1}{1+G(s)H(s)} R(s) + \dfrac{1}{1+G(s)H(s)} D(s)$

③ $\dfrac{G(s)}{1+G(s)H(s)} R(s) + \dfrac{1}{1+G(s)H(s)} D(s)$

④ $\dfrac{1}{1+G(s)H(s)} R(s) + \dfrac{G(s)}{1+G(s)H(s)} D(s)$

정답 21 ② 22 ③ 23 ③

해설 블록선도 전달함수 —————————

$$G(s) = \frac{경로}{1 - 폐로}$$

$$= \frac{G(s)R(s) + D(s)}{1 + G(s)H(s)}$$

$$= \frac{G(s)R(s)}{1 + G(s)H(s)} + \frac{D(s)}{1 + G(s)H(s)}$$

경로 : $G(s) \cdot R(s) + D(s)$

폐로 : $-G(s)H(s)$

24 상⟨중⟩하

변위를 전압으로 변환시키는 장치가 아닌 것은?

① 포텐셔미터
② 차동변압기
③ 전위차계
④ 측온저항체

해설 변위를 전압으로 변환시키는 장치 —————————

• 포텐셔미터
• 전위차계
• 차동변압기

보충 측온저항체 : 온도를 임피던스로 변환

구분	변환
광전지	빛 → 전압
열전대식 감지기	온도 → 전압
측온저항체	온도 → 임피던스
차동변압기	변위 → 전압
노즐플래퍼	변위 → 압력
다이어프램	압력 → 변위

25 상⟨중⟩하

단상변압기의 권수비가 a = 8이고, 1차 교류전압의 실효치는 110 [V]이다. 변압기 2차 전압을 단상 반파 정류회로를 이용하여 정류했을 때 발생하는 직류전압의 평균치는 약 몇 [V]인가?

① 6.19
② 6.29
③ 6.39
④ 6.88

해설 단상 반파 정류회로의 직류전압 —————————

$$a = \frac{V_1}{V_2}, \quad a = \frac{110}{V_2},$$

$$\therefore V_2 = \frac{110}{8} [V]$$

$$V_{av} = 0.45 \times V_2$$

$$= 0.45 \times \frac{110}{8} = 6.19 [V]$$

V_1 : 1차 교류전압 [V]

V_2 : 2차 교류전압 [V]

V_{av} : 단상 반파 직류전압의 평균치 [V]

구분	단상 반파	단상 전파	3상 반파	3상 전파 (6상 반파)
정류효율 [%]	40.6	81.2	96.7	99.80
맥동률 [%]	121	15	17	4
맥동주파수 [Hz]	f	$2f$	$3f$	$6f$
직류전압 (평균값, E_d)	0.45 [V]	0.9 [V]	1.17 [V]	1.35 [V]

2
0
2
0

26 (상)(중)하

그림과 같은 유접점회로의 논리식은?

① A+B·C
② A·B+C
③ B+A·C
④ A·B+B·C

해설 논리식

$(A+B)\times(A+C)$
$= AA + AC + BA + BC$
$= A(1+C+B) + BC$
$= A+BC$
$\therefore (1+C+B) = 1$

정리	공식
항등법칙	$0+A=A,\ 1+A=1,\ 0\times A=0,\ 1\times A=A$
동일법칙	$A+A=A,\ A\times A=A$
보원법칙	$A+\overline{A}=1,\ A\times\overline{A}=0$
복원법칙	$\overline{\overline{A}}=A$
교환법칙	$A+B=B+A,\ A\times B=B\times A$
결합법칙	$A+(B+C)=(A+B)+C,\ A(BC)=(AB)C$
분배법칙	$A(B+C)=AB+AC,\ A+BC=(A+B)(A+C)$
흡수법칙	$A+AB=A,\ A(A+B)=A$ $A+\overline{A}B=(A+\overline{A})(A+B)=A+B$

27 (상)(중)하

평형 3상 부하의 선간전압이 200 [V], 전류가 10 [A], 역률이 70.7 [%]일 때 무효전력은 약 몇 [Var]인가?

① 2880
② 2450
③ 2000
④ 1410

해설 무효전력 계산

• 피상전력 $P_a = \sqrt{P^2 + P_r^2}$ [VA]
• $\sqrt{3}\ VI = \sqrt{(\sqrt{3}\ VI\cos\theta)^2 + P_r^2}$
• $\sqrt{3}\times200\times10$
  $= \sqrt{(\sqrt{3}\times200\times10\times0.707)^2 + P_r^2}$
$\therefore\ P_r = 2450$ [Var]

P : 유효전력 [W]
P_r : 무효전력 [Var]
P_a : 피상전력 [VA]
V : 전압 [V]
I : 전류 [A]

28 (상)중(하)

제어 대상에서 제어량을 측정하고 검출하여 주궤환신호를 만드는 것은?

① 조작부
② 출력부
③ 검출부
④ 제어부

정답 26 ① 27 ② 28 ③

해설 피드백 제어계의 요소

용어	설명
목푯값	제어량이 어떤 값을 갖도록 목표를 설정하여 외부에서 주어지는 신호
기준입력요소 (장치)	목푯값을 제어할 수 있는 기준입력신호로 변환하는 장치
기준입력 (신호)	제어계를 동작시키는 기준(목푯값에 비례)
동작신호	기준입력신호와 주궤환신호의 편차신호(제어동작을 일으키는 신호)
제어요소	조절부와 조작부로 구성, 동작신호를 조작량으로 변환시키는 요소
조작량	제어요소가 제어대상에 주는 양
제어량	제어대상이 속하는 양
검출부	제어대상으로부터 제어량을 검출하고, 기준입력신호와 비교하는 부분

30 상 중 하

다음 중 직류전동기의 제동법이 아닌 것은?

① 회생제동
② 정상제동
③ 발전제동
④ 역전제동

해설 직류전동기의 제동법

제동 분류	특징
직류제동	전동기를 전원에서 차단한 후 1차 권선(고정자 권선)에 직류전류를 흘려 제동 토크를 얻는 방법이다.
역상제동	전동기의 단자접속을 변경하여 회전방향과 반대방향으로 토크를 주어 제동하는 방법이다.
회생제동	회전체에 축적된 운동에너지를 전원측으로 반환하면서 제동을 하는 방법이다.
발전제동	전동기의 회전자를 전원으로부터 분리하여 발전기를 작용시키고 회전자의 운동에너지를 제동, 저항에서 열로 소비시키는 방법이다.

29 상 중 하

복소수로 표시된 전압 10 − j [V]를 어떤 회로에 가하는 경우 5 + j [A]의 전류가 흘렀다면 이 회로의 저항은 약 몇 [Ω]인가?

① 1.88
② 3.6
③ 4.5
④ 5.46

해설 복소수를 통한 저항 계산

$V = IZ$

$Z = \dfrac{V}{I} = \dfrac{(10-j)}{(5+j)}$ [Ω]

$Z = R + jX = 1.88 - j0.57$ [Ω]

∴ $R = 1.88$ [Ω]

TIP $\dfrac{(10-j)}{(5+j)}$ 은 계산기를 사용하면 $1.88 - j0.57$이 나온다.

31 상 중 하

자동화재탐지설비의 감지기회로의 길이가 500 [m]이고, 종단에 8 [kΩ]의 저항이 연결되어 있는 회로에 24 [V]의 전압이 가해졌을 경우 도통 시험 시 전류는 약 몇 [mA]인가? (단, 동선의 저항률은 1.69 × 10⁻⁸ [Ω · m]이며, 동선의 단면적은 2.5 [mm²]이고, 접촉저항 등은 없다고 본다)

① 2.4
② 3.0
③ 4.8
④ 6.0

2020

해설 도통 시험 시 전류계산식 ─────

- $I = \dfrac{정격전압}{도체저항 + 종단저항}$

- 종단저항 $R_t = 8000\ [\Omega]$

- 도체저항

$$R = \rho \dfrac{l}{A}$$

$$= \dfrac{(1.69 \times 10^{-8}) \times 500}{2.5 \times 10^{-6}} = 3.38\ [\Omega]$$

- 도통시험 전류

$$I = \dfrac{V}{R + R_t}$$

$$= \dfrac{24}{3.38 + (8 \times 10^3)} = 3\ [mA]$$

수신반 24[V]

회로길이 500m
회로저항 $R_1 = ?$

감지기

ρ : 고유저항 $[\Omega \cdot m]$

32 (상)(중)하

다음 회로에서 출력전압은 몇 [V]인가? (단, A = 5 [V], B = 0 [V]인 경우이다)

+5V

$1\,k\Omega$

A

B

출력

① 0
② 5
③ 10
④ 15

해설 AND(무접점회로) ─────

- A, B 두 개의 입력 중 두 값이 모두 입력 5 [V]가 주어질 때 출력 5 [V]가 나타남
- A에는 5 [V], B에는 0 [V]가 주어졌으므로 출력은 0 [V]

무접점
AND회로($A \times B,\ A \cdot B$)
OR회로($A + B$)
NOT회로(반전)
NAND회로(NOT + AND)
NOR회로(NOT + OR)
XOR회로
(논리기호)

33 상⟨중⟩하

평행한 왕복 전선에 10 [A]의 전류가 흐를 때 전선 사이에 작용하는 전자력 [N/m]은? (단, 전선의 간격은 40 [cm]이다)

① 5×10^{-5} [N/m], 서로 반발하는 힘
② 5×10^{-5} [N/m], 서로 흡인하는 힘
③ 7×10^{-5} [N/m], 서로 반발하는 힘
④ 7×10^{-5} [N/m], 서로 흡인하는 힘

해설 왕복도선 사이의 힘 ─────────

$$F = \frac{2I_1 I_2}{r} \times 10^{-7} = \frac{2 \times 10 \times 10}{0.4} \times 10^{-7}$$
$$= 5 \times 10^{-5} [N/m]$$

F : 전자력 [N/m]
I : 전류 [A]
r : 두 도선 간의 거리

TIP ▶ 평행한 왕복도선은 반발력을 갖는다.

34 상⟨중⟩하

수정, 전기석 등의 결정에 압력을 가하여 변형을 주면 변형에 비례하여 전압이 발생하는 현상을 무엇이라 하는가?

① 국부작용
② 전기분해
③ 압전현상
④ 성극작용

해설 압전현상(Piezo-electric Effect) ─────────

• 수정, 전기석 등의 결정에 압력을 가하여 변형을 주면 전압이 발생
• 기계적 에너지 → 전기적 에너지
• 마이크나 스피커의 원리

35 상⟨중⟩하

그림과 같이 전류계 A_1, A_2를 접속할 경우 A_1은 25 [A], A_2는 5 [A]를 지시하였다. 전류계 A_2의 내부저항은 몇 [Ω]인가?

① 0.05
② 0.08
③ 0.12
④ 0.15

해설 병렬회로 전류 분배 ─────────

$A_1 = A_2 + 0.02$ [Ω]에 흐르는 전류
A_2에 흐르는 전류 = 5 [A]
$A_{V2} = 0.02$ [Ω]에 걸리는 전압
$A_{R2} = 0.02$ [Ω] × 4 = 0.08 [Ω]

A_1 : A_1에 흐르는 전류
A_2 : A_2에 흐르는 전류
A_{V2} : A_2에 걸리는 전압
A_{R2} : A_2의 내부저항

36 상⟨중⟩하

반지름 20 [cm], 권수 50회인 원형코일에 2 [A]의 전류를 흘려주었을 때 코일 중심에서 자계(자기장)의 세기 [AT/m]는?

① 70
② 100
③ 125
④ 250

해설 원형코일중심의 자계세기(H) ─────────

$$H = \frac{NI}{2r} = \frac{50 \times 2}{2 \times 0.2} = 250 [AT/m]$$

H : 자기장의 세기 [AT/m]
r : 반지름 [m]
I : 전류 [A]

37 (상(중)하)

그림과 같은 무접점회로의 논리식은?

① $A \cdot B + \overline{C}$

② $A + B + \overline{C}$

③ $(A + B) \cdot \overline{C}$

④ $A \cdot B \cdot \overline{C}$

해설 무접점회로 ──────

$(A \text{ AND } B) \text{ AND } \overline{C}$ 이므로 $A \cdot B \cdot \overline{C}$

명칭, 논리기호
AND회로($A \times B$, $A \cdot B$)
A ─┐ ─ X B ─┘
OR회로($A + B$)
A ─┐ ─ X B ─┘
A ─▷○─ X
NAND회로(NOT + AND)
A ─┐ ─ X B ─┘
NOR회로(NOT + OR)
A ─┐ ─ X B ─┘
XOR회로
A ─┐ ─ X B ─┘

38 (상 중(하))

전원 전압을 일정하게 유지하기 위하여 사용하는 다이오드는?

① 쇼트키다이오드

② 터널다이오드

③ 제너다이오드

④ 버랙터다이오드

해설 다이오드 ──────

명칭	특성
정류용 다이오드	일반적으로 다이오드라 불리는 것으로 정류작용(전류를 한쪽의 (+)나 (−)로만 흐름)
제너다이오드 (정전압다이오드)	주로 정전압 전원회로에 사용(전원·전압을 일정하게 유지, 안정화)
터널다이오드 (PN접합)	증폭작용·발진작용·개폐작용을 하며, 고속 스위칭회로·논리회로에 사용
포토다이오드	빛을 쬐면 광량에 비례하는 전류가 흐름 (빛 검출용, 광센서에 사용)

암기 정전압 & 제너 ㅈㅈㅈ

39 (상(중)하)

동기발전기의 병렬운전 조건으로 틀린 것은?

① 기전력의 크기가 같을 것

② 기전력의 위상이 같을 것

③ 기전력의 주파수가 같을 것

④ 극수가 같을 것

해설 동기발전기 병렬운전 조건 ──────

• 기전력의 파형이 같을 것

• 기전력의 주파수가 같을 것

• 기전력의 위상이 같을 것

• 기전력의 크기가 같을 것

암기 파주위크

정답 37 ④ 38 ③ 39 ④

40 상 중 하

메거(Megger)는 어떤 저항을 측정하기 위한 장치인가?

① 절연저항
② 접지저항
③ 전지의 내부저항
④ 궤조저항

해설 측정기기 ──────────────────

메거(Megger)	배선의 절연저항 측정
캘빈 더블 브리지	굵은 나전선의 저항 측정
휘스톤 브리지	• 수 천옴의 가는 전선 저항 측정 • 검류계 내부저항 측정
코올라우쉬 브리지	축전지의 내부저항, 전해액 저항 측정
어스(Earth) 테스터	접지저항 측정

2020년 1, 2회

소방관계법규

3회독	월	일
2회독	월	일
1회독	월	일

| 목표시간 : 20분 | 시작 : _시 _분 | 종료 : _시 _분 | 맞은 개수 : _ /20 |

41 상 중 하

소방시설공사업법령상 소방공사감리를 실시함에 있어 용도와 구조에서 특별히 안전성과 보안성이 요구되는 소방대상물로서 소방시설물에 대한 감리를 감리업자가 아닌 자가 감리할 수 있는 장소는?

① 정보기관의 청사
② 교도소 등 교정 관련 시설
③ 국방 관계시설 설치장소
④ 원자력안전법상 관계시설이 설치되는 장소

해설 감리업자 ────────

1) 감리업자 업무
  (1) 소방시설등 설치계획표 적법성 검토
  (2) 소방시설등 설계도서 적합성 검토
  (3) 소방시설등 설계 변경 사항 적합성 검토
  (4) 소방용품 위치·규격 및 사용 자재 적합성 검토
  (5) 공사업자가 한 소방시설 시공이 설계도서와 화재안전기준에 맞는지 지도·감독
  (6) 완공된 소방시설등의 성능시험
  (7) 공사업자가 작성한 시공 상세도면 적합성 검토
  (8) 피난시설 및 방화시설 적법성 검토
  (9) 실내장식물의 불연화와 방염 물품의 적법성 검토
2) 감리업자가 아닌 자가 감리할 수 있는 보안성 등이 요구되는 소방대상물 시공장소 : 「원자력안전법」에 따른 관계시설이 설치되는 장소
3) 감리업자는 업무를 수행할 때에는 대통령령으로 정하는 감리의 종류 및 대상에 따라 공사기간 동안 소방시설공사 현장에 소속 감리원을 배치하고 업무수행 내용을 감리일지에 기록하는 등 대통령령으로 정하는 감리의 방법에 따라야 한다.

42 상 중 하

소방시설공사업법령에 따른 소방시설업 등록이 가능한 사람은?

① 피성년후견인
② 위험물안전관리법에 따른 금고 이상의 형의 집행 유예를 선고받고 그 유예기간 중에 있는 사람
③ 등록하려는 소방시설업 등록이 취소된 날부터 3년이 지난 사람
④ 소방기본법에 따른 금고 이상의 실형을 선고받고 그 집행이 면제된 날부터 1년이 지난 사람

해설 소방시설업 등록 결격사유 ────────

1) 피성년후견인
2) 금고 이상의 실형을 선고받고 집행이 끝나거나 면제된 날부터 2년이 지나지 않은 사람
3) 금고 이상의 형의 집행유예를 선고받고 그 유예기간 중에 있는 사람
4) 등록하려는 소방시설업 등록이 취소된 날부터 2년이 지나지 않은 자
5) 법인 대표가 위 규정에 해당하는 경우 그 법인
6) 법인 임원이 위 규정에 해당하는 경우 그 법인

43 상 중 하

소방기본법령상 소방업무 상호응원협정 체결 시 포함되어야 하는 사항이 아닌 것은?

① 응원출동의 요청방법
② 응원출동훈련 및 평가
③ 응원출동대상지역 및 규모
④ 응원출동 시 현장지휘에 관한 사항

정답 41 ④ 42 ③ 43 ④

해설 소방업무 상호응원협정 ──────────

1) 상호응원협정 체결 : 시·도지사
2) 소방활동에 관한 사항
   • 화재 경계·진압활동
   • 구조·구급업무 지원
   • 화재조사활동
3) 응원출동대상지역 및 규모
4) 소요경비 부담에 관한 사항
   • 출동대원 수당·식사 및 피복 수선
   • 소방장비 및 기구 정비와 연료 보급
5) <u>응원출동 요청방법</u>
6) <u>응원출동훈련 및 평가</u>

44 상중하

소방기본법령에 따른 소방용수시설 급수탑 개폐밸브의 설치기준으로 맞는 것은?

① 지상에서 1.0 [m] 이상 1.5 [m] 이하
② 지상에서 1.2 [m] 이상 1.8 [m] 이하
③ 지상에서 1.5 [m] 이상 1.7 [m] 이하
④ 지상에서 1.5 [m] 이상 2.0 [m] 이하

해설 소방용수시설 설치기준 ──────────

1) 소화전
   • 상수도와 연결, 지하식·지상식 구조
   • 연결금속구 구경 : 65 [mm]
2) 급수탑
   • 급수배관 구경 : 100 [mm] 이상
   • <u>개폐밸브 : 지상 1.5 [m] 이상 1.7 [m] 이하</u>
3) 저수조
   • 지면으로부터의 낙차 : 4.5 [m] 이하
   • 흡수부분 수심 : 0.5 [m] 이상일 것
   • 흡수관 투입구 : 사각형 한 변 60 [cm]
                    원형 지름 60 [cm] 이상

45 상중하

소방기본법에 따라 화재 등 그 밖의 위급한 상황이 발생한 현장에서 소방활동을 위하여 필요한 때에는 그 관할구역에 사는 사람 또는 그 현장에 있는 사람으로 하여금 사람을 구출하는 일 또는 불을 끄는 등의 일을 하도록 명령할 수 있는 권한이 없는 사람은?

① 소방서장   ② 소방대장
③ 시·도지사   ④ 소방본부장

해설 소방활동 종사 명령 ──────────

소방활동을 위해 그 관할구역에 사는 사람 또는 그 현장에 있는 사람을 통해 사람을 구출하는 일 또는 불을 끄거나 불이 번지지 않도록 하는 일

1) <u>소방활동 종사명령자 : 소방본부장, 소방서장, 소방대장</u>
2) 명령대상 : 화재·재난 시 그 관할구역에 사는 사람, 그 현장에 있는 사람
3) 명령내용 : 사람을 구출하는 일, 불을 끄거나 불이 번지지 않도록 하는 일
4) 종사 명령 시 소방본부장·서장·대장은 소방활동에 필요한 보호장구를 지급하는 등 안전을 위한 조치할 것
5) 소방활동에 종사한 사람은 시·도지사로부터 소방활동비용을 지급 받을 수 있음. 다만 다음 경우는 제외
   (1) 소방대상물에 화재, 재난·재해, 그 밖의 위급상황 발생한 경우 그 관계인
   (2) 고의 또는 과실로 화재 또는 구조, 구급활동이 필요한 상황을 발생시킨 사람
   (3) 화재 또는 구조·구급 현장에서 물건을 가져간 사람

46 상중하

소방시설 설치 및 관리에 관한 법령상 소방용품의 형식승인을 받지 아니하고 소방용품을 제조하거나 수입한 자에 대한 벌칙기준은?

① 100만 원 이하의 벌금
② 300만 원 이하의 벌금
③ 1년 이하 징역 또는 1천만 원 이하 벌금
④ 3년 이하 징역 또는 3천만 원 이하 벌금

해설 3년 이하 징역 또는 3000만 원 이하 벌금 —————

1) 조치명령 위반사항에 대한 명령을 정당한 사유 없이 위반
2) 관리업 등록을 하지 않고 영업을 한 자
3) 소방용품 형식승인 받지 아니하고 제조·수입 또는 거짓이나 그 밖의 부정한 방법으로 형식승인을 받은 자
4) 제품검사를 받지 아니한 자 또는 거짓이나 그 밖의 부정한 방법으로 제품검사를 받은 자
5) 소방용품을 판매·진열하거나 소방시설공사에 사용한 자
6) 거짓이나 그 밖의 부정한 방법으로 성능인증 또는 제품검사를 받은 자
7) 제품검사를 받지 아니하거나 합격표시를 하지 아니한 소방용품을 판매·진열하거나 소방시설공사에 사용한 자
8) 구매자에게 명령을 받은 사실을 알리지 아니하거나 필요한 조치를 하지 아니한 자
9) 거짓이나 그 밖의 부정한 방법으로 전문기관으로 지정을 받은 자

47 상 중 (하)

위험물안전관리법령에 따라 위험물안전관리자를 해임하거나 퇴직한 때에는 해임하거나 퇴직한 날부터 며칠 이내에 다시 안전관리자를 선임하여야 하는가?

① 30일
② 35일
③ 40일
④ 55일

해설 위험물안전관리자 —————

- 안전관리자 선임 : 관계인
- 안전관리자 해임, 퇴직 시 : 해임, 퇴직한 날부터 30일 이내 재선임
- 선임신고기간 : 소방본부장·소방서장에게 선임 날부터 14일 이내 신고
- 직무대행기간 : 30일 이내

48 (상) 중 하

소방시설 설치 및 관리에 관한 법령상 화재위험도가 낮은 특정소방대상물 중 불연성물품 저장 창고에 설치하지 아니할 수 있는 소방시설인 것은? [법 개정으로 인한 문제 수정]

① 스프링클러설비
② 상수도소화용수설비
③ 자동화재탐지설비
④ 옥외소화전설비

해설 화재위험도 낮은 특정소방대상물 —————

구분	특정소방대상물	소방시설
화재위험도가 낮은 특정소방대상물	석재, 불연성금속, 불연성 건축재료 등의 가공공장, 기계 조립공장, 불연성물품 저장 창고	옥외소화전설비, 연결살수설비
화재안전기준 적용 어려운 특정소방대상물	펄프공장의 작업장, 음료수 공장의 세정·충전 작업장 등	스프링클러설비, 상수도소화용수설비, 연결살수설비
	정수장, 수영장, 목욕장, 농예·축산·어류양식용시설 등	자동화재탐지, 상수도소화용수, 연결살수설비
화재안전기준을 달리 적용하여야 하는 특수한 용도·구조의 특정소방대상물	• 원자력발전소 • 중·저준위방사성폐기물의 저장시설	연결송수관설비, 연결살수설비
위험물안전관리법에 따라 자체소방대 설치된 특정소방대상물	자체소방대가 설치된 위험물 제조소등에 부속된 사무실	옥내소화전설비, 소화용수설비, 연결살수설비 및 연결송수관설비

49 상 ⓐ 하

화재의 예방 및 안전관리에 관한 법령상 불꽃을 사용하는 용접·용단 기구의 용접 또는 용단 작업장에서 지켜야 하는 사항 중 다음 (   ) 안에 알맞은 것은?

용접 또는 용단 작업장 주변 반경 (㉠) [m] 이내에 소화기를 갖추어 둘 것. 용접 또는 용단 작업장 주변 반경 (㉡) [m] 이내에는 가연물을 쌓아두거나 놓아두지 말 것. 다만 가연물의 제거가 곤란하여 방지포 등으로 방호조치를 한 경우는 제외한다.

① ㉠ 3, ㉡ 5
② ㉠ 5, ㉡ 3
③ ㉠ 5, ㉡ 10
④ ㉠ 10, ㉡ 5

해설 불꽃 사용 용접·용단 기구

• 용접, 용단 작업장 주변 반경 5 [m] 이내 소화기 갖출 것
• 용접, 용단 작업장 주변 반경 10 [m] 이내 가연물 쌓아두거나 놓아두지 말 것

50 상 중 ⓗ

다음 소방시설 중 경보설비가 아닌 것은?

① 통합감시시설
② 가스누설경보기
③ 비상콘센트설비
④ 자동화재속보설비

해설 경보설비

1) 단독경보형 감지기
2) 비상경보설비
   • 비상벨설비
   • 자동식 사이렌설비
3) 시각경보기
4) 자동화재탐지설비
5) 비상방송설비
6) 자동화재속보설비
7) 통합감시시설
8) 누전경보기
9) 가스누설경보기
10) 화재알림설비

보충 ▶ 비상콘센트설비 : 소화활동설비

51 상 ⓐ 하

화재의 예방 및 안전관리에 관한 법령상 소방안전관리대상물의 소방안전관리자의 업무가 아닌 것은?

① 소방시설 공사
② 소방훈련 및 교육
③ 소방계획서의 작성 및 시행
④ 자위소방대의 구성·운영·교육

해설 특정소방대상물 소방안전관리자와 관계인의 업무

1) 소방안전관리자의 업무
   (1) 피난계획 관련 사항과 대통령령으로 정하는 사항이 포함된 소방계획서 작성 및 시행
   (2) 자위소방대 및 초기대응체계 구성·운영·교육
   (3) 피난시설, 방화구획, 방화시설의 관리
   (4) 소방훈련 및 교육
   (5) 소방시설이나 그 밖의 소방 관련 시설의 관리
   (6) 화기 취급의 감독
   (7) 소방안전관리에 관한 업무수행에 관한 기록·유지((3), (5), (6)항 업무)
   (8) 화재발생 시 초기대응
   (9) 그 밖에 소방안전관리에 필요한 업무
2) 특정소방대상물 관계인의 업무
   (1) 피난시설, 방화구획, 방화시설의 관리
   (2) 소방시설이나 그 밖의 소방 관련 시설의 관리
   (3) 화기 취급의 감독
   (4) 화재발생 시 초기대응
   (5) 그 밖에 소방안전관리에 필요한 업무

52 (상 중 하)

소방기본법령에 따라 주거지역·상업지역 및 공업지역에 소방용수시설을 설치하는 경우 소방대상물과의 수평거리를 몇 [m] 이하가 되도록 해야 하는가?

① 50   ② 100
③ 150   ④ 200

해설 소방용수시설 수평거리 ——

- 주거지역·상업지역·공업지역 : 100 [m] 이하
- 그 외의 지역 : 140 [m] 이하

암기 주상공 100

53 (상 중 하)

위험물안전관리법령상 다음의 규정을 위반하여 위험물의 운송에 관한 기준을 따르지 아니한 자에 대한 과태료기준은?

> 위험물운송자는 이동탱크저장소에 의하여 위험물을 운송하는 때에는 행정안전부령으로 정하는 기준을 준수하는 등 당해 위험물의 안전확보를 위하여 세심한 주의를 기울여야 한다.

① 50만 원 이하   ② 100만 원 이하
③ 300만 원 이하   ④ 500만 원 이하

해설 500만 원 이하 과태료(위험물법) ——

1) 지정수량 이상의 위험물을 임시로 저장 또는 취급하는 경우 승인을 받지 아니한 자
2) 위험물의 저장 또는 취급에 관한 세부기준을 위반한 자
3) 품명 등의 변경신고를 기간 이내에 하지 아니하거나 허위로 한 자
4) 지위승계신고를 기간 이내에 하지 아니하거나 허위로 한 자
5) 제조소등의 폐지신고, 안전관리자의 선임신고를 기간 이내에 하지 않고 허위로 한 자
6) 사용 중지신고 또는 재개신고를 기간 이내에 하지 아니하거나 거짓으로 한 자

7) 안전관리자의 선임신고를 기간 이내에 하지 아니하거나 허위로 한 자
8) 등록사항의 변경신고를 기간 이내에 하지 아니하거나 허위로 한 자
9) 점검결과를 기록·보존하지 아니한 자
10) 기간 이내에 점검결과를 제출하지 아니한 자
11) 위험물의 운반에 관한 세부기준을 위반한 자
12) 위험물 운송에 관한 기준을 따르지 아니한 자

54 (상 중 하)

소방시설 설치 및 관리에 관한 법령상 소방시설등에 대한 자체점검 중 종합점검 대상인 것은?

① 제연설비가 설치되지 않은 터널
② 스프링클러설비가 설치된 연면적이 5000 [m²]이고 12층인 아파트
③ 물분무등소화설비가 설치된 연면적이 5000 [m²]인 위험물 제조소
④ 호스릴방식의 물분무등소화설비만을 설치한 연면적 3000 [m²]인 특정소방대상물

해설 종합점검 대상 ——

1) 최초점검 대상물
2) 스프링클러설비가 설치된 특정소방대상물
3) 물분무등소화설비[호스릴방식의 물분무등소화설비만을 설치한 경우는 제외]가 설치된 연면적 5000 [m²] 이상인 특정소방대상물(위험물 제조소등은 제외)
4) 다중이용업의 영업장이 설치된 특정소방대상물로서 연면적이 2000 [m²] 이상인 것(단란주점과 유흥주점, 영화상영관, 비디오물감상실업, 복합영상물제공업, 노래연습장, 산후조리원, 고시원, 안마시술소)
5) 제연설비가 설치된 터널
6) 공공기관 중 연면적(터널·지하구의 경우 그 길이와 평균폭을 곱하여 계산된 값)이 1000 [m²] 이상인 것으로서 옥내소화전설비 또는 자동화재탐지설비가 설치된 것(소방대가 근무하는 공공기관은 제외)

정답 52 ② 53 ④ 54 ②

55 (상)중하

소방시설 설치 및 관리에 관한 법령상 건축허가등의 동의 대상물이 아닌 것은?

① 항공기 격납고
② 연면적이 300 [m²]인 공연장
③ 바닥면적이 300 [m²]인 차고
④ 연면적이 300 [m²]인 노유자 시설

해설 건축허가 동의대상물 범위

구분	기준
학교시설	연면적 100 [m²] 이상
노유자(老幼者)시설 및 수련시설	연면적 200 [m²] 이상
지하층·무창층이 있는 건축물	바닥면적 150 [m²] (공연장 100 [m²]) 이상
정신의료기관, 장애인 의료재활시설	연면적 300 [m²] 이상
일반용도의 특정소방대상물	연면적 400 [m²] 이상
차고, 주차장 또는 주차용도로 사용되는 시설	바닥면적 200 [m²] 이상 / 기계식 주차시설 자동차 20대 이상
• 노인 관련 시설 중 노인주거복지시설, 노인의료복지시설, 재가노인복지시설, 학대피해노인 전용쉼터 • 아동복지시설 (아동상담소, 아동전용시설 및 지역아동센터는 제외한다) • 장애인 거주시설 • 정신질환자 관련 시설(공동생활가정을 제외한 재활훈련시설과 종합시설 중 24시간 주거를 제공하지 않는 시설은 제외한다) • 노숙인 관련 시설 중 노숙인자활시설·노숙인재활시설·노숙인요양시설 • 결핵환자나 한센인이 24시간 생활하는 노유자시설	단독주택, 공동주택에 설치되는 시설 제외

구분	기준
• 6층 이상 건축물 • 항공기격납고, 관망탑, 항공관제탑, 방송용송수신탑 • 요양병원(의료재활시설 제외) • 위험물 저장 및 처리시설, 지하구, 전기저장시설, 풍력발전소 • 조산원, 산후조리원, 의원 (입원실 또는 인공신장실이 있는 것) • 공장 또는 창고시설로서 지정 수량의 750배 이상의 특수가연물을 저장·취급하는 것 • 가스시설로서 지상에 노출된 탱크의 저장용량의 합계가 100톤 이상인 것	–

※ 지하층·무창층이 있는 건축물은 연면적기준이 아니라 바닥면적기준임

56 (상)중하

위험물안전관리법령상 제조소등의 경보설비 설치기준에 대한 설명으로 틀린 것은?

① 제조소 및 일반취급소의 연면적이 500 [m²] 이상인 것에는 자동화재탐지설비를 설치한다.
② 자동신호장치를 갖춘 스프링클러설비 또는 물분무등소화설비를 설치한 제조소등에 있어서는 자동화재탐지설비를 설치한 것으로 본다.
③ 경보설비는 자동화재탐지설비·자동화재속보설비·비상경보설비(비상벨장치 또는 경종 포함)·확성장치(휴대용 확성기 포함) 및 비상방송설비로 구분한다.
④ 지정수량의 10배 이상의 위험물을 저장 또는 취급하는 제조소등(이동탱크저장소를 포함한다)에는 화재발생 시 이를 알릴 수 있는 경보설비를 설치하여야 한다.

해설 경보설비 설치기준 ─────────

1) 제조소등별 설치해야 하는 경보설비

특정소방대상물	소방시설
• 연면적 500 [m²] 이상 • 옥내에서 지정수량 100배 이상 취급	• 자동화재탐지설비
• 지정수량 10배 이상 저장 또는 취급 (이동탱크저장소 제외)	• 자동화재탐지설비 • 비상경보설비 • 비상방송설비 • 확성장치 중 1종 이상

2) 자동신호장치 갖춘 스프링클러설비 또는 물분무등소화설비 설치한 제조소등은 자동화재탐지설비 설치한 것으로 봄
3) 자동화재탐지설비 · 자동화재속보설비 · 비상경보설비(비상벨장치 또는 경종 포함) · 확성장치(휴대용확성기 포함) 및 비상방송설비로 구분

(2) 목재, 플라스틱 등 가연성이 큰 물건의 제거, 이격, 적재 금지 등
(3) 소방차량의 통행이나 소화활동에 지장을 줄 수 있는 물건의 이동
3) 소방안전관리자, 총괄소방안전관리자 또는 소방안전관리보조자를 선임하지 아니한 자
4) 소방시설 · 피난시설 · 방화시설 및 방화구획 등이 법령에 위반된 것을 발견하였음에도 필요한 조치를 할 것을 요구하지 아니한 소방안전관리자
5) 소방안전관리자에게 불이익한 처우를 한 관계인
6) 화재예방안전진단, 위탁받은 업무를 위반하여 업무를 수행하면서 알게 된 비밀을 정한 목적 외의 용도로 사용하거나 다른 사람, 기관에 제공, 누설한 자

57 상(중)하

화재의 예방 및 안전관리에 관한 법령상 정당한 사유 없이 화재의 예방조치에 관한 명령에 따르지 아니한 경우에 대한 벌칙은?

① 100만 원 이하의 벌금
② 200만 원 이하의 벌금
③ 300만 원 이하의 벌금
④ 500만 원 이하의 벌금

해설 300만 원 이하의 벌금 ─────────

1) 화재안전조사를 정당한 사유 없이 거부 · 방해 또는 기피한 자
2) 화재발생 위험이 크거나 소화활동에 지장을 줄 수 있다고 인정되는 행위나 물건에 따른 명령을 정당한 사유 없이 따르지 아니하거나 방해한 자
   (1) 다음에 해당하는 행위의 금지 또는 제한
      ① 모닥불, 흡연 등 화기의 취급
      ② 풍등 등 소형열기구 날리기
      ③ 용접 · 용단 등 불꽃을 발생시키는 행위
      ④ 그 밖에 대통령령으로 정하는 화재발생 위험이 있는 행위

58 상(중)하

소방시설 설치 및 관리에 관한 법령상 방염성능기준 이상의 실내장식물 등을 설치해야 하는 특정소방대상물이 아닌 것은?

① 숙박이 가능한 수련시설
② 층수가 11층 이상인 아파트
③ 건축물 옥내에 있는 종교시설
④ 방송통신시설 중 방송국 및 촬영소

해설 방염 ─────────

1) 방염성능기준 : 대통령령
2) 방염성능기준 이상의 실내장식물 등을 설치해야 하는 특정소방대상물
   (1) 근린생활시설 중 의원, 조산원, 산후조리원, 체력단련장, 공연장 및 종교집회장, 치과의원, 한의원
   (2) 건축물의 옥내에 있는 시설
      ① 문화 및 집회시설
      ② 종교시설
      ③ 운동시설(수영장 제외)
   (3) 의료시설
   (4) 교육연구시설 중 합숙소
   (5) 노유자시설

(6) 숙박이 가능한 수련시설

(7) 숙박시설

(8) 방송통신시설 중 방송국 및 촬영소

(9) 다중이용업소

⑽ 층수가 11층 이상인 것(아파트 제외)

59 상 ⑱ 하

소방시설공사업법령에 따른 소방시설업의 등록권자는?

① 국무총리

② 소방서장

③ 시·도지사

④ 한국소방안전협회장

[해설] 소방시설공사업 등록 ────────────

1) 소방시설업 등록 : 시·도지사(자본금, 기술인력 등) → 소
   방시설협회에 제출(업무의 위탁)
   ※ 이때 소방시설업 등록에 필요한 사항 : 행정안전부령

2) 등록신청 서류 : 소방시설업 등록신청서 + 다음 각 호의 첨
   부서류
   ⑴ 신청인의 성명, 주민등록번호 및 주소지 등의 인적사항
     이 적힌 서류
   ⑵ 기술인력 증빙서류
     ① 국가기술자격증
     ② 소방기술 인정 자격수첩 또는 소방기술자 경력수첩
   ⑶ 소방청장 지정 금융회사 또는 소방산업공제조합 출자·
     예치·담보 금액 확인서(소방시설공사업만 해당)
   ⑷ 최근 90일 이내 작성한 자산평가액 또는 기업진단 보고
     서(소방시설공사업만 해당)

3) 등록신청 서류 보완
   ⑴ 기간 : 10일 이내
   ⑵ 해당 경우
     ① 첨부서류가 첨부되지 않은 경우
     ② 신청서 및 첨부서류에 기재 내용이 기재되어 있지 않
       거나 명확하지 않은 경우

60 상 ⑱ 하

**위험물안전관리법령상 정기검사를 받아야 하는 특정·준특
정옥외탱크저장소의 관계인은 특정·준특정옥외탱크저장
소의 설치허가에 따른 완공검사합격확인증을 발급받은 날
부터 몇 년 이내에 정밀정기검사를 받아야 하는가?**

① 9

② 10

③ 11

④ 12

[해설] 특정·준특정옥외탱크저장소 정밀정기검사 ────────

• 완공검사합격확인증 발급 날 : 12년 이내

• 최근 정기검사 받은 날 : 11년 이내

2020년 1, 2회

소방전기시설의 구조 및 원리

| 목표시간 : 30분 | 시작 : _시 _분 | 종료 : _시 _분 | 맞은 개수 : _ /20 |

61 상 중 하

소방시설용 비상전원수전설비의 화재안전기술기준(NFTC 602)에 따라 소방시설용 비상전원 수전설비에서 소방회로 및 일반회로 겸용의 것으로서 수전설비, 변전설비 그 밖의 기기 및 배선을 금속제 외함에 수납한 것은?

① 공용분전반
② 전용배전반
③ 공용큐비클식
④ 전용큐비클식

해설 큐비클식 ────────

"큐비클형"이란 수전설비를 큐비클 내에 수납하여 설치하는 방식으로서 다음의 형식을 말한다.

1) "공용큐비클식"이란 소방회로 및 일반회로 겸용의 것으로서 수전설비, 변전설비와 그 밖의 기기 및 배선을 금속제 외함에 수납한 것을 말한다.

2) "전용큐비클식"이란 소방회로용의 것으로 수전설비, 변전설비와 그 밖의 기기 및 배선을 금속제 외함에 수납한 것을 말한다.

62 상 중 하

비상조명등의 화재안전기술기준(NFTC 304)에 따른 비상조명등의 시설기준에 적합하지 않은 것은?

① 조도는 비상조명등이 설치된 장소의 각 부분의 바닥에서 0.5 [lx]가 되도록 하였다.
② 특정소방대상물의 각 거실과 그로부터 지상에 이르는 복도·계단 및 그 밖의 통로에 설치하였다.
③ 예비전원을 내장하는 비상조명등에 평상시 점등 여부를 확인할 수 있는 점검스위치를 설치하였다.
④ 예비전원을 내장하는 비상조명등에 해당 조명등을 유효하게 작동시킬 수 있는 용량의 축전지와 예비전원 충전장치를 내장하도록 하였다.

해설 비상조명등 설치기준 ────────

1) 설치기준
   (1) 특정소방대상물의 각 거실과 그로부터 지상에 이르는 복도·계단 및 그 밖의 통로에 설치할 것
   (2) 조도는 비상조명등이 설치된 장소의 각 부분의 바닥에서 1 [lx] 이상이 되도록 할 것
   (3) 예비전원을 내장하는 비상조명등에는 평상시 점등 여부를 확인할 수 있는 점검스위치를 설치하고 해당 조명등을 유효하게 작동시킬 수 있는 용량의 축전지와 예비전원 충전장치를 내장할 것
   (4) 예비전원을 내장하지 않는 비상조명등의 비상전원은 자가발전설비, 축전지설비 또는 전기저장장치를 다음 각 목의 기준에 따라 설치할 것
      ① 점검 편리하고 화재 및 침수 등의 재해로 인한 피해를 받을 우려가 없는 곳에 설치
      ② 상용전원으로부터 전력의 공급이 중단된 때에는 자동으로 비상전원으로부터 전력을 공급받을 수 있도록 할 것

정답 61 ③ 62 ①

③ 비상전원의 설치장소는 다른 장소와 방화구획할 것 (이 경우 그 장소에는 비상전원의 공급에 필요한 기구나 설비 외의 것을 두어서는 안 된다)

④ 비상전원을 실내에 설치하는 때에는 그 실내에 비상조명등을 설치할 것

⑸ 비상전원은 비상조명등을 20분 이상 유효하게 작동시킬 수 있는 용량으로 할 것. 다만 다음 각 목의 특정소방대상물의 경우에는 그 부분에서 피난층에 이르는 부분의 비상조명등을 60분 이상 유효하게 작동시킬 수 있는 용량으로 해야 한다.

① 지하층을 제외한 층수가 11층 이상의 층

② 지하층 또는 무창층으로서 용도가 도매시장·소매시장·여객자동차터미널·지하역사 또는 지하상가

⑹ 비상조명등의 설치 면제 요건에서 "그 유도등의 유효범위 안의 부분"이란 유도등의 조도가 바닥에서 1 [lx] 이상이 되는 부분을 말한다.

63 상⑤하

자동화재탐지설비 및 시각경보장치의 화재안전기술기준(NFTC 203)에 따른 공기관식 차동식 분포형 감지기의 설치기준으로 틀린 것은?

① 검출부는 3° 이상 경사되지 아니하도록 부착할 것

② 공기관의 노출부분은 감지구역마다 20 [m] 이상이 되도록 할 것

③ 하나의 검출부분에 접속하는 공기관의 길이는 100 [m] 이하로 할 것

④ 공기관과 감지구역의 각 변과의 수평거리는 1.5 [m] 이하가 되도록 할 것

해설 공기관식 차동식 분포형 설치기준 ————

1) 공기관의 노출부분 : 20 [m] 이상

2) 하나의 검출부에 접속하는 공기관의 길이 : 100 [m] 이하

3) 공기관과 감지구역의 각 변과의 수평거리 : 1.5 [m] 이하

4) 공기관 상호 거리 : 6 [m] 이하(주요구조부가 내화 구조인 경우 : 9 [m])

5) 공기관은 도중에 분기 금지

6) 검출부는 5° 이상 경사되지 않을 것

7) 검출부는 바닥으로부터 0.8 [m] 이상 1.5 [m] 이하의 위치에 설치할 것

64 상⑤하

무선통신보조설비의 화재안전기술기준(NFTC 505)에 따라 무선통신보조설비의 주회로 전원이 정상인지 여부를 확인하기 위해 증폭기의 전면에 설치하는 것은?

① 상순계 ② 전류계
③ 전압계 및 전류계 ④ 표시등 및 전압계

해설 증폭기 설치기준 ————

1) 전원은 전기가 정상적으로 공급되는 축전지, 전기저장장치 또는 교류전압 옥내간선으로 하고, 전원까지의 배선은 전용으로 할 것

2) 증폭기의 전면에는 주회로의 전원이 정상인지의 여부를 표시할 수 있는 표시등 및 전압계를 설치할 것

3) 증폭기에는 비상전원이 부착된 것으로 하고 해당 비상전원 용량은 무선통신보조설비를 유효하게 30분 이상 작동시킬 수 있는 것으로 할 것

4) 증폭기 및 무선중계기를 설치하는 경우 적합성 평가를 받은 제품으로 설치하고 임의로 변경하지 않도록 할 것

5) 디지털방식의 무전기를 사용하는 데 지장이 없도록 설치할 것

65 (상 **중** 하)

유도등 및 유도표지의 화재안전기술기준(NFTC 303)에 따라 지하층을 제외한 층수가 11층 이상인 특정소방대상물의 유도등의 비상전원을 축전지로 설치한다면 피난층에 이르는 부분의 유도등을 몇 분 이상 유효하게 작동시킬 수 있는 용량으로 하여야 하는가?

① 10 　　　　　　② 20
③ 50 　　　　　　④ 60

해설 유도등의 전원 ────────

1) 축전지, 전기저장장치, 교류전압의 옥내간선으로 하고 전원까지의 배선은 전용으로 할 것
2) 비상전원
　(1) 축전지(알칼리계 2차 축전지)
　(2) 용량 : 유도등은 20분 이상 작동
　(3) 60분 이상 작동해야 하는 경우
　　① 지하층을 제외한 층수가 11층 이상의 층
　　② 지하층, 무창층의 용도가 도매·소매시장·여객자동차터미널·지하역사 또는 지하상가

66 (상 **중** 하)

비상경보설비 및 단독경보형 감지기의 화재안전기술기준(NFTC 201)에 따라 바닥면적이 450 [m²]일 경우 단독경보형 감지기의 최소 설치개수는?

① 1개
② 2개
③ 3개
④ 4개

해설 단독경보형 감지기 ────────

1) 각 실(이웃하는 실내 바닥 면적이 각각 30 [m²] 미만이고 벽체의 상부의 전부 또는 일부가 개방되어 이웃하는 실내와 공기가 상호 유통되는 경우 이를 1개의 실로 본다)마다 설치하되, 바닥 면적이 150 [m²]를 초과하는 경우에는 150 [m²]마다 1개 이상 설치할 것
　∴ 설치개수 = 450/150 = 3개
2) 최상층의 계단실의 천장(외기 상통하는 계단실 경우 제외)에 설치할 것
3) 건전지를 주전원으로 사용하는 단독경보형 감지기는 정상적인 작동 상태를 유지할 수 있도록 건전지를 교환할 것
4) 상용전원을 주전원으로 사용하는 단독경보형 감지기의 2차 전지는 제품검사시험에 합격한 것을 사용할 것

67 (상 **중** 하)

자동화재탐지설비 및 시각경보장치의 화재안전기술기준에 따라 지하층·무창층 등으로서 환기가 잘 되지 아니하거나 실내 면적이 40 [m²] 미만인 장소에 설치하여야 하는 적응성이 있는 감지기가 아닌 것은? [출제 오류로 인한 문제 수정]

① 불꽃감지기
② 광전식 분리형 감지기
③ 정온식 스포트형 감지기
④ 아날로그방식의 감지기

해설 비화재보방지 감지기 ────────

• 불꽃감지기
• 정온식 감지선형 감지기
• 분포형 감지기
• 복합형 감지기
• 광전식 분리형 감지기
• 아날로그방식의 감지기
• 다신호방식의 감지기
• 축적방식의 감지기

암기 ▶ 불정분복 광아다축
TIP ▶ 비화재보 : 화재감지 오작동
※ 스포트형은 적응성이 없음

정답 65 ④ 66 ③ 67 ③

68 ⬚상⬚중⬚하

무선통신보조설비의 화재안전기술기준에 따라 무선통신보조설비의 누설동축케이블 및 동축케이블은 화재에 따라 해당 케이블의 피복이 소실된 경우에 케이블 본체가 떨어지지 아니하도록 몇 [m] 이내마다 금속제 또는 자기제 등의 지지금구로 벽·천장·기둥 등에 견고하게 고정시켜야 하는가? (단, 불연재료로 구획된 반자 안에 설치하지 않은 경우이다) [법 개정으로 인한 문제 수정]

① 1
② 1.5
③ 2.5
④ 4

⬚해설 **누설동축케이블 설치기준**

1) 소방전용주파수대에서 전파의 전송 또는 복사에 적합한 것으로서 소방전용의 것으로 할 것(다만 소방대 상호 간의 무선연락에 지장 없는 경우에는 다른 용도와 겸용 가능하다)
2) 누설동축케이블과 이에 접속하는 안테나 또는 동축케이블과 이에 접속하는 안테나에 따른 것으로 할 것
3) 누설동축케이블은 불연 또는 난연성의 것으로서 습기에 따라 전기의 특성이 변질되지 아니하는 것으로 하고, 노출하여 설치한 경우에는 피난 및 통행에 장애가 없도록 할 것
4) 누설동축케이블은 화재에 따라 해당 케이블의 피복이 소실된 경우에 케이블 본체가 떨어지지 아니하도록 4 [m] 이내마다 금속제 또는 자기제 등의 지지금구로 벽·천장·기둥 등에 견고하게 고정시킬 것(다만 불연재료로 구획된 반자 안에 설치하는 경우에는 그러하지 않는다)
5) 누설동축케이블 및 안테나는 금속판 등에 따라 전파의 복사 또는 특성이 현저하게 저하되지 아니하는 위치에 설치할 것
6) 누설동축케이블 및 안테나는 고압의 전로로부터 1.5 [m] 이상 떨어진 위치에 설치할 것(다만 해당 전로에 정전기 차폐장치를 유효하게 설치한 경우에는 그러하지 않는다)
7) 누설동축케이블의 끝부분에는 무반사 종단저항을 견고하게 설치할 것
8) 누설동축케이블 또는 동축케이블의 임피던스는 50 [Ω]으로 하고, 이에 접속하는 안테나·분배기 기타의 장치는 해당 임피던스에 적합한 것으로 하여야 한다.

69 ⬚상⬚중⬚하

비상경보설비 및 단독경보형 감지기의 화재안전기술기준(NFTC 201)에 따라 비상경보설비의 발신기 설치 시 복도 또는 별도로 구획된 실로서 보행거리가 몇 [m] 이상일 경우에는 추가로 설치하여야 하는가?

① 25
② 30
③ 40
④ 50

⬚해설 **비상경보설비 발신기**

1) 조작이 쉬운 장소에 설치하고, 조작스위치는 바닥으로부터 0.8 [m] 이상 1.5 [m] 이하의 높이에 설치할 것
2) 특정소방대상물의 층마다 설치하되, 해당 특정소방대상물의 각 부분으로부터 하나의 발신기까지의 수평거리가 25 [m] 이하가 되도록 할 것. 다만 복도 또는 별도로 구획된 실로서 보행거리가 40 [m] 이상일 경우에는 추가로 설치하여야 한다.
3) 발신기의 위치표시등은 함의 상부에 설치하되, 그 불빛은 부착면으로부터 15° 이상의 범위 안에서 부착지점으로부터 10 [m] 이내의 어느 곳에서도 쉽게 식별할 수 있는 적색등으로 할 것

70 상 중 하

비상방송설비의 화재안전기술기준(NFTC 202)에 따라 비상방송설비에서 기동장치에 따른 화재신고를 수신한 후 필요한 음량으로 화재발생 상황 및 피난에 유효한 방송이 자동으로 개시될 때까지의 소요시간은 몇 초 이하로 하여야 하는가?

① 5 ② 10
③ 15 ④ 20

해설 비상방송설비 음향장치 설치기준 ──────

1) 확성기
   (1) 음성입력 : 실외 3 [W] 이상, 실내 1 [W] 이상
   (2) 수평거리 : 층 각 부분으로부터 하나의 확성기까지의 25 [m] 이하
   (3) 확성기는 각 층마다 설치, 당해 층의 각 부분에 유효하게 경보를 발하도록 설치
2) 음량조정기(ATT) : 음량조정기의 배선은 3선식으로 한다.
3) 기동장치에 따른 화재신고를 수신한 후 필요한 음량으로 화재발생 상황 및 피난에 유효한 방송이 자동으로 개시될 때까지의 소요시간은 10초 이하로 할 것

71 상 중 하

비상콘센트설비의 화재안전기술기준(NFTC 504)에 따른 비상콘센트의 시설기준에 적합하지 않은 것은?

① 바닥으로부터 높이 1.45 [m]에 움직이지 않게 고정시켜 설치된 경우
② 바닥면적이 800 [m²]인 층의 계단의 출입구로부터 4 [m]에 설치된 경우
③ 바닥면적의 합계가 12000 [m²]인 지하상가의 수평거리 30 [m]마다 추가 설치된 경우
④ 바닥면적의 합계가 2500 [m²]인 지하층의 수평거리 40 [m]마다 추가로 설치한 경우

해설 비상콘센트 설치기준 ──────

1) 바닥으로부터 높이 0.8 [m] 이상 1.5 [m] 이하의 위치에 설치할 것
2) 바닥면적이 1000 [m²] 미만인 층은 계단의 출입구(계단의 부속실을 포함하며 계단이 2 이상 있는 경우에는 그중 1개의 계단을 말한다)로부터 5 [m] 이내에, 바닥면적 1000 [m²] 이상인 층은 각 계단의 출입구 또는 계단부속실의 출입구(계단의 부속실을 포함하며 계단이 3 이상 있는 층의 경우에는 그중 2개의 계단을 말한다)로부터 5 [m] 이내에 설치하되, 그 비상콘센트로부터 그 층의 각 부분까지의 거리가 다음의 기준을 초과하는 경우에는 그 기준 이하가 되도록 비상콘센트를 추가하여 설치할 것
   (1) 지하상가 또는 지하층의 바닥면적의 합계가 3000 [m²] 이상인 것은 수평거리 25 [m]
   (2) 위에 해당하지 아니하는 것은 수평거리 50 [m]

72 상 중 하

누전경보기의 형식승인 및 제품검사의 기술기준에 따라 누전경보기의 수신부는 그 정격전압에서 몇 회의 누전작동시험을 실시하는가?

① 1000회 ② 5000회
③ 10000회 ④ 20000회

해설 누전경보기 성능 ──────

1) 조작이 쉽고 작동이 확실하여야 하며, 정지점이 명확하고 적정하여야 한다.
2) 각 접점의 최대사용전압으로 최대사용전류의 200 [%]인 전류를 저항부하를 통하여 흘리는 작동을 1만 회(전원스위치의 경우에는 5천 회) 반복하는 경우 그 구조 또는 기능에 이상이 생기지 아니하여야 한다.
3) 접점은 최대사용전류 용량에 적합하여야 하고 부식될 우려가 없는 것이어야 한다.
4) 눌혀서 끊어지는 형의 스위치(수은스위치 등)을 사용할 경우에는 정위치에 복귀시키는 것을 잊지 아니하도록 알려주는 적당한 장치를 하여야 한다.

73 (상(중)하)

무선통신보조설비의 화재안전기술기준(NFTC 505)에 따라 서로 다른 주파수의 합성된 신호를 분리하기 위하여 사용하는 장치는?

① 분배기 　　　　② 혼합기
③ 증폭기 　　　　④ 분파기

해설 무선통신보조설비 용어정의 ─────────

1) "누설동축케이블"이란 동축케이블의 외부도체에 가느다란 홈을 만들어서 전파가 외부로 새어나갈 수 있도록 한 케이블을 말한다.
2) "분배기"란 신호의 전송로가 분기되는 장소에 설치하는 것으로 임피던스 매칭(Matching)과 신호 균등분배를 위해 사용하는 장치를 말한다.
3) "분파기"란 서로 다른 주파수의 합성된 신호를 분리하기 위해서 사용하는 장치를 말한다.
4) "혼합기"란 2 이상의 입력신호를 원하는 비율로 조합한 출력이 발생하도록 하는 장치를 말한다.
5) "증폭기"란 전압·전류의 진폭을 늘려 감도 등을 개선하는 장치를 말한다.
6) "무선중계기"란 안테나를 통하여 수신된 무전기신호를 증폭한 후 음영지역에 재방사하여 무전기 상호 간 송수신이 가능하도록 하는 장치를 말한다.
7) "옥외안테나"란 감시제어반 등에 설치된 무선중계기의 입력과 출력포트에 연결되어 송수신신호를 원활하게 방사·수신하기 위해 옥외에 설치하는 장치를 말한다.
8) "임피던스"란 교류회로에 전압이 가해졌을 때 전류의 흐름을 방해하는 값으로서 교류회로에서의 전류에 대한 전압의 비를 말한다.

74 (상(중)하)

비상콘센트설비의 화재안전기술기준(NFTC 504)에 따라 비상콘센트설비의 전원부와 외함 사이의 절연저항은 전원부와 외함 사이를 500 [V] 절연저항계로 측정할 때 몇 [$M\Omega$] 이상이어야 하는가?

① 20 　　　　② 30
③ 40 　　　　④ 50

해설 비상콘센트설비 ─────────

1) 절연저항 : 500 [V] 절연저항계로 측정할 때 20 [MΩ] 이상일 것
2) 절연내력
　(1) 정격전압 150 [V] 이하 : 1000 [V]의 실효전압
　(2) 정격전압이 150 [V] 초과 : (정격전압 × 2) + 1000 [V] = 실효전압
　(3) 실효전압 시험에서 1분 이상 견디는 것으로 할 것
3) 배선
전원회로의 배선은 내화배선, 그 밖의 배선은 내화배선 또는 내열배선

75 (상)(중)하

비상경보설비의 구성요소로 옳은 것은?

① 기동장치, 경종, 화재표시등, 전원

② 전원, 경종, 기동장치, 위치표시등, 소화전

③ 위치표시등, 경종, 화재표시등, 전원, 소화전

④ 경종, 기동장치, 화재표시등, 위치표시등, 감지기

해설 비상경보설비 구성요소 ─────

1) 비상벨설비
   (1) 구성 : 기동장치, 음향장치(경종), 표시등, 비상전원, 배선
   (2) 기동장치 : 발신기 세트의 누름스위치 사용
   (3) 경종, 표시등, 누름스위치를 일체형으로 한 발신기 세트(일명 속보세트)를 사용
2) 자동식 사이렌설비
   (1) 구성 : 기동장치, 음향장치(사이렌), 표시등, 비상전원, 배선
   (2) 기동장치 : 발신기 세트의 누름스위치 사용
   (3) 발신기 세트에서 경종 대신 사이렌을 사용하는 것으로 작동원리는 비상벨설비와 동일

76 (상)(중)하

수신기를 나타내는 소방시설 도시기호로 옳은 것은?

① 　　②

③ 　　④

해설 소방시설 도시기호 ─────

① 도시기호가 아님

② 수신기

③ 부수신기

④ 중계기

77 (상)(중)하

비상경보설비 및 단독경보형 감지기의 화재안전기술기준(NFTC 201)에 따른 비상벨설비 또는 자동식 사이렌설비에 대한 설명이다. 다음 (   )의 ㉠, ㉡에 들어갈 내용으로 옳은 것은?

> 비상벨설비 또는 자동식 사이렌설비에는 그 설비에 대한 감시 상태를 (㉠)분간 지속한 후 유효하게 (㉡)분 이상 경보할 수 있는 축전지설비(수신기에 내장하는 경우를 포함한다) 또는 전기저장장치(외부 전기에너지를 저장해두었다가 필요한 때 전기를 공급하는 장치)를 설치하여야 한다.

① ㉠ 30, ㉡ 10　　② ㉠ 60, ㉡ 10

③ ㉠ 30, ㉡ 20　　④ ㉠ 60, ㉡ 20

해설 비상경보설비 ─────

1) 비상벨설비 또는 자동식 사이렌설비는 부식성 가스 또는 습기 등으로 인하여 부식의 우려가 없는 장소에 설치해야 한다.
2) 지구음향장치는 특정소방대상물의 층마다 설치하되, 해당 층의 각 부분으로부터 하나의 음향장치까지의 수평거리가 25 [m] 이하가 되도록 하고, 해당 층의 각 부분에 유효하게 경보를 발할 수 있도록 설치해야 한다. 다만 「비상방송설비의 화재안전기술기준(NFTC 202)」에 적합한 방송설비를 비상벨설비 또는 자동식 사이렌설비와 연동하여 작동하도록 설치한 경우에는 지구음향장치를 설치하지 않을 수 있다.
3) 음향장치는 정격전압의 80 [%] 전압에서도 음향을 발할 수 있도록 해야 한다. 다만 건전지를 주전원으로 사용하는 음향장치는 그렇지 않다.
4) 음향장치의 음향의 크기는 부착된 음향장치의 중심으로부터 1 [m] 떨어진 위치에서 음압이 90 [dB] 이상이 되는 것으로 해야 한다.
5) 발신기는 다음의 기준에 따라 설치해야 한다.
   (1) 조작이 쉬운 장소에 설치하고 조작스위치는 바닥으로부터 0.8 [m] 이상 1.5 [m] 이하의 높이에 설치할 것
   (2) 특정소방대상물의 층마다 설치하되, 해당 층의 각 부분으로부터 하나의 발신기까지의 수평거리가 25 [m] 이하가 되도록 할 것. 다만 복도 또는 별도로 구획된 실로서 보행거리가 40 [m] 이상일 경우에는 추가로 설치해야 한다.

정답 75 ① 76 ② 77 ②

(3) 발신기의 위치표시등은 함의 상부에 설치하되, 그 불빛은 부착면으로부터 15° 이상의 범위 안에서 부착지점으로부터 10 [m] 이내의 어느 곳에서도 쉽게 식별할 수 있는 적색등으로 할 것

6) 비상벨설비 또는 자동식 사이렌설비의 상용전원은 다음의 기준에 따라 설치해야 한다.

(1) 상용전원은 전기가 정상적으로 공급되는 축전지설비, 전기저장장치(외부 전기에너지를 저장해두었다가 필요한 때 전기를 공급하는 장치) 또는 교류전압의 옥내간선으로 하고, 전원까지의 배선은 전용으로 할 것

(2) 개폐기에는 "비상벨설비 또는 자동식 사이렌설비용"이라고 표시한 표지를 할 것

7) 비상벨설비 또는 자동식 사이렌설비에는 그 설비에 대한 감시 상태를 60분간 지속한 후 유효하게 10분 이상 경보할 수 있는 비상전원으로서 축전지설비(수신기에 내장하는 경우를 포함한다) 또는 전기저장장치(외부 전기에너지를 저장해두었다가 필요한 때 전기를 공급하는 장치)를 설치해야 한다. 다만 상용전원이 축전지설비인 경우 또는 건전지를 주전원으로 사용하는 무선식 설비인 경우에는 그렇지 않다.

78 상⟨중⟩하

비상경보설비 및 단독경보형 감지기의 화재안전기술기준(NFTC 201)에 따라 비상벨설비 또는 자동식 사이렌설비의 전원회로 배선 중 내열배선에 사용하는 전선의 종류가 아닌 것은?

① 버스덕트(Bus Duct)

② 600 [V] 1종 비닐절연전선

③ 0.6/1 [kV] EP 고무절연 클로로프렌 시스케이블

④ 450/750 [V] 저독성 난연 가교 폴리올레핀 절연전선

해설 내열배선 사용전선 ─────────

• 450/750 [V] 저독성 난연 가교 폴리올레핀 절연 전선

• 0.6/1 [kV] 가교 폴리에틸렌 절연 저독성 난연 폴리올레핀 시스 전력 케이블

• 6/10 [kV] 가교 폴리에틸렌 절연 저독성 난연 폴리올레핀 시스 전력용 케이블

• 가교 폴리에틸렌 절연 비닐시스 트레이용 난연 전력 케이블

• 0.6/1 [kV] EP 고무절연 클로로프렌 시스케이블

• 300/500 [V] 내열성 실리콘 고무 절연전선(180 [℃])

• 내열성 에틸렌 - 비닐아세테이트 고무 절연케이블

• 버스덕트(Bus Duct)

79 상⟨중⟩하

자동화재탐지설비 및 시각경보장치의 화재안전기술기준(NFTC 203)에 따라 감지기회로의 도통시험을 위한 종단저항의 설치기준으로 틀린 것은?

① 동일층 발신기함 외부에 설치할 것

② 점검 및 관리가 쉬운 장소에 설치할 것

③ 전용함을 설치하는 경우 그 설치높이는 바닥으로부터 1.5 [m] 이내로 할 것

④ 종단감지기에 설치할 경우에는 구별이 쉽도록 해당 감지기의 기판 등에 별도의 표시를 할 것

해설 도통시험 위한 종단저항 ─────────

1) 점검 및 관리가 쉬운 장소 설치

2) 설치높이 : 1.5 [m] 이하(전용함 설치)

3) 감지기회로 끝부분에 설치

4) 종단감지기 설치 시 : 기판·감지기 외부등 별도표시

보충 ▶ 종단저항은 발신기함 외부에 설치하면 유지관리가 어려워진다.

2020

80 상(중)하

자동화재속보설비의 속보기의 성능인증 및 제품검사의 기술기준에 따른 자동화재속보설비의 속보기에 대한 설명이다. 다음 (   )의 ㉠, ㉡에 들어갈 내용으로 옳은 것은?

> 작동신호를 수신하거나 수동으로 동작시키는 경우 (㉠)초 이내에 소방관서에 자동적으로 신호를 발하여 통보하되, (㉡)회 이상 속보할 수 있어야 한다.

① ㉠ 20, ㉡ 3　　　　② ㉠ 20, ㉡ 4
③ ㉠ 30, ㉡ 3　　　　④ ㉠ 30, ㉡ 4

해설 자동화재속보설비 ─────────────

1) 작동신호를 수신하거나 수동으로 동작시키는 경우 <u>20초 이내에 소방관서에 자동적으로 신호를 발하여 통보하되, 3회 이상 속보할 수 있어야 한다.</u>

2) 주전원이 정지한 경우에는 자동적으로 예비전원으로 전환되고, 주전원이 정상 상태로 복귀한 경우에는 자동적으로 예비전원에서 주전원으로 전환되어야 한다.

3) 예비전원은 자동적으로 충전되어야 하며 자동과충전방지장치가 있어야 한다.

4) 화재신호를 수신하거나 속보기를 수동으로 동작시키는 경우 자동적으로 적색 화재표시등이 점등되고 음향장치로 화재를 경보하여야 하며, 화재표시 및 경보는 수동으로 복구 및 정지시키지 않는 한 지속되어야 한다.

5) 연동 또는 수동으로 소방관서에 화재발생 음성정보를 속보 중인 경우에도 송수화장치를 이용한 통화가 우선적으로 가능하여야 한다.

6) 예비전원을 병렬로 접속하는 경우에는 역충전방지 등의 조치를 하여야 한다.

7) 예비전원은 감시 상태를 60분간 지속한 후 10분 이상 동작(화재속보 후 화재표시 및 경보를 10분간 유지하는 것을 말한다)이 지속될 수 있는 용량이어야 한다.

8) 속보기는 연동 또는 수동 작동에 의한 다이얼링 후 소방관서와 전화접속이 이루어지지 않는 경우에는 최초 다이얼링을 포함하여 10회 이상 반복적으로 접속을 위한 다이얼링이 이루어져야 한다. 이 경우 매회 다이얼링 완료 후 호출은 30초 이상 지속되어야 한다.

9) 속보기의 송수화장치가 정상위치가 아닌 경우에도 연동 또는 수동으로 속보가 가능하여야 한다.

10) 음성으로 통보되는 속보내용을 통하여 해당 특정소방대상물의 위치, 화재발생 및 속보기에 의한 신고임을 확인할 수 있어야 한다.

11) 속보기는 음성속보방식 외에 데이터 또는 코드전송방식 등을 이용한 속보기능을 설치할 수 있다.

정답 80 ①

2020년 3회
소방원론

| 목표시간 : 20분 | 시작 : _ 시 _ 분 | 종료 : _ 시 _ 분 | 맞은 개수 : _ /20 |

01 (상 중 하)

공기의 평균 분자량이 29일 때 이산화탄소 기체의 증기비 중은 얼마인가?

① 1.44　　　　　② 1.52
③ 2.88　　　　　④ 3.24

해설 증기비중

1) 증기비중 = $\dfrac{분자량}{29(공기 분자량)}$

$= \dfrac{44(CO_2\ 분자량)}{29} ≒ 1.52$

2) 공기에 대한 가스의 무게비

증기비중	공기에 대한 무게
증기비중 > 1	공기보다 무거움
증기비중 < 1	공기보다 가벼움

보충 원자량(H : 1, C : 12, N : 14, O : 16)

02 (상 중 하)

밀폐된 공간에 이산화탄소를 방사하여 산소의 체적 농도를 12 [%]가 되게 하려면 상대적으로 방사된 이산화탄소의 농도는 얼마가 되어야 하는가?

① 25.40 [%]　　　② 28.70 [%]
③ 38.35 [%]　　　④ 42.86 [%]

해설 이산화탄소의 농도

$$CO_2\ 농도\ [vol\%] = \frac{21 - O_2[vol\%]}{21} \times 100$$

$CO_2\ 농도 = \dfrac{21 - O_2}{21} \times 100$

$= \dfrac{21 - 12}{21} \times 100$

$≒ 42.86\ [vol\%]$

03 (상 중 하)

다음 중 고체 가연물이 덩어리보다 가루일 때 연소되기 쉬운 이유로 가장 적합한 것은?

① 발열량이 작아지기 때문이다.
② 공기와 접촉면이 커지기 때문이다.
③ 열전도율이 커지기 때문이다.
④ 활성에너지가 커지기 때문이다.

해설 가연물의 구비조건

1) 활성화에너지가 작을 것 (-)
2) 열전도율이 작을 것 (-)
3) 산소와 접촉하는 표면적이 넓을 것 (+)
4) 발열량이 클 것 (+)
5) 산소와 친화력이 클 것 (+)
6) 연쇄반응을 일으킬 것 (+)

TIP 활성화에너지, 열전도율 (-)

2020

04 (상)(중)하

다음 중 발화점이 가장 낮은 물질은?

① 휘발유
② 이황화탄소
③ 적린
④ 황린

해설 발화점 = 착화점 = 착화온도

물질	발화점 [℃]
휘발유(가솔린)	280
적린	260
이황화탄소	90
황린	34

보충 ▶ 황린 : 제3류 위험물 중 자연발화성 물질로 발화점이 낮아 위험하여 물속에 보관

05 (상)중(하)

질식소화 시 공기 중의 산소농도는 일반적으로 약 몇 [vol%] 이하로 하여야 하는가?

① 25
② 21
③ 19
④ 15

해설 소화의 형태

소화	내용
냉각소화	열 흡수, 발화점 이하로 낮추어 소화
질식소화	산소농도 15 [%] 이하로 낮춤
제거소화	가연물을 차단, 격리
억제소화	연쇄반응을 차단, 부촉매소화

06 (상)(중)하

화재하중의 단위로 옳은 것은?

① kg/m^2
② $℃/m^2$
③ $kg \cdot L/m^3$
④ $℃ \cdot L/m^3$

해설 화재하중

1) 화재하중이란 <u>화재실의 단위면적당 등가가연물(목재)의 양</u>으로 건물화재 시 발열량 및 화재위험성 척도가 된다.
2) 화재구획실 내에 존재하는 가연물은 각각 단위중량당 발열량[kcal/kg]이 다르기 때문에 <u>목재의 발열량으로 환산하여 화재하중을 산정한다.</u>
   ⓔ 종이 : 4000 [kcal/kg], 고무 : 9000 [kcal/kg]
3) 화재 시 주수시간을 결정하는 주요인이다.
4) 화재하중 $q = \dfrac{\sum GH_i}{HA} = \dfrac{\sum Q}{4500A}$ $[kg/m^2]$

$$G : 가연물의 양 [kg]$$
$$H_i : 단위중량당 발열량 [kcal/kg]$$
$$H : 목재의 단위중량당 발열량 [4500\,kcal/kg]$$
$$A : 화재실의 바닥면적 [m^2]$$
$$\Sigma Q : 화재실 내 가연물의 전발열량 [kcal]$$

07 (상)(중)하

제1종 분말소화약제 주성분으로 옳은 것은?

① $KHCO_3$
② $NaHCO_3$
③ $NH_4H_2PO_4$
④ $Al_2(SO_4)_3$

해설 분말소화약제

종별	소화약제	약제색	적응화재
1종	탄산수소나트륨 (NaHCO$_3$)	백색	BC급
2종	탄산수소칼륨 (KHCO$_3$)	담자색 (담회색)	
3종	제1인산암모늄 (NH$_4$H$_2$PO$_4$)	담홍색	ABC급
4종	탄산수소칼륨 + 요소 (KHCO$_3$+(NH$_2$)$_2$CO)	회(백)색	BC급

암기 백담사 홍어회

08 (상 중 하)

소화약제인 IG-541의 성분이 아닌 것은?

① 질소
② 아르곤
③ 헬륨
④ 이산화탄소

해설 불활성기체소화약제

소화약제	분자식
IG-541	N$_2$: 52 [%], Ar : 40 [%], CO$_2$: 8 [%]
IG-01	Ar : 100 [%]
IG-55	N$_2$: 50 [%], Ar : 50 [%]
IG-100	N$_2$: 100 [%]

09 (상 중 하)

다음 중 연소와 가장 관련 있는 화학반응은?

① 중화반응
② 치환반응
③ 환원반응
④ 산화반응

해설 연소

가연물이 공기 중의 산소와 결합하여 빛과 열을 수반하는 산화반응

10 (상 중 하)

위험물과 위험물안전관리법령에서 정한 지정수량을 옳게 연결한 것은?

① 무기과산화물 - 300 [kg]
② 황화인 - 500 [kg]
③ 황린 - 20 [kg]
④ 질산에스터류 제1종 - 200 [kg]

해설 위험물 지정수량

구분	위험물	지정수량
제1류	무기과산화물	50 [kg]
제2류	황화인(황화린)	100 [kg]
제3류	황린	20 [kg]
제5류	질산에스터류 제1종	10 [kg]

암기 제5류 위험물의 지정수량
제1종 : 10[kg], 제2종 : 100[kg]

11 상 중 ⓗ

화재의 종류에 따른 분류가 틀린 것은?

① A급 : 일반화재
② B급 : 유류화재
③ C급 : 가스화재
④ D급 : 금속화재

해설 화재의 분류

등급	화재	표시색	가연물
A급	일반화재	백색	나무, 섬유, 종이, 고무, 플라스틱류
B급	유류화재	황색	인화성 액체, 가연성 액체, 석유 그리스, 타르, 오일, 유성도료, 솔벤트, 래커, 알코올 및 인화성 가스 등
C급	전기화재	청색	전류가 흐르고 있는 전기기기, 배선 등
D급	금속화재	무색	마그네슘 합금 등 가연성 금속
K급	주방화재	–	주방에서 동식물유를 취급하는 조리기구

12 상 ⓩ 하

이산화탄소소화약제 저장용기의 설치장소에 대한 설명 중 옳지 않는 것은?

① 반드시 방호구역 내의 장소에 설치한다.
② 온도의 변화가 적은 곳에 설치한다.
③ 방화문으로 구획된 실에 설치한다.
④ 해당 용기가 설치된 곳임을 표시하는 표지를 한다.

해설 이산화탄소소화약제 저장용기의 설치장소

1) 방호구역 외의 장소에 설치할 것
2) 온도가 40 [℃] 이하이고, 온도변화가 적은 곳에 설치할 것
3) 직사광선 및 빗물이 침투할 우려가 없는 곳에 설치할 것
4) 방화문으로 구획된 실에 설치할 것
5) 용기의 설치장소에는 해당 용기가 설치된 곳임을 표시하는 표지를 할 것
6) 용기 간의 간격은 점검에 지장이 없도록 3 [cm] 이상 간격을 유지할 것
7) 저장용기와 집합관을 연결하는 연결배관에는 체크밸브를 설치할 것

13 상 ⓩ 하

화재의 소화원리에 따른 소화방법의 적용으로 틀린 것은?

① 냉각소화 : 스프링클러설비
② 질식소화 : 이산화탄소소화설비
③ 제거소화 : 포소화설비
④ 억제소화 : 할로겐화합물소화설비

해설 소화방법

소화원리	소화방법
냉각소화	• 스프링클러설비 • 옥내·외소화전설비
질식소화	• 이산화탄소소화설비 • 포소화설비 • 불활성기체소화설비 • 마른모래·팽창질석·팽창진주암
억제소화	• 할로겐화합물소화설비 • 분말소화설비

14 상 ⓩ 하

할론 1301의 분자식은?

① CH_3Cl
② CH_3Br
③ CF_3Cl
④ CF_3Br

해설 할론소화약제

종류	분자식	상온·상압
할론 1211	CF_2ClBr	기체
할론 1301	CF_3Br	
할론 1011	CH_2ClBr	액체
할론 2402	$C_2F_4Br_2$	

15 (상중하)

소화효과를 고려하였을 경우 화재 시 사용할 수 있는 물질이 아닌 것은?

① 이산화탄소
② 아세틸렌
③ Halon 1211
④ Halon 1301

해설 아세틸렌(C_2H_2)

아세틸렌은 가연성 가스이므로 화재 시 사용 금지

16 (상중하)

탄화칼슘이 물과 반응 시 발생하는 가연성 가스는?

① 메테인
② 포스핀
③ 아세틸렌
④ 수소

해설 물과 반응 시 발생가스

물질	가스
탄화칼슘(CaC_2)	아세틸렌(C_2H_2)
탄화알루미늄(Al_4C_3)	메테인(메탄, CH_4)
인화칼슘(Ca_3P_2)	포스핀(PH_3)
인화알루미늄(AlP)	
수소화리튬(LiH)	수소(H_2)

암기 탄칼아, 탄알메, 인포

17 (상중하)

다음 원소 중 전기 음성도가 가장 큰 것은?

① F   ② Br
③ Cl   ④ I

해설 할로겐족 원소

1) 주기율표 17족 원소 : F, Cl, Br, I
2) 전기음성도(결합력) : F > Cl > Br > I
3) 부촉매효과(소화능력) : F < Cl < Br < I

암기 FC바르셀로나 아이

18 (상중하)

건축물의 내화구조에서 바닥의 경우에는 철근콘크리트의 두께가 몇 [cm] 이상이어야 하는가?

① 7   ② 10
③ 12   ④ 15

해설 내화구조 바닥기준

[두께 : 이상]

구조	두께
철근콘크리트조 또는 철골철근콘크리트조	10 [cm]
철재로 보강된 콘크리트블록조·벽돌조·석조로서 철재에 덮은 콘크리트블록등	5 [cm]
철재의 양면을 철망모르타르 또는 콘크리트로 덮은 것	5 [cm]

19 (상)**(중)**(하)

화재 시 발생하는 연소가스 중 인체에서 헤모글로빈과 결합하여 혈액의 산소운반을 저해하고 두통, 근육조절의 장애를 일으키는 것은?

① CO_2 ② CO
③ HCN ④ H_2S

해설 일산화탄소(CO) ————————————

1) 불완전 연소 시 발생
2) 증기비중 : 0.97(공기보다 약간 가벼움)
3) 유독성
4) 흡입 시 헤모글로빈(Hb)과 결합하여 혈액의 산소운반을 저해

20 (상)**(중)**(하)

인화점이 20 [℃]인 액체 위험물을 보관하는 창고의 인화 위험성에 대한 설명 중 옳은 것은?

① 여름철에 창고 안이 더워질수록 인화의 위험성이 커진다.
② 겨울철에 창고 안이 추워질수록 인화의 위험성이 커진다.
③ 20 [℃]에서 가장 안전하고 20 [℃]보다 높아지거나 낮아질수록 인화의 위험성이 커진다.
④ 인화의 위험성은 계절의 온도와는 상관없다.

해설 인화의 위험성 ————————————

1) 인화 : 가연물에서 점화가 되는 현상
2) 인화점 : 점화원 가했을 때 연소되는 최저온도
3) 내부 온도 상승 시 인화의 위험성 증대

2020년 3회
소방전기일반

| 목표시간 : 30분 | 시작 : _시 _분 | 종료 : _시 _분 | 맞은 개수 : _ /20 |

21 (상 중 하)

최대눈금이 200 [mA], 내부저항이 0.8 [Ω]인 전류계가 있다. 8 [mΩ]의 분류기를 사용하여 전류계의 측정범위를 넓히면 몇 [A]까지 측정할 수 있는가?

① 19.6 ② 20.2
③ 21.4 ④ 22.8

해설 분류기 ─────────

분류기 : 전류의 측정범위를 확대하기 위해 전류계와 병렬로 접속

$$I = \left(1 + \frac{R_A}{R_S}\right) I_0$$
$$= \left(1 + \frac{0.8}{8 \times 10^{-3}}\right) \times (200 \times 10^{-3})$$
$$= 20.2[A]$$

R_A : 내부저항 [Ω]
R_S : 분류기저항 [Ω]
I_0 : 최대눈금 [A]
I : 전류계 최대측정범위 [A]

22 (상 중 하)

5 [Ω]의 저항과 2 [Ω]의 유도성 리액턴스를 직렬로 접속한 회로에 5 [A]의 전류를 흘렸을 때 이 회로의 복소전력 [VA]은?

① 25 + j10 ② 10 + j25
③ 125 + j50 ④ 50 + j125

해설 복소수를 통한 전력계산 ─────────

$$P_a = I^2 \times Z$$
$$= 5^2 \times (5 + j2) = 125 + j50$$

Pa : 피상전력(복소전력) [VA]
유효전력 P = VIcosθ = I²R [W]
무효전력 P_r = VIsinθ = I²X [Var]
피상전력 Pa = VI = I²Z [VA]
Z = R + jX = 5 + j2 [Ω]

23 (상 중 하)

그림과 같은 회로에서 전압계 ⓥ가 10 [V]일 때 A-B 간의 전압은 몇 [V]인가?

① 50 ② 85
③ 100 ④ 135

해설 직·병렬에서의 전압분배 ─────────

- 전압계가 10 [V]이므로, 5 [Ω]에 흐르는 전류는 2 [A]
- 20 [Ω]에 걸리는 전압 = 40 [V]
- 10 [Ω]에 걸리는 전압 = 50 [V]
- 20 [Ω]과 5 [Ω]에 흐르는 전류는 2 [A]
- 10 [Ω]의 저항에 흐르는 전류는

$$\frac{50 [V]}{10 [Ω]} = 5 [A]$$

- 따라서 A와 B 사이에 흐르는 총 전류는 7 [A]
- 5 [Ω]에 걸리는 전압은 $5 \times 7 = 35 [V]$

∴ $35 [V] + 50 [V] = 85 [V]$

24 상⑤하

50 [Hz]의 3상 전압을 전파 정류하였을 때 리플(맥동) 주파수 [Hz]는?

① 50   ② 100
③ 150   ④ 300

해설 파형별 맥동률, 정류효율, 주파수 ─────────

구분	맥동률	맥동 주파수
단상 반파	121	f
단상 전파	48	2f
3상 반파	17	3f
3상 전파	4	6f

주파수 : $6f = 6 \times 50 = 300 [Hz]$

25 상⑤하

개루프제어와 비교하여 폐루프제어에서 반드시 필요한 장치는?

① 안정도를 좋게 하는 장치
② 제어대상을 조작하는 장치
③ 동작신호를 조절하는 장치
④ 기준입력신호와 주궤환신호를 비교하는 장치

해설 폐루프제어의 특징 ─────────

- 기준입력신호와 주궤환신호 비교
- 궤환제어시스템
- 정확성 증가
- 감대폭 증가
- 비선형성과 왜형 효과 감소
- 입력과 출력 비교
- 발진을 일으키고 불안정한 상태

26 상 중⑤

그림의 시퀀스회로와 등가인 논리게이트는?

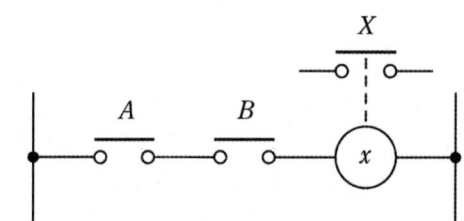

① OR게이트   ② AND게이트
③ NOT게이트   ④ NOR게이트

해설 AND 회로(유접점회로, 직렬회로)

• 모든 신호가 ON되었을 때 출력신호 1

TIP OR회로(병렬회로)

하나의 신호가 ON되면 출력신호 1

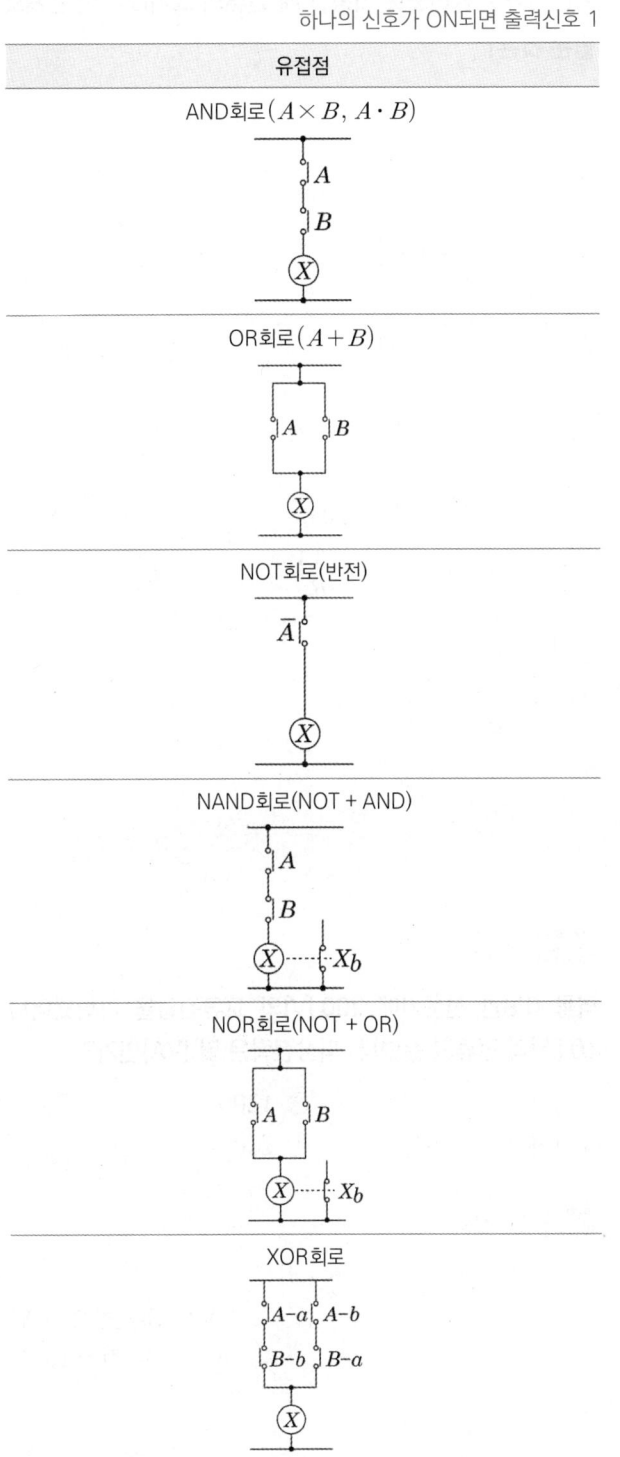

유접점
AND회로($A \times B$, $A \cdot B$)
OR회로($A + B$)
NOT회로(반전)
NAND회로(NOT + AND)
NOR회로(NOT + OR)
XOR회로

27 (상)중 하

전압이득이 60 [dB]인 증폭기와 궤환율(β)이 0.01인 궤환회로를 부궤환 증폭기로 구성하였을 때 전체 이득은 약 몇 [dB]인가?

① 20   ② 40

③ 60   ④ 80

해설 전압이득

• 전압이득 = 20 log 이득

  60 = 20 log 이득, 이득 = 1000

• 부궤환 증폭도

$$= \frac{이득}{1 + 귀환율 \times 이득} = \frac{1000}{1 + 0.01 \times 1000} = 90.91$$

• 전체이득 = 20 log 90.91 = 40 [dB]

28 (상)중 하

지하 1층, 지상 2층, 연면적이 1500 [m²]인 기숙사에서 지상 2층에 설치된 차동식 스포트형 감지기가 작동하였을 때 전 층의 지구경종이 동작되었다. 각 층 지구경종의 정격전류가 60 [mA]이고, 24 [V]가 인가되고 있을 때 모든 지구경종에서 소비되는 총 전력 [W]는?

① 4.23   ② 4.32

③ 5.67   ④ 5.76

해설 지구경종의 소비되는 전력

경종개수(N) : 3개(지하1, 지상2)

$P_0 = P \times N = V \times I \times N$

$24 \times 0.06 \times 3 = 4.32 [W]$

             P_0 : 지구경종의 총 전력 [W]

             P : 지구경종 1개의 전력 [W]

2020

29 (상)(중)하

진공 중에 놓인 5 [μC]의 점전하에서 2 [m] 되는 점에서의 전계는 몇 [V/m]인가?

① 11.25×10^3
② 16.25×10^3
③ 22.25×10^3
④ 28.25×10^3

해설 전계의 세기(E)

$$E = \frac{Q}{4\pi\epsilon r^2}$$

$$= \frac{5 \times 10^{-6}}{4\pi\epsilon \times 2^2}$$

$$= \frac{5 \times 10^{-6}}{4\pi \times \epsilon_0 \times \epsilon_s \times 2^2}$$

$$= 11.25 \times 10^3 [V/m]$$

$\varepsilon = \varepsilon_0 \cdot \varepsilon_s$
ε_0 : 진공의 유전율
$(8.855 \times 10^{-12}[F/m])$
ε_s : 비유전율(진공 = 1, 공기 ≒ 1)
E : 전계의 세기 [V/m]
Q : 전하량 [C]
r : 거리 [m]

30 (상)(중)하

열팽창식 온도계가 아닌 것은?

① 열전대 온도계
② 유리 온도계
③ 바이메탈 온도계
④ 압력식 온도계

해설 열전대

온도차이만큼 생긴 <u>전압 값 측정</u>

31 (상)(중)하

3상 유도전동기를 Y결선으로 기동할 때 전류의 크기(I_Y)와 △결선으로 기동할 때 전류의 크기($I_\triangle$)의 관계로 옳은 것은?

① $|I_Y| = \frac{1}{3}|I_\triangle|$

② $|I_Y| = \sqrt{3}|I_\triangle|$

③ $|I_Y| = \frac{1}{\sqrt{3}}|I_\triangle|$

④ $|I_Y| = \frac{\sqrt{3}}{2}|I_\triangle|$

해설 결선에 따른 기동전류 관계

Y결선 시 선전류 : $I_Y = \frac{V}{\sqrt{3}R}$

△결선 시 선전류 : $I_\triangle = \frac{\sqrt{3}V}{R}$

$$\frac{I_Y}{I_\triangle} = \frac{\frac{V}{\sqrt{3}R}}{\frac{\sqrt{3}V}{R}} = \frac{1}{3} \text{배}$$

32 (상)(중)하

역률 0.8인 전동기에 200 [V]의 교류전압을 가하였더니 10 [A]의 전류가 흘렀다. 피상전력은 몇 [VA]인가?

① 1000
② 1200
③ 1600
④ 2000

해설 피상전력 계산(P_a)

$$P_a = VI = 200 \times 10 = 2000[VA]$$

V : 교류전압 200 [V]
I : 전류 10 [A]

정답 29 ① 30 ① 31 ① 32 ④

33 (상 중 하)

다음 중 강자성체에 속하지 않는 것은?

① 니켈 ② 알루미늄
③ 코발트 ④ 철

해설 자성체의 종류 —————

- **강자성체**
  니켈, 코발트, 철, 망간
- **상자성체**
  백금, 알루미늄, 산소, 공기, 텅스텐
- **반자성체**
  비스무트, 아연, 구리, 납, 은

암기 ▶ 니코절라망했다.

35 (상 중 하)

3상 농형 유도전동기의 기동법이 아닌 것은?

① Y-△ 기동법 ② 기동보상기법
③ 2차저항기동법 ④ 리액터기동법

해설 농형 유도전동기의 기동법 종류 —————

- 전전압기동법
- Y-△ 기동법
- 리액터기동법
- 기동보상기법
- 콘도르파법

암기 ▶ 전Y리기콘

34 (상 중 하)

프로세스제어의 제어량이 아닌 것은?

① 액위 ② 유량
③ 온도 ④ 자세

해설 제어량에 의한 분류 —————

구분	내용	제어량
서보 기구	기계적 변위를 제어량으로 하는 변화량제어	물체의 방위, 위치, 각도 등
프로세스 제어	플랜트나 생산공정 중의 상태량 제어	온도, 압력, 유량, 농도 등
자동조정 제어	제어량이 전기적, 기계적 양을 제어	주파수, 전압, 전류, 회전속도 힘 등

36 (상 중 하)

100 [V], 500 [W]의 전열선 2개를 같은 전압에서 직렬로 접속한 경우와 병렬로 접속한 경우에 각 전열선에서 소비되는 전력은 각각 몇 [W]인가?

① 직렬 : 250, 병렬 : 500
② 직렬 : 250, 병렬 : 1000
③ 직렬 : 500, 병렬 : 500
④ 직렬 : 500, 병렬 : 1000

해설 직·병렬연결 시 전열선 소비전력 —————

$$P = VI = I^2R = \frac{V^2}{R}$$

$$R = \frac{V^2}{P} = \frac{100^2}{500} = 20\,[\Omega]$$

$$P_{직렬} = \frac{V^2}{2R} = \frac{100^2}{40} = 250\,[W]$$

$$P_{병렬} = \frac{V^2}{\frac{1}{2}R} = \frac{100^2}{10} = 1000\,[W]$$

$P_{직렬}$: 직렬연결 시 소비전력 [W]
$P_{병렬}$: 병렬연결 시 소비전력 [W]

37 (상)(중)하

그림과 같은 논리회로의 출력 Y는?

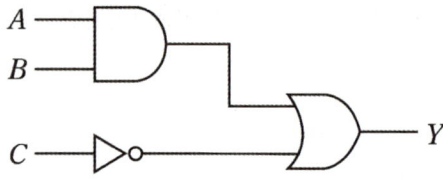

① $AB+\overline{C}$

② $A+B+\overline{C}$

③ $(A+B)\overline{C}$

④ $AB\overline{C}$

해설 논리회로 출력

A와 B ➡ [AND]회로

C ➡ (A AND B)와 [NOT OR]회로

즉, $Y=AB+\overline{C}$이다.

명칭, 논리기호
AND회로($A\times B$, $A\cdot B$)
OR회로($A+B$)
NAND회로(NOT + AND)
NOR회로(NOT + OR)
XOR회로

38 (상)중(하)

단상변압기 3대를 △결선하여 부하에 전력을 공급하고 있는 중 변압기 1대가 고장 나서 V결선으로 바꾼 경우에 고장 전과 비교하여 몇 [%] 출력을 낼 수 있는가?

① 50

② 57.7

③ 70.7

④ 86.6

해설 V결선 출력비

$$V결선 출력비 = \frac{\sqrt{3}}{3}=57.7\ [\ \%\ ]$$

암기 ▶ V결선 출력비 : 출오질질

이용률 86.6 [%] : 이팔우우

39 (상)중 하

대칭 n상의 환상결선에서 선전류와 상전류(환상전류) 사이의 위상차는?

① $\dfrac{n}{2}\left(1-\dfrac{2}{\pi}\right)$

② $\dfrac{n}{2}\left(1-\dfrac{\pi}{2}\right)$

③ $\dfrac{\pi}{2}\left(1-\dfrac{2}{n}\right)$

④ $\dfrac{\pi}{2}\left(1-\dfrac{n}{2}\right)$

해설 선전류와 상전류의 위상차

$$I_L = 2\sin\frac{\pi}{n}I_p\angle-\frac{\pi}{2}\left(1-\frac{2}{n}\right)$$

I_L : 선전류

I_P : 상전류

	△결선(델타결선 = 환상결선)
결선도	상전류(I_p), 선전류(I_ℓ) / I_{ca}, I_{ab}, I_{bc}, I_a, I_b, I_c

$I_p=I_{ab}=I_{bc}=I_{ca}$

$I_\ell=I_a=I_b=I_c$

△결선(델타결선 = 환상결선)	
상전압	$V_p = V_l$
선간전압	$V_l = V_p$
상전류	$I_p = \dfrac{I_l}{\sqrt{3}}$
선전류	$I_l = \sqrt{3}\,I_p \angle \left(-\dfrac{\pi}{6}\right)$
특징	• 선전류가 상전류보다 $\sqrt{3}$ 배 크고, 위상차는 $\dfrac{\pi}{6}$ 뒤진다. • 제3고조파는 내부에서 순환한다.
Y결선(성형결선 = 스타결선)	
결선도	 $V_p = V_a = V_b = V_c$ $V_\ell = V_{ab} = V_{bc} = V_{ca}$
상전압	$V_p = \dfrac{V_l}{\sqrt{3}}$
선간전압	$V_l = \sqrt{3}\,V_p \angle \dfrac{\pi}{6}$
상전류	$I_p = I_l$
선전류	$I_l = I_p$
특징	• 상전압보다 선간전압이 $\sqrt{3}$ 배 크고, 위상차는 $\dfrac{\pi}{6}$ 앞선다. • 평형 3상회로의 중성선에는 전류가 흐르지 않는다.

40 상 중 하

공기 중에서 50 [kW] 방사전력이 안테나에서 사방으로 균일하게 방사될 때, 안테나에서 1 [km] 거리에 있는 점에서의 전계의 실횻값은 약 몇 [V/m]인가?

① 0.87
② 1.22
③ 1.73
④ 3.98

해설 포인팅 벡터($\vec{P}$)를 통한 전계 계산 ——————

포인팅 벡터(W/m^2)

• 단위 면적을 단위 시간당 통과하는 에너지(W/m^2)
• 수식

$$P = E \times H = 377 H^2 = \frac{1}{377} E^2 = \frac{W}{S} \ (W/m^2)$$

$$\frac{1}{377} E^2 = \frac{W}{S}$$

$$E^2 = 377 \times \frac{W}{S}$$

$$\therefore E = \sqrt{377 \times \frac{50 \times 10^3}{4\pi \times 1000^2}} = 1.22 \,[V/m]$$

W : 방사전력 [W]
S : 겉넓이 [m²]

2020년 3회
소방관계법규

목표시간 : 20분　시작 : _시 _분　종료 : _시 _분　맞은 개수 : _ /20

41 (상 중 하)

다음 중 화재의 예방 및 안전관리에 관한 법령상 특수가연물에 해당하는 품명별 기준수량으로 틀린 것은?

① 사류 1000 [kg] 이상
② 면화류 200 [kg] 이상
③ 나무껍질 및 대팻밥 400 [kg] 이상
④ 넝마 및 종이부스러기 500 [kg] 이상

해설 특수가연물

품명	수량
면화류	200 [kg] 이상
나무껍질 및 대팻밥	400 [kg] 이상
넝마 및 종이부스러기	1000 [kg] 이상
사류, 볏짚류	1000 [kg] 이상
가연성 고체류	3000 [kg] 이상
석탄·목탄류	10000 [kg] 이상
가연성 액체류	2 [m³] 이상
목재가공품 및 나무부스러기	10 [m³] 이상
고무류·플라스틱류	발포시킨 것	20 [m³] 이상
	그 밖의 것	3000 [kg] 이상

암기 ▶ 면이 나대싸 넘사벽 천 가고삼 석목만 가액이 고발이

42 (상 중 하)

다음 중 소방시설 설치 및 관리에 관한 법령상 소방시설관리업을 등록할 수 있는 자는?

① 피성년후견인
② 소방시설관리업의 등록이 취소된 날부터 2년이 경과된 자
③ 금고 이상의 형의 집행유예를 선고받고 그 유예기간 중에 있는 자
④ 금고 이상의 실형을 선고받고 그 집행이 면제된 날부터 2년이 지나지 아니한 자

해설 소방시설업 등록 결격사유

1) 피성년후견인
2) 금고 이상의 실형을 선고받고 집행이 끝나거나 면제된 날부터 2년이 지나지 않은 사람
3) 금고 이상의 형의 집행유예를 선고받고 그 유예기간 중에 있는 사람
4) 등록하려는 소방시설업 등록이 취소된 날부터 2년이 지나지 않은 자
5) 법인 대표가 위 규정에 해당하는 경우 그 법인
6) 법인 임원이 위 규정에 해당하는 경우 그 법인

정답 41 ④ 42 ②

43 (상)(중)하

위험물안전관리법령상 위험물취급소의 구분에 해당하지 않는 것은?

① 이송취급소
② 관리취급소
③ 판매취급소
④ 일반취급소

해설 위험물 취급소 구분 ─────────────

• 주유취급소 : 자동차·항공기·선박 등의 연료탱크에 직접 주유
• 판매취급소 : 지정수량 40배 이하
• 이송취급소 : 위험물 이송
• 일반취급소 : 주유취급소, 판매취급소, 이송취급소 외의 장소

44 상 중 (하)

국민의 안전의식과 화재에 대한 경각심을 높이고 안전문화를 정착시키기 위한 소방의 날은 몇 월 며칠인가?

① 1월 19일
② 10월 9일
③ 11월 9일
④ 12월 19일

해설 소방의 날 ─────────────

1) 목적 : 국민의 안전의식과 화재에 대한 경각심을 높이고 안전문화를 정착시키기 위함
2) 소방의 날 : 매년 11월 9일
3) 소방의 날 행사 필요사항 : 소방청장 또는 시·도지사가 따로 정할 수 있음
4) 소방청장은 다음에 해당하는 사람을 명예직 소방대원으로 위촉할 수 있다.
   (1) 「의사상자 등 예우 및 지원에 관한 법률」에 따른 의사상자(義死傷者)에 해당하는 사람
   (2) 소방행정 발전에 공로가 있다고 인정되는 사람

45 (상)(중)하

화재의 예방 및 안전관리에 관한 법령상 화재안전조사 결과 소방대상물의 위치 상황이 화재 예방을 위하여 보완될 필요가 있을 것으로 예상되는 때에 소방대상물의 개수·이전·제거, 그 밖의 필요한 조치를 관계인에게 명령할 수 있는 사람은?

① 소방서장
② 경찰청장
③ 시·도지사
④ 해당구청장

해설 화재안전조사 결과에 따른 조치명령 ─────────

1) 명령권자 : 소방관서장
2) 관계인에게 그 소방대상물의 개수·이전·제거, 사용의 금지 또는 제한, 사용폐쇄, 공사의 정지 또는 중지, 그 밖에 필요한 조치
   (1) 소방대상물의 위치·구조·설비 또는 관리에 보완 필요 시
   (2) 화재발생 시 인명 또는 재산 피해가 클 것으로 예상될 때
3) 관계인에게 조치를 명령 또는 관계 행정기관의 장에게 필요한 조치 요청
   (1) 법령을 위반하여 건축 또는 설비
   (2) 소방시설등, 피난시설·방화구획, 방화시설 등이 법령에 적합하게 설치·관리되지 않은 경우

46 (상)(중)하

소방시설 설치 및 관리에 관한 법령상 터널로서 길이가 1000 [m]일 때 설치하지 않아도 되는 소방시설은?

① 인명구조기구
② 옥내소화전설비
③ 연결송수관설비
④ 무선통신보조설비

해설 터널길이에 따른 소방시설

터널길이	적용설비
500 [m] 이상	• 비상경보설비 • 비상조명등설비 • 비상콘센트설비 • 무선통신보조설비
1000 [m] 이상	• 옥내소화전설비 • 연결송수관설비 • 자동화재탐지설비

47 (상)(중)하

위험물안전관리법령상 허가를 받지 아니하고 당해 제조소 등을 설치하거나 그 위치·구조 또는 설비를 변경할 수 있으며, 신고를 하지 아니하고 위험물의 품명·수량 또는 지정수량의 배수를 변경할 수 있는 기준으로 옳은 것은?

① 축산용으로 필요한 건조시설을 위한 지정수량 40배 이하의 저장소
② 수산용으로 필요한 건조시설을 위한 지정수량 30배 이하의 저장소
③ 농예용으로 필요한 난방시설을 위한 지정수량 40배 이하의 저장소
④ 주택의 난방시설(공동주택의 중앙난방시설 제외)을 위한 저장소

해설 제조소 설치 및 변경

1) 설치허가자 : 시·도지사(행전안전부령)
2) 변경신고 : 변경하고자 하는 날의 1일 전
3) 허가 제외 장소
   • 주택의 난방시설(공동주택 중앙난방시설 제외)을 위한 저장소·취급소
   • 농예용·축산용·수산용으로 필요한 난방·건조시설을 위한 지정수량 20배 이하의 저장소

48 (상)(중)하

소방기본법령상 시장지역에서 화재로 오인할 만한 우려가 있는 불을 피우거나 연막소독을 하려는 자가신고를 하지 아니하여 소방자동차를 출동하게 한 자에 대한 과태료 부과·징수권자는?

① 국무총리
② 시·도지사
③ 행정안전부 장관
④ 소방본부장 또는 소방서장

해설 20만 원 이하의 과태료

화재로 오인할 만한 우려가 있는 불을 피우거나 연막 소독을 하기 전에 신고를 하지 않아 소방자동차를 출동하게 한 자
1) 부과권자 : 소방본부장, 소방서장
2) 과태료 : 20만 원 이하

정답 46 ① 47 ④ 48 ④

49 (상ⓒ하)

소방시설공사업법령상 공사감리자 지정대상 특정소방대상물의 범위가 아닌 것은?

① 제연설비를 신설·개설하거나 제연구역을 증설할 때
② 연소방지설비를 신설·개설하거나 살수구역을 증설할 때
③ 캐비닛형 간이스프링클러설비를 신설·개설하거나 방호·방수구역을 증설할 때
④ 물분무등소화설비(호스릴방식의 소화설비 제외)를 신설·개설하거나 방호·방수구역을 증설할 때

해설 공사감리자 지정대상 특정소방대상물 범위 ─────

1) 옥내소화전설비 신설·개설·증설
2) 스프링클러설비등(캐비닛형 간이SP 제외) 신설·개설하거나 방호·방수구역을 증설
3) 물분무등소화설비(호스릴 제외) 신설·개설하거나 방호·방수구역을 증설
4) 옥외소화전설비 신설·개설·증설
5) 자동화재탐지설비 신설·개설
6) 화재알림설비 신설·개설
7) 비상방송설비 신설·개설
8) 통합감시시설 신설·개설
9) 소화용수설비 신설·개설
10) 다음 각 목에 따른 소화활동설비에 대하여 각 목에 따른 시공을 할 때
   (1) 제연설비 신설·개설하거나 제연구역 증설
   (2) 연결송수관설비 신설·개설
   (3) 연결살수설비 신설·개설하거나 송수구역 증설
   (4) 비상콘센트설비 신설·개설하거나 전용회로 증설
   (5) 무선통신보조설비 신설·개설
   (6) 연소방지설비를 신설·개설하거나 살수구역 증설

50 (상ⓒ하)

소방기본법령상 소방대장 권한이 아닌 것은?

① 화재 현장에 대통령령으로 정하는 사람 외에는 그 구역에 출입하는 것을 제한할 수 있다.
② 화재 진압 등 소방활동을 위하여 필요할 때에는 소방용수 외에 댐·저수지 등의 물을 사용할 수 있다.
③ 국민의 안전의식을 높이기 위하여 소방박물관 및 소방체험관을 설립하여 운영할 수 있다.
④ 불이 번지는 것을 막기 위하여 필요할 때에는 불이 번질 우려가 있는 소방대상물 및 토지를 일시적으로 사용할 수 있다.

해설 소방박물관, 체험관 ─────

소방박물관	소방체험관
소방청장	시·도지사
행정안전부령	시·도 조례
① 국내·외의 소방의 역사, ② 소방공무원의 복장 및 소방장비 등의 변천 및 발전에 관한 자료를 수집·보관 및 전시	① 재난·안전사고 유형에 따른 예방, 대처, 대응 등에 관한 체험교육 ② 체험교육 프로그램의 개발 및 국민 안전의식 향상을 위한 홍보·전시 ③ 체험교육 인력의 양성 및 유관기관·단체 등과 협력 ④ 시·도지사가 인정하는 사업
① 소방박물관장 1인(소방공무원 중 소방청장이 임명), 부관장 1인 ② 운영위원회 : 7인 이내	–

2020

51 (상)(중)(하)

소방시설 설치 및 관리에 관한 법령상 스프링클러설비를 설치하여야 하는 특정소방대상물의 기준으로 틀린 것은? (단, 위험물 저장 및 처리 시설 중 가스시설 또는 지하구는 제외한다)

① 복합건축물로서 연면적 3500 [m²] 이상인 경우에는 모든 층
② 창고시설(물류터미널은 제외)로서 바닥면적 합계가 5000 [m²] 이상인 경우에는 모든 층
③ 숙박이 가능한 수련시설 용도로 사용되는 시설의 바닥면적의 합계가 600 [m²] 이상인 것은 모든 층
④ 판매시설, 운수시설 및 창고시설(물류터미널에 한정)로서 바닥면적의 합계가 5000 [m²] 이상이거나 수용인원이 500명 이상인 경우에는 모든 층

해설 스프링클러설비 설치대상 ─────────

설치대상	기준
• 문화 및 집회시설(동·식물원 제외) • 종교시설 • 운동시설(실내놀이형 시설 및 바닥이 불연재료이고 관람석이 없는 운동시설은 제외)	• 수용인원 100 명 이상 • 영화상영관 바닥면적 : 지하층·무창층 500 [m²] (그 외 1000 [m²]) 이상 • 무대부 : 지하층·무창층, 4층 이상 300 [m²](그 외 500 [m²]) 이상
• 판매시설, 운수시설 • 창고시설(물류터미널)	• 수용인원 500명 이상 • 바닥면적 합계 5000 [m²] 이상
6층 이상인 특정소방대상물	전 층
• 의료시설(정신의료기관, 종합병원, 병원, 치과병원, 한방병원, 요양병원) • 노유자시설 • 숙박 가능한 수련시설 • 숙박시설 • 산후조리원, 조산원	바닥면적 합계 600 [m²] 이상인 것은 모든 층
지하상가	연면적 1000 [m²] 이상
기숙사(교육연구시설·수련시설 내에 있는 학생 수용을 위한 것), 복합건축물	연면적 5000 [m²] 이상인 모든 층
특수가연물 저장·취급시설	지정수량 1000배 이상

설치대상	기준
랙식 창고의 높이가 10 [m]를 초과	바닥면적 또는 랙이 설치된 부분의 합계가 1500 [m²] 이상인 경우 모든 층
전기저장시설, 교정 및 군사시설 중 보호감호소, 교도소, 구치소 및 그 지소, 보호관찰소, 갱생보호시설, 치료감호시설, 소년원 및 소년분류심사원의 수용거실, 보호시설(외국인보호소의 경우에는 보호대상자의 생활공간으로 한정), 유치장	–

52 (상)(중)(하)

소방시설 설치 및 관리에 관한 법령상 단독경보형 감지기를 설치하여야 하는 특정소방대상물의 기준으로 맞는 것은?

[법 개정으로 인한 문제 수정]

① 연면적 400 [m²] 미만의 유치원
② 연면적 600 [m²] 미만의 숙박시설
③ 연면적 1000 [m²] 미만의 아파트
④ 교육연구시설 또는 수련시설 내에 있는 합숙소 또는 기숙사로서 연면적 1000 [m²] 미만인 것

해설 단독경보형 감지기 설치대상 ─────────

설치대상	연면적
유치원	400 [m²] 미만
교육연구시설·수련시설 내에 있는 합숙소 또는 기숙사	2000 [m²] 미만
수련시설(숙박시설 있는 것)	수용인원 100명 미만
공동주택 중 연립주택 및 다세대주택	–

53 상 ⑧ 하

소방시설공사업법령상 소방시설공사의 하자보수 보증기간이 3년이 아닌 것은?

① 자동소화장치
② 무선통신보조설비
③ 자동화재탐지설비
④ 간이스프링클러설비

해설 소방시설 하자보수 보증기간

소방시설	기간
• 피난기구 · 유도등 • 비상경보설비 • 비상조명등 • 비상방송설비 • 무선통신보조설비	2년
• 자동소화장치 • 옥내 · 외소화전설비 • 스프링클러 · 간이스프링클러설비 • 물분무등소화설비 • 자동화재탐지설비 • 상수도소화용수설비 • 화재알림설비	3년

암기 이년 피비무

54 상 ⑧ 하

위험물안전관리법령상 제조소의 기준에 따라 건축물의 외벽 또는 이에 상당하는 공작물의 외측으로부터 제조소의 외벽 또는 이에 상당하는 공작물의 외측까지의 안전거리기준으로 틀린 것은? (단, 제6류 위험물을 취급하는 제조소를 제외하고, 건축물에 불연재료로 된 방화상 유효한 담 또는 벽을 설치하지 않은 경우이다)

① 의료법에 의한 종합병원에 있어서는 30 [m] 이상
② 도시가스사업법에 의한 가스공급시설에 있어서는 20 [m] 이상
③ 사용전압 35000 [V]를 초과하는 특고압가공전선에 있어서는 5 [m] 이상
④ 문화재보호법에 의한 유형문화재에 기념물 중 지정문화재에 있어서는 30 [m] 이상

해설 제조소 안전거리

[거리 : 이상]

대상		거리
특고압가공전선 사용전압	7000 [V] 초과 35000 [V] 이하	3 [m]
	35000 [V] 초과	5 [m]
주거용으로 사용되는 것 (제조소 설치된 부지 내의 것 제외)		10 [m]
고압가스 · 액화석유가스 · 도시가스 저장 또는 취급하는 시설		20 [m]
학교 · 병원 · 극장 · 다수 수용 시설		30 [m]
지정문화재		50 [m]

보충 관련 법령 개정(2024.5.7.)에 따라 아래 내용을 병행하여 학습하기 바람

1) 문화재보호법 → 문화유산법
2) 유형문화재 → 유형문화유산
3) 지정문화재 → 지정문화유산

55 상 중 하

소방시설 설치 및 관리에 관한 법령상 둘 이상의 특정소방대상물이 내화구조로 된 연결통로가 벽이 없는 구조로서 그 길이가 몇 [m] 이하인 경우 하나의 소방대상물로 보는가?

[법 개정으로 인한 문제 수정]

① 6   ② 9
③ 10   ④ 12

해설 하나의 소방대상물로 보는 경우

1) 내화구조로 된 연결통로로 연결된 경우
  (1) 벽이 없는 구조 : 길이 6 [m] 이하
  (2) 벽이 있는 구조 : 길이 10 [m] 이하
    • 벽 높이가 바닥에서 천장 높이의 1/2 이상 : 벽이 있는 구조
    • 벽 높이가 바닥에서 천장 높이의 1/2 미만 : 벽이 없는 구조

2) 내화구조가 아닌 연결통로로 연결된 경우
3) 컨베이어로 연결되거나 플랜트설비의 배관 등으로 연결되어 있는 경우
4) 지하보도, 지하상가, 터널로 연결된 경우
5) 자동방화셔터 또는 60분+ 방화문이 설치되지 않은 피트(전기설비 또는 배관설비등이 설치되는 공간)로 연결된 경우
6) 지하구로 연결된 경우

56 상 중 하

소방시설 설치 및 관리에 관한 법령상 특정소방대상물 중 오피스텔은 어느 시설에 해당하는가?

[법 개정으로 인한 문제 수정]

① 숙박시설   ② 일반업무시설
③ 공동주택   ④ 근린생활시설

해설 업무시설

1) 공공업무시설 : 국가 또는 지방자치단체의 청사, 외국공관의 건축물
2) 일반업무시설 : 금융업소, 사무소, 신문사, 오피스텔
3) 주민자치센터(동사무소), 경찰서, 지구대, 파출소, 소방서, 119안전센터, 우체국, 보건소, 공공도서관, 국민건강보험공단
4) 마을회관, 마을공동작업소, 마을공동구판장
5) 변전소, 양수장, 정수장, 대피소, 공중화장실

57 상 중 하

위험물안전관리법령상 위험물시설의 설치 및 변경 등에 관한 기준 중 다음 ( ) 안에 들어갈 내용으로 옳은 것은?

> 제조소등의 위치·구조 또는 설비의 변경 없이 당해 제조소등에서 저장하거나 취급하는 위험물의 품명·수량 또는 지정수량의 배수를 변경하고자 하는 자는 변경하고자 하는 날의 (㉠)일 전까지 (㉡)이 정하는 바에 따라 (㉢)에게 신고하여야 한다.

① ㉠ : 1, ㉡ : 대통령령, ㉢ : 소방본부장
② ㉠ : 1, ㉡ : 행정안전부령, ㉢ : 시·도지사
③ ㉠ : 14, ㉡ : 대통령령, ㉢ : 소방서장
④ ㉠ : 14, ㉡ : 행정안전부령, ㉢ : 시·도지사

해설 제조소 설치 및 변경 ─────────

1) 설치허가자 : <u>시·도지사</u>(행전안전부령)
2) 변경신고 : 변경하고자 하는 날의 <u>1일 전</u>
3) 허가 제외 장소
   - 주택의 난방시설(공동주택 중앙난방시설 제외)을 위한 저장소·취급소
   - 농예용·축산용·수산용으로 필요한 난방·건조시설을 위한 지정수량 20배 이하의 저장소

58 상 중 하

소방시설 설치 및 관리에 관한 법령상 수용인원 산정방법 중 침대가 없는 숙박시설로 해당 특정소방대상물 종사자의 수는 5명, 복도, 계단 및 화장실의 바닥면적을 제외한 바닥면적 158 [m²]인 경우 수용인원은 약 몇 명인가?

① 37   ② 45
③ 58   ④ 84

해설 수용인원 산정방법 ─────────

1) 숙박시설이 있는 특정소방대상물
   - 침대 있는 경우 : 종사자 수 + 침대 수
   - <u>침대 없는 경우</u> : 종사자 수 + $\dfrac{\text{바닥면적 합계}}{3\,m^2}$

2) 수용인원 = $5 + \dfrac{158}{3}$ → 반올림해서 58명

보충 ▶ 수용인원 산정에 있어서만 반올림한다.

보충 ▶ 숙박시설 이외의 특정소방대상물
- 강의실·교무실·상담실·실습실·휴게실 용도로 쓰이는 특정소방대상물 : 바닥면적 합계 / 1.9 [m²]
- 강당·문화집회시설·운동시설·종교시설 : 바닥면적 합계 / 4.6 [m²]
- 관람석에 고정식 의자가 있는 경우 : 의자 수
- 관람석에 긴 의자가 있는 경우 : 의자의 정면너비 / 0.45 [m]
- 그 밖의 대상물 : 바닥면적 합계 / 3 [m²]

59 상 중 하

화재의 예방 및 안전관리에 관한 법령상 1급 소방안전관리대상물에 해당하는 건축물은?

① 지하구
② 층수가 15층인 공공업무시설
③ 연면적 15000 [m²] 이상인 동물원
④ 층수가 20층이고, 지상으로부터 높이가 100 [m]인 아파트

해설 소방안전관리대상물 ─────────

구분	기준
특급	• 50층 이상(지하층 제외), 높이 200 [m] 이상 아파트 • 30층 이상(지하층 포함), 높이 120 [m] 이상 특정소방대상물(아파트 제외) • 연면적 100000 [m²] 이상 특정소방대상물(아파트 제외)
1급	• 30층 이상(지하층 제외), 높이 120 [m] 이상 아파트 • 11층 이상 특정소방대상물(아파트 제외) • 연면적 15000 [m²] 이상 특정소방대상물(아파트 및 연립주택 제외) • 가연성 가스 1000톤 이상 저장·취급시설
2급	• 지하구, 공동주택(옥내, SP설치), 보물·국보로 지정된 목조건축물 • 가연성 가스 100톤 이상 1000톤 미만 저장·취급시설 • 옥내소화전, 스프링클러설비, 물분무등소화설비 설치대상(호스릴방식 물분무등소화설비만을 설치한 경우 제외)
3급	간이스프링클러설비 또는 자동화재탐지설비를 설치하여야 하는 특정소방대상물
비고	동·식물원, 철강 등 불연성 물품 저장·취급 창고, 위험물 제조소등, 지하구는 특급 및 1급 소방안전관리대상물에서 제외

2020

60 상⦿하

소방시설 설치 및 관리에 관한 법령상 1년 이하의 징역 또는 1천만 원 이하의 벌금기준에 해당하는 경우는?

① 소방용품의 형식승인을 받지 아니하고 소방용품을 제조하거나 수입한 자
② 형식승인을 받은 소방용품에 대하여 제품검사를 받지 아니한 자
③ 거짓이나 그 밖의 부정한 방법으로 제품검사 전문기관으로 지정을 받은 자
④ 소방용품에 대하여 형상 등의 일부를 변경한 후 형식승인의 변경승인을 받지 아니한 자

해설 1년 이하 징역 또는 1000만 원 이하 벌금 —————

1) 자체점검을 하지 않거나 관리업자에게 정기점검하게 하지 아니한 자
2) 소방시설관리사증을 빌려주거나 빌리거나 이를 알선한 자
3) 동시에 둘 이상의 업체에 취업한 자
4) 자격정지처분을 받고 자격정지기간 중에 관리사의 업무를 한 자
5) 관리업 등록증. 등록수첩을 다른 자에게 빌려주거나 빌리거나 이를 알선한 자
6) 영업정지처분을 받고 영업정지기간 중에 관리업의 업무를 한 자
7) 제품검사 합격표시 허위·위조·변조한 자
8) <u>형식승인의 변경승인을 받지 아니한 자</u>
9) 제품검사에 합격하지 아니한 소방용품에 성능인증을 받았다는 표시 또는 제품검사에 합격하였다는 표시를 하거나 성능인증을 받았다는 표시 또는 제품검사에 합격하였다는 표시를 위조 또는 변조하여 사용한 자
10) 성능인증의 변경인증을 받지 아니한 자
11) 우수품질 표시 허위·위조·변조하여 사용한 자
12) 관계인의 업무 방해하거나 출입·검사 시 알게 된 비밀을 누설한 자

보충 ① ~ ③ : 3년 이하 징역 또는 3천만 원 이하 벌금

정답 **60** ④

2020년 3회
소방전기시설의 구조 및 원리

3회독	월	일
2회독	월	일
1회독	월	일

| 목표시간 : 30분 | 시작 : _시 _분 | 종료 : _시 _분 | 맞은 개수 : _ /20 |

61 상ⓒ하

자동화재속보설비의 속보기의 성능인증 및 제품검사의 기술기준에 따라 교류입력 측과 외함 간의 절연저항은 직류 500 [V]의 절연저항계로 측정한 값이 몇 [$M\Omega$] 이상이어야 하는가?

① 5

② 10

③ 20

④ 50

해설 **속보기 시험**

1) 속보기 반복시험
   정격전압에서 1000회의 화재작동을 반복 실시하는 경우 그 구조 또는 기능에 이상이 생기지 아니하여야 한다.

2) 속보기 절연저항시험
   속보기의 절연된 충전부와 외함 간의 절연저항은 직류 500 [V] 절연저항계로 측정한 값이 5 [MΩ](교류입력 측과 외함 간 및 절연된 선로 간에는 각각 20 [MΩ]) 이상이어야 함

62 상ⓒ하

무선통신보조설비의 화재안전기술기준(NFTC 505)에 따라 금속제 지지금구를 사용하여 무선통신 보조설비의 누설동축케이블을 벽에 고정시키고자 하는 경우 몇 [m] 이내마다 고정시켜야 하는가? (단, 불연재료로 구획된 반자 안에 설치하는 경우는 제외한다)

① 2

② 3

③ 4

④ 5

해설 **누설동축케이블 설치기준**

1) 소방전용주파수대에서 전파의 전송 또는 복사에 적합한 것으로서 소방전용의 것으로 할 것(다만 소방대 상호 간의 무선연락에 지장 없는 경우에는 다른 용도와 겸용 가능하다)

2) 누설동축케이블과 이에 접속하는 안테나 또는 동축케이블과 이에 접속하는 안테나에 따른 것으로 할 것

3) 누설동축케이블은 불연 또는 난연성의 것으로서 습기에 따라 전기의 특성이 변질되지 아니하는 것으로 하고, 노출하여 설치한 경우에는 피난 및 통행에 장애가 없도록 할 것

4) 누설동축케이블은 화재에 따라 해당 케이블의 피복이 소실된 경우에 케이블 본체가 떨어지지 아니하도록 4 [m] 이내마다 금속제 또는 자기제 등의 지지금구로 벽·천장·기둥 등에 견고하게 고정시킬 것(다만 불연재료로 구획된 반자 안에 설치하는 경우에는 그러하지 않는다)

5) 누설동축케이블 및 안테나는 금속판 등에 따라 전파의 복사 또는 특성이 현저하게 저하되지 아니하는 위치에 설치할 것

6) 누설동축케이블 및 안테나는 고압의 전로로부터 1.5 [m] 이상 떨어진 위치에 설치할 것(다만 해당 전로에 정전기 차폐장치를 유효하게 설치한 경우에는 그러하지 않는다)

7) 누설동축케이블의 끝부분에는 무반사 종단저항을 견고하게 설치할 것

8) 누설동축케이블 또는 동축케이블의 임피던스는 50 [Ω]으로 하고, 이에 접속하는 안테나·분배기 기타의 장치는 해당 임피던스에 적합한 것으로 하여야 한다.

63 상(중)하

비상경보설비 및 단독경보형 감지기의 화재안전기술기준(NFTC 201)에 따라 비상벨설비의 음향장치의 음량은 부착된 음향장치의 중심으로부터 1 [m] 떨어진 위치에서 몇 [dB] 이상이 되는 것으로 하여야 하는가?

① 60
② 70
③ 80
④ 90

해설 비상경보설비 ───────────────

- 지구음향장치는 특정소방대상물의 층마다 설치하되, 해당 층의 각 부분으로부터 하나의 음향장치까지의 수평거리가 25 [m] 이하가 되도록 하고, 해당 층의 각 부분에 유효하게 경보를 발할 수 있도록 설치해야 한다. 다만 「비상방송설비의 화재안전기술기준(NFTC 202)」에 적합한 방송설비를 비상벨설비 또는 자동식 사이렌설비와 연동하여 작동하도록 설치한 경우에는 지구음향장치를 설치하지 않을 수 있다.
- 음향장치는 정격전압의 80 [%] 전압에서도 음향을 발할 수 있도록 해야 한다. 다만 건전지를 주전원으로 사용하는 음향장치는 그렇지 않다.
- <u>음향장치의 음향의 크기는 부착된 음향장치의 중심으로부터 1 [m] 떨어진 위치에서 음압이 90 [dB] 이상이 되는 것으로 해야 한다.</u>

 TIP 누전, 가스누설경보기(단독, 영업용) : 70 [dB]
비상방송, 자탐, 가스누설경보기(공업용) : 90 [dB]

64 상 중(하)

자동화재탐지설비 및 시각경보장치의 화재안전기술기준(NFTC 203)에 따라 외기에 면하여 상시 개방된 부분이 있는 차고·주차장·창고 등에 있어서는 외기에 면하는 각 부분으로부터 몇 [m] 미만의 범위 안에 있는 부분은 경계구역의 면적에 산입하지 아니하는가?

① 1
② 3
③ 5
④ 1

해설 경계구역 ───────────────

1) 수평적 경계구역
   (1) 하나의 경계구역이 2개 건축물 및 2 이상의 층에 미치지 않을 것(다만 2개의 층을 하나의 경계구역으로 산정하는 경우 : 바닥 합 500 [m²] 이하)
   (2) 하나의 경계구역 면적 : 600 [m²] 이하
      ① 한 변 길이 : 50 [m] 이하
      ② 주출입구에서 내부 전체 보이는 것 : 한 변의 길이가 50 [m]의 범위 내 1000 [m²] 이하
      ③ 터널 : 하나의 경계구역의 길이는 100 [m] 이하
2) 수직적 경계구역
   (1) 계단·경사로(에스컬레이터 포함)는 별도의 경계구역 산정 → 45 [m] 이하
   (2) 엘리베이터 승강로(권상기실 포함)·린넨슈트·파이프피트 및 덕트 기타 이와 유사한 부분은 별도의 경계구역 산정 → 높이기준 없음
   (3) 지하층의 계단 및 경사로(지하층 층수 1일 경우 제외)는 별도로 경계구역 산정
3) 상시 개방된 부분 있는 차고·주차장·창고 : 외기에 면하는 각 부분부터 <u>5 [m] 미만</u>은 면적 산입 제외

65 (상)중 하

누전경보기의 형식승인 및 제품검사의 기술기준에 따른 누전경보기 수신부의 기능검사 항목이 아닌 것은?

① 충격시험
② 진공가압시험
③ 과입력전압시험
④ 전원전압변동시험

해설 누전경보기 수신부 기능검사 ──────

1) 방수시험
2) 충격시험
3) 절연저항시험
4) 진동시험
5) 충격파 내 전압시험
6) 절연내력시험
7) 과입력전압시험
8) 반복시험
9) 전원전압변동시험
10) 개폐기 조작시험
11) 온도특성시험

66 (상)(중)하

비상방송설비의 화재안전기술기준(NFTC 202)에 따른 음향장치의 구조 및 성능에 대한 기준이다. 다음 ( )에 들어갈 내용으로 옳은 것은?

- 정격전압의 (㉠) [%] 전압에서 음향을 발할 수 있는 것을 할 것
- (㉡)의 작동과 연동하여 작동할 수 있는 것으로 할 것

① ㉠ 65, ㉡ 자동화재탐지설비
② ㉠ 80, ㉡ 자동화재탐지설비
③ ㉠ 65, ㉡ 단독경보형 감지기
④ ㉠ 80, ㉡ 단독경보형 감지기

해설 비상방송설비 음향장치 설치기준 ──────

1) 확성기
　⑴ 음성입력 : 실외 3 [W] 이상, 실내 1 [W] 이상
　⑵ 수평거리 : 층 각 부분으로부터 하나의 확성기까지의 25 [m] 이하
　⑶ 확성기는 각 층마다 설치, 당해 층의 각 부분에 유효하게 경보를 발하도록 설치
2) 음량조정기(ATT) : 음량조정기의 배선은 3선식으로 한다.
3) 조작부
　⑴ 조작스위치 높이 : 바닥으로부터 0.8 [m] 이상 1.5 [m] 이하
　⑵ 기동장치의 작동과 연동하여 당해 기동장치가 작동한 층 또는 구역을 표시
　⑶ 조작부 및 증폭기 설치장소 : 수위실 등 상시 사람이 근무, 점검이 편리, 방화상 유효한 곳
　⑷ 2 이상 조작부 설치 시 설치장소 상호 간 동시통화 가능, 어느 조작부에서도 전구역 방송 가능
4) 층수가 11층(공동주택의 경우에는 16층)의 특정소방대상물은 다음과 같은 경보를 발할 수 있어야 한다.
　⑴ 2층 이상의 층에서 발화한 때에는 발화층 및 그 직상 4개 층에 경보
　⑵ 1층에서 발화한 때에는 발화층·그 직상 4개 층 및 지하층에 경보
　⑶ 지하층에서 발화한 때에는 발화층·그 직상층 및 기타 지하층 경보
5) 기동장치에 따른 화재신고를 수신한 후 필요한 음량으로 화재발생 상황 및 피난에 유효한 방송이 자동으로 개시될 때까지의 소요시간은 10초 이하로 할 것
6) 다른 방송설비와 공용할 경우 화재 시 비상경보 외의 방송을 차단할 수 있는 구조
7) 다른 전기회로에 따라 유도장애가 생기지 아니하도록 할 것
8) <u>음향장치의 구조 및 성능</u>
　⑴ <u>정격전압의 80 [%] 전압에서 음향을 발할 수 있는 것을 할 것</u>
　⑵ <u>자동화재탐지설비의 작동과 연동하여 작동할 수 있는 것으로 할 것</u>

67 상 ⬤중 하

비상조명등의 화재안전기술기준(NFTC 304)에 따라 조도는 비상조명등이 설치된 장소의 각 부분의 바닥에서 몇 [lx] 이상이 되도록 하여야 하는가?

① 1
② 3
③ 5
④ 10

해설 비상조명등 설치기준 ─────────

1) 설치기준
  (1) 특정소방대상물의 각 거실과 그로부터 지상에 이르는 복도·계단 및 그 밖의 통로에 설치할 것
  (2) 조도는 비상조명등이 설치된 장소의 각 부분의 바닥에서 1 [lx] 이상이 되도록 할 것
  (3) 예비전원을 내장하는 비상조명등에는 평상시 점등 여부를 확인할 수 있는 점검스위치를 설치하고 해당 조명등을 유효하게 작동시킬 수 있는 용량의 축전지와 예비전원 충전장치를 내장할 것
  (4) 예비전원을 내장하지 않는 비상조명등의 비상전원은 자가발전설비, 축전지설비 또는 전기저장장치를 다음 각 목의 기준에 따라 설치할 것
   ① 점검 편리하고 화재 및 침수 등의 재해로 인한 피해를 받을 우려가 없는 곳에 설치
   ② 상용전원으로부터 전력의 공급이 중단된 때에는 자동으로 비상전원으로부터 전력을 공급받을 수 있도록 할 것
   ③ 비상전원의 설치장소는 다른 장소와 방화구획할 것 (이 경우 그 장소에는 비상전원의 공급에 필요한 기구나 설비 외의 것을 두어서는 안 된다)
   ④ 비상전원을 실내에 설치하는 때에는 그 실내에 비상조명등을 설치할 것
  (5) 비상전원은 비상조명등을 20분 이상 유효하게 작동시킬 수 있는 용량으로 할 것. 다만 다음 각 목의 특정소방대상물의 경우에는 그 부분에서 피난층에 이르는 부분의 비상조명등을 60분 이상 유효하게 작동시킬 수 있는 용량으로 해야 한다.
   ① 지하층을 제외한 층수가 11층 이상의 층
   ② 지하층 또는 무창층으로서 용도가 도매시장·소매시장·여객자동차터미널·지하역사 또는 지하상가
  (6) 비상조명등의 설치 면제 요건에서 "그 유도등의 유효범위 안의 부분"이란 유도등의 조도가 바닥에서 1 [lx] 이상이 되는 부분을 말한다.

68 상 ⬤중 하

비상방송설비의 화재안전기술기준(NFTC 202)에 따른 용어의 정의에서 소리를 크게 하여 멀리까지 전달될 수 있도록 하는 장치로써 일명 "스피커"를 말하는 것은?

① 확성기
② 증폭기
③ 사이렌
④ 음량조절기

해설 비상방송설비 용어 ─────────

1) "확성기"란 소리를 크게 하여 멀리까지 전달될 수 있도록 하는 장치로써 일명 스피커를 말한다.
2) "음량조절기"란 가변저항을 이용하여 전류를 변화시켜 음량을 크게 하거나 작게 조절할 수 있는 장치를 말한다.
3) "증폭기"란 전압전류의 진폭을 늘려 감도를 좋게 하고 미약한 음성전류를 커다란 음성전류로 변화시켜 소리를 크게 하는 장치를 말한다.
4) "기동장치"란 화재감지기, 발신기 등의 상태변화를 전송하는 장치를 말한다.
5) "몰드"란 전선을 물리적으로 보호하기 위해 사용되는 통형 구조물을 말한다.
6) "약전류회로"란 전신선, 전화선 등에 사용하는 전선이나 케이블, 인터폰, 확성기의 음성회로, 라디오·텔레비전의 시청회로 등을 포함하는 약전류가 통전되는 회로를 말한다.
7) "전원회로"란 전기·통신, 기타 전기를 이용하는 장치 등에 전력을 공급하기 위하여 필요한 기기로 이루어지는 전기회로를 말한다.
8) "절연저항"이란 전류가 도체에서 절연물을 통하여 다른 충전부나 기기로 누설되는 경우 그 누설 경로의 저항을 말한다.
9) "절연효력"이란 전기가 불필요한 부분으로 흐르지 않도록 절연하는 성능을 나타내는 것을 말한다.
10) "정격전압"이란 전기기계기구, 선로 등의 정상적인 동작을 유지시키기 위해 공급해주어야 하는 기준 전압을 말한다.
11) "조작부"란 기기를 제어할 수 있도록 조작스위치, 지시계, 표시등 등을 집결시킨 부분을 말한다.
12) "풀박스"란 장거리 케이블 포설을 용이하게 하기 위해 전선관 중간에 설치하는 상자형 구조물 등을 말한다.

69 (상)(중)하

자동화재탐지설비 및 시각경보장치의 화재안전기술기준
(NFTC 203)에 따른 중계기에 대한 시설기준으로 틀린
것은?

① 조작 및 점검에 편리하고 화재 및 침수 등의 재해로 인
한 피해를 받을 우려가 없는 장소에 설치할 것

② 수신기에서 직접 감지기회로의 도통시험을 행하지 아니
하는 것에 있어서는 수신기와 발신기 사이에 설치할 것

③ 수신기에 따라 감시되지 아니하는 배선을 통하여 전력
을 공급받는 것에 있어서는 전원입력측에 배선에 과전
류 차단기를 설치할 것

④ 수신기에 따라 감시되지 아니하는 배선을 통하여 전력
을 공급받는 것에 있어서는 해당 전원의 정전이 즉시
수신기에 표시되는 것으로 할 것

해설 중계기 설치기준 ─────────

1) 수신기에서 직접 감지기회로의 도통시험을 하지 않는 것에
있어서는 수신기와 감지기 사이에 설치할 것

2) 조작 및 점검에 편리하고 화재 및 침수 등의 재해로 인한
피해를 받을 우려가 없는 장소에 설치할 것

3) 수신기에 따라 감시되지 않는 배선을 통하여 전력을 공급
받는 것에 있어서는 전원입력 측의 배선에 과전류차단기
를 설치하고 해당 전원의 정전이 즉시 수신기에 표시되는
것으로 하며, 상용전원 및 예비전원의 시험을 할 수 있도록
할 것

70 (상)(중)하

비상콘센트설비의 화재안전기술기준(NFTC 504)에 따라
비상콘센트용의 풀박스 등은 방청도장을 한 것으로서, 두
께 몇 [mm] 이상의 철판으로 하여야 하는가?

① 1.2   ② 1.6

③ 2.0   ④ 2.4

해설 비상콘센트설비 전원회로 설치기준 ─────────

1) 전원회로 : 단상교류는 220 [V], 공급용량은 1.5 [kVA] 이상

2) 전원회로는 각 층에 2 이상이 되도록 설치(다만 설치하여
야 할 층의 비상콘센트가 1개인 때에는 하나의 회로로 할
수 있다)

3) 전원회로는 주배전반에서 전용회로로 할 것

4) 전원으로부터 각 층의 비상콘센트에 분기되는 경우에는
분기배선용 차단기를 보호함 안에 설치할 것

5) 콘센트마다 배선용 차단기를 설치하여야 하며 충전부가 노
출되지 아니하도록 할 것

6) 개폐기에는 "비상콘센트"라고 표시한 표지를 할 것

7) 비상콘센트용의 풀박스 등은 방청도장을 한 것으로서 두께
1.6 [mm] 이상의 철판으로 할 것

8) 하나의 전용회로에 설치하는 비상콘센트는 10개 이하로
할 것. 이 경우 전선 용량은 각 비상콘센트(비상콘센트가 3
개 이상인 경우에는 3개)의 공급용량을 합한 용량 이상의
것으로 하여야 한다.

71 (상)(중)하

누전경보기의 형식승인 및 제품검사의 기술기준에 따라 누
전경보기의 변류기는 경계전로에 정격전류를 흘리는 경우
그 경계전로의 전압강하는 몇 [V] 이하이어야 하는가? (단,
경계전로의 전선을 그 변류기에 관통시키는 것은 제외한다)

① 0.3   ② 0.5

③ 1.0   ④ 3.0

해설 누전경보기 ─────────

1) 공칭작동전류치 : 공칭작동전류치 200 [mA] 이하일 것

2) 감도조정장치(감도절환부) : 최대 1 [A](조정범위 0.2, 0.5,
1 [A] 구분)

3) 전압강하방지시험 : 경계전로의 전압강하는 0.5 [V] 이하

4) 전압 지시전기계기의 최대눈금 : 정격전압의 140 [%] 이상
200 [%] 이하

5) 반복시험 : 수신부는 정격전압에서 1만 회 누전작동시험
시 기능 이상 없을 것

72 (상(중)하)

자동화재탐지설비 및 시각경보장치의 화재안전기술기준 (NFTC 203)에 따른 배선의 시설기준으로 틀린 것은?

① 감지기 사이의 회로의 배선은 송배선식으로 할 것
② 자동화재탐지설비의 감지기회로의 전로저항은 50 [Ω] 이하가 되도록 할 것
③ 수신기의 각 회로별 종단에 설치되는 감지기에 접속되는 배선의 전압은 감지기 정격전압의 80 [%] 이상이어야 할 것
④ 피(P)형 수신기 및 지피(G.P.)형 수신기의 감지기회로의 배선에 있어서 하나의 공통선에 접속할 수 있는 경계구역은 10개 이하로 할 것

해설 자동화재탐지설비 배선 ─────

자동화재탐지설비 배선		배선 종류	비고
전원회로 배선		내화 배선	–
감지기 회로배선 (감지기 상호 간 또는 감지기로부터 수신기에 이르는 감지기 회로 배선)	아날로그식, 다신호식 감지기, R형 수신기용	쉴드선 (차폐선)	전자파 방해를 받지 않는 방식은 제외
	감지기 상호 간	내화배선 또는 내열배선	–
	기타	내화배선 또는 내열배선	–
그 밖의 회로배선		내화배선 또는 내열배선	–

1) 감지기 사이 : 송배선식
2) 절연저항 0.1 [MΩ] 이상
   250 [V] 절연저항측정기 측정 시
3) 위치는 별도 관·덕트 몰드·풀박스
   60 [V] 미만 약 전류회로에 사용 시 제외
4) P형, G.P형 수신기 하나의 공통선 접속
   경계구역 7개 이하
5) 전로저항 : 50 [Ω]
6) 종단 감지기 배선 전압 : 정격전압 80 [%]

73 (상중(하))

예비전원의 성능인증 및 제품검사의 기술기준에 따른 예비전원의 구조 및 성능에 대한 설명으로 틀린 것은?

① 예비전원을 병렬로 접속하는 경우에는 역충전방지 등의 조치를 강구하여야 한다.
② 배선은 충분한 전류 용량을 갖는 것으로서 배선의 접속이 적합하여야 한다.
③ 예비전원에 연결되는 배선의 경우 양극은 청색, 음극은 적색으로 오접속방지 조치를 하여야 한다.
④ 축전지를 직렬 또는 병렬로 사용하는 경우에는 용량(전압, 전류)이 균일한 축전지를 사용하여야 한다.

해설 예비전원 성능 ─────

1) 취급 및 보수점검이 쉽고 내구성이 있어야 한다.
2) 먼지, 습기 등에 의하여 기능에 이상이 생기지 아니하여야 한다.
3) 배선은 충분한 전류 용량을 갖는 것으로서 배선의 접속이 적합하여야 한다.
4) 부착 방향에 따라 누액이 없고 기능에 이상이 없어야 한다.
5) 외부에서 쉽게 접촉할 우려가 있는 충전부는 충분히 보호되도록 하고 외함(축전지의 보호카바를 말한다. 이하 같다)과 단자 사이는 절연물로 보호하여야 한다.
6) 예비전원에 연결되는 배선의 경우 양극은 적색, 음극은 청색 또는 흑색으로 오접속방지 조치를 하여야 한다.
7) 충전장치의 이상등에 의하여 내부가스압이 이상 상승할 우려가 있는 것은 안전조치를 강구하여야 한다.
8) 축전지에 배선등을 직접 납땜하지 아니하여야 하며 축전지 개개의 연결부분은 스포트용접등으로 확실하고 견고하게 접속하여야 한다.
9) 예비전원을 병렬로 접속하는 경우는 역충전방지등의 조치를 강구하여야 한다.
10) 겉모양은 현저한 오염, 변형 등이 없어야 한다.
11) 축전지를 직렬 또는 병렬로 사용하는 경우에는 용량(전압, 전류)이 균일한 축전지를 사용하여야 한다.

74 (상)중 하

비상콘센트설비의 성능인증 및 제품검사의 기술기준에 따라 비상콘센트설비에 사용되는 부품에 대한 설명으로 틀린 것은?

① 진공차단기는 KS C 8321(진공차단기)에 적합하여야 한다.
② 접속기는 KS C 8305(배선용 꽂음 접속기)에 적합하여야 한다.
③ 표시등의 소켓은 접속이 확실하여야 하며 쉽게 전구를 교체할 수 있도록 부착하여야 한다.
④ 단자는 충분한 전류용량을 갖는 것으로 하여야 하며 단자의 접속이 정확하고 확실하여야 한다.

해설 비상콘센트설비 ─────────────

1) 배선용 차단기는 KS C 8321(배선용 차단기)에 적합하여야 한다.
2) 접속기는 KS C 8305(배선용 꽂음 접속기)에 적합하여야 한다.
3) 표시등의 구조 및 기능은 다음과 같아야 한다.
   (1) 전구는 사용전압의 130 [%]인 교류전압을 20시간 연속하여 가하는 경우 단선, 현저한 광속변화, 흑화, 전류의 저하 등이 발생하지 아니하여야 한다.
   (2) 소켓은 접속이 확실하여야 하며 쉽게 전구를 교체할 수 있도록 부착하여야 한 다.
   (3) 전구에는 적당한 보호카바를 설치하여야 한다. 다만 발광다이오드의 경우에는 그러하지 아니하다.
   (4) 적색으로 표시되어야 하며 주위의 밝기가 300 [lx] 이상인 장소에서 측정하여 앞면으로부터 3 [m] 떨어진 곳에서 켜진 등이 확실히 식별되어야 한다.
4) 단자는 충분한 전류용량을 갖는 것으로 하여야 하며 단자의 접속이 정확하고 확실하여야 한다.

75 (상)중 하

소방시설용 비상전원수전설비의 화재안전기술기준(NFTC 602)에 따른 제1종 배전반 및 제1종 분전반의 시설기준으로 틀린 것은?

① 전선의 인입구 및 인출구는 외함에 노출하여 설치하면 아니 된다.
② 외함의 문은 2.3 [mm] 이상의 강판과 이와 동등 이상의 강도와 내화성능이 있는 것으로 제작하여야 한다.
③ 공용배전반 및 공용분전반의 경우 소방회로와 일반회로에 사용하는 배선 및 배선용 기기는 불연재료로 구획되어야 한다.
④ 외함은 금속관 또는 금속제 가요전선관을 쉽게 접속할 수 있도록 하고, 당해 접속부분에는 단열조치를 하여야 한다.

해설 제1종 배전반·분전반 설치기준 ─────────

1) 외함은 두께 1.6 [mm](전면판 및 문은 2.3 [mm]) 이상의 강판과 이와 동등 이상의 강도와 내화성능이 있는 것으로 제작할 것
2) 외함의 내부는 외부의 열에 의해 영향을 받지 않도록 내열성 및 단열성이 있는 재료를 사용하여 단열할 것. 이 경우 단열부분은 열 또는 진동에 따라 쉽게 변형되지 않아야 한다.
3) 다음의 기준에 해당하는 것은 외함에 노출하여 설치할 수 있다.
   (1) 표시등(불연성 또는 난연성 재료로 덮개를 설치한 것에 한한다)
   (2) 전선의 인입구 및 인출구
4) 외함은 금속관 또는 금속제 가요전선관을 쉽게 접속할 수 있도록 하고, 당해 접속부분에는 단열조치를 할 것
5) 공용배전반 및 공용분전반의 경우 소방회로와 일반회로에 사용하는 배선 및 배선용 기기는 불연재료로 구획되어야 할 것

2020

76 (상)(중)하

비상경보설비 및 단독경보형 감지기의 화재안전기술기준 (NFTC 201)에 따른 발신기의 시설기준으로 틀린 것은?

① 발신기의 위치표시등은 함의 하부에 설치한다.

② 조작스위치는 바닥으로부터 0.8 [m] 이상 1.5 [m] 이하의 높이에 설치할 것

③ 복도 또는 별도로 구획된 실로서 보행거리가 40 [m] 이상일 경우에는 추가로 설치하여야 한다.

④ 특정소방대상물의 층마다 설치하되, 해당 특정소방대상물의 각 부분으로부터 하나의 발신기까지의 수평거리가 25 [m] 이하가 되도록 할 것

해설 발신기 설치기준 ──────────

1) 조작스위치 : 바닥으로부터 0.8 [m] 이상 ~ 1.5 [m] 이하 설치

2) 특정소방대상물의 층마다 설치
   (1) 수평거리 : 25 [m] 이하 설치(각 부분부터 하나의 발신기까지의 거리)
   (2) 보행거리 : 40 [m] 이상 경우 추가설치(복도·별도구획된 실)

3) 위치 표시등 : 함 상부 설치

4) 불빛 : 부착면부터 15° 이상의 범위 안, 부착지점부터 10 [m] 이내 어느 곳에서도 쉽게 식별할 수 있는 적색등

77 (상)(중)하

유도등의 형식승인 및 제품검사의 기술기준에 따른 유도등의 일반구조에 대한 설명으로 틀린 것은?

① 축전지에 배선 등을 직접 납땜하지 아니하여야 한다.

② 충전부가 노출되지 아니한 것은 300 [V]를 초과할 수 있다.

③ 예비전원을 직렬로 접속하는 경우는 역충전방지 등의 조치를 강구하여야 한다.

④ 유도등에는 점멸, 음성 또는 이와 유사한 방식 등에 의한 유도장치를 설치할 수 있다.

해설 유도등 일반구조 ──────────

1) 상용전원전압(전지가 아닌 일반적으로 사용하는 전원의 전압을 말한다. 이하 같다)의 110 [%] 범위 안에서는 유도등 내부의 온도상승이 그 기능에 지장을 주거나 위해를 발생시킬 염려가 없어야 한다.

2) 방폭형 유도등의 방폭구조는 한국산업규격 또는 산업안전보건법령이 정하는 규격에 적합하여야 한다.

3) 주전원 및 비상전원을 단락사고 등으로부터 보호할 수 있는 퓨즈 등 과전류 보호장치를 설치하여야 한다. 다만 객석 유도등은 그러하지 아니하다.

4) 외함은 기기 내의 온도상승에 의하여 변형, 변색 또는 변질되지 아니하여야 한다.

5) 외함의 표시면은 쉽게 분해할 수 있도록 하여야 하며 축전지 등 내부부품을 쉽게 교환, 보수, 점검할 수 있도록 조립된 구조이어야 한다. 다만 방수형, 방폭형의 것은 그러하지 아니하다.

6) 유도등은 광원 또는 점등관을 교환, 점검할 때 접촉될 우려가 있는 부분은 감전되지 아니하도록 보호조치를 하여야 한다.

7) 사용전압은 300 [V] 이하이어야 한다. 다만 충전부가 노출되지 아니한 것은 300 [V]를 초과할 수 있다.

8) 설치하고자 하는 부분에 견고하게 설치할 수 있는 구조이어야 한다.

9) 수송 중 진동 또는 충격에 의하여 기능에 장해를 받지 아니하는 구조이어야 한다.

10) 유도등은 내부의 온도가 비정상적으로 상승하지 아니하도록 하여야 하며, 예비전원과 내부부품은 양호한 방열처리가 되도록 하여야 한다.

11) 축전지에 배선 등을 직접 납땜하지 아니하여야 한다.

12) 상용전원(전지가 아닌 일반적으로 사용하는 전원을 말한다. 이하 같다)과 접속되는 전원은 KS C IEC 60245-8 또는 KS C IEC 60227-5에 적합하거나 이와 동등 이상의 절연성, 도전성 및 기계적 강도가 있어야 한다.

13) 전선의 굵기는 인출선인 경우에는 단면적이 0.75 [mm²] 이상이어야 한다.

14) 인출선의 길이는 전선 인출 부분으로부터 150 [mm] 이상이어야 한다. 다만 인출선으로 하지 아니할 경우에는 풀어지지 아니하는 방법으로 전선을 쉽고 확실하게 부착할 수 있도록 접속단자를 설치하여야 한다.

15) 유도등에는 점멸, 음성 또는 이와 유사한 방식 등에 의한 유도장치를 설치할 수 있다.

〈이하 생략〉

78 (상 중 (하))

자동화재탐지설비 및 시각경보장치의 화재안전기술기준 (NFTC 203)에 따라 지하층·무창층 등으로서 환기가 잘 되지 아니하거나 실내 면적이 40 [m²] 미만인 장소에 설치하여야 하는 적응성이 있는 감지기가 아닌 것은?

① 불꽃감지기

② 광전식 분리형 감지기

③ 정온식 스포트형 감지기

④ 아날로그방식의 감지기

(해설) 비화재보방지 감지기 ─────────

1) 불꽃감지기
2) 정온식 감지선형 감지기
3) 분포형 감지기
4) 복합형 감지기
5) 광전식 분리형 감지기
6) 아날로그방식의 감지기
7) 다신호방식의 감지기
8) 축적방식의 감지기

(암기) 불정분복 광아다축

(TIP) 비화재보 : 화재감지 오작동
※ 스포트형은 적응성이 없음

79 (상 (중) 하)

단독경보형 감지기에 대한 설명으로 틀린 것은?

[법 개정으로 인한 문제 수정]

① 단독경보형 감지기는 감지부, 경보장치, 전원이 개별로 구성되어 있다.

② 화재경보음은 감지기로부터 1 [m] 떨어진 위치에서 85 [dB] 이상으로 10분 이상 계속하여 경보할 수 있어야 한다.

③ 단독경보형 감지기는 수동으로 작동시험을 하고 자동복귀형 스위치에 의하여 자동으로 정위치에 복귀하여야 한다.

④ 작동되는 감지기는 작동표시등에 의하여 화재의 발생을 표시하고, 내장된 음향장치의 명동에 의하여 화재경보음을 발하여야 한다.

(해설) 단독경보형 감지기 ─────────

1) 자동복귀형 스위치에 의하여 수동으로 작동시험을 할 수 있는 기능이 있어야 한다.
2) 주기적으로 섬광하는 전원표시등에 의하여 전원의 정상 여부를 감시할 수 있는 기능이 있어야 하며, 전원의 정상 상태를 표시하는 전원표시등의 섬광주기는 1초 이내의 점등과 30초에서 60초 이내의 소등으로 이루어져야 한다.
3) 감지기에 내장하는 음향장치는 정 위치에 부착된 음향장치 중심으로부터 1 [m] 떨어진 지점에서 85 [dB] 이상으로 10분 이상 계속하여 경보할 것
4) 건전지의 성능이 저하되어 건전지의 교체가 필요한 경우에는 음성안내를 포함한 음향 및 표시등에 의하여 72시간 이상 경보할 수 있어야 한다. 이 경우 음향경보는 1 [m] 떨어진 거리에서 70 [dB](음성안내 60 [dB]) 이상이어야 한다.
5) 단독경보형 감지기의 무선기능 화재신호는 다음 각 항목에 적합하여야 한다.
   (1) 작동한 단독경보형 감지기는 화재경보가 정지하기 전까지 60초 미만 간격으로 화재신호를 발신하여야 한다.
   (2) 화재신호를 수신한 단독경보형 감지기는 10초 이내에 경보를 발하여야 한다.
6) 감지기에 음향장치가 내장되어 일체 구성
7) 내장된 음향장치 명동
   화재경보음 발할 수 있는 기능

80 (상)(중)(하)

유도등 및 유도표지의 화재안전기술기준(NFTC 303)에 따른 피난구유도등의 설치장소로 틀린 것은?

① 직통계단

② 직통계단의 계단실

③ 안전구획된 거실로 통하는 출입구

④ 옥외로부터 직접 지하로 통하는 출입구

해설 피난구유도등 설치 ─────────────

1) 옥내로부터 직접 지상으로 통하는 출입구 및 그 부속실의 출입구

2) 직통계단·직통계단의 계단실 및 그 부속실의 출입구

3) 위에 따른 출입구에 이르는 복도 또는 통로로 통하는 출입구

4) 안전구획된 거실로 통하는 출입구

2020년 4회
소방원론

3회독	월	일
2회독	월	일
1회독	월	일

목표시간 : 20분 | 시작 : _ 시 _ 분 | 종료 : _ 시 _ 분 | 맞은 개수 : _ /20

01 상 중 하

피난 시 하나의 수단이 고장 등으로 사용이 불가능하더라도 다른 수단 및 방법을 통해서 피난할 수 있도록 하는 것으로 2 방향 이상의 피난통로를 확보하는 피난대책의 일반 원칙은?

① Risk - Down 원칙
② Feed - Back 원칙
③ Fool - Proof 원칙
④ Fail - Safe 원칙

해설 **피난대책 일반 원칙**

피난대책은 Fail - Safe와 Fool - Proof 원칙에 따른다.
1) Fail – Safe
　(1) 하나의 수단이 고장으로 실패하여도 다른 수단을 이용할 수 있도록 할 것
　(2) 양방향 피난경로를 상시 확보해둘 것
　(3) 부분화, 다중화할 것
2) Fool - Proof
　(1) 피난수단은 조작이 간편한 원시적 방법으로 할 것
　(2) 비상시 판단능력 저하를 대비하여 누구나 알 수 있도록 간단한 그림이나 색채를 이용하여 표시할 것
　(3) 피난설비는 고정식 설비로 설치할 것
　(4) 피난경로는 간단명료하게 할 것

02 상 중 하

열분해에 의해 가연물 표면에 유리상의 메타인산 피막을 형성하여 연소에 필요한 산소의 유입을 차단하는 분말약제는?

① 요소
② 탄산수소칼륨
③ 제1인산암모늄
④ 탄산수소나트륨

해설 **제1인산암모늄($NH_4H_2PO_4$)**

1) 제3종 분말소화약제(제1인산암모늄)
2) 열분해 시 생성되는 메타인산(HPO_3)이 표면에 부착해 피막 형성하여 산소 차단
3) 적응 화재 : A·B·C 급 화재
4) 적응 대상 : 차고, 주차장

03 상 중 하

공기 중의 산소의 농도는 약 몇 [vol%]인가?

① 10
② 13
③ 17
④ 21

해설 **대기의 구성성분**

• 산소(O_2) : 21 [%]
• 질소(N_2) : 78 [%]
• 아르곤(Ar) : 0.93 [%]
• 이산화탄소(CO_2) : 0.04 [%]
• 기타 : 0.03 [%]

2020

04 (상(중)하)

일반적인 플라스틱 분류상 열경화성 플라스틱에 해당하는 것은?

① 폴리에틸렌
② 폴리염화비닐
③ 페놀수지
④ 폴리스티렌

해설 합성수지의 화재성상

열가소성 수지 (열에 의해 변형)	열경화성 수지 (열에 변형되지 않음)
PVC (폴리염화비닐수지) 폴리에틸렌수지 폴리스티렌수지	멜라민수지 페놀수지 요소수지

암기 가피폴폴 멜페요

05 (상(중)하)

자연발화 방지대책에 대한 설명 중 틀린 것은?

① 저장실의 온도를 낮게 유지한다.
② 저장실의 환기를 원활히 시킨다.
③ 촉매물질과의 접촉을 피한다.
④ 저장실의 습도를 높게 유지한다.

해설 자연발화 방지대책

1) 가연성 물질 제거
2) 통풍이나 환기를 통한 열 축적 방지
3) 저장실의 온도를 낮출 것
4) 습도 높은 곳 피할 것(수분 : 촉매작용)
5) 열전도성 좋게 할 것

06 (상(중)하)

공기 중에서 수소의 연소범위로 옳은 것은?

① 0.4 ~ 4 [vol%]
② 1 ~ 12.5 [vol%]
③ 4 ~ 75 [vol%]
④ 67 ~ 92 [vol%]

해설 주요 물질 연소범위

가스	하한계 [vol%]	상한계 [vol%]
이황화탄소	1.2	44
아세틸렌	2.5	81
수소	4	75
일산화탄소	12.5	74
에틸렌	2.7	36
암모니아	15	28
메테인(메탄)	5	15
에테인(에탄)	3	12.4
프로페인(프로판)	2.1	9.5
뷰테인(부탄)	1.8	8.4

암기 (이황)일이사사, (아)이고팔아파, (수)사치료,
(일산)이리와 칠사, (에틸)이찌삼육, (메)오싫오,
(프)이하나구오, (뷰)십팔팔사

07 (상)중(하)

탄산수소나트륨이 주성분인 분말소화약제는?

① 제1종 분말 ② 제2종 분말

③ 제3종 분말 ④ 제4종 분말

해설 **분말소화약제**

종별	소화약제	약제색	적응화재
1종	탄산수소나트륨 (NaHCO₃)	백색	BC급
2종	탄산수소칼륨 (KHCO₃)	담자색 (담회색)	
3종	제1인산암모늄 (NH₄H₂PO₄)	담홍색	ABC급
4종	탄산수소칼륨 + 요소 (KHCO₃+(NH₂)₂CO)	회(백)색	BC급

암기 ▶ 백담사 홍어회

08 (상 중(하))

불연성 기체나 고체 등으로 연소물을 감싸 산소공급을 차단하는 소화방법은?

① 질식소화

② 냉각소화

③ 연쇄반응차단소화

④ 제거소화

해설 **소화의 형태**

소화	내용
냉각소화	열 흡수, 발화점 이하로 낮추어 소화
질식소화	산소농도 15 [%] 이하로 낮춤
제거소화	가연물을 차단, 격리
억제소화	연쇄반응을 차단, 부촉매소화

보충 ▶ 물리적 소화 : 냉각, 질식, 제거
화학적 소화 : 억제소화(부촉매소화)

09 (상 중(하))

증발잠열을 이용하여 가연물의 온도를 떨어뜨려 화재를 진압하는 소화방법은?

① 제거소화 ② 억제소화

③ 질식소화 ④ 냉각소화

해설 **물의 소화효과**

효과	설명
냉각효과	증발(기화) 잠열에 의한 열 흡수
질식효과	기화 시 체적이 약 1650배 증가하여 주변 산소농도 낮춤
유화효과	에멀전 형성, 가연성 혼합기 생성 억제
희석효과	분해가스나 증기의 농도 낮춤

보충 ▶ 부촉매효과 : 분말, 할로겐화합물

10 (상(중)하)

화재 발생 시 인간의 피난 특성으로 틀린 것은?

① 본능적으로 평상시 사용하는 출입구를 사용한다.

② 최초로 행동을 개시한 사람을 따라서 움직인다.

③ 공포감으로 인해서 빛을 피하여 어두운 곳으로 몸을 숨긴다.

④ 무의식중에 발화장소의 반대쪽으로 이동한다.

해설 **화재 시 인간의 피난 특성**

본능	특성
귀소본능	친숙한 경로를 따라 대피
지광본능	화재나 정전 시 밝은 쪽으로 피난
추종본능	많은 사람들이 리더를 추종
퇴피본능	화재 공포감으로 화염 반대방향 이동
좌회본능	좌측통행, 시계반대방향 회전
직진본능	비상시 직진

11 (상)(중)하

공기와 할론 1301의 혼합기체에서 할론 1301에 비해 공기의 확산속도는 약 몇 배인가? (단, 공기의 평균 분자량은 29, 할론 1301의 분자량은 149이다)

① 2.27배   ② 3.85배
③ 5.17배   ④ 6.46배

해설 그레이엄의 확산속도법칙 ─────────

$$\text{그레이엄의 확산속도법칙} \quad \frac{V_1}{V_2} = \sqrt{\frac{\rho_2}{\rho_1}} = \sqrt{\frac{m_2}{m_1}}$$

$$\frac{V_{공기}}{V_{할론 1301}} = \sqrt{\frac{m_{할론 1301}}{m_{공기}}}$$

$$= \sqrt{\frac{149}{29}} = 2.266 = 2.27$$

V_1, V_2 : 기체 1, 2 확산속도 [m/s]
ρ_1, ρ_2 : 기체 1, 2 밀도 [kg/m³]
m_1, m_2 : 기체 1, 2 분자량 [kg/kmol]

12 (상)(중)하

다음 원소 중 할로겐족 원소인 것은?

① Ne   ② Ar
③ Cl   ④ Xe

해설 할로겐족 원소 ─────────

1) 주기율표 17족 원소 : F, Cl, Br, I
2) 전기음성도(결합력) : F > Cl > Br > I
3) 부촉매효과(소화능력) : F < Cl < Br < I

   TIP 0족 불활성 기체 : 헬륨(He), 네온(Ne), 아르곤(Ar),
   크립톤(Kr), 크세논(=제논, Xe), 라돈(Rn)
   암기 FC바르셀로나 아이

13 (상)(중)하

건물 내 피난동선의 조건으로 옳지 않은 것은?

① 2개 이상의 방향으로 피난할 수 있어야 한다.
② 가급적 단순한 형태로 한다.
③ 통로의 말단은 안전한 장소이어야 한다.
④ 수직동선은 금하고 수평동선만 고려한다.

해설 피난동선(피난경로) 고려사항 ─────────

1) 피난동선은 가급적 단순해야 한다.
2) 2개 이상의 방향으로 피난할 수 있어야 한다.
3) 피난동선은 상호 반대방향으로 다수의 출구와 연결되어야 한다.
4) 통로의 말단은 안전한 장소이어야 한다.
5) 피난동선은 병목현상이 발생하지 않도록 수평동선과 수직동선으로 구분하여 동선계획을 수립한다.

14 (상)(중)하

실내화재에서 화재의 최성기에 돌입하기 전에 다량의 가연성 가스가 동시에 연소되면서 급격한 온도상승을 유발하는 현상은?

① 패닉(Panic)현상
② 스택(Stack)현상
③ 화이어 볼(Fire Ball)현상
④ 플래쉬 오버(Flash Over)현상

해설 실내화재 발생현상 ─────────

1) 플래시 오버
   (1) 온도가 급격히 상승하여 화재가 순간적으로 실내 전체에 확산되는 현상
   (2) 발생 시기 : 성장기 ~ 최성기 직전

2) 백드래프트
(1) 훈소 상태일 때 신선한 공기 유입으로 실내의 축적된 가스가 단시간 연소, 폭발하여 실외로 분출
(2) 발생 시기 : 감쇄기(최성기 이후)

15 상 중 하

과산화수소와 과염소산의 공통성질이 아닌 것은?

① 산화성 액체
② 유기화합물
③ 불연성 물질
④ 비중이 1보다 크다.

해설 제6류 위험물(산화성 액체)

1) 일반적 성질
(1) 산화성 액체이며 무기화합물
(2) 불연성이지만 분자 내에 산소를 많이 함유하고 있어 다른 물질의 연소를 돕는 조연성 물질
(3) 비중이 1보다 큼
(4) 물에 잘 녹음(수용성)
(5) 부식성이 강하고 증기는 유독함
2) 소화
(1) 소량일 때는 다량의 물로 희석소화
(2) 대량일 때는 주수소화가 곤란하므로 건조사 등으로 질식소화

TIP 1, 2, 5, 6류 위험물은 비중이 1보다 큼
보충 과염소산과 질산은 물과 접촉 시 심하게 발열

16 상 중 하

화재를 소화하는 방법 중 물리적 방법에 의한 소화가 아닌 것은?

① 억제소화
② 제거소화
③ 질식소화
④ 냉각소화

해설 소화의 형태

소화	내용
냉각소화	열 흡수, 발화점 이하로 낮추어 소화
질식소화	산소농도 15 [%] 이하로 낮춤
제거소화	가연물을 차단, 격리
억제소화	연쇄반응을 차단, 부촉매소화

보충 물리적 소화 : 냉각, 질식, 제거
화학적 소화 : 억제소화(부촉매소화)

17 상 중 하

물과 반응하여 가연성 기체를 발생하지 않는 것은?

① 칼륨
② 인화아연
③ 산화칼슘
④ 탄화알루미늄

해설 분진폭발을 일으키지 않는 물질

물과 반응하여 가연성 기체를 발생하지 않는 것
• 시멘트
• 석회석
• 탄산칼슘($CaCO_3$)
• 생석회(CaO) = 산화칼슘
• 소석회

암기 분시석 탄생소

2020

18 (상(중)하)

목재건축물의 화재 진행과정을 순서대로 나열한 것은?

① 무염착화 - 발염착화 - 발화 - 최성기
② 무염착화 - 최성기 - 발염착화 - 발화
③ 발염착화 - 발화 - 최성기 - 무염착화
④ 발염착화 - 최성기 - 무염착화 - 발화

해설 건축물 화재 진행과정 ─────────

1) 목조건축물
  무염착화 → 발염착화 → 발화 → 최성기
2) 내화건축물
  초기 → 성장기 → 최성기 → 감쇄기 → 진화

암기 무발발최 성최감진

19 (상(중)하)

다음 물질을 저장하고 있는 장소에서 화재가 발생하였을 때 주수소화가 적합하지 않은 것은?

① 적린
② 마그네슘 분말
③ 과염소산칼륨
④ 황

해설 금수성 물질 ─────────

물과 접촉하여 발화, 가연성 가스 발생

구분	현상
무기과산화물	산소(O_2) 발생
금속분 마그네슘(Mg) 나트륨(Na) 칼륨(K) 리튬(Li)	수소(H_2) 발생
탄화칼슘(칼슘카바이드)	아세틸렌(C_2H_2) 발생

보충 ▶ 적린(제2류) : 냉각소화(주수)
과염소산칼륨(제1류) : 냉각소화(주수)
황(제2류) : 냉각소화(주수) 또는 질식소화

20 (상(중)하)

다음 중 가연성 가스가 아닌 것은?

① 일산화탄소
② 프로페인
③ 아르곤
④ 메테인

해설 가연성 가스와 조연성 가스 ─────────

구분	가연성 가스	조연성 가스
정의	자기 자신이 연소하는 가스	자기 자신은 타지 않고 연소를 도와주는 가스
종류	일산화탄소(CO) 수소(H_2) 메테인(메탄, CH_4) 프로페인(프로판, C_3H_8) 암모니아(NH_3) 뷰테인(부탄, C_4H_{10})	오존(O_3) 공기 산소(O_2) 염소(Cl) 불소(F)

※ 아르곤 : 불활성 가스

정답 18 ① 19 ② 20 ③

2020년 4회
소방전기일반

| 목표시간 : 30분 | 시작 : _시 _분 | 종료 : _시 _분 | 맞은 개수 : _/20 |

21 (상) (중) (하)

다음 중 쌍방향성 전력용 반도체 소자인 것은?

① SCR   ② IGBT

③ TRIAC   ④ DIODE

해설 반도체

명칭	특성
SCR	• 사이리스터의 한 종류 • 애노드(A), 캐소드(K), 게이트(G)로 구성된다. • 단방향 3단자 • 래칭전류 : SCR이 OFF상태에서 ON 상태로의 전환이 이뤄지고, 트리거신호가 제거된 직후에 SCR을 ON 상태로 유지하는 데 필요한 최소한의 양극전류를 래칭전류라 한다.
트라이악 (TRIAC)	• npnpn의 5층구조 • 직·교류에서 모두 사용할 수 있는 3단자 스위칭 소자 • 교류전력 기기 제어용 • 쌍방향 3단자
다이악 (DIAC)	• 소용량 저항부하의 AC전력 제어용 • 쌍방향 2단자
서미스터	• 온도에 의해 저항값이 변하는 반도체 소자 • 부(−) 저항온도계수의 특성 : 온도 증가 시 저항 감소 • 열을 감지하는 감열저항체 소자 • 온도보상용, 온도계측용(온도계), 온도보정용
바리스터	• 인가되는 전압에 따라 저항값이 변하는 비선형 반도체 소자 • 전압에 따라 저항값이 변화하는 저항 소자 • 회로를 병렬로 연결하여 사용 • 서지전압으로부터 기기보호 • 계전기접점의 불꽃소거

명칭	특성
사이리스터	• p형 반도체와 n형 반도체의 4층 이상 접합한 것 • 전극 단자 수가 2, 3, 4인 것이 있다(위상제어, 타이머회로, 트리거회로).
집적회로	• 하나의 실리콘 칩 내부에 트랜지스터, 다이오드 저항, 콘덴서 등 여러 가지 전자부품을 고밀도로 집적하여 패키지로 만든 것 • 시스템이 소형화, 가볍고 얇다. • 신뢰성이 높고 부품의 교체가 쉽다.

22 (상) (중) (하)

그림의 시퀀스(계전기 접점)회로를 논리식으로 표현하면?

① $X + Y$

② $(XY) + (X\overline{Y})(\overline{X}Y)$

③ $(X + Y)(X + \overline{Y})(\overline{X} + Y)$

④ $(X + Y) + (X + \overline{Y})(\overline{X} + Y)$

해설 논리식 표현

$(X \cdot Y) + (X \cdot \overline{Y}) + (\overline{X} \cdot Y)$

$= X(Y + \overline{Y}) + (\overline{X} \cdot Y)$

$= X + \overline{X}Y = (X + \overline{X})(X + Y)$

$= (X + Y)$

2 0 2 0

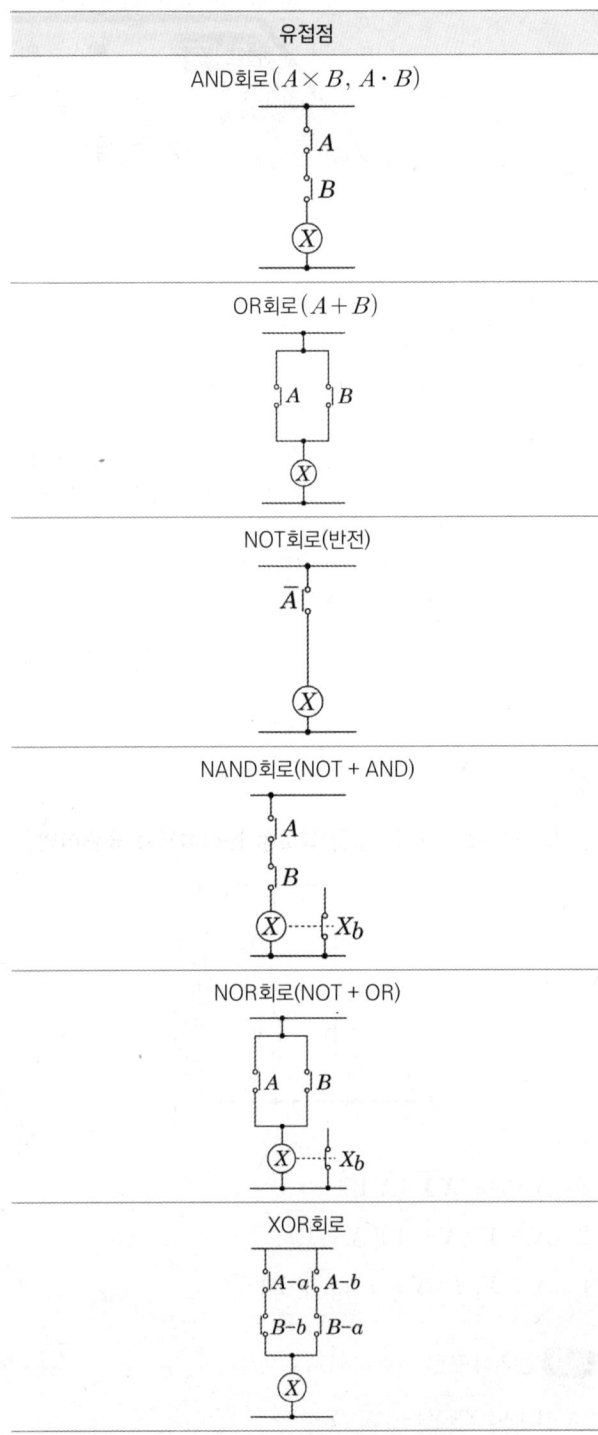

유접점
AND회로($A \times B$, $A \cdot B$)
OR회로($A + B$)
NOT회로(반전)
NAND회로(NOT + AND)
NOR회로(NOT + OR)
XOR회로

23 상⟨중⟩하

그림의 블록선도와 같이 표현되는 제어시스템의 전달함수 $G(s)$는?

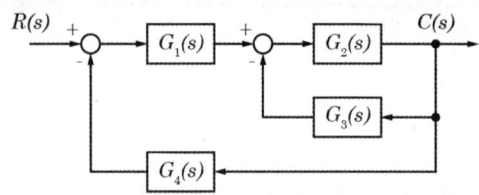

① $\dfrac{G_1(s)G_2(s)}{1 + G_2(s)G_3(s) + G_1(s)G_2(s)G_4(s)}$

② $\dfrac{G_3(s)G_4(s)}{1 + G_2(s)G_3(s) + G_1(s)G_2(s)G_4(s)}$

③ $\dfrac{G_1(s)G_2(s)}{1 + G_1(s)G_2(s) + G_1(s)G_2(s)G_3}$

④ $\dfrac{G_3(s)G_4(s)}{1 + G_1(s)G_2(s) + G_1(s)G_2(s)G_3(s)}$

해설 전달함수

$$G(s) = \frac{C(s)}{R(s)} = \frac{\text{전향경로이득}}{1 - (loop)}$$

$$= \frac{G_1(s)G_2(s)}{1 + G_2(s)G_3(s) + G_1(s)G_2(s)G_4(s)}$$

24 상⟨중⟩하

조작기기는 직접 제어대상에 작용하는 장치이고 빠른 응답이 요구된다. 다음 중 전기식 조작기기가 아닌 것은?

① 서보전동기

② 전동밸브

③ 다이어프램밸브

④ 전자밸브

해설 조작용 기기

구분	내용
기계식	다이어프램밸브, 클러치, 밸브 포지셔너
유압식	피스톤, 분사관, 안내밸브, 조작실린더
전기식	솔레노이드밸브, 전동밸브, 서보전동기

25 (상 중 하)

절연저항을 측정할 때 사용하는 계기는?

① 전류계 ② 전위차계

③ 메거 ④ 휘스톤 브리지

해설 메거(Megger)

메거	절연저항을 측정
전압계	전압을 측정, 병렬연결
전류계	전류를 측정, 직렬연결
서미스터	온도에 의해 저항이 변함

26 (상 중 하)

전기자제어 직류 서보전동기에 대한 설명으로 옳은 것은?

① 교류 서보전동기에 비하여 구조가 간단하여 소형이고 출력이 비교적 낮다.
② 제어 권선과 콘덴서가 부착된 여자 권선으로 구성된다.
③ 전기적신호를 계자 권선의 입력 전압으로 한다.
④ 계자 권선의 전류가 일정하다.

해설 직류 서보전동기의 특징

• 계자 권선의 전류가 일정하다.
• 응답속도가 빠르다.

27 (상 중 하)

R =10 [Ω], ωL = 20 [Ω]인 직렬회로에 220∠0°의 교류전압을 가하는 경우 이 회로에 흐르는 전류를 약 몇 [A]인가?

① 24.5∠ -26.5°
② 9.8∠ -63.4°
③ 12.2∠ -13.2°
④ 73.6∠ -79.6°

해설 교류전압 인가 시 전류 계산

$$Z = \sqrt{10^2 + 20^2} \angle \tan^{-1}\left(\frac{20}{10}\right)$$

$$I = \frac{V}{Z} = \frac{220\angle 0°}{22.36\angle 63.44°}$$

$$= 9.8\angle -63.4° \text{ [A]}$$

[극좌표법]
1) $Z = $ 크기 $\angle$ 위상 $= |Z| \angle \theta$
2) $Z = Z\angle\theta_1$ $Y = Y\angle\theta_2$일 경우

$|Z|$ (실횻값) $= \sqrt{a^2 + b^2}$,

위상 $\theta = \tan^{-1}\left(\frac{b}{a}\right)$

3) 곱셈 : $Z \cdot Y = ZY \angle \theta_1 + \theta_2$ (위상합)
4) 나눗셈 : $\frac{Z}{Y} = \frac{Z}{Y} \angle \theta_1 - \theta_2$ (위상차)

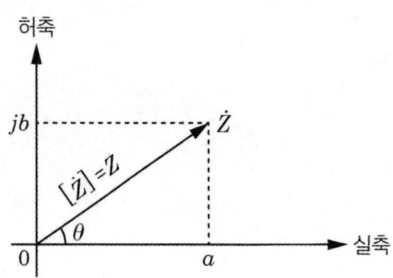

28 (상**중**하)

다음의 논리식 중 틀린 것은?

① $(\overline{A}+B)\cdot(A+B) = B$

② $(A+B)\cdot\overline{B} = A\overline{B}$

③ $\overline{AB+A\,C}+\overline{A} = \overline{A}+\overline{B}\,C$

④ $\overline{(\overline{A}+B)+CD} = A\overline{B}(C+D)$

해설 드모르간의 정리 ─────────

$$\overline{(\overline{A}+B)+CD} = \overline{(\overline{A}+B)}\cdot\overline{CD}$$
$$= A\cdot\overline{B}\cdot\overline{C}+\overline{D}$$
$$= A\cdot\overline{B}(\overline{C}+\overline{D})$$

정리	공식
항등법칙	$0+A=A,\ 1+A=1,\ 0\times A=0,\ 1\times A=A$
동일법칙	$A+A=A,\ A\times A=A$
보원법칙	$A+\overline{A}=1,\ A\times\overline{A}=0$
복원법칙	$\overline{\overline{A}}=A$
교환법칙	$A+B=B+A,\ A\times B=B\times A$
결합법칙	$A+(B+C)=(A+B)+C,\ A(BC)=(AB)C$
분배법칙	$A(B+C)=AB+AC,\ A+BC=(A+B)(A+C)$
흡수법칙	$A+AB=A,\ A(A+B)=A$ $A+\overline{A}B=(A+\overline{A})(A+B)=A+B$

29 (상**중**하)

$R=4[\Omega]$, $\dfrac{1}{wC}=9[\Omega]$인 RC 직렬회로에 전압 $e(t)$를 인가할 때, 제3고조파 전류의 실횻값 크기는 몇 [A]인가? (단, $e(t)=50+10\sqrt{2}\sin wt+120\sqrt{2}\sin 3wt\,[V]$)

① 4.4
② 12.2
③ 24
④ 34

해설 제3고조파 전류의 실횻값 크기 ─────────

n고조파일 때, $X_{nc}=\dfrac{1}{n\omega C}\,[\Omega]$

$$X_{3C}=\frac{1}{3\omega C}=3\,[\Omega]$$
$$Z_3=\sqrt{R^2+X_{3C}^2}\,[\Omega]$$
$$I_3=\frac{V_3}{Z_3}=\frac{120}{\sqrt{4^2+3^2}}=24[A]$$

I_3 : 3고조파 전류의 실횻값 [A]
Z_3 : 3고조파 임피던스 [Ω]
V_3 : 3고조파 전압의 실횻값 [V]
$\text{X}_{3\text{C}}$: 3고조파 용량리액턴스 [Ω]

30 (상**중**하)

분류기를 사용하여 전류를 측정하는 경우에 전류계의 내부 저항이 0.28 [Ω]이고 분류기의 저항이 0.07 [Ω]이라면 이 분류기의 배율은?

① 4
② 5
③ 6
④ 7

해설 분류기 ─────────

분류기 : 전류의 측정범위를 확대하기 위해 전류계와 병렬로 접속

$$m=(1+\frac{R_I}{R_s})$$
$$=1+\frac{0.28}{0.07}=5$$

R_I : 내부저항 [Ω]
R_S : 분류기저항 [Ω]

31 (상 ㉛ 하)

옴의 법칙에 대한 설명으로 옳은 것은?

① 전압은 저항에 반비례한다.
② 전압은 전류에 비례한다.
③ 전압은 전류에 반비례한다.
④ 전압은 교류의 제곱에 비례한다.

해설 옴의 법칙 ─────────────

• 전압은 전류에 비례한다.
• 전류와 저항은 반비례한다.

옴의 법칙 $V = IR$에서
V : 전압 [V]
I : 전류 [A]
R : 저항 [Ω]

32 (상 중 ㉕)

3상 직권 정류자 전동기에서 고정자 권선과 회전자 권선 사이에 중간 변압기를 사용하는 주된 이유가 아닌 것은?

① 경부하 시 속도의 이상상승방지
② 철심을 포화시켜 회전자 상수를 감소
③ 중간 변압기의 권수비를 바꾸어서 전동기 특성을 조정
④ 전원전압의 크기에 관계없이 정류에 알맞은 회전자전압 선택

해설 중간 변압기 사용 목적 ─────────

1) 경부하 시 속도의 이상상승방지
2) 실효 권수비를 조정하여 전동기 특성 조정
3) 전원 전압의 크기에 관계없이 정류자 전압 조정

33 (상 ㉛ 하)

공기 중에 10 [μC]과 20 [μC]인 두 개의 점전하를 1 [m] 간격으로 놓았을 때 발생되는 정전기력은 몇 [N]인가?

① 1.2   ② 1.8
③ 2.4   ④ 3.0

해설 정전기력(F) 계산 ─────────────

$$F = 9 \times 10^9 \times \frac{Q_1 Q_2}{r^2}$$

$$= 9 \times 10^9 \times \frac{10 \times 10^{-6} \times 20 \times 10^{-6}}{1^2}$$

$$= 1.8 \, [N]$$

F : 정전기력 [N]
Q : 전하량 [C]
r : 거리 [m]

34 (상 중 ㉕)

교류회로에 연결되어 있는 부하의 역률을 측정하는 경우 필요한 계측기의 구성은?

① 전압계, 전력계, 회전계
② 상순계, 전력계, 전류계
③ 전압계, 전류계, 전력계
④ 전류계, 전압계, 주파수계

해설 역률 측정 시 필요 계측기 ─────────

$$\cos\theta = \frac{P}{VI}$$

∴ 전압계(V), 전류계(I), 전력계(P) 필요

TIP ▶ $P = VI\cos\theta$

2020

35 (상 중 하)

평형 3상회로에서 측정된 선간전압과 전류의 실횻값이 각각 28.87 [V], 10 [A]이고, 역률이 0.8일 때 3상 무효전력의 크기는 몇 [Var]인가?

① 400　　　　　② 300

③ 231　　　　　④ 173

해설 3상 무효전력 계산 [P_{var}]

$$P_{var} = \sqrt{3}\, VI\sin\theta = \sqrt{3} \times 28.87 \times 10 \times 0.6$$
$$= 300[Var]$$

$\cos\theta = 0.8$ 이므로
$\sin\theta = 0.6$
$(\because \sqrt{\cos^2\theta + \sin^2\theta} = 1)$
$P_r = \sqrt{3}\, V_l I_l \sin\theta\,[Var]$
$P_a = \sqrt{3}\, V_l I_l\,[VA]$
$P = \sqrt{3}\, V_l I_l Cos\theta\,[W]$
V : 전압 [V]
I : 전류 [A]

36 (상 중 하)

회로에서 a, b 사이의 합성 저항은 몇 [Ω]인가?

① 2.5　　　　　② 5

③ 7.5　　　　　④ 10

해설 합성저항

$$R = \frac{2 \times 2}{2+2} + \frac{3 \times 3}{3+3} = 2.5\,[\Omega]$$

2 × 3 = 3 × 2로 대각선의 곱이 같음
∴ 휘스톤 브리지에 의해서 가운데 선은 없는 것과 같다.

(병렬접속 $R_0 = \dfrac{R_1 R_2}{R_1 + R_2}$, 직렬접속 $R_0 = R_1 + R_2$)

37 (상 중 하)

60 [Hz]의 3상 전압을 전파 정류하였을 때 맥동주파수 [Hz]는?

① 120　　　　　② 180

③ 360　　　　　④ 720

해설 파형별 맥동률, 정류효율, 주파수

구분	맥동률	맥동 주파수
단상 반파	121	f
단상 전파	48	2f
3상 반파	17	3f
3상 전파	4	6f

주파수 : $6f = 6 \times 60 = 360[Hz]$

38 (상 중 하)

두 개의 입력신호 중 한 개의 입력만이 1일 때 출력신호가 1이 되는 논리게이트는?

① EXCLUSIVE NOR

② NAND

③ EXCLUSIVE OR

④ AND

해설 Exclusive OR 논리게이트

두 개의 입력신호 중 한 개의 입력만 1일 때 출력이 1이 됨

논리회로
[AND회로($A \times B$, $A \cdot B$)] 입력신호가 모두 1일 때 1 출력
[OR회로($A+B$)] 입력신호 중 한 개라도 1이면 1 출력
[NOT회로(반전)] 입력신호 반대로 출력
[NAND회로(NOT + AND)] 입력신호가 동시에 1일 때만 출력신호 0 (AND의 부정)
[NOR회로(NOT + OR)] 입력신호가 동시에 0일 때만 출력신호 1 (OR의 부정)
[XOR회로] 입력신호가 모두 같으면 0 한 개라도 다르면 1 출력

40 상 ⓒ 하

3상 유도전동기의 출력이 25 HP, 전압이 220 [V], 효율이 85 [%], 역률이 85 [%]일 때 이 전동기로 흐르는 전류는 몇 [A]인가? (단, 1 [HP] = 0.746 [kW])

① 40 ② 45

③ 68 ④ 70

해설 3상 유도전동기의 전류 계산

$P_{출력} = \sqrt{3}\, VI\cos\theta\,\eta\,[\text{W}]$

$25 \times 746 = \sqrt{3} \times 220 \times I \times 0.85 \times 0.85$

$\therefore I = 68[A]$

$1\,[\text{HP}] = 746\,[\text{W}]$

V : 전압 [V]

η : 효율 [%]

39 ⓢ 중 하

진공 중 대전된 도체의 표면에 면전하밀도 σ [C/m²]가 균일하게 분포되어 있을 때, 이 도체 표면에서의 전계의 세기 E [V/m]는? (단, ϵ_0는 진공의 유전율이다)

① $E = \dfrac{\sigma}{\epsilon_0}$ ② $E = \dfrac{\sigma}{2\epsilon_0}$

③ $E = \dfrac{\sigma}{2\pi\epsilon_0}$ ④ $E = \dfrac{\sigma}{4\pi\epsilon_0}$

해설 도체 표면의 전계의 세기

• 무한 도체의 전계의 세기

$E = \dfrac{\sigma}{\epsilon_0}$ [V/m]

• 무한평면에서의 전계의 세기

$E = \dfrac{\sigma}{2\epsilon_0}$ [V/m]

2020

2020년 4회

소방관계법규

| 목표시간 : 20분 | 시작 : __시 __분 | 종료 : __시 __분 | 맞은 개수 : __ /20 |

41 (상)(중)(하)

소방시설 설치 및 관리에 관한 법령상 소방시설등의 자체점검 중 종합점검을 받아야 하는 특정소방대상물 대상기준으로 틀린 것은?

① 제연설비가 설치된 터널
② 스프링클러설비 설치된 특정소방대상물
③ 공공기관 중 연면적이 1000 [m²] 이상인 것으로서 옥내소화전설비 또는 자동화재탐지설비가 설치된 것(단, 소방대가 근무하는 공공기관은 제외한다)
④ 호스릴방식의 물분무등소화설비만이 설치된 연면적 5000 [m²] 이상인 특정소방대상물(단, 위험물 제조소등은 제외한다)

해설 종합점검 대상

1) 최초점검 대상물
2) 스프링클러설비가 설치된 특정소방대상물
3) <u>물분무등소화설비[호스릴방식의 물분무등소화설비만을 설치한 경우는 제외]가 설치된 연면적 5000 [m²] 이상인 특정소방대상물(위험물 제조소등은 제외)</u>
4) 다중이용업의 영업장이 설치된 특정소방대상물로서 연면적 2000 [m²] 이상인 것(단란주점과 유흥주점, 영화상영관, 비디오물감상실업, 복합영상물제공업, 노래연습장, 산후조리원, 고시원, 안마시술소)
5) 제연설비가 설치된 터널
6) 공공기관 중 연면적(터널·지하구의 경우 그 길이와 평균폭을 곱하여 계산된 값)이 1000 [m²] 이상인 것으로서 옥내소화전설비 또는 자동화재탐지설비가 설치된 것(소방대가 근무하는 공공기관은 제외)

42 (상)(중)(하)

위험물안전관리법령상 제조소등이 아닌 장소에서 지정수량 이상의 위험물을 취급할 수 있는 경우에 대한 기준으로 맞는 것은? (단, 시·도의 조례가 정하는 바에 따른다)

① 관할 소방서장의 승인을 받아 지정수량 이상의 위험물을 60일 이내의 기간 동안 임시로 저장 또는 취급하는 경우
② 관할 소방대장의 승인을 받아 지정수량 이상의 위험물을 60일 이내의 기간 동안 임시로 저장 또는 취급하는 경우
③ 관할 소방서장의 승인을 받아 지정수량 이상의 위험물을 90일 이내의 기간 동안 임시로 저장 또는 취급하는 경우
④ 관할 소방대장의 승인을 받아 지정수량 이상의 위험물을 90일 이내의 기간 동안 임시로 저장 또는 취급하는 경우

해설 위험물 임시저장

1) 위치·구조·설비기준 : 시·도 조례
2) 제조소등이 아닌 장소에서 지정수량 이상 위험물 취급할 수 있는 경우
  • <u>관할 소방서장의 승인 받아 지정수량 이상 위험물 90일 이내로 임시 저장·취급</u>
  • 군부대는 지정수량 이상 위험물 군사 목적으로 임시 저장·취급

정답 41 ④ 42 ③

43 (상)(중)(하)

화재의 예방 및 안전관리에 관한 법령상 화재예방강화지구 지정권자는?

① 소방서장
② 시 · 도지사
③ 소방본부장
④ 행정자치부장관

해설 화재예방강화지구 지정 —————————

1) 지정권자 : 시 · 도지사
2) 화재예방강화지구 지정 요청 : 소방청장
3) 화재예방강화지구
  (1) 시장지역
  (2) 공장 · 창고가 밀집한 지역
  (3) 목조건물이 밀집한 지역
  (4) 노후 · 불량건축물이 밀집한 지역
  (5) 위험물의 저장 및 처리 시설이 밀집한 지역
  (6) 석유화학제품을 생산하는 공장이 있는 지역
  (7) 산업입지 및 개발에 관한 법률에 따른 산업단지
  (8) 소방시설 · 소방용수시설 · 소방출동로가 없는 지역
  (9) 물류단지
  (10) (1) ~ (9)까지 준하는 지역으로서 소방관서장이 화재예방강화지구로 지정할 필요가 있다고 인정하는 지역

44 (상)(중)(하)

위험물안전관리법령상 위험물 중 제1석유류에 속하는 것은?

① 경유
② 등유
③ 중유
④ 아세톤

해설 제4류 위험물(인화성 액체) —————————

품명		지정수량	대표물질
특수인화물		50 [L]	다이에틸에테르
제1석유류	비수용성	200 [L]	휘발유
	수용성	400 [L]	아세톤
알코올류		400 [L]	변성알코올
제2석유류	비수용성	1000 [L]	등유, 경유
	수용성	2000 [L]	아세트산
제3석유류	비수용성	2000 [L]	중유
	수용성	4000 [L]	글리세린
제4석유류		6000 [L]	실린더유
동식물유류		10000 [L]	아마인유

보충 제1석유류 : 인화점 21 [℃] 미만

45 (상)(중)(하)

소방시설 설치 및 관리에 관한 법령상 수용인원 산정방법 중 다음과 같은 시설의 수용인원은 몇 명인가?

> 숙박시설이 있는 특정소방대상물로서 종사자 수는 5명, 숙박시설은 모두 2인용 침대이며 침대수량은 50개이다.

① 55
② 75
③ 85
④ 105

해설 수용인원 산정방법 —————————

1) 숙박시설이 있는 특정소방대상물
  • 침대 있는 경우 : 종사자 수 + 침대 수
  • 침대 없는 경우 : 종사자 수 + $\dfrac{\text{바닥면적 합계}}{3\,m^2}$

2) 수용인원 = 5 + (50 × 2) = 105명

보충 ▶ 숙박시설 이외의 특정소방대상물

- 강의실 · 교무실 · 상담실 · 실습실 · 휴게실 용도로 쓰이는 특정소방대상물 : 바닥면적 합계 / 1.9 [m²]
- 강당 · 문화집회시설 · 운동시설 · 종교시설 : 바닥면적 합계 / 4.6 [m²]
- 관람석에 고정식 의자가 있는 경우 : 의자 수
- 관람석에 긴 의자가 있는 경우 : 의자의 정면너비 / 0.45 [m]
- 그 밖의 대상물 : 바닥면적 합계 / 3 [m²]

TIP ▶ 2인용 침대는 2인으로 산정

46 상 중 하

위험물안전관리법령상 관계인이 예방규정을 정하여야 하는 위험물을 취급하는 제조소의 지정수량기준으로 옳은 것은?

① 지정수량의 10배 이상

② 지정수량의 100배 이상

③ 지정수량의 150배 이상

④ 지정수량의 200배 이상

해설 관계인이 예방규정을 정해야 하는 제조소

- 취급제조소 : 지정수량 10배 이상
- 옥외저장소 : 지정수량 100배 이상
- 옥내저장소 : 지정수량 150배 이상
- 옥외탱크저장소 : 지정수량 200배 이상
- 암반탱크저장소
- 이송취급소
- 지정수량 10배 이상의 위험물을 취급하는 일반취급소, 다만 제4류 위험물(특수인화물 제외)만을 지정수량의 50배 이하로 취급하는 일반취급소(제1석유류. 알코올류의 취급량이 지정수량의 10배 이하인 경우에 한함)로서 다음 어느 하나에 해당하는 것은 제외
  ① 보일러 · 버너 또는 이와 비슷한 것으로서 위험물을 소비하는 장치로 이루어진 일반취급소
  ② 위험물을 용기에 옮겨 담거나 차량에 고정된 탱크에 주입하는 일반취급소

47 상 중 하

화재의 예방 및 안전관리에 관한 법령상 관리의 권원이 분리된 특정소방대상물의 소방안전관리자를 선임해야 할 대상인 것은? [법 개정으로 인한 문제 수정]

① 판매시설 중 도매시장 및 소매시장

② 복합건축물로서 층수가 5층 이상인 것

③ 지하층을 제외한 층수가 7층 이상인 고층 건축물

④ 복합건축물로서 연면적이 5000 [m²] 이상인 것

해설 관리의 권원이 분리된 특정소방대상물의 소방안전관리자 선임 대상

- 복합건축물(지하층 제외한 층수가 11층 이상 또는 연면적 3만 [m²] 이상)
- 지하가(지하 인공구조물 안에 설치된 상점 및 사무실, 그 밖에 이와 비슷한 시설이 연속하여 지하도에 접하여 설치된 것과 그 지하도를 합한 것)
- 판매시설 중 도매시장, 소매시장 및 전통시장

48 상 중 하

소방기본법령상 소방안전교육사의 배치대상별 배치기준으로 틀린 것은?

① 소방청 : 2명 이상 배치

② 소방서 : 1명 이상 배치

③ 소방본부 : 2명 이상 배치

④ 한국소방안전원(본회) : 1명 이상 배치

해설 소방안전교육사

소방안전교육의 기획 · 진행 · 분석 및 교수업무를 수행

1) 소방안전교육사 시험 실시 및 자격부여 : 소방청장

2) 소방안전교육사 시험 관련 필요사항 : 대통령령

3) 시험 주기 : 2년마다 1회 시행 원칙. 다만 소방청장이 필요하다고 인정하는 때에는 그 횟수를 증감

4) 소방안전교육사 배치대상 및 배치기준

배치대상	배치기준(이상)
소방청	2명
소방본부	2명
소방서	1명
한국소방안전원	본회 : 2명 시·도지부 : 1명
한국소방산업기술원	2명

49 상 중 하

소방시설공사업법령상 정의된 업종 중 소방시설업의 종류로 해당되지 않는 것은?

① 소방시설설계업
② 소방시설공사업
③ 소방시설경비업
④ 소방공사감리업

 소방시설업 종류 ————

구분	정의
소방시설설계업	공사계획, 설계도면, 설계 설명서, 기술계산서 등의 서류 작성
소방시설공사업	설계도서에 따라 소방시설 신설, 증설, 개설, 이전 및 시공
소방공사감리업	발주자 권한 대행, 소방시설공사 적법 시공 확인, 품질·시공관리 기술지도
방염처리업	방염대상물품에 대하여 방염처리

50 상 중 하

소방기본법상 소방대장의 권한이 아닌 것은?

① 소방활동을 할 때에 긴급한 경우에는 이웃한 소방본부장 또는 소방서장에게 소방업무의 응원을 요청할 수 있다.

② 화재, 재난재해, 그 밖의 위급한 상황이 발생한 현상에서 소방활동을 위하여 필요할 때 그 관할구역에 사는 사람 또는 현장에 있는 사람으로 하여금 사람을 구출하는 일 또는 불을 끄거나 불이 번지지 아니하도록 하는 일을 하게 할 수 있다.

③ 사람을 구출하거나 불이 번지는 것을 막기 위하여 필요할 대에는 화재가 발생하거나 불이 번질 우려가 있는 소방대상물 및 토지를 일시적으로 사용하거나 그 사용의 제한 또는 소방활동에 필요한 처분을 할 수 있다.

④ 소방활동을 위하여 긴급하게 출동할 때에는 소방자동차의 통행과 소방활동에 방해가 되는 주차 또는 정차된 차량 및 물건 등을 제거하거나 이동시킬 수 있다.

해설 소방본부장, 소방서장, 소방대장 권한 ————

구분	권한
소방청장	• 소방박물관 설립 (*소방체험관 : 시·도지사) • 한국소방안전원 감독 • 소방력 동원 요청
소방청장, 소방본부장, 소방서장	• 소방활동
소방본부장, 소방서장	• 소방업무 응원요청 • 지리조사
소방본부장, 소방서장, 소방대장	• 소방활동 종사명령 • 강제처분 • 피난명령 • 위험시설 긴급조치
소방대장	• 소방활동구역 설정

2020

51 상⬤하

소방시설공사업법상 도급을 받은 자가 제3자에게 소방시설공사의 시공을 하도급한 경우에 대한 벌칙기준으로 옳은 것은? (단, 대통령령으로 정하는 경우는 제외한다)

① 100만 원 이하의 벌금
② 300만 원 이하의 벌금
③ 1년 이하 징역 또는 1000만 원 이하 벌금
④ 3년 이하 징역 또는 1500만 원 이하 벌금

해설 소방시설공사업법 ────────────

[3년 3000만 원]
1) 소방시설업 등록하지 아니하고 영업을 한 자
2) 부정한 청탁을 받고 재물 또는 재산상의 이익을 취득하거나 부정한 청탁을 하면서 재물 또는 재산상의 이익을 제공한 자

[1년 1000만 원]
1) 영업정지 처분을 받고 그 기간에 영업한 자
2) 법과 NFTC를 위반한 설계·시공자
3) 적법하지 않게 감리를 하거나 거짓으로 감리한 자
4) 공사 감리자를 지정하지 아니한 관계인
5) 공사업자가 감리업자의 시정보완 요구를 무시하고 그 공사를 계속할 경우 감리업자는 그 사실을 소방본부장 또는 소방서장에게 보고하여야 한다. 이 사실을 거짓으로 보고한 감리업자
6) 공사감리 결과보고서의 제출을 거짓으로 한 감리업자
7) 무등록 소방시설업자에게 소방공사 도급한 관계인 또는 발주자
8) 도급받은 소방시설의 설계, 시공, 감리를 하도급한 자
9) 하도급받은 소방시설공사를 다시 하도급한 하수급인
10) 소방기술자가 법 또는 명령을 따르지 않고 업무를 수행한 자

52 상⬤하

소방시설 설치 및 관리에 관한 법령상 주택의 소유자가 소방시설을 설치하여야 하는 대상이 아닌 것은?

① 아파트
② 연립주택
③ 다세대주택
④ 다가구주택

해설 주택에 설치하는 소방시설 ────────────

1) 주택용소방시설의 종류 : 소화기, 단독경보형 감지기
2) 설치대상
   • 단독주택
   • 공동주택(아파트 및 기숙사 제외)(연립주택, 다세대주택, 다가구주택)

53 상 중⬤

화재의 예방 및 안전관리에 관한 법령상 화재예방강화지구의 지정대상이 아닌 것은? (단, 소방청장 소방본부장 또는 소방서장이 화재예방강화지구로 지정할 필요가 있다고 인정하는 지역은 제외한다)

① 시장지역
② 농촌지역
③ 목조건물이 밀집한 지역
④ 공장 창고가 밀집한 지역

해설 화재예방강화지구 지정 ────────────

1) 지정권자 : 시·도지사
2) 화재예방강화지구 지정 요청 : 소방청장
3) 화재예방강화지구
   (1) 시장지역
   (2) 공장·창고가 밀집한 지역
   (3) 목조건물이 밀집한 지역

(4) 노후·불량건축물이 밀집한 지역

(5) 위험물의 저장 및 처리 시설이 밀집한 지역

(6) 석유화학제품을 생산하는 공장이 있는 지역

(7) 산업입지 및 개발에 관한 법률에 따른 산업단지

(8) 소방시설·소방용수시설·소방출동로가 없는 지역

(9) 물류단지

(10) (1) ~ (9)까지 준하는 지역으로서 소방관서장이 화재예방 강화지구로 지정할 필요가 있다고 인정하는 지역

54 상⑤하

위험물안전관리법령상 제4류 위험물별 지정수량기준의 연결이 틀린 것은?

① 특수인화물 – 50리터

② 알코올류 – 400리터

③ 동식물유류 – 1000리터

④ 제4석유류 – 6000리터

해설 제4류 위험물(인화성 액체)

품명		지정수량	대표물질
특수인화물		50 [L]	다이에틸에테르
제1석유류	비수용성	200 [L]	휘발유
	수용성	400 [L]	아세톤
알코올류		400 [L]	변성알코올
제2석유류	비수용성	1000 [L]	등유, 경유
	수용성	2000 [L]	아세트산
제3석유류	비수용성	2000 [L]	중유
	수용성	4000 [L]	글리세린
제4석유류		6000 [L]	실린더유
동식물유류		10000 [L]	아마인유

55 상⑤하

소방시설 설치 및 관리에 관한 법령상 소방시설등에 대한 자체점검을 하지 아니하거나 관리업자 등으로 하여금 정기적으로 점검하게 하지 아니한 자에 대한 벌칙기준으로 옳은 것은?

① 6개월 이하의 징역 또는 1000만 원 이하의 벌금

② 1년 이하의 징역 또는 1000만 원 이하의 벌금

③ 3년 이하의 징역 또는 1500만 원 이하의 벌금

④ 3년 이하의 징역 또는 3000만 원 이하의 벌금

해설 1년 이하 징역 또는 1000만 원 이하 벌금

1) 자체점검을 하지 않거나 관리업자에게 정기점검하게 하지 아니한 자

2) 소방시설관리사증을 빌려주거나 빌리거나 이를 알선한 자

3) 동시에 둘 이상의 업체에 취업한 자

4) 자격정지처분을 받고 자격정지기간 중에 관리사의 업무를 한 자

5) 관리업 등록증. 등록수첩을 다른 자에게 빌려주거나 빌리거나 이를 알선한 자

6) 영업정지처분을 받고 영업정지기간 중에 관리업의 업무를 한 자

7) 제품검사 합격표시 허위·위조·변조한 자

8) 형식승인의 변경승인을 받지 아니한 자

9) 제품검사에 합격하지 아니한 소방용품에 성능인증을 받았다는 표시 또는 제품검사에 합격하였다는 표시를 하거나 성능인증을 받았다는 표시 또는 제품검사에 합격하였다는 표시를 위조 또는 변조하여 사용한 자

10) 성능인증의 변경인증을 받지 아니한 자

11) 우수품질 표시 허위·위조·변조하여 사용한 자

12) 관계인의 업무 방해하거나 출입·검사 시 알게 된 비밀을 누설한 자

56 (상)(중)(하)

화재의 예방 및 안전관리에 관한 법령상 특수가연물의 저장 및 취급기준을 2회 위반한 경우 과태료 부과기준은?

① 200만 원
② 100만 원
③ 150만 원
④ 50만 원

해설 과태료 부과기준(200만 원 이하)

1) 불을 사용할 때 지켜야 하는 사항 및 특수가연물의 저장 및 취급기준을 위반한 경우
2) 소방설비등의 설치 명령을 정당한 사유 없이 따르지 아니한 경우
3) 기간 내에 선임신고를 하지 아니하거나 소방안전관리자의 성명 등을 게시하지 아니한 경우
4) 기간 내에 선임신고를 하지 아니한 자
5) 기간 내에 소방훈련 및 교육결과를 제출하지 아니한 경우

57 (상)(중)(하)

화재의 예방 및 안전관리에 관한 법령상 특수가연물의 품명과 지정수량기준의 연결이 틀린 것은?

① 사류 – 1000 [kg] 이상
② 볏짚류 – 3000 [kg] 이상
③ 석탄·목탄류 – 10000 [kg] 이상
④ 고무류 중 발포시킨 것 – 20 [m³] 이상

해설 특수가연물

품명	수량
면화류	200 [kg] 이상
나무껍질 및 대팻밥	400 [kg] 이상
넝마 및 종이부스러기	1000 [kg] 이상
사류, 볏짚류	1000 [kg] 이상

품명		수량
가연성 고체류		3000 [kg] 이상
석탄·목탄류		10000 [kg] 이상
가연성 액체류		2 [m³] 이상
목재가공품 및 나무부스러기		10 [m³] 이상
고무류·플라스틱류	발포시킨 것	20 [m³] 이상
	그 밖의 것	3000 [kg] 이상

암기 ▶ 면이 나대싸 넘사벽 천 가고삼 석목만 가액이 고발이

58 (상)(중)(하)

소방시설 설치 및 관리에 관한 법령상 특정소방대상물로서 숙박시설에 해당되지 않는 것은?

① 오피스텔
② 일반형 숙박시설
③ 생활형 숙박시설
④ 근린생활시설에 해당하지 않는 고시원

해설 숙박시설

- 일반형 숙박시설 : 호텔, 여관, 모텔
- 생활형 숙박시설 : 관광호텔, 한국전통호텔
- 고시원(근린생활시설에 해당되지 않는 것)

보충 ▶ 오피스텔 : 업무시설

정답 56 ① 57 ② 58 ①

59 (상(중)하)

소방시설 설치 및 관리에 관한 법령상 정당한 사유 없이 피난시설, 방화구획 및 방화시설의 관리에 필요한 조치명령을 위반한 경우 이에 대한 벌칙기준으로 옳은 것은?

① 200만 원 이하의 벌금
② 300만 원 이하의 벌금
③ 1년 이하의 징역 또는 1000만 원 이하의 벌금
④ 3년 이하의 징역 또는 3000만 원 이하의 벌금

해설 3년 이하 징역 또는 3000만 원 이하 벌금 ─────

1) 조치명령 위반사항에 대한 명령을 정당한 사유 없이 위반
2) 관리업 등록을 하지 않고 영업을 한 자
3) 소방용품 형식승인 받지 아니하고 제조·수입 또는 거짓이나 그 밖의 부정한 방법으로 형식승인을 받은 자
4) 제품검사를 받지 아니한 자 또는 거짓이나 그 밖의 부정한 방법으로 제품검사를 받은 자
5) 소방용품을 판매·진열하거나 소방시설공사에 사용한 자
6) 거짓이나 그 밖의 부정한 방법으로 성능인증 또는 제품검사를 받은 자
7) 제품검사를 받지 아니하거나 합격표시를 하지 아니한 소방용품을 판매·진열하거나 소방시설공사에 사용한 자
8) 구매자에게 명령을 받은 사실을 알리지 아니하거나 필요한 조치를 하지 아니한 자
9) 거짓이나 그 밖의 부정한 방법으로 전문기관으로 지정을 받은 자

60 (상 중(하))

소방시설 설치 및 관리에 관한 법령상 소방시설이 아닌 것은?

① 소화설비
② 경보설비
③ 방화설비
④ 소화활동설비

해설 소방시설 종류 ─────

구분	정의
소화설비	물, 소화약제를 사용하여 소화
경보설비	화재 발생을 통보하는 설비
피난구조설비	화재 발생 시 피난 목적 설비
소화용수설비	화재를 진압하는 데 필요한 물을 공급·저장하는 설비
소화활동설비	화재진압에 필요한 물 공급·저장

암기 소경피 용활

2020년 4회

소방전기시설의 구조 및 원리

3회독	월	일
2회독	월	일
1회독	월	일

목표시간 : 30분 | 시작 : _시 _분 | 종료 : _시 _분 | 맞은 개수 : _ /20

61 (상)(중)하

비상경보설비 및 단독경보형 감지기의 화재안전기술기준 (NFTC 201)에 따라 화재신호 및 상태신호 등을 송수신하는 방식으로 옳은 것은?

① 자동식

② 수동식

③ 반자동식

④ 유·무선식

해설 신호처리방식 ─────────

1) 유선식 : 화재신호 등을 배선으로 송·수신하는 방식의 것
2) 무선식 : 화재신호 등을 전파에 의해 송·수신하는 방식의 것
3) 유·무선식 : 유선식과 무선식을 겸용으로 사용하는 방식의 것

62 (상)(중)하

감지기의 형식승인 및 제품검사의 기술기준에 따른 연기감지기의 종류로 옳은 것은?

① 연복합형

② 공기흡입형

③ 차동식 스포트형

④ 보상식 스포트형

해설 연기감지기 종류 ─────────

• 이온화식 스포트형
• 광전식 스포트형
• 광전식 분리형
• 공기흡입형

암기 ▷ 이스광스 광분공흡

63 (상)(중)하

비상콘센트설비의 화재안전기술기준(NFTC 504)에 따른 비상콘센트설비의 전원회로(비상콘센트에 전력을 공급하는 회로를 말한다)의 시설기준으로 옳은 것은?

① 하나의 전용회로에 설치하는 비상콘센트는 12개 이하로 할 것

② 전원회로는 단상교류 220 [V]인 것으로서 그 공급용량은 1.0 [kVA] 이상인 것으로 할 것

③ 비상콘센트용의 풀박스 등은 방청도장을 한 것으로서 두께 1.2 [mm] 이상의 철판으로 할 것

④ 전원으로부터 각 층의 비상콘센트에 분기 되는 경우에는 분기배선용 차단기를 보호함 안에 설치할 것

정답 61 ④ 62 ② 63 ④

해설 비상콘센트설비 전원회로 설치기준 ————————

1) 비상콘센트설비의 전원회로는 단상교류 220 [V]인 것으로서 그 공급용량은 1.5 [kVA] 이상인 것으로 할 것

2) 전원회로는 각 층에 2 이상이 되도록 설치할 것. 다만 설치해야 할 층의 비상콘센트가 1개인 때에는 하나의 회로로 할 수 있다.

3) 전원회로는 주배전반에서 전용회로로 할 것. 다만 다른 설비회로의 사고에 따른 영향을 받지 않도록 되어 있는 것은 그렇지 않다.

4) 전원으로부터 각 층의 비상콘센트에 분기되는 경우에는 분기배선용 차단기를 보호함 안에 설치할 것

5) 콘센트마다 배선용 차단기(KS C 8321)를 설치해야 하며, 충전부가 노출되지 않도록 할 것

6) 개폐기에는 "비상콘센트"라고 표시한 표지를 할 것

7) 비상콘센트용의 풀박스 등은 방청도장을 한 것으로서 두께 1.6 [mm] 이상의 철판으로 할 것

8) 하나의 전용회로에 설치하는 비상콘센트는 10개 이하로 할 것. 이 경우 전선의 용량은 각 비상콘센트(비상콘센트가 3개 이상인 경우에는 3개)의 공급용량을 합한 용량 이상의 것으로 해야 한다.

9) 비상콘센트의 플러그접속기는 접지형 2극 플러그접속기(KS C 8305)를 사용해야 한다.

10) 비상콘센트의 플러그접속기의 칼받이의 접지극에는 접지공사를 해야 한다.

64 상 중 하

비상방송설비의 화재안전기술기준(NFTC 202)에 따라 기동장치에 따른 화재신고를 수신한 후 필요한 음량으로 화재발생 상황 및 피난에 유효한 방송이 자동으로 개시될 때까지의 소요시간은 몇 초 이하로 하여야 하는가?

① 3   ② 5
③ 7   ④ 10

해설 비상방송설비 설치기준 ————————

1) 확성기
   (1) 음성입력 : 실외 3 [W] 이상, 실내 1 [W] 이상
   (2) 수평거리 : 층 각 부분으로부터 하나의 확성기까지의 25 [m] 이하
   (3) 확성기는 각 층마다 설치, 당해 층의 각 부분에 유효하게 경보를 발하도록 설치

2) 음량조정기(ATT) : 음량조정기의 배선은 3선식으로 한다.

3) 조작부
   (1) 조작스위치 높이 : 바닥으로부터 0.8 [m] 이상 1.5 [m] 이하
   (2) 기동장치의 작동과 연동하여 당해 기동장치가 작동한 층 또는 구역을 표시
   (3) 조작부 및 증폭기 설치장소 : 수위실 등 상시 사람이 근무, 점검이 편리, 방화상 유효한 곳
   (4) 2 이상 조작부 설치 시 설치장소 상호 간 동시통화 가능, 어느 조작부에서도 전구역 방송 가능

4) 층수가 11층(공동주택의 경우에는 16층)의 특정소방대상물은 다음과 같은 경보를 발할 수 있어야 한다.
   (1) 2층 이상의 층에서 발화한 때에는 발화층 및 그 직상 4개 층에 경보
   (2) 1층에서 발화한 때에는 발화층·그 직상 4개 층 및 지하층에 경보
   (3) 지하층에서 발화한 때에는 발화층·그 직상층 및 기타 지하층 경보

5) 기동장치에 따른 화재신고를 수신한 후 필요한 음량으로 화재발생 상황 및 피난에 유효한 방송이 자동으로 개시될 때까지의 소요시간은 10초 이하로 할 것

6) 다른 방송설비와 공용할 경우 화재 시 비상경보 외의 방송을 차단할 수 있는 구조

7) 다른 전기회로에 따라 유도장애가 생기지 아니하도록 할 것

8) 음향장치의 구조 및 성능
   (1) 정격전압의 80 [%] 전압에서 음향을 발할 수 있는 것을 할 것
   (2) 자동화재탐지설비의 작동과 연동하여 작동할 수 있는 것으로 할 것

65 (상⑤하)

비상조명등의 화재안전기술기준(NFTC 304)에 따른 휴대용 비상조명등의 설치기준이다. 다음 ( )에 들어갈 내용으로 옳은 것은?

지하상가 및 지하역사에는 보행거리 (㉠) [m] 이내마다 (㉡)개 이상 설치할 것

① ㉠ 25, ㉡ 1
② ㉠ 25, ㉡ 3
③ ㉠ 50, ㉡ 1
④ ㉠ 50, ㉡ 3

해설 휴대용 비상조명등 설치기준 ─────────

1) 설치장소

설치장소	설치개수
숙박시설 또는 다중이용업소에는 객실 또는 영업장 안의 구획된 실마다 잘 보이는 곳(외부 설치 시 출입문 손잡이로부터 1 [m] 이내 부분)	1개 이상
대규모점포(지하상가·지하역사 제외), 영화상영관	보행거리 50 [m] 이내마다 3개 이상
지하상가 및 지하역사	보행거리 25 [m] 이내마다 3개 이상

2) 설치기준
   (1) 바닥으로부터 0.8 [m] 이상 1.5 [m] 이하의 높이에 설치할 것
   (2) 어둠 속에서 위치를 확인할 수 있도록 할 것
   (3) 사용 시 자동으로 점등되는 구조일 것
   (4) 외함은 난연성능이 있을 것
   (5) 건전지 사용 시 방전방지조치를 하고, 충전식 배터리 사용 시 상시 충전되도록 할 것
   (6) 건전지 및 충전식 배터리 용량은 20분 이상 유효하게 사용할 수 있는 것

66 (상⑤하)

자동화재탐지설비 및 시각경보장치의 화재안전기술기준(NFTC 203)에 따른 자동화재탐지설비의 중계기의 시설기준으로 틀린 것은?

① 조작 및 점검에 편리하고 화재 및 침수 등의 재해로 인한 피해를 받을 우려가 없는 장소에 설치할 것
② 수신기에서 직접 감지기회로의 도통시험을 행하지 아니하는 것에 있어서는 수신기와 감지기 사이에 설치할 것
③ 감지기에 따라 감시되지 아니하는 배선을 통하여 전력을 공급받는 것에 있어서는 전원입력 측의 배선에 누전경보기를 설치할 것
④ 수신기에 따라 감시되지 아니하는 배선을 통하여 전력을 공급받는 것에 있어서는 해당 전원의 정전이 즉시 수신기에 표시되는 것으로 할 것

해설 중계기 설치기준 ─────────

1) 수신기에서 직접 감지기회로의 도통시험을 하지 않는 것에 있어서는 수신기와 감지기 사이에 설치할 것
2) 조작 및 점검에 편리하고 화재 및 침수 등의 재해로 인한 피해를 받을 우려가 없는 장소에 설치할 것
3) <u>수신기에 따라 감시되지 않는 배선을 통하여 전력을 공급받는 것에 있어서는 전원입력 측의 배선에 과전류차단기를 설치하고 해당 전원의 정전이 즉시 수신기에 표시되는 것으로 하며, 상용전원 및 예비전원의 시험을 할 수 있도록 할 것</u>

정답 65 ② 66 ③

67 (상) (중) 하

자동화재탐지설비 및 시각경보장치의 화재안전기술기준 (NFTC 203)에 따라 부착높이 8 [m] 이상 15 [m] 미만에 설치 가능한 감지기가 아닌 것은?

① 불꽃감지기

② 보상식 분포형 감지기

③ 차동식 분포형 감지기

④ 광전식 분리형 1종 감지기

해설 감지기 적응성

부착높이	감지기 종류
8 [m] 이상 ~ 15 [m] 미만	• 차동식 분포형 • 이온화식 1종·2종 • 광전식 1종·2종 • 연기복합형 • 불꽃감지기
15 [m] 이상 ~ 20 [m] 미만	이온화식 1종, 광전식(스포트형, 분리형, 공기흡입형) 1종, 연기복합형, 불꽃감지기
20 [m] 이상	불꽃감지기, 광전식(분리형, 공기흡입형) 중 아날로그방식

암기 ▶ 차분한 이광연 12세
*불꽃감지기는 전부 해당

68 (상) 중 (하)

예비전원의 성능인증 및 제품검사의 기술기준에서 정의하는 "예비전원"에 해당하지 않는 것은?

① 리튬계 2차 축전지

② 알카리계 2차 축전지

③ 용융염 전해질 연료전지

④ 무보수 밀폐형 연축전지

해설 예비전원 종류

• 알카리계 2차 축전지

• 리튬계 2차 축전지

• 무보수 밀폐형 연축전지

TIP ▶ 용융염 전해질 연료전지 : 수소 예비전원

암기 ▶ 알2 리2 무밀

69 (상) (중) 하

누전경보기의 형식승인 및 제품검사의 기술기준에 따라 누전경보기에서 사용되는 표시등에 대한 설명으로 틀린 것은?

① 지구등은 녹색으로 표시되어야 한다.

② 소켓은 접촉이 확실하여야 하며 쉽게 전구를 교체할 수 있도록 부착하여야 한다.

③ 주위의 밝기가 300 [lx]인 장소에서 측정하여 앞면으로부터 3 [m] 떨어진 곳에서 켜진 등이 확실히 식별되어야 한다.

④ 전구는 사용전압의 130 [%]인 교류전압을 20시간 연속하여 가하는 경우 단선, 현저한 광속변화, 흑화, 전류의 저하 등이 발생하지 아니하여야 한다.

해설 누전경보기 표시등

1) 전구는 사용전압의 130 [%]인 교류전압을 20시간 연속하여 가하는 경우 단선, 현저한 광속변화, 흑화, 전류의 저하 등이 발생하지 아니하여야 한다.

2) 소켓은 접촉이 확실하여야 하며 쉽게 전구를 교체할 수 있도록 부착하여야 한다.

3) 전구는 2개 이상을 병렬로 접속하여야 한다. 다만 방전등 또는 발광다이오드의 경우에는 그러하지 아니한다.

4) 전구에는 적당한 보호카바를 설치하여야 한다. 다만 발광다이오드의 경우에는 그러하지 아니하다.

5) 누전화재의 발생을 표시하는 표시등(이하 "누전등"이라 한다)이 설치된 것은 등이 켜질 때 적색으로 표시되어야 하며, 누전화재가 발생한 경계전로의 위치를 표시하는 표시등(이하 "지구등"이라 한다)과 기타의 표시등은 다음과 같아야 한다.

2020

(1) 지구등은 적색으로 표시되어야 한다. 이 경우 누전등이 설치된 수신부의 지구등은 적색 외의 색으로도 표시할 수 있다.

(2) 기타의 표시등은 적색 외의 색으로 표시되어야 한다. 다만 누전등 및 지구등과 쉽게 구별할 수 있도록 부착된 기타의 표시등은 적색으로도 표시할 수 있다.

6) 주위의 밝기가 300 [lx]인 장소에서 측정하여 앞면으로부터 3 [m] 떨어진 곳에서 켜진 등이 확실히 식별되어야 한다.

70 (상(중)하)

비상콘센트설비의 화재안전기술기준(NFTC 504)에 따라 바닥면적이 1000 [m²] 미만인 층은 비상콘센트를 계단의 출입구로부터 몇 [m] 이내에 설치해야 하는가? (단, 계단의 부속실을 포함하며 계단이 2 이상 있는 경우에는 그중 1개의 계단을 말한다)

① 10   ② 8
③ 5   ④ 3

해설 비상콘센트 배치기준 —————————

1) 바닥으로부터 높이 0.8 [m] 이상 1.5 [m] 이하의 위치에 설치할 것

2) 바닥면적이 1000 [m²] 미만인 층은 계단의 출입구(계단의 부속실을 포함하며 계단이 2 이상 있는 경우에는 그중 1개의 계단을 말한다)로부터 5 [m] 이내에, 바닥면적 1000 [m²] 이상인 층은 각 계단의 출입구 또는 계단부속실의 출입구(계단의 부속실을 포함하며 계단이 3 이상 있는 층의 경우에는 그중 2개의 계단을 말한다)로부터 5 [m] 이내에 설치하되, 그 비상콘센트로부터 그 층의 각 부분까지의 거리가 다음의 기준을 초과하는 경우에는 그 기준 이하가 되도록 비상콘센트를 추가하여 설치할 것

(1) 지하상가 또는 지하층의 바닥면적의 합계가 3000 [m²] 이상인 것은 수평거리 25 [m]

(2) 위에 해당하지 아니하는 것은 수평거리 50 [m]

71 (상(중)하)

무선통신보조설비의 화재안전기술기준(NFTC 505)에 따른 설치 제외에 대한 내용이다. 다음 (   )에 들어갈 내용으로 옳은 것은?

(㉠)으로서 특정소방대상물의 바닥 부분 2면 이상이 지표면과 동일하거나 지표면으로부터의 깊이가 (㉡) [m] 이하인 경우에는 해당 층에 한하여 무선통신보조설비를 설치하지 아니할 수 있다.

① ㉠ 지하층, ㉡ 1
② ㉠ 지하층, ㉡ 2
③ ㉠ 무창층, ㉡ 1
④ ㉠ 무창층, ㉡ 2

해설 무선통신보조설비 설치 제외 장소 —————————

1) 지하층으로서 특정소방대상물의 바닥부분 2면 이상이 지표면과 동일한 층

2) 지하층으로서 지표면으로부터의 깊이가 1 [m] 이하인 층

72 (상 중(하))

비상방송설비의 화재안전기술기준(NFTC 202)에 따른 정의에서 가변저항을 이용하여 전류를 변화시켜 음량을 크게 하거나 작게 조절할 수 있는 장치를 말하는 것은?

① 증폭기   ② 변류기
③ 중계기   ④ 음량조절기

해설 비상방송설비 구성 장치 —————————

1) "확성기"란 소리를 크게 하여 멀리까지 전달될 수 있도록 하는 장치로써 일명 스피커를 말한다.

2) "음량조절기"란 가변저항을 이용하여 전류를 변화시켜 음량을 크게 하거나 작게 조절할 수 있는 장치를 말한다.

3) "증폭기"란 전압전류의 진폭을 늘려 감도를 좋게 하고 미약한 음성전류를 커다란 음성전류로 변화시켜 소리를 크게 하는 장치를 말한다.

4) "기동장치"란 화재감지기, 발신기 등의 상태변화를 전송하는 장치를 말한다.

5) "몰드"란 전선을 물리적으로 보호하기 위해 사용되는 통형 구조물을 말한다.

6) "약전류회로"란 전신선, 전화선 등에 사용하는 전선이나 케이블, 인터폰, 확성기의 음성회로, 라디오·텔레비전의 시청회로 등을 포함하는 약전류가 통전되는 회로를 말한다.

7) "전원회로"란 전기·통신, 기타 전기를 이용하는 장치 등에 전력을 공급하기 위하여 필요한 기기로 이루어지는 전기회로를 말한다.

8) "절연저항"이란 전류가 도체에서 절연물을 통하여 다른 충전부나 기기로 누설되는 경우 그 누설 경로의 저항을 말한다.

9) "절연효력"이란 전기가 불필요한 부분으로 흐르지 않도록 절연하는 성능을 나타내는 것을 말한다.

10) "정격전압"이란 전기기계기구, 선로 등의 정상적인 동작을 유지시키기 위해 공급해주어야 하는 기준 전압을 말한다.

11) "조작부"란 기기를 제어할 수 있도록 조작스위치, 지시계, 표시등 등을 집결시킨 부분을 말한다.

12) "풀박스"란 장거리 케이블 포설을 용이하게 하기 위해 전선관 중간에 설치하는 상자형 구조물 등을 말한다.

73 상⬤하

소방시설용 비상전원수전설비의 화재안전기술기준(NFTC 602)에 따라 큐비클형의 시설기준으로 틀린 것은?

① 전용큐비클 또는 공용큐비클식으로 설치할 것

② 외함은 건축물의 바닥 등에 견고하게 고정할 것

③ 자연환기구에 따라 충분히 환기할 수 없는 경우에는 환기설비를 설치할 것

④ 공용큐비클식의 소방회로와 일반회로에 사용되는 배선 및 배선용 기기는 난연재료로 구획할 것

(해설) 큐비클형

1) 전용큐비클 또는 공용큐비클식으로 설치할 것

2) 외함은 두께 2.3 [mm] 이상의 강판과 이와 동등 이상의 강도와 내화성능이 있는 것으로 제작해야 하며, 개구부(2.2.3.3의 각 기준에 해당하는 것은 제외한다)에는 「건축법」 시행령 제64조에 따른 방화문으로서 60분+ 방화문, 60분 방화문 또는 30분 방화문으로 설치할 것

3) 다음의 기준(옥외에 설치하는 것에 있어서는 (1)부터 (3)까지)에 해당하는 것은 외함에 노출하여 설치할 수 있다.
   (1) 표시등(불연성 또는 난연성 재료로 덮개를 설치한 것에 한한다)
   (2) 전선의 인입구 및 인출구
   (3) 환기장치
   (4) 전압계(퓨즈 등으로 보호한 것에 한한다)
   (5) 전류계(변류기의 2차 측에 접속된 것에 한한다)
   (6) 계기용 전환스위치(불연성 또는 난연성 재료로 제작된 것에 한한다)

4) 외함은 건축물의 바닥 등에 견고하게 고정할 것

5) 외함에 수납하는 수전설비, 변전설비와 그 밖의 기기 및 배선은 다음의 기준에 적합하게 설치할 것
   (1) 외함 또는 프레임(Frame) 등에 견고하게 고정할 것
   (2) 외함의 바닥에서 10 [cm](시험단자, 단자대 등의 충전부는 15 [cm]) 이상의 높이에 설치할 것

6) 전선 인입구 및 인출구에는 금속관 또는 금속제 가요전선관을 쉽게 접속할 수 있도록 할 것

7) 환기장치는 다음의 기준에 적합하게 설치할 것
   (1) 내부의 온도가 상승하지 않도록 환기장치를 할 것
   (2) 자연환기구의 개부구 면적의 합계는 외함의 한 면에 대하여 해당 면적의 3분의 1 이하로 할 것. 이 경우 하나의 통기구의 크기는 직경 10 [mm] 이상의 둥근 막대가 들어가서는 안 된다.
   (3) 자연환기구에 따라 충분히 환기할 수 없는 경우에는 환기설비를 설치할 것
   (4) 환기구에는 금속망, 방화댐퍼 등으로 방화조치를 하고, 옥외에 설치하는 것은 빗물 등이 들어가지 않도록 할 것

8) 공용큐비클식의 소방회로와 일반회로에 사용되는 배선 및 배선용 기기는 불연재료로 구획할 것

2020

74 상(중)하

비상경보설비 및 단독경보형 감지기의 화재안전기술기준
(NFTC 201)에 따른 발신기의 시설기준에 대한 내용이다.
다음 (   )에 들어갈 내용으로 옳은 것은?

> 조작이 쉬운 장소에 설치하고, 조작 스위치는 바닥으로
> 부터 (㉠) [m] 이상 (㉡) [m] 이하의 높이에 설치할 것

① ㉠ 0.6, ㉡ 1.2   ② ㉠ 0.8, ㉡ 1.5

③ ㉠ 1.0, ㉡ 1.8   ④ ㉠ 1.2, ㉡ 2.0

해설 발신기 설치기준 ─────────────

1) 조작스위치 : 바닥으로부터 0.8 [m] 이상 1.5 [m] 이하 설치
2) 특정소방대상물의 층마다 설치
   (1) 수평거리 : 25 [m] 이하 설치(각 부분부터 하나의 발신
   기까지의 거리)
   (2) 보행거리 : 40 [m] 이상 경우 추가설치(복도 · 별도구획
   된 실)
3) 위치 표시등 : 함 상부 설치
4) 불빛 : 부착면부터 15° 이상의 범위 안, 부착지점부터 10
   [m] 이내 어느 곳에서도 쉽게 식별할 수 있는 적색등

75 상(중)하

누전경보기의 형식승인 및 제품검사의 기술기준에 따라 누
전경보기에 차단기구를 설치하는 경우 차단기구에 대한 설
명으로 틀린 것은?

① 개폐부는 정지점이 명확하여야 한다.
② 개폐부는 원활하고 확실하게 작동하여야 한다.
③ 개폐부는 KS C 8321(배선용 차단기)에 적합한 것이
   어야 한다.
④ 개폐부는 수동으로 개폐되어야 하며 자동적으로 복귀
   하지 아니하여야 한다.

해설 누전경보기 개폐부 ─────────────

1) 개폐부는 원활하고 확실하게 작동하여야 하며 정지점이 명
   확하여야 한다.
2) 개폐부는 수동으로 개폐되어야 하며 자동적으로 복귀하지
   아니하여야 한다.
3) 개폐부는 KS C 4613(누전차단기)에 적합한 것이어야 한다.

76 상(중)하

감지기의 형식승인 및 제품검사의 기술기준에 따른 단독경
보형 감지기(주전원이 교류전원 또는 건전지인 것을 포함
한다)의 일반기능에 대한 설명으로 틀린 것은?

① 작동되는 경우 작동표시등에 의하여 화재의 발생을 표
   시할 수 있는 기능이 있어야 한다.
② 작동되는 경우 내장된 음향장치의 명동에 의하여 화재
   경보음을 발할 수 있는 기능이 있어야 한다.
③ 전원의 정상 상태를 표시하는 전원표시등의 섬광주기
   는 3초 이내의 점등과 60초 이내의 소등으로 이루어져
   야 한다.
④ 자동복귀형 스위치(자동적으로 정위치에 복귀될 수 있
   는 스위치를 말한다)에 의하여 수동으로 작동시험을
   할 수 있는 기능이 있어야 한다.

해설 단독경보형 기능 ─────────────

1) 자동복귀형 스위치(자동적으로 정위치에 복귀될 수 있는
   스위치를 말한다)에 의하여 수동으로 작동시험을 할 수 있
   는 기능이 있어야 한다.
2) 작동되는 경우 작동표시등에 의하여 화재의 발생을 표시하
   고, 내장된 음향장치의 명동에 의하여 화재경보음을 발할
   수 있는 기능이 있어야 한다.
3) 주기적으로 섬광하는 전원표시등에 의하여 전원의 정상 여
   부를 감시할 수 있는 기능이 있어야 하며, 전원의 정상 상
   태를 표시하는 전원표시등의 섬광주기는 1초 이내의 점등
   과 30초에서 60초 이내의 소등으로 이루어져야 한다.
〈이하 생략〉

정답 74 ② 75 ③ 76 ③

77 상 (중) 하

자동화재속보설비의 속보기의 성능인증 및 제품검사의 기술기준에 따라 자동화재속보설비의 속보기가 소방관서에 자동적으로 통신망을 통해 통보하는 신호의 내용으로 옳은 것은?

① 당해 소방대상물의 위치 및 규모
② 당해 소방대상물의 위치 및 용도
③ 당해 화재발생 및 당해 소방대상물의 위치
④ 당해 고장발생 및 당해 소방대상물의 위치

해설 자동화재속보설비 ——————————

1) 속보기
   수동작동 또는 자동화재탐지설비 수신기와 연동으로 관계인에게 화재발생을 경보함과 동시에 소방관서에 자동적으로 통신망을 통해 화재발생 및 위치 등을 음성으로 통보하여 주는 것
2) 통신망
   유선이나 무선 또는 유무선 겸용방식을 구성하여 음성 또는 데이터 등을 전송할 수 있는 집합체

78 상 (중) 하

유도등의 우수품질인증 기술기준에 따른 유도등의 일반구조에 대한 내용이다. 다음 (   )에 들어갈 내용으로 옳은 것은?

> 전선의 굵기는 인출선인 경우에는 단면적의 (   ) [mm²] 이상이어야 한다.

① 0.75
② 0.5
③ 1.5
④ 2.5

해설 유도등 일반구조 ——————————

1) 상용전원전압(전지가 아닌 일반적으로 사용하는 전원의 전압을 말한다. 이하 같다)의 110 [%] 범위 안에서는 유도등 내부의 온도상승이 그 기능에 지장을 주거나 위해를 발생시킬 염려가 없어야 한다.
2) 방폭형 유도등의 방폭구조는 한국산업규격 또는 산업안전보건법령이 정하는 규격에 적합하여야 한다.
3) 주전원 및 비상전원을 단락사고 등으로부터 보호할 수 있는 퓨즈 등 과전류 보호장치를 설치하여야 한다. 다만 객석유도등은 그러하지 아니하다.
4) 외함은 기기 내의 온도상승에 의하여 변형, 변색 또는 변질되지 아니하여야 한다.
5) 외함의 표시면은 쉽게 분해할 수 있도록 하여야 하며, 축전지 등 내부부품을 쉽게 교환, 보수, 점검할 수 있도록 조립된 구조이어야 한다. 다만 방수형, 방폭형의 것은 그러하지 아니하다.
6) 유도등은 광원 또는 점등관을 교환, 점검할 때 접촉될 우려가 있는 부분은 감전되지 아니하도록 보호조치를 하여야 한다.
7) 사용전압은 300 [V] 이하이어야 한다. 다만 충전부가 노출되지 아니한 것은 300 [V]를 초과할 수 있다.
8) 설치하고자 하는 부분에 견고하게 설치할 수 있는 구조이어야 한다.
9) 수송 중 진동 또는 충격에 의하여 기능에 장해를 받지 아니하는 구조이어야 한다.
10) 유도등은 내부의 온도가 비정상적으로 상승하지 아니하도록 하여야 하며, 예비전원과 내부부품은 양호한 방열처리가 되도록 하여야 한다.
11) 축전지에 배선 등을 직접 납땜하지 아니하여야 한다.
12) 상용전원(전지가 아닌 일반적으로 사용하는 전원을 말한다. 이하 같다)과 접속되는 전원은 KS C IEC 60245-8 또는 KS C IEC 60227-5에 적합하거나 이와 동등 이상의 절연성, 도전성 및 기계적 강도가 있어야 한다.
13) 전선의 굵기는 인출선인 경우에는 단면적이 0.75 [mm²] 이상이어야 한다. 인출선 외의 경우에는 면적이 0.5 [mm²] 이상이어야 한다.

〈이하 생략〉

2020

79 (상 중 ⓗ)

유도등 및 유도표지의 화재안전기술기준(NFTC 303)에 따라 객석유도등을 설치하여야 하는 장소로 틀린 것은?

① 벽
② 천장
③ 바닥
④ 통로

해설 객석유도등

- 객석의 통로, 바닥 또는 벽에 설치할 것
- 설치개수 $= \dfrac{\text{객석 통로 직선부분 길이}(m)}{4} - 1$

80 (상 ⓜ 하)

무선통신보조설비의 화재안전기술기준(NFTC 505)에 따라 누설동축케이블 또는 동축케이블의 임피던스는 몇 [Ω] 인가?

① 5
② 10
③ 30
④ 50

해설 누설동축케이블 설치기준

1) 소방전용주파수대에서 전파의 전송 또는 복사에 적합한 것으로서 소방전용의 것으로 할 것(다만 소방대 상호 간의 무선연락에 지장 없는 경우에는 다른 용도와 겸용 가능하다)
2) 누설동축케이블과 이에 접속하는 안테나 또는 동축케이블과 이에 접속하는 안테나에 따른 것으로 할 것
3) 누설동축케이블은 불연 또는 난연성의 것으로서 습기에 따라 전기의 특성이 변질되지 아니하는 것으로 하고, 노출하여 설치한 경우에는 피난 및 통행에 장애가 없도록 할 것
4) 누설동축케이블은 화재에 따라 해당 케이블의 피복이 소실된 경우에 케이블 본체가 떨어지지 아니하도록 4 [m] 이내마다 금속제 또는 자기제 등의 지지금구로 벽·천장·기둥 등에 견고하게 고정시킬 것(다만 불연재료로 구획된 반자 안에 설치하는 경우에는 그러하지 않는다)
5) 누설동축케이블 및 안테나는 금속판 등에 따라 전파의 복사 또는 특성이 현저하게 저하되지 아니하는 위치에 설치할 것
6) 누설동축케이블 및 안테나는 고압의 전로로부터 1.5 [m] 이상 떨어진 위치에 설치할 것(다만 해당 전로에 정전기 차폐장치를 유효하게 설치한 경우에는 그러하지 않는다)
7) 누설동축케이블의 끝부분에는 무반사 종단저항을 견고하게 설치할 것
8) <u>누설동축케이블 또는 동축케이블의 임피던스는 50 [Ω]으로 하고, 이에 접속하는 안테나·분배기 기타의 장치는 해당 임피던스에 적합한 것으로 하여야 한다.</u>

MOAG

모아바 www.moa-ba.com
모아소방전기학원 www.moate.co.kr

2019 출제경향 분석

[소방원론]

CHAPTER 연도 및 회차		연소	연소생성물	폭발	화재	위험물	소화	안전관리 및 건축방재	합계
2019년	1	5	0	1	3	4	4	3	20
	2	4	3	1	5	1	5	1	20
	4	3	1	1	3	0	8	4	20

[소방전기일반]

CHAPTER 연도 및 회차		직류회로	정전계와 정자계	교류회로	전기계측 및 회로망	비정현파 교류와 과도현상 및 라플라스 변환	제어회로	전자회로 및 정류회로	전기기계 및 전기법규	합계
2019년	1	5	2	2	0	0	4	3	4	20
	2	3	0	5	1	1	4	1	5	20
	4	4	1	2	2	1	5	3	2	20

[소방관계법규]

CHAPTER 연도 및 회차		소방기본법	소방시설법	화재예방법	소방공사업법	위험물 안전관리법	합계
2019년	1	5	4	5	2	4	20
	2	6	5	2	3	4	20
	4	4	4	6	2	4	20

[소방전기시설의 구조 및 원리]

CHAPTER 연도 및 회차		자동화재 탐지설비	비상경보 설비 및 단독 경보형감지기	비상방송 설비	자동화재 속보설비	가스누설 경보기 및 누전경보기	유도등	비상조명등	비상콘센트 설비	무선통신 보조설비	비상전원 수전설비	화재알림 설비	기타	합계
2019년	1	7	3	2	1	2	1	1	2	1	0	0	0	20
	2	5	2	2	1	1	2	1	3	2	1	0	0	20
	4	3	1	2	2	2	4	1	2	2	1	0	0	20

2019년 1회

소방원론

3회독	월 일
2회독	월 일
1회독	월 일

| 목표시간 : 20분 | 시작 : _시 _분 | 종료 : _시 _분 | 맞은 개수 : _ /20 |

01 (상)(중)(하)

불활성 가스에 해당하는 것은?

① 수증기
② 일산화탄소
③ 아르곤
④ 아세틸렌

해설 가연물이 될 수 없는 물질(불연성)

구분	물질
산소와 결합해 있는 물질	물(H_2O), 산소(O_2). 이산화탄소(CO_2). 산화알루미늄(Al_2O_3). 오산화인(P_2O_5)
불활성 기체(0족)	헬륨(He), 네온(Ne), 아르곤(Ar), 크립톤(Kr), 크세논(= 제논, Xe), 라돈(Rn)
흡열반응 물질	질소(N_2)

암기 헬네아 크세라

02 (상)(중)(하)

이산화탄소소화약제의 임계온도로 옳은 것은?

① 24.4 [℃]
② 31.1 [℃]
③ 56.4 [℃]
④ 78.2 [℃]

해설 이산화탄소(CO_2)의 물성

구분		구분	
분자량	44 [g/mol]	임계온도	31.35 [℃]
증기비중	1.529	임계압력	75.2 [kg_f/cm^2]
증발열	137 [cal/g]	융해열	45.2 [cal/g]
삼중점	−57 [℃]	비점	−78 [℃]

03 (상)(중)(하)

소화약제 중 A급, B급, C급 화재에 모두 사용할 수 있는 것은?

① Na_2CO_3
② $NH_4H_2PO_4$
③ $KHCO_3$
④ $NaHCO_3$

해설 분말소화약제

종별	소화약제	약제색	적응화재
1종	탄산수소나트륨 ($NaHCO_3$)	백색	BC급
2종	탄산수소칼륨 ($KHCO_3$)	담자색 (담회색)	BC급
3종	제1인산암모늄 ($NH_4H_2PO_4$)	담홍색	ABC급
4종	탄산수소칼륨 + 요소 ($KHCO_3+(NH_2)_2CO$)	회(백)색	BC급

암기 백담사 홍어회

정답 01 ③ 02 ② 03 ②

04 (상)(중)하

방화구획의 설치기준 중 스프링클러 기타 이와 유사한 자동식 소화설비를 설치한 10층 이하의 층은 몇 [m²] 이내마다 구획하여야 하는가?

① 1000   ② 1500
③ 2000   ④ 3000

해설 방화구획 설치기준 ─────────

분류	구획단위
면적별	• 10층 이하의 층 : 바닥면적 1000 [m²] 이내마다 구획할 것 • 11층 이상의 층 : 바닥면적 200 [m²] 이내마다 구획할 것 (벽 및 반자의 실내에 접하는 부분의 마감을 불연재료로 한 경우 : 500 [m²] 이내마다) ※ 스프링클러 기타 이와 유사한 자동식 소화설비를 설치한 경우 : 위 바닥면적의 3배를 기준면적으로 함
층별	매층마다 구획할 것(다만 지하 1층에서 지상으로 직접 연결하는 경사로 부위는 제외한다)

스프링클러(자동식 소화설비)를 설치하였으므로
⇒ $1000[m^2] \times 3 = 3000[m^2]$

05 (상)(중)하

탄화칼슘의 화재 시 물을 주수하였을 때 발생하는 가스로 옳은 것은?

① C_2H_2 ② H_2
③ O_2 ④ C_2H_6

해설 물과 반응 시 발생가스 ─────────

물질	가스
탄화칼슘(CaC_2)	아세틸렌(C_2H_2)
탄화알루미늄(Al_4C_3)	메테인(메탄, CH_4)
인화칼슘(Ca_3P_2)	포스핀(PH_3)
인화알루미늄(AlP)	
수소화리튬(LiH)	수소(H_2)

암기 ▶ 탄칼아, 탄알메, 인포

06 (상)(중)하

이산화탄소의 질식 및 냉각효과에 대한 설명 중 틀린 것은?

① 이산화탄소의 증기비중이 산소보다 크기 때문에 가연물과 산소의 접촉을 방해한다.
② 액체 이산화탄소가 기화되는 과정에서 열을 흡수한다.
③ 이산화탄소는 불연성 가스로서 가연물의 연소반응을 방해한다.
④ 이산화탄소는 산소와 반응하며 이 과정에서 발생한 연소열을 흡수하므로 냉각효과를 나타낸다.

해설 이산화탄소(CO_2) 소화효과 ─────────

① 이산화탄소의 증기비중(1.53)이 산소(1.14)보다 크기 때문에 가연물과 산소의 접촉을 방해한다.
② 액체 이산화탄소가 기화되는 과정에서 열을 흡수한다.
③ 이산화탄소는 불연성 가스로서 가연물의 연소반응을 방해한다.
④ 이산화탄소는 산소와 반응하지 않는다.

※ 이산화탄소의 소화효과
1) 질식효과 : 산소농도 15 [%] 이하로 낮춤
2) 냉각효과 : 기화열에 의한 흡수
3) 피복효과 : 공기비중 1.5배로 연소물 덮음열

07 (상 중 **하**)

증기비중의 정의로 옳은 것은? (단, 분자, 분모의 단위는 모두 [g/mol]이다)

① 분자량/22.4

② 분자량/29

③ 분자량/44.8

④ 분자량/100

해설 증기비중 ────────────

1) 증기비중 $= \dfrac{분자량}{29(공기\ 분자량)}$

2) 공기에 대한 가스의 무게비

증기비중	공기에 대한 무게
증기비중 > 1	공기보다 무거움
증기비중 < 1	공기보다 가벼움

보충▶ 원자량(H : 1, C : 12, N : 14, O : 16)

08 (상 중 **하**)

화재의 분류방법 중 유류화재를 나타낸 것은?

① A급 화재

② B급 화재

③ C급 화재

④ D급 화재

해설 화재의 분류 ────────────

등급	화재	표시색	가연물
A급	일반화재	백색	나무, 섬유, 종이, 고무, 플라스틱류
B급	유류화재	황색	인화성 액체, 가연성 액체, 석유 그리스, 타르, 오일, 유성도료, 솔벤트, 래커, 알코올 및 인화성 가스 등
C급	전기화재	청색	전류가 흐르고 있는 전기기기, 배선 등
D급	금속화재	무색	마그네슘 합금 등 가연성 금속
K급	주방화재	–	주방에서 동식물유를 취급하는 조리기구

09 (상 **중** 하)

공기와 접촉되었을 때 위험도(H)가 가장 큰 것은?

① 에터(에테르)

② 수소

③ 에틸렌

④ 뷰테인

해설 위험도 계산 ────────────

1) 위험도 $H = \dfrac{U - L}{L}$

2) 주요물질 연소범위

가스	하한계 L	상한계 U	위험도 H
이황화탄소	1.2	44	35.67
아세틸렌	2.5	81	31.4
에터 (다이에틸에터)	1.9	48	24.26
수소	4	75	17.75
에틸렌	2.7	36	12.33
일산화탄소	12.5	74	4.92
뷰테인(부탄)	1.8	8.4	3.67
프로페인(프로판)	2.1	9.5	3.52
에테인(에탄)	3	12.4	3.13
메테인(메탄)	5	15	2

(1) 에터(다이에틸에터) $H = \dfrac{48 - 1.9}{1.9} = 24.26$

(2) 수소 $H = \dfrac{75 - 4}{4} = 17.75$

(3) 에틸렌 $H = \dfrac{36 - 2.7}{2.7} = 12.33$

(4) 뷰테인(부탄) $H = \dfrac{8.4 - 1.8}{1.8} = 3.67$

정답 07 ② 08 ② 09 ①

10 상(중)하

제2류 위험물에 해당하지 않는 것은?

① 황

② 황화인

③ 적린

④ 황린

해설 제2류 위험물(가연성 고체) ─────

1) 제2류 위험물 : 황화인(황화린), 적린, 황(유황), 마그네슘, 철분, 금속분, 인화성 고체
2) 산소 함유하지 않는 강 환원성 물질
3) 주수에 의한 냉각소화
4) 철분, 마그네슘, 금속분은 건조사에 의한피복 질식소화

암기 ▶ 제2류 위험물 : 황화적황 마철금 인고

보충 ▶ 황린 : 제3류 위험물

11 상(중)하

주요구조부가 내화구조로 된 건축물에서 거실 각 부분으로부터 하나의 직통계단에 이르는 보행거리는 피난자의 안전상 몇 [m] 이하이어야 하는가?

① 50

② 60

③ 70

④ 80

해설 직통계단의 설치 ─────

건축물의 피난층 외의 층에서는 피난층 또는 지상으로 통하는 직통계단을 거실의 각 부분으로부터 계단에 이르는 보행거리가 30 [m] 이하가 되도록 설치해야 한다. 다만 건축물의 주요구조부가 내화구조 또는 불연재료로 된 건축물은 그 보행거리가 50 [m](층수가 16층 이상인 공동주택의 경우 16층 이상인 층에 대해서는 40 [m]) 이하가 되도록 설치할 수 있으며, 자동화 생산시설에 스프링클러 등 자동식 소화설비를 설치한 공장으로서 국토교통부령으로 정하는 공장인 경우에는 그 보행거리가 75 [m](무인화 공장인 경우에는 100 [m]) 이하가 되도록 설치할 수 있다[건축법 시행령 제34조 제1항].

구분	거실 각 부분으로부터 계단에 이르는 보행거리
일반건축물	30 [m] 이하
건축물의 주요구조부가 내화구조, 불연재료로 된 건축물	50 [m] 이하 (층수가 16층 이상인 공동주택의 경우 16층 이상인 층 : 40 [m] 이하)
자동화 생산시설에 스프링클러 등 자동식 소화설비를 설치한 공장	75 [m] 이하 (무인화 공장 : 100 [m] 이하)

12 상(중)하

분말소화약제 분말입도의 소화성능에 관한 설명으로 옳은 것은?

① 미세할수록 소화성능이 우수하다.

② 입도가 클수록 소화성능이 우수하다.

③ 입도와 소화성능과는 관련이 없다.

④ 입도가 너무 미세하거나 너무 커도 소화 성능은 저하된다.

해설 분말소화약제 분말입도 ─────

1) 입도가 너무 미세하거나 너무 커도 소화성능 저하
2) 미세도의 분포가 골고루 되어 있어야 함
3) 20 ~ 30 [μm] 범위 분말입도가 가장 효과적

13 상(중)하

마그네슘의 화재에 주수하였을 때 물과 마그네슘의 반응으로 인하여 생성되는 가스는?

① 산소

② 수소

③ 일산화탄소

④ 이산화탄소

해설 금수성 물질

물과 접촉하여 발화, 가연성 가스 발생

구분	현상
무기과산화물	산소(O_2) 발생
금속분 마그네슘(Mg) 나트륨(Na) 칼륨(K) 리튬(Li)	수소(H_2) 발생
탄화칼슘(칼슘카바이드)	아세틸렌(C_2H_2) 발생

14 상ⓒ하

물질의 취급 또는 위험성에 대한 설명 중 틀린 것은?

① 융해열은 점화원이다.
② 질산은 물과 반응 시 발열 반응하므로 주의를 해야 한다.
③ 네온, 이산화탄소, 질소는 불연성 물질로 취급한다.
④ 암모니아를 충전하는 공업용 용기의 색상은 백색이다.

해설 물질의 취급 또는 위험성

1) 융해열은 점화원이 될 수 없음
2) 질산은 제6류 위험물로 물과 반응 시 발열반응(대량일 때는 주수소화가 곤란)
3) 네온, 이산화탄소, 질소는 불연성 물질로 취급
4) 암모니아를 충전하는 공업용 용기 색상 : 백색

[암모니아 공업용 용기]

보충 점화원이 될 수 없는 것 : 기화열, 융해열, 단열팽창

15 상ⓒ하

화재에 관련된 국제적인 규정을 제정하는 단체는?

① IMO(International Maritime Organization)
② SFPE(Society of Fire Protection Engineers)
③ NFPA(Nation Fire Protection Association)
④ ISO(International Organization for Standardization) TC 92

해설 ISO(국제 표준화 기구)

• IMO : 국제 해사 기구
• SFPE : 미국 소방기술사회
• NFPA : 미국 방화 협회
• ISO : 국제 표준화 기구
※ TC 92 : '화재안전'에 관한 국제 규격의 제·개정 활동을 통하여 국제 무역 증진을 도모하고 화재로부터 인명 및 재산을 보호할 목적으로 1958년에 설립된 ISO산하 기술위원회(TC : Technical Committee)

16 ⓢ중 하

위험물안전관리법령상 위험물의 지정수량이 틀린 것은?

① 과산화나트륨 – 50 [kg]
② 적린 – 100 [kg]
③ 트라이나이트로톨루엔 제1종 – 10 [kg]
④ 탄화알루미늄 – 400 [kg]

해설 위험물 지정수량

구분	위험물	지정수량
1류	과산화나트륨	50 [kg]
2류	적린	100 [kg]
3류	탄화알루미늄	300 [kg]
5류	트라이나이트로톨루엔 (트리니트로톨루엔) 제1종	10 [kg]

암기 제5류 위험물의 지정수량
제1종 : 10[kg], 제2종 : 100[kg]

정답 14 ① 15 ④ 16 ④

17 상중하

연면적이 1000 [m²] 이상인 목조건축물은 그 외벽 및 처마 밑의 연소할 우려가 있는 부분을 방화구조로 하여야 하는데 이때 연소할 우려가 있는 부분은? (단, 동일한 대지 안에 2동 이상의 건물이 있는 경우이며, 공원·광장, 하천의 공지나 수면 또는 내화구조의 벽 기타 이와 유사한 것에 접하는 부분을 제외한다)

① 상호의 외벽 간 중심선으로부터 1층은 3 [m] 이내의 부분

② 상호의 외벽 간 중심선으로부터 2층은 7 [m] 이내의 부분

③ 상호의 외벽 간 중심선으로부터 3층은 11 [m] 이내의 부분

④ 상호의 외벽 간 중심선으로부터 4층은 13 [m] 이내의 부분

해설 연소할 우려가 있는 부분 ─────────

1) 연소할 우려가 있는 부분
   인접대지경계선·도로중심선 또는 동일한 대지안에 있는 2동 이상의 건축물 상호의 외벽 간의 중심선으로부터 1층에 있어서는 3 [m] 이내, 2층 이상에 있어서는 5 [m] 이내의 거리에 있는 건축물의 각 부분

   　　[건축물의 피난·방화구조 등의 기준에 관한 규칙]

2) 연소 우려가 있는 건축물의 구조
   건축물대장의 건축물 현황도에 표시된 대지 경계선 안에 2 이상의 건축물이 있는 경우로서 각각의 건축물이 다른 건축물의 외벽으로부터 수평거리가 1층의 경우에는 6 [m] 이하, 2층 이상의 경우에는 10 [m] 이하인 개구부가 다른 건축물을 향하여 설치된 구조를 말한다.

   　　[소방시설법 시행규칙]

외벽 간 중심선

18 상중하

물의 기화열이 539.6 [cal/g]인 것은 어떤 의미인가?

① 0 [℃]의 물 1 [g]이 얼음으로 변화하는 데 539.6 [cal]의 열량이 필요하다.

② 0 [℃]의 얼음 1 [g]이 물로 변화하는 데 539.6 [cal]의 열량이 필요하다.

③ 0 [℃]의 물 1 [g]이 100 [℃]의 물로 변화하는 데 539.6 [cal]의 열량이 필요하다.

④ 100 [℃]의 물 1 [g]이 수증기로 변화하는 데 539.6 [cal]의 열량이 필요하다.

해설 물의 잠열 ─────────

1) 얼음 용해잠열 : 80 [cal/g] (= 334 [kJ/kg])
2) 물의 증발잠열 : 539 [cal/g] (= 2257 [kJ/kg])
3) 0 [℃] 물 1 [g] → 100 [℃] 수증기 : 639 [cal/g]
4) 0 [℃] 얼음 1 [g] → 100 [℃] 수증기 : 719 [cal/g]

[물의 상태변화]

보충 물의 기화열 539 [cal/g]은 100 [℃]의 물 1 [g]이 100 [℃]의 수증기가 될 때 필요한 열량

2019

19 (상(중)하)

인화점이 40 [℃] 이하인 위험물을 저장, 취급하는 장소에 설치하는 전기설비는 방폭구조로 설치하는데, 용기의 내부에 기체를 압입하여 압력을 유지하도록 함으로써 폭발성 가스가 침입하는 것을 방지하는 구조는?

① 압력 방폭구조
② 유입 방폭구조
③ 안전증 방폭구조
④ 본질안전 방폭구조

해설 방폭구조

방폭구조	특징	구조
본질안전 방폭구조	정상·이상 상태에서 점화원이 위험성 분위기에 폭발을 발생시킬 수 없는 구조	
내압 방폭구조	용기 내부로 폭발성 가스가 침입해도 외부 위험성 분위기에는 영향이 없도록 최대안전틈새 이내로 격리시키는 구조	
압력 방폭구조	용기 내에 불활성 가스를 압입시켜 외부의 폭발성 가스로부터 점화원을 격리하는 구조	
유입 방폭구조	점화원이 될 우려가 있는 부분에 오일을 주입하여 폭발성 가스로부터 점화원을 격리하는 구조	
안전증 방폭구조	정상 상태에서 전기기기의 고장이 발생하지 않도록 안전도를 높이는 방식	

20 (상(중)하)

화재하중에 대한 설명 중 틀린 것은?

① 화재하중이 크면 단위면적당의 발열량이 크다.
② 화재하중이 크다는 것은 화재구획의 공간이 넓다는 것이다.
③ 화재하중이 같더라도 물질의 상태에 따라 가혹도는 달라진다.
④ 화재하중은 화재구획실 내의 가연물 총량을 목재 중량당비로 환산하여 면적으로 나눈 수치이다.

해설 화재하중

1) 화재하중이란 화재실의 단위면적당 등가가연물(목재)의 양으로 건물화재 시 발열량 및 화재위험성 척도가 된다.
2) 화재구획실 내에 존재하는 가연물은 각각 단위중량당 발열량[kcal/kg]이 다르기 때문에 목재의 발열량으로 환산하여 화재하중을 산정한다.
   예 종이 : 4000 [kcal/kg], 고무 : 9000 [kcal/kg]
3) 화재 시 주수시간을 결정하는 주요인이다.
4) 화재하중이 같더라도 가연물의 비표면적, 가연물의 배열 상태, 가연물의 발열량, 화재실의 구조(단열성), 공기(산소)의 공급 상황 등이 화재강도에 영향을 미치므로 이에 따라 화재가혹도도 달라진다.
5) 화재하중 $q = \dfrac{\sum GH_i}{HA} = \dfrac{\sum Q}{4500A}$ [kg/m²]

G : 가연물의 양 [kg]
H_i : 단위중량당 발열량 [kcal/kg]
H : 목재의 단위중량당 발열량 [4500 kcal/kg]
A : 화재실의 바닥면적 [m²]
$\sum Q$: 화재실 내 가연물의 전발열량 [kcal]

TIP ▶ 화재가혹도 = 화재강도 × 화재하중

보충 ▶ 화재하중이 <u>크다</u> = 가연물의 양 대비 화재구획의 공간이 <u>좁다</u>

정답 19 ① 20 ②

2019년 1회

소방전기일반

| 목표시간 : 30분 | 시작 : _시 _분 | 종료 : _시 _분 | 맞은 개수 : _/20 |

21 (상)(중)하

R = 10 [Ω], C = 33 [μF], L = 20 [mH]인 RLC 직렬회로의 공진주파수는 약 몇 [Hz]인가?

① 169   ② 176
③ 196   ④ 206

해설 공진주파수

$$f_0 = \frac{1}{2\pi\sqrt{LC}} \, [\text{Hz}]$$

$$= \frac{1}{2\pi\sqrt{20\times10^{-3}\times33\times10^{-6}}}$$

$$= 196 \, [\text{Hz}]$$

$$L : 20\,[\text{mH}] = 20\times10^{-3}\,[\text{H}]$$
$$C : 33\,[\mu\text{F}] = 33\times10^{-6}\,[\text{F}]$$
$$f_0 : 공진주파수 \,[\text{Hz}]$$

22 (상)중 하

PNPN 4층 구조로 되어 있는 소자가 아닌 것은?

① SCR   ② TRIAC
③ Diode   ④ GTO

해설 PNPN구조 사이리스터 소자

- SCR
- GTO
- TRIAC

[기타 반도체]

명칭	특성
SCR	• 사이리스터의 한 종류 • 애노드(A), 캐소드(K), 게이트(G)로 구성된다. • 단방향 3단자 • 래칭전류 : SCR이 OFF상태에서 ON 상태로의 전환이 이뤄지고, 트리거신호가 제거된 직후에 SCR을 ON 상태로 유지하는 데 필요한 최소한의 양극전류를 래칭전류라 한다.
트라이악 (TRIAC)	• npnpn의 5층구조 • 직·교류에서 모두 사용할 수 있는 3단자 스위칭 소자 • 교류전력 기기 제어용 • 쌍방향 3단자
다이악 (DIAC)	• 소용량 저항부하의 AC전력 제어용 • 쌍방향 2단자
서미스터	• 온도에 의해 저항값이 변하는 반도체 소자 • 부(-) 저항온도계수의 특성 : 온도 증가 시 저항 감소 • 열을 감지하는 감열저항체 소자 • 온도보상용, 온도계측용(온도계), 온도보정용
바리스터	• 인가되는 전압에 따라 저항값이 변하는 비선형 반도체 소자 • 전압에 따라 저항값이 변화하는 저항 소자 • 회로를 병렬로 연결하여 사용 • 서지전압으로부터 기기보호 • 계전기접점의 불꽃소거
사이리스터	• p형 반도체와 n형 반도체의 4층 이상 접합한 것 • 전극 단자 수가 2, 3, 4인 것이 있다(위상제어, 타이머회로, 트리거회로).
집적회로	• 하나의 실리콘 칩 내부에 트랜지스터, 다이오드 저항, 콘덴서등 여러 가지 전자부품을 고밀도로 집적하여 패키지로 만든 것 • 시스템이 소형화, 가볍고 얇다. • 신뢰성이 높고 부품의 교체가 쉽다.

2
0
1
9

23 (상)(중)(하)

역률 80 [%], 유효전력 80 [kW]일 때 무효전력[kVar]은?

① 10   ② 16

③ 60   ④ 64

해설 무효전력 계산 ─────────

$P_a = \sqrt{P^2 + P_r^2}$ 이므로

$$P_r = \sqrt{P_a^2 - P^2}$$
$$= \sqrt{\left(\frac{P}{\cos\theta}\right)^2 - P^2}$$
$$= \sqrt{\left(\frac{80}{0.8}\right)^2 - 80^2}$$
$$= 60[\text{kVar}]$$

$$P = P_a \cos\theta$$
$$\therefore P = \frac{P}{\cos\theta}$$

$\cos\theta$: 역률 0.8

24 (상)(중)(하)

전자회로에서 온도보상용으로 많이 사용되고 있는 소자는?

① 저항

② 리액터

③ 콘덴서

④ 서미스터

해설 서미스터 ─────────

• 온도변화에 따라 저항 값 변함
• 온도보상용, 온도계측용
• 부(-) 저항온도계수의 특성 : 온도 증가 시 저항 감소
• 열을 감지하는 감열저항체 소자

25 (상)(중)(하)

서보전동기는 제어기기의 어느 부분에 속하는가?

① 검출부   ② 조절부

③ 증폭부   ④ 조작부

해설 서보전동기의 특징 ─────────

• 큰 회전력이 필요 없는 계에 사용
• 제어신호에 의해 부하를 구동
• 서보기구의 조작부

[조작용 기기]

구분	내용
기계식	다이아프램밸브, 클러치, 밸브 포지셔너
유압식	피스톤, 분사관, 안내밸브, 조작실린더
전기식	솔레노이드밸브, 전동밸브, 서보전동기

26 (상)(중)(하)

자동제어계를 제어목적에 의해 분류한 경우 틀린 것은?

① 정치제어 : 제어량을 주어진 일정목표로 유지시키기 위한 제어

② 추종제어 : 목표치가 시간에 따라 변화하는 제어

③ 프로그램제어 : 목표치가 프로그램대로 변하는 제어

④ 서보제어 : 선박의 방향제어계인 서보제어는 정치제어와 같은 성질

해설 제어량에 의한 분류 ─────────

구분	내용	제어량
서보 기구	기계적 변위를 제어량으로 하는 변화량제어	물체의 방위, 위치, 각도 등
프로세스 제어	플랜트나 생산공정 중의 상태량 제어	온도, 압력, 유량, 농도 등
자동조정 제어	제어량이 전기적, 기계적 양을 제어	주파수, 전압, 전류, 회전속도 힘 등

27 (상(중)하)

논리기호를 표시한 것으로 옳은 식은?

① $X = (A \cdot B \cdot C) \cdot D$

② $X = (A + B + C) \cdot D$

③ $X = (A \cdot B \cdot C) + D$

④ $X = A + B + C + D$

해설 논리게이트 ──────────

$X = (A + B + C) \cdot D$

명칭, 논리기호
AND회로 $(A \times B,\ A \cdot B)$
OR회로 $(A + B)$
NOT회로(반전)
NAND회로(NOT + AND)
NOR회로(NOT + OR)
XOR회로

28 (상(중)하)

20 [Ω]과 40 [Ω]의 병렬회로에서 20 [Ω]에 흐르는 전류가 10 [A]라면 이 회로에 흐르는 총 전류는 몇 [A]인가?

① 5   ② 10

③ 15   ④ 20

해설 전류 계산 ──────────

• 전체 전압

$V = 20 \times 10 = 200 [V]$

• 전체 전류

$I = \dfrac{V}{R_0} = \dfrac{200}{\dfrac{20 \times 40}{20 + 40}} = 15 [A]$

(병렬접속 $R_0 = \dfrac{R_1 R_2}{R_1 + R_2}$, 직렬접속 $R_0 = R_1 + R_2$)

29 (상)중 하)

3상 유도전동기가 중부하로 운전되던 중 1선이 절단되면 어떻게 되는가?

① 전류가 감소한 상태에서 회전이 계속된다.

② 전류가 증가한 상태에서 회전이 계속된다.

③ 속도가 증가하고, 부하전류가 급상승한다.

④ 속도가 감소하고, 부하전류가 급상승한다.

해설 중부하로 운전되던 중 1선 단선 시 ──────────

• 속도 → 감소

• 부하전류 → 상승

2019

30 (상(중)하)

SCR의 양극전류가 10 [A]일 때 게이트전류를 반으로 줄이면 양극전류는 몇 [A]인가?

① 20   ② 10

③ 5   ④ 0.1

해설 사이리스터의 특징 ─────

• 양극이 도통되면 <u>게이트전류의 크기와 관계없이 일정하게 유지한다.</u>

• 10 [A]의 전류가 그대로 흐른다.

31 (상(중)하)

비례 + 적분 + 미분동작(PID동작)식을 바르게 나타낸 것은?

① $x_0 = K_p(x_i + \dfrac{1}{T_I}\displaystyle\int x_i dt + T_D \dfrac{dx_i}{dt})$

② $x_0 = K_p(x_i - \dfrac{1}{T_I}\displaystyle\int x_i dt - T_D \dfrac{dx_i}{dt})$

③ $x_0 = K_p(x_i + \dfrac{1}{T_I}\displaystyle\int x_i dt + T_D \dfrac{dt}{dx_i})$

④ $x_0 = K_p(x_i - \dfrac{1}{T_I}\displaystyle\int x_i dt - T_D \dfrac{dt}{dx_i})$

해설 동작 ─────

1) 2위치동작(ON-OFF)

   설정온도에 대하여 측정온도의 높고 낮음에 의해 ON/OFF를 행하는 제어를 ON/OFF 동작이라 한다.

2) 비례동작(P동작)

   $y = K_p Z$ (K_p : 비례연산자)

3) 적분동작(I동작)

   $y = K_i \displaystyle\int Z dt$ (K_i : 적분연산자)

4) 미분동작(D동작)

   $y = K_d \dfrac{dz}{dt}$ (K_d : 미분제어)

5) 비례적분동작(PI동작)

   $y = K_p\left(Z + \dfrac{1}{T_i}\displaystyle\int Z dt\right)$

6) 비례미분동작(PD동작)

   $y = K_p\left(Z + T_d \dfrac{dz}{dt}\right)$

7) <u>비례적분미분동작(PID동작)</u>

   $y = K_P\left(Z + \dfrac{1}{T_i}\displaystyle\int Z dt + T_d \dfrac{dz}{dt}\right)$

32 (상(중)하)

그림과 같은 회로에서 분류기의 배율은? (단, 전류계 A의 내부저항은 R_A이며, R_S는 분류기 저항이다)

① $\dfrac{R_A}{R_A + R_S}$ ② $\dfrac{R_s}{R_A + R_S}$

③ $\dfrac{R_A + R_S}{R_S}$ ④ $\dfrac{R_A + R_S}{R_A}$

해설 분류기 ─────

<u>분류기 : 전류의 측정범위를 확대하기 위해 전류계와 병렬로 접속</u>

분류기 배율 $m = \left(1 + \dfrac{R_A}{R_S}\right) = \dfrac{R_A + R_S}{R_S}$

R_A : 내부저항 [Ω]

R_S : 분류기저항 [Ω]

33 상⟨중⟩하

어떤 옥내배선에 380 [V]의 전압을 가하였더니 0.2 [mA]의 누설전류가 흘렀다. 이 배선의 절연저항은 몇 [$M\Omega$]인가?

① 0.2

② 1.9

③ 3.8

④ 7.6

해설 저항 계산

$$R = \frac{V}{I} = \frac{380}{0.2 \times 10^{-3}} \times 10^{-6} = 1.9[M\Omega]$$

$$I = 0.2[mA] = 0.2 \times 10^{-3}[A]$$

$$V = 380[V]$$

V : 전압 [V]

I : 전류 [A]

R : 저항 [Ω]

34 상⟨중⟩하

변류기에 결선된 전류계가 고장이 나서 교체하는 경우 옳은 방법은?

① 변류기의 2차를 개방시키고 전류계를 교체한다.

② 변류기의 2차를 단락시키고 전류계를 교체한다.

③ 변류기의 2차를 접지시키고 전류계를 교체한다.

④ 변류기에 피뢰기를 연결하고 전류계를 교체한다.

해설 변류기 교체방법

2차를 단락시키고 교체해야 한다.

35 상⟨중⟩하

두 콘덴서 C_1, C_2를 병렬로 접속하고 전압을 인가하였더니 전체 전하량이 Q [C]이었다. C_2에 충전된 전하량은?

① $\dfrac{C_1}{C_1 + C_2}Q$

② $\dfrac{C_1 + C_2}{C_1}Q$

③ $\dfrac{C_1 + C_2}{C_2}Q$

④ $\dfrac{C_2}{C_1 + C_2}Q$

해설 전하량 분배(병렬접속)

1) 전압(V) 일정, 전기량(Q)는 분배

$$Q_1 = C_1 V, \ Q_2 = C_2 V \ [C]$$

$$Q = Q_1 + Q_2 = (C_1 + C_2) V [C]$$

2) 합성정전용

$$(C_0) \ C_0 = \frac{Q}{V} = C_1 + C_2 \ [F]$$

3) 전체전압

$$V = \frac{Q}{C_0} = \frac{Q}{C_1 + C_2} \ [V]$$

4) 각 콘덴서에서의 전기량 분배

$$Q_1 = C_1 V = \frac{C_1}{C_1 + C_2} Q[C]$$

$$Q_2 = C_2 V = \frac{C_2}{C_1 + C_2} Q[C]$$

36 (상)(중)하

논리식 $\overline{X}+XY$를 간략화한 것은?

① $\overline{X}+Y$
② $X+\overline{Y}$
③ $\overline{X}\,Y$
④ $X\overline{Y}$

해설 논리식 ────────

$$\overline{X}+XY=(\overline{X}+X)(\overline{X}+Y)=\overline{X}+Y$$

정리	공식
항등법칙	$0+A=A,\ 1+A=1,\ 0\times A=0,\ 1\times A=A$
동일법칙	$A+A=A,\ A\times A=A$
보원법칙	$A+\overline{A}=1,\ A\times\overline{A}=0$
복원법칙	$\overline{\overline{A}}=A$
교환법칙	$A+B=B+A,$ $A\times B=B\times A$
결합법칙	$A+(B+C)=(A+B)+C,\ A(BC)=(AB)C$
분배법칙	$A(B+C)=AB+AC,\ A+BC=(A+B)(A+C)$
흡수법칙	$A+AB=A,\ A(A+B)=A$ $A+\overline{A}B=(A+\overline{A})(A+B)=A+B$

37 (상)(중)하

전기화재의 원인이 되는 누전전류를 검출하기 위해 사용되는 것은?

① 접지계전기
② 영상변류기
③ 계기용변압기
④ 과전류계전기

해설 사용에 따른 목적 ────────

종류	특징
과전류계전기(OCR)	과전류 발생 시 동작하는 계전기
과전압계전기(OVR)	과전압 발생 시 동작하는 계전기
부족전압계전기(UVR)	부족전압 발생 시 동작하는 계전기
지락계전기(GR)	지락사고 시 지락전류에 의해 동작하는 계전기(접지계전기), 영상변류기(ZCT)가 필요함 ※ 영상변류기(ZCT) : 전기화재 원인인 누설전류 검출
열동계전기(THR)	전동기 등의 과부하 보호용으로 사용하는 계전기

38 (상)(중)하

공기 중에 2 [m]의 거리에 10 [μC], 20 [μC]의 두 점전하가 존재할 때 이 두 전하 사이에 작용하는 정전력은 약 몇 [N]인가?

① 0.45
② 0.9
③ 1.8
④ 3.6

해설 정전력(F) 계산 ────────

$$F=\frac{1}{4\pi\varepsilon_0}\times\frac{Q_1Q_2}{r^2}$$

$$=\frac{1}{4\pi\varepsilon_0}\times\frac{10\times10^{-6}\times20\times10^{-6}}{2^2}$$

$$=0.45[\text{N}]$$

$$\varepsilon=\varepsilon_0\cdot\varepsilon_s$$

ε_0 : 진공의 유전율

$$(8.855\times10^{-12}[F/m])$$

ε_s : 비유전율(진공 = 1, 공기 ≒ 1)

Q : 전하량 [C]

r : 거리 [m]

39 (상ⓒ하)

100 [V], 1 [kW]의 니크롬선을 3/4의 길이로 잘라서 사용할 때 소비전력은 약 몇 [W]인가?

① 1000 ② 1333

③ 1430 ④ 2000

(해설) 소비전력 계산 ─────────────

- $P = VI = I^2R = \dfrac{V^2}{R}$

- $R = \dfrac{V^2}{P} = \dfrac{100^2}{1000} = 10 \, [\Omega]$

  $\dfrac{3}{4}$ 길이만 사용하므로 $R_{\frac{3}{4}l} = 10 \times \dfrac{3}{4} = \dfrac{30}{4} [\Omega]$

- $P = \dfrac{V^2}{R} = \dfrac{100^2}{\dfrac{30}{4}} = 1333 \, [W]$

P : 소비전력 [W]
V : 전압 [V]
I : 전류 [A]
R : 저항 [Ω]

40 (상ⓒ하)

줄의 법칙에 관한 수식으로 틀린 것은?

① $H = I^2Rt \, [J]$

② $H = 0.24 I^2Rt \, [cal]$

③ $H = 0.12 VIt \, [J]$

④ $H = \dfrac{1}{4.2} I^2Rt \, [cal]$

(해설) 줄의 법칙 ─────────────

$H = I^2Rt \, [J]$

$\quad = \dfrac{1}{4.2} I^2Rt \, [cal]$

$\quad = 0.24 I^2Rt \, [cal]$

TIP ▶ 1 [cal] = 4.2 [J]
1 [J] = 0.24 [cal]

2019년 1회

소방관계법규

3회독	월	일
2회독	월	일
1회독	월	일

목표시간 : 20분　시작 : _시_분　종료 : _시_분　맞은 개수 : _/20

41 (상중하)

화재의 예방 및 안전관리에 관한 법령상 소방본부장 또는 소방서장은 소방상 필요한 훈련 및 교육을 실시하고자 하는 때에는 화재예방강화지구 안의 관계인에게 훈련 또는 교육 며칠 전까지 그 사실을 통보하여야 하는가?

① 5
② 7
③ 10
④ 14

해설 화재예방강화지구 관리 ─────────

- 관리자 : 소방관서장
- 화재안전조사 : 연 1회 이상
- 훈련 및 교육 : 화재예방강화지구 안의 관계인에 대하여 연 1회 이상 실시
- <u>훈련 및 교육 통보 : 화재예방강화지구 안의 관계인에게 교육 10일 전까지 통보</u>

42 (상중하)

특정소방대상물의 관계인이 소방안전관리자를 해임한 경우 재선임신고를 해야 하는 기준은? (단, 선임한 날부터를 기준일로 한다)

① 14일 이내
② 20일 이내
③ 30일 이내
④ 40일 이내

해설 소방안전관리자 선임신고 ─────────

1) 선임권자 : 관계인
2) <u>선임 : 30일 이내</u>
3) <u>선임신고 : 14일 이내</u> 소방본부장, 소방서장에게 신고하고, 소방안전관리대상물의 출입자가 쉽게 알 수 있도록 소방안전관리자의 성명과 그 밖에 <u>행정안전부령</u>으로 정하는 사항을 게시하여야 함
4) 선임신고 기준일
   (1) 신축·증축·개축·재축·대수선·용도변경으로 특정소방대상물 소방안전관리자 신규 선임해야 하는 경우 : 해당 특정소방대상물의 사용승인일
   (2) 증축·용도변경으로 특정소방대상물이 소방안전관리대상물로 된 경우 : 증축공사사용승인일, 용도변경 사실을 건축물관리대장에 기재한 날
   (3) 특정소방대상물 양수, 경매, 환가, 매각 등에 의해 관계인의 권리 취득한 경우 : 해당 권리를 취득한 날, 관할 소방서장으로부터 소방안전관리자 선임 안내 받은 날
   (4) 관리의 권원이 분리된 경우 : 관리의 권원이 분리되거나 소방본부장 또는 소방서장이 관리의 권원을 조정한 날
   (5) 소방안전관리자 해임, 퇴직한 경우 : 소방안전관리자 해임, 퇴직한 날
   (6) 소방안전관리업무를 대행하는 자를 감독할 수 있는 사람을 소방안전관리자로 선임한 경우로서 그 업무대행 계약이 해지 또는 종료된 경우 : 소방안전관리업무 대행이 끝난 날
   (7) 소방안전관리자 자격이 정지 또는 취소된 경우 : 소방안전관리자 자격이 정지 또는 취소된 날

정답 41 ③　42 ①

43 상(중)하

소방용수시설 중 소화전과 급수탑의 설치기준으로 틀린 것은?

① 급수탑 급수배관의 구경은 100 [mm] 이상으로 할 것
② 소화전은 상수도와 연결하여 지하식 또는 지상식의 구조로 할 것
③ 소방용 호스와 연결하는 소화전의 연결금속구의 구경은 65 [mm]로 할 것
④ 급수탑의 개폐밸브는 지상에서 1.5 [m] 이상 1.8 [m] 이하의 위치에 설치할 것

해설 소방용수시설 설치기준 ────────

1) 소화전
 • 상수도와 연결, 지하식·지상식 구조
 • 연결금속구 구경 : 65 [mm]
2) 급수탑
 • 급수배관 구경 : 100 [mm] 이상
 • 개폐밸브 : 지상 1.5 [m] 이상 1.7 [m] 이하
3) 저수조
 • 지면으로부터의 낙차 : 4.5 [m] 이하
 • 흡수부분 수심 : 0.5 [m] 이상일 것
 • 흡수관 투입구 : 사각형 한 변 60 [cm]
  　　　　　　　　원형 지름 60 [cm] 이상

44 상(중)하

경유의 저장량이 2000 [L], 중유의 저장량이 4000 [L], 등유의 저장량이 2000 [L]인 저장소에 있어서 지정수량의 배수는?

① 동일
② 6배
③ 3배
④ 2배

해설 지정수량 배수 ────────

1) 지정수량
 • 경유(제2석유류) : 1000 [L]
 • 중유(제3석유류) : 2000 [L]
 • 등유(제2석유류) : 1000 [L]

2) 지정수량 배수 $= \dfrac{\text{저장량}}{\text{지정수량}}$

$= \dfrac{2000}{1000} + \dfrac{4000}{2000} + \dfrac{2000}{1000} = 6\,\text{배}$

45 상(중)하

소방기본법상 명령권자가 소방본부장, 소방서장 또는 소방대장에게 있는 사항은?

① 소방 활동을 할 때에 긴급한 경우에는 이웃한 소방본부장 또는 소방서장에게 소방업무의 응원을 요청할 수 있다.
② 화재, 재난;재해, 그 밖의 위급한 상황이 발생한 현장에서 소방활동을 위하여 필요할 때에는 그 관할구역에 사는 사람 또는 그 현장에 있는 사람으로 하여금 사람을 구출하는 일 또는 불을 끄거나 불이 번지지 아니하도록 하는 일을 하게 할 수 있다.
③ 수사기관이 방화 또는 실화의 혐의가 있어서 이미 피의자를 체포하였거나 증거물을 압수하였을 때에 화재조사를 위하여 필요한 경우에는 수사에 지장을 주지 아니하는 범위에서 그 피의자 또는 압수된 증거물에 대한 조사를 할 수 있다.
④ 화재, 재난·재해, 그 밖의 위급한 상황이 발생하였을 때에는 소방대를 현장에 신속하게 출동시켜 화재진압과 인명구조·구급 등 소방에 필요한 활동을 하게 하여야 한다.

2019

해설 소방활동 종사명령 ──────────

소방활동을 위해 그 관할구역에 사는 사람 또는 그 현장에 있는 사람을 통해 사람을 구출하는 일 또는 불을 끄거나 불이 번지지 않도록 하는 일

1) 소방활동 종사명령자 : 소방본부장, 소방서장, 소방대장
2) 명령대상 : 화재·재난 시 그 관할구역에 사는 사람, 그 현장에 있는 사람
3) 명령내용 : 사람을 구출하는 일, 불을 끄거나 불이 번지지 않도록 하는 일
4) 종사 명령 시 소방본부장·서장·대장은 소방활동에 필요한 보호장구를 지급하는 등 안전을 위한 조치할 것
5) 소방활동에 종사한 사람은 시·도지사로부터 소방활동비용을 지급 받을 수 있음. 다만 다음 경우는 제외
   (1) 소방대상물에 화재, 재난·재해, 그 밖의 위급상황 발생한 경우 그 관계인
   (2) 고의 또는 과실로 화재 또는 구조, 구급활동이 필요한 상황을 발생시킨 사람
   (3) 화재 또는 구조·구급 현장에서 물건을 가져간 사람

(1) 소방대상물의 위치·구조·설비 또는 관리에 보완 필요 시
(2) 화재발생 시 인명 또는 재산 피해가 클 것으로 예상될 때
3) 관계인에게 조치를 명령 또는 관계 행정기관의 장에게 필요한 조치 요청
   (1) 법령을 위반하여 건축 또는 설비
   (2) 소방시설등, 피난시설·방화구획, 방화시설 등이 법령에 적합하게 설치·관리되지 않은 경우

46 상ⓒ하

화재가 발생하는 경우 인명 또는 재산의 피해가 클 것으로 예상되는 때 소방대상물의 개수·이전·제거, 사용금지 등의 필요한 조치를 명할 수 있는 자는?

① 시·도지사
② 의용소방대장
③ 기초자치단체장
④ 소방본부장 또는 소방서장

해설 화재안전조사 결과에 따른 조치명령 ──────

1) **명령권자 : 소방관서장**
2) 관계인에게 그 소방대상물의 개수·이전·제거, 사용의 금지 또는 제한, 사용폐쇄, 공사의 정지 또는 중지, 그 밖에 필요한 조치

47 상ⓒ하

화재의 예방 및 안전관리에 관한 법령상 보일러, 난로, 건조설비, 가스·전기시설, 그 밖에 화재발생 우려가 있는 설비 또는 기구 등의 위치·구조 및 관리와 화재 예방을 위하여 불을 사용할 때 지켜야 하는 사항은 무엇으로 정하는가?

① 총리령
② 대통령령
③ 시·도 조례
④ 행정안전부령

해설 불을 사용하는 설비 관리기준 ──────

• 제정 : 대통령령
1) 불꽃을 사용하는 용접·용단기구
2) 보일러
3) 난로
4) 건조설비 설치 시
5) 음식조리를 위해 설치하는 설비

48 (상중하)

아파트로 층수가 20층인 특정소방대상물에서 스프링클러설비를 하여야 하는 층수는? (단, 아파트는 신축을 실시하는 경우이다)

① 전 층
② 15층 이상
③ 11층 이상
④ 6층 이상

해설 스프링클러설비 설치대상 ────────────

설치대상	기준
• 문화 및 집회시설(동·식물원 제외) • 종교시설 • 운동시설(물놀이형 시설 및 바닥이 불연재료이고 관람석이 없는 운동시설은 제외)	• 수용인원 100 명 이상 • 영화상영관 바닥면적 : 지하층·무창층 500 [m²] (그 외 1000 [m²]) 이상 • 무대부 : 지하층·무창층, 4층 이상 300 [m²](그 외 500 [m²]) 이상
• 판매시설, 운수시설 • 창고시설(물류터미널)	• 수용인원 500명 이상 • 바닥면적 합계 5000 [m²] 이상
6층 이상인 특정소방대상물	전 층
• 의료시설(정신의료기관, 종합병원, 병원, 치과병원, 한방병원, 요양병원) • 노유자시설 • 숙박 가능한 수련시설 • 숙박시설 • 산후조리원, 조산원	바닥면적 합계 600 [m²] 이상인 것은 모든 층
지하상가	연면적 1000 [m²] 이상
기숙사(교육연구시설·수련시설 내에 있는 학생 수용을 위한 것), 복합건축물	연면적 5000 [m²] 이상인 모든 층
특수가연물 저장·취급시설	지정수량 1000배 이상
랙식 창고의 높이가 10 [m]를 초과	바닥면적 또는 랙이 설치된 부분의 합계가 1500 [m²] 이상인 경우 모든 층
전기저장시설, 교정 및 군사시설 중 보호감호소, 교도소, 구치소 및 그 지소, 보호관찰소, 갱생보호시설, 치료감호시설, 소년원 및 소년분류심사원의 수용거실, 보호시설(외국인보호소의 경우에는 보호대상자의 생활공간으로 한정), 유치장	–

49 (상중하)

소방기본법령상 소방본부 종합상황실 실장이 소방청의 종합상황실에 서면·팩스 또는 컴퓨터통신 등으로 보고하여야 하는 화재의 기준에 해당하지 않는 것은?

① 항구에 매어 둔 총 톤수가 1000톤 이상인 선박에서 발생한 화재
② 연면적 15000 [m²] 이상인 공장 또는 화재예방강화지구에서 발생한 화재
③ 지정수량 1000배 이상의 위험물 제조소·저장소·취급소에서 발생한 화재
④ 층수가 5층 이상이거나 병상이 30개 이상인 종합병원·정신병원·한방병원·요양소에서 발생한 화재

해설 종합상황실 실장 보고 화재 ────────────

종합상황실의 실장은 다음에 해당하는 상황이 발생하는 때에는 그 사실을 지체 없이 서면·팩스 또는 컴퓨터통신 등으로 소방서의 종합상황실의 경우는 소방본부의 종합상황실에, 소방본부의 종합상황실의 경우는 소방청의 종합상황실에 각각 보고해야 한다.

1) 다음에 해당하는 화재
 (1) 사망자가 5인 이상 발생한 화재
 (2) 사상자가 10인 이상 발생한 화재
 (3) 이재민이 100인 이상 발생한 화재
 (4) 재산피해액이 50억 원 이상 발생한 화재
 (5) 관공서·학교·정부미도정공장·국가유산·지하철 또는 지하구의 화재
 (6) 관광호텔, 층수가 11층 이상인 건축물, 지하상가, 시장, 백화점
 (7) 지정수량의 3천 배 이상의 위험물의 제조소·저장소·취급소
 (8) 층수가 5층 이상이거나 객실이 30실 이상인 숙박시설, 층수가 5층 이상이거나 병상이 30개 이상인 종합병원·정신병원·한방병원·요양소
 (9) 연면적 1만 5000 [m²] 이상인 공장 또는 화재예방강화지구에서 발생한 화재
 (10) 철도차량, 항구에 매어 둔 총 톤수가 1천 톤 이상인 선박, 항공기, 발전소 또는 변전소에서 발생한 화재

⑪ 가스 및 화약류의 폭발에 의한 화재

⑫ 다중이용업소의 화재

2) 통제단장의 현장지휘가 필요한 재난상황

3) 언론에 보도된 재난상황

4) 그 밖에 소방청장이 정하는 재난상황

50 (상)(중)(하)

소방시설 설치 및 관리에 관한 법령상 소방시설등에 대한 자체점검을 하지 아니하거나 관리업자 등으로 하여금 정기적으로 점검하게 하지 아니한 자에 대한 벌칙기준으로 옳은 것은?

① 1년 이하 징역 또는 1000만 원 이하 벌금

② 3년 이하 징역 또는 1500만 원 이하 벌금

③ 3년 이하 징역 또는 3000만 원 이하 벌금

④ 6개월 이하 징역 또는 1000만 원 이하 벌금

해설 1년 이하 징역 또는 1000만 원 이하 벌금 ───────

1) 자체점검을 하지 않거나 관리업자에게 정기점검하게 하지 아니한 자

2) 소방시설관리사증을 빌려주거나 빌리거나 이를 알선한 자

3) 동시에 둘 이상의 업체에 취업한 자

4) 자격정지처분을 받고 자격정지기간 중에 관리사의 업무를 한 자

5) 관리업 등록증. 등록수첩을 다른 자에게 빌려주거나 빌리거나 이를 알선한 자

6) 영업정지처분을 받고 영업정지기간 중에 관리업의 업무를 한 자

7) 제품검사 합격표시 허위·위조·변조한 자

8) 형식승인의 변경승인을 받지 아니한 자

9) 제품검사에 합격하지 아니한 소방용품에 성능인증을 받았다는 표시 또는 제품검사에 합격하였다는 표시를 하거나 성능인증을 받았다는 표시 또는 제품검사에 합격하였다는 표시를 위조 또는 변조하여 사용한 자

10) 성능인증의 변경인증을 받지 아니한 자

11) 우수품질 표시 허위·위조·변조하여 사용한 자

12) 관계인의 업무 방해하거나 출입·검사 시 알게 된 비밀을 누설한 자

51 (상)(중)하

화재의 예방 및 안전관리에 관한 법령상 특수가연물의 저장 및 취급기준 중 석탄·목탄류를 저장하는 경우 쌓는 부분의 바닥면적은 몇 [m²] 이하인가? (단, 살수설비를 설치하거나, 방사능력 범위에 해당 특수가연물이 포함되도록 대형 수동식 소화기를 설치하는 경우이다)

① 200

② 250

③ 300

④ 350

해설 특수가연물 저장기준 ───────────────

1) 품명별로 구분하여 쌓을 것

2) 일반적인 경우

⑴ 쌓는 높이 : 10 [m] 이하

⑵ 쌓는 부분 바닥 : 50 [m²] 이하(석탄·목탄류 : 200 [m²] 이하)

3) 살수설비, 대형 수동식 소화기 설치하는 경우

⑴ 쌓는 높이 : 15 [m] 이하

⑵ 쌓는 부분의 바닥면적 : 200 [m²] 이하(석탄·목탄류 : 300 [m²] 이하)

52 (상) 중 (하)

제3류 위험물 중 금수성 물품에 적응성이 있는 소화약제는?

① 물

② 강화액

③ 팽창질석

④ 인산염류분말

해설 금수성 물질 ───────────────────

• 물과 접촉하여 발화, 가연성 가스 발생

• 종류 : 칼륨, 나트륨, 알킬알루미늄, 알킬리튬

• 질식소화 : 마른모래, 팽창질석, 팽창진주암

53 상(중)하

화재의 예방 및 안전관리에 관한 법령상 화재안전조사위원회의 위원에 해당하지 아니하는 사람은?

① 소방기술사

② 소방시설관리사

③ 소방 관련 분야의 석사학위 이상을 취득한 사람

④ 소방 관련 법인 또는 단체에서 소방 관련 업무에 3년 이상 종사한 사람

해설 **화재안전조사위원회** ─────────

1) 구성
   • 위원장 1명(소방관서장)
   • 7명 이내의 위원(성별 고려)
2) 위원 자격 : 소방본부장 임명 및 위촉
   • 과장급 직위 이상의 소방공무원
   • 소방기술사
   • 소방시설관리사
   • 소방 관련 분야 석사 이상 취득한 자
   • <u>소방 관련 법인·단체에서 소방 관련 업무 5년 이상 종사자</u>
   • 소방공무원 교육기관, 학교, 연구소에서 소방 관련 교육·연구 5년 이상 종사자
3) 위촉위원 임기 : 2년, 1차례 연임

54 상(중)하

화재안전조사 결과에 따른 조치명령으로 손실을 입어 손실을 보상하는 경우 그 손실을 입은 자는 누구와 손실보상을 협의하여야 하는가?

① 소방서장

② 시·도지사

③ 소방본부장

④ 행정안전부장관

해설 **화재안전조사 손실보상** ─────────

1) 손실보상 의무자 : 소방청장, 시·도지사
2) 화재안전조사 결과에 따른 조치명령으로 인해 손실을 입은 자가 있는 경우 대통령령으로 정하는 바에 따라 보상
3) 손실보상
   (1) 소방청장, 시·도지사가 손실을 보상하는 경우 : 시가로 보상
   (2) 손실 보상에 관하여 소방청장, 시·도지사와 손실을 입은 자가 협의
   (3) 보상금액에 관한 협의가 성립되지 않은 경우 소방청장, 시·도지사는 그 보상금액을 지급하거나 공탁하고 상대방에게 통지
   (4) 보상금의 지급 또는 공탁의 통지에 불복하는 자는 지급 또는 공탁의 통지를 받은 날부터 30일 이내에 중앙토지수용위원회 또는 관할 지방 토지수용위원회에 재결 신청
4) 손실보상청구서 첨부서류
   (1) 소방대상물의 관계인임을 증명할 수 있는 서류(건축물대장 제외)
   (2) 손실을 증명할 수 있는 사진 그 밖의 증빙자료

55 (상)중 하

위험물운송자 자격을 취득하지 아니한 자가 위험물 이동탱크저장소 운전 시의 벌칙으로 옳은 것은?

① 100만 원 이하의 벌금

② 300만 원 이하의 벌금

③ 500만 원 이하의 벌금

④ 1000만 원 이하의 벌금

해설 **1000만 원 이하 벌금(위험물법)** ─────────

1) 위험물의 취급에 관한 안전관리와 감독을 하지 아니한 자
2) 안전관리자, 대리자가 미참여 상태에서 위험물을 취급한 자
3) 변경한 예방규정을 제출하지 아니한 관계인
4) 위험물의 운반에 관한 중요기준에 따르지 아니한 자
5) 검사받지 아니한 운반용기를 사용한 위험물 운반자
6) 위험물운송과 관련된 규정을 위반한 위험물운송자
7) 관계인의 정당한 업무를 방해하거나 출입·검사 등을 수행하면서 알게 된 비밀을 누설한 공무원

56 (상 ⑧ 하)

1급 소방안전관리대상물이 아닌 것은?

① 15층인 특정소방대상물(아파트 제외)
② 가연성 가스 2000톤 저장·취급하는 시설
③ 21층인 아파트로서 300세대인 것
④ 연면적 20000 [m²]인 문화집회 및 운동시설

해설 소방안전관리대상물

구분	기준
특급	• 50층 이상(지하층 제외), 높이 200 [m] 이상 아파트 • 30층 이상(지하층 포함), 높이 120 [m] 이상 특정소방대상물(아파트 제외) • 연면적 100000 [m²] 이상 특정소방대상물(아파트 제외)
1급	• 30층 이상(지하층 제외), 높이 120 [m] 이상 아파트 • 11층 이상 특정소방대상물(아파트 제외) • 연면적 15000 [m²] 이상 특정소방대상물(아파트 및 연립주택 제외) • 가연성 가스 1000톤 이상 저장·취급시설
2급	• 지하구, 공동주택(옥내, SP설치), 보물·국보로 지정된 목조건축물 • 가연성 가스 100톤 이상 1000톤 미만 저장·취급시설 • 옥내소화전, 스프링클러설비, 물분무등소화설비 설치대상(호스릴방식 물분무등소화설비만을 설치한 경우 제외)
3급	간이스프링클러설비 또는 자동화재탐지설비를 설치하여야 하는 특정소방대상물
비고	동·식물원, 철강 등 불연성 물품 저장·취급 창고, 위험물 제조소등, 지하구는 특급 및 1급 소방안전관리대상물에서 제외

57 (상 ⑧ 하)

문화재보호법의 규정에 의한 유형문화재와 지정문화재에 있어서는 제조소등과의 수평거리를 몇 [m] 이상 유지하여야 하는가?

① 20 ② 30
③ 50 ④ 70

해설 제조소 안전거리

[거리 : 이상]

대상		거리
특고압가공전선 사용전압	7000 [V] 초과 35000 [V] 이하	3 [m]
	35000 [V] 초과	5 [m]
주거용으로 사용되는 것 (제조소 설치된 부지 내의 것 제외)		10 [m]
고압가스·액화석유가스·도시가스 저장 또는 취급하는 시설		20 [m]
학교·병원·극장·다수 수용 시설		30 [m]
지정문화재		50 [m]

보충 ▶ 관련 법령 개정(2024.5.7.)에 따라 아래 내용을 병행하여 학습하기 바람
1) 문화재보호법 → 문화유산법
2) 유형문화재 → 유형문화유산
3) 지정문화재 → 지정문화유산

정답 56 ③ 57 ③

58 (상 ⓒ 하)

다음 중 중급기술자의 학력·경력자에 대한 기준으로 옳은 것은? (단, "학력·경력자"란 고등학교·대학 또는 이와 같은 수준 이상의 교육기관의 소방 관련학과의 정해진 교육과정을 이수하고 졸업하거나 그 밖의 관계법령에 따라 국내 또는 외국에서 이와 같은 수준 이상의 학력이 있다고 인정되는 사람을 말한다)

① 고등학교를 졸업 후 10년 이상 소방 관련 업무를 수행한 자
② 학사학위를 취득한 후 7년 이상 소방 관련 업무를 수행한 자
③ 석사학위를 취득한 후 2년 이상 소방 관련 업무를 수행한 자
④ 박사학위를 취득한 후 1년 이상 소방 관련 업무를 수행한 자

해설 소방기술자 학력·경력에 따른 기술등급 ─────

등급	소방 관련 학과 학력 경력자	소방 관련 학과 이외 경력자
특급	• 박사 + 3년 이상 • 석사 + 7년 이상 • 학사 + 11년 이상 • 전문학사학위 + 15년 이상	–
고급	• 박사 + 1년 이상 • 석사 + 4년 이상 • 학사 + 7년 이상 • 전문학사학위 + 10년 이상 • 고등학교 소방학과 + 13년 • 고등학교 졸업 + 15년 이상	• 학사 + 12년 이상 • 전문학사학위 + 15년 이상 • 고등학교 졸업 + 18년 이상 • 22년 이상 소방 관련 업무
중급	• 박사 • 석사 + 2년 이상 • 학사 + 5년 이상 • 전문학사학위 + 8년 이상 • 고등학교 소방학과 + 10년 • 고등학교 졸업 + 12년 이상	• 학사 + 9년 이상 • 전문학사학위 + 12년 이상 • 고등학교 졸업 + 15년 이상 • 18년 이상 소방 관련 업무
초급	• 석사, 학사 • 관련 학과 졸업 • 전문학사학위 + 2년 이상 • 고등학교 소방학과 + 3년 • 고등학교 졸업 +5년 이상	• 학사 + 3년 이상 • 전문학사학위 + 5년 이상 • 고등학교 졸업 + 7년 이상 • 9년 이상 소방 관련 업무

59 (상 ⓒ 하)

소방시설공사업법령상 상주 공사감리 대상기준 중 다음 ㉠, ㉡, ㉢에 알맞은 것은?

- 연면적 (㉠) [m²] 이상의 특정소방대상물(아파트는 제외)에 대한 소방시설의 공사
- 지하층을 포함한 층수가 (㉡)층 이상으로서 (㉢)세대 이상인 아파트에 대한 소방시설의 공사

① ㉠ 10000, ㉡ 11, ㉢ 600
② ㉠ 10000, ㉡ 16, ㉢ 500
③ ㉠ 30000, ㉡ 11, ㉢ 600
④ ㉠ 30000, ㉡ 16, ㉢ 500

해설 공사감리 대상 ─────

종류	대상	방법
상주 감리	• 연 3만 [m²] 이상(아파트 제외) • 16층(지하층 포함) 이상으로 500세대 이상 아파트	• 정한 기간에 현장 상주 • 감리업무 수행, 감리일지 작성 • 1일 이상 일탈 시 발주확인·업무대행
일반 감리	• 상주감리 이외 공사현장	• 배치기간에 현장 업무, 주 1회 이상 • 감리업무 수행, 감리일지 작성 • 14일 이내 수행 불가 시 대행자 지정 • 대행자 주 2회 이상 배치, 업무 내용통보

2019

60 (상) (중) 하

화재의 예방 및 안전관리에 관한 법령상 소방안전관리대상물의 소방안전관리자 업무가 아닌 것은?

① 소방시설의 공사
② 피난시설, 방화구획 및 방화시설의 관리
③ 자위소방대 및 초기대응체계의 구성·운영·교육
④ 피난계획에 관한 사항과 대통령령으로 정하는 사항이 포함된 소방계획서의 작성 및 시행

해설 특정소방대상물 소방안전관리자와 관계인의 업무 ───

1) 소방안전관리자의 업무
   (1) 피난계획 관련 사항과 대통령령으로 정하는 사항이 포함된 소방계획서 작성 및 시행
   (2) 자위소방대 및 초기대응체계 구성·운영·교육
   (3) 피난시설, 방화구획, 방화시설의 관리
   (4) 소방훈련 및 교육
   (5) 소방시설이나 그 밖의 소방 관련 시설의 관리
   (6) 화기 취급의 감독
   (7) 소방안전관리에 관한 업무수행에 관한 기록·유지((3), (5), (6)항 업무)
   (8) 화재발생 시 초기대응
   (9) 그 밖에 소방안전관리에 필요한 업무
2) 특정소방대상물 관계인의 업무
   (1) 피난시설, 방화구획, 방화시설의 관리
   (2) 소방시설이나 그 밖의 소방 관련 시설의 관리
   (3) 화기 취급의 감독
   (4) 화재발생 시 초기대응
   (5) 그 밖에 소방안전관리에 필요한 업무

2019년 1회
소방전기시설의 구조 및 원리

| 목표시간 : 30분 | 시작 : _시 _분 | 종료 : _시 _분 | 맞은 개수 : _ /20 |

61 상 중 ⓗ

경계전로의 누설전류를 자동적으로 검출하여 이를 누전경보기의 수신부에 송신하는 것을 무엇이라고 하는가?

① 수신부
② 확성기
③ 변류기
④ 증폭기

 해설 누전경보기 용어 ─────

1) 수신부 : 변류기로부터 검출된 신호를 수신하여 누전의 발생을 해당 특정소방대상물의 관계인에게 경보하여 주는 것(차단기구를 갖는 것을 포함)
2) 변류기 : 경계전로의 누설전류를 자동적으로 검출하여 이를 누전경보기의 수신부에 송신하는 것
3) 경계전로 : 누전경보기가 누설전류를 검출하는 대상 전선로
4) 과전류차단기 : 「전기설비기술기준의 판단기준」 제38조와 제39조에 따른 것
5) 분전반 : 배전반으로부터 전력을 공급받아 부하에 전력을 공급해주는 것
6) 인입선 : 「전기설비기술기준」 제3조 제1항 제9호에 따른 것으로서, 배전선로에서 갈라져서 직접 수용장소의 인입구에 이르는 부분의 전선
7) 정격전류 : 전기기기의 정격출력 상태에서 흐르는 전류

62 상 ⓜ 하

누전경보기의 5 ~ 10회로까지 사용할 수 있는 집합형 수신기 내부결선도에서 구성요소가 아닌 것은?

① 제어부
② 증폭부
③ 조작부
④ 자동입력 절환부

해설 누전경보기 내부결선도(집합형) ─────

1) 증폭부
2) 제어부
3) 도통시험 및 동작시험부
4) 자동입력 절환부
5) 전원부
6) 회로접합부
7) 동작회로표시부

암기 ▶ 증폭제도 동작 자전회동

TIP ▶ 조작부 : 전원부 구성요소

63 상 ⓜ 하

비상콘센트설비의 화재안전기준에서 정하고 있는 저압의 정의는? [법 개정으로 인한 문제 수정]

① 직류는 1500 [V] 이하, 교류는 1000 [V] 이하인 것
② 직류는 750 [V] 이하, 교류는 380 [V] 이하인 것
③ 직류는 750 [V]를, 교류는 600 [V]를 넘고 7000 [V] 이하인 것
④ 직류는 750 [V]를, 교류는 380 [V]를 넘고 7000 [V] 이하인 것

2
0
1
9

해설 비상콘센트 저압

구분	구분	전압 구분
저압	직류	1500 [V] 이하
	교류	1000 [V] 이하
고압	직류	1500 [V] 초과 7 [kV] 이하
	교류	1000 [V] 초과 7 [kV] 이하
특고압		7 [kV] 초과

64 상중하

비상방송설비의 음향장치는 정격전압의 몇 [%] 전압에서 음향을 발할 수 있는 것으로 하여야 하는가?

① 80
② 90
③ 100
④ 110

해설 비상방송설비

1) 확성기
   (1) 음성입력 : 실외 3 [W] 이상, 실내 1 [W] 이상
   (2) 수평거리 : 층 각 부분으로부터 하나의 확성기까지의 25 [m] 이하
   (3) 확성기는 각 층마다 설치, 당해 층의 각 부분에 유효하게 경보를 발하도록 설치
2) 음량조정기(ATT) : 음량조정기의 배선은 3선식으로 한다.
3) 조작부
   (1) 조작스위치 높이 : 바닥으로부터 0.8 [m] 이상 1.5 [m] 이하
   (2) 기동장치의 작동과 연동하여 당해 기동장치가 작동한 층 또는 구역을 표시
   (3) 조작부 및 증폭기 설치장소 : 수위실 등 상시 사람이 근무, 점검이 편리, 방화상 유효한 곳
   (4) 2 이상 조작부 설치 시 설치장소 상호 간 동시통화 가능, 어느 조작부에서도 전구역 방송 가능

4) 층수가 11층(공동주택의 경우에는 16층)의 특정소방대상물은 다음과 같은 경보를 발할 수 있어야 한다.
   (1) 2층 이상의 층에서 발화한 때에는 발화층 및 그 직상 4개 층에 경보
   (2) 1층에서 발화한 때에는 발화층·그 직상 4개 층 및 지하층에 경보
   (3) 지하층에서 발화한 때에는 발화층·그 직상층 및 기타 지하층 경보
5) 기동장치에 따른 화재신고를 수신한 후 필요한 음량으로 화재발생 상황 및 피난에 유효한 방송이 자동으로 개시될 때까지의 소요시간은 10초 이하로 할 것
6) 다른 방송설비와 공용할 경우 화재 시 비상경보 외의 방송을 차단할 수 있는 구조
7) 다른 전기회로에 따라 유도장애가 생기지 아니하도록 할 것
8) 음향장치의 구조 및 성능
   (1) 정격전압의 80 [%] 전압에서 음향을 발할 수 있는 것을 할 것
   (2) 자동화재탐지설비의 작동과 연동하여 작동할 수 있는 것으로 할 것

65 상중하

자가발전설비, 비상전원수전설비 또는 전기저장장치(외부 전기에너지를 저장해두었다가 필요한 때 전기를 공급하는 장치)를 비상콘센트설비의 비상전원으로 설치하여야 하는 특정소방대상물로 옳은 것은?

① 지하층을 제외한 층수가 4층 이상으로서 연면적 600 [m²] 이상인 특정소방대상물
② 지하층을 제외한 층수가 5층 이상으로서 연면적 1000 [m²] 이상인 특정소방대상물
③ 지하층을 제외한 층수가 6층 이상으로서 연면적 1500 [m²] 이상인 특정소방대상물
④ 지하층을 제외한 층수가 7층 이상으로서 연면적 2000 [m²] 이상인 특정소방대상물

해설 비상콘센트설비 비상전원 ―――――

1) 설치대상
   지하층을 제외한 층수가 7층 이상으로서 연면적이 2000 [m²] 이상이거나 지하층의 바닥면적의 합계가 3000 [m²] 이상인 특정소방대상물
2) 비상전원 종류
   (1) 자가발전설비, 비상전원수전설비, 전기저장장치, 축전지설비
   (2) 둘 이상의 변전소에서 전력을 동시에 공급받을 수 있거나 하나의 변전소로부터 전력의 공급이 중단되는 때에는 자동으로 다른 변전소부터 전력을 공급받은 수 있도록 상용전원을 설치한 경우에는 비상전원을 설치하지 않을 수 있다.
3) 설치 면제
   (1) 2 이상의 변전소에서 전력을 동시에 공급받을 수 있도록 상용전원을 설치한 경우
   (2) 하나의 변전소로부터 전력의 공급이 중단되는 때에는 자동으로 다른 변전소부터 전력을 공급받을 수 있도록 상용전원을 설치한 경우

66 상**중**하

불꽃감지기의 설치기준으로 틀린 것은?

① 수분이 많이 발생할 우려가 있는 장소에는 방수형으로 설치할 것
② 감지기를 천장에 설치하는 경우에는 감지기는 천장을 향하여 설치할 것
③ 감지기는 화재감지를 유효하게 감지할 수 있는 모서리 또는 벽 등에 설치할 것
④ 감지기는 공칭감시거리와 공칭시야각을 기준으로 감시구역이 모두 포용될 수 있도록 설치할 것

해설 불꽃감지기 ―――――

1) 공칭감시거리 및 공칭시야각은 형식승인을 따를 것
2) 감시구역을 모두 포용할 수 있을 것
3) 모서리 또는 벽 등에 설치할 것
4) 천장 등에 설치 시 바닥을 향할 것
5) 수분이 많은 지역은 방수형을 설치할 것
6) 기타 : 형식승인에 따르며, 형식승인이 아닌 것은 제조사의 시방에 따라 설치함
7) 불꽃 감지기 도로형의 최대 시야각 : 180° 이상

67 상**중**하

자동화재탐지설비 및 시각경보장치의 화재안전기술기준 (NFTC 203)에 따라 환경 상태가 현저하게 고온으로 되어 연기감지기를 설치할 수 없는 건조실 또는 살균실 등에 적응성 있는 열감지기가 아닌 것은? [법 개정으로 인한 문제 수정]

① 정온식 1종
② 정온식 특종
③ 열아날로그식
④ 보상식 스포트형 1종

해설 감지기 적응성 ―――――

설치장소	적응열감지기									
환경 상태 및 적응 장소	차동식 스포트형		차동식 분포형		보상식 스포트형		정온식		열아날로그식	불꽃감지기
	1종	2종	1종	2종	1종	2종	특종	1종		
현저하게 고온으로 되는 장소 : 건조실, 살균실, 보일러실, 주조실, 영사실, 스튜디오	×	×	×	×	×	×	○	○	○	×

2019

2026 초격차 소방설비기사 과년도 7개년 필기 전기

68   (상)(중)하

정온식 감지선형 감지기에 관한 설명으로 옳은 것은?

① 일국소의 주위온도 변화에 따라서 차동 및 정온식의 성능을 갖는 것을 말한다.

② 일국소의 주위온도가 일정한 온도 이상이 되었을 때 작동하는 것으로서 외관이 전선으로 되어 있는 것을 말한다.

③ 그 주위온도가 일정한 온도상승률 이상이 되었을 때 작동하는 것을 말한다.

④ 그 주위온도가 일정한 온도상승률 이상이 되었을 때 작동하는 것으로서 광범위한 열효과의 누적에 의하여 동작하는 것을 말한다.

해설 정온식 감지선형 감지기 ─────────

• 온도 : 일국소 주위온도 일정 온도 이상
• 외관 : 전선 구성

1) 설치기준
  (1) 보조선이나 고정금구를 사용하여 감지선이 늘어지지 않도록 설치할 것
  (2) 단자부와 마감 고정금구와의 설치간격은 10 [cm] 이내로 설치할 것
  (3) 감지선형 감지기의 굴곡반경은 5 [cm] 이상으로 할 것
  (4) 감지기와 감지구역의 각 부분과의 수평거리
    ① 내화구조 : 1종 4.5 [m] 이하, 2종 3 [m] 이하
    ② 기타구조 : 1종 3 [m] 이하, 2종 1 [m] 이하
  (5) 케이블트레이에 감지기를 설치하는 경우에는 케이블트레이 받침대에 마감금구를 사용하여 설치할 것
  (6) 창고의 천장 등에 지지물이 적당하지 않은 장소에는 보조선을 설치하고 그 보조선에 설치할 것
  (7) 분전반 내부에 설치하는 경우 접착제를 이용하여 돌기를 바닥에 고정시키고 그곳에 감지기를 설치할 것

2) 감지선형 감지기 온도 표시

80도 미만	80도 이상 120도 미만	120도 이상
백색	청색	적색

69   (상)(중)하

축전지의 자기방전을 보충함과 동시에 상용 부하에 대한 전력공급은 충전기가 부담하도록 하되 충전기가 부담하기 어려운 일시적인 대전류는 부하는 축전지로 하여금 부담하게 하는 충전방식은?

① 과충전방식
② 균등충전방식
③ 부동충전방식
④ 세류충전방식

해설 충전방식 ─────────

구분	내용
세류 충전방식	축전지의 자기방전을 보충하기 위해 부하를 제거한 상태로 늘 미소전류로 충전하는 방식(자기 방전량만 상시 충전)
균등 충전방식	부동충전방식 사용 시 Cell에서 일어나는 전위차를 균등하게 하기 위해 3주에 1회 정도 축전지 공칭전압의 120 ~ 125 [%]의 정전압으로 10 ~ 12시간 충전하는 방식
보통 충전방식	필요할 때마다 표준 시간율로 충전하는 방식
급속 충전방식	단시간에 2 ~ 3배의 전류로 충전하는 방식
부동 충전방식	전지의 자기방전을 보충함과 동시에 상용부하에 대한 전력공급은 충전기가 부담하도록 하되, 충전기가 부담하기 어려운 일시적인 대전류 부하는 축전지로 하여금 부담하게 하는 충전방식

624 2026 초격차 소방설비기사 과년도 7개년 | 필기 전기   **정답** 68 ② 69 ③

70 (상)(중)하

단독경보형 감지기 중 연동식 감지기의 무선 기능에 대한 설명으로 옳은 것은?

① 화재신호를 수신한 단독경보형 감지기는 60초 이내에 경보를 발해야 한다.
② 무선통신 점검은 단독경보형 감지기가 서로 송수신하는 방식으로 한다.
③ 작동한 단독경보형 감지기는 화재경보가 정지하기 전까지 100초 이내 주기마다 화재신호를 발신해야 한다.
④ 무선통신 점검은 168시간 이내에 자동으로 실시하고 이때 통신이상이 발생하는 경우에는 300초 이내에 통신이상 상태의 단독경보형 감지기를 확인할 수 있도록 표시 및 경보를 해야 한다.

해설 감지기의 형식승인 및 제품검사의 기술기준 ─────

[무선식 감지기의 기능]
1. 화재신호는 다음 각 목에 적합하여야 한다.
    가. 작동한 단독경보형 감지기는 화재경보가 정지하기 전까지 60초 이내 주기마다 화재신호를 발신하여야 한다.
    나. 화재신호를 수신한 단독경보형 감지기는 10초 이내에 경보를 발하여야 한다.
2. 화재신호의 발신을 쉽게 확인할 수 있는 장치를 설치하여야 하고 화재신호를 수신하면 내장된 음향장치에 의하여 제5조의2 제4호의 화재경보를 하여야 한다.
3. 통신점검기능이 있어야 하며 다음 각 목에 적합하여야 한다.
    가. 무선통신 점검은 168시간 이내에 자동으로 실시하고 이때 통신이상이 발생하는 경우에는 200초 이내에 통신 이상 상태의 단독경보형 감지기를 확인할 수 있도록 표시 및 경보를 하여야 한다.
    나. <u>무선통신 점검은 단독경보형 감지기가 서로 송수신하는 방식으로 한다.</u>

71 (상)(중)하

정온식 감지기의 설치 시 공칭작동온도가 최고주위온도보다 최소 몇 [℃] 이상 높은 것으로 설치하여야 하나?

① 10   ② 20
③ 30   ④ 40

해설 감지기 설치 ─────

• 스포트형 감지기 설치할 때 각도가 45° 이상 경사가 되지 않도록 설치
• 보상식 스포트형 감지기는 정온점이 감지기 주위의 평상시 최고 온도보다 20 [℃] 이상 높은 것으로 설치
• <u>정온식 감지기의 경우 작동온도가 주위 최고 온도보다 20 [℃] 이상 높은 것으로 설치</u>

72 (상)(중)하

무선통신보조설비의 누설동축케이블 설치기준으로 틀린 것은?

① 끝부분에는 반사 종단저항을 견고하게 설치할 것
② 고압의 전로로부터 1.5 [m] 이상 떨어진 위치에 설치할 것
③ 금속판 등에 따라 전파의 복사 또는 특성이 현저하게 저하되지 아니하는 위치에 설치할 것
④ 불연 또는 난연성의 것으로서 습기에 따라 전기의 특성이 변질되지 아니하는 것으로 설치할 것

해설 누설동축케이블 설치기준 ─────

1) 소방전용주파수대에서 전파의 전송 또는 복사에 적합한 것으로서 소방전용의 것으로 할 것(다만 소방대 상호 간의 무선연락에 지장 없는 경우에는 다른 용도와 겸용 가능하다)
2) 누설동축케이블과 이에 접속하는 안테나 또는 동축케이블과 이에 접속하는 안테나에 따른 것으로 할 것
3) 누설동축케이블은 불연 또는 난연성의 것으로서 습기에 따라 전기의 특성이 변질되지 아니하는 것으로 하고, 노출하여 설치한 경우에는 피난 및 통행에 장애가 없도록 할 것

2019

4) 누설동축케이블은 화재에 따라 해당 케이블의 피복이 소실된 경우에 케이블 본체가 떨어지지 아니하도록 4 [m] 이내마다 금속제 또는 자기제 등의 지지금구로 벽·천장·기둥 등에 견고하게 고정시킬 것(다만 불연재료로 구획된 반자 안에 설치하는 경우에는 그러하지 않는다)

5) 누설동축케이블 및 안테나는 금속판 등에 따라 전파의 복사 또는 특성이 현저하게 저하되지 아니하는 위치에 설치할 것

6) 누설동축케이블 및 안테나는 고압의 전로로부터 1.5 [m] 이상 떨어진 위치에 설치할 것(다만 해당 전로에 정전기 차폐장치를 유효하게 설치한 경우에는 그러하지 않는다)

7) 누설동축케이블의 끝부분에는 무반사 종단저항을 견고하게 설치할 것

8) 누설동축케이블 또는 동축케이블의 임피던스는 50 [Ω]으로 하고, 이에 접속하는 안테나·분배기 기타의 장치는 해당 임피던스에 적합한 것으로 하여야 한다.

73 상중하

소화활동 시 안내방송에 사용하는 증폭기의 종류로 옳은 것은?

① 탁상형 ② 휴대형
③ Desk형 ④ Rack형

해설 소화활동 안내방송 ─────────

증폭기 종류 : 휴대형

보충 휴대형 : 손바닥 크기의 증폭기

74 상중하

계단통로유도등은 각 층의 경사로 참 또는 계단참마다 설치하도록 하고 있는데 1개 층에 경사로 참 또는 계단참이 2 이상 있는 경우에는 몇 개의 계단참마다 계단통로유도등을 설치하여야 하는가?

① 2개 ② 3개
③ 4개 ④ 5개

해설 통로유도등 설치 ─────────

1) 복도통로유도등
  (1) 설치기준
    ① 복도에 설치할 것
    ② 옥내로부터 직접 지상으로 통하는 출입구 및 그 부속실의 출입구 또는 직통계단·직통계단의 계단실 및 그 부속실의 출입구의 경우, 피난구 유도등이 설치된 출입구의 맞은편 복도에는 입체형으로 설치하거나 바닥에 설치할 것
    ③ 구부러진 모퉁이 및 위에 따라 설치된 통로유도등 기점으로 보행거리 20 [m]마다 설치할 것
    ④ 바닥에 설치하는 통로 유도등은 하중에 따라 파괴되지 않는 강도의 것으로 할 것
  (2) 설치높이
    바닥으로부터 높이 1 [m] 이하의 위치에 설치할 것(다만 지하층 또는 무창층의 용도가 도매시장·소매시장·여객자동차터미널·지하역사 또는 지하상가인 경우에는 복도·통로 바닥에 설치)
  (3) 형식승인 및 제품 시 식별도기준
    ① 상용전원 점등 시 : 직선거리 20 [m] 위치(표시면 화살표 식별 가능)
    ② 비상전원 점등 시 : 직선거리 15 [m] 위치(표시면 화살표 식별 가능)

2) 거실통로유도등
  (1) 설치기준
    ① 거실의 통로에 설치할 것(다만 거실의 통로가 벽체 등으로 구획 시 복도통로유도등을 설치하여야 한다)
    ② 구부러진 모퉁이 및 보행거리 20 [m]마다 설치할 것
  (2) 설치높이
    바닥으로부터 높이 1.5 [m] 이상의 위치에 설치(다만 거실 통로에 기둥이 설치 시 기둥부분의 바닥으로부터 1.5 [m] 이하의 위치에 설치 가능)

3) 계단통로유도등
  (1) 설치기준
    각 층의 경사로 참 또는 계단참마다(1개 층에 경사로참 또는 계단참이 2 이상 있는 경우에는 2개의 계단참마다) 설치할 것
  (2) 설치높이
    바닥으로부터 높이 1 [m] 이하의 위치에 설치할 것

75 상 중 하

자동화재탐지설비의 수신기의 각 회로별 종단에 설치되는 감지기에 접속되는 배선의 전압은 감지기 정격전압의 최소 몇 [%] 이상이어야 하는가?

① 50 　　　　　　② 60
③ 70 　　　　　　④ 80

해설 종단감지기 전압 ─────────

• 정격전압 : 80 [%] 이상
• 직류 24 [V]의 80 [%] = 24 × 0.8 = 직류 19.2 [V]
• 평상시 전압강하 20 [%] 일어나도 설비가 작동할 수 있는 전압기준

　　　　　　　TIP 전로저항 : 50 [Ω] 이하

76 상 중 하

비상벨설비 또는 자동식 사이렌설비에는 그 설비에 대한 감시 상태를 몇 시간 지속한 후 유효하게 10분 이상 경보할 수 있는 축전지 설비(수신기에 내장하는 경우를 포함한다)를 설치하여야 하는가?

① 1시간 　　　　② 2시간
③ 4시간 　　　　④ 6시간

해설 비상벨·자동식 사이렌설비 ─────────

1) 전원은 전기가 정상적으로 공급되는 축전지, 전기저장장치(외부 전기에너지를 저장해두었다가 필요한 때 전기를 공급하는 장치) 또는 교류전압의 옥내 간선으로 하고, 전원까지의 배선은 전용으로 할 것
2) 개폐기에는 "비상벨설비 또는 자동식 사이렌설비용"이라고 표시한 표지할 것
3) 비상벨설비 또는 자동식 사이렌설비에는 그 설비에 대한 감시 상태를 60분간 지속한 후 유효하게 10분 이상 경보할 수 있는 축전지설비 또는 전기저장장치를 설치할 것

77 상 중 하

자동화재속보설비의 설치기준으로 틀린 것은?

① 조작스위치는 바닥으로부터 1 [m] 이상 1.5 [m] 이하의 높이에 설치할 것
② 속보기는 소방관서에 통신망으로 통보하도록 하며 데이터 또는 코드전송방식을 부가적으로 설치할 수 있다.
③ 자동화재탐지설비와 연동으로 작동하여 자동적으로 화재발생 상황을 소방관서에 전달되는 것으로 할 것
④ 속보기는 소방청장이 정하여 고시한 「자동화재속보설비의 속보기의 성능인증 및 제품검사의 기술기준」에 적합한 것으로 설치하여야 한다.

해설 자동화재속보설비 ─────────

1) 작동신호를 수신하거나 수동으로 동작시키는 경우 20초 이내에 소방관서에 자동적으로 신호를 발하여 통보하되, 3회 이상 속보할 수 있어야 한다.
2) 주전원이 정지한 경우에는 자동적으로 예비전원으로 전환되고, 주전원이 정상 상태로 복귀한 경우에는 자동적으로 예비전원에서 주전원으로 전환되어야 한다.
3) 예비전원은 자동적으로 충전되어야 하며 자동과충전방지장치가 있어야 한다.
4) 화재신호를 수신하거나 속보기를 수동으로 동작시키는 경우 자동적으로 적색 화재표시등이 점등되고 음향장치로 화재를 경보하여야 하며, 화재표시 및 경보는 수동으로 복구 및 정지시키지 않는 한 지속되어야 한다.
5) 연동 또는 수동으로 소방관서에 화재발생 음성정보를 속보 중인 경우에도 송수화장치를 이용한 통화가 우선적으로 가능하여야 한다.
6) 예비전원을 병렬로 접속하는 경우에는 역충전방지 등의 조치를 하여야 한다.
7) 예비전원은 감시 상태를 60분간 지속한 후 10분 이상 동작(화재속보 후 화재표시 및 경보를 10분간 유지하는 것을 말한다)이 지속될 수 있는 용량이어야 한다.
8) 속보기는 연동 또는 수동 작동에 의한 다이얼링 후 소방관서와 전화접속이 이루어지지 않는 경우에는 최초 다이얼링을 포함하여 10회 이상 반복적으로 접속을 위한 다이얼링이 이루어져야 한다. 이 경우 매회 다이얼링 완료 후 호출은 30초 이상 지속되어야 한다.

9) 속보기의 송수화장치가 정상위치가 아닌 경우에도 연동 또는 수동으로 속보가 가능하여야 한다.

10) 음성으로 통보되는 속보내용을 통하여 해당 특정소방대상물의 위치, 화재발생 및 속보기에 의한 신고임을 확인할 수 있어야 한다.

11) 속보기는 음성속보방식 외에 데이터 또는 코드전송방식 등을 이용한 속보기능을 설치할 수 있다.

※ 조작스위치는 바닥으로부터 0.8 [m] 이상 1.5 [m] 이하 높이에 설치

78 상 중 (하)

휴대용 비상조명등 설치높이는?

① 0.8 [m] 이상 1.0 [m] 이하
② 0.8 [m] 이상 1.5 [m] 이하
③ 1.0 [m] 이상 1.5 [m] 이하
④ 1.0 [m] 이상 1.8 [m] 이하

해설 휴대용 비상조명등 설치기준 ─────

1) 설치장소

설치장소	설치개수
숙박시설 또는 다중이용업소에는 객실 또는 영업장 안의 구획된 실마다 잘 보이는 곳(외부 설치 시 출입문 손잡이로부터 1 [m] 이내 부분)	1개 이상
대규모점포(지하상가·지하역사 제외), 영화상영관	보행거리 50 [m] 이내마다 3개 이상
지하상가 및 지하역사	보행거리 25 [m] 이내마다 3개 이상

2) 설치기준

  ⑴ 바닥으로부터 0.8 [m] 이상 1.5 [m] 이하의 높이에 설치할 것
  ⑵ 어둠 속에서 위치를 확인할 수 있도록 할 것
  ⑶ 사용 시 자동으로 점등되는 구조일 것
  ⑷ 외함은 난연성능이 있을 것
  ⑸ 건전지 사용 시 방전방지조치를 하고, 충전식 배터리 사용 시 상시 충전되도록 할 것
  ⑹ 건전지 및 충전식 배터리 용량은 20분 이상 유효하게 사용할 수 있는 것

79 상 중 (하)

자동화재탐지설비의 화재안전기준에서 사용하는 용어가 아닌 것은?

① 중계기
② 경계구역
③ 시각경보장치
④ 단독경보형 감지기

해설 자동화재탐지설비 용어 ─────

1) "경계구역"이란 특정소방대상물 중 화재신호를 발신하고 그 신호를 수신 및 유효하게 제어할 수 있는 구역을 말한다.

2) "수신기"란 감지기나 발신기에서 발하는 화재신호를 직접 수신하거나 중계기를 통하여 수신하여 화재의 발생을 표시 및 경보하여 주는 장치를 말한다.

3) "중계기"란 감지기·발신기 또는 전기적인 접점 등의 작동에 따른 신호를 받아 이를 수신기에 전송하는 장치를 말한다.

4) "감지기"란 화재 시 발생하는 열, 연기, 불꽃 또는 연소생성물을 자동적으로 감지하여 수신기에 화재신호 등을 발신하는 장치를 말한다.

5) "발신기"란 수동누름버튼 등의 작동으로 화재신호를 수신기에 발신하는 장치를 말한다.

6) "시각경보장치"란 자동화재탐지설비에서 발하는 화재신호를 시각경보기에 전달하여 청각장애인에게 점멸형태의 시각경보를 하는 것을 말한다.

7) "거실"이란 거주·집무·작업·집회·오락 그 밖에 이와 유사한 목적을 위하여 사용하는 실을 말한다.

8) "신호처리방식"은 화재신호 및 상태신호 등(이하 "화재신호 등"이라 한다)을 송수신하는 방식으로서 다음의 방식을 말한다.

  ⑴ "유선식"은 화재신호 등을 배선으로 송·수신하는 방식
  ⑵ "무선식"은 화재신호 등을 전파에 의해 송·수신하는 방식
  ⑶ "유·무선식"은 유선식과 무선식을 겸용으로 사용하는 방식

80 (상중하)

비상경보설비를 설치하여야 할 특정소방대상물로 옳은 것은? (단, 지하구, 모래·석재 등 불연재료 창고 및 위험물 저장·처리 시설 중 가스시설은 제외한다)

① 터널로서 길이가 400 [m] 이상인 것
② 30명 이상의 근로자가 작업하는 옥내작업장
③ 지하층 또는 무창층의 바닥면적이 150 [m²](공연장의 경우 100 [m²]) 이상인 것
④ 연면적 300 [m²](터널 또는 사람이 거주하지 않거나 벽이 없는 축사 등 동·식물 관련 시설은 제외) 이상인 것

해설 비상경보설비 설치대상

소방대상물	설치대상
연면적 400 [m²] 이상 (지하구, 축사, 동·식물 관련 시설 제외)	
지하층 또는 무창층	바닥면적 150 [m²] 이상
공연장	바닥면적 100 [m²] 이상
터널	500 [m] 이상
50명 이상의 근로자가 작업하는 옥내 작업장	

2019년 2회
소방원론

목표시간 : 20분	시작 : _시 _분	종료 : _시 _분	맞은 개수 : _ /20

01 상 (중) 하

목조건축물의 화재 진행상황에 관한 설명으로 옳은 것은?

① 화원 - 발염착화 - 무염착화 - 출화 - 최성기 - 소화
② 화원 - 발염착화 - 무염착화 - 소화 - 연소낙하
③ 화원 - 무염착화 - 발염착화 - 출화 - 최성기 - 소화
④ 화원 - 무염착화 - 출화 - 발염착화 - 최성기 - 소화

해설 건축물 화재 진행과정 ─────

1) 목조건축물
　무염착화 → 발염착화 → 발화(출화) → 최성기
2) 내화건축물
　초기 → 성장기 → 최성기 → 감쇠기 → 진화

암기 무발발최 성최감진

02 상 (중) 하

연면적이 1000 [m²] 이상인 건축물에 설치하는 방화벽이 갖추어야 할 기준으로 틀린 것은?

① 내화구조로서 홀로 설 수 있는 구조일 것
② 방화벽이 양쪽 끝과 위쪽 끝을 건축물의 외벽 면 및 지붕면으로부터 0.1 [m] 이상 튀어 나오게 할 것
③ 방화벽에 설치하는 출입문의 너비는 2.5 [m] 이하로 할 것
④ 방화벽에 설치하는 출입문의 높이는 2.5 [m] 이하로 할 것

해설 방화벽 설치기준 ─────

구분	설치 및 구조기준
대상 건축물	주요구조부가 내화구조이거나 불연재료인 건축물이 아닌 연면적 1000 [m²] 이상인 건축물
구획	각 구획된 바닥면적의 합계 : 1000 [m²] 미만
구조	• 내화구조로서 홀로 설 수 있는 구조일 것 • 방화벽 양쪽 끝과 위쪽 끝을 건축물의 외벽면 및 지붕면으로부터 0.5 [m] 이상 튀어나오게 할 것 • 출입문 너비와 높이 : 2.5 [m] 이하 • 출입문 : 60분+ 방화문 또는 60분 방화문

03 상 중 (하)

화재의 일반적 특성으로 틀린 것은?

① 확대성　　　② 정형성
③ 우발성　　　④ 불안정성

해설 화재의 일반적 특성 ─────

우발성, 확대성, 불안정성

암기 우확불

정답 01 ③ 02 ② 03 ②

04 (상)중 하

공기의 부피 비율이 질소 79 [%], 산소 21 [%]인 전기실에 화재가 발생하여 이산화탄소소화약제를 방출하여 소화하였다. 이때 산소의 부피농도가 14 [%]이었다면 이 혼합 공기의 분자량은 약 얼마인가? (단, 화재 시 발생한 연소가스는 무시한다)

① 28.9   ② 30.9
③ 33.9   ④ 35.9

해설 혼합 공기의 분자량 ─────────

1) 이산화탄소 방사 전
   - 질소(N_2) : 79 [%]
   - 산소(O_2) : 21 [%]
2) 이산화탄소 방사 후
   - $CO_2 = \dfrac{21-14}{21} = 33$ [%]
   - 산소(O_2) : 14 [%]
   - 질소(N_2) : 100 - (33 + 14) = 53 [%]
3) 각 기체의 분자량
   - CO_2 : 44 × 0.33 = 14.52
   - 산소(O_2) : 32 × 0.14 = 4.48
   - 질소(N_2) : 28 × 0.53 = 14.84
4) 혼합 공기의 분자량
   14.52 + 4.48 + 14.84 = 33.84 ≒ 33.9

보충 원자량(C : 12, N : 14, O : 16)

05 (상)중 하

다음 가연성 기체 1몰이 완전 연소하는 데 필요한 이론공기량으로 틀린 것은? (단, 체적비로 계산하며 공기 중 산소의 농도를 21 [vol%]로 한다)

① 수소 - 약 2.38몰
② 메테인 - 약 9.52몰
③ 아세틸렌 - 약 16.91몰
④ 프로페인 - 약 23.81몰

해설 연소에 필요한 이론공기량 ─────────

1) 수소 : $H_2 + \dfrac{1}{2}O_2 \rightarrow H_2O$

   ∴ 이론공기량 = $\dfrac{0.5몰}{0.21(21\%)}$ ≒ 2.38몰

2) 메테인 : $CH_4 + 2O_2 \rightarrow CO_2 + 2H_2O$

   ∴ 이론공기량 = $\dfrac{2몰}{0.21(21\%)}$ ≒ 9.52몰

3) 아세틸렌 : $C_2H_2 + \dfrac{5}{2}O_2 \rightarrow 2CO_2 + H_2O$

   ∴ 이론공기량 = $\dfrac{2.5몰}{0.21(21\%)}$ ≒ 11.9몰

4) 프로페인 : $C_3H_8 + 5O_2 \rightarrow 3CO_2 + 4H_2O$

   ∴ 이론공기량 = $\dfrac{5몰}{0.21(21\%)}$ ≒ 23.81몰

※ 참고

수소의 완전연소반응식은 $H_2 + \dfrac{1}{2}O_2 \rightarrow H_2O$이다.

따라서 수소 1 [mol]이 완전연소하기 위해서 필요한 산소가 $\dfrac{1}{2}$ [mol]이다. 이때 필요한 이론공기량 [mol]을 구할 때, 전체 공기를 100 [vol%], 공기 중 산소를 21 [vol%]라고 가정하면 다음과 같은 비례식을 세울 수 있다.

$\dfrac{1}{2}$ [mol](필요한 산소) : x [mol](필요한 공기량)

= 21 [vol%](공기 중 산소) : 100 [vol%](전체 공기)

∴ 필요한 공기량 $x[mol] = \dfrac{\dfrac{1}{2}[mol] \times 100[vol\%]}{21[vol\%]}$

$= \dfrac{\dfrac{1}{2}[mol]}{0.21}$

※ 가연성 기체 1몰이 완전 연소하는 데 필요한 이론공기량

$x[mol]$

$\dfrac{완전 연소하는 데 필요한 산소 몰수[mol]}{0.21}$

2019

06 상 중 ⓗ

물의 소화능력에 관한 설명 중 틀린 것은?

① 다른 물질보다 비열이 크다.
② 다른 물질보다 융해잠열이 작다.
③ 다른 물질보다 증발잠열이 크다.
④ 밀폐된 장소에서 증발가열되면 산소희석작용을 한다.

해설 물소화약제 ─────

1) 비열, 증발잠열(기화잠열)이 큼
2) 가격이 저렴하고 쉽게 구할 수 있음
3) 무상주수 시 중질유화재 적응성
4) 밀폐된 곳에서 증발가열하면 산소 희석

07 상 ⓩ 하

화재실의 연기를 옥외로 배출시키는 제연방식으로 효과가 가장 적은 것은?

① 자연 제연방식
② 스모크 타워 제연방식
③ 기계식 제연방식
④ 냉난방설비를 이용한 제연방식

해설 제연방식 종류 ─────

1) 밀폐 제연방식
2) 자연 제연방식
3) 스모크타워 제연방식
4) 기계 제연방식
   • 제1종 : 송풍기 + 배연기
   • 제2종 : 송풍기
   • 제3종 : 배연기

08 상 ⓩ 하

분말소화약제의 취급 시 주의사항으로 틀린 것은?

① 습도가 높은 공기 중에 노출되면 고화되므로 항상 주의를 기울인다.
② 충전 시 다른 소화약제와 혼합을 피하기 위하여 종별로 각각 다른 색으로 착색되어 있다.
③ 실내에서 다량 방사하는 경우 분말을 흡입하지 않도록 한다.
④ 분말소화약제와 수성막포를 함께 사용할 경우 포의 소포현상을 발생시키므로 병용해서는 안 된다.

해설 분말소화약제 취급 시 주의사항 ─────

1) 습도가 높으면 고화현상 발생
2) 다른 약제와 혼합을 방지하기 위해 색상으로 구분
3) 분말소화약제를 흡입 시 피해 우려

보충 분말 + 수성막포 = 트윈에이전트시스템

09 상 중 ⓗ

건축물의 화재를 확산시키는 요인이라 볼 수 없는 것은?

① 비화   ② 복사열
③ 자연발화   ④ 접염

해설 화재 확산 요인 ─────

접염, 비화, 복사열

정답 06 ② 07 ④ 08 ④ 09 ③

10 상(중)하

석유, 고무, 동물의 털, 가죽 등과 같이 황성분을 함유하고 있는 물질이 불완전 연소될 때 발생하는 연소가스로 계란 썩는 듯한 냄새가 나는 기체는?

① 아황산가스　　　　② 시안화가스
③ 황화수소　　　　　④ 암모니아

해설 유해가스

연소가스	특징
일산화탄소 (CO)	• 불완전연소 시 발생 • 유독성 • 흡입 시 헤모글로빈과 결합하여 산소운반 저해
이산화탄소 (CO_2)	• 완전연소 시 발생 • 연소가스 중 가장 많은 양 발생 • 다량 흡입 시 호흡속도 증가
암모니아 (NH_3)	• 인체에 자극성이 큰 가연성 가스 • 질소함유물, 수지류, 나무 등이 연소 시 발생
포스겐 ($COCl_2$)	• PVC, 수지류, 염소가 함유된 가연물 연소 시 발생 • 맹독성(0.1 [ppm])
황화수소(H_2S)	• 달걀 썩는 냄새 • 독성, 부식성, 가연성 가스
시안화수소 (HCN)	• 질소함유물 등이 불완전연소 시 발생 • 청산가스
아크롤레인 (CH_2CHCHO)	• 맹독성(0.1 [ppm]) • 석유제품, 유지 등 연소 시 생성

11 상(중)하

다음 중 동일한 조건에서 증발잠열[kJ /kg]이 가장 큰 것은?

① 질소　　　　　　② 할론 1301
③ 이산화탄소　　　④ 물

해설 물소화약제

1) 비열, 증발잠열(기화잠열)이 큼
2) 가격이 저렴하고 쉽게 구할 수 있음
3) 무상주수 시 중질유화재 적용성
4) 밀폐된 곳에서 증발가열하면 산소 희석

12 상(중)하

탱크화재 시 발생되는 보일 오버(Boil Over)의 방지방법으로 틀린 것은?

① 탱크 내용물의 기계적 교반
② 물의 배출
③ 과열방지
④ 위험물 탱크 내의 하부에 냉각수 저장

해설 보일 오버 방지대책

1) 주기적으로 탱크 하부의 물 배수
2) 탱크 내용물의 기계적 교반
3) 탱크의 과열방지

> ※ 보일 오버(Boil Over)
> 중질유 탱크 저부의 에멀전(물)이 증발하면서 부피가 팽창하여 기름이 탱크 밖으로 화재를 동반하며 방출하는 현상

보충 ▶ 교반 : 물질을 섞어 혼합하는 일

13 상(중)하

화재 시 CO_2를 방사하여 산소농도를 11 [vol%]로 낮추어 소화하려면 공기 중 CO_2의 농도는 약 몇 [vol%]가 되어야 하는가?

① 47.6　　　　　　② 42.9
③ 37.9　　　　　　④ 34.5

해설 이산화탄소의 농도

$$CO_2\ 농도\ [vol\%] = \frac{21 - O_2[vol\%]}{21} \times 100$$

CO_2 농도 $= \dfrac{21 - O_2}{21} \times 100$

$= \dfrac{21 - 11}{21} \times 100 \fallingdotseq 47.61\ [vol\%]$

정답 10 ③ 11 ④ 12 ④ 13 ①

14 (상)(중)하

물소화약제를 어떠한 상태로 주수할 경우 전기화재의 진압에서도 소화능력을 발휘할 수 있는가?

① 물에 의한 봉상주수

② 물에 의한 적상주수

③ 물에 의한 무상주수

④ 어떤 상태의 주수에 의해서도 효과가 없다.

해설 물소화약제 주수형태

형태	내용	종류
봉상 주수	• 막대모양 물줄기로 주수 • 냉각효과, 파괴효과	옥내소화전 옥외소화전 연결송수관 설비
적상 주수	• 물방울 형태로 주수 • 냉각효과	스프링클러설비 연결살수설비
무상 주수	• 분무 상태로 주수 • 전기화재, 중질유화재	물분무소화설비 미분무소화설비

보충 ▶ 물 입자가 작은 분무 상태로 무상주수 시 전기 통하지 않음

15 (상)(중)하

도장작업 공정에서의 위험도를 설명한 것으로 틀린 것은?

① 도장작업 그 자체 못지않게 건조공정도 위험하다.

② 도장작업에서는 인화성 용제가 쓰이지 않으므로 폭발의 위험이 없다.

③ 도장작업장은 폭발 시를 대비하여 지붕을 시공한다.

④ 도장실의 환기 덕트를 주기적으로 청소하여 도료가 덕트 내에 부착되지 않게 한다.

해설 도장작업

시너, 벤젠 등 인화물질 다량 사용하여 항상 폭발 위험성 존재

16 (상)(중)하

방호공간 안에서 화재의 세기를 나타내고 화재가 진행되는 과정에서 온도에 따라 변하는 것으로 온도－시간곡선으로 표시할 수 있는 것은?

① 화재저항   ② 화재가혹도

③ 화재하중   ④ 화재플럼

해설 화재가혹도

1) 화재가혹도란 화재 시 당해 건물과 그 내부의 수용재산 등을 파괴하거나 손상을 입히는 정도를 뜻한다.

2) 화재가혹도 = 화재강도 × 화재하중

3) 가연물의 비표면적, 가연물의 배열 상태, 가연물의 발열량, 화재실의 구조(단열성), 공기(산소)의 공급 상황 등이 화재강도에 영향을 미치므로 이에 따라 화재가혹도도 달라진다.

4) 최고온도(화재강도)가 높을수록 지속시간(화재하중)이 길수록 화재가혹도가 커진다.

5) 방호공간 안에서 화재의 세기를 나타내고 화재가 진행되는 과정에서 온도에 따라 변하는 것으로 온도－시간 곡선으로 표시할 수 있다.

17 (상)(중)하

다음 위험물 중 특수인화물이 아닌 것은?

① 아세톤   ② 다이에틸에터

③ 산화프로필렌   ④ 아세트알데하이드

해설 제4류 위험물(인화성 액체)

품명	종류
특수인화물	다이에틸에터(디에틸에테르), 이황화탄소, 아세트알데하이드(아세트알데히드), 산화프로필렌
제1석유류	아세톤, 휘발유, 벤젠
제2석유류	등유, 경유, 초산, 아세트산, 아크릴산
제3석유류	중유, 크레오소트유, 아닐린
제4석유류	기어유, 실린더유

해설 스테판 볼츠만의 법칙

$$\text{단위 면적당 복사열량 } Q\,[W/m^2] = \sigma T^4$$

복사 : 열전달 매질 없이 전자파 형태로 열이 전달
스테판 볼츠만의 법칙에 의해 복사열은 절대온도의 4승에 비례한다.

보충 ▶ 매질 : 파동을 전달시키는 물질

[풀이 1]
- T[K]일 때 : $Q_1 = \sigma T^4$
- 2T[K]일 때 : $Q_2 = \sigma(2T)^4 = 16\sigma T^4$

$$\frac{Q_2}{Q_1} = \frac{16\sigma T^4}{\sigma T^4} = 16$$

$$\therefore Q_2 = 16 \times Q_1$$

[풀이 2]
$Q = \sigma T^4$
따라서 $Q \propto T^4$이므로
$Q_1 : T^4 = Q_2 : (2T)^4$
$Q_2 \times T^4 = Q_1 \times (2T)^4$
$\therefore Q_2 = 16 \times Q_1$

Q : 복사에너지 $[W/m^2]$
σ : 스테판 볼츠만 상수 $[W/m^2 \cdot K^4]$
T : 절대온도 [K]

18 상(중)하

다음 중 가연물의 제거를 통한 소화방법과 무관한 것은?

① 산불의 확산방지를 위하여 산림의 일부를 벌채한다.
② 화학반응기의 화재 시 원료 공급관의 밸브를 잠근다.
③ 전기실 화재 시 IG-541 약제를 방출한다.
④ 유류탱크 화재 시 주변에 있는 유류탱크의 유류를 다른 곳으로 이동시킨다.

해설 제거소화

방법	내용
격리	• 바람을 일으켜 가연물과 불꽃을 격리
소멸	• 가스밸브를 차단하여 가스 공급을 소멸 • 드레인밸브(배출밸브)를 개방하여 기름 배출 • 가연물을 다른 지역으로 이동
파괴	• 산불 화재 시 맞불, 벌목

보충 ▶ 화재 시 IG-541 약제를 방출 : 질식소화

20 상(중)하

산불화재의 형태로 틀린 것은?

① 지중화 형태 ② 수평화 형태
③ 지표화 형태 ④ 수관화 형태

해설 산불화재 형태

구분	산림 화재 형태
지중화	산림 지중 유기물(갈탄층) 연소
지표화	산림 지면의 낙엽, 관목이 타는 것
수간화	나무의 줄기가 타는 것
수관화	나무의 가지부분이 타는 것
비화	강풍에 의해 불꽃이 날아가 화염 확대

19 상 중(하)

화재 표면온도(절대온도)가 2배로 되면 복사에너지는 몇 배로 증가되는가?

① 2 ② 4
③ 8 ④ 16

2019

2019년 2회

소방전기일반

목표시간 : 30분 ｜ 시작 : _시 _분 ｜ 종료 : _시 _분 ｜ 맞은 개수 : _ /20

21 (상)(중)하

그림과 같은 회로에서 A-B 단자에 나타나는 전압은 몇 [V]인가?

① 20 　　　② 40
③ 60 　　　④ 80

해설 직 · 병렬에서의 전압, 전류분배 ─────

A-B 단자에 나타나는 전압

$$V_{80k\Omega} = \frac{R_2}{R_1 + R_2} \times V = 60[V]$$

$$V_{80k\Omega} = \frac{80}{80 + 80} \times 120 = 60[V]$$

22 (상)(중)하

부궤환 증폭기 장점에 해당되는 것은?

① 전력이 절약된다.
② 안정도가 증진된다.
③ 증폭도가 증가된다.
④ 능률이 증대된다.

해설 부궤환 증폭기의 장점 ─────

• 부궤환 : 피드백신호가 비교기에 입력할 때 (-)부호를 가지고 입력되는 것
• 안정도 증진
• 회로이득과 동적동작범위 균형유지
• 주파수 특성이 개선됨
• 일그러짐이 감소

23 (상)중 하

전기기기에서 생기는 손실 중 권선의 저항에 의하여 생기는 손실은?

① 철손
② 동손
③ 표유부하손
④ 히스테리시스손

해설 전기기기에서 발생하는 손실 ─────

① 철손 : 자속의 시간적 변화로 인해 발생되는 손실로서 히스테리시스 손과 와류손이 있다.
② 동손(저항손) : 권선의 저항에 의해 생기는 손실
③ 표유부하손 : 변압기 권선에서 누설자속에 의해 철심 외함이나 볼트 등에서 발생되는 손실
④ 유전체손 : 유전체 특성에 의해 발생되는 손실

정답 21 ③ 22 ② 23 ②

24 (상 중 하)

그림과 같은 무접점회로는 어떤 논리회로인가?

① NOR   ② OR
③ NAND   ④ AND

해설 NAND 게이트(무접점회로)

입력신호가 동시에 1일 때 출력신호 0

무접점
AND회로($A \times B$, $A \cdot B$)
OR회로($A + B$)
NOT회로(반전)

무접점
NAND회로(NOT + AND)
NOR회로(NOT + OR)
XOR회로(논리기호)

25 (상 중 하)

열감지기의 온도감지용으로 사용하는 소자는?

① 서미스터
② 바리스터
③ 제너다이오드
④ 발광다이오드

해설 서미스터

- 온도변화에 따라 저항값 변함
- 온도보상용, 온도계측용
- 부(-) 저항온도계수의 특성 : 온도 증가 시 저항 감소
- 열을 감지하는 감열저항체 소자

26 (상)(중)(하)

그림과 같은 회로에서 각 계기의 지시값이 ⓥ는 180 [V], Ⓐ 는 5 [A], W는 720 [W]라면 이 회로의 무효전력 [Var]은?

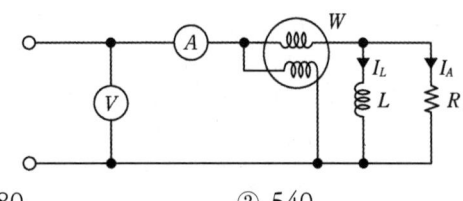

① 480
② 540
③ 960
④ 1200

해설 무효전력 계산 ────────

$$P_a = \sqrt{P^2 + P_r^2}$$
$$VI = \sqrt{P^2 + P_r^2}$$
$$180 \times 5 = \sqrt{720^2 + P_r^2}$$
$$\therefore P_r = 540 \, [Var]$$

P : 유효전력 [W]
P_r : 무효전력 [Var]
P_a : 피상전력 [VA]

해설 라플라스 변환 ────────

$$\sin \omega t = \frac{\omega}{s^2 + \omega^2}, \quad \sin t : \omega 에 1 대입$$

$$\cos \omega t = \frac{s}{s^2 + \omega^2}$$

$f(t)$	함수명	F(s)
$\delta(t)$	단위 임펄스 함수	1
$u(t)$	단위 계단 함수	$\dfrac{1}{s}$
t	단위 램프 함수	$\dfrac{1}{s^2}$
t^2	2차 램프 함수	$\dfrac{1}{s^3}$
t^n	n차 램프 함수	$\dfrac{1}{s^{n+1}}$
e^{at}	지수 함수	$\dfrac{1}{s-a}$
e^{-at}	지수 함수	$\dfrac{1}{s+a}$
$te^{\mp at}$	지수 램프 함수	$\dfrac{1}{(s \pm a)^2}$
$\sin \omega t$	정현파 함수	$\dfrac{\omega}{s^2 + \omega^2}$
$\cos \omega t$	여현파 함수	$\dfrac{s}{s^2 + \omega^2}$

27 (상)(중)(하)

정현파신호 sint의 전달함수는?

① $\dfrac{1}{s^2 + 1}$

② $\dfrac{1}{s^2 - 1}$

③ $\dfrac{s}{s^2 + 1}$

④ $\dfrac{s}{s^2 - 1}$

28 (상 중 하)

제어량이 압력, 온도 및 유량 등과 같은 공업량일 경우의 제어는?

① 시퀀스제어
② 프로세스제어
③ 추종제어
④ 프로그램제어

해설 제어량에 의한 분류

구분	내용	제어량
서보기구	기계적 변위를 제어량으로 하는 변화량제어	물체의 방위, 위치, 각도 등
프로세스제어	플랜트나 생산공정 중의 상태량 제어	온도, 압력, 유량, 농도 등
자동조정제어	제어량이 전기적, 기계적 양을 제어	주파수, 전압, 전류, 회전속도 힘 등

29 (상 중 하)

SCR를 턴온시킨 후 게이트전류를 0으로 하여도 온(ON) 상태를 유지하기 위한 최소의 애노드전류를 무엇이라 하는가?

① 래칭전류
② 스텐드온전류
③ 최대전류
④ 순시전류

해설 래칭전류

SCR이 OFF상태에서 ON 상태로의 전환이 이뤄지고, 트리거 신호가 제거된 직후에 SCR을 ON 상태로 유지하는 데 필요한 최소한의 양극전류를 래칭전류라 한다.

30 (상 중 하)

인덕턴스가 1 [H]인 코일과 정전용량이 0.2 [μF]인 콘덴서를 직렬 접속할 때 이 회로의 공진주파수는 몇 [Hz]인가?

① 89
② 178
③ 267
④ 356

해설 공진주파수

$$f_0 = \frac{1}{2\pi\sqrt{LC}} \, [\text{Hz}]$$
$$= \frac{1}{2 \times \pi \times \sqrt{1 \times (0.2 \times 10^{-6})}}$$
$$= 356 [\text{Hz}]$$

f_0 : 주파수 [Hz]
C : 커패시턴스 [F]
L : 인덕턴스 [H]

31 (상 중 하)

단상 반파정류회로에서 교류 실효값 220 [V]를 정류하면 직류 평균전압은 약 몇 [V]인가? (단, 정류기의 전압강하는 무시한다)

① 58
② 73
③ 88
④ 99

해설 단상 반파회로 직류전압(V_{av})

$$V_{av} = 0.45 \times V$$
$$= 0.45 \times 220 = 99 [V]$$

V : 교류전압 실효값 [V]

32 (상 중 하)

논리식 $X + \overline{X}Y$를 간단히 하면?

① X ② $X\overline{Y}$

③ $\overline{X}Y$ ④ $X + Y$

해설 논리식

$(X + \overline{X}) \cdot (X + Y) = X + Y$

정리	공식
항등법칙	$0 + A = A$, $1 + A = 1$, $0 \times A = 0$, $1 \times A = A$
동일법칙	$A + A = A$, $A \times A = A$
보원법칙	$A + \overline{A} = 1$, $A \times \overline{A} = 0$
복원법칙	$\overline{\overline{A}} = A$
교환법칙	$A + B = B + A$, $A \times B = B \times A$
결합법칙	$A + (B + C) = (A + B) + C$, $A(BC) = (AB)C$
분배법칙	$A(B + C) = AB + AC$, $A + BC = (A + B)(A + C)$
흡수법칙	$A + AB = A$, $A(A + B) = A$ $A + \overline{A}B = (A + \overline{A})(A + B) = A + B$

33 (상 중 하)

온도 t [℃]에서 저항이 R_1, R_2이고 저항의 온도계수가 각각 α_1, α_2인 두 개의 저항을 직렬로 접속했을 때 합성저항 온도계수는?

① $\dfrac{R_1\alpha_2 + R_2\alpha_1}{R_1 + R_2}$

② $\dfrac{R_1\alpha_1 + R_2\alpha_2}{R_1 R_2}$

③ $\dfrac{R_1\alpha_1 + R_2\alpha_2}{R_1 + R_2}$

④ $\dfrac{R_1\alpha_2 + R_2\alpha_1}{R_1 R_2}$

해설 합성온도계수

$$\alpha_1 R_1 \quad\quad \alpha_2 R_2$$

- 합성저항 $= \alpha_1 R_1 + \alpha_2 R_2$

- 온도계수 $= \dfrac{\text{합성저항}}{\text{저항성분}} = \dfrac{\alpha_1 R_1 + \alpha_2 R_2}{R_1 + R_2}$

34 (상 중 하)

단상전력을 간접적으로 측정하기 위해 3전압계법을 사용하는 경우 단상 교류전력 P [W]는?

① $P = \dfrac{1}{2R}(V_3 - V_2 - V_1)^2$

② $P = \dfrac{1}{R}(V_3^2 - V_2^2 - V_1^2)$

③ $P = \dfrac{1}{2R}(V_3^2 - V_2^2 - V_1^2)$

④ $P = V_3 I \cos\theta$

해설 3전압계법

$$P = \dfrac{1}{2R}(V_3^2 - V_2^2 - V_1^2)$$

TIP 3전류계법 : $P = \dfrac{R}{2}(I_3^2 - I_2^2 - I_1^2)$

P : 유효전력 [W]

R : 저항 [Ω]

정답 32 ④ 33 ③ 34 ③

35 (상)(중)하

그림과 같은 R-L직렬회로에서 소비되는 전력은 몇 [W]인가?

4Ω 3Ω

200V

① 6400

② 8800

③ 10000

④ 12000

해설 소비전력 [W]

$$I = \frac{V}{Z} = \frac{V}{\sqrt{R^2 + X^2}} = \frac{200}{\sqrt{4^2 + 3^2}} = 40[A]$$

$$(Z = 4 + j3[\Omega])$$

$$P = I^2 R = 40^2 \times 4 = 6,400[W]$$

P : 유효전력 [W]

V : 전압 [V]

I : 전류 [A]

Z : 임피던스 [Ω]

R : 저항 [Ω]

36 (상)중 하

선간전압 E [V]의 3상 평형전원에 대칭 3상 저항부하 R [Ω]이 그림과 같이 접속되었을 때 a, b 두 상 간에 접속된 전력계의 지시값이 W라면 C상의 전류는?

① $\dfrac{2W}{\sqrt{3}\,E}$

② $\dfrac{3W}{\sqrt{3}\,E}$

③ $\dfrac{W}{\sqrt{3}\,E}$

④ $\dfrac{\sqrt{3}\,W}{\sqrt{E}}$

해설 1전력계법

• 3상 전력

$$P = \sqrt{3}\,VI\cos\theta$$

저항만의 성분이므로 $\cos\theta = 1$

• $P = \sqrt{3}\,VI$ 에서 $P_1 + P_2 = \sqrt{3}\,VI$ 가 되므로

$$I = \frac{2W}{\sqrt{3}\,E}$$

TIP W가 1개만 있으면 2 [W]

$\cos\theta$ 없으면 무시

2019

37 (상 **중** 하)

교류전력변환장치로 사용되는 인버터회로에 대한 설명으로 옳지 않은 것은?

① 직류전력을 교류전력으로 변환하는 장치를 인버터라고 한다.
② 전류형 인버터와 전압형 인버터로 구분할 수 있다.
③ 전류방식에 따라서 타려식과 자려식으로 구분할 수 있다.
④ 인버터의 부하장치에는 직류직권전동기를 사용할 수 있다.

해설 인버터회로의 특징 ──────────

- 직류전력을 교류전력으로 변환
- 구분 : 전류형·전압형 인버터
- 전류방식 구분 : 타려식, 자려식
- 인버터의 부하장치 : 동기전동기, 3상유도전동기
- 교류전압을 직류전압으로 바꾸는 것 : 컨버터

38 (상 중 **하**)

다이오드를 사용한 정류회로에서 과전압방지를 위한 대책으로 가장 알맞은 것은?

① 다이오드를 직렬로 추가한다.
② 다이오드를 병렬로 추가한다.
③ 다이오드의 양단에 적당한 값의 저항을 추가한다.
④ 다이오드의 양단에 적당한 값의 콘덴서를 추가한다.

해설 다이오드 접속 ──────────

직렬	과전압으로부터 보호	
병렬	과전류로부터 보호	

39 (**상** 중 하)

이미터 전류를 1 [mA] 증가시켰더니 컬렉터 전류는 0.98 [mA] 증가되었다. 이 트랜지스터의 증폭률 β는?

① 4.9
② 9.8
③ 49.0
④ 98.0

해설 증폭률 ──────────

이미터전류 : $I_e = I_b + I_c$

$$1 = I_b + 0.98$$

- 베이스전류 : $I_b = 1 - 0.98 = 0.02 \, [\text{mA}]$

- 증폭률 : $\beta = \dfrac{I_c}{I_b} = \dfrac{0.98}{0.02} = 49$

I_c : 컬렉터 전류

40 (상(중)하)

저항이 4 [Ω], 인덕턴스가 8 [mH]인 코일을 직렬로 연결하고 100 [V], 60 [Hz]인 전압을 공급할 때 유효전력은 약 몇 [kW]인가?

① 0.8   ② 1.2

③ 1.6   ④ 2.0

해설 유효전력 계산 —————————————

$$X_L = \omega L = 2\pi f L$$
$$= 2\pi \times 60 \times (8 \times 10^{-3})$$
$$= 3[\Omega]$$

$$P = I^2 R = \frac{V^2}{R^2 + X_L^2} \times R$$

$$= \frac{100^2}{4^2 + 3^2} \times 4 = 1600[W] = 1.6[kW]$$

X_L : 유도리액턴스 [Ω]

L : 인덕턴스 [H]

f : 주파수 [Hz]

R : 저항 [Ω]

V : 전압 [V]

$※\ P = I^2 R_1$

$$I = \frac{V}{Z} = \frac{V}{\sqrt{R^2 + X_L^2}}$$

$$\therefore P = \frac{V^2}{R^2 + X_L^2} \times R$$

소방관계법규

3회독	월	일
2회독	월	일
1회독	월	일

| 목표시간 : 20분 | 시작 : _시 _분 | 종료 : _시 _분 | 맞은 개수 : _ /20 |

41 (상 ⓒ 하)

소방시설을 구분하는 경우 소화설비에 해당되지 않는 것은?

① 스프링클러설비
② 제연설비
③ 자동확산소화기
④ 옥외소화전설비

해설 소화설비 ──────────

구분	종류
소화기구	• 소화기 • 간이소화용구 • 자동확산소화기
자동소화장치	• 주거용 주방자동소화장치 • 상업용 주방자동소화장치 • 캐비닛형 자동소화장치 • 가스자동소화장치 • 분말자동소화장치 • 고체에어로졸자동소화장치
옥내소화전설비	(호스릴 포함)
스프링클러설비등	• 스프링클러설비 • 간이스프링클러설비(캐비닛형 포함) • 화재조기진압용 스프링클러설비
물분무등소화설비	• 물분무소화설비 • 미분무소화설비 • 포소화설비 • 이산화탄소소화설비 • 할론소화설비 • 할로겐화합물 및 불활성기체소화설비
물분무등소화설비	• 분말소화설비 • 강화액소화설비 • 고체에어로졸소화설비
옥외소화전설비	–

보충 ▶ 제연설비 : 소화활동설비

42 (상 ⓒ 하)

화재안전조사 결과 소방대상물의 위치·구조·설비 또는 관리상황이 화재나 재난·재해 예방을 위하여 보완될 필요가 있거나 화재가 발생하면 인명 또는 재산 피해가 클 것으로 예상되는 때 관계인에게 그 소방대상물의 개수·이전·제거, 사용의 금지 또는 제한, 사용폐쇄, 공사의 정지 또는 중지, 그 밖의 필요한 조치를 명할 수 있는 자로 틀린 것은?

① 시·도지사
② 소방서장
③ 소방청장
④ 소방본부장

해설 화재안전조사 결과에 따른 조치명령 ──────

1) 명령권자 : 소방관서장
2) 관계인에게 그 소방대상물의 개수·이전·제거, 사용의 금지 또는 제한, 사용폐쇄, 공사의 정지 또는 중지, 그 밖에 필요한 조치
   (1) 소방대상물의 위치·구조·설비 또는 관리에 보완 필요 시
   (2) 화재발생 시 인명 또는 재산 피해가 클 것으로 예상될 때
3) 관계인에게 조치를 명령 또는 관계 행정기관의 장에게 필요한 조치 요청
   (1) 법령을 위반하여 건축 또는 설비
   (2) 소방시설등, 피난시설·방화구획, 방화시설 등이 법령에 적합하게 설치·관리되지 않은 경우

43 (상(중)하)

소방시설 설치 및 관리에 관한 법령상 둘 이상의 특정소방대상물이 내화구조로 된 연결통로가 벽이 없는 구조로서 그 길이가 몇 [m] 이하인 경우 하나의 소방대상물로 보는가?

① 6 ② 9
③ 10 ④ 12

해설 하나의 소방대상물로 보는 경우 ──────

1) 내화구조로 된 연결통로로 연결된 경우
 (1) 벽이 없는 구조 : 길이 6 [m] 이하
 (2) 벽이 있는 구조 : 길이 10 [m] 이하
 • 벽 높이가 바닥에서 천장 높이의 1/2 이상 : 벽이 있는 구조
 • 벽 높이가 바닥에서 천장 높이의 1/2 미만 : 벽이 없는 구조

2) 내화구조가 아닌 연결통로로 연결된 경우
3) 컨베이어로 연결되거나 플랜트설비의 배관 등으로 연결되어 있는 경우
4) 지하보도, 지하상가, 터널로 연결된 경우
5) 자동방화셔터 또는 60분+ 방화문이 설치되지 않은 피트(전기설비 또는 배관설비등이 설치되는 공간)로 연결된 경우
6) 지하구로 연결된 경우

44 (상 중(하))

소방대라 함은 화재를 진압하고 화재, 재난·재해 그 밖의 위급한 상황에서 구조·구급 활동 등을 하기 위하여 구성된 조직체를 말한다. 소방대의 구성원으로 틀린 것은?

① 소방공무원 ② 소방안전관리원
③ 의무소방원 ④ 의용소방대원

해설 소방대 구성원 ──────

• 소방**공**무원
• 의**무**소방원
• 의**용**소방대원

`암기` 공무용

45 (상(중)하)

소방시설관리업자가 기술 인력을 변경하는 경우, 시·도지사에게 제출하여야 하는 서류로 틀린 것은?

① 소방시설관리업 등록수첩
② 변경된 기술인력 기술자격증(자격수첩)
③ 기술인력 연명부
④ 사업자등록증 사본

해설 등록사항 변경신고 ──────

1) 변경신고 : 30일 이내(시·도지사)
2) 제출서류
 (1) 명칭·상호·영업소소재지 변경 : 소방시설관리업등록증 및 등록수첩
 (2) 대표자 변경 : 소방시설관리업등록증 및 등록수첩
 (3) 기술인력 변경
  ① 소방시설관리업등록수첩
  ② 변경된 기술인력 기술자격증(경력수첩 포함)
  ③ 소방기술인력대장

2 0 1 9

46 (상⑤하)

제4류 위험물을 저장·취급하는 제조소에 "화기엄금"이란 주의사항을 표시하는 게시판을 설치할 경우 게시판의 색상은?

① 청색바탕에 백색문자
② 적색바탕에 백색문자
③ 백색바탕에 적색문자
④ 백색바탕에 흑색문자

해설 위험물제조소 게시판 설치기준 ─────────

분류	주의사항	색상
• 제1류 위험물 중 알칼리금속의 과산화물 • 제3류 위험물 중 금수성 물질	물기엄금	청색바탕 백색문자
• 제2류 위험물(인화성 고체 제외)	화기주의	적색바탕 백색문자
• 제2류 위험물 중 인화성 고체 • 제3류 위험물 중 자연발화성 물질 • 제4류 위험물 • 제5류 위험물	화기엄금	
• 제6류 위험물	별도 표시 안함	

암기▶ 물청바, 화적바

47 (상⑤하)

다음 중 품질이 우수하다고 인정되는 소방용품에 대하여 우수품질인증을 할 수 있는 자는?

① 산업통상자원부장관
② 시·도지사
③ 소방청장
④ 소방본부장 또는 소방서장

해설 우수품질 제품 인증 ─────────

1) 소방청장은 형식승인의 대상이 되는 소방용품 중 품질이 우수하다고 인정하는 소방용품에 대하여 인증(이하 "우수품질인증"이라 한다)을 할 수 있다.
2) 우수품질인증을 받으려는 자는 행정안전부령으로 정하는 바에 따라 소방청장에게 신청하여야 한다.
3) 우수품질인증을 받은 소방용품에는 우수품질인증 표시를 할 수 있다.
4) 우수품질인증의 유효기간은 5년의 범위에서 행정안전부령으로 정한다.
5) 소방청장은 다음 각 호의 어느 하나에 해당하는 경우에는 우수품질인증을 취소할 수 있다. 다만 제1호에 해당하는 경우에는 우수품질인증을 취소하여야 한다.
   (1) 거짓이나 그 밖의 부정한 방법으로 우수품질인증을 받은 경우
   (2) 우수품질인증을 받은 제품이 「발명진흥법」에 따른 산업재산권 등 타인의 권리를 침해하였다고 판단되는 경우
6) 1)부터 5)까지에서 규정한 사항 외에 우수품질인증을 위한 기술기준, 제품의 품질관리 평가, 우수품질인증의 갱신, 수수료, 인증표시 등 우수품질인증에 필요한 사항은 행정안전부령으로 정한다.

정답 46 ② 47 ③

48 (상 중 하)

다음 중 고급기술자에 해당하는 학력·경력기준으로 옳은 것은?

① 박사학위를 취득한 후 2년 이상 소방 관련 업무를 수행한 사람
② 석사학위를 취득한 후 4년 이상 소방 관련 업무를 수행한 사람
③ 학사학위를 취득한 후 8년 이상 소방 관련 업무를 수행한 사람
④ 고등학교를 졸업 후 10년 이상 소방 관련 업무를 수행한 사람

해설 소방기술자 학력·경력에 따른 기술등급 ————

등급	소방 관련 학과 학력 경력자	소방 관련 학과 이외 경력자
특급	• 박사 + 3년 이상 • 석사 + 7년 이상 • 학사 + 11년 이상 • 전문학사학위 + 15년 이상	–
고급	• 박사 + 1년 이상 • 석사 + 4년 이상 • 학사 + 7년 이상 • 전문학사학위 + 10년 이상 • 고등학교 소방학과 + 13년 • 고등학교 졸업 + 15년 이상	• 학사 + 12년 이상 • 전문학사학위 + 15년 이상 • 고등학교 졸업 + 18년 이상 • 22년 이상 소방 관련 업무
중급	• 박사 • 석사 + 2년 이상 • 학사 + 5년 이상 • 전문학사학위 + 8년 이상 • 고등학교 소방학과 + 10년 • 고등학교 졸업 + 12년 이상	• 학사 + 9년 이상 • 전문학사학위 + 12년 이상 • 고등학교 졸업 + 15년 이상 • 18년 이상 소방 관련 업무
초급	• 석사, 학사 • 관련 학과 졸업 • 전문학사학위 + 2년 이상 • 고등학교 소방학과 + 3년 • 고등학교 졸업 + 5년 이상	• 학사 + 3년 이상 • 전문학사학위 + 5년 이상 • 고등학교 졸업 + 7년 이상 • 9년 이상 소방 관련 업무

49 (상 중 하)

소방기본법령상 인접하고 있는 시·도 간 소방업무의 상호 응원협정을 체결하고자 할 때, 포함되어야 하는 사항으로 틀린 것은?

① 소방교육·훈련의 종류에 관한 사항
② 화재의 경계·진압활동에 관한 사항
③ 출동대원의 수당·식사 및 피복의 수선의 소요경비의 부담에 관한 사항
④ 화재조사활동에 관한 사항

해설 소방업무 상호응원협정 ————

1) 상호응원협정 체결 : 시·도지사
2) 소방활동에 관한 사항
   • 화재 경계·진압활동
   • 구조·구급업무 지원
   • 화재조사활동
3) 응원출동대상지역 및 규모
4) 소요경비 부담에 관한 사항
   • 출동대원 수당·식사 및 피복 수선
   • 소방장비 및 기구 정비와 연료 보급
5) 응원출동 요청방법
6) 응원출동훈련 및 평가

50 (상⟨중⟩하)

화재의 예방 및 안전관리에 관한 법령상 위험물 또는 물건의 보관기간은 소방 본부 또는 소방서의 게시판에 공고하는 기간의 종료일 다음 날부터 며칠로 하는가?

① 3일   ② 5일

③ 7일   ④ 14일

해설 위험물 또는 물건의 보관 ────────

- 다음 물건의 소유자·관리자·점유자를 알 수 없는 경우 소속 공무원으로 하여금 그 물건을 옮기거나 보관하는 등 필요한 조치를 하게 할 수 있음
  ① 목재, 플라스틱 등 가연성이 큰 물건의 제거, 이격, 적재 금지 등
  ② 소방차량의 통행이나 소화활동에 지장을 줄 수 있는 물건의 이동
- 옮기거나 치운 물건 등은 보관해야 함
- 공고기간 : 14일 동안
- 보관기간 : 공고기간 종료일 다음 날부터 7일
- 보관기간이 종료되는 때에는 보관하고 있는 옮긴 물건을 매각 : 소방관서장
- 소방관서장은 보관하던 옮긴 물건을 매각한 경우 지체 없이 「국가재정법」에 따라 세입조치할 것
- 소방관서장은 매각되거나 폐기된 옮긴 물건의 소유자가 보상 요구 시 보상금액에 대하여 소유자와 협의를 거쳐 보상할 것

51 (상 중⟨하⟩)

지정수량의 최소 몇 배 이상의 위험물을 취급하는 제조소에는 피뢰침을 설치해야 하는가? (단, 제6류 위험물을 취급하는 위험물제조소는 제외하고, 제조소 주위의 상황에 따라 안전상 지장이 없는 경우도 제외한다)

① 5배   ② 10배

③ 50배   ④ 100배

해설 위험물 제조소 피뢰설비 ────────

지정수량 10배 이상인 옥외탱크저장소 피뢰침 설치(제6류 위험물 제조소 제외)

암기 피식

52 (상⟨중⟩하)

산화성 고체인 제1류 위험물에 해당되는 것은?

① 질산염류   ② 특수인화물

③ 과염소산   ④ 유기과산화물

해설 제1류 위험물(산화성 고체) ────────

품명	지정수량
아염소산염류	50 [kg]
염소산염류	
과염소산염류	
무기과산화물	
브로민산염류	300 [kg]
질산염류	
아이오드산염류	
과망가니즈산염류	1000 [kg]
다이크로뮴산염류	

암기 아염과무 브질아과다

53 상⟨중⟩하

위험물안전관리법상 청문을 실시하여 처분해야 하는 것은?

① 제조소등 설치허가의 취소
② 제조소등 영업정지 처분
③ 탱크시험자의 영업정지 처분
④ 과징금 부과 처분

해설 청문(위험물법) ────────────

1) 청문실시자 : 시·도지사, 소방본부장, 소방서장
2) 청문을 실시하는 경우
   • <u>제조소등 설치허가 취소</u>
   • 탱크시험자 등록취소

54 상⟨중⟩하

소방시설 설치 및 관리에 관한 법령상 특정소방대상물 중 오피스텔은 어느 시설에 해당하는가?

① 숙박시설
② 일반업무시설
③ 공동주택
④ 근린생활시설

해설 업무시설 ────────────

1) 공공업무시설 : 국가 또는 지방자치단체의 청사, 외국공관의 건축물
2) <u>일반업무시설 : 금융업소, 사무소, 신문사, 오피스텔</u>
3) 주민자치센터(동사무소), 경찰서, 지구대, 파출소, 소방서, 119안전센터, 우체국, 보건소, 공공도서관, 국민건강보험공단
4) 마을회관, 마을공동작업소, 마을공동구판장
5) 변전소, 양수장, 정수장, 대피소, 공중화장실

55 상⟨중⟩하

소방시설 설치 및 관리에 관한 법령상, 종사자 수가 5명이고, 숙박시설이 모두 2인용 침대이며 침대수량은 50개인 청소년 시설에서 수용인원은 몇 명인가?

① 55   ② 75
③ 85   ④ 105

해설 수용인원 산정방법 ────────────

1) 숙박시설이 있는 특정소방대상물
   • <u>침대 있는 경우 : 종사자 수 + 침대 수</u>
   • 침대 없는 경우 : 종사자 수 + $\dfrac{\text{바닥면적 합계}}{3\,m^2}$

2) 수용인원 = 5 + (50 × 2) = 105명

> **보충▶** 숙박시설 이외의 특정소방대상물
> • 강의실·교무실·상담실·실습실·휴게실 용도로 쓰이는 특정소방대상물 : 바닥면적 합계 / 1.9 [m²]
> • 강당·문화집회시설·운동시설·종교시설 : 바닥면적 합계 / 4.6 [m²]
> • 관람석에 고정식 의자가 있는 경우 : 의자 수
> • 관람석에 긴 의자가 있는 경우 : 의자의 정면너비 / 0.45 [m]
> • 그 밖의 대상물 : 바닥면적 합계 / 3 [m²]

TIP 2인용 침대는 2인으로 산정

2019

56 (상중하)

다음 중 300만 원 이하의 벌금에 해당되지 않는 것은?

① 등록수첩을 다른 자에게 빌려준 자
② 소방시설공사의 완공검사를 받지 아니한 자
③ 소방기술자가 동시에 둘 이상의 업체에 취업한 사람
④ 소방시설공사 현장에 감리원을 배치하지 아니한 자

해설 300만 원 이하 벌금 ─────────

[소방시설법]
1) 업무를 수행하면서 알게 된 비밀을 이 법에서 정한 목적 외의 용도로 사용하거나 다른 사람 또는 기관에 제공하거나 누설한 자
2) 방염성능검사에 합격하지 아니한 물품에 합격표시를 하거나 합격표시를 위조하거나 변조하여 사용한 자
3) 방염성능검사 시 거짓 시료 제출
4) 자체점검 결과의 조치를 하지 아니한 관계인 또는 관계인에게 중대위반사항을 알리지 아니한 관리업자 등

[소방공사업법]
1) 다른 자에게 자기의 성명이나 상호를 사용하여 소방시설공사 등을 수급 또는 시공하게 하거나 소방시설업의 등록증이나 등록수첩을 빌려준 자
2) 소방시설공사 현장에 감리원을 배치하지 아니한 감리업자
3) 감리업자의 보완 요구에 따르지 아니한 공사업자
4) 감리업자가 공사업자의 위반사항을 소방서장에게 보고했다는 사유로 감리업자와의 공사감리 계약을 해지하거나 대가 지급을 거부하거나 지연시키거나 불이익을 준 관계인
5) 소방시설공사를 다른 업종의 공사와 분리하여 도급하지 아니한 관계인 또는 발주자
6) 자격수첩 또는 경력수첩을 빌려 준 사람
7) 동시에 둘 이상의 업체에 취업한 사람
8) 관계인의 정당한 업무를 방해하거나 업무상 알게 된 비밀을 누설한 관계 공무원

보충 관리업 등록증·등록수첩 빌려준 자 : 1년 이하의 징역 또는 1천 만 원 이하의 벌금
소방시설공사업 완공검사 받지 않은 자
: 과태료 200만 원

57 (상중하)

소방시설 설치 및 관리에 관한 법령상 건축허가등의 동의를 요구한 기관이 그 건축허가등을 취소하였을 때, 최소한 날부터 최대 며칠 이내에 건축물등의 시공지 또는 소재지를 관할하는 소방본부장 또는 소방서장에게 그 사실을 통보하여야 하는가?

① 3일
② 4일
③ 7일
④ 10일

해설 건축허가 동의요구 ─────────

• 승인자 : 소방본부장, 소방서장
• 회신 : 동의요구서류 접수한 날로부터 5일(특급소방안전관리대상물 10일) 이내
• 동의요구서·첨부서류 보완 : 4일 이내
• 건축허가 취소 사실 통보 : 7일 이내(관할 시공지·소재지 소방본부장, 소방서장)

58 (상중하)

소방기본법상 화재 현장에서의 피난 등을 체험할 수 있는 소방체험관의 설립·운영권자는?

① 시·도지사
② 행정안전부장관
③ 소방본부장 또는 소방서장
④ 소방청장

해설 소방박물관, 체험관

소방박물관	소방체험관
소방청장	시·도지사
행정안전부령	시·도 조례
① 국내·외의 소방의 역사, ② 소방공무원의 복장 및 소방장비 등의 변천 및 발전에 관한 자료를 수집·보관 및 전시	① 재난·안전사고 유형에 따른 예방, 대처, 대응 등에 관한 체험교육 ② 체험교육 프로그램의 개발 및 국민 안전의식 향상을 위한 홍보·전시 ③ 체험교육 인력의 양성 및 유관기관·단체 등과 협력 ④ 시·도지사가 인정하는 사업
① 소방박물관장 1인(소방공무원 중 소방청장이 임명), 부관장 1인 ② 운영위원회 : 7인 이내	–

59 상 **중** 하

소방기본법령상 소방활동구역의 출입자에 해당되지 않는 자는?

① 소방활동구역 안에 있는 소방대상물의 소유자·관리자 또는 점유자
② 전기·가스·수도·통신·교통의 업무에 종사하는 사람으로서 원활한 소방활동을 위하여 필요한 자
③ 화재건물과 관련 있는 부동산업자
④ 취재인력 등 보도업무에 종사하는 자

해설 소방활동구역

1) 설정
  (1) 설정권자 : 소방대장
  (2) 소방활동구역을 정하여 소방활동에 필요한 사람으로서 대통령령으로 정하는 사람 외에는 그 구역에 출입하는 것을 제한

2) 출입자
  (1) 소방활동구역 안에 있는 소방대상물의 소유자·관리자·점유자
  (2) 전기·가스·수도·통신·교통의 업무 종사자로서 소방활동을 위해 필요한 사람
  (3) 의사·간호사 그 밖의 구조·구급업무 종사자
  (4) 취재인력 등 보도업무 종사자
  (5) 수사업무 종사자
  (6) 그 밖에 소방대장이 소방활동을 위해 출입을 허가한 사람
3) 경찰공무원은 소방대가 소방활동구역에 있지 않거나 소방대장의 요청이 있을 때에는 출입제한 조치를 할 수 있음

60 상 **중** 하

소방본부장 또는 소방서장은 건축허가등의 동의요구 서류를 접수한 날부터 최대 며칠 이내에 건축허가등의 동의 여부를 회신하여야 하는가? (단, 허가 신청한 건축물은 지상으로부터 높이가 200 [m]인 아파트이다)

① 5일   ② 7일
③ 10일   ④ 15일

해설 건축허가 동의요구

• 승인자 : 소방본부장, 소방서장
• 회신 : 동의요구서류 접수한 날로부터 5일(특급소방안전관리대상물 10일) 이내
• 동의요구서·첨부서류 보완 : 4일 이내
• 건축허가 취소 사실 통보 : 7일 이내(관할 시공지·소재지 소방본부장, 소방서장)

보충 ▶ 200 [m] 이상 아파트 : 특급소방안전관리대상물

2019

소방전기시설의 구조 및 원리

목표시간 : 30분	시작 : _시 _분	종료 : _시 _분	맞은 개수 : _ /20

61 상(중)하

무선통신보조설비의 증폭기에는 비상전원이 부착된 것으로 하고, 비상전원의 용량은 무선통신보조설비를 유효하게 몇 분 이상 작동시킬 수 있는 것이어야 하는가?

① 10분   ② 20분
③ 30분   ④ 40분

해설 증폭기

1) 전원은 전기가 정상적으로 공급되는 축전지, 전기저장장치 또는 교류전압 옥내간선으로 하고, 전원까지의 배선은 전용으로 할 것
2) 증폭기의 전면에는 주회로의 전원이 정상인지의 여부를 표시할 수 있는 표시등 및 전압계를 설치할 것
3) 증폭기에는 비상전원이 부착된 것으로 하고 해당 비상전원 용량은 무선통신보조설비를 유효하게 30분 이상 작동시킬 수 있는 것으로 할 것
4) 증폭기 및 무선중계기를 설치하는 경우 적합성 평가를 받은 제품으로 설치하고 임의로 변경하지 않도록 할 것
5) 디지털방식의 무전기를 사용하는 데 지장이 없도록 설치할 것

62 상(중)하

비상방송설비의 배선에 대한 설치기준으로 틀린 것은?

① 배선은 다른 용도의 전선과 동일한 관, 덕트, 몰드 또는 풀박스 등에 설치할 것
② 전원회로의 배선은 옥내소화전설비의 화재안전기준에 따른 내화배선으로 설치할 것
③ 화재로 인하여 하나의 층의 확성기 또는 배선이 단락 또는 단선되어도 다른 층의 화재통보에 지장이 없도록 할 것
④ 부속회로의 전로와 대지 사이 및 배선 상호 간의 절연저항은 1경계구역마다 직류 250 [V]의 절연저항측정기를 사용하여 측정한 절연저항이 0.1 [$M\Omega$] 이상이 되도록 할 것

해설 비상방송설비 배선

1) 화재로 인해 하나의 층의 확성기 또는 배선이 단락 또는 단선되어도 다른 층의 화재 통보에 지장이 없을 것
2) 전원회로의 배선은 내화배선
3) 그 밖의 배선은 내화배선 또는 내열배선으로 할 것
4) 절연저항
  ⑴ 전원회로의 전로와 대지 사이 및 배선 상호 간
     전기사업법 기술기준 적용
  ⑵ 부속회로의 전로와 대지 사이 및 배선 상호 간
     1 경계구역마다 직류 250 [V]의 절연저항측정기를 사용하여 측정한 절연저항 0.1 [MΩ] 이상
5) 위치 : 별도 관·덕트 몰드·풀박스

정답 61 ③ 62 ①

63 (상 중 하)

비상콘센트설비의 설치기준으로 틀린 것은?

① 개폐기에는 "비상콘센트"라고 표시한 표지를 할 것
② 하나의 전용회로에 설치하는 비상콘센트는 10개 이하로 할 것
③ 비상전원을 실내에 설치하는 때에는 그 실내에 비상조명등을 설치할 것
④ 비상전원은 비상콘센트설비를 유효하게 10분 이상 작동시킬 수 있는 용량으로 할 것

해설 비상콘센트설비 설치기준

1) 전원회로 : 단상교류는 220 [V], 공급용량은 1.5 [kVA] 이상
2) 전원회로는 각 층에 2 이상이 되도록 설치(다만 설치하여야 할 층의 비상콘센트가 1개인 때에는 하나의 회로로 할 수 있다)
3) 전원회로는 주배전반에서 전용회로로 할 것
4) 전원으로부터 각 층의 비상콘센트에 분기되는 경우에는 분기배선용 차단기를 보호함 안에 설치할 것
5) 콘센트마다 배선용 차단기를 설치하여야 하며, 충전부가 노출되지 아니하도록 할 것
6) 개폐기에는 "비상콘센트"라고 표시한 표지를 할 것
7) 비상콘센트용의 풀박스 등은 방청도장을 한 것으로서, 두께 1.6 [mm] 이상의 철판으로 할 것
8) 하나의 전용회로에 설치하는 비상콘센트는 10개 이하로 할 것. 이 경우 전선 용량은 각 비상콘센트(비상콘센트가 3개 이상인 경우에는 3개)의 공급용량을 합한 용량 이상의 것으로 하여야 한다.

64 (상 중 하)

비상전원이 비상조명등을 60분 이상 유효하게 작동시킬 수 있는 용량으로 하지 않아도 되는 특정소방대상물은?

① 지하상가
② 숙박시설
③ 무창층으로서 용도가 소매시장
④ 지하층을 제외한 층수가 11층 이상의 층

해설 비상조명등

1) 특정소방대상물의 각 거실과 그로부터 지상에 이르는 복도·계단 및 그 밖의 통로에 설치할 것
2) 조도는 비상조명등이 설치된 장소의 각 부분의 바닥에서 1 [lx] 이상이 되도록 할 것
3) 예비전원을 내장하는 비상조명등에는 평상시 점등 여부를 확인할 수 있는 점검스위치를 설치하고 해당 조명등을 유효하게 작동시킬 수 있는 용량의 축전지와 예비전원 충전장치를 내장할 것
4) 예비전원을 내장하지 않는 비상조명등의 비상전원은 자가발전설비, 축전지설비 또는 전기저장장치를 다음 각 목의 기준에 따라 설치할 것
   (1) 점검 편리하고 화재 및 침수 등의 재해로 인한 피해를 받을 우려가 없는 곳에 설치
   (2) 상용전원으로부터 전력의 공급이 중단된 때에는 자동으로 비상전원으로부터 전력을 공급받을 수 있도록 할 것
   (3) 비상전원의 설치장소는 다른 장소와 방화구획할 것(이 경우 그 장소에는 비상전원의 공급에 필요한 기구나 설비 외의 것을 두어서는 안 된다)
   (4) 비상전원을 실내에 설치하는 때에는 그 실내에 비상조명등을 설치할 것
5) 비상전원은 비상조명등을 20분 이상 유효하게 작동시킬 수 있는 용량으로 할 것. 다만 다음 각 목의 특정소방대상물의 경우에는 그 부분에서 피난층에 이르는 부분의 비상조명등을 60분 이상 유효하게 작동시킬 수 있는 용량으로 해야 한다.
   (1) 지하층을 제외한 층수가 11층 이상의 층
   (2) 지하층 또는 무창층으로서 용도가 도매시장·소매시장·여객자동차터미널·지하역사 또는 지하상가
6) 비상조명등의 설치 면제 요건에서 "그 유도등의 유효범위 안의 부분"이란 유도등의 조도가 바닥에서 1 [lx] 이상이 되는 부분을 말한다.

65 상 ⑧ 하

일국소의 주위온도가 일정한 온도 이상이 되는 경우에 작동하는 것으로서 외관이 전선으로 되어 있는 감지기는 어떤 것인가?

① 공기흡입형
② 광전식 분리형
③ 차동식 스포트형
④ 정온식 감지선형

해설 정온식 감지선형 ─────────

1) 설치기준
   (1) 보조선이나 고정금구를 사용하여 감지선이 늘어지지 않도록 설치할 것
   (2) 단자부와 마감 고정금구와의 설치간격은 10 [cm] 이내로 설치할 것
   (3) 감지선형 감지기의 굴곡반경은 5 [cm] 이상으로 할 것
   (4) 감지기와 감지구역의 각 부분과의 수평거리
      ① 내화구조 : 1종 4.5 [m] 이하, 2종 3 [m] 이하
      ② 기타구조 : 1종 3 [m] 이하, 2종 1 [m] 이하
   (5) 케이블트레이에 감지기를 설치하는 경우에는 케이블트레이 받침대에 마감금구를 사용하여 설치할 것
   (6) 창고의 천장 등에 지지물이 적당하지 않은 장소에는 보조선을 설치하고 그 보조선에 설치할 것
   (7) 분전반 내부에 설치하는 경우 접착제를 이용하여 돌기를 바닥에 고정시키고 그곳에 감지기를 설치할 것
2) 감지선형 감지기 온도 표시

80도 미만	80도 이상 120도 미만	120도 이상
백색	청색	적색

66 상 ⑧ 하

비상콘센트를 보호하기 위한 비상콘센트 보호함의 설치기준으로 틀린 것은?

① 비상콘센트 보호함에는 쉽게 개폐할 수 있는 문을 설치하여야 한다.
② 비상콘센트 보호함 상부에 적색의 표시등을 설치하여야 한다.
③ 비상콘센트 보호함에는 그 내부에 "비상콘센트"라고 표시한 표식을 하여야 한다.
④ 비상콘센트 보호함을 옥내소화전함 등과 접속하여 설치하는 경우에는 옥내소화전함 등의 표시등과 겸용할 수 있다.

해설 비상콘센트 보호함 설치기준 ─────────

1) 보호함에는 쉽게 개폐할 수 있는 문을 설치할 것
2) 보호함 표면에 "비상콘센트"라고 표시한 표지를 할 것
3) 보호함 상부에 적색의 표시등을 설치할 것. 다만 비상콘센트의 보호함을 옥내소화전함 등과 접속하여 설치하는 경우에는 옥내소화전함 등의 표시등과 겸용할 수 있다.

67 상 ⑧ 하

소방회로용의 것으로 수전설비, 변전설비 그 밖의 기기 및 배선을 금속제 외함에 수납한 것으로 정의되는 것은?

① 전용분전반
② 공용분전반
③ 공용큐비클식
④ 전용큐비클식

해설 큐비클식 ─────────

"큐비클형"이란 수전설비를 큐비클 내에 수납하여 설치하는 방식으로서 다음의 형식을 말한다.
1) "공용큐비클식"이란 소방회로 및 일반회로 겸용의 것으로서 수전설비, 변전설비와 그 밖의 기기 및 배선을 금속제 외함에 수납한 것을 말한다.
2) "전용큐비클식"이란 소방회로용의 것으로 수전설비, 변전설비와 그 밖의 기기 및 배선을 금속제 외함에 수납한 것을 말한다.

68 상중하

비상방송설비 음향장치에 대한 설치기준으로 옳은 것은?

① 다른 전기회로에 따라 유도장애가 생기지 않도록 한다.
② 음량조정기를 설치하는 경우 음량조정기의 배선은 2 선식으로 한다.
③ 다른 방송설비와 공용하는 것에 있어서는 화재 시 비 상경보 외의 방송을 차단되는 구조가 아니어야 한다.
④ 기동장치에 따른 화재신고를 수신한 후 필요한 음량으 로 화재발생 상황 및 피난에 유효한 방송이 자동으로 개시될 때까지의 소요시간은 60초 이하로 한다.

해설 비상방송설비 음향장치 ─────────────

1) 확성기
  (1) 음성입력 : 실외 3 [W] 이상, 실내 1 [W] 이상
  (2) 수평거리 : 층 각 부분으로부터 하나의 확성기까지의 25 [m] 이하
  (3) 확성기는 각 층마다 설치, 당해 층의 각 부분에 유효하게 경보를 발하도록 설치
2) 음량조정기(ATT) : 음량조정기의 배선은 3선식으로 한다.
3) 조작부
  (1) 조작스위치 높이 : 바닥으로부터 0.8 [m] 이상 1.5 [m] 이하
  (2) 기동장치의 작동과 연동하여 당해 기동장치가 작동한 층 또는 구역을 표시
  (3) 조작부 및 증폭기 설치장소 : 수위실 등 상시 사람이 근 무, 점검이 편리, 방화상 유효한 곳
  (4) 2 이상 조작부 설치 시 설치장소 상호 간 동시통화 가능, 어느 조작부에서도 전구역 방송 가능
4) 층수가 11층(공동주택의 경우에는 16층)의 특정소방대상 물은 다음과 같은 경보를 발할 수 있어야 한다.
  (1) 2층 이상의 층에서 발화한 때에는 발화층 및 그 직상 4 개 층에 경보
  (2) 1층에서 발화한 때에는 발화층·그 직상 4개 층 및 지하 층에 경보
  (3) 지하층에서 발화한 때에는 발화층·그 직상층 및 기타 지하층 경보
5) 기동장치에 따른 화재신고를 수신한 후 필요한 음량으로 화재발생 상황 및 피난에 유효한 방송이 자동으로 개시될 때까지의 소요시간은 10초 이하로 할 것

6) 다른 방송설비와 공용할 경우 화재 시 비상경보 외의 방송 을 차단할 수 있는 구조
7) 다른 전기회로에 따라 유도장애가 생기지 아니하도록 할 것
8) 음향장치의 구조 및 성능
  (1) 정격전압의 80 [%] 전압에서 음향을 발할 수 있는 것을 할 것
  (2) 자동화재탐지설비의 작동과 연동하여 작동할 수 있는 것으로 할 것

69 상중하

객석 내의 통로의 직선부분의 길이가 85 [m]이다. 객석유 도등을 몇 개 설치하여야 하는가?

① 17개　　　　② 19개
③ 21개　　　　④ 22개

해설 객석유도등 설치개수 ─────────────

• 객석의 통로, 바닥 또는 벽에 설치할 것
• 설치개수

$$= \frac{객석 통로 직선부분 길이(m)}{4} - 1$$

• 소수점 이하의 수는 절상할 것

$$\therefore \frac{객석 통로 직선부분 길이}{4} - 1 = \frac{85}{4} - 1 = 20.25$$

→ 절상해서 21개

70 (상)(중)(하)

자동화재탐지설비의 감지기회로에 설치하는 종단저항의 설치기준으로 틀린 것은?

① 감지기회로 끝부분에 설치한다.
② 점검 및 관리가 쉬운 장소에 설치하여야 한다.
③ 전용함에 설치하는 경우 그 설치높이는 바닥으로부터 0.8 [m] 이내에 설치하여야 한다.
④ 종단감지기에 설치할 경우에는 구별이 쉽도록 해당감지기의 기판 및 감지기 외부 등에 별도의 표시를 하여야 한다.

해설 도통시험 위한 종단저항 ─────────

• 점검 및 관리가 쉬운 장소에 설치
• 설치높이 : 1.5 [m] 이하(전용함 설치)
• 감지기회로 끝부분 설치
• 종단감지기에 설치 시 : 기판·감지기 외부등 별도표시
• 도통시험을 하기 위해 설치

71 (상)(중)(하)

비상경보설비의 축전지설비의 구조에 대한 설명으로 틀린 것은?

① 예비전원을 병렬로 접속하는 경우에는 역충전방지 등의 조치를 하여야 한다.
② 내부에 주전원의 양극을 동시에 개폐할 수 있는 전원스위치를 설치하여야 한다.
③ 축전지설비는 접지전극에 교류전류를 통하는 회로방식을 사용해서는 안 된다.
④ 예비전원은 축전지설비용 예비전원과 외부부하 공급용 예비전원을 별도로 설치하여야 한다.

해설 비상경보설비 축전지 ─────────

1) 병렬접속 : 역충전방지조치
2) 내부 : 양극 동시개폐 전원스위치 설치
3) 회로 : 직류전류방식을 사용하면 안 될 것
4) 예비전원 : 축전지설비용, 외부부하 공급용 별도 설치

72 (상)(중)(하)

신호의 전송로가 분기되는 장소에 설치하는 것으로 임피던스 매칭과 신호 균등분배를 위해 사용되는 장치는?

① 혼합기 　　② 분배기
③ 증폭기 　　④ 분파기

해설 무선통신보조설비 용어정의 ─────────

1) "누설동축케이블"이란 동축케이블의 외부도체에 가느다란 홈을 만들어서 전파가 외부로 새어나갈 수 있도록 한 케이블을 말한다.
2) "분배기"란 신호의 전송로가 분기되는 장소에 설치하는 것으로 임피던스 매칭(Matching)과 신호 균등분배를 위해 사용하는 장치를 말한다.
3) "분파기"란 서로 다른 주파수의 합성된 신호를 분리하기 위해서 사용하는 장치를 말한다.
4) "혼합기"란 2 이상의 입력신호를 원하는 비율로 조합한 출력이 발생하도록 하는 장치를 말한다.
5) "증폭기"란 전압·전류의 진폭을 늘려 감도 등을 개선하는 장치를 말한다.
6) "무선중계기"란 안테나를 통하여 수신된 무전기신호를 증폭한 후 음영지역에 재방사하여 무전기 상호 간 송수신이 가능하도록 하는 장치를 말한다.
7) "옥외안테나"란 감시제어반 등에 설치된 무선중계기의 입력과 출력포트에 연결되어 송수신신호를 원활하게 방사·수신하기 위해 옥외에 설치하는 장치를 말한다.
8) "임피던스"란 교류회로에 전압이 가해졌을 때 전류의 흐름을 방해하는 값으로서 교류회로에서의 전류에 대한 전압의 비를 말한다.

73 상中하

부착높이 3 [m], 바닥면적 50 [m²]인 주요구조부를 내화구조로 한 소방대상물에 1종 열반도체식 차동식 분포형 감지기를 설치하고자 할 때 감지부의 최소 설치개수는?

① 1개　② 2개
③ 3개　④ 4개

해설 차동식 분포형 설치개수

부착높이 및 특정소방대상물의 구분		감지기의 종류	
		1종	2종
8 [m] 미만	내화구조	65	36
	기타구조	40	23
8 [m] 이상 15 [m] 미만	내화구조	50	36
	기타구조	30	23

• 설치개수 = 50/65 = 0.77 → 절상해서 1개

보충 감지기 설치수량은 절상한다.

75 상중下

누전경보기의 전원은 분전반으로부터 전용회로로 하고 각 극에 개폐기와 몇 [A] 이하의 과전류차단기를 설치하여야 하는가?

① 15　② 20
③ 25　④ 30

해설 누전경보기 전원

1) 전원은 분전반으로부터 전용회로
2) 각 극에 개폐기 및 15 [A] 이하의 과전류차단기(배선용 차단기 20 [A] 이하)를 설치
3) 전원을 분기할 때에는 다른 차단기에 의하여 전원이 차단되지 아니하도록 할 것
4) 전원의 개폐기에는 누전경보기용 표지를 할 것

보충 KEC가 개정이 되었어도 소방시험은 화재안전기준이 기반이므로 15 [A]이다.

74 상中하

3선식 배선에 따라 상시 충전되는 유도등의 전기회로에 점멸기를 설치하는 경우 유도등이 점등되어야 할 경우로 관계없는 것은?

① 제연설비가 작동한 때
② 자동소화설비가 작동한 때
③ 비상경보설비의 발신기가 작동한 때
④ 자동화재탐지설비의 감지기가 작동한 때

해설 3선식 유도등이 점등되어야 하는 경우

1) 자동화재탐지설비의 감지기 또는 발신기가 작동되는 때
2) 비상경보설비의 발신기가 작동되는 때
3) 상용전원이 정전되거나 전원선이 단선되는 때
4) 방재업무를 통제하는 곳 또는 전기실의 배전반에 수동으로 점등하는 때
5) 자동소화설비가 작동되는 때

76 상中하

자동화재속보설비의 설치기준으로 틀린 것은?

① 조작스위치는 바닥으로부터 0.8 [m] 이상 1.5 [m] 이하의 높이에 설치한다.
② 비상경보설비와 연동으로 작동하여 자동적으로 화재발생 상황을 소방관서에 전달하도록 한다.
③ 속보기는 소방관서에 통신망으로 통보하도록 하며 데이터 또는 코드전송방식을 부가적으로 설치할 수 있다.
④ 속보기는 소방청장이 정하여 고시한 「자동화재속보설비의 속보기의 성능인증 및 제품검사의 기술기준」에 적합한 것으로 설치하여야 한다.

해설 자동화재속보설비 동작 —————————

1) 작동신호를 수신하거나 수동으로 동작시키는 경우 20초 이내에 소방관서에 자동적으로 신호를 발하여 통보하되, 3회 이상 속보할 수 있어야 한다.
2) 주전원이 정지한 경우에는 자동적으로 예비전원으로 전환되고, 주전원이 정상 상태로 복귀한 경우에는 자동적으로 예비전원에서 주전원으로 전환되어야 한다.
3) 예비전원은 자동적으로 충전되어야 하며 자동과충전방지장치가 있어야 한다.
4) 화재신호를 수신하거나 속보기를 수동으로 동작시키는 경우 자동적으로 적색 화재표시등이 점등되고 음향장치로 화재를 경보하여야 하며, 화재표시 및 경보는 수동으로 복구 및 정지시키지 않는 한 지속되어야 한다.
5) 연동 또는 수동으로 소방관서에 화재발생 음성정보를 속보 중인 경우에도 송수화장치를 이용한 통화가 우선적으로 가능하여야 한다.
6) 예비전원을 병렬로 접속하는 경우에는 역충전방지 등의 조치를 하여야 한다.
7) 예비전원은 감시 상태를 60분간 지속한 후 10분 이상 동작 (화재속보 후 화재표시 및 경보를 10분간 유지하는 것을 말한다)이 지속될 수 있는 용량이어야 한다.
8) 속보기는 연동 또는 수동 작동에 의한 다이얼링 후 소방관서와 전화접속이 이루어지지 않는 경우에는 최초 다이얼링을 포함하여 10회 이상 반복적으로 접속을 위한 다이얼링이 이루어져야 한다. 이 경우 매회 다이얼링 완료 후 호출은 30초 이상 지속되어야 한다.
9) 속보기의 송수화장치가 정상위치가 아닌 경우에도 연동 또는 수동으로 속보가 가능하여야 한다.
10) 음성으로 통보되는 속보내용을 통하여 해당 특정소방대상물의 위치, 화재발생 및 속보기에 의한 신고임을 확인할 수 있어야 한다.
11) 속보기는 음성속보방식 외에 데이터 또는 코드전송방식 등을 이용한 속보기능을 설치할 수 있다.
※ 자동화재탐지설비와 연동으로 작동

77 ⠀상⦿중하

다음 비상경보설비 및 비상방송설비에 사용되는 용어 설명 중 틀린 것은?

① 비상벨설비라 함은 화재발생 상황을 경종으로 경보하는 설비를 말한다.
② 증폭기라 함은 전압전류의 주파수를 늘려 감도를 좋게 하고 소리를 크게 하는 장치를 말한다.
③ 확성기라 함은 소리를 크게 하여 멀리까지 전달될 수 있도록 하는 장치로써 일명 스피커를 말한다.
④ 음량조절기라 함은 가변저항을 이용하여 전류를 변화시켜 음량을 크게 하거나 작게 조절할 수 있는 장치를 말한다.

해설 비상방송설비 용어 —————————

1) "확성기"란 소리를 크게 하여 멀리까지 전달될 수 있도록 하는 장치로써 일명 스피커를 말한다.
2) "음량조절기"란 가변저항을 이용하여 전류를 변화시켜 음량을 크게 하거나 작게 조절할 수 있는 장치를 말한다.
3) <u>"증폭기"란 전압전류의 진폭을 늘려 감도를 좋게 하고 미약한 음성전류를 커다란 음성전류로 변화시켜 소리를 크게 하는 장치를 말한다.</u>
4) "기동장치"란 화재감지기, 발신기 등의 상태변화를 전송하는 장치를 말한다.
5) "몰드"란 전선을 물리적으로 보호하기 위해 사용되는 통형 구조물을 말한다.
6) "약전류회로"란 전신선, 전화선 등에 사용하는 전선이나 케이블, 인터폰, 확성기의 음성회로, 라디오·텔레비전의 시청회로 등을 포함하는 약전류가 통전되는 회로를 말한다.
7) "전원회로"란 전기·통신, 기타 전기를 이용하는 장치 등에 전력을 공급하기 위하여 필요한 기기로 이루어지는 전기회로를 말한다.
8) "절연저항"이란 전류가 도체에서 절연물을 통하여 다른 충전부나 기기로 누설되는 경우 그 누설 경로의 저항을 말한다.

9) "절연효력"이란 전기가 불필요한 부분으로 흐르지 않도록 절연하는 성능을 나타내는 것을 말한다.

10) "정격전압"이란 전기기계기구, 선로 등의 정상적인 동작을 유지시키기 위해 공급해주어야 하는 기준 전압을 말한다.

11) "조작부"란 기기를 제어할 수 있도록 조작스위치, 지시계, 표시등 등을 집결시킨 부분을 말한다.

12) "풀박스"란 장거리 케이블 포설을 용이하게 하기 위해 전선관 중간에 설치하는 상자형 구조물 등을 말한다.

6) 예비전원에 연결되는 배선의 경우 양극은 적색, 음극은 청색 또는 흑색으로 오접속방지 조치를 하여야 한다.

7) 충전장치의 이상등에 의하여 내부가스압이 이상 상승할 우려가 있는 것은 안전조치를 강구하여야 한다.

8) 축전지에 배선등을 직접 납땜하지 아니하여야 하며 축전지 개개의 연결부분은 스포트용접 등으로 확실하고 견고하게 접속하여야 한다.

9) 예비전원을 병렬로 접속하는 경우는 역충전방지 등의 조치를 강구하여야 한다.

10) 겉모양은 현저한 오염, 변형 등이 없어야 한다.

11) 축전지를 직렬 또는 병렬로 사용하는 경우에는 용량(전압, 전류)이 균일한 축전지를 사용하여야 한다.

78 상중하

예비전원의 성능인증 및 제품검사의 기술기준에 따른 예비전원의 구조 및 성능에 대한 설명으로 틀린 것은?

[법 개정으로 인한 문제 수정]

① 예비전원을 병렬로 접속하는 경우에는 역충전방지 등의 조치를 강구하여야 한다.

② 배선은 충분한 전류 용량을 갖는 것으로서 배선의 접속이 적합하여야 한다.

③ 예비전원에 연결되는 배선의 경우 양극은 청색, 음극은 적색으로 오접속방지 조치를 하여야 한다.

④ 축전지를 직렬 또는 병렬로 사용하는 경우에는 용량(전압, 전류)이 균일한 축전지를 사용하여야 한다.

해설 예비전원 성능

1) 취급 및 보수점검이 쉽고 내구성이 있어야 한다.

2) 먼지, 습기 등에 의하여 기능에 이상이 생기지 아니하여야 한다.

3) 배선은 충분한 전류 용량을 갖는 것으로서 배선의 접속이 적합하여야 한다.

4) 부착 방향에 따라 누액이 없고 기능에 이상이 없어야 한다.

5) 외부에서 쉽게 접촉할 우려가 있는 충전부는 충분히 보호되도록 하고 외함(축전지의 보호카바를 말한다. 이하 같다)과 단자 사이는 절연물로 보호하여야 한다.

79 상중하

부착높이가 11 [m]인 장소에 적응성 있는 감지기는?

① 차동식 분포형

② 정온식 스포트형

③ 차동식 스포트형

④ 정온식 감지선형

해설 감지기 설치

부착높이	감지기 종류
8 [m] 이상 ~ 15 [m] 미만	• 차동식 분포형 • 이온화식 1종·2종 • 광전식 1종·2종 • 연기복합형 • 불꽃감지기
15 [m] 이상 ~ 20 [m] 미만	이온화식 1종, 광전식(스포트형, 분리형, 공기흡입형) 1종, 연기복합형, 불꽃감지기
20 [m] 이상	불꽃·광전식(분리형, 공기흡입형) 중 아날로그방식

2019

80 (상)(중)(하)

비상콘센트설비 상용전원회로의 배선이 고압수전 또는 특고압수전인 경우의 설치기준은?

① 인입개폐기의 직전에서 분기하여 전용배선으로 할 것
② 인입개폐기의 직후에서 분기하여 전용배선으로 할 것
③ 전력용변압기 1차 측의 주차단기 2차 측에서 분기하여 전용배선으로 할 것
④ 전력용변압기 2차 측의 주차단기 1차 측 또는 2차 측에서 분기하여 전용배선으로 할 것

해설 상용전원회로의 배선 ─────────────

1) 저압수전 : 인입개폐기 직후
2) 고압수전 또는 특고압수전 : 전력용변압기 2차 측의 주차단기 1차 측 또는 2차 측에서 분기하여 전용배선으로 할 것

[저압수전] 인입개폐기의 직후 전용배선으로 분기

[특고압·고압수전] 변압기 2차 측의 주차단기 1차 측에서 전용배선으로 분기

[특고압·고압수전] 전력용 변압기 2차 측의 주차단기 2차 측에서 전용배선으로 분기

정답 80 ④

2019년 4회
소방원론

목표시간 : 20분 | 시작 : _시 _분 | 종료 : _시 _분 | 맞은 개수 : _ /20

---

01 상(중)하

방화벽의 구조기준 중 다음 ( ) 안에 알맞은 것은?

- 방화벽의 양쪽 끝과 위쪽 끝을 건축물의 외벽면 및 지붕면으로부터 (㉠) [m] 이상 튀어나오게 할 것
- 방화벽에 설치하는 출입문의 너비 및 높이는 각각 (㉡) [m] 이하로 하고, 해당 출입문에는 60분+ 방화문 또는 60분 방화문을 설치할 것

① ㉠ 0.3, ㉡ 2.5
② ㉠ 0.3, ㉡ 3.0
③ ㉠ 0.5, ㉡ 2.5
④ ㉠ 0.5, ㉡ 3.0

해설 방화벽 설치기준

구분	설치 및 구조기준
대상 건축물	주요구조부가 내화구조이거나 불연재료인 건축물이 아닌 연면적 1000 [m²] 이상인 건축물
구획	각 구획된 바닥면적의 합계 : 1000 [m²] 미만
구조	• 내화구조로서 홀로 설 수 있는 구조일 것 • 방화벽 양쪽 끝과 위쪽 끝을 건축물의 외벽면 및 지붕면으로부터 0.5 [m] 이상 튀어나오게 할 것 • 출입문 너비와 높이 : 2.5 [m] 이하 • 출입문 : 60분+ 방화문 또는 60분 방화문

02 상 중(하)

물의 소화력을 증대시키기 위하여 첨가하는 첨가제 중 물의 유실을 방지하고 건물, 임야 등의 입체 면에 오랫동안 잔류하게 하기 위한 것은?

① 증점제
② 강화액
③ 침투제
④ 유화제

해설 물의 소화력 증대를 위한 첨가제

종류	특성
증점제	산림에 장시간 부착(점도 증가)
침투제	계면활성제 첨가
부동액	물의 동결방지 위해 첨가
유화제	분무주수하면 효과적(에멀전 형성)
강화액	염류를 첨가하여 물의 소화효과와 강화액의 부촉매효과 이용

03 상(중)하

BLEVE현상을 설명한 것으로 가장 옳은 것은?

① 물이 뜨거운 기름표면 아래에서 끓을 때 화재를 수반하지 않고 Over Flow되는 현상
② 물이 연소유의 뜨거운 표면에 들어갈 때 발생되는 Over Flow현상
③ 탱크 바닥에 물과 기름의 에멀전이 섞여있을 때 물의 비등으로 인하여 급격하게 Over Flow되는 현상
④ 탱크 주위 화재로 탱크 내 인화성 액체가 비등하고 가스부분의 압력이 상승하여 탱크가 파괴되고 폭발을 일으키는 현상

해설 블레비(BLEVE)

- 비등액체 증기폭발
- 탱크 내 인화성·가연성 액체가 비등하고 가스압력 상승으로 탱크가 파열하고 폭발
- 복사열 대량 방출
- 파이어 볼 발생

보충 파이어 볼 : 인화성 액체가 대량 기화되어 갑자기 발화될 때 발생하는 공 모양 화염

04 상 **중** 하

소화원리에 대한 설명으로 틀린 것은?

① 냉각소화 : 물의 증발잠열에 의해서 가연물의 온도를 저하시키는 소화방법
② 제거소화 : 가연성 가스의 분출화재 시 연료공급을 차단시키는 소화방법
③ 질식소화 : 포소화약제 또는 불연성 가스를 이용해서 공기 중의 산소공급을 차단하여 소화하는 방법
④ 억제소화 : 불활성 기체를 방출하여 연소범위 이하로 낮추어 소화하는 방법

해설 소화의 형태

소화	내용
냉각소화	열 흡수, 발화점 이하로 낮추어 소화
질식소화	산소농도 15 [%] 이하로 낮춤
제거소화	가연물을 차단, 격리
억제소화	연쇄반응을 차단, 부촉매소화

05 상 **중** 하

화재강도(Fire Intensity)와 관계가 없는 것은?

① 가연물의 비표면적
② 발화원의 온도
③ 화재실의 구조
④ 가연물의 발열량

해설 화재강도 영향 요인

1) 정의 : 화재실의 단위시간당 축적되는 열의 양으로 열 축적률이 크면 화재강도가 커진다.
2) 화재강도에 영향을 미치는 요인
  (1) 가연물의 비표면적
  (2) 가연물의 배열 상태
  (3) 가연물의 발열량
  (4) 화재실의 구조(단열성)
  (5) 공기(산소)의 공급

TIP 화재의 온도가 높으면 화재강도는 커짐

06 상 **중** 하

다음 중 인화점이 가장 낮은 물질은?

① 산화프로필렌
② 이황화탄소
③ 메틸알코올
④ 등유

해설 인화점

물질	인화점 [℃]
다이에틸에터(디에틸에테르)	-45
가솔린(휘발유)	-43
산화프로필렌	-37
이황화탄소	-30
아세톤	-18
메틸알코올	11
에틸알코올	13
등유	39
경유	41

암기 인가산이아 / 메에 / 등경

정답 04 ④ 05 ② 06 ①

07 상 ⓒ 하

에터(에테르), 케톤, 에스터(에스테르), 알데하이드(알데히드), 카르복실산, 아민 등과 같은 가연성인 수용성 용매에 유효한 포소화약제는?

① 단백포 ② 수성막포
③ 불화단백포 ④ 내알코올포

해설 포소화약제 종류

종류	특징
단백포	• 부식성이 큼 • 내열성이 우수함 • 유동성, 내유성이 좋지 않음 • 변질의 우려가 있어 장기 저장 불가 • 포안정제로 염화제1철염 첨가
수성막포 (AFFF)	• 안전성이 좋음 • 분말소화약제와 겸용하여 사용 가능 • 점성이 작아 기름 표면에 피막을 형성하여 유류 증발 억제
불화단백포	• 소화성능 가장 우수 • 단백포 + 수성막포 • 표면하주입방식
합성 계면활성제포	• 저팽창포, 고팽창포 모두 사용 가능 • 유동성이 좋음
내알코올포 (알코올형포)	• 수용성 유류화재에 적응성이 있음 • 가연성 액체에 사용함

08 상 ⓒ 하

할로겐화합물소화약제는 일반적으로 열을 받으면 할로겐족이 분해되어 가연 물질의 연소과정에서 발생하는 활성종과 화합하여 연소의 연쇄반응을 차단한다. 연쇄반응의 차단과 가장 거리가 먼 소화약제는?

① FC-3-1-10 ② HFC-125
③ IG-541 ④ FIC-13I1

해설 할로겐화합물 및 불활성기체소화약제 종류

구분	할로겐화합물	불활성 기체
종류	FC-3-1-10 HCFC BLEND A HCFC-124 HCFC-125 HCFC-23 FIC-13I1 등	IG-01 IG-100 IG-541 IG-55
효과	부촉매효과(연쇄반응 차단)	질식효과

09 상 중 ⓗ

화재 발생 시 인명피해방지를 위한 건물로 적합한 것은?

① 피난설비가 없는 건물
② 특별피난계단의 구조로 된 건물
③ 피난기구가 관리되고 있지 않은 건물
④ 피난구 폐쇄 및 피난구유도등이 미비되어 있는 건물

해설 인명피해방지 건물

1) 피난설비가 <u>있는</u> 건물
2) 특별피난계단의 구조로 된 건물
3) 피난기구가 <u>관리되고 있는</u> 건물
4) 피난구 개방 및 피난구유도등이 <u>잘 설치되어 있는</u> 건물

10 상⊙하

특정소방대상물(소방안전관리대상물은 제외)의 관계인과 소방안전관리대상물의 소방안전관리자의 업무가 아닌 것은?

① 화기 취급의 감독
② 자체소방대의 운용
③ 소방 관련 시설의 유지·관리
④ 피난시설, 방화구획 및 방화시설의 유지·관리

해설 소방안전관리자의 업무 ─────────

1) 피난계획에 관한 사항과 소방계획서의 작성 및 시행
2) 자위소방대 및 초기대응체계의 구성·운영·교육
3) 피난시설, 방화구획 및 방화시설의 유지·관리
4) 소방시설이나 그 밖의 소방관련시설의 관리
5) 소방훈련 및 교육
6) 화기취급 감독
7) 업무 수행에 관한 기록 유지
8) 화재 발생 시 초기대응
9) 그 밖에 소방안전관리에 필요한 업무

11 상⊙하

CF₃Br소화약제의 명칭을 옳게 나타낸 것은?

① 할론 1011
② 할론 1211
③ 할론 1301
④ 할론 2402

해설 할론소화약제 ─────────

종류	분자식	상온·상압
할론 1211	CF_2ClBr	기체
할론 1301	CF_3Br	
할론 1011	CH_2ClBr	액체
할론 2402	$C_2F_4Br_2$	

12 상⊙하

화재의 유형별 특성에 관한 설명으로 옳은 것은?

① A급 화재는 무색으로 표시하며 감전의 위험이 있으므로 주수소화를 엄금한다.
② B급 화재는 황색으로 표시하며 질식소화를 통해 화재를 진압한다.
③ C급 화재는 백색으로 표시하며 가연성이 강한 금속의 화재이다.
④ D급 화재는 청색으로 표시하며 연소 후에 재를 남긴다.

해설 화재별 소화방법 ─────────

등급	화재	표시색	소화방법
A급	일반화재	백색	냉각소화
B급	유류화재	황색	질식소화
C급	전기화재	청색	질식소화
D급	금속화재	무색	마른모래, 팽창질석, 팽창진주암 D급 소화기
K급	주방화재	–	K급 소화기

13 상⊙하

다음 중 전산실, 통신기기실 등에서의 소화에 가장 적합한 것은?

① 스프링클러설비
② 옥내소화전설비
③ 분말소화설비
④ 할로겐화합물 및 불활성기체소화설비

해설 할로겐화합물 및 불활성기체소화설비의 적응성 ─────

통신기기실, 미술관, 정보통신실, 전산실

14 (상 ⓒ 하)

프로페인가스의 연소범위[vol%]에 가장 가까운 것은?

① 9.8 ~ 28.4
② 2.5 ~ 81
③ 4.0 ~ 75
④ 2.1 ~ 9.5

해설 주요 물질 연소범위

가스	하한계 [vol%]	상한계 [vol%]
이황화탄소	1.2	44
아세틸렌	2.5	81
수소	4	75
일산화탄소	12.5	74
에틸렌	2.7	36
암모니아	15	28
메테인(메탄)	5	15
에테인(에탄)	3	12.4
프로페인(프로판)	2.1	9.5
뷰테인(부탄)	1.8	8.4

암기 ▶ (이황)일이사사, (아)이고팔아파, (수)사치료,
(일산)이리와 칠사, (에틸)이찌삼육, (메)오싫오,
(프)이하나구오, (뷰)십팔팔사

15 (상 중 ⓗ)

가연물의 제거와 가장 관련이 없는 소화방법은?

① 유류화재 시 유류공급밸브를 잠근다.
② 산불화재 시 나무를 잘라 없앤다.
③ 팽창 진주암을 사용하여 진화한다.
④ 가스화재 시 중간밸브를 잠근다.

해설 제거소화

방법	내용
격리	• 바람을 일으켜 가연물과 불꽃을 격리
소멸	• 가스밸브를 차단하여 가스 공급을 소멸 • 드레인밸브(배출밸브)를 개방하여 기름 배출 • 가연물을 다른 지역으로 이동
파괴	• 산불 화재 시 맞불, 벌목

보충 ▶ 팽창 진주암을 사용하는 것 : 질식소화

16 (상 중 하)

화재 시 이산화탄소를 방출하여 산소농도를 13 [vol%]로 낮추어 소화하기 위한 공기 중 이산화탄소의 농도는 약 몇 [vol%] 인가?

① 9.5   ② 25.8
③ 38.1   ④ 61.5

해설 이산화탄소의 농도

$$CO_2 \text{ 농도 } [vol\%] = \frac{21 - O_2[vol\%]}{21} \times 100$$

$$CO_2 \text{ 농도} = \frac{21 - O_2}{21} \times 100$$
$$= \frac{21 - 13}{21} \times 100$$
$$\fallingdotseq 38.095 [vol\%]$$

2
0
1
9

17 상 ④ 하

독성이 매우 높은 가스로서 석유제품, 유지 등이 연소할 때 생성되는 알데하이드(알데히드) 계통의 가스는?

① 시안화수소　　　　② 암모니아
③ 포스겐　　　　　　④ 아크롤레인

해설 유해가스

연소가스	특징
일산화탄소 (CO)	• 불완전연소 시 발생 • 유독성 • 흡입 시 헤모글로빈과 결합하여 산소운반 저해
이산화탄소 (CO_2)	• 완전연소 시 발생 • 연소가스 중 가장 많은 양 발생 • 다량 흡입 시 호흡속도 증가
암모니아 (NH_3)	• 인체에 자극성이 큰 가연성 가스 • 질소함유물, 수지류, 나무 등이 연소 시 발생
포스겐 ($COCl_2$)	• PVC, 수지류, 염소가 함유된 가연물 연소 시 발생 • 맹독성(0.1 [ppm])
황화수소(H_2S)	• 달걀 썩는 냄새 • 독성, 부식성, 가연성 가스
시안화수소 (HCN)	• 질소함유물 등이 불완전연소 시 발생 • 청산가스
아크롤레인 (CH_2CHCHO)	• 맹독성(0.1 [ppm]) • 석유제품, 유지 등 연소 시 생성

18 상 ④ 하

다음 중 인명구조 기구에 속하지 않는 것은?

① 방열복
② 공기안전매트
③ 공기호흡기
④ 인공소생기

해설 인명구조 기구의 종류

• 방열복 : 고온의 복사열에 가까이 접근하여 소방활동을 수행할 수 있는 내열피복
• 공기호흡기 : 소화활동 시에 화재로 인하여 발생하는 각종 유독가스 중에서 일정시간 사용할 수 있도록 제조된 압축공기식 개인호흡장비(보조마스크를 포함한다)를 말함
• 인공소생기 : 호흡 부전 상태인 사람에게 인공호흡을 시켜 환자를 보호하거나 구급하는 기구
• 방화복 : 화재진압 등의 소방활동을 수행할 수 있는 피복

[방열복]　[방화복]　[공기호흡기]　[인공소생기]

TIP ▶ 공기안전매트 : 피난기구

19 상 ④ 하

불포화 섬유지나 석탄에 자연발화를 일으키는 원인은?

① 분해열　　　　　② 산화열
③ 발효열　　　　　④ 중합열

해설 자연발화의 원인

분류	개념	종류
산화열	가연물이 산소와 결합하여 발생	불포화 섬유지, 석탄, 기름걸레
분해열	물질이 분해하며 열 축적에 의해 발화	셀룰로이드, 아세틸렌
흡착열	흡착 시 발생하는 열	활성탄, 목탄
중합열	중합반응에 의한 열, 분해열과 반대	액화 시안화수소
발효열	미생물에 의해 발효되면서 발생	먼지, 퇴비

20 (상 중 하)

화재의 지속시간 및 온도에 따라 목재건물과 내화건물을 비교했을 때 목재건물의 화재성상으로 가장 적합한 것은?

① 저온 장기형이다.

② 저온 단기형이다.

③ 고온 장기형이다.

④ 고온 단기형이다.

해설 건축물 화재 특징

구분	목조건축물	내화건축물
화재성상	온도(℃) / 시간 고온 단기형	온도(℃) / 시간 저온 장기형
최성기 온도	1000 ~ 1300 [℃]	800 ~ 1000 [℃]

2
0
1
9

2019년 4회

소방전기일반

목표시간 : 30분 ｜ 시작 : _시 _분 ｜ 종료 : _시 _분 ｜ 맞은 개수 : __/20

21 상 중 하

변압기의 임피던스 전압을 구하기 위하여 행하는 시험은?

① 단락시험
② 유도저항시험
③ 무부하 통전시험
④ 무극성시험

해설 임피던스 전압시험(단락시험)

• 1차 측 단락전류가 1차 측 정격전류와 같게 흐름
• 그때 1차 측 단자전압이 임피던스 전압

22 상 중 하

50 [F]의 콘덴서 2개를 직렬로 연결하면 합성 정전용량은 몇 [F]인가?

① 25
② 50
③ 100
④ 1000

해설 콘덴서 계산

$$C_{직렬} = \frac{C_1 \times C_2}{C_1 + C_2} = \frac{50 \times 50}{50 + 50} = 25[F]$$

$C_{직렬}$: 직렬접속 시 합성 정전용량

[직렬접속]
$$C_0 = \frac{C_1 \times C_2}{C_1 + C_2}[F]$$

[병렬접속]
$$C_0 = C_1 + C_2 [F]$$

23 상 중 하

다음과 같은 블록선도의 전체 전달함수는?

① $\dfrac{C(s)}{R(s)} = \dfrac{G(s)}{1 + G(s)}$

② $\dfrac{C(s)}{R(s)} = \dfrac{G(s)}{1 - G(s)}$

③ $\dfrac{C(s)}{R(s)} = 1 + G(s)$

④ $\dfrac{C(s)}{R(s)} = 1 - G(s)$

해설 전달함수

$$G(s) = \frac{C(s)}{R(s)} = \frac{전향경로이득}{1 - (loop)}$$

$$= \frac{G(s)}{1 - (-G(s))} = \frac{G(s)}{1 + G(s)}$$

24 상 중 하

변압기의 내부 보호에 사용되는 계전기는?

① 비율차동계전기
② 부족전압계전기
③ 역전류계전기
④ 온도계전기

정답 21 ① 22 ① 23 ① 24 ①

해설 기기(발전기, 변압기)의 내부고장 검출

계전기 명	특징
열동계전기	전동기의 과부하 보호용
비율차동계전기	발전기, 변압기의 내부고장 보호용
부흐홀츠계전기	변압기 권선의 층간단락보호
접지계전기	지락전류 검출, 영상변류기(ZCT)를 사용하는 계전기
역상과전류계전기	발전기의 부하 불평형방지계전기
거리계전기	전압과 전류의 비가 일정치 이하인 경우 동작하는 계전기

25 (상 중 **하**)

제어요소의 구성으로 옳은 것은?

① 조절부와 조작부
② 비교부와 검출부
③ 설정부와 검출부
④ 설정부와 비교부

해설 피드백 제어의 요소

용어	설명
목푯값	제어량이 어떤 값을 갖도록 목표를 설정하여 외부에서 주어지는 신호
기준입력요소 (장치)	목푯값을 제어할 수 있는 기준입력신호로 변환하는 장치
기준입력(신호)	제어계를 동작시키는 기준(목푯값에 비례)
동작신호	기준입력신호와 주궤환신호의 편차신호(제어동작을 일으키는 신호)
제어요소	조절부와 조작부로 구성, 동작신호를 조작량으로 변환시키는 요소
조작량	제어요소가 제어대상에 주는 양
제어량	제어대상이 속하는 양
검출부	제어대상으로부터 제어량을 검출하고 기준입력신호와 비교하는 부분

26 (상 **중** 하)

SCR(Silicon-Controlled Rectifier)에 대한 설명으로 틀린 것은?

① PNPN 소자이다.
② 스위칭 반도체 소자이다.
③ 양방향 사이리스터이다.
④ 교류의 전력제어용으로 사용한다.

해설 기타 반도체

명칭	특성
SCR	• 사이리스터의 한 종류 • 애노드(A), 캐소드(K), 게이트(G)로 구성된다. • 단방향 3단자 • 래칭전류 : SCR이 OFF상태에서 ON 상태로의 전환이 이뤄지고, 트리거신호가 제거된 직후에 SCR을 ON 상태로 유지하는 데 필요한 최소한의 양극전류를 래칭전류라 한다.
트라이악 (TRIAC)	• npnpn의 5층구조 • 직·교류에서 모두 사용할 수 있는 3단자 스위칭 소자 • 교류전력 기기 제어용 • 쌍방향 3단자
다이악 (DIAC)	• 소용량 저항부하의 AC전력 제어용 • 쌍방향 2단자
서미스터	• 온도에 의해 저항값이 변하는 반도체 소자 • 부(-) 저항온도계수의 특성 : 온도 증가 시 저항 감소 • 열을 감지하는 감열저항체 소자 • 온도보상용, 온도계측용(온도계), 온도보정용
바리스터	• 인가되는 전압에 따라 저항값이 변하는 비선형 반도체 소자 • 전압에 따라 저항값이 변화하는 저항 소자 • 회로를 병렬로 연결하여 사용 • 서지전압으로부터 기기보호 • 계전기접점의 불꽃소거
사이리스터	• p형 반도체와 n형 반도체의 4층 이상 접합한 것 • 전극 단자 수가 2, 3, 4인 것이 있다(위상제어, 타이머회로, 트리거회로).
집적회로	• 하나의 실리콘 칩 내부에 트랜지스터, 다이오드 저항, 콘덴서 등 여러 가지 전자부품을 고밀도로 집적하여 패키지로 만든 것 • 시스템이 소형화, 가볍고 얇다. • 신뢰성이 높고 부품의 교체가 쉽다.

27 (상 중 하)

배선의 절연저항은 어떤 측정기를 사용하여 측정하는가?

① 전압계
② 전류계
③ 메거
④ 서미스터

해설 측정기기

메거(Megger)	배선의 절연저항 측정
캘빈 더블 브리지	굵은 나전선의 저항 측정
휘스톤 브리지	• 수 천옴의 가는 전선 저항 측정 • 검류계 내부저항 측정
코올라우쉬 브리지	축전지의 내부저항, 전해액 저항 측정
어스(Earth) 테스터	접지저항 측정

28 (상 중 하)

다음 논리식 중 틀린 것은?

① $X + X = X$
② $X \cdot X = X$
③ $X + \overline{X} = 1$
④ $X \cdot \overline{X} = 1$

해설 논리식

(+) OR	(×) AND
$X + 0 = X$	$X \cdot 0 = 0$
$X + 1 = 1$	$X \cdot 1 = X$
$X + X = X$	$X \cdot X = X$
$X + \overline{X} = 1$	$X \cdot \overline{X} = 0$

29 (상 중 하)

논리식 $X \cdot (X + Y)$를 간략화하면?

① X
② Y
③ X+Y
④ X · Y

해설 논리식

$X(X + Y)$
$= XX + XY = X + XY$
$= X(1 + Y) = X \cdot 1 = X$

정리	공식
항등법칙	$0 + A = A,\ 1 + A = 1,\ 0 \times A = 0,\ 1 \times A = A$
동일법칙	$A + A = A,\ A \times A = A$
보원법칙	$A + \overline{A} = 1,\ A \times \overline{A} = 0$
복원법칙	$\overline{\overline{A}} = A$
교환법칙	$A + B = B + A,\ A \times B = B \times A$
결합법칙	$A + (B + C) = (A + B) + C,\ A(BC) = (AB)C$
분배법칙	$A(B + C) = AB + AC,\ A + BC = (A + B)(A + C)$
흡수법칙	$A + AB = A,\ A(A + B) = A$ $A + \overline{A}B = (A + \overline{A})(A + B) = A + B$

30 ⓢ중하

상순이 a, b, c인 경우 V_a, V_b, V_c를 3상 불평형 전압이라 하면 정상분 전압은? (단, $\alpha = e^{j2\pi/3} = 1\angle 120°$)

① $\dfrac{1}{3}(V_a + V_b + V_c)$

② $\dfrac{1}{3}(V_a + a V_b + a^2 V_c)$

③ $\dfrac{1}{3}(V_a + a^2 V_b + a V_c)$

④ $\dfrac{1}{3}(V_a + a V_b + a V_c)$

해설 **대칭좌표법** ———————————

• 영상분 : $V_0 = \dfrac{1}{3}(V_a + V_b + V_c)$

• 정상분 : $V_1 = \dfrac{1}{3}(V_a + a V_b + a^2 V_c)$

• 역상분 : $V_2 = \dfrac{1}{3}(V_a + a^2 V_b + a V_c)$

31 ⓢ중하

가동철편형 계기의 구조 형태가 아닌 것은?

① 흡인형
② 회전자장형
③ 반발형
④ 반발흡인형

해설 **지시계기의 종류** ———————————

계기 종류	동작원리
가동 코일형	영구자석 자기장 내에 코일을 두고 이 코일에 전류를 통과시켜 발생되는 힘을 이용한다.
가동 철편형	전류에 의한 자기장이 연철편에 작용하는 힘을 이용한다. 종류 : 흡인형, 반발형, 반발흡인형
유도형	회전 자기장 또는 이동 자기장과 이것에 의한 유도 전류와의 상호작용을 이용한다.
정류형	가동 코일형 계기 앞에 정류회로를 삽입하여 교류를 측정하므로 가동코일형과 같다. 파형의 영향을 받기 쉽다.
열전형	다른 종류의 금속제 사이에 발생되는 기전력을 이용한다.
정전형	충전된 대전체 사이에 작용하는 흡인력 또는 반발력(즉, 정전력)을 이용한다. 전류측정 불가능
전류력 계형	전류 상호 간에 작용하는 힘을 이용한다.

32 상ⓜ하

어떤 회로에 $v(t) = 150\sin\omega t$의 전압을 가하니 $i(t) = 6\sin(\omega t - 30)$의 전류가 흘렀다. 이 회로의 소비전력(유효전력)은 약 몇 [W]인가?

① 390
② 450
③ 780
④ 900

해설 **유효전력 계산** ———————————

$$P = VI\cos\theta = \frac{V_m}{\sqrt{2}} \times \frac{I_m}{\sqrt{2}}\cos\theta$$

$$= \frac{150}{\sqrt{2}} \times \frac{6}{\sqrt{2}}\cos 30° = 390[W]$$

v(t) = 150sinωt [V]에서 $V_m = 150$,

i(t) = 6sin(ωt - 30°) [A]에서 $I_m = 6$

TIP ▶ θ : 전압과 전류의 위상차
순시값 v(t) = [V]m sinωt

P : 유효전력 [W]
V : 전압 [V]
I : 전류 [A]
$\cos\theta$: 역률

33 (상)(중) 하

1 [W · s]와 같은 것은?

① 1 [J] ② 1 [kg · m]
③ 1 [kWh] ④ 860 [kcal]

해설 전력량 계산 ————

$W = P \cdot t$

$[J] = [W \cdot s]$

W : 전력량 [J]
P : 전력 [W]
t : 시간 [s]

TIP ▶ 1 [J] = 0.24 [cal]

34 (상)(중)하

반파 정류회로를 통해 정현파를 정류하여 얻은 반파정류파의 최댓값이 1일 때 실훗값과 평균값은?

① $\dfrac{1}{\sqrt{2}}, \dfrac{2}{\pi}$ ② $\dfrac{1}{2}, \dfrac{\pi}{2}$

③ $\dfrac{1}{\sqrt{2}}, \dfrac{\pi}{2\sqrt{2}}$ ④ $\dfrac{1}{2}, \dfrac{1}{\pi}$

해설 교류에서의 특성값 ————

파형	실훗값	평균값
정현파	$\dfrac{1}{\sqrt{2}} V_m$	$\dfrac{2}{\pi} V_m$
반파 정현파	$\dfrac{1}{2} V_m$	$\dfrac{1}{\pi} V_m$
구형파	V_m	V_m
반파 구형파	$\dfrac{1}{\sqrt{2}} V_m$	$\dfrac{1}{2} V_m$
삼각파	$\dfrac{1}{\sqrt{3}} V_m$	$\dfrac{1}{2} V_m$

35 (상)(중)하

수신기에 내장된 축전지의 용량이 6 [Ah]인 경우 0.4 [A]의 부하전류로는 몇 시간 동안 사용할 수 있는가?

① 2.4시간 ② 15시간
③ 24시간 ④ 30시간

해설 전하량 계산 ————

$C = \dfrac{1}{L} KI$ 에서

$K = \dfrac{CL}{I} = \dfrac{6}{0.4} = 15 [h]$

L : 보수율(사용 연수와 사용 조건의 변동에 의한 축전지의 용량변화의 보정값, 주어지지 않으면 축전지는 0.8을 대입하며 조명설비는 1을 대입함. 하지만 35번 문제는 보수율값으로 1을 대입하여야 정답이 나오므로 1을 대입함)

K : 환산시간계수
I : 방전전류 [A]
C : 축전지 용량

36 (상)(중)하

내부저항이 200 [Ω]이며, 직류 120 [mA]인 전류계를 6 [A]까지 측정할 수 있는 전류계로 사용하고자 한다. 어떻게 하면 되겠는가?

① 24 [Ω]의 저항을 전류계와 직렬로 연결한다.
② 12 [Ω]의 저항을 전류계와 병렬로 연결한다.
③ 약 6.24 [Ω]의 저항을 전류계와 직렬로 연결한다.
④ 약 4.08 [Ω]의 저항을 전류계와 병렬로 연결한다.

해설 분류기

분류기 : 전류의 측정범위를 확대하기 위해 전류계와 병렬로 접속

$$I = (1 + \frac{R_A}{R_S}) I_0$$

$$6 = (1 + \frac{200}{R_S}) \times 120 \times 10^{-3}$$

$$\therefore R_s = 4.08 [\Omega]$$

R_A : 내부저항 $[\Omega]$ R_S : 분류기저항 $[\Omega]$
I_0 : 최대눈금 $[A]$ I : 전류계 최대측정범위 $[A]$

37 상 ⓒ 하

제연용으로 사용되는 3상 유도전동기를 Y-△ 기동방식으로 하는 경우 기동을 위해 제어회로에서 사용되는 것과 거리가 먼 것은?

① 타이머
② 영상변류기
③ 전자접촉기
④ 열동계전기

해설 유접점회로 접점의 심벌

명칭	비고
일반접점 또는 수동접점	조작을 가하면 상태가 그대로 유지
수동조작 자동복귀접점 (푸쉬버튼스위치)	손을 떼면 원래 상태로 복귀
기계적 접점 (리밋스위치)	접점의 개폐가 전기적 이외의 원인에 의해서 이루어짐
계전기접점	릴레이접점, 차단기보조접점, 전자접촉기 보조접점 등에 사용
순시동작 한시복귀 (타이머)	복귀시간이 늦게 되는 타이머
한시동작 순시복귀 (타이머)	동작시간이 늦게 되는 타이머
수동복귀접점 (열동계전기)	인위적으로 복귀시키는 접점으로 전자석에 의한 복귀를 포함
전자접촉기접점	전자력으로 작동

38 상 ⓒ 하

직류회로에서 도체를 균일한 체적으로 길이를 10배 늘이면 도체의 저항은 몇 배가 되는가?

① 10
② 20
③ 100
④ 120

해설 저항 계산

$$R = \rho \frac{\ell}{A} [\Omega], \text{ 체적} = A \times \ell$$

• 길이를 10배 증대 : $l' \Rightarrow 10l$
• 균일한 체적이기 때문에 단면적이 감소

$$\therefore A' \Rightarrow \frac{1}{10} A$$

• $R' = \rho \frac{10l}{\frac{1}{10} A} = 100R$

R : 저항 $[\Omega]$
ρ : 고유저항 (저항률) $[\Omega]$
l : 길이 $[m]$
A : 면적 $[m^2]$

39 상 중 ⓗ

바리스터(Varistor)의 용도는?

① 정전류 제어용
② 정전압 제어용
③ 과도한 전류로부터 회로보호
④ 과도한 전압으로부터 회로보호

해설 바리스터(Varistor)

• 인가되는 전압에 따라 저항값이 변하는 비선형 반도체 소자
• 전압에 따라 저항값이 변화하는 저항 소자
• 회로를 병렬로 연결하여 사용
• 서지전압으로부터 기기보호
• 계전기접점의 불꽃소거

2019

40 (상 중 하)

교류전압계의 지침이 지시하는 전압은 다음 중 어느 것인가?

① 실횻값

② 평균값

③ 최댓값

④ 순시값

해설 교류에서의 특성값 ────────────────

순시값	교류의 시간에 있어서 값
최댓값	순시값 중에서 가장 큰 값
실횻값	교류전압계 지시하는 전압
평균값	교류 순시값의 평균값

2019년 4회
소방관계법규

목표시간 : 20분 | 시작 : _시 _분 | 종료 : _시 _분 | 맞은 개수 : _ /20

41 (상중하)

소방안전관리자 및 소방안전관리보조자에 대한 실무교육의 교육대상, 교육일정 등 실무교육에 필요한 계획을 수립하여 매년 누구의 승인을 얻어 교육을 실시하는가?

① 한국소방안전원장
② 소방본부장
③ 소방청장
④ 시·도지사

해설 소방안전관리자 실무교육 ─────

실무교육의 대상, 일정·횟수 등을 포함한 실무교육의 실시 계획을 매년 수립·시행해야 함
• 승인자 : 소방청장
• 통보 : 교육실시 30일 전까지 교육대상자에게 통보
• 주기 : 선임된 날부터 6개월 이내, 교육실시 후 2년마다 1회 이상 실시

42 (상중하)

화재예방강화지구로 지정할 수 있는 대상이 아닌 것은?

① 시장지역
② 소방출동로가 있는 지역
③ 공장·창고가 밀집한 지역
④ 목조건물이 밀집한 지역

해설 화재예방강화지구 지정 ─────

1) 지정권자 : 시·도지사
2) 화재예방강화지구 지정 요청 : 소방청장
3) 화재예방강화지구
 (1) 시장지역
 (2) 공장·창고가 밀집한 지역
 (3) 목조건물이 밀집한 지역
 (4) 노후·불량건축물이 밀집한 지역
 (5) 위험물의 저장 및 처리 시설이 밀집한 지역
 (6) 석유화학제품을 생산하는 공장이 있는 지역
 (7) 산업입지 및 개발에 관한 법률에 따른 산업단지
 (8) 소방시설·소방용수시설·소방출동로가 없는 지역
 (9) 물류단지
 (10) (1) ~ (9)까지 준하는 지역으로서 소방관서장이 화재예방강화지구로 지정할 필요가 있다고 인정하는 지역

43 (상중하)

화재의 예방 및 안전관리에 관한 법령상 정당한 사유 없이 화재안전조사결과에 따른 조치명령을 위반한 자에 대한 벌칙으로 옳은 것은?

① 100만 원 이하의 벌금
② 300만 원 이하의 벌금
③ 1년 이하의 징역 또는 1천만 원 이하의 벌금
④ 3년 이하의 징역 또는 3천만 원 이하의 벌금

해설 3년 이하 징역 또는 3000만 원 이하 벌금 ─────

- 화재안전조사 결과에 대한 화재안전조사 결과 조치명령 위반
- 소방안전관리자 선임 또는 업무 이행에 따른 명령을 정당한 사유 없이 위반한 자
- 화재예방안전진단 결과에 따른 보수·보강 등의 조치명령을 정당한 사유 없이 위반한 자
- 거짓, 그 밖의 부정한 방법으로 진단기관으로 지정을 받은 자

44 (상 ⓒ 하)

다음 중 한국소방안전원의 업무에 해당하지 않는 것은?

① 소방용 기계·기구의 형식승인
② 소방업무에 관하여 행정기관이 위탁하는 업무
③ 화재예방과 안전관리의식 고취를 위한 대국민 홍보
④ 소방기술과 안전관리에 관한 교육, 조사·연구 및 각종 간행물 발간

해설 한국소방안전원 ─────

1) 승인 및 감독 : 소방청장
2) 한국소방안전원의 설립목적
   (1) 소방기술과 안전관리기술의 향상·홍보
   (2) 교육·훈련 등 행정기관이 위탁하는 업무의 수행
   (3) 소방관계 종사자의 기술 향상
3) 한국소방안전원의 업무
   (1) 소방기술과 안전관리에 관한 교육 및 조사·연구
   (2) 소방기술과 안전관리에 관한 각종 간행물 발간
   (3) 화재 예방과 안전관리의식 고취를 위한 대국민 홍보
   (4) 소방업무에 관하여 행정기관이 위탁하는 업무
   (5) 소방안전에 관한 국제협력
   (6) 그 밖에 회원에 대한 기술지원 등 정관으로 정하는 사항

45 (상 중 ⓗ)

소방기본법상 소방대의 구성원에 속하지 않는 자는?

① 소방공무원법에 따른 소방공무원
② 의용소방대 설치 및 운영에 관한 법률에 따른 의용소방대원
③ 위험물안전관리법에 따른 자체소방대원
④ 의무소방대설치법에 따라 임용된 의무소방원

해설 소방대 구성원 ─────

- 소방공무원
- 의무소방원
- 의용소방대원

암기 ▶ 공무용

46 (상 ⓒ 하)

위험물안전관리법령상 제조소등이 아닌 장소에서 지정수량 이상의 위험물 취급할 수 있는 기준 중 다음 (   ) 안에 알맞은 것은?

> 시·도의 조례가 정하는 바에 따라 관할 소방서장의 승인을 받아 지정수량 이상의 위험물을 (   )일 이내의 기간 동안 임시로 저장 또는 취급하는 경우

① 15   ② 30
③ 60   ④ 90

해설 위험물 임시저장 ─────

1) 위치·구조·설비기준 : 시·도 조례
2) 제조소등이 아닌 장소에서 지정수량 이상 위험물 취급할 수 있는 경우
   - 관할 소방서장의 승인 받아 지정수량 이상 위험물 90일 이내로 임시 저장·취급
   - 군부대는 지정수량 이상 위험물 군사 목적으로 임시 저장·취급

47 (상⟨중⟩하)

화재의 예방 및 안전관리에 관한 법령상 소방대상물의 개수·이전·제거, 사용의 금지 또는 제한, 사용폐쇄, 공사의 정지 또는 중지, 그 밖의 필요한 조치로 인하여 손실을 받은 자가 손실보상청구서에 첨부하여야 하는 서류로 틀린 것은?

① 손실보상 합의서
② 손실을 증명할 수 있는 사진
③ 손실을 증명할 수 있는 증빙자료
④ 소방대상물의 관계인임을 증명할 수 있는 서류(건축물대장은 제외)

해설 화재안전조사 손실보상 ─────────

1) 손실보상 의무자 : 소방청장, 시·도지사
2) 화재안전조사 결과에 따른 조치명령으로 인해 손실을 입은 자가 있는 경우 대통령령으로 정하는 바에 따라 보상
3) 손실보상
  (1) 소방청장, 시·도지사가 손실을 보상하는 경우 : 시가로 보상
  (2) 손실 보상에 관하여 소방청장, 시·도지사와 손실을 입은 자가 협의
  (3) 보상금액에 관한 협의가 성립되지 않은 경우 소방청장, 시·도지사는 그 보상금액을 지급하거나 공탁하고 상대방에게 통지
  (4) 보상금의 지급 또는 공탁의 통지에 불복하는 자는 지급 또는 공탁의 통지를 받은 날부터 30일 이내에 중앙토지수용위원회 또는 관할 지방 토지수용위원회에 재결 신청
4) 손실보상청구서 첨부서류
  (1) 소방대상물의 관계인임을 증명할 수 있는 서류(건축물대장 제외)
  (2) 손실을 증명할 수 있는 사진 그 밖의 증빙자료

보충 손실보상합의서 : 협의 이후 작성

48 (상⟨중⟩하)

화재의 예방 및 안전관리에 관한 법령상 소방청장, 소방본부장 또는 소방서장은 관할구역에 있는 소방대상물에 대하여 화재안전조사를 실시할 수 있다. 화재안전조사 대상과 거리가 먼 것은? (단, 개인 주거에 대하여는 관계인의 승낙을 득한 경우이다)

① 화재예방강화지구에 대한 화재안전조사 등 다른 법률에서 화재안전조사를 실시하도록 한 경우
② 관계인이 법령에 따라 실시하는 소방시설등, 방화시설, 피난시설 등에 대한 자체점검 등이 불성실하거나 불완전하다고 인정되는 경우
③ 화재가 발생할 우려는 없으나 소방대상물의 정기점검이 필요한 경우
④ 국가적 행사 등 주요행사가 개최되는 장소에 대하여 소방안전관리 실태를 점검할 필요가 있는 경우

해설 화재안전조사 대상 ─────────

1) 조사권자 : 소방관서장
2) 개인의 주거에 대한 화재안전조사는 관계인의 승낙이 있거나 화재발생의 우려가 뚜렷하여 긴급한 필요가 있는 때로 한정
3) 화재안전조사 실시할 수 있는 경우
  (1) 관계인이 실시하는 자체점검 등이 불성실하거나 불완전하다고 인정되는 경우
  (2) 화재예방강화지구 등 법령에서 화재안전조사를 하도록 규정되어 있는 경우
  (3) 화재예방안전진단이 불성실하거나 불완전하다고 인정되는 경우
  (4) 국가적 행사 등 주요 행사가 개최되는 장소 및 그 주변의 관계 지역에 대하여 소방안전관리 실태를 점검할 필요가 있는 경우
  (5) 화재가 자주 발생하였거나 발생할 우려가 뚜렷한 곳에 대한 점검이 필요한 경우
  (6) 재난예측정보, 기상예보 등을 분석한 결과 소방대상물에 화재의 발생 위험이 높다고 판단되는 경우
  (7) 그 밖의 긴급한 상황이 발생한 경우 인명 또는 재산 피해의 우려가 현저하다고 판단되는 경우
    ① 화재안전조사의 항목 : 대통령령
    ② 소방관서장은 화재안전조사를 실시하는 경우 다른 목적을 위해 조사권을 남용하지 않은 것

49 (상 ⓜ 하)

다음 조건을 참고하여 숙박시설이 있는 특정소방대상물의 수용인원 산정 수로 옳은 것은?

> 침대가 있는 숙박시설로서 1인용 침대의 수는 20개이고 2인용 침대의 수는 10개이며 종업원의 수는 3명이다.

① 33명
② 40명
③ 43명
④ 46명

해설 수용인원 산정방법 ────────

1) 숙박시설이 있는 특정소방대상물
   - 침대 있는 경우 : 종사자 수 + 침대 수
   - 침대 없는 경우 : 종사자 수 + $\dfrac{바닥면적 합계}{3\,m^2}$

2) 수용인원 = 3 + 20 + (10 × 2) = 43명

> **보충** ▶ 숙박시설 이외의 특정소방대상물
> - 강의실·교무실·상담실·실습실·휴게실 용도로 쓰이는 특정소방대상물 : 바닥면적 합계 / 1.9 [m²]
> - 강당·문화집회시설·운동시설·종교시설 : 바닥면적 합계 / 4.6 [m²]
> - 관람석에 고정식 의자가 있는 경우 : 의자 수
> - 관람석에 긴 의자가 있는 경우 : 의자의 정면너비 / 0.45 [m]
> - 그 밖의 대상물 : 바닥면적 합계 / 3 [m²]

TIP ▶ 2인용 침대는 2인으로 산정

50 (상 ⓜ 하)

다음 중 상주 공사감리를 하여야 할 대상의 기준으로 옳은 것은?

① 지하층을 포함한 층수가 16층 이상으로서 300세대 이상인 아파트에 대한 소방시설의 공사
② 지하층을 포함한 층수가 16층 이상으로서 500세대 이상인 아파트에 대한 소방시설의 공사
③ 지하층을 포함하지 않은 층수가 16층 이상으로서 300세대 이상인 아파트에 대한 소방시설의 공사
④ 지하층을 포함하지 않은 층수가 16층 이상으로서 500세대 이상인 아파트에 대한 소방시설의 공사

해설 공사감리 대상 ────────

종류	대상	방법
상주 감리	• 연 3만 [m²] 이상(아파트 제외) • 16층(지하층 포함) 이상으로 500세대 이상 아파트	• 정한 기간에 현장 상주 • 감리업무 수행, 감리일지 작성 • 1일 이상 일탈 시 발주확인·업무대행
일반 감리	• 상주감리 이외 공사현장	• 배치기간에 현장 업무, 주 1회 이상 • 감리업무 수행, 감리일지 작성 • 14일 이내 수행 불가 시 대행자 지정 • 대행자 주 2회 이상 배치, 업무내용통보

51 (상⟨중⟩하)

소방시설공사업법령에 따른 소방시설공사 중 특정소방대상물에 설치된 소방시설등을 구성하는 것의 전부 또는 일부를 개설, 이전 또는 정비하는 공사의 착공신고 대상이 아닌 것은?　[법 개정으로 인한 문제 수정]

① 수신반
② 소화펌프
③ 동력(감시) 제어반
④ 제연설비의 제연구역

해설 착공신고대상 ─────────

- 수신반
- 소화펌프
- 동력제어반
- 감시제어반

※ 다만 고장·파손 등으로 인하여 작동시킬 수 없는 소방시설을 긴급히 교체하거나 보수하여야 하는 경우에는 신고하지 않을 수 있음

해설 간이스프링클러설비 설치대상 ─────────

설치대상	기준
근린생활시설	• 바닥면적 합계 1000 [m²] 이상인 것은 모든 층 • 의원, 치과의원, 한의원으로서 입원실이 있는 것 • 조산원 및 산후조리원 연면적 600 [m²] 미만 시설
교육시설 내 합숙소	연면적 100 [m²] 이상인 경우에는 모든 층
의료시설(종합병원, 병원, 치과병원, 요양병원)	바닥면적 합계 600 [m²] 미만
• 정신의료기관, 의료재활시설 • 노유자시설	• 바닥면적 합계 300 [m²] 이상 600 [m²] 미만 • 바닥면적 합계 300 [m²] 미만, 창살 설치
복합건축물	연면적 1000 [m²] 이상 전 층
연립주택 및 다세대주택	–
숙박시설	바닥면적 합계 300 [m²] 이상 600 [m²] 미만

52 (상⟨중⟩하)

소방시설 설치 및 관리에 관한 법령상 간이스프링클러설비를 설치하여야 하는 특정소방대상물의 기준으로 옳은 것은?

① 근린생활시설로 사용하는 부분의 바닥면적 합계가 1000 [m²] 이상인 것은 모든 층
② 교육연구시설 내에 있는 합숙소로서 연면적 500 [m²] 이상인 것
③ 정신병원과 의료재활시설을 제외한 요양병원으로 사용되는 바닥면적의 합계가 300 [m²] 이상 600 [m²] 미만인 시설
④ 정신의료기관 또는 의료재활시설로 사용되는 바닥면적의 합계가 600 [m²] 미만인 시설

53 (상⟨중⟩하)

소방시설 설치 및 관리에 관한 법령상 소방시설등의 자체점검 시 점검인력 배치기준 중 종합점검에 대한 점검인력 1단위가 하루 동안 점검할 수 있는 특정소방대상물의 연면적기준으로 옳은 것은? (단, 보조인력을 추가하는 경우는 제외한다)

① 3500 [m²]
② 7000 [m²]
③ 8000 [m²]
④ 12000 [m²]

해설 점검인력 배치기준

1) 점검한도 면적 : 점검인력 1단위가 하루에 점검할 수 있는 특정 소방대상물 연면적
   (1) 종합점검 : 8000 [m²](보조인력 1명 추가 2000 [m²])
   (2) 작동점검 : 10000 [m²](보조인력 1명 추가 2500 [m²])
2) 점검한도 세대수 : 점검인력 1단위가 하루에 점검할 수 있는 아파트의 세대수
   (1) 종합점검 : 250세대(보조인력 1명 추가 60세대)
   (2) 작동점검 : 250세대(보조인력 1명 추가 60세대)

54 상 **중** 하

소방본부장 또는 소방서장은 화재예방강화지구안의 관계인에 대하여 소방상 필요한 훈련 및 교육은 연 몇 회 이상 실시할 수 있는가?

① 1
② 2
③ 3
④ 4

해설 화재예방강화지구 관리

• 관리자 : 소방관서장
• 화재안전조사 : 연 1회 이상
• 훈련 및 교육 : 화재예방강화지구 안의 관계인에 대하여 연 1회 이상 실시
• 훈련 및 교육 통보 : 화재예방강화지구 안의 관계인에게 교육 10일 전까지 통보

55 상 **중** 하

제조소등의 위치·구조 또는 설비의 변경 없이 당해 제조소 등에서 저장하거나 취급하는 위험물의 품명·수량 또는 지정수량의 배수를 변경하고자 할 때는 누구에게 신고해야 하는가?

① 국무총리
② 시·도지사
③ 관할 소방서장
④ 행정안전부장관

해설 제조소 설치 및 변경

1) 설치허가자 : 시·도지사(행전안전부령)
2) 변경신고 : 변경하고자 하는 날의 1일 전
3) 허가 제외 장소
   • 주택의 난방시설(공동주택 중앙난방시설 제외)을 위한 저장소·취급소
   • 농예용·축산용·수산용으로 필요한 난방·건조시설을 위한 지정수량 20배 이하의 저장소

56 상 **중** 하

항공기격납고는 특정소방대상물 중 어느 시설에 해당하는가?

① 위험물 저장 및 처리 시설
② 항공기 및 자동차 관련 시설
③ 창고시설
④ 업무시설

해설 항공기 및 자동차 관련 시설

• 항공기격납고
• 차고, 주차용 건축물, 철골 조립식 주차시설, 기계장치 주차시설
• 세차장
• 폐차장
• 자동차 검사장, 자동차 매매장
• 자동차 정비공장, 운전학원·정비학원
• 건축물의 내부에 설치된 주차장, 운수사업법 및 건설기계관리법에 따른 차고 및 주기장

정답 54 ① 55 ② 56 ②

57 (상)(중)하

소방기본법령상 국고보조 대상사업의 범위 중 소방활동장비와 설비에 해당하지 않는 것은?

① 소방자동차
② 소방헬리콥터 및 소방정
③ 소화용수설비 및 피난구조설비
④ 방화복 등 소방활동에 필요한 소방장비

해설 국고보조 ─────────────

1) 국고보조
   (1) 국가는 시·도 소방장비구입 등의 경비를 일부 보조함
   (2) 국가보조 대상사업의 범위와 기준 보조율 : 대통령령인 「보조금관리에 관한 법률 시행령」
   (3) 소방활동장비 및 설비의 종류와 규격 : 행정안전부령
2) 국고보조 대상사업의 범위
   (1) 소방활동장비와 설비의 구입 및 설치
      ① 소방자동차
      ② 소방헬리콥터 및 소방정
      ③ 소방전용통신설비 및 전산설비
      ④ 그 밖에 방화복 등 소방활동에 필요한 소방장비
   (2) 소방관서용 청사의 건축

58 (상)(중)하

위험물안전관리법령상 제조소등의 관계인은 위험물의 안전관리에 관한 직무를 수행하게 하기 위하여 제조소등마다 위험물의 취급에 관한 자격이 있는 자를 위험물안전관리자로 선임하여야 한다. 이 경우 제조소등의 관계인이 지켜야 할 기준으로 틀린 것은?

① 제조소등의 관계인은 안전관리자를 해임하거나 안전관리자가 퇴직한 때에는 해임하거나 퇴직한 날부터 15일 이내에 다시 안전관리자를 선임하여야 한다.
② 제조소등의 관계인이 안전관리자를 선임한 경우에는 선임한 날부터 14일 이내에 소방본부장 또는 소방서장에게 신고하여야 한다.
③ 제조소등의 관계인은 안전관리자가 여행·질병 그 밖의 사유로 인하여 일시적으로 직무를 수행할 수 없는 경우에는 국가기술자격법에 따른 위험물의 취급에 관한 자격취득자 또는 위험물안전에 관한 기본지식과 경험이 있는 자를 대리자로 지정하여 그 직무를 대행하게 하여야 한다. 이 경우 대행하는 기간은 30일을 초과할 수 없다.
④ 안전관리자는 위험물을 취급하는 작업을 하는 때에는 작업자에게 안전관리에 관한 필요한 지시를 하는 등 위험물의 취급에 관한 안전관리와 감독을 하여야 하고, 제조소등의 관계인은 안전관리자의 위험물 안전관리에 관한 의견을 존중하고 그 권고에 따라야 한다.

해설 위험물안전관리자 ─────────────

• 안전관리자 선임 : 관계인
• 안전관리자 해임, 퇴직 시 : 해임, 퇴직한 날부터 30일 이내 재선임
• 선임신고기간 : 소방본부장·소방서장에게 선임 날부터 14일 이내 신고
• 직무대행기간 : 30일 이내

59 상⬤하

소방대상물의 방염 등과 관련하여 방염성능기준은 무엇으로 정하는가?

① 대통령령
② 행정안전부령
③ 소방청훈령
④ 소방청예규

해설 **방염**

1) 방염성능기준 : 대통령령
2) 방염성능기준 이상의 실내장식물 등을 설치해야 하는 특정소방대상물
　⑴ 근린생활시설 중 의원, 조산원, 산후조리원, 체력단련장, 공연장 및 종교집회장, 치과의원, 한의원
　⑵ 건축물의 옥내에 있는 시설
　　① 문화 및 집회시설
　　② 종교시설
　　③ 운동시설(수영장 제외)
　⑶ 의료시설
　⑷ 교육연구시설 중 합숙소
　⑸ 노유자시설
　⑹ 숙박이 가능한 수련시설
　⑺ 숙박시설
　⑻ 방송통신시설 중 방송국 및 촬영소
　⑼ 다중이용업소
　⑽ 층수가 11층 이상인 것(아파트 제외)

60 상⬤하

제6류 위험물에 속하지 않는 것은?

① 질산
② 과산화수소
③ 과염소산
④ 과염소산염류

해설 **제6류 위험물(산화성 액체)**

품명	지정수량
과염소산	
과산화수소	300 [kg]
질산	

보충 ▶ 과염소산염류 : 제1류 위험물

2019년 4회
소방전기시설의 구조 및 원리

3회독	월	일
2회독	월	일
1회독	월	일

| 목표시간 : 30분 | 시작 : _시 _분 | 종료 : _시 _분 | 맞은 개수 : _ /20 |

61 상 중 하

비상방송설비의 화재안전기술기준(NFTC 202)에 따라 다음 (   )의 ㉠, ㉡에 들어갈 내용으로 옳은 것은?

비상방송설비에는 그 설비에 대한 감시 상태를 (㉠)분 간 지속한 후 유효하게 (㉡)분 이상 경보할 수 있는 축전지설비(수신기에 내장하는 경우를 포함한다)를 설치하여 한다.

① ㉠ 30, ㉡ 5
② ㉠ 30, ㉡ 10
③ ㉠ 60, ㉡ 5
④ ㉠ 60, ㉡ 10

해설 비상방송설비 전원 설치기준 ────────

1) 상용전원
   (1) 축전지, 교류전압의 옥내 간선, 전기저장장치
   (2) 전원까지의 배선은 전용
   (3) 개폐기에는 "비상방송설비용"이라고 표시한 표지를 할 것
2) 감시 상태를 60분간 지속한 후 유효하게 10분 이상, 층수가 30층 이상은 30분 이상 경보할 수 있는 축전지설비(수신기 내장 포함)를 설치

62 상 중 하

무선통신보조설비의 화재안전기술기준(NFTC 505)에 따라 무선통신보조설비의 누설동축케이블의 설치기준으로 틀린 것은?

① 누설동축케이블은 불연 또는 난연성으로 할 것
② 누설동축케이블의 중간 부분에는 무반사 종단저항을 견고하게 설치할 것
③ 누설동축케이블 및 안테나는 고압의 전로로부터 1.5 [m] 이상 떨어진 위치에 설치할 것
④ 누설동축케이블과 이에 접속하는 안테나 또는 동축케이블과 이에 접속하는 안테나로 구성할 것

해설 누설동축케이블 설치기준 ────────

1) 소방전용주파수대에서 전파의 전송 또는 복사에 적합한 것으로서 소방전용의 것으로 할 것(다만 소방대 상호 간의 무선연락에 지장 없는 경우에는 다른 용도와 겸용 가능하다)
2) 누설동축케이블과 이에 접속하는 안테나 또는 동축케이블과 이에 접속하는 안테나에 따른 것으로 할 것
3) 누설동축케이블은 불연 또는 난연성의 것으로서 습기에 따라 전기의 특성이 변질되지 아니하는 것으로 하고, 노출하여 설치한 경우에는 피난 및 통행에 장애가 없도록 할 것
4) 누설동축케이블은 화재에 따라 해당 케이블의 피복이 소실된 경우에 케이블 본체가 떨어지지 아니하도록 4 [m] 이내마다 금속제 또는 자기제 등의 지지금구로 벽·천장·기둥 등에 견고하게 고정시킬 것(다만 불연재료로 구획된 반자 안에 설치하는 경우에는 그러하지 않는다)
5) 누설동축케이블 및 안테나는 금속판 등에 따라 전파의 복사 또는 특성이 현저하게 저하되지 아니하는 위치에 설치할 것

2019

6) 누설동축케이블 및 안테나는 고압의 전로로부터 1.5 [m] 이상 떨어진 위치에 설치할 것(다만 해당 전로에 정전기 차폐장치를 유효하게 설치한 경우에는 그러하지 않는다)

7) 누설동축케이블의 끝부분에는 무반사 종단저항을 견고하게 설치할 것

8) 누설동축케이블 또는 동축케이블의 임피던스는 50 [Ω]으로 하고, 이에 접속하는 안테나·분배기 기타의 장치는 해당 임피던스에 적합한 것으로 하여야 한다.

63 상 중 ⑨

유도등 및 유도표지의 화재안전기술기준(NFTC 303)에 따라 객석유도등을 설치하여야 하는 장소로 틀린 것은?

[법 개정으로 인한 문제 수정]

① 벽
② 천장
③ 바닥
④ 통로

해설 객석유도등 ─────────────

• 객석의 통로, 바닥 또는 벽에 설치할 것
• 설치개수

$$= \frac{객석 통로 직선부분 길이(m)}{4} - 1$$

64 상 ⑤ 하

무선통신보조설비의 화재안전기술기준(NFTC 505)에 따라 지하층으로서 특성소방대상물의 바닥부분 2면 이상이 지표면과 동일하거나 지표면으로부터의 깊이가 몇 [m] 이하인 경우에는 해당 층에 한하여 무선통신보조설비를 설치하지 않을 수 있는가?

① 0.5
② 1.0
③ 1.5
④ 2.0

해설 무선통신보조설비 설치 제외 장소 ─────

1) 지하층으로서 특정소방대상물의 바닥부분 2면 이상이 지표면과 동일한 층
2) 지하층으로서 지표면으로부터의 깊이가 1 [m] 이하인 층

65 상 중 ⑨

자동화재탐지설비 및 시작 경보장치의 화재안전기술기준(NFTC 203)에 따른 경계구역에 관한 기준이다. 다음 ( )에 들어갈 내용으로 옳은 것은?

하나의 경계구역의 면적은 (㉮) 이하로 하고 한 변의 길이는 (㉯) 이하로 하여야 한다.

① ㉮ 600 [m²], ㉯ 50 [m]
② ㉮ 600 [m²], ㉯ 100 [m]
③ ㉮ 1200 [m²], ㉯ 50 [m]
④ ㉮ 1200 [m²], ㉯ 100 [m]

해설 경계구역 ─────────────

1) 수평적 경계구역
   (1) 하나의 경계구역이 2개 건축물 및 2 이상의 층에 미치지 않을 것(다만 2개의 층을 하나의 경계구역으로 산정하는 경우 : 바닥 합 500 [m²] 이하)
   (2) 하나의 경계구역 면적 : 600 [m²] 이하
      ① 한 변 길이 : 50 [m] 이하
      ② 주출입구에서 내부 전체 보이는 것 : 한 변의 길이가 50 [m]의 범위 내 1000 [m²] 이하
      ③ 터널 : 하나의 경계구역의 길이는 100 [m] 이하
2) 수직적 경계구역
   (1) 계단·경사로(에스컬레이터 포함)는 별도의 경계구역 산정 → 45 [m] 이하
   (2) 엘리베이터 승강로(권상기실 포함)·린넨슈트·파이프피트 및 덕트 기타 이와 유사한 부분은 별도의 경계구역 산정 → 높이기준 없음
   (3) 지하층의 계단 및 경사로(지하층 층수 1일 경우 제외)는 별도로 경계구역 산정
3) 상시 개방된 부분 있는 차고·주차장·창고 : 외기에 면하는 각 부분부터 5 [m] 미만은 면적 산입 제외

66 상 중 하

누전경보기의 형식승인 및 제품검사의 기술기준에 따라 누전경보기의 경보기구에 내장하는 음향장치는 사용전압의 몇 [%]인 전압에서 소리를 내어야 하는가?

① 40
② 60
③ 80
④ 100

해설 누전경보기구 음향장치 ────────

1) 사용전압의 80 [%]인 전압에서 소리를 내어야 한다.
2) 사용전압에서의 음압은 무향실내에서 정위치에 부착된 음향장치의 중심으로부터 1 [m] 떨어진 지점에서 누전경보기는 70 [dB] 이상이어야 한다. 다만 고장표시장치용 등의 음압은 60 [dB] 이상이어야 한다.
3) 사용전압으로 8시간 연속하여 울리게 하는 시험, 또는 정격전압에서 3분 20초 동안 울리고 6분 40초 동안 정지하는 작동을 반복하여 통산한 울림시간이 20시간이 되도록 시험하는 경우 그 구조 또는 기능에 이상이 생기지 아니하여야 한다.

67 상 중 하

누전경보기의 화재안전기술기준(NFTC 205)의 용어 정의에 따라 변류기로부터 검출된 신호를 수신하여 누전의 발생을 해당 특정소방대상물의 관계인에게 경보하여 주는 것은?

① 축전지
② 수신부
③ 경보기
④ 음향장치

해설 누전경보기 용어 ────────

1) "누전경보기"란 내화구조가 아닌 건축물로서 벽, 바닥 또는 천장의 전부나 일부를 불연재료 또는 준불연재료가 아닌 재료에 철망을 넣어 만든 건물의 전기설비로부터 누설전류를 탐지하여 경보를 발하는 기기로서, 변류기와 수신부로 구성된 것을 말한다.
2) "수신부"란 변류기로부터 검출된 신호를 수신하여 누전의 발생을 해당 특정소방대상물의 관계인에게 경보하여 주는 것(차단기구를 갖는 것을 포함한다)을 말한다.
3) "변류기"란 경계전로의 누설전류를 자동적으로 검출하여 이를 누전경보기의 수신부에 송신하는 것을 말한다.
4) "경계전로"란 누전경보기가 누설전류를 검출하는 대상 전선로를 말한다.
5) "과전류차단기"란 「전기설비기술기준의 판단기준」 제38조와 제39조에 따른 것을 말한다.
6) "분전반"이란 배전반으로부터 전력을 공급받아 부하에 전력을 공급해주는 것을 말한다.
7) "인입선"이란 「전기설비기술기준」 제3조 제1항 제9호에 따른 것으로서, 배전선로에서 갈라져서 직접 수용장소의 인입구에 이르는 부분의 전선을 말한다.
8) "정격전류"란 전기기기의 정격출력 상태에서 흐르는 전류를 말한다.

68 상 중 하

자동화재속보설비의 속보기의 성능인증 및 제품검사의 기술기준에 따라 자동화재속보설비의 속보기의 외함에 합성수지를 사용할 경우 외함의 최소 두께[mm]는?

① 1.2
② 3
③ 6.4
④ 7

해설 자동화재속보기 외함 두께 ────────

• 강판 : 1.2 [mm] 이상
• 합성수지 : 3 [mm] 이상

69 (상)(중)(하)

유도등 및 유도표지의 화재안전기술기준(NFTC 303)에 따라 운동시설에 설치하지 아니할 수 있는 유도등은?

① 통로유도등
② 객석유도등
③ 대형피난구유도등
④ 중형피난구유도등

해설 유도등·유도표지 설치장소

설치장소	유도등 및 유도표지
1. 공연장·집회장(종교집회장 포함)·관람장·운동시설	• 대형피난구유도등 • 통로유도등 • 객석유도등
2. 유흥주점영업시설(유흥주점영업중 손님이 춤을 출 수 있는 무대가 설치된 카바레, 나이트클럽 등 영업시설만 해당)	
3. 위락시설·판매시설 운수시설·관광숙박업·의료시설·장례식장·방송통신시설·전시장·지하상가·지하철역사	• 대형피난구유도등 • 통로유도등
4. 숙박시설(관광숙박업 외의 것)·오피스텔	• 중형피난구유도등 • 통로유도등
5. 1~3 외 건축물로서 지하층·무창층 또는 층수가 11층 이상 특정소방대상물	
6. 1~5 외 건축물로서 근린생활시설·노유자시설·업무시설·발전시설·종교시설(집회장 용도로 사용하는 부분 제외)·교육연구시설·수련시설·공장·교정 및 군사시설(국방·군사시설 제외)·자동차정비공장·운전학원 및 정비학원·다중이용업소·복합건축물	• 소형피난구유도등 • 통로유도등

TIP 공동주택에는 소형피난구유도등을 설치한다.

70 (상)(중)(하)

유도등 및 유도표지의 화재안전기술기준(NFTC 303)에 따른 통로유도등의 설치기준에 대한 설명으로 틀린 것은?

① 복도·거실통로유도등은 구부러진 모퉁이 및 보행거리 20 [m]마다 설치
② 복도·계단통로유도등은 바닥으로부터 높이 1 [m] 이하의 위치에 설치
③ 통로유도등은 녹색바탕에 백색으로 피난방향을 표시한 등으로 할 것
④ 거실통로유도등은 바닥으로부터 높이 1.5 [m] 이상의 위치에 설치

해설 통로유도등 설치

1) 복도통로유도등
   (1) 설치기준
      ① 복도에 설치할 것
      ② 옥내로부터 직접 지상으로 통하는 출입구 및 그 부속실의 출입구 또는 직통계단·직통계단의 계단실 및 그 부속실의 출입구의 경우, 피난구 유도등이 설치된 출입구의 맞은편 복도에는 입체형으로 설치하거나 바닥에 설치할 것
      ③ 구부러진 모퉁이 및 위에 따라 설치된 통로유도등 기점으로 보행거리 20 [m]마다 설치할 것
      ④ 바닥에 설치하는 통로 유도등은 하중에 따라 파괴되지 않는 강도의 것으로 할 것
   (2) 설치높이
      바닥으로부터 높이 1 [m] 이하의 위치에 설치할 것(다만 지하층 또는 무창층의 용도가 도매시장·소매시장·여객자동차터미널·지하역사 또는 지하상가인 경우에는 복도·통로 바닥에 설치)
   (3) 형식승인 및 제품 시 식별도기준
      ① 상용전원 점등 시 : 직선거리 20 [m] 위치(표시면 화살표 식별 가능)
      ② 비상전원 점등 시 : 직선거리 15 [m] 위치(표시면 화살표 식별 가능)

정답 69 ④ 70 ③

2) 거실통로유도등
(1) 설치기준
① 거실의 통로에 설치할 것(다만 거실의 통로가 벽체 등으로 구획 시 복도통로유도등을 설치하여야 한다)
② 구부러진 모퉁이 및 보행거리 20 [m]마다 설치할 것
(2) 설치높이
바닥으로부터 높이 1.5 [m] 이상의 위치에 설치(다만 거실 통로에 기둥이 설치 시 기둥부분의 바닥으로부터 1.5 [m] 이하의 위치에 설치 가능)

3) 계단통로유도등
(1) 설치기준
각 층의 경사로 참 또는 계단참마다(1개 층에 경사로참 또는 계단참이 2 이상 있는 경우에는 2개의 계단참마다) 설치할 것
(2) 설치높이
바닥으로부터 높이 1 [m] 이하의 위치에 설치할 것

[보충] ▶ 통로유도등 : 백색바탕에 녹색문자

71 상⦿하

비상방송설비의 화재안전기술기준(NFTC 202)에 따라 비상방송설비 음향장치의 정격전압이 220 [V]인 경우 최소 몇 [V] 이상에서 음향을 발할 수 있어야 하는가?

① 165
② 176
③ 187
④ 198

[해설] 비상방송설비 음향장치 ─────────────
1) 정격전압의 80 [%] 전압에서 음향을 발할 수 있는 것을 할 것
2) 자동화재탐지설비의 작동과 연동하여 작동할 수 있는 것으로 할 것
∴ 정격전압의 80 [%] : 220 [V] × 0.8 = 176 [V]

72 상⦿하

유도등 및 유도표지의 화재안전기술기준(NFTC 303)에 따라 광원점등방식 피난유도선의 설치기준으로 틀린 것은?

① 구획된 각 실로부터 주출입구 또는 비상구까지 설치할 것
② 피난유도 표시부는 바닥으로부터 높이 1 [m] 이하의 위치 또는 바닥 면에 설치할 것
③ 피난유도 제어부는 조작 및 관리가 용이하도록 바닥으로부터 0.8 [m] 이상 1.5 [m] 이하의 높이에 설치할 것
④ 피난유도 표시부는 50 [cm] 이내의 간격으로 연속되도록 설치하되 실내장식물 등으로 설치가 곤란할 경우 2 [m] 이내로 설치할 것

[해설] 광원점등방식 피난유도선 ─────────────
1) 구획된 각 실로부터 주출입구 또는 비상구까지 설치할 것
2) 피난유도 표시부는 바닥으로부터 높이 1 [m] 이하의 위치 또는 바닥 면에 설치할 것
3) 피난유도 표시부는 50 [cm] 이내의 간격으로 연속되도록 설치하되 실내장식물 등으로 설치가 곤란할 경우 1 [m] 이내로 설치할 것
4) 수신기로부터의 화재신호 및 수동조작에 의하여 광원이 점등되도록 설치할 것
5) 비상전원이 상시 충전 상태를 유지하도록 설치할 것
6) 바닥에 설치되는 피난유도 표시부는 매립하는 방식을 사용할 것
7) 피난유도 제어부는 조작 및 관리가 용이하도록 바닥으로부터 0.8 [m] 이상 1.5 [m] 이하의 높이에 설치할 것

73 (상中하)

비상콘센트설비의 화재안전기준에서 정하고 있는 저압의 정의는?

[법 개정으로 인한 문제 수정]

① 직류는 1500 [V] 이하, 교류는 1000 [V] 이하인 것
② 직류는 750 [V] 이하, 교류는 380 [V] 이하인 것
③ 직류는 750 [V], 교류는 600 [V]를 넘고 7000 [V] 이하인 것
④ 직류는 750 [V], 교류는 380 [V]를 넘고 7000 [V] 이하인 것

해설 비상콘센트 저압

구분	구분	전압 구분
저압	직류	1500 [V] 이하
	교류	1000 [V] 이하
고압	직류	1500 [V] 초과 7 [kV] 이하
	교류	1000 [V] 초과 7 [kV] 이하
특고압		7 [kV] 초과

74 (상中하)

예비전원의 성능인증 및 제품검사의 기술기준에 따라 다음의 (   )에 들어갈 내용으로 옳은 것은?

예비전원은 1/5 [C] 이상 1 [C] 이하의 전류로 역충전하는 경우 (   )시간 이내에 안전장치가 작동하여야 하며, 외관이 부풀어 오르거나 누액이 없어야 한다.

① 1   ② 3
③ 5   ④ 10

해설 속보기 부품의 구조 및 기능

1) 전원 변압기 : 용량은 최대사용전류에 연속하여 견딜 수 있을 것
2) 퓨즈 : 점검 및 교체가 쉽고, 쉽게 흔들리지 아니하도록 부착할 것
3) 예비전원 시험 : 상온 충방전시험, 주위온도 충방전 시험, 안전장치시험
4) 안전장치 시험 : 예비전원은 1/5 [C] 이상 1 [C] 이하의 전류로 역충전하는 경우 5시간 이내에 안전장치가 작동하여야 한다.

75 (상中하)

차동식 분포형 감지기의 동작방식이 아닌 것은?

① 공기관식
② 열전대식
③ 열반도체식
④ 불꽃 자외선식

해설 열감지기 종류

1) 차동식 스포트형 : 온도 일정 상승률 이상 + 일국소
   (1) 공기팽창식
   (2) 열기전력식
   (3) 열반도체식
2) 차동식 분포형 : 온도 일정 상승률 이상 + 넓은 범위
   (1) 공기관식
   (2) 열전대식
   (3) 열반도체식
3) 정온식 스포트형 : 일정한 온도 이상 + 외관 전선 ×
4) 정온식 감지선형 : 일정한 온도 이상 + 외관 전선 ○
5) 보상식 스포트형 : 차동식 + 정온식(OR 단신호)

76 (상)(중)(하)

자동화재탐지설비 및 시각경보장치의 화재안전기술기준(NFTC 203)에 따른 감지기의 설치기준으로 틀린 것은?

① 스포트형 감지기는 45° 이상 경사되지 아니하도록 부착할 것
② 감지기(차동분포형의 것을 제외한다)는 실내로의 공기 유입구로부터 1.5 [m] 이상 떨어진 위치에 설치할 것
③ 보상식 스포트형 감지기는 정온점이 감지기 주위의 평상시 최고온도보다 10 [℃] 이상 높은 것으로 설치할 것
④ 정온식 감지기는 주방·보일러실 등으로서 다량의 화기를 취급하는 장소에 설치하되 공칭작동온도가 최고 주의온도보다 20 [℃] 이상 높은 것으로 설치할 것

해설 감지기 설치기준 ────────

1) 공기관식 차동식 분포형 감지기
   (1) 공기관의 노출부분 : 20 [m] 이상
   (2) 하나의 검출부에 접속하는 공기관의 길이 : 100 [m] 이하
   (3) 공기관과 감지구역의 각 변과의 수평거리 : 1.5 [m] 이하
   (4) 공기관 상호 거리 : 6 [m] 이하(주요구조부가 내화 구조인 경우 : 9 [m])
   (5) 공기관은 도중에 분기 금지
   (6) 검출부는 5° 이상 경사되지 않을 것
   (7) 검출부는 바닥으로부터 0.8 [m] 이상 1.5 [m] 이하의 위치에 설치할 것
2) 스포트형 감지기 설치할 때 각도가 45° 이상 경사가 되지 않도록 설치
3) 보상식 스포트형 감지기는 정온점이 감지기 주위의 평상시 최고 온도보다 20 [℃] 이상 높은 것으로 설치
4) 정온식 감지기의 경우 작동온도가 주위 최고 온도보다 20 [℃] 이상 높은 것으로 설치

부착 높이 및 소방대상물의 구분		차동식		보상식		정온식		
		1종	2종	1종	2종	특종	1종	2종
4 [m] 미만	내화 구조	90	70	90	70	70	60	20
	기타 구조	50	40	50	40	40	30	15
4 [m] 이상 8 [m] 미만	내화 구조	45	35	45	35	35	30	–
	기타 구조	30	25	30	25	25	15	–

77 (상)(중)(하)

비상경보설비 및 단독경보형 감지기의 화재안전기술기준(NFTC 201)에 따라 비상벨설비 또는 자동식 사이렌설비의 지구음향장치는 특정소방대상물의 층마다 설치하되, 해당 특정소방대상물의 각 부분으로부터 하나의 음향장치까지의 수평거리가 몇 [m] 이하가 되도록 하여야 하는가?

① 15   ② 25
③ 40   ④ 50

해설 비상경보설비 ────────

• 비상벨설비 또는 자동식 사이렌설비는 부식성 가스 또는 습기 등으로 인하여 부식의 우려가 없는 장소에 설치해야 한다.
• 지구음향장치는 특정소방대상물의 층마다 설치하되, 해당 층의 각 부분으로부터 하나의 음향장치까지의 수평거리가 25 [m] 이하가 되도록 하고, 해당 층의 각 부분에 유효하게 경보를 발할 수 있도록 설치해야 한다. 다만 「비상방송설비의 화재안전기술기준(NFTC 202)」에 적합한 방송설비를 비상벨설비 또는 자동식 사이렌설비와 연동하여 작동하도록 설치한 경우에는 지구음향장치를 설치하지 않을 수 있다.
• 음향장치는 정격전압의 80 [%] 전압에서도 음향을 발할 수 있도록 해야 한다. 다만 건전지를 주전원으로 사용하는 음향장치는 그렇지 않다.
• 음향장치의 음향의 크기는 부착된 음향장치의 중심으로부터 1 [m] 떨어진 위치에서 음압이 90 [dB] 이상이 되는 것으로 해야 한다.

78 (상)(중)(하)

비상콘센트설비의 화재안전기술기준(NFTC 504)에 따라 비상콘셉트설비의 전원회로(비상콘센트에 전력을 공급하는 회로를 말한다)에 대한 전압과 공급용량으로 옳은 것은?

① 전압 : 단상교류 110 [V], 공급용량 : 1.5 [kVA] 이상
② 전압 : 단상교류 220 [V], 공급용량 : 1.5 [kVA] 이상
③ 전압 : 단상교류 110 [V], 공급용량 : 3 [kVA] 이상
④ 전압 : 단상교류 220 [V], 공급용량 : 3 [kVA] 이상

해설 비상콘센트설비 전원회로 설치기준 ──────

1) 전원회로 : 단상교류는 220 [V], 공급용량은 1.5 [kVA] 이상
2) 전원회로는 각 층에 2 이상이 되도록 설치(다만 설치하여야 할 층의 비상콘센트가 1개인 때에는 하나의 회로로 할 수 있다)
3) 전원회로는 주배전반에서 전용회로로 할 것
4) 전원으로부터 각 층의 비상콘센트에 분기되는 경우에는 분기배선용 차단기를 보호함 안에 설치할 것
5) 콘센트마다 배선용 차단기를 설치하여야 하며 충전부가 노출되지 아니하도록 할 것
6) 개폐기에는 "비상콘센트"라고 표시한 표지를 할 것
7) 비상콘센트용의 풀박스 등은 방청도장을 한 것으로서 두께 1.6 [mm] 이상의 철판으로 할 것
8) 하나의 전용회로에 설치하는 비상콘센트는 10개 이하로 할 것. 이 경우 전선 용량은 각 비상콘센트(비상콘센트가 3개 이상인 경우에는 3개)의 공급용량을 합한 용량 이상의 것으로 하여야 한다.

79 (상)(중)(하)

소방시설용 비상전원수전설비의 화재안전기술기준(NFTC 602)에 따라 일반전기사업자로부터 특고압 또는 고압으로 수전하는 비상전원 수전설비의 경우에 있어 소방회로배선과 일반회로배선을 몇 [cm] 이상 떨어져 설치하는 경우 불연성 벽으로 구획하지 않을 수 있는가?

① 5　　　　　② 10
③ 15　　　　　④ 20

해설 특고압·고압수전 배선 방화구획형 ──────

1) 전용의 방화구획 내에 설치할 것
2) 소방회로배선은 일반회로배선과 불연성 벽으로 구획할 것 (다만 소방회로배선과 일반회로배선을 15 [cm] 이상 떨어져 설치한 경우는 그러하지 않는다)
3) 일반회로에서 과부하, 지락사고 또는 단락사고가 발생한 경우에도 이에 영향을 받지 아니하고 계속하여 소방회로에 전원을 공급시켜줄 수 있어야 할 것
4) 소방회로용 개폐기 및 과전류차단기에는 "소방시설용"이라 표시할 것

80 상(중)하

비상조명등의 화재안전기술기준(NFTC 304)에 따라 비상조명등의 비상전원을 설치하는 데 있어서 어떤 특정소방대상물의 경우에는 그 부분에서 피난층에 이르는 부분의 비상조명등을 60분 이상 유효하게 작동시킬 수 있는 용량으로 하여야 한다. 이 특정소방물에 해당하지 않는 것은?

① 무창층인 지하역사
② 무창층인 소매시장
③ 지하층인 관람시설
④ 지하층을 제외한 층수가 11층 이상의 층

해설 비상조명등 ─────────────────

1) 특정소방대상물의 각 거실과 그로부터 지상에 이르는 복도·계단 및 그 밖의 통로에 설치할 것
2) 조도는 비상조명등이 설치된 장소의 각 부분의 바닥에서 1 [lx] 이상이 되도록 할 것
3) 예비전원을 내장하는 비상조명등에는 평상시 점등 여부를 확인할 수 있는 점검스위치를 설치하고 해당 조명등을 유효하게 작동시킬 수 있는 용량의 축전지와 예비전원 충전장치를 내장할 것
4) 예비전원을 내장하지 않는 비상조명등의 비상전원은 자가발전설비, 축전지설비 또는 전기저장장치를 다음 각 목의 기준에 따라 설치할 것
   (1) 점검 편리하고 화재 및 침수 등의 재해로 인한 피해를 받을 우려가 없는 곳에 설치
   (2) 상용전원으로부터 전력의 공급이 중단된 때에는 자동으로 비상전원으로부터 전력을 공급받을 수 있도록 할 것
   (3) 비상전원의 설치장소는 다른 장소와 방화구획할 것(이 경우 그 장소에는 비상전원의 공급에 필요한 기구나 설비 외의 것을 두어서는 안 된다)
   (4) 비상전원을 실내에 설치하는 때에는 그 실내에 비상조명등을 설치할 것

2026 초격차 소방설비기사 과년도 7개년 필기 전기

발행일   2025년 10월 15일 개정판 1쇄

지은이   황모아, 오민정, 이지원

발행인   황모아

발행처   (주)모아교육그룹
주 소   서울특별시 영등포구 영신로 32길 29 세화빌딩 2층
전 화   02-2068-2393(출판, 주문)
등 록   제2015-000006호 (2015.1.16.)
이메일   moagbooks@naver.com
ISBN   979-11-6804-454-8 (14500)
               979-11-6804-458-6 (14500) (전5권)

이 책의 가격은 뒤표지에 있습니다.